Yvonne H. Attiyate / Raymond R. Shah

Wörterbuch Mikroelektronik und Mikrorechnertechnik

Dictionary of Microelectronics and Microcomputer Technology

Wörterbuch Mikroelektronik und Mikrorechnertechnik mit Erläuterungen

Dictionary of Microelectronics and Microcomputer Technology with Definitions

Deutsch / Englisch
Englisch / Deutsch

Lic. phil. Yvonne H. Attiyate
Ph. D. Dipl.-Ing. Raymond R. Shah

Springer-Verlag Berlin Heidelberg GmbH

Die Deutsche Bibliothek – CIP-Einheitsaufnahme

Attiyate, Yvonne Hélène:
Wörterbuch Mikroelektronik und Mikrorechnertechnik:
mit Erläuterungen; deutsch/englisch, englisch/deutsch =
Dictionary of microelectronics and microcomputer technology/
Yvonne H. Attiyate; Raymond R. Shah. – 2. Aufl. –
Düsseldorf: VDI-Verl., 1992

NE: Shah, Raymond:; HST

ISBN 978-3-662-13445-0   ISBN 978-3-662-13444-3 (eBook)
DOI 10.1007/978-3-662-13444-3

Vorwort zur 2. Auflage

Dank der guten Aufnahme der 1. Auflage drängte sich eine Neuauflage des Wörterbuches auf. Die vorliegende vollständig überarbeitete 2. Auflage umfaßt rund 10 000 Fachwörter in jeder Sprache. Es wurden rund 2000 Begriffe neu aufgenommen, vorwiegend aus dem Umfeld der neuen Prozessoren, Betriebssystemerweiterungen und Anwendungen. Diese Begriffe möglichst klar und trotzdem präzise zu erläutern war nach wie vor das wichtigste Anliegen der Verfasser. In der vorliegenden Auflage sind über 2500 Begriffe mit Erläuterungen versehen. Diese wurden durchweg in knappem Stil formuliert, so daß auch der eilige Benutzer, der sich durch unnötigen Ballast nicht aufhalten lassen will, davon Gebrauch machen kann.

Die Zielsetzungen des Buches bleiben unverändert: Einerseits soll es die vielfältigen Aspekte und die oft verwirrende Terminologie der auf PC-Basis betriebenen Datenverarbeitung und Informatik leicht verständlich darstellen und andererseits den Einstieg in die Begriffswelt der Physik und Technik der Mikroelektronik erleichtern. Sowohl dem Studierenden als auch dem in der Praxis stehenden Ingenieur, Techniker und technisch interessierten Wissenschaftler, aber auch dem Nichttechniker, soll es den Zugang zur immer komplexer werdenden Fachliteratur in den beiden Sprachen erleichtern.

Die Verfasser danken dem VDI-Verlag und insbesondere Dipl.-Ing. Zitta Glaser für die tatkräftige Unterstützung bei der Erstellung dieses Buches.

Zürich, September 1992

Yvonne H. Attiyate
Raymond R. Shah

Preface to the 2nd Edition

The success of the first edition has made it necessary to produce a new edition of this dictic
nary. Completely revised and extended, the 2nd edition contains roughly 10 000 terms in eac
of the two Languages. More than 2000 terms have been added, the majority dealing with th
technology introduced by new processors, operating system extensions and applications. Onc
again the authors have taken great care to provide easily understood yet precise explanation
to key terms, which have now grown to over 2500. They have been concisely worded so tha
even the hurried reader can find the time to read them.

The objectives of the book have remained unchanged: Firstly, it aims at covering the tei
minology used in major areas of PC-based applications, including data processing and con
puter science. Secondly, it is desinged to provide an insight in the terms used in the physic
and technology of microelectronics and microelectronic devices. Although it is particularl
addressed to the needs of students and professionals in the fields of engineering and scienci
the dictionary should prove useful to a wide range of readers confronted with the growir
specialized literature covering PC and microelectronic applications in both languages.

The authors thank the publishers, VDI-Verlag, and specially Dipl.-Ing. Zitta Glaser, fi
their valuable help in producing this book.

Zurich, September 1992

Yvonne H. Attiyat
Raymond R. Shah

Benutzerhinweise / Explanatory / Notes

1. Alphabetische Ordnung / Order of Entries

Beispiele:	Examples:
Analog	analog
Analog-Digital	analog data
Analogausgabe	analog-to-digital
analoge Daten	analog value
Analyse	
Änderung	
Adressenzugriff	p-Channel
Adreßfeld	pair generation
adressierbar	
mehrstellige Zahl	
mehrstelliger Code	
P-Leitung	
paarig	

2. Bedeutung der Klammern / Signification of brackets

( ) Abkürzungen bzw. ausgeschriebene Form / Abbreviation or full term
[ ] Erläuterung / Explanation

Beispiele:	Examples:
arithmetische Logikeinheit (ALU)	ALU (arithmetic logic unit)
p-Kanal [Halbleitertechnik]	p-channel [semiconductor technology]

3. Bedeutung der Abkürzungen / Abbreviations used

m	masculinum,	männlich / masculine
f	femininum,	weiblich / feminine
n	neutrum,	sächlich / neuter
pl	pluralis,	Mehrzahl / plural

Geschützte Warenzeichen oder Handelsnamen sind in diesem Wörterbuch, wie in Nachschlagewerken üblich, nicht besonders gekennzeichnet.

In this dictionary, as is usual in reference books, trademarks or other propriety rights are not specially designated.

A

A/D-Umsetzer *m*, Analog-Digital-Umsetzer *m*
[setzt ein analoges Eingangssignal in ein
digitales Ausgangssignal um]
A/D converter, analog-to-digital converter
[converts an analog input signal into a digital
output signal]

ab- bzw. aufrunden [zum nächst niedrigeren
bzw. höheren Wert]
round off, to [to the next lower or higher
value]

abarbeiten [Befehle, Programme]
process, to [instructions]; execute, to
[programs]

abarbeiten [Programme]
execute, to [programs]

Abarbeitungszeit *f*, Ausführungszeit *f*,
Programmausführungszeit *f*
execution time, program execution time

Abarbeitungszyklus *m*, Ausführungszyklus *m*,
Programmausführungszyklus *m*
execution cycle, program execution cycle

Abätzen *n*
etch removal

abätzen
etch off, to

Abätzmethode *f* [Leiterplatten]
etch-down method [printed circuit boards]

Abbau des Isolationswiderstandes *m*
insulation resistance degradation, IR
degradation

Abbild *n*, Bild *n*, Muster *n*
image, pattern

abbilden
image, to

abbilden, simulieren, nachbilden
simulate, to

Abbildung *f*
mapping

Abbildung *f*, Bild *n*
display, image, figure, picture

Abbildung *f*, Simulation *f*, Nachbildung *f*
[Abbilden eines wirklichen Systems durch ein
Modell]
simulation [representation of a real world
system by a model]

Abbildungsgenauigkeit *f* [Leiterplatten]
registration accuracy [printed circuit boards]

Abbildungsverfahren *n*
imaging technique

Abbrechen *n* [eines Rechenverfahrens]
truncation [of a computation process]

Abbrechen *n* [im Dialogfeld]
cancel [in dialog box]

Abbrechen *n*, Abbruch *m*, Programmabbruch *m*,
vorzeitige Beendigung *f*

abnormal termination, abortion, program
abortion

abbrechen, abschneiden [eines
Rechenverfahrens nach vorgegebenen Regeln]
truncate, to [a computation process in
accordance with specified rules]

abbrechen, kontrolliert abbrechen
[Unterbrechung eines laufenden Programmes
durch den Bediener]
abort, to [interruption of a running program
by the operator]

Abbrechfehler *m* [eines Rechenverfahrens]
truncation error [of a computation process]

Abbruch *m*, Abbrechen *n*, Programmabbruch *m*,
vorzeitige Beendigung *f*
abortion, abnormal termination, program
abortion

Abbruchbedingung *f*,
Programmabbruchbedingung *f*
abort condition, program abort condition

Abbruchbefehl *m* [für eine Verbindung]
disconnect command [for a connection]

abbruchfähig [Programm]
abortable [program]

ABD-Technik *f*
alloy bulk diffusion technique

Abdeckband *n*
masking tape

Abdeckbild *n*
resist image

abdecken [bei der Leiterplattenherstellung]
cover, to; mask, to; tent, to [in PCB
fabrication]

Abdeckfolie *f*
dry film resist

Abdecklack *m*
liquid resist

Abdeckmaske *f*, Lackmaske *f*
resist mask, resist, mask

Abdeckschicht *f*
resist coating

Abfall *m*, Spannungsabfall *m*
drop, voltage drop

Abfall *m*, Lawinenabfall *m*
decay, avalanche decay

abfallende Flanke *f*, fallende Flanke *f*, negative
Flanke *f*
Abfall eines digitalen Signals oder eines
Impulses.
falling edge
Decay of a digital signal or a pulse.

abfallverzögert [Relais]
delayed release, slow release [relay]

Abfallzeit *f*, Flankenabfallzeit *f*,
Impulsabklingzeit *f*, Fallzeit *f* [bei Impulsen:
von 90 auf 10% der Impulsamplitude]
fall time [of pulses: from 90 to 10% of pulse
amplitude]

Abfrage *f* [allgemein]

interrogation inquiry, request [general]
Abfrage *f* [Datenbank]
  query [data base]
Abfrage *f* [Zustandsabfrage, z.B. Abfrage der
  Bereitschaft Daten zu senden oder zu
  empfangen]
  poll [condition interrogation, e.g. interrogation
  of readiness to transmit or receive data]
Abfrage von Stammdateien *f*
  master file inquiry
Abfrageanweisung *f*
  inquiry statement
Abfragebetrieb *m*
  polling
Abfragegeschwindigkeit *f*
  interrogation rate
abfragen [Baustein, Gerät usw.]
  poll, to [device, equipment, etc.]
abfragen [sequentielles Suchen]
  scan, to [sequential search]
abfragen
  interrogate, to
Abfrageparameter *m*
  inquiry specifier
Abfragestation *f*
  Eine Datenstation, die für Abfragen, d.h. für
  den Dialog mit dem Rechner eingesetzt wird.
  inquiry station
  A terminal for interrogation purposes, i.e. for
  dialog with the computer.
Abfrageverfahren *n*, Pollingmethode *f* [Abfrage
  der Bereitschaft Daten zu senden oder zu
  empfangen, z.B. Abfrage von
  Peripheriebausteinen durch die Zentraleinheit;
  im Gegensatz zum Interrupt- bzw.
  Unterbrechungsverfahren]
  polling method [technique of interrogating
  readiness to transmit or receive data, e.g.
  interrogation of peripheral devices by central
  processing unit; in contrast to interrupt
  technique]
Abfragezeichen *n* [bei der Datenübertragung]
  enquiry character (ENQ) [in data
  transmission]
Abfragezyklus *m*
  polling cycle
abfühlen, abtasten [eines Speicherträgers]
  read, to; sense, to [a storage medium]
abgedichtet
  sealed
abgeglichen
  aligned, tuned, balanced
abgeleitete Klasse *f*, Subklasse *f* [bei der
  objektorientierten Programmierung: die von
  der obersten Klasse abgeleitete Klasse in einer
  Hierarchie, im Gegensatz zur Basisklasse]
  derived class, subclass [in object oriented
  programming: a class derived from the top class
  in a hierarchy, in contrast to base

class]
abgeschirmt
  shielded
abgeschirmtes Kabel *n*
  shielded cable
abgeschlossene Leitung *f*
  terminated line
abgeschlossenes Programm *n*
  closed program, closed routine
abgesetzt, entfernt
  remote
abgesetzte Peripherie *f*
  remote periphery
abgesetzte Station *f*
  remote station
abgestimmt
  tuned
Abgleich *m*
  alignment
Abgleich nach Einbau *m*
  in-situ alignment
abgleichen
  balance, to; align, to; tune, to
Abgleichfehler *m*, Justierfehler *m*
  alignment error, adjustment error, matching
  error
Abgleichgenauigkeit *f*, Justiergenauigkeit *f*
  alignment accuracy, adjustment accuracy
Abgleichkondensator *m*, Trimmerkondensator
  m [ein einstellbarer Kondensator]
  trimming capacitor, trimmer [a variable
  capacitor]
Abgleichschaltung *f*
  compensating circuit, compensation circuit
Abgleichwiderstand m, Trimmerwiderstand *m*
  [ein einstellbarer Widerstand]
  trimming resistor, trimmer [a variable
  resistor]
abgreifen [einer Spannung]
  tap, to [a voltage]
Abhebetechnik *f* [Lithographie]
  lift-off technique [lithography]
Abhilfe *f* [Fehler]
  remedy [fault]
abhängiger Datensatz *m* [ein Datensatz aus
  einer strukturierten Gruppe; COBOL]
  contiguous record [one of a group of
  structured records; COBOL]
Abklingdauer *f*, Abklingzeit *f*
  decay time
Abkühlen *n*
  cooling down
abkühlen
  cool down, to
Abkürzung *f*, Akronym *n*
  acronym, abbreviation
Ablauf *m*
  flow, sequence
Ablauf *m*, Prozedur *f* [eines Verfahrens]

procedure [of a process]

Ablaufdiagramm *n,* **Flußdiagramm** *n,*
Programmablaufplan *m,* **Ablaufplan** *m*
[Darstellung des Verarbeitungsablaufes mit
genormten graphischen Symbolen]
flow chart [representation of the processing
sequence with the aid of standard graphical
symbols]

ablauffähig [Programm]
run capable [program]

Ablaufphase *f* [eines Programmes]
run phase [of a program]

Ablaufplan *m,* **Flußdiagramm** *n,*
Programmablaufplan *m,* **Ablaufdiagramm** *n*
[Darstellung des Verarbeitungsablaufes mit
genormten graphischen Symbolen]
flow chart [representation of the processing
sequence with the aid of standard graphical
symbols]

Ablaufschaltwerk *n*
sequence processor

Ablaufschritt *m*
step

Ablaufsteuerung *f,* **Folgesteuerung** *f*
sequence control

Ablaufverfolgung *f* [bei der Programmierung]
trace program [during programming]

Ablegeanweisung *f*
put statement

ableiten [Elektronen, Wärme]
drain, to [electrons]; **dissipate, to** [heat]

Ableitkondensator *m,* **Bypass-Kondensator** *m*
bypass capacitor

Ableitstrom *m,* **Leckstrom** *m,* **Kriechstrom** *m*
leakage current

Ableitung *f* [Elektronen, Strom, Wärme]
drainage [electrons, heat], **leakage** [current]

Ableitwiderstand *m,* **Leckwiderstand** *m*
leakage resistance

ablenken [Strahl]
deflect [beam]

Ablenkung *f*
deflection

Abmeldeprozedur *f*
logoff procedure

abmelden, ausloggen
logoff, to

Abnahmeprüfung *f*
acceptance test

Abreißkraft *f*
pull-off strength

Abrufbefehl *m,* Holbefehl *m*
fetch instruction

abrufen, aufrufen [ein Programm]
call, to [a program]

abrufen, holen [z.B. Daten aus dem Speicher]
fetch, to [e.g. data from storage]

Abrufphase *f,* Befehlsabrufphase *f*
[Mikroprozessor]

Eine der drei Phasen bei der Ausführung eines
Befehls; die beiden anderen Phasen sind die
Decodier- und die Ausführungsphasen.
Während der Befehlsabrufphase interpretiert
der Mikroprozessor das aus dem Speicher
gelesene Wort als Befehl.
fetch phase [microprocessor]
One of the three phases when executing an
instruction; the other two are the decoding and
the execution phases. During the fetch phase
the microprocessor interprets the word read out
of storage as an instruction.

Abrufsperre *f* [Mikroprozessor]
fetch protection [microprocessor]

abrunden [zum nächst niedrigeren Wert]
round down, to [to the next lower value]

absaugen, auspumpen
exhaust, to

Abschälkraft *f*
peel-off strength

Abschalten *n,* Sperren *n* [bei Ein- bzw.
Ausgängen]
disable, inhibit [inputs or outputs]

abschalten, ausschalten, inaktivieren
switch-off, to; disable, to; inactivate, to

Abschaltthyristor *m,* GTO-Thyristor *m*
gate turn-off thyristor (GTO thyristor)

Abschaltverzögerungszeit *f*
turn-off delay time

Abscheidung *f*
deposition

Abscheidung aus einem Plasma *f,* PECVD-
Verfahren *n*
Ein Verfahren zur Abscheidung von
Isolierschichten bei der Herstellung
integrierter Schaltungen, das niedrigere
Abscheidetemperaturen ermöglicht, als das
konventionelle CVD-Verfahren.
**plasma-enhanced chemical vapour
deposition,** PECVD process
A process used for forming dielectric layers in
integrated circuit fabrication which allows
lower deposition temperatures to be used than
the conventional CVD process.

Abscheidungsverfahren *n*
deposition process

abschirmen
shield, to

Abschirmung *f*
shield, shielding

Abschneiden *n*
clipping

abschneiden
clip, to

abschneiden, abbrechen [eines
Rechenverfahrens nach vorgegebenen Regeln]
truncate, to [a computation process in
accordance with specified rules]

Abschwächer *m,* Dämpfungsglied *n*

attenuator
absichern [durch eine Sicherung]
  protect by fuse, to
absolute Adresse *f*, Maschinenadresse *f*,
  physikalische Adresse *f* [tatsächliche oder
  permanente Adresse eines Speicherplatzes; im
  Gegensatz zur relativen, symbolischen oder
  virtuellen Adresse]
  absolute address, machine address, physical
  address [actual or permanent address of a
  storage location; in contrast to relative,
  symbolic or virtual address]
absolute Grenzdaten *n.pl.* [Halbleiterbauteile]
  Grenzwerte (z.B. Spannungen, Ströme,
  Temperaturen usw.), bei deren Überschreitung
  das Halbleiterbauteil beschädigt oder zerstört
  werden kann.
  absolute maximum ratings [semiconductor
  devices]
  Limiting values (e.g. voltages, currents,
  temperatures, etc.) which, when exceeded, may
  lead to permanent damage or destruction of the
  semiconductor device.
absolute Programmierung *f*, Programmierung
  mit absoluten Adressen *f*
  Programmierung mit Maschinenadressen und
  maschineninternen Codes, im Gegensatz zu
  symbolischer Programmierung.
  absolute programming
  Programming with machine addresses and
  machine-internal operation codes, in contrast to
  symbolic programming.
Absolutlader *m* [Programmlader]
  absolute loader [program loader]
Absolutwert *m*
  absolute value
abspringen [Verlassen eines Programmes
  mittels Sprungbefehl]
  jump, to [leave program with jump
  instruction]
absteigend [Reihenfolge]
  descending [order]
absteigende Reihenfolge *f*, fallende Ordnung *f*
  descending order
absteigender Sortierbegriff *m*
  descending key
Abstimmdiode *f*
  tuning diode
Abstimmen *n*, Abstimmung *f*
  tuning
Abstimmung *f*, Abstimmen *n*
  tuning
Abstrahlung *f*, Strahlung *f*
  radiation, irradiation
abstrakter Datentyp *m*
  abstract data type
abstreichen [von Stellen einer Zahl]
  cut-off, to [digits of a number]
Absturz *m*, Rechnerabsturz *m*

crash, computer crash
Abtast- und Halteschaltung *f*,
  Momentanwertspeicher *m*
  Eine Schaltung, bei der ein analoges Signal
  zwischengespeichert wird und zur
  Weiterverarbeitung abgefragt werden kann. Sie
  wird unter anderem bei Analog-Digital-
  Umsetzern eingesetzt.
  sample-and-hold circuit (S/H circuit)
  A circuit used to hold an analog signal until it
  is needed for further processing. A typical
  application is in analog-to-digital converters.
Abtasten *n*, Abtastung *f*
  scanning, sampling
abtasten, abfühlen [eines Speicherträgers]
  read, to; sense, to [a storage medium]
abtasten, lesen [eines Speichers]
  sense, to; read, to [a storage device]
abtasten, scannen [Bild]
  scan, to [image]
Abtaster *m*, Scanner *m*
  scanner
Abtastfehler *m*, Scanfehler *m*
  scanning error
Abtastfrequenz *f*, Zeilenfrequenz *f* [Anzahl
  Bildschirm-Zeilen mal Bildwiederholungen/s]
  scanning frequency [number of screen lines
  times picture repetition rate/s]
Abtastgatter *n*
  sampling gate
Abtastgeschwindigkeit *f*
  scanning rate, sampling rate
Abtastkopf *m*
  sensing head
Abtastoszillograph *m*
  sampling oscilloscope
Abtastperiode *f*
  sampling period, scanning period
Abtastung *f*, Abtasten *n*
  scanning, sampling
Abtastzeit *f*
  sampling time, scanning time
abwandern, driften
  drift, to
abwärts blättern, vorwärts blättern
  page down, to
abwärtszählen, herunterzählen,
  rückwärtszählen
  count downwards, to
Abwärtszähler *m*, Rückwärtszähler *m*
  down counter, decrementer
abwechselndes Ein- und Ausspeichern *n* [von
  Daten]
  roll-in/roll-out [of data in storage]
Abweichung *f*, Sollwertabweichung *f*
  deviation
AC-System *n*, adaptive Steuerung *f*, adaptive
  Regelung *f*
  adaptive control (AC)

ACE-Technik *f*
Ein Gate-Array-Konzept in spezieller
emittergekoppelter Logik, mit dem sich
integrierte Semikundenschaltungen realisieren
lassen.
ACE (advanced custom emitter-coupled logic)
A gate array concept for producing semicustom
integrated circuits.
ADA [höhere, problemorientierte
Programmiersprache auf PASCAL-Basis]
ADA [high-level problem-oriented
programming language based on PASCAL]
Adapter *m* [ein mechanisches Bauteil zum
Verbinden von Steckern, Einschüben usw.]
adapter [a mechanical device for joining
connectors, plug-in units, etc.]
adaptive Regelung *f,* adaptive Steuerung *f,* AC-
System *n*
adaptive control (AC)
Addendenregister *n* [Register zur Aufnahme
des Summanden]
addend register [register for taking up the
addend]
Addier-Subtrahierglied *n* [eine
Rechenschaltung, die entsprechend dem
Steuersignal als Addierer oder Subtrahierer
wirkt]
adder-subtracter [a computation circuit that
acts as an adder or a subtracter depending on
the control signal]
Addier-Subtrahierregister *n*
adder-subtract register
Addier-Subtrahierzähler *m*
adder-subtract counter
Addierer *m,* Addierglied *n*
Eine logische Schaltung mit mehreren
Eingängen, deren Ausgang die Summe der
digitalen Eingangssignale liefert.
adder
A logical circuit with several inputs and whose
output supplies the sum of the digital input
signals.
Addierer mit Übertragsvorausberechnung *f*
carry look-ahead adder
Addiermaschine *f,* Rechenmaschine *f*
calculator, adding machine
Addierschaltung *f* [logische Schaltung für die
Summenbildung]
adder circuit [logical circuit for effecting an
addition]
Addierzähler *m*
accumulating counter
Addition *f* [die Grundlage aller arithmetischen
Operationen in einem Rechner, d.h. auch der
Subtraktion, Multiplikation, Division und des
Wurzelziehens]
addition [the basis for all arithmetic
operations in a computer, i.e. also for
subtraction, multiplication, division and root

extraction]
Additionsanweisung *f* [eine
Programmanweisung]
add statement [a programming statement]
Additionsbefehl *m*
add instruction
Additionsmaschine *f,* Saldiermaschine *f*
adding machine, calculator
Additionszeit *f* [die für eine Addition benötigte
Zeit]
add time [the time required for an addition]
Additionszyklus *m*
add cycle
additives Verfahren *n*
Verfahren zur Herstellung von
Verdrahtungsmustern auf Leiterplatten durch
Siebdruck oder galvanisches Auftragen von
Kupfer.
additive process
Process for forming conductive patterns on
printed circuit boards by silk-screen printing or
copper plating.
Admittanz *f,* Scheinleitwert *m*
admittance
Adreßansteuerung *f,* Adressenansteuerung *f,*
Adressenanwahl *f*
address selection
Adreßanzeige *f*
address display
Adreßbereich *m* [die Gesamtheit der
Maschinenadressen]
address range [the complete range of machine
addresses]
Adreßbestimmung *f,* Adressenrechnung *f*
address calculation
Adreßbit *n*
address bit
Adreßbus *m,* Adressenbus *m* [gemeinsame
Signalleitung für Adressen]
address bus [common signal path for
addresses]
Adreßbusbreite *f* [Breite in Bit des Adreßbuses]
address bus width [width in bits of address
bus]
Adreßdatei *f*
address file
Adreßdecodierer *m*
address decoder
Adresse *f* [Kennzeichen eines Speicherplatzes
usw.]
address [identification of a storage location,
etc.]
Adressenansteuerung *f,* Adreßansteuerung *f,*
Adressenanwahl *f*
address selection
Adressenanwahl *f,* Adreßansteuerung *f,*
Adressenansteuerung *f*
address selection
Adressenarithmetik *f*

address arithmetic
Adressenbus *m*, **Adreßbus** *m* [gemeinsame
Signalleitung für Adressen]
address bus [common signal path for
addresses]
Adresseneingang *m*
address input
Adressenformat *n*, **Adreßformat** *n* [Anordnung
der Adreßteile einer Anweisung]
address format [arrangement of address parts
of an instruction]
adressenfreie Programmierung *f*, symbolische
Programmierung *f*
symbolic programming
Adressenhaltezeit *f* [integrierte
Speicherschaltungen]
address hold time [integrated circuit
memories]
Adressenmodifikation *f*
address modification
Adressenrechnung *f*, Adreßbestimmung *f*
address calculation
Adressenregister *n*, Adreßregister *n*
address register
Adressenspeicher *m*, Adreßspeicher *m*
address memory, address buffer
Adressenspeicherfreigabe *f* [integrierte
Speicherschaltungen]
address latch enable (ALE) [integrated
circuit memories]
Adressenteil *m* [Bereich eines Befehls, der
Adressen enthält]
address part [part of instruction containing
addresses]
Adressenübernahmeregister *n* [integrierte
Speicherschaltungen]
address latch [integrated circuit memories]
Adressenvorbereitungszeit *f* [integrierte
Speicherschaltungen]
address set-up time [integrated circuit
memories]
Adressenzugriffszeit *f*, Adreßzugriffszeit *f*
address access time
Adressenzähler *m*, Adreßzähler *m*
address counter
Adreßfeld *n*
address field, address array
Adreßformat *n*, Adressenformat *n* [Anordnung
der Adreßteile einer Anweisung]
address format [arrangement of address parts
of an instruction]
adreßfreier Befehl *m*, adreßloser Befehl *m*
[Befehl, der keine Operandenadresse benötigt]
addressless instruction [instruction that
needs no operand address]
adressierbar
addressable
adressierbares Register *n*
addressable register

Adressierfähigkeit *f*
addressability
Adressierung *f*, Adressierungsmethode *f*,
Adressierverfahren *n*
Man unterscheidet hauptsächlich zwischen
absoluter, relativer, direkter, indirekter,
indizierter, symbolischer und virtueller
Adressierung.
addressing, addressing technique
Major addressing techniques are absolute,
relative, direct, indirect, indexed, symbolic and
virtual addressing.
Adressierung für direkten Zugriff *f*
random-access addressing, random
accessing
Adressierungsart *f*
addressing mode
Adressierverfahren *n*, Adressierung *f*,
Adressierungsmethode *f*
Man unterscheidet hauptsächlich zwischen
absoluter, relativer, direkter, indirekter,
indizierter, symbolischer und virtueller
Adressierung.
addressing, addressing technique
Major addressing techniques are absolute,
relative, direct, indirect, indexed, symbolic and
virtual addressing.
Adreßindex *m*
address index
Adreßleerstelle *f*
address blank
Adreßliste *f*
address table, directory
adreßloser Befehl *m*, adreßfreier Befehl *m*
[Befehl, der keine Operandenadresse benötigt]
addressless instruction [instruction that
needs no operand address]
Adreßmarke *f*
address marker
Adreßprüfung *f*
address check, address verification
Adreßpuffer *m* [Pufferspeicher für Adressen]
address buffer [buffer storage for addresses]
Adreßraum *m* [vollständiger Bereich der
Adressen im Speicher]
address space [complete range of addresses in
memory]
Adreßregister *n*, Adressenregister *n*
address register
Adreßspeicher *m*, Adressenspeicher *m*
address memory, address buffer
Adreßspur *f*
address track
Adreßsteuereinheit *f*
address control unit
Adreßsteuerung *f*
address control
Adreßtreiberstufe *f*
address drive stage

Adreßüberwachung *f*
  address monitoring
Adreßumwandlung *f*
  address conversion
Adreßwert *m*
  address value
Adreßzähler *m*, Adressenzähler *m*
  address counter
Adreßzugriffszeit *f*, Adressenzugriffszeit *f*
  address access time
Adreßzuordnung *f*
  address allocation, address assignment
ADU *m*, Analog-Digital-Umsetzer *m* [setzt ein
  analoges Eingangssignal in ein digitales
  Ausgangssignal um]
  ADC, analog-to-digital converter [converts an
  analog input signal into a digital output signal]
AFR, automatische Frequenzregelung *f* [bei
  Übertragungssystemen]
  AFC, automatic frequency control [in
  transmission systems]
Aiken-Code *m* [ein vierstelliger Binärcode für
  Dezimalziffern, auch 2-4-2-1-Code genannt]
  Aiken code [a four-bit binary code for decimal
  digits, also called 2-4-2-1 code]
AIM-Verfahren *n*
  Ein Verfahren zur Programmierung von
  Festwertspeichern.
  AIM process (avalanche induced migration
  process)
  A method used for programming read-only
  memories.
AIX [UNIX-Version von IBM]
  AIX (Advanced Interactive Executive) [UNIX
  implementation by IBM]
Akkumulator *m*, Rechenregister *n* [Register,
  welches das Ergebnis einer Operation
  speichert]
  arithmetic register, accumulator [register
  storing the result of an operation]
akkumulieren
  accumulate, to
akkumulierter Fehler *m*
  accumulated error
Akronym *n*, Abkürzung *f*
  acronym, abbreviation
aktive Aufgabe *f*
  active task
aktive LCD-Anzeige *f* [Flüssigkristallanzeige
  mit interner Elektronik]
  active LCD [liquid crystal display with
  internal electronics]
aktive Schleife *f* [wiederholte Ausführung einer
  Anweisung]
  active DO loop [repetitive execution of same
  statement]
aktive Seite *f*
  active page
aktiver Bereich *m* [eines

Halbleiterbauelementes]
  active region [of a semiconductor component]
aktiver Drucker *m*
  active printer
aktiver Pegel *m*
  active level
aktiver Vierpol *m*
  active two-port network
aktives Element *n*
  Ein Bauelement, das zur Verstärkung oder
  Steuerung eines Signals benutzt wird, z.B. ein
  Transistor oder eine Diode.
  active element
  An element which amplifies or controls a
  signal, e.g. a transistor or a diode.
aktives Fenster *n*
  active window
aktives Halbleiterbauelement *n*
  active semiconductor component
Aktiveranweisung *f* [COBOL]
  enable statement [COBOL]
aktivieren
  activate, to; enable, to
Aktivierung *f*, Anregung *f*, Erregung *f*
  stimulation, excitation
Aktivierungsenergie *f* [Halbleitertechnik]
  Arbeit, die erforderlich ist, um einen
  Ladungsträger in ein höheres Energieniveau zu
  überführen.
  activation energy [semiconductor technology]
  Work required to transfer a charge carrier to a
  higher energy level.
Aktivspeicher *m*
  active storage
aktualisieren, fortschreiben
  update, to
Aktualisierung *f*, Aktualisieren *n*,
  Fortschreibung *f*
  updating
Aktualisierungsdatei *f*, Änderungsdatei *f*,
  Fortschreibungsdatei *f*
  update file
Aktualisierungsdienst *m*, Änderungsdienst *m*
  updating service
Aktualisierungslauf *m*, Änderungslauf *m*
  updating run
Aktualisierungsperiode *f*, Änderungsperiode *f*
  updating period
Aktualisierungsprogramm *n*,
  Änderungsprogramm *n*,
  Fortschreibungsprogramm *n*
  updating program
Aktualparameter, Argument *n* [Wert einer
  unabhängigen Größe]
  argument [value of an independent variable]
aktuell
  current, present
aktuelle Position *f*
  current position

aktueller Datensatz, aktueller Satz *m*
  current record
aktueller Satzzeiger *m*
  current record pointer
aktuelles Verzeichnis *n*
  current directory
akustische Alarmanzeige *f,* akustischer Alarm
  audible alarm
akustische Oberflächenwelle *f* (AOW)
  surface acoustic wave (SAW)
akustischer Koppler *m* [Datenübertragung
  über Telephonhandapparat]
  acoustic coupler [data transmission via
  telephone handset]
akustischer Speicher *m,* Schallspeicher *m*
  acoustic memory, acoustic storage
Akzeptor *m* [Halbleitertechnik]
  In einen Halbleiter eingebautes Fremdatom
  (oder Gitterfehler), das ein Elektron eines
  benachbarten Atoms aufnimmt und dadurch
  ein Loch (Defektelektron) erzeugt. Die
  Bewegung der Löcher stellt einen positiven
  Ladungstransport durch den Halbleiter dar.
  acceptor [semiconductor technology]
  An impurity (or crystal imperfection), added
  intentionally to a semiconductor, which attracts
  an electron from an adjacent atom thus
  creating a hole. Movement of the holes
  constitutes a positive charge transport through
  the semiconductor.
Akzeptoratom *n*
  acceptor atom
Akzeptorerschöpfung *f*
  acceptor exhaustion
Akzeptorfremdatom *n*
  acceptor impurity
Akzeptorion *n*
  acceptor ion
Akzeptorkonzentration *f*
  acceptor concentration
Akzeptorladung *f*
  acceptor charge
Akzeptorniveau *n*
  acceptor level, acceptor energy state
Algebra der Logik *f,* boolesche Algebra *f*
  [Regeln für die Verknüpfung binärer Größen
  durch logische Operationen wie UND, NICHT,
  ODER usw.]
  boolean algebra [rules for combining binary
  quantities by means of logical operations such
  as AND, NOT, OR, etc.]
algebraische Schreibweise *f*
  algebraic notation
ALGOL (algorithmische Sprache)
  Eine höhere, problemorientierte
  Programmiersprache für technisch-
  wissenschaftliche Aufgaben.
  ALGOL (ALGOrithmic Language)
  A high-level problem-oriented programming

language for engineering and scientific
  purposes.
Algorithmus *m* [Gesamtheit der Regeln zur
  schrittweisen Lösung eines Problems]
  algorithm [complete set of rules for stepwise
  solution of a problem]
Algorithmustabelle *f*
  algorithm table
Aliasname *m* [alternativer Name]
  alias name [alternative name]
allein operierend
  stand-alone
Alleingerät *n,* Einzelgerät *n*
  stand-alone device, stand-alone equipment
Allzweckrechner *m,* Universalrechner *m*
  universal computer
Allzweckregister *n*
  universal register
Alpha-Architektur *f* [von DEC entwickelte 64-
  Bit-RISC-Mikroprozessor-Architektur]
  Alpha architecture [64-bit RISC
  microprocessor architecture developed by DEC]
Alphabet *n* [Zeichenvorrat mit vereinbarter
  Reihenfolge]
  alphabet [character set with defined order]
alphabetische Codierung *f,* Alphacodierung *f*
  [Codierung mit Buchstaben und Sonderzeichen
  aber ohne Ziffern]
  alphabetic coding [coding with letters and
  special characters but without digits]
alphabetische Daten *n.pl.*
  alphabetic data
alphabetische Reihenfolge *f*
  alphabetic order, alphabetic sequence
alphabetische Sortierung *f,* Alphasortierung *f*
  alphabetic sorting
alphabetischer Code *m*
  alphabetic code
alphabetischer Zeichenvorrat *m*
  alphabetic character set
alphabetische Codierung *f,* Alphacodierung *f*
  alphabetic coding
alphanumerisch [Darstellung mit Buchstaben,
  Ziffern, und Sonderzeichen]
  alphanumeric, alphameric [represented by
  letters, digits and special symbols]
alphanumerische Anzeige *f*
  alphanumeric display
alphanumerische Codierung *f*
  alphanumeric coding
alphanumerische Darstellung *f*
  alphanumeric representation
alphanumerische Daten *n.pl.*
  alphanumeric data
alphanumerische Tastatur *f*
  alphanumeric keyboard
alphanumerischer Code *m*
  alphanumeric code
alphanumerischer Zeichenvorrat *m*

alphanumeric character set
alphanumerisches Zeichen *n*
  alphanumeric character
Alphasortierung *f*, **alphabetische Sortierung** *f*
  alphabetic sorting
Alphawort *n* [bestehend aus Alphazeichen]
  alphabetic word [consisting of alphabetic
  characters]
Alphazeichen *n* [bestehend aus Buchstaben oder
  Sonderzeichen aber ohne Ziffern]
  alphabetic character [consisting of letters or
  special characters but no digits]
Alphazeichenfolge *f*
  alphabetic string
ALS-Technik *f*, **ALSTTL-Technik** *f*
  Verbesserte Bipolartechnik (Transistor-
  Transistor-Logik) mit sehr niedriger
  Verlustleistung.
  ALS technology (advanced low-power
  Schottky technology), **ALSTTL technology**
  Improved bipolar technology (transistor-
  transistor logic) with very low power
  dissipation.
Alt-Taste *f*, **Codetaste** *f* [ändert die codierte
  Belegung der nachher betätigten Tasten]
  alt key (alternate coding key) [changes the
  codes of the keys subsequently depressed]
altern
  age, to
Alternativschlüssel *m* [zur Bildung eines
  Alternativindexes]
  alternative key [for forming an alternative
  index]
Alterung *f*
  aging
Alterungsausfall *m*, **Verschleißausfall** *m*,
  Ermüdungsausfall *m*
  wearout failure
Alterungszahl *f*
  aging rate
ALU, arithmetisch-logische Einheit *f*, **Rechenwerk** *n*
  Der Teil der Zentraleinheit im Digitalrechner
  (bzw. Mikroprozessor), der Rechenoperationen
  und logische Verknüpfungen durchführt. Die
  Ergebnisse werden im Akkumulator
  gespeichert.
  ALU, arithmetic logic unit
  The part of the central processing unit in a
  digital computer (or microprocessor) which
  performs arithmetic calculations and logical
  operations. The results are stored in the
  accumulator.
Aluminium *n* (Al)
  Metallisches Element mit guter elektrischer
  Leitfähigkeit; wird für die Herstellung dünner
  Schichten bei der Fertigung diskreter
  Bauelemente und integrierter Schaltungen
  verwendet, sowie für die Herstellung von

Kontakten, Drähten, Leiterbahnen usw.
  aluminium (Al)
  Metallic element with good electrical
  conductivity; used for forming thin layers in
  discrete component and integrated circuit
  fabrication as well as for a variety of contacts,
  wires, interconnections etc.
Aluminium-Gate-Technik *f* [Standard P-MOS-
  Technik]
  Verfahren zur Herstellung von
  Feldeffekttransistoren.
  aluminium-gate technology [standard p-
  MOS technology]
  Process for fabricating field-effect transistors.
Aluminiumoxid *n*
  aluminium oxide, alumina
Aluminiumoxidpassivierung *f*
  [Halbleitertechnik]
  aluminium oxide passivation
  [semiconductor technology]
Aluminiumphosphid *n* (AlP)
  [Verbindungshalbleiter]
  aluminium phosphide (AlP) [compound
  semiconductor]
amorpher Halbleiter *m*, **Glashalbleiter** *m*
  amorphous semiconductor, glass
  semiconductor
amorphes Substrat *n*
  amorphous substrate
Ampere *n* (A) [SI-Einheit des elektrischen
  Stromes]
  ampere (A) [SI unit of electric current]
Amplitude *f*
  amplitude
Amplitudengang *m*, **Amplitudenverlauf** *m*
  Bode-Diagramm *n*
  amplitude-frequency plot, Bode diagram
Amplitudenmodulation *f*
  amplitude modulation
Ampullendiffusion *f* [ein Diffusionsverfahren]
  closed-tube process [a diffusion process]
analog [Darstellung durch eine physikalische
  Größe]
  analog [representation by a physical
  parameter]
Analog-Digital-Umsetzer *m*, **A/D-Umsetzer** *m*
  (ADU) [setzt ein analoges Eingangssignal in ein
  digitales Ausgangssignal um]
  analog-to-digital converter (ADC) [converts
  an analog input signal into a digital output
  signal]
Analog-Digital-Umsetzung *f*
  analog-to-digital conversion
Analogausgabe *f*, **Analogausgang** *m*, analoger
  Ausgang *m*, analoge Ausgabe *f*
  analog output
Analogausgabeeinheit *f*
  analog output unit
Analogausgang *m*, analoger Ausgang *m*,

Analogausgabe *f*, analoge Ausgabe *f*
analog output
Analogbaustein *m*, **Analoggerät** *n*
analog device, analog equipment
Analogdaten *n.pl.*, analoge Daten *n.pl.*
analog data
analoge Ausgabe *f*, Analogausgang *m*, analoger
Ausgang *m*, Analogausgabe *f*
analog output
analoge Darstellung *f*
analog representation
analoge Daten *n.pl.*, Analogdaten *n.pl.*
analog data
analoge Eingabe *f*, Analogeingang *m*, analoger
Eingang *m*, Analogeingabe *f*
analog input
analoge integrierte Schaltung *f*, integrierte
Analogschaltung *f*
Eine analoge Schaltung in integrierter
Schaltungstechnik. In einer analogen
Schaltung sind die elektrischen
Ausgangsgrößen stetige Funktionen der
Eingangsgrößen.
analog integrated circuit
An analog circuit in integrated circuit
technology. In an analog circuit, the electrical
output variables are a continuous function of
the input variables.
analoge Schaltung *f*, Analogschaltkreis *m*,
Analogschaltung *f*
analog circuit
analoge Steuerung *f*
analog control
Analogeingabe *f*, Analogeingang *m*, analoger
Eingang *m*, analoge Eingabe *f*
analog input
Analogeingabeeinheit *f*
analog input unit
Analogeingang *m*, analoger Eingang *m*,
Analogeingabe *f*, analoge Eingabe *f*
analog input
analoger Ausgang *m*, Analogausgang *m*,
Analogausgabe *f*, analoge Ausgabe *f*
analog output
analoger Eingang *m*, Analogeingang *m*,
Analogeingabe *f*, analoge Eingabe *f*
analog input
Analoggerät *n*, Analogbaustein *m*
analog device, analog equipment
Analogkanal *m*
analog channel
Analogmultiplexer *m*
analog multiplexer
Analogmultiplizierer *m*
analog multiplier
Analogrechner *m*
Ein Analogrechner stellt Rechenaufgabe und
Ergebnis als physikalische Größen dar. Er wird
verwendet, wenn sich die zu lösende Aufgabe
physikalisch gut nachbilden läßt.
analog computer
An analog computer represents computing task
and result in the form of physical quantities. It
is employed when the task can be well
simulated physically.
Analogregistriergerät *n*
analog recorder
Analogschalter *m*
analog switch
Analogschaltung *f*, Analogschaltkreis *m*,
analoge Schaltung *f*
analog circuit
Analogsignal *n*
analog signal
Analogverstärker *m*
analog amplifier
Analogwert *m*
analog value, analog quantity
Analysator *m*
analyzer
Analyse *f*
analysis
analytische Funktion *f*
analytic function
Anbau *m*
externally fitted
anbauen
attach, to; fit, to
Anbauteil *n*
add-on unit
Änderung *f*, Modifikation *f*
modification, change
Änderungsbit *n* [markiert eine Änderung im
Speicher]
change bit [marks a change in memory]
Änderungsdatei *f*, Aktualisierungsdatei *f*,
Fortschreibungsdatei *f*
update file
Änderungsdienst *m*, Aktualisierungsdienst *m*
updating service
Änderungslauf *m*, Aktualisierungslauf *m*
updating run
Änderungsperiode *f*, Aktualisierungsperiode *f*
updating period
Änderungsprogramm *n*,
Aktualisierungsprogramm *n*,
Fortschreibungsprogramm *n*
updating program
Anfangsadresse *f*
start address, initial address
Anfangsbedingung *f*
initial condition
Anfangsbedingungscode *m*
initial condition code
Anfangsetikett *n*, Vorsatz *m*, Anfangskennsatz
header label
Anfangslader *m*, Urlader *m*, Urprogrammlader
m, Bootstrap-Lader *m* [ein Ladeprogramm

(Dienstprogramm), das nach dem Einschalten des Rechners gestartet und u.a. für das Laden des Betriebssystems verwendet wird]
initial program loader (IPL), bootstrap loader [a loading program (utility routine) started when the computer is switched on and used for loading the operating system, etc.]

Anfangsmarke *f* [eines Magnetbandes]
BOT (beginning-of-tape mark) [of a magnetic tape]

Anfangsparameter *m*
initial parameter

Anfangspunkt *m*
initial point

Anfangswert *m*
initial value

Anfangswertanweisung *f* [FORTRAN]
data initialization statement [FORTRAN]

Anfangszeile *f* [einer Anweisung]
initial line [of a statement]

Anforderung *f* [an den Bediener oder an ein Systemteil]
request [addressed to the operator or to a system component]

Anforderungsparameter *m*
request parameter

Anfrage *f* [Informationsanforderung vom Speicher]
request [for information from storage]

Anführungszeichen *n*
quote, quotation mark

angeflanscht
flange mounted

angelochter Lochstreifen *m*
chadless punched tape

angeschlossen, angeschaltet, verbunden
connected

angleichen [Verschieben des Registerinhaltes]
justify, to [shift the contents of a register]

Anheizzeit *f,* Aufwärmzeit *f* [eines Gerätes]
warm-up period, warm-up time [of a device]

Animation *f* [bewegte Graphiken am Bildschirm]
animation [moving graphics on the screen]

Anisotropie *f* [Richtungsabhängigkeit; in einem anisotropen Körper sind die physikalischen Eigenschaften richtungsabhängig]
anisotropy [direction-dependent; in an anisotropic body the physical properties are dependent on direction]

anklicken, klicken [Maustaste kurz drücken und loslassen]
click, to [briefly depressing mouse button]

Ankopplung *f* [galvanische, induktive oder kapazitive Ankopplung]
coupling [galvanic (dc), inductive or capacitive coupling]

anlegen [z.B. eine Spannung, ein elektrisches Feld usw.]
apply, to [e.g. a voltage, an electric field, etc.]

Anmeldeprozedur *f*
login procedure

anmelden, einloggen
login, to; log-on, to; sign-on, to

Annäherung *f,* Approximation *f,* Näherung *f*
approximation

Annäherungsschalter *m,* Näherungsschalter *m*
proximity switch

Annahme *f*
acceptance

Annahmeanweisung *f*
accept statement

annehmbare Qualitätsgrenze *f* (AQL)
acceptable quality level (AQL)

annehmen
accept

annehmende Datenstation *f*
accepting station

Annulieranweisung *f*
cancel statement

Anode *f*
anode

Anodenanschluß *m*
anode terminal

anodenseitig steuerbarer Thyristor *m*
n-gate thyristor

Anodenspannung *f*
anode voltage

anodische Oxidation *f*
anodic oxidation

Anordnung *f*
arrangement, array

Anordnung arithmetischer Daten *f,* arithmetische Anordnung *f*
arithmetic array

Anordnung von Zeichen *f*
character array

Anpaßfeld *n*
interface panel

Anpaßfähigkeit *f*
adaptability

Anpaßstecker *m,* Übergangsstecker *m*
adapter plug

Anpaßteil *n* [elektrisches Bauteil oder Gerät zum Verbinden von Systemteilen]
adaptation [electrical component or unit for connecting subsystems]

Anpassung *f,* Leistungsanpassung *f* [elektrisch]
matching [electrical]

Anpassungsfaktor *m* [Reziprokwert des Welligkeitsfaktors]
inverse SWR [reciprocal value of standing wave ratio, SWR]

Anregung *f,* Erregung *f,* Aktivierung *f*
stimulation, excitation

Anregungsenergie *f*
excitation energy

Anreicherung *f* [Halbleitertechnik]
Erhöhung der Ladungsträgerdichte und damit

der Leitfähigkeit in einem bestimmten Bereich
eines Halbleiters.
enhancement [semiconductor technology]
An increase in the density of charge carriers
and hence in conductivity in a particular region
of a semiconductor.
Anreicherungs-Feldeffekttransistor *m*
enhancement mode field-effect transistor
Anreicherungs-IGFET *m*, Anreicherungs-
Isolierschicht-Feldeffekttransistor *m*
Ein Feldeffekttransistor, bei dem durch
Anlegen einer Gatespannung ein leitender
Kanal entsteht, der den Stromfluß zwischen
Source und Drain ermöglicht. Ohne
Gatespannung ist der Transistor nichtleitend.
**enhancement mode insulated-gate field-
effect transistor**, enhancement-mode IGFET
A field-effect transistor in which, by applying a
gate voltage, a conductive channel is formed
which allows current to flow between source
and drain. Without gate voltage the transistor
is non-conductive.
Anreicherungs-Metall-Halbleiter-FET *m*, E-
MESFET *m*
Feldeffekttransistor des Anreicherungstyps,
dessen Gate aus einem Schottky-Kontakt
(Metall-Halbleiter-Übergang) besteht.
**enhancement mode metal-semiconductor
FET, E-MESFET**
Enhancement-mode field-effect transistor with
a gate formed by a Schottky barrier (metal-
semiconductor junction).
Anreicherungsbetrieb *m* [Halbleitertechnik]
enhancement mode [semiconductor
technology]
Anreicherungstransistor *m*
enhancement mode transistor
Anreicherungszone *f* [Halbleitertechnik]
Bereich eines Halbleiters, in dem eine höhere
Leitfähigkeit durch Erhöhung der
Ladungsträgerdichte erzielt wurde.
enhancement zone [semiconductor
technology]
Region in a semiconductor in which
conductivity is increased by increasing charge
carrier density.
Anruf *m* [Aufbau einer Datenverbindung]
calling [to establish a data connection]
Anrufbeantwortung *f*
answering
anschalten, einschalten
turn-on, to
Anschaltzeit *f*, Aufschaltzeit *f*
log-on/log-off time, connect time
anschließen
connect, to
Anschlußadresse *f* [eines Plattenspeichers]
chaining address [of a disk storage]
Anschlußauge *n*, Lötauge *n* [für die Montage

von Bauteilen vorgesehener Teil des
Leiterbildes bei Leiterplatten]
land, terminal pad [conductive pattern used for
connecting components on PCB]
Anschlußbelegung *f*
pin assignment, pin configuration
Anschlußbezeichnung *f* [integrierte
Schaltungen]
pin designation [integrated circuits]
Anschlußdraht *m*, Zuleitung *f*
lead, connecting wire
Anschlußfleck *m*, Bondinsel *f*,
Kontaktierungsfleck *m* [integrierte
Schaltungen]
bonding pad, external bonding pad
[integrated circuits]
Anschlußfläche *f* [Leiterplatten]
contact pad [printed circuit boards]
Anschlußgerät *n*, Peripheriegerät *n*, peripheres
Gerät *n* [für Dateneingabe, -ausgabe oder -
speicherung]
peripheral unit, peripheral device [for data
input, output or storage]
Anschlußkarte *f*
adapter board
Anschlußkasten *m*
connector box, terminal box
anschlußkompatibel, anschlußstiftkompatibel
[bei Bauelementen]
pin compatible [for components]
anschlußkompatibel, steckerkompatibel
[bezeichnet Geräte, die miteinander
austauschbar sind]
connector-compatible, plug-compatible
[designates interchangeable equipment]
Anschlußloch *n* [Leiterplatten]
component hole [printed circuit boards]
Anschlußschema *n*
wiring layout
Anschlußstift *m*
terminal pin, pin
anschlußstiftkompatibel, anschlußkompatibel
[bei Bauelementen]
pin compatible [for components]
Anschlußtechnik *f*, Verbindungstechnik *f*
interconnection technique
ANSI [die übergeordnete Normungsorganisation
der USA]
ANSI (American National Standards Institute)
Ansprechempfindlichkeit *f*,
Photoempfindlichkeit *f* [Optoelektronik]
photoresponsivity, responsivity
[optoelectronics]
ansprechen, anziehen, erregen [Relais]
actuate, to; operate, to [relay]
Ansprechzeit *f*, Antwortzeit *f*
response time
Ansprungziel *n*, Sprungziel *n*
transfer target

ansteigende Flanke *f,* steigende Flanke *f,*
positive Flanke *f*
Anstieg eines digitalen Signals oder eines
Impulses.
rising edge
Rise of a digital signal or a pulse.
Ansteuerelektronik *f*
control electronics, drive electronics
ansteuern [z.B. eines Gatters]
control, to; drive, to; trigger, to; activate, to
[e.g. a gate]
Ansteuerungsimpuls *m,* Auslöseimpuls *m,*
Triggerimpuls *m* [allgemein]
trigger pulse [general]
Anstiegsgeschwindigkeit *f*
slew rate
Anstiegszeit *f,* Flankenanstiegszeit *f,*
Impulsanstiegsszeit *f* [bei Impulsen: von 10 auf
90% der Impulsamplitude]
rise time [of pulses: from 10 to 90% of pulse
amplitude]
Anti-Alias-Tiefpaßfilter *n* [Signalverarbeitung]
anti-aliasing low-pass filter [signal
processing]
antilogarithmischer Verstärker *m,*
Antilogverstärker *m*
antilog amplifier
Antimon *n* (Sb)
Metallisches Element, das als Dotierstoff
(Donatoratom) verwendet wird.
antimony (Sb)
Metallic element used as a dopant impurity
(donor atom).
antiparallel geschaltet [Schaltung]
connected back-to-back [circuit]
Antiparallelschaltung *f,*
Gegenparallelschaltung *f*
antiparallel connection
Antiqua-Schriftart *f,* Serifen-Schriftart *f* [mit
feinen waagerechten Querstrichen, im
Gegensatz zur serifenlosen bzw. Grotesk-
Schriftart]
serif font [with fine horizontal strokes; in
contrast to sans serif font]
antistatische Matte *f*
antistatic mat
antistatische Sprühdose *f*
antistatic spray
Antivalenz *f,* exklusives ODER *n* [eine logische
Verknüpfung mit dem Ausgangswert 1, wenn
nur einer der Eingänge 1 ist; der Ausgangswert
ist 0, wenn mehrere Eingänge 1 oder wenn alle
0 sind]
exclusive-OR function, XOR function[a
logical operation whose output is 1 if only one of
its inputs is 1; the output is 0 if more than one
input is 1 or if all inputs are 0]
Antivalenzgatter *n,* Antivalenzglied *n*
exclusive-OR gate, exclusive-OR element

Antivalenzschaltung *f,* Exklusiv-ODER-
Schaltung *f,* XOR-Schaltung *f*
exclusive-OR circuit, OR circuit
Antivalenzverknüpfung *f,* Exklusiv-ODER-
Verknüpfung *f,* XOR-Verknüpfung *f*
exclusive-OR operation, XOR operation
Antwortzeit *f,* Ansprechzeit *f*
response time
Anweisung *f* [das Grundelement eines
Programmes; läßt sich in eine Folge von
Befehlen zerlegen]
statement [basic element of a program; can be
split up into a sequence of instructions]
Anweisung ausführen
execute a statement, to
Anweisung für berechneten Sprung *f*
[FORTRAN]
computed GO-TO statement [FORTRAN]
Anweisung für gesetzten Sprung *f*
[FORTRAN]
assigned GO-TO statement [FORTRAN]
Anweisung im Quellenprogramm *f*
source-program statement
Anweisungsmarke *f* [FORTRAN]
statement label [FORTRAN]
Anweisungsname *m*
statement name
Anweisungszeile *f* [eines Programmes]
statement line [of a program]
Anwender-Hotline *f,* Hotline *f*
[Telephonverbindung mit einem Spezialisten,
der Anwenderfragen beantworten kann]
user hotline, hotline [telephone access to a
specialist for answering users' questions]
Anwenderausgangskanal *m*
user output port
Anwenderfenster *n*
application window
Anwendergruppe *f*
user group
anwenderorientiert, benutzerorientiert
user oriented, user specified
Anwenderprogramm *n*
application program, user program
anwenderprogrammierbares Logik-Array *n*
(FPLA), feldprogrammierbares Logik-Array *n*
Ein Gate-Array-Konzept, mit dem sich
integrierte Semikundenschaltungen realisieren
lassen. Die Logik-Arrays lassen sich durch
gezieltes Wegbrennen der
Durchschmelzverbindungen programmieren.
field-programmable logic array, fuse-
programmable logic array (FPLA)
A fusible-link gate array concept for producing
semicustom integrated circuits. The logic
arrays can be field-programmed by selectively
blowing the fuses.
Anwenderprogrammpaket *n*
application program package

Anwendersoftware *f*
  application software
anwenderspezifische integrierte Schaltung *f*
  (ASIC)
  Integrierte Schaltung für eine bestimmte
  Aufgabe, die nach Kundenwünschen völlig neu
  entworfen wird.
  application specified integrated circuit
  (ASIC)
  Integrated circuit for a specific application of
  completely new design according to customer's
  specifications.
Anwendung *f*
  application
anwendungsorientiert
  application oriented
anwendungsorientierte
  Programmiersprache *f*
  application-oriented language
Anwendungssymbol *n*
  application symbol
Anzeige *f*
  display, readout
Anzeigeart *f*
  display mode
Anzeigebaustein *m*, Anzeigemodul *m*
  display device, display module
Anzeigebereich *m*, Bildbereich *m*
  display area, isplace space
Anzeigegerät *n*
  display unit
Anzeigemodul *m*, Anzeigebaustein *m*
  display device, display module
Anzeigentreiber *m*
  display driver
anziehen, ansprechen, erregen [Relais]
  actuate, to; operate, to [relay]
AOW *f* (akustische Oberflächenwelle)
  SAW (surface acoustic wave)
Apertur *f* [Optoelektronik]
  aperture [optoelectronics]
API [Schnittstelle für die
  Anwendungsprogrammierung]
  API (Application Programming Interface)
APL [Programmiersprache]
  Eine höhere, problemorientierte
  Programmiersprache für technisch-
  wissenschaftliche Aufgaben.
  APL (A Programming Language)
  A high-level, problem-oriented programming
  language for engineering and scientific
  applications.
Aplitudenänderung *f*
  amplitude variation
Apostroph *m*
  apostrophe, single quote
Apple-Macintosh-Rechner *m*, Macintosh-
  Rechner *m* [auf Basis der Motorola-68000-
  Prozessorfamilie von Apple entwickelt]

Apple Macintosh computer, Macintosh
  computer [developed by Apple, based on the
  Motorola 68000 processor family]
Approximation *f*, Näherung *f*, Annäherung *f*
  approximation
Approximation der kleinsten Quadrate *f*
  least-squares approximation
Approximationsfehler *m*, Näherungsfehler
  approximation error, truncation error
APT [Programmiersprache für numerisch
  gesteuerte Werkzeugmaschinen]
  APT (automatically programmed tools)
  [programming language for numerically
  controlled machine tools]
APU, Arithmetikprozessor *m*
  Ein Coprozessor in Mikroprozessorsystemen,
  der Rechenoperationen durchführt.
  APU, arithmetic processor, arithmetic
  processing unit
  A coprocessor in microprocessor-based systems
  which performs arithmetic calculations.
AQL, annehmbare Qualitätsgrenze *f*
  AQL (acceptable quality level)
äquivalente Ausgangskapazität *f*
  equivalent output capacitance
äquivalente Driftspannung *f*
  equivalent drift voltage
äquivalente Eingangskapazität *f*
  equivalent input capacitance
äquivalente Rauschleistung *f*
  noise equivalent power (NEP)
äquivalentes Binärzeichen *n*
  equivalent binary digit
Äquivalenz *f* [logische Verknüpfung mit dem
  Ausgangswert (Ergebnis) 1 wenn und nur wenn
  beide Eingänge (Operanden) den gleichen Wert
  (0 oder 1) haben; für alle anderen
  Eingangswerte ist der Ausgangswert 0]
  equivalence function, IF-AND-ONLY-IF
  operation [logical operation having the output
  (result) 1 if and only if both inputs (operands)
  have the same value (0 or 1); for all other input
  values the output is 0]
Äquivalenzgatter *n*, Äquivalenzglied *n*
  equivalence gate, equivalence element
Äquivalenzschaltung *f*
  equivalence circuit
Äquivalenzverknüpfung *f*
  equivalence operation, IF-AND-ONLY-IF
  operation
Arbeiten mit doppelter Wortlänge *f*
  [Erhöhung der Rechengenauigkeit durch
  Verwendung von Rechenworten doppelter
  Länge]
  double-precision working, double-length
  working [increasing computing accuracy by
  using computer words of double length]
Arbeiten mit mehrfacher Wortlänge *n*
  [Rechenverfahren]

multiple-length working [computing procedure]

Arbeitsband *n*
scratch tape

Arbeitsbereich *m* [Bereich im Arbeitsspeicher, der für die Verarbeitung der Daten vorgesehen ist]
scratch area, work area, work file [area in main memory used for processing data]

Arbeitsbereich *m*
operating range

Arbeitsbereich der Eingangsgröße *m* [integrierte Anpaßschaltungen]
signal input range [integrated interface circuits]

Arbeitsblatt *n* [Tabelle in Tabellenkalkulations-Programm
worksheet [table in spreadsheet program]

Arbeitsdatei *f*
scratch file, work file, temporary file

Arbeitskennlinie *f*
operating characteristic

Arbeitsmaske *f* [Maskentechnik]
working plate, working mask [masking technology]

Arbeitsmatrix *f*
function matrix

Arbeitsplatzrechner *m*, Workstation *f* [Rechner mit eigener Programm- und Datenhaltung in einem vernetzten System, z.B. für technisch-wissenschaftliche oder Graphikanwendungen]
workstation [computer with own program and storage facilities in a system network, e.g. for technical and scientific tasks or graphical applications]

Arbeitspunkt *m*
operating point

Arbeitsregister *n*
working register, live register

Arbeitsspeicher *m* [Teil des Hauptspeichers, in dem Daten gespeichert werden; im Gegensatz zum Programmteil]
working storage [that part of the main storage which contains data; in contrast to the program part]

Arbeitsvorbereitung *f*, zeitliche Arbeitsplanung *f*
operations scheduling

Arbitration *f*, Vorrangschaltung *f* [Verfahren zur Lösung von Prioritätskonflikten, z.B. beim Zugriff auf den Hauptspeicher]
arbitration [process of solving priority conflicts, e.g. when accessing the main storage]

ARC-Dateiformat *n* [Dateiformat des Komprimierungsprogrammes ARC]
ARC file format [file format of the ARC compression program]

ARCnet-Netzwerk *n* [lokales Netzwerk]
ARCnet (Attached Resource Computer network) [local area network]

Argument *n*, Aktualparameter [Wert einer unabhängigen Größe]
argument [value of an independent variable]

Arithmetikprozessor *m* (APU)
Ein Coprozessor in Mikroprozessorsystemen, der Rechenoperationen durchführt.
arithmetic processor, arithmetic processing unit (APU)
A coprocessor in microprocessor-based systems which performs arithmetic calculations.

arithmetisch-logische Einheit *f* (ALU), Rechen- und Steuerwerk *n*
Der Teil der Zentraleinheit im Digitalrechner (bzw. Mikroprozessor), der Rechenoperationen und logische Verknüpfungen durchführt. Die Ergebnisse werden im Akkumulator gespeichert.
arithmetic logic unit (ALU)
The part of the central processing unit in a digital computer (or microprocessor) which performs arithmetic calculations and logical operations. The results are stored in the accumulator.

arithmetische Anordnung *f*, Anordnung arithmetischer Daten *f*
arithmetic array

arithmetische Konstante *f*
arithmetic constant

arithmetische Operation *f*, Rechenoperation *f* [eine der vier Grundoperationen]
arithmetic operation [one of the four basic operations]

arithmetische WENN-Anweisung *f* [FORTRAN]
arithmetic IF statement [FORTRAN]

arithmetischer Befehl *m*, Rechenbefehl *m* [Befehl zur Ausführung einer der vier Grundrechenarten, d.h. Addition, Subtraktion, Multiplikation oder Division]
arithmetic instruction [instruction for executing one of the four basic computation operations, i.e. addition, subtraction, multiplication or division]

arithmetischer Operand *m*
arithmetic operand

arithmetischer Sprung *m*
arithmetic jump

arithmetisches Verschieben *n* [Verschieben einer Zeichen- oder Bitfolge]
arithmetic shift [shifting of a character or bit sequence]

ARQ-Verfahren *n* [Übertagungsverfahren mit automatischer Wiederholung von Binärzeichen]
automatic request, ARQ method [transmission with automatic repetition of binary digits]

Arsen *n* (As)
Metallisches Element, das als Dotierstoff

(Donatoratom) verwendet wird.
arsenic (As)
Metallic element used as a dopant impurity
(donor atom).
AS-Technik *f,* ASTTL-Technik *f* [verbesserte
Bipolartechnik]
AS technology, ASTTL technology (advanced
Schottky technology) [an improved bipolar
technology]
ASBC-Technik *f*
Verbessertes Epitaxie-Doppeldiffusions-
verfahren für die Herstellung von bipolaren
integrierten Schaltungen.
ASBC technology (advanced standard buried-
collector technology)
Improved epitaxial double-diffusion process
used for fabricating bipolar integrated circuits.
ASCII-Code *m*
ASCII (American Standard Code for
Information Interchange)
ASCII-Tastatur *f*
ASCII keyboard
ASCII-Zeichensatz *m*
ASCII character set
ASIC, anwenderspezifische integrierte Schal-
tung *f*
Integrierte Schaltung für eine bestimmte
Aufgabe, die nach Kundenwünschen völlig neu
entworfen wird.
ASIC (application specified integrated circuit)
Integrated circuit for a specific application of
completely new design according to customer's
specifications.
Assemblersprache *f*
Maschinenorientierte, symbolische
Programmiersprache.
assembler language, assembly language
Machine-oriented, symbolic programming
language.
assemblieren [übersetzen des in einer
symbolischen Maschinensprache geschriebenen
Programmes in eine Folge von
Maschinenbefehlen]
assemble, to [convert a program written in a
symbolic machine language into a sequence of
machine operating codes]
Assemblierer *m,* Assembler *m*
Übersetzungsprogramm, das ein in
Assemblersprache geschriebenes Programm in
die Maschinensprache übersetzt.
assembler, assembly program
A language translator which translates a
program written in assembly language into a
machine language.
Assemblierphase *f*
assembly phase
Assemblierzeit *f*
assembly time
Assoziativspeicher *m,* CAM,

inhaltsadressierbarer Speicher *m*
Speicher, dessen Speicherelemente durch
Angabe ihres Inhaltes aufrufbar sind und nicht
durch ihre Namen oder Lagen.
CAM (content-addressable memory),
associative memory
Storage device whose storage locations are
identified by their contents rather than by their
names or positions.
astabile Kippschaltung *f* [ohne stabilen
Zustand]
astable multivibrator circuit [without stable
state]
astabiler Multivibrator *m,* freischwingender
Multivibrator *m* [ungesteuerte Kippschaltung,
d.h. ohne Synchronisierungssignal]
free-running multivibrator [an uncontrolled
multivibrator, i.e. without synchronizing
signal]
ASTTL-Technik *f,* AS-Technik *f* [verbesserte
Bipolartechnik]
ASTTL technology, AS technology (advanced
Schottky TTL technology) [an improved bipolar
technology]
asynchron [nicht zeitgebunden bzw. mit
eigenem Takt arbeitend]
asynchronous [without rigid timing or with
own clock]
asynchrone Arbeitsweise *f,* Start-Stop-
Arbeitsweise *f* [Datenübertragung mit
Synchronisierung mittels Start- und Stopbits,
die jedem zu übertragenden Zeichen zugefügt
sind]
start-stop operation, asynchronous operation
[data transmission with synchronization
effected by adding start and stop bits to each
character to be transmitted]
asynchrone Betriebsart *f*
asynchronous mode
asynchrone serielle Schnittstelle *f*
asynchronous serial interface
Asynchronzähler *m,* asynchroner Zähler *m*
asynchronous counter
Asynchronübertragung *f*
asynchronous transmission
AT-Architektur *f* [80286-Prozessor mit 16-Bit-
Datenbus (ISA-Bus)]
AT architecture [80286 processor with 16-bit
data bus (ISA bus)]
AT-Befehlssatz *m* [Hayes-Befehlssatz für
Modem]
AT command set [Hayes command set for
modems]
AT/IDE-Controller *m,* IDE-Controller *m* [im
Festplattenlaufwerk integrierter Controller]
IDE controller, AT/IDE controller (Integrated
Drive Electronics) [controller integrated in
drive]
AT-kompatibler Rechner *m*

AT-compatible computer
AT-Rechner *m*, AT-PC *m* [weiterentwickelter
  IBM PC mit 80286 Prozessor und 16-Bit-
  Adreßbus]
  AT computer, PC AT computer (Advanced
  Technology) [further development of the IBM
  PC based on Intel 80286 processor and 16-bit
  address bus]
ATE, automatische Testeinrichtung *f*,
  automatische Prüfeinrichtung *f*
  ATE, automatic test equipment
Attribut *n* [Deskriptor, der die Eigenschaften
  eines Objektes beinhaltet]
  attribute [descriptor containing the
  characteristics of an object]
Ätzbad *n*
  etching bath
Ätzen *n*
  Häufig auftretender Verfahrensschritt bei der
  Herstellung von Einzelbauelementen und
  integrierten Schaltungen.
  etching
  Widely used processing step in discrete
  component and integrated circuit fabrication.
Ätzfaktor *m*
  etching factor
Ätzgeschwindigkeit *f*
  etch rate
Ätzmaske *f*
  etch resist
Ätzmittel *n*
  etchant
Ätzschritt *m*
  etch step
Ätzverfahren *n*
  etch process, etching process
Ätzvorgang *m*
  etching procedure
auf der Leiterplatte
  on-board
auf Schreibfehler prüfen
  spell check, to; spellcheck, to
auf- und abrollen, blättern [zeilenweises
  Bewegen des Textes auf dem Bildschirm]
  scroll, to [move text line by line on the screen]
Auf-Abwärtszähler *m*
  up-down-counter, incrementer-decrementer
Aufbau *m* [einer Schaltung, eines
  Übertragungskanals usw.]
  setup [of a circuit, transmission channel, etc.]
Aufbau *m* [elektrisch]
  layout
Aufbau *m* [mechanisch]
  design, assembly [mechanical]
Aufbauplatte *f*
  chassis
aufbereiten, editieren, korrigieren
  edit, to
aufbooten, aufstarten, booten [Aufstarten des

Rechners]
  boot up, to [to start up computer]
Aufdampfen *n*
  vapour-phase deposition
Aufdampfen im Vakuum *n*
  Verfahren zur Herstellung dünner Schichten
  aus Metallen oder Oxiden, das bei der
  Fertigung diskreter Bauelemente und
  integrierter Schaltungen eingesetzt wird.
  vacuum evaporation
  Process used for forming thin layers of metals
  or oxides in discrete component and integrated
  circuit fabrication.
Aufdampfverfahren *n*
  vapour-phase deposition process,
  deposition process
Auffang-Flipflop *n*, Latch *n*, Speicher-Flipflop *n*
  Ein spezieller Pufferspeicher, der zur
  Informationsspeicherung während eines
  vorgegebenen Zeitintervalls verwendet wird. Er
  gleicht die unterschiedlichen
  Übertragungsgeschwindigkeiten im
  Datenverkehr zwischen Peripheriebausteinen
  und Mikroprozessor aus.
  latch, set-reset latch, SR latch
  A special type of buffer storage used for
  information storage during a specific time
  interval. It compensates for differing data
  transfer speeds between peripheral devices and
  the microprocessor.
Auffrischbildschirm *m*, Bildschirm mit
  Bildwiederholung *m*
  refresh display
Auffrischen *n* [von Informationen in
  dynamischen Speichern zum Ausgleich von
  Ladungsverlusten]
  refreshing [of information in dynamic
  memories for compensating charge losses]
auffrischen
  refresh, to
Auffrischintervall *n*
  refresh time interval
Auffrischwiederholzeit *f*
  time between refresh
Auffrischzyklus *m*
  refresh cycle
auffüllen [mit Blind-, Füll- oder Leerzeichen,
  d.h. mit Zeichen, die nur aus
  Darstellungsgründen gespeichert werden]
  character fill, to; pad, to [with fill characters,
  pad characters or blanks, i.e. characters stored
  only for display purposes]
Auffüllen *n*
  character filling, padding
auffüllen mit Nullen
  zero-fill, to
Aufgabe *f*, Task *f*, Prozeß *m* [eine in sich
  geschlossene Aufgabe; ein Programmteil]
  task [a self-contained process; part of a

program]
aufgabenabhängig
   task-dependent, task-oriented
aufgabenunabhängig
   task-independent
Aufgabenverwaltung *f*
   task management
aufhängen [unerwarteter Halt im Programm]
   hang up, to [unexpected halt in program]
aufklappbar
   hinged
Auflistung *f*
   listing
Auflösung *f*, Auflösungsvermögen *n*
   resolution
Auflösungsfehler *m*
   resolution error
Auflösungsvermögen *n*, Auflösung *f*
   resolution
Auflösungszeit *f*
   resolution time
Aufmetallisieren *n* [Leiterplatten]
   plating [printed circuit boards]
Aufnahmeloch *n* [Leiterplatten]
   location hole [printed circuit boards]
Aufruf *m* [Befehlsfolge zur Auslösung einer
   Funktion oder Routine]
   call [instruction sequence for initiating a
   function or routine]
aufrufen, abrufen [ein Programm]
   call, to [a program]
aufrunden [zum nächst höheren Wert]
   round up, to [to the next higher value]
Aufschaltzeit *f*, Anschaltzeit *f*
   log-on/log-off time, connect time
Aufschmelzlöten *n*, Reflow-Löten *n* [Verfahren
   zur Behandlung von Leiterplatten]
   reflow soldering [process for the treatment of
   printed circuit boards]
Aufsetztechnik *f*, Oberflächenmontage *f*, SMD-
   Technik *f*
   Technik zur automatischen Bestückung von
   Leiterplatten mit Bauelementen und
   integrierten Schaltungen, wobei die
   Leiterplatten keine Bohrlöcher benötigen.
   surface-mounted device technique, SMD
   technique
   Technique for automatic mounting of
   semiconductor components and integrated
   circuits on printed circuit boards without the
   need for drilled holes.
aufstarten, aufbooten, booten [Aufstarten des
   Rechners]
   boot up, to [to start up computer]
Aufstäubätzung *f*, Sputterätzung *f* [ein
   Ätzverfahren]
   sputter etching [an etching process]
aufsteigend
   ascending, ascending sequence

aufsteigender Sortierbegriff *m*
   ascending key
Aufstellung *f*, Installation *f* [einer Anlage]
   installation [of a system]
aufteilen, teilen
   split, to
Aufteilung *f*, Partitionierung *f* [Festplatten:
   Aufteilung in mehrere logische Laufwerke]
   partitioning [hard disks: subdividing into
   several logical drives]
Auftrag *m*, Job *m*
   job, order
Auftragsdurchführung *f*
   job execution
Auftragsende *n*
   job end
Aufwachsen *n* [Epitaxie]
   growth [epitaxy]
Aufwachsgeschwindigkeit *f*, Aufwachsrate *f*
   [Epitaxie]
   growth rate [epitaxy]
Aufwachsverfahren *n*, Epitaxieverfahren *n*
   Verfahren zum orientierten Aufwachsen einer
   Kristallschicht auf ein kristallines Substrat.
   Die aufgewachsene Schicht und das Substrat
   können die gleiche oder eine unterschiedliche
   Gitterstruktur haben.
   epitaxial growth process
   Process for oriented growth of a crystalline
   layer on a crystalline substrate. Layer and
   substrate can have the same or a differing
   lattice structure.
Aufwärmzeit *f*, Anheizzeit *f* [eines Gerätes]
   warm-up period, warm-up time [of a device]
aufwärts blättern, rückwärts blättern
   page up, to
aufwärtskompatibel [Lauffähigkeit von
   Programmen auf größeren Rechnern]
   upwards compatible [run capability of
   programs on larger computers]
Aufwärtskompatibilität *f*
   upward compatibility
aufwärtszählen, heraufzählen, vorwärtszählen
   count upwards, to
Aufwärtszähler *m*, Vorwärtszähler *m*
   up-counter, incrementer
aufwickeln [Magnetband]
   wind up, to [magnetic tape]
Aufwickelspule *f* [Magnetbandgerät]
   take-up reel [magnetic tape unit]
aufzeichnen
   record, to
Aufzeichnung mit doppelter Dichte *f* [z.B.
   Diskette]
   double-density recording [e.g. floppy disk]
Aufzeichnungsdichte *f* [bei Speichermedien]
   recording density [of storage mediums]
Aufzeichnungsverfahren *n*
   recording mode

ausbauen
upgrade, to; extend, to

Ausbaufähigkeit *f*
upgradability

Ausbeute *f*
yield

Ausblendbefehl *m*
extract instruction

ausblenden, herausziehen, extrahieren
[Herausnehmen von Zeichen aus einer
Zeichenfolge]
extract, to [remove characters from a string]

Ausbreitung *f*, Fortpflanzung *f*
propagation

Ausbreitungsverzögerungszeit *f*,
Verzögerungszeit *f*
Die Verzögerungszeit zwischen der Änderung
eines Signals (bzw. der Umkehrung eines
Logikpegels) am Eingang und dem Auftreten
des Signals am Ausgang.
propagation delay, propagation delay time
Time delay between the change of a signal (or
change in logic level) at the input and the
appearance of the signal at the output.

Ausbreitungswiderstand *m*
spreading resistance

Ausbreitungswiderstandsmethode *f*,
Kontaktwiderstandsmethode *f*
Meßmethode zur Bestimmung des spezifischen
Widerstandes eines Halbleiters.
spreading resistance method
Method for measuring the resistivity of a
semiconductor.

Ausdruck *m*, Druckausgabe *f*
print out, printout

ausdrucken
print out, to

Ausfall *m*, Betriebsstörung *f* [Unfähigkeit, eine
bestimmte Funktion zu erfüllen; Versagen
eines Gerätes]
failure, breakdown, outage [inability to
perform a given function; interruption of
operation]

Ausfalldauer *f*, Ausfallzeit *f*
down-time

Ausfallhäufigkeit *f*
failure frequency

Ausfallhäufigkeitsverteilung *f*
failure frequency distribution

Ausfallkriterien *n.pl.*
failure criteria

Ausfallgefahr *f*
failure danger

Ausfallrate *f*
failure rate

ausfallsicher, betriebsicher, fehlersicher
fail-safe

ausfallsicheres System *n*, störungssicheres
System *n*
fail-safe system

Ausfallsignal *n*
failure signal

Ausfallsummenhäufigkeit *f*
cumulative failure frequency

Ausfallvorhersage *f*, Fehlervorhersage *f*
failure prediction

Ausfallwahrscheinlichkeit *f*
failure probability

Ausfallzeit *f*, Ausfalldauer *f*
down-time

ausführbar
executable

ausführbare Datei *f* [mit Erweiterung ".exe"
oder ".com" in DOS]
executable file [with extension ".exe" or
".com" in DOS]

ausführbares Programm *n*
executable program

ausführen [allgemein]
execute, to [general]

Ausführungsphase *f*
execution phase

Ausführungszeit *f*, Abarbeitungszeit *f*,
Programmausführungszeit *f*
execution time, program execution time

Ausführungszyklus *m*, Abarbeitungszyklus *m*,
Programmausführungszyklus *m*
execution cycle, program execution cycle

Ausgabe *f*, Ausgang *m*
output

Ausgabeband *n*
output tape

Ausgabebefehl *m*
output instruction

Ausgabecode *m*
output code

Ausgabedatei *f*
output file

Ausgabedaten *n.pl.*, Ausgangsdaten *n.pl.*
output data

Ausgabeeinheit *f*
output unit

Ausgabeformat *n*
output format

Ausgabegerät *n*
output device

Ausgabegeschwindigkeit *f*
output rate, output speed

Ausgabemedium *n*
output medium

Ausgabemodus *m*
output mode

Ausgabeprogramm *n*
output program, output routine

Ausgabepuffer *m*, Ausgangspuffer *m*,
Ausgangspufferstufe *f*
output buffer

Ausgabepuffer-Abschaltverzögerung *f*

[integrierte Speicherschaltungen]
output buffer turn-off delay [integrated circuit memories]
Ausgabesignal n, Ausgangssignal n
output signal
Ausgabesperre f
output disable
Ausgabeverteiler m
output multiplexer
Ausgabewarteschlange f
output queue
Ausgang m, Ausgabe f
output
Ausgang mit Drittzustand m, Tri-State-Ausgang m, Dreizustandsausgang m
Ein Ausgang, der neben den beiden aktiven Zuständen (logisch 0 und logisch 1) einen passiven (hochohmigen) Zustand annehmen kann; der dritte Zustand ermöglicht die Entkopplung des Bausteins vom Bus.
three-state output, tri-state output
An output which can assume one of three states: the two active states (logical 0 and logical 1) and a passive (high-impedance) state; this third state enables the device to be decoupled from the bus.
Ausgang mit Negation m
negating output
Ausgangsabschaltzeit f
output disable time
Ausgangsadmittanz f, Ausgangsleitwert m
output admittance
Ausgangsbelastbarkeit f
output loading capability
Ausgangsbelastung f
output load
Ausgangscharakteristik f, Ausgangskennlinie f
output characteristic, output characteristics
Ausgangsdaten n.pl., Ausgabedaten n.pl.
output data
Ausgangsfächerung f, Ausgangslastfaktor m, Fan-Out n
Anzahl Eingänge gleichartiger Schaltungen, mit der der Ausgang einer Logkischaltung belastet werden kann.
fan-out
Number of inputs of similar circuits which can be accomodated by a logic circuit output.
Ausgangsfreigabe f
output enable
Ausgangsfrequenz f
output frequency
Ausgangsgültigkeitszeit f
output data valid time
Ausgangsimpedanz f
output impedance
Ausgangsimpuls m
output pulse
Ausgangsinformation f

output information
Ausgangskanal m
output channel, output port
Ausgangskapazität f
output capacitance
Ausgangskenngröße f
output parameter
Ausgangskennlinie f, Ausgangscharakteristik f
output characteristic, output characteristics
Ausgangskonduktanz f
output conductance
Ausgangskonfiguration f [einer Digitalschaltung]
output configuration [of a digital circuit]
Ausgangslastfaktor m, Ausgangsfächerung f, Fan-Out n
Anzahl Eingänge gleichartiger Schaltungen, mit der der Ausgang einer Logkischaltung belastet werden kann.
fan-out
Number of inputs of similar circuits which can be accomodated by a logic circuit output.
Ausgangsleistung f
output power, power output
Ausgangsleistungsstufe f
power output stage
Ausgangsleitwert m, Ausgangsadmittanz f
output admittance
Ausgangsmaterial n, Grundmaterial n, Substrat n
Das Material (Halbleiterkristall oder Isolator), in oder auf dem Bauelemente oder integrierte Schaltungen hergestellt werden.
starting material, base material, substrate
The material (semiconductor crystal or insulator) in or on which discrete components or integrated circuits are fabricated.
Ausgangspuffer m, Ausgabepuffer m, Ausgangspufferstufe f
output buffer
Ausgangsschaltung f
output circuit
Ausgangssignal n, Ausgabesignal n
output signal
Ausgangsspannung f
output voltage
Ausgangsstrom m
output current
Ausgangsteiler m
output divider
Ausgangstor n
output port
Ausgangswiderstand m
output resistance
ausgeben
output, to; dump, to; write-out, to
ausgeschaltet
off-state, off-status, switched off
Ausgleichsvorgang m, Transient m

[nichtperiodischer Vorgang, z.B. Ein- oder
  Ausschwingvorgang]
  transient [non-periodic phenomenon, e.g. a
  switching transient]
auslagern [in einem
  Mehrbenutzerrechnersystem das Verschieben
  eines im Hauptspeicher residenten
  Programmes in einen Zusatzspeicher]
  swap-out, to [in a time-sharing computer
  system to transfer a program resident in the
  main storage to an auxiliary storage]
Auslagerungsbereich *m*
  swapping area
Auslagerungsdatei *f*
  swap file
auslegen, entwerfen
  configure, to; design, to
Auslegung *f*, Konfiguration *f*
  configuration, design
auslesen, ausspeichern [von Daten aus einem
  Speicher]
  read out, to [data from storage]
ausloggen, abmelden
  logoff, to
Auslösediode *f*, Triggerdiode *f*
  triggering diode
Auslöseimpuls *m*, Ansteuerungsimpuls *m*,
  Triggerimpuls *m*
  trigger, trigger pulse, triggering pulse]
Auslösen *n*, Auslösung *f*, Triggerung *f*
  triggering
auslösen, ansteuern, triggern
  trigger, to
auslösen, einleiten [Datentransfer,
  Programmladen usw.]
  initiate, to [data transfer, program loading,
  etc.]
Auslösepegel *m*, Triggerpegel *m*
  triggering level
Auslöseschaltung *f*, Triggerschaltung *f*
  trigger circuit
Auslösesignal *n*
  initiate signal
Auslösespannung *f*
  trigger voltage
Auslösetransistor *m*, Triggertransistor *m*
  triggering transistor
Auslösung *f*, Auslösen *n*, Triggerung *f*
  triggering
auspumpen, absaugen
  exhaust, to
Aussage *f*
  proposition
Aussagenlogik *f* [duale Aussage: wahr und
  unwahr]
  propositional calculus [dual proposition:
  true and false]
ausschalten, abschalten, inaktivieren
  switch-off, to; disable, to; inactivate, to

Ausschaltzeit *f*
  turn-off time
ausschneiden [Kopieren von Text oder Graphik
  aus einem Dokument in einen temporären
  Speicherbereich (Zwischenablage)]
  cut, to [copy text or graphics from a document
  into a temporary storage (clipboard)]
ausschneiden und einfügen [von Text oder
  Graphik]
  cut-and-paste [for insertion of text or
  graphics]
Außenabscheideverfahren *n*, OVD-Verfahren
  n [ein Abscheideverfahren, das bei der
  Herstellung von Glasfasern eingesetzt wird]
  OVD process (outside vapour deposition
  process) [a deposition process used in glass
  fiber manufacturing]
Außenanschluß *m*
  external contact
Außendatei *f*
  external file
Außenoxidationsverfahren *n*, OVPO-
  Verfahren *n* [ein Oxidationsverfahren, das bei
  der Herstellung von Glasfasern eingesetzt
  wird]
  outside vapour-phase oxidation process
  (OVPO process) [an oxidation process used in
  glass fiber production]
Außenspeicher *m*, Externspeicher *m*, externer
  Speicher *m*
  external memory, external storage, secondary
  storage
äußerer Rand *m*
  outside margin
äußerer Wärmewiderstand *m*
  external thermal resistance
ausspeichern [in einem
  Mehrbenutzerrechnersystem das Verschieben
  eines laufenden Programmes niedriger
  Priorität vom Haupt- in einen Hilfsspeicher]
  roll-out, to [in a time-sharing computer
  system to transfer a running program of low
  priority from main to auxiliary storage]
ausspeichern, auslesen [von Daten aus einem
  Speicher]
  read out, to [data from storage]
austauschbar, auswechselbar
  exchangeable
Austauscheinheit *f*
  replacement unit, interchange unit
austauschen
  replace, to; exchange, to
Austauschformat *n*
  interchange format
Austauschsortieren *n*, Quicksort-Verfahren *n*
  [Sortierverfahren]
  quicksort, partition exchange sort [sorting
  method]
austesten [eines Programmes]

debug, to; test, to [a program]
Austrittsarbeit *f,* Ionisierungsenergie *f*
[Halbleitertechnik]
ionization energy [semiconductor technology]
auswählen [durch Tasten- oder Mausbefehl]
select, to [by keyboard or mouse command]
Auswahlknopf *m*
button, selector button
auswechselbar, austauschbar
exchangeable
auswechselbar, untereinander austauschbar
interchangeable
auswechselbare Platte *f*
exchangeable disk
auswerten [Daten]
evaluate, to [data]
AutoCAD [ein für DOS entwickeltes CAD-
Programm]
AutoCAD [a CAD program developed for DOS]
Automat *m*
automaton
Automatikbetrieb, automatischer Modus *m*
automatic mode
automatische Abarbeitung *f* [Befehle]
automatic sequencing [instructions]
automatische Anmeldung *f*
automatic log-on
automatische Einfädelung *f*
[Magnetbandgeräte]
automatic threading, auto-threading
[magnetic tape units]
automatische Fehlererkennung *f*
automatic error detection
automatische Fehlerkorrektur *f*
automatic error correction
automatische Frequenzregelung *f* (AFR) [bei
Übertragungssystemen]
automatic frequency control (AFC) [in
transmission systems]
automatische Geräteprüfung *f,*
Geräteselbstprüfung *f*
automatic check, hardware check, machine
check
automatische Orthographiefehlerkorrektur
f, automatische Rechtschreibfehlerkorrektur *f*
automatic spelling error correction
automatische Prüfeinrichtung *f,*
automatische Testeinrichtung *f* (ATE)
automatic test equipment (ATE)
automatische Rechtschreibfehlerkorrektur
f, automatische Orthographiefehlerkorrektur *f*
automatic spelling error correction
automatische Seitennumerierung *f*
automatic pagination
automatische Silbentrennung *f,*
automatisches Trennen *n*
automatic hyphenation
automatische Steuerung *f*
automatic control

automatische Testeinrichtung *f,* ATE,
automatische Prüfeinrichtung *f*
ATE, automatic test equipment
automatische Umschaltung *f*
automatic changeover
automatische Verstärkungsregelung *f* (AVR)
[bei Übertragungssystemen]
automatic gain control (AGC) [in
transmission systems]
automatische Zeichenerkennung *f*
automatic character recognition (ACR)
automatischer Abgleich *m*
automatic adjustment
automatischer Modus *m,* Automatikbetrieb
automatic mode
automatischer Vorschub *m* [Drucker]
automatic feed [printers]
automatisches Kopfparken *n* [Festplatten]
automatic head parking [hard disks]
automatisches Laden *n* [Magnetbandgeräte]
autoload, automatic loading [magnetic tape
units]
automatisches Prüfsystem *n*
automatic test system (ATS)
automatisches Trennen *n,* automatische
Silbentrennung *f*
automatic hyphenation
Automatisierung *f*
automation
autonomer Betrieb *m*
autonomous operation
AVR, automatische Verstärkungsregelung *f* [bei
Übertragungssystemen]
AGC, automatic gain control [in transmission
systems]

B

B+-Baum *m* [Erweiterung des B-Baumes]
B+-tree [extended B-tree]
B-Baum *m*, **Binärbaum** *m* [binärer Suchbaum]
B-tree [binary search tree]
Backend-Rechner *m*, **Nachschaltrechner** *m*
back-end processor
Backplane *f*, **Rückwandplatine** *f*,
Verdrahtungsplatine *f* [Leiterplatte, die
sämtliche Verdrahtungen (z.B. Busleitungen)
aller Funktionsteile (Leiterplatten) eines
Mikroprozessorsystems enthält]
backplane [printed circuit board containing all
wiring connections (e.g. bus lines) for all
functional modules (printed circuit boards) of a
microprocessor system]
Backus-Naur-Form *f* (BNF) [formale Notation
zur Beschreibung der Syntax einer
Programmiersprache]
Backus-Naur-Form (BNF) [formal notation
for describing the syntax of a programming
language]
Badewannenkurve *f* [Verlauf der
Ausfallhäufigkeit in Funktion der Zeit;
Lebensdauerkurve mit Früh- und
Verschleißausfällen]
bathtub curve [curve of failure rate as a
function of time; life curve with early failures
and wear-out failures]
Bahnwiderstand *m* [ohmscher Widerstand des
verwendeten Halbleitermaterials]
bulk resistance [ohmic resistance of the
semiconductor material used]
Balkendiagramm *n*, **Säulendiagramm** *n*
bar chart
Balkengraphik *f*, **Säulengraphik** *f*
bar graphics
Bananenstecker *m*
banana plug
Band *n* [einer Datei]
volume [of a file]
Band *n* [Magnetband]
tape [magnetic tape]
Band *n*, **Energieband** *n* [Halbleitertechnik]
Energieband im Bändermodell, das dicht
beieinanderliegende Energieniveaus im
Halbleiterkristall darstellt, die von Elektronen
besetzt werden können. Von Bedeutung beim
Halbleiter sind das Leitungsband und das
Valenzband sowie das dazwischenliegende
verbotene Band bzw. die Energielücke.
band, energy-band [semiconductor technology]
Energy-band in the band diagram representing
closely adjacent energy levels in the
semiconductor crystal which can be occupied by
electrons. Important energy-bands in

semiconductors are the conduction band and
the valence band as well as the forbidden band
(energy gap) separating the conduction from
the valence band.
Band mit simulierten Daten *n*
simulated data tape
Bandabstand *m*, **Energiebandabstand** *m*,
Energielücke *f* Bandlücke *f* [Halbleitertechnik]
In der Darstellung des Bändermodells der
Abstand zwischen Leitungsband und
Valenzband, der Energieniveaus im
Halbleiterkristall bezeichnet, die von
Elektronen nicht besetzt werden können.
band-gap, energy gap [semiconductor
technology]
In the energy-band diagram, the distance
separating the conduction band from the
valence band which represents energy levels
that cannot be occupied by electrons.
Bandanfang *m* [Anfang eines Magnetbandes]
leading end [start of a magnetic tape]
Bandanfangskennsatz *m* [einer Datei]
volume header label [of a file]
Bandanfangsmarke *f* [eines Magnetbandes]
beginning-of-tape mark, beginning-of-tape
marker (BOT) [of a magnetic tape]
Bandanlauf *m* [eines Magnetbandes]
tape start [of a magnetic tape]
Bandaufbereitung *f* [eines Magnetbandes]
tape editing [of a magnetic tape]
Bandaufzeichnungsdichte *f* [bei
Magnetbandgeräten]
tape density, tape recording density [in
magnetic tape units]
Bandblock *m* [bei Magnetbändern]
tape block [of magnetic tapes]
Bandbreite *f* [z.B. einer Verstärkerschaltung:
Frequenzbereich, in dem die
Ausgangssignalamplitude (bei konstanter
Eingangssignalamplitude) um nicht mehr als
einen bestimmten Betrag (z.B. 3 dB) gegenüber
der Bezugsamplitude abfällt; d.h. die Differenz
zwischen der oberen und der unteren
Grenzfrequenz, meistens als -3-dB-Punkte
definiert]
bandwidth [e.g. of an amplifier circuit: the
frequency range in which the output signal
amplitude (with constant input signal
amplitude) does not fall more than a certain
amount (e.g. 3 dB) compared with the reference
amplitude; i.e. the difference between the upper
and the lower cut-off frequencies, usually
defined as -3 dB points]
Bandbreitenprodukt *n*,
Verstärkungsbandbreitenprodukt *n*
[Produkt aus Verstärkungsfaktor und
Bandbreite eines Verstärkers]
gain-bandwidth product [product of
amplification factor and bandwidth in an

amplifier]
Banddatei *f* [auf Magnetband]
  tape file [on magnetic tape]
Bandeingabe *f* [bei Magnetbandgeräten]
  tape input [of magnetic tape unit]
Bandeinheit *f,* Bandgerät *n,* Bandstation, *f*
  [Magnetbandgerät]
  tape station, tape unit [magnetic tape unit]
Bandende *n* [eines Magnetbandes]
  end of tape (EOT) [of a magnetic tape]
Bandende *n,* Datenträgerende [einer Datei]
  end of volume (EOV) [of a file]
Bandendekennsatz *m,*
  Datenträgerendekennsatz *m* [einer Datei]
  end-of-volume label (EOV label) [of a file]
Bandendemarke *f* [eines Magnetbandes]
  end-of-tape mark (EOT mark) [of a magnetic
  tape]
Bändermodell *n,* Energiebändermodell *n*
  [Halbleitertechnik]
  Modell zur Darstellung der Energieniveaus der
  Elektronen in einem Festkörper.
  energy band diagram [semiconductor
  technology]
  Model used for representing the energy levels
  of electrons in a solid.
Bandfehler *m* [eines Magnetbandes]
  tape error [of a magnetic tape]
Bandfehlstelle *f* [eines Magnetbandes]
  bad spot [of a magnetic tape]
Bandgerät *n,* Bandeinheit *f,* Bandstation, *f*
  [Magnetbandgerät]
  tape station, tape unit [magnetic tape unit]
Bandgeschwindigkeit *f* [eines Magnetbandes]
  tape speed [of a magnetic tape]
Bandkabel *n,* Flachkabel *n*
  ribbon cable, flat cable
Bandkante *f,* Energiebandkante *f*
  [Halbleitertechnik]
  In der Darstellung des Bändermodells der
  höchstmögliche Energiezustand eines
  Energiebandes.
  band edge, energy-band edge [semiconductor
  technology]
  In the energy-band diagram, the highest
  possible energy state of an energy-band.
Bandkassette *f* [Magnetbandkassette]
  tape cassette, tape cartridge [magnetic tape]
Bandlader *m* [Programmlader auf Magnetband]
  tape loader [program loader on magnetic tape]
Bandlaufwerk *n* [Magnetbandgerät]
  tape drive [magnetic tape unit]
Bandmarke *f* [eines Magnetbandes]
  tape mark [of a magnetic tape]
Bandpaßfilter *n*
  band-pass filter
Bandsalat *m* [blockiertes Magnetband oder
  blockierter Lochstreifen]
  tape jam [jammed magnetic tape or punched

tape]
Bandsatz *m* [auf Magnetband]
  tape record [on magnetic tape]
Bandspeicher *m,* Magnetbandspeicher *m*
  tape storage, magnetic tape storage
Bandsperrfilter *n*
  band-elimination filter
Bandstation, Bandgerät *n,* Bandeinheit *f, f*
  [Magnetbandgerät]
  tape station, tape unit [magnetic tape unit]
Bandvorsatz *m* [Anfang eines Magnetbandes]
  tape leader [beginning of magnetic tape]
BARITT-Diode *f,* Sperrschicht-Injektions-
  Laufzeitdiode *f* [Halbleiterbauelement für den
  Mikrowellenbereich]
  BARITT diode (barrier injected transit time
  diode) [microwave semiconductor device]
BAS-Signal *n* [Bildinhalt-Austast-Synchron-
  Signal für Bildschirmgerät]
  composite signal [for video display]
BASIC [problemorientierte Programmiersprache;
  wegen ihrer leichten Erlernbarkeit ist sie eine
  weitverbreitete Programmiersprache für
  Mikrocomputer]
  BASIC (beginner's all-purpose symbolic
  instruction code) [problem-oriented
  programming language; since it is easily
  learned, it is widely used for programming
  microcomputers]
Basis *f* [Bipolartransistoren]
  Der Bereich des Bipolartransistors, der
  zwischen Emitter und Kollektor liegt.
  base [bipolar transistors]
  The region of the bipolar transistor between
  emitter and collector.
Basis *f,* Basiszahl *f* [Grundzahl eines
  Zahlensystems; jede beliebige Zahl kann als
  Summe von Vielfachen der Potenzen einer
  Basiszahl dargestellt werden; z.B. die Zahl 7
  zur Basis 2 (Binärsystem) ist gleich $1 \times 2^2 + 1 \times$
  $2^1 + 1 \times 2^0 = 111$]
  base, base number [the radix or base of a
  number system; any number can be
  represented as the sum of multiples of powers
  of a base, e.g. the number 7 to the base 2
  (binary system) is equal to $1 \times 2^2 + 1 \times 2^1 + 1 \times$
  $2^0 = 111$]
Basis-Emitter-Diode *f*
  Ein PN- (bzw. ein NP-) Übergang zwischen
  Basis- und Emitterzone des Bipolartransistors.
  Bei bipolar integrierten Schaltungen die Diode,
  die aus dem Basis-Emitter-Übergang gebildet
  wird.
  base-emitter diode, base-emitter junction
  A pn- (or an np-) junction between base and
  emitter region of the bipolar transistor. In
  bipolar integrated circuits, the diode formed by
  the base-emitter junction.
Basis-Emitter-Kapazität *f*

base-emitter capacitance

Basis-Emitter-Signal *n*
base-emitter signal

Basis-Emitter-Spannung *f*
base-emitter voltage

Basis-Emitter-Spannungsabfall *m*
base-emitter voltage drop

Basis-Emitter-Sättigungsspannung *f*
base-emitter saturation voltage

Basis-Emitter-Vorspannung *f*
base-emitter bias

Basisadresse *f,* Grundadresse *f,* Bezugsadresse *f*
[bildet zusammen mit der Distanzadresse die absolute Adresse, d.h. die permanente Adresse eines Speicherplatzes]
base address [forms together with the displacement address the absolute address, i.e. the permanent address of a storage location]

Basisanschluß *m,* Basiskontakt *m*
base terminal, base contact

Basisausbreitungswiderstand *m*
base-spreading resistance

Basisbereich *m,* Basiszone *f*
base region

Basisdienstprogramm *n* [ausgewähltes Dienstprogramm]
basic utility [selected utility program]

Basisdiffusion *f*
Diffusion des Basisbereiches bei der Fertigung von bipolaren Bauelementen oder bipolaren integrierten Schaltungen.
base diffusion step
Diffusion of the base region in bipolar component or bipolar integrated circuit fabrication.

Basisdiffusionsisolation *f,* Isolation durch Basisdiffusion *f,* BDI-Technik *f*
Isolationsverfahren für integrierte Bipolarschaltungen.
base diffusion isolation technology, BDI technology
Technique for achieving electrical isolation in bipolar integrated circuits.

Basisdotierung *f*
Dotierung des Basisbereichs bei der Fertigung von bipolaren Bauelementen oder integrierten Schaltungen.
base doping
Doping of the base region in bipolar component or integrated circuit fabrication.

Basiselektrode *f*
base electrode

Basisflächenwiderstand *m*
base-sheet resistance

Basisimpedanz *f*
base impedance

Basisklasse *f,* Superklasse *f* [bei der objektorientierten Programmierung: die oberste Klasse in einer Hierarchie, im Gegensatz zur abgeleiteten Klasse]
base class, superclass [in object oriented programming: the top class in a hierarchy of classes, in contrast to derived class]

Basiskontakt *m,* Basisanschluß *m*
base terminal, base contact

Basismaterial *n* [Leiterplatten]
base material [printed circuit boards]

Basisschaltung *f* [Transistorgrundschaltung]
Eine der drei Grundschaltungen des Bipolartransistors, bei der die Basis die gemeinsame Bezugselektrode ist.
common base connection [basic transistor configuration]
One of the three basic configurations of the bipolar transistor having the base as common reference terminal.

Basissignal *n*
base signal

Basissoftware *f* [z.B. Betriebssystem, Dienstprogramme und eine Auswahl allgemeiner Anwenderprogramme]
basic software [e.g. operating system, utility programs and a selection of general-purpose application programs]

Basisspannung *f*
base voltage

Basisspitzenspannung *f*
base peak voltage

Basisspitzenstrom *m*
base peak current

Basisstrom *m*
base current

Basisüberschußstrom *m*
base excess current

Basisvorspannung *f*
base bias

Basiswiderstand *m*
base resistance

Basiszahl *f,* Basis *f* [Grundzahl eines Zahlensystems; jede beliebige Zahl kann als Summe von Vielfachen der Potenzen einer Basiszahl dargestellt werden, z.B. die Zahl 7 zur Basis 2 (Binärsystem) ist gleich $1 \times 2^2 + 1 \times 2^1 + 1 \times 2^0 = 111$]
base number, base [radix or base number of a number system; any number can be represented as the sum of multiples of powers of a base, e.g. the number 7 to the base 2 (binary system) is equal to $1 \times 2^2 + 1 \times 2^1 + 1 \times 2^0 = 111$]

Basiszeitkonstante *f*
base time constant

Basiszone *f,* Basisbereich *m*
base region

Batch-Datei *f*
batch file

Batch-Prozedur *f* [wiederkehrende Kommandofolge in DOS]

batch procedure [recurring command sequence in DOS]

batteriebetrieben
battery operated

Baud n [Übertragungsgeschwindigkeit; bei binärer Übertragung = Bit/s]
baud [transmission speed; in the case of binary transmission = bit/s]

Baudot-Code m, **CCITT-Code** m [internationaler Fernschreibcode]
Baudot code, CCITT code [international telegraph code]

Baudrate f [Übertragungsgeschwindigkeit in baud]
baud rate [transmission speed in bauds]

Baudratengenerator m [wird bei der Datenübertragung verwendet]
baud rate generator [used in data communications]

Bauelement n, **Bauteil** n
component

Bauelementendichte f, **Packungsdichte** f
Bei integrierten Schaltungen die Anzahl der Bauelemente pro Chip.
component density, packaging density
In integrated circuits, the number of components per chip.

Baugruppe f, Montage f
assembly

Baugruppe in der Prüfung f
assembly under test

Baugruppenprüfung f
assembly test

Baugruppenträger m, Platinengehäuse n, Leiterplattengehäuse n
card cage, printed circuit board cage, module cage

Baukastenprinzip n, Modularität f
modularity, building-block principle

Baukastensystem n
modular system

Baumdecoder m, Baumdekodierer m
tree decoder

Baumstruktur f [einer Datei oder eines Datenbanksystems]
tree structure [of a file or a data base system]

Bausatz m
kit

Baustein m, Modul m
module, device

Bausteinauswahl f, Chip-Select n
Bei Mikroprozessorsystemen und integrierten Speicherschaltungen ein Signal zur Auswahl eines Bausteins.
chip select (CS)
In microprocessor-based systems and integrated circuit memories, a signal for selecting the desired circuit.

Bausteinauswahl-Rücknahme f

chip deselect, chip deselection

Bausteinauswahlanschluß m
chip-select lead

Bausteinauswahleingang m
chip-select input

Bausteinauswahlerholzeit f
chip-select recovery time

Bausteinauswahlhaltezeit f
chip-select hold time

Bausteinauswahlvorbereitungszeit f
chip-select set-up time

Bausteinauswahlzeit f
chip-select time

Bausteinfreigabe f
Bei Mikroprozessorsystemen und integrierten Speicherschaltungen ein Signal, das einen ausgewählten Baustein für die Ein- bzw. Ausgabe von Daten oder für das Auslesen bzw. Einschreiben von Daten freigibt.
chip enable (CE)
In microprocessor-based systems and integrated circuit memories, a signal which allows data input (output) or reading from (writing into) a selected memory.

Bausteinfreigabeeingang m
chip enable input

Bausteingeometrie f
device geometry

Bausteinsteuerung f
DC (device control)

Bauteil n, Bauelement n
component

Bauteilanordnung f
component layout

Bauteilausfallrate f
component failure rate

Bauteilbestückung f [die Montage von Bauteilen, z.B. auf Leiterplatten]
component insertion [mounting components, e.g. on printed circuit boards]

Bauteildichte f [z.B. auf einer Leiterplatte]
component density [e.g. on a printed circuit board]

Bauteilmontage f
component assembly

Bauteilprüfung f
component test

Bauteilseite f, Bestückungsseite f [einer Leiterplatte]
component side [of a printed circuit board]

Bauteiltoleranz f
component tolerance

Bayessche Statistik f [Wahrscheinlichkeitsrechnung]
Bayesian statistics [probability]

BBD-Schaltung f, Eimerkettenschaltung f [integrierte Ladungstransferschaltung in MOS-Struktur]
bucket brigade device (BBD) [integrated-

circuit charge-transfer device in MOS
structure]
BBS-System *n* [ein System für die Übermittlung
elektronischer Post]
BBS (Bulletin Board System) [electronic
mailbox system]
BCCD, ladungsgekoppelte Schaltung mit
vergrabenem Kanal *f*
BCCD (buried channel charge-coupled device)
BCD, Binärcode für Dezimalziffern *m*, binär
codierte Dezimalziffern *f.pl.* [Darstellung jeder
Ziffer einer Dezimalzahl durch eine Gruppe von
vier Binärzeichen (=Tetrade), z.B. die Ziffer 7
durch 0111]
BCD, binary coded decimals [representation of
each digit of a decimal number by a group of
four binary digits (=tetrade), e.g. the digit 7 by
0111]
BCD-Code *m*
BCD code
BDI-Technik *f*, Isolation durch Basisdiffusion *f*,
Basisdiffusionsisolation *f*
Isolationsverfahren für integrierte
Bipolarschaltungen.
BDI technology (base-diffusion isolation
technology)
Technique for achieving electrical isolation in
bipolar integrated circuits.
Beam-Lead-Technik *f*, Stegetechnik *f*
Kontaktierungstechnik für Halbleiterbauteile
und integrierte Schaltungen. Das Muster für
die Zuführungen zu den Kontaktflecken auf
dem Chip wird während der Bearbeitung des
Wafers direkt auf der Chipoberfläche erzeugt.
Die Stege (beam-leads) ragen nach Zerlegung
des Wafers durch chemisches Ätzen über den
Rand des Chips hinaus.
beam-lead technology
Bonding technique used for semiconductor
devices and integrated circuits. The pattern of
the beams leading to the bonding pads on the
chip are formed on the chip surface during
wafer processing. The beams extend over the
edge of the chip after separation from the wafer
by chemical etching.
Beanspruchung *f* [mechanisch]
stress [mechanical]
Beanspruchungszyklus *m*
stress cycle
bedeutende Ziffer *f* [einer Zahl]
significant digit [of a number]
bedeutungslose Daten *n.pl.*, unwesentliche
Daten *n.pl.*
irrelevant data
Bedienerführung *f*
prompting, operator guidance
Bedienkonsole *f*, Konsole *f*, Bedienungskonsole *f*
console, operator console, operator's console
Bedienungsfeld *n*

control panel
bedienungsfreie Betriebsart *f*
unattended mode, unattended operating
mode
Bedienungskonsole *f*, Konsole *f*, Bedienkonsole *f*
console, operator console, operator's console
Bedienungspult *n*
control console, operator's desk
bedingt [Anweisung]
conditional [statement]
bedingte Anweisung *f*
conditional statement, IF-statement
bedingte Kontrollstruktur *f*, Case-Anweisung *f*
[Programmierung]
case statement [programming]
bedingte Sprunganweisung *f*
conditional jump statement
bedingter Programmstop *m* [zur
Unterbrechung eines Programmes]
conditional breakpoint [for interrupting a
program]
bedingter Sprung *m*, bedingter Sprungbefehl *m*
[ein Sprungbefehl, der ausgeführt wird, wenn
bestimmte Bedingungen erfüllt sind]
conditional jump, conditional jump
instruction [a jump instruction that is followed
when certain conditions are fulfilled]
Bedingung *f*
condition
Bedingungen für den ungünstigsten Fall
f.pl., Worst-Case-Bedingungen *f.pl.*
[Schaltungsauslegung]
worst-case conditions [circuit dimensioning]
beenden [ein Programm]
terminate, to [a program]
Befehl *m* [auf DOS-Ebene oder im
Anwendungsprogramm]
command [at DOS level or within application
program]
Befehl *m* [eine Programmieranweisung zur
Ausführung einer Operation]
instruction [a programming instruction
specifying an operation]
Befehlsabarbeitung *f*, Befehlsausführung *f*
instruction execution
Befehlsabarbeitungszeit *f*,
Befehlsausführungszeit *f*
instruction execution time
Befehlsabruf *m*
fetch, instruction fetch
Befehlsabrufphase *f*, Abrufphase *f*
[Mikroprozessor]
Eine der drei Phasen bei der Ausführung eines
Befehls; die beiden anderen Phasen sind die
Decodier- und die Ausführungsphasen.
Während der Befehlsabrufphase interpretiert
der Mikroprozessor das aus dem Speicher
gelesene Wort als Befehl.
fetch phase [microprocessor]

One of the three phases when executing an
instruction; the other two are the decoding and
the execution phases. During the fetch phase
the microprocessor interprets the word read out
of storage as an instruction.

Befehlsadresse *f* [Adresse des Speicherplatzes
des Befehles]
instruction address [address of storage
location of the instruction]

Befehlsadressenregister *n*
instruction address register (IAR)

Befehlsänderung *f*
instruction modification

Befehlsaufbau *m*, Befehlsformat *n* [Reihenfolge
und Art der Bestandteile eines Befehlswortes]
instruction format [sequence and type of
constituents of an instruction word]

Befehlsausführung *f*, Befehlsabarbeitung *f*
instruction execution

Befehlsausführungsphase *f* [während der
Befehlsausführungsphase interpretiert der
Rechner das aus dem Speicher gelesene Wort
als Datenwort]
execute phase [during the execute phase the
computer interprets the word read out of
storage as a data word]

Befehlsausführungszeit *f*,
Befehlsabarbeitungszeit *f*
instruction execution time

Befehlsblock *m* [eine Gruppe von Befehlen]
instruction block [a group of instructions]

Befehlsdecodierer *m*
instruction decoder

Befehlsfolge *f*
instruction sequence

Befehlsformat *n*, Befehlsaufbau *m* [Reihenfolge
und Art der Bestandteile eines Befehlswortes]
instruction format [sequence and type of
constituents of an instruction word]

Befehlsinterpreter *m*
command interpreter

Befehlskettung *f* [Ablauf mehrerer Befehle ohne
Mitwirkung der Zentraleinheit]
instruction chaining [running several
instructions without intermediary of the CPU]

Befehlslänge *f* [Länge eines Befehlswortes in
bits]
instruction length [length of an instruction
word in bits]

Befehlsliste *f* [Verzeichnis aller Befehle mit
Beschreibung der Funktionen]
instruction list [table of all instructions with
description of functions]

Befehlsmix *m*, Mix *m* [repräsentative
Mischungen von Befehlen für den
Leistungsvergleich verschiedener Rechner]
mix, instruction mix [a representative mixture
of instructions used for comparing the
performance of different computers]

Befehlsprozessor *m*
command processor

Befehlsregister *n* [speichert den Befehl
während seiner Ausführung]
instruction register [stores the instruction
during its execution]

Befehlsschaltfläche *f* [im Dialogfeld zwecks
Auswahl einer Tätigkeit, z.B. "OK" oder
"Abbrechen]
command button [in dialog box for carrying
out an action, e.g. "OK" or "Cancel"]

Befehlsverkettung *f*, Pipe-Operator *m* [erlaubt
die Verkettung von mehreren DOS-Befehlen]
pipe operator [allows several DOS commands
to be cascaded]

Befehlsvorrat *m* [Gesamtheit der Befehle eines
Rechners oder einer Programmiersprache]
instruction set [the complete set of
instructions of a computer or of a programming
language]

Befehlswort *n*
instruction word

Befehlszähler *m*, Programmzähler *m*
[Mikroprozessorsysteme]
program counter [microprocessor systems]

Befehlszeile *f*
command line

Befehlszyklus *m*
instruction cycle

Befestigungsloch *n* [Leiterplatten]
mounting hole [printed circuit boards]

beglaubigtes Prüfprotokoll *n*
certified test record

Begrenzer *m*, Grenzwertstufe *f*
limiter

Begrenzerdiode *f*
limiter diode

Begrenzerschaltung *f*
limiter circuit, limiting circuit

Begrenzertransistor *m*
limiter transistor

Begrenzerverstärker *m*
limiter amplifier

Begrenzung *f*
limit, limitation, limiting

Begrenzungssymbol *n*, Trennzeichen *n*
[Abgrenzung von Datenelementen]
delimiter, separator, separator character
[separates items of data]

Begriffseinheit *f*
entity

Behauptung *f*
assertion

behelfsmäßige Programmkorrektur *f*,
Programmkorrektur *f*
program correction, patch

beidseitige Datenübermittlung *f*
two-way simultaneous communication

Belastbarkeit *f* [z.B. eines Bauelementes]

power rating [e.g. of a component]
Belastung *f*, **Last** *f*
load
Beleg *m*, Dokument *n*
document
Belegspeicher *m*
document storage
belegt, besetzt
occupied, busy
belegter Speicherbereich *m*
occupied storage area
Belegung *f*, Vorbelegung *f* [Dotierungstechnik]
Bei der Zweischrittdiffusion der erste
Diffusionsvorgang (Belegung), an den sich die
Nachdiffusion zur Erzielung der gewünschten
Diffusionstiefe und des gewünschten
Dotierungsprofils anschließt.
predeposition [doping technology]
In two-step diffusion, the first diffusion step
(predeposition) which is followed by the drive-in
cycle in order to obtain the desired diffusion
depth and concentration profile.
Belichtung *f*
exposure
Bemerkung *f*, Kommentar *m* [in einem
Programm: erläutert den Programmierschritt
und wird vom Rechner nicht verarbeitet]
comment, remark [in a program: explains the
programming step and is not processed by the
computer]
bemessen [z.B. ein Bauteil oder eine Schaltung]
dimension, to [e.g. a component or a circuit]
benachbartes Datenfeld *n*
contiguous data item, contiguous item
benannte Konstante *f*
named constant
Benchmark-Lauf *m*, Vergleichslauf *m* [Lauf
eines Bewertungsprogrammes (Benchmark-
Programm) zwecks Bewertung der
Leistungsfähigkeit eines Rechners]
benchmark run [running a benchmark
program for evaluating the performance of a
computer]
Benchmark-Programm *n*,
Bewertungsprogramm *n* [Programm zur
Bewertung der Leistungsfähigkeit
verschiedener Rechner]
benchmark program, benchmark routine
[program to evaluate the performance of
different computers]
Benchmark-Verfahren *n*, Vergleichsverfahren
benchmark test
Benutzer *m*, Anwender *m*
user
Benutzer code *m*
user code
Benutzerbibliothek *f* [Programmsammlung]
user library [collection of programs]
Benutzerdatei *f*

user data file
Benutzerdaten *n.pl.*
user data
benutzerfreundlich
user-friendly
Benutzerhandbuch *n*
user's manual
Benutzerkennsatz *m*
user label
Benutzerkennung *f*, Benutzerkennwort *n*
user identifier
Benutzeroberfläche *f*, Benutzerschnittstelle *f*
user interface
Benutzerorganisation *f*
user organization
benutzerorientiert, anwenderorientiert
user oriented
Benutzerprogramm *n*
user program
benutzerprogrammierbar
user programmable
Benutzerschnittstelle *f*, Benutzeroberfläche *f*
user interface
Benutzerstation *f* [eine Station für den
Informationsaustausch mit dem
Rechnersystem]
user terminal [a terminal for information
exchange with the computer system]
Benutzerstatus *m*
user status, user state
berechnen
calculate, to
Berechnungsmethode *f*, Berechnungsverfahren *n*
computation method
berechtigter Zugriff *m*
authorized access
Bereich *m*
range
Bereich *m*, Zone *f*, Gebiet *n*
Teilgebiet eines Halbleiterkristalls mit
speziellen elektrischen Eigenschaften (z.B. N-
leitend, P-leitend oder eigenleitend).
zone, region
Region in a semiconductor crystal that has
specific electrical properties (e.g. n-type, p-type
or intrinsic conduction).
Bereich einer Variablen *m*
range of a variable
Bereichsschutzschalter *m*
area protect switch
Bereichsumschalter *m* [z.B. eines Meßgerätes]
range switch [e.g. of a measuring instrument]
Bereichsumschaltung *f*
range switching
Bereichsunterschreitung *f*
underflow
bereit
ready (RDY)

bereit, betriebsbereit
 operational, ready
Bereitschaftszeichen *n,* Eingabeaufforderung *f*
 [eines Systems, das auf eine Eingabe durch den
 Bediener wartet]
 prompt [ready symbol of a system waiting for
 an operator input]
Bereitschaftszustand *m,* Reservezustand *m,*
 Wartezustand *m*
 standby state
bereitstellen
 ready, to; enable, to; ready for operation, to
bereitstellen, einplanen
 schedule, to
Bernouilli-Platte *f* [auswechselbare Festplatte]
 Bernouilli disk [exchangeable hard disk]
BERT [Bitfehlerhäufigkeits-Prüfung]
 BERT (Bit Error Rate Test)
Beruhigungszeit *f* [eines Impulses]
 settling time [of a pulse]
Berührungsbildschirm *m,* Berührungstablett *n*
 [Bildschirm kombiniert mit Eingabe-Tablett]
 touch screen, touch panel [screen combined
 with entry tablet]
beschädigen
 damage, to
beschichtet, laminiert
 laminated
beschleunigte Alterung *f,* Raffung des
 Alterungsprozesses *f*
 accelerated aging
beschleunigte Lebensdauerprüfung *f,*
 Lebensdauerraffungsprüfung *f*
 accelerated life test
beschleunigte Prüfung *f,* zeitraffende Prüfung
 f [Prüfung mit einer erhöhten Beanspruchung,
 die so gewählt ist, daß die Prüfzeit verkürzt
 wird]
 accelerated test [test using an increased
 stress level chosen to shorten the test time]
Beschleunigung *f*
 acceleration
Beschleunigungszeit *f*
 acceleration time
beschneiden, trimmen
 trim, to
Beschriftung *f* [Leiterplatten]
 legend, marking [printed circuit boards]
besetzt, belegt
 occupied, busy
Bestandbereinigung *f* [bei Dateien]
 purging [of files]
Bestandspflege *f,* Dateipflege *f,* Dateiwartung *f*
 [die Aktualisierung einer Datei]
 file maintenance [activity of updating a file]
Bestätigungsmeldung *f*
 confirmation message, acknowledgement
 message
Bestimmungsort *m* [der Dateiübertragung]

 destination [of file transfer]
bestpassende Methode *f* [für
 Speicherzuordnung]
 best-fit method [for memory allocation]
bestückte Leiterplatte *f* [mit Bauteilen
 bestückt]
 printed circuit board assembly [with
 components mounted in position]
Bestückung *f* [von Leiterplatten mit Bauteilen]
 mounting [of components on printed circuit
 boards]
Bestückungsautomat *m* [für Bauteile]
 **automatic component insertion
 equipment** [for components]
Bestückungsseite *f,* Bauteilseite *f* [einer
 Leiterplatte]
 component side [of a printed circuit board]
Bestückungswerkzeug *n* [für Bauteile]
 insertion tool [for components]
Bestzeitprogramm *n,* optimales Programm *n*
 [optimal codiertes Programm]
 minimum access program [optimally coded
 program]
Betaversion *f* [Testversion eines Programmes
 vor der endgültigen Herausgabe]
 beta version [test version of program before
 final release]
Betrachtungseinheit *f* [bei der
 Zuverlässigkeitberechnung: System, Anlage,
 Gerät usw.]
 item [in reliability calculation: a system,
 subsystem, unit, etc.]
betreiben [z.B. ein Gerät]
 operate, to [e.g. an equipment]
Betriebsart *f,* Modus *m*
 mode, operating mode, operational mode
Betriebsart "Eingriff" *f*
 interrupt mode
Betriebsart "Halten" *f*
 hold mode
Betriebsart "Rechnen" *f*
 compute mode
Betriebsart "Rücksetzen" *f*
 reset mode
Betriebsartenanwahl *f*
 mode selection
Betriebsartenschalter *m*
 mode switch, mode selector switch
Betriebsartenwähler *m*
 mode selector
Betriebsbedingung *f*
 operating condition
betriebsbereit machen
 **ready for use, to; make ready for
 operation, to**
betriebsbereit, bereit
 operational, ready
Betriebsdatenerfassung *f*
 production data acquisition

Betriebsdauer *f*, Betriebszeit *f*
operating time, up-time
Betriebserde *f* [gemeinsames Bezugspotential
für alle Steuer- und Datenleitungen eines
Rechners]
service ground, signal ground [common
reference potential for all control and data lines
of a computer]
Betriebsfrequenz *f*
operating frequency
betriebsicher, ausfallsicher, fehlersicher
fail-safe
Betriebsmittel *n.pl.*
resources
Betriebsmittelverwaltung *f*
resource management
Betriebsparameter *m*
operational parameter
betriebssicher, zuverlässig
dependable, reliable
Betriebssicherheit *f*, Zuverlässigkeit *f*
dependability, reliability
Betriebsstörung *f*, Ausfall *m* [Unfähigkeit, eine
bestimmte Funktion zu erfüllen; Versagen
eines Gerätes]
failure, breakdown, outage [inability to
perform a given function; interruption of
operation]
Betriebsstrom *m* [z.B. eines Bauteils oder einer
Schaltung]
operating current [e.g. of a device or circuit]
Betriebsstundenzähler *m*
operating time counter, elapsed time
counter
Betriebssystem *n* [steuert und überwacht die
Abwicklung von Programmen im
Rechnersystem; weitverbreitete
Betriebssysteme für Mikrorechner sind z.B.
DOS und UNIX]
operating system (OS) [controls and monitors
the execution of programs in the computer;
examples of widely used operating systems for
microcomputers are DOS and UNIX]
Betriebstaktfrequenz *f*
operating clock frequency
Betriebstemperatur *f*
operating temperature
Betriebstemperaturbereich *m*
operating temperature range
betriebsunfähig machen [Leitung, Gerät usw.]
disable [line, unit, etc.]
Betriebsunterbruch *m*
service interruption
Betriebszeit *f*, Betriebsdauer *f*
operating time, up-time
Betriebszuverlässigkeit *f*
operational reliability
Beweglichkeit *f*, Mobilität *f*
mobility

Bewegungsdatei *f*, Vorgangsdatei *f*
transaction file
Bewegungsprotokoll *n*
activity log
bewertetes Rauschen *n*
weighted noise
Bewertung *f*
evaluation
Bewertungsprogramm *n*, Benchmark-
Programm *n* [Programm zur Bewertung der
Leistungsfähigkeit verschiedener Rechner]
benchmark program, benchmark routine
[program to evaluate the performance of
different computers]
Bewertungspunkt *m*, Vergleichspunkt *m*
[Bewertungspunkt eines Benchmark-
Programmes]
BM (benchmark) [evaluation point of a
benchmark program]
bezeichnen, identifizieren
identify, to
Bezeichner *m*
designator, identifier
Bezugsadresse *f*, Basisadresse *f*, Grundadresse *f*
[bildet zusammen mit der Distanzadresse die
absolute Adresse, d.h. die permanente Adresse
eines Speicherplatzes]
base address [forms together with the
displacement address the absolute address, i.e.
the permanent address of a storage location]
Bezugsband *n* [Magnetband mit bekannten
Eigenschaften]
reference tape, standard tape [tape with
known properties]
Bezugsfrequenz *f*
reference frequency
Bezugspegel *m*
reference level
Bezugspunkt *m*
reference point
Bezugssignal *n*
reference signal
Bezugsspannung *f*, Vergleichsspannung *f*,
Referenzspannung *f*
reference voltage
Bezugsstrom *m*
reference current
Bezugsvorspannung *f*
reference bias
Bezugswert *m*
reference value
BFL, gepufferte FET-Logik *f*
Integrierte Schaltungsfamilie, die mit
Galliumarsenid-D-MESFETs realisiert ist.
BFL (buffered FET logic)
Integrated circuit family based on gallium
arsenide D-MESFETs.
BH-Laser *m* [Halbleiterlaser]
BH laser (buried-heterostructure laser)

[semiconductor laser]
Bibliothek *f* [Satz verwandter Dateien]
library [set of related files]
Bibliotheksdatei *f*
library file
Bibliotheksname *m*
library name
BiCMOS-Technik *f*, bipolare CMOS-Technik *f*
Integrierte Schaltungstechnik, bei der
Bipolartransistoren und CMOS-
Feldeffekttransistoren auf dem gleichen Chip
hergestellt werden.
BiCMOS technology, bipolar CMOS
technology
Integrated circuit technology combining bipolar
transistors and CMOS field-effect transistors
on a single chip.
bidirektionaler Druck *m* [Nadeldrucker]
bidirectional printing [matrix printers]
bidirektionaler Transistor *m*,
Zweirichtungstransistor *m*
bidirectional transistor
BiFET-Technik *f*, bipolare FET-Technik *f*
Integrierte Schaltungstechnik, bei der
Bipolartransistoren und Sperrschicht-
Feldeffekttransistoren auf einem Chip
kombiniert sind. Sie wird vorwiegend für die
Herstellung von integrierten
Analogschaltungen (z.B. von
Operationsverstärkern) eingesetzt.
BiFET technology (bipolar FET technology)
Integrated circuit technology combining bipolar
transistors and junction-type field-effect
transistors on a single chip. Mainly used in
analog integrated circuit fabrication (e.g. for
operational amplifiers).
BIGFET-Technik *f*, bipolare Isolierschicht-
Feldeffekttransistor-Technik *f*
Integrierte Schaltungstechnik, bei der
Bipolartransistoren und Isolierschicht-
Feldeffekttransistoren so integriert werden,
daß die Basis des Bipolartransistors und das
Drain des IGFET eine gemeinsame Zone
bilden.
BIGFET technology (bipolar insulated-gate
field-effect transistor)
Integrated circuit technology integrating
bipolar transistors and insulated-gate field-
effect transistors in such a way that the base of
the bipolar transistor and the drain of the
IGFET form a common zone.
Bild *n*, Abbild *n*
pattern, image
Bild *n*, Abbildung *f*
display, image, figure, picture
Bildabtastung *f*, Scannen *n*
image scanning, scanning
Bildaufbau *m*
image formation

Bildbereich *m*, Anzeigebereich *m*
display space
Bilddurchlaufmodus *m*
scroll mode
Bildlaufleiste *f*, Rollbalken *m* [zur Verschiebung
des Bild- bzw. Fensterinhaltes]
scroll bar [for moving screen or window
contents]
Bildpunkt *m*, Bildelement *n*, Pixel *n*
pixel, picture element
Bildpunktabstand *m* [Abstand zwischen
Leuchtpunkten eines Bildschirms]
dot pitch [spacing between luminous spots of a
screen]
Bildpunktmatrix *f*
pixel matrix
Bildröhre *f*, Kathodenstrahlröhre *f*
cathode-ray tube (CRT), picture tube
Bildschirm *m*
display, screen
Bildschirm mit Bildwiederholung *m*,
Auffrischbildschirm *m*
refresh display
Bildschirm wiederherstellen
restore screen
Bildschirmbereich *m*
screen area
Bildschirmblättern *n*, Rollfunktion *f*
scrolling function
Bildschirmdiagonale *f*
screen diagonal
Bildschirmfenster *n*
screen window
Bildschirmfenstertechnik *f*
screen windowing technique
Bildschirmfilter *n*
screen filter
Bildschirmflimmern *n*
screen flicker
Bildschirmgerät *n*, Datensichtgerät *n*,
Datenstation *f*, Terminal *n*
video display unit (VDU), CRT display unit,
data station, terminal
Bildschirmgröße *f*
screen size
Bildschirmhelligkeit *f*
screen brightness
Bildschirminhalt *m*
screen content
Bildschirmkontrast *m*
screen contrast
Bildschirmpuffer *m*
screen buffer
Bildschirmrand *m*
screen edge
Bildschirmschoner *m*
screen saver
Bildschirmtext-System *n*, Btx-System *n*,
Videotext-System *n* [interaktives System für

die Übermittlung von Text über Fernseh- oder
Telephonkanäle für die Anzeige auf einem
Bildschirm]
videotex, videotext system [interactive system
for text transmission via TV or telephone
channels for display on a screen]
Bildschirmübernahme *f* [Übernahme des
Bildschirminhaltes]
screen grabber, grabber [for capturing screen
content]
Bildsensor *m*
image sensor, vision sensor
Bildsignal *n,* Videosignal *n*
video signal
Bildspeicher *m,* Graphikspeicher *m*
graphic display memory (GDM)
Bildspeicherplatte *f,* Videospeicherplatte *f*
video disk
Bildverarbeitung *f*
image processing
Bildwiederholfrequenz *f*
refresh rate
Bildwiederholspeicher *m*
screen refresh memory
Bimetallschalter *m,* Thermoschalter *m*
bimetal switch, thermal switch
BiMOS-Technik *f,* bipolare MOS-Technik *f*
Integrierte Schaltungstechnik, bei der eine
Kombination von Bipolartransistoren und
MOS-Feldeffekttransistoren auf dem gleichen
Chip verwendet wird.
BiMOS technology (bipolar MOS technology)
Integrated circuit technology combining bipolar
transistors and MOS field-effect transistors on
a single chip.
binär [mit zwei möglichen Werten, z.B. 0 und 1]
binary [with two possible values, e.g. 0 and 1]
binär codierte Adresse *f*
binary coded address
binär codierte Daten *n.pl.*
binary coded data
binär codierte Dezimaldarstellung *f* (BCD-
Darstellung) [Darstellung jeder Ziffer einer
Dezimalzahl durch eine Gruppe von vier
Binärzeichen (=Tetrade), z.B. die Ziffer 7 durch
0111]
binary coded decimal representation (BCD
representation) [representation of each digit of
a decimal number by a group of four binary
digits (=tetrade), e.g. the digit 7 by 0111]
binär codierte Dezimalziffern *f.pl.,* Binärcode
für Dezimalziffern *m*
binary coded decimals (BCD)
Binär-Analog-Umsetzer *m*
binary-to-analog converter
Binär-BCD-Umsetzer *m*
binary-to-BCD converter
Binär-Dezimal-Umsetzer *m*
binary-to-decimal converter

binär-synchrone Datenübertragung *f*
[Protokoll für synchrone byteserielle
Datenübertragung]
binary synchronous communications
(bisync, BSC) [protocol for synchronous byte-
serial data transmission]
Binäraddierer *m*
binary adder
Binärarithmetik *f*
binary arithmetic
Binärbaum *m,* B-Baum *m* [binärer Suchbaum]
B-tree [binary search tree]
Binärbaumdarstellung *f*
binary tree representation
Binärcode *m,* binärer Code *m* [verwendet nur
zwei Zeichen für die Darstellung der zu
codierenden Begriffe]
binary code [uses only two characters for
representing the notions to be coded]
Binärcodierung *f*
binary coding
Binärdarstellung *f,* binäre Darstellung *f*
binary representation
Binärdatei *f*
binary file
binäre Darstellung *f,* Binärdarstellung *f*
binary representation
binäre ganze Zahl *f,* ganze Binärzahl *f,* ganze
Dualzahl *f* [Zahlensysteme]
binary integer [number systems]
binäre Speicherzelle *f,* Binärzelle *f* [eine
Speicherzelle, die ein Binärzeichen enthalten
kann]
binary cell [a storage cell that can hold one
binary character]
binäre synchrone Übertragung *f* [Protokoll
für synchrone byteserielle Datenübertragung]
bisync, BSC (binary synchronous
communications) [protocol for synchronous
byte-serial data transmission]
binäre Zahl *f,* Binärzahl *f*
binary number
Binäreingabe *f*
binary input
Binärentscheidung *f*
logical decision
binärer Code *m,* Binärcode *m* [verwendet nur
zwei Zeichen für die Darstellung der zu
codierenden Begriffe]
binary code [uses only two characters for
representing the notions to be coded]
binärer Fehlererkennungscode *m*
binary-error detecting code
binärer Fehlerkorrekturcode *m*
binary-error correcting code
binärer Festwertspeicher *m,* binäres ROM *n*
binary ROM, binary read-only memory
binäre Variable *f*
binary variable

binäres Komplement *n*, Zweierkomplement *n*
[eine der möglichen Darstellungsformen für
negative Binärzahlen; die negative Zahl
entsteht durch Ändern aller Nullen in Einsen,
aller Einsen in Nullen und Addition einer Eins
an der niederwertigsten Stelle]
binary complement, twos-complement [one
possible type of representation of negative
binary numbers; the negative number is
obtained by changing all zeroes into ones, all
ones into zeroes, and adding a one to the
position having the lowest value]
binäres ROM *n*, binärer Festwertspeicher *m*
binary ROM, binary read-only memory
binäres Schieben *f*, logische Verschiebung *f*
[eine Verschiebung, die auf alle Zeichen eines
Wortes die gleiche Wirkung hat]
logical shift [a shift having the same effect on
all characters of a word]
binäres Schieberegister *n*
binary shift register
binäres Schreibverfahren *n* [bei Speichern]
binary recording mode [for storages]
binäres Suchen *n*, eliminierendes Suchen *n*
[Suchen in einer geordneten Tabelle in jeweils
halbierten Bereichen, wobei der eine Bereich
ausgeschieden und im anderen weitergesucht
wird]
dichotomizing search, binary search [search
in an ordered table by repeated partitioning in
two equal parts, rejecting one and continuing
the search in the other]
Binärfolge *f*
binary sequence
Binärfunktion *f*, Dualfunktion *f*
binary function
Binärinverter *m*
binary inverter
Binärlader *m*
binary loader
Binärmuster *n* [Folge von Binärziffern als
Informationseinheit]
bit configuration [sequence of binary digits
as unit of information]
Binäroperation *f*
binary operation
Binärschaltung *f*
binary circuit
Binärschreibweise *f*
binary notation
Binärsignal *n* [ein Signal mit zwei Pegeln, z.B. 0
und 1]
binary signal [a signal with two levels, e.g. 0
and 1]
Binärstelle mit der höchsten Wertigkeit *f*,
MSB
MSB (most significant bit)
Binärstelle mit der niedrigsten Wertigkeit *f*
(LSB), niedrigstwertiges Bit *n* [Bit mit dem

niedrigsten Stellenwert in einer Binärzahl, z.B.
1 in der Binärzahl 0001]
least significant bit (LSB) [bit with the
lowest value in a binary number, e.g. 1 in the
number 0001]
Binärstufe *f*
binary stage
Binärsuchalgorithmus *m*
binary search algorithm
Binärsystem *n*, Dualsystem *n*, duales System *n*
[Zahlensystem mit der Basis 2]
binary number system [number system with
the basis 2]
Binärteiler *m*
binary divider
Binärwert "Eins" *m*
logic "one"
Binärwert "Null" *m*
logic "zero"
Binärzahl *f*, binäre Zahl *f*
binary number
Binärzähler *m*, Dualzähler *m* [zählt auf
Dualbasis]
binary counter [counts by two]
Binärzeichen *n*, Bit *n* [die kleinste
Darstellungseinheit in einer Binärzahl, d.h. 0
oder 1]
binary digit, bit [the smallest single character
in a binary number, i.e. 0 or 1]
Binärzeichenfolge *f*, Bitfolge *f*
bit string
Binärzelle *f*, binäre Speicherzelle *f* [eine
Speicherzelle, die ein Binärzeichen enthalten
kann]
binary cell [a storage cell that can hold one
binary character]
Bindelader *m*, Programmbinder *m* [Programm
zum Zusammenfügen von mehreren
unabhängigen Programmsegmenten und für
das anschließende Laden]
linking loader, linker [program for linking
several independent program segments and for
loading them subsequently]
binden [bei der Programmierung: das Verbinden
von Objektcodemodulen zu einem ausführbaren
Programm]
link, to [in programming: to combine object
code modules to form an executable program]
Bindestrich *m*
hyphen
Bindungselektron *n*, Valenzelektron *n*
[Halbleitertechnik]
Elektron der äußeren Schale eines Atoms, das
die chemische Wertigkeit bestimmt und die
Bindungskräfte zwischen den Atomen im
Halbleiterkristall bewirkt.
bonding electron, valence electron
[semiconductor technology]
Electron in the outer shell of an atom which

determines chemical valence and generates the
binding forces between the atoms in a
semiconductor crystal.

Bindungskraft *f* [z.B. zwischen Atomen]
   binding force [e.g. between atoms]

BIOS *n,* Ein-Ausgabe-Teil *m* [Teil des
Betriebssystems]
   BIOS (Basic Input-Output System) [part of
   operating system]

bipolare CMOS-Technik *f,* BiCMOS-Technik *f*
Integrierte Schaltungstechnik, bei der
Bipolartransistoren und CMOS-
Feldeffekttransistoren auf dem gleichen Chip
hergestellt werden.
   bipolar CMOS technology, BiCMOS
   technology
   Integrated circuit technology combining bipolar
   transistors and CMOS field-effect transistors
   on a single chip.

bipolare FET-Technik *f,* BiFET-Technik *f*
Integrierte Schaltungstechnik, bei der
Bipolartransistoren und Sperrschicht-
Feldeffekttransistoren auf einem Chip
kombiniert sind. Sie wird vorwiegend für die
Herstellung von integrierten
Analogschaltungen (z.B. von
Operationsverstärkern) eingesetzt.
   bipolar FET technology, BiFET technology
   Integrated circuit technology combining bipolar
   transistors and junction-type field-effect
   transistors on a single chip. Mainly used in
   analog integrated circuit fabrication (e.g. for
   operational amplifiers).

bipolare integrierte Schaltung *f*
   bipolar integrated circuit

**bipolare Isolierschicht-Feldeffekttransistor-
Technik** *f,* BIGFET-Technik *f*
Integrierte Schaltungstechnik, bei der
Bipolartransistoren und Isolierschicht-
Feldeffekttransistoren so integriert werden,
daß die Basis des Bipolartransistors und das
Drain des IGFET eine gemeinsame Zone
bilden.
   **bipolar insulated-gate field-effect
   transistor technology,** BIGFET technology
   Integrated circuit technology integrating
   bipolar transistors and insulated-gate field-
   effect transistors in such a way that the base of
   the bipolar transistor and the drain of the
   IGFET form a common zone.

bipolare MOS-Technik *f,* BiMOS-Technik *f*
Integrierte Schaltungstechnik, bei der eine
Kombination von Bipolartransistoren und
MOS-Feldeffekttransistoren auf dem gleichen
Chip verwendet wird.
   bipolar MOS technology, BiMOS technology
   Integrated circuit technology combining bipolar
   transistors and MOS field-effect transistors on
   a single chip.

bipolare Schaltung *f*
   bipolar circuit

bipolarer Halbleiter *m*
   bipolar semiconductor

bipolarer Speicher *m*
   bipolar memory

bipolarer Sperrschichttransistor *m* (BJT)
   bipolar junction transistor (BJT)

bipolares Bauteil *n*
Halbleiterbauteil, in dem sowohl Elektronen
als auch Defektelektronen (Löcher) zum
Stromfluß beitragen.
   bipolar device
   Semiconductor device in which both electrons
   and holes contribute to current flow.

Bipolartransistor *m*
Transistor, der aus drei unterschiedlich
dotierten Kristallzonen (Emitter, Basis,
Kollektor) und zwei Zonenübergängen (NPN-
oder PNP-Strukturen) besteht.
Bipolartransistoren sind stromgesteuert, im
Gegensatz zu Feldeffekttransistoren, die
spannungsgesteuert sind.
   bipolar transistor
   Transistor comprising three differently doped
   crystal zones (emitter, base, collector) and two
   junctions (npn or pnp-structures). Bipolar
   transistors are current-controlled in contrast to
   field-effect transistors which are voltage-
   controlled.

Bipolartransistor mit Heteroübergang *m,*
HJBT *m*
Extrem schneller Transistor auf
Galliumarsenidbasis; das bipolare Gegenstück
zum HEMT-Feldeffekttransistor.
   HJBT (heterojunction bipolar transistor)
   Extremely fast transistor based on gallium
   arsenide; the bipolar counterpart of the HEMT
   field-effect transistor.

Biquinärcode *m* [ein Code aus 7 Bits, auch
Zwei-aus-Sieben-Code genannt; bei jedem
Zeichen sind fünf der sieben Bits binär Null
und zwei binär Eins, z.B. die Ziffer 7 wird
durch 1000100 dargestellt]
   biquinary code [a code comprising 7 bits, also
   called two-out-of-seven code; in each character
   five of the seven bits are binary zero and two
   are binary one, e.g. the digit 7 is represented by
   1000100]

bistabile Kippschaltung *f,* bistabiler
Multivibrator *m,* Flipflop *n* [eine Schaltung mit
zwei stabilen Zuständen; die Umschaltung von
einem in den anderen Zustand erfolgt durch
einen Auslöseimpuls]
   bistable multivibrator, bistable
   multivibrator circuit, flip-flop [a circuit with
   two stable states; switching from one into the
   other is effected by a trigger pulse]

Bit *n,* Dualziffer *f,* Binärzeichen *n* [die kleinste

Darstellungseinheit in einer Binärzahl, d.h. 0 oder 1]
binary digit, bit [the smallest single character in a binary number, i.e. 0 or 1]
Bit-Slice n
Ein Element, das die wichtigsten Funktionen einer Zentraleinheit mit 2- oder 4-Bit-Breite umfaßt. Durch Kombination mehrerer Bit-Slices kann eine beliebige Wortlänge erreicht werden.
bit-slice
An element comprising the major functions of a central processing unit of 2 or 4-bit width. By combining several bit-slices any desired word length can be achieved.
Bit-Slice-Prozessor m
Prozessor bestehend aus Bit-Slices (Bit-Elementen) zur Erzielung aufgabenspezifischer Wortlängen, z.B. acht 2-Bit-Slices zur Erzielung eines 16-Bit-Bausteines.
bit-slice processor
Processor consisting of bit-slices for achieving application-specific word lengths, e.g. eight 2-bit slices for achieving a 16-bit device.
Bit/s [Maßeinheit für die Übertragungsgeschwindigkeit; bei binärer Übertragung = baud]
bits/s, bits per second (BPS) [measure of transmission speed; in the case of binary transmission = baud]
Bit/Zoll [Magnetbandaufzeichnungsdichte]
bits/inch (BPI) [magnetic tape recording density]
Bitabbild n, Bitmuster n, Bitmap-Bild n [Bild, das als eine Matrix von Bildpunkten bzw. von Bits gespeichert ist]
bitmap [image stored as a matrix of dots, i.e. bits]
Bitbündelbetriebsweise f, Burstmodus m [Datenübertragung mit periodischen Unterbrechungen]
burst mode [data transmission with periodic interruption]
Bitdichte f, Packungsdichte f, Schreibdichte f [Aufzeichnungsdichte eines Datenträgers, insbesondere eines Magnetbandes, in der Regel ausgedrückt in Bits/Zoll (BPI) bzw. Bits/cm; gebräuchliche Aufzeichnungsdichten sind 800, 1600 und 6250 BPI bzw. 315, 630 und 2460 Bits/cm]
packing density, recording density, bit density [storage density of a data medium, particularly of a magnetic tape, usually expressed in bits/inch (BPI); commonly used recording densities are 800, 1600 and 6250 BPI]
Bitfehler m
bit error
Bitfehlerhäufigkeit f, Bitfehlerrate f

[Verhältnis der empfangenen verfälschten Bits zur Anzahl der gesendeten Bits]
bit error rate (BER) [ratio of incorrect bits received to the number transmitted]
Bitfehlerwahrscheinlichkeit f [bei der Datenübertragung]
bit error probability [in data transmission]
Bitfolge f, Binärzeichenfolge f
bit string
Bitfolgefrequenz f, Bitrate f, Bitgeschwindigkeit f
bit rate
Bitmap-Bild n, Bitmuster n, Bitabbild n [Bild, das als eine Matrix von Bildpunkten bzw. von Bits gespeichert ist]
bitmap [image stored as a matrix of dots, i.e. bits]
Bitmap-Graphik f [als digitales Muster gespeicherte Graphik]
bitmapped graphics [graphics stored as digital pattern]
Bitmap-Schriftart v, Rasterschriftart f [gespeichert als Bitmuster, im Gegensatz zur Vektorschrift]
bitmap font, bitmapped font, raster font [stored as bit pattern, in contrast to vector font]
Bitmatrix f
bit array
Bitmustergenerator m, Patterngenerator m
pattern generator
bitorganisierter Speicher m
bit-organized storage
bitorientiert
bit-oriented
Bitpackungsdichte f
bit capacity
bitparallel [gleichzeitiges Übertragen oder Verarbeiten mehrerer Bits]
bit-parallel [simultaneous transmission or processing of several bits]
Bitrate f, Bitfolgefrequenz f, Bitgeschwindigkeit f
bit rate
bitseriell [Übertragen oder Verarbeiten mehrerer Bits zeitlich nacheinander]
bit-serial [transmission or processing of several bits one after the other]
Bitspeicherplatz m
bit location
Bitstelle f
bit position
Bitstrom m
bit stream
Bitübertragungsgeschwindigkeit f
bit transfer rate
bitweise
bitwise, bit-by-bit
BJT m, bipolarer Sperrschichttransistor m
BJT, bipolar junction transistor
Blasenspeicher m, Magnetblasenspeicher m

Nichtflüchtiger Massenspeicher mit sehr hoher
Speicherdichte. Die Speicherung der Daten
erfolgt in kleinen zylindrischen Domänen
(Blasen) in einer dünnen magnetischen Schicht,
die auf ein nichtmagnetisches Substrat
aufgebracht ist.
bubble memory, magnetic bubble memory
Non-volatile mass storage device with very high
storage density. Storage of data is effected in
small cylindrical domains (bubbles) in a
magnetic thin film deposited on a non-magnetic
substrate.
Blasenspeicherkassette *f,*
Magnetblasenspeicherkassette *f*
magnetic bubble memory cassette, bubble
memory cassette
Blatt *n,* Blattknoten *m* [Baum]
leaf [tree]
Blattanfang *m* [Drucker]
top of form [printer]
blättern, auf- und abrollen [seitenweises
Verschieben des auf dem Bildschirm
angezeigten Textes]
page, to [move text displayed on screen page
by page]
Blattknoten *m,* Blatt *n* [Baum]
leaf [tree]
Blattschreiber *m,* Seitendrucker *m*
page printer
bleibende Regelabweichung *f*
[Regelungstechnik]
offset [automatic control]
blendfrei [z.B. Bildschirm]
non-glare [e.g. display screen]
Blindbefehl *m,* Scheinbefehl *m,* Füllbefehl *m*
[Befehl ohne Wirkung; belangloser Befehl]
dummy instruction [instruction having no
effect]
Blinddaten *n.pl.*
dummy data
Blindkomponente *f* [eines Vektors]
quadrature component, imaginary part [of a
vector]
Blindleistung *f* [Blindkomponente der Leistung]
reactive power [imaginary part of power]
Blindleitwert *m* [Blindkomponente des
Leitwertes]
susceptance [the imaginary part of
admittance]
Blindwiderstand *m,* Reaktanz *f*
reactance
Blindzeichen *n,* Füllzeichen *n,* Leerzeichen *n*
[Zeichen, die aus Darstellungsgründen
gespeichert werden, z.B. bei einer
linksbündigen Datei mit 80 Zeichen/Zeile das
Auffüllen mit Leerzeichen rechts von den
Datenfeldern]
pad character, fill character, filler [characters
stored for display purposes, e.g. filling or

padding a left-justified 80 character/line file
with blanks to the right of the data items]
blinken
flash, to
blinkender Strich *m*
flashing bar
Block *m,* Datenblock *m* [eine Gruppe von
Datensätzen oder Wörtern, die als eine Einheit
behandelt wird; Blöcke können variable oder
feste Längen haben]
block [a group of records or words treated as
an entity; blocks can have variable or fixed
lengths]
Block *m,* Satzblock *m*
record block, block
Block im oberen Speicherbereich *m* [Teil des
oberen Speicherbereiches]
upper memory block (UMB) [part of the
upper memory area (UMA)]
Block unsichtbar machen
hide block
Blockadresse *f* [bei Speichern]
block address [of storages]
Blockbefehl *m* [z.B. Kopieren oder Verschieben
eines Blockes]
block command [e.g. block copy, block move,
etc.]
blocken [Bildung von Blöcken, jeder aus
mehreren Datensätzen bestehend]
block, to [to form blocks, each comprising
several records]
Blockende *n,* Ende des Blockes *n*
end of block (EOB)
Blockiersignal *n*
inhibiting signal
Blocklänge *f* [die Summe der Datenzeichen in
einem Block]
block length, block size [the sum of the data
characters in a block]
Blockparität *f,* Längsparität *f* [Parität eines
Datenblocks nach Ergänzung durch ein
Blockprüfzeichen; im Gegensatz zur Quer- bzw.
Zeichenparität]
longitudinal parity, block parity [parity of a
data block after completing with a block parity
bit; in contrast to vertical parity or character
parity]
Blockprüfung *f*
block check
Blockregister *n*
block register
Blocksatz *m* [Textverarbeitung]
justified text [word processing]
Blockschaltbild *n,* Blockschaltschema *n*
block diagram
Blockschaltschema *n,* Blockschaltbild *n*
block diagram
Blockübertragung *f,* Blocktransfer *m*
[Übertragung eines oder mehrerer Blöcke mit

einem Befehl]
block transfer [transfer of one or more blocks
with a single instruction]
Blockungsfaktor *m* [Anzahl Sätze pro Block für
Datensätze fester Länge]
blocking factor [number of records per block
for fixed-length logical records]
Blockverkettung *f*
block chaining
blockweise Sortierung *f* [Sortierverfahren]
block sort [sorting method]
Blockzwischenraum *m* [Zwischenraum
zwischen zwei aufeinanderfolgenden Blöcken]
interblock gap [space between two
consecutive blocks]
BNF [formale Notation zur Beschreibung der
Syntax einer Programmiersprache]
BNF (Backus-Naur-Form) [formal notation for
describing the syntax of a programming
language]
Bocksprungprüfung *f* [ein
Rechnerprüfprogramm, das durch
Mehrfachsprünge gekennzeichnet ist, d.h. das
Programm führt logische Operationen an einer
Speicherplatzgruppe aus, verschiebt sich auf
eine andere Gruppe, überprüft die Übertragung
und wiederholt die Operationen bis alle
Speicherplätze überprüft worden sind]
leap-frog test [a computer test program
characterized by multiple jumps, i.e. it carries
out logic operations on one storage location
group, transfers itself to another group, checks
the transfer and then repeats the operations
until all storage locations have been tested]
Bode-Diagramm *n*, Amplitudengang *m*,
Amplitudenverlauf *m*
Bode diagram, amplitude-frequency plot
Bonden *n*, Kontaktieren *n*
Verfahren zum Herstellen von elektrischen
Verbindungen zwischen den Kontaktflecken
auf dem Chip und den Außenanschlüssen des
Gehäuses.
bonding
Process for providing electrical connections
between the bonding pads on the chip and the
external leads of the **package**.
Bondinsel *f*, Anschlußfleck *m*,
Kontaktierungsfleck *m* [integrierte
Schaltungen]
bonding pad, external bonding pad
[integrated circuits]
boolesche Algebra *f*, Algebra der Logik *f*
[Regeln für die Verknüpfung binärer Größen
durch logische Operationen wie UND, NICHT,
ODER usw.]
boolean algebra [rules for combining binary
quantities by means of logical operations such
as AND, NOT, OR, etc.]
boolesche Funktion *f*

boolean function, logical function
boolesche Komplementierung *f*, Negation *f*,
NICHT-Funktion *f*, Inversion *f*, Umkehrer *m*
Logische Verknüpfung, die den Eingangswert
umkehrt, d.h. eine Eins am Eingang wird in
eine Null am Ausgang umgewandelt und
umgekehrt.
negation, NOT operation, boolean
complementation, inversion
Logical operation that negates the input value,
i.e. a one at the input is converted into a zero at
the output and vice-versa.
boolesche Multiplikation *f*, logische
Multiplikation *f*, UND-Verknüpfung *f*
boolean multiplication, logical
multiplication, AND operation
boolesche Schreibweise *f*
boolean notation
boolesche Verknüpfung *f*
boolean operation, logical operation
boolesche Zuweisungsanweisung *f*
logical assignment statement
boolescher Ausdruck *m*
boolean expression
boolescher Operator *m*
boolean operator, logical operator
boolescher Wert *m*, Wahrheitswert *m* [die
Werte "wahr" (1) und "falsch" (0) bei logischen
Aussagen]
truth value, logical value [the values "true" (1)
and "false" (0) in logical statements]
Boosterdiode *f* [Halbleiterdiode mit sehr hoher
Sperrspannung]
booster diode [semiconductor diode with very
high blocking voltage]
Boot-Datensatz *m*
boot record
Boot-Vorgang *m* [Vorgang zum Aufstarten des
Rechners]
booting [procedure for starting up the
computer]
booten, aufbooten, aufstarten [Aufstarten des
Rechners]
boot up, to [to start up computer]
Bootstrap-Lader *m*, Anfangslader *m*, Urlader
m, Urprogrammlader *m* [ein Ladeprogramm
(Dienstprogramm), das nach dem Einschalten
des Rechners gestartet und u.a. für das Laden
des Betriebssystems verwendet wird]
initial program loader (IPL), bootstrap
loader [a loading program (utility routine)
started when the computer is switched on and
used for loading the operating system, etc.]
Bootstrap-Schaltung *f* [eine
Verstärkerschaltung zur Erhöhung des
Eingangswiderstandes, z.B. bei
Transistoreingangsstufen]
bootstrap circuit [an amplifier circuit used
for increasing the input resistance, e.g. of

transistor input stages]
Bor *n* (B)
Nichtmetallisches Element, das als Dotierstoff
(Akzeptoratom) verwendet wird.
boron (B)
Non-metallic element used as a dopant
impurity (acceptor atom).
Borgebit *n*, geborgtes Bit *n* [signalisiert eine
negative Differenz in einer Ziffernstelle bei der
Subtraktion]
borrow bit [signals a negative difference in a
digit place during subtraction]
Bornitrid *n* [Verbindungshalbleiter]
boron nitride [compound semiconductor]
Borphosphid *n* [Verbindungshalbleiter]
boron phosphide [compound semiconductor]
Boxdiffusion *f*, Boxverfahren *n* [ein
Diffusionsverfahren]
box process [a diffusion process]
Boxverfahren *n*, Boxdiffusion *f* [ein
Diffusionsverfahren]
box process [a diffusion process]
Boyer-Moore-Algorithmus *m* [Zeichenketten-
Suchverfahren]
Boyer-Moore algorithm [string search
method]
Breakpoint *m*, Programmhaltepunkt *m*,
Haltepunkt *m* [Unterbrechungspunkt in einem
Programm zwecks externem Eingriff, in der
Regel in Verbindung mit einem
Fehlersuchprogramm]
breakpoint [program interruption for an
external intervention, usually associated with
program debugging]
Brechung *f* [Optoelektronik]
refraction [optoelectronics]
Breitbandverstärker *m*
wide-band amplifier
Breitendurchlauf *m*
breadth-first search
Brettschaltung *f* [Versuchsaufbau einer
Schaltung]
breadboard circuit [experimental circuit
layout]
Briggscher Logarithmus *m*, dekadischer
Logarithmus *m* [Zehnerlogarithmus]
common logarithm, Briggs logarithm
[logarithm to the base ten]
Bruch *m*
fraction
Brücke *f* [Schaltung]
bridge [circuit]
Brücke *f*, Drahtbrücke *f*, Kurzverbindung *f*
[Verbindung zwischen zwei Anschlüssen]
jumper, strap [connection between two
terminals]
Brückengleichrichter *m*
bridge rectifier
Brückenschaltung *f*

bridge connection
Brückenverstärker *m*
bridge amplifier
Brummspannung *f* [Störspannung, die von der
Stromversorgung herrührt]
hum voltage, ripple voltage [interference
voltage originating from the power supply]
Btx-System *n*, Bildschirmtext-System *n*,
Videotext-System *n* [interaktives System für
die Übermittlung von Text über Fernseh- oder
Telephonkanäle für die Anzeige auf einem
Bildschirm]
videotex, videotext system [interactive system
for text transmission via TV or telephone
channels for display on a screen]
Btx-Terminal *n* [Bildschirmtext-Station]
IP terminal [Information Provider terminal]
Bubble-Jet-Drucker *m* [Tintenstrahldrucker,
der mit blasenförmigen Tropfen arbeitet]
bubble jet printer [ink-jet printer using
bubbles]
Bubblesort-Verfahren *n* [Sortierverfahren]
bubble sort method [sorting method]
Buchhaltungsprogramm *n*, FIBU-Programm *n*
(FIBU, Finanzbuchhaltung)
accounting program
Buchse *f* [Verbindungselement]
jack [connector component]
Buchstabe *m*
letter
Buchstabenfolge *f*
letter string
Buchstabenumschaltung *f*
letter shift
bündeln [z.B. von Kanälen]
multiplex, to [e.g. channels]
Burn-In *n*, Voralterung *f*, Einbrennprüfung *f*
Prüfverfahren, bei dem Halbleiterbauelemente
oder Bausteine unter erschwerten
Betriebsbedingungen und bei erhöhten
Temperaturen (meistens 125 °C) betrieben
werden, um Frühausfälle vor der
Inbetriebnahme zu eliminieren.
burn-in, burn-in test
Testing method in which semiconductor
components or devices are operated under
severe operating conditions and at relatively
high temperatures (usually 125 °C) to eliminate
early failures prior to actual use.
Büroautomatisierung *f*
office automation
Burstmodus *m*, Bitbündelbetriebsweise *f*
[Datenübertragung mit periodischen
Unterbrechungen]
burst mode [data transmission with periodic
interruption]
Bus *m* [Sammelschiene für den Datenaustausch]
Der Bus dient als Übertragungsweg für
Steuerinformationen, Adressen und Daten

sowohl innerhalb einzelner Funktionsteile (z.B. Mikroprozessor) als auch innerhalb des Systems (z.B. Rechner). In der Regel gibt es einen eigenen Bus für Adressen, Daten und Steuerinformationen. Die Busstruktur führt zu einer einheitlichen Schnittstelle für alle Systemteile, die über den Bus verbunden sind. Es gibt standardisierte externe Busstrukturen, z.B. IEC-Bus, IEEE-488/GPIB und IEEE-583/CAMAC, sowie herstellerabhängige interne Busstrukturen, wie Multibus, Q-Bus und S-100-Bus.

bus [common path for data interchange] The bus serves as transfer path for control information, addresses and data both through individual functional units (e.g. microprocessor) and through the system (e.g. computer). As a rule there are separate address, data and control buses. There are standard external bus structures, e.g. IEC bus, IEEE-488/GPIB (general purpose interface bus) and IEEE-583/CAMAC bus (computer automated measurement and control), as well as manufacturer-dependent internal bus structures, e.g. Multibus, Q-bus and S-100 bus.

Busanschaltung *f,* Busschnittstelle *f*
bus interface

Busbreite *f*
bus width

Busfreigabesignal *n,* Freigabesignal für den Bus *n*
bus-enable signal, bus enable

Buskompatibilität *f*
bus compatibility

Buskonkurrenz *f*
bus contention

Busleitung *f*
bus line

Busmaster-Karte *f* [LAN-Controller für Mikrokanal- und EISA-Rechner]
busmaster board [LAN controller for microchannel and EISA computers]

Busschnittstelle *f,* Busanschaltung *f*
bus interface

Bussteuerung *f*
bus control

Bussystem *n*
bus system

Bustakt *m*
bus clock

Bustaktfrequenz *f*
bus frequency

Bustreiber *m*
bus driver

Bypass-Kondensator *m,* Ableitkondensator *m*
bypass capacitor

Byte *n* [Acht-Bit-Einheit]
byte [eight-bit unit]

Bytekette *f*

byte string

byteorientierter Rechner *m* [Rechner, der Operanden unterschiedlicher Stellenzahl (Bytes) zuläßt; im Gegensatz zu einem wortorientiertem Rechner, der die Operanden als Wort fester Länge (z.B. 16 oder 32 Bit) speichert]
byte-oriented computer [computer whose operands can have a variable number of places (bytes); in contrast to a word-oriented computer which stores operands as fixed-length words (e.g. with 16 or 32 bits]

byteparallel [gleichzeitiges Übertragen oder Verarbeiten mehrerer Bytes]
byte-parallel [simultaneous transmission or processing of several bytes]

byteseriell [Übertragen oder Verarbeiten einzelner Bytes zeitlich nacheinander]
byte-serial [transmission or processing of bytes one after the other]

byteserielle Übertragung *f,* byteweise Übertragung *f* [Übertragen einzelner Bytes zeitlich nacheinander]
byte mode, byte-serial [transmission of bytes one after the other]

C

C [höhere, problemorientierte
Programmiersprache, die eigens für die
Realisierung des Betriebssystems UNIX
entwickelt wurde]
C [high-level, problem-oriented programming
language developed specially for implementing
the UNIX operating system]
C++ [von C abgeleitete objektorientierte
Programmiersprache]
C++ [object-oriented programming language
derived from C]
C³L [Variante der Dioden-Transistor-Logik mit
Schottky-Dioden für hochintegrierte
Logikbausteine]
C³L (complementary constant current logic)
[variant of the diode-transistor logic with
Schottky diodes, used in large-scale integrated
circuit devices]
CAA, rechnerunterstützte Montage f
CAA (computer-aided assembly)
Cache-Software f
cache software
Cache-Speicher m [Pufferspeicher]
Kleiner, schneller Speicher mit wahlfreiem
Zugriff, der aus dem Hauptspeicher ausgelagert
ist und die häufigsten, zuletzt anfallenden
Befehle und Daten speichert.
cache memory, cache storage [buffer memory]
Small, high-speed random-access memory that
is paged out of main memory and holds the
most recently and frequently used instructions
and data.
CAD, rechnerunterstützte Konstruktion f
CAD (computer-aided design)
CAD, rechnerunterstütztes Zeichnen n
CAD (computer-aided drafting)
Cadmiumsulfid n (CdS) [Verbindungshalbleiter,
der hauptsächlich für die Herstellung von
Photodetektoren verwendet wird]
cadmium sulfide (CdS) [compound
semiconductor, mainly used in photodetectors]
CAE, rechnerunterstützte Entwicklung f
CAE (computer-aided engineering)
CAE-Arbeitsplatz m
CAE workstation
CAIBE-Verfahren n, chemisch unterstütztes
Ionenstrahlätzen n [Trockenätzverfahren, das
bei der Herstellung von
Halbleiterbauelementen und integrierten
Schaltungen verwendet wird]
CAIBE process (chemically assisted ion beam
etching) [dry etching process used in
semiconductor component and integrated
circuit fabrication]
CAM, inhaltsadressierbarer Speicher m,

Assoziativspeicher m
Speicher, dessen Speicherelemente durch
Angabe ihres Inhaltes aufrufbar sind und nicht
durch ihre Namen oder Lagen.
CAM (content-addressable memory),
associative memory
Storage device whose storage locations are
identified by their contents rather than by their
names or positions.
CAM, rechnerunterstützte Fertigung f
CAM (computer-aided manufacturing)
CAMAC-Bus m, IEEE-583/CAMAC-Bus m
[Standardbus und -Schnittstellen für
Meßgeräte]
CAMAC bus, IEEE-583/CAMAC bus
(Computer Automated Measurement And
Control) [standard bus and interfaces for
instrumentation]
Candela f (cd) [SI-Einheit der Lichtstärke]
candela (cd) [SI unit of luminous intensity]
CAQ, rechnerunterstützte Qualitätsprüfung f
CAQ (computer-aided quality testing)
Cartridge n, Kassette f, Magnetbandkassette f
cartridge, cassette, magnetic tape cassette
CASE [rechnerunterstützte Software-
Entwicklung; Umgebung zur Unterstützung
der Programmentwicklung]
CASE (Computer Aided Software Engineering)
[programming support environment]
Case-Anweisung f, bedingte Kontrollstruktur f
[Programmierung]
case statement [programming]
CAT, rechnerunterstützte Prüfung f
CAT (computer-aided testing)
CCCL-Technik f
Ein softwaremäßig definiertes Konzept für die
Herstellung von integrierten
Semikundenschaltungen in spezieller,
platzsparender CMOS-Technik, das auf einer
Zellenbibliothek basiert, in der im voraus
festgelegte Schaltungsfunktionen abgespeichert
sind.
CCCL technology (CMOS compact cell logic)
A software-defined concept for producing
semicustom integrated circuits in CMOS
compact cell logic, based on a cell library in
which predefined circuit functions are stored.
CCD-Bildsensor m
CCD image sensor
CCD-Element n, ladungsgekoppeltes
Schaltelement n, Ladungstransferelement n,
Ladungsverschiebeelement n
Integrierte Halbleiterschaltung in MOS-
Struktur, deren Arbeitsweise auf dem
schrittweisen Transport von Ladungen basiert.
CCD circuit, charge-coupled device
Integrated semiconductor device in MOS
structure that operates basically by passing
along electric charges from one stage to the

next.

CCD-Matrix *f*
  CCD matrix
CCD-Sensor *m*
  CCD sensor
CCD-Speicher *m*
  CCD storage device
CCD-Zeile *f*
  CCD array
CCFL, kondensatorgekoppelte FET-Logik *f*
  Integrierte Schaltungsfamilie, die mit
  Galliumarsenid-D-MESFETs realisiert ist.
  CCFL (capacitor-coupled FET logic)
  Family of integrated circuits based on gallium
  arsenide D-MESFETs.
CCITT-Code *m*, **Baudot-Code** *m* [internationaler
  Fernschreibcode]
  CCITT code, Baudot code [international
  telegraphers' code]
CCL-Technik *f*
  Ein softwaremäßig definiertes Konzept für die
  Herstellung von integrierten
  Semikundenschaltungen in spezieller TTL-
  Logik, das auf einer Zellenbibliothek basiert, in
  der im voraus festgelegte Schaltungsfunktionen
  abgespeichert sind.
  CCL technology (composite cell logic)
  A software-defined concept for producing
  semicustom integrated circuits in TTL
  composite cell logic, based on a cell library in
  which predefined circuit functions are stored.
CD [Kompaktplatte]
  CD [Compact Disk]
CD-DA [Musik-CD]
  CD-DA (Compact Disk, Digital Audio) [CD for
  music]
CD-I [CD für interaktive Video-Programme]
  CD-I (Compact Disk Interactive) [CD for
  interactive video programs]
CD-ROM *m* [optische Platte, deren Inhalt nur
  gelesen werden kann]
  CD-ROM (CD Read-Only Memory) [read-only
  optical disk]
CD-WORM [einmal beschreibbare, mehrmals
  lesbare optische Platte]
  CD-WORM (Compact Disk, Write Once Read
  Many times)
CDI-Technik *f*, **Kollektordiffusionsisolation** *f*,
  Isolation durch Kollektordiffusion *f*
  Spezielles Isolationsverfahren, das bei
  integrierten Schaltungen eingesetzt wird.
  CDI technology (collector diffusion isolation
  technology)
  Special isolation technique used in integrated
  circuits.
Centronics-Schnittstelle *f* [36-polige parallele
  Schnittstelle für Drucker]
  Centronics interface [36-pole parallel printer
  interface]

Cerdip *n*, **keramisches DIP-Gehäuse** *n*
  [Keramikgehäuse mit zwei parallelen Reihen
  rechtwinklig abgebogener Anschlüsse]
  ceramic dual in-line package, cerdip
  [ceramic package with two parallel rows of
  terminals at right angles to the body]
Cermetwiderstand *m*
  cermet resistor
Cerpac *n*, **keramisches Flachgehäuse** *n* [flaches
  Keramikgehäuse mit zwei parallelen Reihen
  bandförmiger Anschlüsse]
  ceramic flat-pack, cerpac [flat ceramic
  package with two parallel rows of ribbon-
  shaped terminals]
CGA [Farbgraphik-Adapter für IBM PC]
  CGA (Colour Graphics Adapter) [adapter for
  IBM PC]
Channeling *n*
  Das Eindringen von Ionen in Kanäle während
  der Ionenimplantation.
  channeling
  Penetration of ions into channels during ion
  implantation.
Cheapernet-Netzwerk *n* [lokales Netzwerk,
  preiswerte Variante von Ethernet]
  Cheapernet [local area network, cheaper
  variant of Ethernet]
chemisch unterstütztes Ionenstrahlätzen *n*,
  CAIBE-Verfahren *n* [Trockenätzverfahren, das
  bei der Herstellung von
  Halbleiterbauelementen und integrierten
  Schaltungen verwendet wird]
  chemically assisted ion beam etching,
  CAIBE process [dry etching process used in
  semiconductor component and integrated
  circuit fabrication]
chemische Bindung *f* [Halbleitertechnik]
  Die Kräfte, die Atome in einem Molekül oder
  einem Kristall zusammenhalten.
  chemical bond [semiconductor technology]
  The forces binding atoms in a molecule or a
  crystal.
Chip *m*, **Halbleiterplättchen** *n*
  Halbleiterteilstück, das aus einer
  Halbleiterscheibe (Wafer) herausgeschnitten
  wurde, und das alle aktiven und passiven
  Elemente einer integrierten Schaltung (bzw.
  Bausteins) enthält. Der Begriff Chip wird auch
  als Synonym für integrierte Schaltung benutzt.
  chip, die, semiconductor chip
  Semiconductor piece, cut from a wafer, and
  containing all the active and passive elements
  of an integrated circuit (or device). The term
  chip is also used as a synonym for an integrated
  circuit.
Chip-Select *n*, **Bausteinauswahl** *f*
  Bei Mikroprozessorsystemen und integrierten
  Speicherschaltungen ein Signal zur Auswahl
  eines Bausteins.

chip select (CS)
In microprocessor-based systems and
integrated circuit memories, a signal for
selecting the desired circuit.
Chipfläche *f*
  chip area
Chipgröße *f*
  chip size
chipintegriert, chipintern
  on-chip
chipintegrierte Logik *f,* interne Chiplogik *f*
  on-chip logic
chipintegrierte Verbindung *f*
  on-chip connection
chipintegriertes Bauelement *n*
  on-chip component
chipintern, chipintegriert
  on-chip
Chipkarte *f* [Speicherkarte]
  chip card [memory card]
Chipkondensator *m*
  chip capacitor
Chipmatrix *f,* Chipreihe *f*
  chip array
Chipsatz *m* [Satz integrierter Schaltkreise für
  einen Funktionsblock]
  chip set [set of integrated circuits for a single
  functional block]
Chipträger *m* [integrierte Schaltungen]
  chip carrier [integrated circuits]
Chipwiderstand *m*
  chip resistor
CHMOS [Variante der CMOS-Technik]
  CHMOS (complementary high-performance
  MOS) [variant of CMOS technology]
CIM, rechnerintegrierte Fertigung *f*
  CIM (computer-integrated manufacturing)
CISC [Rechner mit vollständigem Befehlsvorrat]
  CISC (Complete Instruction Set Computer)
Client *m* [Anwender, der mit einem
  Zentralrechner (Host-Rechner oder Server) in
  einem Netzwerk verbunden ist]
  client [user connected to a central computer
  (host computer or server) in a network]
Client-Server-System *n* [Netzwerksystem
  bestehend aus mehreren Anwendern (Client-
  Rechnern), die mit einem Server (als
  Zentralrechner) verbunden sind]
  client-server system [network of several
  users (clients) linked to a server as host
  computer]
Client-Server-Verbindung *f*
  client-server link
Cluster-Analyse *f* [statistisches Verfahren zur
  Gruppierung von Beobachtungen]
  cluster analysis [statistical method of
  grouping similar observations]
CMC-7-Schrift *f* [magnetisch und optisch lesbare
  Schrift]

CMC 7 lettering [magnetically and optically
  readable lettering]
CMD-Technik *f,*
  Leitfähigkeitsmodulationstechnik *f*
  Integrierte Schaltungstechnik für
  Leistungshalbleiter, die auf dem Prinzip der
  Leitfähigkeitsmodulation basiert. Schaltungen
  dieses Typs (bekannt unter den Namen
  COMFET, GEMFET, IGT oder MOSBIP) sind
  mit MOS-Eingangsstufen und bipolaren
  Ausgangsstufen auf dem gleichen Chip
  realisiert und zeichnen sich durch die Fähigkeit
  aus, hohe Leistungen bei hohen Spannungen zu
  schalten.
  CMD technology (conductivity-modulated
  device technology)
  Integrated circuit technology for power
  semiconductors based on the principle of
  conductivity modulation. Circuits in this class
  (known as COMFET, GEMFET, IGT or
  MOSBIP) combine MOS input stages with
  bipolar output stages on the same chip, and are
  characterized by high power and voltage
  switching capability.
CML-Technik *f,* Stromschaltertechnik *f*
  Schaltungstechnik für integrierte
  Bipolarschaltungen, bei der die Transistoren
  im ungesättigten Zustand betrieben werden.
  Damit lassen sich sehr kleine Schaltzeiten
  erzielen. Die bekanntesten Vertreter der
  Stromschaltertechnik sind die ECL- und E^2CL-
  Logikfamilien.
  CML technology (current-mode logic)
  Circuit technique for bipolar integrated circuits
  in which transistors operate in the unsaturated
  mode. This enables very short switching times
  to be achieved. The best known logic families in
  the CML group are ECL and E^2CL.
CMOS-Speicher *m*
  CMOS memory device, CMOS memory
CMOS-Technik *f,* komplementäre MOS-Technik
  f, Komplementärtechnik *f*
  Technik, bei der komplementäre-MOS-
  Transistorpaare gebildet werden, indem je ein
  N-Kanal- und ein P-Kanal-MOS-Transistor des
  Anreicherungstyps auf dem gleichen Chip
  kombiniert werden.
  CMOS technology (complementary MOS
  technology)
  Technique for forming complementary MOS
  transistor pairs by combining an n-channel and
  a p-channel enhancement-mode MOS transistor
  on the same chip.
CNC *f,* CNC-System *n* [Maschinensteuerung]
  Numerische Steuerung, die einen oder mehrere
  Rechner bzw. Mikroprozessoren für die
  Ausführung der Steuerungsfunktionen enthält.
  CNC, computer numerical control [machine
  control]

A numerical control system incorporating one or more computers or microprocessors to perform the control functions.
COBOL [weitverbreitete höhere Programmiersprache für kaufmännische Aufgaben]
COBOL (common business-oriented language) [widely used high-level programming language for business applications]
CODASYL-Konzept *n* [für hierarchische und netzwerkartige Datenbanksysteme]
CODASYL (Conference on Data System Languages) [concept for hierarchical and network-type data base systems]
Code *m* [eine eindeutige Zuordnung der Zeichen eines Zeichenvorrats zu denjenigen eines anderen]
code [an unambiguous assignment of the characters of one character set to those of another]
Code fester Länge *m*
fixed-length code
Code geringster Redundanz *m*
minimum-redundancy code
Code variabler Länge *m*
variable-length code
Codec *m* (Codierer-Decodierer)
codec (coder-decoder)
Codedetektor *m*
code detector
Codegenerator *m*
code generator
Codetaste *f*, Alt-Taste *f* [ändert die codierte Belegung der nachher betätigten Tasten]
alt key (alternate coding key) [changes the codes of the keys subsequently depressed]
Codeumschaltung *f*, Umschaltzeichen *n*, Escape-Zeichen *n* [spezielles Zeichen, das die Änderung der Codierungsvorschrift für die nachfolgenden Zeichen anzeigt]
escape character (ESC) [a special character which indicates that the following characters are to be interpreted according to a different code]
Codeumschaltungstaste *f*, Escape-Taste *f*
escape key
Codeumsetzer *m*
code converter
Codeumsetzung *f*, Umcodierung *f*
code conversion
Codieranweisung *f*
coding instruction
Codierelement *n* [Steckverbinder]
polarizing element [connector]
Codieren *n*, Verschlüsselung *f*, Verschlüsseln *n*, Codierung *f*
Das Umsetzen, mit Hilfe eines Codes, von Informationen aus einer allgemein verständlichen Form in eine von einer Maschine erkennbare Form (z.B. das Umsetzen analoger Signale in eine codierte digitale Form, das Erstellen eines Programmes in Maschinensprache für einen bestimmten Rechner usw.)
coding, encoding
The conversion, by means of a code, of information presented in a generally recognizable form into a form that can be recognized by a machine (e.g. converting analog signals into a coded digital form, preparing a program in machine language for a specific computer, etc.).
codieren, verschlüsseln
code, to; encode, to
Codierer *m*
coder, encoder
Codierer-Decodierer *m* (Codec)
coder-decoder (codec)
Codierstift *m* [Steckverbinder]
polarizing pin, coding pin [connector]
codierte Darstellung *f*
coded representation
codierte Dezimalziffer *f*
coded decimal digit
codierter Stecker *m*, codierter Steckverbinder
polarized plug, polarized connector
Codierung von Steckverbindern *f* [Stifte und Schlitze, die eine eindeutige Zuordnung der Kontakte beim Einstecken gewährleisten]
polarization of connectors [pins and slots which ensure a unique plug-in position of the contacts]
Codierungsvorschrift *f*
coding scheme
Codierverfahren *n*
coding method
Codierzeile *f*
coding line, line of code
Coherent [von Mark Williams entwickeltes PC-UNIX-Derivat]
Coherent [a PC UNIX derivate developed by Mark Williams]
COM, Rechnerdatenausgabe über Mikrofilm *f*
COM (computer output on microfilm)
COM-Datei *f* [Programmdatei mit max. 64 kB]
COM file [command program file with max. 64 kB]
COMFET [leitfähigkeitsmodulierter Feldeffekttransistor]
Integrierte Schaltungsfamilie der Leistungselektronik in CMD-Technik, die mit Bipolar- und MOS-Strukturen auf dem gleichen Chip realisiert ist.
COMFET (conductivity-modulated FET)
Family of power control integrated circuits in CMD technology combining bipolar and MOS structures on the same chip.
Compiler *m*, Kompilierer *m*, Übersetzer *m*

Ein Programm, das ein in einer höheren Programmiersprache geschriebenes Programm in Maschinensprache bzw. Befehlscodes des Rechners übersetzt. Im Gegensatz zu einem Interpreter, der jeweils einzelne Programmanweisungen übersetzt, führt der Compiler die Übersetzung gesamthaft durch. Der Compiler hat deshalb einen geringeren Speicherbedarf und wesentlich kürzere Durchlaufzeiten.
compiler
A program for converting a program written in a higher programming language into machine language or operation codes of a computer. In contrast to an interpreter, which converts individual program instructions, the compiler converts the entire program. A compiler therefore requires less storage space and is significantly faster.

Compiler-Compiler *m*, Compilergenerator *m*, Kompilierergenerator *m*, Übersetzergenerator *m* [erzeugt einen Compiler]
compiler-compiler, compiler generator [generates a compiler]

Compilergenerator *m*, Compiler-Compiler *m*, Kompilierergenerator *m*, Übersetzergenerator *m* [erzeugt einen Compiler]
compiler-compiler, compiler generator [generates a compiler]

compilieren, kompilieren, übersetzen
compile, to

Computer *m*, Rechner *m*, Rechenanlage *f*, Datenverarbeitungsanlage *f*
computer

Computerarchitektur *f*, Rechnerarchitektur *f*
Der hard- und softwaremäßige Aufbau eines elektronischen Rechners sowie seine interne Organisation und die Art der Informationsverarbeitung.
computer architecture
The hardware and software structure of an electronic computer, its internal organization and the way in which data is processed.

Computerbetrug *m*
computer fraud

Computergeneration *f*, Rechnergeneration *f*
Die Einteilung von elektronischen Rechenanlagen nach ihrem technischen Entwicklungsstand: Röhrentechnik (1. Generation); Halbleiterbauelemente (2.); integrierte Schaltungstechnik (3.); hochintegrierte Schaltungstechnik (4.); nicht-von-Neumann-Architektur (5.).
computer generation
The classification of electronic computers according to their technological state of development: electron tubes (1st generation); semiconductor components (2nd); integrated circuit technology (3rd); large scale integrated circuit technology (4th); non-von-Neumann architecture (5th).

Computergraphik *f*
computer graphics

Computervirus *m*, Virus *m* [Programm, das sich reproduziert und andere Programme infiziert, verändert oder zerstört]
virus, computer virus [program that multiplies itself and infects, modifies or destroys other programs]

Controller *m* [steuert ein Laufwerk]
controller [controls a drive]

Coprozessor *m*
Zusätzlicher Prozessor, der einem Mikroprozessor zugeordnet ist, um spezielle Aufgaben zu übernehmen, z.B. ein Arithmetikprozessor oder ein Ein-Ausgabe-Prozessor.
coprocessor
Additional processor assigned to a microprocessor to perform specific operations, e.g. an arithmetic processor or an input-output processor.

COSMOS [Integrierte Schaltungsfamilie in spezieller CMOS-Technik]
COSMOS (complementary-symmetry MOS technology) [family of integrated circuits in special CMOS technology]

Coulomb *n* (C) [SI-Einheit der elektrischen Ladung]
coulomb (C) [SI unit of electric charge]

CPM, Netzplantechnik nach CPM *f*
CPM, critical path method

CPU, Zentraleinheit *f*
Bei Digitalrechnern allgemein die Einheit, die Rechenwerk und Steuerwerk (nach DIN ebenfalls Hauptspeicher sowie Ein- und Ausgabekanäle) umfaßt. Bei Mikroprozessor-systemen bzw. Mikrocomputern ist der Mikro-prozessor selbst die Zentraleinheit und führt sowohl Rechen- als auch Steuerfunktionen durch.
CPU, central processing unit
In computers in general, the unit that comprises the arithmetic logic unit and the control unit (according to DIN, it includes also the main memory as well as the input-output channels). In microprocessor-based systems or microcomputers, the microprocessor is the CPU, i.e. it carries out arithmetic, logic and control operations.

CPU-Zeit *f*, Zentraleinheitzeit *f* [von der Zentraleinheit benutzte Zeit]
CPU time [time required by CPU for processing a program]

CRC-Prüfung *f*, zyklische Blockprüfung *f*, zyklische Redundanzprüfung *f*
Eine Fehlerprüfmethode, die jedes Zeichen eines Blocks als Bitfolge, die eine Binärzahl

darstellt, behandelt. Diese Binärzahl wird durch eine vorgegebene Binärzahl dividiert und der Rest wird als zyklische Prüfsumme oder CRC-Zeichen dem Block zugefügt. Beim Empfänger wird das CRC-Zeichen mit einer dort gebildeten Prüfsumme verglichen. Wenn sie nicht übereinstimmen, wird eine Wiederholung der Übertragung verlangt (ARQ-Verfahren).
CRC (cyclic redundancy check)
An error detecting method which treats each character in a block as a string of bits representing a binary number. This number is divided by a predetermined binary number and the remainder is added to the block as a cyclic redundancy check character (CRC), also called cyclic check sum or check sum. At the receiving end the CRC is compared with the check sum formed there; if they do not agree, a retransmission is requested (ARQ or automatic repeat request method).

Crimpverbinder *m*, Quetschverbinder *m*
crimp connector

Crimpverbindung *f*, Quetschverbindung *f*
crimp connection

Crimpwerkzeug *n*, Quetschwerkzeug *n* [zur Erstellung einer Verbindung zwischen Leiter und Anschlußklemme ohne Löten]
crimping tool [for forming a solderless contact between wire and terminal]

Cross-Assembler *m* [ein Assembler-Programm, das auf einem Rechner läuft und Maschinenbefehle für einen anderen Rechner (oder für einen Mikroprozessor) erzeugt]
cross-assembler [an assembler program that runs on one computer and produces machine code for another computer (or microprocessor)]

CSMA-Protokoll *n* [von IEEE genormtes Protokoll für den Zugriff auf ein lokales Netzwerk]
CSMA protocol (Carrier Sense Multiple Access) [protocol standardized by IEEE for local network access]

Cursor *m*, Eingabezeiger *m* [blinkendes Zeichen (meistens ein Rechteck oder ein Strich), das die Lage der nächsten Eingabe am Schirm zeigt]
cursor [blinking sign (usually a rectangle or dash) showing position of next entry on screen]

CVD-Abscheidung *f*, CVD-Verfahren *n*, Schichtabscheidung *f*
Verfahren zur Abscheidung von Isolationsschichten bei der Herstellung integrierter Schaltungen. Es werden verschiedene Varianten des CVD-Verfahrens angewendet, z.B. Hoch- und Niedertemperaturverfahren, Hoch- und Niederdruckverfahren oder Abscheideverfahren aus einem Plasma.
CVD process (chemical vapour deposition process)
Process used for forming dielectric layers in integrated circuit fabrication. A number of CVD process variations are being used, e.g. high- and low-temperature CVD, high- and low-pressure CVD or plasma-enhanced CVD.

CVPO-Verfahren *n* [Verfahren, das bei der Herstellung von Glasfasern eingesetzt wird]
CVPO (chemical vapour-phase oxidation process) [a process used for the production of glass fibers]

Czochralski-Verfahren *n*, Tiegelziehverfahren *n* [Kristallzucht]
Verfahren für das Ziehen von Einkristallhalbleitern aus der Schmelze.
Czochralski process [crystal growing]
Process for growing single-crystal semiconductors from the melt.

D

D-Flipflop *n* [eine Kippschaltung mit
Verzögerung, deren Ausgangsimpuls um eine
Taktperiode gegenüber dem Eingangsimpuls
verzögert wird]
D flip-flop [a delay flip-flop in which the
output pulse is delayed by one clock pulse
period compared with the input pulse]

D-MESFET *m,* Verarmungs-Metall-Halbleiter-
FET *m*
Feldeffekttransistor des Verarmungstyps,
dessen Gate (Steuerelektrode) aus einem
Schottky-Kontakt (Metall-Halbleiter-Übergang)
besteht.
D-MESFET, depletion mode metal-
semiconductor FET
Depletion-mode field-effect transistor with a
gate formed by a Schottky barrier (metal-
semiconductor junction).

D-MOSFET *m,* Verarmungs-MOSFET *m*
D-MOSFET, depletion mode MOSFET

D/A-Umsetzer *m,* DAU, Digital-Analog-
Umsetzer *m* [setzt ein digitales Eingangssignal
in ein analoges Ausgangssignal um]
DAC, digital-to-analog converter, D/A
converter [converts a digital input signal into
an analog output signal]

Dachschräge *f,* Impulsdachschräge *f*
[Verzerrung eines Rechteckimpulses;
ansteigendes oder abfallendes Impulsdach]
pulse tilt, pulse droop [distortion of a
rectangular pulse; rising or falling pulse top]

Dämon *m* [Prozeß zur Steuerung eines
Peripheriegerätes bei einigen
Betriebssystemen]
demon (device monitoring) [process for
controlling peripheral units in some operating
systems]

dämpfen [von Schwingungen]
damp, to; attenuate, to [oscillations]

Dämpfung *f* [Abschwächung eines Signales oder
einer Schwingung mit der Zeit oder mit der
Entfernung]
attenuation [decrease of a signal or of an
oscillation with time or with distance]

Dämpfungsbelag *m* [Dämpfung pro
Längeneinheit]
attenuation constant [attenuation per unit
length]

Dämpfungsbereich *m*
attenuation range

Dämpfungsdiode *f*
damping diode

Dämpfungsfaktor *m* [eines Schwingkreises]
damping factor, decay factor [of a resonant
circuit]

Dämpfungsfilter *n*
filter element
Dämpfungsfunktion *f*
damping function
Dämpfungsgang *m* [Frequenzverlauf der
Dämpfung]
attenuation-frequency characteristic
[attenuation as a function of frequency]
Dämpfungsglied *n*, Abschwächer *m*
attenuator
Dämpfungsmaß *n* [logarithmisches Verhältnis
zweier Ströme, Spannungen oder Leistungen,
ausgedrückt in dB]
attenuation coefficient, attenuation ratio
[logarithmic ratio of two currents, voltages or
powers, expressed in dB]
Darlington-Leistungstransistor *m*
Darlington power transistor
Darlington-Phototransistor *m*
Darlington phototransistor
Darlington-Schaltung *f* [besondere
Verstärkerschaltung mit hohem
Eingangswiderstand, bestehend aus zwei oder
drei Transistoren]
Darlington circuit [special amplifier circuit
with high input resistance and consisting of two
or three transistors]
Darlington-Transistor *m*, Transistorkaskade *f*
[Kombination, in einem Gehäuse, von zwei
intern in einer Darlington-Schaltung
verbundenen Transistoren]
cascaded transistor, Darlington transistor
[combination, in one case, of two transistors
internally connected in a Darlington circuit]
Darstellung *f*
representation
DAT-Kassette *f* [verwendet ein wie bei
Tonbandgeräten übliches 4-mm-Band]
DAT cartridge (Digital Audio Tape) [uses a 4-
mm tape as in cassette recorders]
DAT-Laufwerk *n*
DAT drive
Datei aktualisieren, Datei fortschreiben
update a file, to
Datei auf mehreren Einheiten *f*
multiunit file
Datei fortschreiben, Datei aktualisieren
update a file, to
Datei löschen
purge a file, to
Datei ohne Kennsätze *f*
unlabeled file
Datei-Server *m* [Rechner, der als zentraler
Speicherplatz (z.B. Datenbanken) in einem
Netzwerk dient]
file server [computer serving as central
storage facility (e.g. data bases) in a network]
Dateianfangskennsatz *m*
file header label

Dateianordnung *f*, Dateistruktur *f* [die
Anordnung und die Struktur der Daten in einer
Datei]
file layout, file structure [arrangement and
structure of data in a file]
Dateiattribut *n*
file attribute
Dateiaufbereiter *m*
file editor
Dateibearbeitung *f*
file manipulation
Dateibeschreibung *f*
file description
Dateibewegung *f*
file activity
Dateibezeichnung *f*
file identification
Dateiende *n*, Ende der Datei *n* [markiert den
Abschluß einer Datei]
end of file (EOF) [marks the end of a file]
Dateiendeblock *m*
end-of-file record (EOF record)
Dateiendekennsatz *m*
end-of-file label (EOF label)
Dateiendemarke *f*
end-of-file marker (EOF marker)
Dateiformat *n*
file format
Dateifragmentierung *f*, Fragmentierung *f*
[Abspeicherung einer Datei in nicht
aufeinanderfolgenden Festplattenbereiche]
file fragmentation, fragmentation [storage of
a file in non-contiguous areas of a hard disk]
Dateikennzeichen *n*
file mark
Dateiname *m*
file name
Dateinamenserweiterung *f*
[Namenserweiterung einer Datei]
file extension [extended file name]
Dateiorganisation *f*
file organization
Dateipflege *f*, Dateiwartung *f*, Bestandspflege *f*
[die Aktualisierung einer Datei]
file maintenance [activity of updating a file]
Dateischutz *m* [Maßnahmen gegen
unberechtigten Zugriff]
file protection [measures taken against
unauthorized access]
Dateistruktur *f*, Dateianordnung *f* [die
Anordnung und die Struktur der Daten in einer
Datei]
file layout, file structure [arrangement and
structure of data in a file]
Dateitransfer *m*
file transfer
Dateiumsetzung *f*
file conversion
Dateiverwaltung *f*

file management
Dateiverzeichnis *n* [Verzeichnis der
gespeicherten Dateien, z.B. auf einer Diskette]
file directory [directory of stored files, e.g. on
a floppy disk]
Dateivorsatz *m*
file header
Dateiwartung *f,* Dateipflege *f,* Bestandspflege *f*
[die Aktualisierung einer Datei]
file maintenance [activity of updating a file]
dateiweise Sicherungskopie *f* [Sicherung
einzelner Dateien auf Datenmedium]
file-by-file backup [backup of individual files
on data medium]
Dateiwiederherstellung *f*
file recovery
Dateizugriff *m*
file access
Daten *n.pl.*
data
Daten sicherstellen
save data, to
datenabhängig
data-dependent
Datenadresse *f*
data address
Datenaufzeichnung *f*
data recording
Datenaufzeichnungsmedium *n,*
Speichermedium *n* [z.B. Diskette,
Plattenspeicher, Magnetband usw.]
data recording medium, storage medium
[e.g. floppy disk, disk storage, magnetic tape,
etc.]
Datenausgabe *f* [z.B. über Drucker]
data output [e.g. via printer]
Datenausgang *m* [eines Gerätes]
data output [of a device]
Datenausschnitt *m,* Fenster *n* [ein rechteckiger
Bereich auf einem Bildschirm zur Anzeige von
Text oder Graphik]
window [a rectangular field on the display for
showing text or graphics]
Datenaustausch *m*
data exchange, data interchange
Datenaustauschsteuerung *f*
data exchange control, data exchange
control unit
Datenauswerter *m*
data evaluator
Datenbank *f* [ein Satz von Datenbibliotheken;
insbesondere mehrere Dateien aus
verschiedenen Quellen, die nach übergeordneten Kriterien zusammengefaßt und für
mehrere Benutzer aufbereitet sind]
data base, database, data bank [a set of
libraries of data; in particular, a set of
numerous files derived from a variety of
sources and ordered according to overriding
criteria so that they can be accessed by
numerous users]
Datenbank-Server *m* [lokales Netzwerk]
data base server [local area network]
Datenbankabfragesprache *f,* Query-Sprache *f*
[spezielle, leicht erlernbare Sprache für
Datenbankabfragen, besonders für das
Abrufen, Einfügen, Verändern und Löschen von
Datensätzen]
query language (QL) [special, easy-to-learn
language for data base transactions,
particularly for retrieval, insertion,
modification and deletion of records]
Datenbankrechner *m*
data base computer
Datenbankschlüssel *m*
data base key
Datenbanksystem *n* [ein System mit
besonderen Zugriffs- und Speichermethoden
zur Bereitstellung der Daten für verschieden-
artige Aufgaben]
data base system [a system with special
access and storage methods for data required
for a variety of applications]
Datenbankverwaltungssystem *n*
data base management system (DBMS)
Datenbasis *f* [systematisch miteinander
verbundene Dateien]
data basis [systematically related files]
Datenbibliothek *f* [Satz miteinander
verbundener Dateien]
data library [set of related files]
Datenbit *n*
data bit
Datenblock *m,* Block *m* [eine Gruppe von
Datensätzen oder Wörtern, die als eine Einheit
behandelt wird; Blöcke können variable oder
feste Längen haben]
block [a group of records or words treated as
an entity; blocks can have variable or fixed
lengths]
Datenbus *m* [Bus für die Datenübertragung
zwischen verschiedenen Funktionseinheiten,
z.B. zwischen Mikroprozessor und Speicher-
sowie Ein-Ausgabe-Bausteinen]
data bus [bus for data transfer between
different functional units, e.g. between
microprocessor and storage as well as input-
output devices]
Datenbusleitung *f*
data bus line
Datenbuspufferregister *n*
data bus buffer register
Datenbustreiberstufe *f*
data bus driver
Datendatei *f* [Sammlung zusammengehörender
Datensätze, z.B. eine Datenbankdatei]
data file [collection of related data records, e.g.
a database file]

Datendefinition *f* [Beschreibung der Struktur einer Datenbank]
data definition [description of the structure of a data base]

Datendrucker *m* [Drucker mit höherer Geschwindigkeit für den Datenausdruck]
data printer [printer with a relatively high speed for data printout]

Datendurchsatz *m*, **Datenrate** *f*, Datenübertragungsgeschwindigkeit *f* [Datenmenge pro Zeiteinheit, z.B. in MByte/s]
data rate, **data transfer rate**, **data throughput** [data volume per unit of time, e.g. in Mbytes/s]

Datendurchsatzrate *f*, funktionelle Durchsatzrate *f* [bei der Herstellung integrierter Schaltungen]
functional throughput rate (FTR) [in integrated circuit fabrication]

Datenein- und Ausgabesystem *n* (DEA)
data input and output system

Dateneingabe *f*, **Dateneingang** *m*
data entry, **data input**

Dateneingabe von Hand *f*, **Handdateneingabe** *f*
manual data input (MDI)

Dateneingabebus *m* [einseitig wirkender Bus zur Datenübertragung von Eingabeeinheiten zur Zentraleinheit]
data input bus [unidirectional bus for transferring data from input devices to CPU]

Dateneingabegerät *n*
data input unit

Dateneingang *m*, **Dateneingabe** *f*
data input, **data entry**

Dateneingangübernahmespeicher *m* [bei integrierten Speicherschaltungen]
data input buffer [in integrated circuit memories]

Datenelement *n* [kleinste Dateneinheit eines Satzes bei Datenbanksystemen]
data item [smallest element of a record in data base systems]

datenempfindlicher Fehler *m* [ein Fehler, der durch die Verarbeitung eines bestimmten Datenmusters entdeckt wird]
data-sensitive fault [a fault revealed when a particular pattern of data is processed]

Datenendgerät *n*, **Datenstation** *f*, **Terminal** *n*
terminal

Datenendgerät bereit, **Terminal bereit**
DTR (data terminal ready)

Datenentschlüsselung *f* [allgemein]
data decoding [general]

Datenentschlüsselung *f* [bei der Datengeheimhaltung]
data decryption [for data secrecy]

Datenerfassung *f*, **Meßwerterfassung** *f*
data acquisition

Datenerhaltung *f*, **Datensicherung** *f*
data backup

Datenfeld *n*, **Feld** *n* [Zeichenfolge oder festgelegter Bereich eines Datensatzes]
field [character string or defined area of a record]

Datenfernübertragung *f*, DFÜ
long-distance data transmission

Datenfernverarbeitung *f*
remote data processing, teleprocessing

Datenfluß *m*
data flow

Datenflußplan *m* [Darstellung des Datenflusses und der auszuführenden Operationen mit genormten graphischen Symbolen]
data flowchart [represents the path of data and the operations to be carried out with the aid of standard graphical symbols]

Datenformat *n* [z.B. mit fester Länge, gepacktes oder ungepacktes Format, Gleitpunktformat usw.]
data format [e.g. fixed length, packed or unpacked, floating point format, etc.]

Datenformatierung *f*
data formatting

Datenhaltezeit *f* [bei integrierten Speicherschaltungen]
data-hold time [in integrated circuit memories]

Datenhandhabung *f*, **Handhabung** *f*
manipulation, data manipulation

Datenhierarchie *f*
data hierarchy

Datenintegrität *f*, **Datensicherung** *f* [Maßnahmen gegen Verlust und Verfälschung von Daten]
data security, **data integrity** [measures taken to prevent loss or tampering of data]

Datenkanal *m*
data channel

Datenkettung *f* [Lesen oder Schreiben in unterschiedliche Arbeitsspeicherbereiche]
data chaining [reading from or writing into different working storage areas]

Datenkommunikationsleitung *f*, Kommunikationsleitung *f*
communication channel, data communication channel

Datenkompression *f*, **Datenverdichtung** *f* [Verringerung der Datenmenge durch Entfernung überflüssiger Daten oder durch eine günstigere Darstellung im Speicher oder auf Datenträgern]
data compression, data reduction [reducing volume of data by removing superfluous data or representing data in a more compact form in storage or data medium]

Datenkonsistenz *f*
data consistency

Datenkonzentration *f* [das Zusammenfassen mehrerer Eingangssignale zu einer

gemeinsamen Folge bei der Datenübertragung]
data concentration [combining several
incoming signals into a single sequence in data
transmission]
Datenkonzentrator *m*
data concentrator
Datenkorruption *f*
data corruption
Datenleitung *f*
data line
Datenlesebus *m*
read data bus
Datenmanipulation *f*
data manipulation
Datenmenge *f*
data size
Datenmißbrauch *m*, Mißbrauch *m*,
mißbräuchliche Nutzung von Daten *f*
abuse, data abuse
Datenpaket *n* [Datenmenge als Einheit bei der
Übermittlung]
data packet, packet [data transfer as entity
during transmission]
Datenprüfung *f*
data validation
Datenpuffer *m* [kleiner Speicher für die
vorübergehende Aufnahme von Daten]
data buffer [small storage for temporary
storage of data]
Datenrate *f*, Datenübertragungsgeschwindigkeit
f, Datendurchsatz *m* [Datenmenge pro
Zeiteinheit, z.B. in MByte/s]
data rate, data transfer rate, data throughput
[data volume per unit of time, e.g. in Mbytes/s]
Datenreduktion *f*, Datenverdichtung *f*
[Verringerung der Datenmenge durch
Entfernung überflüssiger Daten oder durch
eine günstigere Darstellung im Speicher oder
auf Datenträgern]
data reduction, data compression [reducing
volume of data by removing superfluous data or
representing data in a more compact form in
storage or data medium]
Datenregister *n*
data register
Datensatz *m*, Satz *m* [zusammenhängende
Daten, die als Einheit betrachtet werden; ein
Satz besteht aus mehreren Datenfeldern;
mehrere Sätze bilden einen Block; ein Satz
kann geblockt oder ungeblockt und von fester
oder variabler Länge sein]
record, data record [set of related data treated
as a unit; a record comprises several data
fields, several records form a block; a record can
be blocked or unblocked and of fixed or variable
length]
Datensatzende *n*
end of record (EOR)
Datensatzname *m*, Satzname *m*

record name
Datensatzparameter *m*
record specifier
Datensatzschlüssel *m*
record key
Datenschutz *m* [Maßnahmen gegen
unberechtigten Zugriff auf Daten]
data protection [measures taken against
unauthorized access to data]
Datensicherung *f*, Datenintegrität *f*
[Maßnahmen gegen Verlust und Verfälschung
von Daten]
data security, data integrity [measures taken
to prevent loss or tampering of data]
Datensicherungsplatte *f* [Plattenspeicher]
backup disk [disk storage]
Datensichtgerät *n*, Bildschirmgerät *n*,
Datenstation *f*, Terminal *n*
video display unit (VDU), CRT display unit,
data station, terminal
Datenspeicher *m*
data memory
Datenspeicherung *f*
data storage
Datenspiegelung *f* [Datenspeicherung in zwei
identischen Festplatten]
data mirroring [data storage in two identical
hard disks]
Datenspur *f*, Informationsspur *f*
data track
Datenstapel *m*
batch of data, data batch
Datenstation *f*, Datensichtgerät *n*,
Bildschirmgerät *n*, Terminal *n*
video display unit (VDU), CRT display unit,
data station, terminal
Datenstrom *m*, Strom *m* [kontinuierlicher Fluß
von Daten]
data stream, stream [continuous flow of data]
Datenstruktur *f*
data structure
Datentablett *n*
data tablet
Datentransferbefehl *m*
data transfer instruction, data move
instruction
Datentransparenz *f*
data transparency
Datenträger *m* [z.B. Lochstreifen, Magnetband,
Platte usw.]
data medium [e.g. punched tape, magnetic
tape, disk, etc.]
Datenträgerbezeichnung *f* [Name der Diskette
oder Festplatte]
volume label [name of diskette or hard disk]
Datenträgerende, Bandende *n* [einer Datei]
end of volume (EOV) [of a file]
Datenträgerendekennsatz *m*,
Bandendekennsatz *m* [einer Datei]

end-of-volume label (EOV label) [of a file]
Datentyp *m* [ganzzahlig, reell, komplex oder
logisch]
data type [integral, real, complex or logical]
Datenübertragung *f*
data transfer, data transmission
Datenübertragungsgeschwindigkeit *f*,
Datenrate *f*, Datendurchsatz *m* [Datenmenge
pro Zeiteinheit, z.B. in MByte/s]
data transfer rate, data rate, data
throughput [data volume per unit of time, e.g.
in Mbytes/s]
Datenumsetzer *m*
data converter
Datenumsetzung *f*
data translation
Datenunabhängigkeit *f*
data independence
Datenverarbeitung *f*
data processing
Datenverarbeitungsanlage *f*, Rechner *m*,
Rechenanlage *f*, Computer *m*
computer
Datenverarbeitungssystem *n*
data processing system
Datenverbindung *f*, Verbindung
[Kommunikationstechnik]
data link, link [communications]
Datenverdichtung *f*, Datenkompression *f*
[Verringerung der Datenmenge durch
Entfernung überflüssiger Daten oder durch
eine günstigere Darstellung im Speicher oder
auf Datenträgern]
data compression, data reduction [reducing
volume of data by removing superfluous data or
representing data in a more compact form in
storage or data medium]
Datenverkehr *m*
data traffic
Datenverknüpfung *f*
data linkage, data pooling
Datenverlust *m*
data loss, data overrun
Datenverschlüsselung *f* [allgemein]
data encoding [general]
Datenverschlüsselung *f* [bei der
Datengeheimhaltung]
data encryption [for data secrecy]
Datenverschlüsselung *f*
data encoding
Datenverschlüsselungsbaustein *m* [bei der
Datengeheimhaltung]
data encryption unit (DEU) [for data
secrecy]
Datenverwaltung *f*
data management
Datenverwaltungssystem *n*
data management system (DMS)
Datenverzeichnis *n* [Datenbankverwaltung]

data dictionary [data base management]
Datenvorbereitungszeit *f* [bei integrierten
Speicherschaltungen]
data set-up time [integrated circuit
memories]
Datenweg *m*
data path
Datenwiedergewinnung *f*
data retrieval
Datenwort *n*
data word
Datenwort doppelter Genauigkeit *f*
double-precision data word
Datenwort einfacher Genauigkeit *n*
single-precision data word
Datenzeiger *m*
data pointer
DATEX [Datenübermittlungsdienst]
DATEX [DATa EXchange) [data exchange
service]
DATEX-P [Datenübermittlungsdienst, der die
Paketvermittlungstechnik benutzt]
DATEX-P (DATa EXchange Packet-switched)
[data exchange service using packet switching]
DAU, Digital-Analog-Umsetzer *m*, D/A-Umsetzer
m [setzt ein digitales Eingangssignal in ein
analoges Ausgangssignal um]
DAC, digital-to-analog converter, D/A
converter [converts a digital input signal into
an analog output signal]
Dauerfestigkeit *f*
fatigue strength
Dauerfunktion *f*, Wiederholfunktion *f*
continuous function, repeat function
Dauerfunktionstaste *f* [zur Wiederholung eines
Zeichens]
continuous function key, repeat function key
[for repeating a character]
Dauerlast *f*
continuous load
Dauerleistung *f*
continuous power output
Dauerlochstreifen *m*
high-durability punched tape
Dauerprüfung *f* [Wirkung von Belastung über
längere Zeit]
endurance test [effect of stresses over long
period]
Dauerschlagprüfung *f*
continuous shock test, fatigue-impact test
Dauerstörung *f*
permanent fault
Dauerumschaltung *f* [zur Umschaltung auf
einen anderen Zeichensatz]
shift-out, shift-out character [for switching to
an alternative character set]
Daumenradschalter *m*
thumbwheel switch
dB, Dezibel *n* [dekadischer Logarithmus eines

Strom-, Spannungs- oder
Leistungsverhältnisses]
dB, decibel [logarithm to the base ten of a
current, voltage or power ratio]
DBA [Datenbankadministrator]
 DBA (Data Base Administrator)
dBASE [ein Datenbanksystem für DOS]
 dBASE [a database programming system for
DOS]
DBF-Dateiformat n [Dateiformat von dBASE]
 DBF file format [file format for dBASE]
dBm [Dezibel bezogen auf 1 mW Leistungspegel]
 dBm [decibel referred to 1 mW power level]
DC2000-Kassette f, Mini-Kassette f [ein
genormtes Viertel-Zoll-Band vom QIC-Format]
 DC2000 cartridge , mini cartridge [a standard
quarter-inch tape using the QIC format]
DCFL, direkt gekoppelte FET-Logik f
Integrierte Schaltungsfamilie, die mit
Galliumarsenid-E-MESFETs realisiert ist.
 DCFL (direct-coupled FET logic)
Family of integrated circuits based on gallium
arsenide E-MESFETs.
DCTL, direkt gekoppelte Transistorlogik f
Logikfamilie, bei der Transistoren direkt
gekoppelt werden, ohne Verwendung von
Widerständen oder anderen
Kopplungselementen.
 DCTL (direct-coupled transistor logic)
Logic family in which transistors are coupled
together directly, without resistors or other
coupling elements.
DD-Diskette f, Diskette mit doppelter
Speicherdichte f [speichert 360 kB auf 5,25"-
und 720 kB auf 3,5"-Disketten]
 DD diskette, double density diskette [stores
360 kB on 5.25" and 720 kB on 3.5" diskettes]
DDC, direkte digitale Regelung f [ein
Regelsystem, bei dem ein Prozeßrechner
unmittelbar auf die Stellglieder wirkt]
 DDC (direct digital control) [a control system
in which a process computer directly acts on
the final control elements or actuators]
Deaktivieranweisung f [COBOL]
 disable statement [COBOL]
Debugger m [Fehlersuchprogramm, das bei der
Programmentwicklung eingesetzt wird]
 debugger [diagnostic program used during
program development]
Decoder m, Decodierer m
 decoder
decodieren [Umsetzen von Informationen aus
einem Code in einen anderen, insbesondere in
den Maschinencode; beispielsweise das
Interpretieren von Befehlen bei der
Befehlsdecodierung]
 decode, to [to convert information from one
code into another, particularly into machine
code; e.g. interpreting instructions using

instruction decoding]
Decodierer m, Decoder m
 decoder
Decodiermatrix f [ein matrixartiges Netzwerk,
das ein codiertes Signal umwandelt, z.B.
codierte Impulse in einen Dezimalwert]
 decoding matrix [a network arranged as a
matrix for converting coded signals, e.g. coded
pulses into a decimal value]
dediziert, fest zugeordnet, zweckbestimmt
[System oder Gerät, das ausschließlich einer
bestimmten Aufgabe gewidmet ist]
 dedicated [system or unit exclusively designed
for a specific task]
dedizierter Modus m
 dedicated mode
Defektelektron n, Loch n, Elektronenlücke f
[Halbleitertechnik]
Fehlendes Elektron im Valenzband eines
Halbleiters, das wie eine bewegliche positive
Ladung wirkt.
 hole [semiconductor technology]
Vacancy left by an electron in the valence band
of a semiconductor and behaving like a mobile
positive charge.
Defektelektronenbeweglichkeit f,
Löcherbeweglichkeit f
 hole mobility
Defektelektronendichte f, Löcherdichte f
Die Dichte der fehlenden Elektronen im
Valenzband eines Halbleiters.
 hole density
The density of holes in the valence band of a
semiconductor.
Defektelektronenhaftstelle f
 hole trap
Defektelektronenkonzentration f
 hole concentration
Defektelektronenleitung f, Defektleitung f, P-
Leitung f, Löcherleitung f
Ladungstransport in einem Halbleiter durch
Defektelektronen (Löcher).
 hole conduction, p-type conduction
Charge transport by holes in a semiconductor.
Defektelektronenstrom m, Löcherstrom m
Der elektrische Strom in einem Halbleiter, der
durch Löcher (Defektelektronen) hervorgerufen
wird. Löcher sind positive Ladungsträger.
 hole current
The electric current in a semiconductor due to
the migration of holes. Holes are positive
carriers.
defekter Sektor m [Magnetspeicher]
 bad sector [magnetic medium]
Defragmentierung f
 defragmentation
Dehnungsmeßstreifen m
 strain gauge
Dekade f

decade
Dekadenzähler *m* [zählt in Dekaden: Einer,
Zehner usw.]
decade counter [counts in decades: ones, tens,
etc.]
dekadische Zählstufe *f* [eines Zählers]
decade stage [of a counter]
dekadischer Logarithmus *m*, Briggscher
Logarithmus *m* [Zehnerlogarithmus]
common logarithm, Briggs logarithm
[logarithm to the base ten]
deklarative Programmiersprache *f*,
nichtprozedurale Programmiersprache *f* [im
Gegensatz zur prozeduralen
Programmiersprache]
declarative programming language, non-
procedural programming language [in contrast
to procedural programming language]
Dekrement *n* [Befehl zum Verringern um einen
konstanten Betrag]
decrement [instruction to reduce by a
constant amount]
dekrementieren [verringern um einen
konstanten Betrag, z.B. einen Zähler]
decrement, to [reduce by a constant amount,
e.g. a counter]
Delaminierung *f* [Ablösen der Schichten einer
Leiterplatte]
delamination [separation of layers of a PCB]
Delon-Schaltung *f*, Greinacher-Schaltung *f*
[Spannungsverdopplerschaltung]
half-wave voltage doubler circuit
Deltarauschen *n* [Rauschen im Kernspeicher]
delta noise [noise in core memory]
Demodulation *f* [Rückgewinnung des
modulierenden Signals]
demodulation [to recover the modulating
signal]
Demodulationsstufe *f*
demodulating stage, demodulator stage
Demodulator *m*
demodulator
demontieren
disassemble, dismount
Demultiplexer *m*
demultiplexer
den Rand ausgleichen, links- oder
rechtsbündig ausrichten [Textverarbeitung]
justify, to [word processing]
DES [Datenverschlüsselungsnorm]
DES (Data Encryption Standard)
Desktop-Computer *m*, Tischrechner *m* [ein
Rechner, der auf einen Schreibtisch gestellt
werden kann]
desk computer, desktop computer [a
computer which can be placed on a desk]
Desktop-Publishing-Programm *n*, DTP-
Programm *n* [Programm zum Erstellen,
Anordnen und Drucken von Dokumenten]

DTP program (Desk Top Publishing)
[program for the design, layout and printing of
documents]
Destruktor *m* [Löschfunktion in C++]
destructor [cleaning-up function in C++]
Detektordiode *f*
detector diode
deutschsprachige Tastatur *f*, QWERTZ-
Tastatur *f*
German-language keyboard, QWERTZ
keyboard
dezentrale Datenbank *f*
decentral data base
dezentrales System *n* [verteilt auf mehrere
Rechner, Datenstationen usw.]
distributed system [distributed over
numerous computers, terminals, etc.]
dezentralisiert, verteilt
decentral, distributed
dezentralisierte Verarbeitung *f*
decentralized processing, distributed
processing
Dezibel *n*, dB [dekadischer Logarithmus eines
Strom-, Spannungs- oder
Leistungsverhältnisses]
dB, decibel [logarithm to the base ten of a
current, voltage or power ratio]
Dezimal-Binär-Umwandlung *f*
decimal-to-binary conversion
Dezimalbruchschreibweise *f*
decimal fraction notation
Dezimalcode *m*
decimal code
dezimale Schreibweise *f*, Dezimalschreibweise
decimal notation
dezimales Zahlensystem *n*
decimal number system
Dezimalexponent *m*
decimal exponent
Dezimalkomma *n*, Komma *n* [bei Zahlen]
point, decimal point [in numbers]
Dezimalsystem *n*
decimal system
Dezimalziffer *f*
decimal digit
Dezimalzähler *m*
decimal counter
DFB-Laser *m* [Halbleiterlaser]
DFB laser (distributed feedback laser)
[semiconductor laser]
DFT *f*, diskrete Fourier-Transformation *f*
FFT, fast Fourier transform
DFÜ, Datenfernübertragung *f*
long-distance data transmission
DH-Laser *m*, Doppelheterostrukturlaser *m*
Halbleiterlaser mit Doppelheterostruktur (z.B.
GaAlAs-Laser), der sich insbesondere als
optischer Sender für
Glasfaserübertragungssysteme eignet.

double-heterostructure laser
Semiconductor laser (e.g. a GaAlAs laser) with
a double heterostructure that is particularly
suitable for use as optical emitter in fiber-optics
communication systems.

Dhrystone-Test *m* [Rechner-
Bewertungsprogramm]
Dhrystone test [computer benchmark test
program]

Dia-Schau *f* [eine Sequenz von
Präsentationsgraphiken]
slide show [a sequence of presentation
graphics]

Diac *m*, Zweirichtungsthyristordiode *f*
diac, bidirectional diode thyristor

Diagnoseprogramm *n*, Diagnostikprogramm *n*,
Fehlersuchprogramm *n*
diagnostic program, debugging program,
troubleshooting program

Diagnostikverfahren *n*
diagnostic procedure

Diagramm *n* [z.B. Flußdiagramm]
chart [e.g. flowchart]

Dialogabfrage *f*
interactive query

Dialogbetrieb *m*, interaktiver Betrieb *m*
dialog mode, interactive mode

Dialogfeld *n*
dialog box

dialogfähig
conversational, interactive

dialogfähiges Sichtgerät *n*
interactive display terminal

Dialogverkehr *m* [Austausch von Frage und
Antwort zwischen Terminal und Rechner]
interactive traffic [query and reply between
terminal and computer]

Diamantgitter *n* [Gitteraufbau von Kristallen,
z.B. von Silicium- und Germaniumkristallen]
diamond lattice [lattice structure of crystals,
e.g. of silicon and germanium mono-crystals]

Diamantgitteraufbau *m*,
Diamantgitterstruktur *f*
diamond lattice structure

Dibit *n* [Zwei-Bit-Einheit]
dibit [two-bit unit]

dicht gedrängt, kompakt
compact

Dichte *f,* Ladungsdichte *f*
density, charge density

Dichte *f,* Massendichte *f*
density, mass density

Dichteverteilung *f*
density distribution

dichtgepackt
close-packed

Dichtigkeitsprüfung *f*
seal test

Dickschichthybridschaltung *f*

Schaltung, bei der die in Dickschichttechnik
hergestellten Bauelemente durch in anderen
Techniken hergestellte aktive oder passive
Einzelbauelemente und/oder integrierte
Bauteile ergänzt werden und auf einem Träger
vereint sind.
thick-film hybrid circuit
Circuits incorporating elements manufactured
in thick-film technology with discrete
components and/or integrated-circuit devices
produced by other manufacturing methods on
the same supporting substrate.

Dickschichtkondensator *m*
thick-film capacitor

Dickschichtschaltung *f*
thick-film circuit

Dickschichtsubstrat *n*
thick-film substrate

Dickschichttechnik *f*
Technik für die Herstellung integrierter
Schaltungen, bei der wesentliche Teile der
Schaltung (z.B. Leiterbahnen, Widerstände,
Kondensatoren und Isolierungen) als Schichten
auf einen Träger aufgebracht und anschließend
eingebrannt werden. Das Aufbringen der
Schichten erfolgt vorwiegend im
Siebdruckverfahren.
thick-film technology
Method of manufacturing integrated circuits by
deposition of circuit elements (e.g. conductors,
resistors, capacitors and insulators) in the form
of thick film patterns on a supporting
substrate. Film patterns are usually applied by
silk-screening followed by firing.

Dickschichtwiderstand *m*
thick-film resistor

Dielektrikum *n*
dielectric

dielektrische Isolation *f*
Die gegenseitige Isolation von integrierten
Bauelementen durch Isolierschichten.
dielectric isolation (DI)
The electrical isolation of integrated-circuit
elements by dielectric layers.

dielektrische Passivierung *f*
Das Aufwachsen einer Oxidschicht (meistens
Siliciumdioxid) auf die Halbleiteroberfläche,
um sie vor Verunreinigungen zu schützen.
dielectric passivation
The growth of an oxide layer (usually silicon
dioxide) on the surface of a semiconductor to
provide protection from contamination.

Dielektrizitätskonstante *f,* Permittivität *f*
permittivity

dienstintegriertes Digitalnetzwerk *n*, ISDN
[integriertes Netzwerk für Telephon, Texte,
Bilder und Daten]
ISDN (Integrated Services Digital Network)
[integrated network for telephone, texts,

images and data]

Dienstprogramm n, Serviceprogramm n
[spezielle Programme für sich oft
wiederholende Aufgaben, z.B. Kopieren,
Sortieren und Mischen von Dateien usw.]
utility program, utility routine, service
program [special programs for reoccurring
tasks, e.g. copying, sorting and merging files,
etc.]

DIF [Datenaustauschformat]
DIF (Data Interchange Format)

DIFET-Technik f
Variante der BiFET-Technik, die vorwiegend
für die Herstellung von monolithisch
integrierten Operationsverstärkern
angewendet wird.
DIFET technology (dielectrically isolated
FET technology)
A variant of the BiFET technology, mainly used
for fabricating monolithic integrated
operational amplifier circuits.

Differentialgleichung f
differential equation

Differentialquotient m [Ableitung einer
Funktion, z.B. dx/dt]
derivative [rate of change of a function, e.g.
dx/dt]

Differentialrechnung f
differential calculus

Differentialspannung f
differential voltage

Differentiator m, Differenzierglied n,
Differenzierschaltung f [erzeugt ein
Ausgangssignal, das die zeitliche Ableitung des
Eingangssignals ist]
differentiator, differentiating circuit
[generates an output signal which is the
derivative of the input signal]

differentieller Linearitätsfehler m
differential linearity error

differentieller Widerstand m [entspricht der
Neigung der Strom-Spannungs-Kennlinie im
Arbeitspunkt]
differential resistance [corresponds to the
slope of the current-voltage characteristic at
the operating point]

Differenzausgang m [Ausgangspaar für zwei
Signale]
differential output [output pair for two
signals]

Differenzeingang m [Eingangspaar für zwei
Signale, z.B. bei einem Operationsverstärker]
differential input [input pair for two signals,
e.g. of an operational amplifier]

Differenzeingangsspannung f
differential input voltage

Differenzierglied n, Differenzierschaltung f,
Differentiator m [erzeugt ein Ausgangssignal,
das die zeitliche Ableitung des Eingangssignals

ist]
differentiator, differentiating circuit
[generates an output signal which is the
derivative of the input signal]

Differenzsignal-E/A-Puffer m
differential I/O buffer

Differenzverstärker m [bildet die Differenz der
Eingangssignale]
differential amplifier [forms the difference of
the input signals]

Diffundieren n, Eindiffundieren n [von
Fremdatomen oder Ladungsträgern]
diffusion [of impurities or charge carriers]

diffundierte Schicht f, eindiffundierte Schicht f
diffused layer

diffundierter Bereich m
diffused region

diffundierter Transistor m
diffused transistor

diffundierter Übergang m
diffused junction

Diffusion f [Halbleiterdotierung]
Das zur Zeit gebräuchlichste Verfahren zur
Herstellung von definiert dotierten
Halbleiterzonen und PN-Übergängen. Es
bestehen unterschiedliche Varianten des
Diffusionsverfahrens, z.B. das
Ampullenverfahren, das Durchströmverfahren,
das Boxverfahren und das Filmverfahren.
diffusion [doping of semiconductors]
Today's most widely used process for precise
doping of semiconductor regions and pn-
junctions. There are many variations of the
diffusion process such as the closed-tube
process, the open-tube process, the box process
and the paint-on process.

Diffusion aus einer erschöpflichen Quelle f
[Halbleitertechnik]
limited-source diffusion [semiconductor
technology]

Diffusion aus einer unerschöpflichen Quelle f
constant source diffusion

Diffusion im Vakuum f
vacuum diffusion

Diffusion von Ladungsträgern f,
Ladungsträgerdiffusion f [Halbleitertechnik]
Die Bewegung von Ladungsträgern in einem
Halbleiter, insbesondere an der Grenze
zwischen P- und N-dotierten Bereichen. Sie
entsteht infolge unterschiedlicher Dichte der
Ladungsträger.
carrier diffusion [semiconductor technology]
The movement of charge carriers in a
semiconductor, particularly at boundaries
between p-type and n-type regions. Carrier
diffusion results from concentration gradients.

Diffusionsbereich m, Diffusionszone f
Der Bereich eines Halbleiters, in den
Fremdatome eindiffundiert werden.

diffusion region, diffusion zone
The region of a semiconductor which is doped
with impurities by diffusion.
Diffusionsfenster *n*
diffusion window
Diffusionsgeschwindigkeit *f*
diffusion velocity
Diffusionskoeffizient *m*, Diffusionskonstante *f*
diffusion coefficient
Diffusionskonstante *f*, Diffusionskoeffizient *m*
diffusion coefficient
Diffusionslänge *f*
diffusion length
Diffusionsmaske *f*
diffusion mask
Diffusionsmaskierung *f*, Oxidmaskierung *f*
Wichtiger Verfahrensschritt der Planartechnik.
Dabei wird eine Halbleiterscheibe (Wafer) mit
einer dünnen Oxidschicht überzogen. In das
Oxid werden mit Hilfe von Kontaktmasken
Fenster geätzt, durch die der Dotierstoff in die
Halbleiterscheibe eindiffundieren kann.
Gleichzeitig schützt die verbleibende
Oxidschicht vor dem Eindringen von
Dotierstoffen in unerwünschte Bereiche des
Wafers.
oxide masking, diffusion masking
Major process step in planar technology. It
consists of growing a thin layer of oxide on the
surface of the wafer. With the aid of contact
masks, diffusion windows are etched on the
oxide layer to allow selective diffusion of
dopants. At the same time, the remaining oxide
prevents penetration of dopants into undesired
regions of the wafer.
Diffusionsofen *m*
diffusion furnace
Diffusionsschicht *f*
diffusion layer
Diffusionsspannung *f*
diffusion potential
Diffusionsstrom *m*
diffusion current
Diffusionstechnik *f*
diffusion technique
Diffusionstiefe *f*
diffusion depth
Diffusionstransistor *m*
Bipolartransistor, bei dem der Injektionsstrom
durch die Basis ausschließlich durch Diffusion
von Ladungsträgern fließt.
diffusion transistor
Bipolar transistor in which injection current
flow is entirely a result of carrier diffusion.
Diffusionsverfahren *n* [Halbleiterdotierung]
Verfahren zum Einbringen von Fremdatomen
in ein Halbleiterkristall. Dabei werden
Halbleiterscheibchen (Wafer) zusammen mit
einer Dotierungsquelle in einen Reaktionsraum

eingebracht. Die Diffusion erfolgt bei
Temperaturen zwischen 800 und 1250 °C.
diffusion process [doping of semiconductors]
A process used for introducing impurity atoms
into a semiconductor crystal. This is achieved
by charging a reactor with semiconductor
wafers and a dopant source. Diffusion is
effected at temperatures between 800 and
1250 °C.
Diffusionszeit *f*
diffusion time
Diffusionszone *f*, Diffusionsbereich *m*
Der Bereich eines Halbleiters, in den
Fremdatome eindiffundiert werden.
diffusion region, diffusion zone
The region of a semiconductor which is doped
with impurities by diffusion.
digital codierte Daten *n.pl.*
digitally coded data
digital darstellen, digitalisieren [die
Umwandlung einer analogen Darstellung in die
entsprechende digitale Form]
digitize, to [to transform an analog
representation into a corresponding digital
form]
digital, ziffernmäßig
digital, numerical
Digital-Analog-Modul *m*
digital-to-analog module
Digital-Analog-Umsetzer *m*, DAU, D/A-
Umsetzer *m* [setzt ein digitales Eingangssignal
in ein analoges Ausgangssignal um]
digital-to-analog converter, DAC, D/A
converter [converts a digital input signal into
an analog output signal]
Digital-Analog-Umsetzung *f*
digital-to-analog conversion
Digitalanzeige *f*, digitale Anzeige *f*,
Ziffernanzeige *f* [Darstellung durch Ziffern]
digital display, digital readout
[representation by digits]
Digitalausgabe *f*, Digitalausgang *m*
digital output
Digitalausgabeeinheit *f*, digitale
Ausgabeeinheit *f*
digital output unit
digitale Anzeige *f*, Digitalanzeige *f*,
Ziffernanzeige *f* [Darstellung durch Ziffern]
digital display, digital readout
[representation by digits]
digitale Ausgabeeinheit *f*,
Digitalausgabeeinheit *f*
digital output unit
digitale Daten *n.pl.*
digital data
digitale Eingabeeinheit *f*,
Digitaleingabeeinheit *f*
digital input unit
digitale integrierte Schaltung *f*, integrierte

Digitalschaltung *f*
digital integrated circuit
digitale Korrelation *f*
digital correlation
digitale Korrelation *f*
digital correlation
digitale optische Aufzeichnung *f*
digital optical recording
digitale Schaltung *f*, Digitalschaltung *f* [eine
Schaltung mit digitalen Eingangs- und/oder
Ausgangssignalen]
digital circuit [a circuit with digital input
and/or output signals]
digitale Steuerung *f*
digital control
Digitaleingabeeinheit *f*, digitale
Eingabeeinheit *f*
digital input unit
Digitalelektronik *f*
digital electronics
Digitalempfänger *m*
digital receiver
digitaler Decodierer *m*, digitaler Decoder *m*
digital decoder
digitaler Halbleiterbaustein *m* [wird auch
manchmal digitales Halbleiterbauteil genannt]
digital semiconductor device
digitaler Schalter *m*, Digitalschalter *m*
digital switch
digitaler Speicher *m*, Digitalspeicher *m*
digital memory, digital storage
digitales Halbleiterbauelement *n*
digital semiconductor component
digitales Meßgerät *n*
digital instrument
digitales Signal *n*, Digitalsignal *n*
digital signal
digitales System *n*, Digitalsystem *n*
digital system
Digitalisieren *n*, Digitalisierung *f*
digitizing
digitalisieren, digital darstellen [die
Umwandlung einer analogen Darstellung in die
entsprechende digitale Form]
digitize, to [to transform an analog
representation into a corresponding digital
form]
Digitalisierer *m*
digitizer
Digitalisiertablett *n*, Graphiktablett *n*,
Tablett *n*
digitizer tablet, tablet, graphic tablet
Digitalkomparator *m*
digital comparator
Digitalrechner *m* [ein Rechner mit Eingabe,
Verarbeitung und Ausgabe der Daten in
digitaler Form]
digital computer [a computer with input,
processing and output of data in digital form]

Digitalschalter *m*, digitaler Schalter *m*
digital switch
Digitalschaltung *f*, digitale Schaltung *f* [eine
Schaltung mit digitalen Eingangs- und/oder
Ausgangssignalen]
digital circuit [a circuit with digital input
and/or output signals]
Digitalsignal *n*, digitales Signal *n*
digital signal
Digitalspeicher *m*, digitaler Speicher *m*
digital memory, digital storage
Digitalsystem *n*, digitales System *n*
digital system
Digitaltechnik *f*, Digitalverfahren *n*
digital technique
Digitalumsetzer *m*
digital converter
Digitalverfahren *n*, Digitaltechnik *f*
digital technique
Digitalübertragung *f*
digital transmission
DIL-Gehäuse *n* [Gehäuse mit zwei parallelen
Reihen rechtwinklig abgebogener Anschlüsse]
DIP (dual in-line package) [housing with two
parallel rows of terminals at right angles to the
body]
DIMOS-Technik *f*
Variante der DMOS-Technik, bei der die
Diffusion von Dotierungsatomen durch einen
zusätzlichen Ionenimplantationsschritt ergänzt
wird.
DIMOS technology (double-diffused ion-
implanted MOS)
Variant of the DMOS manufacturing process
involving an ion implantation step in addition
to diffusion of impurities.
Diode *f*
diode
Dioden-Transistor-Logik *f*, DTL
Logikfamilie, bei der die logischen
Verknüpfungen von Dioden ausgeführt werden
und die Transistoren als verstärkende Inverter
wirken.
DTL (diode-transistor logic)
Logic family in which logic functions are
performed by diodes, the transistors acting as
inverting amplifiers.
**Dioden-Transistor-Logik mit niedriger
Verlustleistung** *f* (LPDTL) [Variante der
DTL-Schaltungsfamilie]
low-power diode-transistor logic (LPDTL)
[Variant of the DTL logic family]
Dioden-Transistor-Logik mit Zenerdiode *f*
(DTZL), Dioden-Zenerdioden-Transistor-Logik *f*
(DZTL)
Variante der DTL-Schaltungsfamilie, bei der
die Zenerdiode einen hohen
Störspannungsabstand bewirkt.
diode-transistor logic with Zener diode

(DTZL), diode-Zener-diode-transistor logic
(DZTL)
Variant of the DTL logic family in which the
Zener diode ensures a high signal-to-noise
ratio.
Diodenbegrenzer *m*
  diode limiter
Diodenfeld *n*
  diode array
Diodenfunktionsgeber *m*
  diode function generator
Diodenkennlinie *f* [Diodenstrom in
  Abhängigkeit der Diodenspannung]
  diode characteristic curve [diode current as
  a function of diode voltage]
Diodenklemmschaltung *f*
  diode clamp circuit
Diodenmatrix *f*
  diode matrix
Diodennetzwerk *n*
  diode network
Diodenschaltung *f*
  diode circuit
Diodenspannung *f*
  diode voltage
Diodenstrom *m*
  diode current
Diracsche Funktion *f,* Impulsfunktion *f*
  pulse function
direkt adressierbarer Speicher *m*
  directly addressable memory
direkt gekoppelte FET-Logik *f* (DCFL)
  Integrierte Schaltungsfamilie, die mit
  Galliumarsenid-E-MESFETs realisiert ist.
  direct-coupled FET logic (DCFL)
  Family of integrated circuits based on gallium
  arsenide E-MESFETs.
direkt gekoppelte Transistorlogik *f* (DCTL)
  Logikfamilie, bei der Transistoren direkt
  gekoppelt werden, ohne Verwendung von
  Widerständen oder anderen
  Kopplungselementen.
  direct-coupled transistor logic (DCTL)
  Logic family in which transistors are coupled
  together directly, without resistors or other
  coupling elements.
direkte Adressierung *f* [Adressierverfahren,
  das dadurch gekennzeichnet ist, daß die
  Adresse selbst Bestandteil des Befehls ist]
  direct addressing [addressing method
  characterized by the fact that the address is
  part of the instruction]
direkte digitale Regelung *f* (DDC) [ein
  Regelsystem, bei dem ein Prozeßrechner
  unmittelbar auf die Stellglieder wirkt]
  direct digital control (DDC) [a control
  system in which a process computer directly
  acts on the final control elements or actuators]
direkte Kopplung *f,* direkte Prozeßkopplung *f*

on-line
direkte Verarbeitung *f,* On-line-Betrieb *m*
  [Datenverarbeitung]
  on-line processing [data processing]
direkter Betrieb *m,* Echtzeitbetrieb *m* [die
  Verarbeitung von Daten unmittelbar nach ihrer
  Entstehung, z.B. in Peripheriegeräten]
  on-line operation, real-time operation
  [processing of data immediately after their
  generation, e.g. in peripheral equipment]
direkter Speicherzugriff *m* (DMA)
  [Datentransfer zwischen einem Peripheriegerät
  und dem Hauptspeicher unter Umgehung der
  Zentraleinheit; das Peripheriegerät kann direkt
  auf Adressen- und Datenbus des
  Hauptspeichers zugreifen]
  direct memory access (DMA) [data transfer
  between a peripheral unit and main memory
  without intervention of the CPU; the peripheral
  unit can access the address and data buses of
  the main memory directly]
direkter Steckverbinder *m*
  direct plug connector
direkter Zugriff *m* [Zugriff zu beliebigen
  Bereichen eines Speichers; die Zugriffszeit ist
  effektiv unabhängig von der Lage der
  gespeicherten Daten]
  direct access, random access [storage device
  in which access time is effectively independent
  of the location of the data]
Direktzugriffsdatei *f*
  direct-access file, random-access file
Direktzugriffsgerät *n*
  direct-access device, random-access device
Direktzugriffsspeicher *m* Speicher mit
  direktem Zugriff *m* [Speicher dessen
  Zugriffszeit unabhängig von der Lage der
  gespeicherten Daten ist, z.B. Magnetplatten-
  oder Diskettenspeicher]
  direct access storage [storage whose access
  time is independent of the location of the data,
  e.g. magnetic disk or floppy disk storage]
Disassembler *m* [Software für die Übersetzung
  von Maschinencode in Assemblersprache
  disassembler [software that translates
  machine code back into assembly language]
Disjunktion *f,* inklusives ODER *n,* ODER-
  Verknüpfung #z
  Logische Verknüpfung mit dem Ausgangswert
  (Ergebnis) 0, wenn und nur wenn jeder
  Eingang (Operand) den Wert 0 hat; für alle
  anderen Eingangswerte (Operandenwerte) ist
  der Ausgang (das Ergebnis) 1.
  disjunction, logic addition, logical add,
  Boolean add, inclusive OR
  Logical operation having the output (result) 0 if
  and only if each input (operand) has the value
  0; for all other inputs (operand values) the
  output (result) is 1.

disjunktiv verknüpfen [eine ODER-
Verknüpfung ausführen]
OR, to [to carry out an OR operation]
Disk-Caching-Software *f* [errichtet einen
Zwischenspeicher zur Beschleunigung der
Datenübertragung zwischen Festplatte und
Hauptspeicher]
disk caching [creates cache memory used for
accelerating data transfer between hard disk
and main memory]
Diskette *f* [flexible Magnetplatte als
auswechselbarer magnetischer Datenträger,
üblicherweise mit einem Durchmesser von 3,5
oder 5,25 Zoll und einer Speicherkapazität
zwischen 0,36 und 1,44 MB]
diskette, floppy disk [flexible disk used as
interchangeable magnetic data medium,
usually of 3.5 or 5.25 inch diameter and a
storage capacity between 0.36 and 1.44 MB]
Diskette mit doppelter Speicherdichte *f*, DD-
Diskette *f* [speichert 360 kB auf 5,25"- und 720
kB auf 3,5"-Disketten]
double density diskette, DD diskette [stores
360 kB on 5.25" and 720 kB on 3.5" diskettes]
Diskette mit hoher Speicherdichte *f*, HD-
Diskette *f* [speichert 1,2 MB auf 5,25"- und 1,44
MB auf 3,5"-Disketten]
high density diskette, HD diskette [stores 1,2
MB on 5.25" and 1,44 MB on 3.5" diskettes]
Disketten-Controller *m*, Disketten-Steuerteil *m*
diskette controller, floppy drive controller
(FDC)
Diskettenbetriebssystem *n*
floppy disk operating system
Diskettenlaufwerk *n*
disk drive, floppy disk drive
Diskettenspeicher *m*
diskette storage, floppy disk storage
diskrete Daten *n.pl.*
discrete data
diskrete Fourier-Transformation *f* (DFT)
fast Fourier transform (FFT)
diskretes Bauelement *n*, Einzelbauelement *n*,
Einzelbauteil *n* [Elektronik]
Bauelement, das nicht in einer integrierten
Schaltung enthalten ist, sondern als
selbstständiges, in eigenem Gehäuse
untergebrachtes Bauteil eingesetzt wird.
discrete component [electronics]
Individual component, separately packaged and
used independently, which is not part of an
integrated circuit.
diskretes Halbleiterbauelement *n*,
Einzelhalbleiterbauelement *n*
discrete semiconductor component
diskretes Signal *n*
discrete signal
Diskriminator *m* [erzeugt

Amplitudenänderungen aus Frequenz- oder
Phasenänderungen]
discriminator [produces amplitude variations
from frequency or phase variations]
Diskriminatorschaltung *f*
discriminator circuit
Disparität *f*
disparity, mismatch
divergente Reihe *f*
divergent series
Dividierwerk *n*, Teiler *m* [für die Ausführung
einer mathematischen Teilung]
divider [for carrying out mathematical
division]
Division *f*, Teilung *f* [Umkehrung der
Multiplikation]
division [inverse of multiplication]
Division durch Null *f*, durch Null dividieren
zero division, zero divide, to
Division mit Bildung des positiven Restes *f*
restoring division
**Division ohne Wiederherstellung des
positiven Restes** *f*
non-restoring division
Divisionsanweisung *f*
divide statement
Divisionsfehler *m* [Division durch Null]
divide error [division by zero]
Divisionszeichen *n*
divide symbol
DMA, direkter Speicherzugriff *m* [Datentransfer
zwischen einem Peripheriegerät und dem
Hauptspeicher unter Umgehung der
Zentraleinheit; das Peripheriegerät kann direkt
auf Adressen- und Datenbus des
Hauptspeichers zugreifen]
DMA (direct memory access) [data transfer
between a peripheral unit and main memory
without intervention of the CPU; the peripheral
unit can access the address and data buses of
the main memory directly]
DMA-Controller *m*, Steuerbaustein für direkten
Speicherzugriff *m*
DMA controller (DMAC)
DMA-Schnittstelle *f*
DMA interface
DMA-Steuerschaltung *f*
DMA controller circuit
DMOS-Technik *f*
Verfahren mit Doppeldiffusion von
Dotierungsatomen für die Herstellung von
MOS-Bauteilen.
DMOS technology (double-diffused MOS
technology)
Process for manufacturing MOS devices
involving two-stage diffusion of impurities.
Docht-Effekt *m* [Leiterplatten]
wicking [printed circuit boards]
Docking-Station *f* [Pult-Erweiterungseinheit

für ein Notebook-Computer]
docking station [desktop extension unit for notebook computer]
Dokument *n*, Beleg *m*
document
Dolby-System *n*
Dolby noise-reduction system
Dollarzeichen *n*, ($) [Sonderzeichen; wird in BASIC zur Kennzeichnung einer Textvariablen oder Zeichenkette (String) verwendet]
dollar symbol ($) [special symbol; is used in BASIC for designating a character string or text variable]
Donator *m* [Halbleitertechnik]
In einen Halbleiter eingebautes Fremdatom (oder Kristallfehler), das ein Elektron an ein benachbartes Atom abgibt. Die Bewegung der Elektronen stellt einen negativen Ladungstransport durch den Halbleiter dar.
donor [semiconductor technology]
An impurity (or crystal imperfection) added intentionally to a semiconductor which releases an electron to an adjacent atom. Movement of the electrons represents a negative charge transport through the semiconductor.
Donatoratom *n*, Donatorfremdatom *n*
donor atom, donor impurity
Donatorkonzentration *f*
donor concentration
Donatorladung *f*
donor charge
Donatorniveau *n*
donor energy state, donor level
DOPOS-Verfahren *n* [ein spezielles Diffusionsverfahren]
DOPOS process (doped polysilicon diffusion) [a special diffusion process]
Doppelbasisdiode *f*, Zweizonentransistor *m*, Unijunction-Transistor *m*
Halbleiterbauelement ohne Kollektorzone mit zwei sperrfreien Basiskontakten (Ohmsche Kontakte) und einem dazwischen angebrachten PN-Übergang. Wird häufig in Kippschwingschaltungen verwendet.
unijunction transistor
Semiconductor component without a collector region which has two ohmic base contacts and a single pn-junction between them. Is often used in relaxation-oscillator applications.
Doppelbit *n*
double bit
doppeldiffundierter Transistor *m*
double-diffused transistor
Doppeleuropaformat *n* [Leiterplattenformat 233 x 160 mm]
double-Euroboard format [PCB format 233 x 160 mm]
Doppelheterostrukturlaser *m*, DH-Laser *m*
Halbleiterlaser mit Doppelheterostruktur (z.B.

GaAlAs-Laser), der sich insbesondere als optischer Sender für Glasfaserübertragungssysteme eignet.
double-heterostructure laser
Semiconductor laser (e.g. a GaAlAs laser) with a double heterostructure that is particularly suitable for use as optical emitter in fiber-optics communication systems.
Doppelimpuls *m*
double pulse, dual pulse, pulse pair
Doppelimpulsgenerator *m*
double-pulse generator
Doppelimpulsschreibverfahren *n* [magnetisches Aufzeichnungsverfahren]
double-pulse recording [magnetic recording method]
doppelklicken [zweimaliges, rasch aufeinanderfolgendes Drücken der Maustaste]
double click, to [briefly depressing a mouse button twice]
doppeln, duplizieren [Kopieren auf ein Zielmedium, das die gleiche physikalische Form hat, wie die Quelle.
duplicate, to [copy on a destination medium having the same physical form as the source]
Doppeloperationsverstärker *m*, Zweifachoperationsverstärker *m*
dual operational amplifier
Doppelpunkt *m*
colon
Doppelschichtmetallisierung *f*
double-layer metallization
doppelseitig beschreibbare Diskette *f* [Informationen können auf beiden Seiten aufgezeichnet werden]
double-sided floppy disk [information can be recorded on both sides]
doppelseitig kaschierte Leiterplatte *f*
double-sided printed circuit board
Doppelstrom *m* [eine Übertragungstechnik]
double current [a data transmission technique]
doppelte Genauigkeit *f* [Verwendung von doppelt so vielen Bits, um eine Zahl darzustellen]
double precision [using twice as many bits to represent a number]
doppelte Speicherdichte *f* [Verdoppelung der Bitdichte bei Datenträgern, z.B. bei Disketten]
double density [doubling bit density on a data medium, e.g. on a floppy disk]
doppelte Stichprobenprüfung *f*
double sampling
doppelte Wortlänge *f* [Darstellung einer Zahl durch 2 Rechenworte]
double word length [representation of a number by 2 computer words]
doppeltes Puffern *n*
double buffering

DOS [Plattenbetriebssystem; Kurzform für PC-DOS und MS-DOS]
DOS (Disk Operating System) [short form for PC-DOS and MS-DOS]
DOS-Eingabeaufforderung *f*
DOS prompt
DOS-Extender *m* [Programm zur Ausführung einer Anwendung im geschützten Modus (protected mode)]
DOS extender [programm allowing an application to run in protected mode]
Dotieren *n*, Dotierung *f* [Halbleitertechnik]
Der gezielte Einbau von Fremdatomen in einen Halbleiter zwecks Veränderung seiner elektrischen Eigenschaften. Es bestehen verschiedene Dotierungsverfahren: Diffusion, Legierung, Epitaxie, Ionenimplantation und Dotierung durch Kernumwandlung.
doping [semiconductor technology]
The intentional addition of impurities to a semiconductor to modify its electrical properties. There are different processes used for doping semiconductors: diffusion, alloying, epitaxy, ion implantation and transmutation.
dotieren
dope, to
Dotierstoff *m*, Dotierungselement *n*
Ein Element, das in einen Halbleiter eingebaut wird, um seine elektrischen Eigenschaften zu verändern. Dotieratome können als Akzeptoren (z.B. Bor, Gallium, Aluminium, Indium) oder als Donatoren (z.B. Phosphor, Arsen, Antimon) eingebaut werden.
dopant, dopant impurity
An impurity element added to a semiconductor to modify its electrical properties.
Semiconductors can be doped with acceptor impurities (e.g. boron, gallium, aluminium, indium) or donor impurities (e.g. phospherous, arsenic, antimony).
Dotierstoffkonzentration *f*
dopant concentration
dotierter Halbleiter *m*
doped semiconductor
Dotierungsausgleich *m*
doping compensation, dopant compensation
Dotierungsprofil *n*
impurity concentration profile
Dotierungsverfahren *n*
doping process
Double-Twisted-LCD [Flüssigkristallanzeige mit zwei Kristallschichten]
double twisted LCD [liquid crystal display with two crystal layers]
download, hinunterladen [Programme oder Daten von einem zentralen Rechner laden]
download, to [to load a program or data from a remote computer]
Downsizing *n* [Ersetzen von großen Systemen durch kleinere Einheiten]
downsizing [replacing large systems by smaller units]
DPMI [definiert den geschützten Betriebsmodus von DOS, der das gleichzeitige Ablaufen mehrerer Anwendungen im Erweiterungsspeicher ermöglicht]
DPMI (DOS Protected Mode Interface) [allows several applications to run simultaneously in extended memory]
Drahtbrücke *f*, Brücke *f*, Kurzverbindung *f* [Verbindung zwischen zwei Anschlüssen]
jumper, strap [connection between two terminals]
Drahtdurchverbindung *f* [Leiterplatten]
wire-through connection [printed circuit boards]
Drahtkontaktierung *f*
wire bonding
drahtlos
wireless
Drahtwickeltechnik *f*, Wirewrap-Technik *f*, Wickeltechnik *f*
Verfahren zum Herstellen einer lötfreien Verbindung durch Umwickeln eines vierkantigen Anschlußstiftes mit einem Draht unter Zugspannung mit Hilfe eines Werkzeuges.
wire-wrap technique, wrapped connection
Method of making a solderless connection by wrapping a wire under tension around a rectangular terminal with the aid of a tool.
Drain *m*, Senke *f*
Bereich des Feldeffekttransistors, vergleichbar mit dem Kollektor des Bipolartransistors.
drain
Region of the field-effect transistor, comparable to the collector of a bipolar transistor.
Drain-Gate-Abstand *m*
drain-gate distance
Drain-Gate-Durchbruchspannung *f*
drain-gate breakdown voltage
Drain-Gate-Kapazität *f*
drain-gate capacitance
Drain-Gate-Leckstrom *m*
drain-gate leakage current
Drain-Gate-Spannung *f*
drain-gate voltage
Drain-Source-Durchbruchspannung *f*
drain-source breakdown voltage
Drain-Source-Einschaltwiderstand *m*
drain source on-state resistance
Drain-Source-Spannung *f*
drain-source voltage
Drainanschluß *m*, Drainkontakt *m*
drain terminal, drain contact
Drainbereich *m*, Drainzone *f*
drain region, drain zone
Draindurchbruchspannung *f*

drain breakdown voltage
Drainelektrode *f*
drain electrode
Draingleichstrom *m*
continuous drain current
Drainkapazität *f*
drain capacitance
Drainkontakt *m*, Drainanschluß *m*
drain contact, drain terminal
Drainreststrom *m*
drain cut-off current
Drainschaltung *f* [Transistorgrundschaltung]
Eine der drei Grundschaltungen des
Feldeffekttransistors, bei der die
Drainelektrode die gemeinsame
Bezugselektrode ist. Sie ist vergleichbar mit
der Kollektorschaltung bei Bipolartransistoren.
common drain connection [basic transistor
configuration]
One of the three basic configurations of the
field-effect transistor having the drain as
common reference terminal. It is comparable to
the common collector connection of a bipolar
transistor.
Drainspannung *f*
drain voltage
Drainstrom *m*
drain current
Drainübergang *m*
drain junction
Drainvorspannung *f*
drain bias
Drainwiderstand *m*
drain resistance
Drainzone *f*, Drainbereich *m*
drain zone, drain region
DRAM *m*, dynamischer RAM *m*, dynamischer
Schreib-Lese-Speicher *m*
Dynamischer Schreib-Lese-Speicher mit
wahlfreiem Zugriff, dessen gespeicherte
Informationen periodisch aufgefrischt werden
müssen.
DRAM, dynamic RAM (dynamic random access
memory)
Dynamic read-write memory with random
access which requires periodic refreshing of the
stored information.
Drehgeber *m*, Winkelgeber *m* [wandelt
mechanische Winkel in elektrische Signale um]
rotary encoder, angular transducer [converts
mechanical angles into electric signals]
Drehmelder *m* [analoges, rotatorisch
arbeitendes Wegmeßgerät bestehend aus einem
Rotor und einem Stator]
resolver, synchro [analog rotary position
transducer comprising a rotor and a stator]
Drehstrom *m*
three-phase current
Drei-D-Speicherorganisation *f* [von

Magnetkernspeichern]
three-dimensional memory organisation
[of magnetic core stores]
Drei-dB-Bandbreite *f* [Bandbreite zwischen den
Grenzfrequenzen, die durch einen 3-dB-Abfall
der Amplitude gekennzeichnet sind]
three-dB bandwidth [bandwidth between the
limiting frequencies characterized by a drop in
amplitude of 3 dB]
Drei-Exzeß-Code *m*, Stibitz-Code *m*, Exzeß-
Drei-Code *m* [ein Binärcode für Dezimalziffern;
jede Dezimalziffer wird durch eine Gruppe von
vier Binärzeichen dargestellt, die jedoch um 3
höher ist als die duale Darstellung, z.B. die
Ziffer 7 wird durch 1010 anstatt 0111
dargestellt]
excess-three code [a binary code for decimal
digits; each decimal digit is represented by a
group of four binary digits which is 3 in excess
of the binary representation, i.e. the digit 7 is
represented by 1010 instead of 0111]
Dreiadreßbefehl *m* [Befehl mit drei
Adreßteilen]
three-address instruction [instruction with
three address parts]
Dreibitfehler *m*
triple error
dreifachdiffundierter Transistor *m*
triple-diffused transistor
Dreifachdiffusion *f*
triple-diffusion process
dreifache Genauigkeit *f* [Erhöhung der
Rechengenauigkeit durch Verwendung von 3
Rechenworten, um eine Zahl darzustellen]
triple precision [increasing computing
accuracy by the use of 3 computer words for
representing a number]
dreiphasig
three-phase
dreistufiges Unterprogramm *n*
three-level subroutine
Dreizustandsausgang *m*, Tri-State-Ausgang *m*,
Ausgang mit Drittzustand *m*
Ein Ausgang, der neben den beiden aktiven
Zuständen (logisch 0 und logisch 1) einen
passiven (hochohmigen) Zustand annehmen
kann; der dritte Zustand ermöglicht die
Entkopplung des Bausteins vom Bus.
three-state output, tri-state output
An output which can assume one of three
states: the two active states (logical 0 and
logical 1) and a passive (high-impedance) state;
this third state enables the device to be
decoupled from the bus.
Dreizustandslogik *f*, Tri-State-TTL *f*, Tri-State-
Schaltung *f*
Variante der TTL-Logik, bei der die
Ausgangsstufen (oder Eingangs- und
Ausgangsstufen) einer Schaltung neben den

niederohmigen Zuständen logisch 0 und logisch 1 einen dritten hochohmigen Sperrzustand haben. Damit kann über einen Auswahleingang der Ausgang einer Schaltung bzw. eines Gatters gesperrt, d.h. von der Anschlußleitung getrennt werden. Tri-State-Schaltungen werden bei Mikroprozessoren, Speicherbausteinen und Peripheriebausteinen verwendet, um den Betrieb mehrerer Bausteine an einem gemeinsamen Bus zu ermöglichen.
three-state TTL, tri-state TTL, three-state circuit
Variant of TTL logic in which the output stages (or the input and output stages) of a circuit have the normal low-impedance logical 0 and logical 1 states with an additional third high-impedance disabled state. With the aid of a select input, this allows the output of a circuit to be disabled, i.e. to be effectively disconnected. Three-state circuits are used with microprocessors, memory devices and peripherals to permit sharing of a common bus line by several devices.

Drift *f*
drift

Driftausfall *m*, driftend auftretender Teilausfall *m* [ein langsam auftretender Teilausfall mit vorhersehbarem Ausfallzeitpunkt]
degradation failure, gradual failure [a gradual and partial failure with predictable failure time]

Driftbeweglichkeit *f*
drift mobility

driften, abwandern
drift, to

driftend auftretender Teilausfall *m*, Driftausfall *m*
degradation failure

Driftfehler *m*
drift error

Driftgeschwindigkeit *f*
drift velocity

Driftkompensation *f*
drift compensation

Driftspannung *f*
drift voltage

Driftstabilisierung *f*
drift stabilization

Driftstrom *m*
drift current

Drifttransistor *m* [Transistor mit einer stetig abnehmenden Leitfähigkeit in der Basiszone vom Emitter- zum Kollektorübergang; es entsteht ein die Ladungsträger treibendes Feld (Driftfeld), so daß deren Laufzeit kürzer wird und demzufolge die Transistorgrenzfrequenz höher]
drift transistor [transistor with a continuously decreasing conductivity in the

base zone between emitter and collector junctions; the resulting drift field reduces the propagation time thus permitting operation at higher frequencies]

Dropout *m*, Signalausfall *m* [Magnetbandfehler durch ein verlorenes Bit]
drop-out [magnetic tape error due to a lost bit]

Drossel *f*
inductor, choke

Druck-Server *m* [Rechner, der als zentraler Druckerplatz in einem Netzwerk dient]
print server, printer server [computer serving as central printing facility in a network]

Druckanweisung *f*
print statement

Druckaufbereitung *f*, Editieren *n* [Gestaltung des am Bildschirm gezeigten Textes]
editing [modifying text shown on screen]

Druckaufbereitungsprogramm *n*, Editor *m* [Programm zum Aufbereiten von Texten und Programmen; insbesondere für die Eingabe, Korrektur, Speicherung und Ausgabe]
editor [programm for processing texts and programs; in particular for entering, modifying, storing and outputting]

Druckausgabe *f*, Ausdruck *m*
print out, printout

Druckbefehl *m*
print command

drucken [maschinelles Beschriften von Papier]
print, to; print out, to [mechanically on paper]

Drucker *m*
printer

Drucker mit Einzelblatteinzug *m*
printer with cut-sheet feed

Drucker-Emulation *f* [ermöglicht die Emulation von Standard-Druckertypen, z.B. HP-LaserJet-Emulation]
printer emulation [allows printer to emulate standard printer types, e.g. HP LaserJet emulation]

Druckertreiber *m* [steuert den Drucker aus einem Anwendungsprogramm heraus]
printer driver [controls the printer from an application program]

Druckerwarteschlange *f* [Liste der Dateien, die an den Drucker gesandt wurden]
print queue [list of files sent to the printer]

Druckoriginal *n* [Leiterplatten]
original production master [printed circuit boards]

Druckprogramm *n* [für die Datenausgabe auf Drucker]
print routine [for data output on printer]

Druckpuffer *m* [Zwischenspeicher im Drucker]
print spooler [intermediate storage in printer]

Druckvorlage *f* [für Dokumente]
artwork [for documents]

Druckvorlage *f* [für Leiterplatten]

artwork master [for printed circuit boards]
Druckwerkzeug n [Leiterplatten]
production master [printed circuit boards]
DSM-Laser m, dynamisch einmodiger Laser m
[Halbleiterlaser]
DSM laser (dynamic single mode laser)
[semiconductor laser]
DSW-Verfahren n, Waferstepper m
[Photolithographie]
DSW (direct step on wafers) [photolithography]
DTL, Dioden-Transistor-Logik f
Logikfamilie, bei der die logischen
Verknüpfungen von Dioden ausgeführt werden
und die Transistoren als verstärkende Inverter
wirken.
DTL (diode-transistor logic)
Logic family in which logic functions are
performed by diodes, the transistors acting as
inverting amplifiers.
DTP-Programm n, Desktop-Publishing-
Programm n [Programm zum Erstellen,
Anordnen und Drucken von Dokumenten]
DTP program (Desk Top Publishing)
[program for the design, layout and printing of
documents]
DTZL, Dioden-Transistor-Logik mit Zenerdiode f
Variante der DTL-Schaltungsfamilie, bei der
die Zenerdiode einen hohen
Störspannungsabstand bewirkt.
DTZL (diode-transistor logic with Zener diode)
Variant of the DTL logic family in which the
Zener diode ensures a high signal-to-noise
ratio.
duales System n, Dualsystem n, Binärsystem n
[Zahlensystem mit der Basis 2]
binary number system [number system with
the basis 2]
Dualfunktion f, Binärfunktion f
binary function
Dualziffer f, Bit n, Binärzeichen n [die kleinste
Darstellungseinheit in einer Binärzahl, d.h. 0
oder 1]
binary digit, bit [the smallest single character
in a binary number, i.e. 0 or 1]
Dualzähler m, Binärzähler m [zählt auf
Dualbasis]
binary counter [counts by two]
Dunkelstrom m
dark current
dünn besetzte Matrix f
sparse matrix
Dünnfilm-FET m, Dünnschicht-
Feldeffekttransistor m, TF-FET m
thin-film field-effect transistor (TF-FET)
Dünnfilmschaltung f, Dünnschichtschaltung f
thin-film circuit
Dünnfilmtechnik f, Dünnschichttechnik f
thin-film technology
Dünnfilmtransistor m, Dünnschichttransistor

thin-film transistor
Dünnschicht-Elektrolumineszenzanzeige f
thin-film electroluminescent display
(TFEL display)
Dünnschicht-Feldeffekttransistor m,
Dünnfilm-FET m, TF-FET m
Isolierschicht-Feldeffekttransistor, dessen
stromführender Kanal in einer dünnen
Halbleiterschicht gebildet wird, die auf eine
isolierende Schicht abgeschieden ist.
thin-film field-effect transistor (TF-FET)
Insulated-gate field-effect transistor in which
the conducting channel is formed in a thin
semiconductor film deposited on an insulating
layer.
Dünnschichtkondensator m
thin-film capacitor
Dünnschichtschaltung f, Dünnfilmschaltung f
thin-film circuit
Dünnschichtsolarzelle f
thin-film solar cell
Dünnschichtspeicher m
thin-film memory
Dünnschichtsubstrat n
thin-film substrate
Dünnschichttechnik f, Dünnfilmtechnik f
Technik zur Herstellung integrierter
Schaltungen, bei der wesentliche Teile der
Schaltung (z.B. Leiterbahnen, Widerstände,
Kondensatoren und Isolierungen) in Form
dünner Schichten auf Träger aus Keramik oder
Glas aufgebracht werden. Das Aufbringen
erfolgt vorwiegend mit
Vakuumbeschichtungsverfahren.
thin-film technology
Method of manufacturing integrated circuits by
the deposition of circuit elements (e.g.
conductors, resistors, capacitors and insulators)
in the form of thin films on a supporting
substrate of ceramic or glass. Film deposition is
usually effected by vacuum evaporation
processes.
Dünnschichttransistor m, Dünnfilmtransistor
thin-film transistor
Dünnschichtwiderstand m
thin-film resistor
Duodezimalziffer f [Ziffer eines Zahlensystems
mit der Basis 12]
duodecimal digit [a digit of a number system
with the base 12]
Duplexbetrieb m, Gegenbetrieb m,
Vollduplexbetrieb m [Datenübertragung in
beiden Richtungen gleichzeitig]
full duplex mode, duplex operation [data
transmission in both directions simultaneously]
Duplexkanal m
full duplex channel, bidirectional concurrent
channel
duplizieren, doppeln [Kopieren auf ein

Zielmedium, das die gleiche physikalische Form
hat, wie die Quelle.
duplicate, to [copy on a destination medium
having the same physical form as the source]
Duplizierkontrolle *f* [Kontrolle durch
Duplizieren]
duplication check [checking by duplicating]
Dupliziermodus *m*
duplicating mode
Duplizierprogramm *n*
duplicating program
durch Null dividieren, Division durch Null *f*
zero division, zero divide, to
Durchbrennen *n* [z.B. von Diodenstrecken]
burn-out [e.g. of internal diodes]
Durchbruch *m* [elektrischer Durchbruch]
breakdown [electrical breakdown]
Durchbruchbereich *m,* Durchbruchzone *f*
breakdown region
Durchbruchimpedanz *f*
breakdown impedance
Durchbruchspannung *f*
breakdown voltage
Durchbruchstelle *f*
breakdown spot
Durchbruchstrom *m*
breakdown current
Durchbruchzone *f,* Durchbruchbereich *m*
breakdown region
Durchführbarkeit *f*
feasibility
Durchführbarkeitsstudie *f*
feasibility study
Durchführungskondensator *m*
feed through capacitor
Durchgang *m* [des Stromes]
passage [of current]
Durchgangsdämpfung *f*
transmission loss
Durchgangsloch *n* [Leiterplatten]
through-hole mounting [printed circuit
boards]
Durchgangsprüfer *m,* Leitungsprüfer *m*
continuity tester
Durchgangsprüfung *f*
continuity test
Durchgangsunterbrechung *f*
continuity failure
durchgehend "Eins"
all "ones"
durchgehend "Null"
all "zeroes"
durchgeschlagen [eine Isolation]
punctured [insulation]
Durchgreifeffekt *m*
punch-through effect
Durchgreifspannung *f*
punch-through voltage
Durchgreifstrom *m*

punch-through current
Durchgriff *m*
punch-through
durchkontaktierte Bohrung *f* [Leiterplatten]
plated-through hole [printed circuit boards]
Durchlaßbereich *m* [eines
Halbleiterbausteines]
conducting state region [of a semiconductor
device]
Durchlaßbereich *m* [z.B. eines Netzwerkes oder
Verstärkers]
pass band [e.g. of a network or amplifier]
Durchlaßdämpfung *f* [mittlere Dämpfung im
Durchlaßbereich]
pass-band attenuation [average attenuation
in pass band]
Durchlaßrichtung *f,* Vorwärtsrichtung *f*
forward direction
Durchlaßspannung *f* (veraltet),
Vorwärtsspannung *f*
forward voltage
Durchlaßstrom *m* (veraltet), Vorwärtsstrom *m*
[der im Durchlaßzustand fließende Strom einer
Diode]
forward current, on-state current [the
current flowing through a diode in conducting
state]
Durchlaßverlustleistung *f* [z.B. eines
Leistungshalbleiters]
on-state power loss [e.g. of a power
semiconductor]
Durchlaßverzögerungsspannung *f*
forward recovery voltage
Durchlaßverzögerungszeit *f*
forward recovery time
Durchlaßwiderstand *m*
forward d.c. resistance
Durchlaßzustand *m* [Halbleiterbauelement, z.B.
Diode]
on-state, conducting state [semiconductor
component, e.g. diode]
Durchlauf *m*
pass, run
Durchlaufanweisung *f*
perform statement
durchlaufen [z.B. eines Unterprogrammes]
looping [e.g. of a routine]
**Durchlaufen von periodischen
Arbeitsgängen** *n*
cycling [of periodic operational phases]
Durchlaufzeit *f* [eines Programmes]
running time, run duration [of a program]
durchnumerieren
number consecutively, to; number
serially, to
Durchsatz *m,* Durchsatzrate *f* [z.B.
Daten/Zeiteinheit, Aufträge/Tag]
throughput, throughput rate [e.g. data/unit
time, tasks/day]

Durchsatzzeit *f*
throughput time

Durchschaltbetrieb *m*
line switching

Durchschlag *m* [Ladungsausgleich mit
nachfolgender Isolationszerstörung]
dielectric breakdown [charge equalization
with subsequent destruction of insulation]

Durchschmelzverbindung *f*
fusible link

durchschnittliche Herstellqualität *f,* mittlere
Fertigungsgüte *f*
process average [average manufacturing
quality]

durchschnittlicher Stichprobenumfang *m*
[mittlere Anzahl Prüflinge, die pro Los geprüft
werden]
average sample number (ASN) [average
number of sample units inspected per lot]

Durchstrahlungs-Elektronenmikroskop *n*
transmission electron microscope

**Durchstrahlungs-Raster-
elektronenmikroskop** *n*
**scanning transmission electron
microscope** (STEM)

Durchströmverfahren *n* [ein
Diffusionsverfahren]
open-tube process [a diffusion process]

Durchverbindung *f* [Leiterplatten]
through connection [printed circuit boards]

DV *f* (Datenverarbeitung), **EDV** *f* (elektronische
Datenverarbeitung)
DP (data processing), **EDP** (electronic data
processing)

DVA *f* (Datenverarbeitungsanlage)
computer system, computer

DXF-Format *n* [Format für AutoCAD-
Zeichnungen]
DXF (Document Interchange Format) [format
for AutoCAD drawings]

dyadisch, binär, dual [zwei Operanden
aufweisend]
dyadic, binary, dual [having two operands]

dyadische Boolesche Operation *f*
dyadic Boolean operation

dynamisch [bei Daten: veränderlich, im
Gegensatz zu statisch bzw. unveränderlich]
dynamic [in the case of data: changing, in
contrast to static or unchanging]

dynamisch [bei der Programmierung:
Zuweisung während der Programmlaufzeit, im
Gegensatz zur Zuweisung während der
Compilierungsphase]
dynamic [in the case of programming:
allocation during program run, in contrast to
allocation during the program compilation
phase]

dynamisch einmodiger Laser *m,* DSM-Laser
m [Halbleiterlaser]

dynamic single mode laser (DSM laser)
[semiconductor laser]

dynamisch skalieren, heranholen, zoomen [bei
der graphischen Datenverarbeitung]
zoom, to [in computer graphics]

dynamische Adressierung *f*
dynamic addressing

dynamische Auslagerung *f,* Swapping *m,* Ein-
und Auslagern *n* [Verschieben eines
Programmes vom Zusatz- in den Hauptspeicher
und umgekehrt; wird in
Mehrbenutzersystemen sowie in Systemen mit
virtuellem Speicher verwendet]
swapping, swap-in and swap-out [transfer a
program from auxiliary to main storage and
vice-versa; used in time-sharing and virtual
memory systems]

dynamische Bindung *f*
late binding

dynamische Funktionsbibliothek *f,*
dynamische Linkbibliothek *f* [bei der
Programmierung in Windows: Objektcode-
Bibliothek, die zur Laufzeit eingebunden
werden kann]
dynamic link library (DLL) [in Windows
programming: object code library that can be
bound in at run-time]

dynamische Kippschaltung *f,* dynamisches
Flipflop *n*
dynamic flip-flop

dynamische Pufferung *f*
dynamic buffering

dynamische Skalierfunktion *f,* Zoom-Funktion
f [stufenlose Vergrößerung oder Verkleinerung
bei einer graphischen Darstellung auf dem
Bildschirm]
zoom function [continuous enlargement or
reduction of a graphical display]

dynamische Speicherung *f*
dynamic storage

dynamische Speicherzuweisung *f*
dynamic memory allocation

dynamische Verschiebung *f*
dynamic relocation

dynamischer Betrieb *m*
dynamic mode

dynamischer Datenaustausch [bei der
Programmierung in Windows: ein Protokoll für
den Datenaustausch zwischen Anwendungen]
DDE (Dynamic Data Exchange) [in Windows
programming: a protocol for communication
between applications]

dynamischer Fehler *m*
dynamic error

dynamischer RAM *m,* dynamischer Schreib-
Lese-Speicher *m* (DRAM)
Dynamischer Schreib-Lese-Speicher mit
wahlfreiem Zugriff, dessen gespeicherte
Informationen periodisch aufgefrischt werden

müssen.
dynamic RAM, dynamic random access
memory (DRAM)
Dynamic read-write memory with random
access which requires periodic refreshing of the
stored information.
dynamischer Speicher *m* [ein Speicher, der das
fortlaufende Auffrischen der darin enthaltenen
Informationen erfordert]
dynamic memory [a storage requiring
continuous refreshing of the stored
information]
dynamischer Speicherabzug *m,*
Schnappschußabzug *m,* Speicherauszug der
Zwischenergebnisse *m* [Speicherdarstellung,
meistens in binärer, hexadezimaler oder
oktaler Form, zwecks Fehlerbeseitigung
während des Programmablaufes]
snapshot dump, dynamic dump
[representation, usually in binary, hexadecimal
or octal form, of memory contents for debugging
purposes during program run]
dynamischer Zugriff *m*
dynamic access
dynamisches Flipflop *n,* dynamische
Kippschaltung *f*
dynamic flip-flop
dynamisches Skalieren *n,* Zoomen *n*
zooming
Dynistor *m,* Vierschichtdiode *f*
[Halbleiterbaustein mit diodenähnlicher
Kennlinie, angewandt als Hochstromschalter]
dynistor, four-layer diode [semiconductor
device with a characteristic similar to that of a
diode, used as a high-current switch]
DZTL, Dioden-Zenerdioden-Transistor-Logik *f*
Variante der DTL-Schaltungsfamilie, bei der
die Zenerdiode einen hohen
Störspannungsabstand bewirkt.
DZTL (diode-Zener-diode-transistor logic)
Variant of the DTL logic family in which the
Zener diode ensures a high signal-to-noise
ratio.

E

E²CL, EECL, Emitter-emittergekoppelte Logik *f*
[Variante der ECL-Schaltungsfamilie]
E²CL, EECL (emitter-emitter-coupled logic)
[Variant of the ECL family of logic circuits]

E²PROM *m*, **EEPROM** *m*, elektrisch löschbarer,
neu programmierbarer Festwertspeicher *m*
Festwertspeicher, der vom Anwender elektrisch
gelöscht und wieder neu programmiert werden
kann; ähnlich wie ein EAROM.
E²PROM, EEPROM (electrically erasable
programmable ROM)
Read-only memory that can be electrically
erased and reprogrammed by the user; similar
to an EAROM.

E-Mail-Dienst *m*, elektronischer Postdienst *m*
E-mail service, electronic mail service,
mailbox service

E-MESFET *m*, Anreicherungs-Metall-Halbleiter-
FET *m*
Feldeffekttransistor des Anreicherungstyps,
dessen Gate aus einem Schottky-Kontakt
(Metall-Halbleiter-Übergang) besteht.
E-MESFET (enhancement-mode metal-
semiconductor FET)
Enhancement-mode field-effect transistor with
a gate formed by a Schottky barrier (metal-
semiconductor junction).

E/A-Abbildung *f*
I/O mapping

E/A-Anschluß *m*, Ein-Ausgabe-Anschluß *m* [für
externe Geräte]
I/O port, input-output port [for external units]

E/A-Anweisung *f*, Ein-Ausgabe-Anweisung *f*
I/O statement, input-output statement

E/A-Baustein *m*, E/A-Werk *n*, Ein-Ausgabe-
Baustein *m*
I/O device, input-output device

E/A-Bereich *m*, Ein-Ausgabe-Bereich *m*
I/O area, input-output area

E/A-Bus *m*, Ein-Ausgabe-Bus *m*
I/O bus, input-output bus

E/A-Datenpuffer *m*, Ein-Ausgabe-Datenpuffer *m*
I/O data buffer, input-output data buffer

E/A-Einheit *f*, Ein-Ausgabe-Einheit *f*
I/O unit, input-output unit

E/A-Gatter *n*, Ein-Ausgangs-Gatter *n*
I/O gating, input-output gate

E/A-Modus *m*, Ein-Ausgabe-Modus *m*
I/O mode, input-output mode

E/A-Prozessor *m*, Ein-Ausgabe-Prozessor *m*
Zusätzlicher Prozessor, der einem
Mikroprozessor zugeordnet ist, um Ein-
Ausgabe-Operationen durchzuführen.
I/O processor, input-output processor
Additional processor assigned to a
microprocessor to perform input-output
operations.

E/A-Pufferung *f*
I/O buffering

E/A-Register *m*
I/O register

E/A-Schaltung *f*, Ein-Ausgabe-Schaltung *f*
I/O circuit, input-output circuit

E/A-Schnittstelle *f*, Ein-Ausgabe-Schnittstelle *f*
I/O interface, input-output interface

E/A-Steuerung *f*, Ein-Ausgabe-Steuerung *f*
I/O control, input-output control

E/A-System *n*, Ein-Ausgabe-System *n*
I/O system, input-output system

E/A-Tor *n*, Ein-Ausgabe-Tor *n*
I/O gate, input-output gate

E/A-Treiber *m*, Ein-Ausgabe-Treiber *m*
I/O driver, input-output driver

E/A-Verstärker *m*, Ein-Ausgangs-Verstärker *m*
I/O amplifier, input-output amplifier

E/A-Warteschlange *f*, Ein-Ausgabe-
Warteschlange *f*
I/O queue, input-ouput queue

E/A-Werk *n*, E/A-Baustein *m*, Ein-Ausgabe-
Baustein *m*
I/O device, input-output device

EAPLA, elektrisch löschbares, neu
programmierbares Logik-Array *n*
EAPLA (electrically erasable programmable
logic array)

EAROM *m*, elektrisch umprogrammierbarer
Festwertspeicher *m*
Ein Festwertspeicher, der vom Anwender
elektrisch programmiert, gelöscht und
wiederholt umprogrammiert werden kann.
EAROM (electrically alterable ROM)
A read-only memory that can be electrically
programmed, erased and reprogrammed any
number of times by the user.

EBCDIC-Code *m* [ein auf 8 Binärzeichen
erweiterter Binärcode für Dezimalziffern]
EBCDIC code, (extended binary-coded
decimal interchange code) [a binary code for
decimal digits expanded to 8 binary digits]

EBCDIC-Zeichen *n*
EBCDIC character

ECC-Zeichen *n* [bei Fehlerkorrekturcodes]
ECC character [in error correcting codes]

Eccles-Jordan-Schaltung *f* [bistabile
Kippschaltung, Flipflop-Schaltung]
Eccles-Jordan circuit [bistable
multivibrator, flip-flop circuit]

Echo *n* [Bildschirmdarstellung eines über
Tastatur eingegebenen Zeichens]
echo [representation on screen of character
input via keyboard]

echte Adresse *f*, reale Adresse *f* [tatsächliche
Adresse im Hauptspeicher]
real address [actual physical address in main

storage]
echte Teilmenge *f*
 proper subset
Echtzeitbetrieb *m*, **Realzeitbetrieb** *m*
 [Verarbeitung der Daten zum Zeitpunkt ihrer
 Generierung; im Gegensatz zur
 Stapelverarbeitung, bei der die Daten
 gesammelt und dann schubweise verarbeitet
 werden]
 real-time operation [processing of data at the
 time they are generated; in contrast to batch
 processing in which data are collected and then
 processed in batches]
Echtzeiteingabe *f*, **Realzeiteingabe** *f*
 real-time input
Echtzeitempfänger *m*
 real-time receiver
Echtzeitsimulation *f*, **Realzeitsimulation** *f*
 real-time simulation
Echtzeittaktgeber *m*, **Realzeituhr** *f*,
 Echtzeituhr *f* [erzeugt periodische Signale, die
 zur Berechnung der Tageszeit verwendet
 werden können; wird für den Realzeitbetrieb
 benötigt]
 real-time clock (RTC) [generates periodic
 signals which can be used for giving the time of
 day; is needed for real-time operation]
Echtzeitverarbeitung *f*, **Realzeitverarbeitung** *f*
 real-time processing
ECIL, emittergekoppelte Injektionslogik *f*
 ECIL (emitter-coupled injection logic)
Eckenabschnitt *m* [bei Lochkarten]
 corner cut [of a punched card]
ECL, emittergekoppelte Logik *f*
 Logikfamilie der Stromschaltertechnik, bei der
 die logischen Verknüpfungen durch
 emittergekoppelte Paralleltransistoren bzw.
 durch Emitterfolger am Ein- oder Ausgang
 realisiert werden.
 ECL (emitter-coupled logic)
 Type of current-mode logic circuit family in
 which logical functions are performed by
 emitter-coupled parallel transistors and emitter
 followers at the input or output.
ECMA [Europäische Vereinigung der
 Rechnerhersteller]
 ECMA (European Computer Manufacturing
 Association)
ECR-Verfahren *n*
 (Elektronenzyklotronresonanz) [ein
 Abscheidungsverfahren, das bei der
 Herstellung von integrierten Schaltungen
 angewendet wird]
 ECR process (electron cyclotron resonance) [a
 deposition process used in integrated circuit
 fabrication]
ECTL, emittergekoppelte Transistorlogik *f*
 [Variante der ECL-Schaltungsfamilie]
 ECTL, (emitter-coupled transistor logic)

[variant of the ECL family of logic circuits]
EDC-Zeichen *n* [bei Fehlererkennungscodes]
 EDC character [in error detecting codes]
EDI [elektronischer Datenaustausch]
 EDI (Electronic Data Interchange)
Editieren *n*, **Druckaufbereitung** *f* [Gestaltung
 des am Bildschirm gezeigten Textes]
 editing [modifying text shown on screen]
editieren, korrigieren, aufbereiten
 edit, to
Editor *m*, **Druckaufbereitungsprogramm** *n*
 [Programm zum Aufbereiten von Texten und
 Programmen; insbesondere für die Eingabe,
 Korrektur, Speicherung und Ausgabe]
 editor [programm for processing texts and
 programs; in particular for entering, modifying,
 storing and outputting]
EDV *f*, elektronische Datenverarbeitung *f*
 EDP (electronic data processing)
EECL, E^2CL, **Emitter-emittergekoppelte Logik** *f*
 [Variante der ECL-Schaltungsfamilie]
 EECL, E^2CL, emitter-emitter-coupled logic
 [Variant of the ECL family of logic circuits]
EEL, **Emitter-Emitter-Logik** *f* [Variante der
 ECL-Schaltungsfamilie]
 EEL (emitter-emitter logic) [variant of the ECL
 familie of logic circuits]
EEMS [Weiterentwicklung des LIM-EMS-
 Standards für Erweiterungsspeicher]
 EEMS (Enhanced Expanded Memory
 Specification) [extension of LIM EMS standard]
EEPROM *m*, E^2PROM *m*, elektrisch löschbarer,
 neu programmierbarer Festwertspeicher *m*
 Festwertspeicher, der vom Anwender elektrisch
 gelöscht und wieder neu programmiert werden
 kann; ähnlich wie ein EAROM.
 EEPROM, E^2PROM (electrically erasable
 programmable ROM)
 Read-only memory that can be electrically
 erased and reprogrammed by the user; similar
 to an EAROM.
effektive Adresse *f* [die tatsächliche Adresse bei
 relativer, indirekter und indizierter
 Adressierung]
 effective address [the actual address in
 relative, indirect and indexed addressing]
Effektivwert *m*, quadratischer Mittelwert *m*
 [z.B. der Spannung oder des Stromes]
 rms value (root-mean-square value) [e.g. of
 voltage or current]
EFL, **Emitterfolgerlogik** *f*
 Schaltungskonzept für hochintegrierte
 Schaltungen, dessen Grundbausteine sich aus
 Emitterfolgern mit PNP- und NPN-
 Transistoren zusammensetzen.
 EFL (emitter follower logic)
 Form of logic used in large-scale integrated
 circuits in which basic elements are formed by
 emitter followers with pnp and npn-transistors.

EFM-Code *m* [14-Bit-Code]
 EFM code (Eight-to-Fourteen Modulation) [a
 14-bit code]
EGA [verbesserter Graphik-Adapter für den IBM
 PC]
 EGA (Enhanced Graphics Adapter) [for IBM
 PC]
EIA [Eine Normungsorganisation in den USA]
 EIA (Electronic Industries Association)
EIA-232-C-Schnittstelle *f*, RS-232-C-
 Schnittstelle *f* [genormte Schnittstelle für die
 asynchrone serielle Datenübertragung gemäß
 EIA]
 RS-232-C interface, EIA 232-C interface
 [standard interface for serial asynchronous
 data transmission according to EIA]
Eichkurve *f*
 calibration curve
Eichsignal *n*
 calibrator signal
Eichtabelle *f*
 calibration chart
Eigenbeweglichkeit *f* [Beweglichkeit der
 Elektronen in einem Eigenhalbleiter]
 intrinsic mobility [mobility of the electrons in
 an intrinsic semiconductor]
Eigenhalbleiter *m*, eigenleitender Halbleiter *m*,
 Eigenleiter *m*, I-Halbleiter *m*
 Halbleiterkristall von nahezu idealer und
 reiner Beschaffenheit, in dem die Dichten der
 Elektronen und Defektelektronen im Falle des
 thermischen Gleichgewichts nahezu gleich
 sind.
 intrinsic semiconductor
 Semiconductor crystal of practically ideal and
 pure composition in which electron and hole
 densities are practically identical in the case of
 thermal equilibrium.
eigenleitende Schicht *f*
 intrinsic layer
eigenleitende Zone *f*
 intrinsic zone
eigenleitendes Material *n*
 intrinsic material
Eigenleitfähigkeit *f*
 intrinsic conductivity
Eigenleitung *f* [Ladungstransport in einem
 Eigenhalbleiter, d.h. in einem nicht dotierten
 Halbleiter]
 intrinsic conduction [charge transport in an
 intrinsic semiconductor, i.e. in a semiconductor
 that has not been doped with impurities]
Eigenprüfeinrichtung *f*
 built-in test equipment (BITE)
Eigenprüfmagnetband *n*
 self-test tape
Eigenprüfung *f*
 self-test
Eigenresonanzfrequenz *f*

natural resonant frequency, self-resonant
 frequency
Eigenschwingung *f* [einer Schaltung oder eines
 Systems]
 natural oscillation, self-oscillation [of a
 circuit or system]
eigensicher [Schutzart]
 intrinsically safe [protection mode]
Eigensicherheit *f* [Schutzart]
 intrinsic safety [protection mode]
Eigensynchronisation *f*
 internal synchronization
Eigenverbrauch *m*
 power drain, internal power consumption
Eigenverzerrung *f*
 inherent distortion
Eimerkettenschaltung *f*, BBD-Schaltung *f*
 [integrierte Ladungstransferschaltung in MOS-
 Struktur]
 bucket brigade device (BBD) [integrated-
 circuit charge-transfer device in MOS
 structure]
Ein- und Auslagern *n*, Swapping *m*,
 dynamische Auslagerung *f* [Verschieben eines
 Programmes vom Zusatz- in den Hauptspeicher
 und umgekehrt; wird in
 Mehrbenutzersystemen sowie in Systemen mit
 virtuellem Speicher verwendet]
 swapping, swap-in and swap-out [transfer a
 program from auxiliary to main storage and
 vice-versa; used in time-sharing and virtual
 memory systems]
Ein-/Austastung *f*
 on/off keying
Ein-Ausgabe-Anschluß *m*, E/A-Anschluß *m* [für
 externe Geräte]
 input-output port, I/O port [for external
 units]
Ein-Ausgabe-Anweisung *f*, E/A-Anweisung *f*
 input-output statement, I/O statement
Ein-Ausgabe-Baustein *m*, Ein-Ausgabe-Werk *n*,
 E/A-Baustein *m*, E/A-Werk *n*
 input-output device, I/O device
Ein-Ausgabe-Bereich *m*, E/A-Bereich *m*
 input-output area, I/O area
Ein-Ausgabe-Bus *m*, E/A-Bus *m*
 input-output bus, I/O bus
Ein-Ausgabe-Datenpuffer *m*, E/A-Datenpuffer
 input-output data buffer, I/O data buffer
Ein-Ausgabe-Einheit *f*, E/A-Einheit *f*
 input-output unit, I/O unit
Ein-Ausgabe-Modus *m*, E/A-Modus *m*
 input-output mode, I/O mode
Ein-Ausgabe-Prozessor *m*, E/A-Prozessor *m*
 Zusätzlicher Prozessor, der einem
 Mikroprozessor zugeordnet ist, um Ein-
 Ausgabe-Operationen durchzuführen.
 input-output processor, I/O processor
 Additional processor assigned to a

microprocessor to perform input-output
operations.

Ein-Ausgabe-Schaltung *f,* E/A-Schaltung *f*
input-output circuit, I/O circuit

Ein-Ausgabe-Schnittstelle *f,* E/A-Schnittstelle
input-output interface, I/O interface

Ein-Ausgabe-Steuerung *f,* E/A-Steuerung *f*
input-output control, I/O control

Ein-Ausgabe-System *n,* E/A-System *n*
input-output system, I/O system

Ein-Ausgabe-Teil *m,* BIOS *n* [Teil des
Betriebssystems]
BIOS (Basic Input-Output System) [part of
operating system]

Ein-Ausgabe-Tor *n,* E/A-Tor *n*
input-output gate, I/O gate

Ein-Ausgabe-Treiber *m,* E/A-Treiber *m*
input-output driver, I/O driver

Ein-Ausgabe-Warteschlange *f,* E/A-
Warteschlange *f*
input-output queue, I/O queue

Ein-Ausgabe-Werk *n,* Ein-Ausgabe-Baustein *m,*
E/A-Baustein *m,* E/A-Werk *n*
input-output device, I/O device

Ein-Ausgangs-Gatter *n,* E/A-Gatter *n*
input-output gate, I/O gate

Ein-Ausgangs-Schnittstelle *f,* E/A-
Schnittstelle *f*
input-output interface, I/O interface

Ein-Ausgangs-Verstärker *m,* E/A-Verstärker *m*
input-output amplifier, I/O amplifier

Ein-Bit-Addierer *m* [Halbaddierer]
one-bit adder [half adder]

Einadreßbefehl *m* [Befehl mit einem Adreßteil]
single-address instruction [an instruction
that contains one address part]

Einadreßcode *m* [im Gegensatz zum
Mehradreßcode]
single-address code [in contrast to multiple-
address code]

Einbrennen *n*
baking

Einbrennprüfung *f,* Burn-In *n,* Voralterung *f*
Prüfverfahren, bei dem Halbleiterbauelemente
oder Bausteine unter erschwerten
Betriebsbedingungen und bei erhöhten
Temperaturen (meistens 125 °C) betrieben
werden, um Frühausfälle vor der
Inbetriebnahme zu eliminieren.
burn-in, burn-in test
Testing method in which semiconductor
components or devices are operated under
severe operating conditions and at relatively
high temperatures (usually 125 °C) to eliminate
early failures prior to actual use.

Einchip-Baustein *m* [auf einem einzigen Chip
realisiert]
one-chip device, single-chip device
[implemented on a single chip]

Einchip-Mikrorechner *m* [eine auf einem
einzigen Chip realisierte Schaltung mit den
wesentlichsten Funktionen eines
Mikrorechners, d.h. Mikroprozessor
(Zentraleinheit), RAM, ROM sowie Ein-
Ausgabe-Schnittstelle]
single-chip microcomputer [a circuit
implemented on a single chip containing the
major functions of a microcomputer, e.g.
microprocessor (CPU), RAM, ROM, and input-
output interface]

Einchip-Modem *m* [ein auf einem einzigen Chip
realisierter Modem]
single-chip modem [a modem implemented
on a single chip]

eindeutiger Name *m*
unique name

Eindiffundieren *n,* Diffundieren *n* [von
Fremdatomen oder Ladungsträgern]
diffusion [of impurities or charge carriers]

eindiffundierte Schicht *f,* diffundierte Schicht *f*
diffused layer

Eindringtiefe *f*
penetration depth, penetration

Einerkomplement *n* [eine der
Darstellungsformen für negative Binärzahlen;
wird durch die Umkehrung der Einser und
Nullen gebildet, z.B. 101 wird 010]
ones complement [one of the representation
forms for negative binary numbers; is formed
by replacing ones by zeroes and vice-versa, e.g.
101 becomes 010]

Einerstelle *f*
units position, ones column

einfachdiffundiert
single diffused

einfachdiffundierter Transistor *m*
[Bipolartransistor, bei dem die Dotierung von
Emitter und Kollektor in einem einzigen
Diffusionsschritt erfolgt]
single-diffused transistor [bipolar transistor
in which emitter and collector are doped with
impurities in a single diffusion step]

Einfachdiffusionsverfahren *n* [Technik, bei
der Emitter und Kollektor eines
Bipolartransistors in einem einzigen
Diffusionsschritt dotiert werden]
single diffusion process [process involving a
single diffusion step for emitter and collector
doping in bipolar transistor fabrication]

einfache Genauigkeit *f,* einfache Wortlänge *f*
[Darstellung einer Zahl durch ein Rechnerwort]
single precision [representation of a number
by one computer word]

einfache Stichprobenprüfung *f,*
Einfachstichprobenprüfung *f* [Prüfentscheid
aufgrund einer Stichprobe]
single sampling [decision based on only one
sample]

einfache Wortlänge *f,* **einfache Genauigkeit** *f*
[Darstellung einer Zahl durch ein Rechnerwort]
single precision [representation of a number
by one computer word]

Einfacheuropaformat *n,* **Europakartenformat** *n*
[Leiterplatte der Abmessungen 100x160 mm]
single Euroboard format, European PCB
format [printed circuit board measuring
100x160 mm]

Einfachheterostrukturlaser *m*
[Halbleiterlaser]
single-heterostructure laser [semiconductor
laser]

Einfachstichprobenprüfung *f,* einfache
Stichprobenprüfung *f* [Prüfentscheid aufgrund
einer Stichprobe]
single sampling [decision based on only one
sample]

Einfachstrom *m* [eine Übertragungstechnik]
single current [a data transmission
technique]

einfangen [Ausführen eines nicht
programmierten Sprunges]
trap, to [carry out an unprogrammed jump]

einfügen [zusätzliche Zeichen oder Texte
einsetzen]
insert, to [additional characters or text]

einfügen [Übertragen von Text oder Graphik aus
dem temporären Speicher (Zwischenablage) in
eine Anwendung]
paste [transfer text or graphics from a
temporary storage (clipboard) to an application]

Einfügestelle *f*
insertion point

Einfügungszeichen *n*
insertion character

Eingabe *f,* Eingang *m*
input

Eingabe löschen
clear entry, to

Eingabe von Hand *f,* **Handeingabe** *f*
manual entry

Eingabe-Ausgabe-Anschluß *m,* E/A-Anschluß
input-output port, I/O port

Eingabeadreßpuffer *m*
input address buffer

Eingabeaufforderung *f,* **Bereitschaftszeichen** *n*
[eines Systems, das auf eine Eingabe durch den
Bediener wartet]
prompt [ready symbol of a system waiting for
an operator input]

Eingabebefehl *m,* **Lesebefehl** *m* [für den
Datentransfer aus einem externen Speicher
oder Eingabegerät in den Hauptspeicher]
input instruction, read instruction [for data
transfer, e.g. from external storage or input
unit into main storage]

Eingabebeleg *m*
input record

Eingabedatei *f*
input file

Eingabedaten *n.pl.,* Eingangsdaten *n.pl.*
input data

Eingabeeinheit *f*
input unit

Eingabefeinheit *f*
input sensitivity

Eingabefeld *n*
input field

Eingabegerät *n*
input device

Eingabemedium *n* [Datenträger]
input medium [data medium]

Eingabemodus *m*
input mode

Eingabeprogramm *n* [spezielles Programm für
das Einlesen von Daten]
input program [special program for reading
in data]

Eingabepuffer *m,* Eingabepufferspeicher *m*
input buffer, input buffer storage

Eingabepufferregister *n*
input buffer register

Eingabespeicher *m*
input storage

Eingabetastatur *f*
input keyboard

Eingabetaste *f*
enter key, return key

Eingabezeiger *m,* Cursor *m* [blinkendes Zeichen
(meistens ein Rechteck oder ein Strich), das die
Lage der nächsten Eingabe am Schirm zeigt]
cursor [blinking sign (usually a rectangle or
dash) showing position of next entry on screen]

Eingang *m,* Eingabe *f*
input

Eingangs-Gleichtaktspannung *f*
common-mode input voltage

Eingangs-Gleichtaktspannungsbereich *m*
common-mode input voltage range

Eingangs-Offset-Strom *m,* Eingangsnullstrom
input offset current

Eingangsadmittanz *f,* Eingangsscheinleitwert
m [Kehrwert der Eingangsimpedanz]
input admittance [reciprocal value of input
impedance]

Eingangsadresse *f*
entry-point address

Eingangsanschluß *m* [z.B. einer
Digitalschaltung]
input terminal [e.g. of a digital circuit]

Eingangsbelastung *f*
input load

Eingangsdaten *n.pl.,* Eingabedaten *n.pl.*
input data

Eingangsdatensteuerung *f*
input data control

Eingangsdrift *f*

input drift
Eingangsfächerung *f,* Eingangslastfaktor *m,*
Fan-In *n*
Anzahl Ausgänge gleichartiger Schaltungen,
mit der der Eingang einer Logikschaltung
belastet werden kann.
fan-in
Number of outputs of similar circuits which can
be accomodated by a logic circuit input.
Eingangsgröße *f* [Signalparameter, z.B.
Spannung]
input variable [signal parameter, e.g. voltage]
Eingangsimpedanz *f*
input impedance
Eingangskapazität *f*
input capacitance
Eingangskenngröße *f*
input parameter
Eingangskennlinie *f* [Zusammenhang zwischen
Gleichstrom und Gleichspannung am Eingang
eines Halbleiterbausteins, z.B. Basis-
Gleichstrom in Funktion der Basis-Emitter-
Spannung eines PNP-Transistors]
input characteristic [relation between direct
current and direct voltage at the input of a
semiconductor device, e.g. base dc current as a
function of base-emitter dc voltage of a pnp-
transistor]
Eingangskonfiguration einer
Binärschaltung *f*
input configuration of a binary circuit
Eingangslastfaktor *m,* Eingangsfächerung *f,*
Fan-In *n*
fan-in
Eingangsleistung *f*
input power
Eingangsnullspannung *f*
input offset voltage
Eingangsnullstrom *m,* Eingangs-Offset-Strom
input offset current
Eingangspegel *m*
input level
Eingangsprüfung *f* [Prüfung der angelieferten
Produkte]
receiving inspection [inspection of incoming
products]
Eingangsrauschspannung *f*
input noise voltage
Eingangsscheinleitwert *m,* Eingangsadmittanz
f [Kehrwert der Eingangsimpedanz]
input admittance [reciprocal value of input
impedance]
Eingangssignal *n*
input signal
Eingangsspannung *f*
input voltage
Eingangsstrom *m*
input current
Eingangsstufe *f*

input stage
Eingangstor *n*
input gate, input port
Eingangsverstärker *m*
input amplifier
Eingangswiderstand *m*
input resistance
eingebaut
built-in
eingebaute Funktion *f*
built-in function
eingebaute Schriften *f.pl.* [im Drucker
abgespeicherte Schriften]
resident fonts [permanently stored in printer]
eingeben [Daten]
enter, to; input, to; key-in, to [data]
eingeben von Hand
input manually, to
eingeben, eintasten [von Daten über Tastatur]
key in, to [of data via keyboard]
eingeben, schieben [Registerinhalt in
Stapelspeicher]
push, to [register content into stack]
eingebettet
embedded
eingebetteter Befehl *m* [Druckerbefehl]
embedded command [printer command]
eingeprägte Spannung *f*
impressed voltage
eingeprägter Strom *m*
impressed current
eingeschaltet [Gerät]
on-state, switched on [equipment]
eingeschwungener Zustand *m* [eines Signals]
steady state [of a signal]
Eingreifen von Hand *n*
manual override
Einheit *f*
unit
einheitliche Maschinensprache *f*
common machine language
Einkanaltechnik *f*
[Datenübertragungsmethode]
single-channel technique [data transmission
method]
Einkristall *m*
Ein meistens künstlich gezüchteter Kristall, bei
dem alle Elementarzellen die gleiche
kristallographische Ausrichtung haben.
single crystal
A crystal, normally artificially grown, in which
all cells have the same crystallographic
orientation.
Einkristallbaustein *m*
monolithic device
Einkristallhalbleiter *m*
single-crystal semiconductor
einkristallines Silicium *n,* monokristallines
Silicium *n*

single-crystal silicon
Einkristallscheibe *f*
single-crystal wafer
**Einkristallzüchtung durch tiegelfreies
Zonenziehen** *f* [ein Kristallzuchtverfahren]
**single-crystal growing by float zone
melting** [a crystal growing process]
einlagern [von Daten aus dem Hilfsspeicher in
den Hauptspeicher]
swap-in, to [transfer data from auxiliary
storage into main storage]
einlagige Leiterplatte *f* [im Gegensatz zur
mehrlagigen Leiterplatte]
single-layer printed circuit board [in
contrast to multilayered printed circuit board]
einleiten, auslösen [Datentransfer,
Programmladen usw.]
initiate, to [data transfer, program loading,
etc.]
Einleitungsprogramm *n*
initialization program
Einleitungsroutine *f*
initialization routine
einlesen, einspeichern [von Daten in einen
Speicher]
read in, to; write, to [data into storage]
einloggen, anmelden
login, to
einmal beschreibbar, mehrmals lesbar,
WORM
write once, read many times (WORM)
einordnen, klassifizieren, ordnen [z.B.
statistische Daten]
classify, to [e.g. statistical data]
Einphasenkreis *m*
single-phase circuit
Einphasenstrom *m*
single-phase current
einphasig
single phase
einplanen, bereitstellen
schedule, to
Einplatinenrechner *m* [Mikrorechner, der auf
einer einzigen Leiterplatte realisiert ist]
single-board computer (SBC) [a
microcomputer implemented on a single
printed circuit board]
Einplatzsystem *n* [ein Rechnersystem, an das
nur ein Terminal angeschlossen werden kann]
single-user system [a computer system that
can support only one terminal]
einpolig
single pole
einpolig geerdet
grounded at one terminal
Einquadrant-Multiplizierschaltung *f*
one-quadrant multiplier
einrasten
lock in place, to

Einraststrom *m* [kleinster Strom, bei dem der
Thyristor noch im Durchlaßzustand bleibt]
latching current [smallest current keeping
thyristor still in on-state]
einreihen [in eine Warteschlange]
form a queue, to
einrücken [Text]
indent, to [text]
Eins-aus-Zehn-Code *m* [ein Binärcode für
Dezimalziffern, der jede Ziffer durch eine
Gruppe von 10 Binärzeichen darstellt, z.B. 7 =
0001000000]
one-out-of-ten code [a binary code for decimal
digits using 10 binary digits for each decimal
digit, e.g. 7 = 0001000000]
Eins-zu-Eins-Assembler *m*, Eins-zu-Eins-
Übersetzer *m* [erzeugt einen Maschinenbefehl
für jede Programmanweisung]
one-to-one assembler [generates a machine
command for each program instruction]
Eins-zu-Eins-Übersetzer *m*, Eins-zu-Eins-
Assembler *m* [erzeugt einen Maschinenbefehl
für jede Programmanweisung]
one-to-one assembler [generates a machine
command for each program instruction]
Eins-Zustand *m* [logische Eins, z.B. am Eingang
eines Flipflops]
one-state [logical one, e.g. at input of a flip-
flop]
Einsatzerprobung *f* [z.B. von Geräten]
field test [e.g. of equipment]
Einschaltdiagnostik *f* [Funktionsüberprüfung
beim Einschalten]
power-up diagnostics, self-check [functional
check when switching on]
einschalten, anschalten
turn-on, to
einschalten, Stromversorgung einschalten
switch-on, to; power-up, to
Einschaltpegel *m*
turn-on level
Einschaltstrom *m*, Einschaltstromstoß *m*
[Spitzenwert des Stromes nach dem
Einschalten]
inrush current [peak value of current after
switching on]
Einschaltverzögerungszeit *f*
turn-on delay time
Einschaltwiderstand *m*
on-state resistance
Einschaltzeit *f*
turn-on time
Einschiebung *f*
insertion
Einschluß *m* [Leiterplatten]
inclusion [printed circuit boards]
Einschnürspannung *f*
pinch-off voltage
Einschnürung *f* [Verringerung des Stromes in

einem Feldeffekttransistor durch Verengung
des Kanals]
pinch-off [reduction of current in a field-effect
transistor due to narrowing of channel]
einschreiben [Daten]
write in, to [Data]
Einschreiben n, **Schreiben** n
writing
Einschub m, **Einschubeinheit** f, **Steckeinheit** f
[z.B. für ein genormtes 19-Zoll-Gestell]
plug-in unit [e.g. for a standard 19-inch rack]
Einschwingimpuls m
transient pulse
Einschwingverhalten n, **Übergangsverhalten** n
[Antwortsignal eines Systems auf eine
plötzliche Änderung des Eingangssignales, z.B.
auf eine Sprungfunktion]
transient response [response of a system to a
sudden change in input signal, e.g. to a step
function]
Einschwingverhalten bei kleinen Signalen n
small-signal transient behaviour, small-
signal transient response
**Einschwingverhalten der
Ausgangsspannung** n
output voltage swing
Einschwingzeit f, **Einstellzeit** f [Zeitspanne
zwischen Eingangsstimulus, z.B. Sprung,
Impuls oder Rampe, und Erreichen des
eingeschwungenen Ausgangssignales in einem
linearen System]
settling time [time delay between input of a
stimulus, e.g. step, pulse or ramp, and
attainment of a steady-state output signal in a
linear system]
Einschwingzustand m [eines Signals]
transient state [of a signal]
Einseitenbandübertragung f
single-sideband transmission
Einseitenbandverkehr m
single-sideband communication
einseitige Datenübermittlung f
one-way data communication
einseitige gedruckte Schaltung f, einseitige
Leiterplatte f [im Gegensatz zur doppelseitigen
Leiterplatte]
single-sided printed circuit board [in
contrast to double-sided printed circuit board]
Einselement n [in der Booleschen Algebra die
"1" oder die "0", je nach logischer Verknüpfung]
one-element [in Boolean algebra "1" or "0",
depending on the logical operation]
einspeichern [Daten wieder einlagern in den
Hauptspeicher]
roll-in, to [re-store data in main storage]
Einspeichern eines Programmes n, Laden
eines Programmes n
program load
einspeichern, einlesen [von Daten in einen

Speicher]
read in, to; write, to [data into storage]
einspeisen [z.B. Impulse]
feed in [e.g. pulses]
Einsprungbedingungen f.pl. [im
Unterprogramm]
entry conditions [in subroutine]
Einsprungstelle f [Adresse des ersten Befehls,
der beim Eintritt in ein Programm oder
Unterprogramm ausgeführt wird; insbesondere
die Startadresse eines Unterprogrammes]
entry point [address of first instruction
executed when entering a program, a routine or
a subroutine; in particular the start address of
a subroutine]
einstellbares Komma n
adjustable point
Einstellbereich der Eingangsnullspannung
input voltage range
Einstellgenauigkeit f [z.B. der Frequenz]
setting accuracy [e.g. of frequency]
Einstellung f, Justierung f
adjustment
Einstellungsprogramm n, Setup-Programm n
[konfiguriert den Rechner bei der Installation]
setup program [configures computer during
installation]
Einstellwert m, Sollwert m [eines Regelkreises]
setpoint, setpoint value [of an automatic
control circuit]
Einstellzeit f, Einschwingzeit f [Zeitspanne
zwischen Eingangsstimulus, z.B. Sprung,
Impuls oder Rampe, und Erreichen des
eingeschwungenen Ausgangssignales in einem
linearen System]
settling time [time delay between input of a
stimulus, e.g. step, pulse or ramp, and
attainment of a steady-state output signal in a
linear system]
einstufig [z.B. Verstärker, Teiler usw.]
single stage [e.g. amplifier, divider, etc.]
einstufiges Unterprogramm n
one-level subroutine
Eintaktschaltung f
single-ended circuit
eintasten, eingeben [von Daten über Tastatur]
key in, to [of data via keyboard]
Eintauchfließlöten n
immersion reflow soldering
Eintor n, Zweipol m
two-terminal network, single-port network
Eintragung f
entry
Eintrittsanweisung f [COBOL]
enter statement [COBOL]
Einwortbefehl m, Einzelwortbefehl m
single-word instruction
Einzeladressierung f
discrete addressing

Einzelanweisung *f*
single statement
Einzelbauelement *n*, diskretes Bauelement *n*,
Einzelbauteil *n* [Elektronik]
Bauelement, das nicht in einer integrierten
Schaltung enthalten ist, sondern als
selbstständiges, in eigenem Gehäuse
untergebrachtes Bauteil eingesetzt wird.
discrete component [electronics]
Individual component, separately packaged and
used independently, which is not part of an
integrated circuit.
Einzelblatt *n*, Einzelvordruck *m*
cut-sheet form
Einzelbusbetrieb *m*
single-bus operation
Einzelgerät *n*, Alleingerät *n*
stand-alone device, stand-alone equipment
Einzelhalbleiterbauelement *n*, diskretes
Halbleiterbauelement *n*
discrete semiconductor component
Einzelphotonenzählung *f*
single-photon counting
Einzelplattenkassette *f*, Magnetplattenkassette
f [von oben einsetzbare bzw. von vorne
einschiebbare Kassette]
magnetic disk cartridge, single-disk
cartridge [top loaded or front loaded]
Einzelschrittbetrieb *m*
single-step operation
Einzelschrittentstörung *f*
single-step debugging
Einzelstation *f*
stand-alone equipment
Einzeltakt *m*
single-clock pulse, single timing pulse
Einzelvordruck *m*, Einzelblatt *n*
cut-sheet form
Einzelwortbefehl *m*, Einwortbefehl *m*
single-word instruction
Einzifferaddierer *m*, Halbaddierer *m*
one-digit adder, half-adder
Einzug *m* [Text]
indentation [text]
Einzweckrechner *m*
single-purpose computer
EISA-Bus *m* [erweiterter, 32-Bit-breiter ISA-Bus
für 80386-und 80486-Prozessoren]
EISA bus (Enhanced Industry Standard
Architecture) [32-bit extension of ISA bus for
80386 and 80486 processors]
EL-Anzeige *f*, Elektrolumineszenz-Anzeige *f*
EL display, electroluminescent display
elektrisch löschbarer, neu program-
mierbarer Festwertspeicher *m* (EEPROM,
E^2PROM)
Festwertspeicher, der vom Anwender elektrisch
programmiert, gelöscht und wieder neu
programmiert werden kann; ähnlich wie ein

EAROM.
electrically erasable programmable read-
only memory (EEPROM, E^2PROM)
Read-only memory that can be electrically
programmed, erased and reprogrammed by the
user; similar to an EAROM.
elektrisch löschbares, neu program-
mierbares Logik-Array *n* (EAPLA)
electrically alterable programmable logic
array (EAPLA)
elektrisch programmierbar
electrically programmable
elektrisch programmierbarer
Festwertspeicher *m* (EPROM), löschbarer
programmierbarer Festwertspeicher *m*
Festwertspeicher, der vom Anwender mit
Ultraviolettlicht gelöscht und elektrisch wieder
neu programmiert werden kann. Auch
REPROM genannt.
electrically programmable read-only
memory (EPROM)
Read-only memory that can be erased by
ultraviolet light and reprogrammed electrically
by the user. Sometimes called REPROM.
elektrisch umprogrammierbarer
Festwertspeicher *m* (EAROM)
Festwertspeicher, der vom Anwender elektrisch
programmiert, gelöscht und wiederholt
umprogrammiert werden kann.
electrically alterable read-only memory
(EAROM)
Read-only memory that can be electrically
programmed, erased and reprogrammed any
number of times by the user.
elektrische Eigenschaften *f.pl.*
electrical properties, electrical
characteristics
elektrische Feldstärke *f*
electric field strength
elektrische Ladung *f*
electric charge
elektrische Leitfähigkeit *f*
electric conductivity
elektrische Polarisierung *f*
electric polarization
elektrische Schwingung *f*
electric oscillation
elektrischer Kraftfluß *m*
electric flux
elektrischer Strom *m*
electric current
elektrisches Feld *n*
electric field
elektrisches Moment *n*
electric moment
elektrisches Potential *n*
electric potential
Elektrode *f* [galvanische Verbindung zwischen
einer Halbleiterzone und dem Anschluß]

electrode [galvanic connection between a
semiconductor zone and the lead]
Elektrolumineszenz-Anzeige *f*, EL-Anzeige *f*
electroluminescent display, EL display
elektrolytische Speicherung *f*
[Speichermethode]
electrolytic storage [storage method]
Elektrolytkondensator *m*
electrolytic capacitor
elektromagnetische Induktion *f*
electromagnetic induction
elektromagnetische Störung *f*
electromagnetic interference (EMI)
elektromagnetische Verträglichkeit *f* (EMV)
[eines Gerätes oder Systems; die Fähigkeit, in
der vorgesehenen elektromagnetischen
Umgebung ohne Beeinträchtigung zu
funktionieren]
electromagnetic compatibility (EMC) [of
equipment or system; capability of being
operated in the intended electromagnetic
environment without functional impairment]
elektromagnetische Welle *f*
electromagnetic wave
elektromagnetisches Feld *n*
electromagnetic field
Elektromigration *f*
electromigration
elektromotorische Kraft *f* (EMK)
electromotive force (emf)
Elektron *n*
Die kleinste, existenzfähige elektrische
Elementarladung. Bei Halbleitern tragen
Elektronen, deren Energieniveaus im
Leitungsband liegen zur elektrischen Leitung
(negativer Ladungstransport) bei.
electron
The smallest electric charge that can exist. In
semiconductors, electrons whose energy levels
lie in the conduction band contribute to
electrical conduction (negative charge
transport).
Elektron-Defektelektron-Gleichgewicht *n*
electron-hole pair equilibrium
Elektron-Defektelektron-Paar *n*, Elektron-
Loch-Paar *n*
electron-hole pair
Elektron-Defektelektron-Paar-Erzeugung *f*
Bildung eines Elektron-Loch-Paares, z.B. durch
Temperaturanstieg. Dabei wird ein Elektron
aus dem Valenzband in das Leitungsband
gehoben, während ein Loch im Valenzband
zurückbleibt.
electron-hole pair generation, pair
generation
Generation of an electron-hole pair, e.g. by
increasing temperature. This causes an
electron to be released from the valence band
into the conduction band, thereby leaving a

hole in the valence band.
Elektron-Loch-Paar *n*, Elektron-
Defektelektron-Paar *n*
electron-hole pair
Elektronenaffinität *f*
electron affinity
Elektronenbahn *f* [Bahn, in der sich die
Elektronen um den Atomkern bewegen]
orbit [path described by the electrons revolving
about the nucleus]
Elektronenbeschuß *m*
electron bombardment
Elektronenbeweglichkeit *f*
electron mobility
Elektronendichte *f*
electron density
Elektronenemission *f*
electron emission
Elektronenhaftstelle *f*, Haftstelle *f*
[Halbleitertechnik]
Störstelle in einem Halbleiterkristall, die einen
Ladungsträger vorübergehend festhalten kann.
electron trap, trap [semiconductor technology]
Imperfection in a semiconductor crystal which
temporarily prevents a carrier from moving.
Elektronenhülle *f*
electron shell
Elektroneninjektion *f*
electron injection
Elektronenleitung *f*, N-Leitung *f*,
Überschußleitung *f*
Ladungstransport in einem Halbleiter durch
Leitungselektronen.
electron conduction
Charge transport in a semiconductor by
conduction electrons.
Elektronenlücke *f*, Defektelektron *n*, Loch *n*
[Halbleitertechnik]
Fehlendes Elektron im Valenzband eines
Halbleiters, das wie eine bewegliche positive
Ladung wirkt.
hole [semiconductor technology]
Vacancy left by an electron in the valence band
of a semiconductor and behaving like a mobile
positive charge.
Elektronenmikroskop *n*
electron microscope
Elektronenoptik *f*
electron optics
Elektronenpaar *n*
electron pair
Elektronenstrahlanregung *f*
electron beam excitation
Elektronenstrahllithographie *f*
Verfahren zur Herstellung von Muttermasken
für integrierte Schaltungen mit Hilfe eines
Elektronenstrahles.
electron beam lithography
Process for producing master masks in

integrated circuit fabrication with the aid of an electron beam.

Elektronenstrahlschreiben *n*
electron beam writing process

Elektronenstrahlschreiber *m*
electron beam writer, beamwriter

Elektronenverarmung *f*
electron depletion

Elektronenvolt *n* (eV)
electron volt (eV)

Elektronenzyklotronresonanz *f,* ECR-
Verfahren *n* [ein Abscheidungsverfahren, das
bei der Herstellung von integrierten
Schaltungen angewendet wird]
electron cyclotron resonance, ECR process
[a deposition process used in integrated circuit
fabrication]

Elektronik *f*
electronics

elektronisch abstimmbar
electronically tunable

elektronische Ablage *f*
electronic filing

elektronische Abtastung *f*
electronic scanning

elektronische Aufzeichnung *f*
electronic recording

elektronische Ausrüstung *f,* elektronisches
Gerät *n*
electronic equipment

elektronische Datenverarbeitung *f* (EDV)
electronic data processing (EDP)

elektronische Post *f,* [EDV-Einsatz für die
Abspeicherung von schriftlichen Mitteilungen,
die vom Adressaten elektronisch abgerufen
werden können]
electronic mail, E-mail [use of electronic data
processing techniques for storing written
communications which can be electronically
fetched by the subscriber]

elektronische Regelung *f,* elektronische
Steuerung *f*
electronic control

elektronische Schaltung *f*
electronic circuit

elektronische Steuerung *f,* elektronische
Regelung *f*
electronic control

elektronische Zündung *f*
electronic ignition

elektronischer Baustein *m,* elektronischer
Modul *m,* Festkörperbaustein *m*
electronic device, solid-state device,
electronic module

elektronischer Briefkasten *m,* Mailbox *f*
[Speicherplatz für eingehende Mitteilungen]
electronic mailbox, mailbox [storage space
for incoming messages]

elektronischer Modul *m,* elektronischer

Baustein *m,* Festkörperbaustein *m*
electronic device, solid-state device,
electronic module

elektronischer Postdienst *m,* E-Mail-Dienst *m*
electronic mail service, E-mail service,
mailbox service

elektronischer Regler *m*
electronic controller

elektronischer Schalter *m*
electronic switch

elektronischer Stift *m,* Lichtstift *m,* Lichtgriffel
m [ein Stift mit lichtempfindlicher Spitze zur
direkten Dateneingabe auf dem Bildschirm; der
mit dem Rechner verbundene Stift ermöglicht
die genaue Markierung bzw. Identifizierung
bestimmter Stellen der Bildschirmanzeige]
light pen, electronic pen [a light-sensitive
stylus used for direct data input on the screen;
the stylus is connected to the computer and
enables display elements to be precisely
marked or identified]

elektronischer Verstärker *m*
electronic amplifier

elektronischer Zeitgeber *m*
electronic timer

elektronischer Zähler *m*
electronic counter

elektronisches Bauelement *n,* elektronisches
Bauteil *n,* Festkörperbauelement *n*
electronic component, solid-state component

elektronisches Gerät *n,* elektronische
Ausrüstung *f*
electronic equipment

elektronisches Relais *n*
electronic relay, solid-state relay

Elektrorestriktion *f*
electrorestriction

elektrostatische Abschirmung *f*
electrostatic shield

elektrostatische Aufladung *f*
electrostatic charge

elektrostatische Speicherröhre *f*
electrostatic storage tube

elektrostatischer Drucker *m,* Thermodrucker
m [erzeugt alphanumerische und graphische
Zeichen auf einem besonderen
wärmeempfindlichen Papier durch
Wärmeeinwirkung]
electrostatic printer, thermal printer
[generates alphanumeric characters and
graphic symbols on a special heat-sensitive
paper by the action of heat]

elektrostatischer Speicher *m,*
Kondensatorspeicher *m*
electrostatic storage

Element *n* [ein einzelnes Datenelement]
item [a single item of data]

Elementenzahl einer Matrix *f*
size of an array

Elementhalbleiter *m*
Halbleiter, der aus einem Element besteht, z.B.
Silicium, im Gegensatz zum
Verbindungshalbleiter, der aus mehreren
Elementen besteht, z.B. Galliumarsenid.
elemental semiconductor
Semiconductor consisting of a single element,
e.g. silicon, as opposed to a compound
semiconductor which consists of more than one
element, e.g. gallium arsenide.
eliminieren, unterdrücken
eliminate, to; delete
eliminierendes Suchen *n*, binäres Suchen *n*
[Suchen in einer geordneten Tabelle in jeweils
halbierten Bereichen, wobei der eine Bereich
ausgeschieden und im anderen weitergesucht
wird]
binary search, dichotomizing search [search
in an ordered table by repeated partitioning in
two equal parts, rejecting one and continuing
the search in the other]
Emitter *m*
Bereich des Bipolartransistors aus dem
Ladungsträger in die Basis injiziert werden.
emitter
Region of the bipolar transistor from which
charge carriers are injected into the base.
Emitter-Basis-Diode *f*
Ein PN- (bzw. NP-) Übergang zwischen
Emitter- und Basiszone des Bipolartransistors.
Bei bipolar integrierten Schaltungen die Diode,
die aus dem Emitter-Basis-Übergang gebildet
wird.
emitter-base diode, emitter-base junction
A pn- (or np-) junction between emitter and
base regions of the bipolar transistor. In bipolar
integrated circuits, the diode formed by the
emitter-base junction.
Emitter-Basis-Durchbruchspannung *f*
emitter-base breakdown voltage
Emitter-Basis-Kapazität *f*
emitter-base capacitance
Emitter-Basis-Reststrom *m*
emitter-base cut-off current
Emitter-Basis-Spannung *f*
emitter-base voltage
Emitter-Basis-Sperrschicht *f*, Emitter-Basis-
Übergang *m* [PN- (bzw. NP-) Übergang
zwischen Emitter- und Basiszone des
Bipolartransistors]
emitter-base junction [pn- (or np-) junction
between the emitter and base regions of the
bipolar transistor]
Emitter-Basis-Sperrstrom *m*
emitter-base reverse current
Emitter-Basis-Übergang *m*, Emitter-Basis-
Sperrschicht *f*
emitter-base junction
Emitter-Emitter-Logik *f* (EEL) [Variante der

ECL-Schaltungsfamilie]
emitter-emitter logic (EEL) [Variant of the
ECL family of logic circuits]
Emitter-emittergekoppelte Logik *f* (E^{2}CL)
[Variante der ECL-Schaltungsfamilie]
emitter-emitter-coupled logic (E^{2}CL)
[Variant of the ECL family of logic circuits]
Emitter-Kollektor-Abstand *m*
emitter-to-collector distance
Emitter-Kollektor-Durchbruchspannung *f*
emitter-collector breakdown voltage
Emitter-Kollektor-Kapazität *f* [innere
Kapazität zwischen Emitter- und
Kollektoranschluß]
emitter-collector capacity [internal capacity
between emitter and collector terminals]
Emitteranschluß *m* [für den Anschluß des
Bausteins an die externe Schaltung]
emitter terminal [for connecting the device to
the external circuit]
Emitterbahnwiderstand *m* [Widerstand
zwischen Emitteranschluß und
Emittersperrschicht]
emitter series resistance [resistance
between the emitter terminal and the emitter
junction]
Emitterbereich *m*, Emitterzone *f*
emitter region, emitter zone
Emitterdiffusion *f*
Diffusion von Fremdatomen in den
Emitterbereich bei der Fertigung von bipolaren
Bauelementen oder integrierten Schaltungen.
emitter diffusion step
Diffusion with impurities of the emitter region
in bipolar component or integrated circuit
fabrication.
Emitterdotierung *f*
Dotierung des Emitterbereiches bei der
Fertigung von bipolaren Bauelementen oder
integrierten Schaltungen.
emitter doping
Doping of the emitter region in bipolar
component or integrated circuit fabrication.
Emitterdurchbruchspannung *f*
emitter-breakdown voltage
Emitterelektrode *f*
emitter electrode
Emitterfolgerlogik *f* (EFL)
Schaltungskonzept für hochintegrierte
Schaltungen, dessen Grundbausteine sich aus
Emitterfolgern mit PNP- und NPN-
Transistoren zusammensetzen.
emitter-follower logic (EFL)
Form of logic used in large-scale integration, in
which basic elements are formed by emitter
followers with pnp and npn transistors.
emittergekoppelte Injektionslogik *f* (ECIL)
emitter-coupled injection logic (ECIL)
emittergekoppelte Logik *f* (ECL)

Logikfamilie der Stromschaltertechnik, bei der
die logischen Verknüpfungen durch
emittergekoppelte Paralleltransistoren bzw.
durch Emitterfolger am Ein- oder Ausgang
realisiert werden.
emitter-coupled logic (ECL)
Type of current-mode logic circuit family in
which logical functions are performed by
emitter-coupled parallel transistors and emitter
followers at the input or output.

emittergekoppelte Transistorlogik *f* (ECTL)
[Variante der ECL-Schaltungsfamilie]
emitter-coupled transistor logic (ECTL)
[variant of the ECL family of logic circuits]

Emitterleitwert *m*
emitter conductance

Emitterschaltung *f* [Transistorgrundschaltung]
Eine der drei Grundschaltungen des
Bipolartransistors, bei dem die
Emitterelektrode die gemeinsame
Bezugselektrode ist.
common emitter connection [basic
transistor configuration]
One of the three basic configurations of the
bipolar transistor having the emitter as
common reference terminal.

Emitterspannung *f*
emitter voltage

Emittersperrschicht *f*, Emitterübergang *m*
[PN- (bzw. NP-) Übergang zwischen Emitter-
und Basiszone des Bipolartransistors]
emitter junction [depletion layer between
emitter zone and base zone]

Emitterstrom *m* [über den Emitteranschluß
fließender Strom]
emitter current [current flowing through the
emitter terminal]

Emitterstromverstärkung *f*
emitter current gain

Emitterübergang *m*, Emittersperrschicht *f* [PN-
bzw. NP-) Übergang zwischen Emitter- und
Basiszone des Bipolartransistors]
emitter junction [depletion layer between
emitter zone and base zone]

Emitterverlustleistung *f*
emitter dissipation

Emittervorspannung *f*
emitter-bias, emitter bias voltage

Emitterwiderstand *m*
emitter resistance

Emitterzone *f*, Emitterbereich *m*
emitter region, emitter zone

EMK, elektromotorische Kraft *f*
emf (electromotive force)

empfangen
receive, to

Empfänger *m*
receiver

Empfindlichkeit *f*

sensitivity

Empfindlichkeitsdiagramm *n* [Optoelektronik]
sensitivity diagram [optoelectronics]

empirisches Ermittlungsverfahren *n*
trial-and-error method

EMS-Emulator *m* [wandelt einen erweiterten
Speicher in einen EMS-Speicher]
EMS emulator [transforms extended into
EMS memory]

EMS-Speicher *m*, Expansionsspeicher *m*
[Speicher oberhalb 1 MB, der nach LIM-
Standard (Lotus/Intel/Microsoft) verwaltet
wird]
EMS memory, expanded memory (Expanded
Memory Specification) [memory above 1 MB
managed according to Lotus/Intel/Microsoft
(LIM) standard]

EMS-Treiber *m*
EMS driver

Emulation *f* [Nachbildung der Funktionen eines
Rechners auf einem anderen]
emulation [simulation of the functions of one
computer on another]

Emulationsmodus *m*
emulation mode

Emulator *m* [ein Zusatzgerät, das es gestattet,
auf einem gegebenen Rechner die Programme
eines anderen Typs durch Simulation
auszuführen]
emulator [an accessory which allows a given
computer to execute by simulation programs
written for another computer type]

emulieren
emulate, to

EMV (elektromagnetische Verträglichkeit)
[Fähigkeit eines Gerätes oder einer Anlage in
der vorgesehenen elektromagnetischen
Umgebung ohne Beeinträchtigung zu
funktionieren]
EMC (electromagnetic compatibility)
[capability of an equipment or a system to
operate efficiently in the intended
electromagnetic environment]

Ende der Arbeit *n*, Jobende *n*
end of job (EOJ)

Ende der Datei *n*, Dateiende *n* [markiert den
Abschluß einer Datei]
end of file (EOF) [marks the end of a file]

Ende der Sätze *n*, Satzende *n*
EOR (end of record)

Ende der Übertragung *n*
end of transmission

Ende des Blockes *n*, Blockende *n*
end of block (EOB)

Ende des Textes *n*
end of text (ETX)

Endeanweisung *f* [Abschluß eines Programmes]
end statement [termination of a program]

Endeetikett *n*, Schlußetikett *n*, Nachspann *m*

[bei Magnetbändern]
trailer label [for magnetic tapes]
Endekennsatz *m* [bei Magnetbändern]
end label [for magnetic tapes]
Endkontrolle *f* [eines Bauelementes oder
Gerätes]
final check [of a device or equipment]
endliche Anzahl *f*
finite number
endliche Reihe *f*
finite series
endliche Zahl *f*
finite integer
endlicher Automat *m*
[Zustandsübergangsfunktion]
finite-state automaton (FSA) [state-
transition function]
endlicher Dezimalbruch *m*
terminating decimal
Endlosformular *n*, Leporello-Formular *n*
[fortlaufend hergestellte Vordrucke in
Zickzackfaltungen (Leporello) oder Rollenform;
das Papier kann randgelocht und die Vordrucke
können perforiert sein]
continuous forms, continuous stationery,
fanfold [continuous strip of paper in zigzag
(fanfold) or roll form; it can be marginally
punched and the individual forms can be
perforated]
Endlospapierrollenzuführung *f* [für Drucker]
roll paper feed [for printer]
Endlosschleife *f*
endless loop
Endmontage *f*
final assembly
Endprüfung *f* [die letzte Prüfung in der
Fertigung, Reparatur usw.]
final inspection [last inspection or test in
manufacturing, repair, etc.]
Endprüfung *f* [eines Bauelementes, Gerätes
oder Systems]
final test [of a component, equipment or
system]
Endstufe *f*, Leistungsstufe [eines Antriebes,
Verstärkers usw.]
final stage, power stage [of a drive, amplifier,
etc.]
Endzeile *f* [FORTRAN]
end line [FORTRAN]
Energieband *n*, Band *n* [Halbleitertechnik]
Energieband im Bändermodell, das dicht
beieinanderliegende Energieniveaus im
Halbleiterkristall darstellt, die von Elektronen
besetzt werden können. Von Bedeutung beim
Halbleiter sind das Leitungsband und das
Valenzband sowie das dazwischenliegende
verbotene Band bzw. die Energielücke.
energy band, band [semiconductor technology]
Energy-band in the band diagram representing

closely adjacent energy levels in the
semiconductor crystal which can be occupied by
electrons. Important energy-bands in
semiconductors are the conduction band and
the valence band as well as the forbidden band
(energy-gap) separating the conduction from
the valence band.
Energiebandabstand *m*, Bandabstand *m*,
Energielücke *f* Bandlücke *f* [Halbleitertechnik]
band gap, energy-band gap [semiconductor
technology]
Energiebanddichte *f*
energy band density
Energiebandkante *f*, Bandkante *f*
[Halbleitertechnik]
In der Darstellung des Bändermodells der
höchstmögliche Energiezustand eines
Energiebandes.
energy band edge, band edge [semiconductor
technology]
In the energy-band diagram, the highest
possible energy state of an energy-band.
Energiebändermodell *n*, Bändermodell *n*
[Halbleitertechnik]
Modell zur Darstellung der Energieniveaus der
Elektronen in einem Festkörper.
energy band diagram [semiconductor
technology]
Model used for representing the energy levels
of electrons in a solid.
Energielücke *f* Bandlücke *f*, Bandabstand *m*,
Energiebandabstand *m* [Halbleitertechnik]
In der Darstellung des Bändermodells der
Abstand zwischen Leitungsband und
Valenzband, der Energieniveaus im
Halbleiterkristall bezeichnet, die von
Elektronen nicht besetzt werden können.
band-gap, energy gap [semiconductor
technology]
In the energy-band diagram, the distance
separating the conduction band from the
valence band which represents energy levels
that cannot be occupied by electrons.
Energieniveau *n*, Energieterm *m*
energy level, energy term
Energieterm *m*, Energieniveau *n*
energy level, energy term
entarteter Halbleiter *m*
degenerate semiconductor
Entartung *f*
degeneracy
entfernt, abgesetzt
remote
Entionisierung *f*
deionization
Entionisierungsgeschwindigkeit *f*
deionization rate
Entionisierungszeit *f*
deionization time

entkoppelt
decoupled
entkoppelter Ausgang *m*
decoupled output
Entkopplung *f* [Verringerung oder
Kompensation der galvanischen, magnetischen
oder kapazitiven Kopplung zwischen zwei
Schaltkreisen]
decoupling [reduction or compensation of
galvanic, magnetic or capacitive coupling
between two circuits]
Entkopplungskondensator *m*
decoupling capacitor
Entkopplungsschaltung *f*, Trennschaltung *f*
decoupling circuit, isolating circuit
Entkopplungsstufe *f*, Trennstufe *f*
buffer stage, decoupling stage, isolating stage
Entkopplungsübertrager *m*, Trennübertrager
decoupling transformer, isolation
transformer
entladen [Herausnehmen von Speichermedien
aus einem Gerät; z.B. Diskette oder
Magnetband herausnehmen]
unload, to [remove data medium from an
storage device, e.g. remove floppy disk or
magnetic tape]
entladen [z.B eines Kondensators]
discharge, to [e.g. a capacitor]
entlöten
desolder, to
Entlötgerät *n*
desoldering unit
Entlötlitze *f*
desoldering wick, desoldering braid
entmagnetisieren
demagnetize, to; degauss, to
entpacken [Verringern der Packungsdichte von
Daten]
unpack, to [reduce packing density of data]
entpackt [Daten]
unpacked [data]
entprellen [bei Kontakten]
debounce, to [contacts]
Entprellungsschaltung *f* [elektronische
Schaltung zur Kompensation von
Kontaktprellungen]
debouncing circuit [electronic circuit for
compensating contact bounce]
entregen [magnetisch, z.B. ein Relais]
deenergize, to [magnetically, e.g. a relay]
Entropie *f* [ein Maß für den mittleren
Informationsgehalt]
entropy [a measure for the average
information content]
Entscheidung *f*
decision
Entscheidungsbaum *m*
decision tree
Entscheidungsbefehl *m*

decision instruction
Entscheidungsschwellenwert *m*
decision level
Entscheidungstabelle *f* [formalisierte,
übersichtliche Darstellung der Zuordnung von
Bedingungen und davon abhängigen
Tätigkeiten; angewandt bei der Systemanalyse,
Programmierung usw.]
decision table [formalized general
representation of the assignment of conditions
and resulting actions; employed for system
analysis, programming, etc.]
entschlüsseln [von verschlüsselten Daten]
decode, to [encrypted data]
Entschlüsselung *f* [bei der
Datengeheimhaltung]
decryption [for data secrecy]
Entschlüsselung *f* [allgemein]
decoding [general]
Entspiegelung *f* [Bildschirm]
antireflex coated [display]
Entstörfilter *n* [z.B. in der Stromversorgung]
interference filter, interference eliminator,
noise filter [e.g. in a power supply]
entstört, störungssicher [z.B. Gerät]
interference-proof [e.g. equipment]
Entstörung *f* [Beseitigung der Störwirkung
unerwünschter Signale]
interference suppression [elimination of the
disturbing effect of undesired signals]
entwerfen, auslegen
configure, to; design, to
Entwurf für den ungünstigsten Fall *m*
[Schaltungsauslegung]
worst-case design [circuit dimensioning]
Entwurfsdruck *m* [Drucker]
draft mode printing [printer]
Entwurfsparameter *m*
design parameter
Entwurfsregel *f*
design rule
Entwurfszuverlässigkeit *f*
engineering reliability, inherent design
reliability
Entzerrer *m*
equalizer
Entzerrerschaltung *f*
equalizing circuit, equalization circuit
Entzerrung *f*
equalization
Epibasistransistor *m*, Epitaxial-Basistransistor
epitaxial base transistor
epitaktische Schicht *f*, Epitaxieschicht *f*
Eine einkristalline Schicht, die durch Epitaxie
auf einem einkristallinen Substrat entstanden
ist.
epitaxial layer
A monocrystalline layer grown by an epitaxial
process on a monocrystalline substrate.

epitaktisches Aufwachsen *n,* Epitaxie *f*
  epitaxial growth, epitaxy
Epitaxial-Basistransistor *m,*
  Epibasistransistor *m*
  epitaxial base transistor
Epitaxial-Mesatransistor *m*
  epitaxial mesa transistor
Epitaxial-Planartransistor *m*
  epitaxial planar transistor
Epitaxie *f,* epitaktisches Aufwachsen *n*
  Orientiertes Aufwachsen (bzw. Abscheiden)
  einer Kristallschicht auf einem
  kristallographisch kompatiblen kristallinen
  Substrat. Es bestehen verschiedene Verfahren:
  Gasphasenepitaxie (dazu gehören z.B. die
  Siliciumtetrachlorid-Epitaxie und die
  Silanepitaxie), Flüssigphasenepitaxie und
  Molekularstrahlepitaxie.
  epitaxial growth, epitaxy
  Oriented growth (or deposition) of a crystalline
  layer on a crystallographically compatible
  substrate. There are several processes: vapour-
  phase epitaxy (including e.g. the silicon
  tetrachloride and the silane processes), liquid-
  phase epitaxy and molecular beam epitaxy.
Epitaxieschicht *f,* epitaktische Schicht *f*
  Eine einkristalline Schicht, die durch Epitaxie
  auf einem einkristallinen Substrat entstanden
  ist.
  epitaxial layer
  A monocrystalline layer grown by an epitaxial
  process on a monocrystalline substrate.
Epitaxieverfahren *n,* Aufwachsverfahren *n*
  Verfahren zum orientierten Aufwachsen einer
  Kristallschicht auf ein kristallines Substrat.
  Die aufgewachsene Schicht und das Substrat
  können die gleiche oder eine unterschiedliche
  Gitterstruktur haben.
  epitaxial growth process
  Process for oriented growth of a crystalline
  layer on a crystalline substrate. Layer and
  substrate can have the same or a differing
  lattice structure.
Epoxidkleber *m*
  epoxy adhesive
Epoxydharz *n* [z.B. zur Verkapselung eines
  Bauelementes]
  epoxy resin [e.g. for potting a component]
EPROM *m,* elektrisch programmierbarer
  Festwertspeicher *m*
  Festwertspeicher, der vom Anwender mit
  Ultraviolettlicht gelöscht und elektrisch wieder
  neu programmiert werden kann. Auch
  REPROM genannt.
  EPROM, (electrically programmable read-only
  memory)
  Read-only memory that can be erased by
  ultraviolet light and reprogrammed by the
  user. Sometimes called REPROM.

EPROM-Löschgerät *n* [UV-Strahlengerät zum
  Löschen von Informationen in einem EPROM]
  EPROM erasing unit [ultraviolet radiation
  unit for erasing information in an EPROM]
EPS-Datei *f* [Seitenbeschreibungsdatei]
  encapsulated PostScript (EPS) [file
  containing page description]
Eratosthenes-Sieb-Test *m* [Rechner-
  Bewertungsprogramm]
  Eratosthenes sieve test [computer
  benchmark test]
erden
  ground, to
erdfrei
  ungrounded, free-of-ground
Erdungsband *n,* Handgelenk-Erdungsband *n*
  grounding strap, wrist grounding strap
Ereignis *n*
  event
Erfassung *f* [Daten, Information, Signale]
  acquisition [data, information, signals]
Ergebnis *n*
  result
Ergibt-Symbol *n*
  colon equal
ergänzen, komplementieren [das Komplement
  einer Zahl bilden]
  complement, to [to form the complement of a
  number]
ergänzende Daten *n.pl.*
  complementary data
Ergänzungsbit *n*
  complement flag bit
Ergänzungsspeicher *m,* Zusatzspeicher *m*
  [Speicher außerhalb des Hauptspeichers]
  auxiliary storage, secondary storage [storage
  external to the main storage]
Erholung *f* [von Bauelementen]
  recovery [of components]
Erholzeit *f* [z.B. eines Transistors]
  recovery time [e.g. of a transistor]
erhöhen, inkrementieren [stufenweise
  Erhöhung, z.B. um 1]
  increment, to [increase by steps, e.g. by 1]
Erkennungsteil *n* [eines der vier Hauptteile
  eines COBOL-Programmes]
  identification division [one of the four main
  parts of a COBOL program]
erlaubtes Band *n* [Bändermodell]
  allowed band [energy-band diagram]
Ermüdungsausfall *m,* Verschleißausfall *m,*
  Alterungsausfall *m*
  wearout failure
erneutes Abtasten *n,* erneutes Durchsuchen *n*
  rescanning
eröffnen, öffnen [einer Datei, eines Fensters,
  eines Anwendungsprogrammes]
  open, to [a file, a window, an application
  program]

Eröffnungsanweisung *f* [für eine Datei]
  open statement [for a file]
Eröffnungsprozedur *f* [Prozedur, mit der sich
  ein Terminalbenutzer anmeldet bzw. eine
  Arbeitssitzung beginnt]
  sign-on procedure, log-on [procedure by
  which a terminal user starts session]
Eröffnungsroutine *f*
  open routine
Eröffnungszustand *m*
  open mode
erproben [z.B. ein Gerät]
  evaluate, to [e.g. a unit]
erregen, ansprechen, anziehen [Relais]
  actuate, to; operate, to [relay]
Erregung *f,* Anregung *f,* Aktivierung *f*
  stimulation, excitation
Ersatzgerät *n,* Reservegerät *n*
  standby unit, backup unit, replacement unit
Ersatzlast *f*
  dummy load
Ersatzschaltbild *n,* Ersatzschaltung *f*
  equivalent circuit
Ersatzsperrschichttemperatur *f*
  equivalent junction temperature, virtual
  junction temperature
Ersatzspur *f* [automatisch zugewiesen als Ersatz
  für zerstörte Spur auf einem Speichermedium,
  z.B. Plattenspeicher]
  alternate track [automatically assigned as
  replacement for damaged track on a data
  medium, e.g. disk storage]
Ersatzteil *n* [für die Wartung]
  replacement part [for maintenance]
Ersatzzeichen *n* [ein Zeichen, das nicht
  berücksichtigt wird]
  don't care character [a character that is not
  taken into account]
erschöpfende Suche *f*
  exhaustive search
ersetzen
  replace, to; substitute, to
Ersetzungszeichen *n* [COBOL]
  replacement character [COBOL]
Erstausrüster *m,* OEM *m* [im Gegensatz zum
  Endverbraucher oder Wiederverkäufer]
  original equipment manufacturer (OEM)
  [in contrast to end user or distributor]
Erstdaten *n.pl.,* Ursprungsdaten *n.pl.*
  source data
Erstdurchlauf *m*
  initial run
Ersteingabe *f*
  initial input
erstellen [einer Datei]
  create, to [a file]
Erstellungsdatum *n*
  creation date
Erstellzeit *f*

  generation time
erstmalig erstellt
  initially created
erweiterbar, erweiterungsfähig [z.B. Programm]
  open-ended, extendable, upgradable [e.g.
  program]
erweitern
  extend, to; upgrade, to
erweiterte DOS-Partition *f,* erweiterter DOS-
  Speicherbereich *m* [Festplatte]
  extended DOS partition [hard disk]
erweiterte Gleitpunktrechnung *f*
  extended precision floating point
erweiterte Matrix *f*
  augmented matrix
erweiterte Multiplikation *f*
  double-product multiplication
erweiterte Zugriffsmethode *f*
  queued access technique
erweiterter 386-Modus *m* [Betriebsart für den
  Zugriff auf die virtuellen
  Speichermöglichkeiten der 80386- und 80486-
  Prozessoren]
  extended 386 mode [accesses virtual memory
  of the 80386 and 80486 processor]
erweiterter Code *m*
  extended code
erweiterter DOS-Speicherbereich *m,*
  erweiterte DOS-Partition *f* [Festplatte]
  extended DOS partition [hard disk]
erweiterter Speicher *m,* Erweiterungsspeicher
  m [Speicher oberhalb 1 MB]
  extended memory [memory above 1 MB]
Erweiterung *f*
  extension, expansion
Erweiterungs-ROM *m* [zusätzlicher ROM-
  Speicher zur Erweiterung der
  Speicherkapazität]
  expansion ROM [additional ROM for
  extending storage capacity]
Erweiterungseingang *m*
  expander input
erweiterungsfähig, erweiterbar [z.B.
  Programm]
  open-ended, extendable, upgradable [e.g.
  program]
Erweiterungsfähigkeit *f* [z.B. eines Rechners]
  expandability [e.g. of a computer]
Erweiterungsmodul *m*
  expansion module, expansion unit
Erweiterungsplatine *f* [Leiterplatte für
  zusätzliche Funktionen]
  expansion board [printed circuit board for
  additional functions]
Erweiterungsschaltung *f*
  expander circuit
Erweiterungsspeicher *m,* erweiterter Speicher
  m [Speicher oberhalb 1 MB]
  extended memory [memory above 1 MB]

Erweiterungssteckplatz *m* [zur Unterbringung einer Erweiterungsplatine]
expansion slot [for inserting an expansion board]

Erzeugung *f*, Generation *f*
generation

Erzeugung von Übergängen *f*
junction formation

Esaki-Diode *f*, Tunneldiode *f* [dotierte Flächendiode mit negativem Widerstand in der Durchlaßrichtung; wird als Oszillator oder Verstärker im Mikrowellenbereich eingesetzt]
Esaki diode, tunnel diode [doped junction diode with negative resistance in the forward direction; used as oscillator or amplifier in microwave frequency range]

Escape-Folge *f* [Folge von mehreren Zeichen von denen das erste die Codeumschaltung (Escape-Zeichen) ist]
escape sequence [sequence of characters starting with the escape character]

Escape-Zeichen *n*, Umschaltzeichen *n*, Codeumschaltung *f* [spezielles Zeichen, das die Änderung der Codierungsvorschrift für die nachfolgenden Zeichen anzeigt]
escape character (ESC) [a special character which indicates that the following characters are to be interpreted according to a different code]

ESDI-Controller *m*
ESDI controller

ESDI-Schnittstelle [erweiterte Geräte-Schnittstelle für Festplatten usw.]
ESDI (Enhanced Small Device Interface) [for disk drives, etc.]

ESFI-Technik *f*
Verfahren zur Herstellung von integrierten CMOS-Schaltungen, bei dem anstelle des Siliciumsubstrats ein isolierendes Substrat (z.B. Spinell) verwendet wird. Die komplementären Transistoren werden in einer dünnen Siliciumschicht erzeugt, die mit Silanepitaxie auf das Substrat aufgebracht wird.
ESFI technology (epitaxial silicon film on insulator technology)
Process for fabricating CMOS integrated circuits which uses an insulating substrate (e.g. spinel) instead of a silicon substrate. The complementary transistors are formed in a silicon film which is grown on the substrate by silane epitaxy.

ESS [eingebettetes Servosystem für Festplatten]
ESS (Embedded Servo System) [for disk drives]

Et-Zeichen *n*, (&) [kommerzielles Und-Zeichen]
ampersand, (&) [commercial "and" character]

Ethernet [ein von Xerox entwickelter De-facto-Industriestandard für lokale Netzwerke]
Ethernet [a de facto industry standard for local area networks developed by Xerox]

Ethernet-Kabel *n* [Kabel für Ethernet-Netzwerke]
Ethernet cable [cable for Ethernet networks]

Etikett *n*, Kennsatz *m* [kennzeichnet Beginn oder Ende eines Bandes bzw. einer Datei; identifiziert, beschreibt oder begrenzt das Band bzw. die Datei; Adressenteil für einen Sprungbefehl]
label, identifying label, label record [marks start or end of a tape or file; identifies, describes or delimits tape or file; address part of a jump instruction]

Europakarte *f*, Europakartenformat *n*, Einfacheuropaformat *n* [Leiterplatte der Abmessungen 100x160 mm]
Euroboard, single Euroboard format, European PCB format [printed circuit board measuring 100x160 mm]

EXAPT [Programmiersprache für numerisch gesteuerte Werkzeugmaschinen]
EXAPT (Extended subset of APT) [programming language for numerically controlled machine tools]

EXE-Datei *f* [ausführbare Programmdatei]
EXE file [executable program file]

Exklusiv-ODER-Schaltung *f*, Antivalenzschaltung *f*, XOR-Schaltung *f* [logische Verknüpfung]
exclusive-OR element, XOR element [logical operation]

Exklusiv-ODER-Verknüpfung *f*, XOR-Verknüpfung *f*, Antivalenz *f* [eine logische Verknüpfung mit dem Ausgangswert (Ergebnis) 1, wenn und nur wenn einer der Eingangswerte (Operanden) 1 ist; der Ausgangswert ist 0, wenn mehrere Eingangswerte 1 oder wenn alle 0 sind]
exclusive OR function, XOR function, non-equivalence function [a logical operation having the output value (result) 1 if and only if one of the input values (operands) is 1; the output value is 0 if more than one input value is 1 or if all input values are 0]

Expansionsspeicher *m*, EMS-Speicher [Speicher oberhalb 1 MB, der nach LIM-Standard (Lotus/Intel/Microsoft) verwaltet wird]
expanded memory, EMS memory (Expanded Memory Specification) [memory above 1 MB managed according to Lotus/Intel/Microsoft (LIM) standard]

Expertensystem *n*, wissensbasiertes System *n*
Begriff, der im Zusammenhang mit künstlicher Intelligenz verwendet wird. Er beschreibt ein Rechnerprogramm, das sich auf durch Erfahrung gewonnenes Wissen stützt und die Methodik beinhaltet, dieses Wissen bei der Lösung bestimmter Aufgaben folgerichtig

umzusetzen.

expert system, knowledge-based system
Term used in connection with artificial
intelligence. It describes a computer program
based on knowledge gained from experience
and the methodology of applying this
knowledge to make inferences to solve
problems.

Exponent *m*
  exponent

Exponententeil *m*
  exponent part

Exponentenüberlauf *m*
  exponent overflow

Exponentenunterlauf *m*
  exponent underflow

Exponentialfunktion *f*
  exponential function

Extent *m* [zusammengehörender physikalischer
  Speicherbereich]
  extent [contiguous physical storage area]

extern gespeichertes Programm *n*
  externally stored program, external
  program

externe Datenerfassung *f*
  remote data collection

externe Takterzeugung *f*
  external clocking, external clock generation

externe Tastatur *f*
  external keyboard

externe Unterbrechung *f,* externer Interrupt *m*
  external interrupt

externe Vorspannung *f*
  external bias

externer Befehl *m*
  external command

externer Bildschirm *m,* externes
  Bildschirmgerät *n*
  external display, external monitor

externer Bus *m*
  external bus

externer Interrupt *m,* externe Unterbrechung *f*
  external interrupt

externer Speicher *m,* Externspeicher *m,*
  Außenspeicher *m*
  external storage, secondary storage, auxiliary
  storage

externes Bildschirmgerät *n,* externer
  Bildschirm *m*
  external monitor, external display

externes Gerät *n*
  external device

extrahieren, ausblenden, herausziehen
  [Herausnehmen von Zeichen aus einer
  Zeichenfolge]
  extract, to [remove characters from a string]

extrapolierte Ausfallrate *f* [Extrapolation der
  beobachteten oder berechneten Ausfallrate für
  eine größere Zeitdauer und/oder andere
  Betriebsbedingungen]
  extrapolated failure rate [extrapolation of
  observed or assessed failure rate for a longer
  duration and/or other operating conditions]

extrapolierte mittlere Lebensdauer *f*
  extrapolated mean life

extrapolierte mittlere Zeit bis zum Ausfall *f*
  extrapolated mean time to failure

extrapolierter mittlerer Ausfallabstand *m*
  extrapolated mean time between failures

Exzeß-Drei-Code *m,* Stibitz-Code *m,* Drei-
  Exzeß-Code *m* [ein Binärcode für
  Dezimalziffern; jede Dezimalziffer wird durch
  eine Gruppe von vier Binärzeichen dargestellt,
  die jedoch um 3 höher ist als die duale
  Darstellung, z.B. die Ziffer 7 wird durch 1010
  anstatt 0111 dargestellt]
  excess-three code [a binary code for decimal
  digits; each decimal digit is represented by a
  group of four binary digits which is 3 in excess
  of the binary representation, i.e. the digit 7 is
  represented by 1010 instead of 0111]

F

fächerartig gefaltete Endlosvordrucke *m.pl.*
  fanfold stationery
Fachnormenausschuß
  Informationsverarbeitung im deutschen
  Normenauschuß, FNI
  FNI, Committee for information processing in
  the German Standards Committee
Fadentransistor *m* [Bipolartransistor, dessen
  Arbeitsweise auf dem Prinzip der
  Leitfähigkeitsmodulation basiert]
  filament transistor [bipolar transistor
  operating on the principle of conductivity
  modulation]
Fading *n*, Schwund *m* [zeitliche Schwankungen
  des Empfangssignales bei der drahtlosen
  Übertragung]
  fading [fluctuations in received signal
  amplitude in wireless transmission]
Faksimile *n*, Fax *n*
  facsimile, fax
Fakultätsschreibweise *f*
  factorial notation
fallende Flanke *f*, abfallende Flanke *f*, negative
  Flanke *f*
  Abfall eines digitalen Signals oder eines
  Impulses.
  falling edge
  Decay of a digital signal or a pulse.
fallende Ordnung *f*, absteigende Reihenfolge *f*
  descending order
Fallzeit *f*, Flankenabfallzeit *f*, Abfallzeit *f* [bei
  Impulsen: von 90 auf 10% der
  Impulsamplitude]
  fall time [of pulses: from 90 to 10% of pulse
  amplitude]
falsch formatiert
  improperly formatted, invalid format
falsche Reihenfolge *f*
  sequence error, incorrect sequence
FAMOS-Speicher *m* [Speicher, der mit FAMOS-
  Transistorzellen realisiert ist]
  FAMOS memory [memory based on FAMOS
  transistor cells]
FAMOS-Transistor *m*
  Feldeffekttransistor in MOS-Struktur mit
  schwebendem Gate und Lawineninjektion; wird
  als Speicherzelle bei EPROMs verwendet.
  FAMOS transistor (floating-gate avalanche
  injection MOS transistor)
  MOS field-effect transistor using a floating gate
  structure and avalanche injection; used as a
  memory cell in EPROMs.
Fan-In *n*, Eingangslastfaktor *m*,
  Eingangsfächerung *f*
  Anzahl Ausgänge gleichartiger Schaltungen,
  mit der der Eingang einer Logikschaltung
  belastet werden kann.
  fan-in
  Number of outputs of similar circuits which can
  be accomodated by a logic circuit input.
Fan-Out *n*, Ausgangslastfaktor *m*,
  Ausgangsfächerung *f*
  Anzahl Eingänge gleichartiger Schaltungen,
  mit der der Ausgang einer Logikischaltung
  belastet werden kann.
  fan-out
  Number of inputs of similar circuits which can
  be accomodated by a logic circuit output.
Fangbereich *m* [Frequenzbereich, in dem
  Synchronismus herbeigeführt werden kann]
  capture range [frequency range in which
  synchronism can be effected]
Fangstelle *f*, Trap *f* [zur Aktivierung einer
  Programmunterbrechung; Unterprogramm zur
  Behandlung eines außergewöhnlichen
  Ereignisses in einem Prozessor]
  trap [for activating a program interrupt;
  routine for handling an exceptional event in a
  processor]
Farad *n* (F) [SI-Einheit der elektrischen
  Kapazität]
  farad (F) [SI unit of capacitance]
Farb-LCD [farbige Flüssigkristallanzeige]
  colour LCD [liquid crystal colour display]
Farb-Scanner *m*
  colour scanner
Farbbandkassette *f* [eines Druckers]
  ribbon cartridge [of a printer]
Farbbildschirm *m*
  colour display
Farbbildschirmgerät *n*, Farbmonitor *m*
  colour monitor, colour terminal
Farbcodierung *f*
  colour coding
Farbmonitor *m*, Farbbildschirmgerät *n*
  colour monitor, colour terminal
Farbpalette *f*
  colour pallet
Farbskala *f*
  colour scale
Farbübertragung *f*
  colour transmission
Farbverzerrung *f*
  colour distortion
Faseroptik *f*, Lichtleitertechnik *f*
  fiber optics
Fassung *f* [z.B. einer Diode]
  socket [e.g. of a diode]
FAT [Datei-Zuordnungstabelle für die
  Verwaltung der Belegung des Datenträgers]
  FAT (file allocation table) [manages the
  allocation of files on data medium]
Faustregel *f*
  rule-of-thumb

Fax *n*, **Faksimile** *n*
fax, facsimile
Fax-Gruppe *f* [nach CCITT-Empfehlungen]
fax group [according to CCITT
recommendations]
Fax-Karte *f*
fax board
Fax-Übertragung *f*, **Fernkopieren** *n*
fax transmission, facsimile transmission
FDDI [schnelles lokales Netzwerk mit
Lichtleitern]
FDDI (Fiber Distributed Data Interface)
FE-Analyse *f*, **Finite-Elemente-Analyse** *f*
FEA (finite element analysis)
FE-Methode *f*, **Finite-Elemente-Methode** *f*
FEM (finite element method)
Federleistenstecker *m*
clip-type connector
federnde Fassung *f*
cushion socket
FEFET, **ferroelektrischer Feldeffekttransistor** *m*
Feldeffekttransistor mit ferroelektrischer
Isolierschicht zwischen Kanal und
Gateelektrode.
FEFET (ferroelectric field-effect transistor)
Field-effect transistor using ferroelectric
isolation between channel and gate electrode.
Fehlanpassung *f* [Elektronik, z.B. eines Vierpols
oder einer Leitung]
mismatch [electronics, e.g. of a four-pole
network or a line]
Fehlansteuerung *f*
faulty triggering
Fehldiagnose *f*
incorrect diagnostics
Fehlen *n*
absence
Fehlen von Anschlüssen *n*
lack of leads
Fehler *m* [allgemein: eine unzulässige
Abweichung eines Merkmals; eine
Funktionsstörung]
error [general: impermissible deviation of a
characteristic; a malfunction]
Fehler *m* [Qualitätsprüfung:
Nichtübereinstimmung einer
Betrachtungseinheit mit den Anforderungen]
defect [quality control: nonconformance of an
item with specified requirements]
Fehlerabhilfe *f*, **Fehlerbeseitigung** *f*
fault remedy
Fehlerabschätzung *f*
error estimation
Fehleranfälligkeit *f*, **Störungsanfälligkeit** *f*
fault liability, fault susceptibility
Fehleranzeige *f*
error display, error indicator
Fehlerart *f*
failure mode

Fehlerauflistung *f*
error listing
Fehleraufschlüsselung *f*
error breakdown
Fehlerausdruck *m*
error printout
Fehlerbedingung *f*
error condition
Fehlerbehebung *f*
error recovery, failure recovery
Fehlerbehebungshilfe *f*
debugging aid
Fehlerbereich *m*
error range, error span
Fehlerbeseitigung *f*,
Programmfehlerbeseitigung *f*, Fehlersuchen *n*
troubleshooting, program debugging,
debugging
Fehlerbezeichnung *f*
error identification, error flag
Fehlerbyte *n* [kennzeichnet die Fehlerart bei
Anlagen mit automatischer
Fehlerüberwachung]
error byte [marks the type of error in
equipment with automatic error monitoring]
Fehlerdiagnose *f*
diagnostics, diagnosis
Fehlereingrenzung *f*
broad fault localization
Fehlererfassung *f*, **Fehlerprotokollierung** *f*
error logging
Fehlererkennung *f*
error detection
Fehlererkennung und -korrektur *f*
error detection and correction (EDAC)
Fehlererkennungscode *m*, selbstprüfender
Code *m* [Code, der automatisch prüft, ob die
Codierungsregeln eingehalten wurden]
self-checking code, error detecting code [a
code that automatically checks whether the
coding rules have been observed]
fehlerfrei
error-free
fehlerhaft
defective
fehlerhafte Funktion *f*, **Fehlfunktion** *f*,
Funktionsstörung *f*
malfunction
fehlerhafte Spur *f* [eines Datenträgers]
defective track [of a data medium]
Fehlerhäufigkeit *f*, **Fehlerrate** *f* [Bit-, Zeichen-
oder Blockfehlerhäufigkeit; Verhältniszahl, z.B.
Anzahl der empfangenen verfälschten Bits zur
Anzahl der gesendeten Bits]
error rate [bit, character or block error rate;
e.g. ratio of the number of incorrect bits
received to the number transmitted]
Fehlerhinweis *m* [auf dem Bildschirm]
error prompt [on the display]

Fehlerkennzeichen *n* [Bit, das einen Fehler
anzeigt]
error flag [bit indicating an error]
Fehlerkontrolle *f*
error checking
Fehlerkorrekturbit *n*
error correcting bit
Fehlerkorrekturcode *m*, fehlerkorrigierender
Code *m* [ein Fehlererkennungscode, dessen
Codierungsregeln es erlauben, verfälschte
Zeichen unter bestimmten Bedingungen
automatisch zu korrigieren]
error-correcting code (ECC) [an error
detecting code whose coding rules allow
automatic correction of incorrect characters
under certain conditions]
Fehlerlokalisierungsprogramm *n*
error location program
Fehlermaskierung *f* [die Maskierung von
Fehlern in einem fehlertolerierenden Rechner
durch Systemredundanz]
fault masking [masking of faults by system
redundancy in a fault-tolerant computer]
Fehlermeldung *f*
error message
Fehlerprotokoll *n* [Auflistung formaler Fehler
im Programm]
error list, error listing [lists formal program
errors]
Fehlerprotokollierung *f*, Fehlererfassung *f*
error logging
Fehlerrate *f*, Fehlerhäufigkeit *f*
error rate
Fehlerregister *n*
error register
fehlersicher, ausfallsicher, betriebsicher
fail-safe
fehlersichere Schaltung *f*
fail-safe circuit
Fehlerstufe *f*
error level
Fehlersuchen *n*, Fehlerbeseitigung *f*,
Programmfehlerbeseitigung *f*
troubleshooting, program debugging,
debugging
Fehlersuchprogramm *n*, Diagnoseprogramm *n*,
Diagnostikprogramm *n*
debugging program, diagnostic program,
troubleshooting program
fehlertolerierendes Rechnersystem *n* [ein
Rechnersystem, das mit redundanten Modulen
arbeitet, so daß die Funktionsfähigkeit auch
beim Auftreten von Fehlern erhalten bleibt]
fault-tolerant computer system [a computer
system based on redundant modules so that it
remains functional even when faults occur]
Fehlerüberwachung *f*
error monitoring, error control
Fehlerursache *f*

cause of fault
Fehlervorhersage *f*, Ausfallvorhersage *f*
failure prediction
Fehlerwahrscheinlichkeit *f*
error probability
Fehlfunktion *f*, fehlerhafte Funktion *f*,
Funktionsstörung *f*
malfunction
Fehlkonstruktion *f*
faulty design
Fehlordnung *f* [Halbleitertechnik]
Fehlerhafte Anordnung der Atome im
Halbleiterkristall; sie kann z.B. durch
Störstellen oder Kristallaufbaufehler
entstehen.
imperfection [semiconductor technology]
Disordered arrangement of atoms in a
semiconductor crystal; can be due e.g. to foreign
impurity atoms or defects in the lattice
structure.
Fehlstelle *f*, Hohlraum *m* [Leiterplatten]
void [printed circuit boards]
Fehlstelle *f* [Magnetband]
imperfection, bad spot [magnetic tape]
Feinabgleich *m*
fine adjustment
Feld *n*, Datenfeld *n* [Zeichenfolge oder
festgelegter Bereich eines Datensatzes]
field [character string or defined area of a
record]
Feld fester Länge *n*
fixed-length field
Feld variabler Länge *n*
variable-length field
Feldauswahl *f*, Feldansteuerung *f*
field selection
Feldbestimmung *f*
field definition
Feldeffekttransistor *m* (FET)
Unipolartransistor, der im wesentlichen aus
den Source-, Gate- und Drainbereichen sowie
einem leitenden Kanal besteht, in dem der von
der Source zum Drain fließende Strom durch
eine an der Gateelektrode angelegte Spannung
gesteuert wird. Beim spannungsgesteuerten
Feldeffekttransistor erfolgt der Ladungstransport nur durch einen Ladungsträgertyp
(Elektronen oder Defektelektronen), im
Gegensatz zum stromgesteuerten Bipolartransistor, bei dem sowohl Elektronen als auch
Defektelektronen zum Stromfluß beitragen.
field-effect transistor (FET)
Unipolar transistor consisting essentially of the
source, gate and drain regions and a conducting
channel. Current flow between source and
drain is controlled by a voltage applied to the
gate electrode. In voltage-controlled field-effect
transistors, charge transport in the channel is
due to only one type of charge carrier (electrons

or holes), in contrast to current-controlled bipolar transistors in which both electrons and holes contribute to current flow.

Feldeffekttransistor mit Metall-Aluminiumoxid-Silicium-Aufbau *m* (MASFET)
Feldeffekttransistor, dessen Gate (Steuerelektrode) durch eine Aluminium-oxidschicht vom Kanal isoliert ist. Wird zur Herstellung von Speichern, z.B. EPROMs, verwendet.
metal-alumina-silicon FET (MASFET)
Field-effect transistor in which the gate is isolated from the channel by an aluminium oxide. Is used for fabricating memories, e.g. EPROMs.

Feldeffekttransistor mit Metall-Dicknitrid-Halbleiter-Aufbau *m* (MTNS-FET)
Variante des MNS-Feldeffekttransistors, bei dem die Isolierschicht zwischen dem Gate-anschluß und dem Kanal dicker ist als bei Standard-MNS-Feldeffekttransistoren.
metal-thick-nitride-semiconductor field-effect transistor (MTNS-FET)
Variant of the MNS field-effect transistor which uses a thicker nitride insulating layer between the gate and the channel than in standard MNS field-effect transistors.

Feldeffekttransistor mit Metall-Dickoxid-Halbleiter-Aufbau *m* (MTOS-FET)
Variante des MOSFET, bei dem die Isolier-schicht zwischen dem Gateanschluß und dem Kanal dicker ist als bei Standard-MOSFETs.
metal-thick-oxide-semiconductor field-effect transistor (MTOS-FET)
Variant of the MOSFET which uses a thicker oxide insulating layer between the gate and channel than in standard MOSFETs.

Feldeffekttransistor mit Metall-Isolator-Halbleiter-Aufbau *m* (MISFET)
Oberbegriff für Isolierschicht-Feldeffekt-transistoren, deren Steuerelektroden durch eine Isolierschicht vom stromführenden Kanal getrennt sind.
metal-insulator-semiconductor field-effect transistor (MISFET)
Generic term for insulated-gate field-effect transistors which have an insulating layer between the gate and the conductive channel.

Feldeffekttransistor mit Metall-Nitrid-Halbleiter-Aufbau *m* (MNS-FET)
Isolierschicht-Feldeffekttransistor, dessen Gate (Steuerelektrode) durch eine Nitridschicht vom Kanal isoliert ist.
metal-nitride-semiconductor field-effect transistor (MNS-FET)
Insulated-gate field-effect transistor in which a nitride layer is used to isolate the gate and the channel.

Feldeffekttransistor mit Metall-Nitrid-Oxid-Halbleiter-Aufbau *m* (MNOS-FET)
Feldeffekttransistor, dessen Gate (Steuerelektrode) durch eine doppelte Isolierschicht aus Siliciumdioxid und Siliciumnitrid vom Kanal isoliert ist.
metal-nitride-oxide-semiconductor FET (MNOS-FET)
Field-effect transistor in which the gate is isolated from the channel by a double insulating layer of silicon dioxide and silicon nitride.

Feldeffekttransistor mit Metall-Oxid-Halbleiter-Aufbau *m* (MOSFET)
Isolierschicht-Feldeffekttransistor, dessen Gate (Steuerelektrode) durch eine Oxidschicht vom Kanal isoliert ist.
metal-oxide-semiconductor field-effect transistor (MOSFET)
Insulated-gate field-effect transistor in which an oxide layer is used to isolate the gate and the channel.

Feldeffekttransistortetrode *f*
Feldeffekttransistor mit vier Anschlüssen (Sourceanschluß, Drainanschluß und zwei voneinander unabhängige Gateanschlüsse).
tetrode field-effect transistor
Field-effect transistor with four terminals (one to the source, one to the drain and one to each of two independent gate regions).

Feldeffekttransistortriode *f*
Feldeffekttransistor mit drei Anschlüssen (je ein Anschluß zu den Source-, Drain- und Gate-zonen).
triode field-effect transistor
Field-effect transistor with three terminals (one each to the source, drain and gate regions).

Feldendemarke *f*
end-of-field marker

Feldkennung *f*
field tag

Feldlänge *f*
field length

Feldoxid *n*
field oxide

feldprogrammierbar
field-programmable

feldprogrammierbarer Festwertspeicher *m,*
Festwertspeicher mit Durchschmelzverbindungen *m* (FROM)
Festwertspeicher, der vom Anwender programmiert aber nicht umprogrammiert werden kann. Die Programmierung erfolgt durch Wegbrennen von Durchschmelz-verbindungen.
field-programmable read-only memory, fusible-link read-only memory (FROM)
Read-only memory which can be programmed but not reprogrammed by the user.

Programming is achieved by selectively blowing the fusible links.

feldprogrammierbares Logik-Array *n*, anwenderprogrammierbares Logik-Array *n* (FPLA)
Ein Gate-Array-Konzept, mit dem sich integrierte Semikundenschaltungen realisieren lassen. Die Logik-Arrays lassen sich durch gezieltes Wegbrennen der Durchschmelzverbindungen programmieren.
fuse-programmable logic array, field-programmable logic array (FPLA)
A fusible-link gate array concept for producing semicustom integrated circuits. The logic arrays can be field-programmed by selectively blowing the fuses.

Feldprüfung *f*
field checking

Feldstärke *f*
field strength

Feldvariable *f*, Matrixvariable *f* [ein geordneter Satz von Daten]
array [an ordered set of data]

Feldverteilung *f* [z.B. eines magnetischen Feldes]
field distribution [e.g. of a magnetic field]

Fenster *n*, Datenausschnitt *m* [ein rechteckiger Bereich auf einem Bildschirm zur Anzeige von Text oder Graphik]
window [a rectangular field on the display for showing text or graphics]

Fenstertechnik *f* [Bildschirm]
windowing technique [screen]

Fermi-Dirac-Funktion *f*
Funktion, die die Besetzungswahrscheinlichkeit von Energieniveaus (z.B. in einem Halbleiter) mit Elektronen im thermodynamischen Gleichgewicht angibt.
Fermi-Dirac distribution function
Function specifying the probability that an electron (e.g. in a semiconductor) will occupy a certain energy level when in thermodynamic equilibrium.

Fermi-Niveau *n* [Halbleitertechnik]
Das Energieniveau in der Fermi-Dirac-Funktion, dessen Besetzungswahrscheinlichkeit den Wert 0,5 hat.
Fermi level [semiconductor technology]
The energy level at which the Fermi-Dirac distribution function has a value of 0.5.

Fermi-Potential *n*
Fermi potential

Fernanzeige *f*
remote display

Fernanzeigegerät *n*
remote display device

Fernbedienung *f*, Fernsteuerung *f*
remote control

ferngesteuert
remote controlled

Fernkopieren *n*, Fax-Übertragung *f*
facsimile transmission, fax transmission

Fernmeldekanal *m*, Telekommunikationskanal *m*
telecommunication channel

Fernmeldesystem *n*, Telekommunikationssystem *n*
telecommunication system

Fernmeldetechnik *f*, Telekommunikation *f*, Kommunikationstechnik *f*
telecommunication, telecommunications, communications

Fernmessung *f*
telemetry

Fernnetz *n*, Weitverkehrsnetz *n* [Rechnernetz, das geographisch relativ weite Gebiete umfaßt (etwa 1000 km), im Gegensatz zu einem lokalen Netz (1 bis 10 km)]
wide area network (WAN) [a computer network covering a relatively wide geographical area (approx. 1000 km) in contrast with a local area network (1 to 10 km)]

Fernschreiber *m*
teletypewriter (TTY), teleprinter

Fernsprechleitung *f*
telephone line

Fernsteuerung *f*, Fernbedienung *f*
remote control

Fernüberwachung *f*
remote monitoring

Ferrite *m.pl.* [künstlich hergestellte Mischkristalle aus Ferrioxid und Metalloxiden]
ferrites [artificially produced mixed crystals of ferrioxide and metal oxides]

Ferritkernspeicher *m*, Magnetkernspeicher
ferrite core storage, magnetic core storage, core storage

Ferritringkern *m*, Magnetringkern *m*
ferrite ring core, magnetic ring core

ferroelektrischer Feldeffekttransistor *m* (FEFET)
Feldeffekttransistor mit ferroelektrischer Isolierschicht zwischen Kanal und Gateelektrode.
ferroelectric field-effect transistor (FEFET)
Field-effect transistor using a ferroelectric insulating layer between channel and gate electrode.

Fertigungssteuerung *f*
production control

Fertigungstechnologie *f*
fabrication technology, manufacturing technology

Fertigungstoleranz *f*
process tolerance, manufacturing tolerance

Fertigungszeichnung *f* [Leiterplatten]

manufacturing drawing [printed circuit
boards]

fest zugeordnet, zweckbestimmt, dediziert
[System oder Gerät, das ausschließlich einer
bestimmten Aufgabe gewidmet ist]
dedicated [system or unit exclusively designed
for a specific task]

Festdaten *n.pl.*
fixed data

feste Kopplung *f* [magnetisch]
tight coupling [magnetic]

feste Platte *f,* Festplatte *f* [eine fest montierte
Platte eines Magnetplattenspeichers]
fixed disk, fixed hard disk [a non-removable
disk in a hard disk storage]

feste Satzlänge *f*
fixed record length

feste Wortlänge *f*
fixed word length

fester Zyklus *m*
fixed cycle

festes Blockformat *n*
fixed block format

festes Dielektrikum *n*
solid dielectric

Festformat *n*
fixed format

Festfrequenzoszillator *m*
fixed-frequency oscillator

festgelegt
predetermined

Festkommaarithmetik *f,* Festpunktarithmetik
f [Befehlsausführung ohne automatische
Berücksichtigung der Kommastelle]
fixed-point arithmetic [instruction execution
without automatic consideration of decimal
point]

Festkommarechnung *f,* Festpunktrechnung *f*
fixed-point computation

Festkommaschreibweise *f,*
Festpunktschreibweise *f* [Darstellung mit einer
festen Kommastelle; Gegensatz zu Gleitpunkt-
darstellung]
fixed-point notation [representation with a
fixed decimal point; in contrast to floating-point
representation]

Festkondensator *m*
fixed capacitor

Festkopfplattenspeicher *m*
fixed-head disk storage

Festkörperbauelement *n,* elektronisches
Bauelement *n,* elektronisches Bauteil *n*
solid-state component, electronic component

Festkörperbaustein *m,* elektronischer Baustein
m, elektronischer Modul *m*
solid-state device, electronic device,
electronic module

Festkörperlaser *m*
solid-state laser

Festkörperphysik *f*
solid-state physics

Festkörperschaltung *f* [breiter Begriff: jede
integrierte Schaltung; einschränkender Begriff:
monolithisch integrierte Schaltung, d.h. eine
Schaltung mit passiven und aktiven
integrierten Bauelementen]
solid-state circuit [wide term: any integrated
circuit; narrow term: monolithic integrated
circuit, i.e. a circuit with passive and active
integrated components]

festmontiert
rigidly mounted

Festphasenepitaxie *f* [Ein Verfahren zur
Herstellung epitaktischer Schichten bei der
Herstellung von Halbleiterbauelementen und
integrierten Schaltungen]
solid-phase epitaxy [Process for growing
epitaxial layers in semiconductor component
and integrated circuit fabrication]

Festplatte *f,* feste Platte *f* [eine fest montierte
Platte eines Magnetplattenspeichers]
fixed disk, fixed hard disk [a non-removable
disk in a hard disk storage]

Festplatten-Controller *m*
hard disk controller

Festplatten-Konfiguration *f*
hard disk configuration

Festplatten-Speicherbereich *m,* Festplatten-
Partition *f*
hard disk partition

Festplattenspeicher *m* [ein
Magnetplattenspeicher mit im Laufwerk fest
montierten Platten]
fixed disk storage [a magnetic disk storage
with non-removable disks in the drive]

Festprogramme *n.pl.,* Firmware *f*
[unveränderbare Programme, d.h. Software, die
für den Anwender Hardware-Eigenschaften
aufweist; z.B. das Mikroprogramm einer
Zentraleinheit oder in ROM gespeicherte
Systemprogramme]
firmware [inalterable programs, i.e. software
having hardware characteristics for the user;
e.g. the microprogram of a central processing
unit or system programs stored in ROM]

festprogrammiert
fixed-programmed

festprogrammierter Festwertspeicher *m*
Festwertspeicher, dessen Speicherinhalt
während der Herstellung festgelegt wird und
danach nicht mehr verändert werden kann.
fixed-programmed read-only memory
Read-only memory whose content is
programmed and hence fixed during fabrication
and cannot be changed subsequently.

Festpunktarithmetik *f,* Festkommaarithmetik *f*
[Befehlsausführung ohne automatische
Berücksichtigung der Kommastelle]

fixed-point arithmetic [instruction execution
without automatic consideration of decimal
point]

Festpunktrechnung *f*, **Festkommarechnung** *f*
fixed-point computation

Festpunktschreibweise *f*,
Festkommaschreibweise *f* [Darstellung mit
einer festen Kommastelle; Gegensatz zu Gleit-
punktdarstellung]
fixed-point notation [representation with a
fixed decimal point; in contrast to floating-point
representation]

feststehend
stationary

feststellbar
detectable

festverdrahtet [feste Verdrahtung der
Funktionseinheiten, um geforderte Funktionen
und Abläufe zu verwirklichen; im Gegensatz zu
speicherprogrammiert]
hard-wired [fixed wiring of functional units
for achieving required functions and sequences;
in contrast to freely programmable or stored
program]

festverdrahtete Logik *f* [Logikschaltung mit
unveränderlichen Funktionen]
hard-wired logic [logic circuit with fixed
functions]

festverdrahtete Schaltung *f* [mit festen
Verbindungen und somit nicht leicht
veränderbar]
hard-wired circuit [with fixed connections
and hence not easily alterable]

Festwertspeicher *m*, **Nur-Lese-Speicher** *m*,
ROM *m*
Speicher, dessen Inhalt nur gelesen und im
normalen Betrieb weder gelöscht noch
verändert werden kann.
read-only memory (ROM)
Memory from which stored information can
only be read out and which, in normal
operation, cannot be erased or altered.

Festwertspeicher mit
Durchschmelzverbindungen *m*,
feldprogrammierbarer Festwertspeicher *m*
(FROM)
Festwertspeicher, der vom Anwender
programmiert aber nicht umprogrammiert
werden kann. Die Programmierung erfolgt
durch Wegbrennen von
Durchschmelzverbindungen.
field-programmable read-only memory,
fusible-link read-only memory (FROM)
Read-only memory which can be programmed
but not reprogrammed by the user.
Programming is achieved by selectively blowing
the fusible links.

Festwiderstand *m*
fixed resistor

Festzyklusbetrieb *m*
fixed-cycle operation

FET, Feldeffekttransistor *m*
Unipolartransistor, der im wesentlichen aus
den Source-, Gate- und Drainbereichen und
einem leitenden Kanal besteht, in dem der von
der Source zum Drain fließende Strom durch
eine an der Gateelektrode angelegte Spannung
gesteuert wird. Beim spannungsgesteuerten
Feldeffekttransistor erfolgt der Ladungstransport nur durch einen Ladungsträgertyp
(Elektronen oder Defektelektronen), im
Gegensatz zum stromgesteuerten Bipolartransistor, bei dem sowohl Elektronen als auch
Defektelektronen zum Stromfluß beitragen.
FET, field-effect transistor
Unipolar transistor consisting essentially of the
source, gate and drain regions and a conducting
channel. Current flow between source and
drain is controlled by a voltage applied to the
gate electrode. In voltage-controlled field-effect
transistors, charge transport in the channel is
due to only one type of charge carrier (electrons
or holes), in contrast to current-controlled
bipolar transistors, in which both electrons and
holes contribute to current flow.

Feuchtesensor *m*
moisture sensor

Fibonacci-Zahlentest *m* [Rechner-
Bewertungsprogramm]
Fibonacci test [computer benchmark test]

FIBU-Programm *n* Finanz- und Buchhaltungsprogramm *n*
accounting program

FIFO-Liste *f*, Schiebeliste *f*, Warteschlange *f*
[eine Liste, in der die erste Eintragung als
erste wiedergefunden wird]
push-up list, queue, FIFO list [list in which
the first item stored is the first to be retrieved
(first-in/first-out)]

FIFO-Speicher *m* [Speicher, der ohne
Adressenangabe arbeitet und dessen Daten in
der Reihenfolge gelesen werden, in der sie
zuvor geschrieben worden sind, d.h. das zuerst
geschriebene Datenwort wird als erstes
gelesen; er wird häufig mittels Schieberegister
oder RAM als Pufferspeicher zwischen Datensender und -empfänger verwendet]
FIFO storage (first-in/first-out storage)
[storage device operating without address
specification and which reads out data in the
same order as it was stored, i.e. the first data
word stored is read out first; implemented as
shift registers or RAM, it is often used as a
buffer storage between data transmitter and
data receiver]

Filmschaltung *f*, Schichtschaltung *f*
Schaltung, bei der wesentliche Elemente (z.B.
Leiterbahnen, Widerstände, Kondensatoren

und Isolierungen) als Schichten auf einen
Träger aufgebracht werden. Die Schaltungen
werden in Dickschicht- oder Dünnschichttechnik ausgeführt.
film circuit
Circuit in which major elements (e.g.
conductors, resistors, capacitors and insulators)
are deposited in the form of film patterns on a
supporting substrate. Film circuits are
manufactured in thick-film and thin-film
technology.
Filmverfahren n [ein Diffusionsverfahren]
paint-on process [a diffusion process]
FILO-Speicher m, Kellerspeicher m, LIFO-
Speicher m, Stapelspeicher m
Speicher, der ohne Adreßangabe arbeitet und
dessen Daten in der umgekehrten Reihenfolge
gelesen werden, in der sie zuvor geschrieben
worden sind, d.h. das zuletzt geschriebene
Datenwort wird als erstes gelesen; er wird
mittels Schieberegister oder RAM insbesondere
für die Bearbeitung von Unterprogrammen
verwendet, d.h. für die Datenspeicherung vor
einem Sprungbefehl.
FILO storage (first-in/last-out), LIFO storage
(last-in/first-out), stack
Storage device operating without address
specification and which reads out data in the
reverse order as it was stored, i.e. the first data
word is read out last; implemented as shift
registers or RAM, it is particularly used for
subroutines, i.e. for storing data prior to a jump
instruction.
Filter n, Filterschaltung f
filter circuit, filter
Filterschaltung f, Filter n
filter circuit, filter
Finite-Elemente-Analyse f, FE-Analyse f
finite element analysis (FEA)
Finite-Elemente-Methode f, FE-Methode f
finite element method (FEM)
Firmware f, Festprogramme n.pl.
[unveränderbare Programme, d.h. Software, die
für den Anwender Hardware-Eigenschaften
aufweist; z.B. das Mikroprogramm einer
Zentraleinheit oder in ROM gespeicherte
Systemprogramme]
firmware [inalterable programs, i.e. software
having hardware characteristics for the user;
e.g. the microprogram of a central processing
unit or system programs stored in ROM]
Flachbett-Plotter m
flat-bed plotter
Flachbett-Scanner m
flat-bed scanner
Flachdisplay n
flat panel display
flache Datei f [nicht-hierarchische Daten, die
zwei-dimensional als Matrix oder Tabelle

darstellbar sind]
flat file [non-hierarchical data which can be
represented two-dimensionally as a matrix or
table]
Flächenbedarf m, Platzbedarf m [z.B. eines
Bildschirmgerätes]
footprint, space requirement [e.g. of a display]
Flächendiode f
junction diode
Flächentransistor m [Bipolartransistor]
junction transistor [bipolar transistor]
flacher PN-Übergang m
shallow pn-junction
flaches Akzeptorniveau n
shallow acceptor level
flaches Donatorniveau n
shallow donor level
Flachgehäuse n, Flat-Pack-Gehäuse n [Gehäuse
mit zwei parallelen Reihen bandförmiger
Anschlüsse]
flat-pack, flatpack [package with two parallel
rows of ribbon-shaped terminals]
Flachkabel n, Bandkabel n
ribbon cable, flat cable
Flag n, Merker m, Zustandsbit n
Besonders in Mikroprozessoren häufig
verwendetes Steuerbit zur Anzeige eines
bestimmten Zustandes bzw. Erfüllung einer
Bedingung, z.B. Carry-Flag (Übertragsmerker).
Jedes Flag hat zwei Zustände: 1 = Bedingung
erfüllt; 0 = nicht erfüllt.
flag
Control bit often used, particularly in
microprocessors, for indicating a certain state
or fulfilment of a condition, e.g. carry-flag. Each
flag has two states: 1 = condition fulfilled; 0 =
not fulfilled.
Flagregister n
flag register
Flanke f, Impulsflanke f
pulse edge, edge, slope
Flankenabfallzeit f, Abfallzeit f, Fallzeit f [bei
Impulsen: von 90 auf 10% der
Impulsamplitude]
fall time [of pulses: from 90 to 10% of pulse
amplitude]
Flankenanstiegszeit f, Anstiegszeit f [bei
Impulsen: von 10 auf 90% der
Impulsamplitude]
rise time [of pulses: from 10 to 90% of pulse
amplitude]
Flankendiskriminator m
slope detector
flankengesteuerter Eingang m
transition-operated input
Flankensteilheit f [bei Impulsen]
pulse slope
Flankensteuerung f
edge control, edge triggering

Flash-Chip *m*, **Flash-Karte** *f*, **Flash-Speicherkarte** *f* [nichtflüchtiger Speicher auf ROM-Basis, der wie eine Festplatte verwendet werden kann]
flash card, flash chip, flash memory card [ROM-based non-volatile memory that can be used like a hard disk]

Flat-Pack-Gehäuse *n*, **Flachgehäuse** *n* [Gehäuse mit zwei parallelen Reihen bandförmiger Anschlüsse]
flat-pack, flatpack [package with two parallel rows of ribbon-shaped terminals]

Flattersatz *m* [Textverarbeitung]
unjustified text [word processing]

flexible Leiterplatte *f*
flexible printed circuit board

Fließbandverarbeitung *f*, **Pipeline-Verarbeitung** *f* [ein Verfahren zur Erhöhung der Arbeitsgeschwindigkeit von Prozessoren und Mikroprozessoren durch Aufspalten und Parallelverarbeitung der Operationen (Befehle); die Befehlsabschnitte durchlaufen eine Reihe von Verarbeitungseinheiten, wobei jede Einheit, wie bei einem Fließband, einen bestimmten Verarbeitungsschritt ausführt]
pipelining, pipeline processing [a technique used for increasing the operating speed of processors and microprocessors by splitting instructions (operations) into segments and processing them in parallel; the instruction segments pass through a series of processor segments, each carrying out a specified amount of processing, like in an assembly line]

Fließlöten *n*, **Schwallbadlöten** *n*, **Wellenlöten** *n* Verfahren zum Herstellen von Lötverbindungen auf gedruckten Leiterplatten. Dabei werden die Leiterplatten in einer Wanne über eine flüssige Lotwelle geführt. Das Verfahren ermöglicht die Herstellung von mehreren Lötstellen in einem Arbeitsgang.
wave soldering, flow soldering Process for soldering printed circuit boards by moving them over a wave of molten solder in a solder bath. The process enables multiple solder joints to be produced in a single operation.

flimmerfrei [Bildschirm]
flicker-free [screen]

Flimmern *n* [Bildschirm]
flickering [screen]

flimmern
flicker, to

Flip-Chip-Verfahren *n* Eine Schnellmontagetechnik mit der Chips, deren Kontaktflecke erhöht sind, mit der Kontaktseite nach unten in einem Arbeitsgang mit Hilfe der Löttechnik auf einen Träger mit entsprechendem Leiterbild montiert werden.
flip-chip technology A high-speed assembly method allowing chips with raised bump contacts to be mounted face down to a substrate with a corresponding interconnection pattern. Bonding is carried out by soldering in a single operation.

Flipflop *n*, **bistabile Kippschaltung** *f*, **bistabiler Multivibrator** *m* [eine Schaltung mit zwei stabilen Zuständen; die Umschaltung von einem in den anderen Zustand erfolgt durch einen Auslöseimpuls]
flip-flop (FF), bistable multivibrator [a circuit with two stable states; switching from one into the other is effected by a trigger pulse]

Flipflop-Register *n* [ein aus Flipflops bestehendes Register]
flip-flop register [a register consisting of flip-flops]

Flipflop-Schaltung *f*, **Flipflop** *n*
flip-flop circuit, flip-flop

Flipflop-Speicher *m* [ein Flipflop kann als Speicher für 1 Bit betrachtet werden; es ist das meistgebrauchte Speicherelement für logische Verknüpfungen]
flip-flop memory, flip-flop storage [a flip-flop can be regarded as a 1-bit storage; it is the most widely used storage device for logical operations]

FLOP (Gleitpunktoperationen/Sekunde)
FLOP (Floating Point Operations/second)

Floptical-Laufwerk *n* [Kombination von Floppylaufwerk mit optischer Positionierung; ermöglicht Speicherkapazitäten von 20 MByte und höher]
floptical drive [combination of floppy drive with optical positioning; results in storage capacities of 20 Mbytes and higher]

flüchtige Eins *f* [beim Rückübertrag]
elusive one [with end-around carry-over]

flüchtiger Speicher *m* [Speicher, dessen Speicherinhalt verlorengeht, wenn die Versorgungsspannung ausfällt]
volatile memory [memory in which stored information is lost when power is turned off]

Fluß in Gegenrichtung *m*
reverse direction flow

Fluß in Normalrichtung *m*
normal direction flow

Fluß in wechselnder Richtung *m*
bidirectional flow

Flußdiagramm *n*, **Programmablaufplan** *m*, **Ablaufplan** *m*, **Ablaufdiagramm** *n* [Darstellung des Verarbeitungsablaufes mit genormten graphischen Symbolen]
flow chart [representation of the processing sequence with the aid of standard graphical symbols]

Flüssigkristall *m* [eine kristallähnliche, im normalen Zustand durchsichtige organische Flüssigkeit, die durch Anlegen eines

elektrischen Feldes undurchsichtig wird]
liquid crystal [a normally transparent crystal-
like organic liquid which becomes opaque when
an electric field is applied]
Flüssigkristallanzeige *f*, **LCD-Anzeige** *f*
[optoelektronische Anzeige, die aus Flüssigkristallen zwischen zwei Glasplatten besteht,
die mit einer durchsichtigen, leitfähigen
Beschichtung in Form der darzustellenden
Zeichen versehen sind]
liquid crystal display (LCD) [an
optoelectronic display consisting of liquid
crystals between two glass plates covered by
transparent conductive coatings having the
shape of the characters to be displayed]
Flüssigphasenepitaxie *f*, **LPE-Verfahren** *n* [ein
Verfahren zur Herstellung epitaktischer
Schichten bei der Fertigung von
Halbleiterbauelementen und integrierten
Schaltungen]
liquid phase epitaxy (LPE) [a process for
growing epitaxial layers in semiconductor
component and integrated circuit fabrication]
Flußmittel *n*
soldering flux
Flußumkehr *f*
flux reversal
FNI, Fachnormenausschuß
Informationsverarbeitung im deutschen
Normenauschuß
**FNI, Committee for information processing in
the German Standards Committee**
Folge *f* [z.B. Befehlsfolge, Steuerfolge]
sequence [e.g. instruction sequence, control
sequence]
Folge der Länge Eins *f* [enthält eine einzige
Einheit]
unit string [contains a single entity]
Folgeausfall *m* [Ausfall bei unzulässiger
Beanspruchung, die durch den Ausfall eines
anderen Elementes verursacht wird]
secondary failure [failure of an item caused
by the failure of another item]
Folgebit *n*
sequence bit
Folgefehler *m*
secondary defect
Folgefrequenz *f*, **Impulsfolgefrequenz** *f*
repetition frequency, pulse repetition
frequency
Folgeschaltung *f*, sequentielle Schaltung *f*,
Schaltwerk *n*
sequential circuit
Folgesteuerung *f*, Ablaufsteuerung *f*
sequence control
Folgestichprobenprüfung *f*
sequential sampling
Folienschalter *m*, **Membranschalter** *m*
membrane switch

Folientastatur *f*, **Membrantastatur** *f*
membrane keyboard
Font-Manager *m*, **Schriftartsteuerung** *f* [steuert
die Schrifterzeugung]
font manager [controls font generation]
formaler Fehler *m*, **Formfehler** *m*
[Nichteinhaltung einer formalen Bedingung,
z.B. betreffend Reihenfolge oder Länge der
Daten, bei der Datenaufzeichnung oder beim
Programmieren]
formal error [violation of a formal condition,
e.g. concerning data sequence or length, during
data recording or programming]
Formalparameter *m*
dummy argument
Format *n* [beschreibt die Anordnung der Daten
auf einem Datenträger; Beispiele: festes
Format, freies Format, gepacktes Format usw.]
format [describes the arrangement of data on a
data medium; examples: fixed format, free
format, packed format, etc.]
Formatangabe *f*
format specification
Formatanweisung *f*
format statement
formatfrei, freies Format *n* [vom Benutzer frei
wählbare Datenanordnung]
free format [data arrangement freely
selectable by the user]
formatfreie Ein-Ausgabe-Anweisung *f*
unformatted input-ouput statement
formatfreie Leseanweisung *f*
unformatted read statement
formatfreie Schreibanweisung *f*
unformatted write statement
formatfreier Datensatz *m*
unformatted record
formatgebundene Datenübertragung *f*,
formatgebundener Datentransfer *m*
formatted data transfer
formatgebundene Ein-Ausgabe-Anweisung *f*
formatted input-output statement
formatgebundene Leseanweisung *f*
formatted read statement
formatgebundene Schreibanweisung *f*
formatted write statement
formatgebundener Datensatz *m*
formatted record
formatgebundener Datentransfer *m*,
formatgebundene Datenübertragung *f*
formatted data transfer
formatieren [Festlegung der Datenanordnung
bei der Aufzeichnung oder Übertragung]
format, to [to define the arrangement of data
for recording or transmission]
Formatieren *n*, **Formatierung** *f* [Festlegung der
Datenanordnung]
formatting [defining data arrangement]
Formatierer *m* [Programm für die Festlegung

der Sektoren und Spuren einer Diskette,
Winchester-Platte oder Festplatte]
sector formatter [program for defining sectors
and tracks of a floppy disk, Winchester disk or
hard disk]
formatiert
formatted
formatierte Datei *f*
formatted file
formatierter Bildschirm *m* [in Felder
aufgeteilt]
formatted screen [divided into fields]
Formatierung *f* [im Gegensatz zur
Vorformatierung]
high-level formatting [in contrast to low-
level formatting]
Formatierung *f*, **Formatieren** *n* [Festlegung der
Datenanordnung]
formatting [defining data arrangement]
Formatparameter *m*
format specifier
Formatzeichenfolge *f*
format string
Formfehler *m*, **formaler Fehler** *m*
[Nichteinhaltung einer formalen Bedingung,
z.B. betreffend Reihenfolge oder Länge der
Daten, bei der Datenaufzeichnung oder beim
Programmieren]
formal error [violation of a formal condition,
e.g. concerning data sequence or length, during
data recording or programming]
Formular *n*
form
Formulartraktor *m* [eines Druckers]
forms tractor [of a printer]
Formularvorschub *m* [Papiertransport bei
Druckern vom Ende einer Seite zum Beginn
der nächsten Seite]
form feed [paper transport in printers from
end of one page to the start of the next page]
FORTH [Programmiersprache]
FORTH [programming language]
fortlaufende Nummern *f.pl*
consecutive numbers [unbroken sequence of
numbers]
fortlaufende Verarbeitung *f*
consecutive processing
Fortpflanzung *f*, **Ausbreitung** *f*
propagation
FORTRAN [höhere, problemorientierte
Programmiersprache für technisch-
wissenschaftliche Aufgaben]
FORTRAN (FORmula TRANslator) [high-level
problem-oriented programming language for
engineering and scientific applications]
fortschalten [z.B. eines Zählers]
advance, to [e.g. a counter]
fortschreiben, aktualisieren
update, to

Fortschreibung *f*, **Aktualisieren** *n*,
Aktualisierung *f*
updating
Fortschreibungsdatei *f*, **Aktualisierungsdatei** *f*,
Änderungsdatei *f*
update file
Fortschreibungsprogramm *n*,
Aktualisierungsprogramm *n*,
Änderungsprogramm *n*
updating program
Fourier-Transformation *f*
Fourier transform
FoxBase, FoxPro [Datenbanksysteme]
FoxBase, FoxPro [database programming
systems]
FPLA, **anwenderprogrammierbares Logik-Array**
n, **feldprogrammierbares Logik-Array** *n*
Ein Gate-Array-Konzept, mit dem sich
integrierte Semikundenschaltungen realisieren
lassen. Die Logik-Arrays lassen sich durch
gezieltes Wegbrennen der
Durchschmelzverbindungen programmieren.
FPLA (field programmable logic array), (fuse-
programmable logic array)
A fusible-link gate array concept for producing
semicustom integrated circuits. The logic
arrays can be programmed by selectively
blowing the fuses.
fragmentierte Datei *f*
fragmented file
fragmentierte Festplatte *f*
fragmented hard disk
Fragmentierung *f*, **Dateifragmentierung** *f*
[Abspeicherung einer Datei in nicht
aufeinanderfolgenden Festplattenbereiche]
fragmentation, file fragmentation [storage of
a file in non-contiguous areas of a hard disk]
Frame *m*, **Rahmen** *m*
[Wissensrepräsentationsschema in der
künstlichen Intelligenz]
frame [method of representing knowledge in
artificial intelligence]
Freiätzung *f* [Leiterplatten]
clearance hole [printed circuit boards]
freibelegbare Funktionstaste *f*
soft-key, freely-programmable function key
freie Schwingungen *f.pl.* [Schwingungen, die
bei Wegnahme der Anregung weiter bestehen;
Schwungradeffekt]
free oscillations [oscillations that continue
when the excitation is removed; flywheel effect]
freie Textsuche *f*, **Volltextsuche** *f*
free text retrieval, full-text retrieval
freier Parameter *m*
arbitrary parameter
freier Speicher *m*
free memory
freier Speicherbereich *m*
vacant storage area

freier Speicherplatz *m*
 free storage space
freies Format *n,* formatfrei [vom Benutzer frei
 wählbare Datenanordnung]
 free format [data arrangement freely
 selectable by the user]
Freigabe *f,* Freigabesignal *n*
 enable, enabling signal
Freigabebefehl *m*
 enable instruction
Freigabeeingang *m*
 enable input
Freigabesignal *n,* Freigabe *f*
 enabling signal, enable
Freigabesignal für den Bus *n,*
 Busfreigabesignal *n*
 bus-enable signal, bus enable
Freigabezeit *f*
 enable time
Freigabezugriffszeit *f*
 enable access time
freigeben
 release, to; enable, to
freigegeben
 enabled
Freilaufdiode *f*
 free-wheeling diode
Freilaufthyristor *m*
 free-wheeling thyristor
freischalten
 free, to
freischwingende Schaltung *f* [z.B.
 Oszillatorschaltung]
 free-running circuit [e.g. an oscillator circuit]
freischwingender Multivibrator *m,* astabiler
 Multivibrator *m* [ungesteuerte Kippschaltung,
 d.h. ohne Synchronisierungssignal]
 free-running multivibrator, astable
 multivibrator [an uncontrolled multivibrator,
 i.e. without synchronizing signal]
freischwingender Oszillator *m* [Oszillator
 ohne Synchronisierungssignal]
 free-running oscillator [oscillator without
 synchronizing signal]
Fremdatom *n* [Halbleitertechnik]
 Bei Halbleitern ein zu Dotierungszwecken in
 ein Kristallgitter eingebautes Atom eines
 anderen chemischen Elementes, z.B. ein
 Boratom in einem Siliciumkristall.
 foreign atom, dopant atom, impurity
 [semiconductor technology]
 In semiconductors, an atom of a chemical
 element other than the crystal into which it has
 been introduced for doping purposes, e.g. a
 boron atom in a silicon crystal.
Fremdspannung *f*
 external voltage
Frequenz *f*
 frequency

frequenzabhängig
 frequency-dependent
Frequenzband *n*
 frequency band
Frequenzbereich *m*
 frequency range
Frequenzdrift *f* [Frequenzänderung, die durch
 Schwankungen der Temperatur,
 Speisespannung usw. verursacht wird]
 frequency drift [change of frequency due to
 variations of temperature, supply voltage, etc.]
Frequenzgang *m* [Amplitude und
 Phasenverschiebung in Funktion der Frequenz]
 frequency response [amplitude and phase
 shift as a function of frequency]
Frequenzgenerator *m*
 frequency generator
Frequenzkennlinie *f*
 frequency characteristic
Frequenzmodulation *f*
 frequency modulation
Frequenzmodulator *m*
 frequency modulator
Frequenznormal *n*
 frequency standard
Frequenzteiler *m,* Teiler *m*
 frequency divider, divider
Frequenzthyristor *m*
 frequency thyristor
Frequenzumtastung *f* (FSK)
 [Modulationsverfahren zur Umwandlung von
 seriell anliegenden digitalen Daten in
 tonfrequente Signale, die dann über eine
 Telephonleitung übertragen oder auf eine
 Magnetbandkassette gespeichert werden
 können]
 frequency shift keying (FSK) [modulation
 method for transforming serial digital signals
 into audio-frequency signals which can then be
 transmitted over a telephone line or stored on a
 magnetic tape cassette]
Frequenzumtastungsmodem *m,* FSK-Modem
 m [auf dem FSK-Modulationsverfahren
 basierender Modem]
 frequency shift keying modem, FSK modem
 [modem based on the FSK modulation method]
frequenzunabhängig
 frequency-independent
Frequenzvervielfacher *m*
 frequency multiplier
Frequenzwandler *m*
 frequency changer
FROM *n,* feldprogrammierbarer
 Festwertspeicher *m,* Festwertspeicher mit
 Durchschmelzverbindungen *m*
 Festwertspeicher, der vom Anwender
 programmiert aber nicht umprogrammiert
 werden kann. Die Programmierung erfolgt
 durch selektives Wegbrennen von Durch-

schmelzverbindungen.
FROM (fusible-link read-only memory), (field-programmable read-only memory)
Read-only memory which can be programmed but not reprogrammed by the user.
Programming is achieved by selectively blowing the fusible links.
Frühausfall m [Ausfall, der schon nach kurzer Betriebszeit stattfindet]
early failure [a failure that occurs after a short operating period]
Frühausfallperiode f
early-failure period
frühes Schreiben n [bei integrierten Speicherschaltungen]
early-write mode, early write [with integrated circuit memories]
FSK, Frequenzumtastung f
[Modulationsverfahren zur Umwandlung von seriell anliegenden digitalen Daten in tonfrequente Signale, die dann über eine Telephonleitung übertragen oder auf eine Magnetbandkassette gespeichert werden können]
FSK (frequency shift keying) [modulation method for transforming serial digital signals into audio-frequency signals which can then be transmitted over a telephone line or stored on a magnetic tape cassette]
FSK-Modem m, Frequenzumtastungsmodem m [auf dem FSK-Modulationsverfahren basierender Modem]
FSK modem (frequency shift keying modem) [modem based on the FSK modulation method]
FTR [Funktionsdurchsatz; Bewertungskriterium für integrierte Schaltungen]
functional throughput rate [evaluation criterion for integrated circuits]
führende Nullen $f.pl.$, führende Null f [vor der höchstwertigen Stelle bzw. Ziffer stehende Nullen]
leading zeroes, leading zero [zeroes in front of the highest position or digit]
führendes Blindzeichen n, führendes Füllzeichen n [ein Füllzeichen, das links von einer rechtsbündigen Datei gespeichert wird]
leading pad, leading filler [a pad or fill character stored to the left of a right-justified file]
Führungsgröße f [Regeltechnik]
reference input [automatic control]
Füllbefehl m, Blindbefehl m, Scheinbefehl m [Befehl ohne Wirkung; belangloser Befehl]
dummy instruction [instruction having no effect]
Füllzeichen n, Blindzeichen n, [Zeichen, die aus Darstellungsgründen gespeichert werden, z.B. bei einer linksbündigen Datei mit 80 Zeichen/Zeile das Auffüllen mit Leerzeichen

rechts von den Datenfeldern]
filler, fill character, pad character [characters stored for display purposes, e.g. filling or padding a left-justified 80 character/line file with blanks to the right of the data items]
Füllzeichen n, Leerzeichen n [Codezeichen ohne Bedeutung und das oft nicht geschrieben, gedruckt oder gelocht wird; wirkt als Zwischenraum zwischen gespeicherten Daten]
blank character, blank, space character, space [code character without meaning and often not written, printed or punched; serves as a separator between stored data]
Fünfziffern-Multiplizierwerk n
five-digit multiplier
Funkelrauschen n, Halbleiterrauschen n [das Rauschen von Halbleiterbauelementen bei tiefen Frequenzen]
flicker noise [semiconductor noise at low frequencies]
funktionelle Durchsatzrate f, Datendurchsatzrate f [bei der Herstellung integrierter Schaltungen]
functional throughput rate (FTR) [in integrated circuit fabrication]
funktioneller Entwurf m
functional design
Funktions-Blockschaltbild n, Signalfluß-plan m
functional block diagram
Funktionsanweisung f
functional statement
Funktionsauswahl f
function select
Funktionsbaugruppe f
functional assembly
funktionsbedingte Beanspruchung f
functional stress
funktionsbeeinträchtigender Defekt m [Defekt, der die Ausbeute bei der Herstellung integrierter Schaltungen verringert]
killing defect [defect reducing the yield in integrated circuit fabrication]
Funktionsbeschreibung f
functional description
Funktionsbit n
function bit
Funktionsbyte n
function byte
Funktionseinheit f
functional unit
Funktionsfehler m
faulty operation
funktionsfähig
operable
Funktionsfähigkeit f
operability
Funktionsgenerator m, Funktionsgeber m [Rechenelement in der Analogrechnertechnik;

häufig mittels Dioden im Eingangszweig eines
Operationsverstärkers realisiert]
function generator [computing element used
in analog computers; often obtained by using
diodes in the input branch of an operational
amplifier]
Funktionskontrolle *f*
functional check, operational check
Funktionsnachweis *m*
proving
Funktionsname *m*
function name
Funktionsprüfung *f*
functional test
Funktionsstörung *f*, fehlerhafte Funktion *f*,
Fehlfunktion *f*
malfunction
Funktionssymbol *n*
function symbol
Funktionstabelle *f* [zeigt die Beziehungen
zwischen den Eingangs- und Ausgangsgrößen
einer Digitalschaltung]
function table [shows the relations between
the input and output parameters of a digital
circuit]
Funktionstaste *f* [auf der Tastatur befindliche
Taste, die kein Zeichen generiert, sondern
einen Befehl oder eine Befehlsfolge auslöst;
kann von Benutzer programmiert werden]
function key [keyboard key which does not
generate a character but an instruction or a
series of instructions; can be programmed by
the user]
funktionsunfähig
inoperable, inoperative
Funktionswert *m*
functional value, value of function
Funktionszuverlässigkeit *f*
functional reliability
Fußnote *f*
footnote
Fußzeile *f* [Text am unteren Rand jeder
gedruckten Seite]
footer [text at bottom of every printed page]
Fuzzy-Logik *f*, unscharfe Logik *f*, mehrwertige
Logik *f* [verwendet den Grad der Zugehörigkeit
zu einer Menge, ausgedrückt durch einen
beliebigen Wert zwischen 0 und 1, z.B. "sehr
hoch" = 0,9, "mittlere Höhe" = 0,5 und "sehr
tief" = 0.1; im Gegensatz zur binären Logik die
nur zwei Möglichkeiten zuläßt (0 und 1 oder
wahr und falsch)]
fuzzy logic [uses the degree of membership to
a set, expressed as a value between 0 and 1, e.g.
"very high" = 0.9, "medium height" = 0.5 and
"very low" = 0.1; in contrast to binary logic
which has only two possibilities (0 and 1 or true
and false)]

G

Ga, Galliumarsenid *n* GaAlAs
 Ga (gallium)
GaAlAs, Galliumaluminiumarsenid *n* **GaAlAs**
 (gallium aluminium arsenide)
GaAs, Galliumarsenid *n*
 GaAs (gallium arsenide)
GaAs-Diode *f* [Diode, die in Galliumarsenid
 realisiert ist]
 GaAs diode [diode made from gallium
 arsenide]
GaAs-Feldeffekttransistor *m*
 [Feldeffekttransistor, der Galliumarsenid als
 Halbleitersubstrat verwendet]
 GaAs field-effect transistor [field-effect
 transistor using gallium arsenide as a
 semiconductor substrate]
Gallium *n* (Ga)
 Metallisches Element, das als Dotierstoff
 (Akzeptoratom) verwendet wird.
 gallium (Ga)
 Metallic element used as a dopant impurity
 (acceptor atom).
Galliumaluminiumarsenid *n* (GaAlAs)
 [Verbindungshalbleiter, der vorwiegend zur
 Herstellung von Laserdioden angewendet wird]
 gallium aluminium arsenide (GaAlAs)
 [compound semiconductor mainly used for laser
 diodes]
Galliumarsenid *n* (GaAs)
 Der wichtigster Verbindungshalbleiter der
 Gruppen III und V des Periodensystems. Seine
 Bedeutung als Ausgangsmaterial für Bau-
 elemente und integrierte Schaltungen nimmt
 ständig zu. GaAs dient zur Herstellung von
 Bauelementen der Optoelektronik (z.B.
 Lumineszenzdioden, Laser, Phototransistoren,
 Solarzellen usw.), des Mikrowellenbereichs und
 von MESFETs, mit denen sich extrem schnelle
 Schaltungen realisieren lassen.
 gallium arsenide (GaAs)
 The most important compound semiconductor
 belonging to the groups III and V of the
 periodic table. It is rapidly gaining significance
 as a substrate for components and integrated
 circuits. GaAs is used for optoelectronic
 components (e.g. light-emitting diodes,
 phototransistors, lasers, solar cells, etc.),
 microwave devices, and MESFETs in very high-
 speed circuits.
Galliumphosphid *n* (GaP)
 Verbindungshalbleiter, der als
 Ausgangsmaterial für optoelektronische
 Bauteile dient.
 gallium phosphide (GaP)
 Compound semiconductor used for

optoelectronic components.
galvanisch entkoppelt
 galvanically decoupled, d.c. decoupled
galvanisch gekoppelt
 direct coupled
galvanische Entkopplung *f*
 galvanic decoupling, d.c. decoupling
galvanische Kopplung *f*
 galvanic coupling, d.c. coupling
ganze Binärzahl *f,* binäre ganze Zahl *f,* ganze
 Dualzahl *f* [Zahlensysteme]
 binary integer [number systems]
ganze Zahl *f,* Ganzzahl *f*
 integer number, integer
ganze Zahl mit Vorzeichen *f,* Ganzzahl mit
 Vorzeichen *f*
 signed integer
Ganzseitenbildschirm *m*
 full-screen display
Ganzzahl *f,* ganze Zahl *f*
 integer number, integer
Ganzzahl mit Vorzeichen *f,* ganze Zahl mit
 Vorzeichen *f*
 signed integer
ganzzahliger Teil *m*
 integer part
Ganzzahlvariable *f*
 integer variable
GaP, Galliumphosphid *n*
 Verbindungshalbleiter, der als Ausgangsmaterial für optoelektronische Bauteile dient.
 GaP (gallium phosphide)
 Compound semiconductor used for
 optoelectronic components.
Gasätzen *n,* Gasätzung *f*
 gas etching
Gasentladungsanzeige *f*
 gas discharge display, gas panel display
Gasentladungsröhre *f*
 gas discharge tube
Gasphasenepitaxie *f* [ein Verfahren zur
 Herstellung epitaktischer Schichten bei der
 Fertigung von Halbleiterbauelementen und
 integrierten Schaltungen]
 gas-phase epitaxy, vapour-phase epitaxy
 (VPE) [a process for growing epitaxial layers in
 semiconductor component and integrated
 circuit fabrication]
Gate *n*
 Bereich des Feldeffekttransistors, vergleichbar
 mit der Basis des Bipolartransistors.
 gate
 Region of the field-effect transistor, comparable
 to the base of the bipolar transistor.
Gate-Array *n*
 Integrierte Schaltung, die aus einer
 regelmäßigen Anordnung von vorfabrizierten,
 aber nicht miteinander verdrahteten Gattern
 und einer oder mehreren metallischen

Verdrahtungsebenen besteht. Durch
Verbindung der Gatter über Verdrahtungsmasken lassen sich integrierte Kunden- oder
Semikundenschaltungen realisieren.
gate array
Integrated circuit containing a regular but not
interconnected pattern of gates and one or more
metal interconnection layers. Interconnection of
the gates with the aid of interconnection masks
allows custom or semicustom integrated
circuits to be produced.

Gate-Drain-Bereich *m*
  gate-drain region

Gate-Source-Durchbruchspannung *f*
  gate-source breakdown voltage

Gate-Source-Grenzspannung *f*
  gate-source cut-off voltage

Gate-Source-Kapazität *f*
  gate-source capacitance

Gate-Source-Spannung *f*
  gate-source voltage

Gateanschluß *m*, **Gatekontakt** *m*
  gate contact, gate terminal

Gatebereich *m*, **Gatezone** *f*
  gate region, gate zone

Gatedotierung *f* [Dotierung des Gatebereichs
bei Sperrschicht-Feldeffekttransistoren]
  gate doping [doping of the gate region in
junction field-effect transistors]

Gateelektrode *f* [Steuerelektrode bei
Feldeffekttransistoren, an die die
Steuerspannung angelegt wird]
  gate electrode, gate [electrode of the field-
effect transistor to which the control voltage is
applied]

Gatekapazität *f*
  gate capacitance

Gateoxid *n* [dünne Oxidschicht, die bei
Feldeffekttransistoren das Gate vom leitenden
Kanal isoliert]
  gate oxide [thin oxide layer isolating the gate
from the conductive channel in field-effect
transistors]

Gateschaltung *f* [Transistorgrundschaltung]
Eine der drei Grundschaltungen des Feldeffekttransistors, bei der die Gateelektrode die
gemeinsame Bezugselektrode ist; vergleichbar
mit der Basisschaltung bei Bipolartransistoren.
  common gate connection [basic transistor
configuration]
One of the three basic configurations of the
field-effect transistor having the gate as
common reference terminal; comparable to the
common base connection of a bipolar transistor.

Gateschutz *m*
  gate protection

Gateschutzdiode *f*
  gate protection diode

Gateschwellenspannung *f*
  gate threshold voltage

Gatespannung *f*
  gate voltage

Gatesperrschichtbereich *m*
  gate depletion region

Gatesperrstrom *m*
  gate reverse current

Gatesteilheit *f* [bei Feldeffekttransistoren]
  forward transconductance [in field-effect
transistors]

Gatesteuerung *f*
  gate control

Gatesubstratspannung *f*
  gate-substrate voltage

Gatevorspannung *f*
  gate bias

Gatewiderstand *m*
  gate resistance

Gatezone *f*, **Gatebereich** *m*
  gate zone, gate region

Gatter *n*, **Verknüpfungsglied** *n*
Eine Schaltung, die eine logische Operation
ausführt, d.h. die zwei oder mehr
Eingangssignale zu einem Ausgangssignal
verknüpft. Es gibt Verknüpfungsglieder für die
logischen Operationen UND (= Konjunktion),
exklusives ODER (= Antivalenz), inklusives
ODER (= Disjunktion), NICHT (= Negation),
NAND (= Sheffer-Funktion), NOR (= Peirce-
Funktion), Äquivalenz, Implikation und
Inhibition.
  gate, logic gate, gate element
A circuit that performs a logical operation, i.e.
that combines two or more input signals into
one output signal. There are gates for the
logical operations AND (= conjunction),
EXCLUSIVE-OR (= non-equivalence),
INCLUSIVE-OR (= disjunction), NOT (=
negation), NAND (= non-conjunction or Sheffer
function), NOR (= non-disjunction or Peirce
function), IF-AND-ONLY-IF (= equivalence),
IF-THEN (= implication) and NOT-IF-THEN (=
exclusion).

Gatterlaufzeit *f*, **Gatterverzögerungszeit** *f*
  gate propagation delay

Gatterrauschen *n*
  gate noise

Gatterverzögerungszeit *f*, **Gatterlaufzeit** *f*
Die Zeit zur Realisierung einer Gatterfunktion,
d.h. die Zeitverzögerung von der Signaländerung am Eingang bis zur Signaländerung
am Ausgang.
  gate propagation delay
The time required for a gate to perform a
logical function, i.e. the time delay between the
change of a signal at the input and the
appearance of the changed signal at the output.

Gatterzähler *m*
  gate counter

Gaußsche Verteilung *f*, Normalverteilung *f*
[statistische Verteilung von Zufallswerten um
einen Mittelwert]
Gaussian distribution [statistical
distribution of random values around a center
value]

Gebiet *n*, Zone *f*, Bereich *m*
Teilgebiet eines Halbleiterkristalls mit
speziellen elektrischen Eigenschaften (z.B. N-
leitend, P-leitend oder eigenleitend).
zone, region
Region in a semiconductor crystal that has
specific electrical properties (e.g. n-type, p-type
or intrinsic conduction).

geätzte Schaltung *f* [durch Ätzvorgang erzeugte
gedruckte Schaltung]
etched circuit [printed circuit produced by
etching]

geblockter Satz *m* [ein Satz aus mehreren
Sätzen, die einen Block bilden]
blocked record [one of several records
forming a block]

geborgtes Bit *n*, Borgebit *n* [signalisiert eine
negative Differenz in einer Ziffernstelle bei der
Subtraktion]
borrow bit [signals a negative difference in a
digit place during subtraction]

gebundenes Elektron *n*
bound electron

gedruckte Randkontakte *f* [Leiterplatten]
edge board contacts [printed circuit boards]

gedruckte Schaltung *f* [Schaltung bestehend
aus einer isolierenden Trägerplatte mit
aufgedruckten oder geätzten Leiterbahnen für
die aufgesetzten Bauelemente]
printed circuit [circuit consisting of an
insulating base plate with printed or etched
conductive patterns for components mounted
on it]

gedruckte Verdrahtung *f*
. **printed wiring**

gedrucktes Bauteil *n* [Leiterplatten]
printed component [printed circuit boards]

geerdet
grounded

gefährlicher Fehler *m*
dangerous fault, dangerous error

Gegenbetrieb *m*, Vollduplexbetrieb *m*,
Duplexbetrieb *m* [Datenübertragung in beiden
Richtungen gleichzeitig]
full duplex mode, duplex operation [data
transmission in both directions simultaneously]

gegengekoppelter Verstärker *m*
negative feedback amplifier

Gegeninduktivität *f*
mutual inductance

Gegenkontakt *m*
mating contact

Gegenkopplung *f*, negative Rückkopplung *f*

negative feedback

Gegenparallelschaltung *f*,
Antiparallelschaltung *f*
antiparallel connection

gegenseitig abhängig
interdependent

gegenseitige Störung *f* [gegenseitige Störung
zweier Schaltungen]
cross-coupling [undesired coupling between
two circuits]

Gegenspannungssperrvermögen *n*
reverse-voltage blocking capability

Gegensteckverbinder *m*
mating connector

Gegentaktausgang *m*
push-pull output

Gegentaktbetrieb *m*
push-pull operation

Gegentakteingang *m*
push-pull input

Gegentaktgleichrichter *m*
push-pull rectifier

Gegentaktkollektorschaltung *f*
push-pull complementary collector circuit

Gegentaktleistungsverstärker *m*
push-pull power amplifier

Gegentaktschaltung *f* [eine symmetrische
Schaltung, die zwei gegenphasig gesteuerte
Verstärkerbausteine verwendet]
push-pull circuit [a balanced circuit using
two amplifying devices operating in phase
opposition]

Gegentaktspannung *f*
push-pull voltage

Gegentaktverstärker *m*
push-pull amplifier

gegurtete Bauteile *n.pl.* [für die automatische
Bestückung von Leiterplatten]
taped components [for automatic insertion in
PCBs]

Gehäuse *n* [z.B. von Einzelbauelementen oder
integrierten Schaltungen]
package, case [e.g. of discrete components or
integrated circuits]

Gehäuseabmessungen *f.pl.*
package dimensions, case dimensions

Gehäuseform *f*
package style, case style

Gehäusematerial *n*
package material, case material

Gehäusetemperatur *f*
case temperature

gekettete Baumstruktur *n* [ein Baum, dessen
Knoten Zeiger auf andere Knoten aufweisen]
threaded tree [a tree in which each node has
pointers to other nodes]

gekettete Datei *f* [eine Datei, in der
zusammengehörende Datenelemente durch
Zeiger miteinander verknüpft sind, um einen

schnelleren Zugriff zu ermöglichen]
chained file [a file in which all data items
having a common identifier are chained
together by pointers, thus providing faster
access]
gekettete Liste *f*
chained list
gekettetes Programm *n*, gereihtes Programm *n*
[ein Programm, das lediglich aus unabhängigen
Teilen besteht, z.B. ein C-Programm mit
unabhängigen Modulen]
threaded program [a program consisting
exclusively of independent sections, e.g. a C
program comprising independent program
modules]
gekoppelt
coupled
gelöschter Zustand *m*
cleared condition
GEM [graphische Benutzeroberfläche von Digital
Research]
GEM (Graphical Environment Manager)
[graphical windowing software developed by
Digital Research]
gemeinsamer Rückleiter *m*
common return
gemeinsamer Speicherbereich *m*
common storage area
gemeinsames Datenfeld *n*
common field
Gemeinschaftsrechner *m* [Rechner im
Mehrbenutzersystem]
multiuser computer
GEMFET
Integrierte Schaltungsfamilie der
Leistungselektronik in CMD-Technik
(Leitfähigkeitsmodulation), die mit Bipolar-
und MOS-Strukturen auf dem gleichen Chip
realisiert ist.
GEMFET (gain-enhanced MOSFET)
Family of power control integrated circuits,
using the conductivity-modulated device
technology, which combines bipolar and MOS
structures on the same chip.
gemischte Anzeige *f*, kombinierte Anzeige *f*
[Anzeige von alphanumerischen Zeichen und
Graphik]
mixed display, combined display [display of
alphanumeric characters and graphics]
gemultiplexter Bus *m* [ein Bus in einem
Mikroprozessor, der beispielsweise zu einem
bestimmten Zeitpunkt Adreßinformationen und
zu einem anderen Zeitpunkt Daten überträgt]
multiplexed bus [a bus in a microprocessor
that, for example, conveys address information
at certain times and data at other times]
Genauigkeit *f* [allgemein: Fehlerfreiheit]
accuracy [general: freedom from error]
Genauigkeit *f* [einer Rechenoperation: hängt

von der Zahl der Stellen, d.h. von der Länge des
Rechenwortes ab]
precision [of a computing operation: depends
on the number of places or digits, i.e. on the
length of the computer word]
Genauigkeitsprüfung *f*
accuracy check
Genauigkeitsverlust *m*
loss of accuracy
Generation *f*, Erzeugung *f*
generation
Generationsrate *f*
generation rate
Generationsstrom *m*
generation current
Generator *m*
generator
Generatorprogramm *n*
generator program
generieren
generate, to
genormte Schnittstelle *f*, Standardschnittstelle
f [z.B. für die asynchrone serielle
Datenübertragung gemäß EIA RS-232-C oder
CCITT V.24]
standard interface [e.g. for asynchronous
serial data communications according to EIA
RS-232-C or CCITT V.24]
genutzte Betriebszeit *f*
effective time, effective operating time
geometrischer Entwurf *m*, Strukturentwurf *m*,
Layout *n*
layout
gepaarter Widerstand *m*
resistor pair
gepackte Dezimalziffer *f* [Darstellung von zwei
Dezimalziffern in einem Byte]
packed decimal digit [representation of two
decimal digits in one byte]
gepuffert
buffered
gepufferte FET-Logik *f* (BFL)
Integrierte Schaltungsfamilie, die mit
Galliumarsenid-D-MESFETs realisiert ist.
buffered FET logic (BFL)
Family of integrated circuits based on gallium
arsenide D-MESFETs.
gepulster Drainstrom *m*
pulsed drain current
gerade Parität *f*
even parity
Gerät *n* [mechanische und elektrische
Betrachtungseinheit zur Erfüllung
vorgegebener Funktionen]
equipment, device [mechanical and electrical
unit for fulfilling given functions]
Gerät mit wahlfreiem Zugriff *n* [z.B. Diskette
oder Plattenspeicher im Gegensatz zum
Magnetbandspeicher]

random-access device [e.g. floppy disk or
disk storage in contrast to magnetic tape
storage]
Geräteadresse *f*
device address
Geräteanschaltung *f,* **Geräteschnittstelle** *f*
device interface
Geräteausfall *m*
equipment failure
Gerätebyte *n* [enthält Meldung über
Gerätezustand]
device byte [contains message on device
status]
Gerätefreigabe *f*
device release
Geräterücksetztaste *f*
device reset key
Geräteschnittstelle *f,* Geräteanschaltung *f*
device interface
Geräteselbstprüfung *f,* automatische
Geräteprüfung *f*
machine check, automatic check, hardware
check
gerätespezifisch
device-specific
Gerätestatus *m* [Betriebszustand eines Gerätes,
z.B. bereit oder belegt]
device status [operating status of a device,
e.g. ready or busy]
Gerätesteuerprogramm *n*
device handler, device handling program
Gerätesteuerung *f*
device control
Gerätetreiber *m*
device driver
geräteunabhängig
device-independent
Gerätezuordnung *f,* Gerätezuweisung *f*
device assignment, hardware assignment
Geräuschspannung *f*
noise voltage
gereihtes Programm *n,* gekettetes Programm *n*
[ein Programm, das lediglich aus unabhängigen
Teilen besteht, z.B. ein C-Programm mit
unabhängigen Modulen]
threaded program [a program consisting
exclusively of independent sections, e.g. a C
program comprising independent program
modules]
gerettete Datei *f,* gesicherte Datei *f* [eine Datei,
die durch Abspeichern oder Erstellen einer
Kopie auf einem anderen Datenträger gesichert
worden ist]
saved file [a file secured by storing or making
a copy on another data medium]
geringe Leistungsaufnahme *f*
low power consumption
Germanium *n* (Ge)
Halbleiter, der als Ausgangsmaterial für

Transistoren, Dioden usw. dient. Heute vor
allem bei integrierten Schaltungen weitgehend
durch Silicium und Galliumarsenid ersetzt.
germanium (Ge)
Semiconductor material used for transistors,
diodes, etc. Now largely replaced by silicon and
gallium arsenide, particularly for integrated
circuits.
Germaniumdiode *f* [Diode, die in Germanium
realisiert ist]
germanium diode [diode made from
germanium]
Germaniumtransistor *m* [Transistor, der in
Germanium realisiert ist]
germanium transistor [transistor made from
germanium]
Gesamtausfall *m,* Totalausfall *m* [Ausfall aller
Funktionen einer Betrachtungseinheit]
total failure [failure of all functions of an
item]
Gesamtlöschtaste *f*
clear-all key
Gesamtrückstellung *f*
master reset
gesättigte Logikschaltung *f*
saturated logic circuit
gesättigter Bereich *m*
saturated region
geschachtelte Schleife *f* [eine
Programmschleife mit einer oder mehreren
eingebauten Schleifen]
nested loop [a program loop containing one or
more built-in loops]
geschachteltes Unterprogramm *n* [ein
Unterprogramm mit einem oder mehreren
eingebauten Unterprogrammen]
nested subroutine [a subroutine containing
one or more built-in subroutines]
Geschäftsgraphik *f,* Präsentationsgraphik *f*
[Erstellung von Linien-, Balken- und
Kreisdiagrammen]
business graphics, presentation graphics
[generating line, bar and pie charts or
diagrams]
geschlossene Prozeßkopplung *f*
on-line closed loop
geschlossene Schleife *f,* Regelkreis *m,*
Regelschleife *f*
closed loop
geschlossener Betrieb *m* [Rechnerbetrieb ohne
Zutritt für den Auftraggeber bzw. Anwender;
im Gegensatz zum offenen Betrieb, der dem
Anwender Zutritt gewährt]
closed-shop operation [computer operation
without access for the user; in contrast to open
shop in which the user has access]
geschlossener Kühlkreis *m*
closed-circuit cooling circuit
geschlossener Regelkreis *m*

closed-loop circuit
geschützte Daten *n.pl.*
  protected data
geschützte Speicherstelle *f,* geschützte
  Speicherzelle *f*
  protected storage location
geschützter Modus *m* [DOS-Betriebsart für die
  direkte Adressierung des
  Erweiterungsspeichers bei 80286-, 80386- und
  80486-Prozessoren des Erweiterungsspeichers;
  erlaubt das gleichzeitige Ablaufen mehrerer
  Anwendungen]
  protected mode [DOS operating mode for
  direct addressing of extended memory of 80286,
  80386 and 80486 processors; allows several
  applications to run simultaneously]
geschützter Speicherbereich *m* [gesperrt
  gegen unerwünschtes Lesen und/oder
  Überschreiben]
  protected storage area [blocked from
  undesired reading and/or overwriting]
geschütztes Feld *n* [Bildschirmfeld, das von der
  Eingabetastatur nicht beeinflußt werden kann]
  protected field [display field unaffected by
  keyboard entry]
geschweifte Klammer *f* [im Gegensatz zur
  runden oder eckigen Klammer]
  brace [in contrast to round or square bracket]
Geschwindigkeitsumsetzer *m* [Umsetzung der
  Geschwindigkeit bzw. Baudrate bei der
  Datenübertragung]
  rate converter [speed or baud rate conversion
  during data transmission]
gesicherte Datei *f,* gerettete Datei *f* [eine Datei,
  die durch Abspeichern oder Erstellen einer
  Kopie auf einem anderen Datenträger gesichert
  worden ist]
  saved file [a file secured by storing or making
  a copy on another data medium]
gespeichertes Programm *n*
  stored program
gesperrt
  blocked, disabled
gespiegelte Daten *n.pl.* [Daten auf zwei
  identischen Festplatten gespeichert]
  mirrored data [data stored in two identical
  hard disks]
gespiegelte Sicherungskopie *f* [vollständige
  Kopie des Datenträgers]
  image backup, mirror backup [complete copy
  of data medium]
Gestell *n,* Rahmen *m* [z.B. 19-Zoll Normgestell
  für Einschübe]
  rack [e.g. standard 19-inch rack for plug-in
  units]
gesteuerter Gleichrichter *m,* Thyristor *m*
  Halbleiterbauelement mit vier unterschiedlich
  dotierten Bereichen (PNPN-Struktur) und drei
  Übergängen, das von einem Sperrzustand in

einen Durchlaßzustand (und umgekehrt)
  umgeschaltet werden kann. Thyristoren haben
  ein breites Anwendungsgebiet in der Leistungselektronik (z.B. Drehzahl- und Frequenzsteuerung).
  thyristor, silicon controlled rectifier (SCR)
  Semiconductor component, with four differently
  doped regions (pnpn structure) and three
  junctions, which can be triggered from its
  blocking state into its conducting state and
  vice-versa. Thyristors have a wide range of
  applications in power electronics (e.g. for speed
  and frequency control).
gestörtes Eins-Signal *n*
  disturbed one-output signal
gestörtes Null-Signal *n*
  disturbed zero-output signal
gestörtes Speicherelement *n*
  disturbed storage cell
gestrecktes Programm *n* [ein Programm, in
  dem jeder Befehl nur einmal durchlaufen wird;
  im Gegensatz zur Programmierung mit
  Schleifen]
  unwound program [a program in which each
  instruction is run through only once; in
  contrast to programming with loops]
gestreutes Schreiben *n,* sammelndes Lesen *n*
  [Verteilung von Sätzen in einem
  Arbeitsspeicher ohne Rücksicht auf eine
  gegebene Reihenfolge; die Aneinanderreihung
  erfolgt durch Datenkettung]
  scattered write, gathered read [scattering of
  records in a working storage without
  consideration of order; chaining is used to bring
  the records together]
getaktetes Flipflop *n,* taktgesteuertes Flipflop
  n, Trigger-Flipflop *n* [Flipflop mit Auslösung
  des Zustandswechsels durch einen Taktimpuls]
  triggered flip-flop, clocked flip-flop [flip-flop
  employing a clock pulse for changing its state]
getaktetes RS-Flipflop *n,* RST-Flipflop *n* [ein
  RS-Flipflop mit einem zusätzlichen
  Takteingang (T)]
  RST flip-flop, triggered RS flip-flop, clocked
  RS flip-flop [an RS flip-flop with an additional
  input (T) for a trigger or clock signal]
geteilte Adresse *f*
  split address
geteilter Bildschirm *m* [Bildschirmanzeige mit
  getrennten Darstellungsbereichen, die sich
  meistens unabhängig voneinander bewegen
  lassen]
  split-screen [screen with separate display
  areas which usually can be independently
  scrolled]
Gettern *n,* Getterung *f* [Halbleitertechnik]
  Verfahren zur Verminderung von Verunreinigungen durch Metallionen im Halbleiterkristall während der Diffusion durch Auf-

bringen einer Getterschicht, in der sich die Metallionen ansammeln.
gettering process [semiconductor technology]
Method for reducing contamination of a semiconductor crystal by metal ions during the diffusion process by applying a layer of getter material which attracts the metal ions.

gezogener Übergang *m*
Übergang zwischen zwei Halbleiterbereichen, der durch Ziehen eines Kristalls aus der Schmelze gebildet wird.
grown junction
Junction between two semiconductor regions which is formed during the growth of a crystal from the melt.

Gibson-Bewertung *f* [eine Mischung von Operationen, wie Ein- und Ausspeichern, Indexregisteroperationen und Verzweigen, die einen Vergleich der Geschwindigkeit verschiedener Rechner für technisch-wissenschaftliche Aufgaben ermöglicht]
Gibson mix [a mix of operations such as loading and storing, indexing, and branching, used to compare the speed of different computers for technical and scientific applications]

GIF [Austauschformat für Graphik]
GIF (Graphics Interchange Format)

GIGO [falsche Eingabe führt zu falschen Programmergebnissen]
GIGO (Garbage In Garbage Out) [incorrect input leads to incorrect program results]

Gitter *n* [Elektronenröhre]
grid [electron tube]

Gitter *n* [Optik]
grating [optics]

Gitter *n*, **Kristallgitter** *n* [Halbleitertechnik]
Regelmäßige Anordnung der Atome in einem Halbleiterkristall.
lattice, crystal lattice [semiconductor technology]
Orderly arrangement of atoms in a semiconductor crystal.

Gitteraufbau *m*
lattice structure

Gitterelektron *n* [Elektron, das an seinen Gitterplatz gebunden ist]
lattice electron [electron bound in the lattice structure]

Gitterfehler *m*, **Kristallaufbaufehler** *m*
Abweichung vom regelmäßigen Aufbau eines Kristalls, z.B. infolge von Fremdatomen, Leerstellen, Versetzungen, Korngrenzen usw.
crystal lattice imperfection, lattice imperfection, lattice defect
Deviation from a homogeneous structure in a crystal, e.g. as a result of impurities, vacancies, dislocations, grain boundaries, etc.

Gitterkonstante *f*
lattice constant

Gitterlücke *f*, **Lücke** *f* [Halbleiterkristalle]
Unbesetzter Platz im Kristallgitter eines Halbleiters.
vacancy [semiconductor crystals]
An unoccupied lattice position in a semiconductor crystal.

Gitterplatz *m*, **Kristallgitterplatz** *m*
lattice site, crystal lattice site

Gitterschwingung *f*
lattice vibration

Gitterversetzung *f* [ein Gitterfehler]
lattice dislocation [a lattice defect]

GKS, graphisches Kernsystem *n* [internationale Norm für die graphische Datenverarbeitung]
GKS, graphical kernel system [international standard for computer graphics]

Glasfaser *f*, **Lichtleitfaser** *f* [Faden aus lichtdurchlässigem Material für die optische Nachrichtenübertragung und für die optische Abtastung in der Datenverarbeitung]
glass fiber, optical fiber [fiber of transparent material for optical data transmission and for optical scanning in data processing]

Glasfaserkabel *n*, **Lichtwellenleiter** *m*
glass fiber cable, optical cable, fiber-optic cable

Glasfaserübertragungssystem *n*
fiber-optic transmission system

glasfaserverstärktes Laminat *n* [Leiterplatten]
glass-reinforced laminate [printed circuit board]

Glashalbleiter *m*, **amorpher Halbleiter** *m*
glass semiconductor, amorphous semiconductor

Glasierung *f*, **Verglasen** *n*, **Verglasung** *f*
Das Beschichten von integrierten Schaltungen mit Spezialglas zum Schutz gegen mechanische Beanspruchung und schädliche Umwelteinflüsse.
glassivation
Applying a special glass coating on integrated circuits to protect them against mechanical stress and hostile environmental conditions.

Glaslaminat *n* [Leiterplatten]
glass laminate [printed circuit boards]

Gleichgewicht *n*
equilibrium

Gleichheitszeichen *n*
equal sign, equality sign

Gleichlauf *m*, **Synchronisierung** *f*
synchronism

gleichphasig [z.B. Signale]
in-phase [e.g. signals]

Gleichrichterdiode *f*
rectifier diode

Gleichrichterschaltung *f*
rectifier circuit

Gleichspannung *f*
  direct voltage, dc voltage
Gleichspannungsquelle *f*
  dc voltage source
Gleichspannungsverstärkung *f*
  dc voltage gain
Gleichstrom *m*
  direct current, dc
Gleichstromverlustleistung *f* [in Wärme
  umgesetzte Gleichstromleistung, z.B. eines
  Leistungshalbleiters]
  dc power dissipation [dc power converted
  into heat, e.g. in a power semiconductor]
Gleichstromverstärkung *f*
  dc current gain
Gleichstromwandler *m* [zur Umformung einer
  Gleichspannung in eine andere]
  dc-dc converter [for converting a dc voltage
  into another dc voltage]
Gleichstromwiderstand *m*
  dc resistance
Gleichtakt *m*
  common-mode
Gleichtakteingangswiderstand *m*
  common-mode input resistance
Gleichtaktspannung *f*
  common-mode voltage
Gleichtaktspannungsverstärkung *f*,
  Gleichtaktverstärkung *f*
  common-mode voltage gain
Gleichtaktunterdrückung *f*
  common-mode rejection
Gleichung *f*
  equation
gleichzeitig, konkurrent
  concurrent
gleichzeitige Verarbeitung *f*, Simultanbetrieb
  m, Simultanverarbeitung *f*
  concurrent working, simultaneous operation,
  simultaneous processing
gleitende Speicheradressierung *f*
  floating storage addressing
Gleitkomma *n*, Gleitpunkt *m*
  floating point
Gleitkommaarithmetik *f*,
  Gleitpunktarithmetik *f*
  floating-point arithmetic
Gleitkommabeschleuniger *m*,
  Gleitpunktbeschleuniger *m*
  floating point accelerator (FPA)
Gleitkommafehler *m*
  floating-point error
Gleitkommaprozessor *m*, Gleitpunktprozessor
  floating-point processor (FPU)
Gleitkommarechnung *f*, Gleitpunktrechnung *f*
  floating-point computation
Gleitkommaregister *n*, Gleitpunktregister *n*
  floating-point register
Gleitkommaschreibweise *f*,

Gleitpunktschreibweise *f*
  floating-point notation
Gleitkommazahl *f*, Gleitpunktzahl *f*
  floating-point number
Gleitpunkt *m*, Gleitkomma *n*
  floating point
Gleitpunktarithmetik *f*, Gleitkommaarithmetik
  floating-point arithmetic
Gleitpunktbeschleuniger *m*,
  Gleitkommabeschleuniger *m*
  FPA (Floating Point Accelerator)
Gleitpunktkonstante doppelter Genauigkeit
  double-precision floating-point constant
Gleitpunktkonstante einfacher Genauigkeit
  single-precision floating-point constant
Gleitpunktprozessor *m*, Gleitkommaprozessor
  floating-point processor (FPU)
Gleitpunktrechnung *f*, Gleitkommarechnung *f*
  floating-point computation
Gleitpunktrechnung mit doppelter
  Genauigkeit *f*
  double-precision arithmetic, double-length
  arithmetic
Gleitpunktregister *n*, Gleitkommaregister *n*
  floating-point register
Gleitpunktschreibweise *f*,
  Gleitkommaschreibweise *f* [Darstellung einer
  Zahl in der Form einer Mantisse für den
  Zahlenwert und eines Exponenten für die
  Zahlengröße, z.B. die Zahl 123 durch die
  Mantisse 0,123 und den Exponenten 3 (= 0,123
  x 10^3)]
  floating-point notation [representation of a
  number in the form of a mantissa for its
  numerical value and an exponent for its
  magnitude, e.g. the number 123 by the
  mantissa 0.123 and the exponent 3 (= 0.123 x
  10^3)]
Gleitpunktzahl *f*, Gleitkommazahl *f*
  floating-point number
Glitch *m* [kurzzeitige Störung, unerwünschte
  Spannungsspitze oder Impulsverzerrung]
  glitch [momentary fault, unwanted voltage
  peak or pulse distortion]
globale Variable *f*
  global variable
globales Ersetzen *n*
  global replace
globales Suchen *n*
  global search
Glockenimpuls *m*, sin^2-Impuls
  sin^2 pulse
Glättung *f*
  smoothing
Glättungsfilter *n*, Oberwellenfilter *n* [zum
  Aussieben der Brummspannung (Oberwellen)
  in Gleichstromversorgungen]
  ripple filter [for filtering out ripple voltage
  (harmonics) in dc power supplies]

Golddotierung *f*
Methode zur gezielten Einstellung der
Lebensdauer von Minoritätsladungsträgern bei
Bipolartransistoren, um ihre Schaltzeit
(Speicherzeit) in digitalen Schaltungen
herabzusetzen.
gold doping
Method for controlling the lifetime of minority
carriers in bipolar transistors to reduce
transistor switching time (storage time) in
digital circuits.

Golddraht *m*
gold wire

Goldsubstrat *n*
gold substrate

GPIB [Standardbus für allgemeine
Anwendungen, auch IEC-Bus, IEEE-488-Bus
oder HPIB-Bus genannt]
GPIB, general purpose interface bus [standard
bus for general usage, also known as IEC bus,
IEEE-488 bus or HPIB bus]

Gradientenfaser *f* [Lichtwellenfaser aus
dotiertem Glas oder Quarz]
graded-index fiber [optical fiber of doped
glass or quartz]

Graphik-Adapter *m*, **Graphikkarte** *f*
[Bildschirmadapter]
graphics adapter, graphics board [display
adapter]

Graphikansteuereinheit *f*, **graphische
Ansteuereinheit** *f*
graphic display controller (GDC)

Graphikanzeige *f*, **graphische Anzeige** *f*
graphic display

Graphikbildschirm *m*, **Graphiksichtgerät** *n*
graphic display unit (GDU)

Graphikkarte *f*, Graphik-Adapter *m*
[Bildschirmadapter]
graphics adapter, graphics board [display
adapter]

Graphikmodus *m*
graphic mode

Graphikprozessor *m*
graphics processor

Graphiksichtgerät *n*, **Graphikbildschirm** *m*
graphic display unit (GDU)

Graphikspeicher *m*, Bildspeicher *m*
graphic display memory (GDM)

Graphiktablett *n*, Digitalisiertablett *n*, Tablett
graphic tablet, digitizer tablet, tablet

graphische Ansteuereinheit *f*,
Graphikansteuereinheit *f*
graphic display controller (GDC)

graphische Anzeige *f*, Graphikanzeige *f*
graphic display

graphische Benutzerschnittstelle *f*, GUI
graphical user interface (GUI)

graphische Datenverarbeitung *f*
graphic data processing

graphischer Arbeitsplatz *m*
graphic workstation

graphisches Gerät *n*
graphic device

graphisches Grundelement *n*
graphic primitive

graphisches Kernsystem *n* (GKS)
[internationale Norm für die graphische
Datenverarbeitung]
graphical kernel system (GKS)
[international standard for computer graphics]

graphisches Zeichen *n*
graphic character

graphisches Zeichengerät *n*
graphical plotter

Graphitstift *m*
conductive pencil

Graphitstrahldrucker *m*
dry-ink-jet printer

Grätz-Schaltung *f*
full-wave (rectifier) bridge circuit

Graustufen *f.pl.* [ordnet Werte für Graustufen
zwischen schwarz und weiß]
gray scale [allocates values for gray levels
between black and white]

Graustufen-Scanner *m*
gray-scale scanner

Gray-Code *m*, reflektierter Binärcode *m* [ein
Binärcode für Dezimalziffern, der Abtastfehler
dadurch verringert, daß sich zwei
aufeinanderfolgende Zahlenwerte nur in einem
Bit unterscheiden]
reflected binary code, Gray code [a binary
code for decimal digits in which, for minimizing
scanning errors, the codes for consecutive
numbers differ by only one bit]

Greinacher-Schaltung *f*, Delon-Schaltung *f*
[Spannungsverdopplerschaltung]
half-wave voltage doubler circuit

Grenzbeanspruchung *f*
tolerated stress, maximum limited stress

Grenzfrequenz *f*
cut-off frequency

Grenzschicht *f*
boundary layer

Grenzsignal *n*
limit signal

Grenzspannung *f*
cut-off voltage

Grenzwertprüfung *f*
marginal check, marginal test

Grenzwertstufe *f*, Begrenzer *m*
limiter

GRINSCH-Laser *m* [Halbleiterlaser]
GRINSCH laser (graded index separate
confinement heterostructure laser)
[semiconductor laser]

Großbuchstaben *m. pl.*, Versalien *m.pl.*
upper case letters

Großintegration *f* (LSI)
Integrationstechnik, bei der rund 10^5
Transistoren oder Gatterfunktionen auf einem
Chip realisiert sind.
large scale integration (LSI)
Technique providing for the integration of
about 10^5 transistors or logical functions on a
single chip.
Großraumspeicher *m*
large-capacity storage
Großrechner *m*
large-capacity computer
Großschreibung *f*
upper case, capitals
Großsignalverstärker *m*
large-signal amplifier
Größtintegration *f* (VLSI)
Integrationstechnik, bei der rund 10^6
Transistoren oder Gatterfunktionen auf einem
Chip realisiert sind.
very large scale integration, (VLSI)
Technique resulting in the integration of about
10^6 transistors or logical functions on a single
chip.
Großvater *m* [Datei, Baum]
grandparent [file, tree]
Grotesk-Schriftart *f,* serifenlose Schriftart *f*
[ohne feine waagerechte Querstriche, im
Gegensatz zur Antiqua- bzw. Serifen-
Schriftart]
sans serif font [without fine horizontal
strokes, in contrast to serif font]
Grundadresse *f,* Basisadresse *f,* Bezugsadresse *f*
[bildet zusammen mit der Distanzadresse die
absolute Adresse, d.h. die permanente Adresse
eines Speicherplatzes]
base address [forms together with the
displacement address the absolute address, i.e.
the permanent address of a storage location]
Grundanweisung *f*
basic statement
Grunddatei *f*
basic data file
Grunddatenbeschreibung *f*
item data description
Grundformat *n*
basic format
Grundmaterial *n,* Ausgangsmaterial *n,*
Substrat *n*
Das Material (Halbleiterkristall oder Isolator),
in oder auf dem Bauelemente oder integrierte
Schaltungen hergestellt werden.
starting material, base material, substrate
The material (semiconductor crystal or
insulator) in or on which discrete components
or integrated circuits are fabricated.
Grundoperation *f*
basic operation
Grundplatine *f,* Mutterplatine *f,* Trägerplatine *f*

[Leiterplatte mit Steckvorrichtungen für das
Einsetzen weiterer Karten]
mother board [printed circuit board with
connectors for inserting further boards]
Grundrechenart *f* [Addition, Subtraktion,
Multiplikation und Division]
basic arithmetic operation [addition,
subtraction, multiplication and division]
Grundzustand *m*
initial state
Gruppenlaufzeit *f*
group delay time
gruppierte Daten *n.pl.*
aggregated data
GTO-Thyristor *m,* Abschaltthyristor *m*
GTO thyristor (gate turn-off thyristor)
GUI, graphische Benutzerschnittstelle *f*
GUI (Graphical User Interface)
gültige Daten *n.pl.*
valid data
Gültigkeitsprüfung *f*
validity check
Gunn-Diode *f* [auf dem Gunn-Effekt beruhendes
Halbleiterbauelement für den Einsatz im
Mikrowellenbereich, insbesondere als
Oszillator]
Gunn diode [a semiconductor component
based on the Gunn effect for use in the
microwave range, specially as an oscillator]
Gunn-Effekt *m* [bewirkt sehr schnelle
Stromschwankungen im GHz-Bereich]
Gunn effect [causes very fast current
variations in the GHz frequency range]
Gunn-Oszillator *m*
Gunn oscillator
Gurtungseinrichtung *f* [für axiale und radiale
Bauelemente]
belting equipment [for coaxial lead and
radial lead components]
Gütefaktor *m* [eines Schwingkreises: Verhältnis
von Gesamtenergie/Energieverlust; von Spulen
und Kondensatoren: Blind-/Wirkanteil des
Scheinwiderstandes; von Transistoren: Maß für
die Hochfrequenzeigenschaften]
quality factor, Q-factor [of a resonant circuit:
ratio of stored/dissipated energy; of inductors
and capacitors: reactance/resistance; of
transistors: measure for high-frequency
characteristics]
Güteverlust *m,* Leistungsherabsetzung *f*
[langsamer Abfall der Leistung]
degradation [gradual deterioration of
performance]
Gutgrenze *f* [Abnahmeprüfung]
acceptance limit [acceptance test]
GW-BASIC [von Microsoft implementierte
BASIC-Version]
GW-BASIC [BASIC version implemented by
Microsoft]

H

H-Bereich *m*, oberer Bereich eines binären Signals *m* [der positivere der beiden Pegel eines binären Signales]
high range of a binary signal, H-range [the more positive of the two levels of a binary signal]

h-Parameter *m*, Hybridparameter *m*
Kenngröße bei der Vierpol-Ersatzschaltbild-Darstellung von Transistoren. Die vier Grundparameter sind: h_{11}, Kurzschluß-Eingangsimpedanz; h_{12}, Leerlauf-Spannungsrückwirkung; h_{21}, Kurzschluß-Vorwärtsstromverstärkung; h_{22}, Leerlauf-Ausgangsadmittanz.
h-parameter, hybrid parameter
Parameter of the four-terminal network equivalent circuit of a transistor. There are four basic *h*-parameters: h_{11}, short-circuit input impedance; h_{12}, open-circuit reverse voltage transfer ratio; h_{21}, short-circuit forward current transfer ratio; h_{22}, open-circuit output admittance.

H-Pegel *m*, H-Signal *n* [Hochpegel bei Logik-schaltungen; bei der positiven Logik entspricht der Hochpegel dem Zustand logisch 1, bei der negativen Logik dem Zustand logisch 0]
H-level [high level in logic circuits; in positive logic the high level corresponds to logical 1, in negative logic it corresponds to logical 0]

H-Signalausgang *m*
H-level output

Haftstelle *f*, Zeithaftstelle *f*, Trap *f* [Halbleiterkristalle]
Störstelle in einem Halbleiterkristall, die einen Ladungsträger vorübergehend festhalten kann.
trap [semiconductor crystals]
Imperfection in a semiconductor crystal which temporarily prevents a carrier from moving.

haftstellenfreies Halbleitermaterial *n*
trap-free semiconductor material

Hakentransistor *m* [PNPN-Transistor mit einer im Vergleich zu einem PNP-Transistor viel höheren Stromverstärkung]
hook transistor [pnpn transistor having a much higher current amplification than a pnp transistor]

Halbaddierer *m* [besitzt zwei Eingänge für die Addition von zwei Binärziffern und bildet eine Summe und einen Übertrag; im Gegensatz zu einem Volladdierer, der drei Eingänge hat, kann ein Halbaddierer den Übertrag aus einer vorhergehenden Stelle nicht berücksichtigen]
half adder [has two inputs for adding two binary digits, producing a sum and a carry; in constrast to a full adder which has three inputs, a half-adder cannot handle a carry from a preceding digit place]

Halbbrücke *f* [Brückenschaltung mit z.B. Dioden in zwei und Widerständen in den beiden anderen Brückenzweigen]
half bridge [a bridge rectifier having e.g. diodes in two arms and resistors in the other two]

Halbbyte *n*, Nibble *n* [Länge von 4 Bits bei einem 8-Bit-Byte]
half byte, nibble [4 bits in the case of an 8-bit byte]

Halbduplexbetrieb *m*, Wechselbetrieb *m* [Datenübertragung abwechselnd in beiden Richtungen; im Gegensatz zum Duplex- bzw. Vollduplexbetrieb]
half duplex operating mode, two-way alternate operation [data transmission in both directions alternately; in contrast to duplex or full-duplex operation]

Halbduplexkanal *m* [Datenübertragung]
half duplex channel, bidirectional non-concurrent channel [data transmission]

halbfett [Schriftart]
bold-face [character font]

Halbglied *n* [z.B. einer Filterschaltung]
half section [e.g. of a filter circuit]

Halbleiter *m*
Ein Werkstoff, dessen elektrische Leitfähigkeit zwischen den Leitfähigkeitsbereichen für Metalle und Isolatoren liegt und in dem ein Stromtransport durch die Bewegung von Elektronen und Defektelektronen möglich ist. Die wichtigsten Halbleiterwerkstoffe für die Herstellung von elektronischen Bauelementen und integrierten Schaltungen sind Silicium und Germanium sowie Verbindungshalbleiter, z.B. Galliumarsenid.
semiconductor
A material whose electrical conductivity is between that of metals and insulators, and in which current flow is possible by the movement of electrons and holes. The most important semiconductor materials used in producing electronic components and integrated circuits are silicon and germanium as well as compound semiconductors, e.g. gallium arsenide.

Halbleiterbauelement *n*
Bauelement (z.B. ein Transistor, eine Diode oder ein Thyristor), dessen wesentliche Eigenschaften der Bewegung von Ladungsträgern innerhalb eines Halbleiters zuzuschreiben sind.
semiconductor component
A component (e.g. a transistor, a diode or a thyristor) whose essential properties are a result of the movement of charge carriers in a semiconductor.

Halbleiterbereich *m*, Halbleiterzone *f*

Teilgebiet eines Halbleiterkristalls mit speziellen elektrischen Eigenschaften.
semiconductor region, semiconductor zone
Region in a semiconductor crystal that has specific electrical properties.

Halbleiterdehnungsmeßstreifen *m*
semiconductor strain gauge transducer

Halbleiterdiode *f*
semiconductor diode

Halbleiterdotierung *f*
Der gezielte Einbau von Fremdatomen in einen Halbleiter zwecks Veränderung seiner elektrischen Eigenschaften.
semiconductor doping
The intentional addition of impurity atoms to a semiconductor to modify its electrical properties.

Halbleiterentwicklung *f*
semiconductor development

Halbleiterfertigung *f*
semiconductor fabrication, semiconductor manufacturing

Halbleiterfestwertspeicher *m*
semiconductor ROM

Halbleiterforschung *f*
semiconductor research

Halbleitergleichrichterdiode *f*
semiconductor rectifier circuit

Halbleiterkristall *m* [z.B. Silicium]
semiconductor crystal [e.g. silicon]

Halbleiterlaser *m,* Laserdiode *f*
Halbleiterbauteil, das kohärentes Licht emittiert. Die Lichterzeugung erfolgt durch induzierte Emission an einem PN-Übergang. Sie entsteht durch Ladungsträgerinjektion oder Elektronenstrahlanregung. Als Ausgangsmaterialien dienen vorwiegend Galliumarsenid und Galliumaluminiumarsenid.
semiconductor laser, laser diode, diode laser
Semiconductor device that emits coherent light. Light generation occurs at a pn-junction due to carrier injection or electron-beam excitation. The most widely used materials are gallium arsenide and gallium aluminium arsenide.

Halbleiterphotoelement *n,* Photoelement *n,* Sperrschichtphotoelement *n*
Halbleiterbauelement, das Lichtenergie oder andere Strahlungsenergie in elektrische Energie umsetzt, ohne eine äußere Spannungsquelle zu benötigen (z.B. Solarzellen).
photovoltaic cell
Semiconductor component that converts light energy or other radiant energy into electrical energy without the need for an external voltage source (e.g. solar cells).

Halbleiterplättchen *n,* Chip *m*
Halbleiterplättchen, das aus einem Wafer herausgeschnitten wurde, und das alle aktiven und passiven Elemente einer integrierten

Schaltung (bzw. Bausteins) enthält. Der Begriff Chip wird auch als Synonym für integrierte Schaltung benutzt.
semiconductor chip, chip, semiconductor die
Semiconductor piece, cut from a wafer, that contains all the active and passive elements of an integrated circuit (or device). The term chip is also used as a synonym for an integrated circuit.

Halbleiterrauschen *n*
semiconductor noise, transistor noise

Halbleiterrauschen *n,* Funkelrauschen *n* [das Rauschen von Halbleiterbauelementen bei tiefen Frequenzen]
flicker noise [semiconductor noise at low frequencies]

Halbleiterschalter *m*
semiconductor switch

Halbleiterschaltung *f*
semiconductor circuit

Halbleiterscheibe *f,* Wafer *m*
Dünne, aus einem Halbleiterkristall gesägte Scheibe, auf der gleichartige Schaltungsstrukturen integriert sind. Mit Hilfe eines Laserstrahls oder einer Diamantsäge wird der Wafer in die einzelnen Chips zerlegt.
wafer
Thin slice cut from a semiconductor crystal, on which similar circuit structures are integrated. With the aid of a laser beam or a diamond saw, the wafer is divided into individual chips.

Halbleiterschicht *f*
semiconductor layer

Halbleitersensor *m*
semiconductor sensor

Halbleiterspeicher *m,* integrierte Speicherschaltung *f* [Speicher bestehend aus integrierten Schaltungen; z.B. ein ROM oder RAM]
semiconductor memory, integrated circuit memory [storage consisting of integrated circuits; e.g. a ROM or a RAM]

Halbleitersubstrat *n*
Halbleitermaterial, in oder auf dem Bauelemente oder integrierte Schaltungen hergestellt werden.
semiconductor substrate, semiconductor base
Semiconductor material in or on which discrete components or integrated circuits are fabricated.

Halbleitertechnik *f,* Halbleitertechnologie *f*
semiconductor technology

Halbleiterwerkstoff *m* [z.B. Silicium, Germanium und Verbindungshalbleiter]
semiconductor material [e.g. silicon, germanium and compound semiconductors]

Halbleiterübergang
semiconductor junction

Halbleiterzone *f*, **Halbleiterbereich** *m*
Teilgebiet eines Halbleiterkristalls mit
speziellen elektrischen Eigenschaften.
semiconductor region, semiconductor zone
Region in a semiconductor crystal that has
specific electrical properties.
Halbperiode *f*, **Halbwelle** *f*, **Halbschritt** *m*
half cycle
Halbsubtrahierer *m* [eine Schaltung analog
dem Halbaddierer]
half subtracter [a circuit analog to a half-
adder]
Halbtonverfahren *n* [Graphik]
half tone [graphics]
Halbwelle *f*, **Halbperiode** *f*, **Halbschritt** *m*
half cycle
Halbwellengleichrichter *m*
half-wave rectifier
Halbwellenspannungsverdoppler *m*
half-wave voltage doubler
Halbwellenstromversorgung *f*
half-wave power supply
Halbwertsabstrahlwinkel *m* [Optoelektronik]
half-intensity beam angle [optoelectronics]
Halbwertsbreite *f* [Impulstechnik: die Länge
eines Impulses in halber Höhe]
half width [pulse technique: length of a pulse
at half amplitude]
Halbwertsbreitendauer *f* [Impulsdauer in
halber Höhe]
half-amplitude duration [pulse duration at
half amplitude]
Halbwertsempfangswinkel *m* [Optoelektronik]
half acceptance angle [optoelectronics]
Halbwort *n*
half word
Hall-Beweglichkeit *f*
Hall mobility
Hall-Effekt *m* [Auftreten einer Spannung
senkrecht zum Strom in einem strom-
durchflossenen Leiter, der ein Magnetfeld
senkrecht kreuzt]
Hall effect [generation of a voltage
perpendicular to the current in a current-
carrying conductor crossing a magnetic field at
right angles]
Hall-Effektbauteil *n*
Hall effect device
Hall-Generator *m*
Hall generator
Hall-Konstante *f*
Hall constant, Hall coefficient
Hall-Modulator *m*
Hall modulator
Hall-Multiplikator *m*
Hall multiplier
Hall-Sensor *m*
Hall effect sensor
Hall-Spannung *f*

Hall voltage
Haltebefehl *m*
halt instruction
halten
hold, to
Haltepunkt *m*, **Programmhaltepunkt** *m*,
Breakpoint *m* [Unterbrechungspunkt in einem
Programm zwecks externem Eingriff, in der
Regel in Verbindung mit einem Fehler-
suchprogramm]
breakpoint [program interruption for an
external intervention, usually associated with
program debugging]
Halteschaltung *f*
holding circuit
Haltestrom *m*
holding current
Haltezeit *f*
hold time
Haltezeit der Daten nach Adreßwechsel *f* [bei
integrierten Speicherschaltungen]
data-hold after change of address [with
integrated circuit memories]
Haltezeit der Daten nach Bausteinauswahl *f*
data-hold from chip select, output hold from
chip select
Haltezeit für Adresse nach Freigabe *f*
address after enable hold time
Haltezeit für Adresse nach Schreiben *f*
address after write hold time
Haltezeit für Dateneingabe nach Schreiben *f*
data-in after write hold time
**Haltezeit für Dateneingabe nach
Zeilenadreßauswahl** *f*
data-in after row-address-select hold time
Haltezeit für Freigabe nach Schreiben *f*
enable after write hold time
Haltezeit für Lesen nach Freigabe *f*
read after enable hold time
**Haltezeit für Zeilenadreßauswahl nach
Spaltenadreßauswahl** *f*
**row-address-select after column-address-
select hold time**
**Haltezeit für Zeilenadresse nach
Zeilenadreßauswahl** *f*
**row-address after row-address-select hold
time**
Hamming-Abstand *m* [Anzahl Stellen, durch
die sich zwei Codewörter gleicher Länge
unterscheiden; Codes mit Redundanz haben
einen Abstand > 1 und ermöglichen eine
automatische Erkennung und Korrektur von
Übertragungsfehlern]
Hamming distance [number of places in
which two equally long code words differ;
redundant codes have a distance > 1, thus
enabling transmission errors to be
automatically detected and corrected]
Hamming-Code *m* [Code, der zusätzliche

Prüfbits zur Erkennung fehlerhaft
übertragener Zeichen verwendet]
Hamming code [a code employing additional
check bits for detecting incorrectly transmitted
characters]
Hand-Rechner *m*
  handheld computer
Handapparat *m*
  handset
Handauflage *f*
  handrest
Handdateneingabe *f*, Dateneingabe von Hand *f*
  manual data input (MDI)
Handeingabe *f*, Eingabe von Hand *f*
  manual entry
Handeingabegerät *n*
  manual input device
handelsüblicher Baustein *m*,
Standardbaustein *m*
  off-the-shelf device, catalog device
Handgelenk-Erdungsband *n*, Erdungsband *n*
  wrist grounding strap, grounding strap
Handgerät *n*
  handheld unit
handgeschrieben
  handwritten
Handhabung *f* [allgemein]
  handling [general]
Handhabung *f*, Datenhandhabung *f*
  manipulation, data manipulation
Handschrift *f*
  handwriting
Handschriftleser *m*
  hand-print recognizer
Handshake-Signal *n*, Quittungssignal *n*
  handshaking signal
Handshake-Verfahren *n*, Quittungsbetrieb *m*
[Verfahren zur zeitlichen Koordinierung der
Datenübergabe zwischen zwei Bausteinen oder
Systemen, z.B. zwischen Prozessor und
Peripheriegerät oder zwischen Terminal und
Rechenzentrum]
  handshaking [method of coordinating the
timing of data transfer between two devices or
systems, e.g. between processor and peripheral
unit or between terminal and computer center]
Hardcopy *f*, Papierkopie *f* [gedruckte Ausgabe
einer im Rechner gespeicherten Datei, z.B.
Programmauflistung]
  hard copy [printed copy of file stored in
computer, e.g. program listing]
Hardware *f* [der gerätetechnische Teil; im
Gegensatz zu den Programmen, d.h. zur
Software]
  hardware [equipment in contrast to programs,
i.e. software]
Hardware-Anordnung *f*
  hardware configuration
Hardware-Bootstrap *m*, Hardware-Urlader *m*

[in ROM implementiertes Ladeprogramm]
  hardware bootstrap [program loader
implemented in ROM]
Hardware-Fehler *m*, Maschinenfehler *m*
  hardware error, malfunction
Hardware-Sicherung *f*
  hardware protection
Hardware-Urlader *m*, Hardware-Bootstrap *m*
[in ROM implementiertes Ladeprogramm]
  hardware bootstrap [program loader
implemented in ROM]
harter Bindestrich *m* [im Wort enthaltener
normaler Bindestrich, im Gegensatz zum
weichen Bindestrich]
  embedded hyphen, hard hyphen, required
hyphen [normal hyphen contained in a
hyphened word, in contrast to discretionary or
soft hyphen]
harter Zeilenumbruch *m* [Abschluß jeder Zeile
mit Wagenrücklaufzeichen, im Gegensatz zum
weichen Zeilenumbruch]
  hard carriage return [closing each line with
carriage return character, in contrast to soft
carriage return]
Hartley-Oszillatorschaltung *f*
[Oszillatorschaltung mit Rückkopplung über
induktiven Spannungsteiler; auch induktive
Dreipunktschaltung genannt]
  Hartley circuit [oscillator circuit with
feedback via inductive voltage divider]
Hartlöten *n*
  brazing
hartsektoriert [Sektormarkierung auf Disketten
mittels Lochstanzungen, die optisch abgetastet
werden; im Gegensatz zu weichsektoriert]
  hard-sectored [marking of sectors on floppy
disks with holes that are optically scanned; in
contrast to soft-sectored]
Hash-Adressierung *f* [Errechnen der Adresse
durch Transformation des jeweiligen
Schlüsselwortes, z.B. in einen entsprechenden
numerischen Wert über einen Algorithmus
(Hash-Algorithmus)]
  hash addressing [calculation of the address
by transforming the key word, e.g. into a
corresponding numerical value via an
algorithm (hash algorithm)]
Hash-Algorithmus *m*
  hash algorithm
Hash-Code *m*
  hash code
Hash-Suche *f*
  hash search
Hash-Tabelle *f*
  hash table
Hash-Zahl *f*, Quasizufallszahl *f* [zum raschen
Wiederfinden eines Datensatzes verwendete
Zahl, die durch eine Transformation des
Suchschlüssels gewonnen wird; die Hash-Zahl

erhält man über einen Hash-Algorithmus]
hash number [number used for rapid retrieval
of a record and obtained by transforming the
search key; the hash number is obtained via a
hash algorithm]
Häufigkeitskurve *f*
frequency curve
Hauptausfall *m*
major failure
Hauptdatei *f*, Stammdatei *f*
master file
Haupteinheit *f*
master unit
Hauptfehler *m*
major defect
Hauptimpuls *m*, Leitimpuls *m*
master pulse
Hauptleiterplatte *f*, Hauptplatine *f*
[Leiterplatte mit Mikroprozessor, RAM/ROM,
Ein-Ausgabe-Bausteinen]
main board [printed circuit board with
microprocessor, RAM/ROM and input-output
devices]
Hauptmenü *n*
main menu
Hauptordnungsbegriff *m*, Primärschlüssel *m*,
Ordnungsbegriff *m*
primary key, key
Hauptplatine *f*, Hauptleiterplatte *f* [Leiterplatte
mit Mikroprozessor, RAM/ROM, Ein-Ausgabe-
Bausteinen]
main board [printed circuit board with
microprocessor, RAM/ROM and input-output
devices]
Hauptprogramm *n*
master program, main routine
Hauptprozessor *m*
main processor
Hauptschleife *f*
major loop
Hauptspeicher *m*, Zentralspeicher *m* [Speicher,
mit dem der Prozessor unmittelbar verkehrt,
und der das Betriebssystem, die Programme
und die Daten enthält]
main memory [storage with which the
processor directly communicates and which
contains the operating system, the programs
and data]
Hauptspeicherzuordnung *f*
main memory allocation
Hauptsteuerprogramm *n*
master control routine, master control
program
Haupttaktgeber *m*
master clock
Hayes-Befehlssatz *m* [Modem]
Hayes command codes [modem]
HCMOS-Technik *f*, Hochgeschwindigkeits-
CMOS-Technik *f*

Verbesserte CMOS-Technik, die die
Herstellung integrierter Schaltungen mit
erheblich höheren Schaltgeschwindigkeiten
und Ausgangslastfaktoren ermöglicht, als die
konventionelle CMOS-Technik.]
HCMOS technology (high-speed
complementary MOS technology)
Improved CMOS technology allowing the
fabrication of integrated circuits having
considerably higher switching speeds and
greater fan-out than those produced by
conventional CMOS technology.]
HD-Diskette *f*, Diskette mit hoher Dichte *f*
[speichert 1,2 MB auf 5.25"- und 1,44 MB auf
3,5"-Disketten]
high-density diskette, HD diskette [stores
1.2 MB on 5.25" and 1.44 MB on 3.5" diskettes]
HDLC-Verfahren *n* [von der ISO genormtes,
bitorientiertes Protokoll für die
Datenübertragung]
HDLC (high-level data link control) [bit-
oriented data transmission protocol
standardized by ISO]
Heapsort-Algorithmus *m*
heapsort algorithm
Heimrechner *m*, Home-Computer *m*
home computer
heißes Elektron *n* [Elektron in einem Halbleiter, dessen Driftenergie größer ist, als seine
thermische Energie]
hot electron [electron in a semiconductor
having a drift energy that is higher than its
thermal energy]
Heißleiter *m*, NTC-Widerstand *m*, NTC-
Thermistor *m*
Halbleiterbauelement mit hohem negativen
Temperaturkoeffizienten, d.h. dessen
Widerstand mit steigender Temperatur
abnimmt.
NTC resistor, NTC thermistor (negative
temperature coefficient resistor)
Semiconductor component with a high negative
temperature coefficient (NTC), i.e. whose
resistance decreases as temperature rises.
Heißluftentlöten *n*
hot-air desoldering
Helligkeitseinstellung *f*
brightness adjustment
Helltastimpuls *m* [Oszillograph]
unblanking pulse [oscilloscope]
HEMT [Transistor mit hoher Ladungs-
trägerbeweglichkeit]
Extrem schneller Feldeffekttransistor mit
Heterostruktur. Auf undotiertem Galliumarsenid wird mit Hilfe der Molekularstrahlepitaxie eine dotierte Aluminium-Galliumarsenid-Schicht aufgebracht. Der Heteroübergang zwischen den beiden Strukturen hält
die Elektronen, die aus der AlGaAs-Schicht

diffundieren, in der undotierten GaAs-Schicht zurück, in der sie sich mit hoher Geschwindigkeit bewegen können. Sehr schnelle Transistoren (mit Schaltverzögerungszeiten von < 10 ps/Gatter) auf dieser Basis werden weltweit von verschiedenen Herstellern unter den Namen MODFET, TEGFET und SDHT entwickelt.
HEMT (high electron-mobility transistor) Extremely fast field-effect transistor with a heterostructure. A doped aluminium gallium arsenide layer is deposited by molecular beam epitaxy on undoped gallium arsenide. The heterojunction between them confines the electrons which diffuse from the AlGaAs layer to the undoped GaAs where they can move with great speed. Very fast transistors (with switching delay times of < 10 ps/gate) based on this principle and called MODFET, TEGFET and SDHT are being developed worldwide by various manufacturers.

Henry *n* (H) [Si-Einheit der Induktivität]
henry (H) [Si unit of inductance]
herabsetzen [z.B. Leistungfähigkeit eines Bausteins]
degrade, to [e.g. performance of a device]
heranholen, dynamisch skalieren, zoomen [bei der graphischen Datenverarbeitung]
zoom, to [in computer graphics]
heraufzählen, aufwärtszählen, vorwärtszählen
count upwards, to
herausziehen, ausblenden, extrahieren [Herausnehmen von Zeichen aus einer Zeichenfolge]
extract, to [remove characters from a string]
Hercules-Graphikkarte *f*, HGC-Karte *f* [Bildschirmadapter]
Hercules graphics card, HGC [screen adapter]
hermetisch dichtes Gehäuse *n*, hermetisches Gehäuse *n*
hermetic package
hermetische Abdichtung *f*
hermetic sealing
Herstellung in großen Zahlen *f*, Massenproduktion *f*
volume production, mass production
Herstellungsverfahren *n*
manufacturing process, processing technology
Hertz *n* (Hz) [SI-Einheit der Frequenz]
hertz (Hz) [Si unit of frequency]
herunterzählen, abwärtszählen, rückwärtszählen
count downwards, to
Hervorheben *n*
highlighting
hervorheben
highlight, to; emphasize, to

Heterodiode *f*
heterodiode
heteroepitaktische Schicht *f*
heteroepitaxial layer, heteroepitaxial film
Heteroepitaxie *f*
Das Aufwachsen einer epitaktischen Schicht aus einem Material, das eine andere Kristallstruktur aufweist als das Substrat, auf das es abgeschieden wird, z.B. das Aufbringen einer Siliciumschicht auf ein Saphirsubstrat.
heteroepitaxy
The growth of an epitaxial layer with a crystal structure which differs from that of the substrate on which it is deposited, e.g. the deposition of a silicon layer on a sapphire substrate.
heteropolare Bindung *f*, ionische Bindung *f*, Ionenbindung *f*
Chemische Bindung (z.B. in einem Halbleiterkristall), bei der Elektronen der äußersten Schale (Valenzelektronen) bei zwei verschiedenen, nahe beieinanderliegenden Atomen von einem Atom zum anderen übergehen, wodurch Ionen entstehen, die durch elektrostatische Kräfte zusammengehalten werden.
ionic bond, electrovalent bond, electrostatic bond
Chemical bond (e.g. in a semiconductor crystal), in which electrons in the outer shell (valence electrons) are transferred from one atom to a neighbouring atom, thus forming ions which are held together by electrostatic attraction.
Heterostrukturlaser *m* [Halbleiterlaser]
heterostructure laser [semiconductor laser]
Heteroübergang *m*
Der Übergang, der zwischen zwei verschiedenartigen Halbleiterkristallen entsteht, die unterschiedliche Energieabstände zwischen den Valenz- und Leitungsbändern haben, z.B. der Übergang zwischen Germanium und Galliumarsenid.
heterojunction
Junction formed between two dissimilar semiconductor crystals which have different energy gaps between their valence and conduction bands, e.g. the junction between germanium and gallium arsenide.
Heuristik *f*, heuristische Regeln *f.pl.*
heuristics, heuristic rules
heuristisch, nichtalgorithmisch, nicht berechenbar
heuristic, non-algorithmic, non-calculable
heuristische Methode *f* [Problemlösung durch empirische Ermittlung]
heuristic method [solution by trial and error]
heuristische Programmierung *f*
heuristic programming
heuristische Regeln *f.pl.*, Heuristik *f*

[Faustregeln zur Vereinfachung einer Problemlösung]
heuristic rules, heuristics [rules of thumb used for simplifying problem solving]
hexadezimales Zahlensystem *n*, sedezimales Zahlensystem *n* [Zahlensystem mit der Basis 16, das durch die Ziffern 0 bis 9 und die Buchstaben A bis F dargestellt wird; weist eine einfache Beziehung zu Binärzahlen auf, wenn sie in Vierergruppen aufgeteilt werden, z.B. die Binärzahl 1011 0101 entspricht der kürzeren und einfacheren Hexadezimalzahl B5]
hexadecimal number system, hexadecimal notation [number system with the base 16 represented by the digits 0 to 9 and the letters A to F; has a simple relation to binary numbers when grouped in four, e.g. the binary number 1011 0101 has the simpler and shorter hexadecimal B5]
Hexadezimalziffer *f*, Sedezimalziffer *f*
hexadecimal digit
HEXFET [Feldeffekttransistor mit hexagonaler Zellenstruktur]
MOS-Leistungstransistor, der auf einer Vielzahl hexagonaler Source-Zellen mit doppeldiffundiertem Kanal basiert. Die Source-Zellen sind über eine ununterbrochene metallisierte Schicht, die den Sourceanschluß bildet, parallelgeschaltet.
HEXFET (hexagonal cell MOS field-effect transistor)
Power MOSFET based on a multiplicity of hexagonal source cells with a double diffused channel. The source cells are parallel connected by a continuous sheet of metallization which forms the source terminal.
HF-Transistor *m* [ein Transistor mit sehr hoher Grenzfrequenz]
RF transistor, radio frequency transistor [a transistor with very high cut-off frequency]
HGC-Karte *f*, Hercules-Graphikkarte *f* [Bildschirmadapter]
HGC (Hercules Graphics Card) [screen adapter]
hierarchische Datei *f* [Datei mit Baumstruktur]
hierarchical file [file with tree structure]
hierarchisches Datenbanksystem *n*
hierarchical data base system
High-Sierra-Standard *m* [informelle Bezeichnung der ISO-Norm für die CD-ROM-Dateistruktur]
High Sierra standard [informal designation of ISO standard for CD-ROM data structures]
Hilfe-Funktion *f*
help function
Hilfe-Menü *n*
help menu
Hilfsspeicher *m*, Sekundärspeicher *m*,

Zusatzspeicher *m* [Ergänzung des Primärspeichers, d.h. Speicher außerhalb des Hauptspeichers]
secondary storage, auxiliary storage [complements primary storage, i.e. storage outside the main memory]
Hilfsübertrags-Flag *n*, Hilfsübertragsmerker *m*
auxiliary carry flag
Hilfsübertragsbit *n*
auxiliary carry bit
Hilfsübertragsmerker *m*, Hilfsübertrags-Flag *n*
auxiliary carry flag
Hintergrund *m* [Bereich hinter dem aktiven Fenster]
background [area behind the active window]
Hintergrund *m*, Hintergrundbild *n*, statisches Bild *n*
background image, static image
Hintergrundbeleuchtung *f* [Flüssigkristallanzeige]
background lighting [liquid crystal display]
Hintergrundbild *n*, Hintergrund *m*, statisches Bild *n*
background image, static image
Hintergrundprogramm *n* [ein Programm, das relativ niedrige Anforderungen an den zeitlichen Ablauf stellt, z.B. ein Druckprogramm; im Gegensatz zum Vordergrundprogramm, das hohe Anforderungen stellt, z.B. die Texteingabe im Dialogbetrieb]
background program [a program that places relatively low requirements with respect to response time, e.g. printer program; in contrast to a foreground program that places high requirements, e.g. text input in dialog mode]
Hintergrundrauschen *n* [allgemein]
background noise [general]
Hintergrundrauschen *n*, Schnee *m* [sich bewegende weiße Punkte auf dem Bildschirm]
snow [moving white dots on the screen]
Hintergrundverarbeitung *f*
background processing
hinterätzen
etch-back, to
hinunterladen, download [Programme oder Daten von einem zentralen Rechner laden]
download, to [to load a program or data from a remote computer]
Hinweisadresse *f*, Zeiger *m* [zeigt auf den nächsten Satz, der vom Programm gelesen werden soll, z.B. auf die letzte Eintragung in einem Stapelspeicher oder auf den nächsten Satz in einer verketteten Datei]
pointer [points to the next record to be read by the program, e.g. to the last entry in a stack or the next record in a chained file]
Histogramm *n* [Diagramm, das die Häufigkeitsverteilung mittels vertikaler Säulen

zeigt]
histogram, frequency bar chart [chart showing frequency distribution by means of vertical bars]
hitzebeständig, wärmebeständig
  thermally stable
HJBT m, Bipolartransistor mit Hetero-übergang m
  Extrem schneller Transistor auf Gallium-arsenidbasis; das bipolare Gegenstück zum HEMT-Feldeffekttransistor.
  HJBT (heterojunction bipolar transistor)
  Extremely fast transistor based on gallium arsenide; the bipolar counterpart of the HEMT field-effect transistor.
HMOS-Technik f, Hochleistungs-MOS-Technik f
  Verbesserte MOS-Technik, die bei der Herstellung integrierter Schaltungen eine höhere Packungsdichte ermöglicht.
  HMOS technology (high performance MOS technology)
  Improved MOS technology allowing higher packing densities in integrated circuit fabrication.
HNIL-Schaltung f, störfeste Schaltung f
  [logische Schaltung mit hoher Störsicherheit]
  HNIL (high-noise immunity logic)
hochauflösender Graphikbildschirm m [mit hoher Auflösung für Graphik]
  high-resolution graphic display [with high resolution for graphics]
hochdotierter Halbleiter m, stark dotierter Halbleiter m
  highly doped semiconductor
hochenergetisches Elektron n
  high-energy electron
Hochformat n [Ausrichtung eines Bildes mit der längsten Seite vertikal, im Gegensatz zum Querformat]
  portrait [view of image with longest side vertical, in contrast to landscape]
Hochfrequenz f (HF)
  high frequency, radio frequency (RF)
Hochfrequenzverstärker m
  high-frequency amplifier
Hochgeschwindigkeits-CMOS-Technik f, HCMOS-Technik f
  Verbesserte CMOS-Technik, die die Herstellung integrierter Schaltungen mit erheblich höheren Schaltgeschwindigkeiten und Ausgangslastfaktoren ermöglicht, als die konventionelle CMOS-Technik.]
  high-speed complementary CMOS technology, HCMOS technology
  Improved CMOS technology allowing the fabrication of integrated circuits having considerably higher switching speeds and greater fan-out than those produced by conventional CMOS technology.]

Hochgeschwindigkeits-Schaltung f, HSIC-Schaltung f [allgemeine Bezeichnung für sehr schnelle digitale Schaltungen]
  high-speed integrated circuit (HSIC) [general designation for very high-speed digital circuits]
Hochgeschwindigkeitsbus m
  high-speed bus
hochintegriert
  highly integrated
hochintegrierte Schaltung mit hoher Schaltgeschwindigkeit f, VHSIC f
  VHSIC (very high speed integrated circuit)
Hochleistungs-MOS-Technik f, HMOS-Technik f
  Verbesserte MOS-Technik, die bei der Herstellung integrierter Schaltungen eine höhere Packungsdichte ermöglicht.
  high-performance MOS technology, HMOS technology
  Improved MOS technology allowing higher packing densities in integrated circuit fabrication.
Hochleistungsrechner m
  high-speed computer
hochohmig
  high-impedance
Hochpaßfilter n
  high-pass filter
hochschmelzendes Metall n, schwerschmelzbares Metall n
  refractory metal
hochschmelzendes Metallsilicid n, schwerschmelzbares Metallsilicid n
  refractory metal silicide
Hochspannung f
  high voltage
Hochspannungsimpuls m
  high-voltage pulse
höchste Bitstelle f
  high-order bit position
höchste Schichttemperatur f [integrierte Schichtschaltungen]
  hot spot temperature [film integrated circuits]
hochstehender Index m [hochgestelltes Zeichen, z.B. 10^3]
  superscript [raised character, e.g. 10^3]
Hochstromthyristor m
  high-current thyristor
Hochstromtransistor m
  high-current transistor
höchstwertig
  most significant
höchstwertige Stelle f, höchstwertiges Zeichen
  most significant place, most significant character (MSC)
höchstwertige Ziffer f [die Ziffer mit dem höchsten Stellenwert, d.h. die führende Ziffer,

die nicht Null ist]
most significant digit (MSD) [the digit with
the highest value, i.e. the leading non-zero
digit]
höchstwertiges Bit *n* [Stelle mit dem höchsten
Bit-Wert, z.B. 1 in der Binärzahl 1000]
most significant bit (MSB) [the position with
the highest bit value, e.g. 1 in the binary
number 1000]
höchstwertiges Zeichen *n*, höchstwertige Stelle
most significant place, most significant
character (MSC)
hochwertiges Bauelement *n*, hochwertiges
Bauteil *n*
high-grade component
Hochziehwiderstand *m*
pull-up resistor
hohe Wiedergabetreue *f*
high fidelity (HiFi)
hoher Speicherbereich *m* [erstes 64-kB-
Segment oberhalb 1 MB]
high memory area, HMA [first 64-kB
segment above 1 MB]
höhere Programmiersprache *f* [eine
problemorientierte Sprache, wie ALGOL,
BASIC, COBOL, FORTRAN, PASCAL usw.; im
Gegensatz zu einer maschinenorientierten
Sprache (Assemblersprache)]
high-level language [a problem-oriented
language such as ALGOL, BASIC, COBOL,
FORTRAN, PASCAL, etc.; in contrast to a
machine-oriented language (assembler)]
höherwertige Adresse *f*
high address
höherwertiges Bit *n*
high-order bit
Hohlleiter *m*
waveguide
Hohlraum *m*, Fehlstelle *f* [Leiterplatten]
void, imperfection [printed circuit boards]
Holanweisung *f*
fetch statement, get statement
Holbefehl *m*, Abrufbefehl *m*
fetch instruction
holen, abrufen [z.B. Daten aus dem Speicher]
fetch, to [e.g. data from storage]
Hologrammspeicher *m*
holographic memory
Holographie *f*
holography
Home-Computer *m*, Heimrechner *m*
home computer
Homöepitaxie *f*
Das Aufwachsen einer epitaktischen Schicht
auf einen Halbleiter, der die gleiche Kristallstruktur aufweist wie das Substrat, auf das es
abgeschieden wird, z.B. das Aufbringen einer
Siliciumschicht auf ein Siliciumsubstrat.
homoepitaxy

The growth of an epitaxial layer having the
same crystal structure as the substrate on
which it is deposited, e.g. the deposition of a
silicon layer on a silicon substrate.
homöopolare Bindung *f*, kovalente Bindung *f*
Chemische Bindung (z.B. in einem
Halbleiterkristall), bei der die Bindungskräfte
durch Elektronen entstehen, die zwei
benachbarten Atomen gleichermaßen
angehören.
homopolar bond, covalent bond
Chemical bond (e.g. in a semiconductor crystal)
in which the binding forces result from the
sharing of electrons by a pair of neighbouring
atoms.
Homötaxialbasistransistor *m*
hometaxial-base transistor
Homoübergang *m*
Übergang in einem Halbleiter, in dem die P-
und N-dotierten Bereiche die gleiche Kristallstruktur haben.
homojunction
Junction in a semiconductor in which the p-
doped region and the n-doped region have the
same crystal structure.
Horn-Klausel *f*, Hornscher Satz *m* [logische
Programmierung]
Horn clause [logical programming]
Host-Adapter *m* [SCSI-Controller für den
Anschluß mehrerer Peripheriegeräte an den
Rechnerbus]
host adapter [SCSI controller for connecting
several peripheral units to computer bus]
Host-Rechner *m*, Verarbeitungsrechner *m*
[zentraler Dienstleistungsrechner für die
Unterstützung von Datenstationen oder
Satellitenrechnern]
host computer [central computer providing
services to terminals or satellite computers]
Hot-Key *m* [Ausführungstastenkombination für
ein speicherresidentes Programm]
hot-key [combination of keys for starting
memory resident program]
Hotline *f*, Anwender-Hotline *f* [Telephonleitung
für die Beantwortung von Anwenderfragen]
hotline, user hotline [telephone line for
answering user questions]
HPGL [Standard-Befehlssprache für Plotter]
HPGL (Hewlett-Packard Graphics Language)
[standard command language for plotters]
HPIB [Standardbus, auch GPIB-Bus, IEC-Bus
oder IEEE-488-Bus genannt]
HPIB (Hewlett-Packard Interface Bus) [also
called GPIB bus, IEC bus or IEEE-488 bus]
HSIC-Schaltung *f*, Hochgeschwindigkeits-
Schaltung *f* [allgemeine Bezeichnung für sehr
schnelle digitale Schaltungen]
HSIC (high-speed integrated circuit) [general
designation for very high-speed digital circuits]

HSTTL [spezielle TTL-Schaltungsfamilie mit kurzen Verzögerungszeiten]
HSTTL (high-speed transistor-transistor logic) [special TTL family of logic circuits characterized by short propagation delays]
HTL *f*, Logik mit hoher Schwellwertspannung *f* Logikfamilie, bei der höhere Versorgungsspannungen (15 V) als bei anderen Logikfamilien verwendet werden; zeichnet sich durch einen hohen Störabstand aus.
HTL (high-threshold logic) Logic family using higher supply voltages (15 V) than other logic families; characterized by high noise immunity.
Huckepackkarte *f* [Leiterplatte, die auf einer anderen Leiterplatte aufgesteckt wird]
piggy-back board [printed circuit board mounted on another board]
Huffman-Code *m*, Huffman-Codierung *f* **Huffman code**, Huffman encoding
Hüllkurve *f* **envelope**
hybride integrierte Schaltung *f*, integrierte Hybridschaltung *f* Eine integrierte Schaltung, bei der die verschiedenen Schaltungselemente in unterschiedlichen Techniken hergestellt sind; z.B. eine Kombination aus monolithisch integrierter Schaltung mit einer Dünn- oder Dickschichtschaltung.
hybrid integrated circuit An integrated circuit in which the various circuit elements are produced by dissimilar technologies; e.g. a combination of a monolithic integrated circuit and a thin or thick film circuit.
hybride Schnittstelle *f* **hybrid interface**
Hybridmikrowellenschaltung *f* **hybrid microwave circuit**
Hybridparameter *m*, h-Parameter *m* Kenngröße bei der Vierpol-Ersatzschaltbild-Darstellung von Transistoren. Die vier Grundparameter sind: h_{11}, Kurzschluß-Eingangsimpedanz; h_{12}, Leerlauf-Spannungsrückwirkung; h_{21},, Kurzschluß-Vorwärtsstromverstärkung; h_{22}, Leerlauf-Ausgangsadmittanz.
hybrid parameter, h-parameter Parameter of the four-terminal network equivalent circuit of a transistor. There are four basic *h*-parameters: h_{11}, short-circuit input impedance; h_{12}, open-circuit reverse voltage transfer ratio; h_{21}, short-circuit forward current transfer ratio; h_{22}, open-circuit output admittance.
Hybridrechner *m* [eine Rechneranlage, die die Arbeitsweise eines Analogrechners mit der eines Digitalrechners kombiniert]

hybrid computer [a computing system combining the operating modes of analog and digital computers]
Hybridschaltung *f* [bestehend aus integrierten Schaltungen und diskreten Bauelementen]
hybrid circuit [consisting of integrated circuits and discrete components]
Hybridtechnik *f* **hybrid technology**
Hypermedia *n.pl.* [Programm mit Verbindungen zwischen verschiedenen Medienarten, z.B. Verbindungen zwischen Textinformation und Ton- sowie Bildinformationen]
hypermedia [programm linking different media types, e.g. linking text information with audio and video information]
Hypertext *m* [Wiederauffindungsprogramm mit Verbindungen zwischen verschiedenen Textteilen, zwischen Text- und Bildteil oder zwischen verschiedenen Informationsebenen]
hypertext [retrieval program with links between different text sections, or between text and picture sections, or between different information levels]
Hypertext-Verbindung *f* [Verbindung in einem Hypertextsystem]
hypertext link [link in a hypertext system]
Hysterese *f* **hysteresis**
Hystereseschleife *f* [graphische Darstellung der magnetischen Feldstärke in Funktion der Magnetisierung bei ferromagnetischen Werkstoffen]
hysteresis loop [graphical representation of the magnetic flux as a function of magnetizing force in ferromagnetic materials]u

I

I²L, integrierte Injektionslogik *f*
Bipolare Technik, die die Herstellung von hochintegrierten Logikschaltungen mit hoher Packungsdichte, kurzen Schaltzeiten und kleinen Verlustleistungen ermöglicht. Die Grundschaltung verwendet einen vertikalen NPN-Transistor mit mehreren Kollektoren als Inverter und einen lateralen PNP-Transistor als Stromquelle, von der Minoritäts-ladungsträger in den Emitterbereich des NPN-Transistors injiziert werden. Wird auch MTL-Technik genannt.
I²L (integrated injection logic)
Bipolar technology enabling large-scale integrated circuits with high packing density, high switching speed and low power consumption to be produced. The basic circuit configuration uses a vertical npn-transistor with multiple collectors serving as an inverter and a lateral pnp-transistor serving as current source by injecting minority charge carriers into the emitter region of the npn transistor. Also called MTL technology.

I-Halbleiter *m*, Eigenhalbleiter *m*, eigenleitender Halbleiter *m*, Eigenleiter *m*
Halbleiterkristall von nahezu idealer und reiner Beschaffenheit, in dem die Dichten der Elektronen und Defektelektronen im Falle des thermischen Gleichgewichts nahezu gleich sind.
intrinsic semiconductor
Semiconductor crystal of practically ideal and pure composition in which electron and hole densities are practically identical in the case of thermal equilibrium.

IC, integrierte Schaltung *f*
Elektronische Schaltung, bei der alle aktiven und passiven Schaltungselemente auf einem einzigen Halbleiterplättchen enthalten sind. Je nach Integrationsgrad werden integrierte Schaltungen in folgende Kategorien eingeteilt: SSI (Kleinintegration), MSI (mittlere Integration), LSI (Großintegration), VLSI (Größtintegration), ULSI (Ultragrößtintegration) und WSI (Scheibenintegration). Integrierte Schaltungen werden auch als Chips bezeichnet.
IC (integrated circuit)
Electronic circuit that contains all active and passive circuit elements on a single piece of semiconductor material. Depending on their degree of integration, ICs belong to one of the following categories: SSI (small scale integration), MSI (medium scale integration), LSI (large scale integration), VLSI (very large scale integration), ULSI (ultra large scale integration) and WSI (wafer scale integration). Integrated circuits are also known as chips.

IC-Fertigung *f*, IC-Herstellung *f*
IC fabrication, IC manufacturing

IC-Fertigungstechnik *f*
IC manufacturing technology

ICT *n* [Verfahren für die Prüfung von elektronischen Baugruppen]
in-circuit test (ICT) [process for testing electronic assemblies]

IDE-Controller *m*, AT/IDE-Controller *m* [im Festplattenlaufwerk integrierter Controller]
IDE controller, AT/IDE controller (Integrated Drive Electronics) [controller integrated in drive]

IDE-Schnittstelle *f*
IDE interface

idealer Kristall *m* [Halbleitertechnik]
Ein Einkristall mit regelmäßigem Aufbau, der keine Fremdatome oder sonstige Defekte enthält.
ideal crystal, perfect crystal [semiconductor technology]
A single crystal which has a homogeneous structure and contains no impurity atoms or other defects.

identifizieren, bezeichnen
identify, to

Identifizierungsdialog *m*
handshaking procedure

Identifizierungszeichen *n*, Kennzeichen *n* [Zeichen, die den Beginn oder das Ende eines Feldes, eines Wortes oder einer Datenmenge kennzeichnen]
tag [symbols marking the beginning or the end of a field, word, item or data set]

Identitätsgatter *n*
identity gate

IEC, Internationale Elektrotechnische Kommission *f*
IEC, International Electrotechnical Commission

IEC-Bus *m* [Standardbus für allgemeine Anwendungen; auch IEEE-488-Bus, GPIB-Bus oder HPIB-Bus genannt]
IEC bus [standard bus for general usage; also known as IEEE-488 bus, GPIB bus or HPIB bus]

IEEE [Vereinigung der Elektro- und Elektronik-Ingenieure in den USA]
IEEE, Institute of Electrical and Electronics Engineers

IEEE-488-Bus *m*, IEC-Bus *m*
IEEE-488 bus, IEC bus

IEEE-583/CAMAC-Bus *m* [Standardbus und -Schnittstellen für Meßgeräte]
IEEE-583/CAMAC bus (Computer Automated Measurement And Control) [standard bus and

interfaces for instrumentation]

IF-THEN-Verknüpfung *f,* Implikation *f,*
Subjunktion *f*
Logische Verknüpfung mit dem Ausgangswert
(Ergebnis) 0, wenn und nur wenn der erste
Eingang (Operand) den Wert 0 und der zweite
den Wert 1 hat; für alle anderen Eingangswerte
ist der Ausgangswert 1.
IF-THEN operation, implication, conditional
implication, inclusion
Logical operation having the output (result) 0 if
and only if the first input (operand) is 0 and the
second is 1; for all other input values the output
is 1.

IFL-Technik *f*
Ein Gate-Array-Konzept für die Herstellung
von integrierten Semikundenschaltungen, das
sich durch große Flexibilität auszeichnet. Die
Festlegung der Logikfunktionen erfolgt wie bei
FPLAs, PALs und PGAs durch Wegbrennen der
Durchschmelzverbindungen.
IFL technology (integrated fuse logic
technology)
A gate-array concept for producing semicustom
integrated circuits, characterized by a high
level of flexibility. The logic functions are
defined as in FPLAs, PALs and PGAs by
burning out fusible links.

IGFET, Isolierschicht-Feldeffekttransistor *m*
Feldeffekttransistor, bei dem das Gate durch
eine dünne Isolierschicht vom stromführenden
Kanal getrennt ist. Durch eine an die Gateelektrode angelegte Spannung wird der Strom
im Kanal gesteuert. Man unterscheidet
zwischen N- und P-Kanal-Typen sowie
zwischen Anreicherungs- und Verarmungs-
Typen.
IGFET (insulated gate field-effect transistor)
Field-effect transistor in which the gate is
separated from the conducting channel by a
thin dielectric barrier. A voltage applied to the
gate terminal controls the current in the
channel. IGFETs can be classified as n- or p-
channel types and also as enhancement-mode
or depletion-mode types.

IGT [Transistor mit isoliertem Gate]
Integrierte Schaltungsfamilie der Leistungselektronik in CMD-Technik (Leitfähigkeitsmodulation), die mit Bipolar- und MOS-
Strukturen auf dem gleichen Chip realisiert ist.
IGT (insulated-gate transistor)
Family of power control integrated circuits
using conductivity-modulated device
technology; it combines bipolar and MOS
structures on the same chip.

Ikon *n,* Piktogramm *n,* Sinnbild *n,* Symbolbild *n*
[graphisches Symbol z.B. für ein
Anwendungsprogramm]
icon, pictogram [graphical symbol, e.g. for an
application program]

Imaginärteil *n* [eines komplexen Ausdrucks]
imaginary part [of a complex expression]

IMG-Dateiformat *n* [Graphik-Dateiformat
erzeugt von GEM Paint (Digital Research)]
IMG file format [graphic file format generated
by GEM Paint (Digital Research)]

IMOS-Technik *f*
Technik für die Herstellung von MOS-
Transistoren, bei der durch Ionenimplantation
ein selbstjustierendes Gate hergestellt wird.
IMOS technology (ion implanted MOS
technology)
Process for manufacturing MOS transistors
which uses ion implantation to produce a self-
adjusting gate.

IMPATT-Diode *f,* Lawinenlaufzeitdiode *f*
[Halbleiterdiode für den Mikrowellenbereich]
IMPATT diode (impact avalanche transit time
diode) [microwave semiconductor device]

Impedanz *f,* Scheinwiderstand *m*
impedance

Impedanzanpassung *f,* Widerstandsanpassung
impedance matching

Impedanzkopplung *f*
impedance coupling

Impedanzwandler *m*
impedance transformer

Implantation *f,* Implantieren *n*
implantation

Implantationsenergie *f* [Ionenimplantation]
implantation energy [ion implantation]

Implantieren *n,* Implantation *f*
implantation

implantierte Schicht *f* [eine durch
Ionenimplantation dotierte Schicht in einem
Halbleiterkristall]
implanted layer [layer in a semiconductor
crystal which has been doped by ion
implantation]

implantierter Bereich *m*
implanted region

implantiertes Ion *n*
implanted ion

Implementieren *n*
implementation

implementieren, realisieren [einsatzfähige
Bereitstellung]
implement, to [make ready for application]

Implementierungssprache *f*
[Programmiersprache für die Erstellung von
Systemprogrammen]
implementation language [programming
language for producing system programs]

Implikation *f,* IF-THEN-Verknüpfung *f,*
Subjunktion *f*
Logische Verknüpfung mit dem Ausgangswert
(Ergebnis) 0, wenn und nur wenn der erste
Eingang (Operand) den Wert 0 und der zweite

den Wert 1 hat; für alle anderen Eingangswerte ist der Ausgangswert 1.
implication, IF-THEN operation, conditional implication, inclusion
Logical operation having the output (result) 0 if and only if the first input (operand) is 0 and the second is 1; for all other input values the output is 1.
Implikationsglied *n*
IF-THEN gate
implizierte Adressierung *f* [Adressierungsart eines Mikroprozessors; im Befehl enthaltene Adresse]
implied addressing [microprocessor addressing mode; an address contained within an instruction]
implizit
implicit
implizite Anweisung *f*
implicit statement
imprägnieren
impregnate, to
Imprägniermaschine *f*
impregnating machine
Impuls *m*
pulse, impulse
Impulsabklingzeit *f*, Abfallzeit *f* [von 90 auf 10% der Impulsamplitude]
pulse decay time, fall time [from 90 to 10% of pulse amplitude]
Impulsamplitude *f*, Impulshöhe *f*
pulse amplitude
Impulsanstiegszeit *f*, Anstiegszeit *f* [von 10 auf 90% der Impulsamplitude]
pulse rise time, rise time [from 10 to 90% of pulse amplitude]
impulsartiges Rauschen *n*, impulsartiges Signal *n*
burst, signal burst, noise burst
Impulsbetrieb *m*
pulse operation
Impulsbreite *f*, Impulsdauer *f*, Impulslänge *f* [Zeitspanne zwischen der Vorder- und Rückflanke eines Impulses bezogen auf einen definierten Bruchteil der Impulshöhe, meistens 50%]
pulse width, pulse duration [time interval between the leading and trailing edges of a pulse referred to a stated fraction of the pulse amplitude, usually 50%]
Impulsbreitenmodulation *f*, Impulsdauermodulation *f*
pulse width modulation (PDM), pulse duration modulation
Impulsdach *n* [z.B. eines Rechteckimpulses]
pulse top [e.g. of a rectangular pulse]
Impulsdachschräge *f*, Dachschräge *f* [Verzerrung eines Rechteckimpulses; ansteigendes oder abfallendes Impulsdach]

pulse tilt, pulse droop [distortion of a rectangular pulse; rising or falling pulse top]
Impulsdauer *f*, Impulsbreite *f*, Impulslänge *f*
pulse duration, pulse width
Impulsdauermodulation *f*, Impulsbreitenmodulation *f*
pulse duration modulation (PDM), pulse width modulation
Impulsdehnerschaltung *f*
pulse stretcher circuit
Impulsdiagramm *n* [zeitlicher Ablauf des Impulspegels]
timing diagram, pulse timing diagram [pulse level as a function of time]
Impulsentzerrer *m*
pulse equalizer
Impulsflanke *f*, Flanke *f*
pulse edge, edge, slope
Impulsfolge *f*, Impulsserie *f*, Impulszug *m* [eine Folge von Impulsen]
pulse train [a sequence of pulses]
Impulsfolge aus positiven und negativen Impulsen *f*
bidirectional pulse train, bidirectional pulses
Impulsfolgefrequenz *f* [Anzahl Impulse pro Sekunde]
pulse repetition frequency (PRF) [number of pulses per second]
Impulsform *f*
pulse shape
Impulsformer *m*, Pulsformer *m*
pulse shaper
Impulsfrequenz *f*
pulse frequency
Impulsfunktion *f*, Diracsche Funktion *f*
pulse function
Impulsgeber *m*, Impulsgenerator *m* [zur Erzeugung von Impulsfolgen]
pulse generator [for producing pulse trains]
impulsgetastet, pulsgetastet
pulse keyed
Impulshöhe *f*, Impulsamplitude *f*
pulse amplitude
Impulslänge *f*, Impulsbreite *f*, Impulsdauer *f*
pulse duration, pulse width
Impulsmodulationsaufzeichnung *f* [magnetische Aufzeichnung]
pulse modulation [magnetic recording]
Impulspegel *m*
pulse level
Impulsrate *f*
pulse rate
Impulsregenerierung *f* [Wiederherstellung der ursprünglichen Form sowie der Amplituden- und Zeitverhältnisse einer Impulsfolge]
pulse regeneration [restoring the original form, amplitude and timing of a pulse train]
Impulssender *m*

pulse transmitter
Impulsserie *f*, Impulsfolge *f*, Impulszug *m* [eine
  Folge von Impulsen]
  pulse train [a sequence of pulses]
Impulsspitze *f*
  pulse peak, pulse spike
Impulsteiler *m*, Impulsuntersetzer *m*
  pulse divider, pulse scaler
Impulsübertrager *m* [ausgelegt für die
  Übertragung von Impulsen mit kurzen
  Anstiegs- und Abfallzeiten]
  pulse transformer [designed for transferring
  pulses with short rise and fall times]
Impulsuntersetzer *m*, Impulsteiler *m*
  pulse scaler, pulse divider
Impulsverschachtelung *f*
  pulse interleaving
Impulsverstärker *m*
  pulse amplifier
Impulsverzögerungsschaltung *f*
  pulse delay circuit
Impulszähler *m*
  pulse counter
Impulszittern *n* [relativ kleine Schwankungen
  des zeitlichen Abstandes einer Impulsfolge]
  pulse jitter [relatively small variations of
  pulse spacing in a pulse train]
Impulszug *m*, Impulsfolge *f*, Impulsserie *f* [eine
  Folge von Impulsen]
  pulse train [a sequence of pulses]
In *n* (Indium)
  Metallisches Element, das als Dotierstoff
  (Akzeptoratom) verwendet wird.
  In (indium)
  Metallic element used as a dopant impurity
  (acceptor atom).
in Kaskade geschaltet
  cascaded, connected in cascade
in Reihe geschaltet, reihengeschaltet,
  vorgeschaltet
  connected in series, series-connected
in Sperrichtung vorgespannt
  reverse biased
inaktive Schleife *f* [FORTRAN]
  inactive DO-loop [FORTRAN]
inaktives Fenster *n*
  inactive window
inaktivieren, abschalten, ausschalten
  disable, to; deactivate, to; switch-off, to
InAs *n* (Indiumarsenid)
  Verbindungshalbleiter für Bauteile der
  Optoelektronik.
  InAs (indium arsenide)
  Compound semiconductor used for
  optoelectronic components.
Inbetriebnahme *f*
  start-up, setting into operation
inbetriebnehmen
  start-up, to; set into operation, to

Index *m*, Indextabelle *f* [Liste der Kennbegriffe
  der gespeicherten Daten und der
  dazugehörenden Adressen]
  index [list of key items of stored data and the
  related addresses]
Indexname *m*
  index name, subscript name
Indexregister *n* [Register, das zur
  Adreßänderung, zum Einleiten von
  Programmverzweigungen usw. verwendet wird]
  index register [register used for modifying
  addresses, initializing program branching, etc.]
indexsequentielle Datei *f*, indiziert-
  sequentielle Datei *f* [eine sequentiell
  gespeicherte Datei mit direktem Zugriff auf
  einen Index]
  indexed sequential file [a file stored
  sequentially and having direct access to an
  index]
indexsequentielle Speicherung *f*, indiziert-
  sequentielle Speicherung *f*
  indexed sequential storage
indexsequentielle Zugriffsmethode *f*,
  indiziert-sequentielle Zugriffsmethode *f* (ISZM)
  [basiert auf einer Kombination von direktem
  Zugriff auf einen Index und sequentiellem
  Zugriff auf Datensätze, die unter diesem Index
  gespeichert sind]
  indexed sequential access method (ISAM)
  [based on a combination of direct access to an
  index and sequential access to the records
  stored under that index]
indexsequentieller Zugriff *m*, indiziert-
  sequentieller Zugriff *m*
  indexed sequential access
Indexspeicher *m*
  index storage
Indexspur *f* [z.B. eines magnetischen
  Speichermediums]
  index track [e.g. of a magnetic storage
  medium]
Indextabelle *f*, Index *m* [Liste der Kennbegriffe
  der gespeicherten Daten und der
  dazugehörenden Adressen]
  index [list of key items of stored data and the
  related addresses]
indirekte Adresse *f* [Adresse, die auf einen
  Speicherplatz hinweist, der eine zweite Adresse
  enthält; im Gegensatz zur direkten Adresse]
  indirect address [address pointing to a
  storage location containing a second address; in
  contrast to direct address]
indirekte Adressierung *f*
  indirect addressing
indirekter Steckverbinder *m*
  indirect plug connector
Indium *n* (In)
  Metallisches Element, das als Dotierstoff
  (Akzeptoratom) verwendet wird.

indium (In)
Metallic element used as a dopant impurity
(acceptor atom).
Indiumantimonid *n* (InSb)
Verbindungshalbleiter, der als
Ausgangsmaterial für optoelektronische
Bauelemente (z.B. Lumineszenzdioden für den
nahen Infrarotbereich) und Halleffektbauteile
verwendet wird.
indium antimonide (InSb)
Compound semiconductor used for
optoelectronic components (e.g. infrared-
emitting diodes) and Hall effect devices.
Indiumarsenid *n* (InAs)
Verbindungshalbleiter für Bauteile der
Optoelektronik.
indium arsenide (InAs)
Compound semiconductor used for
optoelectronic components.
Indiumphosphid *n* (InP)
Verbindungshalbleiter für die Herstellung von
optoelektronischen Bauteilen, z.B. für
Photodetektoren und Lumineszenzdioden für
den nahen Infrarotbereich.
indium phosphide (InP)
Compound semiconductor used for producing
optoelectronic components, e.g. photodetectors
and infrared-emitting diodes.
indizieren
index, to; subscript, to
indiziert
indexed
indiziert-sequentielle Datei *f,*
indexsequentielle Datei *f* [eine sequentiell
gespeicherte Datei mit direktem Zugriff auf
einen Index]
indexed sequential file [a file stored
sequentially and having direct access to an
index]
indiziert-sequentielle Speicherung *f,*
indexsequentielle Speicherung *f*
indexed sequential storage
indiziert-sequentielle Zugriffsmethode *f*
(ISZM), indexsequentielle Zugriffsmethode *f*
[basiert auf einer Kombination von direktem
Zugriff auf einen Index und sequentiellem
Zugriff auf Datensätze, die unter diesem Index
gespeichert sind]
indexed sequential access method (ISAM)
[based on a combination of direct access to an
index and sequential access to the records
stored under that index]
indiziert-sequentieller Zugriff *m,*
indexsequentieller Zugriff *m*
indexed sequential access
indizierte Adressierung *f* [Mikroprozessor-
Addressierungsart; der Indexregisterinhalt
wird zum Adressenteil des Befehls addiert, um
die tatsächliche Adresse zu erhalten]

indexed addressing [microprocessor
addressing mode; the index register content is
added to the address part of the instruction to
obtain the actual address]
indizierte Datei *f*
indexed file
indizierter Zugriff *m*
indexed address
Indizierung *f*
indexing
Induktion *f*
induction
Induktionssystem *n* [ein System der
künstlichen Intelligenz, dessen Wissensbasis
aus Fallbeispielen besteht]
inductive system [an artificial intelligence
system whose knowledge base comprises
exemplary cases]
induktive Kopplung *f*
inductive coupling
Induktivität *f*
inductance
Industrielektronik *f,* industrielle Elektronik *f*
industrial electronics
Industrieroboter *m*
industrial robot
Inferenzmaschine *f,* Schlußfolgerungsmaschine
f [künstliche Intelligenz]
inference engine [artificial intelligence]
Influenz *f*
electrostatic induction
Informatik *f* [Wissenschaft der informationsverarbeitenden Systeme]
computer science [science of information
processing systems]
Informationsdichte *f*
information density, packing density
Informationsentropie *f* [ein Maß für den
mittleren Informationsgehalt]
information entropy [a measure for the
average information content]
Informationsfluß *m*
information rate
informationsfreier Datenträger *m*
blank data medium, blank medium, empty
medium
Informationsgehalt *m*
information content
Informationsquelle *f*
information source
Informationsrückfluß *m*
feedback information
Informationsspur *f,* Datenspur *f*
data track
Informationstheorie *f* [mathematische Theorie
der Verarbeitung und Speicherung von
Informationen]
information theory [mathematical theory of
information processing and storage]

Informationsverarbeitung *f*
  information processing
Informationswiedergewinnung *f*
  information retrieval
Informationswiedergewinnungssystem *n*
  information retrieval system
Informationsübertragung *f*
  information transmission, information
  transfer
Infrarot-Maus *f*
  infrared mouse
Infrarotlumineszenzdiode *f* (IRED)
  Lumineszenzdiode, meistens auf Galliumarsenidbasis, die im nahen infraroten Bereich
  des Spektrums emittiert. Spezielle Infrarotlumineszenzdioden werden unter anderem für
  die optische Datenübertragung über Lichtwellenleiter eingesetzt.
  infrared-emitting diode (IRED)
  Light-emitting diode, usually based on gallium
  arsenide, that emits in the near infrared region
  of the spectrum. Special infrared-emitting
  diodes are used for optical data transmission
  via fiber-optic cables.
inhaltsadressierbarer Speicher *m* (CAM),
  Assoziativspeicher *m*
  Speicher, dessen Speicherelemente durch
  Angabe ihres Inhaltes aufrufbar sind und nicht
  durch ihre Namen oder Lagen.
  content-addressable memory (CAM),
  associative memory
  Storage device whose storage locations are
  identified by their contents rather than by their
  names or positions.
Inhaltsverzeichnis *n*, Verzeichnis *n*
  directory
Inhibiteingang *m*, Sperreingang *m* [einer
  logischen Schaltung]
  inhibit input, disabling input [of a logic
  circuit]
Inhibitimpuls *m*, Sperrimpuls *m*, Sperrsignal *n*
  [verhindert die Ausführung einer Operation,
  z.B. in einer logischen Schaltung]
  inhibit pulse, disable pulse, disabling signal
  [prevents the execution of an operation, e.g. in
  a logic circuit]
Inhibition *f*, NOT-IF-THEN-Verknüpfung *f*
  [logische Verknüpfung mit dem Ausgangswert
  (Ergebnis) 1, wenn und nur wenn der erste
  Eingang (Operand) den Wert 1 und der zweite
  den Wert 0 hat; für alle anderen Eingangswerte
  (Operandenwerte) ist der Ausgangswert (das
  Ergebnis) 0]
  exclusion, NOT-IF-THEN operation [logical
  operation having the output (result) 1 if and
  only if the first input (operand) is 1 and the
  second 0; for all other input (operand) values
  the output (result) is 0]
Inhibitionsglied *n*

NOT-IF-THEN gate
Inhibitschaltung *f*, Sperrschaltung *f* [eine
  Schaltung, die ein Inhibitimpuls bzw. ein
  Sperrsignal erzeugt]
  inhibit circuit, inhibiting circuit [a circuit
  producing an inhibit pulse or a disabling signal]
initialisieren, normieren [Setzen von Adressen,
  Zählern usw. auf einen Startwert, z.B. auf
  Null]
  initialize, to [set addresses, counters, etc. to
  an initial value, e.g. to zero]
Initialisierung *f* [Rechner: Urladen bzw.
  Betriebssystem laden; Platte, Diskette:
  formatieren, prüfen und kennzeichnen;
  Register, Zähler: Setzen auf Startwert]
  initialization [computer: initial program
  loading; disk, floppy disk: to format, test and
  label; registers, counters: set to initial value]
Injektion *f*, Ladungsträgerinjektion *f*
  [Halbleitertechnik]
  Das Einbringen zusätzlicher Ladungsträger in
  einen Halbleiter.
  charge carrier injection, injection
  [semiconductor technology]
  The introduction of additional charge carriers
  into a semiconductor.
Injektionslogik *f*
  injection logic
Injektionsstrom *m*
  injection current
Injektionswirkungsgrad *m*
  injection efficiency
Injektor *m*
  injector
inklusives ODER *n*, ODER-Verknüpfung *f*,
  Disjunktion *f*, exklusives ODER *n*, Antivalenz *f*
  Es gibt zwei Varianten der ODER-
  Verknüpfung, das inklusive und das exklusive
  ODER. Spricht man von der ODER-
  Verknüpfung ohne Zusatz, so meint man in der
  Regel das inklusive ODER. Dies ist eine
  logische Verknüpfung mit dem Ausgangswert
  (Ergebnis) 0, wenn und nur wenn jeder
  Eingang (Operand) den Wert 0 hat; für alle
  anderen Eingangswerte ist der Ausgang 1.
  OR function, inclusive OR, disjunction;
  exclusive OR, non-equivalence
  There are two variants of the OR function, the
  inclusive and the exclusive OR. As a rule, the
  OR function (without the addition of inclusive
  or exclusive) refers to the inclusive variant.
  This is a logical operation having the output
  (result) 0 if and only if each input (operand) is
  0; for all other input values the output is 1.
inklusives ODER-Gatter *n*
  inclusive-OR circuit
Inkompatibilität *f*, Unverträglichkeit *f*
  incompatibility
Inkrement *n*, Zuwachs *m*

increment
Inkrementenintegrierer *m*
incremental integrator
inkrementieren, erhöhen [stufenweise
Erhöhung, z.B. um 1]
increment, to [increase by steps, e.g. by 1]
innerer Rand *m*
inside margin
innerer Wärmewiderstand *m*
internal thermal resistance
InP *n* (Indiumphosphid)
Verbindungshalbleiter für die Herstellung von
optoelektronischen Bauteilen, z.B. für Photodetektoren und Lumineszenzdioden für den
nahen Infrarotbereich.
InP (indium phosphide)
Compound semiconductor used for producing
optoelectronic components, e.g. photodetectors
and infrared-emitting diodes.
InSb *n* (Indiumantimonid)
Verbindungshalbleiter, der als Ausgangsmaterial für optoelektronische Bauelemente
(z.B. Lumineszenzdioden für den nahen
Infrarotbereich) und Halleffektbauteile
verwendet wird.
InSb (indium antimonide)
Compound semiconductor used for
optoelectronic components (e.g. infrared-
emitting diodes) and Hall effect devices.
instabiler Zustand *m*
instable state
Installation *f,* Aufstellung *f* [einer Anlage]
installation [of a system]
instandhalten, warten
maintain, to
Instandhaltung *f,* Wartung *f,* vorbeugende
Instandhaltung *f*
maintenance, preventive maintenance
Instandsetzbarkeit *f* [Eignung für die
Instandsetzung]
restorability [suitability for repair]
instandsetzen
repair, to
Instandsetzung *f*
repair, corrective maintenance
Instandsetzungsdauer *f,* mittlere
Instandsetzungszeit *f*
repair time, mean time to repair (MTTR)
Instanz *f* [bei der objektorientierten
Programmierung: ein konkretes Beispiel einer
Klasse]
instance [in object oriented programming: a
concrete example of a class]
Integralgleichung *f,* Integralrechnung *f*
integral equation, integral calculus
Integralzeichen *n*
integral sign
Integrationsstufen *f.pl.,* Integrationsgrad *m*
[Einteilung nach Anzahl der Funktionen

(Transistoren, Gatter usw.), die auf einem
Halbleiterplättchen integriert sind: SSI, MSI,
LSI, VLSI, ULSI und WSI]
integration levels, degree of integration
[classification depending on the number of
functions (transistors, gates, etc.) integrated on
a chip: SSI, MSI, LSI, VLSI, ULSI, and WSI]
integrierende Schaltung *f,* Integrierschaltung *f*
integrating circuit, integrator
Integrierer *m* [Schaltung, die am Ausgang das
Zeitintegral des Eingangssignals bildet]
integrator, integrating circuit [circuit whose
output signal is the time integral of the input
signal]
Integrierer mit Begrenzung *f*
limited integrator
Integrierer mit harter Begrenzung *m*
hard-limited integrator
Integrierer mit weicher Begrenzung *m*
soft-limited integrator
Integrierschaltung *f,* integrierende Schaltung *f*
integrating circuit, integrator
integrierte Analogschaltung *f,* analoge
integrierte Schaltung *f*
Eine analoge Schaltung in integrierter
Schaltungstechnik. In einer analogen
Schaltung sind die elektrischen Ausgangsgrößen stetige Funktionen der Eingangsgrößen.
analog integrated circuit
An analog circuit in integrated circuit
technology. In an analog circuit, the electrical
output variables are a continuous function of
the input variables.
integrierte Dickschichtschaltung *f*
thick-film integrated circuit
integrierte Digitalschaltung *f,* digitale
integrierte Schaltung *f*
digital integrated circuit
integrierte Diode *f*
integrated diode
integrierte Dünnschichtschaltung *f*
thin-film integrated circuit
integrierte Halbkundenschaltung *f,*
integrierte Semikundenschaltung *f*
Integrierter Baustein, der nach Kunden-.
wünschen aus einzelnen-vorgefertigten
Teilschaltungen (mit Gattern, Transistoren,
Flipflops, Widerständen usw.), die aus einer
Bibliothek abgerufen werden, zusammengestellt und mit Hilfe von Verdrahtungsmasken realisiert werden kann.
semicustom integrated circuit
Integrated circuit device, assembled to
customers' specifications from prefabricated
building blocks (containing gates, transistors,
flip-flops, resistors, etc.) pulled from a computer
library, and interconnected with the aid of
interconnection masks.
integrierte Hybridschaltung *f,* hybride

integrierte Schaltung *f*
Eine integrierte Schaltung, bei der die
verschiedenen Schaltungselemente in unterschiedlichen Techniken hergestellt sind; z.B.
eine Kombination aus monolithisch integrierter
Schaltung mit einer Dünn- oder Dickschichtschaltung.
hybrid integrated circuit
An integrated circuit in which the various
circuit elements are produced by dissimilar
technologies; e.g. a combination of a monolithic
integrated circuit and a thin or thick film
circuit.
integrierte Injektionslogik *f* (I^{2}L)
Bipolare Technik, die die Herstellung von
hochintegrierten Logikschaltungen mit hoher
Packungsdichte, kurzen Schaltzeiten und
kleinen Verlustleistungen ermöglicht. Die
Grundschaltung verwendet einen vertikalen
NPN-Transistor mit mehreren Kollektoren als
Inverter und einen lateralen PNP-Transistor
als Stromquelle, von der Minoritätsladungsträger in den Emitterbereich des NPN-
Transistors injiziert werden. Wird auch MTL-
Technik genannt.
integrated injection logic (I^{2}L)
Bipolar technology enabling large-scale
integrated circuits with high packing density,
high switching speeds and low power
consumption to be produced. The basic circuit
configuration uses a vertical npn-transistor
with multiple collectors serving as an inverter
and a lateral pnp-transistor serving as current
source by injecting minority carriers into the
emitter region of the npn transistor. Also called
MTL technology.
integrierte Mikroschaltung *f*
integrated microcircuit
integrierte Mikrowellenschaltung *f*, MIC *f*
[für Hochfrequenzanwendungen; wird meistens
in Hybridtechnik oder als Multichip-Schaltung
ausgeführt]
microwave integrated circuit (MIC) [for
high frequency applications; usually fabricated
as hybrid or multichip circuit]
integrierte Millimeterwellenschaltung *f*
millimeter-wave integrated circuit
integrierte optoelektronische Schaltung *f*,
optoelektronische integrierte Schaltung *f*
optoelectronic integrated circuit (OEIC)
integrierte Schaltung *f* (IC aber auch IS)
Elektronische Schaltung, bei der alle aktiven
und passiven Schaltungselemente auf einem
einzigen Halbleiterplättchen enthalten sind. Je
nach Integrationsgrad werden integrierte
Schaltungen in folgende Kategorien eingeteilt:
SSI (Kleinintegration), MSI (mittlere
Integration), LSI (Großintegration), VLSI
(Größtintegration), ULSI (Ultragrößt-

integration) und WSI (Scheibenintegration).
Integrierte Schaltungen werden auch als Chips
bezeichnet.
integrated circuit (IC)
Electronic circuit that contains all active and
passive circuit elements on a single piece of
semiconductor material. Depending on their
degree of integration, ICs belong to one of the
following categories: SSI (small scale
integration), MSI (medium scale integration),
LSI (large scale integration), VLSI (very large
scale integration), ULSI (ultra large scale
integration) and WSI (wafer scale integration).
Integrated circuits are also known as chips.
integrierte Schaltungstechnik *f*
integrated circuit technology
integrierte Schichtschaltung *f*
film integrated circuit
integrierte Semikundenschaltung *f*,
integrierte Halbkundenschaltung *f*
Integrierter Baustein, der nach
Kundenwünschen aus einzelnen vorgefertigten
Teilschaltungen (mit Gattern, Transistoren,
Flipflops, Widerständen usw.), die aus einer
Bibliothek abgerufen werden, zusammengestellt und mit Hilfe von Verdrahtungsmasken realisiert werden kann.
semicustom integrated circuit
Integrated circuit device, assembled to
customers' specifications from prefabricated
building blocks (containing gates, transistors,
flip-flops, resistors, etc.) pulled from a computer
library, and interconnected with the aid of
interconnection masks.
integrierte Speicherschaltung *f*,
Halbleiterspeicher *m* [Speicher bestehend aus
integrierten Schaltungen; z.B. ein ROM oder
RAM]
semiconductor memory, integrated circuit
memory [storage consisting of integrated
circuits; e.g. a ROM or a RAM]
integrierter Kondensator *m*
integrated capacitor
integrierter Multichip *m*
multichip integrated circuit
integrierter Quarzoszillator *m*
integrated crystal oscillator
integrierter Sperrschichtkondensator *m*
integrated junction capacitor
integriertes Paket *n* [Programmsammlung mit
einer gemeinsamen Benutzeroberfläche und
einheitlichen Bedienung]
integrated package [collection of programs
with a common user interface and unified
handling]
Integrität *f*, Datenintegrität *f*
integrity, data integrity
intelligente Tastatur *f* [mit eingebautem
Mikroprozessor, z.B. für die Codeumwandlung]

intelligent keyboard [with built-in
microprocessor, e.g. for code conversion]
intelligentes Terminal n [mit eingebautem
Mikrorechner, z.B. für Textformatierung]
intelligent terminal [with built-in
microcomputer, e.g. for text formatting]
interaktiv, im Dialog
interactive, in dialog mode
interaktive graphische Datenverarbeitung f
interactive computer graphics
interaktive Programmierung f
interactive programming
interaktiver Betrieb m, Dialogbetrieb m
interactive mode, dialog mode
interaktives Terminal n [für den Dialogbetrieb]
interactive terminal [for dialog operation]
Interface n, Schnittstelle f, Nahtstelle f
[Verbindungsstelle zwischen Baustein-, Geräte-
oder Systemteilen für die Übertragung von
Daten und Steuerinformationen]
interface [connecting point between sections of
a device, equipment or system for transfer of
data and control information]
Interlaced-Modus m [Bildaufbau durch zwei
Teilbilder, im Gegensatz zu Non-interlaced-
Modus]
interlaced mode [screen image formed in two
passes, in contrast to non-interlaced mode]
interlaminar
interlaminar
Interleave-Wert m [Festplatte]
interleave value [hard disk]
intermittierende Störung f [unregelmäßig
auftretend]
intermittent fault [occurring at irregular
intervals]
intermittierender Ausfall m, sporadischer
Ausfall m [unregelmäßig auftretend]
sporadic failure, intermittent failure
[occurring at irregular intervals]
Intermodulationsverzerrung f
intermodulation distortion
intern gespeichertes Programm n
internally stored program
**Internationale Elektrotechnische
Kommission** f, IEC
IEC, International Electrotechnical
Commission
**Internationale Organisation für die
Normung,** ISO
ISO, International Organisation for
Standardization
interne Chiplogik f, chipintegrierte Logik f
on-chip logic
interne Rechnerdarstellung f [in CAD:
Darstellung im rechnerinternen Modell]
computer-internal representation [in CAD:
representation in computer-internal model]
interne Takterzeugung f

internal clocking
interner Befehl m
internal command
interner Datenbus m
internal data bus
interner Speicher m, Internspeicher m
internal storage
Interpolation f
interpolation
Interpreter m, Interpretierer m, Übersetzer m
Ein Programm, das ein in einer höheren
Programmiersprache geschriebenes Programm
in Maschinensprache bzw. Befehlscodes des
Rechners übersetzt. Im Gegensatz zu einem
Compiler, der die Übersetzung gesamthaft
durchführt, übersetzt der Interpreter jeweils
einzelne Programmanweisungen. Der
Interpreter benötigt deshalb einen größeren
Speicherplatz und hat wesentlich längere
Durchlaufzeiten.
interpreter
A program for converting a program written in
a higher programming language into machine
language or operation codes of a computer. In
contrast to a compiler, which converts and then
executes the entire program, the interpreter
converts and executes statement by statement.
An interpreter therefore requires more storage
space and is significantly slower.
Interpretiercode m
interpreter code
interpretieren
interpret, to
Interpretierer m, Interpreter m, Übersetzer m
interpreter
Interpunktionssymbol n
punctuation symbol
interstitionelle Diffusion f, interstitioneller
Einbau n [Dotierungstechnik]
Diffusionsmechanismus, bei dem Fremdatome
durch das Kristallgitter wandern, indem sie
von einem Zwischengitterplatz auf den
nächsten überspringen.
interstitial diffusion [doping technology]
Diffusion mechanism in which impurity atoms
wander through the crystal lattice by moving
from one interstitial site to the next.
Intervallzeitgeber m
interval timer
Inversion f [Halbleitertechnik]
Der Übergang von N- zu P-Leitung oder
umgekehrt.
inversion [semiconductor technology]
The transition from n-type conduction to p-type
conduction or vice-versa.
Inversion f, Umkehrer m, Negation f, NICHT-
Funktion f, Boolesche Komplementierung f
Logische Verknüpfung, die den Eingangswert
umkehrt, d.h. eine Eins am Eingang wird in

eine Null am Ausgang umgewandelt und umgekehrt.

negation, NOT operation, Boolean complementation, inversion
Logical operation that negates the input value, i.e. a one at the input is converted into a zero at the output and vice-versa.

Inversionsgebiet *n*
inversion region

Inversionskanal *m* [Halbleitertechnik]
inversion channel [semiconductor technology]

Inversionsladung *f*
inversion charge

Inversionsschaltung *f,* NICHT-Schaltung *f,* Inverter *m*
NOT circuit, inverting circuit, inverter

Inversionsschicht *f*
inversion layer

Inverter *m* [Analogrechentechnik: ein Operationsverstärker, der den Eingangswert mit -1 multipliziert]
inverter [analog computing: an operational amplifier that multiplies the input value by -1]

Inverterschaltung *m,* NICHT-Schaltung *f,* Inversionsschaltung *f*
inverting circuit, NOT circuit

Inverterstufe *f*
inverter stage

invertieren, umkehren
invert, to

invertierender Eingang *m*
inverting input

invertierte Datei *f* [Datei, die nach einem Sekundärschlüssel über einen Index organisiert ist]
inverted file [file organized according to a secondary key via an index]

invertierte Liste *f* [Auflistung aller Adressen von Sätzen, die einen Sekundärschlüssel enthalten]
inverted list [lists all addresses of records containing a secondary key]

Ion *n* [Halbleitertechnik]
Atom (z.B. in einem Halbleiterkristall), das durch Aufnahme oder Abgabe eines oder mehrerer Elektronen elektrisch geladen wird.
ion [semiconductor technology]
Atom (e.g. in a semiconductor crystal) which becomes electrically charged by the gain or loss of one or more electrons.

Ionenbeschuß *m*
ion bombardment

Ionenbeweglichkeit *f*
ion mobility

Ionenbindung *f,* ionische Bindung *f,* heteropolare Bindung *f*
Chemische Bindung (z.B. in einem Halbleiterkristall), bei der Elektronen der äußersten

Schale (Valenzelektronen) bei zwei verschiedenen, nahe beieinanderliegenden Atomen von einem Atom zum anderen übergehen, wodurch Ionen entstehen, die durch elektrostatische Kräfte zusammengehalten werden.
ionic bond, electrovalent bond, electrostatic bond
Chemical bond (e.g. in a semiconductor crystal), in which electrons in the outer shell (valence electrons) are transferred from one atom to a neighbouring atom, thus forming ions which are held together by electrostatic attraction.

Ionendrucker *m*
ion printer

Ionenhaftstelle *f*
ion trap

Ionenhalbleiter *m*
ionic semiconductor

Ionenimplantation *f* [Dotierungstechnik]
Ein Verfahren zum Einbringen von Fremdatomen in einen Halbleiterkristall durch Ionenbeschuß. Mit dem Verfahren läßt sich eine besonders genaue Dosierung der Dotierung erzielen.
ion implantation [doping technology]
A process for introducing impurities into a semiconductor crystal by ion bombardment. The process allows precise dosage of the dopant impurities.

Ionenleitung *f*
Ladungstransport in einem Halbleiterkristall durch Ionenwanderung.
ion conduction
Charge transport in a semiconductor crystal by the movement of ions.

Ionenprojektionslithographie *f*
ion projection lithography

Ionenstrahllithographie *f*
ion beam lithography

Ionenstrahlmischen *n*
ion beam mixing

Ionenstrahlätzen *n* [ein Trockenätzverfahren]
ion beam etching (IBE) [a dry etching process]

ionische Bindung *f,* Ionenbindung *f,* heteropolare Bindung *f*
ionic bond, electrovalent bond, electrostatic bond

Ionisierung *f*
ionization

Ionisierungsenergie *f,* Austrittsarbeit *f* [Halbleitertechnik]
ionization energy [semiconductor technology]

IRED, Infrarotlumineszenzdiode *f*
Lumineszenzdiode, meistens auf Galliumarsenidbasis, die im nahen infraroten Bereich des Spektrums emittiert. Spezielle Infrarotlumineszenzdioden werden unter anderem für

die optische Datenübertragung über Lichtwellenleiter eingesetzt.
IRED (infrared-emitting diode)
Light-emitting diode, usually based on gallium
arsenide, that emits in the near infrared region
of the spectrum. Special infrared-emitting
diodes are used for optical data transmission
via fiber-optic cables.
IRQ-Signal *n*, Unterbrechungsaufforderung *f*
[ein Signal, das den Mikroprozessor auffordert,
das laufende Programm zu unterbrechen]
IRQ, interrupt request [a signal applied to a
microprocessor for interrupting the running
program]
irreversibler Prozeß *m*
irreversible process
Irrtum *m*, menschlicher Fehler *m*
mistake, human error
IS, integrierte Schaltung *f*
Elektronische Schaltung, bei der alle aktiven
und passiven Schaltungselemente auf einem
einzigen Halbleiterplättchen enthalten sind. Je
nach Integrationsgrad werden integrierte
Schaltungen in folgende Kategorien eingeteilt:
SSI (Kleinintegration), MSI (mittlere
Integration), LSI (Großintegration), VLSI
(Größtintegration), ULSI
(Ultragrößtintegration) und WSI
(Scheibenintegration). Integrierte Schaltungen
werden auch als Chips bezeichnet.
IC (integrated circuit)
Electronic circuit that contains all active and
passive circuit elements on a single piece of
semiconductor material. Depending on their
degree of integration, ICs belong to one of the
following categories: SSI (small scale
integration), MSI (medium scale integration),
LSI (large scale integration), VLSI (very large
scale integration), ULSI (ultra large scale
integration) and WSI (wafer scale integration).
Integrated circuits are also known as chips.
IS-Fertigung *f*, IS-Herstellung *f*
IC fabrication, IC manufacturing
IS-Fertigungstechnik *f*
IC manufacturing technology
ISA [Industrie-Standard-Architektur, 16-Bit-
Bussystem für die AT-Klasse des IBM PC]
ISA (Industry Standard Architecture) [16-bit
bus system for AT class of IBM PCs]
ISDN, dienstintegriertes Digitalnetzwerk *n*
[integriertes Netzwerk für Telephon, Texte,
Bilder und Daten]
ISDN (Integrated Services Digital Network)
[integrated network for telephone, texts,
images and data]
ISDN-Erweiterungskarte *f*
ISDN expansion board
ISFET [spezieller Isolierschicht-
Feldeffekttransistor]

ISFET (ion-sensitive field-effect transistor)
ISL-Technik *f*
Ein Gate-Array-Konzept für die Herstellung
von integrierten Semikundenschaltungen.
ISL technology (integrated Schottky logic
technology)
A gate array concept for producing semicustom
integrated circuits.
ISO, Internationale Organisation für die
Normung
ISO, International Organisation for
Standardization
ISO-7-Bit-Code *m* [von der ISO genormter Code
mit 128 Code-Kombinationen; durch nationale
Festlegung der freigehaltenen Kombinationen
erhält man z.B. den ASCII-Code und den Code
nach DIN 66003]
ISO 7-bit code [code with 128 combinations
standardized by ISO; national definition of free
combinations leads, for example, to the ASCII
code and the DIN 66003 code]
ISO-Referenzmodell *n*, OSI-Modell *n*
[Rechnerverbundmodell mit sieben
Funktionsschichten; typische Protokolle der
physikalischen (ersten) Schicht sind RS-232-C
und V.24]
ISO reference model, OSI model (Open
System Interconnection) [computer network
model based on seven layers; typical physical
(layer one) protocols are RS-232-C and V.24]
Isolation durch Basisdiffusion *f*,
Basisdiffusionsisolation *f*, BDI-Technik *f*
Isolationsverfahren für integrierte
Bipolarschaltungen.
base diffusion isolation technology, BDI
technology
Technique for achieving electrical isolation in
bipolar integrated circuits.
Isolation durch Kollektordiffusion *f*,
Kollektordiffusionsisolation *f*, CDI-Technik *f*
Spezielles Isolationsverfahren, das bei
integrierten Schaltungen eingesetzt wird.
collector diffusion isolation (CDI
technology)
Special isolation technique used in integrated
circuits.
Isolationswanne *f*, Wanne *f*
Isolationszone in einer integrierten Schaltung
zur Aufnahme von Transistoren, um sie von
anderen Elementen der Schaltung elektrisch zu
isolieren. So wird beispielsweise der N-Kanal-
Transistor einer CMOS-Schaltung in eine P-
leitende Wanne eindiffundiert.
well, isolation pocket
Isolated region in an integrated circuit into
which transistors are fabricated to separate
them electrically from other circuit elements.
For example, the n-type transistor of a CMOS
integrated circuit is constructed within a p-well

by a diffusion step.
Isolationswiderstand *m*
insulating resistance
Isolator *m*
insulator
Isolierschicht-Feldeffekttransistor *m*
(IGFET)
Feldeffekttransistor, bei dem das Gate durch
eine dünne Isolierschicht vom stromführenden
Kanal getrennt ist. Durch eine an die
Gateelektrode angelegte Spannung wird der
Strom im Kanal gesteuert. Man unterscheidet
zwischen N- und P-Kanal-Typen sowie
zwischen Anreicherungs- und Verarmungs-
Typen.
insulated-gate field-effect transistor
(IGFET)
Field-effect transistor in which the gate is
separated from the conducting channel by a
thin dielectric barrier. A voltage applied to the
gate terminal controls the current in the
channel. IGFETs can be classified as n- or p-
channel types and also as enhancement-mode
or depletion-mode types.
Isolierschlauch *m*
insulating sleeve
Isolierung *f*
insulation
Isoplanartechnik *f*
Isolationsverfahren für bipolare integrierte
Schaltungen, bei dem die einzelnen Strukturen
der Schaltung durch lokale Oxidation von
Silicium voneinander isoliert werden.
isoplanar technology
Isolation technique for bipolar integrated
circuits which provides isolation between the
various circuit structures by local oxidation of
silicon.
Istwert *m*
actual value, instantaneous value
ISZM, indiziert-sequentielle Zugriffsmethode *f*
[basiert auf einer Kombination von direktem
Zugriff auf einen Index und sequentiellem
Zugriff auf Datensätze, die unter diesem Index
gespeichert sind]
ISAM, indexed sequential access method
[based on a combination of direct access to an
index and sequential access to the records
stored under that index]
Iteration *f* [wiederholte Anwendung einer
Rechenoperation, eines Programmteils oder
eines Algorithmus]
iteration [repeated execution of an arithmetic
operation, of a program section or of an
algorithm]
Iterationsschleife *f* [eines Programmes]
iteration loop [of a program]
iterative Division *f*, schrittweise Division *f*
iterative division

iterative Operation *f*
iterative operation
IVPO-Verfahren *n* [Verfahren, das bei der
Herstellung von Glasfasern eingesetzt wird]
inside vapour-phase oxidation process
(IVPO) [a process used for the production of
glass fibers]

J

JEDEC [eine Normungsorganisation in den USA]
 JEDEC (Joint Electronic Device Engineering
 Council)
Jitter *n*, Zittern *n* [Schwankung der zeitlichen
 Lage eines Signals oder des Zustandswechsels
 bei Digitalsignalen; verallgemeinert: Zeit-,
 Amplituden-, Frequenz- oder
 Phasenschwankungen]
 jitter [fluctuation of the timing of a signal or of
 the change of state of digital signals;
 generalized: time, amplitude, frequency or
 phase fluctuations]
JK-Flipflop *n* [Flipflop mit zwei Eingängen, J
 und K, und einem Takteingang, der den
 Zustandswechsel auslöst; J = 1 und K = 0
 setzen das Flipflop (d.h. es geht in den Zustand
 1); J = 0 und K = 1 setzen das Flipflop zurück
 (d.h. es geht in den Zustand 0); sind beide
 Eingänge logisch 1, wechselt der Zustand]
 JK flip-flop [flip-flop with two inputs, J and K,
 and a clock input that triggers the change of
 state; J = 1 and K = 0 set the flip-flop (i.e. it
 goes to state 1); J = 0 and K = 1 reset the flip-
 flop (i.e. it goes to state 0); when both inputs
 are logical 1, the state changes]
Job *m*, Auftrag *m*
 job, order
Job-Anweisung *f*
 job statement
Job-Steuerung *f*
 job scheduling
Jobende *n*, Ende der Arbeit *n*
 end of job (EOJ)
Josephson-Effekt *m*
 Stromfluß infolge Tunnelung durch eine sehr
 dünne Isolationsschicht zwischen zwei
 Supraleitern (metallische Leiter nahe 0 K), an
 die eine Gleichspannung angelegt ist. Dieser
 Effekt kann für sehr schnelle Logikschaltungen
 (Schaltzeit < 100 ps) und Speicherzellen
 genutzt werden.
 Josephson effect
 Current flow due to tunneling through a very
 thin insulating layer between two
 superconductors (metal conductors near 0 K) on
 which a dc voltage is applied. This effect can be
 used in the design of high-speed logic circuits
 (switching time < 100 ps) and memory cells.
Josephson-Element *n* [Bauteil, das auf dem
 Josephson-Effekt basiert]
 Josephson junction circuit [circuit based on
 the Josephson effect]
Josephson-Übergang *m*
 Josephson junction
Joule *n* (J) [SI-Einheit der Energie und Arbeit]

joule (J) [SI unit of energy and work]
Jukebox *f* [automatischer Wechsler für optische
 Speicherplatten]
 juke box [automatic changer for optical disks]
Justierfehler *m*, Abgleichfehler *m*
 alignment error, adjustment error
Justiergenauigkeit *f*, Abgleichgenauigkeit *f*
 alignment accuracy, adjustment accuracy
Justierung *f*, Einstellung *f*
 adjustment

K

Kabel *n* [z.B. Flachkabel, Koaxialkabel, flexibles Kabel]
cable [e.g. flat cable, coaxial cable, flexible cable]

Kabelkanal *m*
cable duct

kabellose Maus *f*
cableless mouse

kalte Lötstelle *f*
cold solder connection

Kaltleiter *m*, PTC-Widerstand *m*, PTC-Thermistor *m*
Halbleiterelement mit positivem Temperaturkoeffizienten, d.h. dessen Widerstand mit steigender Temperatur zunimmt.
PTC resistor, PTC thermistor, thermistor (thermal resistor)
Semiconductor component with a positive temperature coefficient (PTC), i.e. whose resistance increases as temperature rises.

Kaltstart *m* [Aufstarten des Rechners durch Einschalten bzw. Aus- und Wiedereinschalten, im Gegensatz zum Warmstart]
cold boot [start up of computer by switching on or switching off and on again, in contrast to warm boot]

Kanal *m* [allgemein: ein Übertragungsweg für Signale, Daten, Steuerinformationen usw.]
channel, port [general: a path for the transmission of signals, data, control information, etc.]

Kanal *m*, leitender Kanal *m* [bei Feldeffekttransistoren der Pfad, durch den der Stromfluß zwischen Source und Drain erfolgt]
conductive channel, channel [in field-effect transistors, the path through which current flows between source and drain]

Kanalabstand *m*
channel spacing

Kanalbreite *f*
channel width

Kanaldotierung *f* [Dotierung des Kanalbereichs bei Feldeffekttransistoren]
channel doping [doping of the channel region in field-effect transistors]

Kanaldurchbruch *m* [Lawinendurchbruch des Kanals bei Feldeffekttransistoren]
channel breakdown [avalanche breakdown of the channel in field-effect transistors]

Kanaleinschnürung *f* [Verengung des leitenden Kanals bei Sperrschicht-Feldeffekttransistoren]
channel pinch-off [narrowing of the conductive channel in junction field-effect transistors]

Kanallänge *f*
channel length

Kanalrauschen *n*
channel noise

Kanalstatuswort *n* [Rechnertechnik]
channel status word [computer technology]

Kanalstrom *m* [der spannungsgesteuerte Strom im Kanal eines Feldeffekttransistors, der zwischen Source und Drain fließt]
channel current [the voltage-controlled current in the channel of a field-effect transistor flowing between source and drain]

Kanalwiderstand *m*
channel resistance

Kapazitanz *f*, kapazitive Reaktanz *f*
capacitive reactance

kapazitive Reaktanz *f*, Kapazitanz *f*
capacitive reactance

kapazitive Rückkopplung *f*
capacitive feedback

Kapazität *f* [eines Kondensators in F]
capacitance [of a capacitor in F]

Kapazität *f* [eines Speichers; Anzahl Speicherbits, z.B. in kB oder MB]
capacity [of a storage device; number of bits stored, e.g. in kB or MB]

Kapazitätsdiode *f*, Kapazitätsvariationsdiode *f*, Varaktor *m* [Halbleiterdiode mit spannungsabhängiger Kapazität]
varactor, varicap, variable capacitance diode [semiconductor diode with voltage-dependent capacitance]

Kapazitätsverhältnis *n*
capacitance ratio

Kappdiode *f*, Klemmdiode *f*, Klammerdiode *f*
clamping diode

Kapselung *f* [bei der objektorientierten Programmierung: die Einschließung von Daten und Funktionen in einer gemeinsamen Kapsel]
encapsulation [in object oriented programming: enclosing data and functions in a common capsule]

Kapselung *f*, Vergießen *n*, Verkappen *n*, Verkapselung *f*
Verfahren, bei dem Halbleiterbauelemente oder Baugruppen mit einer aushärtenden, isolierenden Gießmasse (meistens Kunstharz) umgossen werden, um sie vor mechanischer Beanspruchung und Verschmutzung zu schützen.
encapsulation, potting
Process of embedding semiconductor components or assemblies in a thermosetting fluid encapsulant (usually plastic resin) to protect them against mechanical stress and dirt.

Karnaugh-Diagramm *n*, Karnaugh-Veitch-Diagramm *n* [matrixförmige Darstellung einer Wahrheitstabelle]

Karnaugh map [matrix-like representation of
a truth table]
Karte *f*, Leiterplatte *f*
board, printed circuit board
Karte *f*, Lochkarte *f*
card, punched card
Kartenstecker *m*, Steckerleiste *f*
[Steckverbindung für eine Leiterplatte]
edge connector [connector for a printed
circuit board]
kartesische Koordinaten *f.pl.*, rechtwinklige
Koordinaten *f.pl.*
cartesian coordinates
kaschiert [z.B. kupferkaschiert, mit Gewebe
kaschiert]
clad, backed [e.g. copper-clad, fabric-backed]
Kaskade *f*, Reihenschaltung *f*
cascade
Kaskadenbetrieb *m*
cascaded operation
Kaskadenmischen *n*, Kaskadensortieren *n*
cascade merge, cascade sort
Kaskadenschaltung *f* [Reihenschaltung
gleichartiger Verstärkerstufen oder Netzwerke]
cascade connection [series connection of
identical amplifier stages or networks]
Kaskadensortieren *n*, Kaskadenmischen *n*
[Verfahren für das Sortieren bzw. Mischen von
Dateien]
cascade sort, cascade merge [method for
sorting or merging files]
Kaskadenübertrag *m* [wiederholte Bildung des
Übertrages]
cascaded carry [repeated carry process]
Kaskadenverstärker *m* [Verstärker in
Kaskadenschaltung]
cascade amplifier [cascade connected
amplifier]
Kaskadieren *n*
cascading
Kassette *f*, Cartridge *n*, Magnetbandkassette *f*
cassette, cartridge, magnetic tape cassette
Kassettengerät *n*, Kassettenrecorder *m*
cassette recorder
Kassettenschnittstelle *f*
cassette interface
Kassettenschriftart *f*
cartridge font
katalogisieren
catalog, to
Kathodenanschluß *m*
cathode terminal
kathodenseitig steuerbarer Thyristor *m*
p-gate thyristor
Kathodenstrahloszillograph *m*
cathode-ray oscilloscope (CRO)
Kathodenstrahlröhre *f*, Bildröhre *f*
cathode-ray tube (CRT), picture tube
Kathodenzerstäuben *n*, Kathodenzerstäubung

f, Sputtern *n*
Abscheideverfahren für die Herstellung von
leitenden und dielektrischen Schichten bei der
Fertigung von Halbleiterbauteilen und
integrierten Schaltungen.
cathode sputtering, sputtering
A deposition process for forming conductive
films and dielectric layers in semiconductor
component and integrated circuit fabrication.
Keilkontaktierung *f*
Ein Thermokompressionsverfahren für die
Kontaktierung integrierter Schaltungen, bei
dem ein keilförmiges Werkzeug für die
Herstellung der Verbindungen zwischen der
Leiterbahnmetallisierung auf dem Chip und
den Gold- oder Aluminiumanschlußdrähten
verwendet wird.
wedge bonding
A thermocompression method for bonding
integrated circuits which uses a wedge-shaped
tool to make the electrical contact between the
metallized conductive pattern on the chip and
the gold or aluminium lead wires.
Kellerliste *f*, LIFO-Liste *f*, Stapel *m* [eine Liste,
in der die letzte Eintragung als erste
wiedergefunden wird]
push-down list, LIFO list [list in which the
last item stored is the first to be retrieved (last-
in/first-out)]
Kellerspeicher *m*, FILO-Speicher *m*, LIFO-
Speicher *m*, Stapelspeicher *m*
Speicher, der ohne Adreßangabe arbeitet und
dessen Daten in der umgekehrten Reihenfolge
gelesen werden, in der sie zuvor geschrieben
worden sind, d.h. das zuletzt geschriebene
Datenwort wird als erstes gelesen; er wird
mittels Schieberegister oder RAM insbesondere
für die Bearbeitung von Unterprogrammen
verwendet, d.h. für die Datenspeicherung vor
einem Sprungbefehl.
FILO storage (first-in/last-out), LIFO storage
(last-in/first-out), stack
Storage device operating without address
specification and which reads out data in the
reverse order as it was stored, i.e. the first data
word is read out last; implemented as shift
registers or RAM, it is particularly used for
subroutines, i.e. for storing data prior to a jump
instruction.
Kellerzeiger *m*, Stapelzeiger *m* [ein
Adreßregister in einem Mikroprozessor; zeigt
die Speicherstelle des Keller- bzw.
Stapelspeichers an, auf die der letzte Zugriff
erfolgte]
stack pointer [an address register in a
microprocessor; points to the last-accessed
storage location of a stack]
Kelvin-Effekt, Stromverdrängung *f* [die
Eigenschaft des Wechselstromes, sich bei

hohen Frequenzen an der Oberfläche des
Leiters zu konzentrieren; der Effekt nimmt bei
steigender Frequenz zu und vergrößert den
Leiterwiderstand]
skin effect, Kelvin effect [the property of
alternating current to concentrate in the
surface layer of a conductor at high frequencies;
the effect increases with frequency and results
in a higher conductor resistance]

Kenndaten *n.pl.*
characteristic data, characteristics

Kenndatenzusammenstellung *f,* technische
Daten *n.pl.,* Spezifikation *f,* Pflichtenheft *n*
specifications

Kennlinie *f*
characteristic, curve, graph

Kennlinienfeld *n,* Kennlinienschar *f*
family of characteristics

Kennlinienknickpunkt *m*
breakpoint in a curve

Kennlinienschar *f,* Kennlinienfeld *n*
family of characteristics

Kennlinienschreiber *m*
curve tracer

Kennsatz *m,* Etikett *n* [kennzeichnet Beginn
oder Ende eines Bandes bzw. einer Datei;
identifiziert, beschreibt oder begrenzt das Band
bzw. die Datei; Adressenteil für einen
Sprungbefehl]
label, identifying label, label record [marks
start or end of a tape or file; identifies,
describes or delimits tape or file; address part
of a jump instruction]

Kennung *f*
identification marker, identifier

Kennwort *n,* Paßwort *n* [verhindert den
unerlaubten Zugriff auf ein Rechensystem bzw.
auf gespeicherte Informationen]
password [prevents unauthorized access to
computer or stored information]

Kennzeichen *n,* Identifizierungszeichen *n*
[Zeichen, die den Beginn oder das Ende eines
Feldes, eines Wortes oder einer Datenmenge
kennzeichnen]
tag [symbols marking the beginning or the end
of a field, word, item or data set]

Kennzeichnung *f*
identifier, label, designation, tag

Kennziffer *f*
code digit

Keramikgehäuse *n*
ceramic package

Keramiksubstrat *n*
ceramic substrate

keramisches DIP-Gehäuse *n,* Cerdip *n*
[Keramikgehäuse mit zwei parallelen Reihen
rechtwinklig abgebogener Anschlüsse]
ceramic dual in-line package, cerdip
[ceramic package with two parallel rows of

terminals at right angles to the body]

keramisches Flachgehäuse *n,* Cerpac *n*
[flaches Keramikgehäuse mit zwei parallelen
Reihen bandförmiger Anschlüsse]
ceramic flat-pack, cerpac [flat ceramic
package with two parallel rows of ribbon-
shaped terminals]

Kern *m* [eines modularen Betriebssystems: liegt
der Hardware am nächsten und ist zuständig
für Grundfunktionen]
kernel [of a modular operating system: lies
closest to the hardware and provides basic
functions]

Kern *m,* Magnetkern *m*
magnetic core, core

Kernmatrix *f,* Kernspeichermatrix *f*
core array, core matrix

Kernspeicher *m,* Magnetkernspeicher *m*
core storage, core memory, magnetic core
storage

Kernspeichermatrix *f,* Kernmatrix *f*
core array, core matrix

Kernumwandlung *f,* Neutronenbestrahlung *f,*
Neutronendotierung *f* [Halbleiterdotierung]
Ein Dotierungsverfahren, bei dem bestimmte
Siliciumisotope durch Neutronenbestrahlung in
einem Kernreaktor in Phosphorisotope
umgewandelt werden. Das Verfahren erlaubt
eine sehr homogene Dotierung.
neutron irradiation, transmutation, neutron
transmutation [semiconductor doping]
A doping process in which neutron irradiation
of silicon in a nuclear reactor causes certain
silicon isotopes to be changed into phosphorous
isotopes. The process allows highly
homogeneous doping.

ketten, verketten
chain, to; concatenate, to

Kettendaten *n.pl.*
string data

Kettennetzwerk *n,* Kettenschaltung *f*
ladder network

Kettenparameter *m*
chain parameter

Kettenschaltung *f,* Kettennetzwerk *n*
[aneinandergereihte Glieder oder Vierpole]
ladder network [a sequence of two or four-
pole elements]

Kettensuche *f,* Suchen in geketteter Liste *n*
chained search, chaining search

Kettung *f,* Verkettung *f* [von Adressen mit
Zeigern]
chaining [of addresses with pointers]

KI, künstliche Intelligenz *f* [die Fähigkeit eines
Rechnersystems, Aufgaben zu lösen, die dem
Bereich der menschlichen Intelligenz
angehören, z.B. Mustererkennung,
Sprachübersetzung, Musikkomposition usw.]
AI, artificial intelligence [the ability of a

computer system to solve problems which are within the area of human intelligence, e.g. pattern recognition, language translation, music composition, etc.]

Killer-Programm *n*, trojanisches Pferd *n* [Programm, das unter falschem Namen in das System gelangt und bei der Ausführung Schaden anrichtet]
killer program, Trojan horse [program that enters the system under a false name and causes damage when executed]

Kilobaud *n* [Übertragungsgeschwindigkeit von 1000 Baud; bei binärer Übertragung = 1000 Bit/s]
kilobaud [transmission speed of 1000 baud; in the case of binary transmission = 1000 bit/s]

Kilobyte *n* (kB) [1000 Byte]
kilobyte (kB) [1000 bytes]

Kippdauer *f* [z.B. eines Flipflops]
switching time [e.g. of a flip-flop]

Kippglied *n*, Kippschaltung *f*, Multivibrator *m*
multivibrator

Kippimpuls *m* [Impuls für das Setzen einer Kippschaltung (Ausgangszustand = 1)]
set pulse [pulse for setting a multivibrator (output state = 1)]

Kipposzillator *m*, Kippschwinger *m*, Relaxationsoszillator *m*
relaxation oscillator

Kippschaltung *f*, Kippglied *n*, Multivibrator *m* [eine Schaltung mit zwei Ausgangszuständen, die von selbst oder durch ein Auslösesignal dazu veranlaßt, sprunghaft von einem in den anderen Zustand übergeht (kippt); man unterscheidet astabile (= freischwingende), bistabile (= Flipflop) und monostabile (= Monoflop) Kippschaltungen
multivibrator [a circuit having two output states, the transition between the two being spontaneous or triggered by an external signal; there are three types: astable (= free-running multivibrator), bistable (= flip-flop or bistable trigger circuit) and monostable (= mono-flop, monostable trigger circuit or one-shot multivibrator)]

Kippschwinger *m*, Kipposzillator *m*, Relaxationsoszillator *m*
relaxation oscillator

Kippspannung *f* [bei Thyristoren]
breakover voltage [in thyristors]

KIPS [Maß für die Rechnergeschwindigkeit in Kilobefehle/s, basiert üblicherweise auf 70% Additionen und 30% Multiplikationen]
KIPS [measure for computer operating speed in kilo-instructions per second, usually based on 70% additions and 30% multiplications]

Kissenverzerrung *f* [Bildschirm]
pin cushioning [screen]

Klammer *f* [z.B. runde oder eckige Klammer]
bracket [e.g. round or square bracket]

Klammerausdruck *m*
bracketted term, parenthesized term

Klammerdiode *f*, Klemmdiode *f*, Kappdiode *f*
clamping diode

klammerfreie Schreibweise *f*, Präfix- bzw. polnische Schreibweise *f*, Postfix- bzw. umgekehrte polnische Schreibweise *f* [eliminiert Klammern bei mathematischen Operationen, z.B. (a+b)c wird als *c+ab (Präfix) bzw. als cab+* (Postfix) geschrieben]
parenthesis-free notation, prefix or Polish notation, postfix or reversed Polish notation (RPN) [eliminates brackets in mathematical operations, e.g. (a+b)c is written *c+ab (prefix) or cab+* (postfix)]

Klarschrift *f*, OCR-Schrift *f*, Magnetschrift *f* [von Menschen und Maschinen lesbare Schrift]
optical characters (OCR characters), magnetic characters [characters readable by humans and machines]

Klarschriftcodierer *m*
character encoder

Klarschrifterkennung *f* OCR-Verfahren *n*, optische Zeichenerkennung *f*
optical character recognition (OCR), magnetic character recognition (MCR)

Klartext *m* [eine nicht codierte Mitteilung, z.B. eine Mitteilung für den Bediener]
plain language text, clear text [a message that is not coded, e.g. an operator message]

Klasse *f* [bei der objektorientierter Programmierung: Modellkategorie]
class [in object oriented programming: a model category]

klassifizieren, einordnen, ordnen [z.B. statistische Daten]
classify, to [e.g. statistical data]

Klassifizierung *f*
classification

klebebeschichtetes Laminat *n* [Leiterplatten]
adhesively coated laminate [printed circuit boards]

Klebefolie *f* [Leiterplatten]
bonding sheet [printed circuit boards]

Kleinbuchstabe *m*
lower case character

Kleinintegration *f* (SSI) Integrationstechnik, bei der nur wenige Transistoren oder Gatterfunktionen (zwischen 5 und 100) auf einem Chip enthalten sind.
small-scale integration (SSI) Technique for the integration of only a few transistors or logical functions (between 5 and 100) on the same chip.

Kleinrechner *m*, Minicomputer *m* [zwischen Mikrorechner und Großrechner]
minicomputer [between microcomputer and mainframe computer]

Kleinsignalansteuerung *f*
  small-signal drive
Kleinsignalkapazität *f*
  small-signal capacity
Kleinsignaltransistor *m*
  small-signal transistor
Kleinsignalverstärker *m*
  small-signal amplifier
Kleinsignalverstärkung *f* [von der
  Signalamplitude unabhängige Verstärkung]
  small-signal amplification [amplification
  independent of the signal amplitude]
Kleinsignalwiderstand *m*
  small-signal resistance
Kleinstbaugruppe *f,* Mikrominiaturbaugruppe
  f, Mikromodul *m*
  microminiature assembly, micromodule
kleinster gemeinsamer Nenner *m*
  lowest common denominator (LCD)
Klemmdiode *f,* Klammerdiode *f,* Kappdiode *f*
  clamping diode
Klemmenspannung *f*
  terminal voltage
Klemmschaltung *f* [Schaltung, die den
  Gleichstromanteil eines Signals
  wiederherstellt]
  clamping circuit [circuit for restoring the dc
  level of a signal]
klicken, anklicken [Maustaste kurz drücken und
  loslassen]
  click, to [briefly depressing mouse button]
Klirrfaktor *m* [Verzerrung durch Oberwellen]
  harmonic distortion [distortion due to
  harmonics]
Klon *m* [kopiertes Gerät, z.B. IBM-PC-Klon]
  clone [copied unit, e.g. IBM PC clone]
Knoten *m,* Verzweigungspunkt *m* [eines Netzes]
  node [of a network]
Koaxialkabel *n*
  coaxial cable
Koaxialstecker *m*
  coaxial plug
Koaxialsteckverbinder *m*
  coaxial connector
Kodierstift *m* [Steckverbinder]
  coding pin, polarizing pin [connectors]
Kohleschichtwiderstand *m,*
  Kohleschichtfestwiderstand *m*
  carbon film resistor, fixed carbon film
  resistor
Koinzidenzschaltung *f,* UND-Glied *n,* UND-
  Schaltung *f* [verknüpft zwei oder mehr
  Schaltvariablen entsprechend der UND-
  Funktion, d.h. der Ausgangswert ist 1, wenn
  und nur wenn alle Eingänge den Wert 1 haben]
  coincidence circuit, AND element, AND
  circuit [combines two or more switching
  variables according to the AND function, i.e.
  the output is 1, if and only if all inputs are 1]

Kollektor *m* [Bipolartransistoren]
  Bereich des Bipolartransistors, in den die aus
  dem Emitterbereich in den Basisbereich
  injizierten Ladungsträger diffundieren.
  collector [bipolar transistors]
  Region of the bipolar transistor into which the
  charge carriers, which have been injected from
  the emitter region into the base region, move by
  diffusion.
Kollektor-Basis-Diode *f,* Kollektor-Basis-
  Übergang *m*
  Ein PN- (bzw. NP-) Übergang zwischen
  Kollektor- und Basiszone eines
  Bipolartransistors. Bei bipolaren integrierten
  Schaltungen die Diode, die aus dem Kollektor-
  Basis-Übergang gebildet wird.
  collector-base diode, collector-base junction
  A pn- (or np-) junction between the collector
  and base regions of a bipolar transistor. In
  bipolar integrated circuits, the diode formed by
  the collector-base junction.
Kollektor-Basis-Durchbruchspannung *f*
  collector-base breakdown voltage
Kollektor-Basis-Kapazität *f*
  collector-base capacitance
Kollektor-Basis-Reststrom *m*
  collector-base cut-off current
Kollektor-Basis-Spannung *f* [Spannung
  zwischen Kollektoranschluß und
  Basisanschluß]
  collector-base voltage [voltage between
  collector terminal and base terminal]
Kollektor-Basis-Sperrschicht *f,* Kollektor-
  Basis-Übergang *m*
  depletion layer between collector and
  base, collector-base junction
Kollektor-Basis-Strom *m*
  collector-base current
Kollektor-Basis-Übergang *m,* Kollektor-Basis-
  Diode *f*
  collector-base diode, collector-base junction
Kollektor-Emitter-Dauerspannung *f*
  collector-emitter sustaining voltage
Kollektor-Emitter-Durchbruchspannung *f*
  collector-emitter breakdown voltage
Kollektor-Emitter-Kapazität *f*
  collector-emitter capacitance
Kollektor-Emitter-Reststrom *m*
  collector-emitter cut-off current
Kollektor-Emitter-Sättigungsspannung *f*
  collector-emitter saturation voltage
Kollektor-Emitter-Spannung *f* [Spannung
  zwischen Kollektoranschluß und
  Emitteranschluß]
  collector-emitter voltage [voltage between
  collector terminal and emitter terminal]
Kollektor-Rückwirkungskapazität *f*
  collector feedback capacitance
Kollektoranschluß *m,* Kollektorkontakt *m* [von

außen zugängliche Stelle für den Anschluß an
den Kollektorbereich]
collector terminal, collector contact
[terminal, accessible from the outside, making
electrical contact with the collector region]
Kollektorbahnwiderstand *m*
collector series resistance
Kollektorbereich *m*, Kollektorzone *f*
collector region, collector zone
Kollektordiffusion *f*
Diffusion von Fremdatomen in den
Kollektorbereich eines bipolaren
Halbleiterbauteils.
collector diffusion step
Diffusion of impurities into the collector region
of a bipolar semiconductor component.
Kollektordiffusionsisolation *f*, Isolation durch
Kollektordiffusion *f*, CDI-Technik *f*
Spezielles Isolationsverfahren, das bei
integrierten Schaltungen eingesetzt wird.
collector diffusion isolation (CDI
technology)
Special isolation technique used in integrated
circuits.
Kollektordiode *f* [Kurzform für Kollektor-Basis-
Diode]
collector diode [short form for collector-base
diode]
Kollektordotierung *f*
Dotierung des Kollektorbereiches bei der
Fertigung von bipolaren Bauelementen oder
bipolaren integrierten Schaltungen.
collector doping
Doping of the collector region in bipolar
component and integrated circuit fabrication.
Kollektordurchbruch *m*
collector breakdown
Kollektordurchbruchspannung *f*
collector breakdown voltage
Kollektorelektrode *f*
collector electrode
Kollektorkapazität *f*
collector capacitance
Kollektorkontakt *m*, Kollektoranschluß *m* [von
außen zugängliche Stelle für den Anschluß an
den Kollektorbereich]
collector contact, collector terminal
[terminal, accessible from the outside, making
electrical contact with the collector region]
Kollektorschaltung *f*
[Transistorgrundschaltung]
Eine der drei Grundschaltungen des
Bipolartransistors, bei dem die
Kollektorelektrode die gemeinsame
Bezugselektrode ist.
common collector connection [basic
transistor configuration]
One of the three basic configurations of the
bipolar transistor having the collector as a

common reference terminal.
Kollektorspannung *f*
collector voltage
Kollektorsperrschicht *f*, Kollektorübergang *m*
[PN- (bzw. NP-) Übergang zwischen Kollektor-
und Basiszone eines Bipolartransistors]
**depletion layer between collector and
base,** collector junction [pn- (or np-) junction
between collector zone and base zone of a
bipolar transistor]
Kollektorsperrschichtkapazität *f*
collector depletion layer capacitance
Kollektorsperrstrom *m*
collector reverse current
Kollektorspitzenstrom *m*
collector peak current
Kollektorstrom *m* [über den Kollektoranschluß
fließender Strom]
collector current [current flowing through
the collector terminal]
Kollektorübergang *m*, Kollektorsperrschicht *f*
**depletion layer between collector and
base,** collector junction
Kollektorverlustleistung *f*
collector dissipation
Kollektorvorspannung *f*
collector bias
Kollektorwiderstand *m*
collector resistance
Kollektorzone *f*, Kollektorbereich *m*
collector region, collector zone
Kollision *f*
collision
Kombinatorik *f*
combinatorics
kombinatorische Logik *f* [logische
Verknüpfung ohne Speicherverhalten, im
Gegensatz zur sequentiellen Logik; ergibt einen
eindeutigen Ausgangswert für jede eindeutige
Kombination von Eingangswerten]
combinational logic, combinatorial logic [a
logical function without storage properties in
contrast to sequential logic; provides unique
output for each unique combination of inputs]
kombinatorische Schaltung *f*,
kombinatorisches Schaltwerk *n*
Eine logische Schaltung, deren Ausgangswerte
nur von den augenblicklichen Eingangswerten
abhängen, d.h. eine Schaltung bestehend aus
Gattern (z.B. UND-Glieder) aber ohne
Speicherelemente wie Flipflops.
combinational circuit, combinatorial circuit
A logic circuit whose output values depend only
on the instantaneous input values, i.e. a circuit
comprising gates (e.g. AND gates) but without
storage elements such as flip-flops.
kombinierte Anzeige *f*, gemischte Anzeige *f*
[Anzeige von alphanumerischen Zeichen und
Graphik]

mixed display, combined display [display of
alphanumeric characters and graphics]

kombinierte Tastatur *f* [z.B. alphanumerische
Tasten und getrennter Zahlenblock]
combined keyboard [alphanumeric keys and
separate numeric keypad]

Komma *n,* Dezimalkomma *n* [bei Zahlen]
point, decimal point [in numbers]

Kommaeinstellung *f*
point setting

Kommando *n,* Steuerbefehl *m* [steuert den
Programmablauf; löst eine Rechneroperation
aus, die durch einen Befehl definiert ist]
command, control command, control
instruction [controls the program sequence;
initiates a computer operation defined by an
instruction]

Kommandofolge *f*
command sequence

Kommandosprache *f* [Befehle des
Betriebssystems für den Aufruf von
Systemfunktionen; wird vom Bediener für
Kommandos an den Rechner verwendet, z.B.
um ein Programm zu laden]
command language [instructions of the
operating system for calling up system
functions; is used by the operator for giving
commands to the computer, e.g. for loading a
program]

Kommandozeile-Schnittstelle *f*
[Kommandoeingabe auf DOS-Ebene]
command line interface [command entry at
DOS level]

Kommaverschiebung *f*
point shifting, shifting of decimal point

Kommentar *m,* Bemerkung *f* [in einem
Programm: erläutert den Programmierschritt
und wird vom Rechner nicht verarbeitet]
comment, remark [in a program: explains the
programming step and is not processed by the
computer]

Kommentarzeile *f*
comment line

kommerzielle Datenverarbeitung *f*
business data processing, commercial data
processing

Kommunikationsleitung *f,*
Datenkommunikationsleitung *f*
communication channel, data
communication channel

Kommunikationsnetz *n,* Nachrichtennetz *n*
communication network

Kommunikationsprotokoll *n,* Protokoll *n*
[Regeln für den Austausch von Daten zwischen
zwei Kommunikationspartnern, z.B. zwischen
Terminal und Rechner]
communications protocol, protocol [rules for
the interchange of data between two
communication partners, e.g. between terminal

and computer]

Kommunikationssystem *n,* Nachrichtensystem
n [Nachrichtentechnik]
communication system [telecommunications]

Kommunikationstechnik *f,*
Telekommunikationstechnik *f,*
Fernmeldetechnik *f*
communications, telecommunications

kompakt, dicht gedrängt
compact

Komparator *m,* Vergleicher *m*
comparator

kompatibel, verträglich [untereinander
austauschbar, z.B. zwei Bausteine, Geräte oder
Systeme]
compatible [replaceable one by the other, e.g.
two devices, units or systems]

Kompatibilität *f,* Vereinbarkeit *f,*
Verträglichkeit *f* [Austauschbarkeit von
Hardware und Software]
compatibility [hardware], portability
[software]

kompilieren, compilieren, übersetzen
compile, to

Kompilierer *m,* Compiler *m,* Übersetzer *m*
Ein Programm, das ein in einer höheren
Programmiersprache geschriebenes Programm
in Maschinensprache bzw. Befehlscodes des
Rechners übersetzt. Im Gegensatz zu einem
Interpreter, der jeweils einzelne
Programmanweisungen übersetzt, führt der
Compiler die Übersetzung gesamthaft durch.
Der Compiler hat deshalb einen geringeren
Speicherbedarf und wesentlich kürzere
Durchlaufzeiten.
compiler
A program for converting a program written in
a higher programming language into machine
language or operation codes of a computer. In
contrast to an interpreter, which converts
individual program instructions, the compiler
converts the entire program. A compiler
therefore requires less storage space and is
significantly faster.

Kompilierergenerator *m,* Compiler-Compiler
m, Compilergenerator *m,* Übersetzergenerator
m [erzeugt einen Compiler]
compiler-compiler, compiler generator
[generates a compiler]

Komplement *n,* Zahlenkomplement *n* [dient der
Darstellung einer negativen Zahl; für negative
Binärzahlen verwendet man entweder das
Einer- oder das Zweierkomplement, für
negative Dezimalzahlen entweder das Neuner-
oder das Zehnerkomplement]
complement [serves to represent a negative
number; for negative binary numbers one uses
either the ones or the twos complement and for
negative decimal numbers either the nines or

the tens complement]
komplementäre Addition *f*
complement add
komplementäre Hochleistungs-MOS-
Technik *f*, CHMOS-Technik *f* [Variante der
CMOS-Technik]
complementary high-performance MOS
technology (CHMOS technology) [variant of
CMOS technology]
komplementäre Leistungstransistoren *m.pl.*
[Transistorpaar vom komplementären Typ, z.B.
ein PNP- und ein NPN-Transistor; häufig als
Gegentaktendstufe verwendet]
complementary power transistors
[transistor pair of complementary type, e.g. a
pnp- and a npn-transistor; often used as push-
pull power amplifier stage]
komplementäre MOS-Technik *f*, CMOS-
Technik *f*, Komplementärtechnik *f*
Technik, bei der komplementäre-MOS-
Transistorpaare gebildet werden, indem je ein
N-Kanal- und ein P-Kanal-MOS-Transistor des
Anreicherungstyps auf dem gleichen Chip
kombiniert werden.
complementary MOS technology, CMOS
technology (complementary MOS technology)
Technique for forming complementary MOS
transistor pairs by combining an n-channel and
a p-channel enhancement-mode MOS transistor
on the same chip.
Komplementärtechnik *f* [z.B. die CMOS-
Technik]
complementary technology [e.g. CMOS
technology]
Komplementärtransistoren *m.pl.*
[Transistorpaar vom komplementären Typ, z.B.
ein PNP- und ein NPN-Transistor]
complementary transistors [transistor pair
of complementary type, e.g. a pnp- and a npn-
transistor]
Komplementärverstärker *m* [aus
Komplementärtransistoren gebildet]
complementary transistor amplifier
[formed of complementary transistors]
komplementieren, ergänzen [das Komplement
einer Zahl bilden]
complement, to [to form the complement of a
number]
Komplementübertrag *m*, Rückübertrag *m*,
Ringübertrag *m* [Verschieben einer
Übertragsziffer von der höchstwertigen zur
niedrigstwertigen Stelle]
end-around carry, complement carry
[shifting a carry digit from the most significant
to the least significant place]
komplexe Schreibweise *f* [z.B. Z = X + jY]
complex notation [e.g. Z = X + jY]
Komprimierung *f* [Daten]
compression [data]

Komprimierungsrate *f*
compression rate
Kondensator *m*
capacitor
kondensatorgekoppelte FET-Logik *f* (CCFL)
Integrierte Schaltungsfamilie, die mit
Galliumarsenid-D-MESFETs realisiert ist.
capacitor-coupled FET logic (CCFL)
Family of integrated circuits based on gallium
arsenide D-MESFETs.
Kondensatorspeicher *m*, elektrostatischer
Speicher *m*
electrostatic storage
Konduktanz *f*, Leitwert *m*, reeller Leitwert *m*
[Reziprokwert des Widerstandes; SI-Einheit:
Siemens]
conductance [reciprocal value of resistance;
SI unit: siemens]
Konfiguration *f*, Auslegung *f*
configuration, design
konformaler Überzug *m* [Leiterplatten]
conformal coating [printed circuit boards]
Konformitätsprüfung *f*
conformance testing
Konjunktion *f*, UND-Verknüpfung *f* [logische
Verknüpfung mit dem Ausgangswert
(Ergebnis) 1, wenn und nur wenn alle Eingänge
(Operanden) den Wert 1 haben; für alle
anderen Eingangswerte ist der Ausgangswert 0]
AND function, AND operation [logical
operation having the output (result) 1, if and
only if all inputs (operands) are 1; for all other
input values the output is 0]
konjunktiv verknüpfen, UND-mäßig
verknüpfen
AND, to
konkurrent, gleichzeitig
concurrent
Konkurrenzverfahren *n* [Betriebsart, bei der
mehrere Benutzer konkurrierend auf
gemeinsame Einrichtungen zugreifen, z.B. auf
Magnetbandspeicher]
contention mode [multiple users contending
for shareable facilities, e.g. magnetic tape
storage]
Konnektor *m* [Symbol für die Fortsetzung von
Ablaufdiagrammen]
connector symbol [symbol used for
continuing flow charts]
Konsole *f*, Bedienkonsole *f*, Bedienungskonsole *f*
console, operator console, operator's console
Konstante mit Vorzeichen *f*
signed constant
Konstante ohne Vorzeichen *f*
unsigned constant
konstante Vorspannung *f*
constant bias voltage
Konstantspannungsquelle *f*

constant voltage source
Konstantstromquelle *f*
constant current source
Konstruktor *m* [Initialisierungsfunktion in C++]
constructor [initialization function in C++]
Konsumelektronik *f,* Unterhaltungselektronik *f*
consumer electronics
Kontaktfläche *f*
contact area
Kontaktieren *n,* Bonden *n*
Verfahren zum Herstellen von elektrischen
Verbindungen zwischen den Kontaktflecken
auf dem Chip und den Außenanschlüssen des
Gehäuses.
bonding
Process for providing electrical connections
between the bonding pads on the chip and the
external leads of the package.
Kontaktierungsfleck *m,* Bondinsel *f,*
Anschlußfleck *m* [integrierte Schaltungen]
bonding pad, external bonding pad
[integrated circuits]
Kontaktloch *n,* Verbindungsloch *n*
[durchkontaktierte Bohrung für Verbindungen
und nicht für Bauteilmontage auf
Leiterplatten]
via hole [plated-through hole for through
connection and not used for component
insertion in a PCB]
Kontaktprellen *n,* Prellen *n*
contact bounce, bounce
Kontaktwiderstand *m,* Übergangswiderstand
contact resistance
Kontaktwiderstandsmethode *f,*
Ausbreitungswiderstandsmethode *f*
Meßmethode zur Bestimmung des spezifischen
Widerstandes eines Halbleiters.
spreading resistance method
Method for measuring the resistivity of a
semiconductor.
Kontamination *f,* Verunreinigung *f*
[unerwünschte Partikel auf Prozeßanlagen oder
Halbleiterscheiben, die die Ausbeute bei der
Herstellung von Halbleiterbauelementen
verringern]
contamination [unwanted particles on
process equipment or wafers affecting the yield
in semiconductor component fabrication]
Kontrasteinstellung *f*
contrast adjustment
Kontroll-Leseverfahren *n,* RAW-Verfahren *n*
[Kontrolle der Speicherung durch Lesen nach
dem Schreiben]
RAW technique (Read-After-Write) [verifying
procedure for data storage]
Kontrollbit *n,* Prüfbit *n* Paritätsbit *n*
[zusätzliches Bit, das jeder Informationseinheit, z.B. Zeichen, Byte oder Wort, zugefügt
wird, um eine ungerade bzw. gerade Summe

aller Bits in dieser Einheit zu erhalten; damit
lassen sich Übertragungsfehler erkennen]
check bit, parity bit [a check bit added to a
unit of data, e.g. character, byte or word, to
obtain an odd or even sum of all bits in the unit
of data; serves to detect transmission errors]
Kontrolldrucker *m*
monitor printer
Kontrolle *f,* Prüfung *f*
check, test
Kontrolle der Programmierung *f* [Betriebsart
bei Speichern]
verify mode [operational mode of memories]
kontrollieren, prüfen
check, to; test, to
kontrolliert abbrechen, abbrechen
[Unterbrechung eines laufenden Programmes
durch den Bediener]
abort, to [interruption of a running program
by the operator]
Kontrollsumme *f,* Überschlagssumme *f*
check sum, check total, hash total
Kontrollzeichen *n,* Prüfzeichen *n*
check character
Kontrollzeichnung *f* [Schaltungsentwurf]
Die von einer rechnergesteuerten
Zeichenmaschine zu Kontrollzwecken erstellte
topologische Gesamtübersicht einer
integrierten Schaltung.
check plot [circuit design]
A topological overview of an integrated circuit
produced for checking purposes with the aid of
a computer-controlled drafting machine.
konventioneller Speicher *m* [das erste
Megabyte des Hauptspeichers; nach Abzug des
oberen Speicherbereiches (für die System-
verwaltung reserviert und für Programme
nicht verfügbar) bleiben 640 kB in DOS
verfügbar]
conventional memory [the first Megabyte of
main memory; after deducting the upper
memory area (used for system management
and not available to programs) this leaves 640
kB in DOS]
Konvertierung *f,* Umsetzung *f,* Umsetzen *n*
conversion
Konzentrator *m* [verringert die Anzahl der
Kanäle bei der Datenübertragung]
concentrator [reduces the number of channels
in data transmission]
Koordinatenschreiber *m,* XY-Schreiber *m*
[elektromechanisches Registriergerät, dessen
Schreiber durch die kombinierte Wirkung von
je einem Antrieb in der X- und in der Y-Achse
bewegt wird]
xy-plotter, xy-recorder, coordinate plotter
[electromechanical recorder whose stylus is
moved by the combined effect of drives in the x
and y axes]

Koordinatensystem *n*
  coordinate system
Kopfanweisung *f*
  heading statement
Kopfaufsetzer *m* [Festplattenlaufwerk]
  head crash [hard disk drive]
Kopfausrichtung *f* [Laufwerk]
  head alignment [disk drive]
Kopfparken *n* [Festplattenlaufwerk]
  head parking [hard disk drive]
Kopfzeile *f* [Text am oberen Rand jeder
  gedruckten Seite]
  header [text at top of every printed page]
Kopieranweisung *f*
  copy statement
Kopieren eines Blocks *n*
  block copy
kopieren
  copy, to
Kopierschutz *m*
  copy protection
Kopierschutzstecker *m* [wird meistens in den
  Druckeranschluß eingesteckt]
  hardware key, dongle [hardware-based copy
  protection, usually inserted in printer port]
Kopierschutzvorrichtung *f*
  copy protection device
koppeln [Rechner, Geräte usw.]
  link, to [computers, devices, etc.]
Kopplungsdiode *f*
  coupling diode
Kopplungseinrichtung *f*,
  Nahtstelleneinrichtung *f*
  interface equipment
Kopplungskondensator *m*
  coupling capacitor
Kopplungsverstärker *m*
  coupling amplifier
Kopplungswirksamkeit *f*
  coupling efficiency
Korngrenze *f* [ein Gitterfehler]
  grain boundary [a lattice imperfection]
Korrektur über Tastatur *f*
  keyboard correction, correction entered on
  keyboard
Korrekturlader *m*
  patch loader
Korrekturtaste *f*
  error reset key
korrigierbarer Code *m* [ein Code mit
  ausreichender Redundanz für die
  Fehlerkorrektur]
  correctable code [a code with sufficient
  redundancy for error correction]
korrigieren [ein Programm behelfsmäßig
  korrigieren, meistens im Maschinencode]
  patch, to [to modify a program temporarily,
  usually in machine code]
korrigieren, editieren, aufbereiten

edit, to
Kosinussatz *m*
  cosine law
Kosinuswelle *f*
  cosine wave
Kostenfunktion *f*
  cost function
kovalente Bindung *f*, homöopolare Bindung *f*
  Chemische Bindung (z.B. in einem
  Halbleiterkristall), bei der die Bindungskräfte
  durch Elektronen entstehen, die zwei
  benachbarten Atomen gleicherweise angehören.
  covalent bond, homopolar bond
  Chemical bond (e.g. in a semiconductor crystal)
  in which the binding forces result from the
  sharing of electrons by a pair of neighbouring
  atoms.
Kovarianz *f*
  covariance
Kreisgraphik *f*, Tortengraphik *f* [Darstellung
  numerischer Werte durch Kreissektoren]
  pie chart, pie diagram [representation of
  numerical values by circular segments]
Kreuzparität *f*, Kreuzsicherung *f* [Methode zur
  Erkennung von Übertragungsfehlern mittels
  Paritätsbit für jedes Zeichen (Querparität) und
  Paritätszeichen für jeden Block (Längsparität)]
  cross-parity, cross-checking [method for
  detecting transmission errors by means of a
  parity bit for each character (vertical parity)
  and a parity character for each block
  (longitudinal parity)]
Kriechstrecke *f*
  leakage current path
Kriechstrom *m*, Leckstrom *m*, Ableitstrom *m*
  leakage current
Kriechweg *m*
  leakage path
Kristall *m*
  Festkörper mit sich regelmäßig wiederholender
  Anordnung von Atomen, Ionen oder Molekülen
  im dreidimensionalen Raum.
  crystal
  Solid in which the atoms, ions or molecules are
  arranged in a repetitive three-dimensional
  structure.
Kristallachse *f*
  crystallographic axis
Kristallalterung *f*
  crystal aging
Kristallaufbau *m*, Kristallstruktur *f*
  crystal structure
Kristallaufbaufehler *m*, Gitterfehler *m*
  Abweichung vom regelmäßigen Aufbau eines
  Kristalls, z.B. infolge von Fremdatomen,
  Leerstellen, Versetzungen, Korngrenzen usw.
  crystal lattice imperfection, lattice
  imperfection
  Deviation from a homogeneous structure in a

crystal, e.g. as a result of impurities, vacancies, dislocations, grain boundaries, etc.
Kristallebene *f*
crystal plane, crystallographic plane
Kristallfehler *m*
crystal defect
Kristallfläche *f*
crystal surface, crystal face
Kristallgitter *n*, Gitter *n* [Halbleitertechnik]
Regelmäßige Anordnung der Atome in einem Halbleiterkristall.
crystal lattice, lattice [semiconductor technology]
Orderly arrangement of atoms in a semiconductor crystal.
Kristallgitterplatz *m*, Gitterplatz *m*
crystal lattice site, lattice site
Kristallgitterstruktur *f*
crystalline lattice structure
kristalliner Festkörper *m*
crystalline solid
kristalliner Halbleiter *m*
crystalline semiconductor
Kristallkeim *m* [Halbleiterkristalle]
Kleiner Einkristall, der als Kristallisationskern bei der Züchtung von Einkristallen verwendet wird.
seed crystal [semiconductor crystals]
Small single crystal used to initiate crystallization in single crystal growing.
Kristallorientierung *f*
crystal orientation, crystallographic orientation
Kristalloszillator *m*, Quarzoszillator *m*
crystal oscillator, quartz oscillator
Kristallstruktur *f*, Kristallaufbau *m*
crystal structure
Kristallwachstum *n*
crystal growth
Kristallzelle *f* [kleinste geometrische Einheit eines Kristalls]
crystal cell [smallest geometrical unit cell of a crystal]
Kristallzucht *f*, Kristallzüchtung *f*, Kristallzüchten *n*
Verfahren zur Herstellung von Einkristallen (z.B. Halbleiterkristalle) aus Schmelzen oder Lösungen.
crystal growing
Process for forming single crystals (e.g. semiconductor crystals) from melts or solutions.
Kristallzüchten *n*, Züchtungsverfahren *n*
crystal growing, growing process
kritische Kopplung *f* [z.B. zwischen zwei Schaltungen]
critical coupling [e.g. between two circuits]
kritischer DOS-Fehler *m* [zeigt Versagen eines Peripheriegerätes an]
critical DOS error [indicates failure of

peripheral device]
kritischer Fehler *m*
critical defect
krummlinige Koordinaten *f.pl.*
curvilinear coordinates
Krümmung *f* [einer Kurve]
curvature [of a curve]
kryogener Speicher *m*, Tieftemperaturspeicher *m*, Kryogenspeicher *m*, Kryotronspeicher *m*, Supraleitungsspeicher *m* [Speicher, der die Eigenschaften von supraleitenden Werkstoffen nutzt]
cryogenic storage, cryotron storage [storage device based on the properties of superconducting materials]
Kryotronspeicher *m*, kryogener Speicher *m*
cryogenic storage, cryotron storage
Kryptologie *f*, Kryptographie *f*
cryptography, cryptology
Kugelkoordinaten *f.pl.*
spherical coordinates
Kühlkörper *m*, Wärmeableiter *m*
Metallischer Körper zur Aufnahme und Ableitung von Verlustwärme aus elektronischen Bauelementen.
heat sink
Metal body used to absorb and dissipate heat from electronic components.
Kundenschaltung *f*, kundenspezifische Schaltung *f*, Vollkundenschaltung *f*
Integrierte Schaltung für eine bestimmte Aufgabe, die nach Kundenwünschen völlig neu entworfen wird.
custom circuit, fully custom circuit
Integrated circuit for a specific application of completely new design according to customer's specifications.
künstliche Intelligenz *f* (KI) [die Fähigkeit eines Rechnersystems, Aufgaben zu lösen, die dem Bereich der menschlichen Intelligenz angehören, z.B. Mustererkennung, Sprachübersetzung, Musikkomposition usw.]
artificial intelligence (AI) [the ability of a computer system to solve problems which are within the area of human intelligence, e.g. pattern recognition, language translation, music composition, etc.]
künstliche Sprache *f* [Maschinen- oder Programmiersprache (z.B. FORTRAN) im Gegensatz zu einer natürlichen Sprache (z.B. Deutsch)]
artificial language [machine or programming language (e.g. FORTRAN) in contrast with a natural language (e.g. English)]
Kunststoffgehäuse *n*
plastic package
Kunststoffolienkondensator *m*
plastic film capacitor
kupferkaschierte Preßstoffplatte *f* [für

Leiterplatten]
copper-clad laminate [for printed circuit boards]
Kursivschrift *f*, **Schrägschrift** *f*
italics
Kurvengenerator *m*
curve generator
Kurvenschar *f*
family of curves
kurzschließen
short-circuit, to
Kurzschluß *m*
short-circuit
Kurzschluß-Ausgangsadmittanz *f*, Kurzschluß-Ausgangsleitwert *m* [Transistorkenngrößen: *y*-Parameter]
short-circuit output admittance [transistor parameters: *y*-parameter]
Kurzschluß-Ausgangsleitwert *m*, Kurzschluß-Ausgangsadmittanz *f* [Transistorkenngrößen: *y*-Parameter]
short-circuit output admittance [transistor parameters: *y*-parameter]
Kurzschluß-Eingangsadmittanz *f*, Kurzschluß-Eingangsleitwert *m* [Transistorkenngrößen: *y*-Parameter]
short-circuit input admittance [transistor parameters: *y*-parameter]
Kurzschluß-Eingangsimpedanz *f*, Kurzschluß-Eingangswiderstand *m* [Transistorkenngrößen: *h*-Parameter]
short-circuit input impedance [transistor parameters: *h*-parameter]
Kurzschluß-Eingangsleitwert *m*, Kurzschluß-Eingangsadmittanz *f* [Transistorkenngrößen: *y*-Parameter]
short-circuit input admittance [transistor parameters: *y*-parameter]
Kurzschluß-Eingangswiderstand *m*, Kurzschluß-Eingangsimpedanz *f* [Transistorkenngrößen: *h*-Parameter]
short-circuit input impedance [transistor parameters: *h*-parameter]
Kurzschluß-Rückwärtssteilheit *f*, Kurzschluß-Übertragungsadmittanz rückwärts *f*, Remittanz *f* [Transistorkenngrößen: *y*-Parameter]
short-circuit reverse transfer admittance [transistor parameters: *y*-parameter]
Kurzschluß-Stromempfindlichkeit *f*
short-circuit current sensitivity
Kurzschluß-Stromverstärkung *f*, Kurzschluß-Vorwärtsstromverstärkung *f* [Transistorkenngrößen: *h*-Parameter]
short-circuit forward current transfer ratio [transistor parameters: *h*-parameter]
Kurzschluß-Übertragungsadmittanz rückwärts *f*, Remittanz *f*, Kurzschluß-Rückwärtssteilheit *f* [Transistorkenngrößen: *y*-Parameter]
short-circuit reverse transfer admittance [transistor parameters: *y*-parameter]
Kurzschluß-Übertragungsadmittanz vorwärts *f*, Transmittanz *f*, Kurzschluß-Vorwärtssteilheit *f* [Transistorkenngrößen: *y*-Parameter]
short-circuit forward transfer admittance [transistor parameters: *y*-parameter]
Kurzschluß-Vorwärtssteilheit *f*, Kurzschluß-Übertragungsadmittanz vorwärts *f*, Transmittanz *f* [Transistorkenngrößen: *y*-Parameter]
short-circuit forward transfer admittance [transistor parameters: *y*-parameter]
Kurzschluß-Vorwärtsstromverstärkung *f*, Kurzschluß-Stromverstärkung *f* [Transistorkenngrößen: *h*-Parameter]
short-circuit forward current transfer ratio [transistor parameters: *h*-parameter]
Kurzschlußdauer *f*
short-circuit duration
Kurzschlußimpedanz *f*
short-circuit impedance
Kurzschlußspannung *f*
short-circuit voltage
Kurzschlußstecker *m*
short-circuit plug, short-circuit connector
Kurzschlußstrom *m*
short-circuit current
Kurzschlußwiderstand *m*
short-circuit resistance
Kurzverbindung *f*, Brücke *f*, Drahtbrücke *f* [Verbindung zwischen zwei Anschlüssen]
jumper, strap [connection between two terminals]
Kurzzeitausheilung *f* [Halbleitertechnik]
rapid thermal annealing (RTA) [semiconductor technology]
kurzzeitig beanspruchter Speicher *m*, Zwischenspeicher *m*, Pufferspeicher *m*
temporary storage, buffer storage
kurzzeitig, vorübergehend
temporary
Kybernetik *f* [vergleichende Studie der Methoden der Nachrichtenübertragung und der Regelung in Maschinen und in lebenden Organismen]
cybernetics [comparative study of the methods of communication and automatic control in machines and living organisms]

L

L-Bereich *m* [der untere Bereich eines binären
Signals]
L-range [the low range of a binary signal]
L-Pegel *m*, **L-Signal** *n* [Niedrigpegel bei
Logikschaltungen; bei der positiven Logik
entspricht der Niedrigpegel dem Zustand
logisch 0, bei der negativen Logik dem Zustand
logisch 1]
L-level [low level in logic circuits; in positive
logic the low level corresponds to logical 0, in
negative logic to logical 1]
L-Signalausgang *m*
L-level output
Lack *m*
lacquer
Lackmaske *f*, **Abdeckmaske** *f*
resist mask, resist, mask
Lacküberzug *m*
lacquer coating
ladbare Schriftart *f*
downloadable font, soft font
Ladeadresse *f*
loading address
Ladebefehl *m*
load instruction
Ladeleitung *f* [Steuerleitung eines Zählers oder
Schieberegisters]
load line [control line of a counter or shift
register]
laden [Übertragen eines Programmes aus einem
externen Speicher in den Haupt- bzw.
Arbeitsspeicher]
load, to [to transfer a program from an
external storage into main or working storage]
Laden eines Programmes *n*, **Einspeichern
eines Programmes** *n*
program load
Laden und Ausführen *n* [einmaliges Laden des
Compilers für die Übersetzung mehrerer
Programme]
load-and-go [single loading of compiler for the
conversion of multiple programs]
Ladeprogramm *n*, **Lader** *m*, **Programmlader** *m*
[Programm zum Laden von Programmen in den
Arbeitsspeicher]
loading routine, loading program [program
used for loading programs into working
storage]
Lader *m*, **Ladeprogramm** *n*, **Programmlader** *m*
loading routine, loading program
Lader für Programme im Maschinen-code *m*
absolute program loader, binary program
loader
Lader für verschiebbare Programme *m*,
Relativlader *m* [ein Programmlader, der die im

Programm angegebenen Adressen um eine
Ladeadresse (Programmanfang) erhöht; im
Gegensatz zu einem Absolutlader]
relocating loader [a program loader which
increases the addresses contained in a program
by an amount corresponding to the loading
address (program start); in contrast to an
absolute loader]
Ladung *f*
charge
Ladungsdichte *f*, **Dichte** *f*
charge density, density
**ladungsgekoppelte Schaltung mit
vergrabenem Kanal** *f* (BCCD)
buried-channel charge-coupled device
(BCCD)
ladungsgekoppeltes Schaltelement *n*,
Ladungstransferelement *n*, Ladungsverschiebeelement *n*, CCD-Element *n*
Integrierte Halbleiterschaltung in MOS-
Struktur, deren Arbeitsweise auf dem
schrittweisen Transport von Ladungen basiert.
charge-coupled device (CCD)
Integrated semiconductor device in MOS
structure that operates basically by passing
along electric charges from one stage to the
next.
Ladungsspeicherdiode *f*
charge storage diode
Ladungsspeicherung *f*
charge storage
Ladungstransferelement *n*,
ladungsgekoppeltes Schaltelement *n*,
Ladungsverschiebeelement *n*, CCD-Element *n*
charge-coupled device (CCD)
Ladungstransport *m*, Ladungsträgertransport *m*
charge transport
Ladungsträger *m* [Halbleitertechnik]
Ein bewegliches Leitungselektron oder ein
bewegliches Defektelektron, dessen Bewegung
den Ladungstransport innerhalb eines Halbleiters bewirkt. Elektronen sind negative,
Defektelektronen positive Ladungsträger.
carrier, charge carrier [semiconductor
technology]
A mobile conduction electron or a mobile hole
whose movement effects charge transport
within a semiconductor. Electrons are negative,
holes are positive carriers.
Ladungsträgerbeweglichkeit *f*
carrier mobility, charge carrier mobility
Ladungsträgerdichte *f*
charge carrier density, carrier density
Ladungsträgerdiffusion *f*, Diffusion von
Ladungsträgern *f* [Halbleitertechnik]
Die Bewegung von Ladungsträgern in einem
Halbleiter, insbesondere an der Grenze
zwischen P- und N-dotierten Bereichen. Sie
entsteht infolge unterschiedlicher Dichte der

Ladungsträger.
carrier diffusion [semiconductor technology]
The movement of charge carriers in a
semiconductor, particularly at boundaries
between p-type and n-type regions. Carrier
diffusion results from concentration gradients.
Ladungsträgerhaftstelle *f*
charge carrier trap, carrier trap
Ladungsträgerinjektion *f,* Injektion *f*
[Halbleitertechnik]
Das Einbringen zusätzlicher Ladungsträger in
einen Halbleiter.
charge carrier injection, injection
[semiconductor technology]
The introduction of additional charge carriers
into a semiconductor.
Ladungsträgerkonzentration *f*
carrier concentration
Ladungsträgerlebensdauer *f*
carrier lifetime
Ladungsträgerrekombination *f*
[Wiedervereinigung von Elektronen mit
Defektelektronen]
carrier recombination [reunion of electrons
and holes]
Ladungsträgertransport *m,* Ladungstransport
charge transport
Ladungsverschiebeelement *n,*
ladungsgekoppeltes Schaltelement *n,*
Ladungstransferelement *n,* CCD-Element *n*
Integrierte Halbleiterschaltung in MOS-
Struktur, deren Arbeitsweise auf dem schritt-
weisen Transport von Ladungen basiert.
charge-coupled device (CCD)
Integrated semiconductor device in MOS
structure that operates basically by passing
along electric charges from one stage to the
next.
Lagegenauigkeit *f* [Leiterplatten]
registration [printed circuit boards]
Lagenverbindung *f* [Leiterplatten]
interlayer connection [printed circuit
boards]
Lageregelsystem *n,* Positionsregelung *f*
positioning control system
Lagerungstemperatur *f* [z.B. von
Halbleiterbauteilen]
storage temperature [e.g. of semiconductor
components]
Lagerungstemperaturbereich *m*
storage temperature range
Laminat *n,* Schichtstoff *m*
laminate
laminieren
laminate, to
laminiert, beschichtet
laminated
LAN *n,* lokales Netz *n* [ein Netz innerhalb eines
begrenzten Bereiches, z.B. Gebäude oder

Unternehmensgelände, für den dezentralen
Anschluß von Bildschirm- und
Peripheriegeräten; man unterscheidet zwischen
Konkurrenz- (z.B. CSMA/CD, Ethernet) und
Sendeberechtigungs-Verfahren (Token-
Zugriffsprotokoll) nach IEEE-802 und ECMA]
LAN, local area network [a network within a
limited area, e.g. building or company grounds,
for the decentral connection of terminals and
peripheral equipment; one differentiates
between contention accessing (e.g. CSMA/CD,
carrier-sense multiple access with collision
detection, Ethernet) and token-passing
accessing according to IEEE-802 and ECMA]
LAN-Manager [von Microsoft entwickeltes
Betriebssystem für lokale Netzwerke (LAN)]
LAN Manager [operating system developed by
Microsoft for local area networks (LAN)]
Landmark-Test *m* [Rechner-
Bewertungsprogramm]
Landmark test [computer benchmark
program]
langsame störsichere Logik *f* (LSL)
Bipolare Schaltungsfamilie, die sich durch hohe
Störsicherheit auszeichnet.
low-speed logic (LSL)
Family of bipolar logic circuits characterized by
high noise immunity.
langsamer Speicher *m,* Speicher mit hoher
Zugriffszeit *m,* Speicher mit langsamer
Zugriffszeit *m*
slow-access storage
Längsparität *f,* Blockparität *f* [Parität eines
Datenblocks nach Ergänzung durch ein
Blockprüfzeichen; im Gegensatz zur Quer- bzw.
Zeichenparität]
longitudinal parity, block parity [parity of a
data block after completing with a block parity
bit; in contrast to vertical parity or character
parity]
Längsparitätszeichen *n,* LRC-Zeichen *n*
[Paritätsprüfung z.B. bei
Magnetbandaufzeichnungen]
longitudinal redundancy check character,
(LRC character) [parity check, e.g. with
magnetic tape recording]
Längssummenkontrolle *f*
summation check
Langzeitdrift *f*
longtime drift
Laptop-Computer *m* [kleiner Rechner, der auf
dem Schoß gehalten werden kann]
laptop computer [small computer for holding
on the lap]
LARAM *m,* linienadressierbarer Speicher mit
wahlfreiem Zugriff *m*
LARAM (line-addressable random-access
memory)
Laser *m* (Lichtverstärkung durch angeregte

Strahlungsemission) [wird in der
Optoelektronik, Metallverarbeitung,
Interferometrie und bei medizinischen
Anwendungen eingesetzt]
laser (light amplification by stimulated
emission of radiation) [is used in optoelectronics, metalworking, interferometry, and
medical applications]
Laser-Plotter *m,* Laser-Zeichengerät *n*
laser plotter
Laser-Zeichengerät *n,* Laser-Plotter *m*
laser plotter
Laserausheilen *n*
Laserausheilung *f*
Restaurierung, mit Hilfe von Laserstrahlen,
einer durch Ionenimplantation geschädigten
Kristallgitterstruktur eines Halbleiterbereiches.
laser healing, laser annealing [semiconductor
technology]
Removal of structural damage to the crystal
lattice in a semiconductor region resulting from
ion implantation by the use of a laser beam.
Laserdiode *f,* Halbleiterlaser *m*
Halbleiterbauteil, das kohärentes Licht
emittiert. Die Lichterzeugung erfolgt durch
induzierte Emission an einem PN-Übergang.
Sie entsteht durch Ladungsträgerinjektion oder
Elektronenstrahlanregung. Als
Ausgangsmaterialien dienen vorwiegend
Galliumarsenid und
Galliumaluminiumarsenid.
laser diode, semiconductor laser, diode laser
Semiconductor device that emits coherent light.
Light generation occurs at a pn-junction due to
carrier injection or electron-beam excitation.
The most widely used materials are gallium
arsenide and gallium aluminium arsenide.
Laserdrucker *m* [Hochgeschwindigkeitsdrucker,
der einen Laserstrahl für die Aufzeichnung auf
Papier benutzt]
laser printer [high-speed printer using a laser
beam for recording on paper]
Laserspeicher *m*
laser storage
Laserstrahl *m*
laser beam
Laserstrahlabtastung *f*
laser beam scanning
Laserstrahltrimmen *n,* Lasertrimmen *n*
Verfahren, mit dem sich ein automatischer
Abgleich von Schichtwiderständen und -
kondensatoren durchführen läßt.
laser beam trimming
Method used for automatic adjustment of film
resistors and capacitors with the aid of a laser
beam.
LASOS-Technik *f*
Verfahren zur Ausheilung von Silicium-auf-

Saphir-Strukturen mit Hilfe von Laserstrahlen.
LASOS technology (laser annealed silicon-on-
sapphire technology)
Process for removing crystal lattice damage to
silicon-on-sapphire structures by the use of a
laser beam.
Last *f,* Belastung *f*
load
Lastfaktor *m*
load factor
Lastfehler *m* [Fehler infolge Belastung eines
Rechenelements]
load error [error due to loading of a computing
element]
Lastwiderstand *m*
load resistor
Latch *n,* Auffang-Flipflop *n,* Speicher-Flipflop *n*
Ein spezieller Pufferspeicher, der zur
Informationsspeicherung während eines vorgegebenen Zeitintervalls verwendet wird. Er
gleicht die unterschiedlichen Übertragungsgeschwindigkeiten im Datenverkehr zwischen
Peripheriebausteinen und Mikroprozessor aus.
latch, set-reset latch, SR latch
A special type of buffer storage used for
information storage during a specific time
interval. It compensates for differing data
transfer speeds between peripheral devices and
the microprocessor.
Latenzzeit *f,* Zugriffswartezeit *f,* Wartezeit *f*
[rotationsbedingte Verzögerungszeit beim
Lesen oder Schreiben eines Datensatzes auf
einer Platte oder Diskette; die maximale
Latenzzeit ist die Zeit für eine Umdrehung; die
mittlere ist die Hälfte des Maximalwertes]
latency [rotational delay in reading or writing
a record to a disk or floppy disk storage;
maximum latency is the time for a complete
revolution of the disk, average latency is half
the maximum value]
laterale Diffusion *f,* Unterdiffusion *f*
Die seitliche Ausbreitung von Dotierungsatomen unter die Oxidschutzschicht an den
Kanten der Diffusionsfenster.
lateral diffusion, side diffusion
The lateral penetration of impurity atoms
below the protective oxide layer at the edges of
diffusion windows.
lateraler Diffusionseffekt *m,*
Unterdiffusionseffekt *m*
lateral diffusion effect, side diffusion effect
Lateraltransistor *m*
Bipolartransistor, bei dem die Emitter- und
Kollektor-Basis-Übergänge in voneinander
getrennten Bereichen gebildet werden. Der
Stromfluß zwischen den Übergängen erfolgt in
einer Ebene, die parallel zur Transistoroberfläche verläuft.
lateral transistor

Bipolar transistor in which the emitter- and collector-base junctions are formed in separate areas. The current between the junctions flows in a plane parallel to the transistor surface.

Lauf *m*
run

laufendes Programm *n*
running program

Laufwerk *n*, **Plattenlaufwerk** *n*, Diskettenlaufwerk *n*
drive, disk drive, floppy disk drive

laufwerkloser Netzwerkrechner *m* [Netzwerkrechner ohne Disketten- oder Festplattenlaufwerke]
diskless LAN station [local area network computer without floppy or hard disk drives]

Laufwerksbezeichnung *f* [für den Zugriff auf das Laufwerk, z.B. " C: " in DOS]
drive identifier [for accessing drive, e.g. " C: " in DOS]

Laufzeit *f* [Ausführungszeit eines Programmes]
run-time, runtime [time during which a program runs]

Laufzeit *f* [eines Signales]
propagation time, delay time, transit time [of a signal]

Laufzeit bei H/L-Pegelwechsel *f*
high-level to low-level propagation time

Laufzeit bei L/H-Pegelwechsel *f*
low-level to high-level propagation time

Laufzeitbibliothek *f* [eine Sammlung von externen Funktionen, die beim Programmablauf eingebunden werden]
run-time library, runtime library [a collection of functions external to a program and included when the program is run]

Laufzeitfehler *m* [Fehler während des Programmablaufes]
run-time error, runtime error [error made while a program is running]

Laufzeitregister *n*
delay-line register

Laufzeitspeicher *m*, Verzögerungsspeicher *m*
delay-line storage

Laufzeitsystem *n* [Prozeduren, die für den Programmablauf benötigt werden]
run-time system, runtime system [procedures needed for running a program]

Laufzeitüberwachung *f*
watchdog timing

Lawinenabfall *m*, Abfall *m*
avalanche decay, decay

Lawinendiode *f* [Diode, die den Lawineneffekt nutzt; wird, wie die Zenerdiode, die einen ähnlichen Effekt (den Zenereffekt) nutzt, für die Erzeugung einer stabilen Bezugsspannung verwendet und deshalb auch oft Zenerdiode genannt]
avalanche diode [diode utilizing the avalanche effect; is used, like the Zener diode, which is based on a similar effect (the Zener effect), for obtaining a stable reference voltage and is hence often also called Zener diode]

Lawinendurchbruch *m* [Durchbruch, der durch eine lawinenartige Zunahme von Ladungsträgern in einem Halbleiter infolge von Ionisation verursacht wird]
avalanche breakdown [breakdown due to an avalanche-like increase in charge carriers in a semiconductor due to ionization]

Lawinendurchbruchspannung *f*
avalanche breakdown voltage

Lawinendurchbruchstrom *m*
avalanche breakdown current

Lawineneffekt *m*
Lawinenartige Vervielfachung von Ladungsträgern durch Stoßionisation. Der anschließende Durchbruch ist reversibel, solange keine thermischen Schäden auftreten. Der Lawineneffekt wird in verschiedenen Halbleiterbauteilen genutzt: Lawinendiode, Z- bzw. Zenerdiode, Photodiode usw.
avalanche effect
Avalanche-like increase of charge carriers due to impact ionization with subsequent breakdown. This is reversible as long as no thermal damage occurs. The avalanche effect is utilized in several semiconductor devices: avalanche diode, Zener diode, photodiode, etc.

Lawinenlaufzeitdiode *f*, IMPATT-Diode *f* [Halbleiterbauteil für den Mikrowellenbereich]
impact avalanche transit-time diode (IMPATT diode) [microwave semiconductor device]

Lawinenphotodiode *f*
avalanche photodiode (APD)

Lawinentransistor *m*
avalanche transistor

Layout *n*, geometrischer Entwurf *m*, Strukturentwurf *m*
layout

Layoutkontrolle *m* [Textverarbeitung, Desktop-Publishing]
preview mode [word processing, desktop publishing]

LBV, Lokalbus-Video *n* [schneller Bus für den Anschluß des Bildschirms]
LBV (local bus video) [fast bus for connecting video display]

LC^{2}MOS-Technik *f*
Verbesserte CMOS-Technik, die vorwiegend für die Herstellung von monolithisch integrierten Digital-Analog-Umsetzern verwendet wird.
LC^{2}MOS technology (linear compatible complementary MOS technology)
Improved CMOS technology, mainly used for fabricating monolithic integrated digital-to-analog converters.

LCC-Laser *m* [Halbleiterlaser]
  LCC laser (laterally-coupled cavity laser)
  [semiconductor laser]
LCC-Technik *f* [Montagetechnik für VLSI
  integrierte Schaltungen, bei der Gehäusetypen
  hoher Packungsdichte verwendet werden]
  LCC technique (leadless chip carrier
  technique) [a mounting technique for VLSI
  integrated circuits using high-density
  packages]
LCCC-Technik *f* [eine Variante der LCC-
  Technik]
  LCCC technique (leadless ceramic chip
  carrier technique) [a variant of the LCC
  technique]
LCD-Anzeige *f*, Flüssigkristallanzeige *f*
  [optoelektronische Anzeige, die aus Flüssigkristallen zwischen zwei Glasplatten besteht,
  die mit einer durchsichtigen, leitfähigen
  Beschichtung in Form der darzustellenden
  Zeichen versehen sind]
  LCD (liquid crystal display) [an optoelectronic
  display consisting of liquid crystals between
  two glass plates covered by transparent
  conductive coatings having the shape of the
  characters to be displayed]
LCDTL [spezielle DTL-Schaltungsfamilie, die
  sich durch geringen Stromverbrauch
  auszeichnet]
  LCDTL (low-current diode-transistor logic)
  [special type of diode-transistor logic family,
  characterized by low current consumption]
Lebensdauer *f*
  life, lifetime
Lebensdauerprüfung *f*
  life test
Lebensdauerraffungsprüfung *f*, beschleunigte
  Lebensdauerprüfung *f*
  accelerated life test
Leckstrom *m*, Kriechstrom *m*, Ableitstrom *m*
  leakage current
Leckstromrauschen *n*
  leakage current noise
Leckwiderstand *m*, Ableitwiderstand *m*
  leakage resistance
LED, lumineszenzdiode *f*, Leuchtdiode *f*,
  lichtemittierende Diode *f*
  Halbleiterbauelement, bei dem elektrische
  Energie in Licht oder Infrarotstrahlung
  umgesetzt wird. Durch Rekombination von
  Elektronen und Defektelektronen an einem in
  Vorwärtsrichtung betriebenem PN-Übergang
  wird Energie frei, die als Licht abgestrahlt
  wird. LEDs emittieren im sichtbaren
  Spektralbereich in den Farben rot, grün, gelb
  und blau sowie im nahen Infrarotbereich.
  LED (light-emitting diode)
  Semiconductor component which converts
  electric energy into light or infrared radiation.

By recombination of electrons and holes at a
forward biased pn-junction, energy is set free
which is emitted as radiation. LEDs emit red,
green, yellow and blue light in the visible
spectral region and produce radiation in the
near infrared region.
LED-Anzeige *f*
  LED display (light-emitting diode display)
LED-Drucker *m* [Seitendrucker mit
  Leuchtdiodenanordnung anstatt Laserstrahl]
  LED printer [page printer using a light-
  emitting diode array instead of a laser beam]
Leeradresse *f*
  blank address, null statement
Leeradreßbefehl *m*, Nulladreßbefehl *m*
  zero-address instruction
Leeranweisung *f*, Scheinanweisung *f*
  [Anweisung ohne Wirkung]
  dummy statement [statement having no
  effect]
Leerbefehl *m*, Überspringbefehl *m*, No-Op-
  Befehl *m*
  blank instruction, skip instruction, no-
  operation instruction, no-op instruction, do-
  nothing instruction
Leerbit *n* [Bit ohne Informationsgehalt]
  blank bit [bit containing no information]
leere Zeichenkette *f*, Null-Zeichenkette *f*
  empty string, null string
Leerlauf-Ausgangsimpedanz *f*
  [Ausgangsimpedanz eines Transistors bei
  leerlaufendem Eingang]
  open-circuit output impedance [output
  impedance of a transistor with open-circuit
  input]
Leerlauf-Ausgangsleitwert *m*
  [Transistorkenngrößen: *h*-Parameter]
  open-circuit output admittance [transistor
  parameters: *h*-parameter]
Leerlauf-Eingangsimpedanz *f*
  [Eingangsimpedanz eines Transistors bei
  leerlaufendem Ausgang]
  open-circuit input impedance [input
  impedance of a transistor with open-circuit
  output]
Leerlauf-Spannungsrückwirkung *f*
  [Transistorkenngrößen: *h*-Parameter]
  open-circuit reverse voltage transfer ratio
  [transistor parameters: *h*-parameter]
Leerlauf-Spannungsverstärkung *f*,
  Leerlaufverstärkung *f*
  open-loop gain
Leerlaufimpedanz *f*
  open-circuit impedance
Leerlaufspannung *f*
  open-circuit voltage
Leerlaufverstärkung *f*, Leerlauf-
  Spannungsverstärkung *f*
  open-loop gain

Leerlaufwiderstand *m*
open-circuit resistance
Leerspalte *f*
blank column
Leerstelle *f*
blank, blank character, blank space
Leerstellenfolge *f*
blank string
Leertaste *f*
space bar
Leerzeichen *n*, **Zwischenraum** *m* [Codezeichen
ohne Bedeutung und das oft nicht geschrieben,
gedruckt oder gelocht wird; wirkt als
Zwischenraum zwischen gespeicherten Daten]
**blank character, blank, space character,
space** [code character without meaning and
often not written, printed or punched; serves as
a separator between stored data]
Leerzeile *f*
blank line
Leerzeit *f*
idle time
Legieren *n* [Halbleitertechnik]
Ein Dotierungsverfahren, bei dem das
Dotierungselement auf den Halbleiterkristall
aufgeschmolzen wird. Es wird vorwiegend bei
der Herstellung von Germanium-Leistungs-
transistoren sowie bei der Herstellung von PN-
Übergängen eingesetzt.
alloying [semiconductor technology]
A doping process in which dopant impurities
are added to the semiconductor crystal by
melting. It is mainly used in germanium power
transistor fabrication as well as for forming pn-
junctions.
legierter Übergang *m*
Ein PN- (bzw. NP-) Übergang zwischen zwei
Halbleiterzonen, bei dem Fremdatome mittels
des Legierungsverfahrens eingebaut werden.
alloy junction, alloyed junction
A pn- (or np-) junction between two
semiconductor regions into which impurity
atoms are introduced by the alloying process.
Legierungshalbleiter *m*
alloy semiconductor
Legierungstechnik *f*
alloying technology
Legierungstiefe *f*
alloying depth
Legierungstransistor *m*
alloy transistor
Legierungsverfahren *n*
alloy process, alloying process
leicht dotiert, schwach dotiert, niedrigdotiert
lightly doped
Leistung *f* [physikalisch]
power [physical]
Leistungsanpassung *f*, Anpassung *f* [elektrisch]
matching [electrical]

Leistungsaufnahme *f*, Stromverbrauch *m*
power consumption, current consumption
Leistungsdaten *n.pl.*
performance data, performance
characteristics
Leistungsdiode *f*
power diode
Leistungselektronik *f*
power electronics
Leistungsendstufe *f*, Verstärkerendstufe *f*
power amplifier stage
Leistungsentnahme *f* [aus einer Batterie]
power drain [from a battery]
Leistungsfaktor *m*
power factor
Leistungsfähigkeit *f*
capability, performance
Leistungsgleichrichter *m*
power rectifier
Leistungsglied *n*
power element
Leistungshalbleiter *m*
power semiconductor
Leistungsherabsetzung *f*, Güteverlust *m*
[langsamer Abfall der Leistung]
degradation [gradual deterioration of
performance]
Leistungspegel *m*
power level
Leistungsquelle *f*
power source
Leistungsschalter *m*, Netzschalter *m*
power switch, mains switch
Leistungssignal *n*
power signal
Leistungsstufe *f* [z.B. eines Verstärkers]
power stage [e.g. of an amplifier]
Leistungsstufe, Endstufe *f* [eines Antriebes,
Verstärkers usw.]
final stage, power stage [of a drive, amplifier,
etc.]
Leistungsthyristor *m*
power thyristor
Leistungstransistor *m*
power transistor
Leistungstreiberstufe *f*
power driver stage
Leistungsübertragung *f*
power transmission
Leistungsübertragungsfaktor *m*
power transmission factor
Leistungsverlust *m*, Verlustleistung *f*
power dissipation, power loss
Leistungsverstärker *m*
power amplifier
Leistungsverstärkung *f*
power amplification, power gain
Leitbahn *f*, Leiterbahn *f*, Verbindung *f*
interconnect path, interconnection

leitend, stromführend
  conducting, conductive
leitende Folie *f* [Leiterplatten]
  conductive foil [printed circuit boards]
leitende Schicht *f*
  conductive layer, conductive film
leitender Kanal *m,* Kanal *m* [bei
  Feldeffekttransistoren der Pfad, durch den der
  Stromfluß zwischen Source und Drain erfolgt]
  conductive channel, channel [in field-effect
  transistors, the path through which current
  flows between source and drain]
Leiter *m,* Stromleiter *m*
  conductor
Leiterabstand *m* [Leiterplatten]
  conductor spacing [printed circuit boards]
Leiterbahn *f*
  interconnect path, conducting path,
  interconnection
Leiterbild *n,* Leiterstruktur *f,*
  Verdrahtungsmuster *n* [bei integrierten
  Schaltungen und Leiterplatten]
  conductive pattern [of integrated circuits or
  printed circuit boards]
Leiterplatte *f* [isolierende Trägerplatte mit
  aufgedruckten oder geätzten Leiterbahnen für
  die aufgesetzten Bauelemente; kann als starre
  oder flexible, einseitige oder doppelseitige,
  einlagige oder mehrlagige Leiterplatte
  ausgeführt werden]
  printed circuit board (PCB), printed-wiring
  board [insulating board with printed or etched
  conductive patterns for components mounted
  on it; types include rigid or flexible, single or
  double-sided, single-layer or multilayer boards]
Leiterplatten-Layout *n*
  printed circuit board layout
Leiterplatten-Siebdruckautomat *m*
  circuit board silk-screen printer
Leiterplattengehäuse *n,* Platinengehäuse *n,*
  Baugruppenträger *m*
  card cage, printed circuit board cage, module
  cage
Leiterplattenprüfgerät *n*
  board tester
Leiterseite *f,* Schichtseite *f* [einer Leiterplatte;
  im Gegensatz zur Bauteilseite]
  conductor side [of a printed circuit board; in
  contrast to component side]
Leiterstruktur *f,* Leiterbild *n,*
  Verdrahtungsmuster *n* [bei integrierten
  Schaltungen und Leiterplatten]
  pattern, conductive pattern [of integrated
  circuits or printed circuit boards]
Leitfähigkeit *f*
  conductivity
Leitfähigkeitsmodulation *f*
  conductivity modulation
Leitfähigkeitsmodulationstechnik *f* (CMD-

Technik)
  Integrierte Schaltungstechnik für
  Leistungshalbleiter, die auf dem Prinzip der
  Leitfähigkeitsmodulation basiert. Schaltungen
  dieses Typs (bekannt unter den Namen
  COMFET, GEMFET, IGT, MOSBIP) sind mit
  MOS-Eingangsstufen und bipolaren Ausgangsstufen auf dem gleichen Chip realisiert und
  zeichnen sich durch die Fähigkeit aus, hohe
  Leistungen bei hohen Spannungen zu schalten.
  conductivity-modulated device technology
  (CMD technology)
  Integrated circuit technology for power
  semiconductors based on the principle of
  conductivity modulation. Circuits in that class
  (known as COMFET, GEMFET, IGT, MOSBIP)
  combine MOS input stages with bipolar output
  stages on the same chip and are characterized
  by high power and voltage switching capability.
leitfähigkeitsmodulierter
  Feldeffekttransistor *m* (COMFET)
  Integrierte Schaltungsfamilie der
  Leistungselektronik in CMD-Technik
  (Leitfähigkeitsmodulation), die mit Bipolar-
  und MOS-Strukturen auf einem Chip realisiert
  ist.
  conductivity-modulated field-effect
  transistor (COMFET)
  Family of power control integrated circuits
  using the conductivity-modulated device
  technology, which combines bipolar and MOS-
  structures on the same chip.
Leitimpuls *m,* Hauptimpuls *m*
  master pulse
Leitrechner *m*
  supervisory computer, master computer
Leitung *f*
  conduction
Leitungsband *n* [Halbleitertechnik]
  Energieband im Bändermodell, in dem sich
  Elektronen frei bewegen können und somit
  einen Stromfluß im Halbleiter ermöglichen.
  conduction band [semiconductor technology]
  Energy band in the band diagram in which
  electrons can move freely, thus permitting
  current flow in a semiconductor.
Leitungselektron *n* [semiconductor technology]
  Elektron, dessen Energieniveau im
  Leitungsband liegt und das unter der Wirkung
  eines elektrischen Feldes zur elektrischen
  Leitung im Halbleiter beiträgt.
  conduction electron [semiconductor
  technology]
  Electron whose energy level is situated in the
  conduction band and which, under the
  influence of an electric field, contributes to
  electrical conduction in a semiconductor.
Leitungsprüfer *m,* Durchgangsprüfer *m*
  continuity tester

Leitungsschaltung *f,* Leitungsvermittlung *f* [in
der Kommunikationstechnik]
circuit switching, line switching [in data
communications]
Leitungstreiber *m* [Verstärkerschaltung für den
Anschluß und die Anpassung von
Signalleitungen an eine Logikschaltung]
line driver [amplifier circuit for connecting
and matching signal lines to a logic circuit]
Leitungsunterbrechung *f*
discontinuity
Leitungsvermittlung *f,* Leitungsschaltung *f* [in
der Kommunikationstechnik]
circuit switching, line switching [in data
communications]
Leitwerk *n,* Steuerwerk *n* [Funktionsteil eines
Rechners; steuert die Befehlsfolge, decodiert
die Befehle und erzeugt die Signale, die im
Rechenwerk, Arbeitsspeicher und Ein-Ausgabe-
Werk benötigt sind]
control unit [functional unit of a computer;
controls the sequence of instructions, decodes
the instructions and generates the signals
required by the arithmetic and logical unit, the
working storage and the input-output device]
Leitwert *m,* reeller Leitwert *m,* Konduktanz *f*
[Reziprokwert des Widerstandes; SI-Einheit:
Siemens]
conductance [reciprocal value of resistance;
SI unit: siemens]
Leporello-Formular *n,* Endlosformular *n*
[fortlaufend hergestellte Vordrucke in
Zickzackfaltungen (Leporello) oder Rollenform;
das Papier kann randgelocht und die Vordrucke
können perforiert sein]
continuous forms, continuous stationery
[continuous strip of paper in zigzag (fanfold) or
roll form; it can be marginally punched and the
individual forms can be perforated]
Leporello-Papier *n*
fanfold paper
Leporello-Papierstapel *m*
fanfold paper stack
Leporellogefaltet
fanfolded
Lernprozeß *m,* lernender Prozeß *m*
learning process
Lese-Schreib-Eingang *m*
read-write input
Lese-Schreib-Impuls *m*
read-write pulse
Lese-Schreib-Register *n*
read-write register
Lese-Schreib-Speicher *m*
read-write memory (R/W memory)
Lese-Schreib-Verstärker *m*
read-write amplifier
Lese-Schreib-Zyklus *m*
read-write cycle

Lese-Schreib-Zykluszeit *f*
read-write cycle time
Lese-Schreibkopf *m*
read-write head
Lese-Änderungs-Schreibzyklus *m,* Zyklus für
Lesen mit modifiziertem Rückschreiben *m*
read modify-write cycle
Leseanweisung *f*
read statement
Lesebefehl *m,* Eingabebefehl *m* [für den
Datentransfer aus einem externen Speicher
oder Eingabegerät in den Haupt-speicher]
input instruction, read instruction [for data
transfer, e.g. from external storage or input
unit into main storage]
Lesebetrieb *m* [Betriebsart bei Speichern]
read mode [operational mode of memories]
Lesedraht *m,* Leseleitung *f* [eines
Kernspeichers]
sense wire [of a core memory]
Leseerholzeit *f* [integrierte
Speicherschaltungen]
sense recovery time [integrated circuit
memories]
Lesefehler *m*
rear error
Lesegeschwindigkeit *f*
reading speed
Leseimpuls *m*
read pulse, read-out pulse
Lesekommandohaltezeit *f* [integrierte
Speicherschaltungen]
read command hold time [integrated circuit
memories]
Lesekommandovorlaufzeit *f*
read command set-up time
Lesekopf *m*
read head
Leseleitung *f,* Lesedraht *m* [eines
Kernspeichers]
sense wire [of a core memory]
lesen [Datenentnahme aus einer Speicherzelle
bzw. aus einem Speicher]
read, to [fetch data from a storage location or
from a storage]
Lesen *n*
reading
Lesen mit modifiziertem Rückschreiben *n*
read modify-write mode, read-modify-write
(RMW)
Lesen-während-Schreiben *n* [integrierte
Speicherschaltungen]
read-while-write mode [integrated circuit
memories]
Lesesignal *n*
read signal
Lesespur *f*
reading track
Leseverstärker *m*

sense amplifier
Lesevorgang *m*
  read operation
Lesezeit *f*
  read time
Lesezugriffszeit *f*
  read access time
Lesezyklus *m*
  read cycle
Lesezykluszeit *f*
  read cycle time
letzte Anweisung *f*
  terminal statement
Leuchtdiode *f,* **Lumineszenzdiode** *f,*
  lichtemittierende Diode *f* **(LED)**
  Halbleiterbauelement, bei dem elektrische
  Energie in Licht oder Infrarotstrahlung
  umgesetzt wird. Durch Rekombination von
  Elektronen und Defektelektronen an einem in
  Vorwärtsrichtung betriebenem PN-Übergang
  wird Energie frei, die als Licht abgestrahlt
  wird. LEDs emittieren im sichtbaren Spektralbereich in den Farben rot, grün, gelb und blau
  sowie in nahen Infrarotbereich.
  light emitting diode (LED)
  Semiconductor component which converts
  electric energy into light or infrared radiation.
  By recombination of electrons and holes at a
  forward-biased pn-junction, energy is set free
  which is emitted as radiation. LEDs emit red,
  green, yellow and blue light in the visible
  spectral region and produce radiation in the
  near infrared region.
Leuchtpunkt *m,* **Leuchtfleck** *m* [Lichtfleck auf
  dem Bildschirm]
  luminous spot [on the screen]
lexikalischer Analysator *m,* **Scanner** *m*
  [Compiler]
  lexical analyzer [LEX in UNIX], **scanner**
  [compiler]
lichtelektrischer Effekt *m,* **Photoeffekt** *m,*
  photoelektrischer Effekt *m*
  Wechselwirkung zwischen Strahlung und
  Materie, bei der durch Photonenabsorption
  bewegliche Ladungsträger erzeugt werden.
  Man unterscheidet zwischen äußerem Photoeffekt (z.B. bei Photozellen) und dem inneren
  Photoeffekt (z.B. bei Photoelementen und
  Phototransistoren).
  photoelectric effect
  The exchange interaction between radiation
  and matter in which mobile charge carriers are
  generated as a result of photon absorption. The
  photoelectric effect can be defined as extrinsic
  (e.g. in photocells) or intrinsic (e.g. in
  photovoltaic cells and phototransistors).
lichtemittierende Diode *f,* **Lumineszenzdiode** *f,*
  Leuchtdiode *f* **(LED)**
  light emitting diode (LED)

lichtempfindliches Bauelement *n,*
  lichtempfindlicher Baustein *m*
  photosensitive device, photosensitive
  component
Lichtgriffel *m,* **Lichtstift** *m,* **elektronischer Stift**
  light pen, electronic pen
lichtleitend, photoleitend
  photoconductive
Lichtleitertechnik *f,* **Faseroptik** *f*
  fiber optics
Lichtleiterverbindung *f*
  fiber-optic link
Lichtleitfaser *f,* optische Faser *f,*
  Lichtwellenfaser *f* [Faden aus lichtdurchlässigem Material für die optische
  Nachrichtenübertragung und für die optische
  Abtastung in der Datenverarbeitung]
  optical fiber (OF) [fiber of transparent
  material for optical data transmission and for
  optical scanning in data processing]
Lichtpunktabtaster *m*
  flying-spot scanner
Lichtquant *n,* **Photon** *n*
  photon
Lichtsatz *m,* **Photosatz** *m*
  photo typesetting
Lichtsatzmaschine *f,* **Photosatzmaschine** *f*
  photo typesetter
Lichtstift *m,* **Lichtgriffel** *m,* **elektronischer Stift**
  m [ein Stift mit lichtempfindlicher Spitze zur
  direkten Dateneingabe auf dem Bildschirm; der
  mit dem Rechner verbundene Stift ermöglicht
  die genaue Markierung bzw. Identifizierung
  bestimmter Stellen der Bildschirmanzeige]
  light pen, electronic pen [a light-sensitive
  stylus used for direct data input on the screen;
  the stylus is connected to the computer and
  enables display elements to be precisely
  marked or identified]
Lichtstrom *m* [Optoelektronik]
  luminous flux [optoelectronics]
Lichtstärke *f*
  light intensity
Lichtventil *n* [Optoelektronik]
  light valve [optoelectronics]
Lichtverstärkung durch angeregte
  Strahlungsemission (Laser) [wird in der
  Optoelektronik, Metallverarbeitung, Interferometrie und bei medizinischen
  Anwendungen eingesetzt]
  light amplification by stimulated emission
  of radiation (laser) [is used in optoelectronics,
  metalworking, interferometry, and medical
  applications]
Lichtwellenfaser *f,* **Lichtleitfaser** *f,* optische
  Faser *f*
  optical fiber (OF)
Lichtwellenleiter *m* [Leitung für die optische
  Übertragung von Signalen]

optical cable, fiber-optic cable, fiber optics
[line for optical transmission of signals]
LIFO-Liste *f*, Kellerliste *f*, Stapel *m* [eine Liste,
in der die letzte Eintragung als erste
wiedergefunden wird]
push-down list, LIFO list [list in which the
last item stored is the first to be retrieved (last-
in/first-out)]
LIFO-Speicher *m*, FILO-Speicher *m*,
Kellerspeicher *m*, Stapelspeicher *m*, Stack *m*
[Speicher, der ohne Adreßangabe arbeitet und
dessen Daten in der umgekehrten Reihenfolge
gelesen werden, in der sie zuvor geschrieben
worden sind, d.h. das zuletzt geschriebene
Datenwort wird als erstes gelesen; er wird
mittels Schieberegister oder RAM insbesondere
für die Bearbeitung von Unterprogrammen
verwendet, d.h. für die Datenabspeicherung vor
einem Sprungbefehl]
LIFO memory (last in/first out memory),
FILO (first-in/last-out memory), stack [storage
device operating without address specification
and which reads out data in the reverse order
as it was stored, i.e. the first data word is read
out last; implemented as shift registers or
RAM, it is particularly used for subroutines, i.e.
for storing data before a jump instruction]
LIM *m* [von Lotus, Intel und Microsoft definierte
Norm]
LIM (Lotus, Intel, Microsoft) [standard defined
by Lotus, Intel and Microsoft]
LIM-EMS, LIM-Expansionsspeicher *m* [verwaltet
Zusatzspeicher nach Norm von Lotus/Intel/-
Microsoft (LIM)]
LIM EMS (LIM Expanded Memory
Specification) [manages additional memory as
expanded memory according to Lotus/Intel/-
Microsoft (LIM) standard]
lineare integrierte Schaltung *f*
linear integrated circuit
linearer Unterlastungsgrad *m*
linear derating factor
Linearität *f*
linearity
Linearitätsfehler *m*
linearity error
Linearverstärker *m* [Verstärker hoher
Linearität]
linear amplifier [amplifier of high linearity]
linienadressierbarer Speicher mit
wahlfreiem Zugriff *m* (LARAM)
line addressable random-access memory
(LARAM)
Liniengraphik *f*, Strichgraphik *f*
line graphics
linke Klammer *f*
left parenthesis
linker Rand *m*
left margin

links ausgeglichen, linksbündig
left-justified
links- oder rechtsbündig ausrichten, den
Rand ausgleichen [Textverarbeitung]
justify, to [word processing]
Linksausrichtung *f*
left justification
linksbündig, links ausgeglichen
left-justified
linksbündig ausführen, links ausgleichen
left-justify, to
linksbündig ausrichten
flush left, to; left justify, to
linksbündiger Flattersatz *m* [linksbündige
Textformatierung ohne Ausgleich des rechten
Randes]
ragged right margin [text formatting without
alignment of right margin]
linksdrehend
counter-clockwise
Linksverschiebung [Versetzen von Bitmustern
nach links]
left shift [move bit patterns to the left]
LIPS (logische Schlußfolgerungen pro Sekunde)
[künstliche Intelligenz]
LIPS (logical inferences per second) [artificial
intelligence]
LISP [höhere Programmiersprache, die
hauptsächlich für Aufgaben im Zusammenhang
mit künstlicher Intelligenz, symbolischer
Mathematik und Rechnertheorie angewendet
wird]
LISP (list-processing language) [high-level
programming language mainly used for
applications connected with artificial
intelligence, symbolic mathematics and
computing theory]
Liste *f*
list
Liste der fehlerhaften Blöcke *f* [für
Festplatten]
bad block list [for hard disks]
Listendatei *f*
report file
Listenelement *n*
report item
Listengenerator *m*, Listenprogrammgenerator
m [Programm mit Formatier- und
Rechenbefehlen zur Erstellung von
anwenderspezifischen Listen]
list program generator (LPG), report
program generator (RPG) [program with
formatting and computational functions for the
output of user-specific lists or reports]
listengesteuert
· list-directed
Listenprogrammgenerator *m*, Listengenerator
list program generator (LPG), report
program generator (RPG)

Literal *n*, Operand an Adreßposition *m* [eine
numerische oder alphanumerische Konstante
als Operand im Adreßfeld eines Befehls; wird
vor allem in Assemblersprachen verwendet]
literal, literal operand [a numerical or
alphanumerical constant used as operand in
the address field of an instruction; employed
primarily in assembler languages]
Lithographie *f*, Photolithographie *f*
Verfahren zum Übertragen des Musters einer
Maske auf die Halbleiterscheibe. Hierzu
werden verschiedene Prozeßschritte benötigt:
z.B. Auftragen eines Photolackes; Auflegen der
Maske; Justieren der Maske; Belichtung des
Photolackes durch die Maske hindurch;
Entfernung der unerwünschten Lackstellen
usw. Es gibt verschiedene Verfahren der Lithographie. Die häufigste Anwendung findet die
Photolithographie. Zu den Verfahren für
besondere Anwendungen gehören die
Elektronenstrahllithographie, die Ionenstrahllithographie und die Ionenprojektionslithographie.
lithography, photolithography
Process for reproducing the pattern of a mask
on the wafer. This requires several processing
steps: e.g. coating of the wafer with a
photoresist; placing the mask over the wafer;
alignment of the mask; exposure of the
photoresist through the mask; removal of the
unwanted portions of the resist, etc. There are
several lithographic processes. The most
commonly used is photolithography. Processes
for special applications include electron beam
lithography, ion beam lithography and ion
projection lithography.
LOC-Laser *m* [Halbleiterlaser mit relativ
breitem optischen Resonator]
LOC laser (large optical-cavity laser)
[semiconductor laser having a relatively wide
optical cavity]
Loch *n*, Defektelektron *n*, Elektronenlücke *f*
[Halbleitertechnik]
Fehlendes Elektron im Valenzband eines
Halbleiters, das wie eine bewegliche positive
Ladung wirkt.
hole [semiconductor technology]
Vacancy left by an electron in the valence band
of a semiconductor and behaving like a mobile
positive charge.
Lochabstand *m* [einer Farbbildschirm-Maske]
dot pitch [of a colour display mask]
Lochband *n*
punched strip
Lochbild *n* [Leiterplatten]
hole pattern [printed circuit boards]
Löcherbeweglichkeit *f*,
Defektelektronenbeweglichkeit *f*
hole mobility

Löcherdichte *f*, Defektelektronendichte *f*
Die Dichte der fehlenden Elektronen im
Valenzband eines Halbleiters.
hole density
The density of holes in the valence band of a
semiconductor.
Löcherleitung *f*, Defektelektronenleitung *f*,
Defektleitung *f*, P-Leitung *f*
Ladungstransport in einem Halbleiter durch
Defektelektronen (Löcher).
hole conduction, p-type conduction
Charge transport by holes in a semiconductor.
Löcherstrom *m*, Defektelektronenstrom *m*
Der elektrische Strom in einem Halbleiter, der
durch Löcher (Defektelektronen) hervorgerufen
wird. Löcher sind positive Ladungsträger.
hole current
The electric current in a semiconductor due to
the migration of holes. Holes are positive
carriers.
Lochkarte *f*, Karte *f*
punched card, card
Lochkartenlesegerät *n*, Lochkartenleser *m*
card reader
Lochkartenstanzer *m*
card punch, card perforator
Lochstreifen *m*
punched tape
Lochstreifen-Magnetband-Umsetzer *m*
tape-to-tape converter, paper-tape-to-
magnetic-tape converter
Lochstreifencode *m*
punched tape code
Lochstreifenleser *m*
tape reader
Lochstreifenstanzer *m*
tape punch, tape perforator
Lochung *f*
perforation, punched hole
Lochungsabfall *m*, Stanzabfall *m* [bei
Lochstreifen oder Lochkarten]
chad [of punched tapes or punched cards]
LOCMOS-Technik *f*, oxidisolierte CMOS-
Technik *f*
Isolationsverfahren für integrierte
komplementäre MOS-Schaltungen, bei dem die
einzelnen Schaltungsstrukturen durch lokale
Oxidation von Silicium voneinander isoliert
werden.
locally oxidized CMOS technology
(LOCMOS technology)
Isolation technique for complementary MOS
integrated circuits which provides isolation
between the circuit structures by local
oxidation of silicon.
LOCOS-Technik *f*
Isolationsverfahren für integrierte Bipolar- und
MOS-Schaltungen, bei dem die einzelnen
Schaltungsstrukturen durch lokale Oxidation

von Silicium voneinander isoliert werden.
LOCOS technology (local oxidation of silicon)
Isolation technique for both bipolar and MOS
integrated circuits which provides isolation
between the circuit structures by local
oxidation of silicon.
logarithmischer Verstärker *m* [Verstärker,
dessen Ausgangssignal dem Logarithmus des
Eingangssignales entspricht]
logarithmic amplifier [amplifier whose
output signal corresponds to the logarithm of
the input signal]
Logarithmusfunktion *f*
logarithm function, log function
Logging *n* [Aufzeichnen von Veränderungen
eines Datenbestandes]
logging [recording of updates of a data file]
Logik *f*
logic
Logik mit hoher Schwellwertspannung *f*
(HTL)
Logikfamilie, bei der höhere Versorgungsspannungen (15 V) als bei anderen Logikfamilien verwendet werden; zeichnet sich durch
einen hohen Störabstand aus.
high-threshold logic (HTL)
Logic family using higher supply voltages (15
V) than other logic families; characterized by
high noise immunity.
Logik-Array *n*
Integrierte Schaltung, die aus einer
regelmäßigen Anordnung von vorfabrizierten,
über Durchschmelzverbindungen miteinander
verdrahteten Gattern besteht. Logik-Arrays
sind feldprogrammierbar, d.h. die logischen
Funktionen können durch Wegbrennen der
Durchschmelzverbindungen festgelegt werden,
im Gegensatz zu den maskenprogrammierbaren Gate-Arrays, bei denen die Festlegung
der gewünschten Funktionen mittels
Verdrahtungsmasken erfolgt.
logic array
Integrated circuit containing a regular pattern
of prefabricated gates interconnected by fusible
links. Logic arrays are field-programmable, i.e.
logic functions can be implemented by blowing
the fusible links, in contrast to mask-
programmable gate arrays which require
interconnection masks for implementing the
desired functions.
Logikanalysator *m* [Prüfgerät für logische
Schaltungen, das Binärmuster verwendet]
logic analyzer [test unit for logic circuits
using binary patterns]
Logikbaustein *m*
logic device
Logikelement *n*
logic element, logical element
Logikfamilie *f,* Schaltungsfamilie *f,*

Logikschaltungsfamilie *f*
Gruppe von Schaltungen, die nach dem
gleichen Verfahren hergestellt sind und gleiche
oder vergleichbare Kenngrößen aufweisen wie
z.B. Durchlaufverzögerungszeiten, logische
Pegel, Verlustleistungen usw. Typische
Schaltungsfamilien sind ECL und TTL.
logic family, logic circuit family
A group of circuits fabricated by the same
process and exhibiting similar or comparable
characteristics such as propagation delay, logic
levels, power dissipation, etc. Typical logic
families are ECL and TTL.
Logikpegel *m* [der Pegel H oder L für den
logischen Zustand 1 oder 0 bei positiver Logik
bzw. 0 oder 1 bei negativer Logik]
logic level [the level H or L for the logical
state 1 or 0 in the case of positive logic and 0 or
1 in the case of negative logic]
Logikschaltung *f*
logic circuit
Logikschaltungsfamilie *f,* Schaltungsfamilie *f,*
Logikfamilie *f*
logic family, logic circuit family
Logiksymbol *n,* Zeichen der Schaltalgebra *n*
logic symbol
Logiksystem *n*
logic system
Logiktastkopf *m,* Logiktester *m* [zur Feststellung des logischen Pegels an einer
beliebigen Stelle einer Schaltung]
logic probe, logic tester [for determining the
logic level of any point in a circuit]
logisch fortlaufende Verarbeitung *f*
sequential processing
logische Entscheidung *f*
logic decision
logische Funktion *f,* logische Verknüpfung *f,*
Verknüpfung *f*
logic function, logical operation
logische Multiplikation *f,* Boolesche
Multiplikation *f,* UND-Verknüpfung *f*
Boolean multiplication, logical
multiplication, AND operation
logische Negation *f,* Boolesche
Komplementierung *f,* Umkehrfunktion *f,*
NICHT-Verknüpfung *f*
Boolean complementation, logical negation,
inversion function, NOT operation
logische Operation *f*
logic operation
logische Prüfung *f*
logic test
logische Schlußfolgerungen pro Sekunde
(LIPS) [künstliche Intelligenz]
logical inferences per second
(LIPS)[artificial intelligence]
logische Summe *f*
logic sum

logische Verknüpfung *f,* **Verknüpfungsglied** *n*
Eine logische Verknüpfung führt eine logische
Operation aus, d.h. sie verknüpft zwei oder
mehr Eingangssignale zu einem Ausgangs-
signal. Es gibt Verknüpfungen für die logischen
Operationen UND (=Konjunktion), exklusives
ODER (= Antivalenz), inklusives ODER (=
Disjunktion), NICHT (= Negation), NAND (=
Sheffer-Funktion), NOR (= Peirce-Funktion),
Äquivalenz, Implikation und Inhibition.
basic logic function, logic gate
A basic logic function is a logic operation which
combines two or more input signals into one
output signal. Basic logic operations are: AND
(= conjunction), EXCLUSIVE-OR (= non-
equivalence), INCLUSIVE-OR (= disjunction),
NOT (= negation), NAND (= non-conjunction or
Sheffer function), NOR (= non-disjunction or
Peirce function), IF-AND-ONLY-IF (=
equivalence), IF-THEN (= implication) and
NOT-IF-THEN (= exclusion).
logische Verschiebung *f,* **binäres Schieben** *f*
[eine Verschiebung, die auf alle Zeichen eines
Wortes die gleiche Wirkung hat]
logical shift [a shift having the same effect on
all characters of a word]
logischer Befehl *m*
logical instruction
logischer Zustand *m* [logisch 1 oder logisch 0]
logic state [logic 1 or logic 0]
logisches Laufwerk *n* [entsteht durch
Aufteilung eines physikalischen Laufwerkes]
logical drive [the result of partitioning a
physical drive]
Lokalbetrieb *m*
local mode
Lokalbus *m* [schneller bus mit höherer
Taktfrequenz verglichen mit dem Systembus]
local bus [fast bus with higher clock frequency
than system bus]
Lokalbus-Technik *f*
local bus technology
Lokalbus-Video *n,* LBV [schneller Bus für den
Anschluß des Bildschirms]
local bus video, LBV [fast bus for connecting
video display]
lokale Oxidation *f,* örtlich gezielte Oxidation *f*
Technik für die Isolation der einzelnen
Strukturen einer integrierten Schaltung, bei
der Oxidschichten selektiv, d.h. örtlich gezielt,
mit Hilfe von Siliciumnitridmasken auf die
Halbleiterscheibe aufgebracht werden. Es
werden verschiedene Verfahren eingesetzt, z.B.
Isoplanar, LOCMOS, LOCOS, LOSOS,
MOSAIC, OXIM, OXIS, PLANOX und SATO.
local oxidation
Isolation technique for integrated circuits in
which isolation regions between the circuit
structures are formed by selective localized

deposition of oxide layers on the semiconductor
wafer with the aid of silicon nitride masks.
Several processes are used, e.g. Isoplanar,
LOCMOS, LOCOS, LOSOS, MOSAIC, OXIM,
OXIS, PLANOX and SATO.
lokale Variable *f*
local variable
lokales Netz *n* (LAN) [ein Netz innerhalb eines
begrenzten Bereiches, z.B. Gebäude oder
Unternehmensgelände, für den dezentralen
Anschluß von Bildschirm- und
Peripheriegeräten; man unterscheidet zwischen
Konkurrenz- (z.B. CSMA/CD, Ethernet) und
Sendeberechtigungs-Verfahren (Token-
Zugriffsprotokoll) nach IEEE-802 und ECMA]
local area network (LAN) [a network within
a limited area, e.g. building or company
grounds, for the decentral connection of
terminals and peripheral equipment; one
differentiates between contention-accessing
(e.g. CSMA/CD, carrier-sense multiple access
with collision detection, Ethernet) and token-
passing accessing according to IEEE-802 and
ECMA]
Lokalisierer *m*
locator
Look-and-feel [Benutzersicht einer graphischen
Schnittstelle]
look-and-feel [user's view of a graphical
interface]
Los *n* [Fabrikations- bzw. Prüfmenge]
lot [production or test quantity]
lösbares Problem *n*
solvable problem
Löschanzeiger *m*
clear indicator
löschbar
erasable
**löschbarer programmierbarer
Festwertspeicher** *m,* elektrisch
programmierbarer Festwertspeicher *m*
(EPROM)
Festwertspeicher, der vom Anwender mit
Ultraviolettlicht gelöscht und elektrisch wieder
neu programmiert werden kann. Auch
REPROM genannt.
**electrically programmable read-only
memory** (EPROM)
Read-only memory that can be erased by
ultraviolet light and reprogrammed electrically
by the user. Sometimes called REPROM.
löschbarer Speicher *m*
erasable memory, erasable storage
Löscheingang *m,* Rücksetzeingang *m* [Eingang,
über den z.B. ein Flipflop zurückgesetzt
(gelöscht) werden kann]
erase input, reset input [input for resetting
e.g a flip-flop
löschen

erase, to; clear, to; delete, to; cancel, to
Löschen n [Daten]
clearing, cleaning-up [data]
Löschen n, **Löschvorgang** m
erasing procedure, erasing
Löschen des Bildschirms n
clearing the screen
Löschen eines Blocks n
block delete
Löschen mit ultraviolettem Licht n
[Löschvorgang für EPROMs]
ultraviolet light erasing [erasing method for
EPROMs]
löschende Rücktaste f
destructive backspace key
löschendes Lesen n [ein Lesevorgang, z.B. bei
einem Kernspeicher, der die gespeicherten
Daten löscht; im Gegensatz zu nichtlöschendem
Lesen, z.B. bei einigen Halbleiterspeichern]
destructive readout, (DRO) [a reading
operation, e.g. in a core memory, which
destroys the stored data; in contrast to non-
destructive readout (NDRO), e.g. in some
semiconductor memories]
Löschfunktion f
clean-up function
Löschgeschwindigkeit f
erasing speed
Löschimpuls m
erasing pulse
Löschkopf m
erase head
Löschregister n [enthält gelöschte Daten]
deletion record [containing deleted data]
Löschsignal n
erase signal, clearing signal
Löschtaste f
delete key (DEL key)
Löschvorgang m, **Löschen** n
erasing procedure, erasing
Löschzeichen n
**delete character (DEL), erase character, rub-
out character**
Löschzeit f
erasing time
Löschziffer f [zur Löschung gespeicherter
Daten]
erase bit [for erasing stored data]
lose Kopplung f [z.B zwischen zwei
magnetischen Kreisen]
loose coupling [e.g. between two magnetic
circuits]
LOSOS-Technik f
Isolationsverfahren für integrierte Schaltungen
mit Silicium-auf-Saphir-Strukturen, bei dem
die einzelnen Strukturen der Schaltung durch
lokale Oxidation von Silicium voneinander
isoliert werden.
LOSOS technology (local oxidation of silicon-
on-sapphire)
Isolation technique for integrated circuits with
silicon-on-sapphire structures which provides
isolation between the circuit structures by local
oxidation of silicon.
Lot n
solder
Lötabdecklack m, **Lötstopplack** m
[Leiterplatten]
solder resist [printed circuit boards]
Lötauge n, **Öse** f [allgemein]
eyelet [general]
Lötauge n, **Anschlußauge** n [für die Montage von
Bauteilen vorgesehener Teil des Leiterbildes
bei Leiterplatten]
land, terminal pad [conductive pattern used for
connecting components on PCB]
lötaugenloses Loch n [Leiterplatten]
landless hole [printed circuit boards]
Lötbarkeit f
solderability
Lötbrücke f
solder strap
Löten n
soldering
Lötfahne f
solder lug
lötfreie Verbindung f, **Drahtwickeltechnik** f,
Wirewrap-Technik f, **Wickeltechnik** f
Verfahren zum Herstellen einer lötfreien
Verbindung durch Umwickeln eines
vierkantigen Anschlußstiftes mit einem Draht
unter Zugspannung mit Hilfe eines
Werkzeuges.
solderless connection, wire-wrap technique
Method of making a solderless connection by
wrapping a wire under tension around a
rectangular terminal with the aid of a tool.
lötfreies Wickeln n
solderless wrap
Lötseite f [Leiterplatten]
solder side [printed circuit boards]
Lötstelle f, **Lötverbindung** f
solder joint
Lötstopplack m, **Lötabdecklack** m
[Leiterplatten]
solder resist [printed circuit boards]
Löttemperatur f
soldering temperature, lead temperature
Lötverbindung f, **Lötstelle** f
solder joint
Lötzinn m
tin solder
Lötzinnspritzer m, **Spritzer** m, **Zinnspritzer** m
solder splash, splash, tin solder splash
Lötösen-Einsetzmaschine f
eyelet inserting machine
**LPDTL, Dioden-Transistor-Logik mit niedriger
Verlustleistung** f [Variante der DTL-

Schaltungsfamilie]
LPDTL (low power diode-transistor logic)
[variant of the DTL logic family]
LPE-Verfahren *n*, Flüssigphasenepitaxie *f* [ein
Verfahren zur Herstellung epitaktischer
Schichten bei der Fertigung von
Halbleiterbauelementen und integrierten
Schaltungen]
LPE (liquid phase epitaxy) [a process for
growing epitaxial layers in semiconductor
component and integrated circuit fabrication]
LQ-Modus *m*, Schönschrift-Modus *m* [Drucker-
Betriebsart]
LQ mode (Letter Quality) [printer mode]
LRC-Zeichen *n*, Längsparitätszeichen *n*
[Paritätsprüfung z.B. bei
Magnetbandaufzeichnungen]
LRC character (longitudinal redundancy
check character) [parity check, e.g. with
magnetic tape recording]
LRU-Algorithmus *m* [wählt das Objekt aus, das
die längste Zeit nicht benutzt worden ist]
LRU algorithm (Least Recently Used) [selects
object that has not been used for the longest
time]
LSB, Binärstelle mit der niedrigsten Wertigkeit *f*
LSB (least significant bit)
LSD [Stelle einer Zahl mit der niedrigsten
Wertigkeit]
LSD (least significant digit)
LSI, Großintegration *f*
Integrationstechnik, bei der rund 10^5
Transistoren oder Gatterfunktionen auf einem
Chip realisiert sind.
LSI (large scale integration)
Technique providing for the integration of
about 10^5 transistors or logical functions on a
single chip.
LSL, langsame störsichere Logik *f*
Bipolare Schaltungsfamilie, die sich durch hohe
Störsicherheit auszeichnet.
LSL (low-speed logic)
Family of bipolar logic circuits characterized by
high noise immunity.
**LSTTL, Schottky-TTL mit niedriger
Verlustleistung** *f*
TTL-Schaltungsfamilie, die integrierte
Schottky-Dioden zur Vermeidung der Sättigung
der Transistoren verwendet. Dadurch wird die
Verlustleistung erheblich herabgesetzt.
LSTTL (low power Schottky TTL)
Family of TTL circuits using integrated
Schottky diodes to prevent the transistors from
saturating. This results in considerably reduced
power dissipation.
Lücke *f*, Gitterlücke *f* [Halbleiterkristalle]
Unbesetzter Platz im Kristallgitter eines
Halbleiters.
vacancy [semiconductor crystals]
An unoccupied lattice position in a
semiconductor crystal.
Lückenzeit *f* [Zeitverlust als Folge ungenutzen
Speicherraums]
blackout time [time loss due to unused
storage space]
Luftfahrtelektronik *f*
avionics
Luftkühlung *f*
air cooling
Lumen *n* (lm) [SI-Einheit des Lichtstromes]
lumen (lm) [SI unit of luminous flux]
Lumineszenzdiode *f*, Leuchtdiode *f*,
lichtemittierende Diode *f*, (LED)
Halbleiterbauelement, bei dem elektrische
Energie in Licht oder Infrarotstrahlung
umgesetzt wird. Durch Rekombination von
Elektronen und Defektelektronen an einem in
Vorwärtsrichtung betriebenem PN-Übergang
wird Energie frei, die als Licht abgestrahlt
wird. LEDs emittieren im sichtbaren Spektralbereich in den Farben rot, grün, gelb und blau
sowie in nahen Infrarotbereich.
light emitting diode (LED)
Semiconductor component which converts
electric energy into light or infrared radiation.
By recombination of electrons and holes at a
forward-biased pn-junction, energy is set free
which is emitted as radiation. LEDs emit red,
green, yellow and blue light in the visible
spectral region and produce radiation in the
near infrared region.
Lumineszenzplatte *f* [Optoelektronik]
electroluminescent panel [optoelectronics]
Luminosität *f*
luminosity
Lux *n* (lx) [SI-Einheit der Beleuchtungsstärke]
lux (lx) [SI unit of light intensity]u

M

MAC-Dateiformat *n* [Graphik-Dateiformat für
den Apple Macintosh]
MAC file format [graphical file format for
Apple Macintosh]
Macintosh-Rechner *m*, Apple-Macintosh-
Rechner *m* [auf Basis der Motorola-68000-
Prozessorfamilie von Apple entwickelt]
Macintosh computer, Apple Macintosh
computer [developed by Apple, based on the
Motorola 68000 processor family]
Magnetband *n*
magnetic tape
Magnetband zur Meßwertspeicherung *n*
instrumentation magnetic tape
Magnetbandaufzeichnung *f*
magnetic tape recording
Magnetbandfehler *m* [wird durch verlorenes
bzw. zusätzliches Bit, d.h. durch Signalausfall
(drop-out) bzw. Störsignal (drop-in), verursacht]
magnetic tape error [due to loss of a bit
(drop-out) or addition of a bit (drop-in)]
Magnetbandgerät *n*
magnetic tape unit, tape unit, magnetic tape
device
Magnetbandkassette *f*, Kassette *f*, Cartridge *n*
magnetic tape cassette, cassette, cartridge
Magnetbandkennsatz *m*
magnetic tape label
Magnetbandlaufwerk *n*
magnetic tape drive, tape drive
Magnetbandleser *m*
magnetic tape reader
Magnetbandnachspann *m*
magnetic tape trailer
Magnetbandspeicher *m*, Bandspeicher *m*
magnetic tape storage, tape storage
Magnetblasenspeicher *m*, Blasenspeicher *m*
Nichtflüchtiger Massenspeicher mit sehr hoher
Speicherdichte. Die Speicherung der Daten
erfolgt in kleinen zylindrischen Domänen
(Blasen) in einer dünnen magnetischen Schicht,
die auf ein nichtmagnetisches Substrat
aufgebracht ist.
magnetic bubble memory, bubble memory
Non-volatile mass storage device with very high
storage density. Storage of data is effected in
small cylindrical domains (bubbles) in a
magnetic thin film deposited on a non-magnetic
substrate.
Magnetblasenspeicherkassette *f*,
Blasenspeicherkassette *f*
magnetic bubble memory cassette, bubble
memory cassette
Magnetdrahtspeicher *m*
magnetic wire strorage

Magnetfeld *n*, magnetisches Feld *n*
magnetic field
Magnetfilmspeicher *m*, Magnetschichtspeicher
magnetic film memory, magnetic film
storage
Magnetfluß *m*, magnetischer Fluß *m*
magnetic flux
magnetische Aufzeichnung *f*
magnetic recording
magnetische Hysterese *f*
magnetic hysteresis
magnetische Streuung *f*
magnetic leakage
magnetische Suszeptibilität *f*
magnetic susceptibility
magnetische Zeichenerkennung *f*,
Magnetschrifterkennung *f* [durch optische oder
magnetische Abtastung einer Magnetschrift]
magnetic ink character recognition
(MICR) [by optical or magnetic scanning of
magnetic characters]
magnetischer Fluß *m*, Magnetfluß *m*
magnetic flux
magnetischer Kreis *m*
magnetic circuit
magnetisches Feld *n*, Magnetfeld *n*
magnetic field
Magnetisierungsfehlstelle *f*
[Magnetbandfehler]
magnetic drop-out, drop-out [magnetic tape
error]
Magnetkarte *f*
magnetic card
Magnetkartenspeicher *m*
magnetic card storage
Magnetkern *m*, Kern *m*
magnetic core, core
Magnetkernspeicher *m*, Kernspeicher *m*
magnetic core storage, core storage, core
memory
Magnetkontenautomat *m*,
Magnetkontenrechner *m*
magnetic ledger-card computer
Magnetkopf *m*
magnetic head, head
Magnetplatte *f*, Platte *f*
magnetic disk, disk
Magnetplattenkassette *f*, Einzelplattenkassette
f [von oben einsetzbare bzw. von vorne
einschiebbare Kassette]
magnetic disk cartridge, single-disk
cartridge [top loaded or front loaded]
Magnetplattenlaufwerk *n*, Plattenlaufwerk *n*
magnetic disk drive, disk drive
Magnetplattenspeicher *m*, Plattenspeicher *m*
Man unterscheidet hauptsächlich zwischen
Fest- und Wechselplattenspeicher. Der
Winchester-Plattenspeicher ist eine besondere
Ausführung des Festplattenspeichers mit hoher

Aufzeichnungsdichte. Bei den Wechselplatten unterscheidet man zwischen Plattenstapel und Einzelplattenkassette.

magnetic disk storage, disk storage, disk memory
Disk storages can be of the fixed or removable type. The Winchester drive is a special fixed-disk storage with high recording density. Removable-disk storages can be of the disk pack or single-disk cartridge type.

Magnetplattenstapel *m*
magnetic disk pack, disk pack

Magnetringkern *m,* Ferritringkern *m*
ferrite ring core, magnetic ring core

Magnetschicht *f*
magnetic film, magnetic coating

Magnetschichtspeicher *m,* Magnetfilmspeicher
magnetic film memory, magnetic film storage

Magnetschrift *f,* Klarschrift *f,* OCR-Schrift *f*
[von Menschen und Maschinen lesbare Schrift]
optical characters (OCR characters), magnetic characters [characters readable by humans and machines]

Magnetschrifterkennung *f,* magnetische Zeichenerkennung *f* [durch optische oder magnetische Abtastung einer Magnetschrift]
magnetic ink character recognition (MICR) [by optical or magnetic scanning of magnetic characters]

Magnetschriftleser *m*
magnetic character reader

Magnetspeicher *m*
magnetic storage device, magnetic memory

Magnetspur *f*
magnetic track

Magnettrommelspeicher *m,* Trommelspeicher
magnetic drum storage, drum storage

Mailbox *f,* elektronischer Briefkasten *m*
[Speicherplatz für eingehende Mitteilungen]
mailbox, electronic mailbox [storage space for incoming messages]

Mailbox-Dienst *m,* elektronischer Briefkasten *m*
mailbox service, E mailbox service, electronic mailbox service

Majoritätsladungsträger *m*
Der in einem Halbleiter bzw. Halbleiterbereich vorherrschende Ladungsträgertyp; d.h. der Lagungsträgertyp, dessen Dichte größer ist als die Hälfte der gesamten Trägerdichte in dem betreffenden Bereich. In einem N-leitenden Halbleiter sind die Elektronen Majoritätsladungsträger; in einem P-leitenden Halbleiter sind es die Defektelektronen.
majority carrier, majority charge carrier
The predominant type of charge carrier in a semiconductor or a semiconductor region; i.e. the type of carrier that constitutes more than half of the total number of carriers in that particular region. In n-type material, electrons are majority carriers; in p-type materials, holes are majority carriers.

Makroanweisung *f*
macro statement

Makroassembler *m* [Assembler, der wiederholt verwendete Befehlsfolgen, die vom Programmierer als Makros definiert sind, automatisch in die entsprechenden Maschinenbefehlsfolgen umsetzt]
macroassembler [assembler that automatically converts repetitively used instruction sequences, defined by the programmer as macros, into corresponding sequences of machine instructions]

Makroaufruf *m* [Aufruf einer Befehlsfolge, die in einer symbolischen Programmiersprache als Makro definiert ist, sowie die Zuweisung von aktuellen Werten für die Parameter]
macro call [calling an instruction sequence defined as a macro in a symbolic programming language and assigning current values to parameters]

Makrobefehl *m* [Folge von Befehlen]
macro instruction, macro [sequence of instructions]

Makrobefehlsspeicher *m*
macro instruction storage

Makrobibliothek *f* [Sammlung von definierten Makros]
macro library [collection of defined macros]

Makrodefinition *f*
macro definition, macro declaration

Makroelement *n*
macro element

Makroprogrammierung *f*
macro programming

Makroprozessor *m* [ein Programm, das die Maschinenbefehlsfolgen von definierten Makros erzeugt und den Parametern aktuelle Werte zuweist]
macro processor [a program that generates the machine instruction sequences corresponding to defined macros and assigns current values to parameters]

Makrozelle *f* [Halbleitertechnik]
Eine Kombination von vorfabrizierten funktionellen, aber nicht miteinander verdrahteten Grundzellen, die ihrerseits aus integrierten Elementen wie Gattern, Transistoren, Widerständen und Dioden bestehen. Makrozellen werden nur in Bipolartechnik, vorwiegend in ECL- und ALSTTL-Logik, hergestellt.
macrocell [semiconductor technology]
A combination of prediffused functional but not interconnected basic cells, each containing a cluster of integrated circuit elements such as gates, transistors, resistors and diodes.

Macrocells are limited to bipolar technology and are usually fabricated in ECL and ALSTTL logic.

Makrozellen-Array n
Höchstintegrierte Schaltung, die aus einer regelmäßigen Anordnung von vorfabrizierten Makrozellen besteht. Mit Hilfe von Ver-drahtungsmasken lassen sich, ähnlich wie mit Gate-Arrays, integrierte Semikunden-schaltungen realisieren, die jedoch im Vergleich zu Gate-Arrays einen höheren Komplexitätsgrad aufweisen.
macrocell array
Large-scale integrated circuit containing a regular prediffused pattern of macrocells. Similar to gate arrays, macrocell arrays allow semicustom integrated circuits to be produced with the aid of interconnection masks. In contrast to gate arrays, however, their degree of complexity is much higher.

Managementinformationssystem n (MIS) [ein rechnergestütztes System zur Unter-stützung der Unternehmungsleitung durch ausgewählte Informationen in aktualisierter und konzentrierter Form]
management information system (MIS) [a computer-based system for supporting management functions by providing selected information in an updated and concentrated form]

manipulieren
manipulate, to

Mann-Jahr n
man-year

Mantisse f [bei der Gleitpunktdarstellung: der Zahlenwert einer Zahl, z.B. kann die Zahl 123 durch die Mantisse 0,123 und den Exponenten $3 (= 0,123 \times 10^3)$ dargestellt werden]
mantissa, fixed-point part [in floating point notation: the numerical value of a number, i.e. the number 123 can be represented by the mantissa 0.123 and the exponent $3 (= 0.123 \times 10^3)$]

manuell eingegebene Daten n.pl.
manual input data

manuelle Vorlagenerstellung f
manual artwork generation

manueller Betrieb m
manual operation

Mapping-ROM m [Codeumsetzer auf ROM-Speicherbasis, der z.B. den Codeteil eines Maschinenbefehls in die Startadresse des Mikroprogramms umsetzt]
mapping ROM [code converter based on ROMs, e.g. for converting the code part of a machine instruction into the starting address of a microprogram]

Marke f, Programmmarke f
label, program label

Markierung f
mark

Markierung löschen
unmark, to

maschinell lesbarer Datenträger m
machine-readable data medium, machine-readable medium

maschinelle Programmierung f
computer-aided programming

maschinenabhängig [z.B. Programmiersprache]
machine-dependent [e.g. programming language]

Maschinenadresse f, absolute Adresse f, physikalische Adresse f [tatsächliche oder permanente Adresse eines Speicher-platzes; im Gegensatz zur relativen, symbolischen oder virtuellen Adresse]
absolute address, machine address, physical address [actual or permanent address of a storage location; in contrast to relative, symbolic or virtual address]

Maschinenbefehl m [im Maschinencode geschriebener Befehl, der von der Zentral-einheit eines Rechners bzw. vom Mikro-prozessor erkannt wird]
machine instruction [instruction written in machine code that can be recognized by the central processing unit of a computer or by a microprocessor]

Maschinenbefehlscode m, Maschinencode m [maschineninterne Codierung in Binär- oder Dezimalziffern (mit hexadezimaler oder oktaler Darstellung) für die Maschinenbefehle eines Mikroprozessors bzw. Rechners]
machine code, machine instruction code [coding in binary or decimal digits (with hexadecimal or octal representation) for machine instructions of a microprocessor or of a computer]

Maschinenfehler m, Hardware-Fehler m
hardware error, malfunction

maschinenlesbar [z.B. Zeichen]
machine-readable [e.g. characters]

maschinenorientierte Programmiersprache f [symbolische Programmiersprache, die eng an die Struktur der Maschinensprache angelehnt und deshalb maschinenabhängig ist]
machine-oriented language, computer-oriented language [symbolic programming language closely related to machine language structure and hence machine-dependent]

Maschinenprogramm n [ein Programm in Maschinensprache]
machine program [a program in machine language]

Maschinensprache f [Gesamtheit der Maschinenbefehle eines Mikroprozessors bzw. eines Rechners]

machine language [the complete set of machine instructions of a microprocessor or computer]

Maschinenstatus *m*, **Maschinenzyklusstand** *m*
machine cycle status

maschinenunabhängig [z.B. Programmiersprache]
machine-independent [e.g. **programming language**]

Maschinenwort *n* [im Maschinencode geschriebene Zeichenfolge, die als Einheit behandelt wird]
machine word [character string written in machine code and treated as a unit]

Maschinenzeit *f*, Rechnerbelegungszeit *f*
machine time, computer time

Maschinenzyklus *m* [Ausführungszeit einer elementaren Operation in einem Mikroprozessor oder Rechner]
machine cycle [execution time for an elementary operation in a microprocessor or computer]

Maschinenzyklusstand *m*, Maschinenstatus *m*
machine cycle status

Maser [Mikrowellenverstärkung durch angeregte Strahlungsemission]
maser (microwave amplification by stimulated emission of radiation)

MASFET, Feldeffekttransistor mit Metall-Aluminiumoxid-Silicium-Aufbau *m*
Feldeffekttransistor, dessen Gate (Steuerelektrode) durch eine Aluminium-oxidschicht vom Kanal isoliert ist. Wird zur Herstellung von Speichern, z.B. EPROMs, verwendet.
MASFET (metal-alumina-silicon FET)
Field-effect transistor in which the gate is isolated from the channel by an aluminium oxide. Is used for fabricating memories, e.g. EPROMs.

Maske *f* [auf einer UND-Operation basierendes Verfahren zur Abdeckung von nichtbenötigten Teilen eines Maschinenwortes, z.B. die Maske mit den Binärzeichen 00111100 läßt die mittleren vier Stellen eines 8-Bit-Wortes durch und deckt die anderen vier Stellen ab]
mask [procedure based on an AND operation for covering up unwanted parts of a machine word, e.g. the mask 00111100 passes the middle four bits of an 8-bit word and covers up the remaining four bits]

Maske *f*, Photomaske *f*
Schablone, die bei der Herstellung von integrierten Schaltungen verwendet wird, um eine selektive Dotierung, Oxidation, Ätzung, Metallisierung usw. zu ermöglichen. Für eine integrierte Schaltung werden 5 bis 16 unterschiedliche Masken für die vom angewendeten Fertigungsprozeß abhängenden Maskierungsschritte benötigt.
mask, photomask
Patterned screen used in integrated circuit fabrication to permit selective doping, oxidation, etching, metallization, etc. to be carried out. For the manufacture of an integrated circuit 5 to 16 different mask patterns are required corresponding to the various masking steps associated with the fabrication process used.

Maske löschen *f* [bei der maskierbaren Unterbrechung]
unmask, to [in the case of a maskable interrupt]

Maskenherstellung *f* [die Fertigung von Masken für die Herstellung integrierter Schaltungen]
mask fabrication, mask-making [the production of masks for integrated circuit fabrication]

Maskenjustierung *f*
mask alignment

Maskenjustiervorrichtung *f*
mask aligner

maskenprogrammierbar
mask programmable

maskenprogrammierter Festwertspeicher *m* [Festwertspeicher, dessen Inhalt mittels einer Verdrahtungsmaske während der Herstellung festgelegt wird]
mask programmed read-only memory [read-only memory whose contents are determined by an interconnection mask during manufacture]

Maskenprogrammierung *f* [Programmierung eines Festwertspeichers mittels einer Verdrahtungsmaske während der Herstellung]
mask programming [programming of a read-only memory by means of an interconnection mask during manufacture]

Maskenregister *n* [bei der maskierbaren Unterbrechung verwendetes Register]
mask register [register employed for maskable interrupts]

Maskenreproduktion *f*
mask reproduction

Maskensatz *m*, Photomaskensatz *m*
Die Gesamtheit der Masken (5 bis 16), die für die Herstellung einer integrierten Schaltung benötigt wird.
set of masks, set of photomasks
The total number of masks (5 to 16) required for the manufacture of an integrated circuit.

Maskentechnik *f*
Verfahren (z.B. Photolithographie, Elektronenstrahlschreiber, Ätztechniken usw.) für die Herstellung von Masken, die für die Fertigung integrierter Schaltungen benötigt werden.

masking technology, masking process
Processes (e.g. photolithography, electron beam
writers, etching processes, etc.) for producing
masks required in integrated circuit
fabrication.
Maskenvorlage *f*
Vorlage für die Maskenherstellung, die anhand
des Schaltkreislayouts erstellt wird und 100 bis
1000 mal größer ist, als die endgültige Maske.
mask pattern, artwork
Artwork for the production of masks, based on
the circuit layout, which is 100 to 1000 times
larger than the final mask.
maskierbare Unterbrechung *f*
[Unterbrechungsart, die ein Maskierbit für
Freigabe bzw. Sperrung einer Unterbrechung
verwendet]
maskable interrupt [interrupt technique
employing a masking bit to enable or disable an
interrupt]
maskierbarer Vektor-
Unterbrechungsanschluß *m*
maskable vector interrupt pin
Maskierbit *n* [für die Freigabe bzw. Sperrung
einer maskierbaren Unterbrechung]
masking bit [for enabling or disabling a
maskable interrupt]
maskieren [abdecken, z.B. die Struktur einer
integrierten Schaltung bei der Herstellung;
Binärstellen eines Maschinenwortes; Bildteile
bei der graphischen Datenverarbeitung]
mask, to [cover up, e.g. the structure of an
integrated circuit during manufacture; binary
digits of a machine word; pictorial segments in
computer graphics]
Maskierung *f* [bei der Herstellung integrierter
Schaltungen]
masking, masking operation [in integrated
circuit fabrication]
Maskierungsschritt *m*
masking step, photomasking step
Masse *f*
ground
Masseebene *f* [Leiterplatten]
ground plane [printed circuit boards]
Massendaten *n.pl.*
mass data
Massendichte *f*, Dichte *f*
mass density, density
Massenproduktion *f*, Herstellung in großen
Zahlen *f*
volume production, mass production
Massenspeicher *m* [Speicher mit großer
Kapazität, z.B. Plattenspeicher]
mass storage, mass memory [storage device
with large capacity, e.g. disk storage]
massiver Einkristall *m*
bulk single-crystal
maßstäblich

full-scale
Master-Slave-Anordnung *f* [Flipflop: Schaltung
mit zwei Flipflop-Stufen; die erste (Master)
ändert ihren Zustand mit der Vorderflanke des
Taktimpulses und die zweite (Slave)
übernimmt dieses Signal und ändert ihren
Zustand mit der Rückflanke des Taktimpulses]
master-slave arrangement [flip-flops: a
circuit with two flip-flop stages; the first
(master) changes its state with the rising edge
of the clock pulse, the second (slave) accepts
this signal and changes its state with the
falling edge of the clock pulse]
Master-Slave-Anordnung *f* [Mikroprozessoren
oder Rechner: eine Anordnung, bei der ein
Prozessor (Master) die Steuerung der anderen
(Slaves) übernimmt]
master-slave arrangement [microprocessors
or computers: an arrangement in which one
unit (master) controls the others (slaves)]
Master-Slave-Flipflop *n*, MS-Flipflop *n*,
Master-Slave-Speicherglied *n* [Flipflop-
Schaltung, die von beiden Flanken des
Taktimpulses gesteuert wird, z.B. ein JK-
Flipflop oder zwei getaktete RS-Flipflops]
master-slave flip-flop, MS flip-flop [flip-flop
circuit controlled by both edges of the clock
pulse, e.g. a JK flip-flop or two triggered RS
flip-flops]
mathematische Logik *f*, symbolische Logik *f*
mathematical logic
mathematischer Ausdruck *m*
mathematical expression, mathematical
term
Matrix *f* [zweidimensionale (oder
mehrdimensionale) Anordnung von Datenelementen oder Bauteilen in Spalten und
Zeilen, z.B. Diodenmatrix, Speichermatrix]
matrix, array [two-dimensional (or multi-
dimensional) arrangement of data elements or
components in columns and rows, e.g. diode
matrix, memory matrix]
Matrixdrucker *m*, Punktmatrixdrucker *m*,
Nadeldrucker *m*, Mosaikdrucker *m*
Drucker, bei dem durch matrixförmig
angeordnete Drahtstifte (z.B. 5x7 oder 7x9
Matrix) aus Punkten zusammengesetzte
Zeichen gebildet werden. Die Bewegung der
Drahtstifte gegen das Farbband bzw. gegen das
Papier erfolgt durch Elektromagnete.
matrix printer, dot-matrix printer
Printer which uses a matrix of wires (e.g. 5x7
or 7x9 matrix) to form alphanumeric characters
composed of dots. The wires are driven against
an inked ribbon or paper by solenoids.
Matrixschreibweise *f*
matrix notation
Matrixspeicher *m* [Speicher, dessen Elemente
matrixförmig angeordnet sind, so daß der

Zugriff auf ein Element über zwei (oder mehr)
Koordinaten erfolgt, z.B. ein Kernspeicher]
matrix storage, matrix memory [storage
whose elements are arranged in a matrix so
that an element is accessed over two (or more)
coordinates, e.g. core storage]
Matrixvariable *f,* Feldvariable *f* [ein geordneter
Satz von Daten]
array [an ordered set of data]
Matrixzeichen *n* [Zeichen, das aus einer
Punktmatrix aufgebaut ist]
matrix character [character formed by a
matrix of dots]
Maus *f* [eine Einrichtung, mit der ein Zeiger (der
Cursor) auf dem Bildschirm bewegt werden
kann]
mouse [a device for positioning the cursor on a
display]
Mausklick *m* [Maustaste kurz drücken und
loslassen]
mouse click [briefly depressing mouse button]
Maximalverstärkung *f*
maximum gain
MB, MByte, Megabyte *n* [Maß für die
Speicherkapazität; 10^6 Byte]
MB, Mbyte, megabyte [measure for storage
capacity; 10^6 bytes]
MB/s, MByte/s, Megabyte/s [Maß für die
Datenübertragung; 10^6 Byte/s]
MB/s, Mbytes/s, megabytes/s [measure for data
transfer rate; 10^6 bytes/s]
MBE-Verfahren *n,* Molekularstrahlepitaxie *f*
Verfahren zur Herstellung epitaktischer
Schichten mit Hilfe von Molekularstrahlen;
wird vorwiegend für hoch- und
höchstintegrierte Schaltungen eingesetzt.
MBE process (molecular beam epitaxy)
Process using molecular beams for producing
epitaxial layers; is mainly used in large-scale
and very large-scale integrated circuit
fabrication.
MCA [Mikrokanal-Architektur, 32-Bit-Bussystem
für IBM PS/2-Rechner]
MCA (Micro Channel Architecture) [32-bit bus
system for IBM PS/2 computers]
MCBF [Anzahl der fehlerfreien Zyklen zwischen
zwei Ausfällen]
MCBF (mean cycles between failures)
MCM-Baustein *m,* Multichipmodul *m* [Baustein
mit mehreren integrierten Schaltungen auf
einem Substrat für Hochgeschwindigkeits-
Übertragungen]
MCM (multi-chip module) [package of ICs
bonded directly to substrate for high-speed
transmission]
MCU, Mikrosteuereinheit *f* [steuert bei der
Mikroprogrammierung die Sequenz von
Mikrobefehlen]
MCU (microprogram control unit) [controls the

sequence of microinstructions in
microprogramming]
MCVD-Verfahren *n*
[Schichtabscheidungsverfahren, das bei der
Herstellung von Glasfasern eingesetzt wird]
MCVD process (modified chemical vapour
deposition process) [a vapour deposition process
used in glass fiber fabrication]
MDI-Schnittstelle *f* [für den Datenaustausch
zwischen Dokumenten]
MDI (Multiple Document Interface) [for data
exchange between documents]
mechanischer Drucker *m* [z.B. Matrixdrucker
oder Typenraddrucker]
impact printer [e.g. matrix printer or daisy-
wheel printer]
Megabyte, MByte, MB *n* [Maß für die
Speicherkapazität; 10^6 Byte]
megabyte, Mbyte, MB [measure for storage
capacity; 10^6 bytes]
Megabyte/s, MByte/s, MB/s [Maß für die
Datenübertragung; 10^6 Byte/s]
megabytes/s, Mbytes/s, MB/s [measure for
data transfer rate; 10^6 bytes/s]
Megaflop *n* (MFLOP) [10^6
Gleitpunktoperationen pro Sekunde]
Megaflop (MFLOP) [10^6 floating-point
operations per second]
MegaPAL [ein programmierbares Logik-Array-
Konzept für die Realisierung von integrierten
Semikundenschaltungen]
MegaPAL [a programmable logic-array
concept for producing semicustom integrated
circuits]
Mehradreßbefehl *m* [ein Befehl mit mehreren
(meistens zwei) Adreßteilen]
multiaddress instruction [an instruction
with several (usually two) address parts]
Mehradressencode *m*
multiple-address code
Mehrbenutzersystem *n* [Rechnersystem mit
gleichzeitigem Zugriff für mehrere Benutzer; in
der Regel findet in kurzen Zeitintervallen ein
Benutzerwechsel statt
(Zeitmultiplexverfahren)]
multiuser system [computer system with
simultaneous access for numerous users; as a
rule, the users are switched on a time-sharing
basis]
Mehrdeutigkeit *f*
ambiguity
Mehrebenen-Unterbrechung *f,* mehrstufige
Programmunterbrechung *f*
[Programmunterbrechung mit mehreren
Prioritätsstufen]
multilevel interrupt [interrupt with several
priority levels]
Mehrebenenverdrahtung *f,*
Mehrlagenverdrahtung *f*

Technik bei integrierten Schaltungen (z.B. bei Gate- oder Logik-Arrays), bei der zwei (oder mehr) Verdrahtungsebenen zur Optimierung der Flexibilität und der Platzausnutzung angewendet werden.
multilevel interconnections, multilayer interconnections
Technique using two (or more) layers of metal interconnections in an integrated circuit (e.g. in gate or logic arrays) to optimize flexibility and space utilization.
Mehrfachbusstruktur f, **Multibusstruktur** f
multiple-bus structure
Mehrfachdiode f [mehrere Dioden in einem Gehäuse]
multiple diodes [a number of diodes in one case]
mehrfache Genauigkeit f, Mehrfachgenauigkeit f [Erhöhung der Rechnergenauigkeit durch Verwendung mehrerer Rechnerwörter, z.B. doppelte Genauigkeit durch zwei Wörter]
multiple precision [increasing computing precision by using multiple-length computer words, e.g. double precision by using double words]
Mehrfachemittertransistor m, Multiemittertransistor m
Integrierte Bipolarschaltung, bei der die Transistoren mehrere Emitterbereiche und einen gemeinsamen Kollektor- und Basisanschluß haben.
multiemitter transistor
Bipolar integrated circuit in which the transistors have several emitter regions with a common collector and base terminal.
Mehrfachgenauigkeit f, mehrfache Genauigkeit f
multiple precision
Mehrfachkollektortransistor m, Multikollektortransistor m
Integrierte Bipolarschaltung mit Transistoren, die mehrere Kollektorbereiche mit einem gemeinsamen Emitter- und Basisanschluß haben.
multicollector transistor
Bipolar integrated circuit in which the transistors have several collector regions with a common emitter and base contact.
Mehrfachmeßgerät n, Universalmeßgerät n, Vielfachmeßgerät n
multimeter, universal measuring instrument, multipurpose instrument
Mehrfachreflexion f
multiple reflection
Mehrfachschalter m
multiswitch, multiple switch, ganged switch
Mehrfachschicht f
multilayer

Mehrfachstecker m, Mehrfachsteckverbinder m
multiconnector, multiple-pole connector
Mehrfachsubtrahierer m
multiple subtracter
Mehrfachvererbung f [bei der objektorientierten Programmierung: die Generierung einer abgeleiteten Klasse aus mehreren Basisklassen]
multiple inheritence [in object oriented programming: creating a derived class from more than one base class]
Mehrfachvergleich m
multiple match
Mehrfachzugriff m [Zugriff über mehrere Schlüssel in einem Datenbanksystem]
multiple access [access via numerous keys in a data base system]
Mehrfachzugriffsnetz n
multiaccess network
Mehrfachzugriffsprotokoll n
multiaccess protocol
Mehrfrequenz-Bildschirmgerät n, Multiscan-Monitor m, Multisync-Monitor m [paßt sich automatisch und die Bildwiederhol- und Zeilenfrequenz (Abtastfrequenz) der Graphikkarte an]
multiscan display unit, multiscan monitor [automatically adjusts itself to the refresh rate and the scanning frequency of the graphics adapter]
Mehrkanalmeßschreiber m
multichannel recorder
Mehrkanalmikrowellensystem n
multichannel microwave system
Mehrkanalmodem m
multiport modem
Mehrkanalverstärker m
multichannel amplifier
Mehrkathodenzerstäubung f [ein Abscheideverfahren]
multitarget sputtering [a deposition process]
Mehrlagenbasismaterial n [für die Fabrikation von Leiterplatten]
multilayer laminate [for printed circuit board manufacture]
Mehrlagenleiterplatte f, mehrschichtige Leiterplatte f
multilayer printed circuit board, multilayer PCB
Mehrlagenverdrahtung f [Leiterplatten]
multilayer wiring [printed circuit boards]
Mehrlagenverdrahtung f, Mehrebenenverdrahtung f
Technik bei integrierten Schaltungen (z.B. bei Gate- oder Logik-Arrays), bei der zwei (oder mehr) Verdrahtungsebenen zur Optimierung der Flexibilität und der Platzausnutzung angewendet werden.
multilevel interconnections, multilayer

interconnections
Technique using two (or more) layers of metal
interconnections in an integrated circuit (e.g. in
gate or logic arrays) to optimize flexibility and
space utilization.
mehrlagig, mehrschichtig
 multilayered, multiply
Mehrleiterkabel *n*
 multiconductor cable, multicore cable
mehrmals lesbar, einmal beschreibbar, WORM
 write once, read many times (WORM)
Mehrprogrammbetrieb *m*,
 Multiprogrammbetrieb *m* [gleichzeitige
 Ausführung mehrerer Programme in einem
 Rechner durch eine zeitlich verzahnte
 Verarbeitung der einzelnen Programme]
 multiprogramming mode,
 multiprogramming [simultaneous execution of
 several programs in a computer by interleaved,
 time-shared processing of individual programs]
Mehrprozeßbetrieb *m*, Multitasking *n*
 [gleichzeitige Bearbeitung mehrerer Aufgaben
 bzw. Prozesse durch einen Rechner]
 multitasking [simultaneous processing of
 several tasks or processes by a computer]
Mehrprozessorsystem *n*, Multiprozessorsystem
 Die Kopplung mehrerer Prozessoren bzw.
 Mikroprozessoren, von denen jeder bestimmte
 Funktionen innerhalb des Systems ausführt
 (z.B. arithmetische Operationen, Ein-Ausgabe-
 Funktionen usw.) aber auf gemeinsame
 Systemteile wie Speicher oder Peripheriegeräte
 zugreifen kann.
 multiprocessor system
 Several processors or microprocessors linked
 together to form a system in which each
 processor performs specific functions (e.g.
 arithmetic operations, input-output functions,
 etc.) but has access to parts which are common
 to the system such as memories or peripheral
 equipment.
Mehrprozessorsystem mit verteilter
 Steuerung *n*
 distributed multiprocessor system
Mehrrechnersystem *n*, Multirechnersystem *n*
 [Kopplung mehrerer Rechner zwecks Erhöhung
 der Kapazität und Vermeidung von
 Systemausfällen]
 multicomputer system [linking of several
 computers for increasing capacity and avoiding
 system failure]
Mehrschicht-Dünnfilmmetallisierung *f*
 multilayer thin-film metallization
mehrschichtig, mehrlagig
 multilayered, multiply
mehrschichtige Leiterplatte *f*,
 Mehrlagenleiterplatte *f*
 multilayer printed circuit board,
 multilayer PCB

Mehrschichtsolarzelle *f*
 multilayer solar cell
mehrstellige Zahl *f*
 multiple-digit number, multidigit number
mehrstelliger Code *m*
 multiple-digit code, multidigit code
Mehrstrahloszillograph *m*,
 Mehrstrahloszilloskop *n*
 multitrace oscilloscope
mehrstufige Adresse *f*
 multilevel address
mehrstufige Programmunterbrechung *f*,
 Mehrebenen-Unterbrechung *f*
 [Programmunterbrechung mit mehreren
 Prioritätsstufen]
 multilevel interrupt [interrupt with several
 priority levels]
Mehrwegeausbreitung *f*
 multipath propagation
mehrwertige Logik *f*, Fuzzy-Logik *f*, unscharfe
 Logik *f* [verwendet den Grad der Zugehörigkeit
 zu einer Menge; im Gegensatz zur binären
 Logik die nur zwei Möglichkeiten kennt
 (wahr/falsch)]
 fuzzy logic [uses the degree of membership to
 a set; in contrast to binary logic which has only
 two possibilities (true/false)]
Mehrwortbefehl *m*
 multiword instruction
Mehrzweckdatenstation *f*
 multipurpose data station
Mehrzweckrechner *m*, Universalrechner *m*
 multipurpose computer, universal computer
Mehrzweckregister *n*
 general-purpose register
melden
 report, to; indicate, to; signal, to
Meldesignal *n*, Zustandssignal *n*
 status signal
Meldung *f*, Nachricht *f*
 message
Meldungsfeld *n* [Feld zur Anzeige von
 Meldungen des Anwendungsprogrammes]
 message box [field for displaying messages
 from application program]
Membranschalter *m*, Folienschalter *m*
 membrane switch
Membrantastatur *f*, Folientastatur *f*
 membrane keyboard
Memory-Mapping *f*, Speicherabbild *n*,
 Speicheraufteilung *f* [Zuordnung bestimmter
 Bereiche des Hauptspeichers]
 memory map, memory mapping [assigning
 defined areas of main storage]
Menge *f*
 set
Mengenalgebra *f*
 set algebra
Mengendifferenz *f*

set difference
Mengenlehre *f*
set theory
Mengenoperation *f*
operation on sets
Mensch-Maschine-Schnittstelle *f*
man-machine inferface [MMI]
Mensch-Rechner-Schnittstelle *f*
human-computer interface (HCI)
menschlicher Fehler *m*, **Irrtum** *m*
human error, mistake
Menü *n* [Funktionsauswahltabelle, insbesondere
auf dem Bildschirm oder auf einem
Graphiktablett]
menu [functional selection table, specially that
shown on a display or on a graphics tablet]
Menübalken *m*
menu bar
menügesteuertes Programm *n*
menu-driven program
Merker *m*, **Flag** *n*, **Zustandsbit** *n*
Besonders in Mikroprozessoren häufig
verwendetes Steuerbit zur Anzeige eines
bestimmten Zustandes bzw. Erfüllung einer
Bedingung, z.B. Carry-Flag (Übertragsmerker).
Jedes Flag hat zwei Zustände: 1 = Bedingung
erfüllt; 0 = nicht erfüllt.
flag
Control bit often used, particularly in
microprocessors, for indicating a certain state
or fulfilment of a condition, e.g. carry-flag. Each
flag has two states: 1 = condition fulfilled; 0 =
not fulfilled.
Merkmalerkennung *f* [OCR]
feature recognition [OCR]
Mesabaustein *m*, **Mesabauteil** *n*
Bauteil bzw. Baustein, bei dessen Herstellung
die Mesatechnik angewendet wird.
mesa device, mesa-structured component
Component or device which has been fabricated
by mesa technology.
Mesaphotodiode *f*
Photodiode, bei deren Herstellung die
Mesatechnik angewendet wurde.
mesa photodiode, mesa-structured
photodiode
Photodiode which has been fabricated by mesa
technology
Mesatechnik *f*
Technik, bei der dotierte Bereiche nach der
Diffusion bzw. Legierung an beiden Seiten bis
zum Substrat weggeätzt werden, so daß
tafelbergähnliche Erhebungen (Mesas)
entstehen. Wird vorwiegend für die Herstellung
von Germaniumtransistoren für den
Hochfrequenzbereich angewendet.
mesa technology
Technique in which doped regions are etched
after diffusion or alloying on both sides down to
the substrate, thus leaving plateaus (mesas). Is
mainly used for the manufacture of germanium
transistors for high frequency applications.
Mesatransistor *m*
Bipolartransistor, bei dem Emitter- und
Basisbereich als tafelbergähnliche Erhebungen
über dem Kollektorbereich aus dem
Halbleiterkristall herausgeätzt sind.
mesa transistor
Bipolar transistor in which the emitter and
base regions have been etched to appear as
plateaus above the collector region.
MESFET, **Metall-Halbleiter-Feldeffekttransistor**
m, **Metall-Gate-Feldeffekttransistor** *m*
Feldeffekttransistor, dessen Gate
(Steuerelektrode) aus einem Schottky-Kontakt
(Metall-Halbleiter-Übergang) besteht.
MESFET (metal-semiconductor field-effect
transistor)
Field-effect transistor with a gate formed by a
Schottky barrier (metal-semiconductor
junction).
Meßanordnung *f*, **Meßaufbau** *m*
measurement setup
Meßausrüstung *f*, **Meßeinrichtung** *f*
measuring equipment
Meßbereich *m*
measuring range
Meßbrücke *f*
measuring bridge
Meßeinrichtung *f*, **Meßausrüstung** *f*
measuring equipment
messen
measure, to; gauge, to
Meßergebnis *n*, **Prüfergebnis** *n*
measuring result, test result
Meßfehler *m*
measurement error
Meßfilter *n*, **Referenzfilter** *n*
reference filter
Meßfühler *m*, **Sensor** *m*
sensing element, sensor
Meßgerät *n*
measuring unit, measuring device
Meßgröße *f*
measured quantity
Meßsender *m*
signal generator
Meßsignalverarbeitung *f*, **Signalverarbeitung** *f*
signal processing
Meßsonde *f*
probe, measuring probe
Meßverstärker *m*, **Signalverstärker** *m*
signal amplifier
Meßwandler *m*
instrument transformer
Meßwert *m*
measured value
Meßwerterfassung *f*, **Datenerfassung** *f*

data acquisition
Metall-Dicknitrid-Halbleiter-Struktur *f,*
MTNS-Aufbau *m*
Halbleiterstruktur, bei der die Isolierschicht
zwischen dem Metallanschluß und dem
Halbleiterkristall aus einer dickeren
Nitridschicht besteht als bei Standard-MNS-
Strukturen.
MTNS structure (metal-thick-nitride-
semiconductor structure)
Semiconductor structure in which the
insulating layer between the metal contact and
the semiconductor crystal consists of a nitride
layer which is thicker than that used in
standard MNS structures.
Metall-Dickoxid-Halbleiter-Struktur *f,*
MTOS-Aufbau *m*
Halbleiterstruktur, bei der die Isolierschicht
zwischen dem Metallanschluß und dem
Halbleiterkristall aus einer dickeren
Oxidschicht besteht als bei Standard-MOS-
Strukturen.
MTOS structure, (metal-thick-oxide-
semiconductor structure)
Semiconductor structure in which the
insulating layer between the metal contact and
the semiconductor crystal consists of a thicker
oxide layer than that used in standard MOS
structures.
Metall-Gate-Feldeffekttransistor *m,* Metall-
Halbleiter-Feldeffekttransistor *m* (MESFET)
Feldeffekttransistor, dessen Gate
(Steuerelektrode) aus einem Schottky-Kontakt
(Metall-Halbleiter-Übergang) besteht.
metal-semiconductor field-effect
transistor (MESFET)
Field-effect transistor with a gate formed by a
Schottky barrier (metal-semiconductor
junction).
Metall-Halbleiter-Diode *f,* Schottky-Diode *f*
Halbleiterdiode mit gleichrichtenden
Eigenschaften, die durch einen Metall-
Halbleiterübergang gebildet wird.
metal-semiconductor diode, Schottky-
barrier diode, hot-carrier diode
Semiconductor diode with rectifying
characteristics, formed by a metal-
semiconductor junction.
Metall-Halbleiter-Feldeffekttransistor *m*
(MESFET), Metall-Gate-Feldeffekttransistor *m*
metal-semiconductor field-effect
transistor (MESFET)
Metall-Halbleiter-Kontakt *m,* Metall-
Halbleiter-Übergang *m*
Übergang, der durch den Kontakt einer
Metallschicht mit einer Halbleiterschicht
entsteht. Metall-Halbleiter-Übergänge können
entweder gleichrichtende Eigenschaften haben
(Schottky-Diode) oder als niederohmige

Kontakte wirken.
metal-semiconductor contact, metal-
semiconductor junction
Junction formed by the contact between a
metal layer and a semiconductor layer. Metal-
semiconductor junctions can either have
rectifying characteristics (Schottky diodes) or
act as low-resistance ohmic contacts.
Metall-Halbleiter-Übergang *m,* Metall-
Halbleiter-Kontakt *m*
metal-semiconductor junction, metal-
semiconductor contact
Metall-Isolator-Halbleiter-Aufbau *m,* MIS-
Struktur *f*
Halbleiterstruktur, bei der eine Isolierschicht
zwischen dem Metallanschluß und dem
Halbleiter liegt. Wird bei
Feldeffekttransistoren, Dioden,
Lumineszenzdioden und Kondensatoren
angewendet.
metal insulator-semiconductor structure
(MIS structure)
A semiconductor structure with an insulating
layer between the metal contact and the
semiconductor material. Applications include
field-effect transistors, diodes, light-emitting
diodes and capacitors.
Metall-Nitrid-Halbleiter-Aufbau *m,* MNS-
Struktur *f*
Halbleiterstruktur mit einer isolierenden
Nitridschicht zwischen Metallanschluß and
Halbleiterkristall.
metal-nitride-semiconductor structure
(MNS structure)
Semiconductor structure with an insulating
layer between the metal contact and the
semiconductor crystal.
Metall-Nitrid-Oxid-Halbleiter-Aufbau *m,*
MNOS-Struktur *f*
Halbleiterstruktur mit einer doppelten
Isolierschicht zwischen dem Gateanschluß und
dem Halbleiterkristall. In der Doppelschicht,
die aus Siliciumdioxid und Siliciumnitrid
besteht, können Ladungen gespeichert werden,
was für die Herstellung von
Speichertransistoren genutzt wird.
metal nitride-oxide-semiconductor
structure (MNOS structure)
Semiconductor structure with a double
insulating layer between the gate contact and
the semiconductor crystal. The ability of the
double insulating layer consisting of silicon
dioxide and silicon nitride to store charges is
used in memory transistors.
Metall-Oxid-Halbleiter-Aufbau *m,* MOS-
Struktur *f*
Halbleiterstruktur mit einer isolierenden
Oxidschicht (meistens Siliciumdioxid) zwischen
dem Metallanschluß und dem

Halbleiterkristall.
metal-oxide-semiconductor structure
(MOS structure)
Semiconductor structure with an insulating
oxide layer (usually silicon dioxide) between the
metal contact and the semiconductor crystal.
**Metall-Oxid-Halbleiter-Transistor mit
schwebendem Gate und Lawineninjektion**
m, FAMOS-Transistor *m*
Feldeffekttransistor in MOS-Struktur mit
schwebendem Gate und Lawineninjektion; wird
als Speicherzelle bei EPROMs verwendet.
**floating gate avalanche-injection MOS
transistor (FAMOS transistor)**
MOS field-effect transistor using a floating gate
structure and avalanche injection; used as a
memory cell in EPROMs]
Metallbindung *f,* metallische Bindung *f*
[Halbleiterkristalle]
metallic bond [semiconductor crystals]
Metallgehäuse *n*
metal package, metal case
metallische Bindung *f,* Metallbindung *f*
[Halbleiterkristalle]
Chemische Bindung, bei der die
Bindungskräfte auf der Wechselwirkung von
Elektronengas und Ionengitter beruhen.
metallic bond [semiconductor crystals]
Chemical bond in which the binding forces
result from the interaction of the electron gas
with the ionic lattice.
metallisieren [Leiterplatten]
plate, to [printed circuit boards]
Metallisierung *f* [Halbleitertechnik]
Das selektive Aufbringen einer Metallschicht
(meistens Aluminium) auf eine
Halbleiterscheibe (Wafer) zur Herstellung der
Leiterbahnen zwischen den einzelnen
integrierten Schaltungselementen und den
Kontaktstellen für die Zuleitungen zum
Gehäuse. Die Metallschicht wird im Vakuum
aufgedampft oder mittels
Kathodenzerstäubung aufgebracht.
metallization [semiconductor technology]
Selective deposition of a metal film (usually
aluminium) on a semiconductor wafer to form
conductive interconnections between the
integrated circuit elements and contact areas
for the connections to the package. Deposition
of the metal film can be effected by vacuum
evaporation or cathode sputtering.
metallkaschiertes Basismaterial *n*
[Leiterplatten]
metal clad base material [printed circuit
boards]
Metallkaschierung *f* [Leiterplatten]
metal cladding [printed circuit boards]
Metallkeramik *f*
metal ceramic

Metallkernlaminat *n* [für die Herstellung von
Leiterplatten]
metal core laminate [for printed circuit board
manufacture]
Metallpapierkondensator *m*
metallized-paper capacitor
Metallschicht *f*
metal layer
Metallschichtwiderstand *m*
metal film resistor
Metallsilicid *n*, Silicid *n*
Verbindung zwischen einem Metall und
Silicium. Silicide, z.B. MoS_2, TaS_2, TiS_2 oder
WS_2 kommen bei der Metallisierung für
Gateelektroden und Leiterbahnen in VLSI-
Schaltungen zur Anwendung.
silicide
Compound of a metal with silicon. Silicides, e.g.
MoS_2, TaS_2, TiS_2 or WS_2, are used to form
gates and conductive interconnections by
metallization in VLSI applications.
Metasprache *f* [eine Sprache, die zur
Beschreibung einer anderen verwendet wird]
meta language [a language used to describe
another language]
metastabil [zeitlich begrenzt stabil]
metastable [temporarily stable]
metastabile Ausgangskonfiguration *f*
metastable output configuration
Meter *n* (m) [SI-Einheit der Länge]
meter (m) [SI unit of length]
MFLOP *n*, Megaflop *n* [10^6
Gleitpunktoperationen pro Sekunde]
MFLOP, Megaflop [10^6 floating-point
operations per second]
MFM-Aufzeichnung *f* [modifizierte
Frequenzmodulation; Aufzeichnungsmethode
für Festplatten]
MFM recording [modified frequency
modulation; hard disk recording method]
MIC *f*, integrierte Mikrowellenschaltung *f* [für
Hochfrequenzanwendungen; wird meistens in
Hybridtechnik oder als Multichip-Schaltung
ausgeführt]
MIC (microwave integrated circuit) [for high
frequency applications; usually fabricated as
hybrid or multichip circuit]
microCMOS-Technik *f* [eine Variante der
CMOS-Technik]
microCMOS technology [a variant of CMOS
technology]
Microcom-Protokoll *n* (MNPN) [Protokoll für
Fehlerkorrektur und Datenkompression bei
Modem]
Microcom protocol (MNPN) [Microcom
Protocol for error correction and data
compression for modems]
Mietleitung *f*, Standleitung *f* [für
Datenübertragung]

leased line [for data transmission]
Mietrechner *m*
　rental computer
Mikroadresse *f*
　microaddress
Mikrobaustein *m*, zusammengesetzte
　Mikroschaltung *f*
　micro assembly
Mikrobefehl *m* [steuert die Ausführung einer
　Elementaroperation, d.h. einer logischen
　Verknüpfung; eine Mikrobefehlsfolge führt zur
　Ausführung eines Maschinenbefehls]
　microinstruction [controls the execution of an
　elementary (logical) operation; a sequence of
　microinstructions leads to the execution of a
　machine instruction]
Mikrobefehlscode *m*, Mikrocode *m*
　microinstruction code, microcode
Mikrocomputer *m*, Mikrorechner *m* [ein
　Rechner mit einem Mikroprozessor als
　Zentraleinheit]
　microcomputer [a computer employing a
　microprocessor as the central processing unit]
Mikrocomputer-Entwicklungssystem *n*,
　Mikrorechner-Entwicklungssystem *n*
　Rechnersystem für die Entwicklung von Hard-
　und Software für Mikrorechnersysteme.
　microcomputer development system
　Computer system for the development of
　hardware and software for microcomputer
　systems.
Mikrodiskette *f* [Diskette mit einem
　Durchmesser von 3,5 Zoll]
　microdiskette, microfloppy, microfloppy disk
　[diskette of 3.5" diameter]
Mikroelektronik *f*
　Entwicklung, Herstellung und Anwendung von
　Halbleiterbauelementen und integrierten
　Schaltungen mit dem Ziel, elektronische und
　logische Funktionen mit immer kleineren
　Bausteinen zu realisieren.
　microelectronics
　Development, fabrication and application of
　semiconductor components and integrated
　circuits with the objective of implementing
　electronic and logical functions in continuously
　smaller devices.
mikroelektronische Schaltung *f*
　microelectronic circuit
Mikrokanal-Architektur *f* MCA [von IBM
　entwickelte Architektur für 80386- und 80486-
　Prozessoren]
　microchannel architecture, (MCA)
　[developed by IBM for 80386 and 80486
　processors]
Mikrokanal-Bus *m*
　microchannel bus
Mikrokanal-Rechner *m*
　microchannel computer

Mikromanipulator *m*
　micromanipulator
Mikromechanik *f*
　micromechanics
Mikrominiaturbaugruppe *f*, Kleinstbaugruppe
　f, Mikromodul *m*
　microminiature assembly, micromodule
Mikromodul *m*, Kleinstbaugruppe *f*,
　Mikrominiaturbaugruppe *f*
　microminiature assembly, micromodule
Mikromodultechnik *f*
　micromodule technique
Mikroprogramm *n* [Folge von
　Elementaroperationen (logischen
　Verknüpfungen), die zur Ausführung eines
　Maschinenbefehls führen]
　microprogram [sequence of elementary
　(logical) operations which lead to the execution
　of a machine instruction]
mikroprogrammierbar
　microprogrammable
Mikroprogrammiersprache *f*
　microprogramming language
mikroprogrammierter Prozessor *m*
　microprogrammed processor
Mikroprogrammierung *f*
　microprogramming
Mikroprogrammspeicher *m*
　microprogram memory
Mikroprozessor *m*
　In der Regel auf einem integrierten Baustein
　untergebrachter vollständiger Prozessor,
　funktionsmäßig vergleichbar mit der
　Zentraleinheit eines Rechners. Er besteht aus
　einem Steuerwerk (mit Befehlsregister,
　Decodierer und Steuerung) zur Decodierung
　und Ausführung der Befehle, einem
　Rechenwerk (arithmetisch-logische Einheit) zur
　Verarbeitung der Daten und einem
　Speicherwerk (mit Befehlszähler, Registern
　und Stapelzeiger). Weitverbreitet sind 16-Bit-
　und 32-Bit-Mikroprozessoren; im Aufkommen
　sind 64-Bit-Versionen.
　microprocessor, microprocessing unit (MPU)
　A complete processor built on a semiconductor
　chip, functionally comparable with the central
　processing unit (CPU) of a computer. It
　comprises a control unit (with instruction
　register, decoder and control) for decoding and
　execution of instructions, an arithmetic logic
　unit for processing the data, and a storage unit
　(with instruction counter, registers and stack
　pointer). 16-bit and 32-bit microprocessors are
　widely used; 64-bit versions have been
　introduced.
Mikroprozessor-Entwicklungssystem *n*
　[Rechnersystem für die Entwicklung von Hard-
　und Software für Mikroprozessorsysteme; die
　Hardware wird durch einen In-Circuit-

Emulator simuliert]
microprocessor development system
[computer system for developing hardware and
software for microprocessor systems; hardware
is simulated by an in-circuit emulator]
Mikroprozessorbefehlssatz *m*
microprocessor instruction set
Mikroprozessorschaltung *f*
microprocessor circuit
Mikroprozessorschnittstelle *f*
microprocessor interface
Mikrorechner *m*, Mikrocomputer *m* [ein
Rechner mit einem Mikroprozessor als
Zentraleinheit]
microcomputer [a computer employing a
microprocessor as the central processing unit]
Mikrorechner-Entwicklungssystem *n*,
Mikrocomputer-Entwicklungssystem *n*
Rechnersystem für die Entwicklung von Hard-
und Software für Mikrorechnersysteme.
microcomputer development system
Computer system for the development of
hardware and software for microcomputer
systems.
Mikroschaltung *f*
microcircuit
Mikrosensorik *f*
microsensors
Mikrosteuereinheit *f*, MCU [steuert bei der
Mikroprogrammierung die Sequenz von
Mikrobefehlen]
microprogram control unit (MCU) [controls
the sequence of microinstructions in
microprogramming]
Mikrostreifenleiter *m* [miniaturisierter
Streifenleiter]
microstrip [miniature stripline]
Mikrowelle *f*
microwave
Mikrowellenbauelement *n*
microwave component
Mikrowellendiode *f* [Halbleiterdiode zur
Verwendung bei hohen Frequenzen, z.B.
IMPATT-, TRAPATT-, PIN- und Tunneldioden]
microwave diode [semiconductor diode used
in high-frequency applications, e.g. IMPATT,
TRAPATT, PIN and tunnel diodes]
Mikrowellenempfänger *m*
microwave receiver
Mikrowellenendstelle *f*
microwave terminal
Mikrowellenenergie *f*
microwave energy
Mikrowellengenerator *m*
microwave generator
Mikrowellenoszillator *m*
microwave oscillator
Mikrowellensignal *n*
microwave signal

Mikrowellenstreuung *f*
microwave scattering
Mikrowellentransistor *m* [wird für
Anwendungen im Höchstfrequenzbereich
eingesetzt]
microwave transistor [is used in very high
frequency applications]
Mikrowellenverbindung *f*
microwave link
Mikrowellenübertragung *f*
microwave transmission
Miller-Effekt *m*
Die Veränderung der Eingangsimpedanz eines
Verstärkers infolge parasitärer Kapazität
zwischen Eingang und Ausgang.
Miller effect
The change in input impedance of an amplifier
due to a parasitic capacitance between input
and output.
Miller-Integrator *m*
Miller integrator
Miller-Kapazität *f*
Kapazität zwischen dem Eingang und dem
Ausgang eines Verstärkers, die den Miller-
Effekt bewirkt.
Miller capacitance
The capacitance between input and output of
an amplifier which causes the Miller effect.
Miller-Kompensation *f*
Miller compensation
Millersche Indizes *m.pl.* [Kennzeichnung der
Kristallflächen- und Kristallrichtungen]
Miller indices [notation defining crystal faces
and crystal orientation]
Millionen Operationen pro Sekunde, MOPS
MOPS, Million Operations per Second
Mindestverarbeitungszeit *f*
minimum processing time
Mini-Kassette *f*, DC2000-Kassette *f* [ein
genormtes Viertel-Zoll-Band vom QIC-Format]
DC2000 cartridge , mini cartridge [a standard
quarter-inch tape using the QIC format]
Miniaturisierung *f*
miniaturization
Minicomputer *m*, Kleinrechner *m* [zwischen
Mikrorechner und Großrechner]
minicomputer [between microcomputer and
mainframe computer]
Minidiskette *f* [Diskette mit einem Durchmesser
von 5,25" Zoll]
minidiskette, minifloppy, mini floppy disk
[diskette of 5.25" diameter]
Minoritätsladungsträger *m*
Der Ladungsträgertyp, dessen Dichte in einem
Halbleiter bzw. in einem Halbleiterbereich
kleiner ist als die Hälfte der gesamten
Trägerdichte in dem betreffenden Bereich. In
einem N-leitenden Halbleiter sind die
Defektelektronen (Löcher)

Minoritätsladungsträger; in einem P-leitenden Halbleiter sind es die Elektronen.
minority carrier, minority charge carrier
The type of charge carrier that constitutes less than half of the total number of carriers in a semiconductor or a semiconductor region. In n-type materials, holes are the minority carriers; in p-type materials, electrons are the minority carriers.

MIPS [Millionen Befehle pro Sekunde; Maß für die Rechengeschwindigkeit von Großrechnern, basierend auf 70% Additionen und 30% Multiplikationen; üblicherweise im Bereich 10-100 MIPS]
MIPS (mega-instructions per second) [measure for the computing speed of very large computers, based on 70% additions and 30% multiplications; usually in the range 10-100 MIPS]

MIS (Managementinformationssystem) [ein rechnergestütztes System zur Unterstützung der Unternehmungsleitung durch ausgewählte Informationen in aktualisierter und konzentrierter Form]
MIS (management information system) [a computer-based system for supporting management functions by providing selected information in an updated and concentrated form]

MIS-Struktur *f*, Metall-Isolator-Halbleiter-Aufbau *m*
Halbleiterstruktur, bei der eine Isolierschicht zwischen dem Metallanschluß und dem Halbleiter liegt. Wird bei Feldeffekttransistoren, Dioden, Lumineszenzdioden und Kondensatoren angewendet.
MIS structure (metal-insulator-semiconductor structure)
A semiconductor structure which has an insulating layer between the metal contact and the semiconductor material. Applications include field-effect transistors, diodes, light-emitting diodes and capacitors.

Mischanweisung *f*
merge statement
Mischbefehl *m*
merge instruction
Mischdatei *f*
merge file
Mischdiode *f*
mixer diode
mischen [das Zusammenführen von zwei oder mehreren geordneten Dateien]
merge, to [combine two or more ordered files]
Mischer *m*, Mixer *m*
mixer
Mischkristall *m*
mixed crystal

Mischoperation *f*
merge operation
Mischprogramm *n*
merge program
Mischsortieren *n*
merged sort
Mischstufe *f*
mixer stage
Mischverstärker *m*
mixer amplifier
MISFET, Feldeffekttransistor mit Metall-Isolator-Halbleiter-Aufbau *m*
Oberbegriff für Isolierschicht-Feldeffekttransistoren, deren Steuerelektroden durch eine Isolierschicht vom stromführenden Kanal getrennt sind.
MISFET (metal-insulator-semiconductor field-effect transistor)
Generic term for insulated-gate field-effect transistors which have an insulating layer between the gate and the conductive channel.
Mißbrauch *m*, Datenmißbrauch *m*, mißbräuchliche Nutzung von Daten *f*
abuse, data abuse
mit Nullen aufgefüllt
zero-filled
mitgeschleppter Fehler *m*
inherited error
mithören
monitor, listen-in
Mitkopplung *f*, positive Rückkopplung *f*
positive feedback
Mittelwert *m*
mean value, average value
Mittelwertsatz *m*
law of the mean
mittlere Fertigungsgüte *f*
process average, durchschnittliche Herstellqualität *f* [average manufacturing quality]
mittlere Instandsetzungszeit *f*, mittlere Reparaturzeit *f*
mean time to repair, (MTTR)
mittlere Integration *f* (MSI)
Integrationstechnik, bei der rund 1000 Transistoren oder Gatterfunktionen auf einem Chip realisiert sind.
medium scale integration (MSI)
Technique resulting in the integration of about 1000 transistors or logical functions on a single chip.
mittlere Rauschzahl *f*
average noise figure
mittlere Reparaturzeit *f*, mittlere Instandsetzungszeit *f*
mean time to repair, (MTTR)
mittlere störungsfreie Zeit *f*
mean time between failures (MTBF)
mittlere Zugriffszeit *f*

average access time
mittlerer Rauschfaktor m
average noise factor
Mix m, Befehlsmix m [repräsentative
Mischungen von Befehlen für den
Leistungsvergleich verschiedener Rechner]
mix, instruction mix [a representative mixture
of instructions used for comparing the
performance of different computers]
Mixer m, Mischer m
mixer
MMIC f, monolithisch integrierte
Mikrowellenschaltung f
[Mikrowellenschaltung, die durch
monolithische Integration, hauptsächlich mit
Galliumarsenid-Techniken hergestellt wird]
MMIC (monolithic microwave integrated
circuit) [microwave circuit produced by
monolithic integration using mainly gallium
arsenide technologies]
mnemonisches Symbol n
mnemonic symbol
mnemotechnischer Code m [Code, der eine
sprachlich einprägsame Bezeichnung
verwendet, z.B. ADD für einen Additionsbefehl]
mnemonic code [a code using easily
recognizable designations, e.g. ADD for an
adding instruction]
MNOS-Aufbau m, Metall-Nitrid-Oxid-
Halbleiter-Aufbau m, Metall-Nitrid-Oxid-
Halbleiter-Struktur f
Halbleiterstruktur mit einer doppelten
Isolierschicht zwischen dem Gateanschluß und
dem Halbleiterkristall. In der doppelten
Isolierschicht, die aus Siliciumdioxid und
Siliciumnitrid besteht, können Ladungen
gespeichert werden, die bei der Herstellung von
Speichertransistoren genutzt werden.
MNOS structure (metal-nitride-oxide-
semiconductor structure)
Semiconductor structure with a double
insulating layer between the gate contact and
the semiconductor crystal. The ability of the
double insulating layer, which consists of
silicon dioxide and silicon nitride, to store
charges is used for the manufacture of memory
transistors.
MNOS-FET m, Feldeffekttransistor mit Metall-
Nitrid-Oxid-Halbleiter-Aufbau m
Feldeffekttransistor, dessen Gate
(Steuerelektrode) durch eine doppelte
Isolierschicht aus Siliciumdioxid und
Siliciumnitrid vom Kanal isoliert ist.
MNOS-FET (metal-nitride-oxide-
semiconductor FET)
Field-effect transistor in which the gate is
isolated from the channel by a double
insulating layer of silicon dioxide and silicon
nitride.

MNOS-Struktur f, Metall-Nitrid-Oxid-
Halbleiter-Aufbau m
**metal nitride-oxide-semiconductor
structure** (MNOS structure)
MNPN, Microcom-Protokoll n [Protokoll für
Fehlerkorrektur und Datenkompression bei
Modem]
MNPN [Microcom Protocol for error correction
and data compression for modems]
MNS-Aufbau m, Metall-Nitrid-Halbleiter-
Aufbau m, Metall-Nitrid-Halbleiter-Struktur f
Halbleiterstruktur mit einer isolierenden
Nitridschicht zwischen dem Gateanschluß und
dem Halbleiterkristall.
MNS structure (metal-nitride-semiconductor
structure)
Semiconductor structure with an insulating
nitride layer between the gate contact and the
semiconductor crystal.
MNS-FET, Feldeffekttransistor mit Metall-
Nitrid-Halbleiter-Aufbau m
Isolierschicht-Feldeffekttransistor, dessen Gate
(Steuerelektrode) durch eine Nitridschicht vom
Kanal isoliert ist.
MNS-FET (metal-nitride-semiconductor FET)
Insulated-gate field-effect transistor in which
the gate is isolated from the channel by a
nitride layer.
MNS-Struktur f, Metall-Nitrid-Halbleiter-
Aufbau m
MNS structure (metal-nitride-semiconductor
structure)
MO (magneto-optisch)
MO (Magneto-Optical)
Mo n (Molybdän) [metallisches Element mit
hohem Schmelzpunkt, das bei einigen MOS-
Strukturen als Gateelektrode verwendet wird]
Mo (molybdenum) [metallic element having a
high melting point used as the gate electrode in
some MOS structures]
MO-Wechselplatte f
MO replaceable disk
Mobilität f, Beweglichkeit f
mobility
MOCVD-Verfahren n [Variante der
Schichtabscheidung aus der Gasphase, die
vorwiegend bei der Herstellung von
integrierten Schaltungen auf GaAs-Basis
eingesetzt wird]
MOCVD (metal organic chemical vapour
deposition) [a variant of the chemical vapour
deposition process, mainly used for producing
integrated circuits based on GaAs]
Modem m (Modulator-Demodulator)
[Einrichtung zur Datenübertragung auf
Fernsprechleitungen; die Übertragung kann
synchron oder asynchron, im Halb- oder
Vollduplexbetrieb erfolgen]
modem (modulator-demodulator) [device for

data transmission over telephone lines; the transmission can be synchronous or asynchronous and be effected in half-duplex or full-duplex mode]

Modemkarte *f*
modem board

MODFET (modulationsdotierter Feldeffekttransistor)
Extrem schneller Feldeffekttransistor mit Heterostruktur. Auf undotiertem Galliumarsenid wird mit Hilfe der Molekularstrahlepitaxie eine dotierte Aluminium-Galliumarsenid-Schicht aufgebracht. Der Heteroübergang zwischen den beiden Strukturen hält die Elektronen, die aus der AlGaAs-Schicht diffundieren, in der undotierten GaAs-Schicht zurück, in der sie sich mit hoher Geschwindigkeit bewegen können. Sehr schnelle Transistoren auf dieser Basis (mit Schaltverzögerungszeiten von < 10 ps/Gatter) werden weltweit von verschiedenen Herstellern unter den Namen HEMT, TEGFET und SDHT entwickelt.
MODFET (modulation-doped field-effect transistor)
Extremely fast field-effect transistor with a heterostructure. A doped aluminium gallium arsenide layer is deposited by molecular beam epitaxy on undoped gallium arsenide. The heterojunction between them confines the electrons which diffuse from the AlGaAs layer to the undoped GaAs, where they can move with great speed. Very fast transistors (with switching delay times of < 10 ps/gate) based on this principle and called HEMT, TEGFET and SHDT are being developed worldwide by various manufacturers.

Modifikation *f*, **Änderung** *f*
modification, change

modifizieren
modify, to

modifizierte Adresse *f*
modified address

Modul *m*, **Baustein** *m*
module, device

MODULA-2 [Programmiersprache, die auf PASCAL aufbaut und ein modulares Konzept aufweist]
MODULA-2 [programming language based on PASCAL and featuring an extensive modular concept]

modulare Programmierung *f*
modular programming

Modularität *f*, **Baukastenprinzip** *n*
modularity, building-block principle

Modulation *f*
modulation

Modulationsfrequenz *f*
modulation frequency

Modulationskennlinie *f*
modulation characteristic

Modulationsunterdrücker *m*
modulation eliminator

Modulationsverstärker *m*
modulation amplifier

Modulator *m*
modulator

Modulatortreiberschaltung *f*
modulator driver circuit

modulieren
modulate, to

Modulo-n [Basis eines Zahlensystems; z.B. für das Dezimalsystem ist Modulo-n = 10]
modulo-n [base of a number system, e.g. for the decimal system modulo-n = 10]

Modulo-n-Kontrolle *f*, **Modulo-n-Prüfung** *f* [eine Gültigkeitsprüfung, bei der ein Operand durch eine Zahl dividiert wird; der resultierende Rest wird zur Kontrolle herangezogen]
modulo-n check, residue check [a validation check in which an operand is divided by a number; the resulting remainder is used for checking]

Modulo-n-Zähler *m* [Zähler mit n Schritten, z.B. ein Dezimalzähler ist ein Modulo-10-Zähler]
modulo-n counter [counter for n steps, e.g. a decimal counter is a modulo-10 counter]

Modulprüfung *f*
module testing, unit testing

Modus *m*, **Betriebsart** *f*
mode, operating mode

Molekularstrahlepitaxie *f*, **MBE-Verfahren** *n*
Verfahren zur Herstellung epitaktischer Schichten mit Hilfe von Molekularstrahlen; wird vorwiegend für hoch- und höchstintegrierte Schaltungen eingesetzt.
molecular beam epitaxy (MBE process)
Process using molecular beams for producing epitaxial layers; is mainly used in large-scale and very large-scale integrated circuit fabrication.

Molybdän *n* (Mo) [metallisches Element mit hohem Schmelzpunkt, das bei einigen MOS-Strukturen als Gateelektrode verwendet wird]
molybdenum (Mo) [metallic element having a high melting point used as the gate electrode in some MOS structures]

momentanes Befehlsregister *n*
current instruction register

Momentanwert *m*
instantaneous value

Momentanwertspeicher *m*, **Abtast- und Halteschaltung** *f*
Eine Schaltung, bei der ein analoges Signal zwischengespeichert wird und zur Weiterverarbeitung abgefragt werden kann. Sie wird unter anderem bei Analog-Digital-Umsetzern eingesetzt.

sample-and-hold circuit (S/H circuit)
A circuit used to hold an analog signal until it
is needed for further processing. A typical
application is in analog-to-digital converters.

Momentanzustand *m*
current status

monadische Verknüpfung *f,* monadische
Operation *f*
monadic operation, unary operation

Monitor *m* [Bildschirmgerät]
monitor [display unit]

Monitor-Programm *n* [in Maschinensprache
geschriebenes und in der Regel in einem ROM
gespeichertes Programm für die
Grundfunktionen eines Mikrorechners (z.B.
Ein-Ausgabe-Steuerung), d.h. praktisch ein
kleines Betriebssystem]
monitor program [a program for basic
functions of a microcomputer, e.g. input-output
control, written in machine language and
usually stored in a ROM, i.e. practically a small
operating system]

Monochrom-Bildschirm *m*
monochrome display

Monoflop *n,* monostabile Kippschaltung *f,*
monostabiler Multivibrator *m,* Univibrator *m*
[eine Kippschaltung mit einem einzigen
stabilen Zustand]
mono-flop, monostable flip-flop, monostable
multivibrator, one-shot multivibrator [a
multivibrator with a single stable state]

monokristallines Silicium *n,* einkristallines
Silicium *n*
single-crystal silicon

monolithisch
monolithic

monolithisch integrierte Schaltung *f*
Schaltung, bei der alle aktiven und passiven
Elemente sowie ihre elektrischen
Verbindungen in einem gemeinsamen
Fertigungsprozeß in einem einkristallinen
Halbleiter hergestellt sind.
monolithic integrated circuit
Circuit in which all the active and passive
elements and the interconnections are
fabricated within a single-crystal
semiconductor by the same manufacturing
process.

**monolithisch integrierte
Mikrowellenschaltung** *f* (MMIC)
[Mikrowellenschaltung, die durch
monolithische Integration, hauptsächlich mit
Galliumarsenid-Techniken hergestellt wird]
monolithic microwave integrated circuit
(MMIC) [microwave circuit produced by
monolithic integration using mainly gallium
arsenide technologies]

Monomode-Faser *f* [Lichtleitfaser]
monomode fiber [optical fiber]

monostabile Kippschaltung *f,* monostabiler
Multivibrator *m,* Monoflop *n,* Univibrator *m*
mono-flop, monostable flip-flop, monostable
multivibrator, one-shot multivibrator

Montage *f,* Baugruppe *f*
assembly

Montage am Einsatzort *f* [z.B. eines Rechners]
field installation [e.g. of a computer]

Montageautomat *m* [z.B. für Bauelemente auf
Leiterplatten]
automatic assembly machine [e.g. for
components on printed circuit boards]

Montageroboter *m*
assembly robot, assembling robot

Montagetechnik *f*
assembly technique

Monte-Carlo-Technik *f* [die Simulation eines
komplexen Systems durch Verwendung eines
mathematischen Modells und Anwendung der
Wahrscheinlichkeitsgesetze]
Monte-Carlo method [the simulation of a
complex system by a mathematical model and
the application of the laws of probability]

MOPS, Millionen Operationen pro Sekunde
MOPS, Million Operations per Second

MOS-Aufbau *m,* Metall-Oxid-Halbleiter-Aufbau
m, Metall-Oxid-Halbleiter-Struktur *f*
Halbleiterstruktur mit einer isolierenden
Oxidschicht zwischen dem Metallanschluß und
dem Halbleiterkristall.
MOS structure, metal-oxide-semiconductor
structure
Semiconductor structure with an insulating
oxide layer between the metal contact and the
semiconductor crystal.

MOS-Baustein *m,* MOS-Bauteil *n*
Integriertes Bauteil bzw. integrierter Baustein,
bei dem nur MOS-Strukturen verwendet
werden.
MOS device, MOS component
Integrated circuit device in which MOS
structures are used exclusively.

MOS-Schaltung *f*
Integrierte Schaltung, bei der nur MOS-
Strukturen verwendet werden.
MOS circuit
Integrated circuit in which MOS structures are
used exclusively.

MOS-Speicher *m*
Integrierte Speicherschaltung, die mit MOS-
Feldeffekttransistoren realisiert ist (z.B.
EPROMs mit FAMOS-Speicherzellen).
MOS memory, MOS memory device
Integrated circuit memory based on MOS field-
effect transistors (e.g. an EPROM using
FAMOS memory cells).

MOS-Struktur *f,* Metall-Oxid-Halbleiter-
Struktur *f* Metall-Oxid-Halbleiter-Aufbau *m*
metal-oxide-semiconductor structure

(MOS structure)

MOS-Technik *f*
Technik für die Herstellung von integrierten
Schaltungen, bei denen Feldeffekttransistoren
die Grundzellen bilden. Mit der MOS-Technik,
die sich im Vergleich zur Bipolartechnik durch
einen einfacheren Fertigungsprozeß
auszeichnet, lassen sich Schaltungen mit hoher
Integrationsdichte und niedrigen
Verlustleistungen realisieren.
MOS technology (metal-oxide-semiconductor
technology)
Technology for producing integrated circuits in
which field-effect transistors constitute the
basic cells. As compared to bipolar technology,
MOS technology is characterized by simplified
processing steps and permits high packing
density of circuit functions with low power
dissipation.
MOS-Transistor (MOST) [Feldeffekt-
transistoren mit MOS-Strukturen]
MOS transistor (MOST) [field-effect
transistor using MOS structures]
**MOS-Transistor mit selbstjustierender
Gateelektrode** *m*, SAGMOS-Transistor *m*
SAGMOS transistor (self-aligning gate MOS
transistor)
MOSAIC-Technik *f*
Isolationsverfahren für integrierte
Bipolarschaltungen, insbesondere ALSTTL-
Schaltungen, bei dem die einzelnen Strukturen
der Schaltung durch lokale Oxidation von
Silicium voneinander isoliert sind.
MOSAIC technology
Isolation technique for bipolar integrated
circuits, particularly ALSTTL circuits, which
provides isolation between the circuit
structures by local oxidation of silicon.
Mosaikdrucker *m*, Matrixdrucker *m*,
Nadeldrucker *m*
Drucker, bei dem durch matrixförmig
angeordnete Drahtstifte (z.B. 5x7 oder 7x9
Matrix) aus Punkten zusammengesetzte
Zeichen gebildet werden. Die Bewegung der
Drahtstifte gegen das Farbband bzw. gegen das
Papier erfolgt durch Elektromagnete.
matrix printer, dot-matrix printer
Printer which uses a matrix of wires (e.g. 5x7
or 7x9 matrix) to form alphanumeric characters
composed of dots. The wires are driven against
an inked ribbon or paper by solenoids.
Mosaikschicht *f* [lichtempfindliche Schicht auf
einer Bildaufnahmeröhre]
mosaic, mosaic layer [light-sensitive layer on a
picture tube]
MOSBIP
Integrierte Schaltungsfamilie der
Leistungselektronik, die mit Bipolar- und
MOS-Strukturen auf dem gleichen Chip

realisiert ist.
MOSBIP
Family of power control integrated circuits
which combines bipolar and MOS structures on
the same chip.
MOSFET *m*, Feldeffekttransistor mit Metall-
Oxid-Halbleiter-Aufbau *m*
Feldeffekttransistor, dessen Gate
(Steuerelektrode) durch eine Oxidschicht vom
Kanal isoliert ist.
MOSFET (metal-oxide-semiconductor field-
effect transistor)
Field-effect transistor in which the gate is
isolated from the channel by an oxide layer.
MOSFET mit zwei Steuerelektroden *m*
dual-gate MOSFET
MOSFET-Leistungstransistor *m*
power MOSFET
Motif [graphische Benutzeroberfläche für UNIX]
Motif [graphical user interface for UNIX]
MPU [Synonym für Mikroprozessor]
MPU (microprocessing unit) [synonym for
microprocessor]
MS-DOS [von Microsoft entwickeltes
Betriebssystem (DOS)]
MS-DOS (Microsoft Disk Operating System)
[operating system developed by Microsoft]
MS-Flipflop *n*, Master-Slave-Flipflop *n*, Master-
Slave-Speicherglied *n* [Flipflop-Schaltung, die
von beiden Flanken des Taktimpulses gesteuert
wird, z.B. ein JK-Flipflop oder zwei getaktete
RS-Flipflops]
MS flip-flop, master-slave flip-flop [flip-flop
circuit controlled by both edges of the clock
pulse, e.g. a JK flip-flop or two triggered RS
flip-flops]
MS-Windows, Windows [von Microsoft
entwickelte graphische Benutzerschnittstelle
und Betriebssystemerweiterung für DOS; sie
beinhaltet eine fensterorientierte,
mehrbetriebsfähige Programmumgebung für
Anwenderprogramme]
MS-Windows, Windows [graphical user
interface and operating system extension
developed by Microsoft for DOS; it gives
applications a windowing and multitasking
program environment]
MSB, Binärstelle mit der höchsten Wertigkeit *f*
MSB (most significant bit)
MSI (mittlere Integration)
Integrationstechnik, bei der rund 1000
Transistoren oder Gatterfunktionen auf einem
Chip realisiert sind.
MSI (medium scale integration)
Technique resulting in the integration of about
1000 transistors or logical functions on a single
chip.
MTBF, mittlere störungsfreie Zeit *f*
MTBF (mean time between failures)

MTL-Technik *f* [auch integrierte Injektionslogik genannt]
Bipolare Technik, die die Herstellung von hochintegrierten Logikschaltungen mit hoher Packungsdichte, kurzen Schaltzeiten und kleinen Verlustleistungen ermöglicht. Die Grundschaltung verwendet einen vertikalen NPN-Transistor mit mehreren Kollektoren als Inverter und einen lateralen PNP-Transistor als Stromquelle, von der Minoritätsladungsträger in den Emitterbereich des NPN-Transistors injiziert werden.
MTL technology (merged transistor logic) [also called integrated injection logic]
Bipolar technology enabling large-scale integrated circuits with high packing density, high switching speeds and low power consumption to be produced. The basic circuit configuration uses a vertical npn transistor with multiple collectors as an inverter and a lateral pnp transistor as current source from which minority carriers are injected into the emitter region of the npn transistor.

MTNS-Aufbau *m*, Metall-Dicknitrid-Halbleiter-Struktur *f*
Halbleiterstruktur, bei der die Isolierschicht zwischen dem Metallanschluß und dem Halbleiterkristall aus einer dickeren Nitridschicht besteht als bei Standard-MNS-Strukturen.
MTNS structure (metal-thick-nitride-semiconductor structure)
Semiconductor structure in which the insulating layer between the metal contact and the semiconductor crystal consists of a nitride layer which is thicker than that used in standard MNS structures.

MTNS-FET, Feldeffekttransistor mit Metall-Dicknitrid-Halbleiter-Aufbau *m*
Variante des MNS-Feldeffekttransistors, bei dem die Isolierschicht zwischen dem Gateanschluß und dem Kanal dicker ist als bei Standard-MNS-Feldeffekttransistoren.
MTNS-FET, (metal-thick-nitride-semiconductor field-effect transistor
Variant of the MNS field-effect transistor which uses a thicker nitride insulating layer between the gate and the channel than in standard MNS field-effect transistors.

MTOS-Aufbau *m*, Metall-Dickoxid-Halbleiter-Struktur *f*
Halbleiterstruktur, bei der die Isolierschicht zwischen dem Metallanschluß und dem Halbleiterkristall aus einer dickeren Oxidschicht besteht als bei Standard-MOS-Strukturen.
MTOS structure, (metal-thick-oxide-semiconductor structure)
Semiconductor structure in which the insulating layer between the metal contact and the semiconductor crystal consists of a thicker oxide layer than that used in standard MOS structures.

MTOS-FET, Feldeffekttransistor mit Metall-Dickoxid-Halbleiter-Aufbau *m*
Variante des MOSFET, bei dem die Isolierschicht zwischen dem Gateanschluß und dem Kanal dicker ist als bei Standard-MOSFETs.
MTOS-FET, (metal-thick-oxide-semiconductor field-effect transistor)
Variant of the MOSFET which uses a thicker oxide insulating layer between the gate and channel than in standard MOSFETs.

MTTR, mittlere Reparaturzeit *f*, mittlere Instandsetzungszeit *f*
MTTR (mean time to repair)

Multibus *m*
multiple bus

Multibusstruktur *f*, Mehrfachbusstruktur *f*
multiple-bus structure

Multichip *m*, Multichiptechnik *f*
multichip, multichip integrated circuit technology

Multichipmodul *m*, MCM-Baustein *m* [Baustein mit mehreren integrierten Schaltungen auf einem Substrat für Hochgeschwindigkeits-Übertragungen]
multichip module (MCM) [package of ICs bonded directly to substrate for high-speed transmission]

Multichiptechnik *f*, Multichip *m*
multichip integrated circuit technology, multichip

Multiemittertransistor *m*, Mehrfachemittertransistor *m*
Integrierte Bipolarschaltung, bei der die Transistoren mehrere Emitterbereiche und einen gemeinsamen Kollektor- und Basisanschluß haben.
multiemitter transistor
Bipolar integrated circuit in which the transistors have several emitter regions with a common collector and base terminal.

Multifunktionsbaustein *m*
multifunction device

Multikollektortransistor *m*, Mehrfachkollektortransistor *m*
Integrierte Bipolarschaltung mit Transistoren, die mehrere Kollektorbereiche mit einem gemeinsamen Emitter- und Basisanschluß haben.
multicollector transistor
Bipolar integrated circuit in which the transistors have several collector regions with a common emitter and base contact.

Multimedia *n.pl.* [Kombination und Integration von verschiedenen Medien wie z.B. Text, Bild,

Ton und Video im Rechner]
multimedia [combination and integration of
different media such as text, image, sound and
video in the computer]
Multimikroprozessorsystem n
Die Kopplung mehrerer Mikroprozessoren, von
denen jeder bestimmte Funktionen innerhalb
des Systems ausführt (z.B. arithmetische
Operationen, Ein- und Ausgabe-Funktionen
usw.) aber auf gemeinsame Systemteile wie
Speicher oder Peripheriegeräte zugreifen kann.
multimicroprocessor system
Several microprocessors linked together to form
a system in which each microprocessor
performs specific functions (e.g. arithmetic
operations, input-output functions, etc.) but has
access to parts which are common to the system
such as memories or peripheral equipment.
Multimode-Faser m [Lichtleitfaser]
multimode fiber [optical fiber]
Multiplexbetrieb m, Zeitmultiplexbetrieb m
[zeitlich verzahnte Bearbeitung mehrerer
Aufgaben durch eine Funktionseinheit]
multiplex operation, time division multiplex
operation [interleaved, time-shared processing
of several tasks by a single functional unit]
Multiplexer m
multiplexer (MUX)
Multiplexkanal m
multiplex channel
Multiplexleitung f, Vielfachleitung f
highway
Multiplexschaltung f
multiplex circuit
Multiplikation mit beliebiger Stellenzahl f
arbitrary-precision multiplication
Multiplikationsanweisung f
multiply statement
Multiplikationsregister n
multiplier register
Multiplikationszeichen n
multiply symbol
Multiplizierer m
multiplier
Multiprogrammbetrieb m,
Mehrprogrammbetrieb m [gleichzeitige
Ausführung mehrerer Programme in einem
Rechner durch eine zeitlich verzahnte
Verarbeitung der einzelnen Programme]
multiprogramming mode,
multiprogramming [simultaneous execution of
several programs in a computer by interleaved,
time-shared processing of individual programs]
Multiprozessorsystem n, Mehrprozessorsystem n
Die Kopplung mehrerer Prozessoren bzw.
Mikroprozessoren, von denen jeder bestimmte
Funktionen innerhalb des Systems ausführt
(z.B. arithmetische Operationen, Ein-Ausgabe-
Funktionen usw.) aber auf gemeinsame

Systemteile wie Speicher oder Peripheriegeräte
zugreifen kann.
multiprocessor system
Several processors or microprocessors linked
together to form a system in which each
processor performs specific functions (e.g.
arithmetic operations, input-output functions,
etc.) but has access to parts which are common
to the system such as memories or peripheral
equipment.
Multiquantum-Well-Struktur f [Struktur eines
Halbleiterbauelements, das mehrere Quantum-
Wells umfaßt]
multiquantum well structure [a
semiconductor component structure comprising
several quantum wells]
Multirechnersystem n, Mehrrechnersystem n
[Kopplung mehrerer Rechner zwecks Erhöhung
der Kapazität und Vermeidung von
Systemausfällen]
multicomputer system [linking of several
computers for increasing capacity and avoiding
system failure]
Multiscan-Monitor m, Mehrfrequenz-
Bildschirmgerät n, Multisync-Monitor m [paßt
sich automatisch and die Bildwiederhol- und
Zeilenfrequenz (Abtastfrequenz) der
Graphikkarte an]
multiscan display unit, multiscan monitor
[automatically adjusts itself to the refresh rate
and the scanning frequency of the graphics
adapter]
Multitasking n, Mehrprozeßbetrieb m
[gleichzeitige Bearbeitung mehrerer Aufgaben
bzw. Prozesse durch einen Rechner]
multitasking [simultaneous processing of
several tasks or processes by a computer]
MultiTOS [Weiterentwicklung des
Betriebssystems TOS von Atari]
MultiTOS [further development of TOS,
Atari's operating system]
multivariable Analyse f [Stichprobe]
multivariate analysis [sampling]
Multivibrator m, Kippschaltung f, Kippglied n
[eine Schaltung mit zwei Ausgangszuständen,
die von selbst oder durch ein Auslösesignal
dazu veranlaßt, sprunghaft von einem in den
anderen Zustand übergeht (kippt); man
unterscheidet astabile (= freischwingende),
bistabile (= Flipflop) und monostabile (=
Monoflop) Kippschaltungen
multivibrator [a circuit having two output
states, the transition between the two being
spontaneous or triggered by an external signal;
there are three types: astable (= free-running
multivibrator), bistable (= flip-flop or bistable
trigger circuit) and monostable (= mono-flop,
monostable trigger circuit or one-shot
multivibrator)]

Muß-Anweisung *f*
  mandatory instruction
Muster *n,* Abbild *n*
  image, pattern
Mustererkennung *f*
  pattern recognition
Mustervergleich *m* [OCR]
  pattern matching [OCR]
Muttermaske *f*
  Maske, auf der die Gesamtstrukturen einer
  integrierten Schaltung mit Hilfe eines Step-
  and-Repeat-Verfahrens oder eines Elektronenstrahlschreibers 100 bis 1000fach abgebildet
  sind, so daß die ganze Fläche der Halbleiterscheibe (Wafer) abgedeckt ist. Von der Muttermaske werden Kopien als Tochtermasken
  gefertigt, von denen die eigentlichen Arbeitsmasken hergestellt werden.
  master mask
  Mask on which the complete pattern of an
  integrated circuit has been reproduced 100 to
  1000 times to cover the entire surface of the
  wafer. Reproduction is effected with the aid of a
  step-and-repeat process or an electron beam
  writer. The master mask is copied to produce
  submasters which are used to produce the
  actual working masks (or working plates).
Mutterplatine *f,* Grundplatine *f,* Trägerplatine *f*
  [Leiterplatte mit Steckvorrichtungen für das
  Einsetzen weiterer Karten]
  mother board [printed circuit board with
  connectors for inserting further boards]

N

N-Bereich *m*, **N-Gebiet** *n*, **N-Zone** *f*
[Halbleitertechnik]
Bereich in einem Halbleiter, in dem der
Ladungstransport vorwiegend durch
Elektronen erfolgt.
n-type region, n-type zone [semiconductor
technology]
A region in a semiconductor in which charge
transport is effected essentially by electrons.

N-Dotierung *f* [Halbleitertechnik]
Der Einbau von Donatoratomen in einen
Halbleiter, z.B. Phosphoratome in Silicium.
Dadurch werden zusätzliche Elektronen frei
und der entsprechend dotierte Bereich wird N-
leitend. Stark N-dotierte Bereiche werden mit
N^+ bezeichnet.
n-type doping [semiconductor technology]
The introduction of donor impurity atoms into a
semiconductor, e.g. phosphorous atoms into
silicon. This increases the number of free
electrons and produces n-type conduction in the
correspondingly doped region. Highly doped n-
type regions are denoted by n^+.

N-Gebiet *n*, **N-Bereich** *m*, **N-Zone** *f*
[Halbleitertechnik]
n-type region, n-type zone [semiconductor
technology]

N-Grundmaterial *n*, **N-Substrat** *n*
[Halbleitertechnik]
Substrat mit Elektronenleitung (N-Leitung).
n-type substrate [semiconductor technology]
A substrate with electron conduction (n-type
conduction).

N-Halbleiter *m* [Halbleiter mit
Elektronenleitung (N-Leitung)]
n-type semiconductor [semiconductor with
electron conduction (n-type conduction)]

N-Kanal *m* [Halbleitertechnik]
Der stromführende Kanal in einem Feldeffekttransistor, in dem der Ladungstransport
durch Elektronen erfolgt.
n-channel [semiconductor technology]
The conducting channel in a field-effect
transistor in which charge transport is effected
by electrons.

N-Kanal-Feldeffekttransistor *m* (NFET)
Feldeffekttransistor, der einen N-leitenden
Kanal besitzt, d.h. einen Kanal, in dem die
Majoritätsladungsträger Elektronen sind.
n-channel field-effect transistor (NFET)
Field-effect transistor with an n-type
conducting channel, i.e. a channel in which the
majority carriers are electrons.

**N-Kanal-Feldeffekttransistor mit Metall-
Oxid-Halbleiter-Struktur** *m* (NMOSFET)
**n-channel metal-oxide-semiconductor
field-effect transistor** (NMOSFET

N-Kanal-MOS-Technik *f*, **NMOS-Technik** *f*
Technik für die Herstellung von Feldeffekttransistoren mit Metall-Oxid-Halbleiter-
Struktur und einem N-leitenden Kanal, bei der
N-dotierte Bereiche (Source und Drain) in ein
P-leitendes Substrat eindiffundiert werden.
**n-channel MOS technology, NMOS
technology**
Process for fabricating field-effect transistors
with a metal-oxide-semiconductor structure
and an n-type conductive channel, in which n-
type regions (source and drain) are formed in a
p-type substrate by diffusion.

N-Kanal-MOS-Technik mit Aluminium-Gate *f*
Technik für die Herstellung von NMOS-
Feldeffekttransistoren, bei denen das Gate (die
Steuerelektrode) aus Aluminium besteht.
**n-channel aluminium-gate MOS
technology**
Process for fabricating n-channel MOS field-
effect transistors in which the gate consists of
aluminium.

N-Kanal-MOS-Technik mit Silicium-Gate *f*
Technik für die Herstellung von NMOS-
Feldeffekttransistoren, bei denen das Gate (die
Steuerelektrode) aus einem leitfähigen Polysilicium besteht.
n-channel silicon-gate MOS technology
Process for fabricating n-channel MOS field-
effect transistors in which the gate consists of a
conductive polysilicon material.

N-Kanal-Transistor *m*
n-channel transistor

N-Leiter *m*
n-conductor

N-Leitung *f*, Elektronenleitung *f*,
Überschußleitung *f*
Ladungstransport in einem Halbleiter durch
Leitungselektronen.
electron conduction
Charge transport in a semiconductor by
conduction electrons.

N-Substrat *n*, N-Grundmaterial *n*
[Halbleitertechnik]
Substrat mit Elektronenleitung (N-Leitung).
n-type substrate [semiconductor technology]
A substrate with electron conduction (n-type
conduction).

N-Zone *f*, N-Bereich *m*, N-Gebiet *n*
[Halbleitertechnik]
Bereich in einem Halbleiter, in dem der
Ladungstransport vorwiegend durch
Elektronen erfolgt.
n-type region, n-type zone [semiconductor
technology]
A region in a semiconductor in which charge
transport is effected essentially by electrons.

nach links verschieben
  left shift, to
nach rechts verschieben
  right shift, to
nachbilden, simulieren, abbilden
  simulate, to
Nachbildung *f*, Simulation *f*, Abbildung *f*
  [Abbilden eines wirklichen Systems durch ein
  Modell]
  simulation [representation of a real world
  system by a model]
Nachdiffusion *f* [Dotierungstechnik]
  Bei der Zweischrittdiffusion der zweite
  Diffusionsvorgang, der sich an den ersten
  sogenannten Belegungsvorgang anschließt, um
  die gewünschte Diffusionstiefe und das
  gewünschte Dotierungsprofil zu erhalten.
  drive-in cycle [doping technology]
  In two-step diffusion, the second diffusion step
  which follows the first "predeposition" step in
  order to obtain the desired diffusion depth and
  dopant concentration profile.
nachfolgendes Füllzeichen *n* [ein Füllzeichen,
  das rechts von einer linksbündigen Datei
  gespeichert wird]
  trailing filler, trailing pad [a fill or pad
  character stored to the right of a left-justified
  file]
nachführen [Regeltechnik]
  track, to [control]
Nachlauf *m*, Pendeln *n*
  hunting
Nachleuchtdauer *f* [eines Bildschirmes]
  persistence [of a screen]
Nachricht *f* [bei der objektorientierten
  Programmierung: Signal von einem Objekt zu
  einem anderen]
  message [in object oriented programming:
  signal from one object to another]
Nachrichtennetz *n*, Kommunikationsnetz *n*
  communication network
Nachrichtenspeicher *m*
  message storage
Nachrichtensystem *n*, Kommunikationssystem
  n [Nachrichtentechnik]
  communication system [telecommunications]
nachrüsten
  retrofit, to
Nachrüstsatz *m*
  add-on kit
Nachsatz *m*
  trailer
Nachsatzadresse *f*
  trailer address
Nachschaltrechner *m*, Backend-Rechner *m*
  back-end processor
Nachspann *m*, Endeetikett *n*, Schlußetikett *n*
  [bei Magnetbändern]
  trailer label [for magnetic tapes]

nächste ausführbare Anweisung *f*
  next executable statement
nächster Datensatz *m*
  next record
Nachstimmen *n*
  retuning
Nadeldrucker *m*, Punktmatrixdrucker *m*,
  Matrixdrucker *m*, Mosaikdrucker *m*
  Drucker, bei dem durch matrixförmig
  angeordnete Drahtstifte (z.B. 5x7 oder 7x9
  Matrix) aus Punkten zusammengesetzte
  alphanumerische Zeichen gebildet werden. Die
  Bewegung der Drahtstifte gegen das Farbband
  bzw. das Papier erfolgt durch Elektromagnete.
  dot-matrix printer, matrix printer
  Printer which uses a matrix of wires (e.g. 5x7
  or 7x9 matrix) to form alphanumeric characters
  composed of dots. The wires are driven against
  an inked ribbon or paper by solenoids.
Nadelimpuls *m*
  pulse spike, spike
Nadelimpulsgenerator *m*
  spike-pulse generator
Nadelloch *n* [kleines Loch in der Isolierschicht
  auf einer Halbleiteroberfläche]
  pin hole [small hole in the insulating layer on
  the surface of a semiconductor]
Nagelkopfkontaktierung *f*
  Ein Thermokompressionsverfahren, bei dem
  ein Golddraht durch eine Kapillare geführt und
  mit Hilfe einer Flamme abgeschmolzen wird.
  Das geschmolzene Drahtende bildet eine Kugel,
  die auf den Kontaktfleck der integrierten
  Schaltung gepreßt wird.
  nailhead bonding, ball bonding
  A thermocompression method in which a gold
  wire, fed through a capillary tube, is melted by
  a flame. The molten wire end forms a ball
  which is pressed against the bonding pad on
  the integrated circuit.
Näherung *f*, Approximation *f*, Annäherung *f*
  approximation
Näherungsfehler, Approximationsfehler *m*
  approximation error, truncation error
Näherungsschalter *m*, Annäherungsschalter *m*
  proximity switch
Näherungssensor *m*
  proximity sensor
Nahtstelle *f*, Schnittstelle *f*, Interface *n*
  [Verbindungsstelle zwischen Baustein-, Geräte-
  oder Systemteilen für die Übertragung von
  Daten und Steuerinformationen]
  interface [connecting point between sections of
  a device, equipment or system for transfer of
  data and control information]
Nahtstelleneinrichtung *f*,
  Kopplungseinrichtung *f*
  interface equipment
NAND-Funktion *f*, NAND-Verknüpfung *f*

NAND function, NAND operation
NAND-Gatter *n*, **NAND-Glied** *n*
NAND gate, NAND element
NAND-Schaltung *f*
NAND circuit
NAND-Verknüpfung *f*, **Sheffer-Verknüpfung** *f*
[logische Verknüpfung mit dem Ausgangswert
(Ergebnis) 0, wenn und nur wenn alle Eingänge
(Operanden) den Wert 1 haben; für alle
anderen Eingangswerte ist der Ausgangs-
wert 1]
NAND operation, Sheffer function, non-
conjunction [logical operation having the output
(result) 0 if and only if all inputs (operands) are
1; for all other input values the output is 1]
Nanosekunde *f* (ns) [eine Milliardstelsekunde,
d.h. 10^{-9} s]
nanosecond (ns) [one thousand millionth of a
second, i.e. 10^{-9} s]
Nassi-Shneiderman-Diagramm *n*,
Struktogramm *n* [zur Darstellung der
Ausführungsreihenfolge eines Programmes]
Nassi-Shneiderman chart, NS chart [for
representing sequence of operations in a
program]
natürliche Sprache *f* [z.B. Deutsch, im
Gegensatz zu einer künstlichen Sprache, z.B.
FORTRAN]
natural language [e.g. English, in contrast to
an artificial language, e.g. FORTRAN]
natürlicher Logarithmus *m*
natural logarithm, hyperbolic logarithm,
Naperian logarithm
NC-Steuerung *f*, numerische Steuerung *f* [die
Steuerung von Maschinen durch Eingabe der
Weg- und Schaltbefehle in Form
verschlüsselter numerischer Daten]
NC (numerical control) [the control of machines
by means of encoded numerical data for
positioning and switching function commands]
NC-Technik *f* [Steuerung von Maschinen]
NC technology (numerical control technology)
[control of machines]
Nebenschleife *f* [bei Magnetblasenspeichern]
minor loop [in magnetic bubble memories]
Nebenschluß *m*
shunt, bypass
Nebenschlußwiderstand *m*, Querwiderstand *m*
shunt resistor, shunt
Nebensprechen *n* [Kommunikationstechnik]
crosstalk [communications]
Nebenstation *f*, Nebenstelle *f*
slave station
Nebenzeit *f*
incidental time
Negation *f*, NICHT-Funktion *f*, Boolesche
Komplementierung *f*, Inversion *f*, Umkehrer *m*
Logische Verknüpfung, die den Eingangswert
umkehrt, d.h. eine Eins am Eingang wird in

eine Null am Ausgang umgewandelt und
umgekehrt.
negation, NOT operation, Boolean
complementation, inversion
Logical operation that negates the input value,
i.e. a one at the input is converted into a zero at
the output and vice-versa.
Negationsglied *n*, NICHT-Glied *n*, Negator *m*
[Digitalrechentechnik: führt die Negation bzw.
die NICHT-Funktion aus]
inverter, NOT element, negation element
[digital computing: carries out the NOT
function, i.e. the logical operation of inversion]
negative Bildschirmdarstellung *f*,
umgekehrte Bildschirmdarstellung *f* [dunkle
Schrift auf hellem Hintergrund, im Gegensatz
zur normalen Bildschirmdarstellung mit einer
hellen Schrift auf dunklem Hintergrund]
inverse video, reverse video [dark characters
on a bright background, in contrast to normal
video display using light characters on a dark
background]
negative Flanke *f*, abfallende Flanke *f*, fallende
Flanke *f*
Abfall eines digitalen Signals oder eines
Impulses.
falling edge
Decay of a digital signal or a pulse.
negative Logik *f* [logische Schaltung, die den
Zustand logisch 1 durch einen negativen
Spannungspegel darstellt; ein positiverer
Spannungspegel entspricht dem Zustand
logisch 0]
negative logic, negative-true logic [logic
circuit employing a negative voltage level to
represent logic state 1; a more positive voltage
level represents logic state 0]
negative Quittung *f*, negative Rückmeldung *f*
negative acknowledgement
negative Rückkopplung *f*, Gegenkopplung *f*
negative feedback
negative Rückmeldung *f*, negative Quittung *f*
negative acknowledgement
negative Vorspannung *f*
negative bias voltage, negative bias
negativer Impuls *m*
negative pulse
negativer Ladungsträger *m*
negative carrier, negative charge carrier
negativer Leitwert *m*
negative conductance
negativer Widerstand *m*
negative resistance
negatives Leiterbild *n* [Leiterplatten]
negative conductive pattern [printed circuit
boards]
negatives Signal *n*
negative signal
Negator *m*, Negationsglied *n*, NICHT-Glied *n*

[Digitalrechentechnik: führt die Negation bzw.
die NICHT-Funktion aus]
inverter, NOT element, negation element
[digital computing: carries out the NOT
function, i.e. the logical operation of inversion]
negieren
negate, to
Neigung eines Zeichens *f*, **Zeichenschräge** *f*
character skew, tilt of a character
nematischer Flüssigkristall *m* [die in
Flüssigkristallanzeigen hauptsächlich
verwendete Flüssigkristallart, deren Moleküle
so angeordnet sind, daß die Längsachsen
parallel zueinander stehen; im Gegensatz zu
smektischen Flüssigkristallen, bei denen die
Moleküle in Schichten angeordnet sind]
nematic liquid crystal [commonly used type
of crystal in liquid crystal displays whose
molecules are arranged with their longitudinal
axes parallel to one another; in contrast to
smectic liquid crystals which have their
molecules arranged in layers]
Nennlast *f*
rated load, load rating
Nennleistung *f*
rated power, power rating
Nennmaß *n*, **Sollmaß** *n*
nominal value
Nennspannung *f*
rated voltage, voltage rating
Nennstrom *m*
rated current, current rating
Nennwert *m*
rated value
NERFET *m* [ein modulationsdotierter
Feldeffekttransistor]
**NERFET (negative differential resistance
field-effect transistor)** [a modulation-doped field
effect transistor]
NetBIOS [BIOS für den Zugriff auf lokale
Netzwerke]
NetBIOS [BIOS for accessing local area
networks]
NetWare [von Novell entwickeltes Betriebs-
system für lokale Netzwerke (LAN)]
NetWare [operating system developed by
Novell for local area networks (LAN)]
Netzausfall *m*, **Stromausfall** *m*
mains failure, power failure, outage
Netzausfallschutz *m* [z.B. durch eine
Reservebatterie]
power-failure protection [e.g. with standby
battery]
Netzbetrieb *m*
power line operated, mains operated
Netzbrummen *n*
power line hum, mains hum
Netzfrequenz *f*
power frequency, mains frequency

Netzgerät *n*, **Netzteil** *m*, **Stromversorgungsteil** *n*
power supply unit, power pack, power unit
Netzkabel *n*
power cable
Netzknoten *m*
network node, node
Netzplantechnik nach CPM *f*, **CPM**
critical path method, CPM
Netzplantechnik nach PERT *f*, **PERT** *f*
**program evaluation and review technique
(PERT)**
Netzschalter *m*, **Leistungsschalter** *m*
power switch, mains switch
Netzspannung *f*
mains voltage, line voltage
Netzstruktur *f*
network structure
Netzteil *m*, **Netzgerät** *n*, **Stromversorgungsteil** *n*
power supply unit, power pack, power unit
Netzunterdrückung *f*
power supply rejection
Netzwerk *n*
network
Netzwerk-Dateidienst *m* [erlaubt einem
Lokalrechner den Netzwerkrechner als
Erweiterung der lokalen Festplatten zu
verwenden]
NFS (Network File System) [enables local
computer to use network computer as extension
of local hard disk]
Netzwerkanalyse *f*
network analysis
Netzwerkebene *f* [eine der sieben
Funktionsschichten des ISO-Referenzmodells
für den Rechnerverbund]
network layer [one of the seven functional
layers of the ISO reference model for computer
networks]
Netzwerktheorie *f*
network theory
Netzwerktopologie *f* [die Struktur eines
Rechnernetzes, z.B. eine Bus-, Ring- oder
Sternstruktur]
network topology [the structure of a
computer network, e.g. a bus, ring or star
structure]
Netzwerkverbund *m* [Verbund mehrerer
Netzwerke]
internetworking [connection of several
networks]
neu benennen, umbenennen
rename, to
neu formatieren, umformatieren
reformat, to
neu speichern, umspeichern, wieder speichern
re-store, to; restore, to
Neunerkomplement *n* [dient der Darstellung
von negativen Dezimalzahlen]
Das Neunerkomplement einer Zahl erhält man

durch stellenweises Ergänzen auf 9; die
Subtraktion der Zahl wird dann durch die
Addition des Komplementes ersetzt; der
auftretende Übertrag wird zur niedrigsten
Stelle addiert. Beispiel: die Zahl 123 hat das
Komplement 876; die Addition 555 - 123 wird
somit durch die Addition 555 + 876 = (1)431 =
432 ersetzt.
nines complement [serves to represent a
negative decimal number]
The nines complement of a number is obtained
by forming the difference to a number having a
nine in each decimal place; subtraction of the
number is then replaced by adding the
complement, the carry being added to the
lowest digit. Example: the number 123 has the
complement 876; the subtraction 555 - 123 is
thus replaced by the addition 555 + 876 =
(1)431 = 432.
neuronales Netzwerk n, neuronales Netz n [ein
selbstorganisierendes lernfähiges Netzwerk,
das verallgemeinern kann und von der
Struktur und Funktion des Gehirnes inspiriert
wurde; es besteht im wesentlichen aus
zusammengeschalteten Elementen (Neuronen)
in mehreren Schichten (Eingangs-, Ausgangs-
und verdeckte Schichten), deren Verbindungen
entsprechend einem optimierenden Lernalgorithmus gewichtet sind]
neural network, neural net [a self-organizing
computation model having the ability to learn
and to generalize and inspired by the structure
and function of the brain; in essence it consists
of interconnected elements (neurons) in several
layers (input, output and hidden layers) whose
links are weighted according to an optimizing
learning algorithm]
Neustart m, Wiederanlauf m [eines Programmes
nach einer Unterbrechung]
restart (RST) [of a program after an
interruption]
Neutralisation f [Kompensation, z.B. der
Rückwirkung vom Ausgang auf den Eingang
einer Verstärkerschaltung]
neutralization [compensation, e.g. of feedback
from output to input of an amplifier circuit]
Neutronenbestrahlung f, Neutronendotierung
f, Kernumwandlung f [Halbleiterdotierung]
neutron irradiation, transmutation, neutron
transmutation [semiconductor doping]
Neutronendotierung f, Neutronenbestrahlung
f, Kernumwandlung f [Halbleiterdotierung]
Ein Dotierungsverfahren, bei dem bestimmte
Siliciumisotope durch Neutronenbestrahlung in
einem Kernreaktor in Phosphorisotope
umgewandelt werden. Das Verfahren erlaubt
eine sehr homogene Dotierung.
neutron irradiation, transmutation, neutron
transmutation [semiconductor doping]

A doping process in which neutron irradiation
of silicon in a nuclear reactor causes certain
silicon isotopes to be changed into phosphorous
isotopes. The process allows highly
homogeneous doping.
Newton n (N) [SI-Einheit der Kraft]
newton (N) [SI unit of force]
NF-Verstärker m, Niederfrequenzverstärker n
low-frequency amplifier
NFET m, N-Kanal-Feldeffekttransistor m
Feldeffekttransistor, der einen N-leitenden
Kanal besitzt, d.h. einen Kanal, in dem die
Majoritätsladungsträger Elektronen sind.
NFET (n-channel field-effect transistor)
Field-effect transistor with an n-type
conduction channel, i.e. a channel in which the
majority carriers are electrons.
NI-Übergang m
Übergang zwischen einem N-leitenden und
einem eigenleitenden Bereich in einem
Halbleiter.
ni-junction
Junction between an n-type region and an
intrinsic region in a semiconductor.
Nibble n, Halbbyte n [4 Bits]
nibble, half-byte [4 bits]
nicht berechenbar, nicht algorithmisch,
heuristisch
non-algorithmic, heuristic, non-calculable
nicht plausibel
implausible
nicht verfügbare Betriebszeit f
non-available time
NICHT-Bedingung f
NOT condition
NICHT-Funktion f, NICHT-Verknüpfung f,
Negation f, Boolesche Komplementierung f,
Inversion f
Logische Verknüpfung, die den Eingangswert
umkehrt, d.h. eine Eins am Eingang wird in
eine Null am Ausgang umgewandelt und
umgekehrt.
NOT operation, negation, Boolean
complementation, inversion
Logical operation that negates the input value,
i.e. a one at the input is converted into a zero at
the output and vice-versa.
NICHT-Gatter n, NICHT-Glied n,
Negationsglied n, Negator m
[Digitalrechentechnik: führt die Negation bzw.
die NICHT-Funktion aus]
NOT gate, NOT element, negation element,
inverter [digital computing: carries out the
NOT function, i.e. the logical operation of
inversion]
NICHT-Schaltung f, Inversionsschaltung f,
Inverter m, Umkehrer m
NOT circuit, inverting circuit, inverter
NICHT-Verknüpfung f, NICHT-Funktion f,

Boolesche Komplementierung *f,* Negation *f,*
Inversion *f*
NOT function, Boolean complementation,
inversion, negation
nichtadressierbarer Speicher *m,*
Schattenspeicher *m*
non-addressable memory, shaded memory
nichtadressierter Operand *m* [Operand,
bestehend aus Befehl ohne Adresse]
immediate operand [operand consisting of
instruction without address]
nichtbehebbarer Fehler *m*
irrecoverable error, fatal error
nichtbenachbartes Datenfeld *n*
non-contiguous item
nichtdruckendes Steuerzeichen *n* [z.B.
Wagenrücklauf-, Zeilenvorschub- oder
Zwischenraumzeichen]
non-printing control character [e.g.
carriage return, line feed or space character]
nichtflüchtiger RAM *m,* nichtflüchtiger
Speicher mit wahlfreiem Zugriff *m*
non-volatile random access memory
(NOVRAM, NV-RAM)
nichtflüchtiger Speicher *m*
Speicher, dessen Speicherinhalt auch bei
Ausfall der Versorgungsspannung erhalten
bleibt, z.B. Magnetblasenspeicher,
Magnetbandspeicher, Halbleiterspeicher wie
ROMs, EAROMs, PROMs, einige RAMs usw.
non-volatile memory (NVM)
Memory in which stored information is retained
when power is turned off, e.g. bubble memories,
magnetic tape, semiconductor memories such
as ROMs, EAROMs, PROMs, some RAMs, etc.
**nichtflüchtiger Speicher mit wahlfreiem
Zugriff** *m,* nichtflüchtiger RAM *m*
non-volatile random access memory
(NOVRAM, NV-RAM)
nichtformatiert, unformatiert
unformatted
nichtindiziert
non-subscripted
nichtinvertierender Eingang *m*
non-inverting input
nichtinvertierender Puffer *m*
non-inverting buffer
nichtiterativer Prozeß *m* [ein sich nicht
wiederholender Prozeß]
non-iterative process [non-repetitive process]
Nichtleiter *m*
non-conductor
Nichtleiterbild *n* [Leiterplatten]
non-conductive pattern [printed circuit
boards]
nichtlineare Kennlinie *f*
nonlinear characteristic
nichtlineare Verzerrung *f*
nonlinear distortion

nichtlinearer Widerstand *m*
nonlinear resistor
Nichtlinearität *f*
nonlinearity
nichtlöschbarer Speicher *m,*
Permanentspeicher *m*
permanent storage, permanent memory
nichtlöschendes Lesen *n* [ein Lesevorgang, der
die gespeicherte Information nicht löscht oder
verändert]
non-destructive read (NDR), non-destructive
readout (NDRO) [a reading operation that does
not destroy or change the stored information]
nichtmarkierter Block *m*
unlabeled block
nichtmaskierbare Unterbrechung *f* [Anschluß
am Mikroprozessor, der es gestattet, eine
Unterbrechung auszulösen, unabhängig vom
Maskierungsbit]
non-maskable interrupt (NMI)
[microprocessor terminal which enables an
interrupt to be initiated independently of a
masking or interrupt-disable bit]
nichtmaskierbarer Unterbrechungseingang
non-maskable interrupt input
nichtmechanischer Drucker *m* [z.B. ein
Laserdrucker]
non-impact printer [e.g. a laser printer]
nichtnumerisch
non-numeric
nichtnumerisches Literal *n*
non-numeric literal
nichtprozedurale Programmiersprache *f,*
deklarative Programmiersprache *f* [im
Gegensatz zur prozeduralen
Programmiersprache]
non-procedural programming language,
declarative programming language [in contrast
to procedural programming language]
**nichtverfahrensorientierte
Programmiersprache** *f*
non-procedural language, non-procedure-
oriented language
nichtverriegelnd [z.B. ein Schalter]
non-locking [e.g. a key]
Niederfrequenz *f,* (NF)
low frequency
Niederfrequenzverstärker *n,* NF-Verstärker *m*
low-frequency amplifier
niederohmig
low-impedance
Niederspannung *f*
low voltage
niederwertige Adresse *f*
low address
niederwertige Bitstelle *f*
low-order bit position
niederwertige Ziffer *f*
low-order digit

niederwertiges Bit *n*
  low-order bit
niederwertiges Byte *n*
  low-order byte
niedrigdotiert, leicht dotiert, schwach dotiert
  lightly doped
niedriger Integrationsgrad *m*, SSI,
  Kleinintegration *f*
  Integrationstechnik, bei der nur wenige
  Transistoren oder Gatterfunktionen (zwischen
  5 und 100) auf einem Chip enthalten sind.
  small scale integration (SSI)
  Technique for the integration of only a few
  transistors or logical functions (between 5 and
  100) on the same chip.
niedriger Wert *m*
  low value
niedrigstwertig
  least significant
niedrigstwertig
  rightmost
niedrigstwertige Stelle *f*, Stelle einer Zahl mit
  der niedrigsten Wertigkeit *f*
  least significant digit (LSD)
niedrigstwertiges Bit *n*, Binärstelle mit der
  niedrigsten Wertigkeit *f* (LSB) [Bit mit dem
  niedrigsten Stellenwert in einer Binärzahl, z.B.
  1 in der Binärzahl 0001]
  least significant bit (LSB) [bit with the
  lowest value in a binary number, e.g. 1 in the
  number 0001]
Nietautomat *m* [für Bauteilmontage]
  automatic riveting machine [for component
  assembly]
NIPI-Struktur *f* [Halbleiterstruktur mit
  eigenleitenden Schichten zwischen einer
  periodischen Folge von hochdotierten N- und P-
  Schichten]
  nipi-structure [semiconductor structure with
  intrinsic layers between a sequence of
  alternately arranged highly doped n-type and
  p-type layers]
Nixie-Röhre *f* [Gasentladungsanzeige]
  Nixie tube [gas discharge display]
NKRO, Tastenverriegelung *f* [verhindert bei
  Tastaturen Eingabefehler, die durch
  gleichzeitige Betätigung mehrerer Tasten
  entstehen könnten]
  NKRO (n-key roll over) [in keyboards prevents
  incorrect input when several keys are
  simultaneously depressed]
NLQ-Modus *m* [für nahezu Briefqualität beim
  Drucker]
  NLQ mode (Near-Letter Quality)
NMOS-Technik *f*, N-Kanal-MOS-Technik *f*
  Technik für die Herstellung von
  Feldeffekttransistoren mit Metall-Oxid-
  Halbleiter-Struktur und einem N-leitenden
  Kanal, bei der N-dotierte Bereiche (Source und

Drain) in ein P-leitendes Substrat
eindiffundiert werden.
NMOS technology, n-channel MOS
  technology
  Process for fabricating field-effect transistors
  with a metal-oxide-semiconductor structure
  and an n-type conductive channel, in which n-
  type regions (source and drain) are formed in a
  p-type substrate by diffusion.
NMOS-Technik mit Silicium-Gate *f*
  Technik für die Herstellung von NMOS-
  Feldeffekttransistoren, bei denen das Gate (die
  Steuerelektrode) aus einem leitfähigen
  Polysilicium besteht.
  silicon-gate NMOS technology
  Process for fabricating n-channel MOS field-
  effect transistors in which the gate consists of a
  conductive polysilicon material.
NMOSFET *m*, N-Kanal-Feldeffekttransistor mit
  Metall-Oxid-Halbleiter-Struktur *m*
  NMOSFET, n-channel metal-oxide-
  semiconductor field-effect transistor
No-Op-Befehl *m*, Leerbefehl *m*,
  Überspringbefehl *m*
  no-op instruction, no-operation instruction,
  blank instruction, skip instruction
nochmalige Übertragung *f*
  retransmission
Non-interlaced-Modus *m* [Bildaufbau ohne
  Zeilensprung, im Gegensatz zu Interlaced-
  Modus]
  non-interlaced mode [screen image
  formation in a single pass, in contrast to
  interlaced mode]
Non-Karbon-Papier *n* [Durchschriftspapier
  ohne Kohlepapier]
  non-carbon paper [copy without carbon
  paper]
NOR-Funktion *f*, NOR-Verknüpfung *f*
  NOR function, NOR operation
NOR-Gatter *n*, NOR-Glied *n*
  NOR gate, NOR element
NOR-Schaltung *f*
  NOR circuit
NOR-Verknüpfung *f*, Peirce-Funktion *f*
  [logische Verknüpfung mit dem Ausgangswert
  (Ergebnis) 1, wenn und nur wenn alle Eingänge
  (Operanden) den Wert 0 haben; für alle
  anderen Eingangswerte ist der Ausgangs-
  wert 0]
  NOR operation, Peirce function, non-
  disjunction [logical operation having the output
  (result) 1 if and only if all inputs (operands) are
  1; for all other input values the output is 0]
Normalbetrieb *m*
  normal operating mode
Normalform *f*
  normalized form, standardized form
Normalfrequenz *f*

standard frequency
Normalfrequenzgenerator *m*
standard frequency generator
Normalgenerator *m* [Generator mit einer
Leistungsabgabe von 1 mW]
one-milliwatt generator
normalisieren, vereinheitlichen [in der
Gleitpunktdarstellung das Verschieben der
Mantissa bis sie innerhalb eines
vorgeschriebenen Bereichs liegt; in der Praxis
wird das Dezimalkomma nach links verschoben
bis es vor der ersten Ziffer steht, z.B. 123,45
wird 0,12345 x 10^3 in der normalisierten
Darstellung]
normalize, to; standardize, to [in floating
point representation to adjust the mantissa so
that it lies within a prescribed range; usually
the decimal point is shifted to the left until it
stands in front of the first digit, e.g. 123.45
becomes 0.12345 x 10^3 in the normalized
representation]
Normalverteilung *f*, Gaußsche Verteilung *f*
[statistische Verteilung von Zufallswerten um
einen Mittelwert]
Gaussian distribution [statistical
distribution of random values around a center
value]
normieren, initialisieren [Setzen von Adressen,
Zählern usw. auf einen Startwert, z.B. auf
Null]
initialize, to [set addresses, counters, etc. to
an initial value, e.g. to zero]
Normsteckerverbindung *f*
standard plug connection
NOT-IF-THEN-Funktion *f*, NOT-IF-THEN-
Verknüpfung *f*, Inhibition *f* [logische
Verknüpfung mit dem Ausgangswert
(Ergebnis) 1, wenn und nur wenn der erste
Eingang (Operand) den Wert 1 und der zweite
den Wert 0 hat; für alle anderen Eingangswerte
(Operandenwerte) ist der Ausgangswert (das
Ergebnis) 0]
NOT-IF-THEN function, NOT-IF-THEN
operation, exclusion [logical operation having
the output (result) 1 if and only if the first
input (operand) is 1 and the second 0; for all
other input (operand) values the output (result)
is 0]
Notausschalter *m*
emergency switch, emergency off
Notebook-Computer *m*, Notizbuchrechner *m*
[A4-großer Rechner, kleiner als ein Laptop-
Rechner]
notebook computer [A4-sized computer,
smaller than laptop computer]
Notizblockfunktion *f*
scratch-pad facility
Notizblockregister [Hilfsregister im
Mikroprozessor]

scratch-pad register [auxiliary register in a
microprocessor]
Notizblockspeicher *m*, Scratch-Pad-Speicher *m*
[schneller Speicher zur Zwischenspeicherung
von Daten (Zwischenergebnisse) bzw.
Steuerung des Programmablaufes]
scratch-pad memory [fast temporary storage
for data (intermediate results) or for controlling
program execution]
Notizbuchrechner *m*, Notebook-Computer *m*
[A4-großer Rechner, kleiner als ein Laptop-
Rechner]
notebook computer [A4-sized computer,
smaller than laptop computer]
Notspeicherauszug *m*
emergency memory dump
Notstromversorgung *f*
emergency power supply
NOVRAM *m*, NV-RAM *m*, nichtflüchtiger
Speicher mit wahlfreiem Zugriff *m*
NOVRAM, NV-RAM (non-volatile random
access memory)
NP-Übergang *m*
Der Übergang zwischen einem N-leitenden und
einem P-leitenden Bereich in einem Halbleiter.
np-junction
The junction between an n-type region and a p-
type region in a semiconductor.
NPIN-Transistor *m*
Ein Transistor, bei dem sich zwischen dem P-
dotierten Basisbereich und dem N-dotierten
Kollektorbereich eine eigenleitende
Halbleiterzone befindet.
npin transistor
A transistor in which an intrinsic
semiconductor region is situated between the p-
type base region and the n-type collector region.
NPN-Schaltung *f*, NPN-Schaltkreis *m*
npn circuit
NPN-Siliciumplanartransistor *m*
npn silicon planar transistor
NPN-Transistor *m*
Bipolartransistor, bei dem der Basisbereich P-
dotiert ist und die Emitter- und
Kollektorbereiche N-dotiert sind.
npn transistor
A bipolar transistor which has a p-type base
region and n-type emitter and collector regions.
NRZ-Schrift *f*, Wechselschrift *f*, Richtungsschrift
f [Schreibverfahren für die
Magnetbandaufzeichnung; Aufzeichnung ohne
Rückkehr nach Null]
non-return-to-zero recording (NRZ)
[magnetic tape recording method]
NTC-Thermistor *m*, Heißleiter *m*, NTC-
Widerstand *m*
NTC resistor, NTC thermistor (negative
temperature coefficient resistor)
NTC-Widerstand *m*, Heißleiter *m*, NTC-

Thermistor *m*
Halbleiterbauelement mit hohem negativen
Temperaturkoeffizienten, d.h. dessen
Widerstand mit steigender Temperatur
abnimmt.
NTC resistor, NTC thermistor (negative
temperature coefficient resistor)
Semiconductor component with a high negative
temperature coefficient (NTC), i.e. whose
resistance decreases as temperature rises.

Null-Flag *n*, Nullmerker *m*, Nullkennzeichnung *f*
[Statusmerker, der gesetzt wird, wenn eine
Operation eine Null ergibt]
zero flag [status flag which is set when the
result of an operation is zero]

Null-Zeichenkette *f*, leere Zeichenkette *f*
null string, empty string

Null-Zeiger *m*
null pointer

Null-Zeiger-Zuweisung *f*
null pointer assignment

Nullabgleich *m* [z.B. einer Meßbrücke]
zero balance, null balance [e.g. of a measuring
bridge]

Nulladreßbefehl *m*, Leeradreßbefehl *m*
zero-address instruction

Nulladresse *f*
zero-address

Nulleinstellung *f*
zero adjustment

Nullen einsetzen
fill with zeroes, to

nullen
zero, to; null, to

Nullenunterdrückung *f*, Nullunterdrückung *f*,
Unterdrückung von führenden Nullen *f*
zero suppression, leading zero suppression

Nullkennzeichnung *f*, Nullmerker *m*, Null-
Flag *n*
zero flag

Nullmenge *f* [Mengenlehre]
zero set [set theory]

Nullmerker *m*, Null-Flag *n*, Nullkennzeichnung
f [Statusmerker, der gesetzt wird, wenn eine
Operation eine Null ergibt]
zero flag [status flag which is set when the
result of an operation is zero]

Nullpegel *m*
zero level

Nullpunktabweichung *f*, Nullpunktfehler *m*
zero error, zero deviation, offset

Nullpunktdrift *f*, Nullpunktwanderung *f*
zero drift

Nullpunktfehler *m*, Nullpunktabweichung *f*
zero error, zero deviation, offset

Nullpunktkorrektur *f*
zero correction

Nullpunktstabilität *f*
zero stability

Nullpunktverschiebung *f*
zero shift, zero offset

Nullpunktwanderung *f*, Nullpunktdrift *f*
zero drift

Nullsetzen *n* [einer Variablen]
zero setting [of a variable]

Nullsignallogik *f*
active zero logic

Nullspannung *f*
zero voltage

Nullstrom *m*
zero current

Nullunterdrückung *f*, Nullenunterdrückung *f*,
Unterdrückung von führenden Nullen *f*
zero suppression, leading zero suppression

Nullzeichen *n*
null character

Nullzugriff *m* [verzögerungsfreier Zugriff]
zero-access [undelayed access]

Nullzustand *m* [allgemein]
zero state [general]

numerisch
numeric, numerical

numerisch gesteuerte Maschine *f*, NC-
Maschine *f*
numerically controlled machine, NC
machine

numerische Daten *n.pl.*
numeric data

numerische Steuerung *f*, NC-Steuerung *f* [die
Steuerung von Maschinen durch Eingabe der
Weg- und Schaltbefehle in Form
verschlüsselter numerischer Daten]
NC (numerical control) [the control of machines
by means of encoded numerical data for
positioning and switching function commands]

numerische Tastatur *f*, Zehnertastatur *f*
[Tastatur mit den Ziffern 0 bis 9, evtl. mit
Sonderzeichen (z.B. für die
Grundrechenoperationen)]
numeric keyboard [keyboard with the digits
0 to 9, possibly with special characters (e.g. for
the basic arithmetic operations)]

numerische Zeichenfolge *f*
numeric string

numerischer Tastenblock *m*,
Zehnertastenblock *m* [separates Tastenfeld für
die Eingabe von Ziffern]
numeric keypad [separate keypad for
entering digits]

numerisches Datenfeld *n*
numeric item

numerisches Zeichen *n*
numeral, numeric character

Nur-Lese-Speicher *m*, Festwertspeicher *m*,
ROM *m*
Speicher, dessen Inhalt nur gelesen und im
normalen Betrieb weder gelöscht noch
verändert werden kann.

read-only memory (ROM)
Memory from which stored information can
only be read out and which, in normal
operation, cannot be erased or altered.
NUR-Verknüpfung *f*, NOR-Verknüpfung *f*,
Peirce-Funktion [logische Verknüpfung mit
dem Ausgangswert (Ergebnis) 1, wenn und nur
wenn alle Eingänge (Operanden) den Wert 0
haben; für alle anderen Eingangswerte ist der
Ausgangswert 0]
NOR function, NOR operation [logical
operation having the output (result) 1 if and
only if all inputs (operands) are 1; for all other
input values the output is 0]
nutzbar machen
utilize, to
nutzbare Maschinenzeit *f*, Nutzzeit *f*
[verfügbare Betriebszeit eines Systems]
available machine time, available time,
operable time, uptime [available operating time
of a system]
nutzbare Zeilenlänge *f*
usable line length
Nutzbarkeit *f*
usefulness, serviceability
nutzbringend
useful
Nutzfrequenz *f*
usable frequency
Nutzleistung *f*
useful power
Nutzsignal *n*
useful signal
Nutzungsdauer *f*
service life, useful life
nutzungsinvariantes Programm *n*
reusable program
Nutzungsrecht *n*
right to use
Nutzungsvertrag *m*, Lizenzvertrag *m*
licence agreement, license agreement
Nutzzeit *f*, nutzbare Maschinenzeit *f*
available time, available machine time,
operable time, uptime
NV-RAM *m*, NOVRAM *m*, nichtflüchtiger
Speicher mit wahlfreiem Zugriff *m*
NV-RAM, NOVRAM (non-volatile random
access memory)
NZR-Schrift *f*, Wechselschrift *f*, Richtungsschrift
f [Schreibverfahren für die Magnetbandaufzeichnung; Aufzeichnung ohne Rückkehr
nach Null]
NRZ (non-return-to-zero recording) [magnetic
tape recording method]

O

oberer Bereich eines binären Signals *m*, H-Bereich *m* [der positivere der beiden Pegel eines binären Signales]
high range of a binary signal, H-range [the more positive of the two levels of a binary signal]

oberer Rand *m*
top margin

oberer Speicherbereich *m* [Speicherbereich oberhalb des konventionellen Hauptspeicher, d.h. oberhalb 640 kB]
upper memory area (UMA) [main memory above conventional memory, i.e. above 640 kB]

Oberflächendefekt *m* [Halbleiterkristalle]
surface defect [semiconductor crystals]

Oberflächendotierung *f*
surface doping

Oberflächeninversion *f*
surface inversion

Oberflächenkoeffizient *m*
surface coefficient

Oberflächenladungstransistor *m*
Integriertes Transistorbauteil, bei dem gespeicherte Ladungen durch Anlegen einer Gatespannung an der Oberfläche des Halbleiters entlang verschoben werden können.
surface-charge transistor (SCT)
Integrated transistor element in which stored electric charges can be transferred along the surface of the semiconductor by applying a gate voltage.

Oberflächenmontage *f*, Aufsetztechnik *f*, SMD-Technik *f*
Technik zur automatischen Bestückung von Leiterplatten mit Bauelementen und integrierten Schaltungen, wobei die Leiterplatten keine Bohrlöcher benötigen.
surface-mounted device technique, SMD technique
Technique for automatic mounting of semiconductor components and integrated circuits on printed circuit boards without the need for drilled holes.

oberflächenmontierbares Bauteil *n*
surface-mounted device (SMD)

Oberflächenpassivierung *f* [Halbleitertechnik]
Das Aufbringen oder Aufwachsen von Schutzschichten (z.B. Siliciumdioxid, Siliciumnitrid, Glas oder Polyimid) auf die Oberfläche eines Halbleiters, um sie vor Feuchtigkeit, Verunreinigungen und dem Eindringen von Ionen zu schützen.
surface passivation [semiconductor technology]
Deposition or growing of protective films (e.g.

silicon dioxide, silicon nitride, glass or polyimide) on the surface of a semiconductor to provide protection from contamination, moisture and the penetration of ions.

Oberflächenraumladedetektor *m*
surface barrier detector

Oberflächenrekombination *f* [Halbleitertechnik]
Die Wiedervereinigung freier Elektronen und Defektelektronen an der Oberfläche eines Halbleiters.
surface recombination [semiconductor technology]
The reunion of free electrons and holes at the surface of a semiconductor.

Oberflächenrekombinations-Geschwindigkeit *f*
Die Geschwindigkeit, mit der sich freie Elektronen und Defektelektronen an der Oberfläche eines Halbleiters wiedervereinigen.
surface recombination velocity
The speed with which free electrons and holes reunite at the surface of a semiconductor.

Oberflächenzone *f*
surface region

Oberschwingungen *f.pl.*
harmonics

Oberwellenfilter *n*, Glättungsfilter *n* [zum Aussieben der Brummspannung (Oberwellen) in Gleichstromversorgungen]
ripple filter [for filtering out ripple voltage (harmonics) in dc power supplies]

Oberwellengehalt *m*
harmonic content

Objekt *n* [bei der objektorientierten Programmierung: ein Objekt ist eine Instanz, d.h. ein konkretes Beispiel, einer Klasse und besteht aus Daten und Funktionen]
object [in object oriented programming: an object is an instance, i.e. a concrete example, of a class and consists of data and functions]

Objektcode *m* [Maschinencode, der vom Mikroprozessor bzw. Rechner verarbeitet werden kann; entsteht durch Übersetzung in Maschinensprache mittels Assembler oder Compiler]
object code [machine code which can be processed by a microprocessor or computer; is the result of translation into machine language by an assembler or compiler]

Objektmodul *m* [ein durch einen Assembler in Maschinensprache übersetzter Programmmodul; vor dem Ablauf muß er zuerst mit den anderen Moduln mittels eines Bindeladers verbunden werden]
object module [a program module translated into machine language by an assembler; before it can be run it must be combined with other program modules by a linking loader]

objektorientierte Programmiersprache *f,*
OOP-Sprache *f*
object oriented programming language
(OOPL)
objektorientierte Programmierung *f* (OOP)
[verwendet die folgenden Grundelemente:
Objekte (Softwarebausteine), Nachrichten
(Signale), Klassen (Modellkategorien) und
Klassenvererbung (Vererbung von
Klasseneigenschaften)]
object oriented programming (OOP) [uses
following basic elements: objects (software
modules), messages (signals), classes (model
categories) and class inheritence (inheritence of
class properties)]
objektorientiertes Programmiersystem *n,*
OOP-System *n*
object oriented programming system
(OOPS)
Objektprogramm *n,* Zielprogramm *n* [ein durch
einen Assembler oder Compiler in
Maschinensprache übersetztes Programm]
object program, target program [a program
translated into machine language by an
assembler or compiler]
obligatorisch
mandatory
OCCAM [Programmiersprache für Transputer-
Systeme]
OCCAM [programming language for
transputer systems]
OCR-Leser *m,* optischer Zeichenleser *m*
OCR reader, optical character reader
OCR-Schrift *f* [von der ISO empfohlene
Normschrift für optische Schrifterkennung; es
gibt zwei Typen, OCR-A und OCR-B]
OCR characters [standard characters for
optical character recognition recommended by
ISO; there are two types, OCR-A and OCR-B]
ODA [offene Dokumentarchitektur]
ODA (Open Document Architecture)
ODER-Funktion *f,* ODER-Verknüpfung *f,*
inklusives ODER *n,* Disjunktion *f,* exklusives
ODER *n,* Antivalenz *f*
Es gibt zwei Varianten der ODER-
Verknüpfung, das inklusive und das exklusive
ODER. Spricht man von der ODER-
Verknüpfung ohne Zusatz, so meint man in der
Regel das inklusive ODER. Dies ist eine
logische Verknüpfung mit dem Ausgangswert
(Ergebnis) 0, wenn und nur wenn jeder
Eingang (Operand) den Wert 0 hat; für alle
anderen Eingangswerte ist der Ausgang 1.
OR function, OR operation, inclusive OR,
disjunction; exclusive OR, non-equivalence
There are two variants of the OR function, the
inclusive and the exclusive OR. As a rule, the
OR function (without the addition of inclusive
or exclusive) refers to the inclusive variant.

This is a logical operation having the output
(result) 0 if and only if each input (operand) is
0; for all other input values the output is 1.
ODER-Gatter *n,* ODER-Glied *n*
OR gate, OR element
ODER-Schaltung *f*
OR circuit
ODER-Verknüpfung *f,* inklusives ODER *n,*
Disjunktion *f,* exklusives ODER *n,* Antivalenz *f*
OR function, inclusive OR, disjunction;
exclusive OR, non-equivalence
ODIF [offenes Dokumentenformat]
ODIF (Open Document Interchange Format)
OEM *m,* Erstausrüster *m* [im Gegensatz zum
Endverbraucher oder Wiederverkäufer]
OEM (original equipment manufacturer) [in
contrast to end user or distributor]
Off-line-Aufzeichnung *f*
off-line recording
Off-line-Betrieb *m* [Datenverarbeitung]
off-line processing [data processing]
Off-line-Datenübertragung *f*
off-line data transmission
Off-line-Drucker *m*
off-line printer
offene Leitung *f*
open-circuited line
offene Prozeßkopplung *f*
on-line open loop
offene Schleife *f*
open loop
offener Betrieb *m,* Openshop-Betrieb *m*
[Rechnerbetrieb mit Zutritt für den
Auftraggeber bzw. Anwender; im Gegensatz
zum geschlossenen Betrieb, der dem Anwender
keinen Zutritt gewährt]
open-shop operation [computer operation
with access for the user; in contrast to closed-
shop operation in which the user has no access]
offener Emitterausgang *m*
open-emitter output
offener Kollektorausgang *m*
open-collector output
offener Stromkreis *m*
open-circuit
offenes Unterprogramm *n* [ein
Unterprogramm, das mehrfach in einem
Programm enthalten ist; im Gegensatz zum
allgemein verwendeten geschlossenen
Unterprogramm, das nur einmal im Programm
enthalten ist, aber mehrmals aufgerufen wird]
open subroutine, in-line subroutine [a
subroutine which is contained several times in
a program; in contrast to the generally used
closed subroutine which is contained in the
program only once but called up several times]
Offline-Status *m*
off-line status
öffnen, eröffnen [einer Datei, eines Fensters,

eines Anwendungsprogrammes]
open, to [a file, a window, an application program]
Offsetadresse *f*
offset address
Offsetdiode *f* [zur Verschiebung des Gleichspannungspegels verwendete Diode]
offset diode [a diode used for shifting the dc voltage level]
Offsetspannung *f* [bei Operationsverstärkern die Eingangsspannung, die benötigt wird, um eine Ausgangsspannung von 0 V zu erhalten]
offset voltage [in operational amplifiers the input voltage required to obtain an output voltage of 0 V]
Offsetspannungsdrift *f*
offset voltage drift
Offsetstrom *m*
offset current
Offsetstromdrift *f*
offset current drift
Ohm *n* (Ω) [SI-Einheit des elektrischen Widerstandes]
ohm (Ω) [SI unit of electrical resistance]
Ohmmeter *n,* Widerstandsmeßgerät *n*
ohmmeter
ohmsche Belastung *f,* ohmsche Last *f*
resistive load
ohmsche Komponente *f* [der reelle Teil einer Impedanz]
resistive component [the real part of an impedance]
ohmsche Last *f* [enthält weder Kapazität noch Induktivität]
ohmic load, resistive load [contains neither capacity nor inductance]
ohmscher Kontakt *m* [bei Halbleitern ein widerstandsbehafteter Kontakt zwischen zwei Materialien, bei denen der durchtretende Strom proportional der Spannungsdifferenz am Eingang ist]
ohmic contact [in semiconductors, a resistive contact between two materials in which the penetrating current is proportional to the voltage difference at the input]
ohmscher Spannungsabfall *m*
ohmic voltage drop, ohmic drop
ohmscher Widerstand *m,* Wirkwiderstand *m*
ohmic resistance
Ohmsches Gesetz *n* [die Beziehung zwischen Spannung (U), Strom (I) und Widerstand (R): U = I x R]
Ohms law [the relationship between voltage (V), current (I) and resistance (R): V = I x R]
ohne Vorspannung *f*
unbiased
oktales Zahlensystem *n*
octal number system, octal notation
Oktalschreibweise *f* [Zahlensystem mit der

Basis 8, das eine einfache Beziehung zu Binärzahlen aufweist, wenn sie in Dreiergruppen aufgeteilt werden, z.B. die Binärzahl 101 010 011 entspricht der kürzeren und einfacheren Oktalzahl 523]
octal notation [number system with the basis 8 having a simple relation to binary numbers when grouped in three, e.g. the binary number 101 010 011 has the shorter and simpler octal equivalent 523]
Oktalziffer *f*
octal digit
OLE [bei der Programmierung in Windows: Verknüpfen und Einfügen von Objekten wie z.B. Graphiken]
OLE (Object Linking and Embedding) [in Windows programming: linking and embedding of objects, e.g. graphics]
On-line-Betrieb *m,* direkte Verarbeitung *f* [Datenverarbeitung]
on-line processing [data processing]
On-line-Datenübertragung *f*
on-line data transmission
On-line-Drucker *m*
on-line printer
On-line-Eingabegerät *n*
on-line input device
On-line-Status *m*
on-line status
OOP, objektorientierte Programmierung *f* [verwendet die folgenden Grundelemente: Objekte (Softwarebausteine), Nachrichten (Signale), Klassen (Modellkategorien) und Klassenvererbung (Vererbung von Klasseneigenschaften)]
OOP (object oriented programming) [uses following basic elements: objects (software modules), messages (signals), classes (model categories) and class inheritence (inheritance of class properties)]
OOP-Sprache *f,* objektorientierte Programmiersprache *f*
OOPL (object oriented programming language)
OOP-System *n,* objektorientiertes Programmiersystem *n*
OOPS (object oriented programming system)
Op-Code *m,* Operationscode *m* [codierte Darstellung der Operation, die von einem Befehl ausgelöst werden soll; der Operationscode ist im Operationsteil des Befehls enthalten]
op code, operation code [code representing the operation to be initiated by an instruction; the operation code is contained in the operation part of the instruction]
Op-Register *n,* Operationsregister *n*
op register, operation register
Open Look [graphische Benutzeroberfläche für UNIX]

Open Look [graphical user interface for UNIX]

Openshop-Betrieb *m*, offener Betrieb *m* [Rechnerbetrieb mit Zutritt für den Auftraggeber bzw. Anwender; im Gegensatz zum geschlossenen Betrieb, der dem Anwender keinen Zutritt gewährt]
open-shop operation [computer operation with access for the user; in contrast to closed-shop operation in which the user has no access]

Operand *m*, Rechengröße *f* [auszuführende Operation bzw. eine Information, die zur Ausführung eines Befehls geholt werden muß]
operand [operation to be carried out or an information which has to be fetched for carrying out an instruction]

Operand an Adreßposition *m*, Literal *n* [eine numerische oder alphanumerische Konstante als Operand im Adreßfeld eines Befehls; wird vor allem in Assemblersprachen verwendet]
literal operand, literal [a numerical or alphanumerical constant used as operand in the address field of an instruction; employed primarily in assembler languages]

Operandenadresse *f*
operand address

Operandenregister *n*
operand register

Operandenteil *m* [der Teil eines Befehls, der für den Operanden bzw. für das Auffinden des Operanden vorgesehen ist]
operand part [that part of an instruction which is reserved for the operand or for finding the operand]

Operation *f*
operation

Operationscode *m*, Op-Code *m* [codierte Darstellung der Operation, die von einem Befehl ausgelöst werden soll; der Operationscode ist im Operationsteil des Befehls enthalten]
operation code, op code [code representing the operation to be initiated by an instruction; the operation code is contained in the operation part of the instruction]

Operationsregister *n*, Op-Register *n*
op register, operation register

operationsteilloses Befehlsformat *n*
functional address instruction format

Operationsverstärker *m*
Linearer Gleichspannungsverstärker mit hohem Verstärkungsfaktor, hohem Eingangs- und kleinem Ausgangswiderstand. Wird meistens als Differenzverstärker mit zwei Eingängen (einem invertierenden und einem nicht invertierenden Eingang) und mit Gegenkopplung ausgeführt. Wurde ursprünglich als Rechenverstärker für Analogrechner entwickelt, wird aber heute praktisch universell als Verstärkerbaustein in vielen Bereichen eingesetzt.
operational amplifier (op amplifier, op amp) Linear dc voltage amplifier with high gain, high input and low output resistance. Usually designed as a differential amplifier with two inputs (an inverting and a non-inverting input) and negative feedback. Was originally developed for mathematical operations in analog computers but is now practically universally used in a wide range of applications.

Operationszyklus *m*
operation cycle

Operator *m*
operator

optimal codiertes Programm *n*, optimales Programm *n*
optimum program, optimally coded program

optimales Programm *n*, Bestzeitprogramm *n* [optimal codiertes Programm]
minimum access program [optimally coded program]

optimieren
optimize, to

Optimierung *f*
optimization

Option *f* [Auswahlmöglichkeit]
option [selection choice]

optisch gekoppelt
optically coupled

optische Abtastung *f*
optical scanning

optische Achse *f*
optical axis

optische Anzeige *f*, Sichtanzeige *f*
visual display

optische Faser *f*, Lichtwellenfaser *f* [Faser aus lichtdurchlässigem Material, z.B. Glas- oder Kunststoffaser, für die optische Übertragung von Signalen]
optical fiber (OF) [fiber of transparent material, e.g. glass or plastic fiber, for optical transmission of signals]

optische Kopplung *f* [Kopplung von zwei Schaltkreisen (meistens mit unterschiedlichem Spannungspotential) mittels Lichtstrahlen zum Zwecke der galvanischen Trennung]
optical coupling [coupling between two circuits (normally having differing voltage potentials) by light beams to provide electrical isolation]

optische Maus *f*
optical mouse

optische Speicherplatte *f* [ein Massenspeicher]
optical disk [a mass storage device]

optische Zeichenerkennung *f*, Klarschrifterkennung *f* OCR-Verfahren *n*
optical character recognition (OCR),

magnetic character recognition (MCR)
optischer Abtaster *m*
optical scanner
optischer Belegleser *m*
videoscan document reader
optischer Lochstreifenleser *m*
optical tape reader, optical punched tape
reader
optischer Speicher *m*
optical storage
optischer Zeichenleser *m*, OCR-Leser *m*
optical character reader, OCR reader
optisches Koppelelement *n*, Optokoppler *m*
optocoupler, optical isolator, photocoupler,
photoisolator
Optoelektronik *f*
Das Gebiet der Elektronik, das sich mit
Bauteilen befaßt, die der Erzeugung,
Modulation und Übertragung von
elektromagnetischer Strahlung im
ultravioletten, sichtbaren und infraroten
Spektralbereich dienen; d.h. mit Bauteilen, die
Licht aussenden oder empfangen können.
optoelectronics
The branch of electronics which deals with
devices for generating, modulating and
transmitting electromagnetic radiation in the
ultraviolet, visible and infrared spectral
regions; i.e. devices that can emit or detect
light.
optoelektronische Anzeige *f*
optoelectronic display
optoelektronische integrierte Schaltung *f*,
integrierte optoelektronische Schaltung *f*
optoelectronic integrated circuit (OEIC)
optoelektronischer Chip *m*
optoelectronic chip
optoelektronisches Halbleiterbauelement *n*
optoelectronic semiconductor device
Optokoppler *m*, optisches Koppelelement *n*
Elektronisches Bauteil für die optische
Signalübertragung zwischen zwei galvanisch
getrennten Schaltkreisen. Es besteht aus einem
Sender (z.B. Lumineszenzdiode) und einem
Empfänger bzw. einem Photodetektor (z.B.
Phototransistor), die optisch miteinander
gekoppelt sind.
optocoupler, optical isolator, photocoupler,
photoisolator
Electronic device for the optical transmission of
signals between two electrically isolated
circuits. It consists of an emitter (e.g. a light-
emitting diode) optically coupled to a
photodetector (e.g. a phototransistor).
Optotransistor *m*, Phototransistor *m*
Bipolartransistor, der als Photoempfänger mit
eingebautem Verstärker wirkt, bei dem sich
durch Lichteinstrahlung in den Basisbereich
Ladungsträgerpaare bilden, die den Stromfluß

vergrößern.
phototransistor
Bipolar transistor, acting as a photodetector
with internal gain, in which electron-hole pairs
are generated by exposing the base region to
light, thus increasing current flow.
ordnen [allgemein]
order, to [general]
ordnen, einordnen, klassifizieren [z.B.
statistische Daten]
classify, to [e.g. statistical data]
Ordnungsbegriff *m*, Hauptordnungsbegriff *m*,
Primärschlüssel *m*
key, primary key
Ordnungseinrichtung *f*, Sortiereinrichtung *f*
[für Bauteile]
sorting device [for components]
Ordnungszahl *f*
ordinal number
organischer Halbleiter *m*
organic semiconductor
Orgware *f* [verfügbares personell-
organisatorisches Potential]
orgware (organizational ware) [available
personnel-organizational resources]
Originalbeleg *m*
source document
Originalvorlage *f* [Leiterplatten]
master artwork [printed circuit boards]
Orthographiefehler *m*, Rechtschreibfehler *m*
spelling error
Orthographieprogramm *n*,
Rechtschreibprogramm *n*
spell checker, spellchecker, spelling checker
Orthographieüberprüfung *f*,
Rechtschreibüberprüfung *f*
spell checking, spellchecking, spelling check
örtlich gezielt dotiert, selektiv dotiert
selectively doped
örtlich gezielte Dotierung *f*, selektive
Dotierung *f*
Wichtiger Verfahrensschritt der Planartechnik.
Dabei werden Dotierstoffe zur Erzeugung von
N- und P-leitenden Bereichen örtlich gezielt
durch Fenster eindiffundiert, die in eine die
Kristalloberfläche abschirmende Oxidschicht
geätzt werden.
selective doping, localized doping
Major process step in planar technology. It
involves localized introduction of dopant
impurities into the semiconductor to generate
n-type and p-type conductive regions through
windows etched in a protective oxide layer
covering the crystal surface.
örtlich gezielte Oxidation *f*, lokale Oxidation *f*
Technik für die Isolation der einzelnen
Strukturen einer integrierten Schaltung, bei
der Oxidschichten selektiv, d.h. örtlich gezielt,
mit Hilfe von Siliciumnitridmasken auf die

Halbleiterscheibe aufgebracht werden. Es
werden verschiedene Verfahren eingesetzt, z.B.
Isoplanar, LOCMOS, LOCOS, LOSOS,
MOSAIC, OXIM, OXIS, PLANOX und SATO.
local oxidation
Isolation technique for integrated circuits in
which isolation regions between the circuit
structures are formed by selective localized
deposition of oxide layers on the semiconductor
wafer with the aid of silicon nitride masks.
Several processes are used, e.g. Isoplanar,
LOCMOS, LOCOS, LOSOS, MOSAIC, OXIM,
OXIS, PLANOX and SATO.

ortsfest [z.B. Gerät]
stationary [e.g. equipment]

OS/2 [von IBM und Microsoft gemeinsam
entwickeltes 32-Bit-Betriebssystem für 80386-
und 80486-Prozessoren insbesondere für die
IBM PS/2-Reihe]
OS/2 [32-bit protected-mode multitasking
operating system developed by IBM and
Microsoft for 80386 and 80486 processors, in
particular for the IBM PS/2 series]

OSA [offene Systemarchitektur von Olivetti]
OSA [Open Systems Architecture developed by
Olivetti]

Öse *f*, **Lötauge** *n* [für die Befestigung bzw. Lötung
von Bauteilen, z.B. auf gedruckte Schaltungen]
eyelet [for mounting or soldering components,
e.g. on printed circuits]

OSF [Konsortium für offene Software]
OSF (Open Software Foundation) [software
consortium]

OSI-Modell *n*, **ISO-Referenzmodell** *n*
[Rechnerverbundmodell mit sieben
Funktionsschichten; typische Protokolle der
physikalischen (ersten) Schicht sind RS-232-C
und V.24]
OSI (Open System Interconnection), **ISO**
reference model [computer network model
based on seven layers; typical physical (layer
one) protocols are RS-232-C and V.24]

Oszillator *m*
oscillator

Oszillogramm *n*
oscillogram

Oszillograph *m*, Oszilloskop *n*
oscilloscope, cathode-ray oscilloscope (CRO)

OVD-Verfahren *n*, **Außenabscheideverfahren** *n*
[ein Abscheideverfahren, das bei der
Herstellung von Glasfasern eingesetzt wird]
OVD process (outside vapour deposition
process) [a deposition process used in glass
fiber manufacturing]

Overlay-Technik *f*, **Speicherüberlagerung** *f*,
Überlagerungstechnik *f* [das Unterteilen eines
Programmes in Segmente
(Überlagerungssegmente oder Overlays), die
nach Bedarf in den Hauptspeicher geladen

werden; somit benötigt die Ausführung eines
Programmes weniger Platz im Hauptspeicher]
overlay technique [dividing a program into
segments (overlays) which are loaded into the
main memory as they are required; hence
execution of a program requires less space in
the main memory]

Overlay-Transistor *m*
Bipolartransistor für hohe Frequenzen (bis 10
GHz), bei dem die Emitterzone in eine Vielzahl
kleiner Emitterbereiche (über 100) unterteilt
ist. Die Emitterbereiche sind durch
Metallkontaktstreifen über einer mit Fenstern
versehenen isolierenden Oxidschicht
miteinander verbunden.
overlay transistor
Bipolar transistor for high frequency
applications (up to 10 GHz) in which the
emitter area is divided into a large number of
small emitter regions (over 100). The emitter
regions are interconnected by an overlay of
metal film on an insulating oxide layer which is
provided with windows for making contacts.

OVPO-Verfahren *n*, **Außenoxidationsverfahren**
n [ein Oxidationsverfahren, das bei der
Herstellung von Glasfasern eingesetzt wird]
OVPO process (outside vapour-phase
oxidation process) [an oxidation process used in
glass fiber production]

oxid-isoliert
oxide isolated

Oxidation *f* [Verfahren für das Aufwachsen von
Oxidschichten auf Silicium]
oxidation [a process for growing oxide layers
on silicon]

Oxidätzung *f*
oxide etching

Oxiddicke *f*
oxide thickness

oxidisolierte CMOS-Technik *f*, **LOCMOS-
Technik** *f*
Isolationsverfahren für integrierte
komplementäre MOS-Schaltungen, bei dem die
einzelnen Schaltungsstrukturen durch lokale
Oxidation von Silicium voneinander isoliert
werden.
locally oxidized CMOS technology
(LOCMOS technology)
Isolation technique for complementary MOS
integrated circuits which provides isolation
between the circuit structures by local
oxidation of silicon.

Oxidmaske *f*
oxide mask

Oxidmaskierung *f*, **Diffusionsmaskierung** *f*
Wichtiger Verfahrensschritt der Planartechnik.
Dabei wird eine Halbleiterscheibe (Wafer) mit
einer dünnen Oxidschicht überzogen. In das
Oxid werden mit Hilfe von Kontaktmasken

Fenster geätzt, durch die der Dotierstoff in die
Halbleiterscheibe eindiffundieren kann.
Gleichzeitig schützt die verbleibende
Oxidschicht vor dem Eindringen von
Dotierstoffen in unerwünschte Bereiche des
Wafers.
oxide masking, diffusion masking
Major process step in planar technology. It
consists of growing a thin layer of oxide on the
surface of the wafer. With the aid of contact
masks, diffusion windows are etched on the
oxide layer to allow selective diffusion of
dopants. At the same time, the remaining oxide
prevents penetration of dopants into undesired
regions of the wafer.

Oxidpassivierung *f*
Das Aufwachsen von isolierenden
Oxidschichten (meistens Siliciumdioxid) auf der
Oberfläche eines Halbleiters, um sie vor
Verunreinigungen zu schützen.
oxide passivation
Growing a layer of insulating oxide (usually
silicon dioxide) on the surface of a
semiconductor to provide protection from
contamination.

Oxidschicht *f*
oxide coating, oxide layer

Oxidwallisolation *f* [Isolationsverfahren für
integrierte Bipolarschaltungen]
oxide isolation [isolation technique for bipolar
integrated circuits]

OXIM-Technik *f* [Isolationsverfahren, ähnlich
der OXIS-Technik]
OXIM technology (oxide isolated monolithic
technology) [isolation process similar to the
OXIS technology]

OXIS-Technik *f* Oxidisolationstechnik *f*
Isolationsverfahren für integrierte
Bipolarschaltungen, bei der die einzelnen
Strukturen der Schaltung durch lokale
Oxidation von Silicium voneinander isoliert
werden.
OXIS technology (oxide isolation technology)
Isolation technique for bipolar integrated
circuits which provides isolation between the
circuit structures by local oxidation of silicon.

P

P-Bereich *m*, P-Gebiet *n*, P-Zone *f*
[Halbleitertechnik]
Bereich in einem Halbleiter, in dem der
Ladungstransport vorwiegend durch
Defektelektronen (Löcher) erfolgt.
p-type region, p-type zone [semiconductor
technology]
A region in a semiconductor in which charge
transport is effected essentially by holes.

P-Dotierung *f* [Halbleitertechnik]
Der Einbau von Akzeptoratomen in einen
Halbleiter, z.B. Boratome in Silicium. Dadurch
werden Defektelektronen (Löcher) erzeugt und
der entsprechend dotierte Bereich wird P-
leitend. Stark P-dotierte Bereiche werden mit
P$^+$ bezeichnet.
p-type doping [semiconductor technology]
The introduction of acceptor impurity atoms
into a semiconductor, e.g. boron into silicon.
This generates holes and produces p-type
conduction in the correspondingly doped region.
Highly doped p-type regions are denoted by p$^+$.

P-Gebiet *n*, P-Bereich *m*, P-Zone *f*
[Halbleitertechnik]
p-type region, p-type zone [semiconductor
technology]

P-Grundmaterial *n*, P-Substrat *n*
[Halbleitertechnik]
Substrat mit Defektelektronenleitung (P-
Leitung).
p-type substrate [semiconductor technology]
A substrate with hole conduction (p-type
conduction).

P-Halbleiter *m* [Halbleiter mit
Defektelektronenleitung (P-Leitung)]
p-type semiconductor [semiconductor with
hole conduction (p-type conduction)]

P-Kanal *m* [Halbleitertechnik]
Der stromführende Kanal in einem
Feldeffekttransistor, in dem der
Ladungstransport durch Defektelektronen
(Löcher) erfolgt.
p-channel [semiconductor technology]
The conducting channel in a field-effect
transistor in which charge transport is effected
by holes.

P-Kanal-Feldeffekttransistor *m* (PFET)
Feldeffekttransistor, der einen P-leitenden
Kanal besitzt, d.h. einen Kanal, in dem die
Majoritätsladungsträger Defektelektronen
(Löcher) sind.
p-channel field-effect transistor (PFET)
Field-effect transistor with a p-type conducting
channel, i.e. a channel in which the majority
carriers are holes.

**P-Kanal-Feldeffekttransistor mit Metall-
Oxid-Halbleiter-Struktur** *m* (PMOSFET)
**p-channel metal-oxide-semiconductor
field-effect transistor** (PMOSFET)

P-Kanal-MOS-Technik *f*, PMOS-Technik *f*
Technik für die Herstellung von
Feldeffekttransistoren mit Metall-Oxid-
Halbleiter-Struktur und einem P-leitenden
Kanal, bei der P-dotierte Bereiche (Source und
Drain) in ein N-leitendes Substrat
eindiffundiert werden.
p-channel MOS technology, PMOS
technology
A process for fabricating field-effect transistors
with a metal-oxide-semiconductor structure
and a p-type conducting channel. The p-type
regions (source and drain) are formed by
diffusion in an n-type substrate.

P-Kanal-MOS-Technik mit Aluminium-Gate *f*
Technik für die Herstellung von PMOS-
Feldeffekttransistoren, bei denen das Gate (die
Steuerelektrode) aus Aluminium besteht.
**p-channel aluminium-gate MOS
technology**
Process for fabricating p-channel MOS field-
effect transistors in which the gate consists of
aluminium.

P-Kanal-MOS-Technik mit Silicium-Gate *f*
Technik für die Herstellung von PMOS-
Feldeffekttransistoren, bei denen das Gate (die
Steuerelektrode) aus einem leitfähigen
Polysilicium besteht.
p-channel silicon-gate MOS technology
Process for fabricating p-channel MOS field-
effect transistors in which the gate consists of a
conductive polysilicon material.

P-Kanal-Transistor *m*
p-channel transistor

P-Leiter *m*
p-conductor

P-Leitung *f*, Defektelektronenleitung *f*,
Defektleitung *f*, Löcherleitung *f*
Ladungstransport in einem Halbleiter durch
Defektelektronen (Löcher).
hole conduction, p-type conduction
Charge transport by holes in a semiconductor.

P-Substrat *n*, P-Grundmaterial *n*
[Halbleitertechnik]
Substrat mit Defektelektronenleitung (P-
Leitung).
p-type substrate [semiconductor technology]
A substrate with hole conduction (p-type
conduction).

P-Zone *f*, P-Bereich *m*, P-Gebiet *n*
[Halbleitertechnik]
Bereich in einem Halbleiter, in dem der
Ladungstransport vorwiegend durch
Defektelektronen (Löcher) erfolgt.
p-type region, p-type zone [semiconductor

technology]
A region in a semiconductor in which charge
transport is effected essentially by holes.
Paarbildung *f*, Elektron-Defektelektron-Paar-
Erzeugung *f*
Bildung eines Elektron-Loch-Paares, z.B. durch
Temperaturanstieg. Dabei wird ein Elektron
aus dem Valenzband in das Leitungsband
gehoben, während ein Loch im Valenzband
zurückbleibt.
pair generation, electron-hole-pair generation
Generation of an electron-hole pair, e.g. by
increasing temperature. This causes an
electron to be released from the valence band
into the conduction band, thereby leaving a
hole in the valence band.
paarig
matched
paarige Datensätze *m.pl.*
matched records
Paarigkeit *f* [Daten]
matching [data]
packen [Daten komprimieren für die
Speicherung, z.B. auf einem Magnetband,
durch Weglassen überflüssiger Zeichen]
pack, to [to compress data for storage, e.g. on a
magnetic tape, by eliminating superfluous
characters]
Packungsdichte *f*, Bauelementendichte *f*
Die Anzahl der Bauelemente pro Flächen- bzw.
Volumeneinheit. Bei integrierten Schaltungen
die Anzahl der Bauelemente pro Chip.
packaging density, component density
The number of components per unit area or
unit volume. In integrated circuits, the number
of components per chip.
Packungsdichte *f*, Schreibdichte *f*, Bitdichte *f*
[Aufzeichnungsdichte eines Datenträgers,
insbesondere eines Magnetbandes, in der Regel
ausgedrückt in Bits/Zoll (BPI) bzw. Bits/cm;
gebräuchliche Aufzeichnungsdichten sind 800,
1600 und 6250 BPI bzw. 315, 630 und 2460
Bits/cm]
packing density, recording density, bit
density [storage density of a data medium,
particularly of a magnetic tape, usually
expressed in bits/inch (BPI); commonly used
recording densities are 800, 1600 and 6250
BPI]
PACVD-Verfahren *n*, PCVD-Verfahren *n* [ein
Abscheideverfahren, das bei der Herstellung
von Glasfasern eingesetzt wird]
PACVD, PCVD (plasma-activated chemical
vapour deposition) [a deposition process used in
glass fiber production]
PageMaker [Desktop-Publishing- bzw. DTP-
Programm]
PageMaker [desktop publishing (DTP)
program]

Paging *n*, Seitenaufteilung *f* [Speicheraufteilung
in Segmente gleicher Länge (Seiten); wird
besonders bei Rechnern mit virtuellem
Speicher für die Übernahme von
Programmteilen aus einem Externspeicher
(Seitenspeicher) in den Hauptspeicher
verwendet]
paging [dividing memory into equal segments
(pages); used particularly in virtual memory
systems for transferring program segments
from an external storage (page storage) into
main memory]
PAL, programmierbare Array-Logik *f*,
programmierbare Feld-Logik *f*
Integrierte Schaltung mit einer
programmierbaren UND-Matrix und einer
festgelegten ODER-Matrix. Einige PALs
enthalten zusätzlich Flipflops und Register. Die
logischen Funktionen lassen sich nach
Kundenwünschen programmieren.
PAL (programmable array logic)
Integrated circuit with a programmable AND
array and a fixed OR array. Some PALs also
include flip-flops and registers. The logic
functions can be programmed to customers'
specifications.
Palmtop-Computer *m* [kleiner Rechner, der auf
der Handfläche gehalten werden kann]
palmtop computer [small computer that can
be held on the palm of a hand]
PAM, Pulsamplitudenmodulation *f*
PAM (pulse amplitude modulation)
Papierkopie *f*, Hardcopy *f* [gedruckte Ausgabe
einer im Rechner gespeicherten Datei, z.B.
Programmauflistung]
hard copy [printed copy of file stored in
computer, e.g. program listing]
Papierkorb *m* [graphisches Symbol für Löschen
von Dateien]
trash can [icon for deleting files]
Papiervorschub *m* [für Drucker]
paper feed [for printer]
Parallel-Serien-Übertragung *f* [gleichzeitiges
Übertragen mehrerer Zeichen, aber
sequentielles Übertragen der einzelnen Bits]
parallel-serial transmission, parallel-serial
transfer [simultaneous transmission of several
characters but individual transmission of the
bits in each character]
Parallel-Serien-Umsetzer *m* [wandelt ein
parallel anliegendes Datenwort in eine Serie
von Bits um; beispielsweise kann ein 8-Bit-
Schieberegister ein Byte in einzelne Bits
umsetzen]
parallel-serial converter [converts parallel
data into a series of bits; for example, an 8-bit
shift register can convert a byte into a sequence
of bits]
Parallel-Serien-Umsetzung *f*

parallel-serial conversion
Parallelabtaster *m*
parallel scanner
Paralleladdierer *m* [summiert die
entsprechenden Stellen zweier Zahlen
gleichzeitig]
parallel adder, parallel full-adder [adds the
corresponding digits of two numbers
simultaneously]
Parallelausgabe *f*
parallel output
Parallelbetrieb *m,* Simultanbetrieb *m*
parallel mode, parallel operation,
simultaneous operation
Paralleldatenverarbeitung *f*
parallel data processing
Paralleldrucker *m,* Zeilendrucker *m*
parallel printer, line printer
parallele Ein-Ausgabe *f*
parallel input/output (PIO)
parallele Schnittstelle *f*
parallel interface
paralleler Anschluß *m*
parallel port
Parallelhalbaddierer *m*
parallel half-adder
Parallelhalbsubtrahierer *m*
parallel half-subtracter
Parallelrechner *m* [Rechner für die
Parallelverarbeitung]
parallel computer [computer for parallel
processing]
Parallelregister *n*
parallel register
Parallelschaltung *f*
parallel connection
Parallelspeicher *m*
parallel memory, parallel storage
Parallelsubtrahierer *m*
parallel subtracter, parallel full-subtracter
Parallelübertrag *m,*
Übertragsvorausberechnung *f* [parallele
Bildung der Überträge aller Stellen; im
Gegensatz zum durchlaufenden Übertrag, bei
dem die Überträge nacheinander gebildet
werden]
carry look-ahead, anticipatory carry [parallel
computation of carries of all digits; in contrast
to ripple carry in which the carries are formed
one after the other]
Parallelübertragssignal *n*
parallel transfer signal
Parallelübertragung *f* [gleichzeitige
Übertragung aller Bits eines Zeichens]
parallel transmission [simultaneous
transmission of all bits of a character]
Parallelverarbeitung *f* [Simultanverarbeitung
mehrerer Prozesse]
parallel processing [simultaneous processing

of several tasks]
Parallelvervielfacher *m*
parallel multiplier
Parallelwiderstand *m,* Shuntwiderstand *m,*
Shunt *m*
parallel resistor, shunt resistor, shunt
Parallelzugriff *m*
simultaneous access, parallel access
Parameter *m*
parameter, argument
Parameter für wechselnden Rücksprung
alternate return specifier
Parameteradresse *f*
parameter address
Parametereingabe *f*
parameter entry
Parameterfolge *f*
parameter string
Parameterliste *f*
parameter list, argument list
Parameterübergabe *f*
parameter passing
parametrischer Verstärker *m,*
Reaktanzverstärker *m*
parametric amplifier, variable reactance
amplifier
parasitäre Frequenz *f,* Störfrequenz *f*
parasitic frequency
parasitäre Kapazität *f*
parasitic capacitance
Parität *f*
parity
Paritäts-Flag *n,* Paritätsmerker *m*
parity flag
Paritätsbit *n,* Kontrollbit *n,* Prüfbit n
[zusätzliches Bit, das jeder
Informationseinheit, z.B. Zeichen, Byte oder
Wort, zugefügt wird, um eine ungerade bzw.
gerade Summe aller Bits in dieser Einheit zu
erhalten; damit lassen sich Übertragungsfehler
erkennen]
parity bit , check bit [a check bit added to a
unit of data, e.g. character, byte or word, to
obtain an odd or even sum of all bits in the unit
of data; serves to detect transmission errors]
Paritätsfehler *m*
parity error
Paritätsgenerator *m*
parity generator
Paritätsmerker *m,* Paritäts-Flag *n*
parity flag
Paritätsprüfer *m*
parity checker
Paritätsprüfung *f* [Schutzmethode gegen
Übertragungsfehler; jeder Informationseinheit
(z.B. Zeichen) wird ein zusätzliches Bit
(Paritätsbit) hinzugefügt, so daß die Summe
aller Bits in dieser Einheit gerade oder
ungerade wird (gerade Parität bzw. ungerade

Parität)]
parity check [method of protecting data against transmission errors; each unit of data (e.g. character) is given an additional bit (parity bit) so that the sum of all bits in this unit is even or odd (even parity or odd parity)]

Parkspur *f* [verhindert Beschädigung der Festplatte durch den Schreib-Lese-Kopf]
parking track [prevents head crash on a hard disk drive]

Parse-Baum *m*, Syntax-Baum *m*
parse tree, syntax tree

Parser *m* [analysiert die Syntax eines Programmes]
parser [analyzes syntax of a program]

Partialbruch *m*
partial fraction

Partition *f*, Speicherbereich *m* [einer Festplatte]
partition [of a hard disk]

Partitionierung *f*, Aufteilung *f* [Festplatten: Aufteilung in mehrere logische Laufwerke]
partitioning [hard disks: subdividing into several logical drives]

Partitionsgröße *f*
partition size

PASCAL [Programmiersprache]
Eine höhere, problemorientierte Programmiersprache auf der Basis von ALGOL für technisch-wissenschaftliche Aufgaben. Sie zeichnet sich vor allem durch strukturierte Programmiertechnik und leichte Erlernbarkeit aus.
PASCAL [programming language]
A high-level problem-oriented programming language based on ALGOL for engineering and scientific purposes. It is characterized by a structured programming technique and is easy to learn.

Pascal *n* (Pa) [SI-Einheit des Druckes]
pascal (Pa) [SI unit of pressure]

passive LCD-Anzeige *f* [passive Flüssigkristallanzeige mit externer Elektronik]
passive LCD [liquid crystal display with external electronics]

passive Schaltung *f*
passive circuit

passiver Vierpol *m*
passive two-port network

passives Element *n*
Ein Bauelement, das die ihm zugeführten Signale nicht verstärkt, z.B. ein Widerstand oder ein Kondensator.
passive element
An element which does not amplify the signals applied to it, e.g. a resistor or a capacitor.

passives Halbleiterbauelement *n*
passive semiconductor component

Passivierung *f* [Halbleitertechnik]
Das Aufbringen oder Aufwachsen von Schutzschichten (z.B. Siliciumdioxid, Siliciumnitrid, Glas oder Polyimid) auf die Oberfläche eines Halbleiters, um sie vor Feuchtigkeit, Verunreinigungen und dem Eindringen von Ionen zu schützen.
passivation [semiconductor technology]
Deposition or growing of protective films (e.g. silicon dioxide, silicon nitride, glass or polyimide) on the surface of a semiconductor to provide protection from contamination, moisture, and the penetration of ions.

Paßwort *n*, Kennwort *n* [verhindert den unerlaubten Zugriff auf ein Rechensystem bzw. auf gespeicherte Informationen]
password [prevents unauthorized access to computer or stored information]

Patterngenerator *m*, Bitmustergenerator *m*
pattern generator

Pause *f* [vorübergehende Unterbrechung eines Programmes]
pause [temporary interruption of a program]

PC *m*, Personal-Computer *m* [gebräuchliche Bezeichnung für einen Mikrorechner mit minimaler Konfiguration, entweder für den privaten Einsatz (Heimrechner) oder für den Einsatz am Arbeitspult; im Gegensatz zu Arbeitsstation, Minirechner usw.]
PC (personal computer) [generally used term for a microcomputer with minimum configuration, either for private use (home computer) or for use on office desk; in contrast to workstation, minicomputer, etc.]

PC-DOS [von Microsoft für IBM entwickelte Sonderversion von MS-DOS]
PC-DOS [special version of MS-DOS developed by Microsoft for IBM]

PC-Exchange-Programm *n* [Programm für den Datenaustausch zwischen DOS-PC und Macintosh]
PC Exchange program [program for data exchange between a DOS PC and a Macintosh]

PC-UNIX-Derivate *n.pl.* [von UNIX speziell für den PC abgeleitete Betriebssysteme]
PC UNIX derivates [operating systems derived from UNIX specially for PC installation]

PCI *f*, programmierbare Kommunikations-Schnittstelle *f*
PCI (programmable communications interface)

PCL-Druckerbefehl *m*
PCL printer command

PCL-Druckersteuersprache *f* [von Hewlett-Packard entwickelte Druckersteuersprache]
PCL (Printer Command Language) [developed by Hewlett-Packard]

PCL-Format *n*
PCL format

PCM *f*, Pulscodemodulation *f*
PCM (pulse-code modulation)

PCVD-Verfahren *n*, **PACVD-Verfahren** *n* [ein
Abscheideverfahren, das bei der Herstellung
von Glasfasern eingesetzt wird]
PCVD, PACVD (plasma-activated chemical
vapour deposition) [a deposition process used in
glass fiber production]
PCX-Dateiformat *n* [Graphik-Dateiformat
erzeugt von PC Paintbrush (ZSoft)]
PCX file format [graphic file format generated
by PC Paintbrush (ZSoft)]
PDM *f*, Pulsdauermodulation *f*
PDM (pulse-duration modulation)
PEARL [Programmiersprache]
Eine höhere, problemorientierte
Programmiersprache für Anwendungen im
Bereich der Prozeßsteuerung.
PEARL (Process and Experiment Automation
Real-time Language)
A high-level problem-oriented programming
language for process control applications.
PECVD-Verfahren *n*, Abscheidung aus einem
Plasma *f*
Ein Verfahren zur Abscheidung von
Isolierschichten bei der Herstellung
integrierter Schaltungen, das niedrigere
Abscheidetemperaturen ermöglicht als das
konventionelle CVD-Verfahren.
PECVD process (plasma-enhanced chemical
vapour deposition)
A process used for forming dielectric layers in
integrated circuit fabrication that allows lower
deposition temperatures to be used than the
conventional CVD process.
Peer-to-Peer-Verbindung *f* [Verbindung
zwischen gleichrangigen Rechnern, im
Gegensatz zu Client-Server-Verbindung]
peer-to-peer link [link between computers of
equal rank, in contrast to client-server link]
Pegel *m*
level
pegelgesteuerter Eingang *m*
level-operated input
Pegelumsetzer *m*
level converter
Peirce-Funktion, NOR-Verknüpfung *f* [logische
Verknüpfung mit dem Ausgangswert
(Ergebnis) 1, wenn und nur wenn alle Eingänge
(Operanden) den Wert 0 haben; für alle
anderen Eingangswerte ist der Ausgangswert 0]
NOR function, NOR operation [logical
operation having the output (result) 1 if and
only if all inputs (operands) are 1; for all other
input values the output is 0]
Pen-Computer *m*, Stift-Computer *m* [kleiner
Rechner mit Tablett und Stift für Handschrift-
Eingabe]
pen computer, pen-based computer, notepad
computer [small computer with tablet and pen

for handwritten entry]
Pen-Screen *m* [Tablett des Pen-Computers]
pen screen [tablet screen of pen computer]
Pendeln *n*, Nachlauf *m*
hunting
Periodensystem *n*, periodisches System der
Elemente *n*
Die Anordnung der chemischen Elemente nach
steigendem Atomgewicht und den daraus
folgenden chemischen und physikalischen
Eigenschaften. Elemente mit ähnlichen
Eigenschaften sind untereinanderstehend in 9
Gruppen angeordnet. Silicium und Germanium
gehören der Gruppe IV an (die Atome besitzen
4 Elektronen in der äußeren Schale). Von
steigender Bedeutung für die
Halbleiterfabrikation sind
Verbindungshalbleiter der Gruppen III-V, z.B.
Galliumarsenid.
periodic system, periodic table
Arrangement of the chemical elements in the
order of their increasing atomic weight and
corresponding chemical and physical
properties. Elements of similar properties are
placed under each other, forming 9 basic
groups. Silicon and germanium belong to group
IV (the atoms have 4 electrons in the outer
shell). Compound semiconductors belonging to
the groups III-V such as gallium arsenide are of
growing importance to the semiconductor
industry.
periodische Sicherung *f*
periodic backup
periodischer Dezimalbruch *m*
repeating decimal
periodischer Vorgang *m*, zyklischer Vorgang *m*
cyclic process
periodisches Auffrischen *n*
Das Auffrischen von Informationen in
regelmäßigen Zeitabständen (z.B. alle 2 ms) in
dynamischen Schreib-Lese-Speichern (DRAMs),
um Ladungsverluste auszugleichen.
periodic refreshing
Refreshing at regular time intervals (e.g. every
2 ms) of data stored in dynamic random access
memories (DRAMs) to compensate for charge
losses.
periodisches System der Elemente *n*,
Periodensystem *n*
periodic system, periodic table
peripherer Schnittstellenadapter-Baustein
m, PIA-Baustein *m*
peripheral interface adapter (PIA)
peripheres Gerät *n*, Peripheriegerät *n*,
Anschlußgerät *n* [für Dateneingabe, -ausgabe
oder -speicherung]
peripheral device, peripheral unit, peripheral
[for data input, output or storage]
Peripherie *f*

peripheral equipment
permanenter Fehler m
permanent error
Permanentspeicher m, nichtlöschbarer
  Speicher m
permanent storage, permanent memory
Permeabilität f
permeability
Permittivität f, Dielektrizitätskonstante f
permittivity
Personal-Computer m, PC m [gebräuchliche
  Bezeichnung für einen Mikrorechner mit
  minimaler Konfiguration, entweder für den
  privaten Einsatz (Heimrechner) oder für den
  Einsatz am Arbeitspult; im Gegensatz zu
  Arbeitsstation, Minirechner usw.]
  personal computer) (PC) [generally used
  term for a microcomputer with minimum
  configuration, either for private use (home
  computer) or for use on office desk; in contrast
  to workstation, minicomputer, etc.]
Petri-Netz n
  Petri net
Pfad m
  path
Pfadbildung f
  threading
Pfadname m
  path name
Pfeiltaste f, Richtungstaste f [zur Bewegung des
  Zeigers (Cursors) auf dem Bildschirm]
  arrow key [key for moving cursor on display]
PFET, P-Kanal-Feldeffekttransistor m
  Feldeffekttransistor, der einen P-leitenden
  Kanal besitzt, d.h. einen Kanal, in dem die
  Majoritätsladungsträger Defektelektronen
  (Löcher) sind.
  PFET (p-channel field-effect transistor)
  Field-effect transistor with a p-type conducting
  channel, i.e. a channel in which the majority
  carriers are holes.
Pflichtenheft n, technische Daten n.pl.,
  Kenndatenzusammenstellung f, Spezifikation f
  specifications
PFM f, Pulsfrequenzmodulation f
  PFM (pulse-frequency modulation)
PGA, programmierbares Gate-Array n,
  programmierbare Gate-Matrix f
  Integrierte Schaltung mit einer
  programmierbaren UND- und NAND-Matrix,
  die sich durch Wegbrennen der
  Durchschmelzverbindungen nach
  Kundenwünschen programmieren läßt.
  PGA (programmable gate array)
  Integrated circuit with a programmable AND
  and NAND array which can be programmed to
  customers' specifications by blowing the fusible
  links.
Phasendifferenz f

phase difference
Phasendiskriminator m
  phase discriminator
Phasengang m [Phasenwinkel in Abhängigkeit
  der Frequenz]
  phase response [phase angle as a function of
  frequency]
Phasenlaufzeit f
  phase delay time
Phasenmodulation f
  phase modulation
Phasennacheilung f
  phase lag
phasenstarrer Oszillator m
  phase-locked oscillator
phasensynchronisiert
  phase-locked
phasensynchronisierte Schleife f
  phase-locked loop (PLL)
Phasenumkehr f
  phase reversal
Phasenumkehrschaltung f
  phase-reversal circuit
Phasenumtastung f (PSK)
  phase-shift keying (PSK)
Phasenvergleicher m
  phase comparator
Phasenverschiebungsoszillator m
  phase-shift oscillator
Phasenvoreilung f
  phase lead
Phasenwinkel m
  phase angle
PHIGS [hierarchischer und interaktiver
  Graphikstandard für Programmierer]
  PHIGS (Programmable Hierarchical
  Interactive Graphics Standard)
Phosphor m (P)
  Nichtmetallisches Element, das als Dotierstoff
  (Donatoratom) verwendet wird.
  phosphorous (P)
  Non-metallic element used as a dopant
  impurity (donor atom).
Photodetektor m
  photodetector
Photodiode f
  In Sperrichtung betriebene Halbleiterdiode, bei
  der durch Lichteinstrahlung in den PN-
  Übergang Ladungsträgerpaare erzeugt werden,
  die den Stromfluß vergrößern.
  photodiode
  Reverse-biased semiconductor diode in which
  electron-hole pairs are generated by exposing
  the pn-junction to light, thus increasing current
  flow.
Photodiodenfeld n
  photodiode array
Photoeffekt m, photoelektrischer Effekt m,
  lichtelektrischer Effekt m

Wechselwirkung zwischen Strahlung und
Materie, bei der durch Photonenabsorption
bewegliche Ladungsträger erzeugt werden.
Man unterscheidet zwischen äußerem
Photoeffekt (z.B. bei Photozellen) und dem
inneren Photoeffekt (z.B. bei Photoelementen
und Phototransistoren).
photoelectric effect
The exchange interaction between radiation
and matter in which mobile charge carriers are
generated as a result of photon absorption. The
photoelectric effect can be defined as extrinsic
(e.g. in photocells) or intrinsic (e.g. in
photovoltaic cells and phototransistors).
photoelektrische Abtastung *f*
photoelectric scanning
photoelektrischer Effekt *m*, **Photoeffekt** *m*
photoelectric effect
Photoelektron *n* [Elektron, das durch
elektromagnetische Strahlung aus einen Atom
ausgelöst wurde]
photoelectron [an electron released from an
atom by electromagnetic radiation]
Photoelement *n*, **Halbleiterphotoelement** *n*,
Sperrschichtphotoelement *n*
Halbleiterbauelement, das Lichtenergie oder
andere Strahlungsenergie in elektrische
Energie umsetzt, ohne eine äußere
Spannungsquelle zu benötigen (z.B.
Solarzellen).
photovoltaic cell
Semiconductor component that converts light
energy or other radiant energy into electrical
energy without the need for an external voltage
source (e.g. solar cells).
Photoemission *f* [das Freisetzen von Elektronen
durch Lichteinstrahlung]
photoelectric emission [the emission of
electrons as a result of incident light]
Photoemitter *m*
photoemitter
photoempfindlicher Feldeffekttransistor *m*
photosensitive field-effect transistor
Photoempfindlichkeit *f*,
Ansprechempfindlichkeit *f* [Optoelektronik]
photoresponsivity, **responsivity**
[optoelectronics]
Photolack *m*
Strahlungsempfindlicher Lack, der in der
Photolithographie zum Beschichten der
Halbleiterscheibe benutzt wird. Nach der
Bestrahlung des Photolackes (meistens mit UV-
Licht) durch eine Kontaktmaske hindurch und
Entfernung der unerwünschten Lackstellen
entsteht auf der Scheibe das gewünschte
Muster für den Ätzvorgang und den
anschließenden Verfahrensschritt, z.B. die
Dotierung.
photoresist, **resist**

A photosensitive coating used in
photolithography to cover the surface of the
wafer to be masked. After exposure of the resist
(usually with ultraviolet light) through a
contact mask and removal of the unwanted
portions of the resist, the required pattern for
the etching process and the subsequent
processing step, e.g. doping, is left on the wafer.
photoleitend, **lichtleitend**
photoconductive
Photoleitung *f*
photoconductive effect
Photoleitungsdetektor *m*
photoconductive detector
Photolithographie *f*, **Lithographie** *f*
Verfahren zum Übertragen des Musters einer
Maske auf die Halbleiterscheibe. Hierzu
werden verschiedene Prozeßschritte benötigt:
z.B. Auftragen eines Photolackes; Auflegen der
Maske; Justieren der Maske; Belichtung des
Photolackes durch die Maske hindurch;
Entfernung der unerwünschten Lackstellen
usw. Es gibt verschiedene Verfahren der
Lithographie. Die häufigste Anwendung findet
die Photolithographie. Zu den Verfahren für
besondere Anwendungen gehören die
Elektronenstrahllithographie, die
Ionenstrahllithographie und die
Ionenprojektionslithographie.
photolithography, **lithography**
Process for reproducing the pattern of a mask
on the wafer. This requires several processing
steps: e.g. coating of the wafer with a
photoresist; placing the mask over the wafer;
alignment of the mask; exposure of the
photoresist through the mask; removal of the
unwanted portions of the resist, etc. There are
several lithographic processes. The most
commonly used is photolithography. Processes
for special applications include electron beam
lithography, ion beam lithography and ion
projection lithography.
Photomaske *f*, **Maske** *f*
Schablone, die bei der Herstellung von
integrierten Schaltungen verwendet wird, um
eine selektive Dotierung, Oxidation, Ätzung,
Metallisierung usw. zu ermöglichen. Für eine
integrierte Schaltung werden 5 bis 16
unterschiedliche Masken für die vom
angewendeten Fertigungsprozeß und der
Schaltungskomplexität abhängenden
Maskierungsschritte benötigt.
photomask, **mask**
Patterned screen used in integrated circuit
fabrication to permit selective doping,
oxidation, etching, metallization, etc. For the
manufacture of an integrated circuit 5 to 16
different masks patterns are required
corresponding to the various masking steps

associated with the fabrication process used and circuit complexity.

Photomaskensatz *m*, Maskensatz *m*
Die Gesamtheit der Masken (5 bis 16), die für die Herstellung einer integrierten Schaltung benötigt wird.
set of masks, set of photomasks
The total number of masks (5 to 16) required for the manufacture of an integrated circuit.

Photomaskenvorlage *f*
Vorlage für die Photomaskenherstellung, die anhand des Schaltkreislayouts erstellt wird und 100 bis 1000 mal größer ist als die endgültige Maske.
photomask artwork, photomask pattern
Artwork for the production of photomasks (based on the circuit layout) which is 100 to 1000 times larger than the final mask.

Photon *n*, Lichtquant *n*
photon

Photonenenergie *f*
photon energy

Photonenzählung *f*
photon counting

Photosatz *m*, Lichtsatz *m*
photo typesetting

Photosatzmaschine *f*, Lichtsatzmaschine *f*
photo typesetter

photoselektive Metallisierung *f*
[Leiterplatten]
photo-selective metallizing [printed circuit boards]

Photospannung *f*
photovoltage

Photostrom *m*
photocurrent

Photothyristor *m*
Halbleiterbauelement mit PNPN-Struktur, bei dem durch Lichteinstrahlung Ladungsträgerpaare erzeugt werden, die den Thyristor durchschalten.
photothyristor, light-activated silicon controlled rectifier
Semiconductor component with a pnpn structure in which incident light generates electron-hole pairs that cause a switching action.

Phototransistor *m*, Optotransistor *m*
Bipolartransistor, der als Photoempfänger mit eingebautem Verstärker wirkt, bei dem sich durch Lichteinstrahlung in den Basisbereich Ladungsträgerpaare bilden, die den Stromfluß vergrößern.
phototransistor
Bipolar transistor, acting as a photodetector with internal gain, in which electron-hole pairs are generated by exposing the base region to light, thus increasing current flow.

Phototrommel *f* [Laserdrucker]

photo drum [laser printer]

Photovervielfacher *m*
photomultiplier

photovoltaischer Detektor *m* [Sensor, der mit Photoelementen aufgebaut ist]
photovoltaic detector [sensor based on photovoltaic cells]

Photowiderstand *m*
photoresistor

Photozelle *f*
Bauelement, dessen Strom-Spannungs-Kennlinie vom Lichteinfall abhängt.
photocell, photoelectric cell
Component whose current-voltage characteristic is a function of incident light.

physikalische Adresse *f*, absolute Adresse *f*, Maschinenadresse *f* [tatsächliche oder permanente Adresse eines Speicherplatzes; im Gegensatz zur relativen, symbolischen oder virtuellen Adresse]
absolute address, machine address, physical address [actual or permanent address of a storage location; in contrast to relative, symbolic or virtual address]

physische Adresse *f* [eine Adresse, die sich auf einen physikalisch vorhandenen Speicher bezieht; im Gegensatz zur virtuellen Adresse, die sich auf einen virtuellen Speicher bezieht]
physical address [an address referring to a physically existing storage; in contrast to a virtual address which refers to a virtual storage]

physische Datei *f*
physical file

physische Datenbank *f*
physical data base

physische Zugriffsebene *f*
physical access level

physischer Aufbau *m*
physical structure

physischer Satz *m*
physical record

PIA-Baustein *m*, peripherer Schnittstellenadapter-Baustein *m*
PIA (peripheral interface adapter)

PICVD-Verfahren *n* [ein Abscheideverfahren, das bei der Herstellung von Glasfasern eingesetzt wird]
PICVD (plasma impulse chemical vapour deposition) [a deposition process used in glass fiber production]

piezoelektrischer Effekt *m*
piezoelectric effect

piezoelektrisches Bauelement *n*
piezoelectric component

PIF-Datei *f* [Programminformationsdatei für MS-Windows]
PIF (Program Information File) [for MS-Windows]

Piktogramm *n*, Ikon *n*, Sinnbild *n*, Symbolbild *n*
[graphisches Symbol z.B. für ein
Anwendungsprogramm]
icon, **pictogram** [graphical symbol, e.g. for an
application program]
PIN [persönliche Identifizierungsnummer]
PIN (Personal Identification Code)
PIN-Aufbau *m*, PIN-Struktur *f*
Halbleiterstruktur mit einem eigenleitenden
Bereich zwischen den hochdotierten P- und N-
Bereichen.
pin structure
Semiconductor structure with an intrinsic
region between the highly doped p-type and n-
type regions.
PIN-Diode *f*
Halbleiterdiode mit einem eigenleitenden
Bereich zwischen dem P-dotierten und dem N-
dotierten Bereich. Wird im Mikrowellenbereich
eingesetzt.
pin diode
Semiconductor diode which has an intrinsic
region between the p-type and the n-type
regions. Is used in microwave applications.
PIN-Modulator *m* [Modulator mit PIN-
Struktur]
pin modulator [modulator with pin structure]
PIN-Struktur *f*, PIN-Aufbau *m*
pin structure
Pipe-Operator *m*, Befehlsverkettung *f* [erlaubt
die Verkettung von mehreren DOS-Befehlen]
pipe operator [allows several DOS commands
to be cascaded]
Pipeline-Verarbeitung *f*,
Fließbandverarbeitung *f* [ein Verfahren zur
Erhöhung der Arbeitsgeschwindigkeit von
Prozessoren und Mikroprozessoren durch
Aufspalten und Parallelverarbeitung der
Operationen (Befehle); die Befehlsabschnitte
durchlaufen eine Reihe von
Verarbeitungseinheiten, wobei jede Einheit,
wie bei einem Fließband, einen bestimmten
Verarbeitungsschritt ausführt]
pipelining, **pipeline processing** [a technique
used for increasing the operating speed of
processors and microprocessors by splitting
instructions (operations) into segments and
processing them in parallel; the instruction
segments pass through a series of processor
segments, each carrying out a specified amount
of processing, like in an assembly line]
Pixel *n*, Bildpunkt *m*, Bildelement *n*
pixel, **picture element**
PL/1 [Programmiersprache]
Eine höhere Programmiersprache auf der Basis
von ALGOL, COBOL und FORTRAN, die sich
sowohl für technisch-wissenschaftliche als auch
für kaufmännische Aufgaben eignet.
PL/1 (Programming Language One)

A high-level programming language based on
ALGOL, COBOL and FORTRAN which is
suitable for engineering and scientific purposes
as well as for commercial applications.
PL/M [Programmiersprache]
Eine höhere Programmiersprache, die speziell
für Mikroprozessorsysteme entwickelt wurde.
PL/M (Programming Language
Microprocessor)
A high-level programming language which has
been developed specifically for microprocessor
systems.
PLA, programmierbares Logik-Array *n*,
programmierbare Logik-Matrix *f*
Integrierte Schaltung mit einer
programmierbaren UND-Matrix und einer
programmierbaren ODER-Matrix. Einige PLAs
enthalten zusätzlich Flipflops und Register.
Durch Verbindung der Elemente über
Verdrahtungsmasken lassen sich integrierte
Semikundenschaltungen realisieren.
PLA (programmable logic array)
Integrated circuit with a programmable AND
array and a programmable OR array. Some
PLAs also include flip-flops and registers. By
connecting the circuit elements with the aid of
interconnection masks semicustom integrated
circuits can be produced.
Planar-Epitaxialtransistor *m*
planar epitaxial transistor
Planarstruktur *f*
planar structure
Planartechnik *f*
Das bedeutendste Verfahren zur Herstellung
von bipolaren und unipolaren
Halbleiterbauelementen und integrierten
Schaltungen. Die Planartechnik ist dadurch
gekennzeichnet, daß sie einen selektiven,
örtlich gezielten Einbau von Dotierstoffen zur
Bildung von N- und P-leitenden Bereichen im
Halbleiterkristall durch Diffusionsfenster in
einer die Kritalloberfläche abschirmenden
Deckschicht ermöglicht (Oxid- bzw.
Nitridmaskierung). Ein weiteres Merkmal
besteht darin, daß die Halbleiterstrukturen
unterhalb der planen Oberfläche des Kristalls
angeordnet sind (im Gegensatz zur
Mesatechnik). Das Verfahren besteht aus einer
Reihe von Einzelprozessen wie z.B. Epitaxie,
Aufdampfung bzw. Abscheidung,
Photolithographie, Ätztechnik, Diffusion bzw.
Ionenimplantation, Metallisierung usw.
planar technology
The most important process used in the
fabrication of bipolar and unipolar
semiconductor components and integrated
circuits. Planar technology is characterized by
selective, localized introduction of dopant
impurities into the semiconductor to produce n-

type and p-type conductive regions through
diffusion windows in a protective layer covering
the crystal surface (oxide or nitride masking).
Another characteristic is that the
semiconductor structures are arranged below
the plane surface of the crystal (in contrast to
mesa technology). The technology requires a
sequence of independent processing steps such
as epitaxial growth, deposition or vacuum
evaporation, photolithography, etching
technique, diffusion or ion implantation,
metallization, etc.

Planartransistor *m*
planar transistor
planmäßige Wartung *f*
scheduled maintenance
planmäßige Wartungszeit *f*
scheduled maintenance time
PLANOX-Technik *f*
Isolationsverfahren für integrierte
Bipolarschaltungen, bei dem die einzelnen
Strukturen der Schaltung durch lokale
Oxidation von Silicium voneinander isoliert
werden.
PLANOX technology (plane-oxide technology)
Isolation technique for bipolar integrated
circuits which provides isolation between the
circuit structures by local oxidation of silicon.
Plasma-Ätzen *n*, Plasma-Ätzverfahren *n* [ein
Trockenätzverfahren]
plasma etching (PE) [a dry etching process]
Plasma-Nitrid-Passivierung *f*
plasma-nitride passivation
Plasma-Oxidation *f* [Oxidationsverfahren, bei
dem niedrigere Prozeßtemperaturen eingesetzt
werden können als bei der thermischen
Oxidation]
plasma oxidation [an oxidation process
allowing lower process temperatures than
thermal oxidation]
Plasmaanzeige *f*
plasma display, gas plasma display
Plasmabildschirm *m*, Plasmasichtgerät *n*
plasma panel, gas plasma panel
Platine *f*, Leiterplatte *f*
card, printed circuit board (PCB)
Platinengehäuse *n*, Leiterplattengehäuse *n*,
Baugruppenträger *m*
card cage, printed circuit board cage, module
cage
Platte *f*, Magnetplatte *f*
disk, magnetic disk
Plattenadresse *f*
disk address
Plattenbereich *m*, Plattenspeicherbereich *m*
disk area
Plattenbetriebssystem *n* (DOS)
disk operating system (DOS)
Plattenbibliothek *f* [Kassette mit mehreren

optischen Platten]
optical disk library [cassette with several
optical disks]
Plattendatei *f*
disk file
Platteneinheit *f*
disk unit
Plattenfehler *m*
disk error
Plattenformat *n*
disk format
Plattenkassette *f*
disk cartridge
Plattenkennsatz *m*, Plattenkennung *f*
disk label
Plattenlaufwerk *n*, Laufwerk *n*
disk drive, drive
Plattenlaufwerk *n*, Magnetplattenlaufwerk *n*
magnetic disk drive, disk drive
Plattensektor *m* [Teil einer Spur auf einer
Magnetplatte]
disk sector, sector [part of a disk track]
Plattenspeicher *m*, Magnetplattenspeicher *m*
Man unterscheidet hauptsächlich zwischen
Fest- und Wechselplattenspeicher. Der
Winchester-Plattenspeicher ist eine besondere
Ausführung des Festplattenspeichers mit hoher
Aufzeichnungsdichte. Bei den Wechselplatten
unterscheidet man zwischen Plattenstapel und
Einzelplattenkassette.
magnetic disk storage, disk storage, disk
memory
Disk storages can be of the fixed or removable
type. The Winchester drive is a special fixed-
disk storage with high recording density.
Removable-disk storages can be of the disk
pack or single-disk cartridge type.
Plattenspeicher mit beweglichem Kopf *m*
disk storage with moving-head
Plattenspeicher-Controller,
Plattenspeichersteuerteil *m*
disk controller
Plattenspeicherbereich *m*, Plattenbereich *m*
disk area
Plattenspeicherorganisation *f*
disk file organization
plattenspeicherresident
disk-resident
Plattenspur *f*
disk track
Plattenstapel *m*
disk pack
Plattenverdoppler-Software *f*
disk doubling software
Platzbedarf *m*, Flächenbedarf *m* [z.B. eines
Bildschirmgerätes]
footprint, space requirement [e.g. of a display]
Platzhalterzeichen *n* [steht für ein anderes
Zeichen, z.B. in DOS steht der Stern (*) für eine

beliebige Zeichengruppe und das Fragezeichen
(?) für ein einzelnes Zeichen]
wild card character [represents another
character, e.g. in DOS the star (*) stands for
any character group and the question mark (?)
for any single character]
plausibel
plausible
Plausibilitätskontrolle *f* [Überprüfung der
zulässigen Zeichenkombinationen sowie
Prüfung, ob die Eingaben innerhalb der
vorgegebenen Grenzen liegen]
plausibility check [check for invalid
character combinations and whether data
entered lie within given limits]
PLD *f*, programmierbare Logik *f*,
programmierbare Logikschaltung *f*
Oberbegriff für digitale integrierte Schaltungen
(z.B. ROMs, PROMs, Gate-Arrays, FPLAs,
PALs usw.), die kundenspezifisch bzw. als
Semikundenschaltung beim
Halbleiterhersteller oder beim Anwender mit
Hilfe von Verdrahtungsmasken
(maskenprogrammierbar) oder durch
Wegbrennen von Durchschmelzverbindungen
(Fusible-Link-Technik) programmiert werden
können.
PLD (programmable logic device),
programmable logic
Generic term for digital integrated circuits (e.g.
ROMs, PROMs, gate arrays, FPLAs, PALs,
etc.) which are programmed to customers'
specifications or produced as semicustom
integrated circuits with the aid of
interconnection masks (mask-programmable)
or by blowing fuses (fusible-link technique),
either at the semiconductor manufacturer's
premises or at the user's location.
PLDS *n*, programmierbares Logik-
Entwicklungssystem *n*
Programmiergerät mit entsprechender
Software, mit dem sich integrierte
Semikundenschaltungen auf der Basis von
Bauelementen wie z.B. FPLAs, IFLs, PALs
usw. entwickeln, programmieren und testen
lassen.
PLDS (programmable logic development
system)
Programming unit with corresponding software
for the development, programming and testing
of semicustom integrated circuits based on
devices such as FPLAs, IFLs, PALs, etc.
PLL-Baustein *m*, Schaltung mit phasenstarrer
Schleife *f*
PLL circuit (phase-locked loop circuit)
Plotter *m*, Zeichengerät *n*
plotter
PMOS-Technik *f*, P-Kanal-MOS-Technik *f*
Technik für die Herstellung von

Feldeffekttransistoren mit Metall-Oxid-
Halbleiter-Struktur und einem P-leitenden
Kanal, bei der P-dotierte Bereiche (Source und
Drain) in ein N-leitendes Substrat
eindiffundiert werden.
PMOS technology, p-channel MOS
technology
Process for fabricating field-effect transistors
with a metal-oxide-semiconductor structure
and a p-type conducting channel. The p-type
regions (source and drain) are formed in an n-
type substrate by diffusion.
PMOS-Technik mit Aluminium-Gate *f*
Technik für die Herstellung von PMOS-
Feldeffekttransistoren, bei denen das Gate (die
Steuerelektrode) aus Aluminium besteht.
aluminium-gate PMOS technology
Process for fabricating p-channel MOS field-
effect transistors in which the gate consists of
aluminium.
PMOS-Technik mit Silicium-Gate *f*
Technik für die Herstellung von PMOS-
Feldeffekttransistoren, bei denen das Gate (die
Steuerelektrode) aus einem leitfähigen
Polysilicium besteht.
silicon-gate PMOS technology
Process for fabricating p-channel MOS field-
effect transistors in which the gate consists of a
conductive polysilicon material.
PMOSFET, P-Kanal-Feldeffekttransistor mit
Metall-Oxid-Halbleiter-Struktur *m*
PMOSFET (p-channel metal-oxide-
semiconductor field-effect transistor)
PN-Diode *f* [Halbleiterdiode mit einem PN-
Übergang, bzw. Halbleiterdiode, die aus einem
PN-Übergang gebildet wird]
pn-diode [semiconductor diode with a pn-
junction or semiconductor diode formed by a
pn-junction]
PN-Grenzfläche *f*
pn-boundary
PN-Übergang *m*
Der Übergang zwischen einem P-leitenden und
einem N-leitenden Bereich in einem Halbleiter.
pn-junction
The junction between a p-type and an n-type
region in a semiconductor.
PNIP-Transistor *m*
Ein Transistor, bei dem sich zwischen dem N-
dotierten Basisbereich und dem P-dotierten
Kollektorbereich eine eigenleitende
Halbleiterzone befindet.
pnip transistor
A transistor in which an intrinsic
semiconductor region is situated between the n-
type base region and the p-type collector region.
PNP-Schaltung *f*, PNP-Schaltkreis *m*
pnp circuit
PNP-Silicium-Planar-Transistor *m*

pnp silicon planar transistor
PNP-Transistor *m*
Bipolartransistor, bei dem der Basisbereich N-dotiert ist und die Emitter- und Kollektorbereiche P-dotiert sind.
pnp transistor
A bipolar transistor which has a p-type base and n-type emitter and collector regions.
PNPN-Struktur *f*
Halbleiterstruktur, die aus vier abwechselnd P- und N-leitenden Schichten besteht (z.B. bei Vierschichtdioden, GTO-Thyristoren usw.).
pnpn structure
Semiconductor structure which consists of four alternate layers of p-type and n-type conductive material (e.g. in four-layer diodes, GTO thyristors, etc.).
Polarisation *f*
polarization
Polieren *n* [z.B. von Halbleiterscheiben]
polishing [e.g. of wafers]
Pollingmethode *f*, Abfrageverfahren *n* [Abfrage der Bereitschaft Daten zu senden oder zu empfangen, z.B. Abfrage von Peripheriebausteinen durch die Zentraleinheit; im Gegensatz zum Interrupt- bzw. Unterbrechungsverfahren]
polling method [technique of interrogating readiness to transmit or receive data, e.g. interrogation of peripheral devices by central processing unit; in contrast to interrupt technique]
polnische Schreibweise *f*, Präfix-Schreibweise *f*, klammerfreie Schreibweise *f* [eliminiert Klammern bei mathematischen Operationen, z.B. (a+b) wird +ab und c(a+b) wird *c+ab geschrieben]
prefix notation, Polish notation, parenthesis-free notation [eliminates brackets in mathematical operations, e.g. (a+b) is written +ab and c(a+b) is written *c+ab]
polykristalline Struktur *f* [z.B. Polysilicium]
polycrystalline structure [e.g. polysilicon]
polykristallines Germanium *n*
polycrystalline germanium
polykristallines Silicium *n*, Polysilicium *n*
polycrystalline silicon, polysilicon
polymorph [vielgestaltig]
polymorphic [of variable type]
Polymorphismus *m* [Vielgestaltigkeit]
polymorphism [property of exhibiting variable types]
Polysilicium *n*, polykristallines Silicum *n* [Ausgangsmaterial, das bei der Herstellung von Halbleiterbauelementen und integrierten Schaltungen sehr häufig verwendet wird]
polysilicon [a widely used base material in semiconductor and integrated circuit fabrication]

Portabilität *f*, Software-Kompatibilität *f*
portability, software compatibility
positionieren, suchen
seek, to
Positionierzeit *f* [die vom Lese-Schreibkopf benötigte Zeit, um sich auf die gesuchte Spur einer Platte oder Diskette zu positionieren]
seek time [time taken by read-write head to position on required track on disk]
Positionsabweichung *f*
position deviation
Positionsregelkreis *m*
position control loop
Positionsregelung *f*, Lageregelsystem *n*
positioning control system
Positionsregler *m*
position control
Positionssensor *m*
position sensor
positive Flanke *f*, ansteigende Flanke *f*, steigende Flanke *f*
Anstieg eines digitalen Signals oder eines Impulses.
rising edge
Rise of a digital signal or a pulse.
positive ganze Zahl *f*, positive Ganzzahl *f*
positive integer
positive Logik *f* [logische Schaltung, die den Zustand logisch 1 durch einen positiven Spannungspegel darstellt; ein negativerer Spannungspegel entspricht dem Zustand 0]
positive logic, positive-true logic [logic circuit employing a positive voltage level to represent logic state 1; a more negative voltage level represents logic state 0]
positive Rückkopplung *f*, Mitkopplung *f*
positive feedback
positive Vorspannung *f*
positive bias voltage, positive bias
positiver Ladungsträger *m*
positive charge carrier, positive carrier
positives Leiterbild *n* [Leiterplatten]
positive conductive pattern [printed circuit boards]
Positivkopie *f* [Kopie mit Helligkeitswerten entsprechend denjenigen der Vorlage]
positive copy [copy having tonal values corresponding to those of original]
POSIX-Norm *f* [portierbares Betriebssystem für Rechnerumgebungen; von IEEE definierte Norm]
POSIX (Portable Operating System for Computer Environments) [Standard defined by IEEE]
POST [Testprogramm im BIOS]
POST (Power-On Self Test) [test program in BIOS]
Postfixschreibweise *f*, umgekehrte polnische Schreibweise *f*, klammerfreie Schreibweise *f*

[eliminiert Klammern bei mathematischen
Operationen, z.B. wird (a+b) als ab+ und c(a+b)
als cab+* geschrieben]
postfix notation, reverse Polish notation
(RPN), parenthesis-free notation [eliminates
brackets in mathematical operations, e.g. (a+b)
is written as ab+ and c(a+b) as cab+*]
Postprozessor m
postprocessor
Postprozessorausdruck m
postprocessor print
Postprozessorfunktion f
postprocessor function
PostScript [von Adobe entwickelte
Seitenbeschreibungssprache für Drucker]
PostScript [page description language
developed by Adobe for printers]
PostScript-Emulation f [softwaremäßige
Nachbildung von PostScript für Drucker ohne
PostScript]
PostScript emulation [software emulation of
PostScript for non-PostScript printers]
Potenz f [Mathematik]
power [mathematics]
Potenzierung f
exponentiation, raise to a power
PPI-Baustein m [programmierbare Ein-
Ausgabe-Schnittstelle]
PPI (programmable peripheral interface)
PPM f, Pulsphasenmodulation f
PPM (pulse-phase modulation)
Prädikatenlogik f [Schreibweise für die
Darstellung und Folgerung logischer
Ausdrücke; Basis von PROLOG]
predicate logic [notation for representing and
deriving logical expressions; basis of PROLOG]
Präfixschreibweise f, polnische Schreibweise f,
klammerfreie Schreibweise f [eliminiert
Klammern bei mathematischen Operationen,
z.B. (a+b) wird +ab und c(a+b) wird *c+ab
geschrieben]
prefix notation, Polish notation, parenthesis-
free notation [eliminates brackets in
mathematical operations, e.g. (a+b) is written
+ab and c(a+b) is written *c+ab]
Präsentationsgraphik f, Geschäftsgraphik f
[Erstellung von Linien-, Balken- und
Kreisdiagrammen]
business graphics, presentation graphics
[generating line, bar and pie charts or
diagrams]
Präsentationsschicht f [eine der sieben
Funktionsschichten des ISO-Referenzmodelles
für den Rechnerverbund]
presentation layer [one of the seven
functional layers of the ISO reference model for
computer networks]
Präzedenzregel f
precedence rule

Prefix n, Vorauszeichen f
prefix
Prellen n, Kontaktprellen n
bounce, contact bounce, chatter
prellfrei [frei von Kontaktprellen]
bounce-free [free of contact bounce]
Prepreg [mit Harz imprägnierter
Trägerwerkstoff einer Leiterplatte]
prepreg [impregnated sheet material for a
PCB]
Preprozessor m
preprocessor
Presentation Manager [von IBM und Microsoft
entwickelte graphische Benutzerschnittstelle
für OS/2]
Presentation Manager [graphical user
interface developed by IBM and Microsoft for
OS/2]
Primzahl f
prime number
Primärausfall m
primary fault
Primärdaten n.pl. [Anwenderdaten in einer
Datenbank]
primary data [user data in a data base]
primäre DOS-Partition f, primärer DOS-
Speicherbereich [Festplatte]
primary DOS partition [hard disk]
primärer Datensatzschlüssel m,
Primärschlüssel m
primary key, primary record key
Primärspeicher m [z.B. Hauptspeicher]
primary storage [e.g. main memory]
Prinzip der größten Übereinstimmung f
longest-match principle
Prinzipschaltbild n, Prinzipschaltung f
schematic circuit diagram, basic circuit
Priorität f, Rangfolge f [Dringlichkeit eines
Ereignisses]
priority [urgency of an event]
Prioritätsanwahl f
priority selection
Prioritätsanzeiger m
priority indicator
Prioritätsbetrieb m
priority mode
Prioritätscodierer m
priority encoder
Prioritätscodierung f
priority encoding
Prioritätsebene f, Prioritätsstufe f [bei der
Programmunterbrechung]
priority level [in interrupts]
Prioritätsreihenfolge f
priority sequence
Prioritätssteuerung f
priority control
Prioritätsstufe f, Prioritätsebene f [bei der
Programmunterbrechung]

priority level [in interrupts]
Prioritätsunterbrechung *f,*
Vorrangunterbrechung *f,* Vektorunterbrechung
f [Programmunterbrechung versehen mit einem
Vektor zur Angabe der Priorität; im Gegensatz
zum Abfrageverfahren]
priority interrupt, vectored interrupt
[program interruption provided with a vector
designating the priority; in contrast to polling]
Prioritätsunterbrechungssteuerung *f*
priority interrupt control (PIC)
Prioritätsunterbrechungstabelle *f*
priority interrupt table
Prioritätsvergleicher *m*
priority comparator
Prioritätszuteilung *f*
priority dispatching
privilegierter Befehl *m*
priviledged instruction
Probe *f*
trial
Probedurchlauf *m* [eines Programmes]
trial run [of a program]
problemorientierte Programmiersprache *f*
Eine höhere, rechnerunabhängige
Programmiersprache zur Lösung eines
bestimmten Aufgabenbereichs, z.B. ALGOL,
COBOL, PASCAL usw.
problem-oriented language
A high-level computer-independent
programming language for solving a specific
class of problems, e.g. ALGOL, COBOL,
PASCAL, etc.
Produktionsregel *f* [Wenn-dann-Regel]
production rule [if-then-rule]
Programm *n*
program
Programm für Stapelbetrieb *m*
batch program
Programm im Maschinencode *n*
absolute program, machine code program
Programm zur Datenbankwiederherstellung
data base recovery program
Programmabarbeitung *f,*
Programmausführung *f,* Programmlauf *m*
program execution, program run
Programmabarbeitungszeit *f,*
Programmausführungszeit *f,* Programmlaufzeit
program execution time, program run time
Programmabbruch *m,* Abbrechen *n,* Abbruch
m, vorzeitige Beendigung *f*
abortion, abnormal termination, program
abortion
Programmabbruchbedingung *f,*
Abbruchbedingung *f*
abort condition, program abort condition
programmabhängige Störung *f,*
programmbedingte Störung *f*
program-sensitive fault

programmabhängiger Fehler *m,*
programmbedingter Fehler *m*
program-sensitive error
Programmablauf *m*
program flow
Programmablaufplan *m,* Flußdiagramm *n,*
Ablaufplan *m,* Ablaufdiagramm *n* [Darstellung
des Verarbeitungsablaufes mit genormten
graphischen Symbolen]
flow chart [representation of the processing
sequence with the aid of standard graphical
symbols]
Programmänderung *f*
program change, program modification
Programmanweisung *f*
program statement
Programmarke *f,* Marke *f*
label, program label
Programmauflistung *f*
program listing
Programmaufruf *m*
program start
Programmausführung *f,* Programmlauf *m,*
Programmdurchlauf *m,* Rechnerlauf *m*
program run, computer run
Programmausführungszeit *f,*
Programmlaufzeit *f,*
Programmabarbeitungszeit *f*
program execution time, program run time
Programmausführungszyklus *m,*
Abarbeitungszyklus *m,* Ausführungszyklus *m*
execution cycle, program execution cycle
Programmband *n*
program tape
Programmbaustein *m,* Programmmodul *m*
program module
programmbedingte Störung *f,*
programmabhängige Störung *f*
program-sensitive fault
programmbedingter Fehler *m,*
programmabhängiger Fehler *m*
program-sensitive error
Programmbeendigung *f*
program termination
Programmbibliothek *f*
program library
Programmbinder *m,* Bindelader *m* [Programm
zum Zusammenfügen von mehreren
unabhängigen Programmsegmenten und für
das anschließende Laden]
linking loader, linker [program for linking
several independent program segments and for
loading them subsequently]
Programmdatei *f*
program file
Programmdefinition *f* [Festlegung der
Variablen in einem Programm]
program definition [defining variables in a
program]

Programmdurchlauf *m*, Programmlauf *m*,
Programmausführung *f*, Rechnerlauf *m*
program run, computer run
Programmentwicklung *f*
program development
programmerzeugter Parameter *m*
program-generated parameter, dynamic
parameter
Programmfehler *m*, Programmierfehler *m*
bug, program error, programming error
Programmfehlerbeseitigung *f*,
Fehlerbeseitigung *f*, Fehlersuchen *n*
program debugging, debugging,
troubleshooting
Programmfolge *f*
program sequence
programmgesteuerter Taktgeber *m*
programmable clock
Programmhaltepunkt *m*, Haltepunkt *m*,
Breakpoint *m* [Unterbrechungspunkt in einem
Programm zwecks externem Eingriff, in der
Regel in Verbindung mit einem
Fehlersuchprogramm]
breakpoint [program interruption for an
external intervention, usually associated with
program debugging]
programmierbar
programmable
programmierbare Array-Logik *f* (PAL),
programmierbare Feld-Logik *f*
programmable array logic (PAL)
programmierbare Feld-Logik *f*, PAL,
programmierbare Array-Logik *f*
Integrierte Schaltung mit einer
programmierbaren UND-Matrix und einer
festgelegten ODER-Matrix. Einige PALs
enthalten zusätzlich Flipflops und Register. Die
logischen Funktionen lassen sich nach
Kundenwünschen programmieren.
programmable array logic (PAL)
Integrated circuit with a programmable AND
array and a fixed OR array. Some PALs also
include flip-flops and registers. The logic
functions can be programmed to customers'
specifications.
programmierbare Gate-Matrix *f* (PGA),
programmierbares Gate-Array *n*
Integrierte Schaltung mit einer
programmierbaren UND- und NAND-Matrix,
die sich durch Wegbrennen der
Durchschmelzverbindungen nach
Kundenwünschen programmieren läßt.
programmable gate array (PGA)
Integrated circuit with a programmable AND
and NAND array which can be programmed to
customers' specifications by blowing the fusible
links.
**programmierbare Kommunikations-
Schnittstelle** *f*, programmierbarer

Übertragungsschnittstellenbaustein *m*
programmable communications interface
(PCI)
programmierbare Logik *f*, programmierbare
Logikschaltung *f*
Oberbegriff für digitale integrierte Schaltungen
(z.B. ROMs, PROMs, Gate-Arrays, FPLAs,
PALs usw.), die kundenspezifisch bzw. als
Semikundenschaltung beim
Halbleiterhersteller oder beim Anwender mit
Hilfe von Verdrahtungsmasken
(maskenprogrammierbar) oder durch
Wegbrennen von Durchschmelzverbindungen
(Fusible-Link-Technik) programmiert werden
können.
programmable logic, programmable logic
device (PLD)
Generic term for digital integrated circuits (e.g.
ROMs, PROMs, gate arrays, FPLAs, PALs,
etc.) which are programmed to customers'
specifications or produced as semicustom
integrated circuits with the aid of
interconnection masks (mask-programmable)
or by blowing fuses (fusible-link technique),
either at the semiconductor manufacturer's
premises or at the user's location.
programmierbare Logik-Matrix *f*,
programmierbares Logik-Array *n* (PLA)
Integrierte Schaltung mit einer
programmierbaren UND-Matrix und einer
programmierbaren ODER-Matrix. Einige PLAs
enthalten zusätzlich Flipflops und Register.
Durch Verbindung der Elemente über
Verdrahtungsmasken lassen sich integrierte
Semikundenschaltungen realisieren.
programmable logic array, (PLA)
Integrated circuit with a programmable AND
array and a programmable OR array. Some
PLAs also include flip-flops and registers. By
connecting the circuit elements with the aid of
interconnection masks semicustom integrated
circuits can be produced.
programmierbare Logikschaltung *f*,
programmierbare Logik *f*
programmable logic, programmable logic
device (PLD)
programmierbare Schaltung *f*
programmable circuit
programmierbare Steuerung *f*,
speicherprogrammierbare Steuerung *f* (SPS)
Folgesteuerung mit rechnerähnlicher Struktur.
Sie besteht aus der Zentraleinheit mit
Prozessor bzw. Mikroprozessor, dem
Programmspeicher und der Ein-Ausgabe-
Einheit.
programmable controller (PC),
programmable logic controller (PLC)
A sequence control with a computer-like
structure. It consists of a central processing

unit with the processor or microprocessor and the program storage as well as an input-output unit.

programmierbare Tastatur *f*
programmable keyboard, user-defined keyboard

programmierbarer Ein-Ausgabe-Baustein *m*
programmable input-ouput device (PIO)

programmierbarer Festwertspeicher *m* (PROM)
Festwertspeicher, der vom Anwender durch Wegbrennen von Durchschmelzverbindungen programmiert werden kann. Der Speicherinhalt kann nur einmal programmiert und danach nicht mehr verändert werden.
programmable read-only memory (PROM)
Read-only memory which can be programmed by the user by blowing fusible links. The memory content can be programmed only once and cannot be altered subsequently.

programmierbarer peripherer Ein-Ausgabe-Baustein *m*
programmable peripheral interface (PPI)

programmierbarer Taschenrechner *m*
programmable hand-held calculator

programmierbarer Übertragungs-schnittstellenbaustein *m*, programmierbare Kommunikations-Schnittstelle *f*
programmable communications interface (PCI)

programmierbares Gate-Array *n* (PGA), programmierbare Gate-Matrix *f*
Integrierte Schaltung mit einer programmierbaren UND- und NAND-Matrix, die sich durch Wegbrennen der Durchschmelzverbindungen nach Kundenwünschen programmieren läßt.
programmable gate array (PGA)
Integrated circuit with a programmable AND and NAND array which can be programmed to customers' specifications by blowing the fusible links.

programmierbares Logik-Array *n* (PLA), programmierbare Logik-Matrix *f*
Integrierte Schaltung mit einer programmierbaren UND-Matrix und einer programmierbaren ODER-Matrix. Einige PLAs enthalten zusätzlich Flipflops und Register. Durch Verbindung der Elemente über Verdrahtungsmasken lassen sich integrierte Semikundenschaltungen realisieren.
programmable logic array (PLA)
Integrated circuit with a programmable AND array and a programmable OR array. Some PLAs also include flip-flops and registers. By connecting the elements with the aid of interconnection masks semicustom integrated circuits can be produced.

programmierbares Logik-

Entwicklungssystem *n*, PLDS *n*
Programmiergerät mit entsprechender Software, mit dem sich integrierte Semikundenschaltungen auf der Basis von Bauelementen wie z.B. FPLAs, IFLs, PALs usw. entwickeln, programmieren und testen lassen.
programmable logic development system (PLDS)
Programming unit with corresponding software for the development, programming and testing of semicustom integrated circuits based on devices such as FPLAs, IFLs, PALs, etc.

Programmierbetrieb *m*, Programmierung *f* [Betriebsart bei Speichern]
program mode, programming mode [operational mode of memories]

Programmierer *m*
programmer

Programmierfehler *m*, Programmfehler *m*
bug, program error, programming error

Programmiergerät *n*
programming unit

Programmierhandbuch *n*
programming manual, programming handbook

Programmierimpulsbreite *f*
programming pulse width

Programmierlogik *f*
programming logic

Programmiermethode *f*, Programmierverfahren *n*
programming method, programming technique

Programmierschleife *f*, Programmschleife *f*
program loop, loop

Programmiersperre *f* [Betriebsart bei Speichern]
program inhibit mode [operating mode with memories]

Programmiersprache *f*
programming language

Programmiersystem *n*
programming system

programmierte Zugriffssperre *f*
programmed interlock

programmierter Stopp *m*
programmed stop

Programmierung *f*
programming

Programmierung *f*, Programmierbetrieb *m* [Betriebsart bei Speichern]
program mode, programming mode [operational mode of memories]

Programmierung mit absoluten Adressen *f*, absolute Programmierung *f*
Programmierung mit Maschinenadressen und maschineninternen Codes, im Gegensatz zu symbolischer Programmierung.

absolute programming
Programming with machine addresses and
machine-internal operation codes, in contrast to
symbolic programming.
Programmierung mit relativen Adressen *f*
relative programming
Programmierverfahren *n,*
Programmiermethode *f*
programming method, programming
technique
Programmiervordruck *m*
coding sheet
Programmierwort *n*
user-defined word
Programmierzentrale *f*
programming center
Programmkompatibilität *f*
program compatibility
Programmkorrektur *f,* behelfsmäßige
Programmkorrektur *f*
program correction, patch
Programmlader *m,* Ladeprogramm *n,* Lader *m*
[Programm zum Laden von Programmen in den
Arbeitsspeicher]
loading routine, loading program [program
used for loading programs into working
storage]
Programmlauf *m,* Programmausführung *f,*
Programmdurchlauf *m,* Rechnerlauf *m*
program run, computer run
Programmlaufzeit *f,* Programmausführungszeit
f, Programmabarbeitungszeit *f*
program execution time, program run time
Programmlaufzeitzähler *m*
program run time counter
Programmodul *m,* Programmbaustein *m*
program module
Programmpflege *f,* Programmwartung *f*
program maintenance
Programmrumpf *m*
program body
Programmschleife *f,* Schleife *f* [eine Reihe von
Befehlen, die mehrmals durchlaufen wird]
program loop, loop [a series of instructions
repeatedly carried out]
Programmschritt *m*
program step
Programmsegment *n,* Segment *n* [Teil eines
Programmes]
segment, program segment [part of a program]
Programmsegmentierung *f,* Segmentierung *f*
segmentation, program segmenting
Programmspeicher *m*
program memory, program storage
Programmsprung *m*
program skip, transfer of control
Programmstartbefehl *m,* Run-Befehl *m*
[Startbefehl für im Hauptspeicher geladenes
Programm]

run instruction [instruction for starting
program loaded in main memory]
Programmstatus *m*
program status
Programmstatuswort *n* (PSW)
program status word (PSW)
Programmsteuerung *f*
program control
Programmstopbefehl *m*
stop instruction, program stop instruction
Programmstufenzähler *m*
program level counter
Programmtesten *n*
program checkout
Programmüberlagerung *f*
program overlay
Programmübersetzung *f*
program translation
Programmunterbrechung *f,* Unterbrechung *f*
[Unterbrechung eines laufenden Programmes;
der Programmablauf wird nach der
Unterbrechung fortgesetzt]
program interrupt, interrupt [interruption of
a running program; the program sequence is
continued after the interruption]
Programmunterbrechungsebene *f*
program interrupt level
Programmunterteilung *f*
program segmentation
Programmverkettung *f*
program linkage, linkage
Programmverknüpfung *f*
program linking
Programmverschiebung *f*
program relocation
Programmverzahnung *f*
program interleaving
Programmverzweigung *f,* Programmzweig *m*
program branch, branch, program jump,
jump
Programmwartung *f,* Programmpflege *f*
program maintenance
Programmzähler *m,* Befehlszähler *m*
[Mikroprozessorsysteme]
program counter [microprocessor systems]
Programmzeile *f*
program line
Programmzyklus *m*
program cycle
PROLOG [KI-Programmiersprache, die auf der
Prädikatenlogik beruht]
PROLOG [AI programming language based on
predicate logic]
PROM *m,* programmierbarer Festwertspeicher *m*
Festwertspeicher, der vom Anwender durch
Wegbrennen der Durschschmelzverbindungen
programmiert werden kann. Der
Speicherinhalt kann nur einmal programmiert
und danach nicht mehr verändert werden.

PROM (programmable read-only memory)
Read-only memory which can be programmed
by the user by blowing fusible links. The
memory content can be programmed only once
and cannot be altered subsequently.
Proportionaldruck *m*
proportional printing
Proportionalschrift *f*
proportional font
Protokoll *n*, Kommunikationsprotokoll *n* [Regeln
   für den Datenaustausch zwischen zwei
   Teilnehmern, z.B. zwischen Rechner und
   Drucker, zwischen Terminal und Rechner,
   zwischen zwei Rechnersystemen usw.]
   protocol, communications protocol [rules for
   data exchange between two partners, e.g.
   between computer and printer, between
   terminal and computer, between two computer
   systems, etc.]
Protokollebene *f*, Protokollschicht *f*
   protocol layer
Protokollfunktion *f*
   protocol function
protokollieren
   log, to
Protokollschicht *f*, Protokollebene *f*
   protocol layer
Prozedur *f*, Ablauf *m* [eines Verfahrens]
   procedure [of a process]
Prozedur *f*, Unterprogramm *n* [Programm]
   procedure, routine [program]
prozedurale Programmiersprache *f* [im
   Gegensatz zur nichtprozeduralen
   Programmiersprache]
   procedural programming language [in
   contrast to non-procedural programming
   language]
Prozeduranweisung *f*
   procedure statement
Prozeduraufruf *m*
   call statement
Prozeß *m* [allgemein]
   process [general]
Prozeß *m*, Task *f*, Aufgabe *f* [eine in sich
   geschlossene Aufgabe; ein Programmteil]
   task [a self-contained process; part of a
   program]
Prozeßablauf *m*
   process flow
Prozeßautomatisierung *f*
   process automation
Prozeßmodell *n*
   process model
Prozessor *m*
   processor
Prozessor mit doppelter Taktfrequenz *m*
   [arbeitet mit der doppelten Taktfrequenz, z.B.
   mit 66 MHz anstatt 33 MHz]
   clock-doubled processor, clock-doubling

processor [operates at twice the normal clock
   frequency, i.e. at 66 MHz instead of 33 MHz]
Prozeßperipherie *f*
   process peripherals
Prozeßrechner *m*
   process computer
Prozeßsimulation *f*
   process simulation
Prozeßsteuerung *f*
   process control
Prüf-vor-Kauf-Software *f*, Shareware-Software
   f [kostenlos erhältliche Software, bei der eine
   Registrierungsgebühr bei der Nutzung erhoben
   wird]
   Shareware [software available free of charge
   but requiring a registration fee before use]
Prüfanweisung *f*
   examine statement, inspect statement
Prüfbedingung *f*
   test condition
Prüfbefehl *m*
   check instruction
Prüfbit *n*, Paritätsbit *n*, Kontrollbit *n*
   check bit, parity bit
Prüfbyte *n*
   check byte, sense byte
prüfen, kontrollieren [allgemein]
   test, to; check, to [general]
prüfen [ein Programm]
   validitate, to [a program]
Prüfergebnis *n*, Meßergebnis *n*
   measuring result, test result
Prüffunktion *f*
   verify function
Prüfimpuls *m*
   test pulse
Prüfkanal *m*
   test channel
Prüflauf *m*, Testlauf *m*, Testdurchlauf *m*
   [Prüfung eines Programmes]
   test run [checking a program]
Prüflochstreifen *m*
   test punched tape, test tape
Prüfmarke *f*
   diagnostic flag
Prüfmodul *m*
   test module
Prüfprogramm *n*, Testprogramm *n*
   test routine, check routine, test program,
   check program
Prüfpunkt *m* [einer Schaltung]
   test point [of a circuit]
Prüfpunkt *m* [eines Programmes]
   checkpoint [of a program]
Prüfpunktroutine *f*, Prüfpunktunterprogramm
   checkpoint routine
Prüfpunktunterprogramm *n*,
   Prüfpunktroutine *f*
   checkpoint routine

Prüfpunktwiederanlauf *m*, Wiederanlauf an
einem Fixpunkt *m*, Wiederanlauf an einem
Prüfpunkt *m*
checkpoint restart
Prüfschaltung *f*
test circuit
Prüfsignal *n*, Testsignal *n*
test signal
Prüfsignalgenerator *m*
test signal generator
Prüfspalte *f*
check column
Prüftaktfrequenz *f*
test clock-frequency
Prüfung *f*, Kontrolle *f*
check, test
Prüfung auf führende Nullen *f*
leading-zero verification, left-justified zero
verification
Prüfung auf gerade Parität *f*
even-parity check
Prüfung auf ungerade Parität *f*, ungerade
Paritätskontrolle *f*
odd parity check
Prüfwort *n*
check word
Prüfzeichen *n*, Kontrollzeichen *n*
check character
Prüfziffer *f*
check digit
Prüfzuverlässigkeit *f*
test reliability
Pseudobefehl *m*, symbolischer Befehl *m* [Befehl
in einer symbolischen Programmiersprache;
der Operationsteil verwendet eine
mnemotechnische Abkürzung, die
Operandadresse eine symbolische Adresse]
pseudo instruction [instruction in a symbolic
programming language; the operation part
employs a mnemonic abbreviation, the operand
address a symbolic address]
Pseudobit *n*
pseudo bit
Pseudocode *m*
pseudo code
Pseudodatei *f*
dummy data set
Pseudosatz *m*
dummy record
pseudostabil
pseudostable
pseudostabile Ausgangskonfiguration *f*
pseudostable output configuration
Pseudotetrade *f*
dummy tetrad
PSK-Verfahren *n*, Phasenumtastung *f*
PSK method (pulse shift keying method)
PSW, Programmstatuswort *n*
PSW, program status word

PTC-Widerstand *m*, Kaltleiter *m*, PTC-
Thermistor *m*
Halbleiterelement mit positivem
Temperaturkoeffizienten, d.h. dessen
Widerstand mit steigender Temperatur
zunimmt.
PTC resistor, PTC thermistor, thermistor
(thermal resistor)
Semiconductor component with a positive
temperature coefficient (PTC), i.e. whose
resistance increases as temperature rises.
PTM *f*, Pulszeitmodulation *f*
PTM (pulse time modulation)
Public-Domain-Software *f* [Software, die
beliebig kopiert, modifiziert und vertrieben
werden darf]
public domain software (PD) [software
which can be freely copied, modified and
marketed]
Puffer *m*, Pufferspeicher *m*
buffer, buffer storage
Pufferbetrieb *m*
buffer operation
puffern
buffer, to
Pufferregister *n*
buffer register
Pufferschaltung *f*
buffer circuit, buffer
Puffersegment *n*
buffer segment
Pufferspeicher *m*, Zwischenspeicher *m*
[kurzzeitig beanspruchter Speicher]
temporary storage, buffer storage [storage
for temporary use]
Puffersteuerlogik *f*
buffer control logic
Pufferstufe *f*
buffer element
Pufferung *f*
buffering
Pufferzeiger *m*
buffer pointer
Pull-Down-Menü *n*, Untermenü *n*
[Bildschirmfenstertechnik]
pull-down menu [screen windowing
technique]
Pulsamplitudenmodulation *f* (PAM)
pulse amplitude modulation (PAM)
Pulscodemodulation *f* (PCM)
pulse code modulation (PCM)
Pulsdauermodulation *f* (PDM)
pulse-duration modulation, (PDM)
Pulsformer *m*, Impulsformer *m*
pulse shaper
Pulsfrequenzmodulation *f* (PFM)
pulse frequency modulation (PFM)
pulsgetastet, impulsgetastet
pulse keyed

Pulsphasenmodulation f (PPM)
  pulse phase modulation (PPM)
Pulstreiber m
  pulse driver
Pulszeitmodulation f (PTM)
  pulse time modulation (PTM)
Punkt m [Maß für Schriftgröße]
  point [unit for font size]
Punkt-zu-Punkt-Verbindung f
  point-to-point communication
Punktkontakt m, Spitzenkontakt m
  point contact
Punktmatrix f
  dot matrix
Punktmatrixdrucker m, Matrixdrucker m,
  Mosaikdrucker m, Nadeldrucker m
  Drucker, bei dem durch matrixförmig
  angeordnete Drahtstifte (z.B. 5x7 oder 7x9
  Matrix) aus Punkten zusammengesetzte
  alphanumerische Zeichen gebildet werden. Die
  Bewegung der Drahtstifte gegen das Farbband
  bzw. das Papier erfolgt durch Elektromagnete.
  dot-matrix printer, matrix printer
  Printer which uses a matrix of wires (e.g. 5x7
  or 7x9 matrix) to form alphanumeric characters
  composed of dots. The wires are driven against
  an inked ribbon or paper by solenoids.
Punktmatrixgenerator m
  dot-matrix character generator
Punktmuster n
  dot pattern
Punktrasterverfahren n
  dot-scanning method
punktweises Blättern n [Text auf dem
  Bildschirm punktweise anstatt zeilenweise auf-
  und abrollen]
  smooth scroll [move text pixel by pixel on the
  screen instead of line by line]
PVD-Verfahren n [ein Abscheideverfahren, z.B.
  Sputtern]
  PVD process (physical vapour deposition
  process) [a deposition process, e.g. sputtering]

Q

QIC [Standard für Viertelzoll-Bandlaufwerke]
  QIC (quarter inch cartridge) [drive standard
  for tape drives]
QIC-Magnetbandstation f, QIC-Streamer m
  QIC streamer
QIL-Gehäuse n, QUIL-Gehäuse n [Gehäuse mit
  vier parallelen Reihen rechtwinklig
  abgebogener Anschlußstifte]
  QIL package, QUIL package (quad in-line)
  [package with four parallel rows of terminals at
  right angles to the body]
quadratische Gleichung f
  quadratic equation
quadratische Kennlinie f
  square-law characteristic
quadratischer Mittelwert m, Effektivwert m
  [z.B. der Spannung oder des Stromes]
  root-mean-square value (rms value) [e.g. of
  voltage or current]
Quadratwurzelfunktion f
  square-root function
Qualifikationsprüfung f [Qualitätskontrolle]
  qualification approval test [quality control]
Qualitätskontrolle f
  quality control (QC)
Qualitätssicherung f
  quality assurance (QA)
Quantentheorie f
  quantum theory
Quantisierung f
  quantization
Quantisierungsfehler m
  quantization error
Quantisierungspegel m
  quantization level
Quantisierungsrauschen n
  quantization noise
Quantisierungsstufe f
  quantization step
Quantum-Well-Struktur f
  [Doppelheterostruktur, bei der eine sehr dünne
  Schicht eines Halbleiters mit geringem
  Bandabstand zwischen dickeren Schichten
  eines Halbleiters mit größerem Bandabstand
  eingebettet ist; wird bei der Herstellung extrem
  schneller Feldeffekttransistoren und
  optoelektronischer Bauelemente genutzt]
  quantum well structure [a double-
  heterostructure comprising a very thin layer of
  a semiconductor material with a small band
  gap embedded between thicker layers of
  another semiconductor material with a larger
  band-gap; is used for extremely fast field-effect
  transistors and optoelectronic components]

Quarz m, Quarzkristall m
  quartz, quartz crystal, crystal
Quarzfilter n
  quartz filter, crystal filter
quarzgesteuert
  quartz controlled, crystal controlled
quarzgesteuerter Generator m
  quartz-controlled generator, crystal-
  controlled generator
Quarzkristall m, Quarz m
  quartz, quartz crystal, crystal
Quarzoszillator m, Kristalloszillator m
  quartz oscillator, crystal oscillator
Quarzresonator m, Schwingquarz m
  quartz resonator, crystal resonator
Quasizufallszahl f, Hash-Zahl f [zum raschen
  Wiederfinden eines Datensatzes verwendete
  Zahl, die durch eine Transformation des
  Suchschlüssels gewonnen wird; die Hash-Zahl
  erhält man über einen Hash-Algorithmus]
  hash number [number used for rapid retrieval
  of a record and obtained by transforming the
  search key; the hash number is obtained via a
  hash algorithm]
Quellanweisung f
  source statement
Quelle f, Source f
  Bereich des Feldeffekttransistors, vergleichbar
  mit dem Emitter des Bipolartransistors.
  source
  Region of the field-effect transistor, comparable
  with the emitter of a bipolar transistor.
Quellencode m [ursprüngliches Programm vor
  der Übersetzung in Maschinencode;
  Programmcodierung in Assemblersprache bzw.
  in einer höheren Programmiersprache]
  source code [original program before
  translation into machine code; program coding
  in assembler language or a higher
  programming language]
Quellendatei f
  source file
Quellenprogramm n, Quellprogramm n [ein
  Programm, das nicht in Maschinensprache
  sondern in einer Assemblersprache oder einer
  höheren Programmiersprache geschrieben ist]
  source program [a program not written in
  machine language but in an assembler
  language or a higher programming language]
Quellensprache f, Quellsprache f [Sprache, in
  der ein Quellenprogramm geschrieben ist, d.h.
  Assemblersprache oder höhere Programmier-
  sprache]
  source language [language in which a source
  program is written, i.e. assembler language or
  higher programming language]
Quellenwiderstand m [einer Schaltung]
  source impedance [of a circuit]
Quellprogramm n, Quellenprogramm n

source program
Quellsprache *f,* Quellensprache *f*
source language
Querformat *n* [Ausrichtung eines Bildes mit der längsten Seite horizontal, im Gegensatz zum Hochformat]
landscape [view of image with longest side horizontal, in contrast to portrait]
Querparität *f,* Zeichenparität *f,* vertikale Parität *f* [Parität eines Zeichens nach Ergänzung durch ein Prüfbit; im Gegensatz zur Block- oder Längsparität]
vertical parity [parity of a character after completing with a parity bit; in contrast to block or longitudinal parity]
Querparitätsprüfung *f,* Vertikalparitätsprüfung *f,* VRC-Prüfung *f* [Paritätsprüfmethode, z.B. bei Magnetbändern]
vertical redundancy check (VRC), vertical parity check [parity checking method, e.g. for magnetic tapes]
Quersummenkontrolle *f*
horizontal check sum
Querverweis *m*
cross-reference
Querwiderstand *m,* Nebenschlußwiderstand *m*
shunt resistor, shunt
Query-Sprache *f,* Datenbankabfragesprache *f* [spezielle, leicht erlernbare Sprache für Datenbankabfragen, besonders für das Abrufen, Einfügen, Verändern und Löschen von Datensätzen]
query language (QL) [special, easy-to-learn language for data base transactions, particularly for retrieval, insertion, modification and deletion of records]
Quetschverbinder *m,* Crimpverbinder *m*
crimp connector
Quetschverbindung *f,* Crimpverbindung *f*
crimp connection
Quetschwerkzeug *n,* Crimpwerkzeug *n* [zur Erstellung einer Verbindung zwischen Leiter und Anschlußklemme ohne Löten]
crimping tool [for forming a solderless contact between wire and terminal]
Quibinärcode *m* [ähnlich dem Biquinärcode, ein Code aus 7 Bits, auch Zwei-aus-Sieben-Code genannt; bei jedem der Zeichen sind fünf der sieben Bits binär Null und zwei binär Eins, z.B. die Ziffer 7 wird durch 0100010 dargestellt]
quibinary code [similar to the biquinary code, a code comprising 7 bits, also called two-out-of-seven code; in each character five of the seven bits are binary zero and two are binary one, e.g. the digit 7 is represented by 0100010]
Quicksort-Verfahren *n,* Austauschsortieren *n* [Sortierverfahren]
quicksort, partition exchange sort [sorting method]

QUIL-Gehäuse *n* [Gehäuse mit vier parallelen Reihen rechtwinklig abgebogener Anschlußstifte]
QUIL package, quad in-line package [package with four parallel rows of terminals at right angles to the body]
Quittung der Unterbrechungsanforderung *f,* Unterbrechungsrückmeldung *f* [Bereitschaftssignal des Mikroprozessors bei einer Anforderung zur Programm-unterbrechung]
interrupt acknowledge [microprocessor signal in reply to an interrupt request]
Quittungsbetrieb *m,* Handshake-Verfahren *n* [Verfahren zur zeitlichen Koordinierung der Datenübergabe zwischen zwei Bausteinen oder Systemen, z.B. zwischen Prozessor und Peripheriegerät oder zwischen Terminal und Rechenzentrum]
handshaking [method of coordinating the timing of data transfer between two devices or systems, e.g. between processor and peripheral unit or between terminal and computer center]
Quittungsmeldung *f* [z.B. als Antwort auf eine Unterbrechungsanforderung]
acknowledge signal [e.g. as an answer to an interrupt request]
Quittungssignal *n,* Handshake-Signal *n*
handshaking signal
Quotient *m* [Ergebnis einer Division]
quotient [result of a division]
Quotientenregister *n*
quotient register
QWERTY-Tastatur *f* [englischsprachige Tastatur]
QWERTY keyboard [English-language keyboard]
QWERTZ-Tastatur *f* [deutschsprachige Tastatur]
QWERTZ keyboard [German-language keyboard]

R

Radixpunkt *m* [z.B. Dezimalpunkt oder Komma
bei der Dezimalschreibweise]
radix point [e.g. decimal point in the case of
decimal notation]
Radixschreibweise *f* [Darstellung einer Zahl als
Produkt von Zahlenwert und Potenz einer
Grundzahl (Basis); diese Basis ist
üblicherweise 2 (Dualsystem, auch Binärsystem genannt), 8 (Oktalsystem), 10
(Dezimalsystem) oder 16 (Hexadezimalsystem)]
radix notation [representation of a number as
product of numerical value and powers of a
base; this base is usually 2 (binary system), 8
(octal system), 10 (decimal system) or 16
(hexadecimal system)]
Radizieren *n*, Wurzelziehen *n*
extraction of a root
Raffung des Alterungsprozesses *f*,
beschleunigte Alterung *f*
accelerated aging
Rahmen *m*, Frame *m*
[Wissensrepräsentationsschema in der
künstlichen Intelligenz]
frame [method of representing knowledge in
artificial intelligence]
Rahmen *m*, Gestell *n* [z.B. 19-Zoll Normgestell
für Einschübe]
rack [e.g. standard 19-inch rack for plug-in
units]
RALU, Register mit arithmetisch-logischer
Einheit *n.pl.* [Bit-Slice-Prozessor mit Registern]
RALU, registers and arithmetic-logic unit [bit-
slice processor with registers]
RAM *m*, Speicher mit wahlfreiem Zugriff *m*,
Schreib-Lese-Speicher *m*
Speicher, bei dem auf jedes Speicherelement in
jeder gewünschten Reihenfolge zugegriffen
werden kann. Dadurch ist die Zugriffszeit zu
jeder Speicherzelle gleich lang. Die
Bezeichnung RAM wird normalerweise für
Schreib-Lese-Speicher in integrierter
Schaltungstechnik verwendet. Man
unterscheidet grundsätzlich zwischen
dynamischen (DRAMs) und statischen
(SRAMs) Schreib-Lese-Speichern. Beim
dynamischen Speicher wird die Information als
Ladung in einer Kapazität gespeichert und
muß periodisch aufgefrischt werden. Beim
statischen Speicher werden Flipflops als
Speicherzellen verwendet. Die gespeicherten
Informationen müssen daher nicht regeneriert
werden.
RAM (random access memory), read-write
memory
Memory in which each storage cell is directly
accessible in any desired sequence. This means
that access time is the same for all storage
locations. The term RAM is normally used to
denote integrated circuit read-write memories.
There are basically two types: dynamic
(DRAMs) and static (SRAMs) memories. In
dynamic memories information is stored as a
charge on a capacitance and needs periodic
refreshing. In static memories, flip-flops are
used as memory cells. Hence there is no need
for data regeneration.
RAM-Baustein *m*
RAM module
RAM-Cachespeicher *m* [Zwischenspeicher zur
Beschleunigung der Datenübertragung
zwischen Hauptspeicher und Prozessor]
RAM cache memory, RAM caching [cache
memory used for accelerating data transfer
between main memory and processor]
RAM-Karte *f* [Leiterplatte, die ein oder mehrere
RAMs enthält]
RAM board [printed circuit board containing
one or more RAMs]
RAM-Laufwerk *n*, virtuelles Laufwerk *n*
[definiert einen Speicherbereich als logisches
Laufwerk, um den Dateizugriff zu
beschleunigen]
RAM disk, RAM drive, virtual disk, virtual
drive [defines part of main memory as logical
drive so as to accelerate file access]
Rand *m* [z.B. eines Textblockes]
margin [e.g. of a block of text]
Randabstand *m* [Leiterplatten]
edge distance, edge spacing [printed circuit
boards]
Randausgleich *m* [Textformatierung, um einen
ausgeglichenen Rand zu erhalten]
justification [text formatting to obtain even
margins]
Randlochung *f* [Lochung eines Endlosformulars
in vertikaler Papierrichtung]
marginal perforation [perforation of a
continuous form in vertical direction of paper]
Randschicht *f*
surface layer
Randschichtphotodiode *f*
surface barrier photodiode
Rangfolge *f*, Reihenfolge *f* [allgemein]
order [general]
Rangfolge *f*, Priorität *f* [Dringlichkeit eines
Ereignisses]
priority [urgency of an event]
RAS *m*, Zeilenadressenimpuls *m*
Signal für die Zeilenadressierung bei
Halbleiterspeichern mit matrixförmiger
Anordnung der Speicherzellen (z.B. bei RAMs).
RAS (row-address strobe)
Signal for addressing memory cells in the rows
of an integrated circuit memory device in which

the cells are arranged in an array (e.g. in RAMs).

Raster *m* [matrixförmige Bildschirmdarstellung]
raster [matrix-like display]

Raster *m* [mechanische Einteilung]
grid [mechanical subdivision]

Rasterabstand *m* [z.B. Lochabstände auf Leiterplatten]
grid spacing [e.g. spacing of holes on printed circuit boards]

Rasterabtastung *f* [horizontale Bildabtastung]
raster scan [horizontal sweep of screen]

Rasterbild-Prozessor *m*
raster image processor (RIP)

Rasterbildschirm *m* [Bildschirm mit matrixförmig angeordneten Bildelementen]
raster display, raster-scan display [screen having picture elements arranged in a matrix]

Rasterelektronenmikroskop *n*
scanning electron microscope (SEM)

Rastergraphik *f* [graphische Darstellung auf einem Rasterbildschirm]
raster graphics [graphics generated on a raster display]

Rasterscan-Verfahren *n* [Chipherstellung]
rasterscan technique [chip production]

Rasterschriftart *f,* Bitmap-Schriftart f [gespeichert als Bitmuster, im Gegensatz zur Vektorschrift]
raster font, bitmap font [stored as bit pattern, in contrast to vector font]

Rasterung *f*
scanning

rationaler Bruch *m*
rational fraction

Raubkopie *f*
pirate copy, bootleg

raubkopieren
pirate, to

Raumgitter *n*
Die räumliche, sich regelmäßig wiederholende Anordnung von Atomen in einem Kristallgitter.
space lattice
The three-dimensional periodic arrangement of atoms in a crystal lattice.

Raumladungsdichte *f*
volume charge density

Raumladungszone *f,* Verarmungszone *f*
Der an einem PN-Übergang entstandene Bereich, in dem sich praktisch keine beweglichen Ladungsträger befinden.
depletion region, space-charge region
The region formed in the immediate vicinity of a pn-junction in which there are practically no mobile charge carriers.

räumlich
spatial, three-dimensional

räumliche Anordnung *f*
spatial arrangement

Raumwinkel *m*
solid angle

Rauschabstand *m* [Verhältnis der Signalleistung zur Rauschleistung, ausgedrückt in Dezibel (dB)]
signal-to-noise ratio (S/N ratio) [ratio of signal power to noise power, expressed in decibels (dB)]

rauscharmer Baustein *m,* rauscharmes Bauteil
low-noise component, low-noise device

rauscharmer Verstärker *m*
low-noise amplifier

Rauschen *n*
noise

Rauschfaktor *m,* Rauschzahl *f* [Verhältnis der Rauschleistung am Ausgang zur Rauschleistung am Eingang, z.B. eines Transistors oder Verstärkers; ausgedrückt als Faktor (= Verhältniszahl) oder Dezibelwert (dB)]
noise factor, noise figure [ratio of the noise power at the output to the noise power at the input, e.g. of a transistor or amplifier; expressed as a factor (ratio) or as a decibel value (dB)]

Rauschgenerator *m,* Störspannungsgenerator
noise generator

Rauschleistung *f*
noise power

Rauschpegel *m*
noise level

Rauschsignal *n,* Störsignal *n*
noise signal

Rauschunterdrückung *f,* Störunterdrückung *f,* Störschutz *m*
noise suppression, interference suppression

Rauschzahl *f,* Rauschfaktor *m*
noise figure, noise factor

RAW-Verfahren *n,* Kontroll-Leseverfahren *n* [Kontrolle der Speicherung durch Lesen nach dem Schreiben]
RAW technique (Read-After-Write) [verifying procedure for data storage]

RC-Kopplung *f,* Widerstands-Kondensator-Kopplung *f*
RC coupling, resistance-capacitor coupling

RC-Netzwerk *n,* RC-Schaltung *f* [bestehend aus Widerständen und Kondensatoren]
RC network, RC circuit [consisting of resistors and capacitors]

RC-Verstärker *m,* Widerstandsverstärker *m*
RC amplifier

RCTL *f,* Widerstand-Kondensator-Transistor-Logik *f*
Variante der RTL-Schaltungsfamilie, bei der Kondensatoren zur Erhöhung der Schaltgeschwindigkeit verwendet werden.
RCTL (resistor-capacitor-transistor logic)
Variant of the RTL family of logic circuits

which uses capacitors to increase switching
speed.
Reaktanz *f,* Blindwiderstand *m*
reactance
Reaktanzverstärker *m,* parametrischer
Verstärker *m*
parametric amplifier, variable reactance
amplifier
Reaktionshaftstelle *f* [Halbleitertechnik]
Störstelle in einem Halbleiterkristall, die die
Erzeugung und Rekombination von
Ladungsträgerpaaren fördert.
deathnium center [semiconductor technology]
Imperfection in a semiconductor crystal which
facilitates generation and recombination of
electron-hole pairs.
Reaktionszeit *f*
reaction time
reaktive Kathodenzerstäubung *f,* reaktives
Sputtern *n* [ein Abscheideverfahren]
reactive sputtering [a deposition process]
reaktives Ionenstrahlätzen *n* [ein
Trockenätzverfahren]
reactive ion beam etching (RIBE) [a dry
etching process]
reaktives Ionenätzen *n* [ein
Trockenätzverfahren]
reactive ion etching (RIE) [a dry etching
process]
reaktives Sputtern *n,* reaktive Kathodenzerstäubung *f* [ein Abscheideverfahren]
. **reactive sputtering** [a deposition process]
reaktives Trockenätzen *n*
reactive dry etching
Real-Modus *m* [Prozessorbetriebsart ähnlich der
eines 8086-Prozessors, d.h. für einen Rechner
mit weniger als 1 MB Hauptspeicher]
real mode [processor operating mode similar
to that of a 8086 processor, i.e. for a computer
with a main memory less than 1 MB]
reale Adresse *f,* echte Adresse *f* [tatsächliche
Adresse im Hauptspeicher]
real address [actual physical address in main
storage]
realisieren, implementieren [einsatzfähige
Bereitstellung]
implement, to [make ready for application]
Realteil *m*
real part
Realzeitbetrieb *m,* Echtzeitbetrieb *m*
[Verarbeitung der Daten zum Zeitpunkt ihrer
Generierung; im Gegensatz zur Stapelverarbeitung, bei der die Daten gesammelt und
dann schubweise verarbeitet werden]
real-time operation [processing of data at the
time they are generated; in contrast to batch
processing in which data are collected and then
processed in batches]
Realzeiteingabe *f,* Echtzeiteingabe *f*

real-time input
Realzeitprogrammiersprache *f*
real-time programming language
Realzeitprogrammierung *f*
real-time programming
Realzeitrechnersystem *n,* Realzeitsystem *n*
real-time computer system, real-time
system
Realzeitsimulation *f,* Echtzeitsimulation *f*
real-time simulation
Realzeitsteuerung *f*
real-time control
Realzeitsystem *n,* Realzeitrechnersystem *n*
real-time computer system, real-time
system
Realzeituhr *f,* Echtzeittaktgeber *m,* Echtzeituhr
f [erzeugt periodische Signale, die zur
Berechnung der Tageszeit verwendet werden
können; wird für den Realzeitbetrieb benötigt]
real-time clock (RTC) [generates periodic
signals which can be used for giving the time of
day; is needed for real-time operation]
Realzeitverarbeitung *f,* Echtzeitverarbeitung *f*
real-time processing
Rechenalgorithmus *m*
computing algorithm
Rechenanlage *f,* Rechner *m,* Computer *m,*
Datenverarbeitungsanlage *f*
computer
Rechenanweisung *f*
compute statement
Rechenbefehl *m,* arithmetischer Befehl *m*
[Befehl zur Ausführung einer der vier
Grundrechenarten, d.h. Addition, Subtraktion,
Multiplikation oder Division]
arithmetic instruction [instruction for
executing one of the four basic computation
operations, i.e. addition, subtraction,
multiplication or division]
Rechencode *m*
arithmetic code
Rechendezimalpunkt *m,* Rechenkomma *n*
assumed decimal point
Rechenelement *n* [Baustein zur Ausführung
von mathematischen Operationen in einem
Analogrechner; in der Regel basierend auf
einem Operationsverstärker]
computing element, arithmetic element
[device for executing mathematical operations
in analog computers; usually based on an
operational amplifier]
Rechengeschwindigkeit *f* [in der Regel
ausgedrückt in Operationen/s (MOPS) bzw.
Gleitkommaoperationen/s (MFLOPS), Befehle/s
(MIPS) oder als Ausführungszeit für eine
Grundrechenart oder für ein Benchmark- bzw.
Bewertungsprogramm]
computing speed [usually expressed in
operations/s (MOPS) or floating-point

operations/s (MFLOPS), instructions/s (MIPS)
or as execution time for a basic computation
operation or a benchmark program]
Rechengröße *f,* Operand *m* [auszuführende
Operation bzw. eine Information, die zur
Ausführung eines Befehls geholt werden muß]
operand [operation to be carried out or an
information which has to be fetched for
carrying out an instruction]
rechenintensive Aufgaben *f.pl.* [Aufgaben, die
einen hohen Rechenaufwand beinhalten; im
Gegensatz zu Aufgaben, die datenintensiv sind,
d.h. die einen hohen Eingangs-
Ausgangsverkehr aufweisen]
computation-intensive tasks [tasks
involving a high amount of computation
("number crunching" tasks); in contrast to data-
intensive tasks involving high input-output
traffic (I/O-intensive tasks)]
Rechenkomma *n,* Rechendezimalpunkt *m*
assumed decimal point
Rechenlogik *f*
arithmetic logic
Rechenmaschine *f,* Addiermaschine *f*
calculator, adding machine
Rechenoperation *f,* arithmetische Operation *f*
[eine der vier Grundoperationen]
arithmetic operation [one of the four basic
operations]
Rechenprogramm *n*
computation program
Rechenregister *n,* Akkumulator *m* [Register,
welches das Ergebnis einer Operation
speichert]
arithmetic register, accumulator [register
storing the result of an operation]
Rechenschleife *f* [Programmschleife für die
Ausführung einer Berechnung]
computation loop [program loop for execution
of a computation]
Rechensystem *n,* Rechnersystem *n*
computer system
Rechenvorzeichen *n* [COBOL]
operational sign [COBOL]
Rechenwerk *n,* arithmetisch-logische Einheit *f*
(ALU)
Der Teil der Zentraleinheit im Digitalrechner
(bzw. Mikroprozessor), der Rechenoperationen
und logische Verknüpfungen durchführt. Die
Ergebnisse werden im Akkumulator
gespeichert.
arithmetic logic unit (ALU)
The part of the central processing unit in a
digital computer (or microprocessor) which
performs arithmetic calculations and logical
operations. The results are stored in the
accumulator.
Rechenzentrum *n*
computing center, computer center, data

processing center
Rechenzyklus *m* [Zyklus für die Ausführung
einer Grundrechenart]
arithmetic cycle [cycle for the execution of a
basic computation operation]
Rechner *m,* Rechenanlage *f,* Computer *m,*
Datenverarbeitungsanlage *f*
computer
Rechner der fünften Generation *m*
Rechner, die von der klassischen von-
Neumann-Rechnerarchitektur abweichen und
auf völlig neuen Technologien beruhen (z.B.
höchstintegrierte Schaltungen, künstliche
Intelligenz, Expertensysteme, Sprach- und
Bilderkennung).
fifth-generation computer
A non-von-Neumann form of computer based on
advanced technologies (e.g. very large scale
integration, artificial intelligence, expert
systems, speech and picture recognition).
Rechner mit reduziertem Befehlsvorrat *m,*
RISC-Rechner *m* [Rechner, der ausgelegt
wurde, eine kleine Zahl einfacher Befehle sehr
schnell auszuführen]
RISC (Reduced Instruction Set Computer)
[computer designed to carry out a small
number of simple instructions at high speed]
rechnerabhängig
computer-dependent
Rechnerabsturz *m,* Absturz *m*
computer crash, crash
Rechnerarchitektur *f,* Computerarchitektur *f*
Der hard- und softwaremäßige Aufbau eines
elektronischen Rechners sowie seine interne
Organisation und die Art der
Informationsverarbeitung.
computer architecture
The hardware and software structure of an
electronic computer, its internal organization
and the way in which data is processed.
Rechnerausgabe über Mikrofilm *f* (COM)
computer output on microfilm (COM)
Rechnerbelastung *f*
computer workload
Rechnerbelegungszeit *f,* Maschinenzeit *f*
machine time, computer time
Rechnergeneration *f,* Computergeneration *f*
Die Einteilung von elektronischen
Rechenanlagen nach ihrem technischen
Entwicklungsstand: Röhrentechnik (1.
Generation); Halbleiterbauelemente (2.);
integrierte Schaltungstechnik (3.);
hochintegrierte Schaltungstechnik (4.); nicht-
von-Neumann-Architektur (5.).
computer generation
The classification of electronic computers
according to their technological state of
development: electron tubes (1st generation);
semiconductor components (2nd); integrated

circuit technology (3rd); large scale integrated
circuit technology (4th); non-von-Neumann
architecture (5th).
rechnergesteuert
computer-controlled
rechnerintegrierte Fertigung *f,* CIM
CIM (computer-integrated manufacturing)
Rechnerkommunikationssystem *n*
computer communication system
Rechnerkopplung *f*
computer linking
Rechnerlauf *m,* Programmlauf *m,*
Programmausführung *f,* Programmdurchlauf *m*
program run, computer run
Rechnermodul *m*
computer module
Rechnernetz *n,* Rechnerverbund *m* [System, das
aus mehreren Rechnern besteht, die über
Datenkommunikationsleitungen miteinander
verbunden sind]
computer network [system comprising
several computers interconnected by data
communication channels]
Rechnerprogramm *n*
computer program
Rechnerschnittstelle *f*
computer interface
Rechnersimulation *f*
computer simulation
Rechnersystem *n,* Rechensystem *n*
computer system
Rechnertechnik *f*
computer technology
rechnerunabhängig
computer-independent
rechnerunterstützt
computer-aided
rechnerunterstützte Arbeitsplanung *f* (CAP)
computer-aided planning (CAP)
rechnerunterstützte Entwicklung *f* (CAE)
computer-aided engineering (CAE)
rechnerunterstützte Fertigung *f* (CAM)
computer-aided manufacturing (CAM)
rechnerunterstützte Konstruktion *f* (CAD)
computer-aided design (CAD)
rechnerunterstützte Montage *f* (CAA)
computer-aided assembly (CAA)
rechnerunterstützte Prüfung *f* (CAT)
computer-aided testing (CAT)
rechnerunterstützte Qualitätskontrolle *f*
(CAQ)
computer-aided quality control (CAQ)
rechnerunterstütztes Zeichnen *n* (CAD)
computer-aided drafting (CAD)
Rechnerverbund *m,* Rechnernetz *n* [System,
das aus mehreren Rechnern besteht, die über
Datenkommunikationsleitungen miteinander
verbunden sind]
computer network [system comprising

several computers interconnected by data
communication channels]
Rechnerverbundbetrieb *m*
distributed processing, multiprocessor
operation
rechte Klammer *f*
right parenthesis
Rechteckimpuls *m*
rectangular pulse, square pulse
Rechteckmodulation *f*
square-wave modulation
Rechteckschwingung *f*
square-wave oscillation
Rechtecksignal *n*
square-wave signal
Rechteckwellenform *f*
square waveform
Rechteckwellengenerator *m*
square-wave generator
rechter Rand *m*
right margin
rechts ausgeglichen, rechtsbündig
right-justified
rechts ausgleichen, rechtsbündig ausführen
right-justify, to
Rechtsausrichtung *f*
right justification
rechtsbündig, rechts ausgeglichen
right-justified
rechtsbündig ausrichten
flush right, to; right-justify, to
rechtsbündiger Flattersatz *m* [rechtsbündige
Textformatierung ohne Ausgleich des linken
Randes]
ragged left margin [text formatting without
alignment of left margin]
Rechtschreibfehler *m,* Orthographiefehler *m*
spelling error
Rechtschreibprogramm *n,*
Orthographieprogramm *n*
spell checker, spellchecker, spelling checker
Rechtschreibüberprüfung *f,*
Orthographieüberprüfung *f*
spell checking, spellchecking, spelling check
rechtsdrehend, rechtslauf
clockwise
Rechtsverschiebung *f* [Versetzen von
Bitmustern nach rechts]
right shift [move bit patterns to the right]
rechtwinklige Koordinaten *f.pl.,* kartesische
Koordinaten *f.pl.*
cartesian coordinates
redundanter Code *m* [Code, bei dem nicht alle
zur Verfügung stehenden Verschlüsselungen
benutzt werden; ein redundanter Code erlaubt
die Anwendung automatischer
Fehlererkennungs- und Korrekturmethoden]
redundant code [a code in which not all
available code combinations are utilized; a

redundant code enables automatic error
detection and correction methods to be applied]
redundantes Zeichen *n*
redundant character
Redundanz *f* [allgemein]
redundancy [general]
Redundanzprüfung *f*
redundancy check
Redundanzprüfzeichen *n*
redundancy check character
reelle Zahl *f*
real number
reeller Leitwert *m*, Leitwert *m*, Konduktanz *f*
[Reziprokwert des Widerstandes; SI-Einheit:
Siemens]
conductance [reciprocal value of resistance;
SI unit: siemens]
Referenzbit *n*
reference bit
Referenzdiode *f*, Spannungsreferenzdiode *f*
reference diode, voltage reference diode
Referenzelement *n*
reference element
Referenzfilter *n*, Meßfilter *n*
reference filter
Referenzlinie *f*
reference line
Referenzspannung *f*, Bezugsspannung *f*,
Vergleichsspannung *f*
reference voltage
reflektierter Binärcode *m*, Gray-Code *m* [ein
Binärcode für Dezimalziffern, der Abtastfehler
dadurch verringert, daß sich zwei
aufeinanderfolgende Zahlenwerte nur in einem
Bit unterscheiden]
reflected binary code, Gray code [a binary
code for decimal digits in which, for minimizing
scanning errors, the codes for consecutive
numbers differ by only one bit]
Reflexion *f*
reflection
Reflow-Löten *n*, Aufschmelzlöten *n* [Verfahren
zur Behandlung von Leiterplatten]
reflow soldering [process for the treatment of
printed circuit boards]
Regelalgorithmus *m*
control algorithm
Regelgröße *f* [in einem Regelsystem]
controlled variable [in an automatic control
system]
Regelkreis *m* [allgemein]
control loop [general]
Regelkreis *m*, Regelschleife *f*, geschlossene
Schleife *f*
closed loop
Regelstrecke *f* [in einem Regelsystem]
controlled system [in an automatic control
system]
Regelsystem *n*

automatic control system, control system,
feedback control system
Regelung *f*
closed-loop control, automatic control
Regelverhalten *n*
control action
regenerativer Speicher *m*
regenerative storage
regenerieren [Daten]
regenerate, to; rewrite, to [data]
regenerieren [Impulse]
reshape [pulses]
Regenerierung *f*
regeneration
Register *n* [in der Regel ein aus Flipflops
bestehender Speicher mit sehr kurzer
Zugriffszeit zur Speicherung eines Operanden-,
Befehls- oder Datenwortes]
register [storage device, usually consisting of
flip-flops and hence with very short access time,
for storing an operand, instruction or data
word]
Register doppelter Wortlänge *n*
double-length register, double register
Register dreifacher Wortlänge *n*
triple-length register, triple register
Register mit arithmetisch-logischer Einheit
n.pl., RALU [Bit-Slice-Prozessor mit Registern]
RALU, registers and arithmetic-logic unit [bit-
slice processor with registers]
Registerauswahl *f*
register select (RS)
Registerbefehl *m*
register instruction
Registerpaar *n*
register pair
Registertreiber *m*
register driver
Registriergerät *n*
recording instrument, recorder
Registrierkasse *f*
cash register
Regler *m* [z.B. integral-wirkender (I-),
differential-wirkender (D-) oder proportional-
wirkender (P-) Regler]
controller [e.g. integral (I), differential (D) or
proportional (P) action controller]
Regressionsanalyse *f*
regression analysis
Reichweiteverteilung *f* [bei der
Ionenimplantation]
range distribution [in ion implantation]
Reihe *f*
series
Reihenfolge *f*, Rangfolge *f*
order
reihengeschaltet, in Reihe geschaltet,
vorgeschaltet
connected in series, series-connected

Reihenparallelschaltung *f*
 series-parallel connection
Reihenschaltung *f,* **Kaskadenschaltung** *f*
 series connection, cascade connection
reine Binärdarstellung *f* [Darstellung einer
 Dezimalzahl gesamthaft durch Binärzeichen;
 im Gegensatz zu binärcodierten Dezimalziffern]
 pure binary notation [representation of a
 decimal number as a whole by binary digits; in
 contrast to representation of individual decimal
 digits using binary coded decimals]
Reinigungsbad *n*
 cleaning bath
Reinigungsmittel *n*
 cleaning agent
Reinraum *m*
 clean room
Rekombination *f*
 Die Vereinigung bzw. Wiedervereinigung von
 Elektronen und Defektelektronen oder von
 positiven und negativen Ionen.
 recombination
 The combination or reunion of electrons and
 holes or of positive and negative ions.
Rekombinationsgeschwindigkeit *f*
 Die Geschwindigkeit, mit der sich Elektronen
 und Defektelektronen bzw. positive und
 negative Ionen vereinigen bzw.
 wiedervereinigen.
 recombination velocity
 The speed with which electrons and holes or
 positive and negative ions unite or reunite.
Rekombinationsrate *f*
 recombination rate
Rekombinationszentrum *n*
 Störstellen, Gitterfehler usw. innerhalb eines
 Halbleiters oder an seiner Oberfläche, die zur
 Rekombination von Ladungsträgern führen.
 recombination center
 Impurities, lattice imperfections, etc. within a
 semiconductor or on its surface which lead to
 the recombination of charge carriers.
Rekonfiguration *f*
 reconfiguration
Rekursion *f*
 recursion
rekursiv lösbares Problem *n*
 recursively solvable problem
rekursiv
 recursive
rekursives Programm *n*
 recursive program
relationales Datenbanksystem *n* [verwendet
 eine 2-dimensionale Tabellenstruktur zur
 Speicherung der Datensätze; im Gegensatz zu
 hierarchischen und Netzwerksystemen]
 relational data base system [uses a 2-
 dimensional table structure for storing records;
 in contrast to hierarchical and network-type

 structures]
relative Adresse *f*
 relative address
relative Adressierung *f* [Adressierung bezogen
 auf eine Grundadresse, die in einem Register
 enthalten ist; wird oft bei Sprungbefehlen
 verwendet]
 relative addressing [addressing referred to a
 base address contained in a register; is often
 used with jump instructions]
relative Datei *f*
 relative file
relativer Schlüssel *m*
 relative key
relativierbares Programm *n,* verschiebbares
 Programm *n,* Relativprogramm *n*
 relocatable program
Relativlader *m,* Lader für verschiebbare
 Programme *m* [ein Programmlader, der die im
 Programm angegebenen Adressen um eine
 Ladeadresse (Programmanfang) erhöht; im
 Gegensatz zu einem Absolutlader]
 relocating loader [a program loader which
 increases the addresses contained in a program
 by an amount corresponding to the loading
 address (program start); in contrast to an
 absolute loader]
Relativprogramm *n,* verschiebbares Programm
 n, relativierbares Programm *n* [ein Programm,
 dessen Adressen angepaßt werden können,
 wenn das Programm in einen anderen
 Adressenbereich verschoben wird]
 relocatable program [a program whose
 addresses can be adjusted when the program is
 moved into another address area]
Relaxation *f*
 relaxation
Relaxationsoszillator *m,* Kipposzillator *m,*
 Kippschwinger *m*
 relaxation oscillator
REM-Anweisung *f* [Anweisung zur
 Kennzeichnung eines Kommentares in BASIC]
 REM instruction [in BASIC a statement
 designating a comment or remark]
Remittanz *f,* Kurzschluß-
 Übertragungsadmittanz rückwärts *f,*
 Kurzschluß-Rückwärtssteilheit *f*
 [Transistorkenngrößen: *y*-Parameter]
 short-circuit reverse transfer admittance
 [transistor parameters: *y*-parameter]
REPROM *m,* umprogrammierbarer
 Festwertspeicher *m*
 Festwertspeicher, der vom Anwender mit
 Ultraviolettlicht gelöscht und elektrisch wieder
 neu programmiert werden kann. Auch EPROM
 genannt.
 REPROM (reprogrammable read-only
 memory)
 Read-only memory that can be erased by

ultraviolet light and reprogrammed by the
user. Also called EPROM.
Reservebetrieb *m*, **Wartebetriebsart** *f*
standby mode, backup operation
Reservegerät *n*, Ersatzgerät *n*
standby unit, backup unit, replacement unit
Reserverechner *m*
standby computer, backup computer
Reservestromversorgung *f*
standby power supply, backup power supply
Reservezustand *m*, Bereitschaftszustand *m*,
  Wartezustand *m*
standby state
Reset *n*, Rücksetzen *n* [Zurückkehren zu einem
  definierten Ausgangszustand, z.B. Löschen des
  Inhaltes eines Registers, Speichers usw.]
reset (RES) [returning to a defined initial
  state, e.g. clearing the contents of a register,
  memory, etc.]
Reset-Befehl *m*, Rücksetzbefehl *m*
reset command
Reset-Taste *f*, Rücksetztaste *f* [wird im Rechner
  zwecks Abbrechen des laufenden Programmes
  und Rückkehr zum Ausgangs- bzw.
  Startzustand verwendet]
reset key [used in a computer to abort the
  running program and return to the initial state
  or start condition]
resident, speicherresident [bedeutet, daß ein
  Programm im Hauptspeicher permanent
  abgelegt ist]
resident [signifies that a program is
  permanently stored in main memory]
residenter Compiler *m*
resident compiler
residenter Makroassembler *m*
resident macroassembler
residentes Programm *n*
resident program
resonanter Tunneltransistor *m* (RTT)
  [Transistor mit Quantum-Well-Struktur, der
  auf dem Tunneleffekt basiert]
resonant tunneling transistor (RTT) [a
  transistor comprising a quantum well structure
  and which is based on the tunneling effect]
Resonanz *f*
resonance
Resonanzverstärker *m*
tuned amplifier
Resonator *m*
resonator
Rest *m* [Divisionsrest]
remainder [remainder of a division]
Restglied *n* [einer unendlichen Reihe]
remainder [of an infinite series]
Restseitenbandmodulation *f*
vestigial-sideband modulation
Restseitenbandübertragung *f*
vestigial-sideband transmission

Reststrom *m* [in einem Bipolartransistor der
  durch einen in Sperrichtung vorgespannten
  PN-Übergang fließende Strom, insbesondere
  der Kollektor-Basis- und der Kollektor-Emitter-
  Reststrom]
cut-off current [the current flowing through
  the reverse biased pn-junction of a bipolar
  transistor, particularly the collector-base and
  the collector-emitter cut-off current]
RET-Verfahren *n* [von Hewlett-Packard
  entwickeltes Verfahren, um die Laserdruck-
  Auflösung durch Verwendung variabler
  Punktgröße zu erhöhen]
RET (Resolution Enhanced Technology)
  [method developed by Hewlett-Packard for
  increasing laser printer resolution by using
  variable point size]
Reticle *n*, Zwischenmaske *f* [Photolithographie]
  Die anhand der Maskenvorlage mittels
  photographischer Verkleinerung erstellte
  Zwischenmaske. Das Reticle wird anschließend
  mit Hilfe eines Step-und-Repeat-Verfahrens
  vervielfältigt und auf die Originalgröße des
  Wafers verkleinert.
reticle [photolithography]
  The intermediate mask produced from the
  initial artwork by a first photographic
  reduction step. The reticle is then reproduced
  with the aid of a step-and-repeat process and
  reduced by a final reduction step to the
  dimensions of the wafer.
reversibler Prozeß *m*, umkehrbarer Prozeß *m*
reversible process
reziproker Wert *m*
reciprocal value
Reziprozität *f*
reciprocity
RGB (Rot Grün Blau) [Videosignale für
  Farbbildschirm]
RGB (Red Green Blue) [video signals used by
  colour monitor]
Richtig-/Falsch-Bedingung *f*
true/false condition, true/false clause
Richtungsbetrieb *m*, Simplexbetrieb *m*
  [Datenübertragung nur in einer Richtung; im
  Gegensatz zum Duplexbetrieb]
simplex operating mode, unidirectional
  operation [data transmission in one direction
  only; in contrast to duplex mode]
Richtungsschrift *f*, Wechselschrift *f*, NRZ-
  Schrift *f* [Schreibverfahren für die
  Magnetbandaufzeichnung; Aufzeichnung ohne
  Rückkehr nach Null]
non-return-to-zero recording (NRZ)
  [magnetic tape recording method]
Richtungstaktschrift *f* [Schreibverfahren für
  Magnetbandaufzeichnung]
phase encoding, phase modulation recording
  [magnetic tape recording method]

Richtungstaste f, Pfeiltaste f [zur Bewegung des
Zeigers (Cursors) auf dem Bildschirm]
arrow key [key for moving cursor on display]
Richtungsvorgabe f
direction select (DS)
Ring-Topologie f [Netzwerk]
ring topology [network]
Ringborgen n [Verschieben einer Borgeziffer
von der höchstwertigen zur niedrigstwertigen
Stelle]
end-around borrow [shifting a borrow digit
from the most significant to the least
significant place]
Ringkern m
toroid
Ringleitung f [ringförmige
Datenübertragungsleitung für das
Zusammenschalten mehrerer Datenstationen]
ring line, loop [ring-type or looped data
transmission line for connecting numerous data
stations]
Ringliste f
circular list
Ringnetz n [lokales Netz für den Anschluß von
Datenstationen]
ring network [local network for connecting
data stations]
Ringoszillator m
ring oscillator
Ringresonator m
ring resonator
Ringschieben n, zyklisches Verschieben n
[Verschieben eines Binärzeichens vom Ausgang
eines Schieberegisters wieder in den Eingang]
circular shift, cyclic shift, end-around shift
[moving a binary digit from the output of a shift
register and reentering it in the input]
Ringschieberegister n, Umlaufschieberegister
n [ein Schieberegister, bei dem Binärzeichen
vom Ausgang wieder in den Eingang geschoben
werden]
circulating register, cyclic shift register, end-
around shift register [a shift register in which
bits from the output are pushed back into the
input]
Ringstruktur f [Datenorganisation mit
Verkettung]
ring structure [data organization with
chaining]
Ringübertrag m, Rückübertrag m,
Komplementübertrag m [Verschieben einer
Übertragsziffer von der höchstwertigen zur
niedrigstwertigen Stelle]
end-around carry, complement carry
[shifting a carry digit from the most significant
to the least significant place]
Ringverschieben n, zyklisches Verschieben n
[Verschieben eines Binärzeichens vom Ausgang
eines Schieberegisters wieder in den Eingang]

cyclic shift, circular shift, end-around shift
[moving a binary digit from the output of a shift
register and reentering it in the input]
Ringzähler m
ring counter
Ripple-Zähler m
ripple adder
RISC-Rechner m, Rechner mit reduziertem
Befehlsvorrat m [Rechner, der ausgelegt wurde,
eine kleine Zahl einfacher Befehle sehr schnell
auszuführen]
RISC (Reduced Instruction Set Computer)
[computer designed to carry out a small
number of simple instructions at high speed]
RJE-Betrieb m [Betriebsart eines Terminals, bei
der kein Dialog möglich ist; die vom Terminal
aufgegebenen Aufträge werden vom Rechner in
Stapelverarbeitung durchgeführt]
RJE mode (remote job entry mode) [terminal
operating mode without interactive capability;
jobs entered from the terminal are batch
processed by the computer]
RLE [Algorithmus für die Datenkomprimierung,
der die Redundanz von wiederholten
Datenmustern nutzt]
RLE (Run Length Encoding) [a data
compression algorithm taking advantage of
redundance in repeated patterns]
RLL-Aufzeichnung f [Aufzeichnungsmethode
für Festplatten mit Datenkompression]
RLL recording (Run-Length Limited)
[recording method for hard disks using data
compression]
RMOS-Feldeffekttransistor m
MOS-Feldeffekttransistor, dessen Gate
(Steuerelektrode) aus einem
schwerschmelzbaren Metall (z.B. Molybdän
oder Wolfram) besteht.
RMOS field-effect transistor (refractory
metal-oxide-semiconductor field-effect
transistor)
MOS field-effect transistor with a gate
consisting of a refractory metal (e.g.
molybdenum or tungsten).
Roboter m
robot
Robotertechnik f
robotics
ROD [wiederbeschreibbare optische Platte]
ROD (Rewritable Optical Disk)
Rollbalken m, Bildlaufleiste f [zur Verschiebung
des Bild- bzw. Fensterinhaltes]
scroll bar [for moving screen or window
contents]
Rollenpapier n
roll paper
Rollfunktion f, Bildschirmblättern n
scrolling function
Rollkugel f [Eingabegerät zur Steuerung des

Zeigers (Cursors) auf dem Bildschirm; hat die
gleiche Wirkung wie ein Steuerknüppel]
track ball, tracking ball [input device for
moving the cursor on the display; has the same
effect as a joystick]
ROM *m*, Festwertspeicher *m*, Nur-Lese-Speicher
[Speicher, dessen Inhalt nur gelesen und im
normalen Betrieb weder gelöscht noch
verändert werden kann]
ROM (read-only memory) [memory from which
stored information can only be read out and, in
normal operation, cannot be erased or altered.
ROM-BIOS [BIOS im ROM-Bereich des
Hauptspeichers gespeichert]
ROM BIOS [BIOS stored in ROM area of main
memory]
ROM-Chip-Freigabe *f*
Bei Mikroprozessorsystemen ein Signal, das
einen ausgewählten ROM für das Auslesen von
Daten freigibt.
ROM chip enable
In microprocessor-based systems, a signal
which permits reading from a selected ROM.
ROM-Karte *f* [Leiterplatte, die ein oder mehrere
ROMs enthält]
ROM board [printed circuit board containing
one or more ROMs]
ROM-Mikroprogrammierung *f*
ROM microprogramming
ROM-resident [Programm, das permanent in
einem ROM-Speicherbereich im Hauptspeicher
enthalten ist]
ROM-resident [program permanently
contained in a ROM storage area in main
memory]
Röntgenstrahllithographie *f*
Verfahren, das es ermöglicht, mit Hilfe von
Röntgenstrahlen sehr feine
Schaltungsstrukturen auf die Halbleiterscheibe
zu übertragen.
x-ray lithography
Process which allows very fine circuit
structures to be reproduced on the wafer with
the aid of x-rays.
Rotation *f* [graphische Manipulation]
rotation [graphical manipulation]
Round-Robin-Verfahren *n* [Zuteilung gleich
großer Zeitscheiben an alle Prozesse]
round robin method [allocation of equal time
slices to all processes]
Routine *f* [abgeschlossener Programmteil zur
Lösung einer spezifischen, oft verwendeten
Aufgabe, z.B. zur Ausführung mathematischer
Funktionen]
routine [self-contained program section for
solving an often-used specific task, e.g. for
executing mathematical functions]
Routinebibliothek *f*
routine library

Routinename *m*
routine name
RPG, Listenprogrammgenerator *m* [Programm
mit Formatier- und Rechenbefehlen zur
Erstellung von anwenderspezifischen Listen]
RPG (report program generator), report
generator [program with formatting and
computational functions for the output of user-
specific lists or reports]
RPN, umgekehrte polnische Schreibweise *f*,
Postfixschreibweise *f*, klammerfreie
Schreibweise *f* [eliminiert Klammern bei
mathematischen Operationen, z.B. wird (a+b)
als ab+ und c(a+b) als cab+* geschrieben]
RPN (reverse Polish notation), postfix notation,
parenthesis-free notation [eliminates brackets
in mathematical operations, e.g. (a+b) is
written as ab+ and c(a+b) as cab+*]
RS-232-C-Schnittstelle *f*, EIA-232-C-
Schnittstelle *f* [genormte Schnittstelle für die
asynchrone serielle Datenübertragung gemäß
EIA]
RS-232-C interface, EIA 232-C interface
[standard interface for serial asynchronous
data transmission according to EIA]
RS-Flipflop *n* [eine Kippschaltung mit zwei
Eingängen R und S; mit S = 1 wird die
Schaltung gesetzt (Zustand 1) und mit R = 1
wird sie rückgesetzt (Zustand 0)]
RS flip-flop, SR flip-flop, set-reset flip-flop [a
flip-flop with two inputs R and S; when S = 1
the circuit is set (state 1) and with R = 1 it is
reset (state 0)]
RST-Flipflop *n*, getaktetes RS-Flipflop *n* [ein
RS-Flipflop mit einem zusätzlichen
Takteingang (T)]
RST flip-flop, triggered RS flip-flop, clocked
RS flip-flop [an RS flip-flop with an additional
input (T) for a trigger or clock signal]
RTL *f*, Widerstand-Transistor-Logik *f*
Logikfamilie, bei der die logischen
Verknüpfungen durch Widerstände ausgeführt
werden und die Transistoren als
Ausgangsinverter wirken.
RTL (resistor-transistor logic)
Logic family in which logic functions are
performed by resistors, the transistors acting
as output inverters.
RTT *m*, resonanter Tunneltransistor *m*
[Transistor mit Quantum-Well-Struktur, der
auf dem Tunneleffekt basiert]
RTT (resonant tunneling transistor) [a
transistor comprising a quantum well structure
and which is based on the tunneling effect]
Rückätzen *n* [Leiterplatten]
etch back [printed circuit boards]
Rückdiffusion *f*
back diffusion
Rückfall *m* [Neustart eines Prozessors]

fallback [restart of processor]
Rückflanke *f* [eines Impulses]
trailing edge [of a pulse]
Rückfragesignal *n*
request signal
Rückführung *f*, Rückkopplung *f*
feedback
Rückführungsschaltung *f*,
Rückkopplungsschaltung *f*
feedback circuit
Rückgabeanweisung *f*
return statement
rückgängig machen
undo, to
Rückinjektion *f*
back injection
Rückkehrbefehl *m*, Rücksprungbefehl *m*
return instruction
Rückkopplung *f*, Rückführung *f*
feedback
Rückkopplungsfaktor *m*
feedback factor
Rückkopplungsschaltung *f*,
Rückführungsschaltung *f*
feedback circuit
Rückkopplungsschleife *f*
feedback loop
Rückkopplungssignal *n*
feedback signal
Rückkopplungsverstärker *m*
feedback amplifier
Rücklauf *m* [Bildschirm]
flyback [screen]
Rückmeldung *f*
acknowledgement
Rücknahmefunktion *f*
undo function
Rückschleife *f* [Telekommunikationstechnik]
loopback [telecommunications]
Rücksetzbefehl *m*, Reset-Befehl *m*
reset command
Rücksetzeingang *m*, Löscheingang *m* [Eingang,
über den z.B. ein Flipflop zurückgesetzt
(gelöscht) werden kann]
erase input, reset input [input for resetting
e.g a flip-flop
Rücksetzen *n*, Reset *n* [Zurückkehren zu einem
definierten Ausgangszustand, z.B. Löschen des
Inhaltes eines Registers, Speichers usw.]
reset (RES) [returning to a defined initial
state, e.g. clearing the contents of a register,
memory, etc.]
rücksetzen, rückstellen [in Ausgangsstellung
bringen]
reset, to [to restore initial conditions]
Rücksetzfunktion *f*
reset function
Rücksetzimpuls *m*, Rückstellimpuls *m*
reset pulse

Rücksetztaste *f*, Löschtaste *f* [z.B. eines Zählers]
reset key [e.g. of a counter]
Rücksetztaste *f*, Reset-Taste *f* [wird im Rechner
zwecks Abbrechen des laufenden Programmes
und Rückkehr zum Ausgangs- bzw.
Startzustand verwendet]
reset key [used in a computer to abort the
running program and return to the initial state
or start condition]
Rücksprung *m* [z.B. zum Hauptprogramm aus
einem Unterprogramm]
return [e.g. to main program from a
subroutine]
Rücksprungadresse *f*
return address
Rücksprungbefehl *m*, Rückkehrbefehl *m*
return instruction
Rücksprungregister *n*
return register
Rücksprungstelle *f*, Wiedereintrittstelle *f*
reentry point
rückspulen [Magnetband]
rewind [magnetic tape]
Rückspulgeschwindigkeit *f* [eines
Magnetbandlaufwerkes]
rewind speed [of magnetic tape drive]
Rückstand *m*
backlog
rückstellbarer Pufferspeicher *m*
resettable buffer storage
rückstellen, rücksetzen [in Ausgangsstellung
bringen]
reset, to [to restore initial conditions]
Rückstellimpuls *m*, Rücksetzimpuls *m*
reset pulse
Rückstellstapel *m* [Kellerspeicher mit
Rücksprungadresse]
push-down stack [stack with return address]
Rückstelltaste *f* [eines Zählers]
reset button [of a counter]
Rückstellung auf Null *f*
zero reset
Rückstellzeit *f*
reset time
Rückstreuung *f*
back scattering
Rücktaste *f*
backspace key
Rückübertrag *m*, Ringübertrag *m*,
Komplementübertrag *m* [Verschieben einer
Übertragsziffer von der höchstwertigen zur
niedrigstwertigen Stelle]
end-around carry, complement carry
[shifting a carry digit from the most significant
to the least significant place]
Rückverfolgung *f*
backtracking
Rückverteilung *f* [von Elektronen]
redistribution [of electrons]

Rückverweis *m*
 back reference
Rückwandplatine *f*, Verdrahtungsplatine *f*,
 Backplane *f* [Leiterplatte, die sämtliche
 Verdrahtungen (z.B. Busleitungen) aller
 Funktionsteile (Leiterplatten) eines
 Mikroprozessorsystems enthält]
 backplane [printed circuit board containing all
 wiring connections (e.g. bus lines) for all
 functional modules (printed circuit boards) of a
 microprocessor system]
rückwärts blättern, aufwärts blättern
 page up, to
rückwärts rollen
 scroll up, to
Rückwärtsdiode *f*
 backward diode
Rückwärtskennlinie *f*
 reverse-voltage-current characteristic
rückwärtsleitend
 reverse conducting
rückwärtsleitende Thyristordiode *f*
 reverse-conducting diode thyristor
rückwärtsleitende Thyristortriode *f*
 reverse-conducting triode thyristor
Rückwärtsrichtung *f*, Sperrichtung *f* [z.B. bei
 einem PN-Übergang]
 reverse direction [e.g. in the case of a pn-
 junction]
Rückwärtsrollen *n*
 reverse scrolling
Rückwärtsschritt *m*
 backspace (BS)
Rückwärtsschrittzeichen *n*
 backspace character
Rückwärtsspannung *f*, Sperrspannung *f*
 reverse voltage
rückwärtssperrende Thyristordiode *f*
 reverse-blocking diode thyristor
rückwärtssperrende Thyristortriode *f*
 reverse-blocking triode thyristor
Rückwärtsstrom *m*, Sperrstrom *m* [der durch
 einen PN-Übergang in Rückwärtsrichtung
 fließende Strom]
 reverse current, reverse-bias current [the
 current flowing through a pn-junction in
 reverse direction]
Rückwärtsverkettung *f*
 backward chaining
rückwärtszählen, herunterzählen,
 abwärtszählen
 count downwards, to
Rückwärtszähler *m*, Abwärtszähler *m*
 down counter, decrementer
Rückwirkung *f*
 reaction
Rückwirkungsadmittanz *f*
 reverse transfer admittance
Rückwirkungsimpedanz *f*

reverse transfer impedance
Rückwirkungsinduktivität *f*
 reverse transfer inductance
Rückwirkungskapazität *f*
 reverse transfer capacitance
Ruhekontakt *m*
 break contact
Ruhepunkt *m*
 quiescent point
Ruhestatus *m*
 idle status
Ruhestrom *m*
 quiescent current
Ruhezeit *f*
 unused time
Ruhezustand *m*
 quiescent state, idle state, idle condition
Run-Befehl *m*, Programmstartbefehl *m*
 [Startbefehl für im Hauptspeicher geladenes
 Programm]
 run instruction [instruction for starting
 program loaded in main memory]
runde Klammer *f*
 parenthesis, round bracket
runden
 round, to; half-adjust, to
Rundgehäuse *n* [Gehäuseform, z.B. ein TO-
 Gehäuse]
 can, can-type package [package style, e.g. a TO
 package]
Rundsteckverbinder *m*
 circular connector
Rundungsfehler *m*
 rounding error
Rüstzeit *f*
 setup time

S

SAA [Systemanwendungs-Architektur; von IBM
entwickelte einheitliche Standards]
SAA (Systems Application Architecture)
[unified standards established by IBM]
Sägezahnsignal *n*
sawtooth signal
Sägezahnspannung *f*
sawtooth voltage
SAGM-Lawinenphotodiode *f*
[Lawinenphotodiode mit Multiquantum-Well-
Struktur]
**SAGM-APD (separate absorption grading and
multiplication avalanche photodiode) [a
photodiode using a multiquantum well
structure]**
SAGMOS-Transistor *m*, MOS-Transistor mit
selbstjustierender Gateelektrode *m*
**SAGMOS transistor (self-aligning gate MOS
transistor)**
Saldiermaschine *f*, Additionsmaschine *f*
adding machine, calculator
SAM-Lawinenphotodiode *f*
[Lawinenphotodiode mit Multiquantum-Well-
Struktur]
**SAM-APD (separate absorption and
multiplication avalanche photodiode) [a
photodiode using a multiquantum well
structure]**
sammelndes Lesen *n*, gestreutes Schreiben *n*
[Verteilung von Sätzen in einem
Arbeitsspeicher ohne Rücksicht auf eine
gegebene Reihenfolge; die Aneinanderreihung
erfolgt durch Datenkettung]
scattered write, gathered read [scattering of
records in a working storage without
consideration of order; chaining is used to bring
the records together]
SAMOS-Transistor *m*, Stapelgate-
Lawineninjektions-MOS-Transistor *m*
[Variante des FAMOS-Transistors]
**SAMOS transistor (stacked-gate avalanche
injection MOS transistor) [a variant of the
FAMOS transistor]**
Sandwich-Leitung *f*, Streifenleitertechnik *f*
sandwich line, stripline technique
Satellitenrechner *m* [kleinerer Rechner, der mit
einem zentralen Rechnersystem bzw.
Großrechner verbunden ist und der
Kommunikation mit dem Benutzer dient]
satellite computer [small computer connected
to a central computer system or large host
computer and used for communication with the
user]
SATO-Technik *f*
Isolationsverfahren für integrierte MOS-

Schaltungen, bei dem die einzelnen Strukturen
der Schaltung durch lokale Oxidation von
Silicium voneinander isoliert werden.
**SATO technology (self-aligned thick oxide
technology)**
Isolation technique for MOS integrated circuits
which provides isolation between the circuit
structures by local oxidation of silicon.
Sättigung *f*
Zustand bei nichtlinearen Bauelementen (z.B.
bei einem Bipolartransistor), bei dem trotz
weiterer Zunahme der Eingangsgröße (z.B. des
Basisstromes) keine Steigerung der
Ausgangsgröße (z.B. des Kollektorstromes)
auftritt.
saturation
Condition in nonlinear components (e.g. in a
bipolar transistor) in which a further increase
of the input parameter (e.g. the base current)
does not lead to an increase in the output
parameter (e.g. the collector current).
Sättigungsbereich *m*
saturation region
Sättigungsbetrieb *m* [Betriebsart von
Transistoren]
saturated mode [operating mode of
transistors]
Sättigungspunkt *m*
saturation point
Sättigungsspannung *f*
saturation voltage
Sättigungsstrom *m*
saturation current
Sättigungswiderstand *m*
saturation resistance
Sättigungszeit *f*
saturation time
Sättigungszustand *m*
saturation state, saturated state
Satz *m*, Datensatz *m* [zusammenhängende
Daten, die als Einheit betrachtet werden; ein
Satz besteht aus mehreren Datenfeldern;
mehrere Sätze bilden einen Block; ein Satz
kann geblockt oder ungeblockt und von fester
oder variabler Länge sein]
record, data record [set of related data treated
as a unit; a record comprises several data
fields, several records form a block; a record can
be blocked or unblocked and of fixed or variable
length]
Satz fester Länge *m*
fixed-length record
Satz variabler Länge *m*
variable-length record
Satzadresse *f*
record address
Satzbereich *m*
record area
Satzbeschreibung *f*

record description
Satzblock *m*, Block *m*
  record block, block
Satzende *n*, Ende der Sätze *n*
  EOR (end of record)
Satzformat *n*, Satzstruktur *f*
  record format, record layout
Satzkennung *f*
  record label
Satzlänge *f*
  record length
Satzname *m*, Datensatzname *m*
  record name
Satznummer *f*
  record number
Satzparameter *m*
  record parameter
Satzstruktur *f*, Satzformat *n*
  record format, record layout
Satzüberlauf *m*
  record overflow
satzweise
  record-by-record
Satzzählung *f*
  record count
Satzzeichen *n*
  punctuation character
Satzzwischenraum *m* [Datenaufzeichnung auf
  Magnetband]
  interrecord gap, record gap [data recording
  on magnetic tape]
Säulendiagramm *n*, Balkendiagramm *n*
  bar chart
Säulengraphik *f*, Balkengraphik *f*
  bar graphics
SBC-Technik *f*
  Technik für die Herstellung von integrierten
  Bipolarschaltungen mit vergrabener Schicht.
  SBC technology (standard buried-collector
  technology)
  Technique used for fabricating bipolar
  integrated circuits with buried layers.
SC-Filter *m*, Schalter-Kondensator-Filter *m*
  SC filter (switched capacitor filter)
SC-Schaltung *f*, Schalter-Kondensator-
  Schaltung *f*
  SC circuit (switched capacitor circuit)
SC-Schaltungstechnik *f*, Schalter-Kondensator-
  Schaltungstechnik *f*
  SC circuit design (switched capacitor circuit
  design)
SC-Technik *f*, Schalter-Kondensator-Technik *f*
  [Technik für die Realisierung integrierter
  Schaltungen (in der Regel MOS-Schaltungen),
  bei denen die Widerstandsfunktionen durch
  geschaltete Kondensatoren ersetzt werden]
  SC technology (switched capacitor
  technology) [a technology for the design of
  integrated circuits (usually MOS circuits) in

which resistor functions are replaced by
switched capacitors]
Scan-Code *m*, Tastaturcode *m*
  scan code [keyboard code]
Scanauflösung *f* [z.B. 400 Punkte/Zoll]
  scanning resolution [e.g. 400 dots/inch (dpi)]
Scanfehler *m*, Abtastfehler *m*
  scanning error
Scannen *n*, Bildabtastung *f*
  scanning, image scanning
scannen, abtasten [Bild]
  scan, to [image]
Scanner *m*, Abtaster *m*
  scanner
Scanner *m*, lexikalischer Analysator *m*
  [Compiler]
  scanner, lexical analyzer [compiler]
SCH-Laser *m* [Halbleiterlaser]
  SCH laser (separate confinement
  heterostructure laser) [semiconductor laser]
Schablone *f*
  template
schachteln
  nest, to
Schachtelung *f*, Verschachtelung *f* [die
  Verwendung von weiteren Programmschleifen
  innerhalb einer Programmschleife, d.h. eine
  Makrodefinition, die Makrobefehle enthält]
  nesting [the use of further program loops
  within a program loop, i.e. a macro definition
  containing macro instructions]
Schale *f* [z.B. eines Atoms]
  shell [e.g. of an atom]
Schale *f*, Shell *f* [als Benutzeroberfläche
  dienendes Teil eines Betriebssystems oder
  Softwarepaketes]
  shell [user interface part of operating system
  or software package]
Schalleistung *f*
  acoustic power
Schallpegel *m*
  sound level
Schallspeicher *m*, akustischer Speicher *m*
  acoustic memory, acoustic storage
Schaltalgebra *f*, Schaltlogik *f* [Anwendung der
  Booleschen Algebra auf logische Schaltungen]
  switching algebra, switching logic [the
  application of Boolean algebra to logical
  circuits]
schaltbar, umschaltbar
  switchable
Schaltdiode *f* [Halbleiterdiode, die als Schalter
  verwendet wird; schaltet um von hoher auf
  niedrige Impedanz und umgekehrt]
  switching diode [semiconductor diode used as
  switch; switches from high to low impedance
  and vice-versa]
Schaltdraht *m*
  jumper wire

Schaltelement *n*
switching element
schalten
switch, to
Schalter *m*
switch
Schalter-Kondensator-Filter *m*, SC-Filter *m*
switched capacitor filter (SC filter)
Schalter-Kondensator-Schaltung *f*, SC-
Schaltung *f*
switched capacitor circuit (SC circuit)
Schalter-Kondensator-Schaltungstechnik *f*,
SC-Schaltungstechnik *f*
switched capacitor circuit design (SC
circuit design)
Schalter-Kondensator-Technik *f*, SC-Technik
f [Technik für die Realisierung integrierter
Schaltungen (in der Regel MOS-Schaltungen),
bei denen die Widerstandsfunktionen durch
geschaltete Kondensatoren ersetzt werden]
switched capacitor technology (SC
technology) [a technology for the design of
integrated circuits (usually MOS circuits) in
which resistor functions are replaced by
switched capacitors]
Schaltfolge *f*
switching sequence
Schaltfunktion *f*
switching function
Schaltgeschwindigkeit *f*
switching speed
Schaltkreis *m*, Schaltung *f*
Anordnung eines oder mehrerer Bauelemente
für die analoge oder digitale
Signalverarbeitung.
circuit
An arrangement of one or more components for
analog or digital signal processing.
Schaltlogik *f*, Schaltalgebra *f* [Anwendung der
Booleschen Algebra auf logische Schaltungen]
switching logic, switching algebra [the
application of Boolean algebra to logical
circuits]
Schaltmatrix *f*
switching matrix
Schaltnetzteil *n*
switched-mode power supply (SMPS),
switching power supply
Schaltplan *m*, Stromlaufplan *m*
circuit diagram
Schaltplan *m*, Verdrahtungsplan *m*,
Schaltschema *n*
wiring diagram
Schaltspannung *f*
switching voltage
Schalttransistor *m*, Transistorschalter *m*
Ein Transistor, der als elektronischer Schalter
verwendet wird.
transistor switch, switching transistor

A transistor which is used as an electronic
switch.
Schaltung *f*, Schaltkreis *m*
Anordnung eines oder mehrerer Bauelemente
für die analoge oder digitale
Signalverarbeitung.
circuit
An arrangement of one or more components for
analog or digital signal processing.
Schaltung mit phasenstarrer Schleife *f*, PLL-
Baustein *m*
PLL circuit (phase-locked loop circuit)
Schaltungsanordnung *f*
circuit configuration
Schaltungselement *n*
circuit element
Schaltungsentwurf *m*
circuit design
Schaltungsentwurfstechnik *f*,
Schaltungstechnik *f*
circuit design techniques
Schaltungsfamilie *f*, Logikfamilie *f*,
Logikschaltungsfamilie *f*
Gruppe von Schaltungen, die nach dem
gleichen Verfahren hergestellt sind und gleiche
oder vergleichbare Kenngrößen aufweisen wie
z.B. Durchlaufverzögerungszeiten, logische
Pegel, Verlustleistungen usw. Typische
Schaltungsfamilien sind ECL und TTL.
logic family, logic circuit family
A group of circuits fabricated by the same
process and exhibiting similar or comparable
characteristics such as propagation delay, logic
levels, power dissipation, etc. Typical logic
families are ECL and TTL.
Schaltungstechnik *f*
circuit technology
Schaltvariable *f*
logic variable
Schaltverzögerungszeit [Zeitspanne, die
benötigt wird, bis eine Änderung des
Eingangssignales am Ausgang eines als
Schalter wirkenden Elementes (z.B. einer
logischen Schaltung) wirksam wird]
switching delay time [time required for a
change in input signal to become effective at
the output of an element acting as a switch (e.g.
of a logical circuit)]
Schaltwerk *n*, Folgeschaltung *f*, sequentielle
Schaltung *f*
sequential circuit
Schaltzeit *f* [allgemein]
switching time [general]
Schattendruck *m* [Drucker]
shadow printing [printer]
Schattenspeicher *m*, nichtadressierbarer
Speicher *m*
shaded memory, non-addressable memory
Scheibenintegration *f*, WSI-Technik *f*

Ultragrößtintegration, bei der eine integrierte
Schaltung die gesamte Fläche eines Wafers
beansprucht.
wafer scale integration (WSI)
Ultra large scale integration in which an
integrated circuit covers the entire surface of
the wafer.
Scheinanweisung *f,* **Leeranweisung** *f*
[Anweisung ohne Wirkung]
dummy statement [statement having no
effect]
Scheinbefehl *m,* **Blindbefehl** *m,* **Füllbefehl** *m*
[Befehl ohne Wirkung; belangloser Befehl]
dummy instruction [instruction having no
effect]
Scheinleistung *f*
apparent power
Scheinleitwert *m,* Admittanz *f*
admittance
Scheinprozedur *f* [COBOL]
dummy procedure [COBOL]
Scheinwiderstand *m,* Impedanz *f*
impedance
Scheitelfaktor *m,* Spitzenwertfaktor *m*
crest factor
Schema *n* [Datenstruktur]
scheme [data structure]
SCHEME [ein Dialekt von LISP]
SCHEME [a dialect of LISP]
Schicht *f* [Halbleitertechnik]
Eine auf ein Trägermaterial aufgewachsene
(epitaktische), aufgedampfte oder
abgeschiedene Halbleiter-, Metall- oder
Isolierschicht.
layer [semiconductor technology]
A semiconductor, metal or dielectric layer
grown (epitaxially) or deposited on a supporting
substrate.
Schichtabscheidung *f,* **CVD-Abscheidung** *f,*
CVD-Verfahren *n*
Verfahren zur Abscheidung von
Isolationsschichten bei der Herstellung
integrierter Schaltungen. Es werden
verschiedene Varianten des CVD-Verfahrens
angewendet, z.B. Hoch- und
Niedertemperaturverfahren, Hoch- und
Niederdruckverfahren oder Abscheideverfahren
aus einem Plasma.
chemical vapour deposition process (CVD
process)
Process used for forming dielectric layers in
integrated circuit fabrication. A number of CVD
process variations are being used, e.g. high-
and low-temperature CVD, high- and low-
pressure CVD or plasma-enhanced CVD.
Schichtdicke *f*
layer thickness
Schichtplatte *f*
composite board, Verbundplatte *f* [printed

circuit boards]
Schichtschaltung *f,* **Filmschaltung** *f*
Schaltung, bei der wesentliche Elemente (z.B.
Leiterbahnen, Widerstände, Kondensatoren
und Isolierungen) als Schichten auf einen
Träger aufgebracht werden. Die Schaltungen
werden in Dickschicht- oder
Dünnschichttechnik ausgeführt.
film circuit
Circuit in which major elements (e.g.
conductors, resistors, capacitors and insulators)
are deposited in the form of film patterns on a
supporting substrate. Film circuits are
manufactured in thick-film and thin-film
technology.
Schichtseite *f* [Film]
emulsion side [film]
Schichtseite *f,* Leiterseite *f* [einer Leiterplatte;
im Gegensatz zur Bauteilseite]
conductor side [of a printed circuit board; in
contrast to component side]
Schichtstoff *m,* Laminat *n*
laminate
Schichttechnik *f*
Technik, die bei der Herstellung von
Dickschicht-, Dünnschicht- und
Hybridschaltungen eingesetzt wird.
film technology
Technique used for fabricating thick-film, thin-
film and hybrid circuits.
Schichtwiderstand *m*
film resistor
Schiebebefehl *m*
shift instruction
Schiebeliste *f,* Warteschlange *f,* FIFO-Liste *f*
[eine Liste, in der die erste Eintragung als
erste wiedergefunden wird]
push-up list, queue, FIFO list [list in which
the first item stored is the first to be retrieved
(first-in/first-out)]
schieben, eingeben [Registerinhalt in
Stapelspeicher]
push, to [register content into stack]
Schiebeoperation *f* [verschiebt den Inhalt eines
Registers nach links oder nach rechts]
shift operation [shifts the contents of a
register to the left or to the right]
Schieberegister *n* [eine Reihe von 1-Bit-
Speichergliedern (z.B. Flipflops), bei denen der
Inhalt durch Taktimpulse nach links oder nach
rechts verschoben wird]
shift register [a row of 1-bit storage units (e.g.
flip-flops) whose contents are shifted to the left
or to the right by clock pulses]
Schiebezähler *m*
shift counter
Schlagfestigkeit *f,* Stoßfestigkeit *f*
resistance to impact, impact resistance
Schleife *f,* Programmschleife *f* [eine Reihe von

Befehlen, die mehrmals durchlaufen wird]
loop, program loop [a series of instructions
repeatedly carried out]
Schleifenoperation *f*
loop operation
Schleifenzähler *m* [zählt die Anzahl Durchläufe
einer Programmschleife]
loop counter [counts the number of times a
program loop is carried out]
schließen [einer Datei, eines Fensters, eines
Anwendungsprogrammes]
close, to [a file, a window, an application
program]
Schlüsselbegriff *m* [Datenbank]
key term [data base]
Schlüsselfeld *n*
key field, key item
Schlüsselfeldeintrag *m*
key field entry
Schlüsselwort *n*
key word, keyword
Schlußetikett *n*, Endeetikett *n*, Nachspann *m*
[bei Magnetbändern]
trailer label [for magnetic tapes]
Schlußfolgerungsmaschine *f*,
Inferenzmaschine *f* [künstliche Intelligenz]
inference engine [artificial intelligence]
Schlußzeichen *n*
final character
Schmitt-Trigger-Schaltung *f* [wandelt eine
unregelmäßige Wechselspannung oder
Wellenform in eine rechteckige Spannung bzw.
Rechteckimpulse um]
Schmitt trigger [converts an irregular
alternating voltage or waveform into a
rectangular voltage or pulses]
Schnappschuß-Funktion *f* [zur Übernahme des
Bildschirminhaltes]
snapshot function [for capturing screen
content]
Schnappschußabzug *m*, dynamischer
Speicherabzug *m*, Speicherauszug der
Zwischenergebnisse *m* [Speicherdarstellung,
meistens in binärer, hexadezimaler oder
oktaler Form, zwecks Fehlerbeseitigung
während des Programmablaufes]
snapshot dump, dynamic dump
[representation, usually in binary, hexadecimal
or octal form, of memory contents for debugging
purposes during program run]
Schnee *m*, Hintergrundrauschen *n* [sich
bewegende weiße Punkte auf dem Bildschirm]
snow [moving white dots on the screen]
Schnelldrucker *m*
high-speed printer
schneller Zugriff *m*
high-speed access, immediate access
Schnellspeicher *m*, Schnellzugriffsspeicher *m*,
Speicher mit schnellem Zugriff *m*

high-speed memory (HSM), high-speed
storage, fast-access storage, immediate-access
storage, zero-access storage
Schnellübertrag *m*
high-speed carry
Schnittmenge *f*
intersection
Schnittstelle *f*, Nahtstelle *f*, Interface *n*
[Verbindungsstelle zwischen Baustein-, Geräte-
oder Systemteilen für die Übertragung von
Daten und Steuerinformationen]
interface [connecting point between sections of
a device, equipment or system for transfer of
data and control information]
Schnittstelle für graphische Geräte *f*
[Programmierumgebung für graphische Geräte
bei der Windows-Programmierung]
GDI (Graphics Device Interface) [programming
environment for graphical devices in Windows]
Schnittstellenfunktion *f*
interface function
Schnittstellengerät *n*
interface unit
Schnittstellenmodul *m*
interface module
Schnittstellennorm *f* [z.B. für die asynchrone
serielle Datenübertragung gemäß EIA RS-232-
C oder CCITT V.24]
interface standard [e.g. for asynchronous
serial data transmission according to EIA RS-
232-C or CCITT V.24]
Schönschrift-Modus *m*, LQ-Modus *m* [Drucker-
Betriebsart]
letter quality mode (LQ) [printer mode]
Schottky-Defekt *m* [eine Kristallfehlordnung]
Schottky defect [a crystal imperfection]
Schottky-Diode *f*, Metall-Halbleiter-Diode *f*
Halbleiterdiode mit gleichrichtenden
Eigenschaften, die durch einen Metall-
Halbleiter-Übergang gebildet wird.
Schottky barrier diode, metal-semiconductor
diode, hot-carrier diode
Semiconductor diode with rectifying
characteristics formed by a metal-
semiconductor junction.
Schottky-Effekt *m*
Schottky effect
Schottky-Kontakt *m*, Schottky-Übergang *m*
Übergang, der durch den Kontakt einer
Metallschicht mit einer Halbleiterschicht
entsteht und gleichrichtende Eigenschaften
hat.
Schottky barrier
Junction formed by the contact between a
metal layer and a semiconductor layer and
which has rectifying characteristics.
Schottky-Photodiode *f*
In Sperrichtung vorgespannte Halbleiterdiode,
bei der durch Lichteinstrahlung in den Metall-

Halbleiter-Übergang Ladungsträgerpaare
erzeugt werden, die den Stromfluß vergrößern.
Schottky photodiode
Reverse-biased semiconductor diode in which
electron-hole pairs are generated by exposing
the metal-semiconductor junction to light, thus
increasing current flow.
Schottky-Transistor *m*
Bipolartransistor, bei dem eine Schottky-Diode
zwischen Basis und Kollektor integriert ist um
zu vermeiden, daß der Transistor in die
Sättigung gesteuert wird. Schottky-
Transistoren zeichnen sich daher durch sehr
kleine Schaltzeiten aus.
Schottky clamped transistor
Bipolar transistor in which a Schottky barrier
diode is integrated between base and collector
to prevent the transistor from being driven into
saturation. Schottky-clamped transistors are
characterized by fast switching.
Schottky-TTL *f* [Variante der Transistor-
Transistor-Logik]
Schottky TTL [variant of the transistor-
transistor logic]
Schottky-TTL mit niedriger Verlustleistung
f (LSTTL)
TTL-Schaltungsfamilie, die integrierte
Schottky-Dioden zur Vermeidung der Sättigung
der Transistoren verwendet. Dadurch wird die
Schaltgeschwindigkeit erhöht und die
Verlustleistung erheblich herabgesetzt.
low-power Schottky TTL (LSTTL)
Family of TTL circuits using integrated
Schottky barrier diodes to prevent the
transistors from saturating. This results in
higher switching speeds and considerably
reduced power dissipation.
Schottky-Übergang *m*, Schottky-Kontakt *m*
Schottky barrier
Schrägschrift *f*, Kursivschrift *f*
italics
Schrägspuraufzeichnung *f*
[Aufzeichnungsverfahren für Magnetbänder]
helical scan recording [recording method for
magnetic tapes]
Schrägstrich *m*
slash, stroke
Schreib-Lese-Speicher *m*, RAM *m*, Speicher
mit wahlfreiem Zugriff *m*
Speicher, bei dem auf jedes Speicherelement in
jeder gewünschten Reihenfolge zugegriffen
werden kann. Dadurch ist die Zugriffszeit zu
jeder Speicherzelle gleich lang. Die
Bezeichnung RAM wird normalerweise für
Schreib-Lese-Speicher in integrierter
Schaltungstechnik verwendet. Man
unterscheidet grundsätzlich zwischen
dynamischen (DRAMs) und statischen
(SRAMs) Schreib-Lese-Speichern. Beim

dynamischen Speicher wird die Information als
Ladung in einer Kapazität gespeichert und
muß periodisch aufgefrischt werden. Beim
statischen Speicher werden Flipflops als
Speicherzellen verwendet. Die gespeicherten
Informationen müssen daher nicht regeneriert
werden.
RAM (random access memory), read-write
memory
Memory in which each storage cell is directly
accessible in any desired sequence. This means
that access time is the same for all storage
locations. The term RAM is normally used to
denote integrated circuit read-write memories.
There are basically two types: dynamic
(DRAMs) and static (SRAMs) memories. In
dynamic memories information is stored as a
charge on a capacitance and needs periodic
refreshing. In static memories, flip-flops are
used as memory cells. Hence there is no need
for data regeneration.
Schreib-Lese-Zyklus *m*
write-read cycle
Schreib-Lese-Zykluszeit *f*
write-read cycle time
Schreibanweisung *f*
write statement
Schreibbefehl *m*
write instruction
Schreibbetrieb *m* [Betriebsart bei integrierten
Halbleiterspeichern]
write mode [operational mode of integrated
semiconductor memories]
Schreibdaten *n.pl.*
write data
Schreibdauer *f*, Schreibzeit *f*
write time
Schreibdichte *f*, Speicherdichte *f*, Bitdichte *f*
[Aufzeichnungsdichte eines Datenträgers,
insbesondere eines Magnetbandes, in der Regel
ausgedrückt in Bits/Zoll (BPI) bzw. Bits/cm;
gebräuchliche Aufzeichnungsdichten sind 800,
1600 und 6250 BPI bzw. 315, 630 und 2460
Bits/cm]
recording density, packing density, bit
density [storage density of a data medium,
particularly of a magnetic tape, usually
expressed in bits/inch (BPI); commonly used
recording densities are 800, 1600 and 6250
BPI]
Schreiben *n*, Einschreiben *n*
writing
Schreiber *m*
recorder
Schreiberholzeit *f* [bei integrierten
Halbleiterspeichern]
write recovery time [with integrated
semiconductor memories]
Schreibfreigabe *f*

Bei Mikroprozessorsystemen ein Signal, das
einen ausgewählten Baustein für das
Einschreiben von Daten freigibt.
write-enable (WE)
In microprocessor systems, a signal which
allows data to be written into a selected device.
Schreibfreigabeeingang *m*
  write-enable input
Schreibfreigabepuffer *m*
  write-enable buffer
Schreibfreigabezeit *f*
  write-enable time
schreibgeschützte Datei *f*
  read-only file
Schreibimpuls *m*
  write pulse
Schreibimpulsbreite *f*
  write pulse width
Schreibkommandohaltezeit *f*
  write command hold time
Schreibkommandovorlaufzeit *f*
  write command set-up time
Schreibkopf *m*
  write head
Schreibring *m*, Schreibsperre *f* [mechanisches
  Sicherungselement bei Magnetbändern; nur
  wenn der Ring eingelegt ist, können neue
  Daten aufgezeichnet werden]
  write-enable ring, write lockout [mechanical
  protection device for magnetic tapes; new data
  can be written only when the ring is inserted]
Schreibschutz *m*
  write protection
Schreibschutzkerbe *f*
  write-protect notch
Schreibsignal *n*
  write signal
Schreibsperre *f*, Schreibring *m* [mechanisches
  Sicherungselement bei
  write-enable ring, write lockout
Schreibstrom *m*
  write current
Schreibverfahren mit Rückkehr nach Null *n*
  [Schreibverfahren für die
  Magnetbandaufzeichnung]
  return-to-zero recording (RZ) [magnetic tape
  recording method]
**Schreibverfahren mit Rückkehr zur
  Grundmagnetisierung** *f* [Schreibverfahren
  für die Magnetbandaufzeichnung]
  return-to-bias recording (RB) [magnetic tape
  recording method]
Schreibwerk *n* [Drucker]
  printing mechanism [printer]
Schreibzeit *f*, Schreibdauer *f*
  write time
Schreibzugriff *m*
  write access
Schreibzyklus *m*

  write cycle
Schreibzykluszeit *f*
  write cycle time
Schriftart *f*, Zeichensatz *m*
  font, character font
Schriftart-Steuerung *f*, Font-Manager *m*
  [steuert die Schrifterzeugung]
  font manager [controls font generation]
Schriftartkassette *f* [wird im Drucker
  eingesteckt, um zusätzliche Schriftarten zur
  Verfügung zu stellen]
  font cartridge [inserted in printer to provide
  additional fonts]
Schriftartwechsel *m*
  font change
Schriftgröße *f*
  font size
Schriftkennung *f* [bei Magnetbändern]
  packing density code [with magnetic tapes]
Schritt-und-Wiederholkamera *f*, Step-und-
  Repeat-Kamera *f*
  [Photolithographie]
  Spezialkamera für die Herstellung von
  Muttermasken. Die Kamera dient der
  Verkleinerung der Zwischenmaske auf
  Originalmaskengröße und der 100- bis 1000-
  fachen Vervielfältigung auf einer
  durchsichtigen Glasplatte, die den ganzen
  Wafer abdeckt.
  step-and-repeat camera [photolithography]
  Special-purpose camera for the production of
  master masks. It is used to reduce the reticle to
  final mask dimensions and to reproduce the
  mask pattern 100 to 1000 times on a
  transparent glass disk which covers the entire
  surface of the wafer.
Schrittbetrieb *m*
  step-by-step operation
Schrittmotor *m*
  Elektrischer Motor kleiner Leistung, dessen
  Rotor sich bei jedem Impuls um einen
  bestimmten Winkelschritt dreht. Dadurch ist
  automatisch eine Wegmessung gegeben.
  Schrittmotore werden vorzugsweise als Antrieb
  für numerisch gesteuerte Geräte (z.B.
  Zeichengeräte) eingesetzt, da ein zusätzliches
  Wegmeßgerät entfällt.
  stepper motor, stepping motor
  Low power electric motor whose rotor moves
  through a defined angle at each input pulse.
  This automatically provides displacement
  measurement. Stepper motors are primarily
  used as drives in numerically controlled
  equipment (e.g. plotters) since they require no
  additional displacement transducer.
schrittweise Division *f*, iterative Division *f*
  iterative division
Schub *m*, Stapel *m*
  batch

Schutzerde *f*
protective ground
Schutzgasatmosphäre *f*
inert gas atmosphere
Schutzring *m*
Bei integrierten Bipolarschaltungen mit
Klemmdioden ein Ring (P+- dotiert bei N-
leitendem Halbleiter), der die Schottky-Diode
umgibt, um höhere Durchschlagspannungen zu
erzielen.
guard ring
In bipolar Schottky-clamped integrated circuits
a ring (p+-type with n-type semiconductor
material) around the Schottky barrier diode to
achieve higher breakdown voltages.
Schutzschalter *m*
circuit breaker
Schutzwiderstand *m*
protecting resistor
Schutzziffer *f*
guard digit
schwach dotiert, leicht dotiert, niedrigdotiert
lightly doped
Schwallbadlöten *n*, Fließlöten *n*
Verfahren zum Herstellen von
Lötverbindungen auf gedruckten Leiterplatten.
Dabei werden die Leiterplatten in einer Wanne
über eine flüssige Lotwelle geführt. Das
Verfahren ermöglicht die Herstellung von
mehreren Lötverbindungen in einem
Arbeitsgang.
flow soldering, wave soldering
Process for soldering printed circuit boards by
moving them over a wave of molten solder in a
solder bath. The process enables multiple
solder joints to be produced in a single
operation.
schwebende Gate-Elektrode *f*, schwebendes
Gate *n*
Bei einem MOS-Transistor ein zusätzliches
Gate zwischen der Steuerelektrode und dem
stromführenden Kanal, das zu
Speicherzwecken genutzt wird. Das
schwebende Gate ist von allen anderen
Strukturen galvanisch getrennt. Durch
Anlegen einer hohen negativen Spannung an
das Draingebiet findet ein Lawinendurchbruch
statt und die dabei entstandenen heißen
Elektronen werden in das Gate injiziert und
laden es negativ auf. Da das Gate keine
leitende Verbindung nach außen besitzt, kann
es elektrisch nicht entladen werden.
floating gate
An additional gate in a MOS transistor
between the control gate and the conductive
channel which is used for information storage.
The gate is floating in the sense that it is
isolated electrically from all other structures.
When applying a high negative voltage to the

drain region, avalanche breakdown occurs and
the resulting hot electrons are injected into the
gate, building up a negative charge. Since the
gate has no conducting connection to the
outside, it cannot be discharged electrically.
schwebende Gate-Struktur *f*
floating gate structure
schwebender Kopf *m*
flying head
schwebendes Gate *n*, schwebende Gate-
Elektrode *f*
floating gate
Schwellenspannung *f*, Schwellwertspannung *f*
threshold voltage
Schwellwert *m* [der kleinste Signalwert (z.B.
Spannung oder Strom), bei dem eine
feststellbare Wirkung erfolgt]
threshold [the smallest signal value (e.g.
voltage or current) producing a detectable
response]
Schwellwertelement *n*
threshold element
Schwellwertgatter *n* [spezielles Gatter, das auf
einen Schwellenwert (Mindest- bzw.
Maximalzahl der Eingänge mit Zustand 1)
anspricht]
threshold gate [special gate which responds to
a threshold value (minimum or maximum
number of inputs with state 1)]
Schwellwertlogik *f* [Logikschaltung mit
Schwellwertgattern]
threshold logic [logic circuit comprising
threshold gates]
Schwellwertschalter *m*
threshold switch
Schwellwertspannung *f*, Schwellenspannung *f*
threshold voltage
schwerschmelzbares Metall *n*,
hochschmelzendes Metall *n*
refractory metal
schwerschmelzbares Metallsilicid *n*,
hochschmelzendes Metallsilicid *n*
refractory metal silicide
Schwingquarz *m*, Quarzresonator *m*
quartz resonator, crystal resonator
Schwund *m*, Fading *n* [zeitliche Schwankungen
des Empfangssignales bei der drahtlosen
Übertragung]
fading [fluctuations in received signal
amplitude in wireless transmission]
SCL-Schaltungsfamilie *f*
Integrierte Schaltungsfamilie, die mit
Galliumarsenid-D-MESFETs realisiert ist.
SCL (source-coupled logic)
Integrated circuit family based on gallium
arsenide D-MESFETs.
Scratch-Pad-Speicher *m*, Notizblockspeicher *m*
[schneller Speicher zur Zwischenspeicherung
von Daten (Zwischenergebnisse) bzw.

Steuerung des Programmablaufes]
scratch-pad memory [fast temporary storage
for data (intermediate results) or for controlling
program execution]
SCSI-Controller *m*
SCSI controller
SCSI-Schnittstelle *f* [für den Anschluß von
Festplatten und anderen Peripheriegeräten]
SCSI interface (Small Computer System
Interface) [for connecting hard disks and other
peripheral devices]
SDFL-Schaltungsfamilie *f*
Integrierte Schaltungsfamilie, die mit
Galliumarsenid D-MESFETs realisiert ist.
SDFL (Schottky-diode FET logic)
Integrated circuit family based on gallium
arsenide D-MESFETs.
SDHT *m* [selektiv dotierter Transistor mit
Heteroübergang]
Extrem schneller Feldeffekttransistor mit
Heterostruktur. Auf undotiertem
Galliumarsenid wird mit Hilfe der
Molekularstrahlepitaxie eine dotierte
Aluminium-Galliumarsenid-Schicht
aufgebracht. Der Heteroübergang zwischen den
beiden Strukturen hält die Elektronen, die aus
der AlGaAs-Schicht diffundieren, in der
undotierten GaAs-Schicht zurück, in der sie
sich mit hoher Geschwindigkeit bewegen
können. Sehr schnelle Transistoren (mit
Schaltverzögerungszeiten von < 10 ps/Gatter)
auf dieser Basis werden weltweit von
verschiedenen Herstellern unter den Namen
HEMT, MODFET und TEGFET entwickelt.
SDHT (selectively doped heterojunction
transistor)
Extremely fast field-effect transistor with a
heterostructure. A doped aluminium gallium
arsenide layer is deposited by molecular beam
epitaxy on undoped gallium arsenide. The
heterojunction between them confines the
electrons which diffuse from the AlGaAs layer
to the undoped GaAs where they can move with
great speed. Very fast transistors (with
switching delay times of < 10 ps/gate) based on
this principle and called HEMT, MODFET and
TEGFET are being developed worldwide by
various manufacturers.
SDK [Software-Entwicklungssystem]
SDK (Software Development Kit)
SDLC-Verfahren, synchrones Datenübertragungsverfahren *n* [von IBM
aufgestelltes Protokoll für synchrone bitserielle
Datenübertragung; Variante des von ISO
genormten HDLC-Verfahrens]
SDLC (synchronous data link control) [protocol
for sychnronous bit-serial data transmission
established by IBM; variant of HDLC (high-
level data link control) standardized by ISO]

sedezimales Zahlensystem *n,* hexadezimales
Zahlensystem *n* [Zahlensystem mit der Basis
16, das durch die Ziffern 0 bis 9 und die
Buchstaben A bis F dargestellt wird; weist eine
einfache Beziehung zu Binärzahlen auf, wenn
sie in Vierergruppen aufgeteilt werden, z.B. die
Binärzahl 1011 0101 entspricht der kürzeren
und einfacheren Hexadezimalzahl B5]
hexadecimal number system, hexadecimal
notation [number system with the base 16
represented by the digits 0 to 9 and the letters
A to F; has a simple relation to binary numbers
when grouped in four, e.g. the binary number
1011 0101 has the simpler and shorter
hexadecimal B5]
Sedezimalziffer *f,* Hexadezimalziffer *f*
hexadecimal digit
Segment *n,* Programmsegment *n* [Teil eines
Programmes]
segment, program segment [part of a program]
segmentieren
partition, to; segment, to; section, to
Segmentierung *f,* Programmsegmentierung *f*
segmentation, program segmenting
Seite *f* [Segment konstanter Länge eines
Speichers; zusammenhängender
Speicherbereich]
page [constant-length segment of a memory;
contiguous memory area]
Seitenabruf *m,* Seitenwechsel auf Anforderung
demand paging
Seitenadreßregister *n*
page address register
Seitenaufteilung *f,* Paging *n*
[Speicheraufteilung in Segmente gleicher
Länge (Seiten); wird besonders bei Rechnern
mit virtuellem Speicher für die Übernahme von
Programmteilen aus einem Externspeicher
(Seitenspeicher) in den Hauptspeicher
verwendet]
paging [dividing memory into equal segments
(pages); used particularly in virtual memory
systems for transferring program segments
from an external storage (page storage) into
main memory]
Seitenauslagerung *f*
page-out operation
Seitenbandfrequenz *f*
sideband frequency
Seitenbeschreibungssprache *f* [z.B.
PostScript]
page description language (PDL) [e.g.
PostScript]
Seitenbetrieb *m,* seitenweiser Betrieb *m*
[Betriebsart bei Halbleiterspeichern]
page mode [operational mode of
semiconductor memories]
Seitendrucker *m,* Blattschreiber *m*
page printer

Seiteneinlagerung *f*
  page-in operation
Seitenfehler *m*
  page fault
Seitenformat *n*
  page format
Seitenleser *m*
  page reader
Seitennumerierung *f*
  pagination
Seitenspeicher *m* [bei einem System mit
  virtuellem Speicher]
  page storage [in a virtual memory system]
Seitentabelle *f*
  page table
Seitenumbruch *m*
  page break
Seitenwechsel auf Anforderung *m*,
  Seitenabruf *m*
  demand paging
seitenwechseln [z.B. in einem virtuellen
  Speicher]
  page, to [e.g. in a virtual memory]
seitenweiser Betrieb *m*, Seitenbetrieb *m*
  [Betriebsart bei Halbleiterspeichern]
  page mode [operational mode of
  semiconductor memories]
seitenweises Auslagern *n*
  page out, to
seitenweises Einlagern *n*
  page in, to
seitenweises Lesen *n*
  page read mode
seitenweises Schreiben *n*
  page write mode
Seitenzahl *f*
  page number
Sektor *m* [Teil einer Spur auf einer Magnetplatte
  oder Diskette]
  sector [part of a track on a magnetic disk or
  floppy disk]
Sektorformat *n* [Unterteilung einer
  Magnetplatten- bzw. Diskettenspur in Sektoren
  gleicher Länge]
  sector format [subdivision of a magnetic disk
  or floppy disk track into equal sectors]
Sektorkennung *f*
  sector identifier
Sektorvorspann *m* [Synchronisierzeichen auf
  einem Magnetband]
  preamble [synchronization characters on a
  magnetic tape]
sekundäre DOS-Partition *f*, sekundärer DOS-
  Speicherbereich [Festplatte]
  secondary DOS partition [hard disk]
Sekundärelektron *n*
  Ein Elektron, das durch einen Stoßprozeß
  freigesetzt wird.
  secondary electron

An electron emitted as a result of impact.
Sekundärelektronenemission *f*
  secondary electron emission (SEE)
Sekundäremission *f*
  secondary emission
sekundärer DOS-Speicherbereich, sekundäre
  DOS-Partition *f* [Festplatte]
  secondary DOS partition [hard disk]
Sekundärschlüssel *m*
  secondary key
Sekundärspeicher *m*, Zusatzspeicher *m*,
  Hilfsspeicher *m* [Ergänzung des
  Primärspeichers, d.h. Speicher außerhalb des
  Hauptspeichers]
  secondary storage, auxiliary storage
  [complements primary storage, i.e. storage
  outside the main memory]
selbstanpassend
  self-adapting
selbstdokumentierendes Programm *n*
  self-documenting program
selbstextrahierend
  self-extracting
selbstheilend
  self-healing
selbstjustierende Technik *f*, Selbstjustierung *f*
  Verfahren zur Verringerung der
  Streukapazitäten von MOS-Transistoren (und
  der damit verbundenen Erhöhung der
  Schaltgeschwindigkeiten), die bei der
  Herstellung integrierter Schaltungen durch
  Ungenauigkeiten bei der gegenseitigen
  Justierung von Gate-Maske und Source-Drain-
  Maske entstehen. Zu den Verfahren mit
  Selbstjustierung zählen die Silicium-Gate
  Technik (bei der das Gate als Maske für die
  anschließende Source-Drain-Diffusion dient),
  die Ionenimplantation sowie Verfahren der
  lokalen Oxidation (z.B. LOCOS und SATO).
  self-aligning technique
  Processes used to reduce the stray capacitance
  of MOS transistors (and hence to reduce
  switching time) as a result of inaccuracies in
  the alignment of the gate mask relative to the
  source-drain mask during integrated circuit
  fabrication. Self-aligning processes include
  silicon-gate technology (in which the gate
  serves as a mask for the subsequent source-
  drain diffusion step), ion implantation as well
  as local oxidation processes (e.g. LOCOS and
  SATO).
selbstjustierendes Gate *n*
  self-aligning gate
Selbstjustierung *f*, selbstjustierende Technik *f*
  self-aligning technique
selbstkorrigierender Code *m*,
  Fehlerkorrekturcode *m* [ein
  Fehlererkennungscode, dessen
  Codierungsregeln es erlauben, verfälschte

Zeichen unter bestimmten Bedingungen
automatisch zu korrigieren]
self-correcting code, error-correcting code
[an error-detecting code whose coding rules
allow automatic correction of incorrect
characters under certain conditions]
selbstladend
self-loading
selbstladendes Programm *n,* Bootstrap-Lader
m, Urlader *m* [ein Ladeprogramm, das nach
dem Einschalten des Rechners gestartet wird]
bootstrap loader [a loading program started
when the computer is switched on]
selbstprüfender Code *m,*
Fehlererkennungscode *m* [Code, der
automatisch prüft, ob die Codierungsregeln
eingehalten wurden]
self-checking code, error detecting code [a
code that automatically checks whether the
coding rules have been observed]
Selbsttest *m*
built-in test
selektiv dotiert, örtlich gezielt dotiert
selectively doped
selektiv dotierter Transistor mit
Heteroübergang *m* (SDHT)
Extrem schneller Feldeffekttransistor mit
Heterostruktur. Auf undotiertem
Galliumarsenid wird mit Hilfe der
Molekularstrahlepitaxie eine dotierte
Aluminium-Galliumarsenid-Schicht
aufgebracht. Der Heteroübergang zwischen den
beiden Strukturen hält die Elektronen, die aus
der AlGaAs-Schicht diffundieren, in der
undotierten GaAs-Schicht zurück, in der sie
sich mit hoher Geschwindigkeit bewegen
können. Sehr schnelle Transistoren (mit
Schaltverzögerungszeiten von < 10 ps/Gatter)
auf dieser Basis werden weltweit von
verschiedenen Herstellern unter den Namen
HEMT, MODFET und TEGFET entwickelt.
selectively doped heterojunction
transistor (SDHT)
Extremely fast field-effect transistor with a
heterostructure. A doped aluminium gallium
arsenide layer is deposited by molecular beam
epitaxy on undoped gallium arsenide. The
heterojunction between them confines the
electrons which diffuse from the AlGaAs layer
to the undoped GaAs where they can move with
great speed. Very fast transistors (with
switching delay times of < 10 ps/gate) based on
this principle and called HEMT, MODFET and
TEGFET are being developed worldwide by
various manufacturers.
selektive Abhebetechnik *f* [Lithographie]
selective lift-off technique [lithography]
selektive Dotierung *f,* örtlich gezielte Dotierung
Wichtiger Verfahrensschritt der Planartechnik.

Dabei werden Dotierstoffe zur Erzeugung von
N- und P-leitenden Bereichen örtlich gezielt
durch Fenster eindiffundiert, die in eine die
Kristalloberfläche abschirmende Oxidschicht
geätzt werden.
selective doping, localized doping
Major process step in planar technology. It
involves localized introduction of dopant
impurities into the semiconductor to generate
n-type and p-type conductive regions through
windows etched in a protective oxide layer
covering the crystal surface.
selektive Löschung *f*
selective erase
selektives Programmieren *n*
selective programming
Selen *n* (Se)
Halbleitermaterial, das für die Herstellung von
Gleichrichtern, Solarzellen und Bauelementen
für den Xerodruck verwendet wird.
selenium (Se)
Semiconductor material used for fabricating
rectifiers, solar cells and components for
xerographic printing.
Selengleichrichter *m*
selenium rectifier
Semantik *f* [Bedeutung bzw. Inhalt einer
Programmiersprache; im Gegensatz zu
formalen Regeln (Syntax)]
semantics [meaning of a programming
language; in contrast to formal rules (syntax)]
semantisches Netz *n*
semantic network, semantic net
Semikolon *n,* Strichpunkt *m*
semi-colon
Sendeberechtigungszeichen *n,* Token *n* [bei
Kommunikationssystemen]
token [in communication systems]
Sendebetrieb *m*
transmitting mode
Sender *m,* Transmitter *m*
transmitter
Senke *f,* Drain *m*
Bereich des Feldeffekttransistors, vergleichbar
mit dem Kollektor des Bipolartransistors.
drain
Region of the field-effect transistor, comparable
to the collector of a bipolar transistor.
Sensor *m,* Meßfühler *m*
sensor, sensing element
Sensorik *f,* Sensortechnik *f*
sensor technology
sequentiel abarbeiten [Befehle]
process sequentially, to [instructions]
sequentielle Logik *f*
Eine logische Schaltung mit Speicherverhalten
(z.B. ein Flipflop), im Gegensatz zur
kombinatorischen Logik.
sequential logic

A logic circuit with storage capabilities (e.g. a flip-flop), in contrast to combinational logic.

sequentielle Schaltung *f*, Folgeschaltung *f*, Schaltwerk *n*
sequential circuit

sequentielle Zugriffsmethode *f*
sequential-access method (SAM)

sequentieller Suchalgorithmus *m*
sequential search algorithm

sequentieller Zugriff *m*, serieller Zugriff *m* [Zugriff auf gesuchte Daten nur durch sequentielles Lesen aller Daten zwischen Start- und Zielpositionen, z.B. der Zugriff auf Daten, die auf einem Magnetband gespeichert sind]
sequential access, serial access [data access effected only by sequential reading of all data between start and target positions, e.g. access to data stored on a magnetic tape]

seriell aufgebaute Datei *f*
sequentially organized file

Serielladdierer *m* [ein Addierer, der Binärzahlen ausgehend von der niedrigstwertigen Stelle addiert; im Gegensatz zu einem Paralleladdierer, der alle Stellen gleichzeitig addiert]
serial full-adder [an adder which sums binary numbers starting with the lowest significant digit; in contrast to a parallel adder which adds all digits at the same time]

serielle Datenübertragung *f*
serial data transfer

serielle Eingabe/Ausgabe *f*
serial input/output (SIO)

serielle Schnittstelle *f*
serial interface

serielle Übertragung *f*
serial transfer

serieller Anschluß *m*
serial port

serieller Datenausgang *m*
serial data output

serieller Dateneingang *m*
serial data input

serieller Zugriff *m*, sequentieller Zugriff *m*
serial access, sequential access

Seriellhalbaddierer *m*
serial half-adder

Seriellhalbsubtrahierer *m*
serial half-subtracter

Seriellsubtrahierer *m*
serial subtracter

Serien-Parallel-Umsetzer *m* [wandelt zeitlich sequentiell dargestellte Daten in parallel dargestellte Daten um]
serial-parallel converter [converts sequentially represented data into parallel represented data]

Serien-Parallel-Umsetzung *f*
serial-parallel conversion

Serienabtastung *f*
serial scanning

Serienbetrieb *m*, Serienverarbeitung *f*
serial processing

Serienbriefprogramm *n* [kombiniert konstanten Text mit variablen Adressen]
mail-merge program [combines constant text with variable addresses]

Serienübertrag *m*
serial carry

Serienübertragssignal *n*
serial transfer signal

Serienverarbeitung *f*, Serienbetrieb *m*
serial processing

Serifen-Schriftart *f*, Antiqua-Schriftart *f* [mit feinen waagerechten Querstrichen, im Gegensatz zur serifenlosen bzw. Grotesk-Schriftart]
serif font [with fine horizontal strokes; in contrast to sans serif font]

serifenlose Schriftart *f*, Grotesk-Schriftart *f* [ohne feine waagerechte Querstriche, im Gegensatz zu Antiqua- bzw. Serifen-Schriftart]
sans serif font [without fine horizontal strokes, in contrast to serif font]

Server *m* [Rechner, der zentrale Dienste in einem lokalen Netzwerk verfügbar macht, z.B. File-Server für den Zugriff auf Datenbanken]
server [computer providing centralized services in a local network, e.g. file server for data base access]

Serviceprogramm *n*, Dienstprogramm *n* [spezielle Programme für sich oft wiederholende Aufgaben, z.B. Kopieren, Sortieren und Mischen von Dateien usw.]
service program, utility program, utility routine [special programs for reoccurring tasks, e.g. copying, sorting and merging files, etc.]

Setup-Programm *n*, Einstellungsprogramm *n* [konfiguriert den Rechner bei der Installation]
setup program [configures computer during installation]

Setzen *n*
setting

setzen
set, to

SFET *m*, Sperrschicht-Feldeffekttransistor *m* Feldeffekttransistor, dessen Gatezone mit dem stromführenden Kanal einen oder mehrere PN-Übergänge bildet. Durch Anlegen einer Sperrspannung an die PN-Übergänge entstehen Raumladungszonen, die sich bei Erhöhung der Gatespannung in den Kanal hinein ausdehnen und die Strombahn einschnüren. Somit steuert die Gatespannung den Strom zwischen Source und Drain.
JFET, junction field-effect transistor A field-effect transistor in which the gate region forms one or more pn-junctions with the

conductive channel. Reverse bias voltage applied to the junctions creates depletion layers which extend into the channel region as gate voltage is increased and reduce the effective width of the conductive path. Hence current conduction between the source and drain regions is controlled by the voltage applied to the gate terminal.

SFL *f*, substratgespeiste Logik *f* [Variante der integrierten Injektionslogik (I^2L), die besonders hohe Packungsdichte und gute dynamische Eigenschaften aufweist]
SFL (substrate field logic) [variant of the integrated injection logic (I^2L) exhibiting exceptionally high packaging density and good dynamic properties]

SGML [von ISO genormte Codierungsmethode zur Beschreibung der Struktur und Versionen eines Dokumentes]
SGML (Standard Generalized Markup Language) [coding method standardized by ISO for describing a document structure and its versions]

SGML-Kennzeichensatz *m*
SGML tag set

Shadow-RAM *m* [die Verwendung des Hauptspeichers (eines RAM-Bereiches) für beschleunigte BIOS-Aufrufe]
shadow RAM [using main memory (a RAM zone) for accelerating BIOS calls]

Shadow-Vorgang *m* [das Kopieren von Routinen aus dem BIOS-ROM in den Hauptspeicher, um BIOS-Aufrufe zu beschleunigen]
shadowing [copying routines from the BIOS-ROM to main memory, thus accelerating BIOS calls]

Shareware-Software *f*, Prüf-vor-Kauf-Software *f* [kostenlos erhältliche Software, bei der eine Registrierungsgebühr bei der Nutzung erhoben wird]
Shareware [software available free of charge but requiring a registration fee before use]

Sheffer-Funktion *f*, NAND-Verknüpfung *f*, NAND-Funktion *f* [logische Verknüpfung mit dem Ausgangswert (Ergebnis) 0, wenn und nur wenn alle Eingänge (Operanden) den Wert 1 haben; für alle anderen Eingangswerte ist der Ausgangswert 1]
NAND function [logical operation having the output (result) 0 if and only if all inputs (operands) are 1; for all other input values the output is 1]

Shell *f*, Schale *f* [als Benutzeroberfläche dienendes Teil eines Betriebssystems oder Softwarepaketes]
shell [user interface part of operating system or software package]

Shell-Prozedur *f* [regelmäßig wiederkehrende Kommandofolge in UNIX; ähnlich den Batch-Prozeduren in DOS]
shell procedure [constantly recurring command sequence in UNIX; similar to batch procedures in DOS]

Shellsort-Algorithmus *m* [Sortierverfahren]
shell sort algorithm [sorting method]

Shockley-Diode *f*
Ein PNPN-Bauelement, das sehr schnell in den leitenden Zustand übergeht, wenn eine kritische Spannung überschritten wird. Der leitende Zustand bleibt so lange erhalten, bis die Anodenspannung einen minimalen Spannungswert unterschreitet. Im Sperrzustand ist der Widerstand der Diode sehr hoch.
Shockley diode
A pnpn component that switches rapidly into its conducting state when a critical voltage is reached. Conduction continues until the anode voltage drops below a specified minimum value. In its blocking state the diode has a very high impedance.

Shunt *m*, Parallelwiderstand *m*, Shuntwiderstand *m*
parallel resistor, shunt resistor, shunt

Shuntwiderstand *m*, Parallelwiderstand *m*, Shunt *m*
parallel resistor, shunt resistor, shunt

Si *n* (Silicium)
Das wichtigste Halbleitermaterial (aus der Gruppe IV des Periodensystems) für die Herstellung von diskreten Bauelementen und integrierten Schaltungen.
Si (silicon)
Most widely used semiconductor material for the manufacture of discrete components and integrated circuits, belonging to group IV of the periodic system.

SI-Einheitensystem *n* [Internationales (kohärentes) Einheitensystem]
SI system of units [International (coherent) system of units]

sichern
backup, to

sichern, sicherstellen
save, to

Sicherung *f*
fuse

Sicherungsdatei *f*
backup file

Sicherungshäufigkeit *f* [Datenspeicherung]
backup frequency [data storage]

Sicherungskopie *f* [z.B. einer Diskette]
backup copy [e.g. of a floppy disk]

Sicherungszyklus *m* [Datenspeicherung]
backup cycle [data storage]

Sichtanzeige *f*, optische Anzeige *f*
visual display

Siebdruck *m*

Druckverfahren für die Herstellung von
Leiterplatten und Dickschichtschaltungen.
silk-screen printing
Printing method used for producing printed
circuit boards and thick-film integrated
circuits.
Siebensegmentanzeige *f*
Optisches Anzeigeelement, bei dem eine Ziffer
durch sieben Segmente dargestellt wird.
seven segment display
Optical display that uses seven bars to
represent a numeral.
Siemens *n* (S) [SI-Einheit des elektrischen
Leitwertes]
siemens (S) [SI unit of electrical conductance]
Signal *n*
signal
Signalausfall *m*, Dropout *m* [Magnetbandfehler
durch ein verlorenes Bit]
drop-out [magnetic tape error due to a lost bit]
Signaldarstellung *f*
signal representation
Signaldiode *f*
signal diode
Signalflußplan *m*, Funktions-Blockschaltbild *n*
functional block diagram
Signalgeber *m*
signal transducer, signal transmitter
Signalisierung *f*
signalling
Signalparameter *m*
signal parameter
Signalprozessor *m*
signal processor
Signalspannung *f*
signal voltage
Signalumsetzung *f*
signal conversion
Signalverarbeitung *f*, Meßsignalverarbeitung *f*
signal processing
Signalverfolger *m*
signal tracer
Signalverstärker *m*, Meßverstärker *m*
signal amplifier
Signalvorrat *m*
signal set
Signaturanalysator *m*
signature analyzer
Signaturanalyse *f* [Fehlersuchverfahren für
Mikroprozessoren und komplexe
Digitalsysteme; die Signatur ist das Verhalten
des Prüflings auf eine eingangsseitig angelegte
Bitfolge]
signature analysis [diagnostic procedure for
microprocessors and complex digital systems;
the signature is the response of the system to a
bit sequence applied to the input]
Silanepitaxie *f*
Verfahren zur Herstellung von epitaktischen

und heteroepitaktischen Schichten aus der
Gasphase für die Fertigung von
Halbleiterbauelementen und integrierten
Schaltungen, das niedrigere
Prozeßtemperaturen erlaubt als die Silicium-
Tetrachloridepitaxie.
silane epitaxy
Process for growing epitaxial and
heteroepitaxial layers from the gas-phase for
the manufacture of semiconductor components
and integrated circuits. It allows lower
processing temperatures to be used than silicon
tetrachloride epitaxy.
Silbentrennprogramm *n*, Worttrennprogramm
hyphenation program
Silbentrennung *f*, Worttrennung *f*
hyphenation
Silicid *n*, Metallsilicid *n*
Verbindung zwischen einem Metall und
Silicium. Silicide, z.B. MoS_2, TaS_2, TiS_2 oder
WS_2 kommen bei der Metallisierung für
Gateelektroden und Leiterbahnen in VLSI-
Schaltungen zur Anwendung.
silicide
Compound of a metal with silicon. Silicides, e.g.
MoS_2, TaS_2, TiS_2 or WS_2, are used to form
gates and conductive interconnections by
metallization in VLSI applications.
Silicium *n* (Si)
Das wichtigste Halbleitermaterial (aus der
Gruppe IV des Periodensystems) für die
Herstellung von diskreten Bauelementen und
integrierten Schaltungen.
silicon (Si)
Most widely used semiconductor material for
the manufacture of discrete components and
integrated circuits, belonging to group IV of the
periodic system.
Silicium-auf-Saphir-Technik *f*, SOS-Technik *f*
Verfahren für die Herstellung von integrierten
CMOS-Schaltungen, bei dem anstelle des
Siliciumsubstrats einkristalliner Saphir
verwendet wird. Die komplementären
Transistoren werden in einer dünnen
Siliciumschicht erzeugt, die mit Hilfe der
Silanepitaxie auf das Saphirsubstrat
abgeschieden wird.
silicon-on-sapphire technology (SOS
technology)
Process for fabricating CMOS integrated
circuits which uses a single-crystal sapphire
substrate instead of a silicon substrate. The
complementary transistors are formed in a
silicon film which is grown on the sapphire
substrate by silane epitaxy.
Silicium-Gate-Technik *f*, Silicium-
Steuerelektroden-Technik *f*
Verfahren für die Herstellung von MOS-
Feldeffekttransistoren, bei denen das Gate (die

Steuerelektrode) aus leitfähigem polykristallinen Silicium besteht. Beim Herstellungsprozeß dient das Polysilicium-Gate als Maske für die Source- und Drain-Diffusion (Selbstjustierung), wodurch die bei anderen Verfahren möglichen Ungenauigkeiten bei der Maskenjustierung vermieden werden.
silicon-gate technology
Process for fabricating MOS field-effect transistors in which the gate consists of a conductive polycrystalline silicon. During the manufacturing process the polysilicon gate serves as a mask for the source and drain diffusion steps (self-aligning technique), thus avoiding inaccurate mask alignment which may occur with other processes.
Silicium-Gleichrichterdiode *f*
silicon rectifier diode
Silicium-Nitrid-Oxid-Halbleiter-Technik *f*, SNOS-Technik *f*
Ein Verfahren, ähnlich der MNOS-Technik, das für die Herstellung von EEPROM-Speicherzellen verwendet wird.
silicon-nitride-oxide-semiconductor technology (SNOS technology)
A process, similar to MNOS technology, used for fabricating EEPROM memory cells.
Silicium-Planartechnik *f*
Das bedeutendste Verfahren zur Herstellung von bipolaren und unipolaren Bauelementen und integrierten Schaltungen, bei denen Silicium als Ausgangsmaterial dient. Die Planartechnik ist dadurch gekennzeichnet, daß sie einen selektiven, örtlich gezielten Einbau von Dotierstoffen zur Bildung von N- und P-leitenden Bereichen im Halbleiterkristall durch Diffusionsfenster in einer die Kristalloberfläche abschirmenden Deckschicht ermöglicht (Oxid- bzw. Nitridmaskierung). Ein weiteres Merkmal besteht darin, daß die Halbleiterstrukturen unterhalb der planen Oberfläche des Kristalls angeordnet sind (im Gegensatz zur Mesatechnik). Das Verfahren besteht aus einer Reihe von Einzelprozessen wie z.B. Epitaxie, Aufdampfung bzw. Abscheidung, Photolithographie, Ätztechnik, Diffusion bzw. Ionenimplantation, Metallisierung usw.
silicon planar technology
The most important process used in the fabrication of bipolar and unipolar semiconductor components and integrated circuits using silicon as a starting material. Planar technology is characterized by selective, localized introduction of dopant impurities into the semiconductor to produce n-type and p-type conductive regions through diffusion windows in a protective layer covering the crystal surface (oxide or nitride masking). Another characteristic is that the semiconductor

structures are arranged below the plane surface of the crystal (in contrast to mesa technology). The technology requires a sequence of independent processing steps such as epitaxial growth, deposition or vacuum evaporation, photolithography, etching, diffusion or ion implantation, metallization, etc.
Silicium-Steuerelektroden-Technik *f*, Silicium-Gate-Technik *f*
silicon-gate technology
Siliciumdiode *f*
silicon diode
Siliciumdioxid *n* (SiO_2)
Kristallines Material mit ausgezeichneten Isolationseigenschaften. Es wird für die Herstellung von Isolierschichten verwendet und dient in der Planartechnik als Diffusionsmaske.
silicon dioxide (SiO_2)
Crystalline material with excellent insulating properties. It is used for producing dielectric layers and serves as a diffusion mask in planar technology.
Siliciumkarbid *n* (SiC)
Verbindungshalbleiter, der vorwiegend für die Herstellung von optoelektronischen Bauelementen (z.B. blaues Licht emittierende Lumineszenzdioden) verwendet wird.
silicon carbide (SiC)
Compound semiconductor mainly used for fabricating optoelectronic components (e.g. blue light emitting diodes).
Siliciumnitrid *n* (Si_3N_4)
Ionenundurchlässiges Material, das für die Oberflächenpassivierung verwendet wird und in der Planartechnik (vorwiegend bei der Herstellung von MOS-Transistoren) als Diffusionsmaske dient.
silicon nitride (Si_3N_4)
Material resistant to ion penetration which is used for surface passivation and serves as a diffusion mask in planar technology (mainly for MOS transistor fabrication).
Siliciumnitridpassivierung *f*
silicon nitride passivation
Siliciumplanarthyristor *m* [Thyristor, der in Silicium-Planar-Technik hergestellt ist]
silicon planar thyristor [thyristor fabricated by silicon planar technology]
Siliciumplanartransistor *m* [Transistor, der in Silicium-Planar-Technik hergestellt ist]
silicon planar transistor [transistor fabricated by silicon planar technology]
Silicon-Compiler *m*
Ein Rechnerprogramm, das anhand von Algorithmen, die die gewünschten Schaltungsfunktionen beschreiben, automatisch ohne menschlichen Eingriff Strukturentwürfe erstellt, die direkt für die

Herstellung von integrierten Schaltungen
verwendet werden können.
silicon compiler
A computer program using algorithms to
describe desired circuit functions for
automatically generating, without human
intervention, chip layouts that can be used
directly for fabricating integrated circuits.
Silospeicher *m*, FIFO-Speicher *m* [Speicher, der
ohne Adreßangaben arbeitet und dessen Daten
in der Reihenfolge gelesen werden, in der sie
zuvor geschrieben worden sind, d.h. das zuerst
geschriebene Datenwort wird als erstes
gelesen; er wird häufig mittels Schieberegister
oder RAM als Pufferspeicher zwischen
Datensender und -empfänger verwendet]
first-in/first-out storage, FIFO storage
[storage device operating without address
specification and which reads out data in the
same order as it was stored, i.e. the first data
word stored is read out first; implemented as
shift registers or RAM, it is often used as a
buffer storage between data transmitter and
data receiver]
SIMM-Speicherbaustein *m* [komplette
Speicherbank auf einer Platine montiert]
SIMM (Single In-line Memory Module)
[complete memory bank mounted on a board]
SIMOS-Transistor *m*
Feldeffekttransistor in MOS-Struktur mit zwei
übereinander liegenden Gates, einem Speicher-
Gate und einem Steuer-Gate; wird als
Speicherzelle bei EEPROMs verwendet.
SIMOS transistor
MOS field-effect transistor using a dual-gate
structure with a storage gate and a control
gate; is used as a memory cell in EEPROMs.
Simplexbetrieb *m*, Richtungsbetrieb *m*
[Datenübertragung nur in einer Richtung; im
Gegensatz zum Duplexbetrieb]
simplex operating mode, unidirectional
operation [data transmission in one direction
only; in contrast to duplex mode]
Simplexkanal *m*
simplex channel, unidirectional channel
Simulation *f*, Abbildung *f*, Nachbildung *f*
[Abbilden eines wirklichen Systems durch ein
Modell]
simulation [representation of a real world
system by a model]
Simulationsprogramm *n*, Simulator *m*
[allgemein: ein Programm, daß das Verhalten
eines Systems oder Prozesses nachbildet; bei
Mikroprozessoren: ein Programm zur
Ausführung des Objektprogrammes z.B. für die
Fehlersuche]
simulation program, simulator [general: a
program that simulates the behaviour of a
system or process; in microprocessors: a

program for executing the object program, e.g.
for diagnostic purposes]
simulieren, nachbilden, abbilden
simulate, to
simultan aufrufbar [bei der
Multiprogrammierung ein Programm, das von
mehreren Benutzern gleichzeitig verwendet
werden kann, d.h. der Wiedereinstieg kann an
jedem Punkt erfolgen]
reentrant [in multiprogramming, a program
that can be simultaneously executed for several
users, i.e. it can be reentered at any point]
Simultanbetrieb *m*, Parallelbetrieb *m*
parallel mode, parallel operation,
simultaneous operation
Simultanbetrieb *m*, Simultanverarbeitung *f*,
gleichzeitige Verarbeitung *f*
simultaneous operation, simultaneous
processing, concurrent working
$\sin^2$-Impuls, Glockenimpuls *m*
$\sin^2$ pulse
Single-Density-Verfahren *n* [Aufzeichnen auf
einer Diskette mit normaler Schreibdichte; im
Gegensatz zur doppelten Schreibdichte beim
Double-Density-Verfahren]
single-density process [recording on a floppy
disk at normal bit density; in contrast to double
bit density with double-density recording]
Single-In-Line-Gehäuse *n*, SIP-Gehäuse *n*
Gehäuseform mit einer Reihe rechtwinklig
abgebogener (manchmal versetzter)
Anschlüsse.
single in-line package (SIP)
Package with a single row of terminals
(sometimes staggered) at right angles to the
body.
SINIX [UNIX-Version von Siemens]
SINIX [UNIX version implemented by
Siemens]
Sinnbild *n*, Ikon *n*, Piktogramm *n*, Symbolbild *n*
[graphisches Symbol z.B. für ein
Anwendungsprogramm]
icon, pictogram [graphical symbol, e.g. for an
application program]
Sinusfunktion *f*
sine function
sinusförmig
sinusoidal
Sinusgenerator *m*, Sinuswellengenerator *m*
sine-wave generator
Sinushalbwelle *f*
sine half-wave
Sinusspannung *f*
sine-wave voltage, sinusoidal voltage
Sinuswelle *f*
sine wave, sinusoidal wave
Sinuswellengenerator *m*, Sinusgenerator *m*
sine-wave generator
SIP-Gehäuse *n*, Single-In-Line-Gehäuse *n*

Gehäuseform mit einer Reihe rechtwinklig abgebogener (manchmal versetzter) Anschlüsse.
SIP (single in-line package)
Package with a single row of terminals (sometimes staggered) at right angles to the body.
SIT *m*, statischer Influenz-Transistor *m*
SIT (static induction transistor)
Sitzung *f* [abgeschlossene Arbeitsperiode, z.B. am Terminal oder CAD-Arbeitsplatz]
session [completed working period, e.g. on terminal or CAD workstation]
Skalar *m*
scalar
skalare Größe *f*
scalar quantity
skalare Variable *f*
scalar variable
skalierbare Schrift *f* [in der Größe beliebig veränderbare Schrift]
scalable font [font which can be freely changed in size]
skalieren
scale, to
Skalierfaktor *m*
scale factor
Smalltalk [eine objektorientierte Programmiersprache]
Smalltalk [an object oriented programming language]
SMD-Technik *f*, Oberflächenmontage *f*, Aufsetztechnik *f*
Technik zur automatischen Bestückung von Leiterplatten mit Bauelementen und integrierten Schaltungen, wobei die Leiterplatten keine Bohrlöcher benötigen.
SMD technique (surface-mounted device technique)
Technique for automatic mounting of semiconductor components and integrated circuits on printed circuit boards without the need for drilled holes.
smektischer Flüssigkristall *m*
[Flüssigkristallart, bei der die Moleküle in Schichten angeordnet sind; im Gegensatz zu nematischen Flüssigkristallen, bei denen die Moleküle längs geordnet sind]
smectic liquid crystal [liquid crystal type which has its molecules arranged in layers, in contrast to nematic liquid crystals which have longitudinally arranged molecules]
SNA [Kommunikationsnetz von IBM]
SNA (System Network Architecture) [IBM's communication network]
SNOBOL [zeichenkettenorientierte Programmiersprache mit besonderer Eignung für die Textverarbeitung]
SNOBOL (StriNg-Oriented symBOlic Language) [programming language with special features for word processing]
SNOS-Technik *f*, Silicium-Nitrid-Oxid-Halbleiter-Technik *f*
Ein Verfahren, ähnlich der MNOS-Technik, das für die Herstellung von EEPROM-Speicherzellen verwendet wird.
SNOS technology (silicon-nitride-oxide-semiconductor technology)
A process, similar to MNOS technology, used for fabricating EEPROM memory cells.
SOD-Technik *f*
Technik, ähnlich dem SOS-Verfahren, bei der anstelle von Saphir ein Diamantsubstrat verwendet wird.
SOD technology (silicon-on-diamond technology)
Process, similar to SOS technology, which uses a diamond substrate instead of a sapphire substrate.
softsektoriert, weichsektoriert
[Sektormarkierung auf Disketten mittels Steuerdaten; im Gegensatz zu hartsektoriert]
soft-sectored [marking of sectors on floppy disks by control data; in contrast to hard-sectored]
Software *f* [Programme eines Rechners, im Gegensatz zum gerätetechnischen Teil, d.h. Hardware; gliedert sich in Systemsoftware (Betriebssystem, Übersetzungsprogramme, Dienstprogramme) und Anwendersoftware]
software [programs used for a computer, in contrast to equipment, i.e. hardware; can be subdivided into system software (operating system, compilers, utility programs) and application software]
Software-Integrität *f*
software integrity
Software-Kompatibilität *f*, Portabilität *f*
portability, software compatibility
Software-Paket *n*
software package
Software-Werkzeug *n*, Werkzeug *n*
software tool, tool
Software-Zuverlässigkeit *f*
software reliability
Sohn *m* [Datei, Baum]
descendent [file, tree]
SOI-Technik *f*
Verfahren zur Herstellung von integrierten CMOS-Schaltungen, bei dem anstelle des Siliciumsubstrats ein isolierendes Substrat verwendet wird. Die Komplementär-Transistorpaare werden in einer dünnen Siliciumschicht erzeugt, die mit Hilfe der Silanepitaxie auf das Substrat aufgebracht wird.
SOI technology (silicon-on-insulator technology)

Process for fabricating CMOS integrated circuits which uses an insulating substrate instead of a silicon substrate. The complementary transistor pairs are formed in a silicon film which is grown on the substrate by silane epitaxy.

Solarzelle *f*
Halbleiterphotoelement, das Strahlungsenergie (Licht, Solarenergie) in elektrische Energie umwandelt.
solar cell
Semiconductor photovoltaic cell which converts radiant energy (light, solar energy) into electrical energy.

Sollmaß *n*, Nennmaß *n*
nominal value

Sollwert *m*, Einstellwert *m* [eines Regelkreises]
setpoint, setpoint value [of an automatic control circuit]

Sollwertabweichung *f*, Abweichung *f*
deviation

Sollwerteinstellung *f*
setpoint adjustment

Sonderzeichen *n.pl.* [Zeichen, die weder Buchstaben, Ziffern oder Leerstellen darstellen, z.B. Satzzeichen]
special characters [characters that are not letters, digits or blanks, e.g. punctuation signs]

Sortier-Mischprogramm *n*
sort/merge program

Sortiereinrichtung *f*, Ordnungseinrichtung *f* [für Bauteile]
sorting device [for components]

Sortieren *n*
sorting
sortieren
sort, to

Sortierfeld *n*
sort field

Sortierprogramm *n*
sort program, sorting program

Sortierschlüssel *m*
sort key

SOS-Technik *f*, Silicium-auf-Saphir-Technik *f*
Verfahren für die Herstellung von integrierten CMOS-Schaltungen, bei dem anstelle des Siliciumsubstrats einkristalliner Saphir verwendet wird. Die komplementären Transistoren werden in einer dünnen Siliciumschicht erzeugt, die mit Hilfe der Silanepitaxie auf das Saphirsubstrat abgeschieden wird.
SOS technology (silicon-on-sapphire technology)
Process for fabricating CMOS integrated circuits which uses a single-crystal sapphire substrate instead of a silicon substrate. The complementary transistors are formed in a silicon film which is grown on the sapphire substrate by silane epitaxy.

SOT-Gehäuse *n* [Gehäuseform für Hybridschaltungen]
SOT package [package style for hybrid circuits]

Soundex-Verfahren *n* [zur Codierung von ähnlich klingenden Wörtern]
Soundex method [for coding similarly sounding words]

Source *f*, Quelle *f*
Bereich des Feldeffekttransistors, vergleichbar mit dem Emitter des Bipolartransistors.
source
Region of the field-effect transistor, comparable with the emitter of a bipolar transistor.

Source-Gate-Durchbruchspannung *f*
source-gate breakdown voltage

Source-Gate-Leckstrom *m*
source-gate leakage current

Source-Gate-Übergang *m* [bei Sperrschicht-Feldeffekttransistoren der Übergang zwischen Source- und Gate-Bereich]
source-gate junction [in junction field-effect transistors, the junction between source and gate regions]

Sourceanschluß *m*, Sourcekontakt *m* [von außen zugängliche Stelle für den Anschluß an den Sourcebereich]
source terminal, source contact [terminal accessible from the outside to make electrical contact with the source region]

Sourcebereich *m*, Sourcezone *f* [bei FET]
source region, source zone [in FETs]

Sourcediffusion *f*
Diffusion von Fremdatomen in den Sourcebereich eines Feldeffekttransistors.
source diffusion step
Diffusion of impurities into the source region of a field-effect transistor.

Sourcedotierung *f*
Dotierung des Sourcebereiches bei der Fertigung von Feldeffekttransistoren.
source doping
Doping of the source region in field-effect transistor fabrication.

Sourceelektrode *f*
source electrode

Sourcekontakt *m*, Sourceanschluß *m* [von außen zugängliche Stelle für den Anschluß an den Sourcebereich]
source terminal, source contact [terminal accessible from the outside to make electrical contact with the source region]

Sourceschaltung *f* [Transistorgrundschaltung]
Eine der drei Grundschaltungen des Feldeffekttransistors, bei dem die Sourceelektrode die gemeinsame Bezugselektrode ist. Sie ist vergleichbar mit der Emitterschaltung bei Bipolartransistoren.

common source connection [basic transistor configuration]
One of the three basic configurations of the field-effect transistor having the source as a common reference terminal. It is comparable to the common emitter connection of a bipolar transistor.
Sourcespannung *f*
source voltage
Sourcestrom *m* [bei Feldeffekttransistoren der über den Sourceanschluß fließende Strom]
source current [in field-effect transistors, the current flowing through the source terminal]
Sourcevorspannung *f*
source bias
Sourcewiderstand *m*
source resistance
Sourcezone *f*, **Sourcebereich** *m* [bei FET]
source zone, source region [in FETs]
Spalte *f*
column
Spaltenabstand *m*
column spacing
Spaltenadreßauswahl *f*
column address-select
Spaltenadresse *f*
column address
Spaltenadressenhaltezeit *f*
column address hold time
Spaltenadressenimpuls *m* (CAS)
Signal für die Spaltenadressierung bei Speichern mit matrixartiger Anordnung der Speicherzellen (z.B. bei RAMs).
column address strobe (CAS)
Signal for addressing memory cells in the columns of a memory device in which the cells are arranged in an array (e.g. in RAMs)
Spaltenadressenübernahmeregister *n*
column address latch
Spaltenadressenvorlaufzeit *f*
column address set-up time
Spaltenauswahl *f*
column select
spaltenbinäre Darstellung *f*
column binary representation, Chinese binary representation
Spaltenbreite *f*
column width
Spaltendecodierer *m*
column decoder
Spaltenhöhe *f*
column height
Spaltenleseverstärker *m*
column sense amplifier
Spaltenparitätsprüfzeichen *n*
column parity character
Spaltentreiber *m*
column driver
Spannungsabfall *m*

voltage drop
spannungsabhängig
voltage dependent
spannungsabhängiger Widerstand *m*, Varistor *m*
Halbleiterbauelement, das einen spannungsabhängigen, nichtlinearen Widerstand hat.
varistor, voltage-dependent resistor (VDR)
Semiconductor component that has a voltage-dependent nonlinear resistance.
Spannungsausfall *m*
voltage breakdown, supply breakdown
Spannungseinbruch *m*
voltage dip
spannungsführend
voltage conducting, live
Spannungsgegenkopplung *f*
negative voltage feedback
spannungsgesteuert
voltage-controlled, voltage-driven
spannungsgesteuerter Oszillator *m*
voltage-controlled oscillator (VCO)
spannungsgesteuerter Oszillatorbaustein *m*
voltage-controlled oscillator chip (VCO chip)
spannungslos, stromlos
dead, currentless
Spannungsnormal *n*
voltage standard
Spannungspegel *m*
voltage level
Spannungsquelle *f*
voltage source
Spannungsreferenzdiode *f*, Referenzdiode *f*
voltage reference diode, reference diode
Spannungsregler *m*
voltage regulator
Spannungsrückkopplung *f*
voltage feedback
Spannungsrückwirkung *f*
reverse-voltage transfer
Spannungsschwankung *f*
voltage fluctuation
Spannungsstabilisatordiode *f*, Stabilisatordiode *f*
voltage regulator diode, stabilizer diode
Spannungsstabilisierung *f*
voltage stabilization
Spannungsstoß *m*
voltage surge, surge
Spannungsteiler *m*
voltage divider
spannungsunabhängig
voltage-independent
Spannungsverdopplerschaltung *f*
voltage doubler circuit
Spannungsverlauf *m*
voltage waveform

Spannungsverstärker *m*
voltage amplifier
Spannungsverstärkung *f*
voltage gain
Spannungsvervielfacher *m*
voltage multiplier
Spannungswandler *m*
voltage transformer
SPARC [von Sun definierte RISC-Architektur]
SPARC (Scalable Processor ARChitecture)
[RISC architecture defined by Sun]
SPDL [Standard-Seitenbeschreibungssprache;
ein Teil der offenen Dokumentarchitektur
(ODA)]
SPDL (Standard Page Description Language)
[a part of Office Document Architecture (ODA)]
Speicher mit direktem Zugriff *m*,
Direktzugriffsspeicher *m* Speicher, dessen
Zugriffszeit unabhängig von der Lage der
gespeicherten Daten ist, z.B. Magnetplatten-
oder Diskettenspeicher]
direct-access memory, direct-access storage
[storage whose access time is independent of
the location of the data, e.g. magnetic disk or
floppy disk storage]
Speicher mit geringer Zugriffszeit *m*
low-access storage
Speicher mit hoher Zugriffszeit *m*, Speicher
mit langsamer Zugriffszeit *m*, langsamer
Speicher *m*
slow-access storage
Speicher mit schnellem Zugriff *m*,
Schnellspeicher *m*, Schnellzugriffsspeicher *m*
high-speed memory (HSM), high-speed
storage, fast-access storage, immediate-access
storage, zero-access storage
Speicher mit sequentiellem Zugriff *m*,
Speicher mit seriellem Zugriff *m* [Speicher,
dessen Zugriffszeit von der Lage der
gespeicherten Daten abhängig ist, z.B.
Magnetbandspeicher]
sequential-access storage, serial-access
storage [storage whose access time is
dependent on the location of the stored data,
i.e. magnetic tape storage]
Speicher mit wahlfreiem Zugriff *m* (RAM),
Schreib-Lese-Speicher *m*
random access memory (RAM), read-write
memory
Speicher-Flipflop *n*, Auffang-Flipflop *n*, Latch *n*
Ein spezieller Pufferspeicher, der zur
Informationsspeicherung während eines
vorgegebenen Zeitintervalls verwendet wird. Er
gleicht die unterschiedlichen
Übertragungsgeschwindigkeiten im
Datenverkehr zwischen Peripheriebausteinen
und Mikroprozessor aus.
latch, set-reset latch, SR latch
A special type of buffer storage used for

information storage during a specific time
interval. It compensates for differing data
transfer speeds between peripheral devices and
the microprocessor.
Speicherabbild *n*, Speicheraufteilung *f*,
Memory-Mapping *f* [Zuordnung bestimmter
Bereiche des Hauptspeichers]
memory map, memory mapping [assigning
defined areas of main storage]
Speicherabfall *m* [nicht mehr benötigte Daten
im Hauptspeicher]
garbage [data no longer needed in main
memory]
Speicherabzug *m*, Speicherausdruck *m*,
Speicherauszug *m*, Speicherprotokoll *n*
[Speicherdarstellung, meistens in binärer,
hexadezimaler oder oktaler Form, zwecks
Fehlerbeseitigung; der Speicherabzug kann
nach Programmablauf (Speicherabzug nach
Pannen) oder während des Programmablaufes
(Speicherabzug der Zwischenergebnisse)
erfolgen]
memory dump, dump [representation, usually
in binary, hexadecimal or octal form, of memory
contents for debugging purposes; a post-
mortem dump is effected after program
termination, a snapshot dump during program
run]
Speicherabzug nach Pannen *m*, statischer
Speicherabzug *m* [Speicherdarstellung,
meistens in binärer, hexadezimaler oder
oktaler Form, zwecks Fehlerbeseitigung nach
Programmablauf]
post-mortem dump, static dump, static
memory dump [representation, usually in
binary, hexadecimal or octal form, of memory
contents for debugging purposes after program
termination]
Speicherabzugprogramm *n*
dump program
Speicheradreßregister *n*
memory address register (MAR)
Speicheraufteilung *f*, Speicherabbild *n*,
Memory-Mapping *f* [Zuordnung bestimmter
Bereiche des Hauptspeichers]
memory map, memory mapping [assigning
defined areas of main storage]
Speicherausdruck *m*, Speicherabzug *m*,
Speicherauszug *m*, Speicherprotokoll *n*
memory dump, dump
Speicherausnutzung *f*
storage utilization
Speicherauswahlregister *n*
memory selection register
Speicherauszug *m*, Speicherabzug *m*,
Speicherausdruck *m*, Speicherprotokoll *n*
memory dump, dump
Speicherauszug der Zwischenergebnisse *m*,
Schnappschußabzug *m*, dynamischer

Speicherabzug *m* [Speicherdarstellung,
meistens in binärer, hexadezimaler oder
oktaler Form, zwecks Fehlerbeseitigung
während des Programmablaufes]
snapshot dump, dynamic dump
[representation, usually in binary, hexadecimal
or octal form, of memory contents for debugging
purposes during program run]
Speicherbaustein *m*
memory device, storage device
Speicherbedarf *m*
memory requirements
Speicherbefehl *m*
storage instruction
Speicherbelegung *f*, Speicherzuweisung *f*
storage allocation
Speicherbereich *m*
storage area
Speicherbereich *m*, Partition *f* [einer
Festplatte]
partition [of a hard disk]
Speicherbereichsschutz *m*, Speicherschutz *m*,
Speicherschreibsperre *f* [Schutz von
Programmen oder Daten, die im Hauptspeicher
enthalten sind; wird besonders beim
Mehrprogrammbetrieb angewendet]
memory protection, memory protect, storage
protection [protection of programs or data
contained in main memory; used particularly in
the case of multiprogramming]
Speicherbereinigung *f* [Löschen von nicht
mehr benötigten Daten aus dem
Hauptspeicher]
garbage collection [clearing of data no longer
needed in main memory]
Speicherbus *m*
memory bus
Speicherdichte *f*, Schreibdichte *f*, Bitdichte *f*
[Aufzeichnungsdichte eines Datenträgers,
insbesondere eines Magnetbandes, in der Regel
ausgedrückt in Bits/Zoll (BPI) bzw. Bits/cm;
gebräuchliche Aufzeichnungsdichten sind 800,
1600 und 6250 BPI bzw. 315, 630 und 2460
Bits/cm]
recording density, packing density, bit
density [storage density of a data medium,
particularly of a magnetic tape, usually
expressed in bits/inch (BPI); commonly used
recording densities are 800, 1600 and 6250
BPI]
Speicherelement *n* [speichert die kleinste
Dateneinheit, meist ein Bit]
memory element, storage element [stores the
smallest unit of data, usually one bit]
Speichererweiterung *f*
memory expansion
Speicherfunktion *f*
memory function, storage function
Speicherinhalt *m*

memory contents
Speicherkapazität *f* [Datenaufnahmevermögen
eines Speichermediums, meistens in Bytes
(kBytes oder MBytes) ausgedrückt]
memory capacity, storage capacity [data
storage capacity of a storage medium, usually
expressed in bytes (kbytes or Mbytes)]
Speicherkarte *f*
memory board
Speicherkonkurrenz *f*
memory contention
Speicherlademodul *m*
memory load module
Speicherladung *f*
storage charge
Speichermatrix *f* [allgemein:
Speicheranordnung]
storage matrix, storage array [general:
storage arrangement]
Speichermatrix *f*, Speicherzellenanordnung *f*
[Halbleiterspeicher]
Anordnung der Speicherzellen (z.B. eines
RAMs) in Form einer Matrix mit Zeilen und
Spalten. Die Adressierung erfolgt mit den
Signalen RAS (Zeilenadressenimpuls) und CAS
(Spaltenadressenimpuls).
memory cell array, memory array, memory
cell matrix [semiconductor memories]
Arrangement of memory cells (e.g. of a RAM) in
the form of a matrix with rows and columns.
Addressing of the array is effected by applying
the signals RAS (row address strobe) and CAS
(column address strobe).
Speichermedium *n*,
Datenaufzeichnungsmedium *n* [z.B. Diskette,
Plattenspeicher, Magnetband usw.]
data recording medium, storage medium
[e.g. floppy disk, disk storage, magnetic tape,
etc.]
Speichermodell *n* [im Compiler]
memory model [in compiler]
speichern
store, to
Speicherorganisation *f*
memory organization
speicherorientierte Ein-Ausgabe *f*
[Zuordnung bestimmter Bereiche des
Hauptspeichers für Ein-Ausgabe-Funktionen]
memory mapped input-output [allocation of
defined areas of main memory to input-output
functions]
Speicherplatz *m*, Speicherzelle *f* [eine aus
mehreren Speicherelementen bestehende
Gruppe, die durch eine Adresse identifiziert
wird, z.B. für die Abspeicherung eines Bytes
oder Wortes]
storage cell, storage location, memory cell [a
group of storage elements identified by an
address, e.g. for storing a byte or word]

speicherprogrammierbare Steuerung *f* (SPS),
programmierbare Steuerung *f*
Folgesteuerung mit rechnerähnlicher Struktur.
Sie besteht aus der Zentraleinheit mit
Prozessor bzw. Mikroprozessor, dem
Programmspeicher und der Ein-Ausgabe-
Einheit.
programmable controller (PC),
programmable logic controller (PLC)
A sequence control with a computer-like
structure. It consists of a central processing
unit with the processor or microprocessor and
the program storage as well as an input-output
unit.
speicherprogrammierte Steuerung *f*
stored-program control
Speicherprotokoll *n*, Speicherabzug *m*,
Speicherausdruck *m*, Speicherauszug *m*
[Speicherdarstellung, meistens in binärer,
hexadezimaler oder oktaler Form, zwecks
Fehlerbeseitigung; der Speicherabzug kann
nach Programmablauf (Speicherabzug nach
Pannen) oder während des Programmablaufes
(Speicherabzug der Zwischenergebnisse)
erfolgen]
memory dump, dump [representation, usually
in binary, hexadecimal or octal form, of memory
contents for debugging purposes; a post-
mortem dump is effected after program
termination, a snapshot dump during program
run]
Speicherregister *n*
storage register
speicherresident, resident [bedeutet, daß ein
Programm im Hauptspeicher permanent
abgelegt ist]
resident [signifies that a program is
permanently stored in main memory]
speicherresidentes Programm *n* [im
Hauptspeicher abgelegtes Programm, das auch
dann verfügbar ist ("pop-up"), wenn eine
andere Anwendung aktiv ist und zwar durch
Eingabe einer speziellen Tastenkombination
("hot-key")]
memory-resident program, pop-up program,
TSR program (Terminate and Stay Ready)
[program stored in main memory and available
for use ("pop-up") even when another
application is active by entering a key
combination ("hot-key")]
Speicherröhre *f*
storage tube
Speicherschutz *m*, Speicherbereichsschutz *m*,
Speicherschreibsperre *f* [Schutz von
Programmen oder Daten, die im Hauptspeicher
enthalten sind; wird besonders beim
Mehrprogrammbetrieb angewendet]
memory protection, memory protect, storage
protection [protection of programs or data

contained in main memory; used particularly in
the case of multiprogramming]
Speichersystem *n*
memory system, storage system
Speichertreiber *m*
memory driver
Speicherüberlagerung *f*, Überlagerungstechnik
f, Overlay-Technik *f* [das Unterteilen eines
Programmes in Segmente
(Überlagerungssegmente oder Overlays), die
nach Bedarf in den Hauptspeicher geladen
werden; somit benötigt die Ausführung eines
Programmes weniger Platz im Hauptspeicher]
overlay technique [dividing a program into
segments (overlays) which are loaded into the
main memory as they are required; hence
execution of a program requires less space in
the main memory]
Speicherverwaltung *f* [verwaltet die
Speicherbelegung]
memory manager [controls memory
allocation]
Speicherverwaltungseinheit *f*
memory management unit (MMU)
Speicherzeit *f* [bei einer Speicherröhre]
retention time [of a storage tube]
Speicherzelle *f*, Speicherplatz *m* [eine aus
mehreren Speicherelementen bestehende
Gruppe, die durch eine Adresse identifiziert
wird, z.B. für die Abspeicherung eines Bytes
oder Wortes]
storage cell, storage location, memory cell [a
group of storage elements identified by an
address, e.g. for storing a byte or word]
Speicherzellenanordnung *f*, Speichermatrix *f*
[Halbleiterspeicher]
Anordnung der Speicherzellen (z.B. eines
RAMs) in Form einer Matrix mit Zeilen und
Spalten. Die Adressierung erfolgt mit den
Signalen RAS (Zeilenadressenimpuls) und CAS
(Spaltenadressenimpuls).
memory cell array, memory array, memory
cell matrix [semiconductor memories]
Arrangement of memory cells (e.g. of a RAM) in
the form of a matrix with rows and columns.
Addressing of the array is effected by applying
the signals RAS (row address strobe) and CAS
(column address strobe).
Speicherzone *f*
storage zone
Speicherzugriff *m*
memory access, storage access
Speicherzuweisung *f*, Speicherbelegung *f*
storage allocation
Speicherzyklus *m*
memory cycle, storage cycle
Speicherzykluszeit *f* [kleinste Zeitspanne
zwischen zwei aufeinanderfolgenden Lese- bzw.
Schreibvorgängen; liegt in der Größenordnung

von Mikro- oder Nanosekunden]
memory cycle time [shortest time interval
between two consecutive read or write
operations; lies in the range of micro- or
nanoseconds]
speisen, zuführen
feed, to
Speisespannung *f*, Versorgungsspannung *f*
supply voltage
Speisestrom *m*, Versorgungsstrom *m*
supply current
spektrale **Empfindlichkeitsbandbreite** *f*
[Optoelektronik]
spectral response bandwidth
[optoelectronics]
spektrale **Strahlungsbandbreite** *f*
[Optoelektronik]
spectral radiation bandwidth
[optoelectronics]
Sperrbefehl *m*
disable instruction
Sperrbereich *m*
blocking state region
Sperrdämpfung *f* [eines Filters]
stop-band attenuation [of a filter]
Sperrdiode *f*
blocking diode
Sperreingang *m*, Inhibiteingang *m* [einer
logischen Schaltung]
inhibit input, disabling input [of a logic
circuit]
Sperreingang mit Negation *m*
negated inhibit input
Sperren *n* [bei Halbleiterbauteilen: den
Stromfluß in Vorwärtsrichtung verhindern]
reverse biasing, blocking [preventing forward
current flow in semiconductor devices]
Sperren *n*, Abschalten *n* [bei Ein- bzw.
Ausgängen]
disable, inhibit [inputs or outputs]
sperrender **Metall-Halbleiter-Übergang** *m*
[Schottky-Kontakt]
rectifying metal-semiconductor junction,
non-ohmic metal-semiconductor junction
[Schottky contact]
sperrfreier **Metall-Halbleiter-Übergang** *m*
[Ohmscher Kontakt]
ohmic metal-semiconductor junction, non-
rectifying metal-semiconductor junction [ohmic
contact]
Sperrglied *n*
blocking element
Sperrichtung *f*, Rückwärtsrichtung *f* [z.B. bei
einem PN-Übergang]
reverse direction [e.g. in the case of a pn-
junction]
Sperrimpuls *m*, Inhibitimpuls *m*, Sperrsignal *n*
[verhindert die Ausführung einer Operation,
z.B. in einer logischen Schaltung]

inhibit pulse, disable pulse, disabling signal
[prevents the execution of an operation, e.g. in
a logic circuit]
Sperrkondensator *m*
blocking capacitor
Sperrkontakt *m*
blocking contact
Sperrsättigungsspannung *f*
reverse saturation voltage
Sperrschaltung *f*, Inhibitschaltung *f* [eine
Schaltung, die ein Inhibitimpuls bzw. ein
Sperrsignal erzeugt]
inhibit circuit, inhibiting circuit [a circuit
producing an inhibit pulse or a disabling signal]
Sperrschicht *f* [Halbleitertechnik]
Gebiet in einem Halbleiterkristall an der
Grenze eines Übergangs zwischen Halbleiter
und Metall oder zwischen einem N-leitenden
und einem P-leitenden Bereich. An dieser
Grenze diffundieren Elektronen aus dem N-
Bereich in den P-Bereich und Defektelektronen
(Löcher) aus dem P- in den N-Bereich. Dadurch
wird das N-Gebiet leicht positiv und das P-
Gebiet leicht negativ geladen. Durch Anlegen
einer äußeren Spannung in Sperrichtung an
den PN-Übergang (negative Spannung am P-
Gebiet und positive Spannung am N-Gebiet)
verbreitet sich die Sperrschicht und der
Stromfluß ist bis auf einen kleinen Rest
gesperrt. Legt man eine positive Spannung am
P-Gebiet und eine negative Spannung am N-
Gebiet an, wird die Sperrschicht abgebaut und
der Strom fließt in Vorwärtsrichtung.
depletion layer [semiconductor technology]
Region in a semiconductor crystal at the
interface between a semiconductor material
and metal or between an n-type and a p-type
region. At this interface electrons diffuse from
the n-type region into the p-type region and
holes from the p-type region into the n-type
region. Hence the n-type region acquires a
slightly positive charge and the p-type a
slightly negative charge. By applying a reverse-
biased external voltage across the pn-junction
(negatively biased to the p-type region and
positively biased to the n-type region), the
depletion layer becomes effectively wider and
current flow is very small. Forward-biasing the
pn-junction decreases the effective width of the
depletion layer and the current flows in
forward direction.
Sperrschicht-Feldeffekttransistor *m* (SFET)
Feldeffekttransistor, dessen Gatezone mit dem
stromführenden Kanal einen oder mehrere PN-
Übergänge bildet. Durch Anlegen einer
Sperrspannung an die PN-Übergänge
entstehen Raumladungszonen, die sich bei
Erhöhung der Gatespannung in den Kanal
hinein ausdehnen und die Strombahn

einschnüren. Somit steuert die Gatespannung
den Strom zwischen Source und Drain.
junction field-effect transistor (JFET)
A field-effect transistor in which the gate
region forms one or more pn-junctions with the
conductive channel. Reverse bias voltage
applied to the junctions creates depletion layers
which extend into the channel region as gate
voltage is increased and reduce the effective
width of the conductive path. Hence current
conduction between source and drain is
controlled by the voltage applied to the gate
terminal.

Sperrschicht-Injektions-Laufzeitdiode *f,*
BARITT-Diode *f* [Halbleiterbauelement für den
Mikrowellenbereich]
**BARITT diode (barrier injected transit time
diode)** [microwave semiconductor device]

Sperrschichtbauelement *n*
junction device

Sperrschichtbreite *f*
depletion layer width, depletion width

Sperrschichtisolation *f*
junction isolation

Sperrschichtkapazität *f*
junction capacitance

Sperrschichtladung *f*
depletion charge

Sperrschichtphotoeffekt *m* [innerer
Photoeffekt in einer Sperrschicht]
photovoltaic effect [intrinsic photoelectric
effect in a depletion layer]

Sperrschichtphotoelement *n,* Photoelement *n,*
Halbleiterphotoelement *n*
Halbleiterbauelement, das Lichtenergie oder
andere Strahlungsenergie in elektrische
Energie umsetzt, ohne eine äußere
Spannungsquelle zu benötigen (z.B.
Solarzellen).
photovoltaic cell
Semiconductor component that converts light
energy or other radiant energy into electrical
energy without the need for an external voltage
source (e.g. solar cells).

Sperrschichttemperatur *f*
junction temperature

Sperrschwinger *m* [Kippschaltung mit
Rückkopplung über einen Transformator;
erzeugt eine Sägezahnspannung]
blocking oscillator [multivibrator with
feedback via a transformer; generates a
sawtooth voltage]

Sperrsignal *n,* Inhibitimpuls *m,* Sperrimpuls *m*
[verhindert die Ausführung einer Operation,
z.B. in einer logischen Schaltung]
inhibit pulse, disable pulse, disabling signal
[prevents the execution of an operation, e.g. in
a logic circuit]

Sperrspannung *f,* Rückwärtsspannung *f*

blocking voltage, cut-off voltage, reverse
voltage, reverse bias

Sperrstrom *m,* Rückwärtsstrom *m* [der durch
einen PN-Übergang in Rückwärtsrichtung
fließende Strom]
reverse current, reverse-bias current [the
current flowing through a pn-junction in
reverse direction]

Sperrstromverstärkung *f*
reverse current gain

Sperrung *f*
inhibition [circuit], blocking [semiconductors]

Sperrverzugsladung *f*
reverse recovered charge

Sperrverzögerungsstrom *m*
reverse recovery current

Sperrverzögerungszeit *f*
reverse recovery time

Sperrwiderstand *m*
reverse dc resistance

Sperrzustand *m*
blocking state, cut-off state

Spezifikation *f,* technische Daten *n.pl.,*
Kenndatenzusammenstellung *f,* Pflichtenheft *n*
specifications

spezifischer Widerstand *m*
resistivity

spiegelbildliche Festplatten *f.pl.* [zur
Speicherung von identischen Daten verwendet]
mirrored hard disks [is used for storage of
identical data]

Spiegelung *f*
mirroring

Spinell *m*
Magnesium-Aluminium-Oxid, das als
isolierendes Substrat bei der Herstellung von
integrierten CMOS-Schaltungen verwendet
wird (z.B. bei der ESFI-Technik).
spinel
Magnesium-aluminium oxide used as an
insulating substrate in CMOS integrated
circuit fabrication (e.g. in ESFI technology).

Spiralkabel *n*
coiled cable

Spitzenamplitude *f*
peak amplitude

Spitzenbelastung *f*
peak load

Spitzendiode *f* [Halbleiterdiode mit einem
Punktkontakt]
point-contact diode [semiconductor diode
using a point contact]

Spitzenkontakt *m,* Punktkontakt *m*
point contact

Spitzenleistung *f*
peak power

Spitzenspannung *f*
peak voltage

Spitzensperrspannung *f*

peak reverse voltage
Spitzenstrom *m*
peak current
Spitzentransistor *m* [erster
Germaniumtransistor]
point-contact transistor [first germanium
transistor]
Spitzenwertfaktor *m*, Scheitelfaktor *m*
crest factor
spitzer Winkel *m* [graphische Darstellung]
acute angle
Spool-Betrieb *m*, Spooling *n* [Verfahren zur
Zwischenspeicherung von Ein-Ausgabe-Daten
für bzw. von langsamen Peripheriegeräten]
spool (simultaneous peripheral operation on
line), spooling [technique of buffer storing
input-output data for or from slow peripherals]
Spool-Datei *f*
spool file
Spooling *n*, Spool-Betrieb *m*
spool
sporadischer Ausfall *m*, intermittierender
Ausfall *m*
sporadic failure, intermittent failure
Spracherkennung *f*
voice recognition
Sprachgenerator *m*, Sprachsynthesizer *m*
voice synthesizer
Sprachgenerierung *f*
speech generation
sprachgesteuertes Gerät *n*
voice-operated device
Sprachkanal *m*
voice channel
Sprachspeicher *m*
voice storage
Sprachsynthese *f*
speech synthesis
Sprachsynthesizer *m*, Sprachgenerator *m*
voice synthesizer
Sprachübertragung *f*
voice transmission
Spreadsheet-Programm *n*,
Tabellenkalkulations-Programm *n* [Programm
zur Berechnung von Werten in Zeilen und
Spalten mittels vorgegebener Formeln]
spreadsheet program, electronic spreadsheet
program [program for calculating values in
rows and columns according to predetermined
equations]
Spreizen *n*, Verzahnen *n* [z.B. von Impulsen im
Zeitmultiplex]
interlacing [e.g. of pulses in time-division
multiplex]
Sprite *n* [benutzerdefinierbares Muster aus
Bildpunkten]
sprite [user-definable pattern of pixels]
Spritzer *m*, Lötzinnspritzer *m*, Zinnspritzer *m*
splash, solder splash, tin solder splash

Sprosse *f* [bei Lochstreifen und Magnetbänder:
Bereich der parallelen Spuren, der in der Regel
ein Zeichen speichert]
row [in punched tapes and magnetic tapes:
area of parallel tracks usually storing one
character]
Sprungadresse *f*
jump address, transfer address
Sprungantwort *f*, Übergangsfunktion *f*
[Antwortsignal eines Regelgliedes oder -
systems, wenn es durch eine Sprungfunktion
am Eingang erregt wird]
step response [response of a control element
or system when it is excited by a step function]
Sprunganweisung *f* [z.B. in ALGOL, BASIC,
FORTRAN]
transfer statement, GO-TO statement [e.g. in
ALGOL, BASIC, FORTRAN]
Sprungbedingung *f*
jump condition, branch condition
Sprungbefehl *m*, Verzweigungsbefehl *m* [Befehl
zum Verlassen des normalen sequentiellen
Programmablaufes und Fortsetzung des
Programmes an der angegebenen Stelle; beim
unbedingten Sprungbefehl geschieht dies in
jedem Fall, beim bedingten nur, wenn die
angegebene Bedingung erfüllt ist]
jump instruction, branch instruction
[instruction for leaving the normal program
sequence and to continue at the given point of
the program; in the case of an unconditional
jump this is effected always, in the case of a
conditional jump only if the given condition is
satisfied]
Sprungoperation *f*
jump operation, transfer operation
Sprungziel *n*, Ansprungziel *n*
jump destination, branch destination
SPS *f*, speicherprogrammierbare Steuerung *f*,
programmierbare Steuerung *f*
Folgesteuerung mit rechnerähnlicher Struktur.
Sie besteht aus der Zentraleinheit mit
Prozessor bzw. Mikroprozessor, dem
Programmspeicher und der Ein-Ausgabe-
Einheit.
PC (programmable controller), PLC
(programmable logic controller)
A sequence control with a computer-like
structure. It consists of a central processing
unit with the processor or microprocessor and
the program storage as well as an input-output
unit.
Spur *f* [bei Lochstreifen, Magnetbändern und
Magnetplatten]
track [on punched tapes, magnetic tapes and
magnetic disks]
Spurendichte *f*, Spuren pro Zoll *f.pl.*
track density, tracks per inch (TPI)
Spurwechselzeit *f* [Magnetplatte, Diskette]

track-to-track access time [disk, diskette]
Sputtern *n,* Sputter-Verfahren *n,*
  Kathodenzerstäubung *f*
  Abscheideverfahren für die Herstellung von
  leitenden und dielektrischen Schichten bei der
  Fertigung von Halbleiterbauteilen und
  integrierten Schaltungen.
  sputtering, cathode sputtering
  A deposition process for forming conductive and
  dielectric layers in semiconductor component
  and integrated circuit fabrication.
Sputterätzung *f,* Aufstäubätzung *f* [ein
  Ätzverfahren]
  sputter etching [an etching process]
SQA [Software-Qualitätssicherung]
  SQA (Software Quality Assurance)
SQL [Standardabfragesprache für Datenbanken;
  Hochsprache für Abfrageroutinen für
  Datenbanken]
  SQL (Structured Query Language) [high-level
  language for query routines for databases]
SRAM *m,* statischer RAM *m,* statischer Schreib-
  Lese-Speicher *m*
  Statischer Schreib-Lese-Speicher mit
  wahlfreiem Zugriff, dessen Speicherzellen aus
  Flipflops bestehen. Der Speicherinhalt bleibt
  ohne periodische Auffrischung erhalten.
  Statische RAMs werden in Bipolar- und MOS-
  Technik ausgeführt.
  static RAM, static random access memory
  (SRAM)
  Static read-write memory with random access
  whose memory cells consist of flip-flops. Stored
  information is maintained and requires no
  periodic refreshing. RAMs exist in bipolar and
  MOS versions.
SSI, Kleinintegration *f,* niedriger
  Integrationsgrad *m*
  Integrationstechnik, bei der nur wenige
  Transistoren oder Gatterfunktionen (zwischen
  5 und 100) auf einem Chip enthalten sind.
  SSI (small scale integration)
  Technique for the integration of only a few
  transistors or logical functions (between 5 and
  100) on the same chip.
stabile Ausgangskonfiguration *f*
  stable output configuration
stabiler Zustand *m*
  stable state
Stabilisator *m*
  stabilizer
Stabilisatordiode *f,* Spannungsstabilisatordiode
  stabilizer diode, voltage regulator diode
Stabilisierung *f*
  stabilization
Stammband *n*
  master tape
Stammdatei *f,* Hauptdatei *f*
  master file

Stammdaten *n.pl.,* Stammeinträge *m.pl.*
  master data, master records
Standard-TTL *f* [standardmäßige Transistor-
  Transistor-Logik]
  standard TTL [standard transistor-transistor
  logic]
Standardabweichung *f*
  standard deviation
Standardbaustein *m,* handelsüblicher Baustein
  off-the-shelf device, catalog device
Standarddrucker *m*
  default printer
Standardlaufwerk *n*
  default drive
Standardschnittstelle *f,* genormte Schnittstelle
  f [z.B. für die asynchrone serielle
  Datenübertragung gemäß EIA RS-232-C oder
  CCITT V.24]
  standard interface [e.g. for asynchronous
  serial data communications according to EIA
  RS-232-C or CCITT V.24]
Standardvorgabe *f,* Standardwert *m*
  [Datenverarbeitung: vorgegebener Wert, der
  vom Programm verwendet wird, falls vom
  Benutzer kein spezifischer Wert eingegeben
  wurde]
  default value [data processing: predetermined
  value employed by program if no specific value
  has been entered by the user]
Standardzelle *f*
  Softwaremäßig definierte Schaltungsfunktion,
  die hardwaremäßig nicht vorhanden ist, aber
  für die Entwicklung von integrierten
  Semikundenschaltungen aus einer
  Zellenbibliothek abgerufen werden kann.
  standard cell
  A software-defined circuit function that does
  not physically exist but can be pulled from a
  cell library for the design of semicustom
  integrated circuits.
Standardzellenbibliothek *f*
  Sammlung von Standardzellen, die voll
  spezifiziert als Software vorhanden sind.
  standard cell library
  Collection of predefined standard cells available
  in software.
Standleitung *f,* Mietleitung *f* [für
  Datenübertragung]
  leased line [for data transmission]
Stanzabfall *m,* Lochungsabfall *m* [bei
  Lochstreifen oder Lochkarten]
  chad [of punched tapes or punched cards]
stanzen
  perforate, to; punch, to
Stanzer *m*
  perforator, punch
Stapel *m,* Kellerliste *f,* LIFO-Liste *f* [eine Liste,
  in der die letzte Eintragung als erste
  wiedergefunden wird]

push-down list, LIFO list [list in which the last item stored is the first to be retrieved (last-in/first-out)]
Stapel *m*, **Schub** *m*
batch
Stapelbetrieb *m*, **Stapelverarbeitung** *f* [schubweise Verarbeitung von gesammelten Aufträgen; im Gegensatz zur Echtzeitverarbeitung]
batch processing, batch mode [processing of jobs collected in batches; in contrast to real-time processing]
Stapelgate-Lawineninjektions-MOS-Transistor *m*, **SAMOS-Transistor** *m* [Variante des FAMOS-Transistors]
SAMOS transistor (stacked-gate avalanche injection MOS transistor) [a variant of the FAMOS transistor]
Stapelspeicher *m*, **Kellerspeicher** *m*, **FILO-Speicher** *m*, **LIFO-Speicher** *m*
Speicher, der ohne Adreßangabe arbeitet und dessen Daten in der umgekehrten Reihenfolge gelesen werden, in der sie zuvor geschrieben worden sind, d.h. das zuletzt geschriebene Datenwort wird als erstes gelesen. Er wird mittels Schieberegister oder RAM insbesondere für die Bearbeitung von Unterprogrammen verwendet, d.h. für die Datenspeicherung vor einem Sprungbefehl.
stack, FILO storage (first-in/last-out), LIFO storage (last-in/first-out)
Storage device operating without address specification and which reads out data in the reverse order as it was stored, i.e. the first data word is read out last. Implemented as shift registers or RAM, it is particularly used for subroutines, i.e. for storing data prior to a jump instruction.
Stapelspeicher-Überlauf *m*
stack overflow
Stapelverarbeitung *f*, **Stapelbetrieb** *m* [schubweise Verarbeitung von gesammelten Aufträgen; im Gegensatz zur Echtzeitverarbeitung]
batch processing, batch mode [processing of jobs collected in batches; in contrast to real-time processing]
Stapelzeiger *m*, **Kellerzeiger** *m* [ein Adreßregister in einem Mikroprozessor; zeigt die Speicherstelle des Keller- bzw. Stapelspeichers an, auf die der letzte Zugriff erfolgte]
stack pointer [an address register in a microprocessor; points to the last-accessed storage location of a stack]
stark dotierter Halbleiter *m*, **hochdotierter Halbleiter** *m*
highly doped semiconductor
Start-Stop-Arbeitsweise *f*, asynchrone Arbeitsweise *f* [Datenübertragung mit Synchronisierung mittels Start- und Stopbits, die jedem zu übertragenden Zeichen zugefügt sind]
start-stop operation, asynchronous operation [data transmission with synchronization effected by adding start and stop bits to each character to be transmitted]
Start-Stop-Verfahren *n* [Magnetbandgerät]
start-stop method [magnetic tape unit]
Startadresse *f*
starting address
Startanweisung *f*
starting statement
Startbefehl *m*
start instruction
Startbit *n* [bei der asynchronen Datenübertragung]
start bit [in asynchronous data transmission]
stationärer Sperrstrom *m*
resistive reverse current
statische Analyse *f* [Programm]
static analysis [program]
statische Bindung *f*
early binding
statische Steilheit *f*
static transconductance
statischer Fehler *m*
static error
statischer Festwertspeicher *m*, statischer ROM *m*
static ROM, static read-only memory
statischer Influenz-Transistor *m* (SIT)
static induction transistor (SIT)
statischer RAM *m*, statischer Schreib-Lese-Speicher *m*, SRAM *m*
Statischer Schreib-Lese-Speicher mit wahlfreiem Zugriff, dessen Speicherzellen aus Flipflops bestehen. Der Speicherinhalt bleibt ohne periodische Auffrischung erhalten. Statische RAMs werden in Bipolar- und MOS-Technik ausgeführt.
static RAM, static random access memory (SRAM)
Static read-write memory with random access whose memory cells consist of flip-flops. Stored information is maintained and requires no periodic refreshing. RAMs exist in bipolar and MOS versions.
statischer ROM *m*, statischer Festwertspeicher
static ROM, static read-only memory
statischer Schreib-Lese-Speicher *m*, statischer RAM *m*, SRAM *m*
static RAM, static random access memory (SRAM)
statischer Speicher *m* [Speicher, dessen Speicherinhalt ohne Auffrischen erhalten bleibt]
static memory [memory in which stored

information is maintained without the need for refreshing]

statischer Speicherabzug *m*, Speicherabzug nach Pannen *m* [Speicherdarstellung, meistens in binärer, hexadezimaler oder oktaler Form, zwecks Fehlerbeseitigung nach Programmablauf]
static dump, static memory dump, post-mortem dump [representation, usually in binary, hexadecimal or octal form, of memory contents for debugging purposes after program termination]

statisches Bild *n*, Hintergrund *m*, Hintergrundbild *n*
background image, static image

statisches Flipflop *n*
static flip-flop

statistische Analyse *f*
statistical analysis

statistische Sicherheit *f* [Qualitätskontrolle]
confidence level [quality control]

statistische Voraussage *f*
statistical prediction

Status *m* [aktueller Zustand, z.B. der Zentraleinheit, eines Kanals, eines Peripheriegerätes usw.]
status [actual state, e.g. of the central processing unit, a port, a peripheral unit, etc.]

Statusbit *n*, Zustandsbit *n* [Bit, das den aktuellen Zustand angibt, z.B. der Zentraleinheit, eines Kanals, eines Peripherie-gerätes usw.]
status bit [bit giving the actual state, e.g. of the central processing unit, a port, a peripheral unit, etc.]

Statusbyte *n*, Zustandsbyte *n*
status byte

Statusregister *n*, Zustandsregister *n* [im Mikroprozessor: enthält Operandenzustand oder Ergebnisse, z.B. Übertrag, Überlauf, Vorzeichen, Null, Parität]
status register [in microprocessor: contains operand status or results, e.g. carry, overflow, sign, zero, parity]

steckbar
pluggable

Steckbaugruppe *f*, Steckmodul *m*
plug-in module

Steckeinheit *f*, Einschub *m*, Einschubeinheit *f* [z.B. für ein genormtes 19-Zoll-Gestell]
plug-in unit [e.g. for a standard 19-inch rack]

Stecker *m*, Steckverbinder *m*
plug, connector, plug connector

steckerkompatibel, anschlußkompatibel [bezeichnet Geräte, die miteinander austauschbar sind]
plug-compatible, plug-to-plug compatible, connector-compatible [designates equipment which are interchangeable

Steckerleiste *f*, Kartenstecker *m* [Steckverbindung für eine Leiterplatte]
edge connector [connector for a printed circuit board]

Steckkarte *f* [Leiterplatte]
plug-in board [printed circuit board]

Steckkartengehäuse *n* [Gehäuseform]
edge-mounted package, edge mount package [package style]

Steckmodul *m*, Steckbaugruppe *f*
plug-in module

Steckplatz *m* [Platz für zusätzliche Steckkarte]
slot [for additional plug-in board]

Steckverbinder *m*, Stecker *m*
connector, plug connector

Steckverbinder-Adapter *m*
connector adapter

Stegetechnik *f*, Beam-Lead-Technik *f*
Kontaktierungstechnik für Halbleiterbauteile und integrierte Schaltungen. Das Muster für die Zuführungen zu den Kontaktflecken auf dem Chip wird während der Bearbeitung des Wafers direkt auf der Chipoberfläche erzeugt. Die Stege (beam-leads) ragen nach Zerlegung des Wafers durch chemisches Ätzen über den Rand des Chips hinaus.
beam-lead technology
Bonding technique used for semiconductor devices and integrated circuits. The pattern of the beams leading to the bonding pads on the chip are formed on the chip surface during wafer processing. The beams extend over the edge of the chip after separation from the wafer by chemical etching.

steigende Flanke *f*, ansteigende Flanke *f*, positive Flanke *f*
Anstieg eines digitalen Signals oder eines Impulses.
rising edge
Rise of a digital signal or a pulse.

Steilheit *f*
slope

Stelle einer Zahl mit der niedrigsten Wertigkeit *f*, niedrigstwertige Stelle *f*
least significant digit (LSD)

Stellen hinter dem Komma *f.pl.* [einer Zahl]
fractional part [of a number]

Stellenwert *m*
place value

Stellglied *n* [Regelungstechnik]
actuator, controller, controlling element [automatic control]

Stellgröße *f* [Regelungstechnik]
manipulated variable [automatic control]

Step-und-Repeat-Kamera *f*, Schritt-und-Wiederholkamera *f* [Photolithographie]
Spezialkamera für die Herstellung von Muttermasken. Die Kamera dient der Verkleinerung der Zwischenmaske auf

Originalmaskengröße und der 100- bis 1000-
fachen Vervielfältigung auf einer
durchsichtigen Glasplatte, die den ganzen
Wafer abdeckt.
step-and-repeat camera [photolithography]
Special-purpose camera for the production of
master masks. It is used to reduce the reticle to
final mask dimensions and to reproduce the
mask pattern 100 to 1000 times on a
transparent glass disk which covers the entire
surface of the wafer.

Stern *m*
asterisk

Stern-Topologie *f* [Netzwerk]
star topology [network]

Steueranschluß *m* [eines Thyristors]
gate terminal [of a thyristor]

Steuerbaustein für direkten Speicherzugriff
m, DMA-Controller *m*
DMA controller (DMAC)

Steuerbefehl *m*, Kommando *n* [steuert den
Programmablauf; löst eine Rechneroperation
aus, die durch einen Befehl definiert ist]
command, control command, control
instruction [controls the program sequence;
initiates a computer operation defined by an
instruction]

Steuerbefehlsregister *n*
control register

Steuerbus *m* [Übertragungsweg für
Steuerinformationen]
control bus [transfer path for control
information]

Steuereinheit *f*, Steuerwerk *n* [allgemein]
controller, control unit [general]

Steuereinheit *f*, Steuerwerk *n* [von
Mikroprozessoren bzw. Mikrocomputern]
controller-sequencer [of microprocessors or
microcomputers]

Steuerfunktion *f*
control function

Steuergitter *n* [Elektronenröhre]
control grid [electron tube]

Steuerkennlinie *f*
control characteristics

Steuerkette *f*, Steuerung *f* [d.h. ohne
Rückführung]
open-loop control [i.e. without feedback]

Steuerknüppel *m* [graphisches Eingabegerät
zur Steuerung des Zeigers (Cursors) auf dem
Bildschirm]
joystick [graphical input device for moving the
cursor on the display]

Steuerleitung *f*
control line

Steuerlochstreifen *m*
control tape

Steuerlogik *f*
control logic

Steuersignal *n*
control signal

Steuerspannung *f*
control voltage

Steuerstrom *m*
control current

Steuersystem *n*
control system

Steuertaste *f*
control key

Steuerung *f* [allgemein]
control [general]

Steuerung *f*, Steuerkette *f* [d.h. ohne
Rückführung]
open-loop control [i.e. without feedback]

Steuerungs- und Unterbrechungslogik *f*
control and interrupt logic

Steuerwerk *n*, Steuereinheit *f* [allgemein]
controller, control unit [general]

Steuerwerk *n*, Steuereinheit *f* [von
Mikroprozessoren bzw. Mikrocomputern]
controller-sequencer [of microprocessors or
microcomputers]

Steuerwerk *n*, Leitwerk *n* [Funktionsteil eines
Rechners; steuert die Befehlsfolge, decodiert
die Befehle und erzeugt die Signale, die im
Rechenwerk, Arbeitsspeicher und Ein-Ausgabe-
Werk benötigt sind]
control unit [functional unit of a computer;
controls the sequence of instructions, decodes
the instructions and generates the signals
required by the arithmetic and logical unit, the
working storage and the input-output device]

Steuerzeichen *n* [z.B. für Drucker]
control character [e.g. for printers]

Stibitz-Code *m*, Exzeß-Drei-Code *m*, Drei-Exzeß-
Code *m* [ein Binärcode für Dezimalziffern; jede
Dezimalziffer wird durch eine Gruppe von vier
Binärzeichen dargestellt, die jedoch um 3 höher
ist als die duale Darstellung, z.B. die Ziffer 7
wird durch 1010 anstatt 0111 dargestellt]
excess-three code [a binary code for decimal
digits; each decimal digit is represented by a
group of four binary digits which is 3 in excess
of the binary representation, i.e. the digit 7 is
represented by 1010 instead of 0111]

Stichkontaktierung *f*
Ein Thermokompressionsverfahren, bei dem
ein Golddraht durch eine Kapillare geführt,
seitlich geknickt und auf den Kontaktfleck der
Schaltung gepreßt wird.
stitch bonding
A thermocompression method in which a gold
wire fed through a capillary tube is bent
laterally and pressed against the bonding pad
on the circuit.

Stichprobe *f*
sample

Stichprobe *f* [Qualitätskontrolle]

sampling test [quality control]
Stichprobenprüfplan *m* [Qualitätskontrolle]
sampling inspection plan [quality control]
Stichprobenprüfung *f* [Qualitätskontrolle]
sampling inspection [quality control]
Stichprobenumfang *m* [Qualitätskontrolle]
sampling size [quality control]
Stift-Computer *m,* **Pen-Computer** *m* [kleiner
Rechner mit Tablett und Stift für Handschrift-
Eingabe]
**pen computer, pen-based computer, notepad
computer** [small computer with tablet and pen
for handwritten entry]
stochastisch, zufallsabhängig
stochastic, random
stochastisches Rauschen *n*
stochastic noise
Stopbit *n* [bei der asynchronen
Datenübertragung]
stop bit [in asynchronous data transmission]
Störabstand *m,* **Störpegelabstand** *m*
noise ratio
Störbegrenzer *m*
noise limiter
störfeste Schaltung *f,* **HNIL-Schaltung** *f*
[logische Schaltung mit hoher Störsicherheit]
high-noise immunity logic (HNIL)
Störfrequenz *f,* parasitäre Frequenz *f*
parasitic frequency
Störgröße *f* [Regelungstechnik]
disturbance [automatic control]
Störpegel *m*
interference level, noise level
Störpegelabstand *m,* Störabastand *m*
noise ratio
Störschutz *m,* Rauschunterdrückung *f,*
Störunterdrückung *f*
noise suppression, interference suppression
Störschwingung *f*
parasitic oscillation
Störsicherheit *f*
noise immunity
Störsignal *n* [Magnetband]
drop-in [magnetic tape]
Störsignal *n,* Rauschsignal *n*
noise signal
Störspannungsabstand *m* [Maß für die
Betriebssicherheit einer Schaltung]
noise margin [measure for operational
reliability of a circuit]
Störspannungsgenerator *m,* Rauschgenerator
noise generator
Störstelle *f* [Halbleitertechnik]
Fremdatom oder Gitterfehler in einem
Halbleiterkristall.
impurity, imperfection [semiconductor
technology]
An impurity atom or a lattice imperfection in a
semiconductor crystal.

Störstellendichte *f*
impurity density
Störstellendiffusion *f*
Das Einbringen von Fremdatomen in einen
Halbleiter durch Diffusion.
impurity diffusion
The introduction of impurity atoms into a
semiconductor by diffusion.
Störstellenerschöpfung *f*
impurity exhaustion
Störstellenhalbleiter *m,* störstellenleitender
Halbleiter *m*
Halbleiter, dessen Leitfähigkeit vorwiegend
durch die von Störstellen freigesetzten
Ladungsträger hervorgerufen wird; im
Gegensatz zu einem eigenleitenden Halbleiter.
extrinsic semiconductor
Semiconductor whose conductivity depends
essentially on charge carriers generated by
impurities added to it; in constrast to an
intrinsic semiconductor.
Störstellenkompensation *f*
Das Einbringen von Donatoren in einen P-
Halbleiter oder von Akzeptoren in einen N-
Halbleiter, um die Wirkung der vorhandenen
Dotierung abzuschwächen, zu kompensieren
oder den Leitungtyp umzukehren.
impurity compensation
The addition of donors to a p-type
semiconductor or of acceptors to an n-type
semiconductor to reduce or compensate the
effect of existing doping properties or to reverse
the type of conduction.
Störstellenkonzentration *f*
impurity concentration
störstellenleitender Halbleiter *m,*
Störstellenhalbleiter *m*
extrinsic semiconductor
Störstellenleitung *f* [Halbleitertechnik]
Elektrische Leitung in einem Halbleiter, die
durch Freisetzen von Ladungsträgern aus
Störstellen entsteht; im Gegensatz zu
Eigenleitung.
extrinsic conduction [semiconductor
technology]
Conduction in a semiconductor due to the
generation of charge carriers by impurities; in
contrast to intrinsic conduction.
Störstellenniveau *n*
impurity level
Störung *f*
fault, malfunction
Störungsanfälligkeit *f,* **Fehleranfälligkeit** *f*
fault liability, fault susceptibility
störungssicher, entstört [z.B. Gerät]
interference-proof [e.g. equipment]
störungssicheres System *n,* ausfallsicheres
System *n*
fail-safe system

Störunterdrückung *f,* **Rauschunterdrückung** *f,*
Störschutz *m*
noise suppression, interference suppression
Stoßfestigkeit *f,* **Schlagfestigkeit** *f*
resistance to impact
Stoßionisation *f*
impact ionization
Stoßspannungsprüfung *f*
surge voltage test
Stoßstrom *m*
surge on-state current
Strahlenschaden *m* [Kristallfehler]
Durch Ionenimplantation geschädigte
Kristallgitterstruktur eines
Halbleiterbereiches. Die geschädigte Schicht
kann durch eine thermische Nachbehandlung
oder mit Hilfe von Laserstrahlen restauriert
werden.
irradiation damage [crystal defect]
Structural damage to the crystal lattice in a
semiconductor region as a result of ion
implantation. Crystal damage can be removed
by heat treatment or with the aid of a laser
beam.
Strahlspeicher *m*
beam storage
Strahlung *f,* **Abstrahlung** *f*
radiation, irradiation
strahlungsarmes Bildschirmgerät *m*
low-radiation monitor
Strahlungsdiagramm *n* [Optoelektronik]
radiation diagram [optoelectronics]
Streamer *m,* **Streaming-Bandlaufwerk** *n*
[Bandlaufwerk mit kontinuierlichem Ablauf]
streamer, streaming tape unit [tape unit with
continuous tape motion]
Streifenleiter *m* [Doppelleiter aus parallelen
Streifen mit kleinem Abstand bzw. aus einem
Streifen und einer leitenden Ebene]
stripline [twin conductor consisting of parallel
strips with small spacing or one strip and a
conducting plane]
Streifenleitertechnik *f,* **Sandwich-Leitung** *f*
stripline technique, sandwich line
Streuausbreitung *f*
scatter propagation
Streukapazität *f*
stray capacitance
Strichcode *m*
bar code
Strichcode-Abtaster *m,* **Strichcode-Scanner** *m*
bar code scanner
Stricheinteilung *f*
graduation
Strichgraphik *f,* **Liniengraphik** *f*
line graphics
Strichplatte *f* [Meßelement]
reticle [measuring element]
Strichpunkt *m,* **Semikolon** *n*

semi-colon
String *m,* **Zeichenkette** *f,* **Zeichenfolge** *f* [eine
Folge von Einheiten bzw. Zeichen]
string, character string [a linear series of
entities or characters]
String-Variable *f* [Variable, die eine
Zeichenkette (d.h. nichtnumerische
Information) enthält]
string variable [variable containing a
character string (i.e. non-numeric information)
Strobe-Eingang *m*
strobe input
Strobe-Impuls *m* [Impuls zur Aktivierung eines
gewünschten Vorganges]
strobe [a pulse used to produce a desired
action]
Strobe-Signal *n*
strobe signal
Strom *m*
current
Strom *m,* **Datenstrom** *m* [kontinuierlicher Fluß
von Daten]
stream, data stream [continuous flow of data]
Strom-Ein-Ausgabe *f*
stream input/output
Strom-Spannungs-Kennlinie *f*
current-voltage characteristics
Stromabschaltung *f*
power interruption
Stromaufnahme *f* [von Halbleiterbauteilen]
power supply current [of semiconductor
devices]
Stromausfall *m,* **Netzausfall** *m*
mains failure, power failure, outage
Strombegrenzer *m*
current limiter
Strombegrenzungstransistor *m*
current limiting transistor
Strombelastbarkeit *f*
current-carrying capacity
Stromdichte *f*
current density
Stromempfindlichkeit *f*
current sensitivity
Stromentnahme *f,* **Stromverbrauch** *m* [einer
Schaltung]
current drain [of a circuit]
stromführend, leitend
conducting, conductive
Stromgegenkopplung *f*
negative current feedback
stromgesteuert
current-controlled, current-driven
Stromimpuls *m*
current pulse
Stromlaufplan *m,* **Schaltplan** *m*
circuit diagram
Stromleiter *m,* **Leiter** *m*
conductor

stromliefernde Schaltungstechnik *f*
  current sourcing logic
stromlos, spannungslos
  dead, currentless
Stromquelle *f*
  current source
Stromschaltertechnik *f* (CML)
  Schaltungstechnik für integrierte
  Bipolarschaltungen, bei der die Transistoren
  im ungesättigten Zustand betrieben werden.
  Damit lassen sich sehr kleine Schaltzeiten
  erzielen. Die bekanntesten Vertreter der
  Stromschaltertechnik sind die ECL- und E^{2}CL-
  Logikfamilien.
  current-mode logic (CML)
  Circuit technique for bipolar integrated circuits
  in which transistors operate in the unsaturated
  mode. This enables very short switching times
  to be achieved. The best known logic families in
  the CML group are ECL and E^{2}CL.
Stromstabilisierung *f*
  current stabilization
Stromsteuerung *f*
  current control
Stromstoß *m*
  current surge, current rush
Stromteiler *m*
  current divider
Stromverbrauch *m* [allgemein]
  current consumption [general]
Stromverbrauch *m,* Stromentnahme *f* [einer
  Schaltung]
  current drain [of a circuit]
Stromverdrängung *f,* Kelvin-Effekt [die
  Eigenschaft des Wechselstromes, sich bei
  hohen Frequenzen an der Oberfläche des
  Leiters zu konzentrieren; der Effekt nimmt bei
  steigender Frequenz zu und vergrößert den
  Leiterwiderstand]
  skin effect, Kelvin effect [the property of
  alternating current to concentrate in the
  surface layer of a conductor at high frequencies;
  the effect increases with frequency and results
  in a higher conductor resistance]
Stromversorgung *f*
  power supply
Stromversorgung einschalten, einschalten
  switch-on, to; power-up, to
Stromversorgungsteil *n,* Netzteil *m,*
  Netzgerät *n*
  power supply unit, power pack, power unit
Stromverstärkung *f*
  current gain
stromziehende Schaltungstechnik *f*
  current sinking logic
Struktogramm *n,* Nassi-Shneiderman-
  Diagramm *n* [zur Darstellung der
  Ausführungsreihenfolge eines Programmes]
  Nassi-Shneiderman chart, NS chart [for
  representing sequence of operations in a
  program]
Strukturentwurf *m,* geometrischer Entwurf *m,*
  Layout *n*
  layout
strukturierte Programmierung *f* [methodische
  Programmierung mit stufenweiser Detailierung
  einer umfassenden Beschreibung, d.h. von oben
  nach unten erfolgend, unter Verwendung von
  Programmodulen und Vermeidung von
  Sprungbefehlen]
  structured programming, block-structure
  programming [methodological programming
  with stepwise detailing of an overall
  description, i.e. top-down programming,
  employing program modules and avoiding jump
  instructions]
Student-t-Verteilung *f,* t-Verteilung *f*
  [Wahrscheinlichkeitsverteilung]
  Student's t distribution, t distribution
  [probability distribution]
Stufenziehen *n* [Kristallziehverfahren]
  Ein Ziehprozeß bei der
  Halbleiterkristallherstellung, mit dem ein
  Kristall mit abwechselnd N-leitenden und P-
  leitenden Schichten gezogen wird.
  rate growth [crystal growing process]
  A process for growing semiconductor crystals
  allowing crystals to be produced which have
  alternate n-type and p-type layers.
Subjunktion *f,* Implikation *f,* IF-THEN-
  Verknüpfung *f*
  Logische Verknüpfung mit dem Ausgangswert
  (Ergebnis) 0, wenn und nur wenn der erste
  Eingang (Operand) den Wert 0 und der zweite
  den Wert 1 hat; für alle anderen Eingangswerte
  ist der Ausgangswert 1.
  IF-THEN operation, implication, conditional
  implication, inclusion
  Logical operation having the output (result) 0 if
  and only if the first input (operand) is 0 and the
  second is 1; for all other input values the output
  is 1.
Subklasse *f,* abgeleitete Klasse *f* [bei der
  objektorientierten Programmierung: die von
  der obersten Klasse abgeleitete Klasse in einer
  Hierarchie, im Gegensatz zur Basisklasse]
  derived class, subclass [in object oriented
  programming: a class derived from the top class
  in a hierarchy of classes, in contrast to base
  class]
Subkollektor *m,* vergrabene Schicht *f*
  Bei integrierten Bipolarschaltungen eine
  hochdotierte Schicht unter der Kollektorzone,
  die vor dem Abscheiden der epitaktischen
  Schicht in das Siliciumsubstrat eindiffundiert
  wird, um den Kollektorbahnwiderstand zu
  verringern.
  buried layer, buried diffused layer

In bipolar integrated circuits a highly doped layer formed by diffusion under the collector region prior to epitaxial growth to reduce collector series resistance.

Subroutinenanweisung *f* [FORTRAN]
subroutine statement [FORTRAN]

substitutionelle Diffusion *f*, substitutioneller Einbau *m* [Dotierungstechnik] Diffusionsmechanismus, bei dem die Fremdatome durch das Kristallgitter wandern, indem sie von einem Gitterplatz zum nächsten übergehen.
substitutional diffusion
Diffusion mechanism in which impurity atoms wander through the crystal lattice by moving from one lattice site to the next.

substitutionelles Fremdatom *n* [Dotierungstechnik]
substitutional impurity [doping technology]

Substrat *n*, Ausgangsmaterial *n*, Grundmaterial Das Material (Halbleiterkristall oder Isolator) in oder auf dem Bauelemente oder integrierte Schaltungen hergestellt werden.
substrate, starting material, base material
The material (semiconductor crystal or insulator) in or on which discrete components or integrated circuits are fabricated.

substratgespeiste Logik *f*, SFL *f* [Variante der integrierten Injektionslogik (I^2L), die besonders hohe Packungsdichte und gute dynamische Eigenschaften aufweist]
substrate field logic (SFL) [variant of the integrated injection logic (I^2L) exhibiting exceptionally high packaging density and good dynamic properties]

Substratstrom *m*
substrate current

Substrattransistor *m*
Vertikaler PNP-Transistor, bei dem das P-leitende Substrat den Kollektor bildet; wird als Emitterfolger in hochintegrierten Schaltungen eingesetzt.
substrate pnp-transistor
Vertical pnp-transistor in which the p-type substrate forms the collector; is used as emitter follower in large-scale integrated circuits.

Subtrahierer *m*
subtracter

Subtrahierglied mit drei Eingängen *n*
three-input subtracter

Subtrahierglied mit zwei Eingängen *n*
two-input subtracter

Subtraktion *f* [in der Rechentechnik wird die Subtraktion auf die Addition zurückgeführt, d.h. anstatt a - b wird die Operation a + (-b) durchgeführt; der Vorzeichenwechsel erfolgt durch Bildung des Komplementes, z.B. Zweierkomplement bei Dualzahlen]
subtraction [in computer technology subtraction is based on addition, i.e. instead of a - b the operation a + (-b) is carried out; the change of sign is effected by forming the complement, e.g. twos complement in the case of binary numbers]

subtraktives Verfahren *n*
Verfahren zur Herstellung von Verdrahtungsmustern auf Leiterplatten durch Ätzen des kupferkaschierten Laminats.
subtractive process
Process for forming conductive patterns on printed circuit boards by etching the copper-clad laminate.

Suchbaum *m*
search tree

Suchbegriff *m* [Datenbank]
search word [data base]

suchen
search, to

Suchen in geketteter Liste *n*, Kettensuche *f*
chained search, chaining search

Suchschlüssel *m* [Datenbank]
search key [data base]

Suchvorgang *m*
search operation, seek operation

Suchzeit *f* [Datenverarbeitung]
search time [data processing]

sukzessive Approximation *f*
successive approximation

Summand *m*
addend

Summenhäufigkeit *f* [Statistik]
cumulative frequency [statistics]

Summenregister *n*
sum register

Summenverstärker *m* [Analogtechnik: ein Operationsverstärker]
summing amplifier [analog techniques: an operational amplifier]

summierender Integrator *m* [Analogtechnik: ein Integrierer mit mehreren Eingängen]
summing integrator [analog techniques: an integrator with multiple inputs]

SunOS [Betriebssystem von Sun]
SunOS (Sun Operating System) [operating system developed by Sun]

Super-VGA [VGA mit erhöhter Auflösung von z.B. 1024 x 768 Punkten]
SVGA (Super Video Graphics Adapter) [VGA with increased resolution of e.g. 1024 x 768 points]

Superklasse *f*, Basisklasse *f* [in der objektorientierten Programmierung: die oberste Klasse in einer Hierarchie, im Gegensatz zur abgeleiteten Klasse]
superclass, base class [in object oriented programming: the top class in a hierarchy of classes, in contrast to derived class]

Superminicomputer *m*, Superminirechner *m*

[ein 64-Bit-Kleinrechner]
superminicomputer [a 64-bit minicomputer]
Superrechner m [Großrechner mit besonders leistungsfähigen Prozessoren]
supercomputer, number cruncher [mainframe computer with specially powerful processors]
Swapping m, dynamische Auslagerung f, Ein- und Auslagern n [Verschieben eines Programmes vom Zusatz- in den Hauptspeicher und umgekehrt; wird in Mehrbenutzersystemen sowie in Systemen mit virtuellem Speicher verwendet]
swapping, swap-in and swap-out [transfer a program from auxiliary to main storage and vice-versa; used in time-sharing and virtual memory systems]
Symbol n
symbol
Symbolbild n, Ikon n, Piktogramm n, Sinnbild n [graphisches Symbol z.B. für ein Anwendungsprogramm]
icon, pictogram [graphical symbol, e.g. for an application program]
Symbolfolge f
symbol string
symbolische Adresse f [Adresse, die durch einen frei wählbaren Ausdruck (in der Regel einen mnemotechnischen Namen) gekennzeichnet ist; wird in symbolischen Programmiersprachen verwendet]
symbolic address, floating address [address consisting of a freely chosen expression (usually a mnemonic name); is used in symbolic programming languages]
symbolische Adressierung f
symbolic addressing
symbolische Logik f, mathematische Logik f
mathematical logic
symbolische Programmiersprache f [Assemblersprache bzw. eine Sprache, die mnemotechnische Abkürzungen verwendet]
symbolic programming language [assembler language or a language employing mnemonic abbreviations]
symbolische Programmierung f, adressenfreie Programmierung f
symbolic programming
symbolischer Assembler m [Assemblersprache, die symbolische Adressen verwendet]
symbolic assembler [assembler language using symbolic addresses]
symbolischer Befehl m, Pseudobefehl m [Befehl in einer symbolischen Programmier-sprache; der Operationsteil verwendet eine mnemotechnische Abkürzung, die Operand-adresse eine symbolische Adresse]
pseudo instruction [instruction in a symbolic programming language; the operation part employs a mnemonic abbreviation, the operand address a symbolic address]
symbolischer Code m [Darstellung von Maschinenbefehlen in symbolischer Form; im Gegensatz zur Darstellung in Binärform]
symbolic code, pseudo code [representation of machine instructions in symbolic form; in contrast to representation in binary form]
symbolisches Programm n [verwendet mnemotechnische Abkürzungen als Operationscodes und symbolische Adressen als Operandenadressen]
symbolic program [employs mnemonic abbreviations for operation codes and symbolic addresses for operand addresses]
Symboltabelle f
symbol table
symmetrisch gegen Masse
balanced to ground
symmetrische Schaltung f
balanced circuit, symmetrical circuit
symmetrischer Ausgang m
balanced output, symmetrical output
symmetrischer Verstärker m
balanced amplifier, symmetrical amplifier
Synchronbetrieb m [durch einen zentralen Takt gesteuert; im Gegensatz zu asynchronem Betrieb]
synchronous mode, synchronous operation, bit-synchronous operation [controlled by a central clock; in contrast to asynchronous operation]
synchroner Zähler m, Synchronzähler m
Ein im allgemeinen aus Flipflops aufgebauter Zähler, bei dem alle Takteingänge von einem einzigen parallel zugeführten Taktsignal angesteuert werden, so daß alle Zustands-änderungen im gleichen Takt (synchron) erfolgen.
synchronous counter, parallel counter
A counter usually composed of flip-flops in which all clock inputs are driven in parallel by a single clock signal. In this manner all state changes occur synchronously.
synchrones Datenübertragungsverfahren n, SDLC-Verfahren n [von IBM aufgestelltes Protokoll für die synchrone bitserielle Datenübertragung; Variante des von ISO genormten HDLC-Verfahrens]
synchronous data link control (SDLC) [protocol for synchronous bit-serial data transmission established by IBM; variant of HDLC (high-level data link control) standardized by ISO]
Synchronisierbyte n [Datenübertragung]
synchronizing byte [data transmission]
Synchronisierung f, Gleichlauf m
synchronization, synchronism
Synchronisierzeichen n

synchronizing character
Synchronrechner *m* [ein Rechner, dessen
interne Funktionen von einem Taktgeber
gesteuert sind; im Gegensatz zum
gebräuchlichen asynchronen Rechner]
synchronous computer [a computer whose
internal functions are controlled by a clock; in
contrast to the commonly used asynchronous
computer]
Synchronsignal *n*
synchronizing signal
Synchrontakt *m*
synchronous clock pulse
Synchronübertragung *f*
synchronous transmission
Synchronzähler *m*, synchroner Zähler *m*
synchronous counter, parallel counter
Syntax *f* [formale Regeln einer
Programmiersprache, die die Struktur
bestimmen; im Gegensatz zur Semantik, die
die Bedeutung bestimmt]
syntax [formal rules of a programming
language which determine its structure; in
contrast to semantics which determine the
meaning]
Syntax-Baum *m*, Parse-Baum *m*
syntax tree, parse tree
Syntaxfehler *m* [Verstoß gegen die formalen
Regeln einer Programmiersprache]
syntax error [violation of the formal rules of a
programming language]
**System zur Informationswieder-
gewinnung** *n*
retrieval system
System-Arbeitsgeschwindigkeit *f*
system speed
Systemabsturz *m* [Systemzusammenbruch, der
vom Betriebssystem nicht abgefangen werden
kann; führt daher zum Betriebsunterbruch
verbunden mit Datenverlust und Wiederanlauf-
schwierigkeiten]
system crash [system breakdown which
cannot be handled by the operating system;
leads to service interruption combined with
data loss and restart difficulties]
systematischer Fehler *m*
systematic error
Systemausbau *m*, Systemerweiterung *f*
system extension, system upgrade
Systemausfall *m*
system failure
Systembus *m*
system bus
Systemdatenbus *m*
system data bus
Systemdiskette *f* [Diskette, die das
Betriebssystem eines Rechners enthält]
system floppy disk [floppy disk containing
the operating system of a computer]

systemeigene Emulation *f* [System zur
Simulation des Verhaltens eines
Mikroprozessors; wird anstelle des
Mikroprozessors in einem Entwicklungssystem
eingesetzt]
in-circuit emulator (ICE) [system for
simulating the behaviour of a microprocessor;
replaces the microprocessor in a development
system]
Systemerweiterung *f*, Systemausbau *m*
system extension, system upgrade
Systemintegration *f*
system integration
Systemplatte *f* [Platte, die das Betriebssystem
eines Rechners enthält]
system disk [disk containing the operating
system of a computer]
Systemsoftware *f* [Basissoftware eines
Rechners]
system software [basic software for a
computer]
Systemstart *m*, Warmstart *m*, Wiederanlauf *m*
[nochmaliges Aufstarten des Rechners ohne
Aus- und Wiedereinschalten, im Gegensatz
zum Kaltstart]
system reboot, warm boot [restarting a
computer without switching off and on again, in
contrast to cold boot]
Systemtakt *m*
system clock
Systemtakt-Vorteiler *m*
system clock prescaler
Systemtheorie *f*
system theory
Systemumgebung *f*
system environment
Systemwirksamkeit *f*
system effectiveness
Systemzuverlässigkeit *f*
system reliability

T

T²L, TTL, Transistor-Transistor-Logik *f*
Eine der am meisten verwendeten
Logikfamilien, die durch einen oder mehrere
Multiemittertransistoren am Eingang
gekennzeichnet ist.
T²L, TTL (transistor-transistor logic)
One of the most widely used logic families,
characterized by one or more multiemitter
transistors at the input.
T-Flipflop *n* [Flipflop mit einem einzigen
Eingang T; mit T = 1 wechselt der Zustand, mit
T = 0 wird der bisherige Zustand beibehalten;
ein Impuls am Takteingang löst den
Zustandswechsel aus]
T flip-flop, toggle flip-flop [flip-flop with a
single input T; with T = 1 the state changes
(toggles), with T = 0 the state remains; a pulse
at the clock input triggers the change in state]
***t*-Verteilung** *f*, **Student-t-Verteilung** *f*
[Wahrscheinlichkeitsverteilung]
t distribution, Student's t distribution
[probability distribution]
Tabelle *f* [mehrere Datenfelder vom gleichen
Typ; jede Zeile ist durch ihre Position oder
durch einen Schlüssel identifiziert]
table [array of data items of same type; each
line is identified either by its position or by a
key]
Tabellenkalkulation *f*
spreadsheet
Tabellenkalkulations-Programm *n*,
Spreadsheet-Programm *n* [Programm zur
Berechnung von Werten in Zeilen und Spalten
mittels vorgegebener Formeln]
spreadsheet program [program for
calculating values in rows and columns
according to predetermined equations]
Tabellensuchprogramm *n* [sortierte Tabellen
werden meistens binär, unsortierte sequentiell
durchsucht]
table look-up program, table look-up (TLU)
[sorted tables are usually binary searched,
unsorted are sequentially searched]
Tablett *n*, **Digitalisiertablett** *n*, **Graphiktablett** *n*
tablet, digitizer tablet, graphic tablet
Tabulator *m*
tabulator (TAB)
Tabulatorzeichen *n*
tabulator character
Tageszeituhr *f*
time-of-day clock
Takt *m*, Taktimpuls *m* [Synchronisierimpuls]
clock pulse [synchronizing pulse]
Taktabstand *m*
clock period

Takteingang *m*, Taktimpulseingang *m* [z.B.
eines Flipflops]
clock input, clock pulse input [e.g. of a flip-
flop]
Takterzeugung *f*
clock generation, clocking
Taktfehler *m*
clock error
Taktflanke *f*
clock edge
Taktfrequenz *f*
clock rate, clock frequency
Taktgeber *m*, Taktgenerator *m* [erzeugt
Synchronisierimpulse für einen
Sychronrechner und für die Rechnerperipherie]
clock (CLK), clock generator [generates
synchronizing pulses for a synchronous
computer and for the computer periphery]
taktgesteuert
clock controlled
taktgesteuertes Flipflop *n*, getaktetes Flipflop
n, Trigger-Flipflop *n* [Flipflop mit Auslösung
des Zustandswechsels durch einen Taktimpuls]
triggered flip-flop, clocked flip-flop [flip-flop
employing a clock pulse for changing its state]
Taktimpuls *m*, Takt *m* [Synchronisierimpuls]
clock pulse [synchronizing pulse]
Taktimpulseingang *m*, Takteingang *m* [z.B.
eines Flipflops]
clock input, clock pulse input [e.g. of a flip-
flop]
Taktimpulsgeneratorschaltung *f*
clock pulse generating circuit
Taktsignal *n* [z.B. ein Taktimpuls]
clock signal [e.g. a clock pulse]
Taktspur *f* [Lochstreifen]
feed track, sprocket track [punched tape]
Taktspur *f* [magnetischer Speicher]
clock track [magnetic storage]
Takttreiber *m*
clock driver
Taktverstärker *m*
clock amplifier
Taktzyklus *m*
clock cycle
Tantalkondensator *m*,
Tantalelektrolytkondensator *m*
tantalum capacitor, tantalum electrolytic
capacitor
Target *n*, Targetsubstanz *f*
Bei der Ionenimplantation das Material, in das
die Ionen eintreten.
target, target substance
In ion implantation, the material into which
ions penetrate.
Taschenrechner *m*
pocket calculator
Task *f*, Prozeß *m*, Aufgabe *f* [eine in sich
geschlossene Aufgabe; ein Programmteil]

task [a self-contained process; part of a program]
Tastatur *f* [Tasten für die Eingabe von Daten, d.h. Buchstaben, Ziffern, Symbole]
keyboard [keys for entry of data, i.e. letters, digits, symbols]
Tastatur- und Anzeige-Schnittstellenbaustein *m*
keyboard and display interface
Tastaturbauhöhe *f*
keyboard height
Tastaturbaustein *m*
keyboard module
Tastaturcode *m*
scan code, Scan-Code *m* [keyboard code]
Tastaturcodierer *m* [erzeugt die Binärzeichen entsprechend des verwendeten Codes, z.B. bei einer ASCII-Tastatur die Binärzeichen des ASCII-Codes]
keyboard encoder [generates binary digits according to the code used, e.g. binary digits of the ASCII code in the case of an ASCII keyboard]
Tastatureingabe *f,* Handeingabe *f*
keyboard entry, manual input
Tastatureingabefehler *m*
keyboard entry error
Tastaturpuffer *m*
keyboard buffer
Tastatursperre *f*
keyboard lock
Tastaturtreiber *m*
keyboard driver
Taste *f*
key
Tastenanschlag *m*
key-stroke, keystroke
Tastenfolge *f*
key sequence
tastengesteuert
key-driven
Tastenkombination *f*
key combination
Tastenrückmeldung *f* [akustisch oder mechanisch (Druckpunkt)]
key feedback [acoustic or mechanical (pressure point)]
Tastensperre *f*
keyboard interlock
Tastenverriegelung *f* [verhindert bei Tastaturen Eingabefehler, die durch gleichzeitige Betätigung mehrerer Tasten entstehen könnten]
n-key roll over (NKRO) [in keyboards prevents incorrect input when several keys are simultaneously depressed]
Tauchbeschichtung *f*
dip coating
Tauchlöten *n*

Verfahren für die Herstellung von Lötverbindungen auf gedruckten Leiterplatten. Dabei wird zunächst ein Flußmittel auf die Leiterplatte aufgetragen, die anschließend in eine Wanne mit geschmolzenem Lot getaucht wird.
dip soldering
Process for producing soldered connections on printed circuits boards by applying first a flux to the circuit pattern and then dipping the board into a bath of molten solder.
TAZ-Unterdrücker-Diode *f*
TAZ diode (transient absorption Zener diode)
TCP/IP [Übertragungsprotokolle für Rechner in Netzwerkverbund]
TCP/IP (Transmission Control Protocol, Internet Protocol) [transmission protocols for networked computers]
technische Daten *n.pl.,* Kenndatenzusammenstellung *f,* Spezifikation *f,* Pflichtenheft *n*
specifications
technische Norm *f*
technical standard
TEGFET-Transistor *m*
Extrem schneller Feldeffekttransistor mit Heterostruktur. Auf undotiertem Galliumarsenid wird mit Hilfe der Molekularstrahlepitaxie eine dotierte Aluminium-Galliumarsenid-Schicht aufgebracht. Der Heteroübergang zwischen den beiden Strukturen hält die Elektronen, die aus der AlGaAs-Schicht diffundieren, in der undotierten GaAs-Schicht zurück, in der sie sich mit hoher Geschwindigkeit bewegen können. Sehr schnelle Transistoren (mit Schaltverzögerungszeiten von < 10 ps/Gatter) auf dieser Basis werden weltweit von verschiedenen Herstellern unter den Namen HEMT, MODFET und SDHT entwickelt.
TEGFET (two-dimensional-electron-gas FET) Extremely fast field-effect transistor with a heterostructure. A doped aluminium gallium arsenide layer is deposited by molecular beam epitaxy on undoped gallium arsenide. The heterojunction between them confines the electrons which diffuse from the AlGaAs layer to the undoped GaAs where they can move with great speed. Very fast transistors (with switching delay times of < 10 ps/gate) based on this principle and called HEMT, MODFET and SDHT are being developed worldwide by various manufacturers.
Teilausfall *m* [Ausfall, der nur einen Teil der geforderten Funktionen betrifft]
partial failure [failure involving only part of the required functions]
teilen, aufteilen
split, to

Teileprogramm n [NC-Technik]
Die vollständige, in einer Programmiersprache
formulierte Zusammenstellung von Daten und
Anweisungen, die zur Fertigung eines
bestimmten Werkstückes auf einer numerisch
gesteuerten Maschine nötig ist.
part program [NC technology]
The complete set of data and instructions,
written in a programming language, which is
required for producing a particular workpiece
on a numerically controlled machine.
Teiler m, Dividierwerk n [für die Ausführung
einer mathematischen Teilung]
divider [for carrying out mathematical
division]
Teiler m, Frequenzteiler m
divider, frequency divider
Teilfolge f
substring
Teilmenge f
subset
Teilnehmer m [an Datenübertragungsleitung
angeschlossene Station]
subscriber [station connected to data
transmission line]
Teilnehmerbetrieb m, Timesharing-Betrieb m
[Rechnerbetriebsart, bei der mehrere Benutzer
gleichzeitig arbeiten können; der Rechner
bedient jeden Benutzer in periodisch
wiederkehrenden, kurzen Zeitintervallen
(Zeitscheiben)]
timesharing mode [computer operating mode
allowing numerous users to work
simultaneously; the computer serves each user
in periodically repeating, short time intervals
(time slices)]
Teilnehmersystem n, Zeitmultiplexsystem n
time-sharing system (TSS)
Teilnehmerverfahren n,
Zeitmultiplexverfahren n,
Zeitscheibenverfahren n
time-sharing method
Teilübertrag m [Zwischenspeichern (anstatt
unmittelbarer Weiterleitung) von Überträgen
bei der Paralleladdition]
partial carry [temporary storage (instead of
immediate transfer) of carries in parallel
addition]
Teilung f, Division f [Umkehrung der
Multiplikation]
division [inverse of multiplication]
Telekommunikation f, Kommunikationstechnik
f, Fernmeldetechnik f
telecommunication, telecommunications,
communications
Telekommunikationskanal m,
Fernmeldekanal m
telecommunication channel
Telekommunikationssystem n,

Fernmeldesystem n
telecommunication system
Telekommunikationstechnik f,
Kommunikationstechnik f
communications, telecommunications
Telekonferenz f
teleconference
Teletex [Textübertragung über öffentliche
Datennetze]
teletex [text transmission over public data
networks]
Teletext m [Textübertragung über
Fernsehkanäle]
teletext [text transmission over TV channels]
**temperatur- und überlastgeschützter
Feldeffekttransistor** m (TOPFET)
Ein MOSFET, der chipintegrierte Schaltungen
für den Kurzschluß-, Übertemperatur- und
Überspannungsschutz beinhaltet; wird in der
Fahrzeugelektronik und für Anwendungen in
der Industrie eingesetzt]
**temperature and overload protected field-
effect transistor** (TOPFET)
A MOSFET comprising on-chip circuits for
short-circuit, overtemperature, and overvoltage
protection; is used in automotive electronics
and industrial applications]
temperaturabhängig
temperature-dependent
Temperaturanstieg m
temperature rise
Temperaturfühler m
temperature detector
Temperaturkoeffizient m
Die relative Änderung einer Kenngröße
bezogen auf die Änderung der Temperatur.
temperature coefficient (TC)
The change in the value of a characteristic
parameter relative to a change in temperature.
Temperaturkompensation f
temperature compensation
temperaturkompensierte Referenzdiode f
temperature-compensated reference diode
Temperaturstabilisierung f
temperature stabilization
temperaturunabhängig
temperature-independent
Term m [z.B. in der Schaltalgebra]
term [e.g. in switching algebra]
Terminal n, Datensichtgerät n, Bildschirmgerät
n, Datenstation f, Datenendgerät n
video display unit (VDU), CRT display unit,
data station, terminal
Terminal bereit, Datenendgerät bereit
DTR (data terminal ready)
Terminal-Emulation f
terminal emulation
Terminal-Programm n [ermöglicht die
Verwendung des PC als Terminal zu einem

Zentralrechner über ein Modem]
terminal program [allows computer to be used as a terminal to a host computer via a modem]
Terminologiedatenbank *f* [für rechnerunterstützte Übersetzung]
terminology data base [for computer-aided translation]
Ternärcode *m*
ternary code
ternäre Schreibweise *f*
ternary notation
ternäres Zahlensystem *n* [Zahlensystem mit der Basis 3]
ternary number system [number system with the base 3]
Tertiärspeicher *m* [Speicher für große Datenmengen]
tertiary storage [storage for large amounts of data]
Testdaten *n.pl.*
test data
Testhilfe *f*
test aid, debugging aid
Testlauf *m*, **Prüflauf** *m*, **Testdurchlauf** *m* [Prüfung eines Programmes]
test run [checking a program]
Testprogramm *n*, **Prüfprogramm** *n*
test routine, check routine, test program, check program
Testsignal *n*, **Prüfsignal** *n*
test signal
Tetrade *f* [Gruppe von 4 Binärstellen zur Darstellung von Dezimalziffern, z.B. die Darstellung der Ziffer 7 durch die Tetrade 0111]
tetrad [group of 4 binary digits for representing decimal digits, e.g. representation of the digit 7 by the tetrad 0111]
tetradischer Code *m*
tetrad code
Textanfangszeichen *n*
start-of-text character (STX)
Textaufbereitung *f*
text editing
Textautomat *m*, **Textverarbeitungssystem** *n*, **Textsystem** *n*
word processing system
Textbaustein *m* [zwecks späterer Wiederverwendung abgespeicherter Textabschnitt]
text module, boilerplate text [section of text stored for subsequent re-use]
Texteditor *m* [Text wird in voller Bildschirmgröße angezeigt und kann geblättert werden, im Gegensatz zum Zeileneditor]
full-screen editor, text editor [displays text on whole screen and has scrolling functions, in contrast to line editor]

Textfeld *n*
description field
Textformatierer *m*
text formatter
Textverarbeitung *f*
word processing (WP)
Textverarbeitungssystem *n*, **Textsystem** *n*, Textautomat *m*
word processing system
Textwort *n*
text word
TF-FET *m*, **Dünnfilm-FET** *m*, **Dünnschicht-Feldeffekttransistor** *m* Isolierschicht-Feldeffekttransistor, dessen stromführender Kanal in einer dünnen Halbleiterschicht gebildet wird, die auf eine isolierende Schicht abgeschieden ist.
thin-film field-effect transistor (TF-FET) Insulated-gate field-effect transistor in which the conducting channel is formed in a thin semiconductor film deposited on an insulating layer.
thermisch gekoppelt
thermally coupled
thermische Belastung *f* Summe der Temperaturbelastungen, die während der Verarbeitung (Abscheidung, Diffusion, Dotierung, Oxidation, Ausheilung usw.) von Halbleiterscheiben entstehen.
thermal budget The sum of thermal stress factors occurring during the processing (deposition, diffusion, doping, oxidation, healing, etc.) of wafers.
thermische Beständigkeit *f*, Wärmebeständigkeit *f*
thermal stability
thermische Elektronenemission *f*
thermal electron emission
thermische Oxidation *f* Das bei der Planartechnik hauptsächlich eingesetzte Verfahren zur Herstellung von Isolierschichten, die als Masken für die selektive Dotierung oder als Passivierschichten dienen.
thermal oxidation In planar technology the most widely used process for producing insulating layers which serve either as diffusion masks for selective doping or as passivation layers.
thermischer Durchbruch *m*, thermischer Selbstmord *m* [Anwachsen der Temperatur in einem Halbleiterbauteil, das zu seiner Zerstörung führen kann]
thermal breakdown [the increase in temperature in a semiconductor device which can lead to its destruction]
thermischer Schaden *m*
thermal damage
thermischer Selbstmord *m*, thermischer

Durchbruch *m*
thermal breakdown
thermischer Verzögerungsschalter *m*
thermal delay switch
thermischer Widerstand *m*, Wärmewiderstand *m*
thermal resistance
thermisches Rauschen *n*
thermal noise
thermisches Weglaufen *n*
thermal runaway
Thermistor *m*
Temperaturabhängiger Widerstand, der als
Heißleiter (mit hohem negativen
Temperaturkoeffizienten) und als Kaltleiter
(mit hohem positiven Temperaturkoeffizienten)
ausgeführt wird.
thermistor
Temperature-sensitive resistor, fabricated in
two versions either as NTC resistor (with a
high negative temperature coefficient) or as
PTC resistor (with a high positive temperature
coefficient).
Thermodrucker *m*, elektrostatischer Drucker *m*
[erzeugt alphanumerische und graphische
Zeichen auf einem besonderen
wärmeempfindlichen Papier durch
Wärmeeinwirkung]
electrostatic printer, thermal printer
[generates alphanumeric characters and
graphic symbols on a special heat-sensitive
paper by the action of heat]
Thermokompressionsschweißen *n*,
Thermokompressionsverfahren *n*
Verfahren zum Herstellen von elektrischen
Verbindungen zwischen den Kontaktflecken
auf dem Chip und den Außenanschlüssen des
Gehäuses durch eine Kombination von Wärme
und Druck. Zu den
Thermokompressionsverfahren gehören die
Nagelkopfkontaktierung, die
Keilkontaktierung, die Stichkontaktierung und
das kombinierte Thermokompressions- und
Ultraschallverfahren.
thermocompression bonding
Process for making electrical connections
between the bonding pads on the chip and the
external leads of the package by a combination
of heat and pressure. Thermocompression
methods include nailhead bonding, wedge
bonding, stitch bonding and thermosonic
bonding.
Thermoschalter *m*, Bimetallschalter *m*
thermal switch, bimetal switch
Thermoschock *m*
Die Wirkung eines plötzlichen
Temperaturwechsels auf ein Bauteil oder
Material, der zu einer Beeinträchtigung seiner
Eigenschaften bzw. Funktionstüchtigkeit

führen kann.
thermal shock
The effect of a sudden change in temperature
on a device or a material which can be
detrimental to its performance or properties.
Thermoschockfestigkeit *f*
thermal shock resistance
Thermosonikschweißen *n* [kombiniertes
Thermokompressions- und
Ultraschallverfahren]
thermosonic bonding [combined
thermocompression and ultrasonic bonding]
Thesaurus *m* [Sammlung von Begriffen, die
nach einem Klassifizierungssystem geordnet
sind]
thesaurus [list of terms arranged according to
a classification system]
Thyristor *m*, gesteuerter Gleichrichter *m*
Halbleiterbauelement mit vier unterschiedlich
dotierten Bereichen (PNPN-Struktur) und drei
Übergängen, das von einem Sperrzustand in
einen Durchlaßzustand (und umgekehrt)
umgeschaltet werden kann. Thyristoren haben
ein breites Anwendungsgebiet in der
Leistungselektronik (z.B. Drehzahl- und
Frequenzsteuerung).
thyristor, silicon controlled rectifier (SCR)
Semiconductor component, with four differently
doped regions (pnpn structure) and three
junctions, which can be triggered from its
blocking state into its conducting state and
vice-versa. Thyristors have a wide range of
applications in power electronics (e.g. for speed
and frequency control).
Thyristordiode *f*
Thyristor mit zwei Anschlüssen. Man
unterscheidet zwischen rückwärtssperrenden
und rückwärtsleitenden Thyristordioden.
diode thyristor
Thyristor with two terminals. There are two
versions: reverse blocking and reverse
conducting diode thyristors.
Thyristorregler *m*
thyristor regulator
Thyristorschalter *m*
thyristor switch
Thyristortriode *f*
Thyristor mit drei Anschlüssen. Man
unterscheidet zwischen rückwärtssperrenden
und rückwärtsleitenden Thyristortrioden.
triode thyristor
Thyristor with three terminals. There are two
basic versions: reverse-blocking and reverse-
conducting triode thyristors.
Thyristorverstärker *m*
thyristor amplifier
Thyristorzündung *f*
thyristor ignition
Tiefendurchlauf *m*

depth-first search
tiefes Akzeptorniveau *n*
deep acceptor level
tiefes Donatorniveau *n*
deep donor level
tiefliegende Haftstelle *f*
deep trap
Tiefpaßfilter *n*
low-pass filter
tiefstehender Index *m* [tiefgestelltes Zeichen,
z.B. X_1 oder L_a]
subscript [lowered character, e.g. X_1 or L_a]
Tieftemperaturspeicher *m*, **kryogener Speicher**
m, **Kryogenspeicher** *m*, **Kryotronspeicher** *m*,
Supraleitungsspeicher *m* [Speicher, der die
Eigenschaften von supraleitenden Werkstoffen
nutzt]
cryogenic storage, **cryotron storage** [storage
device based on the properties of
superconducting materials]
Tiegelziehverfahren *n*, **Czochralski-Verfahren**
n [Kristallzucht]
Verfahren für das Ziehen von
Einkristallhalbleitern aus der Schmelze.
Czochralski process [crystal growing]
Process for growing single-crystal
semiconductors from the melt.
TIFF [Graphik-Dateiformat, das von Scanner-
Herstellern sowie von Aldus und Microsoft
genormt wurde]
TIFF (Tagged Information File Format)
[graphical file format standardized by scanner
manufacturers as well as Aldus and Microsoft]
TIGA [Software-Schnittstelle von Texas
Instruments für Graphikkarten]
TIGA (Texas Instruments Graphics
Architecture) [software interface for graphic
boards]
Timesharing-Betrieb *m*, **Teilnehmerbetrieb** *m*
[Rechnerbetriebsart, bei der mehrere Benutzer
gleichzeitig arbeiten können; der Rechner
bedient jeden Benutzer in periodisch
wiederkehrenden, kurzen Zeitintervallen
(Zeitscheiben)]
timesharing mode [computer operating mode
allowing numerous users to work
simultaneously; the computer serves each user
in periodically repeating, short time intervals
(time slices)]
Tintenstrahldrucker *m*
Nichtmechanischer Drucker, bei dem die
alphanumerischen Zeichen durch
elektrostatisch beschleunigte Tintentröpfchen,
die aus einer oder mehreren Düsen austreten,
gebildet werden.
ink-jet printer
Non-impact printer in which alphanumeric
characters are formed by electrostatic
acceleration of ink particles from one or more
nozzles.
Tischgerät *n*
benchtop unit
Tischrechner *m*, **Desktop-Computer** *m* [ein
Rechner, der auf einen Schreibtisch gestellt
werden kann]
desk computer, desktop computer [a
computer which can be placed on a desk]
TN-LCD-Anzeige *f* [LCD-Anzeige mit
verdrilltem nematischen Flüssigkristall]
TN LCD display (Twisted Nematic LCD)
TO-Gehäuse *n*
Rundgehäuse (meistens aus Metall) mit
kreisförmig angeordneten, nach unten aus dem
Gehäuse austretenden Zuführungen, das für
Einzelbauelemente und integrierte
Halbleiterbauteile verwendet wird.
TO-package, TO-case
Circular can package (usually metal) with leads
arranged in a circle and projecting from the
package base; it is used for discrete
semiconductor components and integrated
circuit devices.
Tochtermaske *f* [Maskentechnik]
submaster [masking technology]
Tochterrechner *m*
slave computer
Token *n*, **Sendeberechtigungszeichen** *n* [bei
Kommunikationssystemen]
token [in communication systems]
Token-Passing-Verfahren *n* [Verfahren für
lokale Rechnernetze (LAN); die
Sendeberechtigung wird durch eine auf einem
Ringnetz umlaufende Marke (Token) erteilt]
token-passing procedure [procedure for local
area networks (LAN); authorizes transmission
by means of a token circulating in a ring
network]
Token-Ring *m*
token ring
Token-Zugriffsprotokoll *n*
token-passing network access protocol
Token-Zugriffsverfahren *n*
token-passing network access
Tonbandgerät *n*
tape recorder
Tonbandkassette *f*
audio cassette
Tonfrequenz *f*
audio frequency
Tonfrequenzverstärker *m*
audio amplifier
Tongenerierung *f*
sound generation
Tonnenverzerrung *f* [Bildschirm]
barrel distortion [screen]
Tonsignal *n*
audible signal
Top-Down-Programmierung *f* [Entwurf und

Implementierung eines Programmes von oben
(Benutzerschnittstelle) nach unten
(Rechnerschnittstelle)]
top-down programming [concept and
implementation of a program from top (user
interface) downwards (computer interface)]
TOPFET *m* (temperatur- und
überlastgeschützter Feldeffekttransistor)
Ein MOSFET, der chipintegrierte Schaltungen
für den Kurzschluß-, Übertemperatur- und
Überspannungsschutz beinhaltet; wird in der
Fahrzeugelektronik und für Anwendungen in
der Industrie eingesetzt]
TOPFET (temperature and overload protected
field-effect transistor)
A MOSFET comprising on-chip circuits for
short-circuit, overtemperature, and overvoltage
protection; is used in automotive electronics
and industrial applications]
topologische Übersicht *f* [beim Entwurf
integrierter Schaltungen Übersicht über die
Gesamtschaltung mit Hilfe von
Kontrollzeichnungen]
topological overview [in integrated circuit
design, the representation of the complete
circuit layout with the aid of check plots]
Torimpuls *m*
gate pulse
Tortengraphik *f*, Kreisgraphik *f* [Darstellung
numerischer Werte durch Kreissektoren]
pie chart, pie diagram [representation of
numerical values by circular segments]
TOS [von Atari entwickeltes Betriebssystem für
Motorola 68000-Prozessor-Familie]
TOS (T Operating System) [operating system
developed by Atari for Motorola 68000
processors]
Totalausfall *m*, Gesamtausfall *m* [Ausfall aller
Funktionen einer Betrachtungseinheit]
total failure [failure of all functions of an
item]
tote Taste *f* [wird für die Erzeugung von
Akzenten verwendet]
dead key [used for generating accents]
Totem-Pole-Schaltung *f*
Ein mit zwei Transistoren im Gegentakt
arbeitender Ausgang bei TTL integrierten
Schaltungen.
totem-pole circuit
An output in TTL integrated circuits using two
transistors operating in push-pull mode.
Totzeit *f*
dead time
tragbar
portable
Träger *m*, Trägermaterial *n* [z.B. isolierendes
Material, das in der Dick- und
Dünnschichttechnik oder für die
Leiterplattenfertigung verwendet wird]

supporting substrate, base material [e.g.
insulating material used in thick film and thin
film technology or in printed circuit board
fabrication]
trägerfrequente Übertragung *f*
carrier transmission
Trägerfrequenz *f*
carrier frequency
Trägermaterial *n*, Träger *m*
supporting substrate, base material
Trägerplatine *f*, Grundplatine *f*, Mutterplatine *f*
[Leiterplatte mit Steckvorrichtungen für das
Einsetzen weiterer Karten]
mother board [printed circuit board with
connectors for inserting further boards]
Traktor *m* [Zuführung von Endlospapier im
Drucker]
tractor [feeds continuous forms in printer]
Traktor-Zuführung *f*
tractor feed
Transaktion *f*, Vorgang *m* [einzelner Vorgang im
Dialogbetrieb, z.B. Einfügen, Verändern oder
Löschen eines Datensatzes in einer Datei; in
einer Datenbank kann ein Vorgang mehrere
Zugriffe zur Folge haben]
transaction [single action in dialog mode, e.g.
insertion, modification or deletion of a record in
a file; in a data base one transaction can lead to
a number of accesses]
Transceiver *m* [Sende-Empfangsgerät]
transceiver (transmitter/receiver)
Transferfunktion *f* [Vierpol]
transfer function [two-port network]
Transfergeschwindigkeit *f*,
Übertragungsgeschwindigkeit *f*
[Datenübertragungsgeschwindigkeit, z.B. in
MByte/s]
transfer rate [data transfer rate, e.g. in
Mbytes/s]
Transferkennlinie *f*
transfer characteristics
Transferstrom *m*
transfer current
Transformationsglied *n*
impedance matching device
Transformator *m*
transformer
transformatorgekoppelter Verstärker *m*,
Transformatorverstärker *m*
transformer-coupled amplifier
Transient *m*, Ausgleichsvorgang *m*
[nichtperiodischer Vorgang, z.B. Ein- oder
Ausschwingvorgang]
transient [non-periodic phenomenon, e.g. a
switching transient]
Transistor *m*
Aktives Halbleiterbauelement mit drei oder
mehr Anschlüssen. Man unterscheidet
zwischen Bipolartransistoren und Feldeffekt-

transistoren.
transistor
Active semiconductor component with three or
more terminals. Distinction is made between
bipolar and field-effect transistors.
Transistor-Transistor-Logik f (TTL, T^2L)
Eine der am meisten verwendeten
Logikfamilien, die durch einen oder mehrere
Multiemittertransistoren am Eingang
gekennzeichnet ist.
transistor-transistor logic (TTL, T^2L)
One of the most widely used logic families
which is characterized by one or more
multiemitter transistors at the input.
**Transistor-Transistor-Logik mit hoher
Schaltgeschwindigkeit** f (HSTTL) [spezielle
TTL-Schaltungsfamilie mit kurzen
Verzögerungszeiten]
high-speed transistor-transistor logic
(HSTTL) [special TTL family of logic circuits
characterized by short propagation delays]
Transistorersatzschaltung f
transistor equivalent circuit
Transistorgrundschaltung f
Schaltungsart eines Transistors, bei dem
jeweils einer der drei Anschlüsse (Basis,
Emitter, Kollektor beim Bipolartransistor bzw.
Gate, Source, Drain beim Feldeffekttransistor)
die gemeinsame Bezugselektrode für den
Eingang und Ausgang ist.
basic transistor configuration
Circuit connection of a transistor in which one
of the three terminals (base, emitter, collector
in a bipolar transistor or gate, source, drain in
a field-effect transistor) is the common
reference electrode for the input and output.
Transistorkaskade f, **Darlington-Transistor** m
[Kombination, in einem Gehäuse, von zwei
intern in einer Darlington-Schaltung
verbundenen Transistoren]
cascaded transistor, Darlington transistor
[combination, in one case, of two transistors
internally connected in a Darlington circuit]
Transistorkenngrößen $f.pl.$
transistor parameters
Transistoroszillator m [Oszillator, bei dem ein
oder mehrere Transistoren als Verstärker
wirken]
transistor oscillator [oscillator with one or
more transistors acting as amplifiers]
Transistorrauschen n
transistor noise
Transistorschalter m, **Schalttransistor** m
Ein Transistor, der als elektronischer Schalter
verwendet wird.
transistor switch, switching transistor
A transistor which is used as an electronic
switch.
Transistorschaltung f [Schaltung, in der

Transistoren verwendet werden]
transistor circuit [circuit in which transistors
are used]
Transistortetrode f [Transistor mit zwei
getrennten Basiselektroden und zwei
Basisanschlüssen]
transistor tetrode, tetrode transistor
[transistor with two separate base electrodes
and two base terminals]
Transistortriode f [Synonym für Transistor]
transistor triode, triode transistor [synonym
for a transistor]
Transistorverstärker m [Verstärker mit einem
oder mehreren Transistoren als verstärkende
Elemente]
transistor amplifier [amplifier in which one
or more transistors provide amplification]
Transitfrequenz f [Kenngröße, die die
Hochfrequenzeigenschaften eines Transistors
charakterisiert]
transition frequency [parameter
characterizing the high-frequency properties of
a transistor]
Transmittanz f, Kurzschluß-
Übertragungsadmittanz vorwärts f,
Kurzschluß-Vorwärtssteilheit f
[Transistorkenngrößen: y-Parameter]
short-circuit forward transfer admittance
[transistor parameters: y-parameter]
Transmitter m, Sender m
transmitter
transparenter Modus m [Datenübertragung
beliebiger Bitkombinationen ohne Rücksicht
auf Steuerzeichen]
transparent mode, code-transparent mode
[data transmission of any bit combination
without consideration of control characters]
Transponder m [Gerät, das ein Eingangssignal
empfangen, es umsetzen und als Antwortsignal
wieder aussenden kann; wird vorwiegend in der
Luft- und Raumfahrt eingesetzt]
transponder (transmitter/responder) [a device
which can receive an input signal, act upon it,
and retransmit it; is mainly used in aircraft
and satellites]
Transportebene f, **Transportschicht** f [eine der
sieben Schichten des ISO-Referenzmodells für
den Rechnerverbund]
transport layer [one of the seven layers of the
ISO reference model for computer networks]
Transportfehler m [z.B. bei
Magnetbandgeräten]
misfeed [e.g. in magnetic tape units]
Transportprüfung f
feed check
Transportschicht f, Transportebene
transport layer
Transputer m [für Hochgeschwindigkeits-
Parallelverarbeitung ausgelegte

Prozessorarchitektur]
transputer [special processor architecture for high-speed parallel processing]

Trap *f*, Fangstelle *f* [zur Aktivierung einer Programmunterbrechung; Unterprogramm zur Behandlung eines außergewöhnlichen Ereignisses in einem Prozessor]
trap [for activating a program interrupt; routine for handling an exceptional event in a processor]

Trap *f*, Zeithaftstelle *f*, Haftstelle *f* [Halbleiterkristalle]
Störstelle in einem Halbleiterkristall, die einen Ladungsträger vorübergehend festhalten kann.
trap [semiconductor crystals]
Imperfection in a semiconductor crystal which temporarily prevents a carrier from moving.

TRAPATT-Diode *f* [Halbleiterdiode für den Mikrowellenbereich]
TRAPATT diode (trapped plasma avalanche triggered transit diode) [microwave semiconductor diode]

Trefferrate *f*
hit rate

Treiber *m*, Treiberstufe *f* [Verstärkerstufe für die Ansteuerung einer Endstufe]
driver, driver stage [amplifier stage for driving an output stage]

Treiber mit Dreizustandsausgang *m*, Treiber mit Tri-State-Ausgang *m* [Verstärker mit Dreizustandsausgang]
tri-state driver, three-state driver [amplifier with three-state output]

Treiberschaltung *f*
driver circuit, driver circuitry

Treiberstufe *f*, Treiber *m*
driver, driver stage

Treibertransistor *m*
driver transistor

Trenndiode *f*
isolation diode

Trennschaltung *f*, Entkopplungsschaltung *f*
isolating circuit, decoupling circuit

Trennstufe *f*, Entkopplungsstufe *f*
buffer stage, decoupling stage, isolating stage

Trennsymbol *n*, Trennzeichen *n*, Begrenzungssymbol *n*
separating character, separator, delimiter

Trenntechnik *f*, Trennverfahren *n*
Verfahren zum Zerlegen der Halbleiterscheibe (Wafer) in die einzelnen integrierten Schaltungen (Chips). Dies kann mit Hilfe von Diamantritzern, Diamantsägen oder Laserstrahlen erfolgen.
dicing, scribing technique
Process for dividing the wafer into the individual chips. This can be effected with the aid of diamond scribers, diamond saws or laser beams.

Trennübertrager *m*, Entkopplungsübertrager
isolation transformer, decoupling transformer

Trennung ohne Bindestrich *f* [Textformatierung ohne Worttrennungen]
hyphenless justification [text formatting without hyphenation]

Trennverfahren *n*, Trenntechnik *f*
dicing, scribing technique

Trennzeichen *n*, Begrenzungssymbol *n* [Abgrenzung von Datenelementen]
delimiter, separator, separator character [separates items of data]

Treppeneffekt *m* [treppenförmige Darstellung von geraden Linien auf dem Bildschirm und im Druck]
aliasing [staircase-shaped representation of straight lines on the screen and in the printed document]

Treppeneffektkorrektur *f* [Korrektur der treppenförmigen Darstellung von geraden Linien auf dem Bildschirm und im Druck]
anti-aliasing [correction of staircase-shaped representation of straight lines on the screen and in the printed document]

Treppenspannung *f*
staircase voltage

Tri-State-Ausgang *m*, Ausgang mit Drittzustand *m*, Dreizustandsausgang *m*
Ein Ausgang, der neben den beiden aktiven Zuständen (logisch 0 und logisch 1) einen passiven (hochohmigen) Zustand annehmen kann; der dritte Zustand ermöglicht die Entkopplung des Bausteins vom Bus.
three-state output, tri-state output
An output which can assume one of three states: the two active states (logical 0 and logical 1) and a passive (high-impedance) state; this third state enables the device to be decoupled from the bus.

Tri-State-TTL *f*, Dreizustandslogik *f*, Tri-State-Schaltung *f*
Variante der TTL-Logik, bei der die Ausgangsstufen (oder Eingangs- und Ausgangsstufen) einer Schaltung neben den niederohmigen Zuständen logisch 0 und logisch 1 einen dritten hochohmigen Sperrzustand haben. Damit kann über einen Auswahleingang der Ausgang einer Schaltung bzw. eines Gatters gesperrt, d.h. von der Anschlußleitung getrennt werden. Tri-State-Schaltungen werden bei Mikroprozessoren, Speicherbausteinen und Peripheriebausteinen verwendet, um den Betrieb mehrerer Bausteine an einem gemeinsamen Bus zu ermöglichen.
tri-state TTL, three-state TTL, three-state circuit
Variant of TTL logic in which the output stages (or the input and output stages) of a circuit

have the normal low-impedance logical 0 and
logical 1 states with an additional third high-
impedance disabled state. With the aid of a
select input, this allows the output of a circuit
to be disabled, i.e. to be effectively
disconnected. Three-state circuits are used with
microprocessors, memory devices and
peripherals to permit sharing of a common bus
line by several devices.

Triac *m*, Zweirichtungsthyristor *m*
Halbleiterbauelement mit zwei parallelen und
entgegengesetzt orientierten
Thyristorstrukturen, das Ströme in beiden
Richtungen schalten kann.
**triac (triode alternating current switch),
bilateral thyristor, bilateral SCR**
Semiconductor component with two parallel,
back-to-back thyristor structures that can
switch current in both directions.

Tribit *n* [drei Bits]
tribit [three bits]

Trigger-Flipflop *n*, taktgesteuertes Flipflop *n*,
getaktetes Flipflop *n* [Flipflop mit Auslösung
des Zustandswechsels durch einen Taktimpuls]
triggered flip-flop, clocked flip-flop [flip-flop
employing a clock pulse for changing its state]

Triggerdiode *f*, Auslösediode *f*
triggering diode

Triggerimpuls *m*, Auslöseimpuls *m*,
Ansteuerungsimpuls *m*
trigger pulse

triggern, auslösen, ansteuern
trigger, to

Triggerpegel *m*, Auslösepegel *m*
triggering level

Triggerschaltung *f*, Auslöseschaltung *f*
trigger circuit

Triggersignal *n*
trigger signal

Triggertransistor *m*, Auslösetransistor *m*
triggering transistor

Triggerung *f*, Auslösen *n*, Auslösung *f*
triggering

trigonometrische Funktion *f*
trigonometric function

trimmen, beschneiden
trim, to

Trimmerkondensator *m*, Abgleichkondensator
m [ein einstellbarer Kondensator]
trimming capacitor, trimmer [a variable
capacitor]

Trimmerwiderstand *m*, Abgleichwiderstand m
[ein einstellbarer Widerstand]
trimming resistor, trimmer [a variable
resistor]

Triode *f*
triode

Triple-Twisted-LCD [Flüssigkristallanzeige mit
drei Kristallschichten]

triple twisted LCD [liquid crystal display
with three crystal layers]

Trockenätzen *n*, Trockenätzverfahren *n*
Ätzverfahren, das bei der Herstellung von
Halbleiterbauelementen und integrierten
Schaltungen verwendet wird. Man
unterscheidet zwischen reaktivem und nicht
reaktivem Trockenätzen.
dry etching
Etching process used in semiconductor
component and integrated circuit fabrication.
There are two differing processes: reactive and
non-reactive dry etching.

Trockenelektrolytkondensator *m*
solid electrolytic capacitor

trojanisches Pferd *n*, Killer-Programm *n*
[Programm, das unter falschem Namen in das
System gelangt und bei der Ausführung
Schaden anrichtet]
Trojan horse, killer program [program that
enters the system under a false name and
causes damage when executed]

Trommel *m*
drum

Trommelspeicher *m*, Magnettrommelspeicher
drum storage, magnetic drum storage

Tron [japanisches Entwicklungsprojekt für eine
neue Rechnerarchitektur]
**Tron (The Real-time Operating system
Nucleus)** [Japanese development project for
new computer architecture]

TTL mit niedriger Verlustleistung *f*
low-power TTL (transistor-transistor logic)

TTL, T^{2}L, Transistor-Transistor-Logik *f*
Eine der am meisten verwendeten
Logikfamilien, die durch einen oder mehrere
Multiemittertransistoren am Eingang
gekennzeichnet ist.
TTL, T^{2}L (transistor-transistor logic)
One of the most widely used logic families,
characterized by one or more multiemitter
transistors at the input.

TTL-Eingang *m*
TTL-input

TTL-kompatibel
Spannungspegel für die Takt-, Adreß-, Signal-
Ein- und Ausgänge einer Schaltung, die mit
den Pegeln von TTL-Logikschaltungen
kompatibel sind. Dadurch können z.B. MOS-
Speicher mit TTL-Schaltungen in einem
System verdrahtet werden.
TTL-compatible
Voltage level for clock, address, signal inputs
and outputs that are compatible with those of
TTL logic circuits. This allows dissimilar
circuits, e.g. MOS memories and TTL logic
circuits to be connected together in the same
system.

Tunneldiode *f*, Esaki-Diode *f* [hoch dotierte

Flächendiode mit negativem Widerstand in der Durchlaßrichtung; wird als Oszillator oder Verstärker im Mikrowellen-bereich eingesetzt]
tunnel diode, Esaki diode [highly doped junction diode with negative resistance in the forward direction; used as oscillator or amplifier in microwave frequency range]

Tunneleffekt *m*
Das Durchdringen eines Potentialwalles durch einen Ladungsträger, dessen Energie dazu theoretisch nicht ausreicht. Der Effekt wird durch die extrem schmale Raumladungszone erzielt, die infolge der hohen Dotierung der P- und N-Bereiche zustande kommt. Dieser Effekt wird beispielsweise bei Tunneldioden genutzt.
tunnel effect
The penetration of a potential barrier by a charge carrier whose energy is theoretically insufficient to overcome the barrier. This is obtained by an extremely thin depletion layer which results from heavily doping both the p- and n-type regions. This effect is used, for example, in tunnel diodes.

Tunnelelektron *n*
Ein Elektron, das infolge des Tunneleffektes einen Potentialwall durchdringt.
tunneling electron
An electron that penetrates a potential barrier as a result of the tunnel effect.

Tunnelübergang *m*
Ein Übergang zwischen stark dotierten P- und N-Bereichen.
tunnel junction
A junction between heavily doped p-type und n-type regions.

Tunnelung *f,* Tunneln *n,* Tunnelvorgang *m*
Stromleitung durch einen PN-Übergang, der auf dem Tunneleffekt beruht.
tunneling, tunnel action
Current conduction through a pn-junction as a result of the tunnel effect.

Turbo-Sprachen *f.pl.* [von Borland implementierte Programmiersprachen: Turbo BASIC, Turbo C, Turbo PASCAL und Turbo PROLOG]
turbo languages [programming language implementations by Borland: Turbo BASIC, Turbo C, Turbo PASCAL and Turbo PROLOG]

Turing-Maschine *f* [mathematisches Modell einer idealisierten Rechenmaschine]
Turing machine [mathematical model of an idealized computer machine]

Typenraddrucker *m*
Seriendrucker, bei dem sich die Drucktypen an speichenähnlichen flexiblen Enden einer Kunststoffscheibe befinden. Die Typen werden durch einen Schrittmotor in die gewünschte Druckstellung gebracht und mit einem Hammer gegen Farbband und Papier geschlagen.
daisy-wheel printer
Serial printer in which the printing characters are arranged at the end of flexible radial spokes of a plastic wheel. The printing characters are moved into the desired printing position by a stepper motor and are driven against an inked ribbon and paper by a hammer.

U

UART-Baustein *m* [Schnittstellenbaustein]
Universeller Ein-Ausgabe-Baustein für
Mikrocomputer-Systeme. Er wird meistens als
programmierbarer Multifunktionsbaustein in
integrierter Schaltungstechnik ausgeführt und
umfaßt die in Mikrorechnersystemen am
häufigsten benötigten Funktionen wie: serielle
Schnittstelle (für den Datenaustausch mit
asynchron arbeitenden Peripheriegeräten);
parallele Ein-Ausgabe-Schnittstelle;
Zähler/Zeitgeber; Baudraten-Generator und
Unterbrechungssteuerung.
**UART (universal asynchronous receiver
transmitter) [interface device]**
Universal input-output device for microcomputer systems. It is usually a
programmable, multifunction integrated circuit
combining the most commonly used functions
in microcomputer systems such as: serial
communications interface (for data communication with asynchronous peripherals); parallel
input-output interface; counter/timers; baudrate generator and interrupt controller.
Überbelastung *f*
overloading
überbrückt
bridged, shorted
Übergang *m,* Zonenübergang *m*
Übergangsgebiet zwischen zwei
Halbleiterbereichen mit verschiedenen
elektrischen Eigenschaften, z.B. zwischen
einem P-leitenden und einem N-leitenden
Bereich.
junction
Region of transition between two
semiconductor regions having different
electrical properties, e.g. between a p-type and
an n-type conducting region.
Übergangsfunktion *f,* Sprungantwort *f*
[Antwortsignal eines Regelgliedes oder -
systems, wenn es durch eine Sprungfunktion
am Eingang erregt wird]
step response [response of a control element
or system when it is excited by a step function]
Übergangsstecker *m,* Anpaßstecker *m*
adapter plug
Übergangsverhalten *n,* Einschwingverhalten *n*
[Antwortsignal eines Systems auf eine
plötzliche Änderung des Eingangssignales, z.B.
auf eine Sprungfunktion]
transient response [response of a system to a
sudden change in input signal, e.g. to a step
function]
Übergangswiderstand *m,* Kontaktwiderstand
contact resistance

Übergangszeit bei H/L-Pegelwechsel *f*
high-level to low-level transition time
Übergangszeit bei L/H-Pegelwechsel *f*
low-level to high-level transition time
übergehen, überspringen
skip, to
übergeordnet
supervisory
Übergitter *n*
Eine Gitterstruktur, die aus extrem dünnen,
übereinandergestapelten Schichten von Halbleitern mit unterschiedlichen Bandlücken
besteht, die einen synthetischen Halbleiterkristall bilden, der neue Eigenschaften
aufweist.
superlattice
A lattice structure comprising extremely thin
layers of semiconductor materials with
differing band gaps stacked one above the other
thus forming a synthetic crystal with new
properties.
überkritische Dämpfung *f*
overcritical damping, overdamping
Überladen *n* [in der objektorientierten
Programmierung: die Verwendung des gleichen
Funktionsnamens in verschiedenen Kontexten
und mit verschiedenen Argumenten]
overloading [in object oriented programming:
using the same function name in different
contexts and with different arguments]
überlagern
superpose, to
Überlagerung *f*
overlay
Überlagerungssegment *n*
overlay segment
Überlagerungstechnik *f,* Speicherüberlagerung
f, Overlay-Technik *f* [das Unterteilen eines
Programmes in Segmente (Überlagerungssegmente oder Overlays), die nach Bedarf in
den Hauptspeicher geladen werden; somit
benötigt die Ausführung eines Programmes
weniger Platz im Hauptspeicher]
overlay technique [dividing a program into
segments (overlays) which are loaded into the
main memory as they are required; hence
execution of a program requires less space in
the main memory]
überlappen, verzahnen, verschachteln
interleave, to
überlappende Fenster *n.pl.*
overlapping windows
überlappendes Menü *n* [ein Menü, das aus
einem anderen Menü geöffnet wird]
overlapping menu [a menu opened out of
another menu]
überlappte Verarbeitung *f,* verzahnt
ablaufende Verarbeitung *f* [die zeitlich
verzahnte Verarbeitung mehrerer Programme]

concurrent processing [interleaved processing of several programs]

Überlappung *f*
overlap

Überlappungszeit *f*
overlap time

Überlast *f,* **Überlastung** *f*
overload

Überlastanzeiger *m*
overload indicator

Überlastschutz *m*
overload protection

Überlastung *f,* **Überlast** *f*
overload

Überlauf *m* [bei arithmetischen Operationen die Überschreitung der Stellenzahl des Ergebnis-Registers (Akkumulators)]
arithmetic overflow [in arithmetic operations exceeding the number of places of the arithmetic register (accumulator)]

Überlaufanzeiger *m*
overflow indicator

Überlaufbereich *m*
overflow area

Überlauffehler *m*
overflow error

Überlaufregister *n* [registriert einen auftretenden Überlauf]
overflow register [registers the occurrence of an overflow]

Überlaufsmerker *m*
overflow flag

übernehmen [Übernahme eines Bildschirminhaltes]
grab, to [capture screen contents]

Überschlag *m*
flash-over

Überschlagssumme *f,* Kontrollsumme *f*
hash total, check sum, check total

überschreiben
overwrite, to

Überschußelektron *n*
excess electron

Überschußladungsträger *m*
Leitungselektron oder Defektelektron (Loch) im Überschuß über die durch das thermische Gleichgewicht bestimmte Konzentration.
excess carrier, excess charge carrier
Conduction electron or hole in excess of the concentration required by thermal equilibrium.

Überschußleitung *f*
Ladungstransport in einem Halbleiter durch Überschußelektronen.
excess conduction
Charge transfer in a semiconductor by excess electrons.

Überschwingen *n*
overshoot

übersetzen, compilieren, kompilieren

compile, to

Übersetzer *m,* Interpreter *m,* Compiler *m*
Ein Programm, das ein in einer höheren Programmiersprache geschriebenes Programm in Maschinensprache bzw. Befehlscodes des Rechners übersetzt. Im Gegensatz zu einem Compiler, der die Übersetzung gesamthaft durchführt, übersetzt der Interpreter jeweils einzelne Programmanweisungen. Der Interpreter benötigt deshalb einen größeren Speicherplatz und hat wesentlich längere Durchlaufzeiten.
translator, interpreter, compiler
A program for converting a program written in a higher programming language into machine language or operation codes of a computer. In contrast to a compiler, which converts and then executes the entire program, the interpreter converts and executes statement by statement. An interpreter therefore requires more storage space and is significantly slower.

Übersetzer für höhere Programmiersprachen *m*
high-level compiler

Übersetzergenerator *m,* Compiler-Compiler *m,* Compilergenerator *m,* Kompilierergenerator *m* [erzeugt einen Compiler]
compiler-compiler, compiler generator [generates a compiler]

Übersetzungsprogramm *n*
compiling program

Übersetzungsverhältnis *n* [Transformator]
transformation ratio, turns ratio [transformer]

Übersetzungszeit *f*
compilation time

Überspannung *f*
overvoltage

Überspannungsschutz *m*
overvoltage protection

Überspringbefehl *m,* No-Op-Befehl *m,* Leerbefehl *m*
no-op instruction, no-operation instruction, blank instruction, skip instruction

überspringen, übergehen
skip, to

Überstrom *m*
overcurrent

Übertemperatur *f*
overtemperature

Übertrag *m* [stellenweise Weiterleitung der Übertragsziffer, d.h. der Ziffer, die bei der Addition durch Überschreiten der Basiszahl entsteht]
carry (CY) [transferring a carry digit to the next digit place, i.e. the digit generated when a sum exceeds the number base]

übertragen [arithmetische Operation]
carry, to [arithmetic operation]

übertragen [Daten]
transmit, to; transfer, to [data]
Übertragsbefehl *m*
carry signal
Übertragsbit *n*
carry bit
Übertrags-Flag *n*, Übertragsmerker *m*
[besonders in Mikroprozessoren verwendetes
Steuerbit zur Anzeige des Übertrages bei der
Addition]
carry flag [control bit particularly used in
microprocessors for indicating a carry in an
addition]
Übertragsregister *n*
carry register
Übertragsvorausberechnung *f*,
Parallelübertrag *m* [parallele Bildung der
Überträge aller Stellen; im Gegensatz zum
durchlaufenden Übertrag, bei dem die
Überträge nacheinander gebildet werden]
anticipatory carry, carry look-ahead [parallel
computation of carries of all digits; in contrast
to ripple carry in which the carries are formed
one after the other]
Übertragsziffer *f* [Ziffer, die bei der Addition
durch Überschreiten der Basiszahl entsteht]
carry digit [digit generated when a sum
exceeds the number base]
Übertragung *f*
transmission, transfer
Übertragung zwischen Peripheriegeräten *f*
peripheral transfer
Übertragungs-Gate *n* [bei CMOSFET]
transfer gate [in CMOSFETs]
Übertragungsfehler *m*
transmission error
Übertragungsfrequenz *f*
transmission frequency
Übertragungsgeschwindigkeit *f*,
Transfergeschwindigkeit *f* [Datentransfer, z.B.
zwischen Sekundär- und Hauptspeicher in
MByte/s]
transfer rate [data transfer, e.g. between
secondary storage and main memory in
Mbytes/s]
Übertragungsgeschwindigkeit *f* [einer
Datenverbindung, z.B. in Baud (Bit/s)]
transmission speed [of a data link, e.g. in
bauds (bits/s)]
Übertragungskanal *m*
transmission channel
Übertragungskenngröße *f*
transfer parameter
Übertragungskennlinie *f*
transmission characteristic, transfer
characteristic
Übertragungssicherheit *f*
transmission reliability
Übertragungszeit *f*

transmission time, transfer time
Überwachung *f*
monitoring
Überwachungsprogramm *n*
monitoring program
Überwachungssystem *n*
monitoring system
UHF, ultrahohe Frequenz *f*
UHF (ultra-high frequency)
ULA-Konzept *n*
Ein Logik-Array-Konzept, mit dem sich,
ähnlich wie beim PLA-Konzept, mit Hilfe von
Verdrahtungsmasken integrierte
Semikundenschaltungen realisieren lassen.
ULA concept (uncommitted logic array
concept)
A logic array concept, similar to the PLA
concept, which allows semicustom integrated
circuits to be produced with the aid of
interconnection masks.
ULSI *f*, Ultragrößtintegration *f*
Integrationstechnik, bei der Transistoren oder
Gatterfunktionen in der Größenordnung von
10^6 bis 10^7 auf einem einzigen Chip realisiert
sind.
ULSI (ultra large scale integration)
Technique resulting in the integration of
transistors or logical functions in the order of
10^6 to 10^7 on a single chip.
ultrahohe Frequenz *f* (UHF)
ultra-high frequency (UHF)
Ultragrößtintegration *f*, ULSI *f*
ULSI (ultra large scale integration)
Ultrakurzwelle *f*
very high frequency (VHF)
Ultraschallkontaktierung *f*
Verfahren zum Herstellen von elektrischen
Verbindungen zwischen den Kontaktflecken
auf dem Chip und den Außenanschlüssen des
Gehäuses durch eine Kombination von
mechanischem Druck und
Ultraschallschwingungen.
ultrasonic bonding
Process for making electrical connections
between the bonding pads on the chip and the
external leads of the package by a combination
of mechanical pressure and ultrasonic
vibration.
umbenennen, neu benennen
rename, to
Umbruch *m* [Textverarbeitung]
make-up [word processing]
umcodieren
recode, to
Umcodierung *f*, Codeumsetzung *f*
code conversion
umformatieren, neu formatieren
reformat, to
Umgebung *f*

environment
Umgebungsbedingungen *f.pl.*
  ambient conditions
Umgebungstemperatur *f*
  ambient temperature
Umgebungsvariable *f* [enthält Information
  über die Systemumgebung, z.B. Pfad zum
  Kommandoprozessor usw.]
  environment variable [contains information
  on system environment, e.g. path to command
  processor]
umgekehrte Bildschirmdarstellung *f,*
  negative Bildschirmdarstellung *f* [dunkle
  Schrift auf hellem Hintergrund, im Gegensatz
  zur normalen Bildschirmdarstellung mit einer
  hellen Schrift auf dunklem Hintergrund]
  inverse video, reverse video [dark characters
  on a bright background, in contrast to normal
  video display using light characters on a dark
  background]
umgekehrte polnische Schreibweise *f,*
  Postfixschreibweise *f,* klammerfreie
  Schreibweise *f* [eliminiert Klammern bei
  mathematischen Operationen, z.B. wird (a+b)
  als ab+ und c(a+b) als cab+* geschrieben]
  reverse Polish notation (RPN), postfix
  notation, parenthesis-free notation [eliminates
  brackets in mathematical operations, e.g. (a+b)
  is written as ab+ and c(a+b) as cab+*]
umkehrbarer Prozeß *m,* reversibler Prozeß *m*
  reversible process
umkehren, invertieren
  invert, to
Umkehrfunktion *f*
  inverse function
Umkehrintegrator *m*
  inverse integrator
Umlaufschieberegister *n,* Ringschieberegister
  n [ein Schieberegister, bei dem Binärzeichen
  vom Ausgang wieder in den Eingang geschoben
  werden]
  circulating register, cyclic shift register, end-
  around shift register [a shift register in which
  bits from the output are pushed back into the
  input]
Umlaufspeicher *m*
  circulating storage, cyclic storage
Umleitungssymbol *n* [für die Umleitung von der
  Konsole auf eine Eingabedatei (<) bzw.
  Ausgabedatei (>)]
  redirection symbol [for redirecting from
  console to input file (<) or from console to
  output file (>)]
umordnen
  reorder
umprogrammierbarer Festwertspeicher *m,*
  REPROM *m*
  Festwertspeicher, der vom Anwender mit
  Ultraviolettlicht gelöscht und elektrisch wieder

neu programmiert werden kann. Auch EPROM
genannt.
  reprogrammable read-only memory
  (REPROM)
  Read-only memory that can be erased by
  ultraviolet light and reprogrammed by the
  user. Also called EPROM.
umprogrammieren
  reprogram
umschaltbar, schaltbar
  switchable
Umschaltegatter *m*
  bidirectional gate
umschalten
  switch-over, to
Umschalttaste *f*
  shift key
Umschaltung *f*
  switchover
Umschaltzeichen *n,* Escape-Zeichen *n,*
  Codeumschaltung *f* [spezielles Zeichen, das die
  Änderung der Codierungsvorschrift für die
  nachfolgenden Zeichen anzeigt]
  escape character (ESC) [a special character
  which indicates that the following characters
  are to be interpreted according to a different
  code]
Umsetzen *n,* Umsetzung *f,* Konvertierung *f*
  conversion
umsetzen
  convert, to
Umsetzer *m* [ändert die Darstellungsart von
  Daten, z.B. von einem Code in einen anderen
  (Codeumsetzer), von paralleler in serielle
  (Parallel-Serien-Umsetzer) oder von digitaler in
  analoge Darstellung (Digital-Analog-
  Umsetzer)]
  converter [changes the representation of data,
  e.g. from one code into another (code converter),
  from parallel into serial (parallel-serial
  converter) or from digital into analog
  representation (digital-analog converter)]
Umsetzprogramm *n*
  conversion program
Umsetzung *f,* Umsetzen *n,* Konvertierung *f*
  conversion
Umsetzungsgeschwindigkeit *f*
  conversion rate, conversion speed
Umsetzungszeit *f*
  conversion time
umspeichern, wieder speichern, neu speichern
  re-store, to; restore, to
Umweltbedingungen *f.pl.*
  environmental conditions
unbedingte Anweisung *f*
  unconditional statement
unbedingter Sprungbefehl *m* [Befehl zum
  unbedingten Verlassen des normalen
  sequentiellen Programmablaufes und

Fortsetzung des Programmes an der
angegebenen Stelle]
unconditional jump instruction,
unconditional branch instruction [instruction
for unconditionally leaving the normal program
sequence and to continue at the given point of
the program]
unbenanntes Datenfeld *n*
filler item
unberechtigter Zugriff *m*
unauthorized access
unbeschrifteter Datenträger *m*
virgin data medium, virgin medium
unbewertetes Rauschen *n*
unweighted noise
UND-Glied *n,* UND-Gatter *n*
AND element, AND gate
UND-mäßig verknüpfen, konjunktiv
verknüpfen
AND, to
UND-Schaltung *f*
AND circuit
UND-Verknüpfung *f,* Konjunktion *f,* Boolesche
Multiplikation, logische Multiplikation
[logische Verknüpfung mit dem Ausgangswert
(Ergebnis) 1, wenn und nur wenn alle Eingänge
(Operanden) den Wert 1 haben; für alle
anderen Eingangswerte ist der Ausgangswert 0]
AND function, AND operation, conjunction,
Boolean multiplication, logical multiplication
[logical operation having the output (result) 1,
if and only if all inputs (operands) are 1; for all
other input values the output is 0]
undefiniert
undefined
undotiert
undoped
unechter Bruch *m*
improper fraction
unendliche Reihe *f*
infinite series
unformatiert, nichtformatiert
unformatted
ungeblockter Satz *m* [ein Satz, der den ganzen
Block ausfüllt, d.h. Satzlänge und Blocklänge
sind identisch]
unblocked record [a record that completely
fills a block, i.e. record length and block length
are identical]
ungefährlicher Fehler *m*
harmless fault, harmless error
ungelochter Streifen *m*
virgin paper tape, virgin tape
ungepacktes Format *n,* ungepackte Form *f*
unpacked format
ungerade Parität *f*
odd parity
ungerade Paritätskontrolle *f,* Prüfung auf

ungerade Parität *f*
odd parity check
ungeradzahlige Adresse *f*
odd address
ungerichtet
non-directional
ungesättigte Basis-Emitter-Spannung *f*
unsaturated base-emitter voltage
ungewollte Kopplung *f*
stray coupling
ungleiche Vorzeichen *n.pl.*
unlike signs
ungültige Adresse *f*
invalid address
ungültiger Code *m*
invalid code
ungültiges Zeichen n, unzulässiges Zeichen *n*
illegal character
Ungültigkeitsbefehl *m*
ignore instruction
Ungültigkeitsbit *n*
invalid bit
Ungültigkeitszeichen *n*
ignore character, cancel character
Unijunction-Transistor *m,*
Zweizonentransistor *m,* Doppelbasisdiode *f*
Halbleiterbauelement ohne Kollektorzone mit
zwei sperrfreien Basiskontakten (Ohmsche
Kontakte) und einem dazwischen angebrachten
PN-Übergang. Wird häufig in
Kippschwingschaltungen verwendet.
unijunction transistor
Semiconductor component without a collector
region which has two ohmic base contacts and a
single pn-junction between them. Is often used
in relaxation-oscillator applications.
unipolarer Halbleiterbaustein *m*
Integrierter Baustein, bei dem ein oder
mehrere Feldeffekttransistoren die
Grundzellen bilden, z.B. ein MOS-Speicher.
unipolar semiconductor device
Integrated circuit device in which one or more
field-effect transistors constitute the basic cells,
e.g. a MOS memory device.
Unipolartechnik *f*
Technik, in der Feldeffekttransistoren und
unipolare Bausteine hergestellt werden, z.B.
die MOS-Technik.
unipolar technology
Technology used for fabricating field-effect
transistors and unipolar devices, e.g. MOS
technology.
Unipolartransistor *m*
Transistor, bei dem der Ladungstransport nur
durch einen Ladungsträgertyp (Elektronen
oder Defektelektronen) erfolgt.
Feldeffekttransistoren sind unipolare
Transistoren im Gegensatz zu bipolaren
Transistoren, bei denen sowohl Elektronen als

auch Defektelektronen (Löcher) zum Stromfluß
beitragen.

unipolar transistor
Transistor in which charge transport is due
only to one type of charge carrier (electrons or
holes). Field-effect transistors are unipolar
transistors in contrast to bipolar transistors in
which both electrons and holes contribute to
current flow.

Universaldiode *f*
general-purpose diode

Universalmeßgerät *n*, Mehrfachmeßgerät *n*,
Vielfachmeßgerät *n*
multimeter, universal measuring instrument,
multipurpose instrument

Universaloperationsverstärker *m*
general-purpose operational amplifier

Universalrechner *m* [universell
programmierbarer Rechner, der für beliebige
Aufgaben einsetzbar ist]
general-purpose computer, all-purpose
computer [universally programmable computer
which can be used for any application]

universeller asynchroner Empfänger/Sender
m (UART)
Universeller Ein-Ausgabe-Baustein für
Mikrocomputer-Systeme. Er wird meistens als
programmierbarer Multifunktionsbaustein in
integrierter Schaltungstechnik ausgeführt und
umfaßt die in Mikrorechnersystemen am
häufigsten benötigten Funktionen wie: serielle
Schnittstelle (für den Datenaustausch mit
asynchron arbeitenden Peripheriegeräten);
parallele Ein-Ausgabe-Schnittstelle;
Zähler/Zeitgeber; Baudraten-Generator und
Unterbrechungssteuerung.
**universal asynchronous receiver-
transmitter** (UART)
Universal input-output device for
microcomputer systems. It is usually a
programmable, multifunction integrated circuit
combining the most commonly used functions
in microcomputer systems such as: serial
communications interface (for data
communication with asynchronous
peripherals); parallel input-output interface;
counter/timers; baud- rate generator and
interrupt controller.

universeller synchroner-asynchroner
Empfänger/Sender *m* (USART)
Universeller Ein-Ausgabe-Baustein für
Mikrocomputer-Systeme, ähnlich wie der
UART, der sich aber zusätzlich auch für den
Datenaustausch mit synchron arbeitenden
Peripheriegeräten eignet.
**universal synchronous-asynchronous
receiver-transmitter** (USART)
Universal input-output device for
microcomputer systems, similar to the UART,

but with the additional capability of providing
data communication with synchronous
peripherals.

Univibrator *m*, Monoflop *n*, monostabile
Kippschaltung *f*, monostabiler Multivibrator *m*
[eine Kippschaltung mit einem einzigen
stabilen Zustand]
mono-flop, monostable flip-flop, monostable
multivibrator, one-shot multivibrator [a
multivibrator with a single stable state]

UNIX [von Bell Laboratories (AT&T)
entwickeltes Mehrbenutzer- und Mehrprozeß-
Betriebssystem, das sich zum Standard für
Minicomputer entwickelt hat]
UNIX [multiuser, multitasking operating
system developed by Bell Laboratories (AT&T)
which has established itself as standard for
minicomputers]

unlösbares Problem *n*
unsolvable problem

unmittelbare Adresse *f*
immediate address

Unpaarigkeit *f* [Daten]
mismatch [data]

unscharfe Logik *f*, Fuzzy-Logik *f*, mehrwertige
Logik *f* [verwendet den Grad der Zugehörigkeit
zu einer Menge; im Gegensatz zur binären
Logik die nur zwei Möglichkeiten kennt
(wahr/falsch)]
fuzzy logic [uses the degree of membership to
a set; in contrast to binary logic which has only
two possibilities (true/false)]

unsichtbare Datei *f*
hidden file

unsymmetrische Leitung *f*
unbalanced line

unsymmetrische Schaltung *f*
unbalanced circuit

Unterätzung *f* [Leiterplatten]
undercut [printed circuit boards]

Unterbrechung *f*, Programmunterbrechung *f*
[Unterbrechung eines laufenden Programmes;
der Programmablauf wird nach der
Unterbrechung fortgesetzt]
interrupt (INT), program interrupt
[interruption of a running program; the
program sequence is continued after the
interruption]

Unterbrechungs-Handshake-Signal *n*
interrupt handshaking signal

Unterbrechungsanforderung *f*,
Unterbrechungsaufforderung *f* IRQ-Signal *n*
[ein Signal, das den Mikroprozessor auffordert,
das laufende Programm zu unterbrechen]
interrupt request (IRQ) [a signal applied to a
microprocessor for interrupting the running
program]

Unterbrechungsanforderungsregister *n*,
Unterbrechungsregister *n* [enthält ein Bit,

wenn eine Unterbrechungsanforderung
vorliegt]
interrupt register [contains a bit when an
interrupt request has been made]
Unterbrechungsausgang *m*
interrupt output
Unterbrechungsbehandlung *f*
interrupt handling
Unterbrechungsebene *f*
interrupt level
Unterbrechungseingabe *f*
interrupt input
Unterbrechungsfreigabe *f*
interrupt enable
Unterbrechungslogik *f*
interrupt logic
Unterbrechungsmaske *f*
interrupt mask
Unterbrechungsmaskenregister *n* [bestimmt
welche im Unterbrechungsregister
gekennzeichneten
Unterbrechungsanforderungen wirksam
werden]
interrupt mask register (IMR) [determines
which interrupt requests marked in the
interrupt register become effective]
Unterbrechungspriorität *f*
interrupt priority
Unterbrechungsregister *n*,
Unterbrechungsanforderungsregister *n*
interrupt request register, interrupt register
Unterbrechungsrückmeldung *f*, Quittung der
Unterbrechungsanforderung *f*
[Bereitschaftssignal des Mikroprozessors bei
einer Anforderung zur
Programmunterbrechung]
interrupt acknowledge [microprocessor
signal in reply to an interrupt request]
Unterbrechungssignal *n*
interrupt signal
Unterbrechungssperrbefehl *m*
disable interrupt instruction
Unterbrechungssperrung *f*
interrupt disable
Unterbrechungssteuerung *f*
interrupt control
Unterbrechungstaste *f*
break key
Unterbrechungsvektor *m*
interrupt vector
Unterbrechungszustand *m*
interrupt state
Unterdiffusion *f*, laterale Diffusion *f*
Die seitliche Ausbreitung von
Dotierungsatomen unter die Oxidschutzschicht
an den Kanten der Diffusionsfenster.
lateral diffusion, side diffusion
The lateral penetration of impurity atoms
below the protective oxide layer at the edges of

diffusion windows.
Unterdiffusionseffekt *m*, lateraler
Diffusionseffekt *m*
lateral diffusion effect, side diffusion effect
unterdrücken, eliminieren
eliminate, to; delete
Unterdrückerdiode *f*
suppression diode
unterdrückt, gesperrt
disabled
Unterdrückung *f*
suppression
Unterdrückung von führenden Nullen *f*,
Nullunterdrückung *f*, Nullenunterdrückung *f*
zero suppression, leading zero suppression
untere Grenze *f*
lower limit
untereinander austauschbar, auswechselbar
interchangeable
unterer Bereich eines binären Signals *m* (L-
Bereich)
low range of a binary signal [L-range]
unterer Logikpegel *m*, unterer Pegel *m*
lower logic level, lower level
unterer Rand *m*
bottom margin
Unterhaltungselektronik *f*, Konsumelektronik
consumer electronics
unterkritische Dämpfung *f*
undercritical damping, underdamping
Unterlastung *f* [Verringerung der Intensität
einer Beanspruchung zwecks Verbesserung der
Lebensdauer, Zuverlässigkeit usw.]
derating [reduction of intensity of stress for
the purpose of increasing service life,
reliability, etc.]
Unterlastungsgrad *m*
derating factor
Unterlauf *m* [ein Ergebnis, dessen Absolutwert
kleiner ist, als die kleinste im Rechner
darstellbare Zahl; bei der Gleitkommarechnung
das Entstehen eines zu großen negativen
Exponenten]
arithmetic underflow, underflow [a result
whose absolute value is smaller than the
smallest number represented in the computer;
in floating-point arithmetic, the generation of a
negative exponent out of the permissible range]
Untermenü *n*, Pull-Down-Menü *n*
[Bildschirmfenstertechnik]
pull-down menu [screen windowing
technique]
Unterprogramm *n* [eine Befehlsfolge, die
mehrmals im Programm benötigt, aber nur
einmal programmiert wird]
subroutine [an instruction sequence required
several times in a program but programmed
only once]
Unterprogrammaufruf *m*

subroutine call instruction
Unterprogrammbibliothek *f*
subroutine library
Unterprogrammeinsprung *m*
subroutine entry
Unterprogrammrücksprung *m*
subroutine return
Unterprogrammschachtelung *f*
subroutine nesting
Unterschneiden *n* [Abstandsverringerung bei
bestimmten Buchstaben]
kerning [reduced spacing between certain
letters]
Unterstreichungszeichen *n*
underscore character
Unterstützung *f*
aid, support
Unterverzeichnis *n*
subdirectory
Unverträglichkeit *f,* Inkompatibilität *f*
incompatibility
unwesentliche Daten *n.pl.,* bedeutungslose
Daten *n.pl.*
irrelevant data
unwirksam
ineffective, inoperative
unzulässiger Befehl *m*
invalid instruction
unzulässiges Zeichen *n,* ungültiges Zeichen n
illegal character
urladen
bootstrap, to
Urlader *m,* Anfangslader *m,* Urprogrammlader
m, Bootstrap-Lader *m* [ein Ladeprogramm
(Dienstprogramm), das nach dem Einschalten
des Rechners gestartet und u.a. für das Laden
des Betriebssystems verwendet wird]
initial program loader (IPL), bootstrap
loader [a loading program (utility routine)
started when the computer is switched on and
used for loading the operating system, etc.]
Urladerprogramm *n*
bootstrap program
Ursprungsdaten *n.pl.,* Erstdaten *n.pl.*
source data
Ursprungstext *m*
source text
USART-Baustein *m* [Schnittstellenbaustein]
Universeller Ein-Ausgabe-Baustein für
Mikrocomputer-Systeme, ähnlich wie der
UART, der sich aber zusätzlich auch für den
Datenaustausch mit synchron arbeitenden
Peripheriegeräten eignet.
USART (universal synchronous-asynchronous
receiver-transmitter) [interface device]
Universal input-output device for
microcomputer systems, similar to the UART,
but having the additional capability of
providing data communication with

synchronous peripherals.
UV [ultraviolettes Licht]
UV (UltraViolet) [ultraviolet light]
UV-Löschgerät *n* [Gerät zum Löschen des
Speicherinhaltes von EPROMs mit
ultraviolettem Licht]
ultraviolet eraser (UV eraser) [a device for
erasing the memory content of EPROMs by
ultraviolet light]

V

V.24-Schnittstelle *f* [vom CCITT genormte
Schnittstelle für die asynchrone serielle Daten-
übertragung; stimmt größtenteils mit der EIA-
RS-232-C-Schnittstelle überein]
V.24 interface [asynchronous serial data
transmission interface standardized by CCITT;
to a large extent identical with the EIA-RS-232-
C interface]
VAD-Verfahren *n* [ein Abscheideverfahren, das
bei der Herstellung von Glasfasern eingesetzt
wird]
VAD process (vapour phase axial deposition
process) [a deposition process used for the
production of glass fibers)
Valenzband *n* [Halbleitertechnik]
Energieband im Bändermodell, das mit
steigender Temperatur von Elektronen entleert
wird.
valence band [semiconductor technology]
Energy band in the band diagram from which
electrons are evacuated as temperature
increases.
Valenzbandkante *f* [Halbleitertechnik]
In der Darstellung des Bändermodells der
höchstmögliche Energiezustand des
Valenzbandes.
valence band edge [semiconductor
technology]
In the energy-band diagram, the highest
possible energy state of the valence band.
Valenzelektron *n,* **Bindungselektron** *n*
[Halbleitertechnik]
Elektron der äußeren Schale eines Atoms, das
die chemische Wertigkeit bestimmt und die
Bindungskräfte zwischen den Atomen im
Halbleiterkristall bewirkt.
valence electron, bonding electron
[semiconductor technology]
Electron in the outer shell of an atom which
determines chemical valence and generates the
binding forces between the atoms in a
semiconductor crystal.
Validierung *f*
validation
van der Waalssche Bindung *f*
Schwache chemische Bindung, die durch die
schwache Anziehungskraft von Atomen oder
Molekülen zustande kommt, die infolge ihrer
abgeschlossenen Elektronenschalen (8
Elektronen in der äußeren Schale) keine
ionische oder kovalente Bindung eingehen
können.
van der Waals bond
Weak chemical bond resulting from the weak
attractive forces of atoms or molecules which
cannot form ionic or covalent bonds because of
their completely filled outer shells (8 electrons
in the outer shell).
Varaktor *m,* **Kapazitätsdiode** *f,*
Kapazitätsvariationsdiode *f* [Halbleiterdiode
mit spannungsabhängiger Kapazität]
varactor, varicap, variable capacitance diode
[semiconductor diode with voltage-dependent
capacitance]
Variable *f,* **veränderliche Größe** *f*
variable
variable Satzlänge *f* [Satz mit variabler Länge;
im Gegensatz zu einem Satz mit fester Länge]
variable record length [record with variable
length; in contrast to a record with fixed
length]
variable Schwellwertlogik *f* (VTL)
Logikfamilie, deren Schwellenspannung
veränderlich ist.
variable threshold logic (VTL)
Logic family in which the threshold voltage is
variable.
variable Wortlänge *f* [Wort mit variabler
Länge; im Gegensatz zu einem Wort mit fester
Länge]
variable word length [word with variable
length; in contrast to a word with fixed length]
variables Blockformat *n* [Format mit variabler
Blocklänge; im Gegensatz zu einem Format mit
fester Blocklänge]
variable block format [format with variable
block length; in contrast to a format with fixed
block length]
variables Format *n*
variable format
Varistor *m,* **spannungsabhängiger Widerstand** *m*
Halbleiterbauelement, das einen
spannungsabhängigen, nichtlinearen
Widerstand hat.
varistor, voltage-dependent resistor (VDR)
Semiconductor component that has a voltage-
dependent nonlinear resistance.
VATE-Technik *f*
Spezielles Isolationsverfahren für bipolare
integrierte Schaltungen, bei dem die
Schaltungsstrukturen durch V-förmig geätzte
Gräben voneinander isoliert sind.
VATE technology
Special isolation technique used in bipolar
integrated circuits which provides isolation
between the circuit structures by V-shaped
etched grooves.
Vater *m* [Datei, Baum]
parent [file, tree]
VCPI [virtuelle Schnittstelle für
Programmsteuerung; sie erlaubt das
gleichzeitige Ablaufen mehrerer DOS-
Anwendungen sowie die direkte Adressierung
des Erweiterungsspeichers im geschützten

Modus]
VCPI (Virtual Control Program Interface)
[allows several DOS applications to run
simultaneously and to directly address
extended memory in protected modem]
Vektor *m*
vector
Vektorbefehl *m*
vector instruction
Vektordiagramm *n*
vector diagram
Vektorfeld *n*
vector field
Vektorfunktion *f*
vector function
Vektorgraphik *f*
vector graphics
vektorielle Größe *f*
vector quantity
Vektorrechner *m* [Großrechner mit parallelen
Rechenwerken]
vector computer, array computer [mainframe
computer with parallel arithmetic-logic units]
Vektorschriftart *f* [skalierbar, im Gegensatz zur
Bitmap- bzw. Rasterschriftart]
vector font [scalable font, in contrast to
bitmap or raster font]
Vektorunterbrechung *f*,
Prioritätsunterbrechung *f*
[Programmunterbrechung, die mit einem
Vektor zur Angabe der Priorität versehen ist;
im Gegensatz zum Abfrageverfahren]
vectored interrupt, vector interrupt, priority
interrupt [program interruption provided with
a vector designating the priority; in contrast to
polling]
Venn-Diagramm *n* [Darstellung logischer
Funktionen mittels sich überlappender Kreise]
Venn diagram [representation of logic
functions using overlapping circles]
Ventura [Desktop-Publishing-Programm]
Ventura [desktop publishing program]
veränderbarer Widerstand *m*
variable resistor
veränderliche Größe *f*, Variable *f*
variable
verarbeiten
process, to
Verarbeitung *f*
processing
Verarbeitungsart *f*
processing mode
Verarbeitungsebene *f*, Verarbeitungsschicht *f*
[eine der sieben Funktionsschichten des ISO-
Referenzmodells für den Rechnerverbund]
processing layer [one of the seven functional
layers of the ISO reference model for computer
networks]
Verarbeitungsprogramm *n*

processing program
Verarbeitungsrechner *m*, Host-Rechner *m*
[zentraler Dienstleistungsrechner für die
Unterstützung von Datenstationen oder
Satellitenrechnern]
host computer [central computer providing
services to terminals or satellite computers]
Verarbeitungsschicht *f*, Verarbeitungsebene *f*
processing layer
Verarbeitungsschleife *f*
processing loop
Verarbeitungstiefe *f*
processing depth
Verarbeitungszeit *f*
processing time
Verarmung *f* [Halbleitertechnik]
Verringerung der Ladungsträgerdichte und
damit der Leitfähigkeit in einem bestimmten
Bereich eines Halbleiters.
depletion [semiconductor technology]
A decrease in the density of charge carriers and
hence a reduction in conductivity in a
particular region of a semiconductor.
Verarmungs-Feldeffekttransistor *m*
depletion mode field-effect transistor
Verarmungs-IGFET , Verarmungs-
Isolierschicht-Feldeffekttransistor *m*
Ein Feldeffekttransistor, der bei der
Gatespannung Null eine hohe Leitfähigkeit
aufweist (d.h. der ohne Gatespannung leitend
ist) und dessen Stromfluß zwischen Source und
Drain durch Anlegen einer Gatespannung entsprechender Polarität gesteuert wird (d.h.
zunimmt oder abnimmt).
**depletion mode insulated-gate field-effect
transistor**, depletion-mode IGFET
A field-effect transistor that has a high
conductivity at zero gate voltage (i.e. which is
conductive without a gate voltage) and whose
current flow between source and drain is
controlled (i.e. increased or decreased) by
applying a gate voltage of corresponding
polarity.
Verarmungs-Metall-Halbleiter-FET *m*, D-
MESFET *m*
Feldeffekttransistor des Verarmungstyps,
dessen Gate aus einem Schottky-Kontakt
(Metall-Halbleiter-Übergang) besteht.
**depletion-mode metal-semiconductor FET
(D-MESFET)**
Depletion-mode field-effect transistor with a
gate formed by a Schottky barrier (metal-
semiconductor junction).
Verarmungs-MOSFET *m*, D-MOSFET *m*
depletion mode MOSFET, D-MOSFET
Verarmungsbetrieb *m* [Halbleitertechnik]
depletion mode [semiconductor technology]
Verarmungstransistor *m*
depletion mode transistor

Verarmungszone *f*
Bereich eines Halbleiters, in dem die
Leitfähigkeit durch Verringerung der
Ladungsträgerdichte herabgesetzt wurde.
depletion region
Region in a semiconductor in which
conductivity is decreased by a reduction in
charge carrier density.
Verbindung *f,* Datenverbindung *f*
link, data link
Verbindung *f,* Leitbahn *f,* Leiterbahn *f*
interconnect path, interconnection
Verbindungshalbleiter *m*
Halbleiter, der aus zwei oder mehreren
Elementen besteht, z.B. Galliumarsenid oder
Gallium-Aluminiumarsenid, im Gegensatz zum
Elementhalbleiter, der aus einem einzigen
Element besteht, z.B. Silicium.
compound semiconductor
Semiconductor consisting of two or more
elements, e.g. gallium arsenide or gallium
aluminium arsenide, as opposed to an
elemental semiconductor which consists of a
single element, e.g. silicon.
Verbindungsloch *n,* Kontaktloch *n*
[durchkontaktierte Bohrung für Verbindungen
und nicht für Bauteilmontage auf
Leiterplatten]
via hole [plated-through hole for through
connection and not used for component
insertion in a PCB]
Verbindungstechnik *f,* Anschlußtechnik *f*
interconnection technique
verbotenes Band *n,* Energielücke *f*
[Halbleitertechnik]
In der Darstellung des Bändermodells der
Abstand zwischen Leitungsband und
Valenzband, der Energieniveaus im
Halbleiterkristall bezeichnet, die von
Elektronen nicht besetzt werden können.
forbidden band, energy gap [semiconductor
technology]
In the energy-band diagram, the distance
separating the conduction band from the
valence band which represents energy levels
that cannot be occupied by electrons.
verbunden, angeschaltet, angeschlossen
connected
verbundenes Unterprogramm *n*
linked subroutine
Verbundplatte *f,* Schichtplatte *f*
composite board [printed circuit boards]
Verbundwerkstoff *m*
composite material
verdichten
compress, to
verdrahtetes ODER *n,* verdrahtetes UND *n*
[logische Verknüpfung, die durch externes
Zusammenschalten (Verdrahtung) von

mehreren Einzelgattern erreicht wird]
wired AND, wired OR [logical operation
obtained by externally connecting several
individual gates]
Verdrahtungsmaske *f*
Maske, die bei der Herstellung von integrierten
Schaltungen (und Semikundenschaltungen auf
der Basis von Gate-Arrays und ähnlichen
Konzepten) für die Verdrahtung von
Transistoren, logischen Funktionen,
Grundzellen usw. benötigt wird.
interconnection mask
Mask needed in integrated circuit fabrication
(and for semicustom circuits based on gate
arrays or similar concepts) to interconnect
transistors, logical functions, basic cells, etc.
Verdrahtungsmuster *n,* Leiterbild *n,*
Leiterstruktur *f* [bei integrierten Schaltungen
und Leiterplatten]
pattern, conductive pattern [of integrated
circuits or printed circuit boards]
Verdrahtungsplan *m,* Schaltplan *m,*
Schaltschema *n*
wiring diagram
Verdrahtungsplatine *f,* Rückwandplatine *f,*
Backplane *f* [Leiterplatte, die sämtliche
Verdrahtungen (z.B. Busleitungen) aller
Funktionsteile (Leiterplatten) eines
Mikroprozessorsystems enthält]
backplane [printed circuit board containing all
wiring connections (e.g. bus lines) for all
functional modules (printed circuit boards) of a
microprocessor system]
verdrilltes Leiterpaar *n,* verdrillte
Doppelleitung *f*
twisted-pair cable, twisted-pair line
Vereinbarkeit *f,* Kompatibilität *f,*
Verträglichkeit *f* [Austauschbarkeit von
Hardware und Software]
compatibility [hardware], portability
[software]
vereinheitlichen, normalisieren [in der
Gleitpunktdarstellung das Verschieben der
Mantissa bis sie innerhalb eines
vorgeschriebenen Bereichs liegt; in der Praxis
wird das Dezimalkomma nach links verschoben
bis es vor der ersten Ziffer steht, z.B. 123,45
wird $0{,}12345 \times 10^3$ in der normalisierten
Darstellung]
normalize, to; standardize, to [in floating
point representation to adjust the mantissa so
that it lies within a prescribed range; usually
the decimal point is shifted to the left until it
stands in front of the first digit, e.g. 123.45
becomes 0.12345×10^3 in the normalized
representation]
Vereinigung *f* [von Körpern in der graphischen
Datenverarbeitung und in der
rechnergestützten Konstruktion (CAD)]

union [of bodies in computer graphics and computer-aided design (CAD)]
Vererbung *f* [bei der objektorientierten Programmierung: die Weitergabe von Klasseneigenschaften an abgeleitete Klassen]
inheritance [in object oriented programming: passing on class properties to derived classes]
verfügbare Betriebszeit *f*
available time, up-time
Verfügbarkeit *f*
availability
Vergießen *n*, Verkappen *n*, Kapselung *f*, Verkapselung *f*
Verfahren, bei dem Halbleiterbauelemente oder Baugruppen mit einer aushärtenden, isolierenden Gießmasse (meistens Kunstharz) umgossen werden, um sie vor mechanischer Beanspruchung und Verschmutzung zu schützen.
encapsulation, potting
Process of embedding semiconductor components or assemblies in a thermosetting fluid encapsulant (usually plastic resin) to protect them against mechanical stress and dirt.
Verglasen *n*, Verglasung *f*, Glasierung *f*
Das Beschichten von integrierten Schaltungen mit Spezialglas zum Schutz gegen mechanische Beanspruchung und schädliche Umwelteinflüsse.
glassivation
Applying a special glass coating on integrated circuits to protect them against mechanical stress and hostile environmental conditions.
Vergleich *m*
match
vergleichen
match, to
Vergleicher *m*, Komparator *m*
comparator
Vergleichslauf *m*, Benchmark-Lauf *m* [Lauf eines Bewertungsprogrammes (Benchmark-Programm) zwecks Bewertung der Leistungsfähigkeit eines Rechners]
benchmark run [running a benchmark program for evaluating the performance of a computer]
Vergleichsprüfung *f*
cross-validation
Vergleichspunkt *m*, Bewertungspunkt *m* [Bewertungspunkt eines Benchmark-Programmes]
BM (benchmark) [evaluation point of a benchmark program]
Vergleichsspannung *f*, Bezugsspannung *f*, Referenzspannung *f*
reference voltage
Vergleichsverfahren *n*, Benchmark-Verfahren
benchmark test

vergossene Baugruppe *f*, verkapselte Baugruppe *f*
potted assembly, encapsulated assembly
vergrabene Schicht *f*, Subkollektor *m*
Bei integrierten Bipolarschaltungen eine hochdotierte Schicht unter der Kollektorzone, die vor dem Abscheiden der epitaktischen Schicht in das Siliciumsubstrat eindiffundiert wird, um den Kollektorbahnwiderstand zu verringern.
buried layer, buried diffused layer
In bipolar integrated circuits a highly doped layer formed by diffusion under the collector region prior to epitaxial growth to reduce collector series resistance.
vergrabener Kanal *m* [z.B. bei CCD-Elementen]
buried channel [e.g. in charge-coupled devices]
Verkappen *n*, Vergießen *n*, Verkapselung *f*
potting, encapsulation
verkapselte Baugruppe *f*, vergossene Baugruppe *f*
potted assembly, encapsulated assembly
Verkapselung *f*, Vergießen *n*, Verkappen *n*, Kapselung *f*
Verfahren, bei dem Halbleiterbauelemente oder Baugruppen mit einer aushärtenden, isolierenden Gießmasse (meistens Kunstharz) umgossen werden, um sie vor mechanischer Beanspruchung und Verschmutzung zu schützen.
potting, encapsulation
Process of embedding semiconductor components or assemblies in a thermosetting fluid encapsulant (usually plastic resin) to protect them against mechanical stress and dirt.
verketten [Daten]
link, to [data]
verketten [Zeichenketten]
concatenate, to [strings]
verketten, ketten
chain, to; concatenate, to
verkettete Liste *f*
linked list
verkettetes Suchen *n* [Suchen in verketteter Liste]
chaining search [search in chained list]
Verkettung *f* [Zeichenketten]
concatenation [strings]
Verkettung *f*, Kettung *f* [von Adressen mit Zeigern]
chaining [of addresses with pointers]
Verkettung der Unterbrechungspriorität *f* [z.B. von Peripheriegeräten]
daisy chaining of interrupt priority [e.g. of peripherals]
Verkleinerungsfaktor *m*
scaling factor

verknüpfen [logisch]
link, to [logically]
Verknüpfung *f*, logische Verknüpfung *f*, logische
Funktion *f*
logic function, logical operation
Verknüpfungsglied *n*, logische Verknüpfung *f*
Eine logische Verknüpfung führt eine logische
Operation aus, d.h. sie verknüpft zwei oder
mehr Eingangssignale zu einem
Ausgangssignal. Es gibt Verknüpfungen für die
logischen Operationen UND (=Konjunktion),
exklusives ODER (= Antivalenz), inklusives
ODER (= Disjunktion), NICHT (= Negation),
NAND (= Sheffer-Funktion), NOR (= Peirce-
Funktion), Äquivalenz, Implikation und
Inhibition.
basic logic function, logic element, logic gate,
gate
A basic logic function is a logic operation which
combines two or more input signals into one
output signal. Basic logic operations are: AND
(= conjunction), EXCLUSIVE-OR (= non-
equivalence), INCLUSIVE-OR (= disjunction),
NOT (= negation), NAND (= non-conjunction or
Sheffer function), NOR (= non-disjunction or
Peirce function), IF-AND-ONLY-IF (=
equivalence), IF-THEN (= implication) and
NOT-IF-THEN (= exclusion).
Verknüpfungstafel *f*, Wahrheitstabelle *f* [stellt
eine logische Funktion tabellenförmig dar; sie
führt alle Kombinationen der Eingangswerte
und der sich ergebenden Ausgangswerte auf;
eine Funktion mit *n* Eingängen hat 2*n* Zeilen
und *n*+1 Spalten]
truth table [represents a logic function in
tabular form; it lists all possible combinations
of the input values and the resulting output
values; a function with *n* inputs has 2*n* rows
and *n*+1 columns]
Verknüpfungszeichen *n*
concatenation character
verlassen
quit
Verlauf *m*
course
verlorene Zuordnungseinheit *f* [in Datei-
Zuordnungstabelle]
lost allocation unit [in file allocation table]
verlustarm
low loss
Verlustfaktor *m* [dielektrischer]
dissipation factor
Verlustfaktor *m* [elektrischer]
loss factor
Verlustleistung *f*, Leistungsverlust *m*
power dissipation, power loss
verlustlos
zero-loss
Verlustwinkel *m* [z.B. eines Kondensators]

loss angle [e.g. of a capacitor]
Verlustwärme *f*, Wärmeabfuhr *f*
heat dissipation
Vermaschung *f*
intermeshing
verriegelnd
locking
Verriegelung *f*
interlock
Verriegelungsschaltung *f*
interlock circuit
Verriegelungssignal *n*
interlock signal
Versalien *m.pl.*, Großbuchstaben *m. pl.*
upper case letters
verschachteln, verzahnen, überlappen
interleave, to
verschachteltes Programm *n*
nested program
Verschachtelung *f*, Schachtelung *f* [die
Verwendung von weiteren Programmschleifen
innerhalb einer Programmschleife, d.h. eine
Makrodefinition, die Makrobefehle enthält]
nesting [the use of further program loops
within a program loop, i.e. a macro definition
containing macro instructions]
Verschachtelungsebene *f*
nesting level
verschiebbar
relocatable
verschiebbarer Code *m*
relocatable code
verschiebbares Programm *n*, relativierbares
Programm *n*, Relativprogramm *n* [ein
Programm, dessen Adressen angepaßt werden
können, wenn das Programm in einen anderen
Adressenbereich verschoben wird]
relocatable program [a program whose
addresses can be adjusted when the program is
moved into another address area]
Verschieben eines Blocks *n*
block move
verschieben
relocate, to
Verschiebung *f*
relocation
Verschleißausfall *m*, Ermüdungsausfall *m*,
Alterungsausfall *m*
wearout failure
Verschliessen *n*, Verkappen *n* [Glas- oder
Kunststoffgehäuse eines Bauteils]
sealing [glass or plastic housing of component]
Verschlüsseln *n*, Verschlüsselung *f*, Codierung *f*,
Codieren *n*
Das Umsetzen, mit Hilfe eines Codes, von
Informationen aus einer allgemein
verständlichen Form in eine von einer
Maschine erkennbare Form (z.B. das Umsetzen
analoger Signale in eine codierte digitale Form,

das Erstellen eines Programmes in
Maschinensprache für einen bestimmten
Rechner usw.)
encoding
The conversion, by means of a code, of
information presented in a generally
recognizable form into a form that can be
recognized by a machine (e.g. converting analog
signals into a coded digital form, preparing a
program in machine language for a specific
computer, etc.).
verschlüsseln, codieren
  code, to; encode, to
verschlüsseltes Wort n [bei der
Datengeheimhaltung]
  cipher word [in data secrecy]
Verschlüsselung f [bei der
Datengeheimhaltung]
  encryption [for data secrecy]
Verschlüsselung f, **Verschlüsseln** n, Codierung
f, Codieren n
  encoding
versenkter Leiter m [Leiterplatten]
  flush conductor [printed circuit boards]
Versetzung f [ein Kristallgitterfehler, der z.B.
bei der Kristallzüchtung oder durch einen
Ätzvorgang entstehen kann]
  dislocation [a crystal lattice imperfection
which can occur, for example, during crystal
growth or can result from etching]
Version f [Programmversion]
  release [program release or version]
Versorgungsspannung f, Speisespannung f
  supply voltage
Versorgungsstrom m, Speisestrom m
  supply current
verstümmeltes Zeichen n
  mutilated character
Verstärker m [eine Schaltung (bzw. ein Gerät),
das Spannung, Strom oder Leistung verstärkt]
  amplifier [a circuit (or a device) that amplifies
voltage, current or power]
**Verstärker für niedrige
Eingangsspannungen** m
  low-level amplifier, small signal amplifier
Verstärker hoher Linearität m,
Linearverstärker m
  amplifier of high linearity, linear amplifier
Verstärker mit kompensierter Drift m
  drift-compensated amplifier
Verstärkerausgang m
  amplifier output
Verstärkerendstufe f, Leistungsendstufe f
  power amplifier stage
Verstärkerrauschen n
  amplifier noise
Verstärkerstufe f
  amplifier stage
Verstärkung f

amplification, gain
Verstärkung mit Gegenkopplung f
  closed-loop amplification
Verstärkung ohne Gegenkopplung f
  open-loop amplification
Verstärkungsbandbreitenprodukt n
Bandbreitenprodukt nz[Produkt aus
Verstärkungsfaktor und Bandbreite eines
Verstärkers]
  gain-bandwidth product [product of
amplification factor and bandwidth in an
amplifier]
Verstärkungsfaktor m
  amplification factor
Versuchsaufbau m
  breadboard
verteilt, dezentralisiert
  distributed, decentral
verteilte Datenverarbeitung f
  distributed data processing
verteilte Intelligenz f
Rechnerarchitektur, bei der die Zentraleinheit
weitgehend von Steuerungsaufgaben entlastet
ist, um eine Parallelverarbeitung zu
ermöglichen. Dies wird mit Hilfe zusätzlicher
Prozessoren erreicht, die bestimmte Aufgaben
übernehmen. Der Begriff wird meistens im
Zusammenhang mit der fünften
Rechnergeneration, d.h. mit nicht-von-
Neumannschen Rechnerarchitekturen
verwendet.
  distributed intelligence
Computer architecture in which the central
processing unit is freed to a large extent from
the task of carrying out control functions in
order to permit parallel processing. This is
achieved with the aid of additional processors
which perform specific functions. The term is
mainly used in connection with fifth-generation
computers, i.e. with non-von-Neumann
computer architectures.
verteiltes Datenbanksystem n
  distributed data base system
vertikale Parität f, Zeichenparität f,
Querparität f [Parität eines Zeichens nach
Ergänzung durch ein Prüfbit; im Gegensatz zur
Block- oder Längsparität]
  vertical parity [parity of a character after
completing with a parity bit; in contrast to
block or longitudinal parity]
vertikaler Feldeffekttransistor m (VFET),
vertikaler MOS-Transistor m, VMOS-
Transistor m
Feldeffekttransistor, der durch ein V-förmiges
Gate (Steuerelektrode), einen kurzen Kanal
und vertikalen Stromfluß zwischen Source und
Drain gekennzeichnet ist. Durch den kurzen
Kanal ergeben sich hohe Schaltgeschwindigkeiten.

**vertical MOS transistor, VMOS transistor,
vertical field-effect transistor (VFET)**
Field-effect transistor which is characterized by
a V-shaped gate, a short channel and vertical
current flow between source and drain. The
short channel provides high switching speeds.
Vertikalparitätsprüfung *f,*
Querparitätsprüfung *f,* VRC-Prüfung *f*
[Paritätsprüfmethode, z.B. bei Magnetbändern]
**vertical redundancy check (VRC), vertical
parity check** [parity checking method, e.g. for
magnetic tapes]
Vertrauensbereich *m* [Qualitätskontrolle]
confidence interval [quality control]
verträglich, kompatibel [untereinander
austauschbar, z.B. zwei Bausteine, Geräte oder
Systeme]
compatible [replaceable one by the other, e.g.
two devices, units or systems]
Verträglichkeit *f,* Kompatibilität *f,*
Vereinbarkeit *f* [Austauschbarkeit von
Hardware und Software]
compatibility [hardware], portability
[software]
Verunreinigung *f,* Kontamination *f*
[unerwünschte Partikel auf Prozeßanlagen oder
Halbleiterscheiben, die die Ausbeute bei der
Herstellung von Halbleiterbauelementen
verringern]
contamination [unwanted particles on
process equipment or wafers affecting the yield
in semiconductor component fabrication]
Verweilzeit *f* [Datenverarbeitung]
residence time [data processing]
Verzahnen *n,* Spreizen *n* [z.B. von Impulsen im
Zeitmultiplex]
interlacing [e.g. of pulses in time-division
multiplex]
**verzahnen, verschachteln, überlappen
interleave, to**
verzahnt ablaufende Verarbeitung *f,*
überlappte Verarbeitung *f* [die zeitlich
verzahnte Verarbeitung mehrerer Programme]
concurrent processing [interleaved
processing of several programs]
**verzahnt
interleaved**
Verzeichnis *n,* Inhaltsverzeichnis *n*
directory
Verzeichnisbaum *m*
directory tree
Verzeichnisdatei *f*
directory file
Verzeichniseintrag *m*
directory entry
Verzerrung *f*
distortion
Verzinnen *n* [Lötstelle]
tinning [solder joint]

verzögerte Ausführung *f*
delayed execution
verzögertes Schreiben *n* [Betriebsart bei
integrierten Speicherschaltungen]
delayed-write mode [operational mode of
integrated circuit memories]
Verzögerung *f*
delay
Verzögerungsglied *n*
delay element
Verzögerungsleitung *f*
delay line
Verzögerungsspeicher *m,* Laufzeitspeicher *m*
delay-line storage
Verzögerungszeit *f* [allgemein]
delay time [in general]
Verzögerungszeit *f,*
Ausbreitungsverzögerungszeit *f*
Die Verzögerungszeit zwischen der Änderung
eines Signals (bzw. der Umkehrung eines
Logikpegels) am Eingang und dem Auftreten
des Signals am Ausgang.
propagation delay, propagation delay time
Time delay between the change of a signal (or
change in logic level) at the input and the
appearance of the signal at the output.
verzweigen [durch Sprungbefehle bewirkte
Aufteilung eines Programmes in mehrere
Zweige]
branch, to [to divide a program into several
branches with the aid of jump instructions]
Verzweigung *f*
branch
Verzweigungsadresse *f,* Zieladresse *f* [bei
einem Sprungbefehl]
transfer address, destination address [in a
jump instruction]
Verzweigungsbefehl *m,* Sprungbefehl *m*
branch instruction, jump instruction
Verzweigungspunkt *m,* Knoten *m* [eines
Netzes]
node [of a network]
VFET *m,* vertikaler Feldeffekttransistor *m,*
vertikaler MOS-Transistor *m,* VMOS-
Transistor *m*
**VFET (vertical field-effect transistor), VMOS
transistor, vertical MOS transistor**
VGA [Video-Graphik-Adapter für den IBM PC
mit einer Auflösung von 640 x 480 Punkten
bzw. mit einer Zeichenmatrix von 9 x 16
Punkten]
VGA (Video Graphics Array) [video adapter for
the IBM PC giving a resolution of 640 x 480
dots or a character matrix of 9 x 16 dots]
VHSIC *f,* hochintegrierte Schaltung mit hoher
Schaltgeschwindigkeit *f*
VHSIC (very high speed integrated circuit)
Video-Adapter *m* [Anschlußkarte für
Bildschirmgerät]

video adapter [adapter board for video display unit]

Video-Schreib-Lese-Speicher *m*, **VRAM** *m* [Speicher einer Bildschirmkarte]
video RAM, VRAM [memory of a video board]

Videoeingangssignal *n*
video display input (VDI)

Videoplattenrecorder *m*
video disk recorder

Videorecorder *m*
video tape recorder (VTR)

Videosignal *n*, **Bildsignal** *n*
video signal

Videospeicherplatte *f*, **Bildspeicherplatte** *f*
video disk

Videospiel *n*
video game

Videotext-System *n*, **Bildschirmtext-System** *n*, **Btx-System** *n* [interaktives System für die Übermittlung von Text über Fernseh- oder Telephonkanäle für die Anzeige auf einem Bildschirm]
videotex, videotext system [interactive system for text transmission via TV or telephone channels for display on a screen]

Videoverstärker *m*
video amplifier

Vielfachleitung *f*, **Multiplexleitung** *f*
highway

Vielfachmeßgerät *n*, **Mehrfachmeßgerät** *n*, **Universalmeßgerät** *n*
multimeter, universal measuring instrument, multipurpose instrument

Vierfach-Operationsverstärker *m*
quad operational amplifier

vierfache Dichte *f* [Datenträger]
quad density [data medium]

Vierpol *m*, **Zweitor** *n*
Allgemeines Schema zur Kennzeichnung einer elektrischen Schaltung, die mit vier Anschlüssen (Klemmen) mit anderen Schaltungsteilen verbunden ist, wobei jeweils zwei Anschlüsse zu einem Klemmenpaar oder Tor zusammengefaßt werden.
two-port network, four-pole network, two-terminal pair network
Method commonly used to describe an electrical circuit (or network) that is connected to other network elements by four terminals which are paired to form two ports.

Vierpolersatzschaltung *f*
two-port equivalent circuit

Vierpolgleichungen *f.pl.* [Gleichungen, die die Vierpoleigenschaften beschreiben]
two-port equations [equations describing the characteristics of a two-port]

Vierpolparameter *m*
two-port parameter, four-pole parameter

Vierpoltheorie *f*

two-port theory, four-pole theory

Vierquadrant-Multiplizierschaltung *f*, **Vierquadranten-Multiplizierer** *m*
four-quadrant multiplier

Vierschichtdiode *f*, **Dynistor** *m* [Halbleiterbaustein mit diodenähnlicher Kennlinie, angewandt als Hochstromschalter]
dynistor, four-layer diode [semiconductor device with a characteristic similar to that of a diode, used as a high-current switch]

VIP-Technik *f*
Spezielles Isolationsverfahren für bipolare integrierte Schaltungen, bei dem die Schaltungsstrukturen durch V-förmig geätzte Gräben, die mit hochohmigem Polysilicium aufgefüllt werden, voneinander isoliert sind.
VIP technology (vertical isolation with polysilicon)
Special isolation technique used in bipolar integrated circuits which provides isolation between the circuit structures by etched V-shaped grooves which are filled with a high-resistance polysilicon material.

virtuelle Adresse *f* [Adresse, die den Speicherplatz in einem virtuellem Speicher angibt]
virtual address [address giving the storage location in a virtual storage]

virtuelle Maschine *f*, **virtueller Modus** *m*
virtual machine, virtual mode

virtuelle Schnittstelle *f*
virtual interface

virtueller Modus *m*, **virtuelle Maschine** *f* [Prozessorbetriebsart für 80386- und 80486-Prozessoren: bei dieser Betriebsart stehen mehrere virtuelle 8086-Prozessoren gleichzeitig zur Verfügung]
virtual mode, virtual machine [operating mode for 80386 and 80486 processors: in this mode several virtual 8086 processors are available at the same time]

virtueller Speicher *m* [direkt addressierbarer Speicherraum, der technisch aus dem Hauptspeicher und dem Sekundärspeicher (Hintergrund- oder Seitenwechselspeicher) besteht; benötigt eine automatische Umsetzung der virtuellen in reale Adressen]
virtual memory, virtual storage [directly addressable storage space, comprises technically the main memory and secondary storage (background storage or page storage); necessitates automatic conversion of virtual into real addresses]

virtueller Speicherverwalter *m*
virtual memory manager (VMM)

virtuelles Laufwerk *n*, **RAM-Laufwerk** *n* [definiert einen Speicherbereich als logisches Laufwerk, um den Dateizugriff zu beschleunigen]

virtual disk, virtual drive, RAM disk, RAM drive [defines part of main memory as logical drive so as to accelerate file access]

virtuelles Speicherzugriffsverfahren n, VSAM-Verfahren n [kombinierter sequentieller und indizierter Zugriff]
virtual storage access method (VSAM) [combined sequential and indexed access]

virtuelles Terminal n [für Programmierzwecke verwendetes, standardisiertes Terminal]
virtual terminal [standardized terminal employed for programming purposes]

Virus m, Computervirus m [Programm, das sich reproduziert und andere Programme infiziert, verändert bzw. zerstört]
virus, computer virus [program that multiplies itself and infects, modifies or destroys other programs]

Virus-Scanner m [Virus-Suchprogramm]
virus scanner [virus search program]

Virus-Schutzprogramm n
virus protection program, virus immunizer

VLSI f, Größtintegration f
Integrationstechnik, bei der rund 10^6 Transistoren oder Gatterfunktionen auf einem Chip realisiert sind.
VLSI (very large scale integration)
Technique resulting in the integration of about 10^6 transistors or logical functions on a single chip.

VMOS-Transistor m, vertikaler MOS-Transistor m, vertikaler Feldeffekttransistor m (VFET)
Feldeffekttransistor, der durch ein V-förmiges Gate (Steuerelektrode), einen kurzen Kanal und vertikalen Stromfluß zwischen Source und Drain gekennzeichnet ist. Durch den kurzen Kanal ergeben sich hohe Schaltgeschwindigkeiten.
VMOS transistor, vertical MOS transistor, vertical field-effect transistor (VFET)
Field-effect transistor which is characterized by a V-shaped gate, a short channel and vertical current flow between source and drain. The short channel provides high switching speeds.

Volladdierer m [addiert zwei Binärziffern und bildet eine Summe und einen Übertrag; besitzt drei Eingänge und kann den Übertrag aus einer vorhergehenden Stelle berücksichtigen, im Gegensatz zu einem Halbaddierer, der nur zwei Eingänge hat]
full adder [adds two binary digits, producing a sum and a carry; has three inputs and can handle a carry from a preceding digit place, in contrast to a half-adder which has two inputs]

Vollausfall m
complete failure

Vollcodierer m
full coder

Vollduplexbetrieb m, Gegenbetrieb m, Duplexbetrieb m [Datenübertragung in beiden Richtungen gleichzeitig]
full duplex mode, duplex operation [data transmission in both directions simultaneously]

Vollkundenschaltung f, Kundenschaltung f, kundenspezifische Schaltung f
Integrierte Schaltung für eine bestimmte Aufgabe, die nach Kundenwünschen völlig neu entworfen wird.
fully custom circuit, custom circuit
Integrated circuit for a specific application of completely new design according to customer's specifications.

Vollprüfung f
total inspection

Vollsubtrahierer m [eine Schaltung analog dem Volladdierer]
full subtracter [a circuit analog to a full-adder]

Volltextsuche f, freie Textsuche f
full-text retrieval, free text retrieval

Volltextsuchprogramm n
full-text retrieval program

Vollübertrag m
complete carry

Vollwort n
fullword

Volt n (V) [SI-Einheit der elektrischen Spannung]
volt (V) [SI unit of voltage]

vom Benutzer definierbar
user-definable

von Neumannsche Rechnerarchitektur f
Die Standardarchitektur der heutigen Rechner, die sich auf die sequentielle Verarbeitung stützt. Sie soll durch die fünfte Rechnergeneration abgelöst werden, die auf nicht-von-Neumannschen Strukturen wie Parallelverarbeitung, künstlicher Intelligenz usw. basiert.
von Neumann computer architecture
The current standard computer architecture using sequential processing. It is expected to be replaced by fifth-generation computers based on non-von-Neumann structures such as parallel processing, artificial intelligence, etc.

Voralterung f, Burn-In n, Einbrennprüfung f
Prüfverfahren, bei dem Halbleiterbauelemente oder Bausteine unter erschwerten Betriebsbedingungen und bei erhöhten Temperaturen (meistens 125 °C) betrieben werden, um Frühausfälle vor der Inbetriebnahme zu eliminieren.
burn-in, burn-in test
Testing method in which semiconductor components or devices are operated under severe operating conditions and at relatively high temperatures (usually 125 °C) to eliminate early failures prior to actual use.

voraussichtliche Lebensdauer *f*
life expectancy
Vorauszeichen *f*, Prefix *n*
prefix
Vorbedingung *f*
precondition
Vorbelegung *f*, Belegung *f* [Dotierungstechnik]
Bei der Zweischrittdiffusion der erste
Diffusionsvorgang (Belegung), an den sich die
Nachdiffusion zur Erzielung der gewünschten
Diffusionstiefe und des gewünschten
Dotierungsprofils anschließt.
predeposition [doping technology]
In two-step diffusion, the first diffusion step
(predeposition) which is followed by the drive-in
cycle in order to obtain the desired diffusion
depth and concentration profile.
Vorbereitungseingang *m*
preparatory input
Vorbereitungszeit der Ausgabesperre *f* [bei
integrierten Speicherschaltungen]
output disable set-up time [with integrated
circuit memories]
Vorbereitungszeit für Adreß-Freigabe *f*
address before enable set-up time
Vorbereitungszeit für Adreß-Lesen *f*
address before read set-up time
Vorbereitungszeit für Adreß-Schreiben *f*
address before write set-up time
**Vorbereitungszeit für Dateneingabe vor
Schreiben** *f*
data-in before write set-up time
**Vorbereitungszeit für Freigabe vor
Schreiben** *f*
enable before write set-up time
Vorbereitungszeit für Lesen-Freigabe *f*
read before enable set-up time
Vorbereitungszeit vor Schreiben *f*
setup time prior to write
vorbeugende Instandhaltung *f*, vorbeugende
Wartung *f*
preventive maintenance
Vordergrund *m* [Bildschirmbereich, der vom
aktiven Fenster belegt wird]
foreground [screen area occupied by active
window]
Vordergrundprogramm *n* [Programm mit
hoher Priorität]
foreground program [program with high
priority]
Vordergrundprozeß *m* [Prozeß mit hoher
Priorität]
foreground task [task with high priority]
voreinstellen
preset, to
Vorformatierung *f* [physikalische Formatierung
einer Festplatte, d.h. Erzeugung der Sektoren]
low-level formatting [physical formatting of a
hard disk, i.e. generation of sectors]

Vorgabe *f*
default
Vorgabeanweisung *f*
default statement
Vorgabevereinbarung *f*
default declaration
Vorgang *m*, Transaktion *f* [einzelner Vorgang im
Dialogbetrieb, z.B. Einfügen, Verändern oder
Löschen eines Datensatzes in einer Datei; in
einer Datenbank kann ein Vorgang mehrere
Zugriffe zur Folge haben]
transaction [single action in dialog mode, e.g.
insertion, modification or deletion of a record in
a file; in a data base one transaction can lead to
a number of accesses]
Vorgangsdatei *f*, Bewegungsdatei *f*
transaction file
vorgeschaltet, in Reihe geschaltet,
reihengeschaltet
connected in series, series-connected
Vorgriffssignal *n*
look-ahead signal
vormontierte Leiterplatte *f*
preassembled printed circuit board
Vorrangschaltung *f*, Arbitration *f* [Verfahren
zur Lösung von Prioritätskonflikten, z.B. beim
Zugriff auf den Hauptspeicher]
arbitration [process of solving priority
conflicts, e.g. when accessing the main storage]
Vorrangunterbrechung *f*,
Prioritätsunterbrechung *f*,
Vektorunterbrechung *f*
[Programmunterbrechung versehen mit einem
Vektor zur Angabe der Priorität; im Gegensatz
zum Abfrageverfahren]
priority interrupt, vectored interrupt
[program interruption provided with a vector
designating the priority; in contrast to polling]
Vorrechner *m*, Vorschaltrechner *m*
front-end processor
Vorsatz *m*, Anfangsetikett *n*, Anfangskennsatz *m*
header label
Vorsatzprüfung *f*
header label check
Vorschaltrechner *m*, Vorrechner *m*
front-end processor
Vorschaltwiderstand *m*, Vorwiderstand *m*
series resistor, voltage-dropping resistor
Vorschub *m* [z.B. bei Druckern]
feed [e.g. in printers]
Vorspann *m*
leader
Vorspannung *f*
bias voltage
Vorspannungskompensation *f*
bias compensation
Vorspannungsschaltung *f*
biasing circuit
Vorspannungsstabilisierung *f*

bias stabilization
Vorspannungstreiberstufe *f*
bias driver
vorübergehend, kurzzeitig
temporary
vorübergehend, zeitweise
temporarily
Vorverstärker *m*
preamplifier
Vorwahlzähler *m*
preset counter
Vorwiderstand *m*, **Vorschaltwiderstand** *m*
series resistor, voltage-dropping resistor
vorwärts blättern, abwärts blättern
page down, to
vorwärts rollen
scroll down, to
Vorwärts-Rückwärts-Schieberegister *n*
bidirectional shift register
Vorwärtsfehlerkorrektur *f*
forward error correction
Vorwärtskennlinie *f*
forward voltage-current characteristic
Vorwärtsrichtung *f*, **Durchlaßrichtung** *f*
forward direction
Vorwärtsspannung *f*, **Durchlaßspannung** *f*
(veraltet)
forward voltage
Vorwärtssteilheit *f*
transconductance
Vorwärtsstrom *m*, **Durchlaßstrom** *m* (veraltet)
[der im Durchlaßzustand fließende Strom einer
Diode]
forward current, on-state current [the
current flowing through a diode in conducting
state]
Vorwärtsverkettung *f*
forward chaining
vorwärtszählen, heraufzählen, aufwärtszählen
count upwards, to
Vorwärtszähler *m*, **Aufwärtszähler** *m*
up-counter, incrementer
Vorzeichen *n*
sign, algebraic sign
Vorzeichen-Flag *n*
sign flag
Vorzeichen-Flipflop *n*
sign-control flip-flop
Vorzeichenbit *n*
sign bit
Vorzeichenregel *f*
rule-of-signs
Vorzeichenregister *n*
sign register
Vorzeichenunterdrückung *f*
sign suppression
vorzeitige Beendigung *f*, **Abbrechen** *n*,
Abbruch *m*, Programmabbruch *m*
abnormal termination, abortion, program

abortion
VRAM *m*, Video-Schreib-Lese-Speicher *m*
[Speicher einer Bildschirmkarte]
VRAM (Video RAM) [memory of a video board]
VRC-Prüfung *f*, Querparitätsprüfung *f*,
Vertikalparitätsprüfung *f*
[Paritätsprüfmethode, z.B. bei Magnetbändern]
VRC (vertical redundancy check), vertical
parity check [parity checking method, e.g. for
magnetic tapes]
VSAM-Verfahren *n*, virtuelles
Speicherzugriffsverfahren *n* [kombinierter
sequentieller und indizierter Zugriff]
VSAM (Virtual Storage Access Method)
[combined sequential and indexed access]
VTL, variable Schwellwertlogik *f*
Logikfamilie, deren Schwellenspannung
veränderlich ist.
VTL (variable threshold logic)
Logic family in which the threshold voltage is
variable.

W

Wafer *m*, Halbleiterscheibe *f*
 Dünne, aus einem Halbleiterkristall gesägte
 Scheibe, auf der gleichartige
 Schaltungsstrukturen integriert sind. Mit Hilfe
 eines Laserstrahls oder einer Diamantsäge
 wird der Wafer in die einzelnen Chips zerlegt.
 wafer
 Thin slice cut from a semiconductor crystal, on
 which similar circuit structures are integrated.
 With the aid of a laser beam or a diamond saw,
 the wafer is divided into individual chips.
Wafer-Testgerät *n*, Wafertester *m* [Testgerät
 für Halbleiterscheiben]
 wafer tester
Waferherstellung *f*
 wafer fabrication
Waferstepper *m*, DSW-Verfahren *n*
 [Photolithographie]
 direct step on wafers (DSW)
 [photolithography]
Wagenrücklauf *m*
 carriage return
Wagenrücklaufzeichen *n*
 carriage return character (CR)
Wahl der Betriebsart *f*
 mode select, mode selection
wahlfreie Verarbeitung *f*
 random processing
wahlfreier Zugriff *m*
 random access
Wählleitung *f*
 switched line
wahlweises Überlesen *n*
 optional skip
Wahrheitsfunktion *f*
 truth function
Wahrheitstabelle *f*, Verknüpfungstafel *f* [stellt
 eine logische Funktion tabellenförmig dar; sie
 führt alle Kombinationen der Eingangswerte
 und der sich ergebenden Ausgangswerte auf;
 eine Funktion mit *n* Eingängen hat 2*n* Zeilen
 und *n*+1 Spalten]
 truth table [represents a logic function in
 tabular form; it lists all possible combinations
 of the input values and the resulting output
 values; a function with *n* inputs has 2*n* rows
 and *n*+1 columns]
Wahrheitswert *m*, Boolescher Wert *m* [die
 Werte "wahr" (1) und "falsch" (0) bei logischen
 Aussagen]
 truth value, logical value [the values "true" (1)
 and "false" (0) in logical statements]
Wahrscheinlichkeit des Überlebens *f*
 survival probability
Waitstate *m*, Wartezustand *m* [Taktzyklen, die

vom Prozessor abgewartet werden müssen, bis
 er auf langsamere Speicher- oder
 Peripheriebausteine zugreifen kann]
 wait state [clock cycles during which processor
 has to wait until slower memory or peripheral
 devices can be accessed]
Walzendrucker *m*
 drum printer, on-the-fly printer
Wanne *f*, Isolationswanne *f*
 Isolationszone in einer integrierten Schaltung
 zur Aufnahme von Transistoren, um sie von
 anderen Elementen der Schaltung elektrisch zu
 isolieren. So wird beispielsweise der N-Kanal-
 Transistor einer CMOS-Schaltung in eine P-
 leitende Wanne eindiffundiert.
 well, isolation pocket
 Isolated region in an integrated circuit into
 which transistors are fabricated to separate
 them electrically from other circuit elements.
 For example, the n-type transistor of a CMOS
 integrated circuit is constructed within a p-well
 by a diffusion step.
Wärmeabfuhr *f*, Verlustwärme *f*
 heat dissipation
Wärmeableiter *m*, Kühlkörper *m*
 Metallischer Körper zur Aufnahme und
 Ableitung von Verlustwärme aus
 elektronischen Bauelementen.
 heat sink
 Metal body used to absorb and dissipate heat
 from electronic components.
wärmebeständig, hitzebeständig
 thermally stable
Wärmebeständigkeit *f*, thermische
 Beständigkeit *f*
 thermal stability
Wärmekapazität *f*
 thermal capacity
Wärmeleitfähigkeit *f*
 thermal conductivity
Wärmeleitung *f*
 thermal conduction
Wärmewiderstand *m*, thermischer Widerstand *m*
 thermal resistance
Warmstart *m*, Wiederanlauf *m*, Systemstart *m*
 [nochmaliges Aufstarten des Rechners ohne
 Aus- und Wiedereinschalten, im Gegensatz
 zum Kaltstart]
 warm boot, system reboot [restarting a
 computer without switching off and on again, in
 contrast to cold boot]
Wartbarkeit *f*
 maintainability
Wartebetriebsart *f*, Reservebetrieb *m*
 standby mode, backup operation
Warteliste *f*
 waiting list
warten
 wait, to

warten, instandhalten
maintain, to
Warten *n*
waiting, queuing
wartendes Programm *n*
waiting program
Warteschlange *f,* Schiebeliste *f,* FIFO-Liste *f*
queue, push-up list, FIFO list
Warteschlangentheorie *f*
queuing theory
Warteschlangenverwaltung *f*
queue management
Wartespeicher *m*
push-up storage
Wartestatus *m*
wait mode
Wartezeit *f,* Latenzzeit *f,* Zugriffswartezeit *f*
[rotationsbedingte Verzögerungszeit beim
Lesen oder Schreiben eines Datensatzes auf
einer Platte oder Diskette; die maximale
Latenzzeit ist die Zeit für eine Umdrehung; die
mittlere ist die Hälfte des Maximalwertes]
latency [rotational delay in reading or writing
a record to a disk or floppy disk storage;
maximum latency is the time for a complete
revolution of the disk, average latency is half
the maximum value]
Wartezustand *m*
disconnected mode (DM), wait state
Wartezustand *m,* Bereitschaftszustand *m,*
Reservezustand *m*
standby state
Wartezustand *m,* Waitstate *m*
wait state
Wartung *f,* Instandhaltung *f,* vorbeugende
Instandhaltung *f*
maintenance, preventive maintenance
Wartungsfreundlichkeit *f*
serviceability
Watt *n* (W) [SI-Einheit der Leistung]
watt (W) [SI unit of power]
Weber *n* (Wb) [SI-Einheit des magnetischen
Flusses]
weber (Wb) [SI unit of magnetic flux]
Wechselbetrieb *m,* Halbduplexbetrieb *m*
[Datenübertragung abwechselnd in beiden
Richtungen; im Gegensatz zum Duplex- bzw.
Vollduplexbetrieb]
half duplex operating mode, two-way
alternate operation [data transmission in both
directions alternately; in contrast to duplex or
full-duplex operation]
Wechselplatte *f* [auswechselbare Magnetplatte]
removable hard disk [exchangeable hard
disk]
Wechselplattenspeicher *m*
exchangeable disk store (EDS)
Wechselschrift *f,* Richtungsschrift *f,* NRZ-
Schrift *f* [Schreibverfahren für die

Magnetbandaufzeichnung; Aufzeichnung ohne
Rückkehr nach Null]
non-return-to-zero recording (NRZ)
[magnetic tape recording method]
wechselseitige Datenübermittlung *f*
two-way alternate communication
Wechselspannung *f*
alternating voltage, ac voltage
Wechselspannungsquelle *f*
ac voltage source
Wechselspannungsverstärker *m*
ac amplifier
Wechselstrom *m*
alternating current (ac)
Wechseltaktschrift *f* [Verfahren für die
Magnetbandaufzeichnung]
two-frequency recording, double frequency
recording, pulse width recording [magnetic tape
recording method]
Wegaufnehmer *m,* Weggeber *m*
Ein Gerät, das einen zurückgelegten Weg mißt
und den Meßwert in eine der Weglänge
proportionale elektrische Größe umsetzt.
position transducer
A device that measures position by
displacement along a path and converts the
measurement into an electrical quantity
proportional to the displacement.
weicher Bindestrich *m* [vom Benutzer
definierte Worttrennstelle für die automatische
Trennung, im Gegensatz zum normalen bzw.
harten Bindestrich]
soft hyphen, discretionary hyphen [user-
defined hyphen for automatic hyphenation, in
contrast to normally required or hard hyphen]
weicher Zeilenumbruch *m* [Abschluß jeder
Zeile ohne Wagenrücklauf-Zeichen, im
Gegensatz zum harten Zeilenumbruch]
soft carriage return [closing each line
without carriage return character, in contrast
to hard carriage return]
Weichlöten *n*
soft soldering
weichsektoriert, softsektoriert
[Sektormarkierung auf Disketten mittels
Steuerdaten; im Gegensatz zu hartsektoriert]
soft-sectored [marking of sectors on floppy
disks by control data; in contrast to hard-
sectored]
weißes Rauschen *n*
white noise
Weitschweifigkeit *f* [Redundanz im
Nachrichtengehalt]
redundancy [in content of a message]
Weitverkehrsnetz *n,* Fernnetz *n* [Rechnernetz,
das geographisch relativ weite Gebiete umfaßt
(etwa 1000 km), im Gegensatz zu einem lokalen
Netz (1 bis 10 km)]
wide area network (WAN) [a computer

network covering a relatively wide geographical
area (approx. 1000 km) in contrast with a local
area network (1 to 10 km)]
Wellenform *f*
waveform
Wellenlänge *f*
wavelength
Wellenlänge für maximale Emission *f*
[Optoelektronik]
peak-emission wavelength [optoelectronics]
Wellenlänge für maximale Empfindlichkeit *f*
[Optoelektronik]
peak-sensitivity wavelength
[optoelectronics]
Wellenlöten *n,* **Fließlöten** *n*
Verfahren zum Herstellen von
Lötverbindungen auf gedruckten Leiterplatten.
Dabei werden die Leiterplatten in einer Wanne
über eine flüssige Lotwelle geführt. Das
Verfahren ermöglicht die Herstellung von
mehreren Lötstellen in einem Arbeitsgang.
wave soldering, flow soldering
Process for soldering printed circuit boards by
moving them over a wave of molten solder in a
solder bath. The process enables multiple
solder joints to be produced in a single
operation.
Wellenwiderstand *m*
characteristic impedance, iterative
impedance, surge impedance
Welligkeit *f*
ripple
Welligkeitsfaktor *m*
standing-wave ratio (SWR), voltage
standing-wave ratio (VSWR)
Weltkoordinaten *f.pl.* [bei CAD die nicht
systemgebundenen Koordinaten (Außenwelt)]
world coordinates [system-independent
coordinates (outside world) in CAD]
WENN-Anweisung *f*
IF statement
Wenn-dann-Regel *f*
IF-THEN rule
Werkzeug *n,* **Software-Werkzeug** *n*
tool, software tool
Wertigkeit *f*
significance, weight
Whetstone-Test *m* [Rechner-
Bewertungsprogramm]
Whetstone test [benchmark test program]
While-Schleife *f*
while loop
Wickeltechnik *f,* Wirewrap-Technik *f,*
Drahtwickeltechnik *f* lötfreie
Verbindungstechnik *f*
Verfahren zum Herstellen einer lötfreien
Verbindung durch Umwickeln eines
vierkantigen Anschlußstiftes mit einem Draht
unter Zugspannung mit Hilfe eines

Werkzeuges.
wire-wrap technique, solderless connection
technique
Method of making a solderless connection by
wrapping a wire under tension around a
rectangular terminal with the aid of a tool.
Wicklung *f*
winding
Widerstand-Kondensator-Transistor-Logik *f*
(RCTL)
Variante der RTL-Schaltungsfamilie, bei der
Kondensatoren zur Erhöhung der
Schaltgeschwindigkeit verwendet werden.
resistor-capacitor-transistor logic (RCTL)
Variant of the RTL family of logic circuits
which uses capacitors to increase switching
speed.
Widerstand-Transistor-Logik *f* (RTL)
Logikfamilie, bei der die logischen
Verknüpfungen durch Widerstände ausgeführt
werden und die Transistoren als
Ausgangsinverter wirken.
resistor-transistor logic (RTL)
Logic family in which logical functions are
performed by resistors, the transistors acting
as output inverters.
Widerstands-Kondensator-Kopplung *f,* RC-
Kopplung *f*
resistance-capacitor coupling, RC coupling
Widerstandsanpassung *f,* Impedanzanpassung *f*
impedance matching
Widerstandsbrücke *f*
resistance bridge
Widerstandskopplung *f*
resistive coupling
Widerstandsmeßgerät *n,* Ohmmeter *n*
ohmmeter
Widerstandsnetzwerk *n*
resistor network
Widerstandsrückkopplung *f*
resistive feedback
Widerstandsverstärker *m,* RC-Verstärker *m*
RC amplifier
wieder einschreiben
rewrite, to
wieder speichern, umspeichern, neu speichern
re-store, to; restore, to
Wiederanlauf *m,* Warmstart *m,* Systemstart *m*
[nochmaliges Aufstarten des Rechners ohne
Aus- und Wiedereinschalten, im Gegensatz
zum Kaltstart]
warm boot, system reboot [restarting a
computer without switching off and on again, in
contrast to cold boot]
Wiederanlauf an einem Fixpunkt *m,*
Wiederanlauf an einem Prüfpunkt *m,*
Prüfpunktwiederanlauf *m*
checkpoint restart
Wiederanlauf des Programmes *m*

program restart
Wiederanlauf nach Netzausfall *m*
power-failure restart, power-fail restart
(PFR)
Wiederanlaufadresse *f,* **Wiederanlaufpunkt** *m*
restart point
Wiederanlaufbedingung *f*
restart condition
Wiederanlaufbefehl *m*
restart instruction
Wiederanlaufprogramm *n*
restart program
Wiederauffinden *n,* **Wiedergewinnen** *n* [von
Daten]
retrieval [of data]
wiederauffinden
retrieve, to
Wiederauffindungszeit *f*
retrieval time
Wiederbereitsschaftszeit *f* [bei integrierten
Speicherschaltungen]
precharge time [with integrated circuit
memories]
wiederbeschreibbare optische Platte *f*
rewritable optical disk, (ROD)
wiederbeschreibbare Platte *f* [optische Platte]
rewritable disk, erasable disk [optical disk]
wiederbeschreibbarer optischer Speicher *m*
rewritable optical storage
Wiedereinstiegspunkt *m*
rescue point
Wiedereintrittstelle *f,* **Rücksprungstelle** *f*
reentry point
Wiedergewinnen *n,* **Wiederauffinden** *n* [von
Daten]
retrieval [of data]
wiederherstellen
restore, to
Wiederherstellung *f* [bei Programmen]
recovery [with programs]
Wiederherstellung *f*
restoring
Wiederherstellungsdaten **f.pl.**
recovery data
Wiederherstellungsprogramm *n*
recovery routine
Wiederherstellungsverfahren *n*
recovery procedure
Wiederholangabe *f*
times option, repeat option, repetition option
Wiederholbefehl *m*
repetition instruction
wiederholen
repeat, to; retry, to; rerun, to
Wiederholfunktion *f,* **Dauerfunktion** *f*
repeat function, continuous function
Wiederholprogramm *n*
rerun routine
Wiederholspeicher *m* [ein Speicher, dessen

gespeicherte Informationen periodisch
aufgefrischt werden müssen]
refresh storage [a storage requiring periodic
refreshing of the information stored]
Wiederholung *f,* **Wiederholungslauf** *m*
rerun
Wiederholungszeit *f*
rerun time
Wiederholzahl *f*
repeat count
wiederverwendbares Programm *n*
reusable program
Wiederverwendbarkeit *f*
reusability
Winchester-Laufwerk *n*
Winchester drive
Winchester-Platte *f*
Winchester disk, Winchester hard disk
Winchester-Platten-Controller *m,* **Winchester-
Schnittstellen-Steuerbaustein** *m*
Winchester disk controller
Winchester-Plattenlaufwerk *n*
Winchester disk drive
Winchester-Plattenspeicher *m*
[Festplattenspeicher mit hoher
Aufzeichnungsdichte]
Winchester disk storage [fixed disk storage
with high recording density]
Windows, MS-Windows [von Microsoft
entwickelte graphische Benutzerschnittstelle
und Betriebssystemerweiterung für DOS; sie
beinhaltet eine fensterorientierte,
mehrbetriebsfähige Programmumgebung für
Anwenderprogramme]
Windows, MS-Windows [graphical user
interface and operating system extension
developed by Microsoft for DOS; it gives
applications a windowing and multitasking
program environment]
Windows NT [Weiterentwicklung von MS-
Windows]
Windows NT (Windows New Technology)
[further development of MS-Windows]
Winkelfrequenz *f*
angular frequency, radian frequency
Winkelgeber *m,* **Drehgeber** *m* [wandelt
mechanische Winkel in elektrische Signale um]
rotary encoder, angular transducer [converts
mechanical angles into electric signals]
Winkelverschiebung *f*
angular shift
Wirewrap-Technik *f,* **Wickeltechnik** *f,*
Drahtwickeltechnik *f,* lötfreie
Verbindungstechnik *f*
Verfahren zum Herstellen einer lötfreien
Verbindung durch Umwickeln eines
vierkantigen Anschlußstiftes mit einem Draht
unter Zugspannung mit Hilfe eines
Werkzeuges.

wire-wrap technique, solderless connection technique
Method of making a solderless connection by wrapping a wire under tension around a rectangular terminal with the aid of a tool.
Wirkleistung *f*
active power, real power
wirksames Signal *n* [Regeltechnik]
actuating signal [control]
Wirksamkeit *f*
effectiveness
Wirkspannung *f*
active voltage
Wirkstrom *m*
active current
Wirkungsgrad *m*
efficiency
Wirkwiderstand *m,* ohmscher Widerstand *m*
ohmic resistance
Wissensbank *f*
Datenbank für Systeme der künstlichen Intelligenz, die sich von konventionellen Datenbanken dadurch unterscheidet, daß sie Regeln, Fakten und Prozeduren beinhaltet, die von einem System der künstlichen Intelligenz (z.B. der Inferenzmaschine) zur Bewältigung eines Problems manipuliert werden können.
knowledge base
An artificial intelligence data base which, in contrast to conventional data bases, contains rules, facts and procedures that can be manipulated by the artificial intelligence system (e.g. the inference engine) for solving a problem.
wissensbasiertes System *n,* Expertensystem *n*
Begriff, der im Zusammenhang mit künstlicher Intelligenz verwendet wird. Er beschreibt ein Rechnerprogramm, das sich auf durch Erfahrung gewonnenes Wissen stützt und die Methodik beinhaltet, dieses Wissen bei der Lösung bestimmter Aufgaben folgerichtig umzusetzen.
expert system, knowledge-based system
Term used in connection with artificial intelligence. It describes a computer program based on knowledge gained from experience and the methodology of applying this knowledge to make inferences to solve problems.
Wobbelfrequenz *f*
sweep frequency
Wobbelgenerator *m*
sweep-frequency generator
Wolfram *n* (W) [Schwermetall mit extrem hohem Schmelzpunkt, das bei einigen MOS-Strukturen als Gateelektrode verwendet wird]
tungsten (W) [heavy metal having an extremely high melting point, used as the gate electrode in some MOS structures]

Workstation *f,* Arbeitsplatzrechner *m* [Rechner mit eigener Programm- und Datenhaltung in einem vernetzten System, z.B. für technisch-wissenschaftliche oder Graphikanwendungen]
workstation [computer with own program and storage facilities in a system network, e.g. for technical and scientific tasks or graphical applications]
WORM, einmal beschreibbar, mehrmals lesbar
write once, read many times (WORM)
WORM-Platte *f*
WORM disk
WORM-Speicher *m* [einmal beschreibbarer, mehrmals lesbarer optischer Speicher]
WORM storage (write once, read many times) [optical storage for single write and multiple read operation]
WORM-Technik *f*
WORM technology
Worst-Case-Bedingungen *f.pl.,* Bedingungen für den ungünstigsten Fall *f.pl.* [Schaltungsauslegung]
worst-case conditions [circuit dimensioning]
Wort *n* [Datenverarbeitung]
word [data processing]
wortadressierter Speicher *m*
word-addressed storage
Wortbegrenzungszeichen *n*
word separator
Wörterbuchsuche *f*
dictionary look-up
Wörterspeicher *m* [Datenbank]
lexical storage [data base]
Wortformat *n*
word format
Wortgenerator *m*
word generator
Wortlänge *f*
word length, word size
Wortmaschine *f,* wortorientierter Rechner *m* [Rechner, der die Operanden als Wort fester Länge (z.B. 16 oder 32 Bit) speichert; im Gegensatz zur Stellenmaschine oder zum byteorientierten Rechner, der Operanden unterschiedlicher Stellenzahl (Bytes) zuläßt]
word machine, word-oriented computer [which stores operands as fixed-length words (e.g. with 16 or 32 bits); in contrast to a byte machine or byte-oriented computer whose operands can have a variable number of places (bytes)]
wortorganisierter Speicher *m*
word-organized storage, word-structured storage
wortorientiert
word-oriented
wortorientierter Rechner *m,* Wortmaschine *f* [Rechner, der die Operanden als Wort fester Länge (z.B. 16 oder 32 Bit) speichert; im

Gegensatz zur Stellenmaschine oder zum
byteorientierten Rechner, der Operanden
unterschiedlicher Stellenzahl (Bytes) zuläßt]
word machine, word-oriented computer
[which stores operands as fixed-length words
(e.g. with 16 or 32 bits); in contrast to a byte
machine or byte-oriented computer whose
operands can have a variable number of places
(bytes)]
Wortsymbol *n*
word delimiter
Worttrennprogramm *n*, Silbentrennprogramm
hyphenation program
Worttrennung *f*, Silbentrennung *f*
hyphenation
WSI-Technik *f*, Scheibenintegration *f*
Ultragrößtintegration, bei der eine integrierte
Schaltung die gesamte Fläche eines Wafers
beansprucht.
wafer scale integration (WSI)
Ultra large scale integration in which an
integrated circuit covers the entire surface of
the wafer.
Würmer *m.pl.* [Program, das sich im
Hauptspeicher des Rechners vermehrt; tritt in
Netzwerken auf]
worms [program that multiplies itself in the
main memory of a computer; occurs in
networks]
Wurzelsegment *n*
root segment
Wurzelverzeichnis *n*
root directory
Wurzelziehen *n*, Radizieren *n*
extraction of a root
Wysiwyg-Darstellung *f* [wird in
Textverarbeitungs- und Desktop-Programme
verwendet, um ein Dokument so auf dem
Bildschirm zu zeigen, wie es nachher gedruckt
wird]
wysiwyg (what you see is what you get) [used
in word processing and desktop publishing
software to show document on the screen as it
will look like when printed]

X, Y

X.25 [von CCITT genormtes Protokoll für den
Zugriff auf paketvermittelnde Datennetze]
X.25 [protocol for access to packet-switched
networks standardized by CCITT]

X.25-Schnittstelle *f*
X.25 interface

X.400 [von CCITT genormte Dienste für die
elektronische Post]
X.400 [electronic mail services standardized by
CCITT]

X-Achse *f*
x-axis

X-Lochung *f* [Lochkarten]
x-punch [punched cards]

X-Modem *n* [Protokoll für Dateiübertragung
über Modem]
X-modem [protocol for file transfer via modem]

X/OPEN [Standard für portierbare UNIX-
Anwendungssoftware]
X/OPEN [Standard for portable UNIX
application software]

X-Schnittstellen *f.pl.* [von CCITT genormte
Protokolle für die Datenfernübertragung]
X-interfaces [data transmission protocols
standardized by CCITT]

X-Windows [von MIT entwickeltes Fenster- und
Multitasking-System für UNIX, basiert auf
dem Client-Server-Prinzip]
X-Windows [windowing and multitasking
system for UNIX developed by MIT and based
on client-server principle]

XENIX [UNIX-Version von Microsoft]
XENIX [UNIX version implemented by
Microsoft]

Xerographie *f*
xerography

xerographischer Drucker *m*
xerographic printer

XGA [IBM-Chipsatz für Rechner mit MCA- und
EISA-Bus]
XGA (eXtended Graphics Array) [IBM chip set
for computers with MCA and EISA buses]

XMP [Verwaltungsprotokoll für X/OPEN]
XMP (X/OPEN Management Protocol)

XMS [verwaltet Zusatzspeicher als
Erweiterungsspeicher nach dem XMS-
Standard]
XMS (eXtended Memory Specification)
[manages additional memory as extended
memory]

XON-/XOFF-Zeichen *n.pl.* [vom Terminal
erzeugte Zeichen für die Datenübertragung in
Start-Stop-Arbeitsweise zwischen Terminal
und Rechner; die Übertragung vom Rechner
wird mit dem XOFF-Zeichen gestoppt und mit
dem XON-Zeichen wieder aufgenommen]
XON/XOFF characters [characters generated
by terminal for data transmission between
terminal and computer in start-stop mode;
XOFF requests computer to stop transmission,
XON to resume transmission]

XOR-Gatter *n*, **Exklusiv-ODER-Gatter** *n*,
Antivalenzgatter *n*
XOR gate, exclusive-OR gate

XOR-Glied *n*, **Exklusiv-ODER-Glied** *n*,
Antivalenzglied *n*
XOR element, exclusive-OR element

XOR-Schaltung *f*, **Antivalenzschaltung** *f*,
Exklusiv-ODER-Schaltung *f*
exclusive-OR element, XOR element

XOR-Verknüpfung *f*, **Exklusiv-ODER-**
Verknüpfung *f*, **Antivalenz** *f* [eine logische
Verknüpfung mit dem Ausgangswert
(Ergebnis) 1, wenn und nur wenn einer der
Eingangswerte (Operanden) 1 ist; der
Ausgangswert ist 0, wenn mehrere Eingangswerte 1 oder wenn alle 0 sind]
XOR function, exclusive-OR function [a
logical operation having the output value
(result) 1 if and only if one of the input values
(operands) is 1; the output value is 0 if more
than one input value is 1 or if all input values
are 0]

XSP [Systemverwaltung für X/OPEN]
XSM (X/OPEN System Management)

XT-Architektur *f* [Architektur des IBM PC mit
8088-Prozessor und 8-Bit-Datenbus]
XT architecture [architecture of the IBM PC
with 8088 processor and 8-bit data bus]

XT-kompatibler Rechner *m*
XT-compatible computer

XT-Rechner *m*
XT computer

XY-Anzeige *f*
xy-display

XY-Darstellung *f*
xy-representation

XY-Schreiber *m*, **Koordinatenschreiber** *m*
[elektromechanisches Registriergerät, dessen
Schreiber durch die kombinierte Wirkung von
je einem Antrieb in der X- und in der Y-Achse
bewegt wird]
xy-plotter, xy-recorder, coordinate plotter
[electromechanical recorder whose stylus is
moved by the combined effect of drives in the x
and y axes]

XY-Steuerung *f* [Steuerung mittels Rollkugel
oder Steuerknüppel]
xy-control [control by means of tracking ball
or joystick]

Y-Achse *f*
y-axis

Y-Lochung *f* [Lochkarten]
y-punch [punched cards]

Y-Modem n [Protokoll für Dateiübertragung
über Modem]
　Y-modem [protocol for file transfer via modem]
y-Parameter m
　Kenngröße bei der Vierpol-Ersatzschaltbild-
darstellung von Transistoren. Die vier
Grundparameter sind: y_{11}, Kurzschluß-
Eingangsadmittanz; y_{12}, Kurzschluß-
Übertragungsadmittanz rückwärts (auch
Kurzschluß-Rückwärtssteilheit genannt);
y_{21}, Kurzschluß-Übertragungsadmittanz
vorwärts (auch Kurzschluß-Vorwärtssteilheit
genannt); y_{22}, Kurzschluß-Ausgangsadmittanz.
　y-parameter
　Parameter of the four-terminal network
equivalent circuit of a transistor. There are four
basic y-parameters: y_{11}, short-circuit input
admittance; y_{12}, short-circuit reverse transfer
admittance; y_{21}, short-circuit forward transfer
admittance; y_{22}, short-circuit output
admittance.
Y-Verstärker m [Vertikalablenkverstärker in
einem Oszillographen]
　y-amplifier [vertical deflection amplifier in an
oscilloscope]
YACC [Compiler-Compiler; Programm zur
Erzeugung eines Compilers]
　YACC (Yet Another Compiler-Compiler)
[program for generating a compiler]

Z

Z-Achse *f*
  z-axis
Z-Diode *f*, **Zenerdiode** *f* [in Sperrichtung
  betriebene Diode, die Strom durchläßt, wenn
  die Spannung einen kritischen Wert übersteigt;
  sie wird zur Spannungsbegrenzung und
  -stabilisierung verwendet]
  Zener diode [reverse-biased diode which
  becomes conductive when the voltage exceeds a
  critical value; is used for voltage limitation and
  stabilization]
Z-Modem *m* [Protokoll für Dateiübertagung über
  Modem]
  Z-modem [protocol for file transfer via modem]
Zacke *f* [Eichmarke auf dem Schirm eines
  Oszillographen]
  pip [calibration mark on the screen of an
  oscilloscope]
Zahlenkomplement *n*, **Komplement** *n* [dient der
  Darstellung einer negativen Zahl; für negative
  Binärzahlen verwendet man entweder das
  Einer- oder das Zweierkomplement, für
  negative Dezimalzahlen entweder das Neuner-
  oder das Zehnerkomplement]
  complement [serves to represent a negative
  number; for negative binary numbers one uses
  either the ones or the twos complement and for
  negative decimal numbers either the nines or
  the tens complement]
Zahlenregister *n*
  number register
Zahlenschreibweise *f*
  number notation
Zahlensystem *n*
  number system
Zähler *m* [man unterscheidet zwischen Dual-
  und Dezimal-, Vorwärts- und Rückwärts- sowie
  Synchron- und Asynchronzähler; ein Zähler
  kann aus einer Anzahl Flipflops gebildet
  werden]
  counter [one differentiates between binary
  and decimal, forward and backward,
  synchronous and asynchronous counters; a
  counter can be formed by a series of flip-flops]
Zähler für Vorwärts- und Rückwärtszählung
  m, **Zweirichtungszähler** *m*
  bidirectional counter, up-down counter
Zählerausgang *m*
  counter exit
Zählerbaustein *m*, **Zeitgeberbaustein** *m*
  counter timer circuit (CTC)
Zählereingang *m*
  counter entry
Zählerladesignal *n*
  load counter signal

Zählerstand *m*, **Zählung** *f*
  count
Zählspur *f* [auf Lochkarten]
  counting track [on punched cards]
Zählung der Schleifendurchläufe *f*
  cycle count
Zehnerkomplement *n* [dient der Darstellung
  von negativen Dezimalzahlen]
  Das Zehnerkomplement einer Zahl erhält man
  durch stellenweises Ergänzen auf 0; die
  Subtraktion der Zahl wird dann durch die
  Addition des Komplementes ersetzt; der in der
  höchsten Stelle auftretende Übertrag wird
  nicht berücksichtigt. Beispiel: die Zahl 123 hat
  das Zehnerkomplement 877; die Subtraktion
  555 - 123 wird somit durch die Addition 555 +
  877 = (1)432 = 432 ersetzt.
  tens complement [serves to represent a
  negative decimal number]
  The tens complement of a number is obtained
  by forming the difference to a number having a
  zero in each decimal place; subtraction of the
  number is then replaced by adding the
  complement, the carry in the highest place
  being neglected. Example: the number 123 has
  the tens complement 877; the subtraction 555 -
  123 is thus replaced by the addition 555 + 877 =
  (1)432 = 432.
Zehnertastatur *f*, **numerische Tastatur** *f*
  [Tastatur mit den Ziffern 0 bis 9, evtl. mit
  Sonderzeichen (z.B. für die
  Grundrechenoperationen)]
  numeric keyboard [keyboard with the digits
  0 to 9, possibly with special characters (e.g. for
  the basic arithmetic operations)]
Zehnertastenblock *m*, **numerischer Tastenblock**
  m [separates Tastenfeld für die Eingabe von
  Ziffern]
  numeric keypad [separate keypad for
  entering digits]
Zehnerübertrag *m*
  decimal carry
Zeichen *n* [kleinste Einheit für die
  Zusammensetzung von Daten, d.h. ein
  Buchstabe, eine Ziffer, ein Satzzeichen, ein
  Steuerzeichen, ein Symbol oder ein
  Leerzeichen]
  character [smallest unit for forming data, e.g.
  a letter, a digit, a punctuation mark, a control
  character, a symbol or a blank]
Zeichen der Schaltalgebra *n*, **Logiksymbol** *n*
  logic symbol
**Zeichen für Datenübertragungs-
  umschaltung** *n*
  data link escape character
Zeichen für negative Rückmeldung *n*
  negative acknowledge character (NAK)
Zeichen für positive Rückmeldung *n*
  acknowledge character (ACK)

Zeichenabstand *m*, **Zeichenschritt** *m*
  character spacing
Zeichenbreite *f*
  character width
Zeichendarstellung *f*
  character representation
Zeichendrucker *m*
  character printer, serial printer
Zeichenerkennung *f*
  character recognition
Zeichenfolge *f*, **Zeichenkette** *f*, **String** *m*
  character string, string
Zeichenfolgesymbol *n*
  string symbol
Zeichenformat *n*
  character format
Zeichengenerator *m* [ein ROM oder EPROM,
  das Zeichen (z.B. 5x7- oder 7x9-Punktmatrix)
  erzeugt, die auf einem Bildschirm dargestellt
  oder von einem Drucker ausgegeben werden]
  character generator [a ROM or EPROM
  generating characters (e.g. 5x7 or 7x9 dot
  matrix) for display on a screen or for output on
  a printer]
Zeichengerät *n*, **Plotter** *m*
  plotter
Zeichenhöhe *f*
  character height
Zeichenkette *f*, **Zeichenfolge** *f*, **String** *m* [eine
  Folge von Zeichen]
  character string, string [a series of
  characters]
Zeichenkettenmanipulation *f*
  string manipulation
Zeichenkonzentrator *m* [Zusatzgerät für 7-
  Spur-Magnetbandgeräte; ermöglicht die
  Unterbringung von Bytes auf 7 anstatt 9
  Spuren]
  character concentrator [accessory for 7-
  track magnetic tape units; enables bytes to be
  recorded on 7 instead of 9 tracks]
Zeichenlesegerät *n* [OCR- oder
  Magnetschriftleser]
  character reader [OCR or magnetic character
  reader]
Zeichenmatrix *f* [Punktmatrix für den Aufbau
  eines Zeichens]
  character matrix [matrix of dots forming a
  character]
zeichenparallel [gleichzeitiges Übertragen oder
  Verarbeiten mehrerer Zeichen]
  character-parallel [simultaneous
  transmission or processing of several
  characters]
Zeichenparität *f*, **Querparität** *f*, **vertikale
  Parität** *f* [Parität eines Zeichens nach
  Ergänzung durch ein Prüfbit; im Gegensatz zur
  Block- oder Längsparität]
  vertical parity [parity of a character after

completing with a parity bit; in contrast to
  block or longitudinal parity]
Zeichenregister *n*
  character register
Zeichensatz *m*, **Schriftart** *f*
  character font, font
Zeichenschritt *m*, **Zeichenabstand** *m*
  character spacing
Zeichenschräge *f*, **Neigung eines Zeichens** *f*
  character skew, tilt of a character
Zeichenserie *f*, **Zeichenkette** *f*, **String** *m* [Folge
  von Zeichen aus einem Zeichenvorrat]
  character string, string [sequence of
  characters taken from a character set]
zeichenseriell [Übertragen oder Verarbeiten
  einzelner Zeichen zeitlich nacheinander]
  character-serial [transmission or processing
  of characters one after the other]
Zeichenuntermenge *f*,
  Zeichenvorratsuntermenge *f*
  character subset
Zeichenvorrat *m* [Gesamtheit der Zeichen, die
  von einem Rechner verarbeitet werden können;
  Zeichen, die von einer Tastatur erzeugt und auf
  einem Sichtgerät oder mittels Drucker
  darstellbar sind]
  character set [the complete set of characters
  that can be processed by a computer; characters
  generated by a keyboard and displayed on a
  screen or output by a printer]
Zeichenvorratsuntermenge *f*,
  Zeichenuntermenge *f*
  character subset
zeichnen
  draft, to
Zeichnung *f*
  drawing, plot
zeigen [Bewegen der Maus, bis der Zeiger auf die
  gewünschte Bildschirmstelle zeigt]
  point, to [move the mouse until the arrow
  points to the desired part of the screen]
zeigen und anklicken [Funktion auswählen
  und auslösen durch Bewegen der Maus und
  anklicken der Maustaste]
  point-and-click, point-and-shoot [select and
  actuate function by moving mouse and clicking
  mouse button]
Zeiger *m*, **Hinweisadresse** *f* [zeigt auf den
  nächsten Satz, der vom Programm gelesen
  werden soll, z.B. auf die letzte Eintragung in
  einem Stapelspeicher oder auf den nächsten
  Satz in einer verketteten Datei]
  pointer [points to the next record to be read by
  the program, e.g. to the last entry in a stack or
  the next record in a chained file]
Zeile *f* [allgemein]
  row [general]
Zeilen pro Minute *f.pl.* [Drucker]
  lines per minute (LPM) [printer]

Zeilenabstand *m*
  row pitch
Zeilenabtastung *f*
  row scanning
Zeilenadresse *f*
  row address
Zeilenadressenhaltezeit *f*
  row-address hold time
Zeilenadressenimpuls *m* (RAS)
  Signal für die Zeilenadressierung bei
  Halbleiterspeichern mit matrixförmiger
  Anordnung der Speicherzellen (z.B. bei RAMs).
  row-address strobe (RAS)
  Signal for addressing memory cells in the rows
  of an integrated circuit memory device in which
  the cells are arranged in an array (e.g. in
  RAMs).
Zeilenadressenübernahmeregister *n*
  row-address latch
Zeilenadressenvorlaufzeit *f*
  row-address setup time
zeilenadressierbarer Speicher *m*
  line addressable storage
Zeilenauswahl *f*
  row select
zeilenbinäre Darstellung *f*
  row binary representation
Zeilenbreite *f*
  line width
Zeilendekodierer *m*
  row decoder
Zeilendrucker *m*, **Paralleldrucker** *m*
  line printer, parallel printer
Zeileneditor *m*, **zeilenorientierter Editor** *m*
  [zeigt Text Zeile für Zeile an, im Gegensatz
  zum Texteditor]
  line editor, line-oriented editor [displays text
  line by line, in contrast to full-screen editor]
Zeilenende *n*
  end of line (EOL)
Zeilenfrequenz *f*, **Abtastfrequenz** *f* [Anzahl
  Bildschirm-Zeilen mal Bildwiederholungen/s]
  scanning frequency [number of screen lines
  times picture repetition rate/s]
Zeilennummer *f*
  line number
zeilenorientierter Editor *m*, **Zeileneditor** *m*
  line editor, line-oriented editor
Zeilensegment *n*
  line segment
Zeilensprung-Verfahren *n*
  interlaced technique
Zeilentreiber *m*
  row driver
Zeilenumbruch *m* [Textverarbeitung]
  wordwrap [word processing]
Zeilenvorschub *m*
  line feed (LF)
Zeilenvorschubzeichen *n*

line feed character
zeilenweise
  line by line
Zeilenzähler *m*
  line counter
zeitabhängig
  time-dependent
Zeitabhängigkeit *f*
  time dependency
Zeitablauf *m*, **zeitliche Steuerung** *f*
  timing
Zeitabschaltung *f* [Abschaltvorgang nach
  Überschreitung einer voreingestellten
  Zeitspanne]
  timeout [switching off action initiated when a
  preset time interval has elapsed]
Zeitbasis *f* [z.B. eines Oszillographen]
  time base [e.g. of an oscilloscope]
Zeitbasisdehnung *f*
  time base extension
Zeitbegrenzung *f*
  time limit
Zeitdehnung *f* [eines Oszillographen]
  sweep magnification [of an oscilloscope]
Zeitdiskriminator *m*
  time discriminator
Zeitgatter *n*
  time gate
Zeitgeber *m* [man unterscheidet zwischen
  absolutem (Echtzeit-, Realzeit- oder
  Uhrzeitgeber), relativem und inkrementalem
  Zeitgeber]
  timer [one distinguishes between absolute
  (real-time clock), relative and incremental
  timers]
Zeitgeber-Vorteiler *m*
  timer-prescaler
Zeitgeberbaustein *m*, **Zählerbaustein** *m*
  counter timer circuit (CTC)
Zeithaftstelle *f*, **Haftstelle** *f*, **Trap** *f*
  [Halbleiterkristalle]
  Störstelle in einem Halbleiterkristall, die einen
  Ladungsträger vorübergehend festhalten kann.
  trap [semiconductor crystals]
  Imperfection in a semiconductor crystal which
  temporarily prevents a carrier from moving.
Zeitimpuls *m*
  timing pulse
Zeitintervall *n*
  time interval
Zeitkanal *m*, **Zeitschlitz** *m*
  time slot
zeitlich verzahnte Verarbeitung *f*
  time sharing
zeitliche Arbeitsplanung *f*,
  Arbeitsvorbereitung *f*
  operations scheduling
zeitliche Steuerung *f*, **Zeitablauf** *m*
  timing

zeitliche Verschiebung *f* [z.B. eines Impulses]
  time displacement [e.g. of a pulse]
Zeitmultiplexbetrieb *m*, **Multiplexbetrieb** *m*
  [zeitlich verzahnte Übertragung mehrerer
  Signale über einen Kanal]
  time division multiplex operation,
  multiplex operation [time-shared transmission
  of several signals over same channel]
Zeitplanung *f*
  scheduling
zeitraffende Prüfung *f*, beschleunigte Prüfung *f*
  [Prüfung mit einer erhöhten Beanspruchung,
  die so gewählt ist, daß die Prüfzeit verkürzt
  wird]
  accelerated test [test using an increased
  stress level chosen to shorten the test time]
Zeitraffung *f*
  compressed time scale
Zeitrelais *n*
  time-lag relay
Zeitschalter *m*
  time delay switch
Zeitscheibe *f* [kurze Zeitspanne, die dem
  einzelnen Benutzer eines Zeitscheibensystems
  zugeordnet ist]
  time slice [short time allocated to individual
  user in a time-sharing operation]
Zeitscheibenbetrieb *m*, **Teilnehmerbetrieb** *m*
  [erlaubt mehrerer Benutzer den gleichzeitigen
  Zugriff auf einen Rechner]
  time-sharing method [allows several users to
  simultaneously access a computer]
Zeitscheibensystem *n*, **Teilnehmersystem** *n*
  time-sharing system (TSS)
Zeitsteuer-Flipflop *n*
  timing flip-flop
Zeitstufe *f*
  timer stage
Zeitverzögerung *f*
  time delay
zeitweise, vorübergehend
  temporarily
Zellenbibliothek *f*
  Sammlung von softwaremäßig definierten
  Schaltungsfunktionen, mit denen sich
  integrierte Semikundenschaltungen auf der
  Basis von Gate-Arrays und Standardzellen
  realisieren lassen.
  cell library
  Collection of software-defined circuit functions
  for both gate arrays and standard-cell designs
  which allows semicustom integrated circuits to
  be produced.
zellenorganisiert
  cell organized
Zenerdiode *f*, **Z-Diode** *f* [in Sperrichtung
  betriebene Diode, die Strom durchläßt, wenn
  die Spannung einen kritischen Wert übersteigt;
  wird zur Spannungsbegrenzung und

-stabilisierung verwendet]
  Zener diode [reverse-biased diode which
  becomes conductive when the voltage exceeds a
  critical value; is used for voltage limitation and
  stabilization]
Zenerdurchbruch *m*
  Zener breakdown
Zenereffekt *m*
  Lawinenartige Vervielfachung von
  Ladungsträgern durch Stoßionisation, ähnlich
  dem Lawineneffekt. Der anschließende
  Durchbruch ist reversibel, solange keine
  thermischen Schäden auftreten.
  Zener effect
  Avalanche-like increase of charge carriers due
  to impact ionization, similar to the avalanche
  effect. The subsequent breakdown is reversible
  as long as no thermal damage occurs.
Zenerspannung *f*
  Zener voltage
Zenerstrom *m*
  Zener current
Zentraleinheit *f* (CPU)
  Bei Rechnern allgemein die Einheit, die
  Rechenwerk und Steuerwerk (nach DIN
  ebenfalls Hauptspeicher sowie Ein- und
  Ausgabekanäle) umfaßt. Bei Mikroprozessorsystemen bzw. Mikrocomputern ist der
  Mikroprozessor selbst die Zentraleinheit und
  führt sowohl Rechen- als auch Steuer-
  funktionen durch.
  central processing unit (CPU)
  In computers in general, the unit that
  comprises the arithmetic-logic unit and the
  control unit (according to DIN it also includes
  the main memory as well as the input-output
  channels). In microprocessor-based systems or
  microcomputers, the microprocessor is the
  CPU, i.e. it carries out arithmetic, logic and
  control operations.
Zentraleinheitzeit *f*, **CPU-Zeit** *f* [von der
  Zentraleinheit benutzte Zeit]
  CPU time [time required by CPU for
  processing a program]
Zentraleinheitzeitgeber *m*
  CPU timer
zentraler Rechner *m*
  central computer
Zentralspeicher *m*, **Hauptspeicher** *m* [Speicher,
  mit dem der Prozessor unmittelbar verkehrt,
  und der das Betriebssystem, die Programme
  und die Daten enthält; der Teil, der das gerade
  ablaufende Programm und die zugehörenden
  Daten aufnimmt, wird oft als Arbeitsspeicher
  bezeichnet]
  main memory, main storage [storage with
  which the processor directly communicates and
  which contains the operating system, the
  programs and data; that part which takes up

the running program and data is often called working storage]

Zerhacker *m*
chopper

Zerhackertransistor *m*
chopper transistor

Zickzack-Anordnung *f*
zig-zag configuration

zickzack-gefaltet, Leporello-Formular *n*, Endlosformular *n* [fortlaufend hergestellte Vordrucke in Zickzackfaltung]
fanfold, continuous forms, continuous stationery [continuous strip of paper in zigzag (fanfold) form]

ziehen [Drücken und Festhalten der Maustaste, während die Maus bewegt wird, z.B. um ein Symbol oder ein Fenster zu verschieben]
drag, to [depressing and holding the mouse button while moving the mouse, e.g. to move a symbol or a window]

Zieladresse *f*, Verzweigungsadresse *f* [bei einem Sprungbefehl]
transfer address, destination address [in a jump instruction]

Zielanweisung *f* [Anweisung in der Zielsprache]
object statement [instruction in the object language]

Zieldatei *f*
destination file

Zielprogramm *n*, Objektprogramm *n* [ein durch einen Assembler oder Compiler in Maschinensprache übersetztes Programm]
object program, target program [a program translated into machine language by an assembler or compiler]

Zielrechner *m*
target computer

Zielsprache *f*
object language, target language

Zielverzeichnis *n*
target directory

ZIF-Sockel *m* [Chipsockel, in den ein Chip ohne Kraftaufwand eingesetzt werden kann]
ZIF socket (zero insertion force) [for chip insertion without force]

Ziffer *f* [eine der Dezimalziffern 0 bis 9 bzw. der Dualziffern 0 und 1]
digit [one of the decimal digits 0 to 9 or binary digits 0 and 1]

Ziffer mit hohem Stellenwert *f*
high-order digit

Ziffernanzeige *f*, Digitalanzeige *f*, digitale Anzeige *f* [Darstellung durch Ziffern]
digital readout, digital display [representation by digits]

ziffernmäßig, digital
numerical, digital

Ziffernstelle *f*
digit place, digit position

Zinkblendestruktur *f* [Halbleiterkristalle] Gitteraufbau von Kristallen, z.B. Galliumarsenid, Galliumphosphid, Indiumantimonid usw.
zincblende structure [semiconductor crystals]
Lattice structure of crystals, e.g. gallium arsenide, gallium phosphide, indium antimonide, etc.

Zinnspritzer *m*, Lötzinnspritzer *m*, Spritzer *m*
tin solder splash, solder splash, splash

ZIP-Dateiformat *n* [Dateiformat des Komprimierungsprogrammes PKZIP]
ZIP file format [file format of PKZIP compression program]

Zittern *n*, Jitter *n* [Schwankung der zeitlichen Lage eines Signals oder des Zustandswechsels bei Digitalsignalen; verallgemeinert: Zeit-, Amplituden-, Frequenz- oder Phasenschwankungen]
jitter [fluctuation of the timing of a signal or of the change of state of digital signals; generalized: time, amplitude, frequency or phase fluctuations]

ZLW-Kompression *f* [Kompression nach dem Ziv-Lempel-Welch-Algorithmus]
ZLW compression [compression using Ziv-Lempel-Welch algorithm]

Zone *f*, Bereich *m*, Gebiet *n*
Teilgebiet eines Halbleiterkristalls mit speziellen elektrischen Eigenschaften (z.B. N-leitend, P-leitend oder eigenleitend).
zone, region
Region in a semiconductor crystal that has specific electrical properties (e.g. n-type, p-type or intrinsic conduction).

Zonenfolge *f*
Folge von Halbleiterzonen mit unterschiedlicher Störstellendichte (z.B. NPN, PNP, NPIN)
sequence of regions
In a semiconductor, a succession of regions having differing impurity densities (e.g. npn, pnp, npin)

Zonennivellieren *n*
zone levelling

Zonenreinigung *f* [Kristallzucht]
zone refining [crystal growing]

Zonenschmelzen *n*
zone melting

Zonenübergang *m*, Übergang *m*
Übergangsgebiet zwischen zwei Halbleiterbereichen mit verschiedenen elektrischen Eigenschaften, z.B. zwischen einem P-leitenden und einem N-leitenden Bereich.
junction
Region of transition between two semiconductor regions having different

electrical properties, e.g. between a p-type and
an n-type conducting region.
Zonenziehverfahren n [Kristallzucht]
Verfahren zur Herstellung von
Einkristallhalbleitern aus der Schmelze unter
Schutzgasatmosphäre oder im Hochvakuum.
crystal pulling [crystal growing]
Process for growing single-crystal
semiconductors from the melt in inert gas
atmosphere or in high vacuum.
Zoom-Funktion f, dynamische Skalierfunktion f
[stufenlose Vergrößerung oder Verkleinerung
bei einer graphischen Darstellung auf dem
Bildschirm]
zoom function [continuous enlargement or
reduction of a graphical display]
Zoomen n, dynamisches Skalieren n
zooming
zoomen, heranholen, dynamisch skalieren [bei
der graphischen Datenverarbeitung]
zoom, to [in computer graphics]
Zubehör n, Zubehörteile n.pl.
accessory, accessories
Züchtungsverfahren n, Kristallzüchten n
growing process, crystal growing
zufallsabhängig, stochastisch
stochastic, random
Zufallsausfall m [Ausfälle, die eine konstante
Ausfallrate ergeben]
random failure [failures resulting in a
constant failure rate]
Zufallsfehler m, zufälliger Fehler m
random error
Zufallsimpulsgenerator m
random pulse generator
Zufallsleitweg m
random routing
Zufallsrauschen n
random noise
Zufallsvariable f
random variable
Zufallszahlengenerator m
random number generator
zuführen, speisen
feed, to
Zugangsloch n [Leiterplatten]
access hole [printed circuit boards]
zugeordnet
allocated, assigned
zugreifen
access, to
Zugriff m [der Zugang zu gespeicherten Daten;
man unterscheidet zwischen direktem und
sequentiellem Zugriff]
access [the access to stored data; one
differentiates between direct and sequential
access]
Zugriff über Terminal m, Zugriff über
Datenstation m

terminal access
Zugriffsart f, Zugriffsmodus m
access method, access mode
Zugriffsberechtigung f
authorization, access authorization
Zugriffsbeschränkung f
access restriction, access limitation
Zugriffsmodus m, Zugriffsart f
access method, access mode
Zugriffspfad m
access path
Zugriffsrecht n
access right
Zugriffsschaltung f
access circuit
Zugriffssicherung f
access protection
Zugriffssperre f
privacy lock, lock
Zugriffstabelle f
access table
Zugriffsvektor m
access vector
Zugriffswartezeit f, Latenzzeit f, Wartezeit f
[rotationsbedingte Verzögerungszeit beim
Lesen oder Schreiben eines Datensatzes auf
einer Platte oder Diskette; die maximale
Latenzzeit ist die Zeit für eine Umdrehung; die
mittlere ist die Hälfte des Maximalwertes]
latency [rotational delay in reading or writing
a record to a disk or floppy disk storage;
maximum latency is the time for a complete
revolution of the disk, average latency is half
the maximum value]
Zugriffszeit f [die Zeit für einen Zugriff von der
Zentraleinheit auf einen Speicher; man
unterscheidet zwischen Lese- und Schreibzeit,
d.h. die Zeit für einen Lese- bzw.
Schreibvorgang]
access time [time for accessing a storage
device from the central processing unit; one
distinguishes between reading and writing
time, i.e. between the time for a read or a write
operation]
Zugriffszeit ab Bausteinauswahl f
chip-select access time
Zugriffszeit ab Spaltenadreßauswahl f
column address-select access time
Zugriffszeit ab Zeilenadreßauswahl f
row-address-select access time
Zugriffszeit nach Adreßwechsel f
**access time from address change, address
access time**
Zugriffszeit nach Bausteinauswahl f
access time from chip select
zugänglich
accessible
Zulassungsprüfung f
certification inspection

Zuleitung *f*, **Anschlußdraht** *m*
 lead, connecting wire
zulässige Temperatur *f*
 admissible temperature
Zündimpuls *m* [Steuerimpuls, der einen
 Thyristor vom Sperr- in den Durchlaßzustand
 umschaltet]
 trigger pulse [switches a thyristor from the off
 to the on-state]
zuordnen, zuweisen
 allocate, to; assign, to
Zuordnung *f*, **Zuweisung** *f*
 allocation, assignment
Zuordnung aufheben
 deallocate, to
Zuordnungseinheit *f*
 allocation unit
zusammenfügen
 coalesce, to
zusammengesetzte Mikroschaltung *f*,
 Mikrobaustein *m*
 micro assembly
zusammengesetzter Ausdruck *m*
 compound expression
zusammengesetzter Multichip *m*
 multichip microassembly
Zusatzeinrichtung *f*
 auxiliary equipment, optional equipment,
 option
Zusatzgerät *n*
 accessory device, accessory unit
Zusatzrechner *m*
 auxiliary computer
Zusatzspeicher *m*, **Ergänzungsspeicher** *m*
 [Ergänzung zum Hauptspeicher]
 additional memory, auxiliary memory
 [addition to main memory]
Zusatzspeicher *m*, **Hilfsspeicher** *m* [z.B.
 Magnetbandspeicher]
 backing storage, auxiliary storage [e.g.
 magnetic tape]
Zustand "Eins" *m* [z.B. eines Flipflops]
 on-state, up-state [e.g. of a flip-flop]
Zustand "Null" *m* [z.B. eines Flipflops]
 zero state, down state [e.g. of a flip-flop]
Zustand *m*
 state
Zustandsbit *n*, **Merker** *m*, **Flag** *n*
 Besonders in Mikroprozessoren häufig
 verwendetes Steuerbit zur Anzeige eines
 bestimmten Zustandes bzw. Erfüllung einer
 Bedingung, z.B. Carry-Flag (Übertragsmerker).
 Jedes Flag hat zwei Zustände: 1 = Bedingung
 erfüllt; 0 = nicht erfüllt.
 flag
 Control bit often used, particularly in
 microprocessors, for indicating a certain state
 or fulfilment of a condition, e.g. carry-flag. Each
 flag has two states: 1 = condition fulfilled; 0 =

not fulfilled.
Zustandsbit *n*, **Statusbit** *n* [Bit, das den
 aktuellen Zustand angibt, z.B. der
 Zentraleinheit, eines Kanals, eines Peripheriegerätes usw.]
 status bit [bit giving the actual state, e.g. of
 the central processing unit, a port, a peripheral
 unit, etc.]
Zustandsbyte *n*, **Statusbyte** *n*
 status byte
Zustandsdiagramm *n*
 state diagram
Zustandsflag *n*
 status flag
Zustandsregister *n*, **Statusregister** *n* [im
 Mikroprozessor: enthält Operandenzustand
 oder Ergebnisse, z.B. Übertrag, Überlauf,
 Vorzeichen, Null, Parität]
 status register [in microprocessor: contains
 operand status or results, e.g. carry, overflow,
 sign, zero, parity]
Zustandssignal *n*, **Meldesignal** *n*
 status signal
Zustandsvektor *m*
 status vector
Zustandswort *n*
 status word
zuverlässig, betriebssicher
 dependable, reliable
Zuverlässigkeit *f* [die Fähigkeit einer
 Betrachtungseinheit eine vorgegebene
 Funktion zu erfüllen und zwar unter
 festgelegten Bedingungen und während einer
 festgelegten Zeitdauer]
 reliability [the ability of an item to perform a
 required function under stated conditions for a
 stated period of time]
Zuverlässigkeitskenngrößen *f.pl.*
 reliability characteristics
Zuwachs *m*, **Inkrement** *n*
 increment
zuweisen, zuordnen
 allocate, to; assign, to
Zuweisung *f*, **Zuordnung** *f*
 allocation, assignment
Zuweisungsanweisung *f*
 allocation statement
zweckbestimmt, fest zugeordnet, dediziert
 [System oder Gerät, das ausschließlich einer
 bestimmten Aufgabe gewidmet ist]
 dedicated [system or unit exclusively designed
 for a specific task]
Zwei-aus-Fünf-Code *m* [Binärcode für
 Dezimalziffern, der 5 Bits verwendet; jede
 Dezimalziffer ist mit 2 Binäreinser und 3
 Binärnullen codiert; dadurch ergibt sich eine
 leichte Überprüfbarkeit]
 two-out-of-five code [a binary code for
 decimal digits using 5 bits; it employs 2 binary

ones and 3 binary zeroes for each decimal digit, and is thus easily checked]

Zwei-D-Speicherorganisation *f* [von Magnetkernspeichern]
two-dimensional memory organisation [of magnetic core stores]

Zweiadreßbefehl *m* [ein Befehl mit zwei Adreßteilen]
two-address instruction [an instruction with two address parts]

zweidimensionales Elektronengas *n* [wird bei extrem schnellen Feldeffekttransistoren genutzt, z.B. bei TEGFET]
two-dimensional electron gas [is used in extremely fast field-effect transistors, e.g. TEGFETs]

Zweidrahtleitung *f*
two-wire line, two-wire circuit

Zweieinhalb-D-Speicherorganisation *f* [von Magnetkernspeichern]
two-and-a-half-dimensional memory organisation [of magnetic core stores]

Zweierkomplement *n*, binäres Komplement *n* [eine der Darstellungsformen für negative Binärzahlen; das Zweierkomplement erhält man durch die Addition von 1 auf die niedrigste Stelle des Einerkomplements, das durch Umkehrung der Einser und Nullen gebildet wird; Beispiel: das Einerkomplement von 101 ist 010, das Zweierkomplement ist also 011]
twos complement, binary complement [one of the representation forms for negative binary numbers; the twos complement is obtained by adding 1 to the lowest significant digit of the ones complement, the latter being obtained by replacing ones by zeroes and vice-versa; example: the ones complement of 101 is 010, the twos complement is therefore 011]

Zweifachoperationsverstärker *m*, Doppeloperationsverstärker *m*
dual operational amplifier

Zweifachoperator *m*
dyadic operator

Zweiphasentakt *m*
two-phase clock

Zweipol *m*, Eintor *n*
two-terminal network, single-port network

Zweiquadrant-Multiplizierschaltung *f*
two-quadrant multiplier

Zweirichtungsdiode *f*
bidirectional diode

Zweirichtungsthyristor *m*, Triac *m*
Halbleiterbauelement mit zwei parallelen und entgegengesetzt orientierten Thyristorstrukturen, das Ströme in beiden Richtungen schalten kann.
bilateral thyristor, bilateral SCR, triac
Semiconductor component with two parallel, back-to-back thyristor structures that can switch current in both directions.

Zweirichtungsthyristordiode *f*, Diac *m*
bilateral Shockley diode, diac

Zweirichtungstransistor *m*, bidirektionaler Transistor *m*
bidirectional transistor

Zweirichtungszähler *m*, Zähler für Vorwärts- und Rückwärtszählung *m*
bidirectional counter, up-down counter

Zweischrittdiffusion *f*
Dotierung eines Halbleiterbereiches in zwei Diffusionsschritten: einem ersten Schritt, dem sogenannten Belegungsvorgang, an den sich der zweite Schritt, die Nachdiffusion, anschließt, um die gewünschte Diffusionstiefe und das gewünschte Dotierungsprofil zu erzielen.
two-step diffusion
Doping of a semiconductor region with impurities in two diffusion steps: the first step, called predeposition, is followed by the second step, called drive-in cycle, in order to achieve the desired diffusion depth and concentration profile.

Zweistoffverbindungshalbleiter *m*
Halbleiter, der aus zwei Elementen besteht, z.B. Galliumarsenid.
binary compound semiconductor
Semiconductor consisting of two elements, e.g. gallium arsenide.

Zweistrahloszillograph *m*, Zweistrahloszilloskop *n*
dual-trace oscilloscope

zweistufiges Unterprogramm *n*
two-level subroutine

Zweitakt-Schieberegister *n*
double-line shift register

zweiter Durchbruch *m*
Elektrischer Durchbruch bei einem Transistor infolge lokaler Erhitzung, die einen Stromanstieg im Kollektorbereich bewirkt. Dies führt zu einer weiteren Erhitzung und meistens zur Zerstörung des Transistors.
second breakdown
Electrical breakdown in a transistor due to localized hot-spotting which causes an increase in current concentration in the collector region. This leads to further hot-spotting and usually to the destruction of the transistor.

Zweithersteller *m*
second source

Zweitor *n*, Vierpol *m*
Allgemeines Schema zur Kennzeichnung einer elektrischen Schaltung, die mit vier Anschlüssen (Klemmen) mit anderen Schaltungsteilen verbunden ist, wobei jeweils zwei Anschlüsse zu einem Klemmenpaar oder Tor zusammengefaßt werden.
two-port network, four-pole network, two-

terminal pair network
Method commonly used to describe an electrical
circuit (or network) that is connected to other
network elements by four terminals which are
paired to form two ports.

Zweiwegdatenbus *m*
bidirectional data bus

Zweiwegdatenübertragungsverbindung *f*
two-way data link

Zweizonentransistor *m*, Unijunction-Transistor
m, Doppelbasisdiode *f*
Halbleiterbauelement ohne Kollektorzone mit
zwei sperrfreien Basiskontakten (Ohmsche
Kontakte) und einem dazwischen angebrachten
PN-Übergang. Wird häufig in
Kippschwingschaltungen verwendet.
unijunction transistor
Semiconductor component without a collector
region which has two ohmic base contacts and a
single pn-junction between them. Is often used
in relaxation-oscillator applications.

Zwischenablage *f* [temporärer Speicherbereich
für die Datenübertragung zwischen
Dokumenten und Anwendungen]
clipboard [temporary storage used to transfer
data between documents and between
applications]

Zwischenergebnis *f*
intermediate result

Zwischenfrequenz *f* (ZF)
intermediate frequency (IF)

Zwischengitteratom *n*
interstitial atom

Zwischengitterplatz *m*
interstitial site

Zwischenmaske *f*, Reticle *n* [Photolithographie]
Die anhand der Maskenvorlage mittels
photographischer Verkleinerung erstellte
Zwischenmaske. Das Reticle wird anschließend
mit Hilfe eines Step-und-Repeat-Verfahrens
vervielfältigt und auf die Originalgröße des
Wafers verkleinert.
reticle [photolithography]
The intermediate mask produced from the
initial artwork by a first photographic
reduction step. The reticle is then reproduced
with the aid of a step-and-repeat process and
reduced by a final reduction step to the
dimensions of the wafer.

Zwischenraum *m*, Leerzeichen *n*
space, space character, gap

Zwischenregister *n*
temporary register

Zwischenspeicher *m*, kurzzeitig beanspruchter
Speicher *m*, Pufferspeicher *m*
temporary storage, buffer storage

zwischenspeichern
store temporarily, to; prestore, to; store and
forward, to

Zwischensumme *f*
subtotal

Zwischenverstärker *m*
[Kommunikationstechnik]
repeater [telecommunications]

zyklisch fortschreitender Code *m*, zyklischer
Code m, zyklisch permutierter Code *m* [ein
Binärcode für Dezimalziffern, der Abtastfehler
dadurch verringert, daß sich zwei
aufeinanderfolgende Zahlenwerte nur in einem
Bit unterscheiden, z.B. der Gray-Code]
cyclic progression code, cyclic code, cyclic
permuted code [a binary code for decimal digits
in which, for minimizing scanning errors, the
codes for successive numbers differ by only one
bit, e.g. the Gray code]

zyklisch vertauschen
cycle-shift, to

zyklisch-binärer Code *m*, zyklischer Code *m*
cyclic-binary code, cyclic code

zyklische Blockprüfung *f*, zyklische
Redundanzprüfung *f*
Eine Fehlerprüfmethode, die jedes Zeichen
eines Blockes als Bitfolge, die eine Binärzahl
darstellt, behandelt. Diese Binärzahl wird
durch eine vorgegebene Binärzahl dividiert und
der Rest wird als zyklische Prüfsumme oder
CRC-Zeichen dem Block zugefügt. Beim
Empfänger wird das CRC-Zeichen mit einer
dort gebildeten Prüfsumme verglichen. Wenn
sie nicht übereinstimmen, wird eine
Wiederholung der Übertragung verlangt (ARQ-
Verfahren).
cyclic redundancy check (CRC)
An error detecting method which treats each
character in a block as a string of bits
representing a binary number. This number is
divided by a predetermined binary number and
the remainder is added to the block as a cyclic
redundancy check character (CRC), also called
cyclic check sum or check sum. At the receiving
end the CRC is compared with the check sum
formed there; if they do not agree, a
retransmission is requested (ARQ or automatic
repeat request method).

zyklische Redundanzprüfung *f*, CRC-Prüfung
f, zyklische Blockprüfung *f*
cyclic redundancy check (CRC)

zyklische Vertauschung *f*
cyclic permutation

zyklischer Code *m*, zyklisch fortschreitender
Code *m*
cyclic code, cyclic progression code

zyklischer Code *m*, zyklisch-binärer Code *m*
cyclic-binary code, cyclic code

zyklischer Vorgang *m*, periodischer Vorgang *m*
cyclic process

zyklisches Verschieben *n*, Ringschieben *n*
[Verschieben eines Binärzeichens vom Ausgang

eines Schieberegisters wieder in den Eingang]
cyclic shift, circular shift, end-around shift
[moving a binary digit from the output of a shift
register and reentering it in the input]
**Zyklus für Lesen mit modifiziertem
Rückschreiben** m**, Lese-Änderungs-
Schreibzyklus** m
read modify-write cycle
Zyklus für seitenweisen Betrieb m
page mode cycle
Zyklusraub m [Speicherzugriff]
cycle stealing [memory access]
Zykluszeit f [Zeitspanne zwischen zwei
aufeinanderfolgenden zyklisch
wiederkehrenden Vorgängen, z.B. die
Zeitspanne zwischen zwei
aufeinanderfolgenden Befehlen
(Befehlszykluszeit) oder zwischen zwei
aufeinanderfolgenden Lese- bzw.
Schreibvorgängen in einem Speicher
(Speicherzykluszeit)]
cycle time [time interval between two
successive periodically repeating actions, e.g.
the time between two successive instructions
(instruction cycle time) or between two
successive read or write operations in a storage
(storage cycle time)]
**Zykluszeit für Lesen mit modifiziertem
Rückschreiben** f
read modify-write cycle time
Zykluszeit für wahlfreies Lesen f
random read cycle time
Zykluszeit für wahlfreies Schreiben f
random write cycle time
Zylinder m [die von den Magnetköpfen ohne
Positionierung erreichbaren Spuren eines
Magnetsplattenstapels; alle übereinander-
liegenden Spuren bilden einen Zylinder]
cylinder [the tracks reached by the magnetic
heads of a magnetic disk pack without
positioning; the tracks lying one above the
other form a cylinder]
Zylinderkapazität f [Festplatte]
cylinder capacity [hard disk]

A

A/D converter, analog-to-digital converter
[converts an analog input signal into a digital
output signal]
A/D-Umsetzer *m*, Analog-Digital-Umsetzer *m*
[setzt ein analoges Eingangssignal in ein
digitales Ausgangssignal um]

abnormal termination, abortion, program
abortion
Abbrechen *n*, Abbruch *m*, Programmabbruch
m, vorzeitige Beendigung *f*

abort, to [interruption of a running program by
the operator]
abbrechen, kontrolliert abbrechen
[Unterbrechung eines laufenden Programmes
durch den Bediener]

abort condition, program abort condition
Abbruchbedingung *f*,
Programmabbruchbedingung *f*

abortable [program]
abbruchfähig [Programm]

abortion, abnormal termination, program
abortion
Abbrechen *n*, Abbruch *m*, Programmabbruch
m, vorzeitige Beendigung *f*

absence
Fehlen *n*

absolute address, machine address, physical
address [actual or permanent address of a
storage location; in contrast to relative,
symbolic or virtual address]
absolute Adresse *f*, Maschinenadresse *f*,
physikalische Adresse *f* [tatsächliche oder
permanente Adresse eines Speicherplatzes; im
Gegensatz zur relativen, symbolischen oder
virtuellen Adresse]

absolute loader [program loader]
Absolutlader *m* [Programmlader]

absolute maximum ratings [semiconductor
devices]
Limiting values (e.g. voltages, currents,
temperatures, etc.) which, when exceeded, may
lead to permanent damage or destruction of the
semiconductor device.
absolute Grenzdaten *n.pl.*
[Halbleiterbauteile]
Grenzwerte (z.B. Spannungen, Ströme,
Temperaturen usw.), bei deren Überschreitung
das Halbleiterbauteil beschädigt oder zerstört
werden kann.

absolute program loader, binary program
loader
Lader für Programme im Maschinencode
m

absolute program, machine code program
Programm im Maschinencode *n*

absolute programming
Programming with machine addresses and
machine-internal operation codes, in contrast to
symbolic programming.
absolute Programmierung *f*,
Programmierung mit absoluten Adressen *f*
Programmierung mit Maschinenadressen und
maschineninternen Codes, im Gegensatz zu
symbolischer Programmierung.

absolute value
Absolutwert *m*

abstract data type
abstrakter Datentyp *m*

abuse, data abuse
Mißbrauch *m*, Datenmißbrauch *m*,
mißbräuchliche Nutzung von Daten *f*

ac, alternating current
Wechselstrom *m*

ac amplifier
Wechselspannungsverstärker *m*

ac voltage, alternating voltage
Wechselspannung *f*

ac voltage source
Wechselspannungsquelle *f*

AC, adaptive control
AC-System *n*, adaptive Steuerung *f*, adaptive
Regelung *f*

ACC (accumulator) [register storing the result of
an operation]
Akkumulator *m* [Register, welches das
Ergebnis einer Operation speichert]

accelerated aging
Raffung des Alterungsprozesses *f*,
beschleunigte Alterung *f*

accelerated life test
Lebensdauerraffungsprüfung *f*,
beschleunigte Lebensdauerprüfung *f*

accelerated test [test using an increased stress
level chosen to shorten the test time]
zeitraffende Prüfung *f*, beschleunigte
Prüfung *f* [Prüfung mit einer erhöhten
Beanspruchung, die so gewählt ist, daß die
Prüfzeit verkürzt wird]

acceleration
Beschleunigung *f*

acceleration time
Beschleunigungszeit *f*

accept statement
Annahmeanweisung *f*

accept
annehmen

acceptable quality level (AQL)
annehmbare Qualitätsgrenze *f* (AQL)

acceptance
Annahme *f*

acceptance limit [acceptance test]
Gutgrenze *f* [Abnahmeprüfung]

acceptance test
Abnahmeprüfung *f*

accepting station
annehmende Datenstation *f*
acceptor [semiconductor technology]
An impurity (or crystal imperfection), added intentionally to a semiconductor, which attracts an electron from an adjacent atom thus creating a hole. Movement of the holes constitutes a positive charge transport through the semiconductor.
Akzeptor *m* [Halbleitertechnik]
In einen Halbleiter eingebautes Fremdatom (oder Gitterfehler), das ein Elektron eines benachbarten Atoms aufnimmt und dadurch ein Loch (Defektelektron) erzeugt. Die Bewegung der Löcher stellt einen positiven Ladungstransport durch den Halbleiter dar.
acceptor atom
Akzeptoratom *n*
acceptor charge
Akzeptorladung *f*
acceptor concentration
Akzeptorkonzentration *f*
acceptor energy state, acceptor level
Akzeptorniveau *n*
acceptor exhaustion
Akzeptorerschöpfung *f*
acceptor impurity
Akzeptorfremdatom *n*
acceptor ion
Akzeptorion *n*
acceptor level, acceptor energy state
Akzeptorniveau *n*
access [the access to stored data; one differentiates between direct and sequential access]
Zugriff *m* [der Zugang zu gespeicherten Daten; man unterscheidet zwischen direktem und sequentiellem Zugriff]
access, to
zugreifen
access circuit
Zugriffsschaltung *f*
access hole [printed circuit boards]
Zugangsloch *n* [Leiterplatten]
access method, access mode
Zugriffsart *f*, Zugriffsmodus *m*
access path
Zugriffspfad *m*
access protection
Zugriffssicherung *f*
access restriction, access limitation
Zugriffsbeschränkung *f*
access right
Zugriffsrecht *n*
access table
Zugriffstabelle *f*
access time [time for accessing a storage device from the central processing unit; one distinguishes between reading and writing

time, i.e. between the time for a read or a write operation]
Zugriffszeit *f* [die Zeit für einen Zugriff von der Zentraleinheit auf einen Speicher; man unterscheidet zwischen Lese- und Schreibzeit, d.h. die Zeit für einen Lese- bzw. Schreibvorgang]
access time from address change, address access time
Zugriffszeit nach Adreßwechsel *f*
access time from chip select
Zugriffszeit nach Bausteinauswahl *f*
access vector
Zugriffsvektor *m*
accessible
zugänglich
accessory, accessories
Zubehör *n*, Zubehörteile *n.pl.*
accessory device, accessory unit
Zusatzgerät *n*
accounting program
Buchhaltungsprogramm *n*, FIBU-Programm *n* (FIBU, Finanzbuchhaltung)
accumulate, to
akkumulieren
accumulated error
akkumulierter Fehler *m*
accumulating counter
Addierzähler *m*
accumulator (ACC) [register storing the result of an operation]
Akkumulator *m* [Register, welches das Ergebnis einer Operation speichert]
accuracy [general: freedom from error]
Genauigkeit *f* [allgemein: Fehlerfreiheit]
accuracy check
Genauigkeitsprüfung *f*
ACE (advanced custom emitter-coupled logic)
A gate array concept for producing semicustom integrated circuits.
ACE-Technik *f*
Ein Gate-Array-Konzept in spezieller emittergekoppelter Logik, mit dem sich integrierte Semikundenschaltungen realisieren lassen.
ACK (acknowledge character)
Zeichen für positive Rückmeldung *n*
acknowledge signal [e.g. as an answer to an interrupt request]
Quittungsmeldung *f* [z.B. als Antwort auf eine Unterbrechungsanforderung]
acknowledgement
Rückmeldung *f*
acoustic coupler [data transmission via telephone handset]
akustischer Koppler *m* [Datenübertragung über Telephonhandapparat]
acoustic memory, acoustic storage
Schallspeicher *m*, akustischer Speicher *m*

acoustic power
Schalleistung *f*
acoustic storage, acoustic memory
akustischer Speicher *m*, Schallspeicher *m*
acquisition [data, information, signals]
Erfassung *f* [Daten, Information, Signale]
ACR (automatic character recognition)
automatische Zeichenerkennung *f*
acronym, abbreviation
Akronym *n*, Abkürzung *f*
activate, to; enable, to
aktivieren
activation
Aktivierung *f*
activation energy [semiconductor technology]
Work required to transfer a charge carrier to a
higher energy level.
Aktivierungsenergie *f* [Halbleitertechnik]
Arbeit, die erforderlich ist, um einen
Ladungsträger in ein höheres Energieniveau zu
überführen.
active current
Wirkstrom *m*
active DO loop [repetitive execution of same
statement]
aktive Schleife *f* [wiederholte Ausführung
einer Anweisung]
active element
An element which amplifies or controls a
signal, e.g. a transistor or a diode.
aktives Element *n*
Ein Bauelement, das zur Verstärkung oder
Steuerung eines Signals benutzt wird, z.B. ein
Transistor oder eine Diode.
active LCD [liquid crystal display with internal
electronics]
aktive LCD-Anzeige *f* [Flüssigkristallanzeige
mit interner Elektronik]
active level
aktiver Pegel *m*
active page
aktive Seite *f*
active power, real power
Wirkleistung *f*
active printer
aktiver Drucker *m*
active region [of a semiconductor component]
aktiver Bereich *m* [eines
Halbleiterbauelementes]
active semiconductor component
aktives Halbleiterbauelement *n*
active storage
Aktivspeicher *m*
active task
aktive Aufgabe *f*
active two-port network
aktiver Vierpol *m*
active voltage
Wirkspannung *f*

active window
aktives Fenster *n*
active zero logic
Nullsignallogik *f*
activity log
Bewegungsprotokoll *n*
actual value, instantaneous value
Istwert *m*
actuate, to; operate, to [relay]
ansprechen, anziehen, erregen [Relais]
actuating signal [control]
wirksames Signal *n* [Regeltechnik]
actuator, controller, controlling element
[automatic control]
Stellglied *n* [Regelungstechnik]
acute angle
spitzer Winkel *m* [graphische Darstellung]
ADA [high-level problem-oriented programming
language based on PASCAL]
ADA [höhere, problemorientierte
Programmiersprache auf PASCAL-Basis]
adaptability
Anpaßfähigkeit *f*
adaptation [electrical component or unit for
connecting subsystems]
Anpaßteil *n* [elektrisches Bauteil oder Gerät
zum Verbinden von Systemteilen]
adapter [a mechanical device for joining
connectors, plug-in units, etc.]
Adapter *m* [ein mechanisches Bauteil zum
Verbinden von Steckern, Einschüben usw.]
adapter plug
Anpaßstecker *m*, Übergangsstecker *m*
adapter board
Anschlußkarte *f*
adaptive control (AC)
adaptive Steuerung *f*, adaptive Regelung *f*,
AC-System *n*
ADC, analog-to-digital converter [converts an
analog input signal into a digital output signal]
ADU *m*, Analog-Digital-Umsetzer *m* [setzt ein
analoges Eingangssignal in ein digitales
Ausgangssignal um]
add cycle
Additionszyklus *m*
add instruction
Additionsbefehl *m*
add statement [a programming statement]
Additionsanweisung *f* [eine
Programmanweisung]
add time [the time required for an addition]
Additionszeit *f* [die für eine Addition
benötigte Zeit]
add-on kit
Nachrüstsatz *m*
add-on unit
Anbauteil *n*
addend
Summand *m*

addend register [register for taking up the
addend]
Addendenregister *n* [Register zur Aufnahme
des Summanden]
adder
A logical circuit with several inputs and whose
output supplies the sum of the digital input
signals.
Addierer *m*, Addierglied *n*
Eine logische Schaltung mit mehreren
Eingängen, deren Ausgang die Summe der
digitalen Eingangssignale liefert.
adder circuit [logical circuit for effecting an
addition]
Addierschaltung *f* [logische Schaltung für die
Summenbildung]
adder-subtract counter
Addier-Subtrahierzähler *m*
adder-subtract register
Addier-Subtrahierregister *n*
adder-subtracter [a computation circuit that
acts as an adder or a subtracter depending on
the control signal]
Addier-Subtrahierglied *n* [eine
Rechenschaltung, die entsprechend dem
Steuersignal als Addierer oder Subtrahierer
wirkt]
adding machine, calculator
Saldiermaschine *f*, Additionsmaschine *f*
addition [the basis for all arithmetic operations
in a computer, i.e. also for subtraction,
multiplication, division and root extraction]
Addition *f* [die Grundlage aller arithmetischen
Operationen in einem Rechner, d.h. auch der
Subtraktion, Multiplikation, Division und des
Wurzelziehens]
additional memory
Ergänzungsspeicher *m*, Zusatzspeicher *m*
[Ergänzung zum Hauptspeicher]
additive process
Process for forming conductive patterns on
printed circuit boards by silk-screen printing or
copper plating.
additives Verfahren *n*
Verfahren zur Herstellung von
Verdrahtungsmustern auf Leiterplatten durch
Siebdruck oder galvanisches Auftragen von
Kupfer.
address [identification of a storage location, etc.]
Adresse *f* [Kennzeichen eines Speicherplatzes
usw.]
address access time
Adreßzugriffszeit *f*, Adressenzugriffszeit *f*
address after enable hold time
Haltezeit für Adresse nach Freigabe *f*
address after write hold time
Haltezeit für Adresse nach Schreiben *f*
address allocation, address assignment
Adreßzuordnung *f*

address arithmetic
Adressenarithmetik *f*
address before enable set-up time
Vorbereitungszeit für Adreß-Freigabe *f*
address before read set-up time
Vorbereitungszeit für Adreß-Lesen *f*
address before write set-up time
Vorbereitungszeit für Adreß-Schreiben *f*
address bit
Adreßbit *n*
address blank
Adreßleerstelle *f*
address buffer [buffer storage for addresses]
Adreßpuffer *m* [Pufferspeicher für Adressen]
address bus [common signal path for addresses]
Adreßbus *m*, Adressenbus *m* [gemeinsame
Signalleitung für Adressen]
address bus width [width in bits of address bus]
Adreßbusbreite *f* [Breite in Bit des
Adreßbuses]
address calculation
Adreßbestimmung *f*, Adressenrechnung *f*
address check, address verification
Adreßprüfung *f*
address control
Adreßsteuerung *f*
address control unit
Adreßsteuereinheit *f*
address conversion
Adreßumwandlung *f*
address counter
Adreßzähler *m*, Adressenzähler *m*
address decoder
Adreßdecodierer *m*
address display
Adreßanzeige *f*
address drive stage
Adreßtreiberstufe *f*
address field, address array
Adreßfeld *n*
address file
Adreßdatei *f*
address format [arrangement of address parts
of an instruction]
Adreßformat *n*, Adressenformat *n*
[Anordnung der Adreßteile einer Anweisung]
address hold time [integrated circuit memories]
Adressenhaltezeit *f* [integrierte
Speicherschaltungen]
address index
Adreßindex *m*
address input
Adresseneingang *m*
address latch [integrated circuit memories]
Adressenübernahmeregister *n* [integrierte
Speicherschaltungen]
address latch enable (ALE) [integrated circuit
memories]
Adressenspeicherfreigabe *f* [integrierte

Speicherschaltungen]
address marker
  Adreßmarke *f*
address memory, address buffer
  Adressenspeicher *m,* **Adreßspeicher** *m*
address modification
  Adressenmodifikation *f*
address monitoring
  Adreßüberwachung *f*
address part [part of instruction containing
  addresses]
  Adressenteil *m* [Bereich eines Befehls, der
  Adressen enthält]
address range [the complete range of machine
  addresses]
  Adreßbereich *m* [die Gesamtheit der
  Maschinenadressen]
address register
  Adreßregister *n,* **Adressenregister** *n*
address selection
  Adreßansteuerung *f,* **Adressenansteuerung** *f,*
  Adressenanwahl *f*
address set-up time [integrated circuit
  memories]
  Adressenvorbereitungszeit *f* [integrierte
  Speicherschaltungen]
address space [complete range of addresses in
  memory]
  Adreßraum *m* [vollständiger Bereich der
  Adressen im Speicher]
address table, directory
  Adreßliste *f*
address track
  Adreßspur *f*
address value
  Adreßwert *m*
addressability
  Adressierfähigkeit *f*
addressable
  adressierbar
addressable register
  adressierbares Register *n*
addressing, addressing technique
  Major addressing techniques are absolute,
  relative, direct, indirect, indexed, symbolic and
  virtual addressing.
  Adressierung *f,* **Adressierungsmethode** *f,*
  Adressierverfahren *n*
  Man unterscheidet hauptsächlich zwischen
  absoluter, relativer, direkter, indirekter,
  indizierter, symbolischer und virtueller
  Adressierung.
addressing mode
  Adressierungsart *f*
addressless instruction [instruction that needs
  no operand address]
  adreßfreier Befehl *m,* adreßloser Befehl *m*
  [Befehl, der keine Operandenadresse benötigt]
adhesively coated laminate [printed circuit

boards]
  klebebeschichtetes Laminat *n*
  [Leiterplatten]
adjustable point
  einstellbares Komma *n*
adjustment
  Einstellung *f,* Justierung *f*
admissible temperature
  zulässige Temperatur *f*
admittance
  Scheinleitwert *m,* Admittanz *f*
advance, to [e.g. a counter]
  fortschalten [z.B. eines Zählers]
advanced low-power Schottky technology
  (ALS technology, ALSTTL technology
  Improved bipolar technology (transistor-
  transistor logic) with very low power
  dissipation.
  ALS-Technik *f,* **ALSTTL-Technik** *f*
  Verbesserte Bipolartechnik (Transistor-
  Transistor-Logik) mit sehr niedriger
  Verlustleistung.
**advanced standard buried-collector
  technology** (ASBC technology)
  Improved epitaxial double-diffusion process
  used for fabricating bipolar integrated circuits.
  ASBC-Technik *f*
  Verbessertes Epitaxie-Doppeldiffusions-
  verfahren für die Herstellung von bipolaren
  integrierten Schaltungen.
AFC, automatic frequency control [in
  transmission systems]
  AFR, automatische Frequenzregelung *f* [bei
  Übertragungssystemen]
AGC, automatic gain control [in transmission
  systems]
  AVR, automatische Verstärkungsregelung *f*
  [bei Übertragungssystemen]
age, to
  altern
aggregated data
  gruppierte Daten *n.pl.*
aging
  Alterung *f*
aging rate
  Alterungszahl *f*
AI, artificial intelligence [the ability of a
  computer system to solve problems which are
  within the area of human intelligence, e.g.
  pattern recognition, language translation,
  music composition, etc.]
  KI, künstliche Intelligenz *f* [die Fähigkeit eines
  Rechnersystems, Aufgaben zu lösen, die dem
  Bereich der menschlichen Intelligenz
  angehören, z.B. Mustererkennung,
  Sprachübersetzung, Musikkomposition usw.]
aid, support
  Unterstützung *f*
Aiken code [a four-bit binary code for decimal

digits, also called 2-4-2-1 code]
Aiken-Code *m* [ein vierstelliger Binärcode für
Dezimalziffern, auch 2-4-2-1-Code genannt]
AIM process (avalanche induced migration
process)
A method used for programming read-only
memories.
AIM-Verfahren *n*
Ein Verfahren zur Programmierung von
Festwertspeichern.
air cooling
Luftkühlung *f*
AIX (Advanced Interactive Executive) [UNIX
implementation by IBM]
AIX [UNIX-Version von IBM]
ALE (address latch enable) [integrated circuit
memories]
Adressenspeicherfreigabe *f* [integrierte
Speicherschaltungen]
algebraic notation
algebraische Schreibweise *f*
ALGOL (ALGOrithmic Language)
A high-level problem-oriented programming
language for engineering and scientific
purposes.
ALGOL (algorithmische Sprache)
Eine höhere, problemorientierte
Programmiersprache für technisch-
wissenschaftliche Aufgaben.
algorithm [complete set of rules for stepwise
solution of a problem]
Algorithmus *m* [Gesamtheit der Regeln zur
schrittweisen Lösung eines Problems]
algorithm table
Algorithmustabelle *f*
alias name [alternative name]
Aliasname *m* [alternativer Name]
aliasing [staircase-shaped representation of
straight lines on the screen and in the printed
document]
Treppeneffekt *m* [treppenförmige Darstellung
von geraden Linien auf dem Bildschirm und im
Druck]
align, to; tune, to; balance, to
abgleichen
aligned, tuned, balanced
abgeglichen
alignment
Abgleich *m*
alignment accuracy, adjustment accuracy
Abgleichgenauigkeit *f,* Justiergenauigkeit *f*
alignment error, adjustment error
Abgleichfehler *m,* Justierfehler *m*
all "ones"
durchgehend "Eins"
all "zeroes"
durchgehend "Null"
allocate, to; assign, to
zuordnen, zuweisen

allocated, assigned
zugeordnet
allocation, assignment
Zuordnung *f,* Zuweisung *f*
allocation statement
Zuweisungsanweisung *f*
allocation unit
Zuordnungseinheit *f*
allowed band [energy-band diagram]
erlaubtes Band *n* [Bändermodell]
alloy bulk diffusion technique
ABD-Technik *f*
alloy junction, alloyed junction
A pn- (or np-) junction between two
semiconductor regions into which impurity
atoms are introduced by the alloying process.
legierter Übergang *m*
Ein PN- (bzw. NP-) Übergang zwischen zwei
Halbleiterzonen, bei dem Fremdatome mittels
des Legierungsverfahrens eingebaut werden.
alloy process, alloying process
Legierungsverfahren *n*
alloy semiconductor
Legierungshalbleiter *m*
alloy transistor
Legierungstransistor *m*
alloying [semiconductor technology]
A doping process in which dopant impurities
are added to the semiconductor crystal by
melting. It is mainly used in germanium power
transistor fabrication as well as for forming pn-
junctions.
Legieren *n* [Halbleitertechnik]
Ein Dotierungsverfahren, bei dem das
Dotierungselement auf den Halbleiterkristall
aufgeschmolzen wird. Es wird vorwiegend bei
der Herstellung von Germanium-
Leistungstransistoren sowie bei der
Herstellung von PN-Übergängen eingesetzt.
alloying depth
Legierungstiefe *f*
alloying technology
Legierungstechnik *f*
Alpha architecture [64-bit RISC microprocessor
architecture developed by DEC]
Alpha-Architektur *f* [von DEC entwickelte
64-Bit-RISC-Mikroprozessor-Architektur]
alphabet [character set with defined order]
Alphabet *n* [Zeichenvorrat mit vereinbarter
Reihenfolge]
alphabetic character [consisting of letters or
special characters but no digits]
Alphazeichen *n* [bestehend aus Buchstaben
oder Sonderzeichen aber ohne Ziffern]
alphabetic character set
alphabetischer Zeichenvorrat *m*
alphabetic code
alphabetischer Code *m*
alphabetic coding [coding with letters and

special characters but without digits]
Alphacodierung *f,* alphabetische Codierung *f*
[Codierung mit Buchstaben und Sonderzeichen
aber ohne Ziffern]
alphabetic data
   alphabetische Daten *n.pl.*
alphabetic order, alphabetic sequence
   alphabetische Reihenfolge *f*
alphabetic sorting
   Alphasortierung *f,* alphabetische Sortierung *f*
alphabetic string
   Alphazeichenfolge *f*
alphabetic word [consisting of alphabetic
characters]
   Alphawort *n* [bestehend aus Alphazeichen]
alphanumeric, alphameric [represented by
letters, digits and special symbols]
   alphanumerisch [Darstellung mit
Buchstaben, Ziffern, und Sonderzeichen]
alphanumeric character
   alphanumerisches Zeichen *n*
alphanumeric character set
   alphanumerischer Zeichenvorrat *m*
alphanumeric code
   alphanumerischer Code *m*
alphanumeric coding
   alphanumerische Codierung *f*
alphanumeric data
   alphanumerische Daten *n.pl.*
alphanumeric display
   alphanumerische Anzeige *f*
alphanumeric keyboard
   alphanumerische Tastatur *f*
alphanumeric representation
   alphanumerische Darstellung *f*
ALS technology (advanced low-power Schottky
technology), ALSTTL technology
Improved bipolar technology (transistor-
transistor logic) with very low power
dissipation.
   ALS-Technik *f,* ALSTTL-Technik *f*
Verbesserte Bipolartechnik (Transistor-
Transistor-Logik) mit sehr niedriger
Verlustleistung.
alt key (alternate coding key) [changes the codes
of the keys subsequently depressed]
   Alt-Taste *f,* Codetaste *f* [ändert die codierte
Belegung der nachher betätigten Tasten]
alternate return specifier
   Parameter für wechselnden Rücksprung
alternate track [automatically assigned as
replacement for damaged track on a data
medium, e.g. disk storage]
   Ersatzspur *f* [automatisch zugewiesen als
Ersatz für eine zerstörte Spur auf einem
Speichermedium, z.B. Plattenspeicher]
alternating current (ac)
   Wechselstrom *m*
alternating voltage, ac voltage

Wechselspannung *f*
alternative key [for forming an alternative
index]
   Alternativschlüssel *m* [zur Bildung eines
Alternativindexes]
ALU, arithmetic logic unit
The part of the central processing unit in a
digital computer (or microprocessor) which
performs arithmetic calculations and logical
operations. The accumulator stores the results.
   ALU, arithmetisch-logische Einheit *f,*
Rechenwerk *n*
Der Teil der Zentraleinheit im Digitalrechner
(bzw. Mikroprozessor), der Rechenoperationen
und logische Verknüpfungen durchführt. Die
Ergebnisse werden im Akkumulator
gespeichert.
aluminium (Al)
Metallic element with good electrical
conductivity; used for forming thin layers in
discrete component and integrated circuit
fabrication as well as for a variety of contacts,
wires, interconnections etc.
   Aluminium *n* (Al)
Metallisches Element mit guter elektrischer
Leitfähigkeit; wird für die Herstellung dünner
Schichten bei der Fertigung diskreter
Bauelemente und integrierter Schaltungen
verwendet, sowie für die Herstellung von
Kontakten, Drähten, Leiterbahnen usw.
aluminium-gate PMOS technology
Process for fabricating p-channel MOS field-
effect transistors in which the gate consists of
aluminium.
   PMOS-Technik mit Aluminium-Gate *f*
Technik für die Herstellung von PMOS-
Feldeffekttransistoren, bei denen das Gate (die
Steuerelektrode) aus Aluminium besteht.
aluminium-gate technology [standard p-MOS
technology]
Process for fabricating field-effect transistors.
   Aluminium-Gate-Technik *f,* [Standard P-
MOS-Technik]
Verfahren zur Herstellung von
Feldeffekttransistoren.
aluminium oxide, alumina
   Aluminiumoxid *n*
aluminium oxide passivation [semiconductor
technology]
   Aluminiumoxidpassivierung *f*
[Halbleitertechnik]
aluminium phosphide (AlP) [compound
semiconductor]
   Aluminiumphosphid *n* (AlP)
[Verbindungshalbleiter]
ambient conditions
   Umgebungsbedingungen *f.pl.*
ambient temperature
   Umgebungstemperatur *f*

ambiguity
  Mehrdeutigkeit *f*
amorphous semiconductor
  amorpher Halbleiter *m*
amorphous substrate
  amorphes Substrat *n*
ampere (A) [SI unit of electric current]
  Ampere *n* (A) [SI-Einheit des elektrischen
  Stromes]
ampersand, (&) [commercial "and" character]
  Et-Zeichen *n*, (&) [kommerzielles Und-
  Zeichen]
amplification, gain
  Verstärkung *f*
amplification factor
  Verstärkungsfaktor *m*
amplifier [a circuit (or a device) that amplifies
  voltage, current or power]
  Verstärker *m* [eine Schaltung (bzw. ein
  Gerät), das Spannung, Strom oder Leistung
  verstärkt]
amplifier noise
  Verstärkerrauschen *n*
amplifier of high linearity, linear amplifier
  Verstärker hoher Linearität *m*,
  Linearverstärker *m*
amplifier output
  Verstärkerausgang *m*
amplifier stage
  Verstärkerstufe *f*
amplitude
  Amplitude *f*
amplitude-frequency plot, Bode diagram
  Amplitudengang *m*, Amplitudenverlauf *m*
  Bode-Diagramm *n*
amplitude modulation
  Amplitudenmodulation *f*
amplitude variation
  Aplitudenänderung *f*
analog [representation by a physical parameter]
  analog [Darstellung durch eine physikalische
  Größe]
analog amplifier
  Analogverstärker *m*
analog channel
  Analogkanal *m*
analog circuit
  Analogschaltkreis *m*, Analogschaltung *f*,
  analoge Schaltung *f*
analog computer
  An analog computer represents computing task
  and result in the form of physical quantities. It
  is employed when the task can be well
  simulated physically.
  Analogrechner *m*
  Ein Analogrechner stellt Rechenaufgabe und
  Ergebnis als physikalische Größen dar. Er wird
  verwendet, wenn sich die zu lösende Aufgabe
  physikalisch gut nachbilden läßt.

analog control
  analoge Steuerung *f*
analog data
  analoge Daten *n.pl.*, Analogdaten *n.pl.*
analog device, analog equipment
  Analogbaustein *m*, Analoggerät *n*
analog input
  Analogeingang *m*, analoger Eingang *m*,
  Analogeingabe *f*, analoge Eingabe *f*
analog input unit
  Analogeingabeeinheit *f*
analog integrated circuit
  An analog circuit in integrated circuit
  technology. In an analog circuit, the electrical
  output variables are a continuous function of
  the input variables.
  analoge integrierte Schaltung *f*, integrierte
  Analogschaltung *f*
  Eine analoge Schaltung in integrierter
  Schaltungstechnik. In einer analogen
  Schaltung sind die elektrischen
  Ausgangsgrößen stetige Funktionen der
  Eingangsgrößen.
analog multiplexer
  Analogmultiplexer *m*
analog multiplier
  Analogmultiplizierer *m*
analog output
  Analogausgang *m*, analoger Ausgang *m*,
  Analogausgabe *f*, analoge Ausgabe *f*
analog output unit
  Analogausgabeeinheit *f*
analog recorder
  Analogregistriergerät *n*
analog representation
  analoge Darstellung *f*
analog signal
  Analogsignal *n*
analog switch
  Analogschalter *m*
analog-to-digital conversion
  Analog-Digital-Umsetzung *f*
analog-to-digital converter (ADC) [converts an
  analog input signal into a digital output signal]
  Analog-Digital-Umsetzer *m* (ADU) [setzt ein
  analoges Eingangssignal in ein digitales
  Ausgangssignal um]
analog value, analog quantity
  Analogwert *m*
analysis
  Analyse *f*
analytic function
  analytische Funktion *f*
analyzer
  Analysator *m*
AND, to
  UND-mäßig verknüpfen, konjunktiv
  verknüpfen
AND circuit

UND-Schaltung *f*
AND element, AND gate
 UND-Glied *n,* UND-Gatter *n*
AND function, AND operation [logical operation
 having the output (result) 1, if and only if all
 inputs (operands) are 1; for all other input
 values the output is 0]
 UND-Verknüpfung *f,* Konjunktion *f* [logische
 Verknüpfung mit dem Ausgangswert
 (Ergebnis) 1, wenn und nur wenn alle Eingänge
 (Operanden) den Wert 1 haben; für alle
 anderen Eingangswerte ist der Ausgangswert
 0]
angular frequency, radian frequency
 Winkelfrequenz *f*
angular shift
 Winkelverschiebung *f*
animation [moving graphics on the screen]
 Animation *f* [bewegte Graphiken am
 Bildschirm]
anisotropy [direction-dependent; in an
 anisotropic body the physical properties are
 dependent on direction]
 Anisotropie *f* [Richtungsabhängigkeit; in
 einem anisotropen Körper sind die
 physikalischen Eigenschaften
 richtungsabhängig]
anode
 Anode *f*
anode terminal
 Anodenanschluß *m*
anode voltage
 Anodenspannung *f*
anodic oxidation
 anodische Oxidation *f*
ANSI (American National Standards Institute)
 ANSI [die übergeordnete
 Normungsorganisation der USA]
answering
 Anrufbeantwortung *f*
anti-aliasing [correction of staircase-shaped
 representation of straight lines on the screen
 and in the printed document]
 Treppeneffektkorrektur *f* [Korrektur der
 treppenförmigen Darstellung von geraden
 Linien auf dem Bildschirm und im Druck]
anti-aliasing low-pass filter [signal processing]
 Anti-Alias-Tiefpaßfilter *n*
 [Signalverarbeitung]
anticipatory carry, carry look-ahead [parallel
 computation of carries of all digits; in contrast
 to ripple carry in which the carries are formed
 one after the other]
 Übertragsvorausberechnung *f,*
 Parallelübertrag *m* [parallele Bildung der
 Überträge aller Stellen; im Gegensatz zum
 durchlaufenden Übertrag, bei dem die
 Überträge nacheinander gebildet werden]
antilog amplifier

Antilogverstärker *m,* antilogarithmischer
 Verstärker *m*
antimony (Sb)
 Metallic element used as a dopant impurity
 (donor atom).
 Antimon *n* (Sb)
 Metallisches Element, das als Dotierstoff
 (Donatoratom) verwendet wird.
antiparallel connection
 Gegenparallelschaltung *f,*
 Antiparallelschaltung *f*
antireflex coated [display]
 Entspiegelung *f* [Bildschirm]
antistatic mat
 antistatische Matte *f*
antistatic spray
 antistatische Sprühdose *f*
aperture [optoelectronics]
 Apertur *f* [Optoelektronik]
APD (avalanche photodiode)
 Lawinenphotodiode *f*
API (Application Programming Interface)
 API [Schnittstelle für die
 Anwendungsprogrammierung]
APL (A Programming Language)
 A high-level, problem-oriented programming
 language for engineering and scientific
 applications.
 APL [Programmiersprache]
 Eine höhere, problemorientierte
 Programmiersprache für technisch-
 wissenschaftliche Aufgaben.
apostrophe, single quote
 Apostroph *m*
apparent power
 Scheinleistung *f*
Apple Macintosh computer, Macintosh
 computer [developed by Apple, based on the
 Motorola 68000 processor family]
 Apple-Macintosh-Rechner *m,* Macintosh-
 Rechner *m* [auf Basis der Motorola-68000-
 Prozessorfamilie von Apple entwickelt]
application
 Anwendung *f*
application oriented
 anwendungsorientiert
application-oriented language
 anwendungsorientierte
 Programmiersprache *f*
application program, user program
 Anwenderprogramm *n*
application program package
 Anwenderprogrammpaket *n*
application software
 Anwendersoftware *f*
application specified integrated circuit
 (ASIC)
 Integrated circuit for a specific application of
 completely new design according to customer's

specifications.
**anwenderspezifische integrierte
Schaltung** f (ASIC)
Integrierte Schaltung für eine bestimmte
Aufgabe, die nach Kundenwünschen völlig neu
entworfen wird.
application symbol
Anwendungssymbol n
application window
Anwenderfenster n
apply, to [e.g. a voltage, an electric field, etc.]
anlegen [z.B. eine Spannung, ein elektrisches
Feld usw.]
approximation
Approximation f, Näherung f, Annäherung f
approximation error, truncation error
Approximationsfehler m,Näherungsfehler
APT (automatically programmed tools)
[programming language for numerically
controlled machine tools]
APT [Programmiersprache für numerisch
gesteuerte Werkzeugmaschinen]
APU, arithmetic processor, arithmetic processing
unit
A coprocessor in microprocessor-based systems
which performs arithmetic calculations.
APU, Arithmetikprozessor m
Ein Coprozessor in Mikroprozessorsystemen,
der Rechenoperationen durchführt.
AQL (acceptable quality level)
AQL, annehmbare Qualitätsgrenze f
arbitrary parameter
freier Parameter m
arbitrary-precision multiplication
Multiplikation mit beliebiger Stellenzahl f
arbitration [process of solving priority conflicts,
e.g. when accessing the main storage]
Arbitration f, Vorrangschaltung f [Verfahren
zur Lösung von Prioritätskonflikten, z.B. beim
Zugriff auf den Hauptspeicher]
ARC file format [file format of the ARC
compression program]
ARC-Dateiformat n [Dateiformat des
Komprimierungsprogrammes ARC]
ARCnet (Attached Resource Computer network)
[local area network]
ARCnet-Netzwerk n [lokales Netzwerk]
area protect switch
Bereichsschutzschalter m
argument [value of an independent variable]
Argument n, Aktualparameter [Wert einer
unabhängigen Größe]
arithmetic array
arithmetische Anordnung f, Anordnung
arithmetischer Daten f
arithmetic calculation, arithmetic operation
Rechenoperation f
arithmetic code
Rechencode m

arithmetic constant
arithmetische Konstante f
arithmetic cycle [cycle for the execution of a
basic computation operation]
Rechenzyklus m [Zyklus für die Ausführung
einer Grundrechenart]
arithmetic IF statement [FORTRAN]
arithmetische WENN-Anweisung f
[FORTRAN]
arithmetic instruction [instruction for
executing one of the four basic computation
operations, i.e. addition, subtraction,
multiplication or division]
Rechenbefehl m, arithmetischer Befehl m
[Befehl zur Ausführung einer der vier
Grundrechenarten, d.h. Addition, Subtraktion,
Multiplikation oder Division]
arithmetic jump
arithmetischer Sprung m
arithmetic logic
Rechenlogik f
arithmetic logic unit (ALU)
The part of the central processing unit in a
digital computer (or microprocessor) which
performs arithmetic calculations and logical
operations. The results are stored in the
accumulator.
arithmetisch-logische Einheit f (ALU),
Rechenwerk n
Der Teil der Zentraleinheit im Digitalrechner
(bzw. Mikroprozessor), der Rechenoperationen
und logische Verknüpfungen durchführt. Die
Ergebnisse werden im Akkumulator
gespeichert.
arithmetic operand
arithmetischer Operand m
arithmetic operation [one of the four basic
operations]
Rechenoperation f, arithmetische Operation f
[eine der vier Grundoperationen]
arithmetic overflow [in arithmetic operations
exceeding the number of places of the
arithmetic register (accumulator)]
Überlauf m [bei arithmetischen Operationen
die Überschreitung der Stellenzahl des
Ergebnis-Registers (Akkumulators)]
arithmetic processor, arithmetic processing
unit (APU)
A coprocessor in microprocessor-based systems
which performs arithmetic calculations.
Arithmetikprozessor m (APU)
Ein Coprozessor in Mikroprozessorsystemen,
der Rechenoperationen durchführt.
arithmetic register, accumulator [register
storing the result of an operation]
Rechenregister n, Akkumulator m [Register,
welches das Ergebnis einer Operation
speichert]
arithmetic shift [shifting of a character or bit

sequence]
arithmetisches Verschieben *n* [Verschieben
einer Zeichen- oder Bitfolge]
arithmetic underflow, underflow [a result
whose absolute value is smaller than the
smallest number represented in the computer;
in floating-point arithmetic, the generation of a
negative exponent out of the permissible range]
Unterlauf *m* [ein Ergebnis, dessen
Absolutwert kleiner ist, als die kleinste im
Rechner darstellbare Zahl; bei der
Gleitkommarechnung das Entstehen eines zu
großen negativen Exponenten]
ARQ method, automatic request [transmission
with automatic repetition of binary digits]
ARQ-Verfahren *n* [Übertagungsverfahren mit
automatischer Wiederholung von Binärzeichen]
arrangement [general]
Anordnung *f* [allgemein]
array [general]
Anordnung *f* [allgemein]
array [an ordered set of data]
Feldvariable *f,* Matrixvariable *f* [ein
geordneter Satz von Daten]
array computer, vector computer [mainframe
computer with parallel arithmetic-logic units]
Vektorrechner *m* [Großrechner mit parallelen
Rechenwerken]
arrow key [key for moving cursor on display]
Pfeiltaste *f,* Richtungstaste *f* [zur Bewegung
des Zeigers (Cursors) auf dem Bildschirm]
arsenic (As)
Metallic element used as a dopant impurity
(donor atom).
Arsen *n* (As)
Metallisches Element, das als Dotierstoff
(Donatoratom) verwendet wird.
artificial intelligence (AI) [the ability of a
computer system to solve problems which are
within the area of human intelligence, e.g.
pattern recognition, language translation,
music composition, etc.]
künstliche Intelligenz *f* (KI) [die Fähigkeit
eines Rechnersystems, Aufgaben zu lösen, die
dem Bereich der menschlichen Intelligenz
angehören, z.B. Mustererkennung,
Sprachübersetzung, Musikkomposition usw.]
artificial language [machine or programming
language (e.g. FORTRAN) in contrast with a
natural language (e.g. English)]
künstliche Sprache *f* [Maschinen- oder
Programmiersprache (z.B. FORTRAN) im
Gegensatz zu einer natürlichen Sprache (z.B.
Deutsch)]
artwork
Druckvorlage *f*
artwork master [printed circuit boards]
Druckvorlage *f* [Leiterplatten]
AS technology, ASTTL technology (advanced

Schottky technology) [an improved bipolar
technology]
AS-Technik *f,* ASTTL-Technik *f* [verbesserte
Bipolartechnik]
ASBC technology (advanced standard buried-
collector technology)
Improved epitaxial double-diffusion process
used for fabricating bipolar integrated circuits.
ASBC-Technik *f*
Verbessertes Epitaxie-Doppeldiffusions-
verfahren für die Herstellung von bipolaren
integrierten Schaltungen.
ascending, ascending sequence
aufsteigend
ascending key
aufsteigender Sortierbegriff *m*
ASCII (American Standard Code for Information
Interchange)
ASCII-Code *m*
ASCII character set
ASCII-Zeichensatz *m*
ASCII keyboard
ASCII-Tastatur *f*
ASIC (application specified integrated circuit)
Integrated circuit for a specific application of
completely new design according to customer's
specifications.
ASIC, anwenderspezifische integrierte
Schaltung *f*
Integrierte Schaltung für eine bestimmte
Aufgabe, die nach Kundenwünschen völlig neu
entworfen wird.
ASN (average sample number) [average number
of sample units inspected per lot]
durchschnittlicher Stichprobenumfang *m*
[mittlere Anzahl Prüflinge, die pro Los geprüft
werden]
assemble, to [convert a program written in a
symbolic machine language into a sequence of
machine operating codes]
assemblieren [übersetzen des in einer
symbolischen Maschinensprache geschriebenen
Programmes in eine Folge von
Maschinenbefehlen]
assembler, assembly program
A language translator which translates a
program written in assembly language into a
machine language.
Assembler *m,* Assemblierer *m*
Übersetzungsprogramm, das ein in
Assemblersprache geschriebenes Programm in
die Maschinensprache übersetzt.
assembler language, assembly language
Machine-oriented, symbolic programming
language.
Assemblersprache *f*
Maschinenorientierte, symbolische
Programmiersprache.
assembly

Baugruppe *f*, Montage *f*
assembly phase
Assemblierphase *f*
assembly robot, assembling robot
Montageroboter *m*
assembly technique
Montagetechnik *f*
assembly test
Baugruppenprüfung *f*
assembly time
Assemblierzeit *f*
assembly under test
Baugruppe in der Prüfung *f*
assertion
Behauptung *f*
assigned GO-TO statement [FORTRAN]
Anweisung für gesetzten Sprung *f*
[FORTRAN]
associative storage, content-addressable
memory (CAM)
Storage device whose storage locations are
identified by their contents rather than by their
names or positions.
Assoziativspeicher *m*, inhaltsadressierbarer
Speicher *m* (CAM)
Speicher, dessen Speicherelemente durch
Angabe ihres Inhaltes aufrufbar sind und nicht
durch ihre Namen oder Lagen.
assumed decimal point
Rechendezimalpunkt *m*, Rechenkomma *n*
astable multivibrator, astable multivibrator
circuit [without stable state]
astabiler Multivibrator *m*, astabile
Kippschaltung *f* [ohne stabilen Zustand]
asterisk
Stern *m*
ASTTL technology, AS technology (advanced
Schottky TTL technology) [an improved bipolar
technology]
ASTTL-Technik *f*, AS-Technik *f* [verbesserte
Bipolartechnik]
asynchronous [without rigid timing or with own
clock]
asynchron [nicht zeitgebunden bzw. mit
eigenem Takt arbeitend]
asynchronous counter
Asynchronzähler *m*, asynchroner Zähler *m*
asynchronous mode
asynchrone Betriebsart *f*
asynchronous operation
asynchrone Arbeitsweise *f*
asynchronous serial interface
asynchrone serielle Schnittstelle *f*
asynchronous transmission
Asynchronübertragung *f*
AT architecture [80286 processor with 16-bit
data bus (ISA bus)]
AT-Architektur *f* [80286-Prozessor mit 16-Bit-
Datenbus (ISA-Bus)]

AT command set [Hayes command set for
modems]
AT-Befehlssatz *m* [Hayes-Befehlssatz für
Modem]
AT-compatible computer
AT-kompatibler Rechner *m*
AT computer, PC AT computer (Advanced
Technology) [further development of the IBM
PC based on Intel 80286 processor and 16-bit
address bus]
AT-Rechner *m*, AT-PC *m* [weiterentwickelter
IBM PC mit 80286 Prozessor und 16-Bit-
Adreßbus]
AT/IDE controller, IDE controller (Integrated
Drive Electronics) [controller integrated in
drive]
AT/IDE-Controller *m*, IDE-Controller *m* [im
Festplattenlaufwerk integrierter Controller]
ATE, automatic test equipment
ATE, automatische Testeinrichtung *f*,
automatische Prüfeinrichtung *f*
ATS, automatic test system
automatisches Prüfsystem *n*
attach, to; fit, to
anbauen
attenuation [decrease of a signal or of an
oscillation with time or with distance]
Dämpfung *f* [Abschwächung eines Signales
oder einer Schwingung mit der Zeit oder mit
der Entfernung]
attenuation coefficient, attenuation ratio
[logarithmic ratio of two currents, voltages or
powers, expressed in dB]
Dämpfungsmaß *n* [logarithmisches
Verhältnis zweier Ströme, Spannungen oder
Leistungen, ausgedrückt in dB]
attenuation constant [attenuation per unit
length]
Dämpfungsbelag *m* [Dämpfung pro
Längeneinheit]
attenuation-frequency characteristic
[attenuation as a function of frequency]
Dämpfungsgang *m* [Frequenzverlauf der
Dämpfung]
attenuation range
Dämpfungsbereich *m*
attenuator
Dämpfungsglied *n*, Abschwächer *m*
attribute [descriptor containing the
characteristics of an object]
Attribut *n* [Deskriptor, der die Eigenschaften
eines Objektes beinhaltet]
audible alarm
akustischer Alarm *m*, akustische
Alarmanzeige *f*
audible signal
Tonsignal *n*
audio amplifier
Tonfrequenzverstärker *m*

audio cassette
 Tonbandkassette *f*
audio frequency
 Tonfrequenz *f*
augmented matrix
 erweiterte Matrix *f*
authorization, access authorization
 Zugriffsberechtigung *f*
authorized access
 berechtigter Zugriff *m*
AutoCAD [a CAD program developed for DOS]
 AutoCAD [ein für DOS entwickeltes CAD-Programm]
autoload, automatic loading [magnetic tape units]
 automatisches Laden *n* [Magnetbandgeräte]
automatic adjustment
 automatischer Abgleich *m*
automatic assembly machine [e.g. for components on printed circuit boards]
 Montageautomat *m* [z.B. für Bauelemente auf Leiterplatten]
automatic changeover
 automatische Umschaltung *f*
automatic character recognition (ACR)
 automatische Zeichenerkennung *f*
automatic check, hardware check, machine check
 automatische Geräteprüfung *f,* eräteselbstprüfung *f*
automatic component insertion equipment [for components]
 Bestückungsautomat *m* [für Bauteile]
automatic control
 automatische Steuerung *f*
automatic control system, control system, feedback control system
 Regelsystem *n*
automatic error correction
 automatische Fehlerkorrektur *f*
automatic error detection
 automatische Fehlererkennung *f*
automatic feed [printers]
 automatischer Vorschub *m* [Drucker]
automatic frequency control (AFC) [in transmission systems]
 automatische Frequenzregelung *f* (AFR) [bei Übertragungssystemen]
automatic gain control (AGC) [in transmission systems]
 automatische Verstärkungsregelung *f* (AVR) [bei Übertragungssystemen]
automatic head parking [hard disks]
 automatisches Kopfparken *n,* Autoparking *n* [Festplatten]
automatic hyphenation
 automatische Silbentrennung *f,* automatisches Trennen *n*
automatic loading, autoload [magnetic tape units]
 automatisches Laden *n* [Magnetbandgeräte]
automatic log-on
 automatische Anmeldung *f*
automatic mode
 automatischer Modus *m,* Automatikbetrieb
automatic pagination
 automatische Seitennumerierung *f*
automatic request, ARQ method [transmission with automatic repetition of binary digits]
 ARQ-Verfahren *n* [Übertagungsverfahren mit automatischer Wiederholung von Binärzeichen]
automatic riveting machine [for component assembly]
 Nietautomat *m* [für Bauteilmontage]
automatic sequencing [instructions]
 automatische Abarbeitung *f* [Befehle]
automatic spelling error correction
 automatische Orthographiefehlerkorrektur *f,* automatische Rechtschreibfehlerkorrektur *f*
automatic test equipment (ATE)
 automatische Prüfeinrichtung *f* (ATE)
automatic test system (ATS)
 automatisches Prüfsystem *n*
automatic threading, auto-threading [magnetic tape units]
 automatische Einfädelung *f* [Magnetbandgeräte]
automatically programmed tools (APT) [programming language for numerically controlled machine tools]
 APT [Programmiersprache für numerisch gesteuerte Werkzeugmaschinen]
automation
 Automatisierung *f*
automaton
 Automat *m*
autonomous operation
 autonomer Betrieb *m*
auxiliary carry bit
 Hilfsübertragsbit *n*
auxiliary carry flag
 Hilfsübertragsmerker *m,* Hilfsübertrags-Flag *n*
auxiliary computer
 Zusatzrechner *m*
auxiliary equipment, optional equipment, option
 Zusatzeinrichtung *f*
auxiliary storage, secondary storage [storage external to the main storage]
 Zusatzspeicher *m,* Ergänzungsspeicher *m* [Speicher außerhalb des Hauptspeichers]
availability
 Verfügbarkeit *f*
available machine time, useful time, operable time
 nutzbare Maschinenzeit *f,* Nutzzeit *f*

available time, up-time
verfügbare Betriebszeit f
avalanche breakdown [breakdown due to an
avalanche-like increase in charge carriers in a
semiconductor due to ionization]
Lawinendurchbruch m [Durchbruch, der
durch eine lawinenartige Zunahme von
Ladungsträgern in einem Halbleiter infolge von
Ionisation verursacht wird]
avalanche breakdown current
Lawinendurchbruchstrom m
avalanche breakdown voltage
Lawinendurchbruchspannung f
avalanche decay
Lawinenabfall m
avalanche diode [diode utilizing the avalanche
effect; is used, like the Zener diode, which is
based on a similar effect (the Zener effect), for
obtaining a stable reference voltage and is
hence often also called Zener diode]
Lawinendiode f [Diode, die den Lawineneffekt
nutzt; wird, wie die Zenerdiode, die einen
ähnlichen Effekt (den Zenereffekt) nutzt, für
die Erzeugung einer stabilen Bezugsspannung
verwendet und deshalb auch oft Zenerdiode
genannt]
avalanche effect
Avalanche-like increase of charge carriers due
to impact ionization with subsequent
breakdown. This is reversible as long as no
thermal damage occurs. The avalanche effect is
utilized in several semiconductor devices:
avalanche diode, Zener diode, photodiode, etc.
Lawineneffekt m
Lawinenartige Vervielfachung von
Ladungsträgern durch Stoßionisation. Der
anschließende Durchbruch ist reversibel,
solange keine thermischen Schäden auftreten.
Der Lawineneffekt wird in verschiedenen
Halbleiterbauteilen genutzt: Lawinendiode, Z-
bzw. Zenerdiode, Photodiode usw.
avalanche photodiode (APD)
Lawinenphotodiode f
avalanche transistor
Lawinentransistor m
average access time
mittlere Zugriffszeit f
average noise factor
mittlerer Rauschfaktor m
average noise figure
mittlere Rauschzahl f
average sample number (ASN) [average
number of sample units inspected per lot]
durchschnittlicher Stichprobenumfang m
[mittlere Anzahl Prüflinge, die pro Los geprüft
werden]
avionics
Luftfahrtelektronik f

B

B-tree [binary search tree]
  B-Baum *m*, Binärbaum *m* [binärer Suchbaum]
B+-tree [extended B-tree]
  B+-Baum *m* [Erweiterung des B-Baumes]
back diffusion
  Rückdiffusion *f*
back injection
  Rückinjektion *f*
back reference
  Rückverweis *m*
back scattering
  Rückstreuung *f*
back-end processor
  Nachschaltrechner *m*, Backend-Rechner *m*
background [area behind the active window]
  Hintergrund *m* [Bereich hinter dem aktiven
  Fenster]
background image, static image
  Hintergrund *m*, Hintergrundbild *n*, statisches
  Bild *n*
background lighting [liquid crystal display]
  Hintergrundbeleuchtung *f*
  [Flüssigkristallanzeige]
background noise
  Hintergrundrauschen *n*
background processing
  Hintergrundverarbeitung *f*
background program [a program that places
  relatively low requirements with respect to
  response time, e.g. printer program; in contrast
  to a foreground program that places high
  requirements, e.g. text input in dialog mode]
  Hintergrundprogramm *n* [ein Programm,
  das relativ niedrige Anforderungen an den
  zeitlichen Ablauf stellt, z.B. ein
  Druckprogramm; im Gegensatz zum
  Vordergrundprogramm, das hohe
  Anforderungen stellt, z.B. die Texteingabe im
  Dialogbetrieb]
backlog
  Rückstand *m*
backplane [printed circuit board containing all
  wiring connections (e.g. bus lines) for all
  functional modules (printed circuit boards) of a
  microprocessor system]
  Rückwandplatine *f*, Verdrahtungsplatine *f*,
  Backplane *f* [Leiterplatte, die sämtliche
  Verdrahtungen (z.B. Busleitungen) aller
  Funktionsteile (Leiterplatten) eines
  Mikroprozessorsystems enthält]
backspace (BS)
  Rückwärtsschritt *m*
backspace character
  Rückwärtsschrittzeichen *n*
backspace key

Rücktaste *f*
backtracking
  Rückverfolgung *f*
backup, to
  sichern
backup copy [e.g. of a floppy disk]
  Sicherungskopie *f* [z.B. einer Diskette]
backup cycle [data storage]
  Sicherungszyklus *m* [Datenspeicherung]
backup disk [disk storage]
  Datensicherungsplatte *f* [Plattenspeicher]
backup file
  Sicherungsdatei *f*
backup frequency [data storage]
  Sicherungshäufigkeit *f* [Datenspeicherung]
Backus-Naur-Form (BNF) [formal notation for
  describing the syntax of a programming
  language]
  Backus-Naur-Form *f* (BNF) [formale
  Notation zur Beschreibung der Syntax einer
  Programmiersprache]
backward chaining
  Rückwärtsverkettung *f*
backward diode
  Rückwärtsdiode *f*
bad block list [for hard disks]
  Liste der fehlerhaften Blöcke *f* [für
  Festplatten]
bad sector [magnetic medium]
  defekter Sektor *m* [Magnetspeicher]
bad spot [of a magnetic tape]
  Bandfehlstelle *f* [eines Magnetbandes]
baking
  Einbrennen *n*
balance, to; align, to; tune, to
  abgleichen
balanced, aligned, tuned
  abgeglichen
balanced amplifier, symmetrical amplifier
  symmetrischer Verstärker *m*
balanced circuit, symmetrical circuit
  symmetrische Schaltung *f*
balanced output, symmetrical output
  symmetrischer Ausgang *m*
balanced to ground
  symmetrisch gegen Masse
banana plug
  Bananenstecker *m*
band, energy-band [semiconductor technology]
  Energy-band in the band diagram representing
  closely adjacent energy levels in the
  semiconductor crystal which can be occupied by
  electrons. Important energy-bands in
  semiconductors are the conduction band and
  the valence band as well as the forbidden band
  (energy gap) separating the conduction from
  the valence band.
  Band *n*, Energieband *n* [Halbleitertechnik]
  Energieband im Bändermodell, das dicht

beieinanderliegende Energieniveaus im
Halbleiterkristall darstellt, die von Elektronen
besetzt werden können. Von Bedeutung beim
Halbleiter sind das Leitungsband und das
Valenzband sowie das dazwischenliegende
verbotene Band bzw. die Energielücke.
band edge, energy-band edge [semiconductor
technology]
In the energy-band diagram, the highest
possible energy state of an energy-band.
Bandkante *f*, Energiebandkante *f*
[Halbleitertechnik]
In der Darstellung des Bändermodells der
höchstmögliche Energiezustand eines
Energiebandes.
band-elimination filter
Bandsperrfilter *n*
band-gap, energy gap [semiconductor
technology]
In the energy-band diagram, the distance
separating the conduction band from the
valence band which represents energy levels
that cannot be occupied by electrons.
Bandabstand *m*, Energiebandabstand *m*,
Energielücke *f* Bandlücke *f* [Halbleitertechnik]
In der Darstellung des Bändermodells der
Abstand zwischen Leitungsband und
Valenzband, der Energieniveaus im
Halbleiterkristall bezeichnet, die von
Elektronen nicht besetzt werden können.
band-pass filter
Bandpaßfilter *n*
bandwidth [e.g. of an amplifier circuit: the
frequency range in which the output signal
amplitude (with constant input signal
amplitude) does not fall more than a certain
amount (e.g. 3 dB) compared with the reference
amplitude; i.e. the difference between the upper
and the lower cut-off frequencies, usually
defined as -3 dB points]
Bandbreite *f* [z.B. einer Verstärkerschaltung:
Frequenzbereich, in dem die
Ausgangssignalamplitude (bei konstanter
Eingangssignalamplitude) um nicht mehr als
einen bestimmten Betrag (z.B. 3 dB) gegenüber
der Bezugsamplitude abfällt; d.h. die Differenz
zwischen der oberen und der unteren
Grenzfrequenz, meistens als -3-dB-Punkte
definiert]
bar chart
Balkendiagramm *n*, Säulendiagramm *n*
bar code
Strichcode *m*
bar code scanner
Strichcode-Scanner *m*, Strichcode-Abtaster
bar graphics
Balkengraphik *f*, Säulengraphik *f*
BARITT diode (barrier injected transit time
diode) [microwave semiconductor device]

BARITT-Diode *f*, Sperrschicht-Injektions-
Laufzeitdiode *f* [Halbleiterbauelement für den
Mikrowellenbereich]
barrel distortion [screen]
Tonnenverzerrung *f* [Bildschirm]
base, base number [the radix or base of a number
system; any number can be represented as the
sum of multiples of powers of a base, e.g. the
number 7 to the base 2 (binary system) is equal
to $1 \times 2^2 + 1 \times 2^1 + 1 \times 2^0 = 111$]
Basis *f*, Basiszahl *f* [Grundzahl eines
Zahlensystems; jede beliebige Zahl kann als
Summe von Vielfachen der Potenzen einer
Basiszahl dargestellt werden; z.B. die Zahl 7
zur Basis 2 (Binärsystem) ist gleich $1 \times 2^2 + 1 \times
2^1 + 1 \times 2^0 = 111$]
base [bipolar transistors]
The region of the bipolar transistor between
emitter and collector.
Basis *f* [Bipolartransistoren]
Der Bereich des Bipolartransistors, der
zwischen Emitter und Kollektor liegt.
base address [forms together with the
displacement address the absolute address, i.e.
the permanent address of a storage location]
Basisadresse *f*, Grundadresse *f*,
Bezugsadresse *f* [bildet zusammen mit der
Distanzadresse die absolute Adresse, d.h. die
permanente Adresse eines Speicherplatzes]
base bias
Basisvorspannung *f*
base class, superclass [in object oriented
programming: the top class in a hierarchy of
classes, in contrast to derived class]
Basisklasse *f*, Superklasse *f* [bei der
objektorientierten Programmierung: die oberste
Klasse in einer Hierarchie, im Gegensatz zur
abgeleiteten Klasse]
base current
Basisstrom *m*
base diffusion isolation technology, BDI
technology
Technique for achieving electrical isolation in
bipolar integrated circuits.
Isolation durch Basisdiffusion *f*,
Basisdiffusionsisolation *f*, BDI-Technik *f*
Isolationsverfahren für integrierte
Bipolarschaltungen.
base diffusion step
Diffusion of the base region in bipolar
component or bipolar integrated circuit
fabrication.
Basisdiffusion *f*
Diffusion des Basisbereiches bei der Fertigung
von bipolaren Bauelementen oder bipolaren
integrierten Schaltungen.
base doping
Doping of the base region in bipolar component
or integrated circuit fabrication.

Basisdotierung *f*
Dotierung des Basisbereichs bei der Fertigung
von bipolaren Bauelementen oder integrierten
Schaltungen.

base electrode
Basiselektrode *f*

base-emitter bias
Basis-Emitter-Vorspannung *f*

base-emitter capacitance
Basis-Emitter-Kapazität *f*

base-emitter diode, base-emitter junction
A pn- (or an np-) junction between base and
emitter region of the bipolar transistor. In
bipolar integrated circuits, the diode formed by
the base-emitter junction.
Basis-Emitter-Diode *f*
Ein PN- (bzw. ein NP-) Übergang zwischen
Basis- und Emitterzone des Bipolartransistors.
Bei bipolar integrierten Schaltungen die Diode,
die aus dem Basis-Emitter-Übergang gebildet
wird.

base-emitter saturation voltage
Basis-Emitter-Sättigungsspannung *f*

base-emitter signal
Basis-Emitter-Signal *n*

base-emitter voltage
Basis-Emitter-Spannung *f*

base-emitter voltage drop
Basis-Emitter-Spannungsabfall *m*

base excess current
Basisüberschußstrom *m*

base impedance
Basisimpedanz *f*

base material [printed circuit boards]
Basismaterial *n* [Leiterplatten]

base number, base [radix or base number of a
number system; any number can be
represented as the sum of multiples of powers
of a base, e.g. the number 7 to the base 2
(binary system) is equal to $1 \times 2^2 + 1 \times 2^1 + 1 \times 2^0 = 111$]
Basiszahl *f,* Basis *f* [Grundzahl eines
Zahlensystems; jede beliebige Zahl kann als
Summe von Vielfachen der Potenzen einer
Basiszahl dargestellt werden, z.B. die Zahl 7
zur Basis 2 (Binärsystem) ist gleich $1 \times 2^2 + 1 \times 2^1 + 1 \times 2^0 = 111$]

base peak current
Basisspitzenstrom *m*

base peak voltage
Basisspitzenspannung *f*

base region
Basisbereich *m,* Basiszone *f*

base resistance
Basiswiderstand *m*

base-sheet resistance
Basisflächenwiderstand *m*

base signal
Basissignal *n*

base-spreading resistance
Basisausbreitungswiderstand *m*

base terminal, base contact
Basisanschluß *m,* Basiskontakt *m*

base time constant
Basiszeitkonstante *f*

base voltage
Basisspannung *f*

BASIC (beginner's all-purpose symbolic
instruction code) [problem-oriented
programming language; since it is easily
learned, it is widely used for programming
microcomputers]
BASIC [problemorientierte
Programmiersprache; wegen ihrer leichten
Erlernbarkeit ist sie eine weitverbreitete
Programmiersprache für Mikrocomputer]

basic arithmetic operation [addition,
subtraction, multiplication and division]
Grundrechenart *f* [Addition, Subtraktion,
Multiplikation und Division]

basic circuit, schematic circuit diagram
Prinzipschaltung *f,* Prinzipschaltbild *n*

basic computation operation, basic arithmetic
operation
Grundrechenart *f*

basic data file
Grunddatei *f*

basic format
Grundformat *n*

basic logic function, logic gate
A basic logic function is a logic operation which
combines two or more input signals into one
output signal. Basic logic operations are: AND
(= conjunction), EXCLUSIVE-OR (= non-
equivalence), INCLUSIVE-OR (= disjunction),
NOT (= negation), NAND (= non-conjunction or
Sheffer function), NOR (= non-disjunction or
Peirce function), IF-AND-ONLY-IF (=
equivalence), IF-THEN (= implication) and
NOT-IF-THEN (= exclusion).
logische Verknüpfung *f,* Verknüpfungsglied
Eine logische Verknüpfung führt eine logische
Operation aus, d.h. sie verknüpft zwei oder
mehr Eingangssignale zu einem
Ausgangssignal. Es gibt Verknüpfungen für die
logischen Operationen UND (=Konjunktion),
exklusives ODER (= Antivalenz), inklusives
ODER (= Disjunktion), NICHT (= Negation),
NAND (= Sheffer-Funktion), NOR (= Peirce-
Funktion), Äquivalenz, Implikation und
Inhibition.

basic operation
Grundoperation *f*

basic software [e.g. operating system, utility
programs and a selection of general-purpose
application programs]
Basissoftware *f* [z.B. Betriebssystem,
Dienstprogramme und eine Auswahl

allgemeiner Anwenderprogramme]
basic statement
   Grundanweisung *f*
basic symbol
   Grundsymbol *n*
basic transistor configuration
   Circuit connection of a transistor in which one
   of the three terminals (base, emitter, collector
   in a bipolar transistor or gate, source, drain in
   a field-effect transistor) is the common
   reference electrode for the input and output.
   Transistorgrundschaltung *f*
   Schaltungsart eines Transistors, bei dem
   jeweils einer der drei Anschlüsse (Basis,
   Emitter, Kollektor beim Bipolartransistor bzw.
   Gate, Source, Drain beim Feldeffekttransistor)
   die gemeinsame Bezugselektrode für den
   Eingang und Ausgang ist.
basic utility [selected utility program]
   Basisdienstprogramm *n* [ausgewähltes
   Dienstprogramm]
batch
   Schub *m*, Stapel *m*
batch file
   Batch-Datei *f*
batch of data, data batch
   Datenstapel *m*
batch procedure [recurring command sequence
   in DOS]
   Batch-Prozedur *f* [wiederkehrende
   Kommandofolge in DOS]
batch processing, batch mode [processing of
   jobs collected in batches; in contrast to real-
   time processing]
   Stapelverarbeitung *f*, Stapelbetrieb *m*
   [schubweise Verarbeitung von gesammelten
   Aufträgen; im Gegensatz zur
   Echtzeitverarbeitung]
batch program
   Programm für Stapelbetrieb *m*
bathtub curve [curve of failure rate as a
   function of time; life curve with early failures
   and wear-out failures]
   Badewannenkurve *f* [Verlauf der
   Ausfallhäufigkeit in Funktion der Zeit;
   Lebensdauerkurve mit Früh- und
   Verschleißausfällen]
battery operated
   batteriebetrieben
baud [transmission speed; in the case of binary
   transmission = bit/s]
   Baud *n* [Übertragungsgeschwindigkeit; bei
   binärer Übertragung = Bit/s]
baud rate [transmission speed in bauds]
   Baudrate *f* [Übertragungsgeschwindigkeit in
   baud]
baud rate generator [used in data
   communications]
   Baudratengenerator *m* [wird bei der

Datenübertragung verwendet]
Baudot code, CCITT code [international
   telegraph code]
   Baudot-Code *m*, CCITT-Code *m*
   [internationaler Fernschreibcode]
Bayesian statistics [probability]
   Bayessche Statistik *f*
   [Wahrscheinlichkeitsrechnung]
BBD (Bucket Brigade Device) [integrated circuit
   charge-transfer device in MOS structure]
   BBD-Schaltung *f*, Eimerkettenschaltung *f*
   [integrierte Ladungstransferschaltung in MOS-
   Struktur]
BBS (Bulletin Board System) [electronic mailbox
   system]
   BBS-System *n* [ein System für die
   Übermittlung elektronischer Post]
BCCD (buried channel charge-coupled device)
   BCCD, ladungsgekoppelte Schaltung mit
   vergrabenem Kanal *f*
BCD, binary coded decimals [representation of
   each digit of a decimal number by a group of
   four binary digits (=tetrade), e.g. the digit 7 by
   0111]
   BCD, Binärcode für Dezimalziffern *m*, binär
   codierte Dezimalziffern *f.pl.* [Darstellung jeder
   Ziffer einer Dezimalzahl durch eine Gruppe von
   vier Binärzeichen (=Tetrade), z.B. die Ziffer 7
   durch 0111]
BCD code
   BCD-Code *m*
BDI technology (base-diffusion isolation
   technology)
   Technique for achieving electrical isolation in
   bipolar integrated circuits.
   BDI-Technik *f*, Isolation durch Basisdiffusion
   f, Basisdiffusionsisolation *f*
   Isolationsverfahren für integrierte
   Bipolarschaltungen.
beam storage
   Strahlspeicher *m*
beam-lead technology
   Bonding technique used for semiconductor
   devices and integrated circuits. The pattern of
   the beams leading to the bonding pads on the
   chip are formed on the chip surface during
   wafer processing. The beams extend over the
   edge of the chip after separation from the wafer
   by chemical etching.
   Stegetechnik *f*, Beam-Lead-Technik *f*
   Kontaktierungstechnik für Halbleiterbauteile
   und integrierte Schaltungen. Das Muster für
   die Zuführungen zu den Kontaktflecken auf
   dem Chip wird während der Bearbeitung des
   Wafers direkt auf der Chipoberfläche erzeugt.
   Die Stege (beam-leads) ragen nach Zerlegung
   des Wafers durch chemisches Ätzen über den
   Rand des Chips hinaus.
beginning-of-tape mark, beginning-of-tape

marker (BOT) [of a magnetic tape]
Bandanfangsmarke *f* [eines Magnetbandes]
belting equipment [for coaxial lead and radial
lead components]
Gurtungseinrichtung *f* [für axiale und
radiale Bauelemente]
benchmark (BM) [evaluation point of a
benchmark program]
Vergleichspunkt *m* [Bewertungspunkt eines
Benchmark-Programmes]
benchmark program, benchmark routine
[program to evaluate the performance of
different computers]
Bewertungsprogramm *n*, Benchmark-
Programm *n* [Programm zur Bewertung der
Leistungsfähigkeit verschiedener Rechner]
benchmark run [running a benchmark program
for evaluating the performance of a computer]
Vergleichslauf *m*, Benchmark-Lauf *m* [Lauf
eines Bewertungsprogrammes (Benchmark-
Programm) zwecks Bewertung der
Leistungsfähigkeit eines Rechners]
benchmark test
Vergleichsverfahren *n*, Benchmark-
Verfahren *n*
benchtop unit
Tischgerät *n*
BER (bit error rate) [ratio of incorrect bits
received to the number transmitted]
Bitfehlerhäufigkeit *f*, Bitfehlerrate *f*
[Verhältnis der empfangenen verfälschten Bits
zur Anzahl der gesendeten Bits]
Bernouilli disk [exchangeable hard disk]
Bernouilli-Platte *f* [auswechselbare
Festplatte]
BERT (Bit Error Rate Test)
BERT [Bitfehlerhäufigkeits-Prüfung]
best-fit method [for memory allocation]
bestpassende Methode *f* [für
Speicherzuordnung]
beta version [test version of program before
final release]
Betaversion *f* [Testversion eines Programmes
vor der endgültigen Herausgabe]
BFL device (buffered FET logic)
Integrated circuit family based on gallium
arsenide D-MESFETs.
BFL, gepufferte FET-Logik *f*
Integrierte Schaltungsfamilie, die mit
Galliumarsenid-D-MESFETs realisiert ist.
BH laser (buried-heterostructure laser)
[semiconductor laser]
BH-Laser *m* [Halbleiterlaser]
bias compensation
Vorspannungskompensation *f*
bias driver
Vorspannungstreiberstufe *f*
bias stabilization
Vorspannungsstabilisierung *f*

bias voltage
Vorspannung *f*
biasing circuit
Vorspannungsschaltung *f*
BiCMOS technology, bipolar CMOS technology
Integrated circuit technology combining bipolar
transistors and CMOS field-effect transistors
on a single chip.
BiCMOS-Technik *f*, bipolare CMOS-Technik *f*
Integrierte Schaltungstechnik, bei der
Bipolartransistoren und CMOS-
Feldeffekttransistoren auf dem gleichen Chip
hergestellt werden.
bidirectional counter, up-down counter
**Zähler für Vorwärts- und
Rückwärtszählung** *m*, Zweirichtungszähler
bidirectional data bus
Zweiwegdatenbus *m*
bidirectional diode
Zweirichtungsdiode *f*
bidirectional flow
Fluß in wechselnder Richtung *m*
bidirectional gate
Umschaltegatter *m*
bidirectional printing [matrix printers]
bidirektionaler Druck *m* [Nadeldrucker]
bidirectional pulse train, bidirectional pulses
**Impulsfolge aus positiven und negativen
Impulsen** *f*
bidirectional shift register
Vorwärts-Rückwärts-Schieberegister *n*
bidirectional transistor
bidirektionaler Transistor *m*,
Zweirichtungstransistor *m*
BiFET technology (bipolar FET technology)
Integrated circuit technology combining bipolar
transistors and junction-type field-effect
transistors on a single chip. Mainly used in
analog integrated circuit fabrication (e.g. for
operational amplifiers).
BiFET-Technik *f*, bipolare FET-Technik *f*
Integrierte Schaltungstechnik, bei der
Bipolartransistoren und Sperrschicht-
Feldeffekttransistoren auf einem Chip
kombiniert sind. Sie wird vorwiegend für die
Herstellung von integrierten
Analogschaltungen (z.B. von
Operationsverstärkern) eingesetzt.
BIGFET technology (bipolar insulated-gate
field-effect transistor)
Integrated circuit technology integrating
bipolar transistors and insulated-gate field-
effect transistors in such a way that the base of
the bipolar transistor and the drain of the
IGFET form a common zone.
BIGFET-Technik *f*, bipolare Isolierschicht-
Feldeffekttransistor-Technik *f*
Integrierte Schaltungstechnik, bei der
Bipolartransistoren und Isolierschicht-

Feldeffekttransistoren so integriert werden,
daß die Basis des Bipolartransistors und das
Drain des IGFET eine gemeinsame Zone
bilden.

bilateral Shockley diode, diac
Zweirichtungsthyristordiode *f,* Diac *m*

bilateral thyristor, bilateral SCR, triac
Semiconductor component with two parallel,
back-to-back thyristor structures that can
switch current in both directions.
Zweirichtungsthyristor *m,* Triac *m*
Halbleiterbauelement mit zwei parallelen und
entgegengesetzt orientierten
Thyristorstrukturen, das Ströme in beiden
Richtungen schalten kann.

bimetal switch, thermal switch
Bimetallschalter *m,* Thermoschalter *m*

BiMOS technology (bipolar MOS technology)
Integrated circuit technology combining bipolar
transistors and MOS field-effect transistors on
a single chip.
BiMOS-Technik *f,* bipolare MOS-Technik *f*
Integrierte Schaltungstechnik, bei der eine
Kombination von Bipolartransistoren und
MOS-Feldeffekttransistoren auf dem gleichen
Chip verwendet wird.

binary [with two possible values, e.g. 0 and 1]
binär [mit zwei möglichen Werten, z.B. 0 und
1]

binary adder
Binäraddierer *m*

binary arithmetic
Binärarithmetik *f*

binary cell [a storage cell that can hold one
binary character]
binäre Speicherzelle *f,* Binärzelle *f* [eine
Speicherzelle, die ein Binärzeichen enthalten
kann]

binary circuit
Binärschaltung *f*

binary code [uses only two characters for
representing the notions to be coded]
Binärcode *m,* binärer Code *m* [verwendet nur
zwei Zeichen für die Darstellung der zu
codierenden Begriffe]

binary coded address
binär codierte Adresse *f*

binary coded data
binär codierte Daten *n.pl.*

binary coded decimal representation (BCD
representation) [representation of each digit of
a decimal number by a group of four binary
digits (=tetrade), e.g. the digit 7 by 0111]
binär codierte Dezimaldarstellung *f* (BCD-
Darstellung) [Darstellung jeder Ziffer einer
Dezimalzahl durch eine Gruppe von vier
Binärzeichen (=Tetrade), z.B. die Ziffer 7 durch
0111]

binary coded decimals (BCD)

Binärcode für Dezimalziffern *m,* binär
codierte Dezimalziffern *f.pl.*

binary coding
Binärcodierung *f*

binary complement, twos-complement [one
possible type of representation of negative
binary numbers; the negative number is
obtained by changing all zeroes into ones, all
ones into zeroes, and adding a one to the
position having the lowest value]
binäres Komplement *n,* Zweierkomplement *n*
[eine der möglichen Darstellungsformen für
negative Binärzahlen; die negative Zahl
entsteht durch Ändern aller Nullen in Einsen,
aller Einsen in Nullen und Addition einer Eins
an der niederwertigsten Stelle]

binary compound semiconductor
Semiconductor consisting of two elements, e.g.
gallium arsenide.
Zweistoffverbindungshalbleiter *m*
Halbleiter, der aus zwei Elementen besteht,
z.B. Galliumarsenid.

binary counter [counts by two]
Dualzähler *m,* Binärzähler *m* [zählt auf
Dualbasis]

binary digit, bit [the smallest single character in
a binary number, i.e. 0 or 1]
Dualziffer *f,* Bit *n,* Binärzeichen *n* [die
kleinste Darstellungseinheit in einer
Binärzahl, d.h. 0 oder 1]

binary divider
Binärteiler *m*

binary-error correcting code
binärer Fehlerkorrekturcode *m*

binary-error detecting code
binärer Fehlererkennungscode *m*

binary file
Binärdatei *f*

binary function
Dualfunktion *f,* Binärfunktion *f*

binary input
Binäreingabe *f*

binary integer [number systems]
ganze Binärzahl *f,* binäre ganze Zahl *f,* ganze
Dualzahl *f* [Zahlensysteme]

binary inverter
Binärinverter *m*

binary loader
Binärlader *m*

binary notation
Binärschreibweise *f*

binary number
Binärzahl *f,* binäre Zahl *f*

binary number system [number system with
the basis 2]
Dualsystem *n,* Binärsystem *n,* duales System
n [Zahlensystem mit der Basis 2]

binary operation
Binäroperation *f*

binary recording mode [for storages]
   binäres Schreibverfahren *n* [bei Speichern]
binary representation
   Binärdarstellung *f,* binäre Darstellung *f*
binary ROM, binary read-only memory
   binärer ROM *m,* binärer Festwertspeicher *m*
binary search, dichotomizing search [search in
   an ordered table by repeated partitioning in
   two equal parts, rejecting one and continuing
   the search in the other]
   binäres Suchen *n,* eliminierendes Suchen *n*
   [Suchen in einer geordneten Tabelle in jeweils
   halbierten Bereichen, wobei der eine Bereich
   ausgeschieden und im anderen weitergesucht
   wird]
binary search algorithm
   Binärsuchalgorithmus *m*
binary sequence
   Binärfolge *f*
binary shift register
   binäres Schieberegister *n*
binary signal [a signal with two levels, e.g. 0
   and 1]
   Binärsignal *n* [ein Signal mit zwei Pegeln,
   z.B. 0 und 1]
binary stage
   Binärstufe *f*
binary synchronous communications (bisync,
   BSC) [protocol for synchronous byte-serial data
   transmission]
   binär-synchrone Datenübertragung *f*
   [Protokoll für synchrone byteserielle
   Datenübertragung]
binary system [number or code system using
   only two characters for representing all notions,
   numbers, etc.]
   Binärsystem *n* [Zahlen- oder Codesystem, das
   für die Darstellung aller Begriffe, Zahlen usw.
   nur zwei Zeichen verwendet]
binary-to-analog converter
   Binär-Analog-Umsetzer *m*
binary-to-BCD converter
   Binär-BCD-Umsetzer *m*
binary-to-decimal converter
   Binär-Dezimal-Umsetzer *m*
binary tree representation
   Binärbaumdarstellung *f*
binary variable
   binärer Variable *f*
binding force [e.g. between atoms]
   Bindungskraft *f* [z.B. zwischen Atomen]
BIOS (Basic Input-Output System) [part of
   operating system]
   BIOS *n,* Ein-Ausgabe-Teil *m* [Teil des
   Betriebssystems]
bipolar circuit
   bipolare Schaltung *f*
bipolar CMOS technology, BiCMOS
   technology

Integrated circuit technology combining bipolar
transistors and CMOS field-effect transistors
on a single chip.
   bipolare CMOS-Technik *f,* BiCMOS-Technik
Integrierte Schaltungstechnik, bei der
Bipolartransistoren und CMOS-
Feldeffekttransistoren auf dem gleichen Chip
hergestellt werden.
bipolar device
Semiconductor device in which both electrons
and holes contribute to current flow.
   bipolares Bauteil *n*
Halbleiterbauteil, in dem sowohl Elektronen
als auch Defektelektronen (Löcher) zum
Stromfluß beitragen.
bipolar FET technology, BiFET technology
Integrated circuit technology combining bipolar
transistors and junction-type field-effect
transistors on a single chip. Mainly used in
analog integrated circuit fabrication (e.g. for
operational amplifiers).
   bipolare FET-Technik *f,* BiFET-Technik *f*
Integrierte Schaltungstechnik, bei der
Bipolartransistoren und Sperrschicht-
Feldeffekttransistoren auf einem Chip
kombiniert sind. Sie wird vorwiegend für die
Herstellung von integrierten
Analogschaltungen (z.B. von
Operationsverstärkern) eingesetzt.
**bipolar insulated-gate field-effect transistor
   technology,** BIGFET technology
Integrated circuit technology integrating
bipolar transistors and insulated-gate field-
effect transistors in such a way that the base of
the bipolar transistor and the drain of the
IGFET form a common zone.
   **bipolare Isolierschicht-
   Feldeffekttransistor-Technik** *f,* BIGFET-
   Technik *f*
Integrierte Schaltungstechnik, bei der
Bipolartransistoren und Isolierschicht-
Feldeffekttransistoren so integriert werden,
daß die Basis des Bipolartransistors und das
Drain des IGFET eine gemeinsame Zone
bilden.
bipolar integrated circuit
   bipolare integrierte Schaltung *f*
bipolar junction transistor (BJT)
   bipolarer Sperrschichttransistor *m* (BJT)
bipolar memory
   bipolarer Speicher *m*
bipolar MOS technology, BiMOS technology
Integrated circuit technology combining bipolar
transistors and MOS field-effect transistors on
a single chip.
   bipolare MOS-Technik *f,* BiMOS-Technik *f*
Integrierte Schaltungstechnik, bei der eine
Kombination von Bipolartransistoren und
MOS-Feldeffekttransistoren auf dem gleichen

Chip verwendet wird.
bipolar semiconductor
bipolarer Halbleiter *m*
bipolar transistor
Transistor comprising three differently doped
crystal zones (emitter, base, collector) and two
junctions (npn or pnp-structures). Bipolar
transistors are current-controlled in contrast to
field-effect transistors which are voltage-
controlled.
Bipolartransistor *m*
Transistor, der aus drei unterschiedlich
dotierten Kristallzonen (Emitter, Basis,
Kollektor) und zwei Zonenübergängen (NPN-
oder PNP-Strukturen) besteht.
Bipolartransistoren sind stromgesteuert, im
Gegensatz zu Feldeffekttransistoren, die
spannungsgesteuert sind.
biquinary code [a code comprising 7 bits, also
called two-out-of-seven code; in each character
five of the seven bits are binary zero and two
are binary one, e.g. the digit 7 is represented by
1000100]
Biquinärcode *m* [ein Code aus 7 Bits, auch
Zwei-aus-Sieben-Code genannt; bei jedem
Zeichen sind fünf der sieben Bits binär Null
und zwei binär Eins, z.B. die Ziffer 7 wird
durch 1000100 dargestellt]
bistable multivibrator, bistable multivibrator
circuit, flip-flop [a circuit with two stable
states; switching from one into the other is
effected by a trigger pulse]
bistabile Kippschaltung *f,* bistabiler
Multivibrator *m,* Flipflop *n* [eine Schaltung mit
zwei stabilen Zuständen; die Umschaltung von
einem in den anderen Zustand erfolgt durch
einen Auslöseimpuls]
bisync, BSC (binary synchronous
communications) [protocol for synchronous
byte-serial data transmission]
binäre synchrone Übertragung *f* [Protokoll
für synchrone byteserielle Datenübertragung]
bit, binary digit [the smallest single character in
a binary number, i.e. 0 or 1]
Bit *n,* Binärzeichen *n* [die kleinste
Darstellungseinheit in einer Binärzahl, d.h. 0
oder 1]
bit array
Bitmatrix *f*
bit capacity
Bitpackungsdichte *f*
bit configuration [sequence of binary digits as
unit of information]
Binärmuster *n* [Folge von Binärziffern als
Informationseinheit]
bit density [recording density of a storage
medium, e.g. of a magnetic tape in BPI
(bits/inch)]
Speicherdichte *f,* Schreibdichte *f*

[Aufzeichnungsdichte eines Speichermediums,
z.B. eines Magnetbandes in BPI (Bits/Zoll)]
bit error
Bitfehler *m*
bit error probability [in data transmission]
Bitfehlerwahrscheinlichkeit *f* [bei der
Datenübertragung]
bit error rate (BER) [ratio of incorrect bits
received to the number transmitted]
Bitfehlerhäufigkeit *f,* Bitfehlerrate *f*
[Verhältnis der empfangenen verfälschten Bits
zur Anzahl der gesendeten Bits]
bit location
Bitspeicherplatz *m*
bit-organized storage
bitorganisierter Speicher *m*
bit-oriented
bitorientiert
bit-parallel [simultaneous transmission or
processing of several bits]
bitparallel [gleichzeitiges Übertragen oder
Verarbeiten mehrerer Bits]
bit position
Bitstelle *f*
bit rate
Bitrate *f,* Bitfolgefrequenz *f,*
Bitgeschwindigkeit *f*
bit-serial [transmission or processing of several
bits one after the other]
bitseriell [Übertragen oder Verarbeiten
mehrerer Bits zeitlich nacheinander]
bit-slice
An element comprising the major functions of a
central processing unit of 2 or 4-bit width. By
combining several bit-slices any desired word
length can be achieved.
Bit-Slice *n*
Ein Element, das die wichtigsten Funktionen
einer Zentraleinheit mit 2- oder 4-Bit-Breite
umfaßt. Durch Kombination mehrerer Bit-
Slices kann eine beliebige Wortlänge erreicht
werden.
bit-slice processor
Processor consisting of bit-slices for achieving
application-specific word lengths, e.g. eight 2-
bit slices for achieving a 16-bit device.
Bit-Slice-Prozessor *m*
Prozessor bestehend aus Bit-Slices (Bit-
Elementen) zur Erzielung aufgabenspezifischer
Wortlängen, z.B. acht 2-Bit-Slices zur
Erzielung eines 16-Bit-Bausteines.
bit stream
Bitstrom *m*
bit string
Bitfolge *f,* Binärzeichenfolge *f*
bit transfer rate
Bitübertragungsgeschwindigkeit *f*
BITE (built-in test equipment)
Eigenprüfeinrichtung *f*

bitmap [image stored as a matrix of dots, i.e. bits]
Bitmap-Bild *n,* Bitabbild *n* [Bild, das als eine Matrix von Bildpunkten bzw. von Bits gespeichert ist]
bitmap font, bitmapped font, raster font [stored as bit pattern, in contrast to vector font]
Bitmap-Schriftart *f,* Rasterschriftart *f* [gespeichert als Bitmuster, im Gegensatz zur Vektorschrift]
bitmapped graphics [graphics stored as digital pattern]
Bitmap-Graphik *f* [als digitales Muster gespeicherte Graphik]
bits/inch (BPI) [magnetic tape recording density]
Bit/Zoll [Magnetbandaufzeichnungsdichte]
bits/s, bits per second (BPS) [measure of transmission speed; in the case of binary transmission = baud]
bit/s [Maßeinheit für die Übertragungsgeschwindigkeit; bei binärer Übertragung = baud]
bitwise, bit-by-bit
bitweise
BJT, bipolar junction transistor
BJT *m,* bipolarer Sperrschichttransistor *m*
blackout failure [failure of all required functions]
Totalausfall *m* [Ausfall aller geforderten Funktionen]
blackout time [time loss due to unused storage space]
Lückenzeit *f* [Zeitverlust als Folge ungenutzen Speicherraums]
blank, blank character, blank space
Leerstelle *f*
blank address, null statement
Leeradresse *f*
blank bit [bit containing no information]
Leerbit *n* [Bit ohne Informationsgehalt]
blank character, blank, space character, space [code character without meaning and often not written, printed or punched; serves as a separator between stored data]
Leerzeichen *n,* Füllzeichen *n* [Codezeichen ohne Bedeutung und das oft nicht geschrieben, gedruckt oder gelocht wird; wirkt als Zwischenraum zwischen gespeicherten Daten]
blank column
Leerspalte *f*
blank data medium, blank medium, empty medium
informationsfreier Datenträger *m*
blank instruction, skip instruction, do-nothing instruction
Leerbefehl *m*
blank line
Leerzeile *f*
blank string

Leerstellenfolge *f*
block [a group of records or words treated as an entity; blocks can have variable or fixed lengths]
Block *m,* Datenblock *m* [eine Gruppe von Datensätzen oder Wörtern, die als eine Einheit behandelt wird; Blöcke können variable oder feste Längen haben]
block, to [to form blocks, each comprising several records]
blocken [Bildung von Blöcken, jeder aus mehreren Datensätzen bestehend]
block address [of storages]
Blockadresse *f* [bei Speichern]
block chaining
Blockverkettung *f*
block check
Blockprüfung *f*
block command [e.g. block copy, block move, etc.]
Blockbefehl *m* [z.B. Kopieren oder Verschieben eines Blockes]
block copy
Kopieren eines Blocks *n*
block delete
Löschen eines Blocks *n*
block diagram
Blockschaltbild *n,* Blockschaltschema *n*
block length, block size [the sum of the data characters in a block]
Blocklänge *f* [die Summe der Datenzeichen in einem Block]
block move
Verschieben eines Blocks *n*
block register
Blockregister *n*
block sort [sorting method]
blockweise Sortierung *f* [Sortierverfahren]
block transfer [transfer of one or more blocks with a single instruction]
Blockübertragung *f,* Blocktransfer *m* [Übertragung eines oder mehrerer Blöcke mit einem Befehl]
blocked, disabled
gesperrt
blocked record [one of several records forming a block]
geblockter Satz *m* [ein Satz aus mehreren Sätzen, die einen Block bilden]
blocking capacitor
Sperrkondensator *m*
blocking contact
Sperrkontakt *m*
blocking diode
Sperrdiode *f*
blocking element
Sperrglied *n*
blocking factor [number of records per block for fixed-length logical records]

Blockungsfaktor *m* [Anzahl Sätze pro Block
für Datensätze fester Länge]
blocking oscillator [multivibrator with
feedback via a transformer; generates a
sawtooth voltage]
Sperrschwinger *m* [Kippschaltung mit
Rückkopplung über einen Transformator;
erzeugt eine Sägezahnspannung]
blocking state, cut-off state
Sperrzustand *m*
blocking state region
Sperrbereich *m*
blocking voltage, cut-off voltage, reverse bias
Sperrspannung *f*
BM (benchmark) [evaluation point of a
benchmark program]
Vergleichspunkt *m*, Bewertungspunkt *m*
[Bewertungspunkt eines Benchmark-
Programmes]
BNF (Backus-Naur-Form) [formal notation for
describing the syntax of a programming
language]
BNF [formale Notation zur Beschreibung der
Syntax einer Programmiersprache]
board, printed circuit board
Karte *f*, Leiterplatte *f*
board cage, card cage, module cage
Baugruppenträger *m*
board tester
Leiterplattenprüfgerät *n*
Bode diagram, amplitude-frequency plot
Bode-Diagramm *n*, Amplitudengang *m*,
Amplitudenverlauf *m*
boilerplate text, text module [section of text
stored for subsequent re-use]
Textbaustein *m* [zwecks späterer
Wiederverwendung abgespeicherter
Textabschnitt]
bold-face [character font]
halbfett [Schriftart]
bonding
Process for providing electrical connections
between the bonding pads on the chip and the
external leads of the package.
Bonden *n*, Kontaktieren *n*
Verfahren zum Herstellen von elektrischen
Verbindungen zwischen den Kontaktflecken
auf dem Chip und den Außenanschlüssen des
Gehäuses.
bonding electron, valence electron
[semiconductor technology]
Electron in the outer shell of an atom which
determines chemical valence and generates the
binding forces between the atoms in a
semiconductor crystal.
Bindungselektron *n*, Valenzelektron *n*
[Halbleitertechnik]
Elektron der äußeren Schale eines Atoms, das
die chemische Wertigkeit bestimmt und die

Bindungskräfte zwischen den Atomen im
Halbleiterkristall bewirkt.
bonding pad, external bonding pad [integrated
circuits]
Bondinsel *f*, Anschlußfleck *m*,
Kontaktierungsfleck *m* [integrierte
Schaltungen]
bonding sheet [printed circuit boards]
Klebefolie *f* [Leiterplatten]
Boolean add, logic addition, logical add,
inclusive OR, disjunction
Logical operation having the output (result) 0 if
and only if each input (operand) has the value
0; for all other inputs (operand values) the
output (result) is 1.
Disjunktion *f*, inklusives ODER *n*
Logische Verknüpfung mit dem Ausgangswert
(Ergebnis) 0, wenn und nur wenn jeder
Eingang (Operand) den Wert 0 hat; für alle
anderen Eingangswerte (Operandenwerte) ist
der Ausgang (das Ergebnis) 1.
Boolean algebra [rules for combining binary
quantities by means of logical operations such
as AND, NOT, OR, etc.]
Boolesche Algebra *f*, Algebra der Logik *f*
[Regeln für die Verknüpfung binärer Größen
durch logische Operationen wie UND, NICHT,
ODER usw.]
Boolean complementation, logical negation,
inversion function, NOT operation
Boolesche Komplementierung *f*, logische
Negation *f*, Umkehrfunktion *f*, NICHT-
Verknüpfung *f*
Boolean expression
Boolescher Ausdruck *m*
Boolean function, logical function
Boolesche Funktion *f*
Boolean multiplication, logical multiplication,
AND operation
Boolesche Multiplikation *f*, logische
Multiplikation *f*, UND-Verknüpfung *f*
Boolean notation
Boolesche Schreibweise *f*
Boolean operation, logical operation
Boolesche Verknüpfung *f*
Boolean operator, logical operator
Boolescher Operator *m*
booster diode [semiconductor diode with very
high blocking voltage]
Boosterdiode *f* [Halbleiterdiode mit sehr
hoher Sperrspannung]
boot record
Boot-Datensatz *m*
boot up, to [to start up computer]
aufbooten, aufstarten, booten [Aufstarten des
Rechners]
booting [procedure for starting up the computer]
Boot-Vorgang *m* [Vorgang zum Aufstarten
des Rechners]

bootstrap, to
  urladen
bootstrap circuit [an amplifier circuit used for
  increasing the input resistance, e.g. of
  transistor input stages]
  Bootstrap-Schaltung *f* [eine
  Verstärkerschaltung zur Erhöhung des
  Eingangswiderstandes, z.B. bei
  Transistoreingangsstufen]
bootstrap loader [a loading program started
  when the computer is switched on]
  selbstladendes Programm *n*, Bootstrap-
  Lader *m*, Urlader *m* [ein Ladeprogramm, das
  nach dem Einschalten des Rechners gestartet
  wird]
bootstrap program
  Urladerprogramm *n*
boron (B)
  Non-metallic element used as a dopant
  impurity (acceptor atom).
  Bor *n* (B)
  Nichtmetallisches Element, das als Dotierstoff
  (Akzeptoratom) verwendet wird.
boron nitride [compound semiconductor]
  Bornitrid *n* [Verbindungshalbleiter]
boron phosphide [compound semiconductor]
  Borphosphid *n* [Verbindungshalbleiter]
borrow bit [signals a negative difference in a
  digit place during subtraction]
  Borgebit *n*, geborgtes Bit *n* [signalisiert eine
  negative Differenz in einer Ziffernstelle bei der
  Subtraktion]
BOT (beginning-of-tape mark) [of a magnetic
  tape]
  Anfangsmarke *f* [eines Magnetbandes]
bottom margin
  unterer Rand *m*
bounce, contact bounce
  Prellen *n*, Kontaktprellen *n*
bounce-free [free of contact bounce]
  prellfrei [frei von Kontaktprellen]
bound electron
  gebundenes Elektron *n*
boundary layer
  Grenzschicht *f*
box process [a diffusion process]
  Boxdiffusion *f*, Boxverfahren *n* [ein
  Diffusionsverfahren]
Boyer-Moore algorithm [string search method]
  Boyer-Moore-Algorithmus *m*
  [Zeichenketten-Suchverfahren]
BPI (bits/inch) [magnetic tape recording density]
  Bit/Zoll [Magnetbandaufzeichnungsdichte]
BPS (bits/second) [data transfer rate]
  Bit/Sekunde [Datenübertragungsrate]
brace [in contrast to round or square bracket]
  geschweifte Klammer *f* [im Gegensatz zur
  runden oder eckigen Klammer]
bracket [e.g. round or square bracket]

Klammer *f* [z.B. runde oder eckige Klammer]
bracketted term, parenthesized term
  Klammerausdruck *m*
branch
  Verzweigung *f*
branch, to [to divide a program into several
  branches with the aid of jump instructions]
  verzweigen [durch Sprungbefehle bewirkte
  Aufteilung eines Programmes in mehrere
  Zweige]
branch instruction, jump instruction
  Verzweigungsbefehl *m*, Sprungbefehl *m*
brazing
  Hartlöten *n*
breadboard
  Versuchsaufbau *m*
breadboard circuit [experimental circuit
  layout]
  Brettschaltung *f* [Versuchsaufbau einer
  Schaltung]
breadth-first search
  Breitendurchlauf *m*
break contact
  Ruhekontakt *m*
break key
  Unterbrechungstaste *f*
breakdown [electrical breakdown]
  Durchbruch *m* [elektrischer Durchbruch]
breakdown current
  Durchbruchstrom *m*
breakdown impedance
  Durchbruchimpedanz *f*
breakdown region
  Durchbruchbereich *m*, Durchbruchzone *f*
breakdown spot
  Durchbruchstelle *f*
breakdown voltage
  Durchbruchspannung *f*
breakover voltage [in thyristors]
  Kippspannung *f* [bei Thyristoren]
breakpoint [program interruption for an
  external intervention, usually associated with
  program debugging]
  Programmhaltepunkt *m*, Haltepunkt *m*,
  Breakpoint *m* [Unterbrechungspunkt in einem
  Programm zwecks externem Eingriff, in der
  Regel in Verbindung mit einem
  Fehlersuchprogramm]
breakpoint in a curve
  Kennlinienknickpunkt *m*
bridge [circuit]
  Brücke *f* [Schaltung]
bridge amplifier
  Brückenverstärker *m*
bridge connection
  Brückenschaltung *f*
bridge rectifier
  Brückengleichrichter *m*
bridged, shorted

überbrückt
brightness adjustment
Helligkeitseinstellung *f*
broad fault localization
Fehlereingrenzung *f*
BS (backspace)
Rückwärtsschritt *m*
BSC, bisync (binary synchronous
communications) [protocol for synchronous
byte-serial data transmission]
binäre synchrone Übertragung *f* [Protokoll
für synchrone byteserielle Datenübertragung]
bubble jet printer [ink-jet printer using
bubbles]
Bubble-Jet-Drucker *m* [Tintenstrahldrucker,
der mit blasenförmigen Tropfen arbeitet]
bubble memory, magnetic bubble memory
Non-volatile mass storage device with very high
storage density. Storage of data is effected in
small cylindrical domains (bubbles) in a
magnetic thin film deposited on a non-magnetic
substrate.
Blasenspeicher *m,* Magnetblasenspeicher *m*
Nichtflüchtiger Massenspeicher mit sehr hoher
Speicherdichte. Die Speicherung der Daten
erfolgt in kleinen zylindrischen Domänen
(Blasen) in einer dünnen magnetischen Schicht,
die auf ein nichtmagnetisches Substrat
aufgebracht ist.
bubble memory cassette
Blasenspeicherkassette *f*
bubble sort method [sorting method]
Bubblesort-Verfahren *n* [Sortierverfahren]
bucket brigade device (BBD) [integrated-
circuit charge-transfer device in MOS
structure]
Eimerkettenschaltung *f,* BBD-Schaltung *f*
[integrierte Ladungstransferschaltung in MOS-
Struktur]
buffer, buffer storage
Puffer *m,* Pufferspeicher *m*
buffer, to
puffern
buffer circuit, buffer
Pufferschaltung *f*
buffer control logic
Puffersteuerlogik *f*
buffer element
Pufferstufe *f*
buffer memory, buffer storage
Pufferspeicher *m*
buffer operation
Pufferbetrieb *m*
buffer pointer
Pufferzeiger *m*
buffer register
Pufferregister *n*
buffer segment
Puffersegment *n*

buffer stage, decoupling stage, isolating stage
Trennstufe *f,* Entkopplungsstufe *f*
buffered
gepuffert
buffered FET logic (BFL)
Family of integrated circuits based on gallium
arsenide D-MESFETs.
gepufferte FET-Logik *f* (BFL)
Integrierte Schaltungsfamilie, die mit
Galliumarsenid-D-MESFETs realisiert ist.
buffering
Pufferung *f*
bug, program error, programming error
Programmfehler *m,* Programmierfehler *m*
built-in
eingebaut
built-in function
eingebaute Funktion *f*
built-in test
Selbsttest *m*
built-in test equipment (BITE)
Eigenprüfeinrichtung *f* .
bulk resistance [ohmic resistance of the
semiconductor material used]
Bahnwiderstand *m* [ohmscher Widerstand
des verwendeten Halbleitermaterials]
bulk single-crystal
massiver Einkristall *m*
buried channel [e.g. in charge-coupled devices]
vergrabener Kanal *m* [z.B. bei CCD-
Elementen]
buried layer, buried diffused layer
In bipolar integrated circuits a highly doped
layer formed by diffusion under the collector
region prior to epitaxial growth to reduce
collector series resistance.
vergrabene Schicht *f,* Subkollektor *m*
Bei integrierten Bipolarschaltungen eine
hochdotierte Schicht unter der Kollektorzone,
die vor dem Abscheiden der epitaktischen
Schicht in das Siliciumsubstrat eindiffundiert
wird, um den Kollektorbahnwiderstand zu
verringern.
buried-channel charge-coupled device
(BCCD)
ladungsgekoppelte Schaltung mit
vergrabenem Kanal *f* (BCCD)
burn-in, burn-in test
Testing method in which semiconductor
components or devices are operated under
severe operating conditions and at relatively
high temperatures (usually 125 °C) to eliminate
early failures prior to actual use.
Burn-In *n,* Voralterung *f,* Einbrennprüfung *f*
Prüfverfahren, bei dem Halbleiterbauelemente
oder Bausteine unter erschwerten
Betriebsbedingungen und bei erhöhten
Temperaturen (meistens 125 °C) betrieben
werden, um Frühausfälle vor der

Inbetriebnahme zu eliminieren.
burn-out [e.g. of internal diodes]
   Durchbrennen *n* [z.B. von Diodenstrecken]
burst, signal burst, noise burst
   impulsartiges Signal *n*, impulsartiges
   Rauschen *n*
burst mode [data transmission with periodic
   interruption]
   Burstmodus *m*, Bitbündelbetriebsweise *f*
   [Datenübertragung mit periodischen
   Unterbrechungen]
bus [common path for data interchange]
   The bus serves as transfer path for control
   information, addresses and data both through
   individual functional units (e.g. microprocessor)
   and through the system (e.g. computer). As a
   rule there are separate address, data and
   control buses. There are standard external bus
   structures, e.g. IEC bus, IEEE-488/GPIB
   (general purpose interface bus) and IEEE-
   583/CAMAC bus (computer automated
   measurement and control), as well as
   manufacturer-dependent internal bus
   structures, e.g. Multibus, Q-bus and S-100 bus.
   Bus *m* [Sammelschiene für den
   Datenaustausch]
   Der Bus dient als Übertragungsweg für
   Steuerinformationen, Adressen und Daten
   sowohl innerhalb einzelner Funktionsteile (z.B.
   Mikroprozessor) als auch innerhalb des
   Systems (z.B. Rechner). In der Regel gibt es
   einen eigenen Bus für Adressen, Daten und
   Steuerinformationen. Die Busstruktur führt zu
   einer einheitlichen Schnittstelle für alle
   Systemteile, die über den Bus verbunden sind.
   Es gibt standardisierte externe Busstrukturen,
   z.B. IEC-Bus, IEEE-488 /GPIB und IEEE-
   583/CAMAC, sowie herstellerabhängige interne
   Busstrukturen, wie Multibus, Q-Bus und S-
   100-Bus.
bus clock
   Bustakt *m*
bus compatibility
   Buskompatibilität *f*
bus contention
   Buskonkurrenz *f*
bus control
   Bussteuerung *f*
bus driver
   Bustreiber *m*
bus-enable signal, bus enable
   Freigabesignal für den Bus *n*,
   Busfreigabesignal *n*
bus frequency
   Bustaktfrequenz *f*
bus interface
   Busschnittstelle *f*, Busanschaltung *f*
bus line
   Busleitung *f*

bus system
   Bussystem *n*
bus width
   Busbreite *f*
business data processing, commercial data
   processing
   kommerzielle Datenverarbeitung *f*
business graphics, presentation graphics
   [generating line, bar and pie charts or
   diagrams]
   Geschäftsgraphik *f*, Präsentationsgraphik *f*
   [Erstellung von Linien-, Balken- und
   Kreisdiagrammen]
busmaster board [LAN controller for
   microchannel and EISA computers]
   Busmaster-Karte *f* [LAN-Controller für
   Mikrokanal- und EISA-Rechner]
button
   Auswahlknopf *m*
bypass capacitor
   Bypass-Kondensator *m*, Ableitkondensator *m*
byte [eight-bit unit]
   Byte *n* [Acht-Bit-Einheit]
byte mode, byte-serial [transmission of bytes
   one after the other]
   byteweise Übertragung *f*, byteserielle
   Übertragung *f* [Übertragen einzelner Bytes
   zeitlich nacheinander]
byte-oriented computer [computer whose
   operands can have a variable number of places
   (bytes); in contrast to a word-oriented computer
   which stores operands as fixed-length words
   (e.g. with 16 or 32 bits]
   byteorientierter Rechner *m* [Rechner, der
   Operanden unterschiedlicher Stellenzahl
   (Bytes) zuläßt; im Gegensatz zu einem
   wortorientiertem Rechner, der die Operanden
   als Wort fester Länge (z.B. 16 oder 32 Bit)
   speichert]
byte-parallel [simultaneous transmission or
   processing of several bytes]
   byteparallel [gleichzeitiges Übertragen oder
   Verarbeiten mehrerer Bytes]
byte-serial [transmission or processing of bytes
   one after the other]
   byteseriell [Übertragen oder Verarbeiten
   einzelner Bytes zeitlich nacheinander]
byte string
   Bytekette *f*

C

C [high-level, problem-oriented programming
language developed specially for implementing
the UNIX operating system]
C [höhere, problemorientierte
Programmiersprache, die eigens für die
Realisierung des Betriebssystems UNIX
entwickelt wurde]

C++ [object-oriented programming language
derived from C]
C++ [von C abgeleitete objektorientierte
Programmiersprache]

C^3L (complementary constant current logic)
[variant of the diode-transistor logic with
Schottky diodes, used in large-scale integrated
circuit devices]
C^3L [Variante der Dioden-Transistor-Logik mit
Schottky-Dioden für hochintegrierte
Logikbausteine]

CAA (computer-aided assembly)
CAA, rechnerunterstützte Montage *f*

cable [e.g. flat cable, coaxial cable, flexible cable]
Kabel *n* [z.B. Flachkabel, Koaxialkabel,
flexibles Kabel]

cable duct
Kabelkanal *m*

cableless mouse
kabellose Maus *f*

cache memory, cache storage [buffer memory]
Small, high-speed random-access memory that
is paged out of main memory and holds the
most recently and frequently used instructions
and data.
Cache-Speicher *m* [Pufferspeicher]
Kleiner, schneller Speicher mit wahlfreiem
Zugriff, der aus dem Hauptspeicher ausgelagert
ist und die häufigsten, zuletzt anfallenden
Befehle und Daten speichert.

cache software
Cache-Software *f*

CAD (computer-aided design)
CAD, rechnerunterstützte Konstruktion *f*

CAD (computer-aided drafting)
CAD, rechnerunterstütztes Zeichnen *n*

cadmium sulfide (CdS) [compound
semiconductor, mainly used in photodetectors]
Cadmiumsulfid *n* (CdS)
[Verbindungshalbleiter, der hauptsächlich für
die Herstellung von Photodetektoren verwendet
wird]

CAE (computer-aided engineering)
CAE, rechnerunterstützte Entwicklung *f*

CAE workstation
CAE-Arbeitsplatz *m*

CAIBE process (chemically assisted ion beam
etching) [dry etching process used in
semiconductor component and integrated
circuit fabrication]
CAIBE-Verfahren *n*, chemisch unterstütztes
Ionenstrahlätzen *n* [Trockenätzverfahren, das
bei der Herstellung von
Halbleiterbauelementen und integrierten
Schaltungen verwendet wird]

calculate, to
berechnen

calculator, adding machine
Rechenmaschine *f*, Addiermaschine *f*

calibration chart
Eichtabelle *f*

calibration curve
Eichkurve *f*

calibrator signal
Eichsignal *n*

call [instruction sequence for initiating a function
or routine]
Aufruf *m* [Befehlsfolge zur Auslösung einer
Funktion oder Routine]

call, to [a program]
aufrufen, abrufen [ein Programm]

call statement
Prozeduraufruf *m*

calling [to establish a data connection]
Anruf *m* [Aufbau einer Datenverbindung]

CAM (computer-aided manufacturing)
CAM, rechnerunterstützte Fertigung *f*

CAM (content-addressable memory), associative
memory
Storage device whose storage locations are
identified by their contents rather than by their
names or positions.
CAM, inhaltsadressierbarer Speicher *m*,
Assoziativspeicher *m*
Speicher, dessen Speicherelemente durch
Angabe ihres Inhaltes aufrufbar sind und nicht
durch ihre Namen oder Lagen.

CAMAC bus, IEEE-583/CAMAC bus (Computer
Automated Measurement And Control)
[standard bus and interfaces for
instrumentation]
CAMAC-Bus *m*, IEEE-583/CAMAC-Bus *m*
[Standardbus und -Schnittstellen für
Meßgeräte]

can, can-type package [package style, e.g. a TO
package]
Rundgehäuse *n* [Gehäuseform, z.B. ein TO-
Gehäuse]

cancel [in dialog box]
Abbrechen *n* [im Dialogfeld]

cancel statement
Annulieranweisung *f*

candela (cd) [SI unit of luminous intensity]
Candela *f* (cd) [SI-Einheit der Lichtstärke]

CAP (computer-aided planning)
rechnerunterstützte Arbeitsplanung *f*

capability, performance

Leistungsfähigkeit *f*
capacitance [of a capacitor in F]
 Kapazität *f* [eines Kondensators in F]
capacitance ratio
 Kapazitätsverhältnis *n*
capacitive feedback
 kapazitive Rückkopplung *f*
capacitive reactance
 Kapazitanz *f,* kapazitive Reaktanz *f*
capacitor
 Kondensator *m*
capacitor-coupled FET logic (CCFL)
 Family of integrated circuits based on gallium
 arsenide D-MESFETs.
 kondensatorgekoppelte FET-Logik *f*
 (CCFL)
 Integrierte Schaltungsfamilie, die mit
 Galliumarsenid-D-MESFETs realisiert ist.
capacity [of a storage device; number of bits
 stored, e.g. in kB or MB]
 Kapazität *f* [eines Speichers; Anzahl
 Speicherbits, z.B. in kB oder MB]
capture range [frequency range in which
 synchronism can be effected]
 Fangbereich *m* [Frequenzbereich, in dem
 Synchronismus herbeigeführt werden kann]
CAQ (computer-aided quality testing)
 CAQ, rechnerunterstützte Qualitätsprüfung *f*
card, printed circuit board (PCB)
 Platine *f,* Leiterplatte *f*
card, punched card
 Karte *f,* Lochkarte *f*
card cage, printed circuit board cage, module
 cage
 Platinengehäuse *n,* Leiterplattengehäuse *n,*
 Baugruppenträger *m*
card punch, card perforator
 Lochkartenstanzer *m*
card reader
 Lochkartenleser *m,* Lochkartenlesegerät *n*
carriage return
 Wagenrücklauf *m*
carriage return character (CR)
 Wagenrücklaufzeichen *n*
carrier, charge carrier [semiconductor
 technology]
 A mobile conduction electron or a mobile hole
 whose movement effects charge transport
 within a semiconductor. Electrons are negative,
 holes are positive carriers.
 Ladungsträger *m* [Halbleitertechnik]
 Ein bewegliches Leitungselektron oder ein
 bewegliches Defektelektron, dessen Bewegung
 den Ladungstransport innerhalb eines
 Halbleiters bewirkt. Elektronen sind negative,
 Defektelektronen positive Ladungsträger.
carrier concentration
 Ladungsträgerkonzentration *f*
carrier diffusion [semiconductor technology]

The movement of charge carriers in a
semiconductor, particularly at boundaries
between p-type and n-type regions. Carrier
diffusion results from concentration gradients.
 Diffusion von Ladungsträgern *f,*
 Ladungsträgerdiffusion *f* [Halbleitertechnik]
 Die Bewegung von Ladungsträgern in einem
 Halbleiter, insbesondere an der Grenze
 zwischen P- und N-dotierten Bereichen. Sie
 entsteht infolge unterschiedlicher Dichte der
 Ladungsträger.
carrier frequency
 Trägerfrequenz *f*
carrier injection [semiconductor technology]
 The introduction of additional charge carriers
 into a semiconductor.
 Ladungsträgerinjektion *f*
 [Halbleitertechnik]
 Das Einbringen zusätzlicher Ladungsträger in
 einen Halbleiter.
carrier lifetime
 Ladungsträgerlebensdauer *f*
carrier mobility, charge carrier mobility
 Ladungsträgerbeweglichkeit *f*
carrier recombination [reunion of electrons
 and holes]
 Ladungsträgerrekombination *f*
 [Wiedervereinigung von Elektronen mit
 Defektelektronen]
carrier transmission
 trägerfrequente Übertragung *f*
carry (CY) [transferring a carry digit to the next
 digit place, i.e. the digit generated when a sum
 exceeds the number base]
 Übertrag *m* [stellenweise Weiterleitung der
 Übertragsziffer, d.h. der Ziffer, die bei der
 Addition durch Überschreiten der Basiszahl
 entsteht]
carry, to
 übertragen
carry bit
 Übertragsbit *n*
carry digit [digit generated when a sum exceeds
 the number base]
 Übertragsziffer *f* [Ziffer, die bei der Addition
 durch Überschreiten der Basiszahl entsteht]
carry flag [control bit particularly used in
 microprocessors for indicating a carry in an
 addition]
 Übertragsmerker *m,* Übertrags-Flag *n*
 [besonders in Mikroprozessoren verwendetes
 Steuerbit zur Anzeige des Übertrages bei der
 Addition]
carry look-ahead, anticipatory carry [parallel
 computation of carries of all digits; in contrast
 to ripple carry in which the carries are formed
 one after the other]
 Parallelübertrag *m,*
 Übertragsvorausberechnung *f* [parallele

Bildung der Überträge aller Stellen; im
Gegensatz zum durchlaufenden Übertrag, bei
dem die Überträge nacheinander gebildet
werden]
carry look-ahead adder
Addierer mit Übertragsvorausberechnung
carry register
Übertragsregister *n*
carry signal
Übertragsbefehl *m*
cartesian coordinates
kartesische Koordinaten *f.pl.*, rechtwinklige
Koordinaten *f.pl.*
cartridge, cassette, magnetic tape cassette
Cartridge *n*, Kassette *f*, Magnetbandkassette *f*
cartridge font
Kassettenschriftart *f*
cascade
Kaskade *f*, Reihenschaltung *f*
cascade amplifier [cascade connected amplifier]
Kaskadenverstärker *m* [Verstärker in
Kaskadenschaltung]
cascade connection [series connection of
identical amplifier stages or networks]
Kaskadenschaltung *f* [Reihenschaltung
gleichartiger Verstärkerstufen oder Netzwerke]
cascade sort, cascade merge [method for sorting
or merging files]
Kaskadensortieren *n*, Kaskadenmischen *n*
[Verfahren für das Sortieren bzw. Mischen von
Dateien]
cascaded, connected in cascade
in Kaskade geschaltet
cascaded carry [repeated carry process]
Kaskadenübertrag *m* [wiederholte Bildung
des Übertrages]
cascaded operation
Kaskadenbetrieb *m*
cascaded transistor, Darlington transistor
[combination, in one case, of two transistors
internally connected in a Darlington circuit]
Transistorkaskade *f*, Darlington-Transistor
m [Kombination, in einem Gehäuse, von zwei
intern in einer Darlington-Schaltung
verbundenen Transistoren]
cascading
Kaskadieren *n*
CASE (Computer Aided Software Engineering)
[programming support environment]
CASE [rechnerunterstützte Software-
Entwicklung; Umgebung zur Unterstützung
der Programmentwicklung]
case statement [programming]
Case-Anweisung *f*, bedingte Kontrollstruktur
f [Programmierung]
case temperature
Gehäusetemperatur *f*
cash register
Registrierkasse *f*

cassette, cartridge, magnetic tape cassette
Kassette *f*, Cartridge *n*, Magnetbandkassette *f*
cassette interface
Kassettenschnittstelle *f*
cassette reader
Kassettenlesegerät *n*
cassette recorder
Kassettengerät *n*, Kassettenrecorder *m*
CAT (computer-aided testing)
CAT, rechnerunterstützte Prüfung *f*
catalog, to
katalogisieren
cathode-ray oscilloscope (CRO)
Kathodenstrahloszillograph *m*
cathode-ray tube (CRT), picture tube
Kathodenstrahlröhre *f*, Bildröhre *f*
cathode sputtering, sputtering
A deposition process for forming conductive
films and dielectric layers in semiconductor
component and integrated circuit fabrication.
Kathodenzerstäubung *f*,
Kathodenzerstäuben *n*, Sputtern *n*
Abscheideverfahren für die Herstellung von
leitenden und dielektrischen Schichten bei der
Fertigung von Halbleiterbauteilen und
integrierten Schaltungen.
cathode terminal
Kathodenanschluß *m*
cause of fault
Fehlerursache *f*
CCCL technology (CMOS compact cell logic)
A software-defined concept for producing
semicustom integrated circuits in CMOS
compact cell logic, based on a cell library in
which predefined circuit functions are stored.
CCCL-Technik *f*
Ein softwaremäßig definiertes Konzept für die
Herstellung von integrierten
Semikundenschaltungen in spezieller,
platzsparender CMOS-Technik, das auf einer
Zellenbibliothek basiert, in der im voraus
festgelegte Schaltungsfunktionen abgespeichert
sind.
CCD array
CCD-Zeile *f*
CCD circuit, charge-coupled device
Integrated semiconductor device in MOS
structure that operates basically by passing
along electric charges from one stage to the
next.
CCD-Element *n*, ladungsgekoppeltes
Schaltelement *n*, Ladungstransferelement *n*,
Ladungsverschiebeelement *n*
Integrierte Halbleiterschaltung in MOS-
Struktur, deren Arbeitsweise auf dem
schrittweisen Transport von Ladungen basiert.
CCD image sensor
CCD-Bildsensor *m*
CCD matrix

CCD-Matrix *f*
CCD sensor
  CCD-Sensor *m*
CCD storage device
  CCD-Speicher *m*
CCFL (capacitor-coupled FET logic)
  Family of integrated circuits based on gallium
  arsenide D-MESFETs.
  CCFL, kondensatorgekoppelte FET-Logik *f*
  Integrierte Schaltungsfamilie, die mit
  Galliumarsenid-D-MESFETs realisiert ist.
CCITT code, Baudot code [international
  telegraphers' code]
  CCITT-Code *m,* Baudot-Code *m*
  [internationaler Fernschreibcode]
CCL technology (composite cell logic)
  A software-defined concept for producing
  semicustom integrated circuits in TTL
  composite cell logic, based on a cell library in
  which predefined circuit functions are stored.
  CCL-Technik *f*
  Ein softwaremäßig definiertes Konzept für die
  Herstellung von integrierten
  Semikundenschaltungen in spezieller TTL-
  Logik, das auf einer Zellenbibliothek basiert, in
  der im voraus festgelegte Schaltungsfunktionen
  abgespeichert sind.
CD [Compact Disk]
  CD [Kompaktplatte]
  CD-DA (Compact Disk, Digital Audio) [CD for
  music]
  CD-DA [Musik-CD]
CD-I (Compact Disk Interactive) [CD for
  interactive video programs]
  CD-I [CD für interaktive Video-Programme]
CD-ROM (CD Read-Only Memory) [read-only
  optical disk]
  CD-ROM *m* [optische Platte, deren Inhalt nur
  gelesen werden kann]
CD-WORM (Compact Disk, Write Once Ready
  Many times)
  CD-WORM [einmal beschreibbare, mehrmals
  lesbare optische Platte]
CDI technology (collector diffusion isolation
  technology)
  Special isolation technique used in integrated
  circuits.
  CDI-Technik *f,* Kollektordiffusionsisolation *f,*
  Isolation durch Kollektordiffusion *f*
  Spezielles Isolationsverfahren, das bei
  integrierten Schaltungen eingesetzt wird.
CE (chip enable)
  In microprocessor-based systems and
  integrated circuit memories, a signal which
  allows data input (output) or reading from
  (writing into) a selected memory.
  Bausteinfreigabe *f*
  Bei Mikroprozessorsystemen und integrierten
  Speicherschaltungen ein Signal, das einen

ausgewählten Baustein für die Ein- bzw.
Ausgabe von Daten oder für das Auslesen bzw.
Einschreiben von Daten freigibt.
cell library
  Collection of software-defined circuit functions
  for both gate arrays and standard-cell designs
  which allows semicustom integrated circuits to
  be produced.
  Zellenbibliothek *f*
  Sammlung von softwaremäßig definierten
  Schaltungsfunktionen, mit denen sich
  integrierte Semikundenschaltungen auf der
  Basis von Gate-Arrays und Standardzellen
  realisieren lassen.
cell organized
  zellenorganisiert
central computer
  zentraler Rechner *m*
central memory, central storage, main storage,
  main memory
  Zentralspeicher *m,* Hauptspeicher *m*
central processing unit (CPU)
  In computers in general, the unit that
  comprises the arithmetic-logic unit and the
  control unit (according to DIN it also includes
  the main memory as well as the input-output
  channels). In microprocessor-based systems or
  microcomputers, the microprocessor is the
  CPU, i.e. it carries out arithmetic, logic and
  control operations.
  Zentraleinheit *f* (CPU)
  Bei Rechnern allgemein die Einheit, die
  Rechenwerk und Steuerwerk (nach DIN
  ebenfalls Hauptspeicher sowie Ein- und
  Ausgabekanäle) umfaßt. Bei Mikroprozessorsystemen bzw. Mikrocomputern ist der Mikroprozessor selbst die Zentraleinheit und führt
  sowohl Rechen- als auch Steuerfunktionen
  durch.
Centronics interface [36-pole parallel printer
  interface]
  Centronics-Schnittstelle *f* [36-polige
  parallele Schnittstelle für Drucker]
ceramic dual in-line package, cerdip [ceramic
  package with two parallel rows of terminals at
  right angles to the body]
  keramisches DIP-Gehäuse *n,* Cerdip *n*
  [Keramikgehäuse mit zwei parallelen Reihen
  rechtwinklig abgebogener Anschlüsse]
ceramic flat-pack, cerpac [flat ceramic package
  with two parallel rows of ribbon-shaped
  terminals]
  keramisches Flachgehäuse *n,* Cerpac *n*
  [flaches Keramikgehäuse mit zwei parallelen
  Reihen bandförmiger Anschlüsse]
ceramic package
  Keramikgehäuse *n*
ceramic substrate
  Keramiksubstrat *n*

cerdip (ceramic dual-in-line package)
  Cerdip n [keramisches DIL-Gehäuse]
cermet resistor
  Cermetwiderstand m
cerpac (ceramic flat-pack)
  Cerpac n [keramisches Flachgehäuse]
certification inspection
  Zulassungsprüfung f
certified test record
  beglaubigtes Prüfprotokoll n
CGA (Colour Graphics Adapter) [adapter for IBM
  PC]
  CGA [Farbgraphik-Adapter für IBM PC]
chad [of punched tapes or punched cards]
  Stanzabfall m, Lochungsabfall m [bei
  Lochstreifen oder Lochkarten]
chadless punched tape
  angelochter Lochstreifen m
chain, to; concatenate, to
  verketten, ketten
chain parameter
  Kettenparameter m
chained file [a file in which all data items
  having a common identifier are chained
  together by pointers, thus providing faster
  access]
  gekettete Datei f [eine Datei, in der
  zusammengehörende Datenelemente durch
  Zeiger miteinander verknüpft sind, um einen
  schnelleren Zugriff zu ermöglichen]
chained list
  gekettete Liste f
chained search, chaining search
  Suchen in geketteter Liste n, Kettensuche f
chaining [of addresses with pointers]
  Verkettung f, Kettung f [von Adressen mit
  Zeigern]
chaining address [of a disk storage]
  Anschlußadresse f [eines Plattenspeichers]
chaining search [search in chained list]
  verkettetes Suchen n [Suchen in verketteter
  Liste]
change, modification
  Änderung f
change bit [marks a change in memory]
  Änderungsbit n [markiert eine Änderung im
  Speicher]
channel, port [general: a path for the
  transmission of signals, data, control
  information, etc.]
  Kanal m [allgemein: ein Übertragungsweg für
  Signale, Daten, Steuerinformationen usw.]
channel [in field-effect transistors, the path
  through which current flows between source
  and drain]
  Kanal m [bei Feldeffekttransistoren der Pfad,
  durch den der Stromfluß zwischen Source und
  Drain erfolgt]
channel breakdown [avalanche breakdown of

the channel in field-effect transistors]
  Kanaldurchbruch m [Lawinendurchbruch
  des Kanals bei Feldeffekttransistoren]
channel current [the voltage-controlled current
  in the channel of a field-effect transistor
  flowing between source and drain]
  Kanalstrom m [der spannungsgesteuerte
  Strom im Kanal eines Feldeffekttransistors,
  der zwischen Source und Drain fließt]
channel doping [doping of the channel region in
  field-effect transistors]
  Kanaldotierung f [Dotierung des
  Kanalbereichs bei Feldeffekttransistoren]
channel length
  Kanallänge f
channel noise
  Kanalrauschen n
channel pinch-off [narrowing of the conductive
  channel in junction field-effect transistors]
  Kanaleinschnürung f [Verengung des
  leitenden Kanals bei Sperrschicht-
  Feldeffekttransistoren]
channel resistance
  Kanalwiderstand m
channel spacing
  Kanalabstand m
channel status word [computer technology]
  Kanalstatuswort n [Rechnertechnik]
channel width
  Kanalbreite f
channeling
  Penetration of ions into channels during ion
  implantation.
  Channeling n
  Das Eindringen von Ionen in Kanäle während
  der Ionenimplantation.
character [smallest unit for forming data, e.g. a
  letter, a digit, a punctuation mark, a control
  character, a symbol or a blank]
  Zeichen n [kleinste Einheit für die
  Zusammensetzung von Daten, d.h. ein
  Buchstabe, eine Ziffer, ein Satzzeichen, ein
  Steuerzeichen, ein Symbol oder ein
  Leerzeichen]
character array
  Anordnung von Zeichen f
character concentrator [accessory for 7-track
  magnetic tape units; enables bytes to be
  recorded on 7 instead of 9 tracks]
  Zeichenkonzentrator m [Zusatzgerät für 7-
  Spur-Magnetbandgeräte; ermöglicht die
  Unterbringung von Bytes auf 7 anstatt 9
  Spuren]
character encoder
  Klarschriftcodierer m
character fill, to; pad, to [with fill characters,
  pad characters or blanks, i.e. characters stored
  only for display purposes]
  auffüllen [mit Blind-, Füll- oder Leerzeichen,

d.h. mit Zeichen, die nur aus
Darstellungsgründen gespeichert werden]

character filling, padding
   Auffüllen *n*

character font, font
   Schriftart *f,* Zeichensatz *m*

character format
   Zeichenformat *n*

character generator [a ROM or EPROM
generating characters (e.g. 5x7 or 7x9 dot
matrix) for display on a screen or for output on
a printer]
   Zeichengenerator *m* [ein ROM oder EPROM,
das Zeichen (z.B. 5x7- oder 7x9-Punktmatrix)
erzeugt, die auf einem Bildschirm dargestellt
oder von einem Drucker ausgegeben werden]

character height
   Zeichenhöhe *f*

character matrix [matrix of dots forming a
character]
   Zeichenmatrix *f* [Punktmatrix für den Aufbau
eines Zeichens]

character-parallel [simultaneous transmission
or processing of several characters]
   zeichenparallel [gleichzeitiges Übertragen
oder Verarbeiten mehrerer Zeichen]

character printer, serial printer
   Zeichendrucker *m*

character reader [OCR or magnetic character
reader]
   Zeichenlesegerät *n* [OCR- oder
Magnetschriftleser]

character recognition
   Zeichenerkennung *f*

character register
   Zeichenregister *n*

character representation
   Zeichendarstellung *f*

character-serial [transmission or processing of
characters one after the other]
   zeichenseriell [Übertragen oder Verarbeiten
einzelner Zeichen zeitlich nacheinander]

character set [the complete set of characters
that can be processed by a computer; characters
generated by a keyboard and displayed on a
screen or output by a printer]
   Zeichenvorrat *m* [Gesamtheit der Zeichen,
die von einem Rechner verarbeitet werden
können; Zeichen, die von einer Tastatur erzeugt
und auf einem Sichtgerät oder mittels Drucker
darstellbar sind]

character skew, tilt of a character
   Zeichenschräge *f,* Neigung eines Zeichens *f*

character spacing
   Zeichenschritt *m,* Zeichenabstand *m*

character string, string [sequence of characters
taken from a character set]
   Zeichenkette *f,* Zeichenserie *f,* String *m* [Folge
von Zeichen aus einem Zeichenvorrat]

character subset
   Zeichenvorratsuntermenge *f,*
Zeichenuntermenge *f*

character width
   Zeichenbreite *f*

characteristic, curve, graph
   Kennlinie *f*

characteristic data, characteristics
   Kenndaten *n.pl.*

characteristic impedance, iterative
impedance, surge impedance
   Wellenwiderstand *m*

charge
   Ladung *f*

charge carrier, carrier [semiconductor
technology]
A mobile conduction electron or a mobile hole
whose movement effects charge transport
through a semiconductor. Electrons are
negative, holes are positive charge carriers.
   Ladungsträger *m* [Halbleitertechnik]
Ein bewegliches Leistungselektron oder ein
bewegliches Defektelektron, dessen Bewegung
den Ladungstransport innerhalb eines
Halbleiters bewirkt. Elektronen sind negative,
Defektelektronen positive Ladungsträger.

charge carrier density, carrier density
   Ladungsträgerdichte *f*

charge carrier injection, injection
[semiconductor technology]
The introduction of additional charge carriers
into a semiconductor.
   Ladungsträgerinjektion *f,* Injektion *f*
[Halbleitertechnik]
Das Einbringen zusätzlicher Ladungsträger in
einen Halbleiter.

charge carrier mobility, carrier mobility
   Ladungsträgerbeweglichkeit *f*

charge carrier trap, carrier trap
   Ladungsträgerhaftstelle *f*

charge-coupled device (CCD)
Integrated semiconductor device in MOS
structure that operates basically by passing
along electric charges from one stage to the
next.
   ladungsgekoppeltes Schaltelement *n,*
Ladungstransferelement *n,*
Ladungsverschiebeelement *n,* CCD-Element *n*
Integrierte Halbleiterschaltung in MOS-
Struktur, deren Arbeitsweise auf dem
schrittweisen Transport von Ladungen basiert.

charge density
   Ladungsdichte *f*

charge storage
   Ladungsspeicherung *f*

charge storage diode
   Ladungsspeicherdiode *f*

charge transport
   Ladungstransport *m,*

Ladungsträgertransport *m*
chart [e.g. flowchart]
  Diagramm *n* [z.B. Flußdiagramm]
chassis
  Aufbauplatte *f*
chatter, bounce [contacts]
  Prellen *n* [Kontakte]
Cheapernet [local area network, cheaper variant of Ethernet]
  Cheapernet-Netzwerk *n* [lokales Netzwerk, preiswerte Variante von Ethernet]
check, test
  Kontrolle *f,* Prüfung *f*
check, to; test, to
  kontrollieren, prüfen
check bit, parity bit
  Prüfbit *n,* Paritätsbit *n,* Kontrollbit *n*
check byte, sense byte
  Prüfbyte *n*
check character
  Kontrollzeichen *n,* Prüfzeichen *n*
check column
  Prüfspalte *f*
check digit
  Prüfziffer *f*
check instruction
  Prüfbefehl *m*
check plot [circuit design]
  A topological overview of an integrated circuit produced for checking purposes with the aid of a computer-controlled drafting machine.
  Kontrollzeichnung *f* [Schaltungsentwurf]
  Die von einer rechnergesteuerten Zeichenmaschine zu Kontrollzwecken erstellte topologische Gesamtübersicht einer integrierten Schaltung.
check routine, test routine
  Prüfprogramm *n,* Testprogramm *n*
check sum, check total, hash total
  Kontrollsumme *f,* Überschlagssumme *f*
check word
  Prüfwort *n*
checkpoint [of a program]
  Prüfpunkt *m* [eines Programmes]
checkpoint restart
  Wiederanlauf an einem Fixpunkt *m,* Wiederanlauf an einem Prüfpunkt *m,* Prüfpunktwiederanlauf *m*
checkpoint routine
  Prüfpunktroutine *f,* Prüfpunktunterprogramm *n*
chemical bond [semiconductor technology]
  The forces binding atoms in a molecule or a crystal.
  chemische Bindung *f* [Halbleitertechnik]
  Die Kräfte, die Atome in einem Molekül oder einem Kristall zusammenhalten.
chemical vapour deposition process (CVD process)
Process used for forming dielectric layers in integrated circuit fabrication. A number of CVD process variations are being used, e.g. high- and low-temperature CVD, high- and low-pressure CVD or plasma-enhanced CVD.
  Schichtabscheidung *f,* CVD-Abscheidung *f,* CVD-Verfahren *n*
  Verfahren zur Abscheidung von Isolationsschichten bei der Herstellung integrierter Schaltungen. Es werden verschiedene Varianten des CVD-Verfahrens angewendet, z.B. Hoch- und Niedertemperaturverfahren, Hoch- und Niederdruckverfahren oder Abscheideverfahren aus einem Plasma.
chemical vapour-phase oxidation process (CVPO) [a process used for the production of glass fibers]
  CVPO-Verfahren *n* [Verfahren, das bei der Herstellung von Glasfasern eingesetzt wird]
chemically assisted ion beam etching, CAIBE process [dry etching process used in semiconductor component and integrated circuit fabrication]
  chemisch unterstütztes Ionenstrahlätzen *n,* CAIBE-Verfahren *n* [Trockenätzverfahren, das bei der Herstellung von Halbleiterbauelementen und integrierten Schaltungen verwendet wird]
chip, die, semiconductor chip
  Semiconductor piece, cut from a wafer, and containing all the active and passive elements of an integrated circuit (or device). The term chip is also used as a synonym for an integrated circuit.
  Chip *m,* Halbleiterplättchen *n*
  Halbleiterteilstück, das aus einer Halbleiterscheibe (Wafer) herausgeschnitten wurde, und das alle aktiven und passiven Elemente einer integrierten Schaltung (bzw. Bausteins) enthält. Der Begriff Chip wird auch als Synonym für integrierte Schaltung benutzt.
chip area
  Chipfläche *f*
chip array
  Chipreihe *f,* Chipmatrix *f*
chip capacitor
  Chipkondensator *m*
chip card [memory card]
  Chipkarte *f* [Speicherkarte]
chip carrier [integrated circuits]
  Chipträger *m* [integrierte Schaltungen]
chip deselect, chip deselection
  Bausteinauswahl-Rücknahme *f*
chip enable (CE)
  In microprocessor-based systems and integrated circuit memories, a signal which allows data input (output) or reading from (writing into) a selected memory.

Bausteinfreigabe *f*
Bei Mikroprozessorsystemen und integrierten
Speicherschaltungen ein Signal, das einen
ausgewählten Baustein für die Ein- bzw.
Ausgabe von Daten oder für das Auslesen bzw.
Einschreiben von Daten freigibt.
chip enable input
Bausteinfreigabeeingang *m*
chip resistor
Chipwiderstand *m*
chip select (CS)
In microprocessor-based systems and
integrated circuit memories, a signal for
selecting the desired circuit.
Bausteinauswahl *f,* Chip-Select *n*
Bei Mikroprozessorsystemen und integrierten
Speicherschaltungen ein Signal zur Auswahl
eines Bausteins.
chip-select access time
Zugriffszeit ab Bausteinauswahl *f*
chip-select hold time
Bausteinauswahlhaltezeit *f*
chip-select input
Bausteinauswahleingang *m*
chip-select lead
Bausteinauswahlanschluß *m*
chip-select recovery time
Bausteinauswahlerholzeit *f*
chip-select set-up time
Bausteinauswahlvorbereitungszeit *f*
chip-select time
Bausteinauswahlzeit *f*
chip set [set of integrated circuits for a single
functional block]
Chipsatz *m* [Satz integrierter Schaltkreise für
einen Funktionsblock]
chip size
Chipgröße *f*
CHMOS (complementary high-performance
MOS) [variant of CMOS technology]
CHMOS [Variante der CMOS-Technik]
chopper
Zerhacker *m*
chopper transistor
Zerhackertransistor *m*
CIM (computer-integrated manufacturing)
CIM, rechnerintegrierte Fertigung *f*
cipher word [in data secrecy]
verschlüsseltes Wort *n* [bei der
Datengeheimhaltung]
circuit
An arrangement of one or more components for
analog or digital signal processing.
Schaltkreis *m,* Schaltung *f*
Anordnung eines oder mehrerer Bauelemente
für die analoge oder digitale
Signalverarbeitung.
circuit board silk-screen printer
Leiterplatten-Siebdruckautomat *m*

circuit breaker
Schutzschalter *m*
circuit configuration
Schaltungsanordnung *f*
circuit design
Schaltungsentwurf *m*
circuit design techniques
Schaltungsentwurfstechnik *f,*
Schaltungstechnik *f*
circuit diagram
Stromlaufplan *m,* Schaltplan *m*
circuit element
Schaltungselement *n*
circuit switching, line switching [in data
communications]
Leitungsschaltung *f,* Leitungsvermittlung *f*
[in der Kommunikationstechnik]
circuit technology
Schaltungstechnik *f*
circular connector
Rundsteckverbinder *m*
circular list
Ringliste *f*
circular shift, cyclic shift, end-around shift
[moving a binary digit from the output of a shift
register and reentering it in the input]
Ringschieben *n,* zyklisches Verschieben *n*
[Verschieben eines Binärzeichens vom Ausgang
eines Schieberegisters wieder in den Eingang]
circulating register, cyclic shift register, end-
around shift register [a shift register in which
bits from the output are pushed back into the
input]
Ringschieberegister *n,*
Umlaufschieberegister *n* [ein Schieberegister,
bei dem Binärzeichen vom Ausgang wieder in
den Eingang geschoben werden]
circulating storage, cyclic storage
Umlaufspeicher *m*
CISC (Complete Instruction Set Computer)
CISC [Rechner mit vollständigem
Befehlsvorrat]
clad, backed [e.g. copper-clad, fabric-backed]
kaschiert [z.B. kupferkaschiert, mit Gewebe
kaschiert]
clamping circuit [circuit for restoring the dc
level of a signal]
Klemmschaltung *f* [Schaltung, die den
Gleichstromanteil eines Signals
wiederherstellt]
clamping diode
Klemmdiode *f,* Klammerdiode *f,* Kappdiode *f*
class [in object oriented programming: a model
category]
Klasse *f* [bei der objektorientierten
Programmierung: Modellkategorie]
classification
Klassifizierung *f*
classify, to [e.g. statistical data]

einordnen, klassifizieren, ordnen [z.B.
statistische Daten]
clean room
Reinraum *m*
clean-up function
Löschfunktion *f*
cleaning agent
Reinigungsmittel *n*
cleaning bath
Reinigungsbad *n*
cleaning-up, clearing [data]
Löschen *n* [Daten]
clear-all key
Gesamtlöschtaste *f*
clear entry, to
Eingabe löschen
clear indicator
Löschanzeiger *m*
clear text, plain language text [a message that is
not coded, e.g. an operator message]
Klartext *m* [eine nicht codierte Mitteilung, z.B.
eine Mitteilung für den Bediener]
clearance hole [printed circuit boards]
Freiätzung *f* [Leiterplatten]
cleared condition
gelöschter Zustand *m*
clearing, cleaning-up [data]
Löschen *n* [Daten]
clearing signal, erase signal
Löschsignal *n*
clearing the screen
Löschen des Bildschirms *n*
click, to [briefly depressing mouse button]
anklicken, klicken [Maustaste kurz drücken
und loslassen]
client [user connected to a central computer (host
computer or server) in a network]
Client *m* [Anwender, der mit einem
Zentralrechner (Host-Rechner oder Server) in
einem Netzwerk verbunden ist]
client-server link
Client-Server-Verbindung *f*
client-server system [network of several users
(clients) linked to a server as host computer]
Client-Server-System *n* [Netzwerksystem
bestehend aus mehreren Anwendern (Client-
Rechnern), die mit einem Server (als
Zentralrechner) verbunden sind]
clip, to
abschneiden
clip-type connector
Federleistenstecker *m*
clipboard [temporary storage used to transfer
data between documents and between
applications]
Zwischenablage *f* [temporärer
Speicherbereich für die Datenübertragung
zwischen Dokumenten und Anwendungen]
clipping

Abschneiden *n*
clock (CLK), clock generator [generates
synchronizing pulses for a synchronous
computer and for the computer periphery]
Taktgeber *m*, **Taktgenerator** *m* [erzeugt
Synchronisierimpulse für einen
Sychronrechner und für die Rechnerperipherie]
clock amplifier
Taktverstärker *m*
clock controlled
taktgesteuert
clock cycle
Taktzyklus *m*
clock-doubled processor, clock-doubling
processor [operates at twice the normal clock
frequency, i.e. at 66 MHz instead of 33 MHz]
Prozessor mit doppelter Taktfrequenz *m*
[arbeitet mit der doppelten Taktfrequenz, z.B.
mit 66 MHz anstatt 33 MHz]
clock driver
Takttreiber *m*
clock edge
Taktflanke *f*
clock error
Taktfehler *m*
clock generation, clocking
Takterzeugung *f*
clock generator, clock (CLK) [generates
synchronizing pulses for a synchronous
computer and for the computer periphery]
Taktgenerator *m*, **Taktgeber** *m* [erzeugt
Synchronisierimpulse für einen
Sychronrechner und für die Rechnerperipherie]
clock input, clock pulse input [e.g. of a flip-flop]
Takteingang *m*, **Taktimpulseingang** *m* [z.B.
eines Flipflops]
clock period
Taktabstand *m*
clock pulse [synchronizing pulse]
Taktimpuls *m*, **Takt** *m* [Synchronisierimpuls]
clock pulse generating circuit
Taktimpulsgeneratorschaltung *f*
clock pulse input, clock input [e.g. of a flip-flop]
Taktimpulseingang *m*, **Takteingang** *m* [z.B.
eines Flipflops]
clock rate, clock frequency
Taktfrequenz *f*
clock signal [e.g. a clock pulse]
Taktsignal *n* [z.B. ein Taktimpuls]
clock track [magnetic storage]
Taktspur *f* [magnetischer Speicher]
clockwise
rechtsdrehend, rechtslauf
clone [copied unit, e.g. IBM PC clone]
Klon *m* [kopiertes Gerät, z.B. IBM-PC-Klon]
close, to [a file, a window, an application
program]
schließen [einer Datei, eines Fensters, eines
Anwendungsprogrammes]

close-packed
dichtgepackt
closed-circuit cooling circuit
geschlossener Kühlkreis *m*
closed loop
Regelkreis *m*, Regelschleife *f*, geschlossene
Schleife *f*
closed-loop amplification
Verstärkung mit Gegenkopplung *f*
closed-loop circuit
geschlossener Regelkreis *m*
closed-loop control, automatic control
Regelung *f*
closed program, closed routine
abgeschlossenes Programm *n*
closed-shop operation [computer operation
without access for the user; in contrast to open
shop in which the user has access]
geschlossener Betrieb *m* [Rechnerbetrieb
ohne Zutritt für den Auftraggeber bzw.
Anwender; im Gegensatz zum offenen Betrieb,
der dem Anwender Zutritt gewährt]
closed-tube process [a diffusion process]
Ampullendiffusion *f* [ein
Diffusionsverfahren]
cluster analysis [statistical method of grouping
similar observations]
Cluster-Analyse *f* [statistisches Verfahren zur
Gruppierung von Beobachtungen]
CMC 7 lettering [magnetically and optically
readable lettering]
CMC-7-Schrift *f* [magnetisch und optisch
lesbare Schrift]
CMD technology (conductivity-modulated
device technology)
Integrated circuit technology for power
semiconductors based on the principle of
conductivity modulation. Circuits in this class
(known as COMFET, GEMFET, IGT or
MOSBIP) combine MOS input stages with
bipolar output stages on the same chip, and are
characterized by high power and voltage
switching capability.
CMD-Technik *f*,
Leitfähigkeitsmodulationstechnik *f*
Integrierte Schaltungstechnik für
Leistungshalbleiter, die auf dem Prinzip der
Leitfähigkeitsmodulation basiert. Schaltungen
dieses Typs (bekannt unter den Namen
COMFET, GEMFET, IGT oder MOSBIP) sind
mit MOS-Eingangsstufen und bipolaren
Ausgangsstufen auf dem gleichen Chip
realisiert und zeichnen sich durch die Fähigkeit
aus, hohe Leistungen bei hohen Spannungen zu
schalten.
CML technology (current-mode logic)
Circuit technique for bipolar integrated circuits
in which transistors operate in the unsaturated
mode. This enables very short switching times

to be achieved. The best known logic families in
the CML group are ECL and E^2CL.
CML-Technik *f*, Stromschaltertechnik *f*
Schaltungstechnik für integrierte
Bipolarschaltungen, bei der die Transistoren
im ungesättigten Zustand betrieben werden.
Damit lassen sich sehr kleine Schaltzeiten
erzielen. Die bekanntesten Vertreter der
Stromschaltertechnik sind die ECL- und E^2CL-
Logikfamilien.
CMOS memory device, CMOS memory
CMOS-Speicher *m*
CMOS technology (complementary MOS
technology)
Technique for forming complementary MOS
transistor pairs by combining an n-channel and
a p-channel enhancement-mode MOS transistor
on the same chip.
CMOS-Technik *f*, komplementäre MOS-
Technik *f*, Komplementärtechnik *f*
Technik, bei der komplementäre-MOS-
Transistorpaare gebildet werden, indem je ein
N-Kanal- und ein P-Kanal-MOS-Transistor des
Anreicherungstyps auf dem gleichen Chip
kombiniert werden.
CNC, computer numerical control [machine
control]
A numerical control system incorporating one
or more computers or microprocessors to
perform the control functions.
CNC-System *n*, CNC *f* [Maschinensteuerung]
Numerische Steuerung, die einen oder mehrere
Rechner bzw. Mikroprozessoren für die
Ausführung der Steuerungsfunktionen enthält.
coalesce, to
zusammenfügen
coaxial cable
Koaxialkabel *n*
coaxial connector
Koaxialsteckverbinder *m*
coaxial plug
Koaxialstecker *m*
COBOL (common business-oriented language)
[widely used high-level programming language
for business applications]
COBOL [weitverbreitete höhere
Programmiersprache für kaufmännische
Aufgaben]
CODASYL (Conference on Data System
Languages) [concept for hierarchical and
network-type data base systems]
CODASYL-Konzept *n* [für hierarchische und
netzwerkartige Datenbanksysteme]
code [an unambiguous assignment of the
characters of one character set to those of
another]
Code *m* [eine eindeutige Zuordnung der
Zeichen eines Zeichenvorrats zu denjenigen
eines anderen]

code, to; encode, to
  codieren, verschlüsseln
code conversion
  Codeumsetzung *f*, Umcodierung *f*
code converter
  Codeumsetzer *m*
code detector
  Codedetektor *m*
code digit
  Kennziffer *f*
code generator
  Codegenerator *m*
codec (coder-decoder)
  Codec *m* (Codierer-Decodierer)
coded decimal digit
  codierte Dezimalziffer *f*
coded representation
  codierte Darstellung *f*
coded switch
  Codierschalter *m*
coder, encoder
  Codierer *m*
coder-decoder (codec)
  Codierer-Decodierer *m* (Codec)
coding, encoding
  Codierung *f*
coding instruction
  Codieranweisung *f*
coding line, line of code
  Codierzeile *f*
coding method
  Codierverfahren *n*
coding pin, polarizing pin [connectors]
  Kodierstift *m* [Steckverbinder]
coding scheme
  Codierungsvorschrift *f*
coding sheet
  Programmiervordruck *m*
Coherent [a PC UNIX derivate developed by
  Mark Williams]
  Coherent [von Mark Williams entwickeltes
  PC-UNIX-Derivat]
coiled cable
  Spiralkabel *n*
coincidence circuit, AND element, AND circuit
  [combines two or more switching variables
  according to the AND function, i.e. the output is
  1, if and only if all inputs are 1]
  Koinzidenzschaltung *f*, UND-Glied *n*, UND-
  Schaltung *f* [verknüpft zwei oder mehr
  Schaltvariablen entsprechend der UND-
  Funktion, d.h. der Ausgangswert ist 1, wenn
  und nur wenn alle Eingänge den Wert 1 haben]
cold boot [start up of computer by switching on
  or switching off and on again, in contrast to
  warm boot]
  Kaltstart *m*, Systemstart *m* [Aufstarten des
  Rechners durch Einschalten bzw. Aus- und
  Wiedereinschalten, im Gegensatz zum

Warmstart]
cold solder connection
  kalte Lötstelle *f*
collector [bipolar transistors]
  Region of the bipolar transistor into which the
  charge carriers, which have been injected from
  the emitter region into the base region, move by
  diffusion.
  Kollektor *m* [Bipolartransistoren]
  Bereich des Bipolartransistors, in den die aus
  dem Emitterbereich in den Basisbereich
  injizierten Ladungsträger diffundieren.
collector-base breakdown voltage
  Kollektor-Basis-Durchbruchspannung *f*
collector-base capacitance
  Kollektor-Basis-Kapazität *f*
collector-base current
  Kollektor-Basis-Strom *m*
collector-base cut-off current
  Kollektor-Basis-Reststrom *m*
collector-base diode, collector-base junction
  A pn- (or np-) junction between the collector
  and base regions of a bipolar transistor. In
  bipolar integrated circuits, the diode formed by
  the collector-base junction.
  Kollektor-Basis-Diode *f*, Kollektor-Basis-
  Übergang *m*
  Ein PN- (bzw. NP-) Übergang zwischen
  Kollektor- und Basiszone eines
  Bipolartransistors. Bei bipolaren integrierten
  Schaltungen die Diode, die aus dem Kollektor-
  Basis-Übergang gebildet wird.
collector-base junction, depletion layer
  between collector and base [pn- (or np-)
  junction between the collector and base regions
  of a bipolar transistor]
  Kollektor-Basis-Übergang *m*, Kollektor-
  Basis-Sperrschicht *f* [PN- (bzw. NP-) Übergang
  zwischen Kollektor- und Basiszone eines
  Bipolartransistors]
collector-base voltage [voltage between
  collector terminal and base terminal]
  Kollektor-Basis-Spannung *f* [Spannung
  zwischen Kollektoranschluß und
  Basisanschluß]
collector bias
  Kollektorvorspannung *f*
collector breakdown
  Kollektordurchbruch *m*
collector breakdown voltage
  Kollektordurchbruchspannung *f*
collector capacitance
  Kollektorkapazität *f*
collector contact, collector terminal [terminal,
  accessible from the outside, making electrical
  contact with the collector region]
  Kollektoranschluß *m*, Kollektorkontakt *m*
  [von außen zugängliche Stelle für den Anschluß
  an den Kollektorbereich]

collector current [current flowing through the collector terminal]
Kollektorstrom *m* [über den Kollektoranschluß fließender Strom]

collector depletion layer capacitance
Kollektorsperrschichtkapazität *f*

collector diffusion isolation (CDI technology)
Special isolation technique used in integrated circuits.
Kollektordiffusionsisolation *f*, Isolation durch Kollektordiffusion *f*, CDI-Technik *f*
Spezielles Isolationsverfahren, das bei integrierten Schaltungen eingesetzt wird.

collector diffusion step
Diffusion of impurities into the collector region of a bipolar semiconductor component.
Kollektordiffusion *f*
Diffusion von Fremdatomen in den Kollektorbereich eines bipolaren Halbleiterbauteils.

collector diode [short form for collector-base diode]
Kollektordiode *f* [Kurzform für Kollektor-Basis-Diode]

collector dissipation
Kollektorverlustleistung *f*

collector doping
Doping of the collector region in bipolar component and integrated circuit fabrication.
Kollektordotierung *f*
Dotierung des Kollektorbereiches bei der Fertigung von bipolaren Bauelementen oder bipolaren integrierten Schaltungen.

collector electrode
Kollektorelektrode *f*

collector-emitter breakdown voltage
Kollektor-Emitter-Durchbruchspannung *f*

collector-emitter capacitance
Kollektor-Emitter-Kapazität *f*

collector-emitter cut-off current
Kollektor-Emitter-Reststrom *m*

collector-emitter saturation voltage
Kollektor-Emitter-Sättigungsspannung *f*

collector-emitter sustaining voltage
Kollektor-Emitter-Dauerspannung *f*

collector-emitter voltage [voltage between collector terminal and emitter terminal]
Kollektor-Emitter-Spannung *f* [Spannung zwischen Kollektoranschluß und Emitteranschluß]

collector feedback capacitance
Kollektor-Rückwirkungskapazität *f*

collector peak current
Kollektorspitzenstrom *m*

collector region, collector zone
Kollektorzone *f*, Kollektorbereich *m*

collector resistance
Kollektorwiderstand *m*

collector reverse current

Kollektorsperrstrom *m*

collector series resistance
Kollektorbahnwiderstand *m*

collector voltage
Kollektorspannung *f*

collision
Kollision *f*

colon
Doppelpunkt *m*

colon equal
Ergibt-Symbol *n*

colour coding
Farbcodierung *f*

colour display
Farbbildschirm *m*

colour distortion
Farbverzerrung *f*

colour LCD [liquid crystal colour display]
Farb-LCD [farbige Flüssigkristallanzeige]

colour monitor, colour terminal
Farbmonitor *m*, Farbbildschirmgerät *n*

colour pallet
Farbpalette *f*

colour scale
Farbskala *f*

colour scanner
Farb-Scanner *m*

colour transmission
Farbübertragung *f*

column
Spalte *f*

column address
Spaltenadresse *f*

column address hold time
Spaltenadressenhaltezeit *f*

column address latch
Spaltenadressenübernahmeregister *n*

column address-select
Spaltenadreßauswahl *f*

column address-select access time
Zugriffszeit ab Spaltenadreßauswahl *f*

column address set-up time
Spaltenadressenvorlaufzeit *f*

column address strobe (CAS)
Signal for addressing memory cells in the columns of a memory device in which the cells are arranged in an array (e.g. in RAMs)
Spaltenadressenimpuls *m* (CAS)
Signal für die Spaltenadressierung bei Speichern mit matrixartiger Anordnung der Speicherzellen (z.B. bei RAMs).

column binary representation, Chinese binary representation
spaltenbinäre Darstellung *f*

column decoder
Spaltendecodierer *m*

column driver
Spaltentreiber *m*

column height

Spaltenhöhe *f*
column parity character
Spaltenparitätsprüfzeichen *n*
column select
Spaltenauswahl *f*
column sense amplifier
Spaltenleseverstärker *m*
column spacing
Spaltenabstand *m*
column width
Spaltenbreite *f*
COM (computer output on microfilm)
COM, Rechnerdatenausgabe über Mikrofilm *f*
COM file [executable file with max. 64 kB]
COM-Datei *f* [ausführbare Datei mit max. 64 kB]
combinational circuit, combinatorial circuit
A logic circuit whose output values depend only on the instantaneous input values, i.e. a circuit comprising gates (e.g. AND gates) but without storage elements such as flip-flops.
kombinatorische **Schaltung** *f*, kombinatorisches Schaltwerk *n*
Eine logische Schaltung, deren Ausgangswerte nur von den augenblicklichen Eingangswerten abhängen, d.h. eine Schaltung bestehend aus Gattern (z.B. UND-Glieder) aber ohne Speicherelemente wie Flipflops.
combinational logic, combinatorial logic [a logical function without storage properties in contrast to sequential logic; provides unique output for each unique combination of inputs]
kombinatorische **Logik** *f* [logische Verknüpfung ohne Speicherverhalten, im Gegensatz zur sequentiellen Logik; ergibt einen eindeutigen Ausgangswert für jede eindeutige Kombination von Eingangswerten]
combinatorics
Kombinatorik *f*
combined keyboard [alphanumeric keys and separate numeric keypad]
kombinierte **Tastatur** *f* [z.B. alphanumerische Tasten und getrennter Zahlenblock]
COMFET (conductivity-modulated FET)
Family of power control integrated circuits in CMD technology combining bipolar and MOS structures on the same chip.
COMFET [leitfähigkeitsmodulierter Feldeffekttransistor]
Integrierte Schaltungsfamilie der Leistungselektronik in CMD-Technik, die mit Bipolar- und MOS-Strukturen auf dem gleichen Chip realisiert ist.
command, control command, control instruction [controls the program sequence; initiates a computer operation defined by an instruction]
Steuerbefehl *m*, Kommando *n* [steuert den Programmablauf; löst eine Rechneroperation aus, die durch einen Befehl definiert ist]
command [at DOS level or within application program]
Befehl *m* [auf DOS-Ebene oder im Anwendungsprogramm]
command button [in dialog box for carrying out an action, e.g. "OK" or "Cancel"]
Befehlsschaltfläche *f* [im Dialogfeld zwecks Auswahl einer Tätigkeit, z.B. "OK" oder "Abbrechen]
command interpreter
Befehlsinterpreter *m*
command language [instructions of the operating system for calling up system functions; is used by the operator for giving commands to the computer, e.g. for loading a program]
Kommandosprache *f* [Befehle des Betriebssystems für den Aufruf von Systemfunktionen; wird vom Bediener für Kommandos an den Rechner verwendet, z.B. um ein Programm zu laden]
command line
Befehlszeile *f*
command line interface [command entry at DOS level]
Kommandozeile-Schnittstelle *f* [Kommandoeingabe auf DOS-Ebene]
command processor
Befehlsprozessor *m*
command sequence
Kommandofolge *f*
comment, remark [in a program: explains the programming step and is not processed by the computer]
Kommentar *m*, Bemerkung *f* [in einem Programm: erläutert den Programmierschritt und wird vom Rechner nicht verarbeitet]
comment line
Kommentarzeile *f*
common base connection [basic transistor configuration]
One of the three basic configurations of the bipolar transistor having the base as common reference terminal.
Basisschaltung *f* [Transistorgrundschaltung]
Eine der drei Grundschaltungen des Bipolartransistors, bei der die Basis die gemeinsame Bezugselektrode ist.
common collector connection [basic transistor configuration]
One of the three basic configurations of the bipolar transistor having the collector as a common reference terminal.
Kollektorschaltung *f* [Transistorgrundschaltung]
Eine der drei Grundschaltungen des Bipolartransistors, bei dem die Kollektorelektrode die gemeinsame

Bezugselektrode ist.

common drain connection [basic transistor configuration]
One of the three basic configurations of the field-effect transistor having the drain as common reference terminal. It is comparable to the common collector connection of a bipolar transistor.
Drainschaltung *f* [Transistorgrundschaltung]
Eine der drei Grundschaltungen des Feldeffekttransistors, bei der die Drainelektrode die gemeinsame Bezugselektrode ist. Sie ist vergleichbar mit der Kollektorschaltung bei Bipolartransistoren.

common emitter connection [basic transistor configuration]
One of the three basic configurations of the bipolar transistor having the emitter as common reference terminal.
Emitterschaltung *f*
[Transistorgrundschaltung]
Eine der drei Grundschaltungen des Bipolartransistors, bei dem die Emitterelektrode die gemeinsame Bezugselektrode ist.

common field
gemeinsames Datenfeld *n*

common gate connection [basic transistor configuration]
One of the three basic configurations of the field-effect transistor having the gate as common reference terminal; comparable to the common base connection of a bipolar transistor.
Gateschaltung *f* [Transistorgrundschaltung]
Eine der drei Grundschaltungen des Feldeffekttransistors, bei der die Gateelektrode die gemeinsame Bezugselektrode ist; vergleichbar mit der Basisschaltung bei Bipolartransistoren.

common logarithm, Briggs logarithm [logarithm to the base ten]
Briggscher Logarithmus *m*, dekadischer Logarithmus *m* [Zehnerlogarithmus]

common machine language
einheitliche Maschinensprache *f*

common-mode
Gleichtakt *m*

common-mode input resistance
Gleichtakteingangswiderstand *m*

common-mode input voltage
Eingangs-Gleichtaktspannung *f*

common-mode input voltage range
Eingangs-Gleichtaktspannungsbereich *m*

common-mode rejection
Gleichtaktunterdrückung *f*

common-mode voltage
Gleichtaktspannung *f*

common-mode voltage gain
Gleichtaktverstärkung *f,*

Gleichtaktspannungsverstärkung *f*

common return
gemeinsamer Rückleiter *m*

common source connection [basic transistor configuration]
One of the three basic configurations of the field-effect transistor having the source as a common reference terminal. It is comparable to the common emitter connection of a bipolar transistor.
Sourceschaltung *f*
[Transistorgrundschaltung]
Eine der drei Grundschaltungen des Feldeffekttransistors, bei dem die Sourceelektrode die gemeinsame Bezugselektrode ist. Sie ist vergleichbar mit der Emitterschaltung bei Bipolartransistoren.

common storage area
gemeinsamer Speicherbereich *m*

communication channel, data communication channel
Kommunikationsleitung *f,*
Datenkommunikationsleitung *f*

communication network
Nachrichtennetz *n*, Kommunikationsnetz *n*

communication system [telecommunications]
Kommunikationssystem *n*,
Nachrichtensystem *n* [Nachrichtentechnik]

communications, telecommunications
Kommunikationstechnik *f,*
Telekommunikationstechnik *f*

communications protocol, protocol [rules for the interchange of data between two communication partners, e.g. between terminal and computer]
Kommunikationsprotokoll *n*, Protokoll *n* [Regeln für den Austausch von Daten zwischen zwei Kommunikationspartnern, z.B. zwischen Terminal und Rechner]

compact
dicht gedrängt, kompakt

comparator
Vergleicher *m*, Komparator *m*

compatibility [hardware], portability [software]
Kompatibilität *f*, Vereinbarkeit *f,*
Verträglichkeit *f* [Austauschbarkeit von Hardware und Software]

compatible [replaceable one by the other, e.g. two devices, units or systems]
kompatibel, verträglich [untereinander austauschbar, z.B. zwei Bausteine, Geräte oder Systeme]

compensating circuit, compensation circuit
Abgleichschaltung *f*

compilation time
Übersetzungszeit *f*

compile, to
compilieren, kompilieren, übersetzen

compiler

A program for converting a program written in a higher programming language into machine language or operation codes of a computer. In contrast to an interpreter, which converts individual program instructions, the compiler converts the entire program. A compiler therefore requires less storage space and is significantly faster.
Compiler *m*, Kompilierer *m*, Übersetzer *m*
Ein Programm, das ein in einer höheren Programmiersprache geschriebenes Programm in Maschinensprache bzw. Befehlscodes des Rechners übersetzt. Im Gegensatz zu einem Interpreter, der jeweils einzelne Programmanweisungen übersetzt, führt der Compiler die Übersetzung gesamthaft durch. Der Compiler hat deshalb einen geringeren Speicherbedarf und wesentlich kürzere Durchlaufzeiten.
compiler-compiler, compiler generator [generates a compiler]
Compiler-Compiler *m*, Compilergenerator *m*, Kompilierergenerator *m*, Übersetzergenerator *m* [erzeugt einen Compiler]
compiling program
Übersetzungsprogramm *n*
complement [serves to represent a negative number; for negative binary numbers one uses either the ones or the twos complement and for negative decimal numbers either the nines or the tens complement]
Komplement *n*, Zahlenkomplement *n* [dient der Darstellung einer negativen Zahl; für negative Binärzahlen verwendet man entweder das Einer- oder das Zweierkomplement, für negative Dezimalzahlen entweder das Neuner- oder das Zehnerkomplement]
complement, to [to form the complement of a number]
komplementieren, ergänzen [das Komplement einer Zahl bilden]
complement add
komplementäre Addition *f*
complement flag bit
Ergänzungsbit *n*
complementary data
ergänzende Daten *n.pl.*
complementary high-performance MOS technology (CHMOS technology) [variant of CMOS technology]
komplementäre Hochleistungs-MOS-Technik *f*, CHMOS-Technik *f* [Variante der CMOS-Technik]
complementary MOS technology, CMOS technology
Technique for forming complementary MOS transistor pairs by combining an n-channel and a p-channel enhancement-mode MOS transistor on the same chip.

komplementäre MOS-Technik *f*, CMOS-Technik *f*
Technik, bei der komplementäre MOS-Transistorpaare gebildet werden, indem je ein N-Kanal- und ein P-Kanal-MOS-Transistor des Anreicherungstyps auf dem gleichen Chip kombiniert werden.
complementary power transistors [transistor pair of complementary type, e.g. a pnp- and a npn-transistor; often used as push-pull power amplifier stage]
komplementäre Leistungstransistoren *m.pl.* [Transistorpaar vom komplementären Typ, z.B. ein PNP- und ein NPN-Transistor; häufig als Gegentaktendstufe verwendet]
complementary technology [e.g. CMOS technology]
Komplementärtechnik *f* [z.B. die CMOS-Technik]
complementary transistor amplifier [formed of complementary transistors]
Komplementärverstärker *m* [aus Komplementärtransistoren gebildet]
complementary transistors [transistor pair of complementary type, e.g. a pnp- and a npn-transistor]
Komplementärtransistoren *m.pl.* [Transistorpaar vom komplementären Typ, z.B. ein PNP- und ein NPN-Transistor]
complete carry
Vollübertrag *m*
complete failure
Vollausfall *m*
complex notation [e.g. Z = X + jY]
komplexe Schreibweise *f* [z.B. Z = X + jY]
component
Bauelement *n*, Bauteil *n*
component assembly
Bauteilmontage *f*
component density, packaging density
In integrated circuits, the number of components per chip.
Bauelementendichte *f*, Packungsdichte *f*
Bei integrierten Schaltungen die Anzahl der Bauelemente pro Chip.
component density [e.g. on a printed circuit board]
Bauteildichte *f* [z.B. auf einer Leiterplatte]
component failure rate
Bauteilausfallrate *f*
component hole [printed circuit boards]
Anschlußloch *n* [Leiterplatten]
component insertion [mounting components, e.g. on printed circuit boards]
Bauteilbestückung *f* [die Montage von Bauteilen, z.B. auf Leiterplatten]
component layout
Bauteilanordnung *f*
component side [of a printed circuit board]

Bestückungsseite *f*, Bauteilseite *f* [einer
Leiterplatte]

component test
Bauteilprüfung *f*

component tolerance
Bauteiltoleranz *f*

composite board [printed circuit boards]
Verbundplatte *f*, Schichtplatte *f*

composite material
Verbundwerkstoff *m*

composite signal [for video display]
BAS-Signal *n* [Bildinhalt-Austast-Synchron-
Signal für Bildschirmgerät]

compound expression
zusammengesetzter Ausdruck *m*

compound semiconductor
Semiconductor consisting of two or more
elements, e.g. gallium arsenide or gallium
aluminium arsenide, as opposed to an
elemental semiconductor which consists of a
single element, e.g. silicon.
Verbindungshalbleiter *m*
Halbleiter, der aus zwei oder mehreren
Elementen besteht, z.B. Galliumarsenid oder
Gallium-Aluminiumarsenid, im Gegensatz zum
Elementhalbleiter, der aus einem einzigen
Element besteht, z.B. Silicium.

compress, to
verdichten

compressed time scale
Zeitraffung *f*

compression [data]
Komprimierung *f* [Daten]

compression rate
Komprimierungsrate *f*

computation-intensive tasks [tasks involving a
high amount of computation ("number
crunching" tasks); in contrast to data-intensive
tasks involving high input-output traffic (I/O-
intensive tasks)]
rechenintensive Aufgaben *f.pl.* [Aufgaben,
die einen hohen Rechenaufwand beinhalten; im
Gegensatz zu Aufgaben, die datenintensiv sind,
d.h. die einen hohen Eingangs-
Ausgangsverkehr aufweisen]

computation loop [program loop for execution of
a computation]
Rechenschleife *f* [Programmschleife für die
Ausführung einer Berechnung]

computation method
Berechnungsmethode *f*,
Berechnungsverfahren *n*

computation program
Rechenprogramm *n*

compute mode
Betriebsart "Rechnen" *f*

compute statement
Rechenanweisung *f*

computed GO-TO statement [FORTRAN]

Anweisung für berechneten Sprung *f*
[FORTRAN]

computer
Rechner *m*, Rechenanlage *f*, Computer *m*,
Datenverarbeitungsanlage *f*

computer-aided
rechnerunterstützt

computer-aided assembly (CAA)
rechnerunterstützte Montage *f* (CAA)

computer-aided design (CAD)
rechnerunterstützte Konstruktion *f* (CAD)

computer-aided drafting (CAD)
rechnerunterstütztes Zeichnen *n* (CAD)

computer-aided engineering (CAE)
rechnerunterstützte Entwicklung *f* (CAE)

computer-aided manufacturing (CAM)
rechnerunterstützte Fertigung *f* (CAM)

computer-aided planning (CAP)
rechnerunterstützte Arbeitsplanung *f*
(CAP)

computer-aided programming
maschinelle Programmierung *f*

computer-aided quality control (CAQ)
rechnerunterstützte Qualitätskontrolle *f*
(CAQ)

computer-aided software engineering
(CASE) [programming support environment]
CASE [rechnerunterstützte Software-
Entwicklung; Umgebung zur Unterstützung
der Programmentwicklung]

computer-aided testing (CAT)
rechnerunterstützte Prüfung *f* (CAT)

computer architecture
The hardware and software structure of an
electronic computer, its internal organization
and the way in which data is processed.
Rechnerarchitektur *f*, Computerarchitektur *f*
Der hard- und softwaremäßige Aufbau eines
elektronischen Rechners sowie seine interne
Organisation und die Art der
Informationsverarbeitung.

computer communication system
Rechnerkommunikationssystem *n*

computer-controlled
rechnergesteuert

computer crash, crash
Rechnerabsturz *m*, Absturz *m*

computer-dependent
rechnerabhängig

computer fraud
Computerbetrug *m*

computer generation
The classification of electronic computers
according to their technological state of
development: electron tubes (1st generation);
semiconductor components (2nd); integrated
circuit technology (3rd); large scale integrated
circuit technology (4th); non-von-Neumann
architecture (5th).

Rechnergeneration *f,* Computergeneration *f*
Die Einteilung von elektronischen
Rechenanlagen nach ihrem technischen
Entwicklungsstand: Röhrentechnik (1.
Generation); Halbleiterbauelemente (2.);
integrierte Schaltungstechnik (3.);
hochintegrierte Schaltungstechnik (4.); nicht-
von-Neumann-Architektur (5.).

computer graphics
Computergraphik *f*

computer-independent
rechnerunabhängig

computer interface
Rechnerschnittstelle *f*

computer-internal representation [in CAD:
representation in computer-internal model]
interne Rechnerdarstellung *f* [in CAD:
Darstellung im rechnerinternen Modell]

computer linking
Rechnerkopplung *f*

computer module
Rechnermodul *m*

computer network [system comprising several
computers interconnected by data
communication channels]
Rechnernetz *n,* **Rechnerverbund** *m* [System,
das aus mehreren Rechnern besteht, die über
Datenkommunikationsleitungen miteinander
verbunden sind]

computer numerical control (CNC) [machine
control]
A numerical control system incorporating one
or more computers or microprocessors to
perform the control functions.
CNC-System *n,* **CNC** *f* [Maschinensteuerung]
Numerische Steuerung, die einen oder mehrere
Rechner bzw. Mikroprozessoren für die
Ausführung der Steuerungsfunktionen enthält.

computer output on microfilm (COM)
Rechnerausgabe über Mikrofilm *f* (COM)

computer program
Rechnerprogramm *n*

computer run
Rechnerlauf *m*

computer science [science of information
processing systems]
Informatik *f* [Wissenschaft der
informationsverarbeitenden Systeme]

computer simulation
Rechnersimulation *f*

computer system
Rechensystem *n,* Rechnersystem *n*

computer technology
Rechnertechnik *f*

computer virus, virus [program that multiplies
itself and infects, modifies or destroys other
programs]
Computervirus *n,* **Virus** *n* [Programm, das
sich reproduziert und andere Programme

infiziert, verändert oder zerstört]

computer workload
Rechnerbelastung *f*

computing algorithm
Rechenalgorithmus *m*

computing center, computer center, data
processing center
Rechenzentrum *n*

computing element, arithmetic element [device
for executing mathematical operations in
analog computers; usually based on an
operational amplifier]
Rechenelement *n* [Baustein zur Ausführung
von mathematischen Operationen in einem
Analogrechner; in der Regel basierend auf
einem Operationsverstärker]

computing speed [usually expressed in
operations/s (MOPS) or floating-point
operations/s (MFLOPS), instructions/s (MIPS)
or as execution time for a basic computation
operation or a benchmark program]
Rechengeschwindigkeit *f* [in der Regel
ausgedrückt in Operationen/s (MOPS) bzw.
Gleitkommaoperationen/s (MFLOPS), Befehle/s
(MIPS) oder als Ausführungszeit für eine
Grundrechenart oder für ein Benchmark- bzw.
Bewertungsprogramm]

concatenate, to [strings]
verketten [Zeichenketten]

concatenation [strings]
Verkettung *f* [Zeichenketten]

concatenation character
Verknüpfungszeichen *n*

concentrator [reduces the number of channels
in data transmission]
Konzentrator *m* [verringert die Anzahl der
Kanäle bei der Datenübertragung]

concurrent
konkurrent, gleichzeitig

concurrent processing [interleaved processing
of several programs]
verzahnt ablaufende Verarbeitung *f,*
überlappte Verarbeitung *f* [die zeitlich
verzahnte Verarbeitung mehrerer Programme]

concurrent working, simultaneous operation,
simultaneous processing
Simultanbetrieb *m,* Simultanverarbeitung *f,*
gleichzeitige Verarbeitung *f*

condition
Bedingung *f*

conditional [statement]
bedingt [Anweisung]

conditional breakpoint [for interrupting a
program]
bedingter Programmstop *m* [zur
Unterbrechung eines Programmes]

conditional jump, conditional jump instruction
[a jump instruction that is followed when
certain conditions are fulfilled]

bedingter Sprung *m*, **bedingter Sprungbefehl**
m [ein Sprungbefehl, der ausgeführt wird,
wenn bestimmte Bedingungen erfüllt sind]
conditional jump statement
   bedingte Sprunganweisung *f*
conditional statement, IF-statement
   bedingte Anweisung *f*
conductance [reciprocal value of resistance; SI
   unit: siemens]
   Leitwert *m*, reeller Leitwert *m*, Konduktanz *f*
   [Reziprokwert des Widerstandes; SI-Einheit:
   Siemens]
conducting, conductive
   stromführend, leitend
conducting layer [printed circuit boards]
   leitende Schicht *f*
conducting pattern [printed circuit boards]
   Leiterbild *n*
conducting state, on-state
   Durchlaßzustand *m*
conducting state region [of a semiconductor
   device]
   Durchlaßbereich *m* [eines
   Halbleiterbausteines]
conduction
   Leitung *f*
conduction band [semiconductor technology]
   Energy band in the band diagram in which
   electrons can move freely, thus permitting
   current flow in a semiconductor.
   Leitungsband *n* [Halbleitertechnik]
   Energieband im Bändermodell, in dem sich
   Elektronen frei bewegen können und somit
   einen Stromfluß im Halbleiter ermöglichen.
conduction electron [semiconductor
   technology]
   Electron whose energy level is situated in the
   conduction band and which, under the
   influence of an electric field, contributes to
   electrical conduction in a semiconductor.
   Leitungselektron *n* [semiconductor
   technology]
   Elektron, dessen Energieniveau im
   Leitungsband liegt und das unter der Wirkung
   eines elektrischen Feldes zur elektrischen
   Leitung im Halbleiter beiträgt.
conductive, conducting
   leitend, stromführend
conductive channel, channel [in field-effect
   transistors, the path through which current
   flows between source and drain]
   leitender Kanal *m*, Kanal *m* [bei
   Feldeffekttransistoren der Pfad, durch den der
   Stromfluß zwischen Source und Drain erfolgt]
conductive foil [printed circuit boards]
   leitende Folie *f* [Leiterplatten]
conductive layer, conductive film
   leitende Schicht *f*
conductive pattern [of integrated circuits or

   printed circuit boards]
   Leiterbild *n*, Leiterstruktur *f*,
   Verdrahtungsmuster *n* [bei integrierten
   Schaltungen und Leiterplatten]
conductive pencil
   Graphitstift *m*
conductivity
   Leitfähigkeit *f*
conductivity-modulated device technology
   (CMD technology)
   Integrated circuit technology for power
   semiconductors based on the principle of
   conductivity modulation. Circuits in that class
   (known as COMFET, GEMFET, IGT, MOSBIP)
   combine MOS input stages with bipolar output
   stages on the same chip and are characterized
   by high power and voltage switching capability.
   Leitfähigkeitsmodulationstechnik *f* (CMD-
   Technik)
   Integrierte Schaltungstechnik für
   Leistungshalbleiter, die auf dem Prinzip der
   Leitfähigkeitsmodulation basiert. Schaltungen
   dieses Typs (bekannt unter den Namen
   COMFET, GEMFET, IGT, MOSBIP) sind mit
   MOS-Eingangsstufen und bipolaren
   Ausgangsstufen auf dem gleichen Chip
   realisiert und zeichnen sich durch die Fähigkeit
   aus, hohe Leistungen bei hohen Spannungen zu
   schalten.
conductivity-modulated field-effect
   transistor (COMFET)
   Family of power control integrated circuits
   using the conductivity-modulated device
   technology, which combines bipolar and MOS-
   structures on the same chip.
   leitfähigkeitsmodulierter
   Feldeffekttransistor *m* (COMFET)
   Integrierte Schaltungsfamilie der
   Leistungselektronik in CMD-Technik
   (Leitfähigkeitsmodulation), die mit Bipolar-
   und MOS-Strukturen auf einem Chip realisiert
   ist.
conductivity modulation
   Leitfähigkeitsmodulation *f*
conductor
   Leiter *m*, Stromleiter *m*
conductor side [of a printed circuit board; in
   contrast to component side]
   Schichtseite *f*, Leiterseite *f* [einer
   Leiterplatte; im Gegensatz zur Bauteilseite]
conductor spacing [printed circuit boards]
   Leiterabstand *m* [Leiterplatten]
confidence interval [quality control]
   Vertrauensbereich *m* [Qualitätskontrolle]
confidence level [quality control]
   statistische Sicherheit *f* [Qualitätskontrolle]
configuration, design
   Konfiguration *f*, Auslegung *f*
configure, to; design, to

auslegen, entwerfen
confirmation message, acknowledgement message
  Bestätigungsmeldung *f*
conformal coating [printed circuit boards]
  konformaler Überzug *m* [Leiterplatten]
conformance testing
  Konformitätsprüfung *f*
connect, to
  anschließen
connected
  angeschaltet, angeschlossen, verbunden
connected back-to-back [circuit]
  antiparallel geschaltet [Schaltung]
connected in series, series-connected
  in Reihe geschaltet, reihengeschaltet, vorgeschaltet
connecting wire, lead
  Anschlußdraht *m*, Zuleitung *f*
connector
  Steckverbinder *m*
connector adapter
  Steckverbinder-Adapter *m*
connector box, terminal box
  Anschlußkasten *m*
connector-compatible, plug-compatible [designates interchangeable equipment]
  steckerkompatibel, anschlußkompatibel [bezeichnet Geräte, die miteinander austauschbar sind]
connector symbol [symbol used for continuing flow charts]
  Konnektor *m* [Symbol für die Fortsetzung von Ablaufdiagrammen]
consecutive numbers [unbroken sequence of numbers]
  fortlaufende Nummern *f.pl*
consecutive processing
  fortlaufende Verarbeitung *f*
console, operator console, operator's console
  Konsole *f*, Bedienkonsole *f*, Bedienungskonsole*f*
constant bias voltage
  konstante Vorspannung *f*
constant current source
  Konstantstromquelle *f*
constant source diffusion
  Diffusion aus einer unerschöpflichen Quelle *f*
constant voltage source
  Konstantspannungsquelle *f*
constructor [initialization function in C++]
  Konstruktor *m* [Initialisierungsfunktion in C++]
consumer electronics
  Unterhaltungselektronik *f*, Konsumelektronik *f*
contact area
  Kontaktfläche *f*

contact bounce, contact bouncing
  Kontaktprellen *n*
contact pad [printed circuit boards]
  Anschlußfläche *f* [Leiterplatten]
contact resistance
  Kontaktwiderstand *m*, Übergangswiderstand
contamination [unwanted particles on process equipment or wafers affecting the yield in semiconductor component fabrication]
  Verunreinigung *f*, Kontamination *f* [unerwünschte Partikel auf Prozeßanlagen oder Halbleiterscheiben, die die Ausbeute bei der Herstellung von Halbleiterbauelementen verringern]
content-addressable memory (CAM), associative memory
  Storage device whose storage locations are identified by their contents rather than by their names or positions.
  inhaltsadressierbarer Speicher *m* (CAM), Assoziativspeicher *m*
  Speicher, dessen Speicherelemente durch Angabe ihres Inhaltes aufrufbar sind und nicht durch ihre Namen oder Lagen.
contention mode [multiple users contending for shareable facilities, e.g. magnetic tape storage]
  Konkurrenzverfahren *n* [Betriebsart, bei der mehrere Benutzer konkurrierend auf gemeinsame Einrichtungen zugreifen, z.B. auf Magnetbandspeicher]
contiguous data item, contiguous item
  benachbartes Datenfeld *n*
contiguous record [one of a group of structured records; COBOL]
  abhängiger Datensatz *m* [ein Datensatz aus einer strukturierten Gruppe; COBOL]
continuity failure
  Durchgangsunterbrechung *f*
continuity test
  Durchgangsprüfung *f*
continuity tester
  Durchgangsprüfer *m*, Leitungsprüfer *m*
continuous drain current
  Draingleichstrom *m*
continuous forms, continuous stationery [continuous strip of paper in zigzag (fanfold) or roll form; it can be marginally punched and the individual forms can be perforated]
  Leporello-Formular *n*, Endlosformular *n* [fortlaufend hergestellte Vordrucke in Zickzackfaltungen (Leporello) oder Rollenform; das Papier kann randgelocht und die Vordrucke können perforiert sein]
continuous function, repeat function
  Dauerfunktion *f*, Wiederholfunktion *f*
continuous function key, repeat function key [for repeating a character]
  Dauerfunktionstaste *f* [zur Wiederholung eines Zeichens]

continuous load
  Dauerlast *f*
continuous power output
  Dauerleistung *f*
continuous shock test, fatigue-impact test
  Dauerschlagprüfung *f*
contrast adjustment
  Kontrasteinstellung *f*
control
  Steuerung *f*
control, to; drive, to; trigger, to; activate, to [e.g. a gate]
  ansteuern [z.B. eines Gatters]
control action
  Regelverhalten *n*
control algorithm
  Regelalgorithmus *m*
control and interrupt logic
  Steuerungs- und Unterbrechungslogik *f*
control bus [transfer path for control information]
  Steuerbus *m* [Übertragungsweg für Steuerinformationen]
control character [e.g. for printers]
  Steuerzeichen *n* [z.B. für Drucker]
control characteristics
  Steuerkennlinie *f*
control command, command, control instruction [controls the program sequence; initiates a computer operation defined by an instruction]
  Kommando *n,* Steuerbefehl *m* [steuert den Programmablauf; löst eine Rechneroperation aus, die durch einen Befehl definiert ist]
control console, operator's desk
  Bedienungspult *n*
control current
  Steuerstrom *m*
control electronics, drive electronics
  Ansteuerelektronik *f*
control function
  Steuerfunktion *f*
control grid [electron tube]
  Steuergitter *n* [Elektronenröhre]
control key
  Steuertaste *f*
control line
  Steuerleitung *f*
control logic
  Steuerlogik *f*
control loop
  Regelkreis *m*
control panel
  Bedienungsfeld *n*
control register
  Steuerbefehlsregister *n*
control signal
  Steuersignal *n*
control system

Steuersystem *n*
control tape
  Steuerlochstreifen *m*
control unit [functional unit of a computer; controls the sequence of instructions, decodes the instructions and generates the signals required by the arithmetic and logical unit, the working storage and the input-output device]
  Leitwerk *n,* Steuerwerk *n* [Funktionsteil eines Rechners; steuert die Befehlsfolge, decodiert die Befehle und erzeugt die Signale, die im Rechenwerk, Arbeitsspeicher und Ein-Ausgabe-Werk benötigt sind]
control voltage
  Steuerspannung *f*
controlled system [in an automatic control system]
  Regelstrecke *f* [in einem Regelsystem]
controlled variable [in an automatic control system]
  Regelgröße *f* [in einem Regelsystem]
controller, control unit [general]
  Steuerwerk *n,* Steuereinheit *f* [allgemein]
controller [controls a drive]
  Controller *m* [steuert ein Laufwerk]
controller [e.g. integral (I), differential (D) or proportional (P) action controller]
  Regler *m* [z.B. integral-wirkender (I-), differential-wirkender (D-) oder proportional-wirkender (P-) Regler]
controller-sequencer [of microprocessors or microcomputers]
  Steuerwerk *n,* Steuereinheit *f* [von Mikroprozessoren bzw. Mikrocomputern]
conventional memory [the first megabyte of main memory; after deducting the upper memory area (used for system management and not available to programs) this leaves 640 kB available in DOS]
  konventioneller Speicher *m* [das erste Megabyte des Hauptspeichers; nach Abzug des oberen Speicherbereiches (für die System-verwaltung reserviert und für Programme nicht verfügbar) bleiben 640 kB in DOS verfügbar]
conversational, interactive
  dialogfähig
conversational mode, interactive mode
  Dialogbetrieb *m*
conversion
  Umsetzung *f,* Umsetzen *n,* Konvertierung *f*
conversion program
  Umsetzprogramm *n*
conversion rate, conversion speed
  Umsetzungsgeschwindigkeit *f*
conversion time
  Umsetzungszeit *f*
convert, to
  umsetzen

converter [changes the representation of data, e.g. from one code into another (code converter), from parallel into serial (parallel-serial converter) or from digital into analog representation (digital-analog converter)]
Umsetzer *m* [ändert die Darstellungsart von Daten, z.B. von einem Code in einen anderen (Codeumsetzer), von paralleler in serielle (Parallel-Serien-Umsetzer) oder von digitaler in analoge Darstellung (Digital-Analog-Umsetzer)]

cool down, to
abkühlen

cooling down
Abkühlen *n*

coordinate system
Koordinatensystem *n*

copper-clad laminate [for printed circuit boards]
kupferkaschierte Preßstoffplatte *f* [für Leiterplatten]

coprocessor
Additional processor assigned to a microprocessor to perform specific operations, e.g. an arithmetic processor or an input-output processor.
Coprozessor *m*
Zusätzlicher Prozessor, der einem Mikroprozessor zugeordnet ist, um spezielle Aufgaben zu übernehmen, z.B. ein Arithmetikprozessor oder ein Ein-Ausgabe-Prozessor.

copy, to
kopieren

copy protection
Kopierschutz *m*

copy protection device
Kopierschutzvorrichtung *f*

copy statement
Kopieranweisung *f*

core array, core matrix
Kernspeichermatrix *f,* Kernmatrix *f*

core storage, core memory, magnetic core storage
Kernspeicher *m,* Magnetkernspeicher *m*

corner cut [of a punched card]
Eckenabschnitt *m* [bei Lochkarten]

correctable code [a code with sufficient redundancy for error correction]
korrigierbarer Code *m* [ein Code mit ausreichender Redundanz für die Fehlerkorrektur]

cosine law
Kosinussatz *m*

cosine wave
Kosinuswelle *f*

COSMOS (complementary-symmetry MOS technology) [family of integrated circuits in special CMOS technology]

COSMOS [Integrierte Schaltungsfamilie in spezieller CMOS-Technik]

cost function
Kostenfunktion *f*

coulomb (C) [SI unit of electric charge]
Coulomb *n* (C) [SI-Einheit der elektrischen Ladung]

count
Zählung *f,* Zählerstand *m*

count downwards, to
herunterzählen, abwärtszählen, rückwärtszählen

count upwards, to
heraufzählen, aufwärtszählen, vorwärtszählen

counter [one differentiates between binary and decimal, forward and backward, synchronous and asynchronous counters; a counter can be formed by a series of flip-flops]
Zähler *m* [man unterscheidet zwischen Dual- und Dezimal-, Vorwärts- und Rückwärts- sowie Synchron- und Asynchronzähler; ein Zähler kann aus einer Anzahl Flipflops gebildet werden]

counter-clockwise
linksdrehend

counter entry
Zählereingang *m*

counter exit
Zählerausgang *m*

counting track [on punched cards]
Zählspur *f* [auf Lochkarten]

coupled
gekoppelt

coupling [galvanic (dc), inductive or capacitive coupling]
Ankopplung *f* [galvanische, induktive oder kapazitive Ankopplung]

coupling amplifier
Kopplungsverstärker *m*

coupling capacitor
Kopplungskondensator *m*

coupling diode
Kopplungsdiode *f*

coupling efficiency
Kopplungswirksamkeit *f*

course
Verlauf *m*

covalent bond, homopolar bond
Chemical bond (e.g. in a semiconductor crystal) in which the binding forces result from the sharing of electrons by a pair of neighbouring atoms.
kovalente Bindung *f,* homöopolare Bindung *f*
Chemische Bindung (z.B. in einem Halbleiterkristall), bei der die Bindungskräfte durch Elektronen entstehen, die zwei benachbarten Atomen gleicherweise angehören.

covariance

Kovarianz *f*
cover, to; mask, to; tent, to [in PCB fabrication]
abdecken [bei der Leiterplattenherstellung]
CPM, critical path method
CPM, Netzplantechnik nach CPM *f*
CPU, central processing unit
In computers in general, the unit that
comprises the arithmetic logic unit and the
control unit (according to DIN, it includes also
the main memory as well as the input-output
channels). In microprocessor-based systems or
microcomputers, the microprocessor is the
CPU, i.e. it carries out arithmetic, logic and
control operations.
CPU, Zentraleinheit *f*
Bei Rechnern allgemein die Einheit, die
Rechenwerk und Steuerwerk (nach DIN
ebenfalls Hauptspeicher sowie Ein- und
Ausgabekanäle) umfaßt. Bei Mikroprozessor-
systemen bzw. Mikrocomputern ist der Mikro-
prozessor selbst die Zentraleinheit und führt
sowohl Rechen- als auch Steuerfunktionen
durch.
CPU time [time required by CPU for processing
a program]
CPU-Zeit *f,* Zentraleinheitzeit *f* [von der
Zentraleinheit benutzte Zeit]
CPU timer
Zentraleinheitzeitgeber *m*
CR (carriage return character)
Wagenrücklaufzeichen *n*
crash, computer crash
Absturz *m,* Rechnerabsturz *m*
CRC (cyclic redundancy check)
An error detecting method which treats each
character in a block as a string of bits
representing a binary number. This number is
divided by a predetermined binary number and
the remainder is added to the block as a cyclic
redundancy check character (CRC), also called
cyclic check sum or check sum. At the receiving
end the CRC is compared with the check sum
formed there; if they do not agree, a
retransmission is requested (ARQ or automatic
repeat request method).
CRC-Prüfung *f,* zyklische Blockprüfung *f,*
zyklische Redundanzprüfung *f*
Eine Fehlerprüfmethode, die jedes Zeichen
eines Blocks als Bitfolge, die eine Binärzahl
darstellt, behandelt. Diese Binärzahl wird
durch eine vorgegebene Binärzahl dividiert und
der Rest wird als zyklische Prüfsumme oder
CRC-Zeichen dem Block zugefügt. Beim
Empfänger wird das CRC-Zeichen mit einer
dort gebildeten Prüfsumme verglichen. Wenn
sie nicht übereinstimmen, wird eine
Wiederholung der Übertragung verlangt (ARQ-
Verfahren).
create, to [a file]

erstellen [einer Datei]
creation date
Erstellungsdatum *n*
crest factor
Spitzenwertfaktor *m,* Scheitelfaktor *m*
crimp connection
Quetschverbindung *f,* Crimpverbindung *f*
crimp connector
Quetschverbinder *m,* Crimpverbinder *m*
crimping tool [for forming a solderless contact
between wire and terminal]
Quetschwerkzeug *n,* Crimpwerkzeug *n* [zur
Erstellung einer Verbindung zwischen Leiter
und Anschlußklemme ohne Löten]
critical coupling [e.g. between two circuits]
kritische Kopplung *f* [z.B. zwischen zwei
Schaltungen]
critical defect
kritischer Fehler *m*
critical DOS error [indicates failure of
peripheral device]
kritischer DOS-Fehler *m* [zeigt Versagen
eines Peripheriegerätes an]
critical path planning, critical path method
(CPM), program evaluation and review
technique (PERT)
Netzplantechnik *f,* Netzplantechnik nach
CPM *f,* Netzplantechnik nach PERT *f*
CRO, cathode-ray oscilloscope
Kathodenstrahloszillograph *m*
cross-assembler [an assembler program that
runs on one computer and produces machine
code for another computer (or microprocessor)]
Cross-Assembler *m* [ein Assembler-
Programm, das auf einem Rechner läuft und
Maschinenbefehle für einen anderen Rechner
(oder für einen Mikroprozessor) erzeugt]
cross-checking, cross-parity [method for
detecting transmission errors by means of a
parity bit for each character (vertical parity)
and a parity character for each block
(longitudinal parity)]
Kreuzsicherung *f,* Kreuzparität *f* [Methode
zur Erkennung von Übertragungsfehlern
mittels Paritätsbit für jedes Zeichen
(Querparität) und Paritätszeichen für jeden
Block (Längsparität)]
cross-coupling [undesired coupling between two
circuits]
gegenseitige Störung *f* [gegenseitige Störung
zweier Schaltungen]
cross-reference
Querverweis *m*
cross-validation
Vergleichsprüfung *f*
crosstalk [communications]
Nebensprechen *n* [Kommunikationstechnik]
CRT, cathode-ray tube, picture tube
Kathodenstrahlröhre *f,* Bildröhre *f*

cryogenic storage, cryotron storage [storage device based on the properties of superconducting materials]
Tieftemperaturspeicher *m*, kryogener Speicher *m*, Kryogenspeicher *m*, Kryotronspeicher *m*, Supraleitungsspeicher *m* [Speicher, der die Eigenschaften von supraleitenden Werkstoffen nutzt]

cryptography, cryptology
Kryptographie *f*, Kryptologie *f*

crystal
Solid in which the atoms, ions or molecules are arranged in a repetitive three-dimensional structure.
Kristall *m*
Festkörper mit sich regelmäßig wiederholender Anordnung von Atomen, Ionen oder Molekülen im dreidimensionalen Raum.

crystal aging
Kristallalterung *f*

crystal cell [smallest geometrical unit cell of a crystal]
Kristallzelle *f* [kleinste geometrische Einheit eines Kristalls]

crystal defect
Kristallfehler *m*

crystal growing
Process for forming single crystals (e.g. semiconductor crystals) from melts or solutions.
Kristallzüchtung *f*, Kristallzüchten *n*, Kristallzucht *f*
Verfahren zur Herstellung von Einkristallen (z.B. Halbleiterkristalle) aus Schmelzen oder Lösungen.

crystal growth
Kristallwachstum *n*

crystal lattice, lattice [semiconductor technology]
Orderly arrangement of atoms in a semiconductor crystal.
Kristallgitter *n*, Gitter *n* [Halbleitertechnik]
Regelmäßige Anordnung der Atome in einem Halbleiterkristall.

crystal lattice imperfection, lattice imperfection
Deviation from a homogeneous structure in a crystal, e.g. as a result of impurities, vacancies, dislocations, grain boundaries, etc.
Kristallaufbaufehler *m*, Gitterfehler *m*
Abweichung vom regelmäßigen Aufbau eines Kristalls, z.B. infolge von Fremdatomen, Leerstellen, Versetzungen, Korngrenzen usw.

crystal lattice site, lattice site
Kristallgitterplatz *m*, Gitterplatz *m*

crystal orientation, crystallographic orientation
Kristallorientierung *f*

crystal oscillator, quartz oscillator
Kristalloszillator *m*, Quarzoszillator *m*

crystal plane, crystallographic plane
Kristallebene *f*

crystal pulling [crystal growing]
Process for growing single-crystal semiconductors from the melt in inert gas atmosphere or in high vacuum.
Zonenziehverfahren *n* [Kristallzucht]
Verfahren zur Herstellung von Einkristallhalbleitern aus der Schmelze unter Schutzgasatmosphäre oder im Hochvakuum.

crystal structure
Kristallaufbau *m*, Kristallstruktur *f*

crystal surface, crystal face
Kristallfläche *f*

crystalline lattice structure
Kristallgitterstruktur *f*

crystalline semiconductor
kristalliner Halbleiter *m*

crystalline solid
kristalliner Festkörper *m*

crystallographic axis
Kristallachse *f*

CS (chip select)
In microprocessor-based systems and integrated circuit memories, a signal for selecting the desired circuit.
Baustein-Auswahl *f*, Chip-Select *n*
Bei Mikroprozessorsystemen und integrierten Speicherschaltungen ein Signal zur Auswahl eines Bausteins.

CSMA protocol (Carrier Sense Multiple Access) [protocol standardized by IEEE for local network access]
CSMA-Protokoll *n* [von IEEE genormtes Protokoll für den Zugriff auf ein lokales Netzwerk]

CTC [counter time circuit]
Zählerbaustein *m*, Zeitgeberbaustein *m*

cumulative failure frequency
Ausfallsummenhäufigkeit *f*

cumulative frequency [statistics]
Summenhäufigkeit *f* [Statistik]

current, present
aktuell

current
Strom *m*

current-carrying capacity
Strombelastbarkeit *f*

current consumption
Stromverbrauch *m*

current control
Stromsteuerung *f*

current-controlled, current-driven
stromgesteuert

current density
Stromdichte *f*

current directory
aktuelles Verzeichnis *n*

current divider
Stromteiler *m*

current drain [of a circuit]
Stromentnahme *f*, Stromverbrauch *m* [einer
Schaltung]
current gain
Stromverstärkung *f*
current instruction register
momentanes Befehlsregister *n*
current limiter
Strombegrenzer *m*
current limiting transistor
Strombegrenzungstransistor *m*
current-mode logic (CML)
Circuit technique for bipolar integrated circuits
in which transistors operate in the unsaturated
mode. This enables very short switching times
to be achieved. The best known logic families in
the CML group are ECL and E²CL.
Stromschaltertechnik *f* (CML)
Schaltungstechnik für integrierte
Bipolarschaltungen, bei der die Transistoren
im ungesättigten Zustand betrieben werden.
Damit lassen sich sehr kleine Schaltzeiten
erzielen. Die bekanntesten Vertreter der
Stromschaltertechnik sind die ECL- und E²CL-
Logikfamilien.
current position
aktuelle Position *f*
current pulse
Stromimpuls *m*
current rating, rated current
Nennstrom *m*
current record
aktueller Satz *m*, aktueller Datensatz
current record pointer
aktueller Satzzeiger *m*
current sensitivity
Stromempfindlichkeit *f*
current sinking logic
stromziehende Schaltungstechnik *f*
current source
Stromquelle *f*
current sourcing logic
stromliefernde Schaltungstechnik *f*
current stabilization
Stromstabilisierung *f*
current status
Momentanzustand *m*
current surge, current rush
Stromstoß *m*
current-voltage characteristics
Strom-Spannungs-Kennlinie *f*
cursor [blinking sign (usually a rectangle or
dash) showing position of next entry on screen]
Eingabezeiger *m*, Cursor *m* [blinkendes
Zeichen (meistens ein Rechteck oder ein
Strich), das die Lage der nächsten Eingabe am
Schirm zeigt]
curvature [of a curve]
Krümmung *f* [einer Kurve]

curve generator
Kurvengenerator *m*
curve tracer
Kennlinienschreiber *m*
curvilinear coordinates
krummlinige Koordinaten *f.pl.*
cushion socket
federnde Fassung *f*
custom circuit, fully custom circuit
Integrated circuit for a specific application of
completely new design according to customer's
specifications.
Kundenschaltung *f*, kundenspezifische
Schaltung *f*, Vollkundenschaltung *f*
Integrierte Schaltung für eine bestimmte
Aufgabe, die nach Kundenwünschen völlig neu
entworfen wird.
cut, to [copy text or graphics from a document
into a temporary storage (clipboard)]
ausschneiden [Kopieren von Text oder
Graphik aus einem Dokument in einen
temporären Speicherbereich (Zwischenablage)]
cut-and-paste [for insertion of text or graphics]
ausschneiden und einfügen [von Text oder
Graphik]
cut-off, to [digits of a number]
abstreichen [von Stellen einer Zahl]
cut-off current [the current flowing through the
reverse biased pn-junction of a bipolar
transistor, particularly the collector-base and
the collector-emitter cut-off current]
Reststrom *m* [in einem Bipolartransistor der
durch einen in Sperrichtung vorgespannten
PN-Übergang fließende Strom, insbesondere
der Kollektor-Basis- und der Kollektor-Emitter-
Reststrom]
cut-off frequency
Grenzfrequenz *f*
cut-off voltage
Grenzspannung *f*
cut-sheet form
Einzelblatt *n*, Einzelvordruck *m*
CVD process (chemical vapour deposition
process)
Process used for forming dielectric layers in
integrated circuit fabrication. A number of CVD
process variations are being used, e.g. high-
and low-temperature CVD, high- and low-
pressure CVD or plasma-enhanced CVD.
CVD-Abscheidung *f*, CVD-Verfahren *n*,
Schichtabscheidung *f*
Verfahren zur Abscheidung von
Isolationsschichten bei der Herstellung
integrierter Schaltungen. Es werden
verschiedene Varianten des CVD-Verfahrens
angewendet, z.B. Hoch- und
Niedertemperaturverfahren, Hoch- und
Niederdruckverfahren oder Abscheideverfahren
aus einem Plasma.

CVPO (chemical vapour-phase oxidation process)
[a process used for the production of glass
fibers]
CVPO-Verfahren n [Verfahren, das bei der
Herstellung von Glasfasern eingesetzt wird]
CY (carry)
Übertrag m
cybernetics [comparative study of the methods
of communication and automatic control in
machines and living organisms]
Kybernetik f [vergleichende Studie der
Methoden der Nachrichtenübertragung und der
Regelung in Maschinen und in lebenden
Organismen]
cycle count
Zählung der Schleifendurchläufe f
cycle-shift, to
zyklisch vertauschen
cycle stealing [memory access]
Zyklusraub m [Speicherzugriff]
cycle time [time interval between two successive
periodically repeating actions, e.g. the time
between two successive instructions
(instruction cycle time) or between two
successive read or write operations in a storage
(storage cycle time)]
Zykluszeit f [Zeitspanne zwischen zwei
aufeinanderfolgenden zyklisch
wiederkehrenden Vorgängen, z.B. die
Zeitspanne zwischen zwei
aufeinanderfolgenden Befehlen
(Befehlszykluszeit) oder zwischen zwei
aufeinanderfolgenden Lese- bzw.
Schreibvorgängen in einem Speicher
(Speicherzykluszeit)]
cyclic-binary code, cyclic code
zyklisch-binärer Code m, zyklischer Code m
cyclic code, cyclic progression code [a binary
code for decimal digits in which, for minimizing
scanning errors, the codes for successive
numbers differ by only one bit, e.g. the Gray
code]
zyklischer Code m, zyklisch fortschreitender
Code m [ein Binärcode für Dezimalziffern, der
Abtastfehler dadurch verringert, daß sich zwei
aufeinanderfolgende Zahlenwerte nur in einem
Bit unterscheiden, z.B. der Gray-Code]
cyclic permutation
zyklische Vertauschung f
cyclic permuted code, cyclic code
zyklisch permutierter Code m, zyklischer
Code m
cyclic process
periodischer Vorgang m, zyklischer Vorgang
cyclic progression code, cyclic code
zyklisch fortschreitender Code m,
zyklischer Code m
cyclic redundancy check (CRC)
An error detecting method which treats each
character in a block as a string of bits
representing a binary number. This number is
divided by a predetermined binary number and
the remainder is added to the block as a cyclic
redundancy check character (CRC), also called
cyclic check sum or check sum. At the receiving
end the CRC is compared with the check sum
formed there; if they do not agree, a
retransmission is requested (ARQ or automatic
repeat request method).
zyklische Blockprüfung f, zyklische
Redundanzprüfung f
Eine Fehlerprüfmethode, die jedes Zeichen
eines Blockes als Bitfolge, die eine Binärzahl
darstellt, behandelt. Diese Binärzahl wird
durch eine vorgegebene Binärzahl dividiert und
der Rest wird als zyklische Prüfsumme oder
CRC-Zeichen dem Block zugefügt. Beim
Empfänger wird das CRC-Zeichen mit einer
dort gebildeten Prüfsumme verglichen. Wenn
sie nicht übereinstimmen, wird eine
Wiederholung der Übertragung verlangt (ARQ-
Verfahren).
cyclic shift, circular shift, end-around shift
[moving a binary digit from the output of a shift
register and reentering it in the input]
Ringverschieben n, zyklisches Verschieben n
[Verschieben eines Binärzeichens vom Ausgang
eines Schieberegisters wieder in den Eingang]
cyclic shift register, circulating register, end-
around shift register [a shift register in which
bits from the output are pushed back into the
input]
Ringschieberegister n,
Umlaufschieberegister n [ein Schieberegister,
bei dem Binärzeichen vom Ausgang wieder in
den Eingang geschoben werden]
cyclic storage, circulating storage
Umlaufspeicher m
cycling [of periodic operational phases]
**Durchlaufen von periodischen
Arbeitsgängen** n
cylinder [the tracks reached by the magnetic
heads of a magnetic disk pack without
positioning; the tracks lying one above the
other form a cylinder]
Zylinder m [die von den Magnetköpfen ohne
Positionierung erreichbaren Spuren eines
Magnetsplattenstapels; alle übereinander-
liegenden Spuren bilden einen Zylinder]
cylinder capacity [hard disk]
Zylinderkapazität f [Festplatte]
Czochralski process [crystal growing]
Process for growing single-crystal
semiconductors from the melt.
Tiegelziehverfahren n, Czochralski-
Verfahren n [Kristallzucht]
Verfahren für das Ziehen von
Einkristallhalbleitern aus der Schmelze.

D

D flip-flop [a delay flip-flop in which the output
pulse is delayed by one clock pulse period
compared with the input pulse]
D-Flipflop *n* [eine Kippschaltung mit
Verzögerung, deren Ausgangsimpuls um eine
Taktperiode gegenüber dem Eingangsimpuls
verzögert wird]

D-MESFET, depletion-mode metal-
semiconductor FET
Depletion-mode field-effect transistor with a
gate formed by a Schottky barrier (metal-
semiconductor junction).
D-MESFET *m*, Verarmungs-Metall-Halbleiter-
FET *m*
Feldeffekttransistor des Verarmungstyps,
dessen Gate aus einem Schottky-Kontakt
(Metall-Halbleiter-Übergang) besteht.

D-MOSFET, depletion mode MOSFET
D-MOSFET *m*, Verarmungs-MOSFET *m*

DAC, digital-to-analog converter, D/A converter
[converts a digital input signal into an analog
output signal]
DAU, Digital-Analog-Umsetzer *m*, D/A-
Umsetzer *m* [setzt ein digitales Eingangssignal
in ein analoges Ausgangssignal um]

daisy chaining of interrupt priority [e.g. of
peripherals]
Verkettung der Unterbrechungspriorität *f*
[z.B. von Peripheriegeräten]

daisy-wheel printer
Serial printer in which the printing characters
are arranged at the end of flexible radial spokes
of a plastic wheel. The printing characters are
moved into the desired printing position by a
stepper motor and are driven against an inked
ribbon and paper by a hammer.
Typenraddrucker *m*
Seriendrucker, bei dem sich die Drucktypen an
speichenähnlichen flexiblen Enden einer
Kunststoffscheibe befinden. Die Typen werden
durch einen Schrittmotor in die gewünschte
Druckstellung gebracht und mit einem
Hammer gegen Farbband und Papier
geschlagen.

damage, to
beschädigen

damp, to; attenuate, to [oscillations]
dämpfen [von Schwingungen]

damping diode
Dämpfungsdiode *f*

damping factor, decay factor [of a resonant
circuit]
Dämpfungsfaktor *m* [eines Schwingkreises]

damping function
Dämpfungsfunktion *f*

dangerous fault, dangerous error
gefährlicher Fehler *m*

dark current
Dunkelstrom *m*

Darlington circuit [special amplifier circuit
with high input resistance and consisting of two
or three transistors]
Darlington-Schaltung *f* [besondere
Verstärkerschaltung mit hohem Eingangswiderstand, bestehend aus zwei oder drei
Transistoren]

Darlington phototransistor
Darlington-Phototransistor *m*

Darlington power transistor
Darlington-Leistungstransistor *m*

Darlington transistor [combination of two
transistors internally connected in a Darlington
circuit in a single case]
Darlington-Transistor *m* [Kombination, in
einem Gehäuse, von zwei intern in einer
Darlington-Schaltung verbundenen
Transistoren]

DAT cartridge (Digital Audio Tape) [uses a 4-
mm tape as in cassette recorders]
DAT-Kassette *f* [verwendet ein wie bei
Tonbandgeräten übliches 4-mm-Band]

DAT drive
DAT-Laufwerk *n*

data
Daten *n.pl.*

data abuse
Datenmißbrauch *m*, mißbräuchliche Nutzung
von Daten *f*

data acquisition
Datenerfassung *f*, Meßwerterfassung *f*

data address
Datenadresse *f*

data backup
Datenerhaltung *f*, Datensicherung *f*

data base, database, data bank [a set of libraries
of data; in particular, a set of numerous files
derived from a variety of sources and ordered
according to overriding criteria so that they can
be accessed by numerous users]
Datenbank *f* [ein Satz von Datenbibliotheken;
insbesondere mehrere Dateien aus
verschiedenen Quellen, die nach übergeordneten Kriterien zusammengefaßt und für
mehrere Benutzer aufbereitet sind]

data base computer
Datenbankrechner *m*

data base key
Datenbankschlüssel *m*

data base management system (DBMS)
Datenbankverwaltungssystem *n*

data base recovery program
**Programm zur
Datenbankwiederherstellung** *n*

data base server [local area network]

Datenbank-Server *m* [lokales Netzwerk]
data base system [a system with special access
and storage methods for data required for a
variety of applications]
Datenbanksystem *n* [ein System mit
besonderen Zugriffs- und Speichermethoden
zur Bereitstellung der Daten für verschieden-
artige Aufgaben]
data basis [systematically related files]
Datenbasis *f* [systematisch miteinander
verbundene Dateien]
data bit
Datenbit *n*
data buffer [small storage for temporary storage
of data]
Datenpuffer *m* [kleiner Speicher für die
vorübergehende Aufnahme von Daten]
data bus [bus for data transfer between different
functional units, e.g. between microprocessor
and storage as well as input-output devices]
Datenbus *m* [Bus für die Datenübertragung
zwischen verschiedenen Funktionseinheiten,
z.B. zwischen Mikroprozessor und Speicher-
sowie Ein-Ausgabe-Bausteinen]
data bus buffer register
Datenbuspufferregister *n*
data bus driver
Datenbustreiberstufe *f*
data bus line
Datenbusleitung *f*
data chaining [reading from or writing into
different working storage areas]
Datenkettung *f* [Lesen oder Schreiben in
unterschiedliche Arbeitsspeicherbereiche]
data channel
Datenkanal *m*
data circuit, data connection
Datenverbindung *f*
data collection, data acquisition
Datenerfassung *f*
data compression, data reduction [reducing
volume of data by removing superfluous data or
representing data in a more compact form in
storage or data medium]
Datenkompression *f*, Datenverdichtung *f*
[Verringerung der Datenmenge durch
Entfernung überflüssiger Daten oder durch
eine günstigere Darstellung im Speicher oder
auf Datenträgern]
data concentration [combining several
incoming signals into a single sequence in data
transmission]
Datenkonzentration *f* [das Zusammenfassen
mehrerer Eingangssignale zu einer
gemeinsamen Folge bei der Datenübertragung]
data concentrator
Datenkonzentrator *m*
data consistency
Datenkonsistenz *f*

data converter
Datenumsetzer *m*
data corruption
Datenkorruption *f*
data decoding
Datenentschlüsselung *f*
data decryption [for data secrecy]
Datenentschlüsselung *f* [bei der
Datengeheimhaltung]
data definition [description of the structure of a
data base]
Datendefinition *f* [Beschreibung der Struktur
einer Datenbank]
data-dependent
datenabhängig
data dictionary [data base management]
Datenverzeichnis *n* [Datenbankverwaltung]
data encoding
Datenverschlüsselung *f*
data encryption [for data secrecy]
Datenverschlüsselung *f* [bei der
Datengeheimhaltung]
data encryption unit (DEU) [for data secrecy]
Datenverschlüsselungsbaustein *m* [bei der
Datengeheimhaltung]
data entry, data input
Dateneingabe *f*
data evaluator
Datenauswerter *m*
data exchange, data interchange
Datenaustausch *m*
data exchange control, data exchange control
unit
Datenaustauschsteuerung *f*
data field [specified area in a record]
Datenfeld *n* [ein bestimmtes Feld in einem
Datensatz]
data file [collection of related data records, e.g. a
database file]
Datendatei *f* [Sammlung
zusammengehörender Datensätze, z.B. eine
Datenbankdatei]
data flow
Datenfluß *m*
data flowchart [represents the path of data and
the operations to be carried out with the aid of
standard graphical symbols]
Datenflußplan *m* [Darstellung des
Datenflusses und der auszuführenden
Operationen mit genormten graphischen
Symbolen]
data format [e.g. fixed length, packed or
unpacked, floating point format, etc.]
Datenformat *n* [z.B. mit fester Länge,
gepacktes oder ungepacktes Format,
Gleitpunktformat usw.]
data formatting
Datenformatierung *f*
data hierarchy

Datenhierarchie *f*

data-hold after change of address [with integrated circuit memories]
Haltezeit der Daten nach Adreßwechsel *f* [bei integrierten Speicherschaltungen]

data-hold from chip select, output hold from chip select
Haltezeit der Daten nach Bausteinauswahl *f*

data-hold time [in integrated circuit memories]
Datenhaltezeit *f* [bei integrierten Speicherschaltungen]

data-in after row-address-select hold time
Haltezeit für Dateneingabe nach Zeilenadreßauswahl *f*

data-in after write hold time
Haltezeit für Dateneingabe nach Schreiben *f*

data-in before write set-up time
Vorbereitungszeit für Dateneingabe vor Schreiben *f*

data independence
Datenunabhängigkeit *f*

data initialization statement [FORTRAN]
Anfangswertanweisung *f* [FORTRAN]

data input
Dateneingang *m,* Dateneingabe *f*

data input and output system
Datenein- und Ausgabesystem *n* (DEA)

data input buffer [in integrated circuit memories]
Dateneingangübernahmespeicher *m* [bei integrierten Speicherschaltungen]

data input bus [unidirectional bus for transferring data from input devices to CPU]
Dateneingabebus *m* [einseitig wirkender Bus zur Datenübertragung von Eingabeeinheiten zur Zentraleinheit]

data input unit
Dateneingabegerät *n*

data integrity, data security [measures taken to prevent loss or tampering of data]
Datenintegrität *f,* Datensicherung *f* [Maßnahmen gegen Verlust oder Verfälschung von Daten]

data interchange, data exchange
Datenaustausch *m*

data item [smallest element of a record in data base systems]
Datenelement *n* [kleinste Dateneinheit eines Satzes bei Datenbanksystemen]

data library [set of related files]
Datenbibliothek *f* [Satz miteinander verbundener Dateien]

data line
Datenleitung *f*

data link, link
Datenverbindung *f,* Verbindung *f*

data link escape character

Zeichen für Datenübertragungsumschaltung *n*

data linkage, data pooling
Datenverknüpfung *f*

data loss, data overrun
Datenverlust *m*

data management
Datenverwaltung *f*

data management system (DMS)
Datenverwaltungssystem *n*

data manipulation
Datenmanipulation *f*

data medium [e.g. punched tape, magnetic tape, disk, etc.]
Datenträger *m* [z.B. Lochstreifen, Magnetband, Platte usw.]

data memory
Datenspeicher *m*

data mirroring [data storage in two identical hard disks]
Datenspiegelung *f* [Datenspeicherung in zwei identischen Festplatten]

data move instruction, data transfer instruction
Datentransferbefehl *m*

data output [e.g. via printer]
Datenausgabe *f* [z.B. über Drucker]

data output [of a device]
Datenausgang *m* [eines Gerätes]

data overrun, data loss
Datenverlust *m*

data packet, packet [data transfer as entity during transmission]
Datenpaket *n* [Datenmenge als Einheit bei der Übermittlung]

data path
Datenweg *m*

data pointer
Datenzeiger *m*

data printer [printer with a relatively high speed for data printout]
Datendrucker *m* [Drucker mit höherer Geschwindigkeit für den Datenausdruck]

data processing
Datenverarbeitung *f*

data processing system
Datenverarbeitungssystem *n*

data protection [measures taken against unauthorized access to data]
Datenschutz *m* [Maßnahmen gegen unberechtigten Zugriff auf Daten]

data rate, data transfer rate, data throughput [data volume per unit of time, e.g. in Mbytes/s]
Datenrate *f,* Datenübertragungsgeschwindigkeit *f,* Datendurchsatz *m* [Datenmenge pro Zeiteinheit, z.B. in MByte/s]

data recording
Datenaufzeichnung *f*

data recording medium, storage medium [e.g. floppy disk, disk storage, magnetic tape, etc.]
Datenaufzeichnungsmedium *n*, Speichermedium *n* [z.B. Diskette, Plattenspeicher, Magnetband usw.]

data reduction, data compression [reducing volume of data by removing superfluous data or representing data in a more compact form in storage or data medium]
Datenverdichtung *f*, Datenreduktion *f* [Verringerung der Datenmenge durch Entfernung überflüssiger Daten oder durch eine günstigere Darstellung im Speicher oder auf Datenträgern]

data register
Datenregister *n*

data retrieval
Datenwiedergewinnung *f*

data security, data integrity [measures taken to prevent loss or tampering of data]
Datensicherung *f*, Datenintegrität *f* [Maßnahmen gegen Verlust und Verfälschung von Daten]

data-sensitive fault [a fault revealed when a particular pattern of data is processed]
datenempfindlicher Fehler *m* [ein Fehler, der durch die Verarbeitung eines bestimmten Datenmusters entdeckt wird]

data set
physische Datei *f*

data set-up time [integrated circuit memories]
Datenvorbereitungszeit *f* [bei integrierten Speicherschaltungen]

data size
Datenmenge *f*

data storage
Datenspeicherung *f*

data stream, stream [continuous flow of data]
Datenstrom *m*, Strom *m* [kontinuierlicher Fluß von Daten]

data structure
Datenstruktur *f*

data tablet
Datentablett *n*

data throughput, data transfer rate
Datendurchsatz *m*, Datenrate *f*

data track
Informationsspur *f*, Datenspur *f*

data traffic
Datenverkehr *m*

data transfer, data transmission
Datenübertragung *f*

data transfer instruction, data move instruction
Datentransferbefehl *m*

data transfer rate, data rate, data throughput [data volume per unit of time, e.g. in Mbytes/s]
Datenrate *f*, Datenübertragungsgeschwindigkeit *f*,

Datendurchsatz *m* [Datenmenge pro Zeiteinheit, z.B. in MByte/s]

data translation
Datenumsetzung *f*

data transparency
Datentransparenz *f*

data type [integral, real, complex or logical]
Datentyp *m* [ganzzahlig, reell, komplex oder logisch]

data validation
Datenprüfung *f*

data word
Datenwort *n*

database, data base, data bank [a set of libraries of data; in particular, a set of numerous files derived from a variety of sources and ordered according to overriding criteria so that they can be accessed by numerous users]
Datenbank *f* [ein Satz von Datenbibliotheken; insbesondere mehrere Dateien aus verschiedenen Quellen, die nach übergeordneten Kriterien zusammengefaßt und für mehrere Benutzer aufbereitet sind]

DATEX [DATa EXchange) [data exchange service]
DATEX [Datenübermittlungsdienst]

DATEX-P (DATa EXchange Packet-switched) [data exchange service using packet switching]
DATEX-P [Datenübermittlungsdienst, der die Paketvermittlungstechnik benutzt]

dB, decibel [logarithm to the base ten of a current, voltage or power ratio]
dB, Dezibel *n* [dekadischer Logarithmus eines Strom-, Spannungs- oder Leistungsverhältnisses]

DBA (Data Base Administrator)
DBA [Datenbankadministrator]

dBASE [a database programming system for DOS]
dBASE [ein Datenbanksystem für DOS]

DBF file format [file format for dBASE]
DBF-Dateiformat *n* [Dateiformat von dBASE]

dBm [decibel referred to 1 mW power level]
dBm [Dezibel bezogen auf 1 mW Leistungspegel]

DBMS (data base management system)
Datenbankverwaltungssystem *n*

DC (device control)
Bausteinsteuerung *f*

dc (direct current)
Gleichstrom *m*

dc current gain
Gleichstromverstärkung *f*

dc-dc converter [for converting a dc voltage into another dc voltage]
Gleichstromwandler *m* [zur Umformung einer Gleichspannung in eine andere]

dc power dissipation [dc power converted into heat, e.g. in a power semiconductor]

Gleichstromverlustleistung *f* [in Wärme umgesetzte Gleichstromleistung, z.B. eines Leistungshalbleiters]
dc resistance
  Gleichstromwiderstand *m*
dc voltage, direct voltage
  Gleichspannung *f*
dc voltage gain
  Gleichspannungsverstärkung *f*
dc voltage source
  Gleichspannungsquelle *f*
DC2000 cartridge , mini cartridge [a standard quarter-inch tape using the QIC format]
  DC2000-Kassette *f,* Mini-Kassette *f* [ein genormtes Viertel-Zoll-Band vom QIC-Format]
DCFL (direct-coupled FET logic)
  Family of integrated circuits based on gallium arsenide E-MESFETs.
  DCFL, direkt gekoppelte FET-Logik *f*
  Integrierte Schaltungsfamilie, die mit Galliumarsenid-E-MESFETs realisiert ist.
DCTL (direct-coupled transistor logic)
  Logic family in which transistors are coupled together directly, without resistors or other coupling elements.
  DCTL, direkt gekoppelte Transistorlogik *f*
  Logikfamilie, bei der Transistoren direkt gekoppelt werden, ohne Verwendung von Widerständen oder anderen Kopplungselementen.
DD diskette, double density diskette [stores 360 kB on 5.25" and 720 kB on 3.5" diskettes]
  Diskette mit doppelter Speicherdichte *f,* DD-Diskette *f* [speichert 360 kB auf 5,25"- und 720 kB auf 3,5"-Disketten]
DDC (direct digital control) [a control system in which a process computer directly acts on the final control elements or actuators]
  DDC, direkte digitale Regelung *f* [ein Regelsystem, bei dem ein Prozeßrechner unmittelbar auf die Stellglieder wirkt]
DDE (Dynamic Data Exchange) [in Windows programming: a protocol for communication between applications]
  dynamischer Datenaustausch [bei der Programmierung in Windows: ein Protokoll für den Datenaustausch zwischen Anwendungen]
deactivate, to; disable, to
  abschalten, inaktivieren
dead, currentless
  spannungslos, stromlos
dead key [used for generating accents]
  tote Taste *f* [wird für die Erzeugung von Akzenten verwendet]
dead time
  Totzeit *f*
deallocate, to
  Zuordnung aufheben
deathnium center [semiconductor technology]

Imperfection in a semiconductor crystal which facilitates generation and recombination of electron-hole pairs.
  Reaktionshaftstelle *f* [Halbleitertechnik]
  Störstelle in einem Halbleiterkristall, die die Erzeugung und Rekombination von Ladungsträgerpaaren fördert.
debounce, to [contacts]
  entprellen [bei Kontakten]
debouncing circuit [electronic circuit for compensating contact bounce]
  Entprellungsschaltung *f* [elektronische Schaltung zur Kompensation von Kontaktprellungen]
debug, to; test, to [a program]
  austesten [eines Programmes]
debugger [diagnostic program used during program development]
  Debugger *m* [Fehlersuchprogramm, das bei der Programmentwicklung eingesetzt wird]
debugging, programm debugging, troubleshooting
  Fehlerbeseitigung *f,* Programmfehlerbeseitigung *f,* Fehlersuchen *n*
debugging aid
  Fehlerbehebungshilfe *f*
debugging program, diagnostic program, troubleshooting program
  Fehlersuchprogramm *n,* Diagnoseprogramm *n,* Diagnostikprogramm *n*
decade
  Dekade *f*
decade counter [counts in decades: ones, tens, etc.]
  Dekadenzähler *m* [zählt in Dekaden: Einer, Zehner usw.]
decade stage [of a counter]
  dekadische Zählstufe *f* [eines Zählers]
decay, avalanche decay
  Abfall *m,* Lawinenabfall *m*
decay factor, damping factor [of a resonant circuit]
  Dämpfungsfaktor *m* [eines Schwingkreises]
decay time
  Abklingzeit *f,* Abklingdauer *f*
decentral, distributed
  dezentralisiert, verteilt
decentral data base
  dezentrale Datenbank *f*
decentralized processing, distributed processing
  dezentralisierte Verarbeitung *f*
decimal carry
  Zehnerübertrag *m*
decimal code
  Dezimalcode *m*
decimal counter
  Dezimalzähler *m*
decimal digit

Dezimalziffer *f*
decimal exponent
Dezimalexponent *m*
decimal fraction notation
Dezimalbruchschreibweise *f*
decimal notation
Dezimalschreibweise *f,* dezimale
Schreibweise *f*
decimal number system
dezimales Zahlensystem *n*
decimal point
Dezimalkomma *n*
decimal system
Dezimalsystem *n*
decimal-to-binary conversion
Dezimal-Binär-Umwandlung *f*
decision
Entscheidung *f*
decision instruction
Entscheidungsbefehl *m*
decision level
Entscheidungsschwellenwert *m*
decision table [formalized general
representation of the assignment of conditions
and resulting actions; employed for system
analysis, programming, etc.]
Entscheidungstabelle *f* [formalisierte,
übersichtliche Darstellung der Zuordnung von
Bedingungen und davon abhängigen
Tätigkeiten; angewandt bei der Systemanalyse,
Programmierung usw.]
decision tree
Entscheidungsbaum *m*
declarative programming language, non-
procedural programming language [in contrast
to procedural programming language]
deklarative Programmiersprache *f,*
nichtprozedurale Programmiersprache *f* [im
Gegensatz zur prozeduralen
Programmiersprache]
decode, to [encrypted data]
entschlüsseln [von verschlüsselten Daten]
decode, to [to convert information from one code
into another, particularly into machine code;
e.g. interpreting instructions using instruction
decoding]
decodieren [Umsetzen von Informationen aus
einem Code in einen anderen, insbesondere in
den Maschinencode; beispielsweise das
Interpretieren von Befehlen bei der
Befehlsdecodierung]
decoder
Decodierer *m,* Decoder *m*
decoding
Entschlüsselung *f*
decoding matrix [a network arranged as a
matrix for converting coded signals, e.g. coded
pulses into a decimal value]
Decodiermatrix *f* [ein matrixartiges

Netzwerk, das ein codiertes Signal umwandelt,
z.B. codierte Impulse in einen Dezimalwert]
decoupled
entkoppelt
decoupled output
entkoppelter Ausgang *m*
decoupling [reduction or compensation of
galvanic, magnetic or capacitive coupling
between two circuits]
Entkopplung *f* [Verringerung oder
Kompensation der galvanischen, magnetischen
oder kapazitiven Kopplung zwischen zwei
Schaltkreisen]
decoupling capacitor
Entkopplungskondensator *m*
decoupling circuit, isolating circuit
Entkopplungsschaltung *f,* Trennschaltung *f*
decoupling stage, isolating stage
Entkopplungsstufe *f,* Trennstufe *f*
decoupling transformer, isolation transformer
Entkopplungsübertrager *m,*
Trennübertrager *m*
decrement, to [reduce by a constant amount,
e.g. a counter]
dekrementieren [verringern um einen
konstanten Betrag, z.B. einen Zähler]
decrement [instruction to reduce by a constant
amount]
Dekrement *n* [Befehl zum Verringern um
einen konstanten Betrag]
decryption [for data secrecy]
Entschlüsselung *f* [bei der
Datengeheimhaltung]
dedicated [system or unit exclusively designed
for a specific task]
fest zugeordnet, zweckbestimmt, dediziert
[System oder Gerät, das ausschließlich einer
bestimmten Aufgabe gewidmet ist]
dedicated mode
dedizierter Modus *m*
deenergize, to [magnetically, e.g. a relay]
entregen [magnetisch, z.B. ein Relais]
deep acceptor level
tiefes Akzeptorniveau *n*
deep donor level
tiefes Donatorniveau *n*
deep trap
tiefliegende Haftstelle *f*
default
Vorgabe *f*
default declaration
Vorgabevereinbarung *f*
default drive
Standardlaufwerk *n*
default printer
Standarddrucker *m*
default statement
Vorgabeanweisung *f*
default value [data processing: predetermined

value employed by program if no specific value has been entered by the user]
Standardwert *m* [Datenverarbeitung: vorgegebener Wert, der vom Programm verwendet wird, falls vom Benutzer kein spezifischer Wert eingegeben wurde]

defect [quality control: nonconformance of an item with specified requirements]
Fehler *m* [Qualitätsprüfung: Nichtübereinstimmung einer Betrachtungseinheit mit den Anforderungen]

defective
fehlerhaft

defective track [of a data medium]
fehlerhafte Spur *f* [eines Datenträgers]

deflect [beam]
ablenken [Strahl]

deflection
Ablenkung *f*

defragmentation
Defragmentierung *f*

degauss, to; demagnetize, to
entmagnetisieren

degeneracy
Entartung *f*

degenerate semiconductor
entarteter Halbleiter *m*

degradation [gradual deterioration of performance]
Güteverlust *m*, **Leistungsherabsetzung** *f* [langsamer Abfall der Leistung]

degradation failure [a gradual and partial failure with predictable failure time]
Driftausfall *m*, driftend auftretender Teilausfall *m* [ein langsam auftretender Teilausfall mit vorhersehbarem Ausfallzeitpunkt]

degrade, to [e.g. performance of a device]
herabsetzen [z.B. Leistungfähigkeit eines Bausteins]

degree of integration, integration level [classification depending on the number of functions (transistors, gates, etc.) integrated on a chip: SSI, MSI, LSI, VLSI, ULSI, and WSI]
Integrationsgrad *m*, **Integrationsstufen** *f.pl.* [Einteilung nach Anzahl der Funktionen (Transistoren, Gatter usw.), die auf einem Halbleiterplättchen integriert sind: SSI, MSI, LSI, VLSI, ULSI und WSI]

deionization
Entionisierung *f*

deionization rate
Entionisierungsgeschwindigkeit *f*

deionization time
Entionisierungszeit *f*

DEL (delete character), erase character, rub-out character
Löschzeichen *n*

delamination [separation of layers of a PCB]

Delaminierung *f* [Ablösen der Schichten einer Leiterplatte]

delay
Verzögerung *f*

delay element
Verzögerungsglied *n*

delay line
Verzögerungsleitung *f*

delay-line register
Laufzeitregister *n*

delay-line storage
Laufzeitspeicher *m*, Verzögerungsspeicher *m*

delay time [in general]
Verzögerungszeit *f* [allgemein]

delayed execution
verzögerte Ausführung *f*

delayed release, slow release [relay]
abfallverzögert [Relais]

delayed-write mode [operational mode of integrated circuit memories]
verzögertes Schreiben *n* [Betriebsart bei integrierten Speicherschaltungen]

delete, to
löschen

delete character (DEL), erase character, rub-out character
Löschzeichen *n*

delete key (DEL key)
Löschtaste *f*

deletion record [containing deleted data]
Löschregister *n* [enthält gelöschte Daten]

delimiter, separator, separator character [separates items of data]
Begrenzungssymbol *n*, Trennzeichen *n* [Abgrenzung von Datenelementen]

delta noise [noise in core memory]
Deltarauschen *n* [Rauschen im Kernspeicher]

demagnetize, to; degauss, to
entmagnetisieren

demand paging
Seitenabruf *m*, Seitenwechsel auf Anforderung *m*

demodulating stage, demodulator stage
Demodulationsstufe *f*

demodulation [to recover the modulating signal]
Demodulation *f* [Rückgewinnung des modulierenden Signals]

demodulator
Demodulator *m*

demon (device monitoring) [process for controlling peripheral units in some operating systems]
Dämon *m* [Prozeß zur Steuerung eines Peripheriegerätes bei einigen Betriebssystemen]

demultiplexer
Demultiplexer *m*

density, charge density
Dichte *f*, Ladungsdichte *f*

density, mass density
  Dichte *f*, **Massendichte** *f*
density distribution
  Dichteverteilung *f*
dependability, reliability
  Betriebssicherheit *f*, **Zuverlässigkeit** *f*
dependable, reliable
  betriebssicher, zuverlässig
depletion [semiconductor technology]
  A decrease in the density of charge carriers and
  hence a reduction in conductivity in a
  particular region of a semiconductor.
  Verarmung *f* [Halbleitertechnik]
  Verringerung der Ladungsträgerdichte und
  damit der Leitfähigkeit in einem bestimmten
  Bereich eines Halbleiters.
depletion charge
  Sperrschichtladung *f*
depletion layer [semiconductor technology]
  Region in a semiconductor crystal at the
  interface between a semiconductor material
  and metal or between an n-type and a p-type
  region. At this interface electrons diffuse from
  the n-type region into the p-type region and
  holes from the p-type region into the n-type
  region. Hence the n-type region acquires a
  slightly positive charge and the p-type a
  slightly negative charge. By applying a reverse-
  biased external voltage across the pn-junction
  (negatively biased to the p-type region and
  positively biased to the n-type region), the
  depletion layer becomes effectively wider and
  current flow is very small. Forward-biasing the
  pn-junction decreases the effective width of the
  depletion layer and the current flows in
  forward direction.
  Sperrschicht *f* [Halbleitertechnik]
  Gebiet in einem Halbleiterkristall an der
  Grenze eines Übergangs zwischen Halbleiter
  und Metall oder zwischen einem N-leitenden
  und einem P-leitenden Bereich. An dieser
  Grenze diffundieren Elektronen aus dem N-
  Bereich in den P-Bereich und Defektelektronen
  (Löcher) aus dem P- in den N-Bereich. Dadurch
  wird das N-Gebiet leicht positiv und das P-
  Gebiet leicht negativ geladen. Durch Anlegen
  einer äußeren Spannung in Sperrichtung an
  den PN-Übergang (negative Spannung am P-
  Gebiet und positive Spannung am N-Gebiet)
  verbreitet sich die Sperrschicht und der
  Stromfluß ist bis auf einen kleinen Rest
  gesperrt. Legt man eine positive Spannung am
  P-Gebiet und eine negative Spannung am N-
  Gebiet an, wird die Sperrschicht abgebaut und
  der Strom fließt in Vorwärtsrichtung.
depletion layer between collector and base,
  collector junction [pn- (or np-) junction between
  collector zone and base zone of a bipolar
  transistor]
  Kollektorsperrschicht *f*, Kollektorübergang
  m [PN- (bzw. NP-) Übergang zwischen
  Kollektor- und Basiszone eines
  Bipolartransistors]
depletion layer width, depletion width
  Sperrschichtbreite *f*
depletion mode [semiconductor technology]
  Verarmungsbetrieb *m* [Halbleitertechnik]
depletion mode field-effect transistor
  Verarmungs-Feldeffekttransistor *m*
depletion mode insulated-gate field-effect
  transistor, depletion-mode IGFET
  A field-effect transistor that has a high
  conductivity at zero gate voltage (i.e. which is
  conductive without a gate voltage) and whose
  current flow between source and drain is
  controlled (i.e. increased or decreased) by
  applying a gate voltage of corresponding
  polarity.
  Verarmungs-Isolierschicht-
  Feldeffekttransistor *m*, Verarmungs-IGFET
  Ein Feldeffekttransistor, der bei der
  Gatespannung Null eine hohe Leitfähigkeit
  aufweist (d.h. der ohne Gatespannung leitend
  ist) und dessen Stromfluß zwischen Source und
  Drain durch Anlegen einer Gatespannung
  entsprechender Polarität gesteuert wird (d.h.
  zunimmt oder abnimmt).
depletion mode metal-semiconductor FET,
  D-MESFET
  Depletion-mode field-effect transistor with a
  gate formed by a Schottky barrier (metal-
  semiconductor junction).
  Verarmungs-Metall-Halbleiter-FET *m*, D-
  MESFET *m*
  Feldeffekttransistor des Verarmungstyps,
  dessen Gate (Steuerelektrode) aus einem
  Schottky-Kontakt (Metall-Halbleiter-Übergang)
  besteht.
depletion mode MOSFET
  Verarmungs-MOSFET *m*
depletion mode transistor
  Verarmungstransistor *m*
depletion region, space-charge region
  The region formed in the immediate vicinity of
  a pn-junction in which there are practically no
  mobile charge carriers.
  Verarmungszone *f*, Raumladungszone *f*
  Der an einem PN-Übergang entstandene
  Bereich, in dem sich praktisch keine
  beweglichen Ladungsträger befinden.
deposition
  Abscheidung *f*
deposition process
  Abscheidungsverfahren *n*
depth-first search
  Tiefendurchlauf *m*
derating [reduction of intensity of stress for the
  purpose of increasing service life, reliability,

etc.]
Unterlastung *f* [Verringerung der Intensität
einer Beanspruchung zwecks Verbesserung der
Lebensdauer, Zuverlässigkeit usw.]
derating factor
Unterlastungsgrad *m*
derived class, subclass [in object oriented
programming: a class derived from the top class
in a hierarchy of classes, in contrast to base
class]
abgeleitete Klasse *f,* Subklasse *f* [bei der
objektorientierten Programmierung: die von
der obersten Klasse abgeleitete Klasse in einer
Hierarchie, im Gegensatz zur Basisklasse]
derivative [rate of change of a function, e.g.
dx/dt]
Differentialquotient *m* [Ableitung einer
Funktion, z.B. dx/dt]
DES (Data Encryption Standard)
DES [Datenverschlüsselungsnorm]
descendent [file, tree]
Sohn *m* [Datei, Baum]
descending [order]
absteigend [Reihenfolge]
descending key
absteigender Sortierbegriff *m*
descending order
fallende Ordnung *f,* absteigende Reihenfolge *f*
description field
Textfeld *n*
design, assembly [mechanical]
Aufbau *m* [mechanisch]
design, configuration
Auslegung *f*
design, to
entwerfen, auslegen
design parameter
Entwurfsparameter *m*
design rule
Entwurfsregel *f*
designator, identifier
Bezeichner *m*
desk computer, desktop computer [a computer
which can be placed on a desk]
Tischrechner *m,* Desktop-Computer *m* [ein
Rechner, der auf einen Schreibtisch gestellt
werden kann]
desolder, to
entlöten
desoldering unit
Entlötgerät *n*
desoldering wick, desoldering braid
Entlötlitze *f*
destination [of file transfer]
Bestimmungsort *m* [der Dateiübertragung]
destination file
Zieldatei *f*
destructive backspace key
löschende Rücktaste *f*

destructive readout, (DRO) [a reading
operation, e.g. in a core memory, which
destroys the stored data; in contrast to non-
destructive readout (NDRO), e.g. in some
semiconductor memories]
löschendes Lesen *n* [ein Lesevorgang, z.B. bei
einem Kernspeicher, der die gespeicherten
Daten löscht; im Gegensatz zu nichtlöschendem
Lesen, z.B. bei einigen Halbleiterspeichern]
destructor [cleaning-up function in C++]
Destruktor *m* [Löschfunktion in C++]
detectable
feststellbar
detector diode
Detektordiode *f*
DEU (data encryption unit) [for data secrecy]
Datenverschlüsselungsbaustein *m* [für die
Datengeheimhaltung]
deviation
Abweichung *f,* Sollwertabweichung *f*
device, equipment [mechanical and electrical
unit for fulfilling given functions]
Gerät *n* [mechanische und elektrische
Konstruktionseinheit zur Erfüllung
vorgegebener Funktionen]
device address
Geräteadresse *f*
device assignment, hardware assignment
Gerätezuordnung *f,* Gerätezuweisung *f*
device byte [contains message on device status]
Gerätebyte *n* [enthält Meldung über
Gerätezustand]
device control
Gerätesteuerung *f*
device driver
Gerätetreiber *m*
device geometry
Bausteingeometrie *f*
device handler, device handling program
Gerätesteuerprogramm *n*
device-independent
geräteunabhängig
device interface
Geräteschnittstelle *f,* Geräteanschaltung *f*
device monitoring (demon) [process for
controlling peripheral units in some operating
systems]
Dämon *m* [Prozeß zur Steuerung eines
Peripheriegerätes bei einigen
Betriebssystemen]
device release
Gerätefreigabe *f*
device reset key
Geräterücksetztaste *f*
device-specific
gerätespezifisch
device status [operating status of a device, e.g.
ready or busy]
Gerätestatus *m* [Betriebszustand eines

Gerätes, z.B. bereit oder belegt]
DFB laser (distributed feedback laser)
[semiconductor laser]
DFB-Laser *m*[Halbleiterlaser]
Dhrystone test [computer benchmark test
program]
Dhrystone-Test *m* [Rechner-
Bewertungsprogramm]
DI (dielectric isolation)
The electrical isolation of integrated-circuit
elements by dielectric layers.
dielektrische Isolation *f*
Die gegenseitige Isolation von integrierten
Bauelementen durch Isolierschichten.
diac, bidirectional diode thyristor
Diac *m,* Zweirichtungsthyristordiode *f*
diagnostic flag
Prüfmarke *f*
diagnostic procedure
Diagnostikverfahren *n*
diagnostic program, debugging program,
troubleshooting program
Fehlersuchprogramm *n,* Diagnoseprogramm
n, Diagnostikprogramm *n*
diagnostics, diagnosis
Fehlerdiagnose *f*
dialog box
Dialogfeld *n*
diamond lattice [lattice structure of crystals,
e.g. of silicon and germanium mono-crystals]
Diamantgitter *n* [Gitteraufbau von Kristallen,
z.B. von Silicium- und Germaniumkristallen]
diamond lattice structure
Diamantgitterstruktur *f,*
Diamantgitteraufbau *m*
dibit [two-bit unit]
Dibit *n* [Zwei-Bit-Einheit]
dichotomizing search, binary search [search in
an ordered table by repeated partitioning in
two equal parts, rejecting one and continuing
the search in the other]
eliminierendes Suchen *n,* binäres Suchen *n*
[Suchen in einer geordneten Tabelle in jeweils
halbierten Bereichen, wobei der eine Bereich
ausgeschieden und im anderen weitergesucht
wird]
dicing, scribing technique
Process for dividing the wafer into the
individual chips. This can be effected with the
aid of diamond scribers, diamond saws or laser
beams.
Trennverfahren *n,* Trenntechnik *f*
Verfahren zum Zerlegen der Halbleiterscheibe
(Wafer) in die einzelnen integrierten
Schaltungen (Chips). Dies kann mit Hilfe von
Diamantritzern, Diamantsägen oder
Laserstrahlen erfolgen.
dictionary look-up
Wörterbuchsuche *f*

die, chip, semiconductor chip
Semiconductor piece, cut from a wafer, that
contains all the active and passive elements of
an integrated circuit (or device). The term chip
is also used as a synonym for an integrated
circuit.
Chip *m,* Halbleiterplättchen *n*
Halbleiterteilstück, das aus einer
Halbleiterscheibe (Wafer) herausgeschnitten
wurde, und das alle aktiven und passiven
Elemente einer integrierten Schaltung (bzw.
Bausteins) enthält. Der Begriff Chip wird auch
als Synonym für integrierte Schaltung benutzt.
dielectric
Dielektrikum *n*
dielectric breakdown [charge equalization with
subsequent destruction of insulation]
Durchschlag *m* [Ladungsausgleich mit
nachfolgender Isolationszerstörung]
dielectric isolation (DI)
The electrical isolation of integrated-circuit
elements by dielectric layers.
dielektrische Isolation *f*
Die gegenseitige Isolation von integrierten
Bauelementen durch Isolierschichten.
dielectric passivation
The growth of an oxide layer (usually silicon
dioxide) on the surface of a semiconductor to
provide protection from contamination.
dielektrische Passivierung *f*
Das Aufwachsen einer Oxidschicht (meistens
Siliciumdioxid) auf die Halbleiteroberfläche,
um sie vor Verunreinigungen zu schützen.
DIF (Data Interchange Format)
DIF [Datenaustauschformat]
DIFET technology (dielectrically isolated FET
technology)
A variant of the BiFET technology, mainly used
for fabricating monolithic integrated
operational amplifier circuits.
DIFET-Technik *f*
Variante der BiFET-Technik, die vorwiegend
für die Herstellung von monolithisch
integrierten Operationsverstärkern
angewendet wird.
differential amplifier [forms the difference of
the input signals]
Differenzverstärker *m* [bildet die Differenz
der Eingangssignale]
differential calculus
Differentialrechnung *f*
differential equation
Differentialgleichung *f*
differential I/O buffer
Differenzsignal-E/A-Puffer *m*
differential input [input pair for two signals,
e.g. of an operational amplifier]
Differenzeingang *m* [Eingangspaar für zwei
Signale, z.B. bei einem Operationsverstärker]

differential input voltage
Differenzeingangsspannung *f*
differential linearity error
differentieller Linearitätsfehler *m*
differential output [output pair for two signals]
Differenzausgang *m* [Ausgangspaar für zwei Signale]
differential resistance [corresponds to the slope of the current-voltage characteristic at the operating point]
differentieller Widerstand *m* [entspricht der Neigung der Strom-Spannungs-Kennlinie im Arbeitspunkt]
differential voltage
Differentialspannung *f*
differentiator, differentiating circuit [generates an output signal which is the derivative of the input signal]
Differenzierglied *n*, Differenzierschaltung *f*, Differentiator *m* [erzeugt ein Ausgangssignal, das die zeitliche Ableitung des Eingangssignals ist]
diffused junction
diffundierter Übergang *m*
diffused layer
diffundierte Schicht *f*, eindiffundierte Schicht *f*
diffused region
diffundierter Bereich *m*
diffused transistor
diffundierter Transistor *m*
diffusion [doping of semiconductors]
Today's most widely used process for precise doping of semiconductor regions and pn-junctions. There are many variations of the diffusion process such as the closed-tube process, the open-tube process, the box process and the paint-on process.
Diffusion *f* [Halbleiterdotierung]
Das zur Zeit gebräuchlichste Verfahren zur Herstellung von definiert dotierten Halbleiterzonen und PN-Übergängen. Es bestehen unterschiedliche Varianten des Diffusionsverfahrens, z.B. das Ampullenverfahren, das Durchströmverfahren, das Boxverfahren und das Filmverfahren.
diffusion [of impurities or charge carriers]
Diffundieren *n*, Eindiffundieren *n* [von Fremdatomen oder Ladungsträgern]
diffusion coefficient
Diffusionskonstante *f*, Diffusionskoeffizient
diffusion current
Diffusionsstrom *m*
diffusion depth
Diffusionstiefe *f*
diffusion furnace
Diffusionsofen *m*
diffusion layer
Diffusionsschicht *f*

diffusion length
Diffusionslänge *f*
diffusion mask
Diffusionsmaske *f*
diffusion potential
Diffusionsspannung *f*
diffusion process [doping of semiconductors]
A process used for introducing impurity atoms into a semiconductor crystal. This is achieved by charging a reactor with semiconductor wafers and a dopant source. Diffusion is effected at temperatures between 800 and 1250 °C.
Diffusionsverfahren *n* [Halbleiterdotierung]
Verfahren zum Einbringen von Fremdatomen in ein Halbleiterkristall. Dabei werden Halbleiterscheibchen (Wafer) zusammen mit einer Dotierungsquelle in einen Reaktionsraum eingebracht. Die Diffusion erfolgt bei Temperaturen zwischen 800 und 1250 °C.
diffusion region, diffusion zone
The region of a semiconductor which is doped with impurities by diffusion.
Diffusionsbereich *m*, Diffusionszone *f*
Der Bereich eines Halbleiters, in den Fremdatome eindiffundiert werden.
diffusion technique
Diffusionstechnik *f*
diffusion time
Diffusionszeit *f*
diffusion transistor
Bipolar transistor in which injection current flow is entirely a result of carrier diffusion.
Diffusionstransistor *m*
Bipolartransistor, bei dem der Injektionsstrom durch die Basis ausschließlich durch Diffusion von Ladungsträgern fließt.
diffusion velocity
Diffusionsgeschwindigkeit *f*
diffusion window
Diffusionsfenster *n*
digit [one of the decimal digits 0 to 9 or binary digits 0 and 1]
Ziffer *f* [eine der Dezimalziffern 0 bis 9 bzw. der Dualziffern 0 und 1]
digit place, digit position
Ziffernstelle *f*
digital, numerical
digital, ziffernmäßig
digital circuit [a circuit with digital input and/or output signals]
Digitalschaltung *f*, digitale Schaltung *f* [eine Schaltung mit digitalen Eingangs- und/oder Ausgangssignalen]
digital comparator
Digitalkomparator *m*
digital computer [a computer with input, processing and output of data in digital form]
Digitalrechner *m* [ein Rechner mit Eingabe,

Verarbeitung und Ausgabe der Daten in
digitaler Form]
digital control
 digitale Steuerung *f*
digital converter
 Digitalumsetzer *m*
digital correlation
 digitale Korrelation *f*
digital data
 digitale Daten *n.pl.*
digital decoder
 digitaler Decoder *m*, digitaler Decodierer *m*
digital display, digital readout [representation
 by digits]
 Digitalanzeige *f*, digitale Anzeige *f*,
 Ziffernanzeige *f* [Darstellung durch Ziffern]
digital electronics
 Digitalelektronik *f*
digital input unit
 Digitaleingabeeinheit *f*, digitale
 Eingabeeinheit *f*
digital instrument
 digitales Meßgerät *n*
digital integrated circuit
 digitale integrierte Schaltung *f*, integrierte
 Digitalschaltung *f*
digital memory, digital storage
 Digitalspeicher *m*, digitaler Speicher *m*
digital output
 Digitalausgang *m*, Digitalausgabe *f*
digital output unit
 Digitalausgabeeinheit *f*, digitale
 Ausgabeeinheit *f*
digital phase-lock circuit
 digitale Phasenverriegelungsschaltung *f*
digital readout, digital display [representation
 by digits]
 Digitalanzeige *f*, digitale Anzeige *f*,
 Ziffernanzeige *f* [Darstellung durch Ziffern]
digital receiver
 Digitalempfänger *m*
digital semiconductor component
 digitales Halbleiterbauelement *n*
digital semiconductor device
 digitaler Halbleiterbaustein *m* [wird auch
 manchmal digitales Halbleiterbauteil genannt]
digital signal
 Digitalsignal *n*, digitales Signal *n*
digital switch
 Digitalschalter *m*, digitaler Schalter *m*
digital system
 Digitalsystem *n*, digitales System *n*
digital technique
 Digitaltechnik *f*, Digitalverfahren *n*
digital-to-analog conversion
 Digital-Analog-Umsetzung *f*
digital-to-analog converter (DAC) [converts a
 digital input signal into an analog output
 signal]

Digital-Analog-Umsetzer *m*, (DAU) [setzt ein
 digitales Eingangssignal in ein analoges
 Ausgangssignal um]
digital-to-analog module
 Digital-Analog-Modul *m*
digital transmission
 Digitalübertragung *f*
digitally coded data
 digital codierte Daten *n.pl.*
digitize, to [to transform an analog
 representation into a corresponding digital
 form]
 digitalisieren, digital darstellen [die
 Umwandlung einer analogen Darstellung in die
 entsprechende digitale Form]
digitizer
 Digitalisierer *m*
digitizer tablet, tablet
 Digitalisiertablett *n*, Graphiktablett *n*,
 Tablett *n*
digitizing
 Digitalisierung *f*, Digitalisieren *n*
DIL (dual in-line), dual in-line package (DIP)
 [housing with two parallel rows of terminals at
 right angles to the body]
 DIL, DIL-Gehäuse *n* [Gehäuse mit zwei
 parallelen Reihen rechtwinklig abgebogener
 Anschlüsse]
dimension, to [e.g. a component or a circuit]
 bemessen [z.B. ein Bauteil oder eine
 Schaltung]
DIMOS technology (double-diffused ion-
 implanted MOS)
 Variant of the DMOS manufacturing process
 involving an ion implantation step in addition
 to diffusion of impurities.
 DIMOS-Technik *f*
 Variante der DMOS-Technik, bei der die
 Diffusion von Dotierungsatomen durch einen
 zusätzlichen Ionenimplantationsschritt ergänzt
 wird.
diode
 Diode *f*
diode array
 Diodenfeld *n*
diode characteristic curve [diode current as a
 function of diode voltage]
 Diodenkennlinie *f* [Diodenstrom in
 Abhängigkeit der Diodenspannung]
diode circuit
 Diodenschaltung *f*
diode clamp circuit
 Diodenklemmschaltung *f*
diode current
 Diodenstrom *m*
diode function generator
 Diodenfunktionsgeber *m*
diode laser, laser diode, semiconductor laser
 Semiconductor device that emits coherent light.

Light generation occurs at a pn-junction due to
carrier injection or electron-beam excitation.
The most widely used materials are gallium
arsenide and gallium aluminium arsenide.

Laserdiode *f*, Halbleiterlaser *m*
Halbleiterbauteil, das kohärentes Licht
emittiert. Die Lichterzeugung erfolgt durch
induzierte Emission an einem PN-Übergang.
Sie entsteht durch Ladungsträgerinjektion oder
Elektronenstrahlanregung. Als Ausgangsmaterialien dienen vorwiegend Galliumarsenid
und Galliumaluminiumarsenid.

diode limiter
Diodenbegrenzer *m*

diode matrix
Diodenmatrix *f*

diode network
Diodennetzwerk *n*

diode thyristor
Thyristor with two terminals. There are two
versions: reverse blocking and reverse
conducting diode thyristors.

Thyristordiode *f*
Thyristor mit zwei Anschlüssen. Man
unterscheidet zwischen rückwärtssperrenden
und rückwärtsleitenden Thyristordioden.

diode transistor logic (DTL)
Logic family in which logic functions are
performed by diodes, the transistors acting as
inverting amplifiers.

Dioden-Transistor-Logik *f* (DTL)
Logikfamilie, bei der die logischen
Verknüpfungen von Dioden ausgeführt werden
und die Transistoren als invertierende
Verstärker wirken.

diode transistor logic with Zener diode
(DTZL)
Variant of the DTL logic family in which the
Zener diode ensures a high signal-to-noise
ratio.

Dioden-Transistor-Logik mit Zenerdiode *f*
(DTZL)
Variante der DTL-Schaltungsfamilie, bei der
die Zenerdiode einen hohen Störspannungsabstand bewirkt.

diode voltage
Diodenspannung *f*

DIP (dual in-line package) [housing with two
parallel rows of terminals at right angles to the
body]
DIL-Gehäuse *n* [Gehäuse mit zwei parallelen
Reihen rechtwinklig abgebogener Anschlüsse]

dip coating
Tauchbeschichtung *f*

dip soldering
Process for producing soldered connections on
printed circuits boards by applying first a flux
to the circuit pattern and then dipping the
board into a bath of molten solder.

Tauchlöten *n*
Verfahren für die Herstellung von
Lötverbindungen auf gedruckten Leiterplatten.
Dabei wird zunächst ein Flußmittel auf die
Leiterplatte aufgetragen, die anschließend in
eine Wanne mit geschmolzenem Lot getaucht
wird.

direct access, random access [storage device in
which access time is effectively independent of
the location of the data]
direkter Zugriff *m* [Zugriff zu beliebigen
Bereichen eines Speichers; die Zugriffszeit ist
effektiv unabhängig von der Lage der
gespeicherten Daten]

direct addressing [addressing method
characterized by the fact that the address is
part of the instruction]
direkte Adressierung *f* [Adressierverfahren,
das dadurch gekennzeichnet ist, daß die
Adresse selbst Bestandteil des Befehls ist]

direct coupled
galvanisch gekoppelt

direct current, dc
Gleichstrom *m*

direct digital control (DDC) [a control system
in which a process computer directly acts on
the final control elements or actuators]
direkte digitale Regelung *f* (DDC) [ein
Regelsystem, bei dem ein Prozeßrechner
unmittelbar auf die Stellglieder wirkt]

direct memory access (DMA) [data transfer
between a peripheral unit and main memory
without intervention of the CPU; the peripheral
unit can access the address and data buses of
the main memory directly]
direkter Speicherzugriff *m* (DMA)
[Datentransfer zwischen einem Peripheriegerät
und dem Hauptspeicher unter Umgehung der
Zentraleinheit; das Peripheriegerät kann direkt
auf Adressen- und Datenbus des
Hauptspeichers zugreifen]

direct plug connector
direkter Steckverbinder *m*

direct step on wafers (DSW) [photolithography]
Waferstepper *m*, DSW-Verfahren *n*
[Photolithographie]

direct voltage, dc voltage
Gleichspannung *f*

direct-access device, random-access device
Direktzugriffsgerät *n*

direct-access file, random-access file
Direktzugriffsdatei *f*

direct-access memory, direct-access storage
[storage whose access time is independent of
the location of the data, e.g. magnetic disk or
floppy disk storage]
Speicher mit direktem Zugriff *m*,
Direktzugriffsspeicher *m* Speicher, dessen
Zugriffszeit unabhängig von der Lage der

gespeicherten Daten ist, z.B. Magnetplatten-
oder Diskettenspeicher]
direct-coupled FET logic (DCFL)
Family of integrated circuits based on gallium
arsenide E-MESFETs.
   direkt gekoppelte FET-Logik *f* (DCFL)
Integrierte Schaltungsfamilie, die mit
Galliumarsenid-E-MESFETs realisiert ist.
direct-coupled transistor logic (DCTL)
Logic family in which transistors are coupled
together directly, without resistors or other
coupling elements.
   direkt gekoppelte Transistorlogik *f* (DCTL)
Logikfamilie, bei der Transistoren direkt
gekoppelt werden, ohne Verwendung von
Widerständen oder anderen
Kopplungselementen.
direction select (DS)
   Richtungsvorgabe *f*
directly addressable memory
   direkt adressierbarer Speicher *m*
directory
   Inhaltsverzeichnis *n,* **Verzeichnis** *n*
directory entry
   Verzeichniseintrag *m*
directory file
   Verzeichnisdatei *f*
directory tree
   Verzeichnisbaum *m*
disable, inhibit [inputs or outputs]
   Abschalten *n,* **Sperren** *n* [bei Ein- bzw.
Ausgängen]
disable, to; deactivate, to; switch-off, to
   abschalten, inaktivieren, ausschalten
disable [line, unit, etc.]
   betriebsunfähig machen [Leitung, Gerät
usw.]
disable input, inhibit input
   Sperreingang *m*
disable instruction
   Sperrbefehl *m*
disable interrupt instruction
   Unterbrechungssperrbefehl *m*
disable statement [COBOL]
   Deaktivieranweisung *f* [COBOL]
disabled
   gesperrt, unterdrückt
disabling signal, disable
   Sperrsignal *n*
disassemble, dismount
   demontieren
disassembler [software that translates machine
code back into assembly language]
   Disassembler *m* [Software für die
Übersetzung von Maschinencode in
Assemblersprache
discharge, to [e.g. a capacitor]
   entladen [z.B eines Kondensators]
disconnect command [for a connection]

   Abbruchbefehl *m* [für eine Verbindung]
disconnected mode (DM), wait state
   Wartezustand *m*
discontinuity
   Leitungsunterbrechung *f*
discrete addressing
   Einzeladressierung *f*
discrete component [electronics]
Individual component, separately packaged and
used independently, which is not part of an
integrated circuit.
   Einzelbauelement *n,* **diskretes Bauelement** *n,*
Einzelbauteil *n* [Elektronik]
Bauelement, das nicht in einer integrierten
Schaltung enthalten ist, sondern als
selbstständiges, in eigenem Gehäuse
untergebrachtes Bauteil eingesetzt wird.
discrete data
   diskrete Daten *n.pl.*
discrete semiconductor component
   Einzelhalbleiterbauelement *n,* **diskretes**
Halbleiterbauelement *n*
discrete signal
   diskretes Signal *n*
discretionary hyphen, soft hyphen [user-
defined hyphen for automatic hyphenation, in
contrast to normally required or hard hyphen]
   weicher Bindestrich *m* [vom Benutzer
definierte Worttrennstelle für die automatische
Trennung, im Gegensatz zum normalen bzw.
harten Bindestrich]
discriminator [produces amplitude variations
from frequency or phase variations]
   Diskriminator *m* [erzeugt
Amplitudenänderungen aus Frequenz- oder
Phasenänderungen]
discriminator circuit
   Diskriminatorschaltung *f*
**disjunction, logic addition, logical add, Boolean
add, inclusive OR**
Logical operation having the output (result) 0 if
and only if each input (operand) has the value
0; for all other inputs (operand values) the
output (result) is 1.
   Disjunktion *f,* **inklusives ODER** *n*
Logische Verknüpfung mit dem Ausgangswert
(Ergebnis) 0, wenn und nur wenn jeder
Eingang (Operand) den Wert 0 hat; für alle
anderen Eingangswerte (Operandenwerte) ist
der Ausgang (das Ergebnis) 1.
disk, magnetic disk
   Platte *f,* **Magnetplatte** *f*
disk address
   Plattenadresse *f*
disk area
   Plattenspeicherbereich *m,* **Plattenbereich** *m*
disk caching [creates cache memory used for
accelerating data transfer between hard disk
and main memory]

Disk-Caching-Software *f* [errichtet einen Zwischenspeicher zur Beschleunigung der Datenübertragung zwischen Festplatte und Hauptspeicher]

disk cartridge
Plattenkassette *f*

disk controller
Plattenspeicher-Controller, Plattenspeichersteuerteil *m*

disk doubling software
Plattenverdoppler-Software *f*

disk drive, drive
Plattenlaufwerk *n*, Laufwerk *n*

disk error
Plattenfehler *m*

disk file
Plattendatei *f*

disk file organization
Plattenspeicherorganisation *f*

disk format
Plattenformat *n*

disk label
Plattenkennung *f*, Plattenkennsatz *m*

disk operating system (DOS)
Plattenbetriebssystem *n* (DOS)

disk pack
Plattenstapel *m*

disk-resident
plattenspeicherresident

disk sector, sector [part of a disk track]
Plattensektor *m* [Teil einer Spur auf einer Magnetplatte]

disk storage, disk memory, magnetic disk storage
Plattenspeicher *m*, Magnetplattenspeicher *m*

disk storage with moving-head
Plattenspeicher mit beweglichem Kopf *m*

disk track
Plattenspur *f*

disk unit
Platteneinheit *f*

diskette, floppy disk [flexible disk used as interchangeable magnetic data medium, usually of 3.5 or 5.25 inch diameter and a storage capacity between 0.36 and 1.44 MB]
Diskette *f* [flexible Magnetplatte als auswechselbarer magnetischer Datenträger, üblicherweise mit einem Durchmesser von 3,5 oder 5,25 Zoll und einer Speicherkapazität zwischen 0,36 und 1,44 MB]

diskette controller, floppy drive controller
Disketten-Controller *m*, Disketten-Steuerteil

diskless LAN station [local area network computer without floppy or hard disk drives]
laufwerkloser Netzwerkrechner *m* [Netzwerkrechner ohne Disketten- oder Festplattenlaufwerke]

dislocation [a crystal lattice imperfection which can occur, for example, during crystal growth or can result from etching]
Versetzung *f* [ein Kristallgitterfehler, der z.B. bei der Kristallzüchtung oder durch einen Ätzvorgang entstehen kann]

disparity, mismatch
Disparität *f*

display, image, figure, picture
Bild *n*, Abbildung *f*

display, readout
Anzeige *f*

display, screen
Bildschirm *m*

display area
Anzeigebereich *m*

display device, display module
Anzeigemodul *m*, Anzeigebaustein *m*

display driver
Anzeigentreiber *m*

display mode
Anzeigeart *f*

display module, display device
Anzeigebaustein *m*, Anzeigemodul *m*

display space
Bildbereich *m*, Anzeigebereich *m*

display unit
Anzeigegerät *n*

dissipation factor
Verlustfaktor *m* [dielektrischer]

distortion
Verzerrung *f*

distributed, decentral
verteilt, dezentralisiert

distributed data base system
verteiltes Datenbanksystem *n*

distributed data processing
verteilte Datenverarbeitung *f*

distributed intelligence
Computer architecture in which the central processing unit is freed to a large extent from the task of carrying out control functions in order to permit parallel processing. This is achieved with the aid of additional processors which perform specific functions. The term is mainly used in connection with fifth-generation computers, i.e. with non-von-Neumann computer architectures.
verteilte Intelligenz *f*
Rechnerarchitektur, bei der die Zentraleinheit weitgehend von Steuerungsaufgaben entlastet ist, um eine Parallelverarbeitung zu ermöglichen. Dies wird mit Hilfe zusätzlicher Prozessoren erreicht, die bestimmte Aufgaben übernehmen. Der Begriff wird meistens im Zusammenhang mit der fünften Rechnergeneration, d.h. mit nicht-von-Neumannschen Rechnerarchitekturen verwendet.

distributed multiprocessor system
Mehrprozessorsystem mit verteilter

Steuerung *n*
distributed processing, multiprocessor
operation
Rechnerverbundbetrieb *m*
distributed system [distributed over numerous
computers, terminals, etc.]
dezentrales System *n* [verteilt auf mehrere
Rechner, Datenstationen usw.]
disturbance [automatic control]
Störgröße *f* [Regelungstechnik]
disturbed one-output signal
gestörtes Eins-Signal *n*
disturbed storage cell
gestörtes Speicherelement *n*
disturbed zero-output signal
gestörtes Null-Signal *n*
divergent series
divergente Reihe *f*
divide error [division by zero]
Divisionsfehler *m* [Division durch Null]
divide statement
Divisionsanweisung *f*
divide symbol
Divisionszeichen *n*
divider [for carrying out mathematical division]
Dividierwerk *n*, Teiler *m* [für die Ausführung
einer mathematischen Teilung]
divider, frequency divider
Teiler *m*, Frequenzteiler *m*
division [inverse of multiplication]
Teilung *f*, Division *f* [Umkehrung der
Multiplikation]
DLL (Dynamic Link Library) [in Windows
programming: object code library that can be
bound in at run-time]
dynamische Funktionsbibliothek *f*,
dynamische Linkbibliothek *f* [bei der
Programmierung in Windows: Objektcode-
Bibliothek, die zur Laufzeit eingebunden
werden kann]
DM (disconnected mode), wait state
Wartezustand *m*
DMA (direct memory access) [data transfer
between a peripheral unit and main memory
without intervention of the CPU; the peripheral
unit can access the address and data buses of
the main memory directly]
DMA, direkter Speicherzugriff *m*
[Datentransfer zwischen einem Peripheriegerät
und dem Hauptspeicher unter Umgehung der
Zentraleinheit; das Peripheriegerät kann direkt
auf Adressen- und Datenbus des
Hauptspeichers zugreifen]
DMA controller (DMAC)
DMA-Controller *m*, Steuerbaustein für
direkten Speicherzugriff *m*
DMA controller circuit
DMA-Steuerschaltung *f*
DMA interface

DMA-Schnittstelle *f*
DMOS technology (double-diffused MOS
technology)
Process for manufacturing MOS devices
involving two-stage diffusion of impurities.
DMOS-Technik *f*
Verfahren mit Doppeldiffusion von
Dotierungsatomen für die Herstellung von
MOS-Bauteilen.
DMS, data management system
Datenverwaltungssystem *n*
docking station [desktop extension unit for
notebook computer]
Docking-Station *f* [Pult-Erweiterungseinheit
für ein Notebook-Computer]
document
Dokument *n*, Beleg *m*
document storage
Belegspeicher *m*
Dolby noise-reduction system
Dolby-System *n*
dollar symbol ($) [special symbol; is used in
BASIC for designating a character string or
text variable]
Dollarzeichen *n*, ($) [Sonderzeichen; wird in
BASIC zur Kennzeichnung einer Textvariablen
oder Zeichenkette (String) verwendet]
don't care character [a character that is not
taken into account]
Ersatzzeichen *n* [ein Zeichen, das nicht
berücksichtigt wird]
dongle, hardware key [hardware-based copy
protection, usually inserted in printer port]
Kopierschutzstecker *m* [wird meistens in
den Druckeranschluß eingesteckt]
donor [semiconductor technology]
An impurity (or crystal imperfection) added
intentionally to a semiconductor which releases
an electron to an adjacent atom. Movement of
the electrons represents a negative charge
transport through the semiconductor.
Donator *m* [Halbleitertechnik]
In einen Halbleiter eingebautes Fremdatom
(oder Kristallfehler), das ein Elektron an ein
benachbartes Atom abgibt. Die Bewegung der
Elektronen stellt einen negativen
Ladungstransport durch den Halbleiter dar.
donor atom, donor impurity
Donatoratom *n*, Donatorfremdatom *n*
donor charge
Donatorladung *f*
donor concentration
Donatorkonzentration *f*
donor energy state, donor level
Donatorniveau *n*
dopant, dopant impurity
An impurity element added to a semiconductor
to modify its electrical properties.
Semiconductors can be doped with acceptor

impurities (e.g. boron, gallium, aluminium,
indium) or donor impurities (e.g. phospherous,
arsenic, antimony).
Dotierstoff *m*, Dotierungselement *n*
Ein Element, das in einen Halbleiter eingebaut
wird, um seine elektrischen Eigenschaften zu
verändern. Dotieratome können als Akzeptoren
(z.B. Bor, Gallium, Aluminium, Indium) oder
als Donatoren (z.B. Phosphor, Arsen, Antimon)
eingebaut werden.
dope, to
dotieren
doped semiconductor
dotierter Halbleiter *m*
doping [semiconductor technology]
The intentional addition of impurities to a
semiconductor to modify its electrical
properties. There are different processes used
for doping semiconductors: diffusion, alloying,
epitaxy, ion implantation and transmutation.
Dotierung *f*, Dotieren *n* [Halbleitertechnik]
Der gezielte Einbau von Fremdatomen in einen
Halbleiter zwecks Veränderung seiner
elektrischen Eigenschaften. Es bestehen
verschiedene Dotierungsverfahren: Diffusion,
Legierung, Epitaxie, Ionenimplantation und
Dotierung durch Kernumwandlung.
doping compensation, dopant compensation
Dotierungsausgleich *m*
doping process
Dotierungsverfahren *n*
DOPOS process (doped polysilicon diffusion) [a
special diffusion process]
DOPOS-Verfahren *n* [ein spezielles
Diffusionsverfahren]
DOS (Disk Operating System) [short form for PC-
DOS and MS-DOS]
DOS [Plattenbetriebssystem; Kurzform für PC-
DOS und MS-DOS]
DOS extender [programm allowing an
application to run in protected mode]
DOS-Extender *m* [Programm zur Ausführung
einer Anwendung im geschützten Modus
(protected mode)]
DOS prompt
DOS-Eingabeaufforderung *f*
dot matrix
Punktmatrix *f*
dot-matrix character generator
Punktmatrixgenerator *m*
dot-matrix printer, matrix printer
Printer which uses a matrix of wires (e.g. 5x7
or 7x9 matrix) to form alphanumeric characters
composed of dots. The wires are driven against
an inked ribbon or paper by solenoids.
Punktmatrixdrucker *m*, Matrixdrucker *m*,
Mosaikdrucker *m*, Nadeldrucker *m*
Drucker, bei dem durch matrixförmig
angeordnete Drahtstifte (z.B. 5x7 oder 7x9

Matrix) aus Punkten zusammengesetzte
alphanumerische Zeichen gebildet werden. Die
Bewegung der Drahtstifte gegen das Farbband
bzw. das Papier erfolgt durch Elektromagnete.
dot pattern
Punktmuster *n*
dot pitch [of a colour display mask]
Lochabstand *m* [einer Farbbildschirm-Maske]
dot pitch [spacing between luminous spots of a
screen]
Bildpunktabstand *m* [Abstand zwischen
Leuchtpunkten eines Bildschirms]
dot-scanning method
Punktrasterverfahren *n*
double bit
Doppelbit *n*
double buffering
doppeltes Puffern *n*
double click, to [briefly depressing a mouse
button twice]
doppelklicken [zweimaliges, rasch
aufeinanderfolgendes Drücken der Maustaste]
double current [a data transmission technique]
Doppelstrom *m* [eine Übertragungstechnik]
double density [doubling bit density on a data
medium, e.g. on a floppy disk]
doppelte Speicherdichte *f* [Verdoppelung
der Bitdichte bei Datenträgern, z.B. bei
Disketten]
double density diskette, DD diskette [stores
360 kB on 5.25" and 720 kB on 3.5" diskettes]
Diskette mit doppelter Speicherdichte *f*,
DD-Diskette *f* [speichert 360 kB auf 5,25"- und
720 kB auf 3,5"-Disketten]
double-density process [floppy disk recording
method]
Verfahren für doppelte Speicherdichte *n*
[Diskettenaufzeichnungsverfahren]
double-density recording [e.g. floppy disk]
Aufzeichnung mit doppelter Dichte *f* [z.B.
Diskette]
double-diffused ion-implanted MOS, DIMOS
technology
Variant of the DMOS manufacturing process
involving an ion implantation step in addition
to diffusion of impurities.
DIMOS-Technik *f*
Variante der DMOS-Technik, bei der die
Diffusion von Dotierungsatomen durch einen
zusätzlichen Ionenimplantationsschritt ergänzt
wird.
double-diffused transistor
doppeldiffundierter Transistor *m*
double-Euroboard format [PCB format 233 x
160 mm]
Doppeleuropaformat *n* [Leiterplattenformat
233 x 160 mm]
double-heterostructure laser
Semiconductor laser (e.g. a GaAlAs laser) with

a double heterostructure that is particularly suitable for use as optical emitter in fiber-optics communication systems.
DH-Laser *m*, Doppelheterostrukturlaser *m* Halbleiterlaser mit Doppelheterostruktur (z.B. GaAlAs-Laser), der sich insbesondere als optischer Sender für Glasfaserübertragungssysteme eignet.

double-layer metallization
Doppelschichtmetallisierung *f*

double-length register, double register
Register doppelter Wortlänge *n*

double-length working, double-precision working
Arbeiten mit doppelter Wortlänge *n*

double-line shift register
Zweitakt-Schieberegister *n*

double precision [using twice as many bits to represent a number]
doppelte Genauigkeit *f* [Verwendung von doppelt so vielen Bits, um eine Zahl darzustellen]

double-precision arithmetic, double-length arithmetic
Gleitpunktrechnung mit doppelter Genauigkeit *f*

double-precision data word
Datenwort doppelter Genauigkeit *f*

double-precision floating-point constant
Gleitpunktkonstante doppelter Genauigkeit *f*

double-precision working, double-length working [increasing computing accuracy by using computer words of double length]
Arbeiten mit doppelter Wortlänge *f* [Erhöhung der Rechengenauigkeit durch Verwendung von Rechenworten doppelter Länge]

double-product multiplication
erweiterte Multiplikation *f*

double pulse, dual pulse, pulse pair
Doppelimpuls *m*

double-pulse generator
Doppelimpulsgenerator *m*

double-pulse recording [magnetic recording method]
Doppelimpulsschreibverfahren *n* [magnetisches Aufzeichnungsverfahren]

double sampling
doppelte Stichprobenprüfung *f*

double-sided floppy disk [information can be recorded on both sides]
doppelseitig beschreibbare Diskette *f* [Informationen können auf beiden Seiten aufgezeichnet werden]

double-sided printed circuit board
doppelseitig kaschierte Leiterplatte *f*

double twisted LCD [liquid crystal display with two crystal layers]

Doppelschicht-LCD-Anzeige *f* [Flüssigkristallanzeige mit zwei Kristallschichten]

double word length [representation of a number by 2 computer words]
doppelte Wortlänge *f* [Darstellung einer Zahl durch 2 Rechenworte]

down counter, decrementer
Rückwärtszähler *m*, Abwärtszähler *m*

down-time
Ausfallzeit *f*, Ausfalldauer *f*

download, to [to load a program or data from a remote computer]
download, hinunterladen [Programme oder Daten von einem zentralen Rechner laden]

downloadable font, soft font
ladbare Schriftart *f*

downsizing [replacing large systems by smaller units]
Downsizing *n* [Ersetzen von großen Systemen durch kleinere Einheiten]

DPMI (DOS Protected Mode Interface) [allows several applications to run simultaneously in extended memory]
DPMI [definiert den geschützten Betriebsmodus von DOS, der das gleichzeitige Ablaufen mehrerer Anwendungen im Erweiterungsspeicher ermöglicht]

draft, to
zeichnen

draft mode printing [printer]
Entwurfsdruck *m* [Drucker]

drag, to [depressing and holding the mouse button while moving the mouse, e.g. to move a symbol or a window]
ziehen [Drücken und Festhalten der Maustaste, während die Maus bewegt wird, z.B. um ein Symbol oder ein Fenster zu verschieben]

drain, to [electrons]; dissipate, to [heat]
ableiten [Elektronen, Wärme]

drain bias
Drainvorspannung *f*

drain breakdown voltage
Draindurchbruchspannung *f*

drain capacitance
Drainkapazität *f*

drain contact, drain terminal
Drainkontakt *m*, Drainanschluß *m*

drain current
Drainstrom *m*

drain cut-off current
Drainreststrom *m*

drain electrode
Drainelektrode *f*

drain junction
Drainübergang *m*

drain region, drain zone
Drainbereich *m*, Drainzone *f*

drain resistance
Drainwiderstand *m*
drain source on-state resistance
Drain-Source-Einschaltwiderstand *m*
drain terminal, drain contact
Drainanschluß *m*, Drainkontakt *m*
drain voltage
Drainspannung *f*
drain zone, drain region
Drainzone *f*, Drainbereich *m*
drain
Region of the field-effect transistor, comparable
to the collector of a bipolar transistor.
Drain *m*, Senke *f*
Bereich des Feldeffekttransistors, vergleichbar
mit dem Kollektor des Bipolartransistors.
drain-gate breakdown voltage
Drain-Gate-Durchbruchspannung *f*
drain-gate capacitance
Drain-Gate-Kapazität *f*
drain-gate distance
Drain-Gate-Abstand *m*
drain-gate leakage current
Drain-Gate-Leckstrom *m*
drain-gate voltage
Drain-Gate-Spannung *f*
drain-source breakdown voltage
Drain-Source-Durchbruchspannung *f*
drain-source voltage
Drain-Source-Spannung *f*
drainage [electrons, heat], **leakage** [current]
Ableitung *f* [Elektronen, Strom, Wärme]
**DRAM, dynamic RAM (dynamic random access
memory)**
Dynamic read-write memory with random
access which requires periodic refreshing of the
stored information.
DRAM *m*, dynamischer RAM *m*, dynamischer
Schreib-Lese-Speicher *m*
Dynamischer Schreib-Lese-Speicher mit
wahlfreiem Zugriff, dessen gespeicherte
Informationen periodisch aufgefrischt werden
müssen.
drawing, plot
Zeichnung *f*
drift
Drift *f*
drift, to
driften, abwandern
drift compensation
Driftkompensation *f*
drift current
Driftstrom *m*
drift error
Driftfehler *m*
drift mobility
Driftbeweglichkeit *f*
drift stabilization
Driftstabilisierung *f*

drift transistor [transistor with a continuously
decreasing conductivity in the base zone
between emitter and collector junctions; the
resulting drift field reduces the propagation
time thus permitting operation at higher
frequencies]
Drifttransistor *m* [Transistor mit einer stetig
abnehmenden Leitfähigkeit in der Basiszone
vom Emitter- zum Kollektorübergang; es
entsteht ein die Ladungsträger treibendes Feld
(Driftfeld), so daß deren Laufzeit kürzer wird
und demzufolge die Transistorgrenzfrequenz
höher]
drift velocity
Driftgeschwindigkeit *f*
drift voltage
Driftspannung *f*
drift-compensated amplifier
Verstärker mit kompensierter Drift *m*
drive, disk drive, floppy disk drive
Laufwerk *n*, Plattenlaufwerk *n*,
Diskettenlaufwerk *n*
drive identifier [for accessing drive, e.g. " C: " in
DOS]
Laufwerksbezeichnung *f* [für den Zugriff auf
das Laufwerk, z.B. " C: " in DOS]
drive-in cycle [doping technology]
In two-step diffusion, the second diffusion step
which follows the first "predeposition" step in
order to obtain the desired diffusion depth and
dopant concentration profile.
Nachdiffusion *f* [Dotierungstechnik]
Bei der Zweischrittdiffusion der zweite
Diffusionsvorgang, der sich an den ersten
sogenannten Belegungsvorgang anschließt, um
die gewünschte Diffusionstiefe und das
gewünschte Dotierungsprofil zu erhalten.
driver, driver stage [amplifier stage for driving
an output stage]
Treiber *m*, Treiberstufe *f* [Verstärkerstufe für
die Ansteuerung einer Endstufe]
driver circuit, driver circuitry
Treiberschaltung *f*
driver transistor
Treibertransistor *m*
DRO (destructive read-out) [a reading operation,
e.g. in a core memory, which destroys the
stored data; in contrast to non-destructive
readout (NDRO), e.g. in some semiconductor
memories]
löschendes Lesen *n* [ein Lesevorgang, z.B. bei
einem Kernspeicher, der die gespeicherten
Daten löscht; im Gegensatz zu nichtlöschendem
Lesen, z.B. bei einigen Halbleiter-
speichern]
drop, voltage drop
Abfall *m*, Spannungsabfall *m*
drop-in [magnetic tape]
Störsignal *n* [Magnetband]

drop-out [magnetic tape error due to a lost bit]
 Signalausfall m, Dropout m
 [Magnetbandfehler durch ein verlorenes Bit]
drum
 Trommel m
drum printer, on-the-fly printer
 Walzendrucker m
drum storage, magnetic drum storage
 Trommelspeicher m,
 Magnettrommelspeicher m
dry etching
 Etching process used in semiconductor
 component and integrated circuit fabrication.
 There are two differing processes: reactive and
 non-reactive dry etching.
 Trockenätzverfahren n, Trockenätzen n
 Ätzverfahren, das bei der Herstellung von
 Halbleiterbauelementen und integrierten
 Schaltungen verwendet wird. Man
 unterscheidet zwischen reaktivem und nicht
 reaktivem Trockenätzen.
dry film resist
 Abdeckfolie f
dry-ink-jet printer
 Graphitstrahldrucker m
DS (direction select)
 Richtungsvorgabe f
DSM laser (dynamic single mode laser)
 [semiconductor laser]
 DSM-Laser m, dynamisch einmodiger Laser m
 [Halbleiterlaser]
DSW (direct step on wafers) [photolithography]
 DSW-Verfahren n, Waferstepper m
 [Photolithographie]
DTL (diode-transistor logic)
 Logic family in which logic functions are
 performed by diodes, the transistors acting as
 inverting amplifiers.
 DTL, Dioden-Transistor-Logik f
 Logikfamilie, bei der die logischen
 Verknüpfungen von Dioden ausgeführt werden
 und die Transistoren als verstärkende Inverter
 wirken.
DTP program (Desk Top Publishing) [program
 for the design, layout and printing of
 documents]
 Desktop-Publishing-Programm n, DTP-
 Programm n [Programm zum Erstellen,
 Anordnen und Drucken von Dokumenten]
DTR (data terminal ready)
 Datenendgerät bereit, Terminal bereit
DTZL (diode-transistor logic with Zener diode)
 Variant of the DTL logic family in which the
 Zener diode ensures a high signal-to-noise
 ratio.
 DTZL, Dioden-Transistor-Logik mit Zener-
 diode f
 Variante der DTL-Schaltungsfamilie, bei der
 die Zenerdiode einen hohen Störspannungs-

abstand bewirkt.
dual-gate MOSFET
 MOSFET mit zwei Steuerelektroden m
dual in-line package (DIP) [housing with two
 parallel rows of terminals at right angles to the
 body]
 DIL-Gehäuse n [Gehäuse mit zwei parallelen
 Reihen rechtwinklig abgebogener Anschlüsse]
dual operational amplifier
 Doppeloperationsverstärker m,
 Zweifachoperationsverstärker m
dual-trace oscilloscope
 Zweistrahloszillograph m,
 Zweistrahloszilloskop n
dummy argument
 Formalparameter m
dummy data
 Blinddaten $n.pl.$
dummy data set
 Pseudodatei f
dummy instruction [instruction having no
 effect]
 Blindbefehl m, Scheinbefehl m, Füllbefehl m
 [Befehl ohne Wirkung; belangloser Befehl]
dummy load
 Ersatzlast f
dummy procedure [COBOL]
 Scheinprozedur f [COBOL]
dummy record
 Pseudosatz m
dummy statement [statement having no effect]
 Scheinanweisung f, Leeranweisung f
 [Anweisung ohne Wirkung]
dummy tetrad
 Pseudotetrade f
dump program
 Speicherabzugprogramm n
duodecimal digit [a digit of a number system
 with the base 12]
 Duodezimalziffer f [Ziffer eines
 Zahlensystems mit der Basis 12]
duplicate, to [copy on a destination medium
 having the same physical form as the source]
 doppeln, duplizieren [Kopieren auf ein
 Zielmedium, das die gleiche physikalische Form
 hat, wie die Quelle.
duplicating mode
 Dupliziermodus m
duplicating program
 Duplizierprogramm n
duplication check [checking by duplicating]
 Duplizierkontrolle f [Kontrolle durch
 Duplizieren]
dyadic, binary, dual [having two operators]
 dyadisch, binär, dual [zwei Operanden
 aufweisend]
dyadic Boolean operation
 dyadische Boolesche Operation f
dynamic [in the case of data: changing, in

contrast to static or unchanging]
dynamisch [bei Daten: veränderlich, im
Gegensatz zu statisch bzw. unveränderlich]
dynamic [in the case of programming: allocation
during program run, in contrast to allocation
during the program compilation phase]
dynamisch [bei der Programmierung:
Zuweisung während der Programmlaufzeit, im
Gegensatz zur Zuweisung während der Compi-
lierungsphase]
dynamic access
dynamischer Zugriff *m*
dynamic addressing
dynamische Adressierung *f*
dynamic buffering
dynamische Pufferung *f*
dynamic dump [to write the contents of a
storage during execution of a program]
dynamischer Speicherabzug *m* [Abschrift
des Speicherinhaltes während der Ausführung
eines Programmes]
dynamic error
dynamischer Fehler *m*
dynamic flip-flop
dynamisches Flipflop *n*, dynamische
Kippschaltung *f*
dynamic memory [a storage requiring
continuous refreshing of the stored
information]
dynamischer Speicher *m* [ein Speicher, der
das fortlaufende Auffrischen der darin
enthaltenen Informationen erfordert]
dynamic memory allocation
dynamische Speicherzuweisung *f*
dynamic mode
dynamischer Betrieb *m*
dynamic parameter, program-generated
parameter
programmerzeugter Parameter *m*
dynamic RAM, dynamic random access memory
(DRAM)
Dynamic read-write memory with random
access which requires periodic refreshing of the
stored information.
dynamischer RAM *m*, dynamischer Schreib-
Lese-Speicher *m* (DRAM)
Dynamischer Schreib-Lese-Speicher mit
wahlfreiem Zugriff, dessen gespeicherte
Informationen periodisch aufgefrischt werden
müssen.
dynamic relocation
dynamische Verschiebung *f*
dynamic single mode laser (DSM laser)
[semiconductor laser]
dynamisch einmodiger Laser *m*, DSM-Laser
m [Halbleiterlaser]
dynistor, four-layer diode [semiconductor device
with a characteristic similar to that of a diode,
used as a high-current switch]

Dynistor *m*, Vierschichtdiode *f*
[Halbleiterbaustein mit diodenähnlicher
Kennlinie, angewandt als Hochstromschalter]
DXF (Document Interchange Format) [format for
AutoCAD drawings]
DXF-Format *n* [Format für AutoCAD-
Zeichnungen]
DZTL (diode-Zener-diode-transistor logic)
Variant of the DTL logic family in which the
Zener diode ensures a high signal-to-noise
ratio.
DZTL, Dioden-Zenerdioden-Transistor-Logik *f*
Variante der DTL-Schaltungsfamilie, bei der
die Zenerdiode einen hohen Störspannungs-
abstand bewirkt.

E

E²CL (emitter-emitter-coupled logic) [Variant of
the ECL family of logic circuits]
E²CL, Emitter-emittergekoppelte Logik *f*
[Variante der ECL-Schaltungsfamilie]

E²PROM, EEPROM (electrically erasable
programmable ROM) [Read-only memory that
can be electrically erased and reprogrammed by
the user; similar to an EAROM]
E²PROM *m*, **EEPROM** *m*, **elektrisch
löschbarer, neu programmierbarer
Festwertspeicher** *m*[Festwertspeicher, der vom
Anwender elektrisch gelöscht und wieder neu
programmiert werden kann; ähnlich wie ein
EAROM]

E-mail, electronic mail [use of electronic data
processing techniques for storing written
communications which can be electronically
fetched by the subscriber]
elektronische Post *f* [EDV-Einsatz für die
Abspeicherung von schriftlichen Mitteilungen,
die vom Adressaten elektronisch abgerufen
werden können]

E-MESFET (enhancement-mode metal-
semiconductor FET)
Enhancement-mode field-effect transistor with
a gate formed by a Schottky barrier (metal-
semiconductor junction).
E-MESFET *m*, **Anreicherungs-Metall-
Halbleiter-FET** *m*
Feldeffekttransistor des Anreicherungstyps,
dessen Gate aus einem Schottky-Kontakt
(Metall-Halbleiter-Übergang) besteht.

EAPLA (electrically erasable programmable logic
array)
EAPLA, **elektrisch löschbares, neu
programmierbares Logik-Array** *n*

early failure [a failure that occurs after a short
operating period]
Frühausfall *m* [Ausfall, der schon nach kurzer
Betriebszeit stattfindet]

early-write mode, early write [with integrated
circuit memories]
frühes Schreiben *n* [bei integrierten
Speicherschaltungen]

EAROM (electrically alterable ROM)
A read-only memory that can be electrically
programmed, erased and reprogrammed any
number of times by the user.
EAROM *m*, **elektrisch umprogrammierbarer
Festwertspeicher** *m*
Ein Festwertspeicher, der vom Anwender
elektrisch programmiert, gelöscht und
wiederholt umprogrammiert werden kann.

EBCDIC character
EBCDIC-Zeichen *n*

EBCDIC code, (extended binary-coded decimal
interchange code) [a binary code for decimal
digits expanded to 8 binary digits]
EBCDIC-Code *m* [ein auf 8 Binärzeichen
erweiterter Binärcode für Dezimalziffern]

ECC (error correcting code)
Fehlerkorrekturcode *m*

ECC character [in error correcting codes]
ECC-Zeichen *n* [bei Fehlerkorrekturcodes]

Eccles-Jordan circuit [bistable multivibrator,
flip-flop circuit]
Eccles-Jordan-Schaltung *f* [bistabile
Kippschaltung, Flipflop-Schaltung]

echo [representation on screen of character input
via keyboard]
Echo *n* [Bildschirmdarstellung eines über
Tastatur eingegebenen Zeichens]

ECIL (emitter-coupled injection logic)
ECIL, emittergekoppelte Injektionslogik *f*

ECL (emitter-coupled logic)
Type of current-mode logic circuit family in
which logical functions are performed by
emitter-coupled parallel transistors and emitter
followers at the input or output.
ECL, emittergekoppelte Logik *f*
Logikfamilie der Stromschaltertechnik, bei der
die logischen Verknüpfungen durch
emittergekoppelte Paralleltransistoren bzw.
durch Emitterfolger am Ein- oder Ausgang
realisiert werden.

ECMA (European Computer Manufacturing
Association]
ECMA [Europäische Vereinigung der
Rechnerhersteller]

ECR process (electron cyclotron resonance) [a
deposition process used in integrated circuit
fabrication]
ECR-Verfahren *n*
(Elektronenzyklotronresonanz) [ein
Abscheidungsverfahren, das bei der
Herstellung von integrierten Schaltungen
angewendet wird]

ECTL, (emitter-coupled transistor logic) [variant
of the ECL family of logic circuits]
ECTL, emittergekoppelte Transistorlogik *f*
[Variante der ECL-Schaltungsfamilie]

EDC character [in error detecting codes]
EDC-Zeichen *n* [bei Fehlererkennungscodes]

edge, pulse edge, slope
Flanke *f*, **Impulsflanke** *f*

edge board contacts [printed circuit boards]
gedruckte Randkontakte *f* [Leiterplatten]

edge connector [connector for a printed circuit
board]
Steckerleiste *f*, **Kartenstecker** *m*
[Steckverbindung für eine Leiterplatte]

edge control, edge triggering
Flankensteuerung *f*

edge distance, edge spacing [printed circuit

boards]
Randabstand *m* [Leiterplatten]
edge-mounted package, edge mount package
[package style]
Steckkartengehäuse *n* [Gehäuseform]
EDI (Electronic Data Interchange)
EDI [elektronischer Datenaustausch]
edit, to
editieren, korrigieren, aufbereiten
editing [modifying text shown on screen]
Editieren *n,* Druckaufbereitung *f* [Gestaltung
des am Bildschirm gezeigten Textes]
editor [programm for processing texts and
programs; in particular for entering, modifying,
storing and outputting]
Editor *m,* Druckaufbereitungsprogramm *n*
[Programm zum Aufbereiten von Texten und
Programmen; insbesondere für die Eingabe,
Korrektur, Speicherung und Ausgabe]
EDP (electronic data processing)
EDV *f,* elektronische Datenverarbeitung *f*
EDS (Exchangeable Disk Store)
Wechselplattenspeicher *m*
EEL (emitter-emitter logic) [variant of the ECL
familie of logic circuits]
EEL, Emitter-Emitter-Logik *f* [Variante der
ECL-Schaltungsfamilie]
EEMS (Enhanced Expanded Memory
Specification) [extension of LIM EMS standard]
EEMS [Weiterentwicklung des LIM-EMS-
Standards für Expansionsspeicher]
EEPROM, E^{2}PROM (electrically erasable
programmable ROM)
Read-only memory that can be electrically
erased and reprogrammed by the user; similar
to an EAROM.
EEPROM *m,* E^{2}PROM *m,* elektrisch
löschbarer, neu programmierbarer
Festwertspeicher *m*
Festwertspeicher, der vom Anwender elektrisch
gelöscht und wieder neu programmiert werden
kann; ähnlich wie ein EAROM.
effective address [the actual address in relative,
indirect and indexed addressing]
effektive Adresse *f* [die tatsächliche Adresse
bei relativer, indirekter und indizierter
Adressierung]
effective time, effective operating time
genutzte Betriebszeit *f*
effective value, root-mean-square value (rms
value) [e.g. of a voltage]
Effektivwert *m* [z.B. einer Spannung]
effectiveness
Wirksamkeit *f*
efficiency
Wirkungsgrad *m*
EFL (emitter follower logic)
Form of logic used in large-scale integrated
circuits in which basic elements are formed by

emitter followers with pnp and npn-transistors.
EFL, Emitterfolgerlogik *f*
Schaltungskonzept für hochintegrierte
Schaltungen, dessen Grundbausteine sich aus
Emitterfolgern mit PNP- und NPN-
Transistoren zusammensetzen.
EFM code (Eight-to-Fourteen Modulation) [a 14-
bit code]
EFM-Code *m* [14-Bit-Code]
EGA (Enhanced Graphics Adapter) [for IBM PC]
EGA [verbesserter Graphik-Adapter für den
IBM PC]
EIA (Electronic Industries Association)
EIA [Eine Normungsorganisation in den USA]
EIA 232-C interface (also known as RS-232-C
interface [standard for asynchronous serial
data transmission]
EIA-232-C-Schnittstelle *f* (auch RS-232-C-
Schnittstelle genannt) [Norm für asynchrone
serielle Datenübetragung]
EISA bus (Enhanced Industry Standard
Architecture) [32-bit extension of ISA bus for
80386 and 80486 processors]
EISA-Bus *m* [erweiterter, 32-Bit-breiter ISA-
Bus für 80386-und 80486-Prozessoren]
EL display, electroluminescent display
EL-Anzeige *f,* Elektrolumineszenz-Anzeige *f*
electric charge
elektrische Ladung *f*
electric conductivity
elektrische Leitfähigkeit *f*
electric current
elektrischer Strom *m*
electric field
elektrisches Feld *n*
electric field strength
elektrische Feldstärke *f*
electric flux
elektrischer Kraftfluß *m*
electric moment
elektrisches Moment *n*
electric oscillation
elektrische Schwingung *f*
electric polarization
elektrische Polarisierung *f*
electric potential
elektrisches Potential *n*
electrical properties, electrical characteristics
elektrische Eigenschaften *f.pl.*
**electrically alterable programmable logic
array** (EAPLA)
**elektrisch löschbares, neu
programmierbares Logik-Array** *n* (EAPLA)
electrically alterable read-only memory
(EAROM)
Read-only memory that can be electrically
programmed, erased and reprogrammed any
number of times by the user.
elektrisch umprogrammierbarer

Festwertspeicher *m* (EAROM)
Festwertspeicher, der vom Anwender elektrisch
programmiert, gelöscht und wiederholt
umprogrammiert werden kann.

**electrically erasable programmable read-
only memory** (EEPROM, E^{2}PROM)
Read-only memory that can be electrically
programmed, erased and reprogrammed by the
user; similar to an EAROM.
**elektrisch löschbarer, neu
programmierbarer Festwertspeicher** *m*
(EEPROM, E^{2}PROM)
Festwertspeicher, der vom Anwender elektrisch
programmiert, gelöscht und wieder neu
programmiert werden kann; ähnlich wie ein
EAROM.

electrically programmable
elektrisch programmierbar

**electrically programmable read-only
memory** (EPROM)
Read-only memory that can be erased by
ultraviolet light and reprogrammed electrically
by the user. Sometimes called REPROM.
**löschbarer programmierbarer
Festwertspeicher** *m*, **elektrisch
programmierbarer Festwertspeicher** *m*
(EPROM)
Festwertspeicher, der vom Anwender mit
Ultraviolettlicht gelöscht und elektrisch wieder
neu programmiert werden kann. Auch
REPROM genannt.

electrode [galvanic connection between a
semiconductor zone and the lead]
Elektrode *f* [galvanische Verbindung zwischen
einer Halbleiterzone und dem Anschluß]

electroluminescent display
Elektrolumineszenzanzeige *f*

electroluminescent panel [optoelectronics]
Lumineszenzplatte *f* [Optoelektronik]

electrolytic capacitor
Elektrolytkondensator *m*

electrolytic storage [storage method]
elektrolytische Speicherung *f*
[Speichermethode]

electromagnetic compatibility (EMC) [of
equipment or system; capability of being
operated in the intended electromagnetic
environment without functional impairment]
elektromagnetische Verträglichkeit *f*
(EMV) [eines Gerätes oder Systems; die
Fähigkeit, in der vorgesehenen
elektromagnetischen Umgebung ohne
Beeinträchtigung zu funktionieren]

electromagnetic field
elektromagnetisches Feld *n*

electromagnetic induction
elektromagnetische Induktion *f*

electromagnetic interference (EMI)
elektromagnetische Störung *f*

electromagnetic wave
elektromagnetische Welle *f*

electromigration
Elektromigration *f*

electromotive force (emf)
elektromotorische Kraft *f* (EMK)

electron
The smallest electric charge that can exist. In
semiconductors, electrons whose energy levels
lie in the conduction band contribute to
electrical conduction (negative charge
transport).
Elektron *n*
Die kleinste, existenzfähige elektrische
Elementarladung. Bei Halbleitern tragen
Elektronen, deren Energieniveaus im
Leitungsband liegen zur elektrischen Leitung
(negativer Ladungstransport) bei.

electron affinity
Elektronenaffinität *f*

electron beam excitation
Elektronenstrahlanregung *f*

electron beam lithography
Process for producing master masks in
integrated circuit fabrication with the aid of an
electron beam.
Elektronenstrahllithographie *f*
Verfahren zur Herstellung von Muttermasken
für integrierte Schaltungen mit Hilfe eines
Elektronenstrahles.

electron beam writer, beamwriter
Elektronenstrahlschreiber *m*

electron beam writing process
Elektronenstrahlschreiben *n*

electron bombardment
Elektronenbeschuß *m*

electron conduction
Charge transport in a semiconductor by
conduction electrons.
Elektronenleitung *f*, N-Leitung *f*,
Überschußleitung *f*
Ladungstransport in einem Halbleiter durch
Leitungselektronen.

electron cyclotron resonance, ECR process [a
deposition process used in integrated circuit
fabrication]
Elektronenzyklotronresonanz *f*, ECR-
Verfahren *n* [ein Abscheidungsverfahren, das
bei der Herstellung von integrierten
Schaltungen angewendet wird]

electron density
Elektronendichte *f*

electron depletion
Elektronenverarmung *f*

electron emission
Elektronenemission *f*

electron-hole pair
Elektron-Defektelektron-Paar *n*, Elektron-
Loch-Paar *n*

electron-hole pair equilibrium
Elektron-Defektelektron-Gleichgewicht *n*
electron-hole pair generation
Generation of an electron-hole pair, e.g. by
increasing temperature. This causes an
electron to be released from the valence band
into the conduction band, thereby leaving a
hole in the valence band.
Elektron-Defektelektron-Paar-Erzeugung
Bildung eines Elektron-Loch-Paares, z.B. durch
Temperaturanstieg. Dabei wird ein Elektron
aus dem Valenzband in das Leitungsband
gehoben, während ein Loch im Valenzband
zurückbleibt.
electron injection
Elektroneninjektion *f*
electron microscope
Elektronenmikroskop *n*
electron mobility
Elektronenbeweglichkeit *f*
electron optics
Elektronenoptik *f*
electron pair
Elektronenpaar *n*
electron shell
Elektronenhülle *f*
electron trap, trap [semiconductor technology]
Imperfection in a semiconductor crystal which
temporarily prevents a carrier from moving.
Elektronenhaftstelle *f,* Haftstelle *f*
[Halbleitertechnik]
Störstelle in einem Halbleiterkristall, die einen
Ladungsträger vorübergehend festhalten kann.
electron volt (eV)
Elektronenvolt *n* (eV)
electronic amplifier
elektronischer Verstärker *m*
electronic circuit
elektronische Schaltung *f*
electronic component, solid-state component
elektronisches Bauelement *n,*
elektronisches Bauteil *n,*
Festkörperbauelement *n*
electronic control
elektronische Regelung *f,* elektronische
Steuerung *f*
electronic controller
elektronischer Regler *m*
electronic counter
elektronischer Zähler *m*
electronic data processing (EDP)
elektronische Datenverarbeitung *f* (EDV)
electronic device, solid-state device, electronic
module
elektronischer Baustein *m,* elektronischer
Modul *m,* Festkörperbaustein *m*
electronic equipment
elektronische Ausrüstung *f,* elektronisches
Gerät *n*

electronic filing
elektronische Ablage *f*
electronic ignition
elektronische Zündung *f*
electronic mail, E-mail [use of electronic data
processing techniques for storing written
communications which can be electronically
fetched by the subscriber]
elektronische Post *f* [EDV-Einsatz für die
Abspeicherung von schriftlichen Mitteilungen,
die vom Adressaten elektronisch abgerufen
werden können]
electronic mail service, E-mail service, mailbox
service
elektronischer Postdienst *m,* Mailbox-
Dienst *m*
electronic mailbox, mailbox [storage space for
incoming messages]
elektronischer Briefkasten *m,* Mailbox *f*
[Speicherplatz für eingehende Mitteilungen]
electronic recording
elektronische Aufzeichnung *f*
electronic relay, solid-state relay
elektronisches Relais *n*
electronic scanning
elektronische Abtastung *f*
electronic spreadsheet program [program for
calculating values in rows and columns
according to predetermined equations]
Tabellenkalkulations-Programm *n,*
Spreadsheet-Programm *n* [Programm zur
Berechnung von Werten in Zeilen und Spalten
mittels vorgegebener Formeln]
electronic switch
elektronischer Schalter *m*
electronic timer
elektronischer Zeitgeber *m*
electronically tunable
elektronisch abstimmbar
electronics
Elektronik *f*
electrorestriction
Elektrorestriktion *f*
electrostatic charge
elektrostatische Aufladung *f*
electrostatic induction
Influenz *f*
electrostatic printer, thermal printer
[generates alphanumeric characters and
graphic symbols on a special heat-sensitive
paper by the action of heat]
elektrostatischer Drucker *m,*
Thermodrucker *m* [erzeugt alphanumerische
und graphische Zeichen auf einem besonderen
wärmeempfindlichen Papier durch
Wärmeeinwirkung]
electrostatic shield
elektrostatische Abschirmung *f*
electrostatic storage

elektrostatischer Speicher *m,*
Kondensatorspeicher *m*
electrostatic storage tube
elektrostatische Speicherröhre *f*
elemental semiconductor
Semiconductor consisting of a single element,
e.g. silicon, as opposed to a compound
semiconductor which consists of more than one
element, e.g. gallium arsenide.
Elementhalbleiter *m*
Halbleiter, der aus einem Element besteht, z.B.
Silicium, im Gegensatz zum
Verbindungshalbleiter, der aus mehreren
Elementen besteht, z.B. Galliumarsenid.
eliminate, to; delete
unterdrücken, eliminieren
elusive one [with end-around carry-over]
flüchtige Eins *f* [beim Rückübertrag]
embedded
eingebettet
embedded command [printer command]
eingebetteter Befehl *m* [Druckerbefehl]
embedded hyphen, hard hyphen, required
hyphen [normal hyphen contained in a
hyphened word, in contrast to discretionary or
soft hyphen]
harter Bindestrich *m* [im Wort enthaltener
normaler Bindestrich, im Gegensatz zum
weichem Bindestrich]
EMC (electromagnetic compatibility) [capability
of an equipment or a system to operate
efficiently in the intended electromagnetic
environment]
EMV (elektromagnetische Verträglichkeit)
[Fähigkeit eines Gerätes oder einer Anlage in
der vorgesehenen elektromagnetischen
Umgebung ohne Beeinträchtigung zu
funktionieren]
emergency memory dump
Notspeicherauszug *m*
emergency power supply
Notstromversorgung *f*
emergency switch, emergency off
Notausschalter *m*
E-MESFET (enhancement-mode metal-
semiconductor FET)
Enhancement-mode field-effect transistor with
a gate formed by a Schottky barrier (metal-
semiconductor junction).
E-MESFET *m,* Anreicherungs-Metall-
Halbleiter-FET *m*
Feldeffekttransistor des Anreicherungstyps,
dessen Gate aus einem Schottky-Kontakt
(Metall-Halbleiter-Übergang) besteht.
emf (electromotive force)
EMK, elektromotorische Kraft *f*
EMI (electromagnetic interference)
elektromagnetische Störung *f*
emitter

Region of the bipolar transistor from which
charge carriers are injected into the base.
Emitter *m*
Bereich des Bipolartransistors aus dem
Ladungsträger in die Basis injiziert werden.
emitter-base breakdown voltage
Emitter-Basis-Durchbruchspannung *f*
emitter-base capacitance
Emitter-Basis-Kapazität *f*
emitter-base cut-off current
Emitter-Basis-Reststrom *m*
emitter-base diode, emitter-base junction
A pn- (or np-) junction between emitter and
base regions of the bipolar transistor. In bipolar
integrated circuits, the diode formed by the
emitter-base junction.
Emitter-Basis-Diode *f*
Ein PN- (bzw. NP-) Übergang zwischen
Emitter- und Basiszone des Bipolartransistors.
Bei bipolar integrierten Schaltungen die Diode,
die aus dem Emitter-Basis-Übergang gebildet
wird.
emitter-base junction [pn- (or np-) junction
between the emitter and base regions of the
bipolar transistor]
Emitter-Basis-Übergang *m,* Emitter-Basis-
Sperrschicht *f* [PN- (bzw. NP-) Übergang
zwischen Emitter- und Basiszone des
Bipolartransistors]
emitter-base reverse current
Emitter-Basis-Sperrstrom *m*
emitter-base voltage
Emitter-Basis-Spannung *f*
emitter-bias, emitter bias voltage
Emittervorspannung *f*
emitter-breakdown voltage
Emitterdurchbruchspannung *f*
emitter-collector breakdown voltage
Emitter-Kollektor-Durchbruchspannung *f*
emitter-collector capacity [internal capacity
between emitter and collector terminals]
Emitter-Kollektor-Kapazität *f* [innere
Kapazität zwischen Emitter- und
Kollektoranschluß]
emitter conductance
Emitterleitwert *m*
emitter-coupled injection logic (ECIL)
emittergekoppelte Injektionslogik *f* (ECIL)
emitter-coupled logic (ECL)
Type of current-mode logic circuit family in
which logical functions are performed by
emitter-coupled parallel transistors and emitter
followers at the input or output.
emittergekoppelte Logik *f* (ECL)
Logikfamilie der Stromschaltertechnik, bei der
die logischen Verknüpfungen durch
emittergekoppelte Paralleltransistoren bzw.
durch Emitterfolger am Ein- oder Ausgang
realisiert werden.

emitter-coupled transistor logic (ECTL)
[variant of the ECL family of logic circuits]
emittergekoppelte Transistorlogik *f*
(ECTL) [Variante der ECL-Schaltungsfamilie]
emitter current [current flowing through the
emitter terminal]
Emitterstrom *m* [über den Emitteranschluß
fließender Strom]
emitter current gain
Emitterstromverstärkung *f*
emitter diffusion step
Diffusion with impurities of the emitter region
in bipolar component or integrated circuit
fabrication.
Emitterdiffusion *f*
Diffusion von Fremdatomen in den
Emitterbereich bei der Fertigung von bipolaren
Bauelementen oder integrierten Schaltungen.
emitter dissipation
Emitterverlustleistung *f*
emitter doping
Doping of the emitter region in bipolar
component or integrated circuit fabrication.
Emitterdotierung *f*
Dotierung des Emitterbereiches bei der
Fertigung von bipolaren Bauelementen oder
integrierten Schaltungen.
emitter electrode
Emitterelektrode *f*
emitter-emitter logic (EEL) [Variant of the
ECL family of logic circuits]
Emitter-Emitter-Logik *f* (EEL) [Variante der
ECL-Schaltungsfamilie]
emitter-emitter-coupled logic (E²CL) [Variant
of the ECL family of logic circuits]
Emitter-emittergekoppelte Logik *f* (E²CL)
[Variante der ECL-Schaltungsfamilie]
emitter-follower logic (EFL)
Form of logic used in large-scale integration, in
which basic elements are formed by emitter
followers with pnp and npn transistors.
Emitterfolgerlogik *f* (EFL)
Schaltungskonzept für hochintegrierte
Schaltungen, dessen Grundbausteine sich aus
Emitterfolgern mit PNP- und NPN-
Transistoren zusammensetzen.
emitter junction [depletion layer between
emitter zone and base zone]
Emittersperrschicht *f*, Emitterübergang *m*
[PN- (bzw. NP-) Übergang zwischen Emitter-
und Basiszone des Bipolartransistors]
emitter region, emitter zone
Emitterzone *f*, Emitterbereich *m*
emitter resistance
Emitterwiderstand *m*
emitter series resistance [resistance between
the emitter terminal and the emitter junction]
Emitterbahnwiderstand *m* [Widerstand
zwischen Emitteranschluß und

Emittersperrschicht]
emitter terminal [for connecting the device to
the external circuit]
Emitteranschluß *m* [für den Anschluß des
Bausteins an die externe Schaltung]
emitter-to-collector distance
Emitter-Kollektor-Abstand *m*
emitter voltage
Emitterspannung *f*
emphasize, to
hervorheben
empty string, null string
leere Zeichenkette *f*, Null-Zeichenkette *f*
EMS driver
EMS-Treiber *m*
EMS emulator [transforms extended into EMS
memory]
EMS-Emulator *m* [wandelt einen erweiterten
Speicher in einen EMS-Speicher]
EMS memory, expanded memory (Expanded
Memory Specification) [memory above 1 MB
managed according to the LIM standard
(Lotus/Intel/Microsoft)]
EMS-Speicher *m*, Expansionsspeicher *m*
[Speicher oberhalb 1 MB, der nach dem LIM-
Standard verwaltet wird (Lotus/Intel-
/Microsoft)]
emulate, to
emulieren
emulation [simulation of the functions of one
computer on another]
Emulation *f* [Nachbildung der Funktionen
eines Rechners auf einem anderen]
emulation mode
Emulationsmodus *m*
emulator [an accessory which allows a given
computer to execute by simulation programs
written for another computer type]
Emulator *m* [ein Zusatzgerät, das es gestattet,
auf einem gegebenen Rechner die Programme
eines anderen Typs durch Simulation
auszuführen]
emulsion side [film]
Schichtseite *f* [Film]
enable, enabling signal
Freigabe *f*, Freigabesignal *n*
enable, to; switch-on, to
einschalten
enable access time
Freigabezugriffszeit *f*
enable after write hold time
Haltezeit für Freigabe nach Schreiben *f*
enable before write set-up time
**Vorbereitungszeit für Freigabe vor
Schreiben** *f*
enable input
Freigabeeingang *m*
enable instruction
Freigabebefehl *m*

enable interrupt
  Unterbrechungsfreigabe *f*
enable statement [COBOL]
  Aktivieranweisung *f* [COBOL]
enable time
  Freigabezeit *f*
enabled
  freigegeben
enabling signal, enable
  Freigabesignal *n*, Freigabe *f*
encapsulated PostScript (EPS) [file containing
  page description]
  EPS-Datei *f* [Seitenbeschreibungsdatei]
encapsulation [in object oriented programming:
  enclosing data and functions in a common
  capsule]
  Kapselung *f* [in der objektorientierten
  Programmierung: die Einschließung von Daten
  und Funktionen in einer gemeinsamen Kapsel]
encapsulation, potting
  Process of embedding semiconductor
  components or assemblies in a thermosetting
  fluid encapsulant (usually plastic resin) to
  protect them against mechanical stress and
  dirt.
  Vergießen *n*, Verkappen *n*, Kapselung *f*,
  Verkapselung *f*
  Verfahren, bei dem Halbleiterbauelemente oder
  Baugruppen mit einer aushärtenden,
  isolierenden Gießmasse (meistens Kunstharz)
  umgossen werden, um sie vor mechanischer
  Beanspruchung und Verschmutzung zu
  schützen.
encoding
  The conversion, by means of a code, of
  information presented in a generally
  recognizable form into a form that can be
  recognized by a machine (e.g. converting analog
  signals into a coded digital form, preparing a
  program in machine language for a specific
  computer, etc.).
  Verschlüsselung *f*, Verschlüsseln *n*,
  Codierung *f*, Codieren *n*
  Das Umsetzen, mit Hilfe eines Codes, von
  Informationen aus einer allgemein
  verständlichen Form in eine von einer
  Maschine erkennbare Form (z.B. das Umsetzen
  analoger Signale in eine codierte digitale Form,
  das Erstellen eines Programmes in
  Maschinensprache für einen bestimmten
  Rechner usw.)
encryption [for data secrecy]
  Verschlüsselung *f* [bei der
  Datengeheimhaltung]
end-around borrow [shifting a borrow digit
  from the most significant to the least
  significant place]
  Ringborgen *n* [Verschieben einer Borgeziffer
  von der höchstwertigen zur niedrigstwertigen

Stelle]
end-around carry, complement carry [shifting a
  carry digit from the most significant to the
  least significant place]
  Rückübertrag *m*, Ringübertrag *m*,
  Komplementübertrag *m* [Verschieben einer
  Übertragsziffer von der höchstwertigen zur
  niedrigstwertigen Stelle]
end-around shift, circular shift, cyclic shift
  [moving a binary digit from the output of a shift
  register and reentering it in the input]
  Ringschieben *n*, zyklisches Verschieben *n*
  [Verschieben eines Binärzeichens vom Ausgang
  eines Schieberegisters wieder in den Eingang]
end-around shift register, circular shift
  register, cyclic shift register [a register in
  which bits from the output are pushed back
  into the input]
  Ringschieberegister *n*,
  Umlaufschieberegister *n* [Schieberegister, bei
  dem Binärzeichen vom Ausgang wieder in den
  Eingang geschoben werden]
end label [for magnetic tapes]
  Endekennsatz *m* [bei Magnetbändern]
end line [FORTRAN]
  Endzeile *f* [FORTRAN]
end of block (EOB)
  Blockende *n*, Ende des Blockes *n*
end-of-field marker
  Feldendemarke *f*
end of file (EOF) [marks the end of a file]
  Dateiende *n*, Ende der Datei *n* [markiert den
  Abschluß einer Datei]
end-of-file label (EOF label)
  Dateiendekennsatz *m*
end-of-file marker (EOF marker)
  Dateiendemarke *f*
end-of-file record (EOF record)
  Dateiendeblock *m*
end of job (EOJ)
  Ende der Arbeit *n*, Jobende *n*
end of line (EOL)
  Zeilenende *n*
end of record (EOR)
  Datensatzende *n*
end of tape (EOT) [of a magnetic tape]
  Bandende *n* [eines Magnetbandes]
end-of-tape mark (EOT mark) [of a magnetic
  tape]
  Bandendemarke *f* [eines Magnetbandes]
end of text (ETX)
  Ende des Textes *n*
end of transmission
  Ende der Übertragung *n*
end of volume (EOV) [of a file]
  Bandende *n*, Datenträgerende [einer Datei]
end-of-volume label (EOV label) [of a file]
  Bandendekennsatz *m*,
  Datenträgerendekennsatz *m* [einer Datei]

end statement [termination of a program]
Endeanweisung *f* [Abschluß eines Programmes]
endless loop
Endlosschleife *f*
endurance test [effect of stresses over long period]
Dauerprüfung *f* [Wirkung von Belastung über längere Zeit]
energy band, band [semiconductor technology]
Energy-band in the band diagram representing closely adjacent energy levels in the semiconductor crystal which can be occupied by electrons. Important energy-bands in semiconductors are the conduction band and the valence band as well as the forbidden band (energy-gap) separating the conduction from the valence band.
Energieband *n,* **Band** *n* [Halbleitertechnik]
Energieband im Bändermodell, das dicht beieinanderliegende Energieniveaus im Halbleiterkristall darstellt, die von Elektronen besetzt werden können. Von Bedeutung beim Halbleiter sind das Leitungsband und das Valenzband sowie das dazwischenliegende verbotene Band bzw. die Energielücke.
energy band density
Energiebanddichte *f*
energy band diagram [semiconductor technology]
Model used for representing the energy levels of electrons in a solid.
Bändermodell *n,* **Energiebändermodell** *n* [Halbleitertechnik]
Modell zur Darstellung der Energieniveaus der Elektronen in einem Festkörper.
energy band edge, band edge [semiconductor technology]
In the energy-band diagram, the highest possible energy state of an energy-band.
Energiebandkante *f,* **Bandkante** *f* [Halbleitertechnik]
In der Darstellung des Bändermodells der höchstmögliche Energiezustand eines Energiebandes.
energy gap, band gap, energy-band gap [semiconductor technology]
In the energy-band diagram, the distance separating the conduction band from the valence band which represents energy levels that cannot be occupied by electrons.
Energielücke *f,* **Energiebandabstand** *m,* **Bandabstand** *m* [Halbleitertechnik]
In der Darstellung des Bändermodells der Abstand zwischen Leitungsband und Valenzband, der Energieniveaus im Halbleiterkristall bezeichnet, die von Elektronen nicht besetzt werden können.
energy level, energy term

Energieniveau *n,* **Energieterm** *m*
engineering reliability, inherent design reliability
Entwurfszuverlässigkeit *f*
enhancement [semiconductor technology]
An increase in the density of charge carriers and hence in conductivity in a particular region of a semiconductor.
Anreicherung *f* [Halbleitertechnik]
Erhöhung der Ladungsträgerdichte und damit der Leitfähigkeit in einem bestimmten Bereich eines Halbleiters.
enhancement mode [semiconductor technology]
Anreicherungsbetrieb *m* [Halbleitertechnik]
enhancement mode field-effect transistor
Anreicherungs-Feldeffekttransistor *m*
enhancement mode insulated-gate field-effect transistor, enhancement-mode IGFET
A field-effect transistor in which, by applying a gate voltage, a conductive channel is formed which allows current to flow between source and drain. Without gate voltage the transistor is non-conductive.
Anreicherungs-Isolierschicht-Feldeffekttransistor *m,* **Anreicherungs-IGFET** *m*
Ein Feldeffekttransistor, bei dem durch Anlegen einer Gatespannung ein leitender Kanal entsteht, der den Stromfluß zwischen Source und Drain ermöglicht. Ohne Gatespannung ist der Transistor nichtleitend.
enhancement mode metal-semiconductor FET, E-MESFET
Enhancement-mode field-effect transistor with a gate formed by a Schottky barrier (metal-semiconductor junction).
Anreicherungs-Metall-Halbleiter-FET *m,* **E-MESFET** *m*
Feldeffekttransistor des Anreicherungstyps, dessen Gate aus einem Schottky-Kontakt (Metall-Halbleiter-Übergang) besteht.
enhancement mode transistor
Anreicherungstransistor *m*
enhancement zone [semiconductor technology]
Region in a semiconductor in which conductivity is increased by increasing charge carrier density.
Anreicherungszone *f* [Halbleitertechnik]
Bereich eines Halbleiters, in dem eine höhere Leitfähigkeit durch Erhöhung der Ladungsträgerdichte erzielt wurde.
enquiry character (ENQ) [in data transmission]
Abfragezeichen *n* [bei der Datenübertragung]
enter, to; input, to; key-in, to [data]
eingeben [Daten]
enter key, return key
Eingabetaste *f*
enter statement [COBOL]
Eintrittsanweisung *f* [COBOL]

entity
  Begriffseinheit *f*
entropy [a measure for the average information content]
  Entropie *f* [ein Maß für den mittleren Informationsgehalt]
entry
  Eintragung *f*
entry conditions [in subroutine]
  Einsprungbedingungen *f.pl.* [im Unterprogramm]
entry point [address of first instruction executed when entering a program, a routine or a subroutine; in particular the start address of a subroutine]
  Einsprungstelle *f* [Adresse des ersten Befehls, der beim Eintritt in ein Programm oder Unterprogramm ausgeführt wird; insbesondere die Startadresse eines Unterprogrammes]
entry-point address
  Eingangsadresse *f*
envelope
  Hüllkurve *f*
environment
  Umgebung *f*
environment variable [contains information on system environment, e.g. path to command processor]
  Umgebungsvariable *f* [enthält Information über die Systemumgebung, z.B. Pfad zum Kommandoprozessor usw.]
environmental conditions
  Umweltbedingungen *f.pl.*
EOF (end of file) [marks the end of a file]
  Dateiende *n*, Ende der Datei *n* [markiert den Abschluß einer Datei]
EOJ (end of job)
  Ende der Arbeit *n*, Jobende *n*
EOL (end of line)
  Zeilenende *n*
EOR (end of record)
  Satzende *n*, Ende der Sätze *n*
EOT (end of tape) [of a magnetic tape]
  Bandende *n* [eines Magnetbandes]
epitaxial base transistor
  Epitaxial-Basistransistor *m*, Epibasistransistor *m*
epitaxial growth, epitaxy
  Oriented growth (or deposition) of a crystalline layer on a crystallographically compatible substrate. There are several processes: vapour-phase epitaxy (including e.g. the silicon tetrachloride and the silane processes), liquid-phase epitaxy and molecular beam epitaxy.
  Epitaxie *f*, epitaktisches Aufwachsen *n* Orientiertes Aufwachsen (bzw. Abscheiden) einer Kristallschicht auf einem kristallographisch kompatiblen kristallinen Substrat. Es bestehen verschiedene Verfahren:

Gasphasenepitaxie (dazu gehören z.B. die Siliciumtetrachlorid-Epitaxie und die Silanepitaxie), Flüssigphasenepitaxie und Molekularstrahlepitaxie.
epitaxial growth process
  Process for oriented growth of a crystalline layer on a crystalline substrate. Layer and substrate can have the same or a differing lattice structure.
  Epitaxieverfahren *n*, Aufwachsverfahren *n* Verfahren zum orientierten Aufwachsen einer Kristallschicht auf ein kristallines Substrat. Die aufgewachsene Schicht und das Substrat können die gleiche oder eine unterschiedliche Gitterstruktur haben.
epitaxial layer
  A monocrystalline layer grown by an epitaxial process on a monocrystalline substrate.
  epitaktische Schicht *f*, Epitaxieschicht *f* Eine einkristalline Schicht, die durch Epitaxie auf einem einkristallinen Substrat entstanden ist.
epitaxial mesa transistor
  Epitaxial-Mesatransistor *m*
epitaxial planar transistor
  Epitaxial-Planartransistor *m*
epitaxial process, epitaxial growth process
  Aufwachsverfahren *n*, Epitaxieverfahren *n*
epitaxial silicon film on insulator technology, ESFI technology
  Process for fabricating CMOS integrated circuits which uses an insulating substrate (e.g. spinel) instead of a silicon substrate. The complementary transistors are formed in a silicon film which is grown on the substrate by silane epitaxy.
  ESFI-Technik *f* Verfahren zur Herstellung von integrierten CMOS-Schaltungen, bei dem anstelle des Siliciumsubstrats ein isolierendes Substrat (z.B. Spinell) verwendet wird. Die komplementären Transistoren werden in einer dünnen Siliciumschicht erzeugt, die mit Silanepitaxie auf das Substrat aufgebracht wird.
epitaxy, epitaxial growth
  Epitaxie *f*, epitaktisches Aufwachsen *n*
epoxy adhesive
  Epoxidkleber *m*
epoxy resin [e.g. for potting a component]
  Epoxydharz *n* [z.B. zur Verkapselung eines Bauelementes]
EPROM, (electrically programmable read-only memory)
  Read-only memory that can be erased by ultraviolet light and reprogrammed by the user. Sometimes called REPROM.
  EPROM *m*, elektrisch programmierbarer Festwertspeicher *m*

Festwertspeicher, der vom Anwender mit
Ultraviolettlicht gelöscht und elektrisch wieder
neu programmiert werden kann. Auch
REPROM genannt.
EPROM erasing unit [ultraviolet radiation unit
for erasing information in an EPROM]
EPROM-Löschgerät n [UV-Strahlengerät
zum Löschen von Informationen in einem
EPROM]
equal sign, equality sign
Gleichheitszeichen n
equalization
Entzerrung f
equalizer
Entzerrer m
equalizing circuit, equalization circuit
Entzerrerschaltung f
equation
Gleichung f
equilibrium
Gleichgewicht n
equipment, device [mechanical and electrical
unit for fulfilling given functions]
Gerät n [mechanische und elektrische
Betrachtungseinheit zur Erfüllung
vorgegebener Funktionen]
equipment failure
Geräteausfall m
equivalence, IF-AND-ONLY-IF [logical
operation having the output (result) 1 if and
only if both inputs (operands) have the same
value (0 or 1); for all other input values the
output is 0]
Äquivalenz f [logische Verknüpfung mit dem
Ausgangswert (Ergebnis) 1 wenn und nur wenn
beide Eingänge (Operanden) den gleichen Wert
(0 oder 1) haben; für alle anderen
Eingangswerte ist der Ausgangswert 0]
equivalence circuit [logical operation]
Äquivalenzschaltung f [logische
Verknüpfung]
equivalence element
Äquivalenzglied n
equivalence statement
Äquivalenzanweisung f
equivalent binary digit
äquivalentes Binärzeichen n
equivalent circuit
Ersatzschaltbild n, Ersatzschaltung f
equivalent drift voltage
äquivalente Driftspannung f
equivalent input capacitance
äquivalente Eingangskapazität f
equivalent junction temperature, virtual
junction temperature
Ersatzsperrschichttemperatur f
equivalent output capacitance
äquivalente Ausgangskapazität f
erasable

löschbar
erasable disk, rewritable disk [optical disk]
wiederbeschreibbare Platte f [optische
Platte]
erasable memory, erasable storage
löschbarer Speicher m
erase, to; clear, to; delete, to; cancel, to
löschen
erase bit [for erasing stored data]
Löschziffer f [zur Löschung gespeicherter
Daten]
erase head
Löschkopf m
erase input, reset input [input for resetting e.g a
flip-flop
Löscheingang m, Rücksetzeingang m
[Eingang, über den z.B. ein Flipflop
zurückgesetzt (gelöscht) werden kann]
erase signal, clearing signal
Löschsignal n
erasing procedure, erasing
Löschvorgang m, Löschen n
erasing pulse
Löschimpuls m
erasing speed
Löschgeschwindigkeit f
erasing time
Löschzeit f
Eratosthenes sieve test [computer benchmark
test]
Eratosthenes-Sieb-Test m [Rechner-
Bewertungsprogramm]
error breakdown
Fehleraufschlüsselung f
error byte [marks the type of error in equipment
with automatic error monitoring]
Fehlerbyte n [kennzeichnet die Fehlerart bei
Anlagen mit automatischer
Fehlerüberwachung]
error [general: impermissible deviation of a
characteristic; a malfunction]
Fehler m [allgemein: eine unzulässige
Abweichung eines Merkmals; eine
Funktionsstörung]
error checking
Fehlerkontrolle f
error condition
Fehlerbedingung f
error correcting bit
Fehlerkorrekturbit n
error correcting code (ECC) [an error detecting
code whose coding rules allow automatic
correction of incorrect characters under certain
conditions]
Fehlerkorrekturcode m, fehlerkorrigierender
Code m [ein Fehlererkennungscode, dessen
Codierungsregeln es erlauben, verfälschte
Zeichen unter bestimmten Bedingungen
automatisch zu korrigieren]

error detecting code (EDC) [a code that
automatically checks whether the coding rules
have been observed]
Fehlererkennungscode *m* [Code, der
automatisch prüft, ob die Codierungsregeln
eingehalten wurden]
error detection
Fehlererkennung *f*
error detection and correction (EDAC)
Fehlererkennung und -korrektur *f*
error display, error indicator
Fehleranzeige *f*
error estimation
Fehlerabschätzung *f*
error flag [bit indicating an error]
Fehlerkennzeichen *n* [Bit, das einen Fehler
anzeigt]
error-free
fehlerfrei
error identification, error flag
Fehlerbezeichnung *f*
error level
Fehlerstufe *f*
error list, error listing [list of formal errors in
program]
Fehlerprotokoll *n* [Auflistung formaler
Fehler im Programm]
error listing
Fehlerauflistung *f*
error location program
Fehlerlokalisierungsprogramm *n*
error logging
Fehlerprotokollierung *f*, Fehlererfassung *f*
error message
Fehlermeldung *f*
error monitoring, error control
Fehlerüberwachung *f*
error printout
Fehlerausdruck *m*
error probability
Fehlerwahrscheinlichkeit *f*
error prompt [on the display]
Fehlerhinweis *m* [auf dem Bildschirm]
error range, error span
Fehlerbereich *m*
error rate [bit, character or block error rate; e.g.
ratio of the number of incorrect bits received to
the number transmitted]
Fehlerhäufigkeit *f*, Fehlerrate *f* [Bit-,
Zeichen- oder Blockfehlerhäufigkeit;
Verhältniszahl, z.B. Anzahl der empfangenen
verfälschten Bits zur Anzahl der gesendeten
Bits]
error recovery
Fehlerbehebung *f*
error register
Fehlerregister *n*
error reset key
Korrekturtaste *f*

Esaki diode, tunnel diode [doped junction diode
with negative resistance in the forward
direction; used as oscillator or amplifier in
microwave frequency range]
Esaki-Diode *f*, Tunneldiode *f* [dotierte
Flächendiode mit negativem Widerstand in der
Durchlaßrichtung; wird als Oszillator oder
Verstärker im Mikrowellenbereich eingesetzt]
escape character (ESC) [a special character
which indicates that the following characters
are to be interpreted according to a different
code]
Umschaltzeichen *n*, Escape-Zeichen *n*,
Codeumschaltung *f* [spezielles Zeichen, das die
Änderung der Codierungsvorschrift für die
nachfolgenden Zeichen anzeigt]
escape key
Escape-Taste *f*, Codeumschaltungstaste *f*
escape sequence [sequence of characters
starting with the escape character]
Escape-Folge *f* [Folge von mehreren Zeichen
von denen das erste die Codeumschaltung
(Escape-Zeichen) ist]
ESDI (Enhanced Small Device Interface) [for disk
drives, etc.]
ESDI-Schnittstelle [erweiterte Geräte-
Schnittstelle für Festplatten usw.]
ESDI controller
ESDI-Controller *m*
ESFI technology (epitaxial silicon film on
insulator technology)
Process for fabricating CMOS integrated
circuits which uses an insulating substrate (e.g.
spinel) instead of a silicon substrate. The
complementary transistors are formed in a
silicon film which is grown on the substrate by
silane epitaxy.
ESFI-Technik *f*
Verfahren zur Herstellung von integrierten
CMOS-Schaltungen, bei dem anstelle des
Siliciumsubstrats ein isolierendes Substrat
(z.B. Spinell) verwendet wird. Die
komplementären Transistoren werden in einer
dünnen Siliciumschicht erzeugt, die mit
Silanepitaxie auf das Substrat aufgebracht
wird.
ESS (Embedded Servo System) [for disk drives]
ESS [eingebettetes Servosystem für
Festplatten]
etch back [printed circuit boards]
Rückätzen *n* [Leiterplatten]
etch off, to
abätzen
etch process, etching process
Ätzverfahren *n*
etch rate
Ätzgeschwindigkeit *f*
etch removal
Abätzen *n*

etch resist, etching mask
   Ätzmaske *f*
etch step
   Ätzschritt *m*
etchant
   Ätzmittel *n*
etch-back, to
   hinterätzen
etch-down method [printed circuit boards]
   Abätzmethode *f* [Leiterplatten]
etched circuit [printed circuit produced by
   etching]
   geätzte Schaltung *f* [durch Ätzvorgang
   erzeugte gedruckte Schaltung]
etching
   Widely used processing step in discrete
   component and integrated circuit fabrication.
   Ätzen *n*
   Häufig auftretender Verfahrensschritt bei der
   Herstellung von Einzelbauelementen und
   integrierten Schaltungen.
etching bath
   Ätzbad *n*
etching factor
   Ätzfaktor *m*
etching mask, etch resist
   Ätzmaske *f*
etching procedure
   Ätzvorgang *m*
Ethernet [de facto industry standard for local
   area networks by Digital/Intel/Xerox]
   Ethernet [De-facto-Industriestandard für
   lokale Netzwerke von Digital/Intel/Xerox]
Ethernet cable [cable for Ethernet networks]
   Ethernet-Kabel *n* [Kabel für Ethernet-
   Netzwerke]
ETX (end of text)
   Ende des Textes *n*
Euroboard [printed circuit board of European
   standard format 100 x 160 mm]
   Europakarte *f* [Leiterplatte im Europaformat
   100 x 160 mm]
evaluate, to [data]
   auswerten [Daten]
evaluate, to [e.g. a unit]
   erproben [z.B. ein Gerät]
evaluation
   Bewertung *f*
even parity
   gerade Parität *f*
even-parity check
   Prüfung auf gerade Parität *f*
event
   Ereignis *n*
examine statement, inspect statement
   Prüfanweisung *f*
EXAPT (Extended subset of APT) [programming
   language for numerically controlled machine
   tools]

EXAPT [Programmiersprache für numerisch
   gesteuerte Werkzeugmaschinen]
excess carrier, excess charge carrier
   Conduction electron or hole in excess of the
   concentration required by thermal equilibrium.
   Überschußladungsträger *m*
   Leitungselektron oder Defektelektron (Loch) im
   Überschuß über die durch das thermische
   Gleichgewicht bestimmte Konzentration.
excess conduction
   Charge transfer in a semiconductor by excess
   electrons.
   Überschußleitung *f*
   Ladungstransport in einem Halbleiter durch
   Überschußelektronen.
excess electron
   Überschußelektron *n*
excess-three code [a binary code for decimal
   digits; each decimal digit is represented by a
   group of four binary digits which is 3 in excess
   of the binary representation, i.e. the digit 7 is
   represented by 1010 instead of 0111]
   Stibitz-Code *m*, **Exzeß-Drei-Code** *m*, **Drei-**
   Exzeß-Code *m* [ein Binärcode für
   Dezimalziffern; jede Dezimalziffer wird durch
   eine Gruppe von vier Binärzeichen dargestellt,
   die jedoch um 3 höher ist als die duale
   Darstellung, z.B. die Ziffer 7 wird durch 1010
   anstatt 0111 dargestellt]
exchangeable
   austauschbar, auswechselbar
exchangeable disk
   auswechselbare Platte *f*
excitation, stimulation
   Anregung *f*, **Erregung** *f*
excitation energy
   Anregungsenergie *f*
excite, to; actuate, to [relays]
   erregen, anziehen [Relais]
exclusion, NOT-IF-THEN operation [logical
   operation having the output (result) 1 if and
   only if the first input (operand) is 1 and the
   second 0; for all other input (operand) values
   the output (result) is 0]
   Inhibition *f*, **NOT-IF-THEN-Verknüpfung** *f*
   [logische Verknüpfung mit dem Ausgangswert
   (Ergebnis) 1, wenn und nur wenn der erste
   Eingang (Operand) den Wert 1 und der zweite
   den Wert 0 hat; für alle anderen Eingangswerte
   (Operandenwerte) ist der Ausgangswert (das
   Ergebnis) 0]
exclusive-OR circuit, XOR element [logical
   operation]
   Antivalenzschaltung *f*, **XOR-Glied** *n*,
   Exklusiv-ODER-Schaltung *f* [logische
   Verknüpfung]
exclusive-OR function, XOR function [a logical
   operation whose output is 1 if only one of its
   inputs is 1; the output is 0 if more than one

input is 1 or if all inputs are 0]
exklusives ODER *n*, Antivalenz *f* [eine
logische Verknüpfung mit dem Ausgangswert
1, wenn nur einer der Eingänge 1 ist; der
Ausgangswert ist 0, wenn mehrere Eingänge 1
oder wenn alle 0 sind]
exclusive-OR gate, XOR gate
Antivalenzgatter *n*, XOR-Gatter *n*
EXE file [executable program file]
EXE-Datei *f* [ausführbare Programmdatei]
executable
ausführbar
executable file [with extension ".exe" or ".com"
in DOS]
ausführbare Datei *f* [mit Erweiterung ".exe"
oder ".com" in DOS]
executable program
ausführbares Programm *n*
execute, to [general]
ausführen [allgemein]
execute, to [programs]
abarbeiten [Programme]
execute a statement, to
Anweisung ausführen
execute phase [during the execute phase the
computer interprets the word read out of
storage as a data word]
Befehlsausführungsphase *f* [während der
Befehlsausführungsphase interpretiert der
Rechner das aus dem Speicher gelesene Wort
als Datenwort]
execution cycle, program execution cycle
Abarbeitungszyklus *m*, Ausführungszyklus
m, Programmausführungszyklus *m*
execution phase
Ausführungsphase *f*
execution time, program execution time
Abarbeitungszeit *f*, Ausführungszeit *f*,
Programmausführungszeit *f*
exhaust, to
absaugen, auspumpen
exhaustive search
erschöpfende Suche *f*
expandability [e.g. of a computer]
Erweiterungsfähigkeit *f* [z.B. eines
Rechners]
expanded memory, EMS memory (Expanded
Memory Specification) [memory above 1 MB
managed according to the LIM- Standard
(Lotus/Intel/Microsoft)]
Expansionsspeicher *m*, EMS-Speicher *m*
[Speicher oberhalb 1 MB, der nach dem LIM-
Standard verwaltet wird (Lotus/Intel-
/Microsoft)]
expander circuit
Erweiterungsschaltung *f*
expander input
Erweiterungseingang *m*
expansion board [printed circuit board for

additional functions]
Erweiterungsplatine *f* [Leiterplatte für
zusätzliche Funktionen]
expansion module, expansion unit
Erweiterungsmodul *m*
expansion ROM [additional ROM for extending
storage capacity]
Erweiterungs-ROM *m* [zusätzlicher ROM-
Speicher zur Erweiterung der
Speicherkapazität]
expansion slot [for inserting an expansion
board]
Erweiterungssteckplatz *m* [zur
Unterbringung einer Erweiterungsplatine]
expert system, knowledge-based system
Term used in connection with artificial
intelligence. It describes a computer program
based on knowledge gained from experience
and the methodology of applying this
knowledge to make inferences to solve
problems.
Expertensystem *n*, wissensbasiertes System
Begriff, der im Zusammenhang mit künstlicher
Intelligenz verwendet wird. Er beschreibt ein
Rechnerprogramm, das sich auf durch
Erfahrung gewonnenes Wissen stützt und die
Methodik beinhaltet, dieses Wissen bei der
Lösung bestimmter Aufgaben folgerichtig
umzusetzen.
exponent
Exponent *m*
exponent overflow
Exponentenüberlauf *m*
exponent part
Exponententeil *m*
exponent underflow
Exponentenunterlauf *m*
exponential function
Exponentialfunktion *f*
exponentiation, raise to a power
Potenzierung *f*
exposure
Belichtung *f*
extend, to; upgrade, to
erweitern
extended 386 mode [accesses virtual memory of
the 80386 and 80486 processor]
erweiterter 386-Modus *m* [Betriebsart für
den Zugriff auf die virtuellen
Speichermöglichkeiten der 80386- und 80486-
Prozessoren]
extended code
erweiterter Code *m*
extended DOS partition [hard disk]
erweiterte DOS-Partition *f*, erweiterter
DOS-Speicherbereich *m* [Festplatte]
extended memory [memory above the first
megabyte of main memory, i.e. above
conventional memory]

erweiterter Speicher m,
Erweiterungsspeicher m [Speicher oberhalb des
ersten Megabytes des Hauptspeichers, d.h.
oberhalb des konventionellen Speichers]
extended precision floating point
erweiterte Gleitpunktrechnung f
extension, expansion
Erweiterung f
extent [contiguous physical storage area]
Extent m [zusammengehörender
physikalischer Speicherbereich]
external bias
externe Vorspannung f
external bonding pad
Anschlußfleck m
external bus
externer Bus m
external clocking, external clock generation
externe Takterzeugung f
external command
externer Befehl m
external contact
Außenanschluß m
external device
externes Gerät n
external display, external monitor
externer Bildschirm m, externes
Bildschirmgerät n
external file
Außendatei f
external interrupt
externe Unterbrechung f, externer Interrupt
external keyboard
externe Tastatur f
external monitor, external display
externes Bildschirmgerät n, externer
Bildschirm m
**external storage, secondary storage, auxiliary
storage**
externer Speicher m, Externspeicher m,
Außenspeicher m
external thermal resistance
äußerer Wärmewiderstand m
external voltage
Fremdspannung f
externally fitted
Anbau m
externally stored program, external program
extern gespeichertes Programm n
extract, to [remove characters from a string]
ausblenden, herausziehen, extrahieren
[Herausnehmen von Zeichen aus einer
Zeichenfolge]
extract instruction
Ausblendbefehl m
extraction of a root
Radizieren n, Wurzelziehen n
extrapolated failure rate [extrapolation of
observed or assessed failure rate for a longer

duration and/or other operating conditions]
extrapolierte Ausfallrate f [Extrapolation
der beobachteten oder berechneten Ausfallrate
für eine größere Zeitdauer und/oder andere
Betriebsbedingungen]
extrapolated mean life
extrapolierte mittlere Lebensdauer f
extrapolated mean time between failures
extrapolierter mittlerer Ausfallabstand m
extrapolated mean time to failure
extrapolierte mittlere Zeit bis zum Ausfall
extrinsic conduction [semiconductor
technology]
Conduction in a semiconductor due to the
generation of charge carriers by impurities; in
contrast to intrinsic conduction.
Störstellenleitung f [Halbleitertechnik]
Elektrische Leitung in einem Halbleiter, die
durch Freisetzen von Ladungsträgern aus
Störstellen entsteht; im Gegensatz zu
Eigenleitung.
extrinsic semiconductor
Semiconductor whose conductivity depends
essentially on charge carriers generated by
impurities added to it; in constrast to an
intrinsic semiconductor.
Störstellenhalbleiter m, störstellenleitender
Halbleiter m
Halbleiter, dessen Leitfähigkeit vorwiegend
durch die von Störstellen freigesetzten
Ladungsträger hervorgerufen wird; im
Gegensatz zu einem eigenleitenden Halbleiter.
eyelet [for mounting or soldering components,
e.g. on printed circuits]
Öse f, Lötauge n [für die Befestigung bzw.
Lötung von Bauteilen, z.B. auf gedruckte
Schaltungen]
eyelet inserting machine
Lötösen-Einsetzmaschine f

F

fabrication technology, manufacturing technology
Fertigungstechnologie *f*

facsimile, fax
Faksimile *n*, Fax *n*

facsimile transmission, fax transmission
Fernkopieren *n*, Fax-Übertragung *f*

factorial notation
Fakultätsschreibweise *f*

fading [fluctuations in received signal amplitude in wireless transmission]
Schwund *m*, Fading *n* [zeitliche Schwankungen des Empfangssignales bei der drahtlosen Übertragung]

fail-safe
ausfallsicher, betriebsicher, fehlersicher

fail-safe circuit
fehlersichere Schaltung *f*

fail-safe system
ausfallsicheres System *n*, störungssicheres System *n*

failure, breakdown, outage [inability to perform a given function; interruption of operation]
Ausfall *m*, Betriebsstörung *f* [Unfähigkeit, eine bestimmte Funktion zu erfüllen; Versagen eines Gerätes]

failure criteria
Ausfallkriterien *n.pl.*

failure frequency
Ausfallhäufigkeit *f*

failure frequency distribution
Ausfallhäufigkeitsverteilung *f*

failure danger
Ausfallgefahr *f*

failure mode
Fehlerart *f*

failure prediction
Fehlervorhersage *f*, Ausfallvorhersage *f*

failure probability
Ausfallwahrscheinlichkeit *f*

failure rate
Ausfallrate *f*

failure recovery
Fehlerbehebung *f*

failure signal
Ausfallsignal *n*

fall time [of pulses: from 90 to 10% of pulse amplitude]
Flankenabfallzeit *f*, Abfallzeit *f*, Fallzeit *f* [bei Impulsen: von 90 auf 10% der Impulsamplitude]

fallback [restart of processor]
Rückfall *m* [Neustart eines Prozessors]

falling edge
Decay of a digital signal or a pulse.
abfallende Flanke *f*, fallende Flanke *f*, negative Flanke *f*
Abfall eines digitalen Signals oder eines Impulses.

family of characteristics
Kennlinienfeld *n*, Kennlinienschar *f*

family of curves
Kurvenschar *f*

FAMOS memory [memory based on FAMOS transistor cells]
FAMOS-Speicher *m* [Speicher, der mit FAMOS-Transistorzellen realisiert ist]

FAMOS transistor (floating-gate avalanche injection MOS transistor)
MOS field-effect transistor using a floating gate structure and avalanche injection; used as a memory cell in EPROMs.
FAMOS-Transistor *m*
Feldeffekttransistor in MOS-Struktur mit schwebendem Gate und Lawineninjektion; wird als Speicherzelle bei EPROMs verwendet.

fan-in
Number of outputs of similar circuits which can be accomodated by a logic circuit input.
Eingangslastfaktor *m*, Eingangsfächerung *f*, Fan-In *n*
Anzahl Ausgänge gleichartiger Schaltungen, mit der der Eingang einer Logikschaltung belastet werden kann.

fan-out
Number of inputs of similar circuits which can be accomodated by a logic circuit output.
Ausgangslastfaktor *m*, Ausgangsfächerung *f*, Fan-Out *n*
Anzahl Eingänge gleichartiger Schaltungen, mit der der Ausgang einer Logkischaltung belastet werden kann.

fanfold, continuous forms, continuous stationery [continuous strip of paper in zigzag (fanfold) form]
zickzack-gefaltet, Leporello-Formular *n*, Endlosformular *n* [fortlaufend hergestellte Vordrucke in Zickzackfaltung]

fanfold paper
Leporello-Papier *n*

fanfold paper stack
Leporello-Papierstapel *m*

fanfold stationery
fächerartig gefaltete Endlosvordrucke *m.pl.*

fanfolded
Leporellogefaltet

farad (F) [SI unit of capacitance]
Farad *n* (F) [SI-Einheit der elektrischen Kapazität]

fast Fourier transform (FFT)
diskrete Fourier-Transformation *f* (DFT)

FAT (file allocation table) [manages the allocation of files on data medium]

FAT [Datei-Zuordnungstabelle für die
Verwaltung der Belegung des Datenträgers]
fatal error, irrecoverable error
nichtbehebbarer Fehler *m*
fatigue strength
Dauerfestigkeit *f*
fault, malfunction
Störung *f*
fault liability, fault susceptibility
Fehleranfälligkeit *f,* **Störungsanfälligkeit** *f*
fault masking [masking of faults by system
redundancy in a fault-tolerant computer]
Fehlermaskierung *f* [die Maskierung von
Fehlern in einem fehlertolerierenden Rechner
durch Systemredundanz]
fault remedy
Fehlerabhilfe *f,* **Fehlerbeseitigung** *f*
fault-tolerant computer system [a computer
system based on redundant modules so that it
remains functional even when faults occur]
fehlertolerierendes Rechnersystem *n* [ein
Rechnersystem, das mit redundanten Modulen
arbeitet, so daß die Funktionsfähigkeit auch
beim Auftreten von Fehlern erhalten bleibt]
faulty design
Fehlkonstruktion *f*
faulty operation
Funktionsfehler *m*
faulty triggering
Fehlansteuerung *f*
fax, facsimile
Fax *n,* **Faksimile** *n*
fax board
Fax-Karte *f*
fax group [according to CCITT
recommendations]
Fax-Gruppe *f* [nach CCITT-Empfehlungen]
fax transmission, facsimile transmission
Fax-Übertragung *f,* **Fernkopieren** *n*
FDC (floppy disk controller)
Disketten-Controller *m,* **Disketten-Steuer-
teil** *m*
FDDI (Fiber Distributed Data Interface)
FDDI [schnelles lokales Netzwerk mit
Lichtleitern]
FEA (finite element analysis)
FE-Analyse *f,* **Finite-Elemente-Analyse** *f*
feasibility
Durchführbarkeit *f*
feasibility study
Durchführbarkeitsstudie *f*
feature recognition [OCR]
Merkmalerkennung *f* [OCR]
feed [e.g. in printers]
Vorschub *m* [z.B. bei Druckern]
feed, to
speisen, zuführen
feed check
Transportprüfung *f*

feed in [e.g. pulses]
einspeisen [z.B. Impulse]
feed through capacitor
Durchführungskondensator *m*
feed track, sprocket track [punched tape]
Taktspur *f* [Lochstreifen]
feedback
Rückkopplung *f,* Rückführung *f*
feedback amplifier
Rückkopplungsverstärker *m*
feedback circuit
Rückkopplungsschaltung *f,*
Rückführungsschaltung *f*
feedback factor
Rückkopplungsfaktor *m*
feedback information
Informationsrückfluß *m*
feedback loop
Rückkopplungsschleife *f*
feedback signal
Rückkopplungssignal *n*
FEFET (ferroelectric field-effect transistor)
Field-effect transistor using ferroelectric
isolation between channel and gate electrode.
FEFET, ferroelektrischer Feldeffekttransistor
Feldeffekttransistor mit ferroelektrischer
Isolierschicht zwischen Kanal und
Gateelektrode.
FEM (finite element method)
FE-Methode *f,* **Finite-Elemente-Methode** *f*
Fermi-Dirac distribution function
Function specifying the probability that an
electron (e.g. in a semiconductor) will occupy a
certain energy level when in thermodynamic
equilibrium.
Fermi-Dirac-Funktion *f*
Funktion, die die
Besetzungswahrscheinlichkeit von
Energieniveaus (z.B. in einem Halbleiter) mit
Elektronen im thermodynamischen
Gleichgewicht angibt.
Fermi level [semiconductor technology]
The energy level at which the Fermi-Dirac
distribution function has a value of 0.5.
Fermi-Niveau *n* [Halbleitertechnik]
Das Energieniveau in der Fermi-Dirac-
Funktion, dessen
Besetzungswahrscheinlichkeit den Wert 0,5
hat.
Fermi potential
Fermi-Potential *n*
**ferrite core storage, magnetic core storage, core
storage**
Ferritkernspeicher *m,* Magnetkernspeicher
ferrite ring core, magnetic ring core
Ferritringkern *m,* Magnetringkern *m*
ferrites [artificially produced mixed crystals of
ferrioxide and metal oxides]
Ferrite *m.pl.* [künstlich hergestellte

Mischkristalle aus Ferrioxid und Metalloxiden]
ferroelectric field-effect transistor (FEFET)
Field-effect transistor using a ferroelectric
insulating layer between channel and gate
electrode.
ferroelektrischer Feldeffekttransistor *m*
(FEFET)
Feldeffekttransistor mit ferroelektrischer
Isolierschicht zwischen Kanal und
Gateelektrode.
FET, field-effect transistor
Unipolar transistor consisting essentially of the
source, gate and drain regions and a conducting
channel. Current flow between source and
drain is controlled by a voltage applied to the
gate electrode. In voltage-controlled field-effect
transistors, charge transport in the channel is
due to only one type of charge carrier (electrons
or holes), in contrast to current-controlled
bipolar transistors, in which both electrons and
holes contribute to current flow.
FET, Feldeffekttransistor *m*
Unipolartransistor, der im wesentlichen aus
den Source-, Gate- und Drainbereichen und
einem leitenden Kanal besteht, in dem der von
der Source zum Drain fließende Strom durch
eine an der Gateelektrode angelegte Spannung
gesteuert wird. Beim spannungsgesteuerten
Feldeffekttransistor erfolgt der
Ladungstransport nur durch einen
Ladungsträgertyp (Elektronen oder
Defektelektronen), im Gegensatz zum
stromgesteuerten Bipolartransistor, bei dem
sowohl Elektronen als auch Defektelektronen
zum Stromfluß beitragen.
fetch, instruction fetch
Befehlsabruf *m*
fetch, to [e.g. data from storage]
abrufen, holen [z.B. Daten aus dem Speicher]
fetch instruction
Holbefehl *m*, Abrufbefehl *m*
fetch phase [microprocessor]
One of the three phases when executing an
instruction; the other two are the decoding and
the execution phases. During the fetch phase
the microprocessor interprets the word read out
of storage as an instruction.
Abrufphase *f*, Befehlsabrufphase *f*
[Mikroprozessor]
Eine der drei Phasen bei der Ausführung eines
Befehls; die beiden anderen Phasen sind die
Decodier- und die Ausführungsphasen.
Während der Befehlsabrufphase interpretiert
der Mikroprozessor das aus dem Speicher
gelesene Wort als Befehl.
fetch protection [microprocessor]
Abrufsperre *f* [Mikroprozessor]
fetch statement, get statement
Holanweisung *f*

FF (flip-flop), bistable multivibrator [a circuit
with two stable states; switching from one into
the other is effected by a trigger pulse]
Flipflop *n*, bistabile Kippschaltung *f*, bistabiler
Multivibrator *m* [eine Schaltung mit zwei
stabilen Zuständen; die Umschaltung von
einem in den anderen Zustand erfolgt durch
einen Auslöseimpuls]
FFT, fast Fourier transform
DFT *f*, diskrete Fourier-Transformation *f*
fiber-optic cable
Lichtwellenleiter *m*
fiber-optic link
Lichtleiterverbindung *f*
fiber-optic transmission system
Glasfaserübertragungssystem *n*
fiber optics
Faseroptik *f*, Lichtleitertechnik *f*
Fibonacci test [computer benchmark test]
Fibonacci-Zahlentest *m* [Rechner-
Bewertungsprogramm]
field [character string or defined area of a record]
Feld *n*, Datenfeld *n* [Zeichenfolge oder
festgelegter Bereich eines Datensatzes]
field checking
Feldprüfung *f*
field definition
Feldbestimmung *f*
field distribution [e.g. of a magnetic field]
Feldverteilung *f* [z.B. eines magnetischen
Feldes]
field-effect transistor (FET)
Unipolar transistor consisting essentially of the
source, gate and drain regions and a conducting
channel. Current flow between source and
drain is controlled by a voltage applied to the
gate electrode. In voltage-controlled field-effect
transistors, charge transport in the channel is
due to only one type of charge carrier (electrons
or holes), in contrast to current-controlled
bipolar transistors in which both electrons and
holes contribute to current flow.
Feldeffekttransistor *m* (FET)
Unipolartransistor, der im wesentlichen aus
den Source-, Gate- und Drainbereichen sowie
einem leitenden Kanal besteht, in dem der von
der Source zum Drain fließende Strom durch
eine an der Gateelektrode angelegte Spannung
gesteuert wird. Beim spannungsgesteuerten
Feldeffekttransistor erfolgt der
Ladungstransport nur durch einen
Ladungsträgertyp (Elektronen oder
Defektelektronen), im Gegensatz zum
stromgesteuerten Bipolartransistor, bei dem
sowohl Elektronen als auch Defektelektronen
zum Stromfluß beitragen.
field installation [e.g. of a computer]
Montage am Einsatzort *f* [z.B. eines
Rechners]

field length
Feldlänge *f*
field oxide
Feldoxid *n*
field-programmable
feldprogrammierbar
field-programmable logic array, fuse-programmable logic array (FPLA)
A fusible-link gate array concept for producing semicustom integrated circuits. The logic arrays can be field-programmed by selectively blowing the fuses.
feldprogrammierbares Logik-Array *n,* anwenderprogrammierbares Logik-Array *n* (FPLA)
Ein Gate-Array-Konzept, mit dem sich integrierte Semikundenschaltungen realisieren lassen. Die Logik-Arrays lassen sich durch gezieltes Wegbrennen der Durchschmelzverbindungen programmieren.
field-programmable read-only memory, fusible-link read-only memory (FROM)
Read-only memory which can be programmed but not reprogrammed by the user. Programming is achieved by selectively blowing the fusible links.
feldprogrammierbarer Festwertspeicher *m,* Festwertspeicher mit Durchschmelzverbindungen *m* (FROM)
Festwertspeicher, der vom Anwender programmiert aber nicht umprogrammiert werden kann. Die Programmierung erfolgt durch Wegbrennen von Durchschmelzverbindungen.
field selection
Feldansteuerung *f,* Feldauswahl *f*
field strength
Feldstärke *f*
field tag
Feldkennung *f*
field test [e.g. of equipment]
Einsatzerprobung *f* [z.B. von Geräten]
FIFO storage (first-in/first-out storage) [storage device operating without address specification and which reads out data in the same order as it was stored, i.e. the first data word stored is read out first; implemented as shift registers or RAM, it is often used as a buffer storage between data transmitter and data receiver]
FIFO-Speicher *m* [Speicher, der ohne Adressenangabe arbeitet und dessen Daten in der Reihenfolge gelesen werden, in der sie zuvor geschrieben worden sind, d.h. das zuerst geschriebene Datenwort wird als erstes gelesen; er wird häufig mittels Schieberegister oder RAM als Pufferspeicher zwischen Datensender und -empfänger verwendet]
fifth-generation computer
A non-von-Neumann form of computer based on advanced technologies (e.g. very large scale integration, artificial intelligence, expert systems, speech and picture recognition).
Rechner der fünften Generation *m*
Rechner, die von der klassischen von-Neumann-Rechnerarchitektur abweichen und auf völlig neuen Technologien beruhen (z.B. höchstintegrierte Schaltungen, künstliche Intelligenz, Expertensysteme, Sprach- und Bilderkennung).
filament transistor [bipolar transistor operating on the principle of conductivity modulation]
Fadentransistor *m* [Bipolartransistor, dessen Arbeitsweise auf dem Prinzip der Leitfähigkeitsmodulation basiert]
file access
Dateizugriff *m*
file activity
Dateibewegung *f*
file allocation table (FAT) [manages the allocation of files on data medium]
FAT [Datei-Zuordnungstabelle für die Verwaltung der Belegung des Datenträgers]
file attribute
Dateiattribut *n*
file-by-file backup [backup of individual files on data medium]
dateiweise Sicherungskopie *f* [Sicherung einzelner Dateien auf Datenmedium]
file conversion
Dateiumsetzung *f*
file description
Dateibeschreibung *f*
file directory [directory of stored files, e.g. on a floppy disk]
Dateiverzeichnis *n* [Verzeichnis der gespeicherten Dateien, z.B. auf einer Diskette]
file editor
Dateiaufbereiter *m*
file extension [extended file name]
Dateinamenserweiterung *f* [Namenserweiterung einer Datei]
file format
Dateiformat *n*
file fragmentation, fragmentation [storage of a file in non-contiguous areas of a disk]
Dateifragmentierung *f,* Fragmentierung *f* [Abspeicherung einer Datei in nicht aufeinanderfolgende Festplattenbereiche]
file header
Dateivorsatz *m*
file header label
Dateianfangskennsatz *m*
file identification
Dateibezeichnung *f*
file layout, file structure [arrangement and structure of data in a file]
Dateianordnung *f,* Dateistruktur *f* [die

Anordnung und die Struktur der Daten in einer
Datei]
file maintenance [activity of updating a file]
Dateipflege *f,* Dateiwartung *f,* Bestandspflege
f [die Aktualisierung einer Datei]
file management
Dateiverwaltung *f*
file manipulation
Dateibearbeitung *f*
file mark
Dateikennzeichen *n*
file name
Dateiname *m*
file organization
Dateiorganisation *f*
file protection [measures taken against
unauthorized access]
Dateischutz *m* [Maßnahmen gegen
unberechtigten Zugriff]
file recovery
Dateiwiederherstellung *f*
file server [computer serving as central storage
facility (e.g. data bases) in a network]
Datei-Server *m* [Rechner, der als zentraler
Speicherplatz (z.B. Datenbanken) in einem
Netzwerk dient]
file transfer
Dateitransfer *m*
fill with zeroes, to
Nullen einsetzen
filler, fill character, pad character [characters
stored for display purposes, e.g. filling or
padding a left-justified 80 character/line file
with blanks to the right of the data items]
Blindzeichen *n,* Füllzeichen *n*
[Zeichen, die aus Darstellungsgründen
gespeichert werden, z.B. bei einer
linksbündigen Datei mit 80 Zeichen/Zeile das
Auffüllen mit Leerzeichen rechts von den
Datenfeldern]
filler item
unbenanntes Datenfeld *n*
film circuit
Circuit in which major elements (e.g.
conductors, resistors, capacitors and insulators)
are deposited in the form of film patterns on a
supporting substrate. Film circuits are
manufactured in thick-film and thin-film
technology.
Schichtschaltung *f,* Filmschaltung *f*
Schaltung, bei der wesentliche Elemente (z.B.
Leiterbahnen, Widerstände, Kondensatoren
und Isolierungen) als Schichten auf einen
Träger aufgebracht werden. Die Schaltungen
werden in Dickschicht- oder
Dünnschichttechnik ausgeführt.
film integrated circuit
integrierte Schichtschaltung *f*
film resistor

Schichtwiderstand *m*
film technology
Technique used for fabricating thick-film, thin-
film and hybrid circuits.
Schichttechnik *f*
Technik, die bei der Herstellung von
Dickschicht-, Dünnschicht- und
Hybridschaltungen eingesetzt wird.
FILO storage (first-in/last-out), LIFO storage
(last-in/first-out), stack
Storage device operating without address
specification and which reads out data in the
reverse order as it was stored, i.e. the first data
word is read out last; implemented as shift
registers or RAM, it is particularly used for
subroutines, i.e. for storing data prior to a jump
instruction.
Kellerspeicher *m,* FILO-Speicher *m,* LIFO-
Speicher *m,* Stapelspeicher *m*
Speicher, der ohne Adreßangabe arbeitet und
dessen Daten in der umgekehrten Reihenfolge
gelesen werden, in der sie zuvor geschrieben
worden sind, d.h. das zuletzt geschriebene
Datenwort wird als erstes gelesen; er wird
mittels Schieberegister oder RAM insbesondere
für die Bearbeitung von Unterprogrammen
verwendet, d.h. für die Datenspeicherung vor
einem Sprungbefehl.
filter circuit, filter
Filterschaltung *f,* Filter *n*
filter element
Dämpfungsfilter *n*
final assembly
Endmontage *f*
final character
Schlußzeichen *n*
final check [of a device or equipment]
Endkontrolle *f* [eines Bauelementes oder
Gerätes]
final inspection [last inspection or test in
manufacturing, repair, etc.]
Endprüfung *f* [die letzte Prüfung in der
Fertigung, Reparatur usw.]
final stage, power stage [of a drive, amplifier,
etc.]
Endstufe *f,* Leistungsstufe [eines Antriebes,
Verstärkers usw.]
final test [of a component, equipment or system]
Endprüfung *f* [eines Bauelementes, Gerätes
oder Systems]
fine adjustment
Feinabgleich *m*
finite element analysis (FEA)
Finite-Elemente-Analyse *f,* FE-Analyse *f*
finite element method (FEM)
Finite-Elemente-Methode *f,* FE-Methode *f*
finite integer
endliche Zahl *f*
finite number

endliche Anzahl *f*
finite series
endliche Reihe *f*
finite-state automaton (FSA) [state-transition
function]
endlicher Automat *m*
[Zustandsübergangsfunktion]
firmware [inalterable programs, i.e. software
having hardware characteristics for the user;
e.g. the microprogram of a central processing
unit or system programs stored in ROM]
Festprogramme *n.pl.*, **Firmware** *f*
[unveränderbare Programme, d.h. Software, die
für den Anwender Hardware-Eigenschaften
aufweist; z.B. das Mikroprogramm einer
Zentraleinheit oder in ROM gespeicherte
Systemprogramme]
first-in/first-out storage, FIFO storage [storage
device operating without address specification
and which reads out data in the same order as
it was stored, i.e. the first data word stored is
read out first; implemented as shift registers or
RAM, it is often used as a buffer storage
between data transmitter and data receiver]
Silospeicher *m*, FIFO-Speicher *m* [Speicher,
der ohne Adreßangaben arbeitet und dessen
Daten in der Reihenfolge gelesen werden, in
der sie zuvor geschrieben worden sind, d.h. das
zuerst geschriebene Datenwort wird als erstes
gelesen; er wird häufig mittels Schieberegister
oder RAM als Pufferspeicher zwischen
Datensender und -empfänger verwendet]
five-digit multiplier
Fünfziffern-Multiplizierwerk *n*
fixed block format
festes Blockformat *n*
fixed capacitor
Festkondensator *m*
fixed carbon film resistor, carbon film resistor
Kohleschichtfestwiderstand *m*,
Kohleschichtwiderstand *m*
fixed cycle
fester Zyklus *m*
fixed-cycle operation
Festzyklusbetrieb *m*
fixed data
Festdaten *n.pl.*
fixed disk, fixed hard disk [a non-removable disk
in a hard disk storage]
Festplatte *f*, feste Platte *f* [eine fest montierte
Platte eines Magnetplattenspeichers]
fixed disk storage [a magnetic disk storage with
non-removable disks in the drive]
Festplattenspeicher *m* [ein
Magnetplattenspeicher mit im Laufwerk fest
montierten Platten]
fixed format
Festformat *n*
fixed-frequency oscillator

Festfrequenzoszillator *m*
fixed-head disk storage
Festkopfplattenspeicher *m*
fixed-length code
Code fester Länge *m*
fixed-length field
Feld fester Länge *n*
fixed-length record
Satz fester Länge *m*
fixed-point arithmetic [instruction execution
without automatic consideration of decimal
point]
Festkommaarithmetik *f*,
Festpunktarithmetik *f* [Befehlsausführung
ohne automatische Berücksichtigung der
Kommastelle]
fixed-point computation
Festkommarechnung *f*, Festpunktrechnung *f*
fixed-point notation [representation with a
fixed decimal point; in contrast to floating-point
representation]
Festkommaschreibweise *f*,
Festpunktschreibweise *f* [Darstellung mit einer
festen Kommastelle; Gegensatz zu
Gleitpunktdarstellung]
fixed-programmed
festprogrammiert
fixed-programmed read-only memory
Read-only memory whose content is
programmed and hence fixed during fabrication
and cannot be changed subsequently.
festprogrammierter Festwertspeicher *m*
Festwertspeicher, dessen Speicherinhalt
während der Herstellung festgelegt wird und
danach nicht mehr verändert werden kann.
fixed record length
feste Satzlänge *f*
fixed resistor
Festwiderstand *m*
fixed word length
feste Wortlänge *f*
flag
Control bit often used, particularly in
microprocessors, for indicating a certain state
or fulfilment of a condition, e.g. carry-flag. Each
flag has two states: 1 = condition fulfilled; 0 =
not fulfilled.
Merker *m*, Flag *n*, Zustandsbit *n*
Besonders in Mikroprozessoren häufig
verwendetes Steuerbit zur Anzeige eines
bestimmten Zustandes bzw. Erfüllung einer
Bedingung, z.B. Carry-Flag (Übertragsmerker).
Jedes Flag hat zwei Zustände: 1 = Bedingung
erfüllt; 0 = nicht erfüllt.
flag register
Flagregister *n*
flange mounted
angeflanscht
flash, to

blinken
flash card, flash chip, flash memory card [ROM-based non-volatile memory that can be used like a hard disk]
 Flash-Karte *f*, **Flash-Chip** *m*, **Flash-Speicherkarte** *f* [nichtflüchtiger Speicher auf ROM-Basis, der wie eine Festplatte verwendet werden kann]
flash-over
 Überschlag *m*
flashing bar
 blinkender Strich *m*
flat-bed plotter
 Flachbett-Plotter *m*
flat-bed scanner
 Flachbett-Scanner *m*
flat cable, ribbon cable
 Flachkabel *n*
flat file [non-hierarchical data which can be represented two-dimensionally as a matrix or table]
 flache Datei *f* [nicht-hierarchische Daten, die zweidimensional als Matrix oder Tabelle darstellbar sind]
flat-pack, flatpack [package with two parallel rows of ribbon-shaped terminals]
 Flachgehäuse *n*, **Flat-Pack-Gehäuse** *n* [Gehäuse mit zwei parallelen Reihen bandförmiger Anschlüsse]
flat panel display
 Flachdisplay *n*
flexible printed circuit board
 flexible Leiterplatte *f*
flicker, to
 flimmern
flicker-free [screen]
 flimmerfrei [Bildschirm]
flicker noise [semiconductor noise at low frequencies]
 Funkelrauschen *n*, **Halbleiterrauschen** *n* [das Rauschen von Halbleiterbauelementen bei tiefen Frequenzen]
flickering [screen]
 Flimmern *n* [Bildschirm]
flip-chip technology
 A high-speed assembly method allowing chips with raised bump contacts to be mounted face down to a substrate with a corresponding interconnection pattern. Bonding is carried out by soldering in a single operation.
 Flip-Chip-Verfahren *n*
 Eine Schnellmontagetechnik mit der Chips, deren Kontaktflecke erhöht sind, mit der Kontaktseite nach unten in einem Arbeitsgang mit Hilfe der Löttechnik auf einen Träger mit entsprechendem Leiterbild montiert werden.
flip-flop (FF)**, bistable multivibrator** [a circuit with two stable states; switching from one into the other is effected by a trigger pulse]
 Flipflop *n*, **bistabile Kippschaltung** *f*, **bistabiler Multivibrator** *m* [eine Schaltung mit zwei stabilen Zuständen; die Umschaltung von einem in den anderen Zustand erfolgt durch einen Auslöseimpuls]
flip-flop circuit, flip-flop
 Flipflop-Schaltung *f*, **Flipflop** *n*
flip-flop memory, flip-flop storage [a flip-flop can be regarded as a 1-bit storage; it is the most widely used storage device for logical operations]
 Flipflop-Speicher *m* [ein Flipflop kann als Speicher für 1 Bit betrachtet werden; es ist das meistgebrauchte Speicherelement für logische Verknüpfungen]
flip-flop register [a register consisting of flip-flops]
 Flipflop-Register *n* [ein aus Flipflops bestehendes Register]
floating gate
 An additional gate in a MOS transistor between the control gate and the conductive channel which is used for information storage. The gate is floating in the sense that it is isolated electrically from all other structures. When applying a high negative voltage to the drain region, avalanche breakdown occurs and the resulting hot electrons are injected into the gate, building up a negative charge. Since the gate has no conducting connection to the outside, it cannot be discharged electrically.
 schwebende Gate-Elektrode *f*, schwebendes Gate *n*
 Bei einem MOS-Transistor ein zusätzliches Gate zwischen der Steuerelektrode und dem stromführenden Kanal, das zu Speicherzwecken genutzt wird. Das schwebende Gate ist von allen anderen Strukturen galvanisch getrennt. Durch Anlegen einer hohen negativen Spannung an das Draingebiet findet ein Lawinendurchbruch statt und die dabei entstandenen heißen Elektronen werden in das Gate injiziert und laden es negativ auf. Da das Gate keine leitende Verbindung nach außen besitzt, kann es elektrisch nicht entladen werden.
floating gate avalanche-injection MOS transistor (FAMOS transistor)
 MOS field-effect transistor using a floating gate structure and avalanche injection; used as a memory cell in EPROMs]
 Metall-Oxid-Halbleiter-Transistor mit schwebendem Gate und Lawineninjektion *m*, **FAMOS-Transistor** *m*
 Feldeffekttransistor in MOS-Struktur mit schwebendem Gate und Lawineninjektion; wird als Speicherzelle bei EPROMs verwendet.
floating gate structure
 schwebende Gate-Struktur *f*

floating point
Gleitkomma *n*, Gleitpunkt *m*
floating-point arithmetic
Gleitkommaarithmetik *f*,
Gleitpunktarithmetik *f*
floating-point computation
Gleitkommarechnung *f*, Gleitpunktrechnung
floating-point error
Gleitkommafehler *m*
floating-point notation [representation of a
number in the form of a mantissa for its
numerical value and an exponent for its
magnitude, e.g. the number 123 by the
mantissa 0.123 and the exponent 3 (= 0.123 x
10^3)]
Gleitkommaschreibweise *f*,
Gleitpunktschreibweise *f* [Darstellung einer
Zahl in der Form einer Mantisse für den
Zahlenwert und eines Exponenten für die
Zahlengröße, z.B. die Zahl 123 durch die
Mantisse 0,123 und den Exponenten 3 (= 0,123
x 10^3)]
floating-point number
Gleitkommazahl *f*, Gleitpunktzahl *f*
floating-point processor (FPU)
Gleitkommaprozessor *m*,
Gleitpunktprozessor *m*
floating-point register
Gleitkommaregister *n*, Gleitpunktregister *n*
floating storage addressing
gleitende Speicheradressierung *f*
FLOP [Floating Point Operations/second]
FLOP [Gleitpunktoperationen/Sekunde]
floppy disk, diskette [flexible disk used as
interchangeable magnetic data medium,
usually of 3.5 or 5.25 inch diameter and a
storage capacity between 0.36 and 1.44 MB]
Diskette *f*, flexible Magnetplatte *f* [flexible
Platte als auswechselbarer magnetischer
Datenträger, üblicherweise mit einem
Durchmesser von 3,5 oder 5,25 Zoll und einer
Speicherkapazität zwischen 0,36 und 1,44 MB]
floppy disk controller (FDC)
Disketten-Controller *m*, Disketten-Steuerteil *m*
floppy disk drive
Diskettenlaufwerk *n*
floppy disk memory, floppy disk storage
Diskettenspeicher *m*
floppy disk operating system
Diskettenbetriebssystem *n*
floptical drive [combination of floppy drive with
optical positioning; results in storage capacities
of 20 MBytes and higher]
Floptical-Laufwerk *n* [Kombination von
Floppylaufwerk mit optischer Positionierung;
ermöglicht Speicherkapazitäten von 20 MByte
und höher]
flow, sequence

Ablauf *m*
flow chart [representation of the processing
sequence with the aid of standard graphical
symbols]
Flußdiagramm *n*, Programmablaufplan *m*,
Ablaufplan *m*, Ablaufdiagramm *n* [Darstellung
des Verarbeitungsablaufes mit genormten
graphischen Symbolen]
flow soldering, wave soldering
Process for soldering printed circuit boards by
moving them over a wave of molten solder in a
solder bath. The process enables multiple
solder joints to be produced in a single
operation.
Schwallbadlöten *n*, Fließlöten *n*
Verfahren zum Herstellen von
Lötverbindungen auf gedruckten Leiterplatten.
Dabei werden die Leiterplatten in einer Wanne
über eine flüssige Lotwelle geführt. Das
Verfahren ermöglicht die Herstellung von
mehreren Lötverbindungen in einem
Arbeitsgang.
flush conductor [printed circuit boards]
versenkter Leiter *m* [Leiterplatten]
flush left, left justify
linksbündig ausrichten
flush right, right justify
rechtsbündig ausrichten
flux reversal
Flußumkehr *f*
flyback [screen]
Rücklauf *m* [Bildschirm]
flying head
schwebender Kopf *m*
flying-spot scanner
Lichtpunktabtaster *m*
FNI, Committee for information processing in the
German Standards Committee
FNI, Fachnormenausschuß
Informationsverarbeitung im deutschen
Normenauschuß
font
Schriftart *f*
font cartridge [inserted in printer to provide
additional fonts]
Schriftartkassette *f* [wird im Drucker
eingesteckt, um zusätzliche Schriftarten zur
Verfügung zu stellen]
font change
Schriftartwechsel *m*
font manager [controls font generation]
Font-Manager *m*, Schriftart-Steuerung *f*
[steuert die Schrifterzeugung]
font size
Schriftgröße *f*
footer [text at bottom of every printed page]
Fußzeile *f* [Text am unteren Rand jeder
gedruckten Seite]
footnote

Fußnote *f*

footprint, space requirement [e.g. of a display]
  Platzbedarf *m*, **Flächenbedarf** *m* [z.B. eines
  Bildschirmgerätes]

forbidden band, energy gap [semiconductor
  technology]
  In the energy-band diagram, the distance
  separating the conduction band from the
  valence band which represents energy levels
  that cannot be occupied by electrons.
  verbotenes Band *n*, Energielücke *f*
  [Halbleitertechnik]
  In der Darstellung des Bändermodells der
  Abstand zwischen Leitungsband und
  Valenzband, der Energieniveaus im
  Halbleiterkristall bezeichnet, die von
  Elektronen nicht besetzt werden können.

foreground [screen area occupied by active
  window]
  Vordergrund *m* [Bildschirmbereich, der vom
  aktiven Fenster belegt wird]

foreground program [program with high
  priority]
  Vordergrundprogramm *n* [Programm mit
  hoher Priorität]

foreground task [task with high priority]
  Vordergrundprozeß *m* [Prozeß mit hoher
  Priorität]

foreign atom, dopant atom, impurity
  [semiconductor technology]
  In semiconductors, an atom of a chemical
  element other than the crystal into which it has
  been introduced for doping purposes, e.g. a
  boron atom in a silicon crystal.
  Fremdatom *n* [Halbleitertechnik]
  Bei Halbleitern ein zu Dotierungszwecken in
  ein Kristallgitter eingebautes Atom eines
  anderen chemischen Elementes, z.B. ein
  Boratom in einem Siliciumkristall.

form
  Formular *n*

form a queue, to
  einreihen [in eine Warteschlange]

form feed [paper transport in printers from end
  of one page to the start of the next page]
  Formularvorschub *m* [Papiertransport bei
  Druckern vom Ende einer Seite zum Beginn
  der nächsten Seite]

formal error [violation of a formal condition, e.g.
  concerning data sequence or length, during
  data recording or programming]
  Formfehler *m*, formaler Fehler *m*
  [Nichteinhaltung einer formalen Bedingung,
  z.B. betreffend Reihenfolge oder Länge der
  Daten, bei der Datenaufzeichnung oder beim
  Programmieren]

format, to [to define the arrangement of data for
  recording or transmission]
  formatieren [Festlegung der Datenanordnung
  bei der Aufzeichnung oder Übertragung]

format [describes the arrangement of data on a
  data medium; examples: fixed format, free
  format, packed format, etc.]
  Format *n* [beschreibt die Anordnung der
  Daten auf einem Datenträger; Beispiele: festes
  Format, freies Format, gepacktes Format usw.]

format specification
  Formatangabe *f*

format specifier
  Formatparameter *m*

format statement
  Formatanweisung *f*

format string
  Formatzeichenfolge *f*

formatted
  formatiert

formatted data transfer
  formatgebundener Datentransfer *m*,
  formatgebundene Datenübertragung *f*

formatted file
  formatierte Datei *f*

formatted input-output statement
  formatgebundene Ein-Ausgabe-Anweisung

formatted read statement
  formatgebundene Leseanweisung *f*

formatted record
  formatgebundener Datensatz *m*

formatted screen [divided into fields]
  formatierter Bildschirm *m* [in Felder
  aufgeteilt]

formatted write statement
  formatgebundene Schreibanweisung *f*

formatting [defining data arrangement]
  Formatieren *n*, Formatierung *f* [Festlegung
  der Datenanordnung]

forms tractor [of a printer]
  Formulartraktor *m* [eines Druckers]

FORTH [programming language]
  FORTH [Programmiersprache]

FORTRAN (FORmula TRANslator) [high-level
  problem-oriented programming language for
  engineering and scientific applications]
  FORTRAN [höhere, problemorientierte
  Programmiersprache für technisch-
  wissenschaftliche Aufgaben]

forward chaining
  Vorwärtsverkettung *f*

forward current, on-state current [the current
  flowing through a diode in conducting state]
  Vorwärtsstrom *m*, Durchlaßstrom *m*
  (veraltet) [der im Durchlaßzustand fließende
  Strom einer Diode]

forward d.c. resistance
  Durchlaßwiderstand *m*

forward direction
  Durchlaßrichtung *f*, Vorwärtsrichtung *f*

forward error correction
  Vorwärtsfehlerkorrektur *f*

forward recovery time
Durchlaßverzögerungszeit *f*
forward recovery voltage
Durchlaßverzögerungsspannung *f*
forward transconductance [in field-effect
transistors]
Gatesteilheit *f* [bei Feldeffekttransistoren]
forward voltage
Durchlaßspannung *f* (veraltet),
Vorwärtsspannung *f*
forward voltage-current characteristic
Vorwärtskennlinie *f*
four-layer diode [semiconductor diode with
pnpn structure]
Vierschichtdiode *f* [Halbleiterdiode mit
PNPN-Struktur]
four-quadrant multiplier
Vierquadrant-Multiplizierschaltung *f*,
Vierquadranten-Multiplizierer *m*
Fourier transform
Fourier-Transformation *f*
FoxBase, FoxPro [database programming
systems]
FoxBase, FoxPro [Datenbanksysteme]
FPA (Floating Point Accelerator)
Gleitkommabeschleuniger *m*,
Gleitpunktbeschleuniger *m*
FPLA (field programmable logic array), (fuse-
programmable logic array)
A fusible-link gate array concept for producing
semicustom integrated circuits. The logic
arrays can be programmed by selectively
blowing the fuses.
FPLA, anwenderprogrammierbares Logik-
Array *n*, feldprogrammierbares Logik-Array *n*
Ein Gate-Array-Konzept, mit dem sich
integrierte Semikundenschaltungen realisieren
lassen. Die Logik-Arrays lassen sich durch
gezieltes Wegbrennen der
Durchschmelzverbindungen programmieren.
FPU (floating-point processor)
Gleitkommaprozessor *m*,
Gleitpunktprozessor *m*
fraction
Bruch *m*
fractional part [of a number]
Stellen hinter dem Komma *f.pl.* [einer Zahl]
fragmentation, file fragmentation [storage of a
file in non-contiguous areas of a disk]
Fragmentierung *f*, Dateifragmentierung *f*
[Abspeicherung einer Datei in nicht
aufeinanderfolgende Festplattenbereiche]
fragmented file
fragmentierte Datei *f*
fragmented hard disk
fragmentierte Festplatte *f*
frame [method of representing knowledge in
artificial intelligence]
Rahmen *m*, Frame *m*

[Wissensrepräsentationsschema in der
künstlichen Intelligenz]
free, to
freischalten
free format [data arrangement freely selectable
by the user]
formatfrei, freies Format *n* [vom Benutzer frei
wählbare Datenanordnung]
free memory
freier Speicher *m*
free-of-ground, ungrounded
erdfrei
free oscillations [oscillations that continue
when the excitation is removed; flywheel effect]
freie Schwingungen *f.pl.* [Schwingungen, die
bei Wegnahme der Anregung weiter bestehen;
Schwungradeffekt]
free-running circuit [e.g. an oscillator circuit]
freischwingende Schaltung *f* [z.B.
Oszillatorschaltung]
free-running multivibrator, astable
multivibrator [an uncontrolled multivibrator,
i.e. without synchronizing signal]
freischwingender Multivibrator *m*,
astabiler Multivibrator *m* [ungesteuerte
Kippschaltung, d.h. ohne
Synchronisierungssignal]
free-running oscillator [oscillator without
synchronizing signal]
freischwingender Oszillator *m* [Oszillator
ohne Synchronisierungssignal]
free storage space
freier Speicherplatz *m*
free text retrieval, full-text retrieval
freie Textsuche *f*, Volltextsuche *f*
free-wheeling diode
Freilaufdiode *f*
free-wheeling thyristor
Freilaufthyristor *m*
frequency
Frequenz *f*
frequency band
Frequenzband *n*
frequency changer
Frequenzwandler *m*
frequency characteristic
Frequenzkennlinie *f*
frequency curve
Häufigkeitskurve *f*
frequency-dependent
frequenzabhängig
frequency divider
Frequenzteiler *m*
frequency drift [change of frequency due to
variations of temperature, supply voltage, etc.]
Frequenzdrift *f* [Frequenzänderung, die
durch Schwankungen der Temperatur,
Speisespannung usw. verursacht wird]
frequency generator

Frequenzgenerator *m*
frequency-independent
frequenzunabhängig
frequency modulation
Frequenzmodulation *f*
frequency modulator
Frequenzmodulator *m*
frequency multiplier
Frequenzvervielfacher *m*
frequency range
Frequenzbereich *m*
frequency response [amplitude and phase shift
as a function of frequency]
Frequenzgang *m* [Amplitude und
Phasenverschiebung in Funktion der Frequenz]
frequency shift keying (FSK) [modulation
method for transforming serial digital signals
into audio-frequency signals which can then be
transmitted over a telephone line or stored on a
magnetic tape cassette]
Frequenzumtastung *f* (FSK)
[Modulationsverfahren zur Umwandlung von
seriell anliegenden digitalen Daten in
tonfrequente Signale, die dann über eine
Telephonleitung übertragen oder auf eine
Magnetbandkassette gespeichert werden
können]
frequency shift keying modem, FSK modem
[modem based on the FSK modulation method]
Frequenzumtastungsmodem *m*, FSK-
Modem *m* [auf dem FSK-Modulationsverfahren
basierender Modem]
frequency standard
Frequenznormal *n*
frequency thyristor
Frequenzthyristor *m*
FROM (fusible-link read-only memory), (field-
programmable read-only memory)
Read-only memory which can be programmed
but not reprogrammed by the user.
Programming is achieved by selectively blowing
the fusible links.
FROM *m*, feldprogrammierbarer
Festwertspeicher *m*, Festwertspeicher mit
Durchschmelzverbindungen *m*
Festwertspeicher, der vom Anwender
programmiert aber nicht umprogrammiert
werden kann. Die Programmierung erfolgt
durch selektives Wegbrennen von
Durchschmelzverbindungen.
front-end processor
Vorrechner *m*, Vorschaltrechner *m*
FSK (frequency shift keying) [modulation method
for transforming serial digital signals into
audio-frequency signals which can then be
transmitted over a telephone line or stored on a
magnetic tape cassette]
FSK, Frequenzumtastung *f*
[Modulationsverfahren zur Umwandlung von

seriell anliegenden digitalen Daten in
tonfrequente Signale, die dann über eine
Telephonleitung übertragen oder auf eine
Magnetbandkassette gespeichert werden
können]
FSK modem (frequency shift keying modem)
[modem based on the FSK modulation method]
FSK-Modem *m*, Frequenzumtastungsmodem
m [auf dem FSK-Modulationsverfahren
basierender Modem]
FTR (functional throughput rate) [in integrated
circuit fabrication]
Datendurchsatzrate *f*, funktionelle
Durchsatzrate *f* [bei der Herstellung
integrierter Schaltungen]
full adder [adds two binary digits, producing a
sum and a carry; has three inputs and can
handle a carry from a preceding digit place, in
contrast to a half-adder which has two inputs]
Volladdierer *m* [addiert zwei Binärziffern und
bildet eine Summe und einen Übertrag; besitzt
drei Eingänge und kann den Übertrag aus
einer vorhergehenden Stelle berücksichtigen,
im Gegensatz zu einem Halbaddierer, der nur
zwei Eingänge hat]
full coder
Vollcodierer *m*
full duplex channel, bidirectional concurrent
channel
Duplexkanal *m*
full duplex mode, duplex operation [data
transmission in both directions simultaneously]
Gegenbetrieb *m*, Vollduplexbetrieb *m*,
Duplexbetrieb *m* [Datenübertragung in beiden
Richtungen gleichzeitig]
full-scale
maßstäblich
full-screen display
Ganzseitenbildschirm *m*
full-screen editor, text editor [displays text on
whole screen and has scrolling functions, in
contrast to line editor]
Texteditor *m* [Text wird in voller
Bildschirmgröße angezeigt und kann geblättert
werden, im Gegensatz zum Zeileneditor]
full subtracter [a circuit analog to a full-adder]
Vollsubtrahierer *m* [eine Schaltung analog
dem Volladdierer]
full-text retrieval, free text retrieval
Volltextsuche *f*, freie Textsuche *f*
full-text retrieval program
Volltextsuchprogramm *n*
full-wave (rectifier) bridge circuit
Grätz-Schaltung *f*
fullword
Vollwort *n*
fully custom circuit, custom circuit
Integrated circuit for a specific application of
completely new design according to customer's

specifications.
Vollkundenschaltung *f,* Kundenschaltung *f,*
kundenspezifische Schaltung *f*
Integrierte Schaltung für eine bestimmte
Aufgabe, die nach Kundenwünschen völlig neu
entworfen wird.
function bit
Funktionsbit *n*
function byte
Funktionsbyte *n*
function generator [computing element used in
analog computers; often obtained by using
diodes in the input branch of an operational
amplifier]
Funktionsgeber *m,* Funktionsgenerator *m*
[Rechenelement in der Analogrechnertechnik;
häufig mittels Dioden im Eingangszweig eines
Operationsverstärkers realisiert]
function key [keyboard key which does not
generate a character but an instruction or a
series of instructions; can be programmed by
the user]
Funktionstaste *f* [auf der Tastatur befindliche
Taste, die kein Zeichen generiert, sondern
einen Befehl oder eine Befehlsfolge auslöst;
kann von Benutzer programmiert werden]
function matrix
Arbeitsmatrix *f*
function name
Funktionsname *m*
function select
Funktionsauswahl *f*
function symbol
Funktionssymbol *n*
function table [shows the relations between the
input and output parameters of a digital
circuit]
Funktionstabelle *f* [zeigt die Beziehungen
zwischen den Eingangs- und Ausgangsgrößen
einer Digitalschaltung]
functional address instruction format
operationsteilloses Befehlsformat *n*
functional assembly
Funktionsbaugruppe *f*
functional block diagram
Funktions-Blockschaltbild *n,* Signalflußplan
functional check, operational check
Funktionskontrolle *f*
functional description
Funktionsbeschreibung *f*
functional design
funktioneller Entwurf *m*
functional reliability
Funktionszuverlässigkeit *f*
functional statement
Funktionsanweisung *f*
functional stress
funktionsbedingte Beanspruchung *f*
functional test

Funktionsprüfung *f*
functional throughput rate (FTR) [in
integrated circuit fabrication]
funktionelle Durchsatzrate *f,*
Datendurchsatzrate *f* [bei der Herstellung
integrierter Schaltungen]
functional throughput rate [evaluation
criterion for ICs]
FTR [Funktionsdurchsatz;
Bewertungskriterium für integrierte
Schaltungen]
functional unit
Funktionseinheit *f*
functional value, value of function
Funktionswert *m*
fuse
Sicherung *f*
fuse-programmable logic array, field-
programmable logic array (FPLA)
A fusible-link gate array concept for producing
semicustom integrated circuits. The logic
arrays can be field-programmed by selectively
blowing the fuses.
feldprogrammierbares Logik-Array *n,*
anwenderprogrammierbares Logik-Array *n*
(FPLA)
Ein Gate-Array-Konzept, mit dem sich
integrierte Semikundenschaltungen realisieren
lassen. Die Logik-Arrays lassen sich durch
gezieltes Wegbrennen der
Durchschmelzverbindungen programmieren.
fusible link
Durchschmelzverbindung *f*
fusible-link read-only memory, field-
programmable read-only memory (FROM)
[read-only memory which can be programmed
(but not reprogrammed) by the user by
selectively blowing the fusible links]
Festwertspeicher mit
Durchschmelzverbindungen *m,*
feldprogrammierbarer Festwertspeicher *m*
(FROM) [Festwertspeicher, der vom Anwender
programmiert (aber nicht umprogrammiert)
werden kann durch selektives Wegbrennen von
Durchschmelzverbindungen]
fuzzy logic [uses the degree of membership to a
set, expressed as a value between 0 and 1, e.g.
"very high" = 0.9, "medium height" = 0.5 and
"very low" = 0.1; in contrast to binary logic
which has only two possibilities (0 and 1 or true
and false)]
Fuzzy-Logik *f,* unscharfe Logik *f,* mehrwertige
Logik *f* [verwendet den Grad der Zugehörigkeit
zu einer Menge, ausgedrückt durch einen
beliebigen Wert zwischen 0 und 1, z.B. "sehr
hoch" = 0,9, "mittlere Höhe" = 0,5 und "sehr
tief" = 0,1; im Gegensatz zur binären Logik die
nur zwei Möglichkeiten zuläßt (0 und 1 oder
wahr und falsch)]

G

Ga (gallium)
Metallic element used as a dopant impurity (acceptor atom).
Ga, Gallium *n*
Metallisches Element, das als Dotierstoff (Akzeptoratom) verwendet wird.
GaAlAs (gallium aluminium arsenide)
[compound semiconductor mainly used for laser diodes]
GaAlAs, Galliumaluminiumarsenid *n*
[Verbindungshalbleiter, der vorwiegend zur Herstellung von Laserdioden angewendet wird]
GaAs (gallium arsenide)
The most important compound semiconductor belonging to the groups III and V of the periodic table. It is rapidly gaining significance as a substrate for components and integrated circuits. GaAs is used for optoelectronic components (e.g. light-emitting diodes, phototransistors, lasers, solar cells, etc.), microwave devices, and MESFETs in very high-speed circuits.
GaAs, Galliumarsenid *n*
Der wichtigster Verbindungshalbleiter der Gruppen III und V des Periodensystems. Seine Bedeutung als Ausgangsmaterial für Bauelemente und integrierte Schaltungen nimmt ständig zu. GaAs dient zur Herstellung von Bauelementen der Optoelektronik (z.B. Lumineszenzdioden, Laser, Phototransistoren, Solarzellen usw.), des Mikrowellenbereichs und von MESFETs, mit denen sich extrem schnelle Schaltungen realisieren lassen.
GaAs diode [diode made from gallium arsenide]
GaAs-Diode *f* [Diode, die in Galliumarsenid realisiert ist]
GaAs field-effect transistor [field-effect transistor using gallium arsenide as a semiconductor substrate]
GaAs-Feldeffekttransistor *m*
[Feldeffekttransistor, der Galliumarsenid als Halbleitersubstrat verwendet]
gain-bandwidth product [product of amplification factor and bandwidth in an amplifier]
Bandbreitenprodukt *n,*
Verstärkungsbandbreitenprodukt *n*
[Produkt aus Verstärkungsfaktor und Bandbreite eines Verstärkers]
gallium (Ga)
Metallic element used as a dopant impurity (acceptor atom).
Gallium *n* (Ga)
Metallisches Element, das als Dotierstoff (Akzeptoratom) verwendet wird.

gallium aluminium arsenide (GaAlAs)
[compound semiconductor mainly used for laser diodes]
Galliumaluminiumarsenid *n* (GaAlAs)
[Verbindungshalbleiter, der vorwiegend zur Herstellung von Laserdioden angewendet wird]
gallium arsenide (GaAs)
The most important compound semiconductor belonging to the groups III and V of the periodic table. It is rapidly gaining significance as a substrate for components and integrated circuits. GaAs is used for optoelectronic components (e.g. light-emitting diodes, phototransistors, lasers, solar cells, etc.), microwave devices, and MESFETs in very high-speed circuits.
Galliumarsenid *n* (GaAs)
Der wichtigster Verbindungshalbleiter der Gruppen III und V des Periodensystems. Seine Bedeutung als Ausgangsmaterial für Bauelemente und integrierte Schaltungen nimmt ständig zu. GaAs dient zur Herstellung von Bauelementen der Optoelektronik (z.B. Lumineszenzdioden, Laser, Phototransistoren, Solarzellen usw.), des Mikrowellenbereichs und von MESFETs, mit denen sich extrem schnelle Schaltungen realisieren lassen.
gallium phosphide (GaP)
Compound semiconductor used for optoelectronic components.
Galliumphosphid *n* (GaP)
Verbindungshalbleiter, der als Ausgangsmaterial für optoelektronische Bauteile dient.
galvanic coupling, d.c. coupling
galvanische Kopplung *f*
galvanic decoupling, d.c. decoupling
galvanische Entkopplung *f*
galvanically decoupled, d.c. decoupled
galvanisch entkoppelt
GaP (gallium phosphide)
Compound semiconductor used for optoelectronic components.
GaP, Galliumphosphid *n*
Verbindungshalbleiter, der als Ausgangsmaterial für optoelektronische Bauteile dient.
garbage [data no longer needed in main memory]
Speicherabfall *m* [nicht mehr benötigte Daten im Hauptspeicher]
garbage collection [clearing of data no longer needed in main memory]
Speicherbereinigung *f* [Löschen von nicht mehr benötigten Daten aus dem Hauptspeicher]
gas discharge display, gas panel display
Gasentladungsanzeige *f*
gas discharge tube
Gasentladungsröhre *f*

gas etching
  Gasätzung *f,* Gasätzen *n*
gas-phase epitaxy, vapour-phase epitaxy (VPE)
  [a process for growing epitaxial layers in
  semiconductor component and integrated
  circuit fabrication]
  Gasphasenepitaxie *f* [ein Verfahren zur
  Herstellung epitaktischer Schichten bei der
  Fertigung von Halbleiterbauelementen und
  integrierten Schaltungen]
gas plasma display, plasma display
  Plasmabildschirm *m,* Plasmasichtgerät *n*
gate
  Region of the field-effect transistor, comparable
  to the base of the bipolar transistor.
  Gate *n*
  Bereich des Feldeffekttransistors, vergleichbar
  mit der Basis des Bipolartransistors.
gate, logic gate, gate element
  A circuit that performs a logical operation, i.e.
  that combines two or more input signals into
  one output signal. There are gates for the
  logical operations AND (= conjunction),
  EXCLUSIVE-OR (= non- equivalence),
  INCLUSIVE-OR (= disjunction), NOT (=
  negation), NAND (= non-conjunction or Sheffer
  function), NOR (= non-disjunction or Peirce
  function), IF-AND-ONLY-IF (= equivalence),
  IF-THEN (= implication) and NOT-IF-THEN (=
  exclusion).
  Gatter *n,* Verknüpfungsglied *n*
  Eine Schaltung, die eine logische Operation
  ausführt, d.h. die zwei oder mehr
  Eingangssignale zu einem Ausgangssignal
  verknüpft. Es gibt Verknüpfungsglieder für die
  logischen Operationen UND (= Konjunktion),
  exklusives ODER (= Antivalenz), inklusives
  ODER (= Disjunktion), NICHT (= Negation),
  NAND (= Sheffer-Funktion), NOR (= Peirce-
  Funktion), Äquivalenz, Implikation und
  Inhibition.
gate array
  Integrated circuit containing a regular but not
  interconnected pattern of gates and one or more
  metal interconnection layers. Interconnection of
  the gates with the aid of interconnection masks
  allows custom or semicustom integrated
  circuits to be produced.
  Gate-Array *n*
  Integrierte Schaltung, die aus einer
  regelmäßigen Anordnung von vorfabrizierten,
  aber nicht miteinander verdrahteten Gattern
  und einer oder mehreren metallischen
  Verdrahtungsebenen besteht. Durch
  Verbindung der Gatter über
  Verdrahtungsmasken lassen sich integrierte
  Kunden- oder Semikundenschaltungen
  realisieren.
 gate bias

Gatevorspannung *f*
gate capacitance
  Gatekapazität *f*
gate contact, gate terminal
  Gateanschluß *m,* Gatekontakt *m*
gate control
  Gatesteuerung *f*
gate counter
  Gatterzähler *m*
gate depletion region
  Gatesperrschichtbereich *m*
gate doping [doping of the gate region in
  junction field-effect transistors]
  Gatedotierung *f* [Dotierung des Gatebereichs
  bei Sperrschicht- Feldeffekttransistoren]
gate-drain region
  Gate-Drain-Bereich *m*
gate electrode, gate [electrode of the field-effect
  transistor to which the control voltage is
  applied]
  Gateelektrode *f* [Steuerelektrode bei
  Feldeffekttransistoren, an die die
  Steuerspannung angelegt wird]
gate noise
  Gatterrauschen *n*
gate oxide [thin oxide layer isolating the gate
  from the conductive channel in field-effect
  transistors]
  Gateoxid *n* [dünne Oxidschicht, die bei
  Feldeffekttransistoren das Gate vom leitenden
  Kanal isoliert]
gate propagation delay
  The time required for a gate to perform a
  logical function, i.e. the time delay between the
  change of a signal at the input and the
  appearance of the changed signal at the output.
  Gatterlaufzeit *f,* Gatterverzögerungszeit *f*
  Die Zeit zur Realisierung einer Gatterfunktion,
  d.h. die Zeitverzögerung von der
  Signaländerung am Eingang bis zur
  Signaländerung am Ausgang.
gate protection
  Gateschutz *m*
gate protection diode
  Gateschutzdiode *f*
gate pulse
  Torimpuls *m*
gate region, gate zone
  Gatebereich *m,* Gatezone *f*
gate resistance
  Gatewiderstand *m*
gate reverse current
  Gatesperrstrom *m*
gate-source breakdown voltage
  Gate-Source-Durchbruchspannung *f*
gate-source capacitance
  Gate-Source-Kapazität *f*
gate-source cut-off voltage
  Gate-Source-Grenzspannung *f*

gate-source voltage
Gate-Source-Spannung *f*
gate-substrate voltage
Gatesubstratspannung *f*
gate terminal [of a thyristor]
Steueranschluß *m* [eines Thyristors]
gate threshold voltage
Gateschwellenspannung *f*
gate turn-off thyristor (GTO thyristor)
Abschaltthyristor *m*, GTO-Thyristor *m*
gate voltage
Gatespannung *f*
gate zone, gate region
Gatezone *f*, Gatebereich *m*
gaussian distribution [statistical distribution
of random values around a center value]
gaußsche Verteilung *f*, Normalverteilung *f*
[statistische Verteilung von Zufallswerten um
einen Mittelwert]
GDC (graphic display controller)
graphische Ansteuereinheit *f*,
Graphikansteuereinheit *f*
GDI (Graphics Device Interface) [programming
environment for graphical devices in Windows]
Schnittstelle für graphische Geräte *f*
[Programmierumgebung für graphische Geräte
bei der Windows-Programmierung]
GDM (graphic display memory)
Graphikspeicher *m*, Bildspeicher *m*
GDU (graphic display unit)
Graphikbildschirm *m*, Graphiksichtgerät *n*
GEM (Graphical Environment Manager)
[graphical windowing software developed by
Digital Research]
GEM [graphische Benutzeroberfläche von
Digital Research]
GEMFET (gain-enhanced MOSFET)
Family of power control integrated circuits,
using the conductivity-modulated device
technology, which combines bipolar and MOS
structures on the same chip.
GEMFET
Integrierte Schaltungsfamilie der
Leistungselektronik in CMD- Technik
(Leitfähigkeitsmodulation), die mit Bipolar-
und MOS- Strukturen auf dem gleichen Chip
realisiert ist.
**general-purpose computer, all-purpose
computer** [universally programmable computer
which can be used for any application]
Universalrechner *m* [universell
programmierbarer Rechner, der für beliebige
Aufgaben einsetzbar ist]
general-purpose diode
Universaldiode *f*
general-purpose operational amplifier
Universaloperationsverstärker *m*
general-purpose register
Mehrzweckregister *n*

generate, to
generieren
generation
Erzeugung *f*, Generation *f*
generation current
Generationsstrom *m*
generation rate
Generationsrate *f*
generation time
Erstellzeit *f*
generator
Generator *m*
generator program
Generatorprogramm *n*
**German-language keyboard, QWERTZ
keyboard**
deutschsprachige Tastatur *f*, QWERTZ-
Tastatur *f*
germanium (Ge)
Semiconductor material used for transistors,
diodes, etc. Now largely replaced by silicon and
gallium arsenide, particularly for integrated
circuits.
Germanium *n* (Ge)
Halbleiter, der als Ausgangsmaterial für
Transistoren, Dioden usw. dient. Heute vor
allem bei integrierten Schaltungen weitgehend
durch Silicium und Galliumarsenid ersetzt.
germanium diode [diode made from
germanium]
Germaniumdiode *f* [Diode, die in Germanium
realisiert ist]
germanium transistor [transistor made from
germanium]
Germaniumtransistor *m* [Transistor, der in
Germanium realisiert ist]
gettering process [semiconductor technology]
Method for reducing contamination of a
semiconductor crystal by metal ions during the
diffusion process by applying a layer of getter
material which attracts the metal ions.
Getterung *f*, Gettern *n* [Halbleitertechnik]
Verfahren zur Verminderung von
Verunreinigungen durch Metallionen im
Halbleiterkristall während der Diffusion durch
Aufbringen einer Getterschicht, in der sich die
Metallionen ansammeln.
Gibson mix [a mix of operations such as loading
and storing, indexing, and branching, used to
compare the speed of different computers for
technical and scientific applications]
Gibson-Bewertung *f* [eine Mischung von
Operationen, wie Ein- und Ausspeichern,
Indexregisteroperationen und Verzweigen, die
einen Vergleich der Geschwindigkeit
verschiedener Rechner für technisch-
wissenschaftliche Aufgaben ermöglicht]
GIF (Graphics Interchange Format)
GIF [Austauschformat für Graphik]

GIGO (Garbage In Garbage Out) [incorrect input
 leads to incorrect program results]
 GIGO [falsche Eingabe führt zu falschen
 Programmergebnissen]
GKS, graphical kernel system [international
 standard for computer graphics]
 GKS *n* (graphisches Kernsystem)
 [internationale Norm für die graphische
 Datenverarbeitung]
glass fiber, optical fiber [fiber of transparent
 material for optical data transmission and for
 optical scanning in data processing]
 Glasfaser *f,* Lichtleitfaser *f* [Faden aus
 lichtdurchlässigem Material für die optische
 Nachrichtenübertragung und für die optische
 Abtastung in der Datenverarbeitung]
glass fiber cable, optical cable, fiber-optic cable
 Glasfaserkabel *n,* Lichtwellenleiter *m*
glass laminate [printed circuit boards]
 Glaslaminat *n* [Leiterplatten]
glass-reinforced laminate [printed circuit
 board]
 glasfaserverstärktes Laminat *n*
 [Leiterplatten]
glass semiconductor, amorphous
 semiconductor
 Glashalbleiter *m,* amorpher Halbleiter *m*
glassivation
 Applying a special glass coating on integrated
 circuits to protect them against mechanical
 stress and hostile environmental conditions.
 Verglasen *n,* Verglasung *f,* Glasierung *f*
 Das Beschichten von integrierten Schaltungen
 mit Spezialglas zum Schutz gegen mechanische
 Beanspruchung und schädliche
 Umwelteinflüsse.
glitch [momentary fault, unwanted voltage peak
 or pulse distortion]
 Glitch *m* [kurzzeitige Störung, unerwünschte
 Spannungsspitze oder Impulsverzerrung]
global replace
 globales Ersetzen *n*
global search
 globales Suchen *n*
global variable
 globale Variable *f*
gold doping
 Method for controlling the lifetime of minority
 carriers in bipolar transistors to reduce
 transistor switching time (storage time) in
 digital circuits.
 Golddotierung *f*
 Methode zur gezielten Einstellung der
 Lebensdauer von Minoritätsladungsträgern bei
 Bipolartransistoren, um ihre Schaltzeit
 (Speicherzeit) in digitalen Schaltungen
 herabzusetzen.
gold substrate
 Goldsubstrat *n*

gold wire
 Golddraht *m*
GPIB, general purpose interface bus [standard
 bus for general usage, also known as IEC bus,
 IEEE-488 bus or HPIB bus]
 GPIB [Standardbus für allgemeine
 Anwendungen, auch IEC-Bus, IEEE- 488-Bus
 oder HPIB-Bus genannt]
grab, to [capture screen contents]
 übernehmen [Übernahme eines
 Bildschirminhaltes]
grabber, screen grabber [for capturing screen
 content]
 Bildschirmübernahme *f* [Übernahme des
 Bildschirminhaltes]
graded-index fiber [optical fiber of doped glass
 or quartz]
 Gradientenfaser *f* [Lichtwellenfaser aus
 dotiertem Glas oder Quarz]
gradual failure [a failure that can be
 anticipated by prior examination or inspection]
 Driftausfall *m* [ein Ausfall, der durch
 vorhergehende Prüfung oder Kontrolle
 vorausgesagt werden kann]
graduation
 Stricheinteilung *f*
grain boundary [a lattice imperfection]
 Korngrenze *f* [ein Gitterfehler]
grandparent [file, tree]
 Großvater *m* [Datei, Baum]
graphic character
 graphisches Zeichen *n*
graphic data processing
 graphische Datenverarbeitung *f*
graphic device
 graphisches Gerät *n*
graphic display
 graphische Anzeige *f,* Graphikanzeige *f*
graphic display controller (GDC)
 graphische Ansteuereinheit *f,*
 Graphikansteuereinheit *f*
graphic display memory (GDM)
 Graphikspeicher *m,* Bildspeicher *m*
graphic display unit (GDU)
 Graphikbildschirm *m,* Graphiksichtgerät *n*
graphic mode
 Graphikmodus *m*
graphic primitive
 graphisches Grundelement *n*
graphic terminal
 Graphiksichtgerät *n*
graphic workstation
 graphischer Arbeitsplatz *m*
graphical plotter
 graphisches Zeichengerät *n*
graphics adapter, graphics board [display
 adapter]
 Graphik-Adapter *m,* Graphikkarte *f*
 [Bildschirmadapter]

graphics processor
 Graphikprozessor *m*
grating [optics]
 Gitter *n* [Optik]
Gray code [a binary code for decimal digits in which, for minimizing scanning errors, the codes for consecutive numbers differ by only one bit]
 Gray-Code *m* [ein Binärcode für Dezimalziffern, der Abtastfehler dadurch verringert, daß sich zwei aufeinanderfolgende Zahlenwerte nur in einem Bit unterscheiden]
gray scale [allocates values for gray levels between black and white]
 Graustufen *f.pl.* [ordnet Werte für Graustufen zwischen schwarz und weiß]
gray-scale scanner
 Graustufen-Scanner *m*
grid [electron tube]
 Gitter *n* [Elektronenröhre]
grid [mechanical subdivision]
 Raster *m* [mechanische Einteilung]
grid spacing [e.g. spacing of holes on printed circuit boards]
 Rasterabstand *m* [z.B. Lochabstände auf Leiterplatten]
GRINSCH laser (graded index separate confinement heterostructure laser) [semiconductor laser]
 GRINSCH-Laser *m* [Halbleiterlaser]
ground
 Masse *f*
ground, to
 erden
ground plane [printed circuit boards]
 Masseebene *f* [Leiterplatten]
grounded
 geerdet
grounded at one terminal
 einpolig geerdet
grounding strap, wrist grounding strap
 Erdungsband *n*, Handgelenk-Erdungsband *n*
group delay time
 Gruppenlaufzeit *f*
growing process, crystal growing
 Züchtungsverfahren *n*, Kristallzüchten *n*
grown junction
 Junction between two semiconductor regions which is formed during the growth of a crystal from the melt.
 gezogener Übergang *m*
 Übergang zwischen zwei Halbleiterbereichen, der durch Ziehen eines Kristalls aus der Schmelze gebildet wird.
growth [epitaxy]
 Aufwachsen *n* [Epitaxie]
growth rate [epitaxy]
 Aufwachsgeschwindigkeit *f*, Aufwachsrate *f* [Epitaxie]

GTO thyristor (gate turn-off thyristor)
 GTO-Thyristor *m*, Abschaltthyristor *m*
guard digit
 Schutzziffer *f*
guard ring
 In bipolar Schottky-clamped integrated circuits a ring (p⁺-type with n-type semiconductor material) around the Schottky barrier diode to achieve higher breakdown voltages.
 Schutzring *m*
 Bei integrierten Bipolarschaltungen mit Klemmdioden ein Ring (P⁺- dotiert bei N-leitendem Halbleiter), der die Schottky-Diode umgibt, um höhere Durchschlagspannungen zu erzielen.
GUI (Graphical User Interface)
 GUI, graphische Benutzerschnittstelle *f*
Gunn diode [a semiconductor component based on the Gunn effect for use in the microwave range, specially as an oscillator]
 Gunn-Diode *f* [auf dem Gunn-Effekt beruhendes Halbleiterbauelement für den Einsatz im Mikrowellenbereich, insbesondere als Oszillator]
Gunn effect [causes very fast current variations in the GHz frequency range]
 Gunn-Effekt *m* [bewirkt sehr schnelle Stromschwankungen im GHz- Bereich]
Gunn oscillator
 Gunn-Oszillator *m*
GW-BASIC [BASIC version implemented by Microsoft]
 GW-BASIC [von Microsoft implementierte BASIC-Version]

H

H-level [high level in logic circuits; in positive
logic the high level corresponds to logical 1, in
negative logic it corresponds to logical 0]
H-Pegel m, H-Signal n [Hochpegel bei
Logikschaltungen; bei der positiven Logik
entspricht der Hochpegel dem Zustand logisch
1, bei der negativen Logik dem Zustand
logisch 0]
H-level output
H-Signalausgang m
h-parameter, hybrid parameter
Parameter of the four-terminal network
equivalent circuit of a transistor. There are four
basic h-parameters: h_{11}, short-circuit input
impedance; h_{12}, open-circuit reverse voltage
transfer ratio; h_{21}, short-circuit forward
current transfer ratio; h_{22}, open-circuit output
admittance.
h-Parameter m, Hybridparameter m
Kenngröße bei der Vierpol-Ersatzschaltbild-
Darstellung von Transistoren. Die vier
Grundparameter sind: h_{11}, Kurzschluß-
Eingangsimpedanz; h_{12}, Leerlauf-
Spannungsrückwirkung; h_{21}, Kurzschluß-
Vorwärtsstromverstärkung; h_{22}, Leerlauf-
Ausgangsadmittanz.
H-range [the high range of a binary signal]
H-Bereich m [der obere Bereich eines binären
Signals]
half acceptance angle [optoelectronics]
Halbwertsempfangswinkel m
[Optoelektronik]
half adder [has two inputs for adding two binary
digits, producing a sum and a carry; in
constrast to a full adder which has three
inputs, a half-adder cannot handle a carry from
a preceding digit place]
Halbaddierer m [besitzt zwei Eingänge für
die Addition von zwei Binärziffern und bildet
eine Summe und einen Übertrag; im Gegensatz
zu einem Volladdierer, der drei Eingänge hat,
kann ein Halbaddierer den Übertrag aus einer
vorhergehenden Stelle nicht berücksichtigen]
half-amplitude duration [pulse duration at half
amplitude]
Halbwertsbreitendauer f [Impulsdauer in
halber Höhe]
half bridge [a bridge rectifier having e.g. diodes
in two arms and resistors in the other two]
Halbbrücke f [Brückenschaltung mit z.B.
Dioden in zwei und Widerständen in den
beiden anderen Brückenzweigen]
half byte, nibble [4 bits in the case of an 8-bit
byte]
Halbbyte n [Länge von 4 Bits bei einem 8-Bit-

Byte]
half cycle
Halbwelle f, Halbperiode f, Halbschritt m
half duplex channel, bidirectional non-
concurrent channel [data transmission]
Halbduplexkanal m [Datenübertragung]
half duplex operating mode, two-way
alternate operation [data transmission in both
directions alternately; in contrast to duplex or
full-duplex operation]
Halbduplexbetrieb m, Wechselbetrieb m
[Datenübertragung abwechselnd in beiden
Richtungen; im Gegensatz zum Duplex- bzw.
Vollduplexbetrieb]
half-intensity beam angle [optoelectronics]
Halbwertsabstrahlwinkel m
[Optoelektronik]
half section [e.g. of a filter circuit]
Halbglied n [z.B. einer Filterschaltung]
half subtracter [a circuit analog to a half-adder]
Halbsubtrahierer m [eine Schaltung analog
dem Halbaddierer]
half tone [graphics]
Halbtonverfahren n[Graphik]
half-wave power supply
Halbwellenstromversorgung f
half-wave rectifier
Halbwellengleichrichter m
half-wave voltage doubler
Halbwellenspannungsverdoppler m
half-wave voltage doubler circuit
Greinacher-Schaltung f, Delon-Schaltung f
[Spannungsverdopplerschaltung]
half width [pulse technique: length of a pulse at
half amplitude]
Halbwertsbreite f [Impulstechnik: die Länge
eines Impulses in halber Höhe]
half word
Halbwort n
Hall constant, Hall coefficient
Hall-Konstante f
Hall effect [generation of a voltage
perpendicular to the current in a current-
carrying conductor crossing a magnetic field at
right angles]
Hall-Effekt m [Auftreten einer Spannung
senkrecht zum Strom in einem
stromdurchflossenen Leiter, der ein Magnetfeld
senkrecht kreuzt]
Hall effect device
Halleffektbauteil n
Hall effect sensor
Hallsensor m
Hall generator
Hallgenerator m
Hall mobility
Hall-Beweglichkeit f
Hall modulator
Hallmodulator m

Hall multiplier
  Hallmultiplikator *m*
Hall voltage
  Hall-Spannung *f*
halt instruction
  Haltebefehl *m*
Hamming code [a code employing additional
  check bits for detecting incorrectly transmitted
  characters]
  Hamming-Code *m* [Code, der zusätzliche
  Prüfbits zur Erkennung fehlerhaft
  übertragener Zeichen verwendet]
Hamming distance [number of places in which
  two equally long code words differ; redundant
  codes have a distance > 1, thus enabling
  transmission errors to be automatically
  detected and corrected]
  Hamming-Abstand *m* [Anzahl Stellen, durch
  die sich zwei Codewörter gleicher Länge
  unterscheiden; Codes mit Redundanz haben
  einen Abstand > 1 und ermöglichen eine
  automatische Erkennung und Korrektur von
  Übertragungsfehlern]
handheld computer
  Hand-Rechner *m*
handheld unit
  Handgerät *n*
handling
  Handhabung *f*
hand-print recognizer
  Handschriftleser *m*
handrest
  Handauflage *f*
handset
  Handapparat *m*
handshaking [method of coordinating the timing
  of data transfer between two devices or
  systems, e.g. between processor and peripheral
  unit or between terminal and computer center]
  Quittungsbetrieb *m*, Handshake-Verfahren *n*
  [Verfahren zur zeitlichen Koordinierung der
  Datenübergabe zwischen zwei Bausteinen oder
  Systemen, z.B. zwischen Prozessor und
  Peripheriegerät oder zwischen Terminal und
  Rechenzentrum]
handshaking procedure
  Identifizierungsdialog *m*
handshaking signal
  Quittungssignal *n*, Handshake-Signal *n*
handwritten
  handgeschrieben
handwriting
  Handschrift *f*
hang up, to [unexpected halt in program]
  aufhängen [unerwarteter Halt im Programm]
hard carriage return [closing each line with
  carriage return character, in contrast to soft
  carriage return]
  harter Zeilenumbruch *m* [Abschluß jeder

Zeile mit Wagenrücklauf-Zeichen, im
  Gegensatz zum weichen Zeilenumbruch]
hard copy [printed copy of file stored in
  computer, e.g. program listing]
  Papierkopie *f*, Hardcopy *f* [gedruckte Ausgabe
  einer im Rechner gespeicherten Datei, z.B.
  Programmauflistung]
hard disk configuration
  Festplatten-Konfiguration *f*
hard disk controller
  Festplatten-Controller *m*
hard disk partition
  Festplatten-Partition *f*, Festplatten-
  Speicherbereich *m*
hard hyphen, embedded hyphen, required
  hyphen [normal hyphen contained in a
  hyphened word, in contrast to discretionary or
  soft hyphen]
  harter Bindestrich *m* [im Wort enthaltener
  normaler Bindestrich, im Gegensatz zum
  weichem Bindestrich]
hard-limited integrator
  Integrierer mit harter Begrenzung *m*
hard-sectored [marking of sectors on floppy
  disks with holes that are optically scanned; in
  contrast to soft-sectored]
  hartsektoriert [Sektormarkierung auf
  Disketten mittels Lochstanzungen, die optisch
  abgetastet werden; im Gegensatz zu
  weichsektoriert]
hard-wired [fixed wiring of functional units for
  achieving required functions and sequences; in
  contrast to freely programmable or stored
  program]
  festverdrahtet [feste Verdrahtung der
  Funktionseinheiten, um geforderte Funktionen
  und Abläufe zu verwirklichen; im Gegensatz zu
  speicherprogrammiert]
hard-wired circuit [with fixed connections and
  hence not easily alterable]
  festverdrahtete Schaltung *f* [mit festen
  Verbindungen und somit nicht leicht
  veränderbar]
hard-wired logic [logic circuit with fixed
  functions]
  festverdrahtete Logik *f* [Logikschaltung mit
  unveränderlichen Funktionen]
hardware [equipment in contrast to programs,
  i.e. software]
  Hardware *f* [der gerätetechnische Teil; im
  Gegensatz zu den Programmen, d.h. zur
  Software]
hardware assignment, device assignment
  Gerätezuordnung *f*, Gerätezuweisung *f*
hardware bootstrap [program loader
  implemented in ROM]
  Hardware-Bootstrap *m*, Hardware-Urlader
  m [in ROM implementiertes Ladeprogramm]
hardware check, automatic check, machine

check
automatische Geräteprüfung *f,*
Geräteselbstprüfung *f*
hardware configuration
Hardware-Anordnung *f*
hardware error, malfunction
Hardware-Fehler *m,* Maschinenfehler *m*
hardware key, dongle [hardware-based copy
protection, usually inserted in printer port]
Kopierschutzstecker *m* [wird meistens in
den Druckeranschluß eingesteckt]
hardware protection
Hardware-Sicherung *f*
harmless fault, harmless error
ungefährlicher Fehler *m*
harmonic content
Oberwellengehalt *m*
harmonic distortion [distortion due to
harmonics]
Klirrfaktor *m* [Verzerrung durch Oberwellen]
harmonics
Oberschwingungen *f.pl.*
Hartley circuit [oscillator circuit with feedback
via inductive voltage divider]
Hartley-Oszillatorschaltung *f*
[Oszillatorschaltung mit Rückkopplung über
induktiven Spannungsteiler; auch induktive
Dreipunktschaltung genannt]
hash addressing [calculation of the address by
transforming the key word, e.g. into a
corresponding numerical value via an
algorithm (hash algorithm)]
Hash-Adressierung *f* [Errechnen der Adresse
durch Transformation des jeweiligen
Schlüsselwortes, z.B. in einen entsprechenden
numerischen Wert über einen Algorithmus
(Hash-Algorithmus)]
hash algorithm
Hash-Algorithmus *m*
hash code
Hash-Code *m*
hash number [number used for rapid retrieval of
a record and obtained by transforming the
search key; the hash number is obtained via a
hash algorithm]
Quasizufallszahl *f,* Hash-Zahl *f* [zum raschen
Wiederfinden eines Datensatzes verwendete
Zahl, die durch eine Transformation des
Suchschlüssels gewonnen wird; die Hash-Zahl
erhält man über einen Hash-Algorithmus]
hash search
Hash-Suche *f*
hash table
Hash-Tabelle *f*
hash total, check sum, check total
Überschlagssumme *f,* Kontrollsumme *f*
hashing algorithm
Hashing-Algorithmus *m*
Hayes command codes [modem]

Hayes-Befehlssatz *m* [Modem]
HCI (human-computer interface)
Mensch-Rechner-Schnittstelle *f*
HCMOS technology (high-speed complementary
MOS technology)
Improved CMOS technology allowing the
fabrication of integrated circuits having
considerably higher switching speeds and
greater fan-out than those produced by
conventional CMOS technology.]
HCMOS-Technik *f,* Hochgeschwindigkeits-
CMOS-Technik *f*
Verbesserte CMOS-Technik, die die
Herstellung integrierter Schaltungen mit
erheblich höheren Schaltgeschwindigkeiten
und Ausgangslastfaktoren ermöglicht, als die
konventionelle CMOS-Technik.]
HD diskette, high-density diskette [stores 1.2
MB on 5.25" and 1.44 MB on 3.5" diskettes]
HD-Diskette *f,* High-Density-Diskette *f*
[speichert 1,2 MB auf 5.25"- und 1,44 MB auf
3,5"-Disketten]
HDLC (high-level data link control) [bit-oriented
data transmission protocol standardized by
ISO]
HDLC-Verfahren *n* [von der ISO genormtes,
bitorientiertes Protokoll für die
Datenübertragung]
head alignment [disk drive]
Kopfausrichtung *f* [Laufwerk]
head crash [hard disk drive]
Kopfaufsetzer *m* [Festplattenlaufwerk]
head parking [hard disk drive]
Kopfparken *n* [Festplattenlaufwerk]
head parking track [hard disk]
Parkspur *f* [Festplatte]
header [text at top of every printed page]
Kopfzeile *f* [Text am oberen Rand jeder
gedruckten Seite]
header label
Vorsatz *m,* Anfangsetikett *n,* Anfangskennsatz *m*
header label check
Vorsatzprüfung *f*
heading statement
Kopfanweisung *f*
heapsort algorithm
Heapsort-Algorithmus *m*
heat dissipation
Wärmeabfuhr *f,* Verlustwärme *f*
heat sink
Metal body used to absorb and dissipate heat
from electronic components.
Wärmeableiter *m,* Kühlkörper *m*
Metallischer Körper zur Aufnahme und
Ableitung von Verlustwärme aus
elektronischen Bauelementen.
helical scan recording [recording method for
magnetic tapes]

Schrägspuraufzeichnung *f*
[Aufzeichnungsverfahren für Magnetbänder]
help function
   Hilfe-Funktion *f*
help menu
   Hilfe-Menü *n*
HEMT (high electron-mobility transistor)
Extremely fast field-effect transistor with a
heterostructure. A doped aluminium gallium
arsenide layer is deposited by molecular beam
epitaxy on undoped gallium arsenide. The
heterojunction between them confines the
electrons which diffuse from the AlGaAs layer
to the undoped GaAs where they can move with
great speed. Very fast transistors (with
switching delay times of < 10 ps/gate) based on
this principle and called MODFET, TEGFET
and SDHT are being developed worldwide by
various manufacturers.
   HEMT [Transistor mit hoher
   Ladungsträgerbeweglichkeit]
Extrem schneller Feldeffekttransistor mit
Heterostruktur. Auf undotiertem
Galliumarsenid wird mit Hilfe der
Molekularstrahlepitaxie eine dotierte
Aluminium-Galliumarsenid-Schicht
aufgebracht. Der Heteroübergang zwischen den
beiden Strukturen hält die Elektronen, die aus
der AlGaAs-Schicht diffundieren, in der
undotierten GaAs-Schicht zurück, in der sie
sich mit hoher Geschwindigkeit bewegen
können. Sehr schnelle Transistoren (mit
Schaltverzögerungszeiten von < 10 ps/Gatter)
auf dieser Basis werden weltweit von
verschiedenen Herstellern unter den Namen
MODFET, TEGFET und SDHT entwickelt.
henry (H) [Si unit of inductance]
   Henry *n* (H) [Si-Einheit der Induktivität]
Hercules graphics card, HGC [screen adapter]
   Hercules-Graphikkarte *f,* HGC-Karte *f*
   [Bildschirmadapter]
hermetic package
   hermetisches Gehäuse *n,* hermetisch dichtes
   Gehäuse *n*
hermetic sealing
   hermetische Abdichtung *f*
hertz (Hz) [Si unit of frequency]
   Hertz *n* (Hz) [SI-Einheit der Frequenz]
heterodiode
   Heterodiode *f*
heteroepitaxial layer, heteroepitaxial film
   heteroepitaktische Schicht *f*
heteroepitaxy
The growth of an epitaxial layer with a crystal
structure which differs from that of the
substrate on which it is deposited, e.g. the
deposition of a silicon layer on a sapphire
substrate.
   Heteroepitaxie *f*

Das Aufwachsen einer epitaktischen Schicht
aus einem Material, das eine andere
Kristallstruktur aufweist als das Substrat, auf
das es abgeschieden wird, z.B. das Aufbringen
einer Siliciumschicht auf ein Saphirsubstrat.
heterojunction
Junction formed between two dissimilar
semiconductor crystals which have different
energy gaps between their valence and
conduction bands, e.g. the junction between
germanium and gallium arsenide.
   Heteroübergang *m*
Der Übergang, der zwischen zwei
verschiedenartigen Halbleiterkristallen
entsteht, die unterschiedliche Energieabstände
zwischen den Valenz- und Leitungsbändern
haben, z.B. der Übergang zwischen Germanium
und Galliumarsenid.
heterostructure laser [semiconductor laser]
   Heterostrukturlaser *m* [Halbleiterlaser]
heuristic method [solution by trial and error]
   heuristische Methode *f* [Problemlösung
   durch empirische Ermittlung]
heuristic programming
   heuristische Programmierung *f*
heuristic rules, heuristics [rules of thumb used
   for simplifying problem solving]
   heuristische Regeln *f.pl.,* Heuristik *f*
   [Faustregeln zur Vereinfachung einer
   Problemlösung]
hexadecimal digit
   Sedezimalziffer *f,* Hexadezimalziffer *f*
hexadecimal number system, hexadecimal
   notation [number system with the base 16
   represented by the digits 0 to 9 and the letters
   A to F; has a simple relation to binary numbers
   when grouped in four, e.g. the binary number
   1011 0101 has the simpler and shorter
   hexadecimal B5]
   hexadezimales Zahlensystem *n,* sedezimales
   Zahlensystem *n* [Zahlensystem mit der Basis
   16, das durch die Ziffern 0 bis 9 und die
   Buchstaben A bis F dargestellt wird; weist eine
   einfache Beziehung zu Binärzahlen auf, wenn
   sie in Vierergruppen aufgeteilt werden, z.B. die
   Binärzahl 1011 0101 entspricht der kürzeren
   und einfacheren Hexadezimalzahl B5]
HEXFET (hexagonal cell MOS field-effect
   transistor)
Power MOSFET based on a multiplicity of
hexagonal source cells with a double diffused
channel. The source cells are parallel connected
by a continuous sheet of metallization which
forms the source terminal.
   HEXFET [Feldeffekttransistor mit
   hexagonaler Zellenstruktur]
MOS-Leistungstransistor, der auf einer
Vielzahl hexagonaler Source-Zellen mit
doppeldiffundiertem Kanal basiert. Die Source-

Zellen sind über eine ununterbrochene
metallisierte Schicht, die den Sourceanschluß
bildet, parallelgeschaltet.
HGC (Hercules Graphics Card) [screen adapter]
HGC-Karte *f*, **Hercules-Graphikkarte** *f*
[Bildschirmadapter]
hidden file
unsichtbare Datei *f*
hide block
Block unsichtbar machen
hierarchical data base system
hierarchisches Datenbanksystem *n*
hierarchical file [file with tree structure]
hierarchische Datei *f* [Datei mit
Baumstruktur]
high address
höherwertige Adresse *f*
high-current thyristor
Hochstromthyristor *m*
high-current transistor
Hochstromtransistor *m*
high-density diskette, HD diskette [stores 1.2
MB on 5.25" and 1.44 MB on 3.5" diskettes]
High-Density-Diskette *f*, **HD-Diskette** *f*
[speichert 1,2 MB auf 5.25"- und 1,44 MB auf
3,5"-Disketten]
high-durability punched tape
Dauerlochstreifen *m*
high-energy electron
hochenergetisches Elektron *n*
high fidelity (HiFi)
hohe Wiedergabetreue *f*
high frequency, radio frequency (RF)
Hochfrequenz *f* (HF)
high-frequency amplifier
Hochfrequenzverstärker *m*
high-grade component
hochwertiges Bauteil *n*, hochwertiges
Bauelement *n*
high-impedance
hochohmig
high-level compiler
Übersetzer für höhere
Programmiersprachen *m*
high-level data link control (HDLC) [bit-
oriented data transmission protocol
standardized by ISO]
HDLC-Verfahren *n* [von der ISO genormtes,
bitorientiertes Protokoll für die
Datenübertragung]
high-level formatting [in contrast to low-level
formatting]
Formatierung *f* [im Gegensatz zur
Vorformatierung]
high-level language [a problem-oriented
language such as ALGOL, BASIC, COBOL,
FORTRAN, PASCAL, etc.; in contrast to a
machine-oriented language (assembler)]
höhere Programmiersprache *f* [eine

problemorientierte Sprache, wie ALGOL,
BASIC, COBOL, FORTRAN, PASCAL usw.; im
Gegensatz zu einer maschinenorientierten
Sprache (Assemblersprache)]
high-level to low-level propagation time
Laufzeit bei H/L-Pegelwechsel *f*
high-level to low-level transition time
Übergangszeit bei H/L-Pegelwechsel *f*
high memory area, HMA [first 64-kB segment
above 1 MB]
hoher Speicherbereich *m* [erstes 64-kB-
Segment oberhalb 1 MB]
high-noise immunity logic (HNIL)
HNIL-Schaltung *f*, störfeste Schaltung *f*
[logische Schaltung mit hoher Störsicherheit]
high-order bit
höherwertiges Bit *n*
high-order bit position
höchste Bitstelle *f*
high-order digit
Ziffer mit hohem Stellenwert *f*
high-pass filter
Hochpaßfilter *n*
high-performance MOS technology, HMOS
technology
Improved MOS technology allowing higher
packing densities in integrated circuit
fabrication.
Hochleistungs-MOS-Technik *f*, **HMOS-
Technik** *f*
Verbesserte MOS-Technik, die bei der
Herstellung integrierter Schaltungen eine
höhere Packungsdichte ermöglicht.
high range of a binary signal, H-range [the
more positive of the two levels of a binary
signal]
oberer Bereich eines binären Signals *m*, H-
Bereich *m* [der positivere der beiden Pegel
eines binären Signales]
high-resolution graphic display [with high
resolution for graphics]
hochauflösender Graphikbildschirm *m*
[mit hoher Auflösung für Graphik]
High Sierra standard [informal designation of
ISO standard for CD-ROM data structures]
High-Sierra-Standard *m* [informelle
Bezeichnung der ISO-Norm für die CD-ROM-
Dateistruktur]
high-speed access, immediate access
schneller Zugriff *m*
high-speed bus
Hochgeschwindigkeitsbus *m*
high-speed carry
Schnellübertrag *m*
high-speed complementary MOS technology,
HCMOS technology
Improved CMOS technology allowing the
fabrication of integrated circuits having
considerably higher switching speeds and

greater fan-out than those produced by
conventional CMOS technology.]
Hochgeschwindigkeits-CMOS-Technik *f,*
HCMOS-Technik *f*
Verbesserte CMOS-Technik, die die
Herstellung integrierter Schaltungen mit
erheblich höheren Schaltgeschwindigkeiten
und Ausgangslastfaktoren ermöglicht, als die
konventionelle CMOS-Technik.]
high-speed computer
Hochleistungsrechner *m*
high-speed integrated circuit (HSIC) [general
designation for very high-speed digital circuits]
Hochgeschwindigkeits-Schaltung *f,* HSIC-
Schaltung *f* [allgemeine Bezeichnung für sehr
schnelle digitale Schaltungen]
high-speed memory (HSM), high-speed storage,
fast-access storage, immediate-access storage,
zero-access storage
Schnellspeicher *m,* Schnellzugriffsspeicher
m, Speicher mit schnellem Zugriff *m*
high-speed printer
Schnelldrucker *m*
high-speed transistor-transistor logic
(HSTTL) [special TTL family of logic circuits
characterized by short propagation delays]
Transistor-Transistor-Logik mit hoher
Schaltgeschwindigkeit *f* (HSTTL) [spezielle
TTL-Schaltungsfamilie mit kurzen
Verzögerungszeiten]
high-threshold logic (HTL)
Logic family using higher supply voltages (15
V) than other logic families; characterized by
high noise immunity.
Logik mit hoher Schwellwertspannung *f*
(HTL)
Logikfamilie, bei der höhere
Versorgungsspannungen (15 V) als bei anderen
Logikfamilien verwendet werden; zeichnet sich
durch einen hohen Störabstand aus.
high voltage
Hochspannung *f*
high-voltage pulse
Hochspannungsimpuls *m*
highlight, to
hervorheben
highlighting
Hervorheben *n*
highly doped semiconductor
stark dotierter Halbleiter *m,* hochdotierter
Halbleiter *m*
highly integrated
hochintegriert
highway
Vielfachleitung *f,* Multiplexleitung *f*
hinged
aufklappbar
histogram, frequency bar chart [chart showing
frequency distribution by means of vertical

bars]
Histogramm *n* [Diagramm, das die
Häufigkeitsverteilung mittels vertikaler Säulen
zeigt]
hit rate
Trefferrate *f*
HJBT (heterojunction bipolar transistor)
Extremely fast transistor based on gallium
arsenide; the bipolar counterpart of the HEMT
field-effect transistor.
HJBT *m,* Bipolartransistor mit
Heteroübergang *m*
Extrem schneller Transistor auf
Galliumarsenidbasis; das bipolare Gegenstück
zum HEMT-Feldeffekttransistor.
HMOS technology (high performance MOS
technology)
Improved MOS technology allowing higher
packing densities in integrated circuit
fabrication.
HMOS-Technik *f,* Hochleistungs-MOS-
Technik *f*
Verbesserte MOS-Technik, die bei der
Herstellung integrierter Schaltungen eine
höhere Packungsdichte ermöglicht.
HNIL (high-noise immunity logic)
HNIL-Schaltung *f,* störfeste Schaltung *f*
[logische Schaltung mit hoher Störsicherheit]
hold, to
halten
hold mode
Betriebsart "Halten" *f*
hold time
Haltezeit *f*
holding circuit
Halteschaltung *f*
holding current
Haltestrom *m*
hole [semiconductor technology]
Vacancy left by an electron in the valence band
of a semiconductor and behaving like a mobile
positive charge.
Defektelektron *n,* Loch *n,* Elektronenlücke *f*
[Halbleitertechnik]
Fehlendes Elektron im Valenzband eines
Halbleiters, das wie eine bewegliche positive
Ladung wirkt.
hole concentration
Defektelektronenkonzentration *f*
hole conduction, p-type conduction
Charge transport by holes in a semiconductor.
Defektelektronenleitung *f,* Defektleitung *f,*
P-Leitung *f,* Löcherleitung *f*
Ladungstransport in einem Halbleiter durch
Defektelektronen (Löcher).
hole current
The electric current in a semiconductor due to
the migration of holes. Holes are positive
carriers.

Defektelektronenstrom *m*, **Löcherstrom** *m*
Der elektrische Strom in einem Halbleiter, der
durch Löcher (Defektelektronen) hervorgerufen
wird. Löcher sind positive Ladungsträger.

hole density
The density of holes in the valence band of a
semiconductor.
Defektelektronendichte *f*, **Löcherdichte** *f*
Die Dichte der fehlenden Elektronen im
Valenzband eines Halbleiters.

hole mobility
Defektelektronenbeweglichkeit *f*,
Löcherbeweglichkeit *f*

hole pattern [printed circuit boards]
Lochbild *n* [Leiterplatten]

hole trap
Defektelektronenhaftstelle *f*

holographic memory
Hologrammspeicher *m*

holography
Holographie *f*

home computer
Home-Computer *m*, **Heimrechner** *m*

hometaxial-base transistor
Homötaxialbasistransistor *m*

homoepitaxy
The growth of an epitaxial layer having the
same crystal structure as the substrate on
which it is deposited, e.g. the deposition of a
silicon layer on a silicon substrate.
Homöepitaxie *f*
Das Aufwachsen einer epitaktischen Schicht
auf einen Halbleiter, der die gleiche
Kristallstruktur aufweist wie das Substrat, auf
das es abgeschieden wird, z.B. das Aufbringen
einer Siliciumschicht auf ein Siliciumsubstrat.

homojunction
Junction in a semiconductor in which the p-
doped region and the n-doped region have the
same crystal structure.
Homoübergang *m*
Übergang in einem Halbleiter, in dem die P-
und N-dotierten Bereiche die gleiche
Kristallstruktur haben.

homopolar bond, covalent bond
Chemical bond (e.g. in a semiconductor crystal)
in which the binding forces result from the
sharing of electrons by a pair of neighbouring
atoms.
homöopolare Bindung *f*, kovalente Bindung *f*
Chemische Bindung (z.B. in einem
Halbleiterkristall), bei der die Bindungskräfte
durch Elektronen entstehen, die zwei
benachbarten Atomen gleichermaßen
angehören.

hook transistor [pnpn transistor having a much
higher current amplification than a pnp
transistor]
Hakentransistor *m* [PNPN-Transistor mit

einer im Vergleich zu einem PNP-Transistor
viel höheren Stromverstärkung]

horizontal check sum
Quersummenkontrolle *f*

Horn clause [logical programming]
Horn-Klausel *f*, **Hornscher Satz** *m* [logische
Programmierung]

host adapter [SCSI controller for connecting
several peripheral units to computer bus]
Host-Adapter *m* [SCSI-Controller für den
Anschluß mehrerer Peripheriegeräte an den
Rechnerbus]

host computer [central computer providing
services to terminals or satellite computers]
Host-Rechner *m*, Verarbeitungsrechner *m*
[zentraler Dienstleistungsrechner für die
Unterstützung von Datenstationen oder
Satellitenrechnern]

hot-air desoldering
Heißluftentlöten *n*

hot electron [electron in a semiconductor having
a drift energy that is higher than its thermal
energy]
heißes Elektron *n* [Elektron in einem
Halbleiter, dessen Driftenergie größer ist, als
seine thermische Energie]

hot-key [combination of keys for starting
memory resident program]
Hot-Key *m* [Ausführungstastenkombination
für ein speicherresidentes Programm]

hot spot temperature [film integrated circuits]
höchste Schichttemperatur *f* [integrierte
Schichtschaltungen]

hotline, user hotline [telephone line for
answering user questions]
Hotline *f*, Anwender-Hotline *f*
[Telephonleitung für die Beantwortung von
Anwenderfragen]

HPGL (Hewlett-Packard Graphics Language)
[standard command language for plotters]
HPGL [Standard-Befehlssprache für Plotter]

HPIB (Hewlett-Packard Interface Bus) [also
called GPIB bus, IEC bus or IEEE-488 bus]
HPIB [Standardbus, auch GPIB-Bus, IEC-Bus
oder IEEE-488-Bus genannt]

HSIC (high-speed integrated circuit) [general
designation for very high-speed digital circuits]
HSIC-Schaltung *f*, Hochgeschwindigkeits-
Schaltung *f* [allgemeine Bezeichnung für sehr
schnelle digitale Schaltungen]

HSM (high-speed memory), high-speed storage,
fast-access storage, immediate-access storage,
zero-access storage
Schnellspeicher *m*, Schnellzugriffsspeicher
m, Speicher mit schnellem Zugriff *m*

HSTTL (high-speed transistor-transistor logic)
[special TTL family of logic circuits
characterized by short propagation delays]
HSTTL [spezielle TTL-Schaltungsfamilie mit

kurzen Verzögerungszeiten]

HTL (high-threshold logic)
Logic family using higher supply voltages (15 V) than other logic families; characterized by high noise immunity.
HTL, Logik mit hoher Schwellwertspannung *f* Logikfamilie, bei der höhere Versorgungsspannungen (15 V) als bei anderen Logikfamilien verwendet werden; zeichnet sich durch einen hohen Störabstand aus.

Huffman code, Huffman encoding
Huffman-Code *m,* Huffman-Codierung *f*

hum voltage, ripple voltage [interference voltage originating from the power supply]
Brummspannung *f* [Störspannung, die von der Stromversorgung herrührt]

human error, mistake
menschlicher Fehler *m,* Irrtum *m*

hunting
Pendeln *n,* Nachlauf *m*

hybrid circuit [consisting of integrated circuits and discrete components]
Hybridschaltung *f* [bestehend aus integrierten Schaltungen und diskreten Bauelementen]

hybrid computer [a computing system combining the operating modes of analog and digital computers]
Hybridrechner *m* [eine Rechneranlage, die die Arbeitsweise eines Analogrechners mit der eines Digitalrechners kombiniert]

hybrid integrated circuit
An integrated circuit in which the various circuit elements are produced by dissimilar technologies; e.g. a combination of a monolithic integrated circuit and a thin or thick film circuit.
hybride integrierte Schaltung *f,* integrierte Hybridschaltung *f*
Eine integrierte Schaltung, bei der die verschiedenen Schaltungselemente in unterschiedlichen Techniken hergestellt sind; z.B. eine Kombination aus monolithisch integrierter Schaltung mit einer Dünn- oder Dickschichtschaltung.

hybrid interface
hybride Schnittstelle *f*

hybrid microwave circuit
Hybridmikrowellenschaltung *f*

hybrid parameter, h-parameter
Parameter of the four-terminal network equivalent circuit of a transistor. There are four basic h-parameters: h_{11}, short-circuit input impedance; h_{12}, open-circuit reverse voltage transfer ratio; h_{21}, short-circuit forward current transfer ratio; h_{22}, open-circuit output admittance.
h-Parameter *m,* Hybridparameter *m*
Kenngröße bei der Vierpol-Ersatzschaltbild-

Darstellung von Transistoren. Die vier Grundparameter sind: h_{11}, Kurzschluß-Eingangsimpedanz; h_{12}, Leerlauf-Spannungsrückwirkung; h_{21}, Kurzschluß-Vorwärtsstromverstärkung; h_{22}, Leerlauf-Ausgangsadmittanz.

hybrid technology
Hybridtechnik *f*

hypermedia [programm linking different media types, e.g. linking text information with audio and video information]
Hypermedia *n.pl.* [Programm mit Verbindungen zwischen verschiedenen Medienarten, z.B. Verbindungen zwischen Textinformation und Ton- sowie Bildinformationen]

hypertext [retrieval program with links between different text sections, or between text and picture sections, or between different information levels]
Hypertext *m* [Wiederauffindungsprogramm mit Verbindungen zwischen verschiedenen Textteilen, zwischen Text- und Bildteil oder zwischen verschiedenen Informationsebenen]

hypertext link [link in a hypertext system]
Hypertext-Verbindung *f* [Verbindung in einem Hypertextsystem]

hyphen
Bindestrich *m*

hyphenless justification [text formatting without hyphenation]
Trennung ohne Bindestrich *f* [Textformatierung ohne Worttrennungen]

hyphenation
Worttrennung *f,* Silbentrennung *f*

hyphenation program
Worttrennprogramm *n,* Silbentrennprogramm *n*

hysteresis
Hysterese *f*

hysteresis loop [graphical representation of the magnetic flux as a function of magnetizing force in ferromagnetic materials]
Hystereseschleife *f* [graphische Darstellung der magnetischen Feldstärke in Funktion der Magnetisierung bei ferromagnetischen Werkstoffen]

I

I²L (integrated injection logic)
Bipolar technology enabling large-scale
integrated circuits with high packing density,
high switching speed and low power
consumption to be produced. The basic circuit
configuration uses a vertical npn-transistor
with multiple collectors serving as an inverter
and a lateral pnp-transistor serving as current
source by injecting minority charge carriers
into the emitter region of the npn transistor.
Also called MTL technology.
I²L, integrierte Injektionslogik *f*
Bipolare Technik, die die Herstellung von
hochintegrierten Logikschaltungen mit hoher
Packungsdichte, kurzen Schaltzeiten und
kleinen Verlustleistungen ermöglicht. Die
Grundschaltung verwendet einen vertikalen
NPN-Transistor mit mehreren Kollektoren als
Inverter und einen lateralen PNP-Transistor
als Stromquelle, von der
Minoritätsladungsträger in den Emitterbereich
des NPN-Transistors injiziert werden. Wird
auch MTL-Technik genannt.
I/O amplifier, input-output amplifier
E/A-Verstärker *m*, Ein-Ausgangs-Verstärker
I/O area, input-output area
E/A-Bereich *m*, Ein-Ausgabe-Bereich *m*
I/O buffering
E/A-Pufferung *f*
I/O bus
E/A-Bus *m*
I/O circuit, input-output circuit
E/A-Schaltung *f*, Ein-Ausgabe-Schaltung *f*
I/O control, input-output control
E/A-Steuerung *f*, Ein-Ausgabe-Steuerung *f*
I/O data buffer, input-output data buffer
E/A-Datenpuffer *m*, Ein-Ausgabe-Datenpuffer
I/O device, input-output device
E/A-Baustein *m*, E/A-Werk *n*, Ein-Ausgabe-
Baustein *m*
I/O gate, input-output gate
E/A-Tor *n*, Ein-Ausgabe-Tor *n*
I/O gating, input-output gate
E/A-Gatter *n*, Ein-Ausgangs-Gatter *n*
I/O interface, input-output interface
E/A-Schnittstelle *f*, Ein-Ausgabe-Schnittstelle
I/O mapping
E/A-Abbildung *f*
I/O mode, input-output mode
E/A-Modus *m*, Ein-Ausgabe-Modus *m*
I/O port, input-output port
E/A-Anschluß *m*, Eingabe-Ausgabe-Anschluß
I/O processor, input-output processor
Additional processor assigned to a
microprocessor to perform input-output
operations.
E/A-Prozessor *m*, Ein-Ausgabe-Prozessor *m*
Zusätzlicher Prozessor, der einem
Mikroprozessor zugeordnet ist, um Ein-
Ausgabe-Operationen durchzuführen.
I/O queue, input-ouput queue
E/A-Warteschlange *f*, Ein-Ausgabe-
Warteschlange *f*
I/O register
E/A-Register *m*
I/O statement, input-output statement
E/A-Anweisung *f*, Ein-Ausgabe-Anweisung *f*
I/O system, input-output system
E/A-System *n*, Ein-Ausgabe-System *n*
I/O unit, input-output unit
E/A-Einheit *f*, Ein-Ausgabe-Einheit *f*
IBE (ion beam etching [a dry etching process])
Ionenstrahlätzen *n* [ein
Trockenätzverfahren]
IC (integrated circuit)
Electronic circuit that contains all active and
passive circuit elements on a single piece of
semiconductor material. Depending on their
degree of integration, ICs belong to one of the
following categories: SSI (small scale
integration), MSI (medium scale integration),
LSI (large scale integration), VLSI (very large
scale integration), ULSI (ultra large scale
integration) and WSI (wafer scale integration).
Integrated circuits are also known as chips.
IC, Integrierte Schaltung *f*
Elektronische Schaltung, bei der alle aktiven
und passiven Schaltungselemente auf einem
einzigen Halbleiterplättchen enthalten sind. Je
nach Integrationsgrad werden integrierte
Schaltungen in folgende Kategorien eingeteilt:
SSI (Kleinintegration), MSI (mittlere
Integration), LSI (Großintegration), VLSI
(Größtintegration), ULSI
(Ultragrößtintegration) und WSI
(Scheibenintegration). Integrierte Schaltungen
werden auch als Chips bezeichnet.
IC fabrication, IC manufacturing
IC-Fertigung *f*, IC-Herstellung *f*
IC manufacturing technology
IC-Fertigungstechnik *f*
ICE (in-circuit emulator) [system for simulating
the behaviour of a microprocessor; replaces the
microprocessor in a development system]
systemeigene Emulation *f* [System zur
Simulation des Verhaltens eines
Mikroprozessors; wird anstelle des
Mikroprozessors in einem Entwicklungssystem
eingesetzt]
icon, pictogram [graphical symbol, e.g. for an
application program]
Ikon *n*, Piktogramm *n*, Sinnbild *n*, Symbolbild
n [graphisches Symbol z.B. für ein
Anwendungsprogramm]

IDE controller, AT/IDE controller (Integrated Drive Electronics) [controller integrated in drive]
IDE-Controller *m*, AT/IDE-Controller *m* [im Festplattenlaufwerk integrierter Controller]
IDE interface
IDE-Schnittstelle *f*
identification division [one of the four main parts of a COBOL program]
Erkennungsteil *n* [eines der vier Hauptteile eines COBOL-Programmes]
identification marker, identifier
Kennung *f*
identifier, label, designation, tag
Kennzeichnung *f*
identify, to
bezeichnen, identifizieren
identity gate
Identitätsgatter *n*
idle status
Ruhestatus *m*
idle time
Leerzeit *f*
IEC, International Electrotechnical Commission
IEC, Internationale Elektrotechnische Kommission *f*
IEC bus [standard bus for general usage; also known as IEEE-488 bus, GPIB bus or HPIB bus]
IEC-Bus *m* [Standardbus für allgemeine Anwendungen; auch IEEE-488-Bus, GPIB-Bus oder HPIB-Bus genannt]
IEEE, Institute of Electrical and Electronics Engineers
IEEE [Vereinigung der Elektro- und Elektronik-Ingenieure in den USA]
IEEE-488 bus [also known as IEC bus]
IEEE-488-Bus *m* [auch als IEC-Bus bekannt]
IEEE-583/CAMAC bus (Computer Automated Measurement And Control) [standard bus and interfaces for instrumentation]
IEEE-583/CAMAC-Bus *m* [Standardbus und -Schnittstellen für Meßgeräte]
IF-AND-ONLY-IF, equivalence [logical operation having the output (result) 1 if and only if both inputs (operands) have the same value (0 or 1); for all other input values the output is 0]
Äquivalenz *f* [logische Verknüpfung mit dem Ausgangswert (Ergebnis) 1 wenn und nur wenn beide Eingänge (Operanden) den gleichen Wert (0 oder 1) haben; für alle anderen Eingangswerte ist der Ausgangswert 0]
IF statement
WENN-Anweisung *f*
IF-THEN gate
Implikationsglied *n*
IF-THEN operation, implication, conditional implication, inclusion
Logical operation having the output (result) 0 if and only if the first input (operand) is 0 and the second is 1; for all other input values the output is 1.
Implikation *f*, IF-THEN-Verknüpfung *f*, Subjunktion *f*
Logische Verknüpfung mit dem Ausgangswert (Ergebnis) 0, wenn und nur wenn der erste Eingang (Operand) den Wert 0 und der zweite den Wert 1 hat; für alle anderen Eingangswerte ist der Ausgangswert 1.
IF-THEN rule
Wenn-dann-Regel *f*
IFL technology (integrated fuse logic technology)
A gate-array concept for producing semicustom integrated circuits, characterized by a high level of flexibility. The logic functions are defined as in FPLAs, PALs and PGAs by burning out fusible links.
IFL-Technik *f*
Ein Gate-Array-Konzept für die Herstellung von integrierten Semikundenschaltungen, das sich durch große Flexibilität auszeichnet. Die Festlegung der Logikfunktionen erfolgt wie bei FPLAs, PALs und PGAs durch Wegbrennen der Durchschmelzverbindungen.
IGFET (insulated gate field-effect transistor)
Field-effect transistor in which the gate is separated from the conducting channel by a thin dielectric barrier. A voltage applied to the gate terminal controls the current in the channel. IGFETs can be classified as n- or p-channel types and also as enhancement-mode or depletion-mode types.
IGFET, Isolierschicht-Feldeffekttransistor *m*
Feldeffekttransistor, bei dem das Gate durch eine dünne Isolierschicht vom stromführenden Kanal getrennt ist. Durch eine an die Gateelektrode angelegte Spannung wird der Strom im Kanal gesteuert. Man unterscheidet zwischen N- und P-Kanal-Typen sowie zwischen Anreicherungs- und Verarmungs-Typen.
ignore character, cancel character
Ungültigkeitszeichen *n*
ignore instruction
Ungültigkeitsbefehl *m*
IGT (insulated-gate transistor)
Family of power control integrated circuits using conductivity-modulated device technology; it combines bipolar and MOS structures on the same chip.
IGT [Transistor mit isoliertem Gate]
Integrierte Schaltungsfamilie der Leistungselektronik in CMD-Technik (Leitfähigkeitsmodulation), die mit Bipolar- und MOS-Strukturen auf dem gleichen Chip realisiert ist.
illegal character

unzulässiges Zeichen *n*, ungültiges Zeichen n

image, pattern
Abbild *n*, Muster *n*

image, to
abbilden

image backup, mirror backup [complete copy of data medium]
gespiegelte Sicherungskopie *f* [vollständige Kopie des Datenträgers]

image formation
Bildaufbau *m*

image processing
Bildverarbeitung *f*

image scanning, scanning
Bildabtastung *f*

image sensor, vision sensor
Bildsensor *m*

image storage
Bildspeicher *m*

imaginary part [of a complex expression]
Imaginärteil *n* [eines komplexen Ausdrucks]

imaging technique
Abbildungsverfahren *n*

imaging technique [printed circuit boards]
Abbildungsverfahren *n* [Leiterplatten]

IMG file format [graphic file format generated by GEM Paint (Digital Research)]
IMG-Dateiformat *n* [Graphik-Dateiformat erzeugt von GEM Paint (Digital Research)]

immediate address
unmittelbare Adresse *f*

immediate-access storage, zero-access storage
Schnellzugriffsspeicher *m*

immediate operand [operand consisting of instruction without address]
nichtadressierter Operand *m* [Operand, bestehend aus Befehl ohne Adresse]

immersion reflow soldering
Eintauchfließlöten *n*

IMOS technology (ion implanted MOS technology)
Process for manufacturing MOS transistors which uses ion implantation to produce a self-adjusting gate.
IMOS-Technik *f*
Technik für die Herstellung von MOS-Transistoren, bei der durch Ionenimplantation ein selbstjustierendes Gate hergestellt wird.

impact avalanche transit-time diode (IMPATT diode) [microwave semiconductor device]
Lawinenlaufzeitdiode *f*, IMPATT-Diode *f* [Halbleiterbauteil für den Mikrowellenbereich]

impact ionization
Stoßionisation *f*

impact printer [e.g. matrix printer or daisy-wheel printer]
mechanischer Drucker *m* [z.B. Matrixdrucker oder Typenraddrucker]

IMPATT diode (impact avalanche transit time diode) [microwave semiconductor device]
IMPATT-Diode *f*, Lawinenlaufzeitdiode *f* [Halbleiterdiode für den Mikrowellenbereich]

impedance
Impedanz *f*, Scheinwiderstand *m*

impedance coupling
Impedanzkopplung *f*

impedance matching
Widerstandsanpassung *f*, Impedanzanpassung *f*

impedance matching device
Transformationsglied *n*

impedance transformer
Impedanzwandler *m*

imperfection, void [printed circuit board], bad spot [magnetic tape],
Fehlstelle *f* [Leiterplatte, Magnetband]

imperfection [semiconductor technology]
Disordered arrangement of atoms in a semiconductor crystal; can be due e.g. to foreign impurity atoms or defects in the lattice structure.
Fehlordnung *f* [Halbleitertechnik]
Fehlerhafte Anordnung der Atome im Halbleiterkristall; sie kann z.B. durch Störstellen oder Kristallaufbaufehler entstehen.

implantation
Implantation *f*, Implantieren *n*

implantation energy [ion implantation]
Implantationsenergie *f* [Ionenimplantation]

implanted ion
implantiertes Ion *n*

implanted layer [layer in a semiconductor crystal which has been doped by ion implantation]
implantierte Schicht *f* [eine durch Ionenimplantation dotierte Schicht in einem Halbleiterkristall]

implanted region
implantierter Bereich *m*

implausible
nicht plausibel

implement, to [make ready for application]
implementieren, realisieren [einsatzfähige Bereitstellung]

implementation
Implementieren *n*

implementation language [programming language for producing system programs]
Implementierungssprache *f* [Programmiersprache für die Erstellung von Systemprogrammen]

implication, IF-THEN operation, conditional implication, inclusion
Logical operation having the output (result) 0 if and only if the first input (operand) is 0 and the second is 1; for all other input values the output

is 1.
Implikation *f,* IF-THEN-Verknüpfung *f,*
Subjunktion *f*
Logische Verknüpfung mit dem Ausgangswert
(Ergebnis) 0, wenn und nur wenn der erste
Eingang (Operand) den Wert 0 und der zweite
den Wert 1 hat; für alle anderen Eingangswerte
ist der Ausgangswert 1.
implicit
implizit
implicit statement
implizite Anweisung *f*
implied addressing [microprocessor addressing
mode; an address contained within an
instruction]
implizierte Adressierung *f*
[Adressierungsart eines Mikroprozessors; im
Befehl enthaltene Adresse]
impregnate, to
imprägnieren
impregnating machine
Imprägniermaschine *f*
impressed current
eingeprägter Strom *m*
impressed voltage
eingeprägte Spannung *f*
improper fraction
unechter Bruch *m*
improperly formatted, invalid format
falsch formatiert
impurity, dopant atom, foreign atom
[semiconductor technology]
In semiconductors, an atom of a chemical
element other than the crystal into which it has
been introduced for doping purposes, e.g. a
boron atom in a silicon crystal.
Fremdatom *n* [Halbleitertechnik]
Bei Halbleitern ein zu Dotierungszwecken in
ein Kristallgitter eingebrachtes Atom eines
anderen chemischen Elementes, z.B. ein
Boratom in ein Siliciumkristall.
impurity, imperfection [semiconductor
technology]
An impurity atom or a lattice imperfection in a
semiconductor crystal.
Störstelle *f* [Halbleitertechnik]
Fremdatom oder Gitterfehler in einem
Halbleiterkristall.
impurity compensation
The addition of donors to a p-type
semiconductor or of acceptors to an n-type
semiconductor to reduce or compensate the
effect of existing doping properties or to reverse
the type of conduction.
Störstellenkompensation *f*
Das Einbringen von Donatoren in einen P-
Halbleiter oder von Akzeptoren in einen N-
Halbleiter, um die Wirkung der vorhandenen
Dotierung abzuschwächen, zu kompensieren

oder den Leitungstyp umzukehren.
impurity concentration
Störstellenkonzentration *f*
impurity concentration profile
Dotierungsprofil *n*
impurity density
Störstellendichte *f*
impurity diffusion
The introduction of impurity atoms into a
semiconductor by diffusion.
Störstellendiffusion *f*
Das Einbringen von Fremdatomen in einen
Halbleiter durch Diffusion.
impurity exhaustion
Störstellenerschöpfung *f*
impurity level
Störstellenniveau *n*
IMR (interrupt mask register) [determines which
interrupt requests marked in the interrupt
register become effective]
Unterbrechungsmaskenregister *n*
[bestimmt welche im Unterbrechungsregister
gekennzeichneten
Unterbrechungsanforderungen wirksam
werden]
In (indium)
Metallic element used as a dopant impurity
(acceptor atom).
In *n* (Indium)
Metallisches Element, das als Dotierstoff
(Akzeptoratom) verwendet wird.
in-circuit emulator (ICE) [system for
simulating the behaviour of a microprocessor;
replaces the microprocessor in a development
system]
systemeigene Emulation *f* [System zur
Simulation des Verhaltens eines
Mikroprozessors; wird anstelle des
Mikroprozessors in einem Entwicklungssystem
eingesetzt]
in-circuit test (ICT) [process for testing
electronic assemblies]
ICT *n* [Verfahren für die Prüfung von
elektronischen Baugruppen]
in-phase [e.g. signals]
gleichphasig [z.B. Signale]
in-situ alignment
Abgleich nach Einbau *m*
inactive DO-loop [FORTRAN]
inaktive Schleife *f* [FORTRAN]
inactive window
inaktives Fenster *n*
InAs (indium arsenide)
Compound semiconductor used for
optoelectronic components.
InAs *n* (Indiumarsenid)
Verbindungshalbleiter für Bauteile der
Optoelektronik.
incidental time

Nebenzeit *f*

inclusion, IF-THEN operation, implication, conditional implication
Logical operation having the output (result) 0 if and only if the first input (operand) is 0 and the second is 1; for all other input values the output is 1.
Implikation *f,* IF-THEN-Verknüpfung *f,* Subjunktion *f*
Logische Verknüpfung mit dem Ausgangswert (Ergebnis) 0, wenn und nur wenn der erste Eingang (Operand) den Wert 0 und der zweite den Wert 1 hat; für alle anderen Eingangswerte ist der Ausgangswert 1.

inclusion [printed circuit boards]
Einschluß *m* [Leiterplatten]

inclusive-OR, disjunction, Boolean add, logical add [logical operation having the output (result) 0 if and only if each input (operand) has the value 0; for all other input (operand) values the output (result) is 1]
inklusives ODER *n,* Disjunktion *f* [logische Verknüpfung mit dem Ausgangswert (Ergebnis) 0, wenn und nur wenn jeder Eingang (Operand) den Wert 0 hat; für alle anderen Eingangswerte (Operandenwerte) ist der Ausgang (das Ergebnis) 1]

inclusive-OR circuit
inklusives ODER-Gatter *n*

incompatibility
Unverträglichkeit *f,* Inkompatibilität *f*

incorrect diagnostics
Fehldiagnose *f*

increment
Inkrement *n,* Zuwachs *m*

increment, to [increase by steps, e.g. by 1]
inkrementieren, erhöhen [stufenweise Erhöhung, z.B. um 1]

incremental integrator
Inkrementenintegrierer *m*

indent, to [text]
einrücken [Text]

indentation [of text]
Einzug *m* [von Text]

index [list of key items of stored data and the related addresses]
Index *m,* Indextabelle *f* [Liste der Kennbegriffe der gespeicherten Daten und der dazugehörenden Adressen]

index, to; subscript, to
indizieren

index name, subscript name
Indexname *m*

index register [register used for modifying addresses, initializing program branching, etc.]
Indexregister *n* [Register, das zur Adreßänderung, zum Einleiten von Programmverzweigungen usw. verwendet wird]

index storage

Indexspeicher *m*

index track [e.g. of a magnetic storage medium]
Indexspur *f* [z.B. eines magnetischen Speichermediums]

indexed
indiziert

indexed address
indizierter Zugriff *m*

indexed addressing [microprocessor addressing mode; the index register content is added to the address part of the instruction to obtain the actual address]
indizierte Adressierung *f* [Mikroprozessor-Addressierungsart; der Indexregisterinhalt wird zum Adressenteil des Befehls addiert, um die tatsächliche Adresse zu erhalten]

indexed file
indizierte Datei *f*

indexed sequential access
indiziert-sequentieller Zugriff *m,* indexsequentieller Zugriff *m*

indexed sequential access method (ISAM) [based on a combination of direct access to an index and sequential access to the records stored under that index]
indiziert-sequentielle Zugriffsmethode *f* (ISZM), indexsequentielle Zugriffsmethode *f* [basiert auf einer Kombination von direktem Zugriff auf einen Index und sequentiellem Zugriff auf Datensätze, die unter diesem Index gespeichert sind]

indexed sequential file [a file stored sequentially and having direct access to an index]
indiziert-sequentielle Datei *f,* indexsequentielle Datei *f* [eine sequentiell gespeicherte Datei mit direktem Zugriff auf einen Index]

indexed sequential storage
indiziert-sequentielle Speicherung *f,* indexsequentielle Speicherung *f*

indexing
Indizierung *f*

indirect address [address pointing to a storage location containing a second address; in contrast to direct address]
indirekte Adresse *f* [Adresse, die auf einen Speicherplatz hinweist, der eine zweite Adresse enthält; im Gegensatz zur direkten Adresse]

indirect addressing
indirekte Adressierung *f*

indirect plug connector
indirekter Steckverbinder *m*

indium (In)
Metallic element used as a dopant impurity (acceptor atom).
Indium *n* (In)
Metallisches Element, das als Dotierstoff (Akzeptoratom) verwendet wird.

indium antimonide (InSb)
Compound semiconductor used for
optoelectronic components (e.g. infrared-
emitting diodes) and Hall effect devices.
Indiumantimonid *n* (InSb)
Verbindungshalbleiter, der als
Ausgangsmaterial für optoelektronische
Bauelemente (z.B. Lumineszenzdioden für den
nahen Infrarotbereich) und Halleffektbauteile
verwendet wird.

indium arsenide (InAs)
Compound semiconductor used for
optoelectronic components.
Indiumarsenid *n* (InAs)
Verbindungshalbleiter für Bauteile der
Optoelektronik.

indium phosphide (InP)
Compound semiconductor used for producing
optoelectronic components, e.g. photodetectors
and infrared-emitting diodes.
Indiumphosphid *n* (InP)
Verbindungshalbleiter für die Herstellung von
optoelektronischen Bauteilen, z.B. für
Photodetektoren und Lumineszenzdioden für
den nahen Infrarotbereich.

inductance
Induktivität *f*

induction
Induktion *f*

inductive coupling
induktive Kopplung *f*

inductive system [an artificial intelligence
system whose knowledge base comprises
exemplary cases]
Induktionssystem *n* [ein System der
künstlichen Intelligenz, dessen Wissensbasis
aus Fallbeispielen besteht]

inductor, choke
Drossel *f*

industrial electronics
Industrielektronik *f*, industrielle Elektronik *f*

industrial robot
Industrieroboter *m*

ineffective, inoperative
unwirksam

inert gas atmosphere
Schutzgasatmosphäre *f*

inference engine [artificial intelligence]
Inferenzmaschine *f*,
Schlußfolgerungsmaschine *f* [künstliche
Intelligenz]

infinite series
unendliche Reihe *f*

information content
Informationsgehalt *m*

information density, packing density
Informationsdichte *f*

information entropy [a measure for the
average information content]

Informationsentropie *f* [ein Maß für den
mittleren Informationsgehalt]

information processing
Informationsverarbeitung *f*

information rate
Informationsfluß *m*

information retrieval
Informationswiedergewinnung *f*

information retrieval system
Informationswiedergewinnungssystem *n*

information source
Informationsquelle *f*

information theory [mathematical theory of
information processing and storage]
Informationstheorie *f* [mathematische
Theorie der Verarbeitung und Speicherung von
Informationen]

information transmission, information
transfer
Informationsübertragung *f*

infrared-emitting diode (IRED)
Light-emitting diode, usually based on gallium
arsenide, that emits in the near infrared region
of the spectrum. Special infrared-emitting
diodes are used for optical data transmission
via fiber-optic cables.
Infrarotlumineszenzdiode *f* (IRED)
Lumineszenzdiode, meistens auf
Galliumarsenidbasis, die im nahen infraroten
Bereich des Spektrums emittiert. Spezielle
Infrarotlumineszenzdioden werden unter
anderem für die optische Datenübertragung
über Lichtwellenleiter eingesetzt.

infrared mouse
Infrarot-Maus *f*

inherent distortion
Eigenverzerrung *f*

inheritance [in object oriented programming:
passing on class properties to derived classes]
Vererbung *f* [bei der objektorientierten
Programmierung: die Weitergabe von
Klasseneigenschaften an abgeleitete Klassen]

inherited error
mitgeschleppter Fehler *m*

inhibit, disable [inputs or outputs]
Sperren *n*, Abschalten *n* [Ein- bzw. Ausgänge]

inhibit circuit, inhibiting circuit [a circuit
producing an inhibit pulse or a disabling signal]
Sperrschaltung *f*, Inhibitschaltung *f* [eine
Schaltung, die ein Inhibitimpuls bzw. ein
Sperrsignal erzeugt]

inhibit input, disabling input [of a logic circuit]
Inhibiteingang *m*, Sperreingang *m* [einer
logischen Schaltung]

inhibit pulse, disable pulse, disabling signal
[prevents the execution of an operation, e.g. in
a logic circuit]
Inhibitimpuls *m*, Sperrimpuls *m*, Sperrsignal
n [verhindert die Ausführung einer Operation,

z.B. in einer logischen Schaltung]
inhibiting signal
 Blockiersignal *n*
inhibition [circuit], **blocking** [semiconductors]
 Sperrung *f*
initial address, start address
 Anfangsadresse *f*
initial condition
 Anfangsbedingung *f*
initial condition code
 Anfangsbedingungscode *m*
initial input
 Ersteingabe *f*
initial line [of a statement]
 Anfangszeile *f* [einer Anweisung]
initial parameter
 Anfangsparameter *m*
initial point
 Anfangspunkt *m*
initial program loader (IPL), **bootstrap loader**
 [a loading program (utility routine) started
 when the computer is switched on and used for
 loading the operating system, etc.]
 Anfangslader *m*, Urlader *m*,
 Urprogrammlader *m*, Bootstrap-Lader *m* [ein
 Ladeprogramm (Dienstprogramm), das nach
 dem Einschalten des Rechners gestartet und
 u.a. für das Laden des Betriebssystems
 verwendet wird]
initial run
 Erstdurchlauf *m*
initial state
 Grundzustand *m*
initial value
 Anfangswert *m*
initiate, to [data transfer, program loading, etc.]
 einleiten, auslösen [Datentransfer,
 Programmladen usw.]
initiate signal
 Auslösesignal *n*
initialization [computer: initial program
 loading; disk, floppy disk: to format, test and
 label; registers, counters: set to initial value]
 Initialisierung *f* [Rechner: Urladen bzw.
 Betriebssystem laden; Platte, Diskette:
 formatieren, prüfen und kennzeichnen;
 Register, Zähler: Setzen auf Startwert]
initialization program
 Einleitungsprogramm *n*
initialization routine
 Einleitungsroutine *f*
initialize, to [set addresses, counters, etc. to an
 initial value, e.g. to zero]
 initialisieren, normieren [Setzen von
 Adressen, Zählern usw. auf einen Startwert,
 z.B. auf Null]
initially created
 erstmalig erstellt
injection [semiconductor technology]

The introduction of additional charge carriers
into a semiconductor.
 Injektion *f* [Halbleitertechnik]
 Das Einbringen zusätzlicher Ladungsträger in
 einen Halbleiter.
injection current
 Injektionsstrom *m*
injection efficiency
 Injektionswirkungsgrad *m*
injection logic
 Injektionslogik *f*
injector
 Injektor *m*
ink-jet printer
 Non-impact printer in which alphanumeric
 characters are formed by electrostatic
 acceleration of ink particles from one or more
 nozzles.
 Tintenstrahldrucker *m*
 Nichtmechanischer Drucker, bei dem die
 alphanumerischen Zeichen durch
 elektrostatisch beschleunigte Tintentröpfchen,
 die aus einer oder mehreren Düsen austreten,
 gebildet werden.
inoperable, inoperative
 funktionsunfähig
InP (indium phosphide)
 Compound semiconductor used for producing
 optoelectronic components, e.g. photodetectors
 and infrared-emitting diodes.
 InP *n* (Indiumphosphid)
 Verbindungshalbleiter für die Herstellung von
 optoelektronischen Bauteilen, z.B. für
 Photodetektoren und Lumineszenzdioden für
 den nahen Infrarotbereich.
input
 Eingabe *f*, Eingang *m*
input address buffer
 Eingabeadreßpuffer *m*
input admittance [reciprocal value of input
 impedance]
 Eingangsscheinleitwert *m*,
 Eingangsadmittanz *f* [Kehrwert der
 Eingangsimpedanz]
input amplifier
 Eingangsverstärker *m*
input buffer, input buffer storage
 Eingabepuffer *m*, Eingabepufferspeicher *m*
input buffer register
 Eingabepufferregister *n*
input capacitance
 Eingangskapazität *f*
input characteristic [relation between direct
 current and direct voltage at the input of a
 semiconductor device, e.g. base dc current as a
 function of base-emitter dc voltage of a pnp-
 transistor]
 Eingangskennlinie *f* [Zusammenhang
 zwischen Gleichstrom und Gleichspannung am

Eingang eines Halbleiterbausteins, z.B. Basis-
Gleichstrom in Funktion der Basis-Emitter-
Spannung eines PNP-Transistors]
input configuration of a binary circuit
Eingangskonfiguration einer
Binärschaltung *f*
input current
Eingangsstrom *m*
input data
Eingangsdaten *n.pl.*, Eingabedaten *n.pl.*
input data control
Eingangsdatensteuerung *f*
input device
Eingabegerät *n*
input drift
Eingangsdrift *f*
input field
Eingabefeld *n*
input file
Eingabedatei *f*
input gate, input port
Eingangstor *n*
input impedance
Eingangsimpedanz *f*
input instruction, read instruction [for data
transfer, e.g. from external storage or input
unit into main storage]
Eingabebefehl *m*, Lesebefehl *m* [für den
Datentransfer aus einem externen Speicher
oder Eingabegerät in den Hauptspeicher]
input keyboard
Eingabetastatur *f*
input level
Eingangspegel *m*
input load
Eingangsbelastung *f*
input manually, to
eingeben von Hand
input medium [data medium]
Eingabemedium *n* [Datenträger]
input mode
Eingabemodus *m*
input noise voltage
Eingangsrauschspannung *f*
input offset current
Eingangsnullstrom *m*, Eingangs-Offset-
Strom *m*
input offset voltage
Eingangsnullspannung *f*
input-output amplifier, I/O amplifier
Ein-Ausgangs-Verstärker *m*, E/A-
Verstärker *m*
input-output area, I/O area
Ein-Ausgabe-Bereich *m*, E/A-Bereich *m*
input-output bus, I/O bus
Ein-Ausgabe-Bus *m*, E/A-Bus *m*
input-output circuit, I/O circuit
Ein-Ausgabe-Schaltung *f*, E/A-Schaltung *f*
input-output control, I/O control

Ein-Ausgabe-Steuerung *f*, E/A-Steuerung *f*
input-output data buffer, I/O data buffer
Ein-Ausgabe-Datenpuffer *m*, E/A-
Datenpuffer *m*
input-output device, I/O device
Ein-Ausgabe-Baustein *m*, Ein-Ausgabe-Werk
n, E/A-Baustein *m*, E/A-Werk *n*
input-output driver, I/O driver
Ein-Ausgabe-Treiber *m*, E/A-Treiber *m*
input-output gate, I/O gate
Ein-Ausgabe-Tor *n*, E/A-Tor *n*
input-output gating, I/O gating
Ein-Ausgangs-Gatter *n*, E/A-Gatter *n*
input-output instruction I/O instruction
Ein-Ausgabe-Anweisung *f*, E/A-Anweisung *f*
input-output interface, I/O interface
Ein-Ausgangs-Schnittstelle *f*, E/A-
Schnittstelle *f*
input-output port, I/O port [for external units]
Ein-Ausgabe-Anschluß *m*, E/A-Anschluß *m*
[für externe Geräte]
input-output processor, I/O processor
Additional processor assigned to a
microprocessor to perform input-output
operations.
Ein-Ausgabe-Prozessor *m*, E/A-Prozessor *m*
Zusätzlicher Prozessor, der einem
Mikroprozessor zugeordnet ist, um Ein-
Ausgabe-Operationen durchzuführen.
input-output queue, I/O queue
Ein-Ausgabe-Warteschlange *f*, E/A-
Warteschlange *f*
input-output system, I/O system
Ein-Ausgabe-System *n*, E/A-System *n*
input-output unit, I/O unit
Ein-Ausgabe-Einheit *f*, E/A-Einheit *f*
input parameter
Eingangskenngröße *f*
input power
Eingangsleistung *f*
input program [special program for reading in
data]
Eingabeprogramm *n* [spezielles Programm
für das Einlesen von Daten]
input record
Eingabebeleg *m*
input resistance
Eingangswiderstand *m*
input sensitivity
Eingabefeinheit *f*
input signal
Eingangssignal *n*
input stage
Eingangsstufe *f*
input storage
Eingabespeicher *m*
input terminal [e.g. of a digital circuit]
Eingangsanschluß *m* [z.B. einer
Digitalschaltung]

input unit
Eingabeeinheit *f*
input variable [signal parameter, e.g. voltage]
Eingangsgröße *f* [Signalparameter, z.B.
Spannung]
input voltage
Eingangsspannung *f*
input voltage range
Einstellbereich der
Eingangsnullspannung *m*
inquiry specifier
Abfrageparameter *m*
inquiry statement
Abfrageanweisung *f*
inquiry station
A terminal for interrogation purposes, i.e. for
dialog with the computer.
Abfragestation *f*
Eine Datenstation, die für Abfragen, d.h. für
den Dialog mit dem Rechner eingesetzt wird.
inrush current [peak value of current after
switching on]
Einschaltstrom *m*, Einschaltstromstoß *m*
[Spitzenwert des Stromes nach dem
Einschalten]
InSb (indium antimonide)
Compound semiconductor used for
optoelectronic components (e.g. infrared-
emitting diodes) and Hall effect devices.
InSb *n* (Indiumantimonid)
Verbindungshalbleiter, der als
Ausgangsmaterial für optoelektronische
Bauelemente (z.B. Lumineszenzdioden für den
nahen Infrarotbereich) und Halleffektbauteile
verwendet wird.
insert, to [additional characters or text]
einfügen [zusätzliche Zeichen oder Texte
einsetzen]
insertion
Einschiebung *f*
insertion character
Einfügungszeichen *n*
insertion point
Einfügestelle *f*
insertion tool [for components]
Bestückungswerkzeug *n* [für Bauteile]
inside margin
innerer Rand *m*
inside vapour-phase oxidation process
(IVPO) [a process used for the production of
glass fibers]
IVPO-Verfahren *n* [Verfahren, das bei der
Herstellung von Glasfasern eingesetzt wird]
instable state
instabiler Zustand *m*
installation [of a system]
Installation *f*, Aufstellung *f* [einer Anlage]
instance [in object oriented programming: a
concrete example of a class]

Instanz *f* [bei der objektorientierten
Programmierung: ein konkretes Beispiel einer
Klasse]
instantaneous value
Momentanwert *m*
instruction [a programming instruction
specifying an operation]
Befehl *m* [eine Programmieranweisung zur
Ausführung einer Operation]
instruction address [address of storage location
of the instruction]
Befehlsadresse *f* [Adresse des Speicherplatzes
des Befehles]
instruction address register (IAR)
Befehlsadressenregister *n*
instruction block [a group of instructions]
Befehlsblock *m* [eine Gruppe von Befehlen]
instruction chaining [running several
instructions without intermediary of the CPU]
Befehlskettung *f* [Ablauf mehrerer Befehle
ohne Mitwirkung der Zentraleinheit]
instruction cycle
Befehlszyklus *m*
instruction decoder
Befehlsdecodierer *m*
instruction execution
Befehlsausführung *f*, Befehlsabarbeitung *f*
instruction execution time
Befehlsausführungszeit *f*,
Befehlsabarbeitungszeit *f*
instruction format [sequence and type of
constituents of an instruction word]
Befehlsaufbau *m*, Befehlsformat *n*
[Reihenfolge und Art der Bestandteile eines
Befehlswortes]
instruction length [length of an instruction
word in bits]
Befehlslänge *f* [Länge eines Befehlswortes in
bits]
instruction list [table of all instructions with
description of functions]
Befehlsliste *f* [Verzeichnis aller Befehle mit
Beschreibung der Funktionen]
instruction modification
Befehlsänderung *f*
instruction register [stores the instruction
during its execution]
Befehlsregister *n* [speichert den Befehl
während seiner Ausführung]
instruction sequence
Befehlsfolge *f*
instruction set [the complete set of instructions
of a computer or of a programming language]
Befehlsvorrat *m* [Gesamtheit der Befehle
eines Rechners oder einer
Programmiersprache]
instruction word
Befehlswort *n*
instrument transformer

Meßwandler *m*
instrumentation magnetic tape
Magnetband zur Meßwertspeicherung *n*
insulated-gate field-effect transistor (IGFET)
Field-effect transistor in which the gate is
separated from the conducting channel by a
thin dielectric barrier. A voltage applied to the
gate terminal controls the current in the
channel. IGFETs can be classified as n- or p-
channel types and also as enhancement-mode
or depletion-mode types.
Isolierschicht-Feldeffekttransistor *m*
(IGFET)
Feldeffekttransistor, bei dem das Gate durch
eine dünne Isolierschicht vom stromführenden
Kanal getrennt ist. Durch eine an die
Gateelektrode angelegte Spannung wird der
Strom im Kanal gesteuert. Man unterscheidet
zwischen N- und P-Kanal-Typen sowie
zwischen Anreicherungs- und Verarmungs-
Typen.
insulated gate transistor (IGT)
Family of power control integrated circuits
using conductivity-modulated device
technology; it combines bipolar and MOS
structures on the same chip.
IGT [Transistor mit isoliertem Gate]
Integrierte Schaltungsfamilie der
Leistungselektronik in CMD-Technik
(Leitfähigkeitsmodulation), die mit Bipolar-
und MOS-Strukturen auf dem gleichen Chip
realisiert ist.
insulating resistance
Isolationswiderstand *m*
insulating sleeve
Isolierschlauch *m*
insulation
Isolierung *f*
insulation resistance degradation, IR
degradation
Abbau des Isolationswiderstandes *m*
insulator
Isolator *m*
integer number, integer
ganze Zahl *f*, **Ganzzahl** *f*
integer part
ganzzahliger Teil *m*
integer variable
Ganzzahlvariable *f*
integral equation, integral calculus
Integralgleichung *f*, Integralrechnung *f*
integral sign
Integralzeichen *n*
integrated capacitor
integrierter Kondensator *m*
integrated circuit (IC)
Electronic circuit that contains all active and
passive circuit elements on a single piece of
semiconductor material. Depending on their

degree of integration, ICs belong to one of the
following categories: SSI (small scale
integration), MSI (medium scale integration),
LSI (large scale integration), VLSI (very large
scale integration), ULSI (ultra large scale
integration) and WSI (wafer scale integration).
Integrated circuits are also known as chips.
Integrierte Schaltung *f* (IC)
Elektronische Schaltung, bei der alle aktiven
und passiven Schaltungselemente auf einem
einzigen Halbleiterplättchen enthalten sind. Je
nach Integrationsgrad werden integrierte
Schaltungen in folgende Kategorien eingeteilt:
SSI (Kleinintegration), MSI (mittlere
Integration), LSI (Großintegration), VLSI
(Größtintegration), ULSI
(Ultragrößtintegration) und WSI
(Scheibenintegration). Integrierte Schaltungen
werden auch als Chips bezeichnet.
integrated circuit memory
integrierte Speicherschaltung *f*
integrated circuit technology
integrierte Schaltungstechnik *f*
integrated crystal oscillator
integrierter Quarzoszillator *m*
integrated diode
integrierte Diode *f*
integrated fuse logic technology (IFL
technology)
A gate-array concept for producing semicustom
integrated circuits, characterized by a high
level of flexibility. The logic functions are
defined as in FPLAs, PALs and PGAs by
burning out fusible links.
IFL-Technik *f*
Ein Gate-Array-Konzept für die Herstellung
von integrierten Semikundenschaltungen, das
sich durch große Flexibilität auszeichnet. Die
Festlegung der Logikfunktionen erfolgt wie bei
FPLAs, PALs und PGAs durch Wegbrennen der
Durchschmelzverbindungen.
integrated injection logic (I^2L)
Bipolar technology enabling large-scale
integrated circuits with high packing density,
high switching speeds and low power
consumption to be produced. The basic circuit
configuration uses a vertical npn-transistor
with multiple collectors serving as an inverter
and a lateral pnp-transistor serving as current
source by injecting minority carriers into the
emitter region of the npn transistor. Also called
MTL technology.
integrierte Injektionslogik *f* (I^2L)
Bipolare Technik, die die Herstellung von
hochintegrierten Logikschaltungen mit hoher
Packungsdichte, kurzen Schaltzeiten und
kleinen Verlustleistungen ermöglicht. Die
Grundschaltung verwendet einen vertikalen
NPN-Transistor mit mehreren Kollektoren als

Inverter und einen lateralen PNP-Transistor als Stromquelle, von der Minoritätsladungsträger in den Emitterbereich des NPN-Transistors injiziert werden. Wird auch MTL-Technik genannt.

integrated junction capacitor
integrierter Sperrschichtkondensator *m*

integrated microcircuit
integrierte Mikroschaltung *f*

integrated package [collection of programs with a common user interface and unified handling]
integriertes Paket *n* [Programmsammlung mit einer gemeinsamen Benutzeroberfläche und einheitlichen Bedienung]

integrated Schottky logic technology (ISL technology)
A gate array concept for producing semicustom integrated circuits.
ISL-Technik *f*
Ein Gate-Array-Konzept für die Herstellung von integrierten Semikundenschaltungen.

integrating circuit, integrator
integrierende Schaltung *f*, Integrierschaltung *f*

integration levels, degree of integration [classification depending on the number of functions (transistors, gates, etc.) integrated on a chip: SSI, MSI, LSI, VLSI, ULSI, and WSI]
Integrationsstufen *f.pl.* Integrationsgrad *m* [Einteilung nach Anzahl der Funktionen (Transistoren, Gatter usw.), die auf einem Halbleiterplättchen integriert sind: SSI, MSI, LSI, VLSI, ULSI und WSI]

integrator, integrating circuit [circuit whose output signal is the time integral of the input signal]
Integrierer *m* [Schaltung, die am Ausgang das Zeitintegral des Eingangssignals bildet]

integrity, data integrity
Integrität *f*, Datenintegrität *f*

intelligent keyboard [with built-in microprocessor, e.g. for code conversion]
intelligente Tastatur *f* [mit eingebautem Mikroprozessor, z.B. für die Codeumwandlung]

intelligent terminal [with built-in microcomputer, e.g. for text formatting]
intelligentes Terminal *n* [mit eingebautem Mikrorechner, z.B. für Textformatierung]

interactive, in dialog mode
interaktiv, im Dialog

interactive computer graphics
interaktive graphische Datenverarbeitung

interactive display terminal
dialogfähiges Sichtgerät *n*

interactive mode, dialog mode
interaktiver Betrieb *m*, Dialogbetrieb *m*

interactive programming
interaktive Programmierung *f*

interactive query

Dialogabfrage *f*

interactive terminal [for dialog operation]
interaktives Terminal *n* [für den Dialogbetrieb]

interactive traffic [query and reply between terminal and computer]
Dialogverkehr *m* [Austausch von Frage und Antwort zwischen Terminal und Rechner]

interblock gap [space between two consecutive blocks]
Blockzwischenraum *m* [Zwischenraum zwischen zwei aufeinanderfolgenden Blöcken]

interchange format
Austauschformat *n*

interchangeable
untereinander austauschbar, auswechselbar

interconnect path, interconnection
Leitbahn *f*, Leiterbahn *f*, Verbindung *f*

interconnection mask
Mask needed in integrated circuit fabrication (and for semicustom circuits based on gate arrays or similar concepts) to interconnect transistors, logical functions, basic cells, etc.
Verdrahtungsmaske *f*
Maske, die bei der Herstellung von integrierten Schaltungen (und Semikundenschaltungen auf der Basis von Gate-Arrays und ähnlichen Konzepten) für die Verdrahtung von Transistoren, logischen Funktionen, Grundzellen usw. benötigt wird.

interconnection pattern
Leiterbild *n*

interconnection technique
Anschlußtechnik *f*, Verbindungstechnik *f*

interdependent
gegenseitig abhängig

interface [connecting point between sections of a device, equipment or system for transfer of data and control information]
Schnittstelle *f*, Nahtstelle *f*, Interface *n* [Verbindungsstelle zwischen Baustein-, Geräte- oder Systemteilen für die Übertragung von Daten und Steuerinformationen]

interface equipment
Kopplungseinrichtung *f*, Nahtstelleneinrichtung *f*

interface function
Schnittstellenfunktion *f*

interface module
Schnittstellenmodul *m*

interface panel
Anpaßfeld *n*

interface standard [e.g. for asynchronous serial data transmission according to EIA RS-232-C or CCITT V.24]
Schnittstellennorm *f* [z.B. für die asynchrone serielle Datenübertragung gemäß EIA RS-232-C oder CCITT V.24]

interface unit
  Schnittstellengerät *n*
interference filter, interference eliminator,
  noise filter [e.g. in a power supply]
  Entstörfilter *n* [z.B. in der Stromversorgung]
interference level, noise level
  Störpegel *m*
interference-proof [e.g. equipment]
  entstört, störungssicher [z.B. Gerät]
interference suppression [elimination of the
  disturbing effect of undesired signals]
  Entstörung *f* [Beseitigung der Störwirkung
  unerwünschter Signale]
interlaced mode [screen image formed in two
  passes, in contrast to non-interlaced mode]
  Interlaced-Modus *m* [Bildaufbau durch zwei
  Teilbilder, im Gegensatz zu Non-interlaced-
  Modus]
interlaced technique
  Zeilensprung-Verfahren *n*
interlacing [e.g. of pulses in time-division
  multiplex]
  Spreizen *n*, Verzahnen *n* [z.B. von Impulsen
  im Zeitmultiplex]
interlaminar
  interlaminar
interlayer connection [printed circuit boards]
  Lagenverbindung *f* [Leiterplatten]
interleave, to
  verzahnen, verschachteln, überlappen
interleave value [hard disk]
  Interleave-Wert *m* [Festplatte]
interleaved
  verzahnt
interlock
  Verriegelung *f*
interlock circuit
  Verriegelungsschaltung *f*
interlock signal
  Verriegelungssignal *n*
intermediate frequency (IF)
  Zwischenfrequenz *f* (ZF)
intermediate result
  Zwischenergebnis *f*
intermeshing
  Vermaschung *f*
intermittent fault [occurring at irregular
  intervals]
  intermittierende Störung *f* [unregelmäßig
  auftretend]
intermodulation distortion
  Intermodulationsverzerrung *f*
internal clocking
  interne Takterzeugung *f*
internal command
  interner Befehl *m*
internal data bus
  interner Datenbus *m*
internal memory

interner Speicher *m*, Internspeicher *m*
internal synchronization
  Eigensynchronisation *f*
internal thermal resistance
  innerer Wärmewiderstand *m*
internally stored program
  intern gespeichertes Programm *n*
internetworking [connection of several
  networks]
  Netzwerkverbund *m* [Verbund mehrerer
  Netzwerke]
interpolation
  Interpolation *f*
interpret, to
  interpretieren
interpreter
  A program for converting a program written in
  a higher programming language into machine
  language or operation codes of a computer. In
  contrast to a compiler, which converts and then
  executes the entire program, the interpreter
  converts and executes statement by statement.
  An interpreter therefore requires more storage
  space and is significantly slower.
  Interpreter *m*, Interpretierer *m*, Übersetzer *m*
  Ein Programm, das ein in einer höheren
  Programmiersprache geschriebenes Programm
  in Maschinensprache bzw. Befehlscodes des
  Rechners übersetzt. Im Gegensatz zu einem
  Compiler, der die Übersetzung gesamthaft
  durchführt, übersetzt der Interpreter jeweils
  einzelne Programmanweisungen. Der
  Interpreter benötigt deshalb einen größeren
  Speicherplatz und hat wesentlich längere
  Durchlaufzeiten.
interpreter code
  Interpretiercode *m*
interrecord gap, record gap [data recording on
  magnetic tape]
  Satzzwischenraum *m* [Datenaufzeichnung
  auf Magnetband]
interrogate, to
  abfragen
interrogation inquiry, request [general]
  Abfrage *f* [allgemein]
interrogation rate
  Abfragegeschwindigkeit *f*
interrupt (INT), program interrupt [interruption
  of a running program; the program sequence is
  continued after the interruption]
  Unterbrechung *f*, Programmunterbrechung *f*
  [Unterbrechung eines laufenden Programmes;
  der Programmablauf wird nach der
  Unterbrechung fortgesetzt]
interrupt acknowledge [microprocessor signal
  in reply to an interrupt request]
  Unterbrechungsrückmeldung *f*, Quittung
  der Unterbrechungsanforderung *f*
  [Bereitschaftssignal des Mikroprozessors bei

einer Anforderung zur
Programmunterbrechung]
interrupt control
	Unterbrechungssteuerung *f*
interrupt disable
	Unterbrechungssperrung *f*
interrupt enable
	Unterbrechungsfreigabe *f*
interrupt handling
	Unterbrechungsbehandlung *f*
interrupt handshaking signal
	Unterbrechungs-Handshake-Signal *n*
interrupt input
	Unterbrechungseingabe *f*
interrupt level
	Unterbrechungsebene *f*
interrupt logic
	Unterbrechungslogik *f*
interrupt mask
	Unterbrechungsmaske *f*
interrupt mask register (IMR) [determines
	which interrupt requests marked in the
	interrupt register become effective]
	Unterbrechungsmaskenregister *n*
	[bestimmt welche im Unterbrechungsregister
	gekennzeichneten
	Unterbrechungsanforderungen wirksam
	werden]
interrupt mode
	Betriebsart "Eingriff" *f*
interrupt output
	Unterbrechungsausgang *m*
interrupt priority
	Unterbrechungspriorität *f*
interrupt register [contains a bit when an
	interrupt request has been made]
	Unterbrechungsregister *n,*
	Unterbrechungsanforderungsregister *n*
	[enthält ein Bit, wenn eine
	Unterbrechungsanforderung vorliegt]
interrupt request (IRQ) [a signal applied to a
	microprocessor for interrupting the running
	program]
	Unterbrechungsanforderung *f,* IRQ-Signal
	n [ein Signal, das den Mikroprozessor
	auffordert, das laufende Programm zu
	unterbrechen]
interrupt request register, interrupt register
	Unterbrechungsanforderungsregister *n,*
	Unterbrechungsregister *n*
interrupt signal
	Unterbrechungssignal *n*
interrupt state
	Unterbrechungszustand *m*
interrupt vector
	Unterbrechungsvektor *m*
intersection
	Schnittmenge *f*
interstitial atom

Zwischengitteratom *n*
interstitial diffusion [doping technology]
	Diffusion mechanism in which impurity atoms
	wander through the crystal lattice by moving
	from one interstitial site to the next.
	interstitionelle Diffusion *f,* interstitioneller
	Einbau *n* [Dotierungstechnik]
	Diffusionsmechanismus, bei dem Fremdatome
	durch das Kristallgitter wandern, indem sie
	von einem Zwischengitterplatz auf den
	nächsten überspringen.
interstitial site
	Zwischengitterplatz *m*
interval timer
	Intervallzeitgeber *m*
intrinsic conduction [charge transport in an
	intrinsic semiconductor, i.e. in a semiconductor
	that has not been doped with impurities]
	Eigenleitung *f* [Ladungstransport in einem
	Eigenhalbleiter, d.h. in einem nicht dotierten
	Halbleiter]
intrinsic conductivity
	Eigenleitfähigkeit *f*
intrinsic layer
	eigenleitende Schicht *f*
intrinsic material
	eigenleitendes Material *n*
intrinsic mobility [mobility of the electrons in
	an intrinsic semiconductor]
	Eigenbeweglichkeit *f* [Beweglichkeit der
	Elektronen in einem Eigenhalbleiter]
intrinsic safety [protection mode]
	Eigensicherheit *f* [Schutzart]
intrinsic semiconductor
	Semiconductor crystal of practically ideal and
	pure composition in which electron and hole
	densities are practically identical in the case of
	thermal equilibrium.
	Eigenhalbleiter *m,* eigenleitender Halbleiter
	m, Eigenleiter *m,* I-Halbleiter *m*
	Halbleiterkristall von nahezu idealer und
	reiner Beschaffenheit, in dem die Dichten der
	Elektronen und Defektelektronen im Falle des
	thermischen Gleichgewichts nahezu gleich
	sind.
intrinsic zone
	eigenleitende Zone *f*
intrinsically safe [protection mode]
	eigensicher [Schutzart]
invalid address
	ungültige Adresse *f*
invalid bit
	Ungültigkeitsbit *n*
invalid code
	ungültiger Code *m*
invalid format, improperly formatted
	falsch formatiert
invalid instruction
	unzulässiger Befehl *m*

inverse function
Umkehrfunktion *f*
inverse integrator
Umkehrintegrator *m*
inverse SWR [reciprocal value of standing wave ratio, SWR]
Anpassungsfaktor *m* [Reziprokwert des Welligkeitsfaktors]
inverse video, reverse video [dark characters on a bright background, in contrast to normal video display using light characters on a dark background]
negative Bildschirmdarstellung *f*, umgekehrte Bildschirmdarstellung *f* [dunkle Schrift auf hellem Hintergrund, im Gegensatz zur normalen Bildschirmdarstellung mit einer hellen Schrift auf dunklem Hintergrund]
inversion, NOT function, complementation, negation [single-input logical operation which inverts or negates the input, i.e. the output is 1 if the input is 0 and vice-versa]
Negation *f*, NICHT-Verknüpfung *f* [einstellige logische Verknüpfung, die den Eingangswert negiert; d.h. der Ausgangswert ist 1, wenn der Eingangswert 0 ist und umgekehrt]
inversion [semiconductor technology]
The transition from n-type conduction to p-type conduction or vice-versa.
Inversion *f* [Halbleitertechnik]
Der Übergang von N- zu P-Leitung oder umgekehrt.
inversion channel [semiconductor technology]
Inversionskanal *m* [Halbleitertechnik]
inversion charge
Inversionsladung *f*
inversion layer
Inversionsschicht *f*
inversion region
Inversionsgebiet *n*
invert, to
invertieren, umkehren
inverted file [file organized according to a secondary key via an index]
invertierte Datei *f* [Datei, die nach einem Sekundärschlüssel über einen Index organisiert ist]
inverted list [lists all addresses of records containing a secondary key]
invertierte Liste *f* [Auflistung aller Adressen von Sätzen, die einen Sekundärschlüssel enthalten]
inverter, NOT element, negation element [digital computing: carries out the NOT function, i.e. the logical operation of inversion]
Negationsglied *n*, NICHT-Glied *n*, Negator *m* [Digitalrechentechnik: führt die Negation bzw. die NICHT-Funktion aus]
inverter [analog computing: an operational amplifier that multiplies the input value by -1]

Inverter *m* [Analogrechentechnik: ein Operationsverstärker, der den Eingangswert mit -1 multipliziert]
inverter stage
Inverterstufe *f*
inverting circuit, NOT circuit
Inverterschaltung *f*, NICHT-Schaltung *f*
inverting input
invertierender Eingang *m*
ion [semiconductor technology]
Atom (e.g. in a semiconductor crystal) which becomes electrically charged by the gain or loss of one or more electrons.
Ion *n* [Halbleitertechnik]
Atom (z.B. in einem Halbleiterkristall), das durch Aufnahme oder Abgabe eines oder mehrerer Elektronen elektrisch geladen wird.
ion beam etching (IBE) [a dry etching process]
Ionenstrahlätzen *n* [ein Trockenätzverfahren]
ion beam lithography
Ionenstrahllithographie *f*
ion beam mixing
Ionenstrahlmischen *n*
ion bombardment
Ionenbeschuß *m*
ion conduction
Charge transport in a semiconductor crystal by the movement of ions.
Ionenleitung *f*
Ladungstransport in einem Halbleiterkristall durch Ionenwanderung.
ion implantation [doping technology]
A process for introducing impurities into a semiconductor crystal by ion bombardment. The process allows precise dosage of the dopant impurities.
Ionenimplantation *f* [Dotierungstechnik]
Ein Verfahren zum Einbringen von Fremdatomen in einen Halbleiterkristall durch Ionenbeschuß. Mit dem Verfahren läßt sich eine besonders genaue Dosierung der Dotierung erzielen.
ion implanted MOS technology (IMOS technology)
Process for manufacturing MOS transistors which uses ion implantation to produce a self-adjusting gate.
IMOS-Technik *f*
Technik für die Herstellung von MOS-Transistoren, bei der durch Ionenimplantation ein selbstjustierendes Gate hergestellt wird.
ion mobility
Ionenbeweglichkeit *f*
ion printer
Ionendrucker *m*
ion projection lithography
Ionenprojektionslithographie *f*
ion trap

Ionenhaftstelle *f*

ionic bond, electrovalent bond, electrostatic bond
Chemical bond (e.g. in a semiconductor crystal), in which electrons in the outer shell (valence electrons) are transferred from one atom to a neighbouring atom, thus forming ions which are held together by electrostatic attraction.
ionische Bindung *f,* Ionenbindung *f,* heteropolare Bindung *f*
Chemische Bindung (z.B. in einem Halbleiterkristall), bei der Elektronen der äußersten Schale (Valenzelektronen) bei zwei verschiedenen, nahe beieinanderliegenden Atomen von einem Atom zum anderen übergehen, wodurch Ionen entstehen, die durch elektrostatische Kräfte zusammengehalten werden.

ionic semiconductor
Ionenhalbleiter *m*

ionization
Ionisierung *f*

ionization energy [semiconductor technology]
Austrittsarbeit *f,* Ionisierungsenergie *f* [Halbleitertechnik]

IOP (input-output processor), I/O processor
Additional processor assigned to a microprocessor to perform input-output operations.
Ein-Ausgabe-Prozessor *m,* E/A-Prozessor *m*
Zusätzlicher Prozessor, der einem Mikroprozessor zugeordnet ist, um Ein-Ausgabe-Operationen durchzuführen.

IP terminal [Information Provider terminal]
Btx-Terminal *n* [Bildschirmtext-Station]

IPL (initial program loader), bootstrap loader [a loading program (utility routine) started when the computer is switched on and used for loading the operating system, etc.]
Anfangslader *m,* Urlader *m,* Urprogrammlader *m,* Bootstrap-Lader *m* [ein Ladeprogramm (Dienstprogramm), das nach dem Einschalten des Rechners gestartet und u.a. für das Laden des Betriebssystems verwendet wird]

IR degradation, insulation resistance degradation
Abbau des Isolationswiderstandes *m*

IRED (infrared-emitting diode)
Light-emitting diode, usually based on gallium arsenide, that emits in the near infrared region of the spectrum. Special infrared-emitting diodes are used for optical data transmission via fiber-optic cables.
IRED, Infrarotlumineszenzdiode *f*
Lumineszenzdiode, meistens auf Galliumarsenidbasis, die im nahen infraroten Bereich des Spektrums emittiert. Spezielle Infrarotlumineszenzdioden werden unter anderem für die optische Datenübertragung über Lichtwellenleiter eingesetzt.

IRQ, interrupt request [a signal applied to a microprocessor for interrupting the running program]
IRQ-Signal *n,* Unterbrechungsaufforderung *f* [ein Signal, das den Mikroprozessor auffordert, das laufende Programm zu unterbrechen]

irradiation, radiation
Strahlung *f,* Abstrahlung *f*

irradiation damage [crystal defect]
Structural damage to the crystal lattice in a semiconductor region as a result of ion implantation. Crystal damage can be removed by heat treatment or with the aid of a laser beam.
Strahlenschaden *m* [Kristallfehler]
Durch Ionenimplantation geschädigte Kristallgitterstruktur eines Halbleiterbereiches. Die geschädigte Schicht kann durch eine thermische Nachbehandlung oder mit Hilfe von Laserstrahlen restauriert werden.

irrecoverable error
nicht behebbarer Fehler *m*

irrelevant data
unwesentliche Daten *n.pl.,* bedeutungslose Daten *n.pl.*

irreversible process
irreversibler Prozeß *m*

ISA (Industry Standard Architecture) [16-bit bus system for AT class of IBM PCs]
ISA [Industrie-Standard-Architektur, 16-Bit-Bussystem für die AT-Klasse des IBM PC]

ISAM, indexed sequential access method [based on a combination of direct access to an index and sequential access to the records stored under that index]
ISZM, indiziert-sequentielle Zugriffsmethode *f* [basiert auf einer Kombination von direktem Zugriff auf einen Index und sequentiellem Zugriff auf Datensätze, die unter diesem Index gespeichert sind]

ISDN (Integrated Services Digital Network) [integrated network for telephone, texts, images and data]
ISDN, dienstintegriertes Digitalnetzwerk *n* [integriertes Netzwerk für Telephon, Texte, Bilder und Daten]

ISDN expansion board
ISDN-Erweiterungskarte *f*

ISFET (ion-sensitive field-effect transistor)
ISFET [spezieller Isolierschicht-Feldeffekttransistor]

ISL technology (integrated Schottky logic technology)
A gate array concept for producing semicustom integrated circuits.
ISL-Technik *f*

Ein Gate-Array-Konzept für die Herstellung
von integrierten Semikundenschaltungen.
ISO, International Organisation for
Standardization
ISO, Internationale Organisation für die
Normung
ISO 7-bit code [code with 128 combinations
standardized by ISO; national definition of free
combinations leads, for example, to the ASCII
code and the DIN 66003 code]
ISO-7-Bit-Code m [von der ISO genormter
Code mit 128 Code-Kombinationen; durch
nationale Festlegung der freigehaltenen
Kombinationen erhält man z.B. den ASCII-
Code und den Code nach DIN 66003]
ISO reference model, OSI model (Open System
Interconnection) [computer network model
based on seven layers; typical physical (layer
one) protocols are RS-232-C and V.24]
ISO-Referenzmodell n, OSI-Modell n
[Rechnerverbundmodell mit sieben
Funktionsschichten; typische Protokolle der
physikalischen (ersten) Schicht sind RS-232-C
und V.24]
isolating circuit, decoupling circuit
Trennschaltung f, Entkopplungsschaltung f
isolating stage, decoupling stage
Trennstufe f, Entkopplungsstufe f
isolation diode
Trenndiode f
isolation transformer, decoupling transformer
Trennübertrager m, Entkopplungsübertrager
isoplanar technology
Isolation technique for bipolar integrated
circuits which provides isolation between the
various circuit structures by local oxidation of
silicon.
Isoplanartechnik f
Isolationsverfahren für bipolare integrierte
Schaltungen, bei dem die einzelnen Strukturen
der Schaltung durch lokale Oxidation von
Silicium voneinander isoliert werden.
italics
Kursivschrift f, Schrägschrift f
item [a single item of data]
Element n [ein einzelnes Datenelement]
item [in reliability calculation: a system,
subsystem, unit, etc.]
Betrachtungseinheit f [bei der
Zuverlässigkeitberechnung: System, Anlage,
Gerät usw.]
item data description
Grunddatenbeschreibung f
iteration [repeated execution of an arithmetic
operation, of a program section or of an
algorithm]
Iteration f [wiederholte Anwendung einer
Rechenoperation, eines Programmteils oder
eines Algorithmus]

iteration loop [of a program]
Iterationsschleife f [eines Programmes]
iterative division
schrittweise Division f, iterative Division f
iterative operation
iterative Operation f
IVPO (inside vapour-phase oxidation process) [a
process used for the production of glass fibers]
IVPO-Verfahren n [Verfahren, das bei der
Herstellung von Glasfasern eingesetzt wird]

J

jack [connector component]
Buchse *f* [Verbindungselement]
JEDEC (Joint Electronic Device Engineering Council)
JEDEC [eine Normungsorganisation in den USA]
JFET, junction field-effect transistor
A field-effect transistor in which the gate region forms one or more pn-junctions with the conductive channel. Reverse bias voltage applied to the junctions creates depletion layers which extend into the channel region as gate voltage is increased and reduce the effective width of the conductive path. Hence current conduction between the source and drain regions is controlled by the voltage applied to the gate terminal.
SFET *m*, Sperrschicht-Feldeffekttransistor *m*
Feldeffekttransistor, dessen Gatezone mit dem stromführenden Kanal einen oder mehrere PN-Übergänge bildet. Durch Anlegen einer Sperrspannung an die PN-Übergänge entstehen Raumladungszonen, die sich bei Erhöhung der Gatespannung in den Kanal hinein ausdehnen und die Strombahn einschnüren. Somit steuert die Gatespannung den Strom zwischen Source und Drain.
jitter [fluctuation of the timing of a signal or of the change of state of digital signals; generalized: time, amplitude, frequency or phase fluctuations]
Jitter *n*, Zittern *n* [Schwankung der zeitlichen Lage eines Signals oder des Zustandswechsels bei Digitalsignalen; verallgemeinert: Zeit-, Amplituden-, Frequenz- oder Phasenschwankungen]
JK flip-flop [flip-flop with two inputs, J and K, and a clock input that triggers the change of state; $J = 1$ and $K = 0$ set the flip-flop (i.e. it goes to state 1); $J = 0$ and $K = 1$ reset the flip-flop (i.e. it goes to state 0); when both inputs are logical 1, the state changes]
JK-Flipflop *n* [Flipflop mit zwei Eingängen, J und K, und einem Takteingang, der den Zustandswechsel auslöst; $J = 1$ und $K = 0$ setzen das Flipflop (d.h. es geht in den Zustand 1); $J = 0$ und $K = 1$ setzen das Flipflop zurück (d.h. es geht in den Zustand 0); sind beide Eingänge logisch 1, wechselt der Zustand]
job, order
Job *m*, Auftrag *m*
job end
Auftragsende *n*
job execution
Auftragsdurchführung *f*

job scheduling
Job-Steuerung *f*
job statement
Job-Anweisung *f*
Josephson effect
Current flow due to tunneling through a very thin insulating layer between two superconductors (metal conductors near 0 K) on which a dc voltage is applied. This effect can be used in the design of high-speed logic circuits (switching time < 100 ps) and memory cells.
Josephson-Effekt *m*
Stromfluß infolge Tunnelung durch eine sehr dünne Isolationsschicht zwischen zwei Supraleitern (metallische Leiter nahe 0 K), an die eine Gleichspannung angelegt ist. Dieser Effekt kann für sehr schnelle Logikschaltungen (Schaltzeit < 100 ps) und Speicherzellen genutzt werden.
Josephson junction
Josephson-Übergang *m*
Josephson junction circuit [circuit based on the Josephson effect]
Josephson-Element *n* [Bauteil, das auf dem Josephson-Effekt basiert]
joule (J) [SI unit of energy and work]
Joule *n* (J) [SI-Einheit der Energie und Arbeit]
joystick [graphical input device for moving the cursor on the display]
Steuerknüppel *m* [graphisches Eingabegerät zur Steuerung des Zeigers (Cursors) auf dem Bildschirm]
juke box [automatic changer for optical disks]
Jukebox *f* [automatischer Wechsler für optische Speicherplatten]
jump, to [leave program with jump instruction]
abspringen [Verlassen eines Programmes mittels Sprungbefehl]
jump address, transfer address
Sprungadresse *f*
jump condition, branch condition
Sprungbedingung *f*
jump destination, branch destination
Sprungziel *n*
jump instruction, branch instruction [instruction for leaving the normal program sequence and to continue at the given point of the program; in the case of an unconditional jump this is effected always, in the case of a conditional jump only if the given condition is satisfied]
Sprungbefehl *m* [Befehl zum Verlassen des normalen sequentiellen Programmablaufes und Fortsetzung des Programmes an der angegebenen Stelle; beim unbedingten Sprungbefehl geschieht dies in jedem Fall, beim bedingten nur, wenn die angegebene Bedingung erfüllt ist]
jump operation, transfer operation

Sprungoperation *f*
jumper, strap [connection between two
  terminals]
  Brücke *f*, **Drahtbrücke** *f*, **Kurzverbindung** *f*
  [Verbindung zwischen zwei Anschlüssen]
jumper wire
  Schaltdraht *m*
junction
  Region of transition between two
  semiconductor regions having different
  electrical properties, e.g. between a p-type and
  an n-type conducting region.
  Übergang *m*, **Zonenübergang** *m*
  Übergangsgebiet zwischen zwei
  Halbleiterbereichen mit verschiedenen
  elektrischen Eigenschaften, z.B. zwischen
  einem P-leitenden und einem N-leitenden
  Bereich.
junction capacitance
  Sperrschichtkapazität *f*
junction device
  Sperrschichtbauelement *n*
junction diode
  Flächendiode *f*
junction field-effect transistor (JFET)
  A field-effect transistor in which the gate
  region forms one or more pn-junctions with the
  conductive channel. Reverse bias voltage
  applied to the junctions creates depletion layers
  which extend into the channel region as gate
  voltage is increased and reduce the effective
  width of the conductive path. Hence current
  conduction between source and drain is
  controlled by the voltage applied to the gate
  terminal.
  Sperrschicht-Feldeffekttransistor *m*
  (SFET)
  Feldeffekttransistor, dessen Gatezone mit dem
  stromführenden Kanal einen oder mehrere PN-
  Übergänge bildet. Durch Anlegen einer
  Sperrspannung an die PN-Übergänge
  entstehen Raumladungszonen, die sich bei
  Erhöhung der Gatespannung in den Kanal
  hinein ausdehnen und die Strombahn
  einschnüren. Somit steuert die Gatespannung
  den Strom zwischen Source und Drain.
junction formation
  Erzeugung von Übergängen *f*
junction isolation
  Sperrschichtisolation *f*
junction temperature
  Sperrschichttemperatur *f*
junction transistor [bipolar transistor]
  Flächentransistor *m* [Bipolartransistor]
justification [text formatting to obtain even
  margins]
  Randausgleich *m* [Textformatierung, um
  einen ausgeglichenen Rand zu erhalten]
justified text [word processing]

Blocksatz *m* [Textverarbeitung]
justify, to [word processing]
  den Rand ausgleichen, links- oder
  rechtsbündig ausrichten [Textverarbeitung]
justify, to [shift the contents of a register]
  angleichen [Verschieben des Registerinhaltes]

K

Karnaugh map [matrix-like representation of a truth table]
Karnaugh-Diagramm *n,* Karnaugh-Veitch-Diagramm *n* [matrixförmige Darstellung einer Wahrheitstabelle]
kernel [of a modular operating system: lies closest to the hardware and provides basic functions]
Kern *m* [eines modularen Betriebssystems: liegt der Hardware am nächsten und ist zuständig für Grundfunktionen]
kerning [reduced spacing between certain letters]
Unterschneiden *n* [Abstandsverringerung bei bestimmten Buchstaben]
key
Taste *f*
key, primary key
Ordnungsbegriff *m,* Primärschlüssel *m*
key combination
Tastenkombination *f*
key-driven
tastengesteuert
key feedback [acoustic or mechanical (pressure point)]
Tastenrückmeldung *f* [akustisch oder mechanisch (Druckpunkt)]
key field, key item
Schlüsselfeld *n*
key field entry
Schlüsselfeldeintrag *m*
key in, to [of data via keyboard]
eintasten, eingeben [von Daten über Tastatur]
key sequence
Tastenfolge *f*
key-stroke
Tastenanschlag *m*
key term [data base]
Schlüsselbegriff *m* [Datenbank]
key word, keyword
Schlüsselwort *n*
keyboard [keys for entry of data, i.e. letters, digits, symbols]
Tastatur *f* [Tasten für die Eingabe von Daten, d.h. Buchstaben, Ziffern, Symbole]
keyboard and display interface
Tastatur- und Anzeige-Schnittstellenbaustein *m*
keyboard buffer
Tastaturpuffer *m*
keyboard correction, correction entered on keyboard
Korrektur über Tastatur *f*
keyboard driver
Tastaturtreiber *m*

keyboard encoder [generates binary digits according to the code used, e.g. binary digits of the ASCII code in the case of an ASCII keyboard]
Tastaturcodierer *m* [erzeugt die Binärzeichen entsprechend des verwendeten Codes, z.B. bei einer ASCII-Tastatur die Binärzeichen des ASCII-Codes]
keyboard entry, manual input
Tastatureingabe *f,* Handeingabe *f*
keyboard entry error
Tastatureingabefehler *m*
keyboard height
Tastaturbauhöhe *f*
keyboard interlock
Tastensperre *f*
keyboard lock
Tastatursperre *f*
keyboard module
Tastaturbaustein *m*
keystroke
Tastenanschlag *m*
keyword, key word
Schlüsselwort *n*
killing defect [defect reducing the yield in integrated circuit fabrication]
funktionsbeeinträchtigender Defekt *m* [Defekt, der die Ausbeute bei der Herstellung integrierter Schaltungen verringert]
kilobaud [transmission speed of 1000 baud; in the case of binary transmission = 1000 bit/s]
Kilobaud *n* [Übertragungsgeschwindigkeit von 1000 Baud; bei binärer Übertragung = 1000 Bit/s]
kilobyte (kB) [1000 bytes]
Kilobyte *n* (kB) [1000 Byte]
KIPS [measure for computer operating speed in kilo-instructions per second, usually based on 70% additions and 30% multiplications]
KIPS [Maß für die Rechnergeschwindigkeit in Kilobefehle/s, basiert üblicherweise auf 70% Additionen und 30% Multiplikationen]
kit
Bausatz *m*
knowledge base
An artificial intelligence data base which, in contrast to conventional data bases, contains rules, facts and procedures that can be manipulated by the artificial intelligence system (e.g. the inference engine) for solving a problem.
Wissensbank *f*
Datenbank für Systeme der künstlichen Intelligenz, die sich von konventionellen Datenbanken dadurch unterscheidet, daß sie Regeln, Fakten und Prozeduren beinhaltet, die von einem System der künstlichen Intelligenz (z.B. der Inferenzmaschine) zur Bewältigung eines Problems manipuliert werden können.

L

L-level [low level in logic circuits; in positive logic the low level corresponds to logical 0, in negative logic to logical 1]
L-Pegel m, **L-Signal** n [Niedrigpegel bei Logikschaltungen; bei der positiven Logik entspricht der Niedrigpegel dem Zustand logisch 0, bei der negativen Logik dem Zustand logisch 1]

L-level output
L-Signalausgang m

L-range [the low range of a binary signal]
L-Bereich m [der untere Bereich eines binären Signals]

label, identifying label, label record [marks start or end of a tape or file; identifies, describes or delimits tape or file; address part of a jump instruction]
Kennsatz m, **Etikett** n [kennzeichnet Beginn oder Ende eines Bandes bzw. einer Datei; identifiziert, beschreibt oder begrenzt das Band bzw. die Datei; Adressenteil für einen Sprungbefehl]

label, program label
Marke f, **Programmarke** f

lack of leads
Fehlen von Anschlüssen n

lacquer
Lack m

lacquer coating
Lacküberzug m

ladder network [a sequence of two or four-pole elements]
Kettenschaltung f, **Kettennetzwerk** n [aneinandergereihte Glieder oder Vierpole]

laminate
Laminat n, **Schichtstoff** m

laminate, to
laminieren

laminated
beschichtet, laminiert

LAN, local area network [a network within a limited area, e.g. building or company grounds, for the decentral connection of terminals and peripheral equipment; one differentiates between contention accessing (e.g. CSMA/CD, carrier-sense multiple access with collision detection, Ethernet) and token-passing accessing according to IEEE-802 and ECMA]
LAN n, lokales Netz n [ein Netz innerhalb eines begrenzten Bereiches, z.B. Gebäude oder Unternehmensgelände, für den dezentralen Anschluß von Bildschirm- und Peripheriegeräten; man unterscheidet zwischen Konkurrenz- (z.B. CSMA/CD, Ethernet) und Sendeberechtigungs-Verfahren (Token-Zugriffsprotokoll) nach IEEE-802 und ECMA]

LAN Manager [operating system developed by Microsoft for local area networks (LAN)]
LAN-Manager [von Microsoft entwickeltes Betriebssystem für lokale Netzwerke (LAN)]

land, terminal pad [conductive pattern used for connecting components on PCB]
Anschlußauge n, **Lötauge** n [für die Montage von Bauteilen vorgesehener Teil des Leiterbildes bei Leiterplatten]

landless hole [printed circuit boards]
lötaugenloses Loch n [Leiterplatten]

Landmark test [computer benchmark program]
Landmark-Test m [Rechner-Bewertungsprogramm]

landscape [view of image with longest side horizontal, in contrast to portrait]
Querformat n [Ausrichtung eines Bildes mit der längsten Seite horizontal, im Gegensatz zum Hochformat]

laptop computer [small computer for holding on the lap]
Laptop-Computer m [kleiner Rechner, der auf dem Schoß gehalten werden kann]

LARAM (line-addressable random-access memory)
LARAM m, linienadressierbarer Speicher mit wahlfreiem Zugriff m

large-capacity computer
Großrechner m

large-capacity storage
Großraumspeicher m

large optical-cavity laser (LOC) [semiconductor laser having a relatively wide optical cavity]
LOC-Laser m [Halbleiterlaser mit relativ breitem optischen Resonator]

large scale integration (LSI)
Technique resulting in the integration of about 10^5 transistors or logical functions on a single chip.
Großintegration f (LSI)
Integrationstechnik, bei der rund 10^5 Transistoren oder Gatterfunktionen auf einem Chip realisiert sind.

large-signal amplifier
Großsignalverstärker m

laser (light amplification by stimulated emission of radiation) [is used in optoelectronics, metalworking, interferometry, and medical applications]
Laser m (Lichtverstärkung durch angeregte Strahlungsemission) [wird in der Optoelektronik, Metallverarbeitung, Interferometrie und bei medizinischen Anwendungen eingesetzt]

laser annealing, laser healing [semiconductor technology]
Removal of structural damage to the crystal

lattice in a semiconductor region resulting from ion implantation by the use of a laser beam.
Laserausheilung *f,* Laserausheilen *n*
Restaurierung, mit Hilfe von Laserstrahlen, einer durch Ionenimplantation geschädigten Kristallgitterstruktur eines Halbleiterbereiches.

laser beam
Laserstrahl *m*

laser beam scanning
Laserstrahlabtastung *f*

laser beam trimming
Method used for automatic adjustment of film resistors and capacitors with the aid of a laser beam.
Laserstrahltrimmen *n,* Lasertrimmen *n*
Verfahren, mit dem sich ein automatischer Abgleich von Schichtwiderständen und -kondensatoren durchführen läßt.

laser diode, semiconductor laser, diode laser
Semiconductor device that emits coherent light. Light generation occurs at a pn-junction due to carrier injection or electron-beam excitation. The most widely used materials are gallium arsenide and gallium aluminium arsenide.
Laserdiode *f,* Halbleiterlaser *m*
Halbleiterbauteil, das kohärentes Licht emittiert. Die Lichterzeugung erfolgt durch induzierte Emission an einem PN-Übergang. Sie entsteht durch Ladungsträgerinjektion oder Elektronenstrahlanregung. Als Ausgangsmaterialien dienen vorwiegend Galliumarsenid und Galliumaluminiumarsenid.

laser healing, laser annealing [semiconductor technology]
Removal of structural damage to the crystal lattice in a semiconductor region resulting from ion implantation by the use of a laser beam.
Laserausheilung *f,* Laserausheilen *n*
Restaurierung, mit Hilfe von Laserstrahlen, einer durch Ionenimplantation geschädigten Kristallgitterstruktur eines Halbleiterbereiches.

laser plotter
Laser-Plotter *m,* Laser-Zeichengerät *n*

laser printer [high-speed printer using a laser beam for recording on paper]
Laserdrucker *m*
[Hochgeschwindigkeitsdrucker, der einen Laserstrahl für die Aufzeichnung auf Papier benutzt]

laser storage
Laserspeicher *m*

LASOS technology (laser annealed silicon-on-sapphire technology)
Process for removing crystal lattice damage to silicon-on-sapphire structures by the use of a laser beam.

LASOS-Technik *f*
Verfahren zur Ausheilung von Silicium-auf-Saphir-Strukturen mit Hilfe von Laserstrahlen.

latch, set-reset latch, SR latch
A special type of buffer storage used for information storage during a specific time interval. It compensates for differing data transfer speeds between peripheral devices and the microprocessor.
Auffang-Flipflop *n,* Latch *n,* Speicher-Flipflop
Ein spezieller Pufferspeicher, der zur Informationsspeicherung während eines vorgegebenen Zeitintervalls verwendet wird. Er gleicht die unterschiedlichen Übertragungsgeschwindigkeiten im Datenverkehr zwischen Peripheriebausteinen und Mikroprozessor aus.

latching current [smallest current keeping thyristor still in on-state]
Einraststrom *m* [kleinster Strom, bei dem der Thyristor noch im Durchlaßzustand bleibt]

late binding
dynamische Bindung *f*

latency [rotational delay in reading or writing a record to a disk or floppy disk storage; maximum latency is the time for a complete revolution of the disk, average latency is half the maximum value]
Latenzzeit *f,* Zugriffswartezeit *f,* Wartezeit *f*
[rotationsbedingte Verzögerungszeit beim Lesen oder Schreiben eines Datensatzes auf einer Platte oder Diskette; die maximale Latenzzeit ist die Zeit für eine Umdrehung; die mittlere ist die Hälfte des Maximalwertes]

lateral diffusion, side diffusion
The lateral penetration of impurity atoms below the protective oxide layer at the edges of diffusion windows.
Unterdiffusion *f,* laterale Diffusion *f*
Die seitliche Ausbreitung von Dotierungsatomen unter die Oxidschutzschicht an den Kanten der Diffusionsfenster.

lateral diffusion effect, side diffusion effect
Unterdiffusionseffekt *m,* lateraler Diffusionseffekt *m*

lateral transistor
Bipolar transistor in which the emitter- and collector-base junctions are formed in separate areas. The current between the junctions flows in a plane parallel to the transistor surface.
Lateraltransistor *m*
Bipolartransistor, bei dem die Emitter- und Kollektor-Basis-Übergänge in voneinander getrennten Bereichen gebildet werden. Der Stromfluß zwischen den Übergängen erfolgt in einer Ebene, die parallel zur Transistoroberfläche verläuft.

lattice, crystal lattice [semiconductor technology]
Orderly arrangement of atoms in a

semiconductor crystal.
Gitter n, **Kristallgitter** n [Halbleitertechnik]
Regelmäßige Anordnung der Atome in einem
Halbleiterkristall.
lattice constant
Gitterkonstante f
lattice defect, lattice imperfection
Deviation from homogeneous structure in a
crystal, e.g. as a result of impurities, vacancies,
dislocations, grain boundaries, etc.
Gitterfehler m, **Kristallaufbaufehler** m
Abweichung vom regelmäßigen Aufbau eines
Kristalls, z.B. infolge von Fremdatomen,
Leerstellen, Versetzungen, Korngrenzen usw.
lattice dislocation [a lattice defect]
Gitterversetzung f [ein Gitterfehler]
lattice electron [electron bound in the lattice
structure]
Gitterelektron n [Elektron, das an seinen
Gitterplatz gebunden ist]
lattice site, crystal lattice site
Gitterplatz m, **Kristallgitterplatz** m
lattice structure
Gitteraufbau m
lattice vibration
Gitterschwingung f
law of the mean
Mittelwertsatz m
layer [semiconductor technology]
A semiconductor, metal or dielectric layer
grown (epitaxially) or deposited on a supporting
substrate.
Schicht f [Halbleitertechnik]
Eine auf ein Trägermaterial aufgewachsene
(epitaktische), aufgedampfte oder
abgeschiedene Halbleiter-, Metall- oder
Isolierschicht.
layer thickness
Schichtdicke f
layout
Aufbau m [elektrisch]
layout
geometrischer Entwurf m, **Strukturentwurf**
m, **Layout** n
LBV, local bus video [fast bus for connecting
video display]
LBV, Lokalbus-Video n [schneller Bus für
Anschluß des Bildschirms]
LC²MOS technology (linear compatible
complementary MOS technology)
Improved CMOS technology, mainly used for
fabricating monolithic integrated digital-to-
analog converters.
LC²MOS-Technik f
Verbesserte CMOS-Technik, die vorwiegend für
die Herstellung von monolithisch integrierten
Digital-Analog-Umsetzern verwendet wird.
LCC laser (laterally-coupled cavity laser)
[semiconductor laser]

LCC-Laser m [Halbleiterlaser]
LCC technique (leadless chip carrier technique)
[a mounting technique for VLSI integrated
circuits using high-density packages]
LCC-Technik f [Montagetechnik für VLSI
integrierte Schaltungen, bei der Gehäusetypen
hoher Packungsdichte verwendet werden]
LCCC technique (leadless ceramic chip carrier
technique) [a variant of the LCC technique]
LCCC-Technik f [eine Variante der LCC-
Technik]
LCD (liquid crystal display) [an optoelectronic
display consisting of liquid crystals between
two glass plates covered by transparent
conductive coatings having the shape of the
characters to be displayed]
LCD-Anzeige f, **Flüssigkristallanzeige** f
[optoelektronische Anzeige, die aus
Flüssigkristallen zwischen zwei Glasplatten
besteht, die mit einer durchsichtigen,
leitfähigen Beschichtung in Form der
darzustellenden Zeichen versehen sind]
LCDTL (low-current diode-transistor logic)
[special type of diode-transistor logic family,
characterized by low current consumption]
LCDTL [spezielle DTL-Schaltungsfamilie, die
sich durch geringen Stromverbrauch
auszeichnet]
lead, connecting wire
Anschlußdraht m, **Zuleitung** f
leader
Vorspann m
leading end [start of a magnetic tape]
Bandanfang m [Anfang eines Magnetbandes]
leading filler, leading pad [a fill or pad
character stored to the left of a right-justified
file]
führendes Füllzeichen n, führendes
Blindzeichen n [ein Füllzeichen, das links von
einer rechtsbündigen Datei gespeichert wird]
leading zero, leading zeroes [zeroes in front of
the highest position or digit]
führende Null f, **führende Nullen** f.pl. [vor der
höchstwertigen Stelle bzw. Ziffer stehende
Nullen]
leading-zero verification, left-justified zero
verification
Prüfung auf führende Nullen f
leadless ceramic chip carrier technique
(LCCC technique) [a variant of the LCC
technique]
LCCC-Technik f [eine Variante der LCC-
Technik]
leadless chip carrier technique (LCC
technique) [a mounting technique for VLSI
integrated circuits using high-density
packages]
LCC-Technik f [Montagetechnik für VLSI
integrierte Schaltungen, bei der Gehäusetypen

hoher Packungsdichte verwendet werden]
leaf [tree]
   Blatt *n*, **Blattknoten** *m* [Baum]
leakage current
   Leckstrom *m*, Kriechstrom *m*, Ableitstrom *m*
leakage current noise
   Leckstromrauschen *n*
leakage current path
   Kriechstrecke *f*
leakage path
   Kriechweg *m*
leakage resistance
   Leckwiderstand *m*, Ableitwiderstand *m*
leap-frog test [a computer test program
characterized by multiple jumps, i.e. it carries
out logic operations on one storage location
group, transfers itself to another group, checks
the transfer and then repeats the operations
until all storage locations have been tested]
   Bocksprungprüfung *f* [ein
Rechnerprüfprogramm, das durch
Mehrfachsprünge gekennzeichnet ist, d.h. das
Programm führt logische Operationen an einer
Speicherplatzgruppe aus, verschiebt sich auf
eine andere Gruppe, überprüft die Übertragung
und wiederholt die Operationen bis alle
Speicherplätze überprüft worden sind]
learning process
   Lernprozeß *m*, lernender Prozeß *m*
leased line [for data transmission]
   Standleitung *f*, Mietleitung *f* [für
Datenübertragung]
least significant
   niedrigstwertig
least significant bit (LSB) [bit with the lowest
value in a binary number, e.g. 1 in the number
0001]
   niedrigstwertiges Bit *n*, Binärstelle mit der
niedrigsten Wertigkeit *f* (LSB) [Bit mit dem
niedrigsten Stellenwert in einer Binärzahl, z.B.
1 in der Binärzahl 0001]
least significant digit (LSD)
   niedrigstwertige Stelle *f*, Stelle einer Zahl
mit der niedrigsten Wertigkeit *f*
least-squares approximation
   Approximation der kleinsten Quadrate *f*
LED (light-emitting diode)
   Semiconductor component which converts
electric energy into light or infrared radiation.
By recombination of electrons and holes at a
forward biased pn-junction, energy is set free
which is emitted as radiation. LEDs emit red,
green, yellow and blue light in the visible
spectral region and produce radiation in the
near infrared region.
   LED, lumineszenzdiode *f*, **Leuchtdiode** *f*,
lichtemittierende Diode *f*
Halbleiterbauelement, bei dem elektrische
Energie in Licht oder Infrarotstrahlung

umgesetzt wird. Durch Rekombination von
Elektronen und Defektelektronen an einem in
Vorwärtsrichtung betriebenem PN-Übergang
wird Energie frei, die als Licht abgestrahlt
wird. LEDs emittieren im sichtbaren
Spektralbereich in den Farben rot, grün, gelb
und blau sowie im nahen Infrarotbereich.
LED display (light-emitting diode display)
   LED-Anzeige *f*
LED printer [page printer using a light-emitting
diode array instead of a laser beam]
   LED-Drucker *m* [Seitendrucker mit
Leuchtdiodenanordnung anstatt Laserstrahl]
left justification
   Linksausrichtung *f*
left-justified
   linksbündig
left-justify, to
   linksbündig ausführen, links ausgeglichen
left margin
   linker Rand *m*
left parenthesis
   linke Klammer *f*
left shift [move bit patterns to the left]
   Linksverschiebung *f* [Versetzen von
Bitmustern nach links]
left shift, to
   nach links verschieben
leftmost
   höchstwertig
legend, marking [printed circuit boards]
   Beschriftung *f* [Leiterplatten]
letter
   Buchstabe *m*
letter shift
   Buchstabenumschaltung *f*
letter string
   Buchstabenfolge *f*
level
   Pegel *m*
level converter
   Pegelumsetzer *m*
level-operated input
   pegelgesteuerter Eingang *m*
lexical analyzer [LEX in UNIX], scanner
[compiler]
   lexikalischer Analysator *m*, Scanner *m*
[Compiler]
lexical storage [data base]
   Wörterspeicher *m* [Datenbank]
LF (line feed)
   Zeilenvorschub *m*
library [set of related files]
   Bibliothek *f* [Satz verwandter Dateien]
library file
   Bibliotheksdatei *f*
library name
   Bibliotheksname *m*
life, lifetime

Lebensdauer *f*
life expectancy
voraussichtliche Lebensdauer *f*
life test
Lebensdauerprüfung *f*
LIFO memory (last in/first out memory), FILO
(first-in/last-out memory), stack [storage device
operating without address specification and
which reads out data in the reverse order as it
was stored, i.e. the first data word is read out
last; implemented as shift registers or RAM, it
is particularly used for subroutines, i.e. for
storing data before a jump instruction]
LIFO-Speicher *m*, FILO-Speicher *m*,
Kellerspeicher *m*, Stapelspeicher *m*, Stack *m*
[Speicher, der ohne Adreßangabe arbeitet und
dessen Daten in der umgekehrten Reihenfolge
gelesen werden, in der sie zuvor geschrieben
worden sind, d.h. das zuletzt geschriebene
Datenwort wird als erstes gelesen; er wird
mittels Schieberegister oder RAM insbesondere
für die Bearbeitung von Unterprogrammen
verwendet, d.h. für die Datenabspeicherung vor
einem Sprungbefehl]
lift-off technique [lithography]
Abhebetechnik *f* [Lithographie]
**light amplification by stimulated emission
of radiation** (laser) [is used in optoelectronics,
metalworking, interferometry, and medical
applications]
**Lichtverstärkung durch angeregte
Strahlungsemission** (Laser) [wird in der
Optoelektronik, Metallverarbeitung,
Interferometrie und bei medizinischen
Anwendungen eingesetzt]
light emitting diode (LED)
Semiconductor component which converts
electric energy into light or infrared radiation.
By recombination of electrons and holes at a
forward-biased pn-junction, energy is set free
which is emitted as radiation. LEDs emit red,
green, yellow and blue light in the visible
spectral region and produce radiation in the
near infrared region.
Lumineszenzdiode *f,* Leuchtdiode *f,*
lichtemittierende Diode *f,* (LED)
Halbleiterbauelement, bei dem elektrische
Energie in Licht oder Infrarotstrahlung
umgesetzt wird. Durch Rekombination von
Elektronen und Defektelektronen an einem in
Vorwärtsrichtung betriebenem PN-Übergang
wird Energie frei, die als Licht abgestrahlt
wird. LEDs emittieren im sichtbaren
Spektralbereich in den Farben rot, grün, gelb
und blau sowie in nahen Infrarotbereich.
light intensity
Lichtstärke *f*
light pen, electronic pen [a light-sensitive stylus
used for direct data input on the screen; the

stylus is connected to the computer and enables
display elements to be precisely marked or
identified]
Lichtstift *m*, Lichtgriffel *m*, elektronischer
Stift *m* [ein Stift mit lichtempfindlicher Spitze
zur direkten Dateneingabe auf dem Bildschirm;
der mit dem Rechner verbundene Stift
ermöglicht die genaue Markierung bzw.
Identifizierung bestimmter Stellen der
Bildschirmanzeige]
light valve [optoelectronics]
Lichtventil *n* [Optoelektronik]
lightly doped
leicht dotiert, schwach dotiert, niedrigdotiert
LIM (Lotus, Intel, Microsoft) [standard defined
by Lotus, Intel and Microsoft]
LIM *m* [von Lotus, Intel und Microsoft
definierte Norm]
LIM EMS (LIM Expanded Memory Specification)
[manages additional memory as expanded
memory according to Lotus/Intel/Microsoft
(LIM) standard]
LIM-EMS, LIM-Expansionsspeicher *m*
[verwaltet Zusatzspeicher nach Norm von
Lotus/Intel/Microsoft (LIM)]
limit, limitation, limiting
Begrenzung *f*
limit signal
Grenzsignal *n*
limited integrator
Integrierer mit Begrenzung *f*
limited-source diffusion [semiconductor
technology]
Diffusion aus einer erschöpflichen Quelle
f [Halbleitertechnik]
limiter
Begrenzer *m*, Grenzwertstufe *f*
limiter amplifier
Begrenzerverstärker *m*
limiter circuit, limiting circuit
Begrenzerschaltung *f*
limiter diode
Begrenzerdiode *f*
limiter transistor
Begrenzertransistor *m*
line addressable random-access memory
(LARAM)
**linienadressierbarer Speicher mit
wahlfreiem Zugriff** *m* (LARAM)
line addressable storage
zeilenadressierbarer Speicher *m*
line by line
zeilenweise
line counter
Zeilenzähler *m*
line driver [amplifier circuit for connecting and
matching signal lines to a logic circuit]
Leitungstreiber *m* [Verstärkerschaltung für
den Anschluß und die Anpassung von

Signalleitungen an eine Logikschaltung]
line editor, line-oriented editor [displays text
line by line, in contrast to full-screen editor]
Zeileneditor *m*, zeilenorientierter Editor *m*
[zeigt Text Zeile für Zeile an, im Gegensatz
zum Texteditor]
line feed (LF)
Zeilenvorschub *m*
line feed character
Zeilenvorschubzeichen *n*
line graphics
Liniengraphik *f*, Strichgraphik *f*
line number
Zeilennummer *f*
line printer
Zeilendrucker *m*
line segment
Zeilensegment *n*
line switching
Durchschaltbetrieb *m*
line voltage, mains voltage
Netzspannung *f*
line width
Zeilenbreite *f*
linear amplifier [amplifier of high linearity]
Linearverstärker *m* [Verstärker hoher
Linearität]
**linear compatible complementary MOS
technology** (LC^{2}MOS technology)
Improved CMOS technology mainly used for
fabricating monolithic integrated digital-to-
analog converters.
LC^{2}MOS-Technik *f*
Verbesserte CMOS-Technik, die vorwiegend für
die Herstellung von monolithisch integrierten
Digital-Analog-Umsetzern verwendet wird.
linear derating factor
linearer Unterlastungsgrad *m*
linear integrated circuit
lineare integrierte Schaltung *f*
linearity
Linearität *f*
linearity error
Linearitätsfehler *m*
lines per minute (LPM) [printer]
Zeilen pro Minute *f.pl.* [Drucker]
link, data link
Verbindung *f*, Datenverbindung *f*
link, to [computers, devices, etc.]
koppeln [Rechner, Geräte usw.]
link, to [data]
verketten [Daten]
link, to [logically]
verknüpfen [logisch]
link, to [in programming: to combine object code
modules to form an executable program]
binden [bei der Programmierung: das
Verbinden von Objektcodemodulen zu einem
ausführbaren Programm]

linked list
verkettete Liste *f*
linked subroutine
verbundenes Unterprogramm *n*
linking loader, linker [program for linking
several independent program segments and for
loading them subsequently]
Programmbinder *m*, Bindelader *m*
[Programm zum Zusammenfügen von
mehreren unabhängigen Programmsegmenten
und für das anschließende Laden]
LIPS (logical inferences per second) [artificial
intelligence]
LIPS (logische Schlußfolgerungen pro
Sekunde) [künstliche Intelligenz]
liquid crystal [a normally transparent crystal-
like organic liquid which becomes opaque when
an electric field is applied]
Flüssigkristall *m* [eine kristallähnliche, im
normalen Zustand durchsichtige organische
Flüssigkeit, die durch Anlegen eines
elektrischen Feldes undurchsichtig wird]
liquid crystal display (LCD) [an optoelectronic
display consisting of liquid crystals between
two glass plates covered by transparent
conductive coatings having the shape of the
characters to be displayed]
Flüssigkristallanzeige *f*, LCD-Anzeige *f*
[optoelektronische Anzeige, die aus
Flüssigkristallen zwischen zwei Glasplatten
besteht, die mit einer durchsichtigen,
leitfähigen Beschichtung in Form der
darzustellenden Zeichen versehen sind]
liquid phase epitaxy (LPE) [a process for
growing epitaxial layers in semiconductor
component and integrated circuit fabrication]
Flüssigphasenepitaxie *f* [ein Verfahren zur
Herstellung epitaktischer Schichten bei der
Fertigung von Halbleiterbauelementen und
integrierten Schaltungen]
liquid resist
Abdecklack *m*
LISP (list-processing language) [high-level
programming language mainly used for
applications connected with artificial
intelligence, symbolic mathematics and
computing theory]
LISP [höhere Programmiersprache, die
hauptsächlich für Aufgaben im Zusammenhang
mit künstlicher Intelligenz, symbolischer
Mathematik und Rechnertheorie angewendet
wird]
list
Liste *f*
list-directed
listengesteuert
list program generator (LPG), report program
generator (RPG) [program with formatting and
computational functions for the output of user-

specific lists or reports]
Listenprogrammgenerator m,
Listengenerator m [Programm mit Formatier-
und Rechenbefehlen zur Erstellung von
anwenderspezifischen Listen]
listing
Auflistung f
literal [a constant in a programming language
which is directly indicated as an operand, e.g.
the word "FAULT" in the statement "IF X = 0,
PRINT "FAULT""]
Literal n [eine Konstante in einer
Programmiersprache, die direkt als Operand
angegeben ist, z.B. das Wort "FAULT" in der
Anweisung "IF X = 0, PRINT "FAULT""]
literal operand, literal [a numerical or
alphanumerical constant used as operand in
the address field of an instruction; employed
primarily in assembler languages]
Operand an Adreßposition m, Literal n
[eine numerische oder alphanumerische
Konstante als Operand im Adreßfeld eines
Befehls; wird vor allem in Assemblersprachen
verwendet]
lithography, photolithography
Process for reproducing the pattern of a mask
on the wafer. This requires several processing
steps: e.g. coating of the wafer with a
photoresist; placing the mask over the wafer;
alignment of the mask; exposure of the
photoresist through the mask; removal of the
unwanted portions of the resist, etc. There are
several lithographic processes. The most
commonly used is photolithography. Processes
for special applications include electron beam
lithography, ion beam lithography and ion
projection lithography.
Lithographie f, Photolithographie f
Verfahren zum Übertragen des Musters einer
Maske auf die Halbleiterscheibe. Hierzu
werden verschiedene Prozeßschritte benötigt:
z.B. Auftragen eines Photolackes; Auflegen der
Maske; Justieren der Maske; Belichtung des
Photolackes durch die Maske hindurch;
Entfernung der unerwünschten Lackstellen
usw. Es gibt verschiedene Verfahren der
Lithographie. Die häufigste Anwendung findet
die Photolithographie. Zu den Verfahren für
besondere Anwendungen gehören die
Elektronenstrahllithographie, die
Ionenstrahllithographie und die
Ionenprojektionslithographie.
load
Last f, Belastung f
load, to [to transfer a program from an external
storage into main or working storage]
laden [Übertragen eines Programmes aus
einem externen Speicher in den Haupt- bzw.
Arbeitsspeicher]

load-and-go [single loading of compiler for the
conversion of multiple programs]
Laden und Ausführen n [einmaliges Laden
des Compilers für die Übersetzung mehrerer
Programme]
load counter signal
Zählerladesignal n
load error [error due to loading of a computing
element]
Lastfehler m [Fehler infolge Belastung eines
Rechenelements]
load factor
Lastfaktor m
load instruction
Ladebefehl m
load line [control line of a counter or shift
register]
Ladeleitung f [Steuerleitung eines Zählers
oder Schieberegisters]
load rating, rated load
Nennlast f
load resistor
Lastwiderstand m
loading address
Ladeadresse f
loading routine, loading program [program
used for loading programs into working
storage]
Ladeprogramm n, Lader m, Programmlader
m [Programm zum Laden von Programmen in
den Arbeitsspeicher]
LOC laser (large optical-cavity laser)
[semiconductor laser having a relatively wide
optical cavity]
LOC-Laser m [Halbleiterlaser mit relativ
breitem optischen Resonator]
local area network (LAN) [a network within a
limited area, e.g. building or company grounds,
for the decentral connection of terminals and
peripheral equipment; one differentiates
between contention accessing (e.g. CSMA/CD,
carrier-sense multiple access with collision
detection, Ethernet) and token-passing
accessing according to IEEE-802 and ECMA]
lokales Netz n (LAN) [ein Netz innerhalb
eines begrenzten Bereiches, z.B. Gebäude oder
Unternehmensgelände, für den dezentralen
Anschluß von Bildschirm- und
Peripheriegeräten; man unterscheidet zwischen
Konkurrenz- (z.B. CSMA/CD, Ethernet) und
Sendeberechtigungs-Verfahren (Token-
Zugriffsprotokoll) nach IEEE-802 und ECMA]
local bus [fast bus with higher clock frequency
than system bus]
Lokalbus m [schneller bus mit höherer
Taktfrequenz als der Systembus]
local bus technology
Lokalbus-Technik f
local bus video, LBV [fast bus for connecting

video display]
Lokalbus-Video *n*, LBV [schneller Bus für den Anschluß des Bildschirms]
local mode
Lokalbetrieb *m*
local oxidation
Isolation technique for integrated circuits in which isolation regions between the circuit structures are formed by selective localized deposition of oxide layers on the semiconductor wafer with the aid of silicon nitride masks. Several processes are used, e.g. Isoplanar, LOCMOS, LOCOS, LOSOS, MOSAIC, OXIM, OXIS, PLANOX and SATO.
lokale Oxidation *f,* örtlich gezielte Oxidation *f*
Technik für die Isolation der einzelnen Strukturen einer integrierten Schaltung, bei der Oxidschichten selektiv, d.h. örtlich gezielt, mit Hilfe von Siliciumnitridmasken auf die Halbleiterscheibe aufgebracht werden. Es werden verschiedene Verfahren eingesetzt, z.B. Isoplanar, LOCMOS, LOCOS, LOSOS, MOSAIC, OXIM, OXIS, PLANOX und SATO.
local variable
lokale Variable *f*
locally oxidized CMOS technology (LOCMOS technology)
Isolation technique for complementary MOS integrated circuits which provides isolation between the circuit structures by local oxidation of silicon.
oxidisolierte CMOS-Technik *f,* LOCMOS-Technik *f*
Isolationsverfahren für integrierte komplementäre MOS-Schaltungen, bei dem die einzelnen Schaltungsstrukturen durch lokale Oxidation von Silicium voneinander isoliert werden.
location hole [printed circuit boards]
Aufnahmeloch *n* [Leiterplatten]
locator
Lokalisierer *m*
lock in place, to
einrasten
locking
verriegelnd
LOCMOS technology (locally oxidized CMOS technology)
LOCMOS-Technik *f*
LOCOS technology (local oxidation of silicon)
Isolation technique for both bipolar and MOS integrated circuits which provides isolation between the circuit structures by local oxidation of silicon.
LOCOS-Technik *f*
Isolationsverfahren für integrierte Bipolar- und MOS-Schaltungen, bei dem die einzelnen Schaltungsstrukturen durch lokale Oxidation von Silicium voneinander isoliert werden.

log, to
protokollieren
log-on, to; sign-on, to
anmelden
log-on/log-off time, connect time
Anschaltzeit *f,* Aufschaltzeit *f*
logarithm function, log function
Logarithmusfunktion *f*
logarithmic amplifier [amplifier whose output signal corresponds to the logarithm of the input signal]
logarithmischer Verstärker *m* [Verstärker, dessen Ausgangssignal dem Logarithmus des Eingangssignales entspricht]
logging [recording of updates of a data file]
Logging *n* [Aufzeichnen von Veränderungen eines Datenbestandes]
logic
Logik *f*
logic "one"
Binärwert "Eins" *m*
logic "zero"
Binärwert "Null" *m*
logic addition, logical add, Boolean add, inclusive OR, disjunction[Logical operation having the output (result) 0 if and only if each input (operand) has the value 0; for all other inputs (operand values) the output (result) is 1]
Disjunktion *f,* inklusives ODER *n*[Logische Verknüpfung mit dem Ausgangswert (Ergebnis) 0, wenn und nur wenn jeder Eingang (Operand) den Wert 0 hat; für alle anderen Eingangswerte (Operandenwerte) ist der Ausgang (das Ergebnis) 1]
logic analyzer [test unit for logic circuits using binary patterns]
Logikanalysator *m* [Prüfgerät für logische Schaltungen, das Binärmuster verwendet]
logic array
Integrated circuit containing a regular pattern of prefabricated gates interconnected by fusible links. Logic arrays are field-programmable, i.e. logic functions can be implemented by blowing the fusible links, in contrast to mask-programmable gate arrays which require interconnection masks for implementing the desired functions.
Logik-Array *n*
Integrierte Schaltung, die aus einer regelmäßigen Anordnung von vorfabrizierten, über Durchschmelzverbindungen miteinander verdrahteten Gattern besteht. Logik-Arrays sind feldprogrammierbar, d.h. die logischen Funktionen können durch Wegbrennen der Durchschmelzverbindungen festgelegt werden, im Gegensatz zu den maskenprogrammierbaren Gate-Arrays, bei denen die Festlegung der gewünschten Funktionen mittels Verdrahtungsmasken

erfolgt.
logic circuit
  Logikschaltung *f*
logic decision
  logische Entscheidung *f*
logic device
  Logikbaustein *m*
logic element, logical element
  Logikelement *n*
logic family, logic circuit family
  A group of circuits fabricated by the same
  process and exhibiting similar or comparable
  characteristics such as propagation delay, logic
  levels, power dissipation, etc. Typical logic
  families are ECL and TTL.
  Schaltungsfamilie *f,* **Logikfamilie** *f,*
  Logikschaltungsfamilie *f*
  Gruppe von Schaltungen, die nach dem
  gleichen Verfahren hergestellt sind und gleiche
  oder vergleichbare Kenngrößen aufweisen wie
  z.B. Durchlaufverzögerungszeiten, logische
  Pegel, Verlustleistungen usw. Typische
  Schaltungsfamilien sind ECL und TTL.
logic function, logical operation
  logische Verknüpfung *f,* **Verknüpfung** *f,*
  logische Funktion *f*
logic gate, logic element, gate
  A circuit that performs a logical operation, i.e.
  that combines two or more input signals into
  one output signal. There are gates for the
  logical functions AND (= conjunction),
  EXCLUSIVE-OR (= non-equivalence),
  INCLUSIVE-OR (= disjunction), NOT (=
  negation), NAND (= non-conjunction or Sheffer
  function), NOR (= non-disjunction or Peirce
  function), IF-AND-ONLY-IF (= equivalence),
  IF-THEN (= implication) and NOT-IF-THEN (=
  exclusion).
  Verknüpfungsglied *n,* **Gatter** *n*
  Eine Schaltung, die eine logische Operation
  ausführt, d.h. zwei oder mehr Eingangssignale
  zu einem Ausgangssignal verknüpft. Es gibt
  Verknüpfungsglieder für die logischen
  Operationen UND (= Konjunktion), exklusives
  ODER (= Antivalenz), inklusives ODER (=
  Disjunktion), NICHT (= Negation), NAND (=
  Sheffer-Funktion), NOR (= Peirce-Funktion),
  Äquivalenz, Implikation und Inhibition.
logic level [the level H or L for the logical state 1
  or 0 in the case of positive logic and 0 or 1 in
  the case of negative logic]
  Logikpegel *m* [der Pegel H oder L für den
  logischen Zustand 1 oder 0 bei positiver Logik
  bzw. 0 oder 1 bei negativer Logik]
logic operation
  logische Operation *f*
logic probe, logic tester [for determining the
  logic level of any point in a circuit]
  Logiktastkopf *m,* **Logiktester** *m* [zur

Feststellung des logischen Pegels an einer
beliebigen Stelle einer Schaltung]
logic state [logic 1 or logic 0]
  logischer Zustand *m* [logisch 1 oder logisch 0]
logic sum
  logische Summe *f*
logic symbol
  Logiksymbol *n,* Zeichen der Schaltalgebra *n*
logic system
  Logiksystem *n*
logic test
  logische Prüfung *f*
logic variable
  Schaltvariable *f*
**logical add, inclusive-OR, disjunction, Boolean
add**
  Logical operation having the output (result) 0
  if and only if each input (operand) has the value
  0; for all other input values the output is 1.
  inklusives ODER *n,* **Disjunktion** *f*
  Logische Verknüpfung mit dem Ausgangswert
  (Ergebnis) 0, wenn und nur wenn jeder Eingang (Operand) den Wert 0 hat; für alle
  anderen Eingangswerte ist der Ausgangswert 1.
logical assignment statement
  Boolesche Zuweisungsanweisung *f*
logical decision
  Binärentscheidung *f*
logical drive [the result of partitioning a
  physical drive]
  logisches Laufwerk *n* [entsteht durch
  Aufteilung eines physikalischen Laufwerkes]
logical inferences per second (LIPS)
  [artificial intelligence]
  logische Schlußfolgerungen pro Sekunde
  f.pl. (LIPS) [künstliche Intelligenz]
logical instruction
  logischer Befehl *m*
logical multiplication
  logische Multiplikation *f*
logical operation
  Verknüpfung *f,* logische Verknüpfung *f*
logical shift [a shift having the same effect on all
  characters of a word]
  binäres Schieben *f,* **logische Verschiebung** *f*
  [eine Verschiebung, die auf alle Zeichen eines
  Wortes die gleiche Wirkung hat]
login, to
  anmelden, einloggen
login procedure
  Anmeldeprozedur *f*
logoff, to
  abmelden, ausloggen
logoff procedure
  Abmeldeprozedur *f*
long-distance data transmission
  DFÜ, Datenfernübertragung *f*
longest-match principle

Prinzip der größten Übereinstimmung *f*

longitudinal parity, block parity [parity of a data block after completing with a block parity bit; in contrast to vertical parity or character parity]
Längsparität *f,* Blockparität *f* [Parität eines Datenblocks nach Ergänzung durch ein Blockprüfzeichen; im Gegensatz zur Quer- bzw. Zeichenparität]

longitudinal redundancy check character, (LRC character) [parity check, e.g. with magnetic tape recording]
LRC-Zeichen *n,* Längsparitätszeichen *n* [Paritätsprüfung z.B. bei Magnetbandaufzeichnungen]

longtime drift
Langzeitdrift *f*

look-ahead signal
Vorgriffssignal *n*

look-and-feel [user's view of a graphical interface]
Look-and-feel [Benutzersicht einer graphischen Schnittstelle]

loop, program loop [a series of instructions repeatedly carried out]
Schleife *f,* Programmschleife *f* [eine Reihe von Befehlen, die mehrmals durchlaufen wird]

loop counter [counts the number of times a program loop is carried out]
Schleifenzähler *m* [zählt die Anzahl Durchläufe einer Programmschleife]

loop operation
Schleifenoperation *f*

loopback [telecommunications]
Rückschleife *f* [Telekommunikationstechnik]

looping [e.g. of a routine]
durchlaufen [z.B. eines Unterprogrammes]

loose coupling [e.g. between two magnetic circuits]
lose Kopplung *f* [z.B zwischen zwei magnetischen Kreisen]

LOSOS technology (local oxidation of silicon-on-sapphire)
Isolation technique for integrated circuits with silicon-on-sapphire structures which provides isolation between the circuit structures by local oxidation of silicon.
LOSOS-Technik *f*
Isolationsverfahren für integrierte Schaltungen mit Silicium-auf-Saphir-Strukturen, bei dem die einzelnen Strukturen der Schaltung durch lokale Oxidation von Silicium voneinander isoliert werden.

loss angle [e.g. of a capacitor]
Verlustwinkel *m* [z.B. eines Kondensators]

loss factor
Verlustfaktor *m* [elektrischer]

loss of accuracy
Genauigkeitsverlust *m*

lost allocation unit [in file allocation table]
verlorene Zuordnungseinheit *f* [in Datei-Zuordnungstabelle]

lot [production or test quantity]
Los *n* [Fabrikations- bzw. Prüfmenge]

low-access storage
Speicher mit geringer Zugriffszeit *m*

low address
niederwertige Adresse *f*

low frequency
Niederfrequenz *f,* (NF)

low-frequency amplifier
NF-Verstärker *m,* Niederfrequenzverstärker

low-impedance
niederohmig

low-level amplifier, small signal amplifier
Verstärker für niedrige Eingangsspannungen *m*

low-level formatting [physical formatting of a hard disk, i.e. generation of sectors]
Vorformatierung *f* [physikalische Formatierung einer Festplatte, d.h. Erzeugung der Sektoren]

low-level to high-level propagation time
Laufzeit bei L/H-Pegelwechsel *f*

low-level to high-level transition time
Übergangszeit bei L/H-Pegelwechsel *f*

low loss
verlustarm

low-noise amplifier
rauscharmer Verstärker *m*

low-noise component, low-noise device
rauscharmes Bauteil *n,* rauscharmer Baustein *m*

low-order bit
niederwertiges Bit *n*

low-order bit position
niederwertige Bitstelle *f*

low-order byte
niederwertiges Byte *n*

low-order digit
niederwertige Ziffer *f*

low-pass filter
Tiefpaßfilter *n*

low power consumption
geringe Leistungsaufnahme *f*

low-power diode-transistor logic (LPDTL) [Variant of the DTL logic family]
Dioden-Transistor-Logik mit niedriger Verlustleistung *f* (LPDTL) [Variante der DTL-Schaltungsfamilie]

low-power Schottky TTL (LSTTL)
Family of TTL circuits using integrated Schottky barrier diodes to prevent the transistors from saturating. This results in higher switching speeds and considerably reduced power dissipation.
Schottky-TTL mit niedriger Verlustleistung *f* (LSTTL)

TTL-Schaltungsfamilie, die integrierte
Schottky-Dioden zur Vermeidung der Sättigung
der Transistoren verwendet. Dadurch wird die
Schaltgeschwindigkeit erhöht und die
Verlustleistung erheblich herabgesetzt.
low-power TTL (transistor-transistor logic)
TTL mit niedriger Verlustleistung *f*
low-radiation monitor
strahlungsarmes Bildschirmgerät *n*
low range of a binary signal [L-range]
unterer Bereich eines binären Signals *m*
(L-Bereich)
low-speed logic (LSL)
Family of bipolar logic circuits characterized by
high noise immunity.
langsame störsichere Logik *f* (LSL)
Bipolare Schaltungsfamilie, die sich durch hohe
Störsicherheit auszeichnet.
low value
niedriger Wert *m*
low voltage
Niederspannung *f*
lower case character
Kleinbuchstabe *m*
lower limit
untere Grenze *f*
lower logic level, lower level
unterer Logikpegel *m*, unterer Pegel *m*
lowest common denominator (LCD)
kleinster gemeinsamer Nenner *m*
lowest-order bit
niedrigstwertiges Bit *n*
LPDTL (low power diode-transistor logic)
[variant of the DTL logic family]
**LPDTL, Dioden-Transistor-Logik mit niedriger
Verlustleistung** *f* [Variante der DTL-
Schaltungsfamilie]
LPE (liquid phase epitaxy) [a process for growing
epitaxial layers in semiconductor component
and integrated circuit fabrication]
LPE-Verfahren *n*, Flüssigphasenepitaxie *f*
[ein Verfahren zur Herstellung epitaktischer
Schichten bei der Fertigung von
Halbleiterbauelementen und integrierten
Schaltungen]
LPG (list program generator), **RPG** (report
program generator) [program with formatting
and computational functions for the output of
user-specific lists or reports]
Listenprogrammgenerator *m*,
Listengenerator *m* [Programm mit Formatier-
und Rechenbefehlen zur Erstellung von
anwenderspezifischen Listen]
LPM (lines per minute) [printer]
Zeilen pro Minute *f.pl.* [Drucker]
LQ mode (Letter Quality) [printer mode]
Schönschrift-Modus *m*, LQ-Modus *m*
[Drucker-Betriebsart]
LRC character (longitudinal redundancy check

character) [parity check, e.g. with magnetic
tape recording]
LRC-Zeichen *n*, Längsparitätszeichen *n*
[Paritätsprüfung z.B. bei
Magnetbandaufzeichnungen]
LRU algorithm (Least Recently Used) [selects
object that has not been used for the longest
time]
LRU-Algorithmus *m* [wählt das Objekt aus,
das die längste Zeit nicht benutzt worden ist]
LSB (least significant bit)
**LSB, Binärstelle mit der niedrigsten
Wertigkeit** *f*
LSD (least significant digit)
LSD [Stelle einer Zahl mit der niedrigsten
Wertigkeit]
LSI (large scale integration)
Technique providing the integration of about
10^5 transistors or logical functions on a single
chip.
LSI, Großintegration *f*
Integrationstechnik, bei der rund 10^5
Transistoren oder Gatterfunktionen auf einem
Chip realisiert sind.
LSL (low-speed logic)
Family of bipolar logic circuits characterized by
high noise immunity.
LSL, langsame störsichere Logik *f*
Bipolare Schaltungsfamilie, die sich durch hohe
Störsicherheit auszeichnet.
LSTTL (low power Schottky TTL)
Family of TTL circuits using integrated
Schottky diodes to prevent the transistors from
saturating. This results in considerably reduced
power dissipation.
**LSTTL, Schottky-TTL mit niedriger
Verlustleistung** *f*
TTL-Schaltungsfamilie, die integrierte
Schottky-Dioden zur Vermeidung der Sättigung
der Transistoren verwendet. Dadurch wird die
Verlustleistung erheblich herabgesetzt.
lumen (lm) [SI unit of luminous flux]
Lumen *n* (lm) [SI-Einheit des Lichtstromes]
luminosity
Luminosität *f*
luminous flux [optoelectronics]
Lichtstrom *m* [Optoelektronik]
luminous spot [on the screen]
Leuchtfleck *m*, Leuchtpunkt *m* [Lichtfleck auf
dem Bildschirm]
lux (lx) [SI unit of light intensity]
Lux *n* (lx) [SI-Einheit der Beleuchtungsstärke]

M

MAC file format [graphical file format for Apple Macintosh]
MAC-Dateiformat *n* [Graphik-Dateiformat für den Apple Macintosh]
machine address, absolute address [designates the memory location in the main storage]
Maschinenadresse *f,* absolute Adresse *f* [kennzeichnet die Speicherzelle im Hauptspeicher]
machine check, automatic check, hardware check
automatische Geräteprüfung *f,* Geräteselbstprüfung *f*
machine code, machine instruction code [coding in binary or decimal digits (with hexadecimal or octal representation) for machine instructions of a microprocessor or of a computer]
Maschinencode *m,* Maschinenbefehlscode *m* [maschineninterne Codierung in Binär- oder Dezimalziffern (mit hexadezimaler oder oktaler Darstellung) für die Maschinenbefehle eines Mikroprozessors bzw. Rechners]
machine cycle [execution time for an elementary operation in a microprocessor or computer]
Maschinenzyklus *m* [Ausführungszeit einer elementaren Operation in einem Mikroprozessor oder Rechner]
machine cycle status
Maschinenstatus *m,* Maschinenzyklusstand
machine-dependent [e.g. programming language]
maschinenabhängig [z.B. Programmiersprache]
machine-independent [e.g. programming language]
maschinenunabhängig [z.B. Programmiersprache]
machine instruction [instruction written in machine code that can be recognized by the central processing unit of a computer or by a microprocessor]
Maschinenbefehl *m* [im Maschinencode geschriebener Befehl, der von der Zentraleinheit eines Rechners bzw. vom Mikroprozessor erkannt wird]
machine language [the complete set of machine instructions of a microprocessor or computer]
Maschinensprache *f* [Gesamtheit der Maschinenbefehle eines Mikroprozessors bzw. eines Rechners]
machine-oriented language, computer-oriented language [symbolic programming language closely related to machine language structure and hence machine-dependent]

maschinenorientierte Programmiersprache *f* [symbolische Programmiersprache, die eng an die Struktur der Maschinensprache angelehnt und deshalb maschinenabhängig ist]
machine program [a program in machine language]
Maschinenprogramm *n* [ein Programm in Maschinensprache]
machine-readable [e.g. characters]
maschinenlesbar [z.B. Zeichen]
machine-readable data medium, machine-readable medium
maschinell lesbarer Datenträger *m*
machine time, computer time
Maschinenzeit *f,* Rechnerbelegungszeit *f*
machine word [character string written in machine code and treated as a unit]
Maschinenwort *n* [im Maschinencode geschriebene Zeichenfolge, die als Einheit behandelt wird]
Macintosh computer, Apple Macintosh computer [developed by Apple, based on the Motorola 68000 processor family]
Macintosh-Rechner *m,* Apple-Macintosh-Rechner *m* [auf Basis der Motorola-68000-Prozessorfamilie von Apple entwickelt]
macro, macro instruction [sequence of instructions]
Makrobefehl *m* [Folge von Befehlen]
macro call [calling an instruction sequence defined as a macro in a symbolic programming language and assigning current values to parameters]
Makroaufruf *m* [Aufruf einer Befehlsfolge, die in einer symbolischen Programmiersprache als Makro definiert ist, sowie die Zuweisung von aktuellen Werten für die Parameter]
macro definition, macro declaration
Makrodefinition *f*
macro element
Makroelement *n*
macro instruction, macro [sequence of instructions]
Makrobefehl *m* [Folge von Befehlen]
macro instruction storage
Makrobefehlsspeicher *m*
macro library [collection of defined macros]
Makrobibliothek *f* [Sammlung von definierten Makros]
macro processor [a program that generates the machine instruction sequences corresponding to defined macros and assigns current values to parameters]
Makroprozessor *m* [ein Programm, das die Maschinenbefehlsfolgen von definierten Makros erzeugt und den Parametern aktuelle Werte zuweist]
macro programming

Makroprogrammierung *f*
macro statement
Makroanweisung *f*
macroassembler [assembler that automatically converts repetitively used instruction sequences, defined by the programmer as macros, into corresponding sequences of machine instructions]
Makroassembler *m* [Assembler, der wiederholt verwendete Befehlsfolgen, die vom Programmierer als Makros definiert sind, automatisch in die entsprechenden Maschinenbefehlsfolgen umsetzt]
macrocell [semiconductor technology]
A combination of prediffused functional but not interconnected basic cells, each containing a cluster of integrated circuit elements such as gates, transistors, resistors and diodes. Macrocells are limited to bipolar technology and are usually fabricated in ECL and ALSTTL logic.
Makrozelle *f* [Halbleitertechnik]
Eine Kombination von vorfabrizierten funktionellen, aber nicht miteinander verdrahteten Grundzellen, die ihrerseits aus integrierten Elementen wie Gattern, Transistoren, Widerständen und Dioden bestehen. Makrozellen werden nur in Bipolartechnik, vorwiegend in ECL- und ALSTTL-Logik, hergestellt.
macrocell array
Large-scale integrated circuit containing a regular prediffused pattern of macrocells. Similar to gate arrays, macrocell arrays allow semicustom integrated circuits to be produced with the aid of interconnection masks. In contrast to gate arrays, however, their degree of complexity is much higher.
Makrozellen-Array *n*
Höchstintegrierte Schaltung, die aus einer regelmäßigen Anordnung von vorfabrizierten Makrozellen besteht. Mit Hilfe von Verdrahtungsmasken lassen sich, ähnlich wie mit Gate-Arrays, integrierte Semikundenschaltungen realisieren, die jedoch im Vergleich zu Gate-Arrays einen höheren Komplexitätsgrad aufweisen.
magnetic bubble memory, bubble memory
Non-volatile mass storage device with very high storage density. Storage of data is effected in small cylindrical domains (bubbles) in a magnetic thin film deposited on a non-magnetic substrate.
Magnetblasenspeicher *m*, Blasenspeicher *m*
Nichtflüchtiger Massenspeicher mit sehr hoher Speicherdichte. Die Speicherung der Daten erfolgt in kleinen zylindrischen Domänen (Blasen) in einer dünnen magnetischen Schicht, die auf ein nichtmagnetisches Substrat

aufgebracht ist.
magnetic bubble memory cassette, bubble memory cassette
Magnetblasenspeicherkassette *f*, Blasenspeicherkassette *f*
magnetic card
Magnetkarte *f*
magnetic card storage
Magnetkartenspeicher *m*
magnetic character reader
Magnetschriftleser *m*
magnetic characters [magnetized characters readable by machines and humans]
Magnetschrift *f* [magnetische Zeichen, die von Maschinen und Menschen lesbar sind]
magnetic circuit
magnetischer Kreis *m*
magnetic core, core
Magnetkern *m*, Kern *m*
magnetic core storage, core storage, core memory
Magnetkernspeicher *m*, Kernspeicher *m*
magnetic disk
Magnetplatte *f*
magnetic disk cartridge, single-disk cartridge [top loaded or front loaded]
Magnetplattenkassette *f*, Einzelplattenkassette *f* [von oben einsetzbare bzw. von vorne einschiebbare Kassette]
magnetic disk drive, disk drive
Magnetplattenlaufwerk *n*, Plattenlaufwerk
magnetic disk pack, disk pack
Magnetplattenstapel *m*
magnetic disk storage, disk storage, disk memory
Disk storages can be of the fixed or removable type. The Winchester drive is a special fixed-disk storage with high recording density. Removable-disk storages can be of the disk pack or single-disk cartridge type.
Magnetplattenspeicher *m*, Plattenspeicher
Man unterscheidet hauptsächlich zwischen Fest- und Wechselplattenspeicher. Der Winchester-Plattenspeicher ist eine besondere Ausführung des Festplattenspeichers mit hoher Aufzeichnungsdichte. Bei den Wechselplatten unterscheidet man zwischen Plattenstapel und Einzelplattenkassette.
magnetic drop-out, drop-out [magnetic tape error]
Magnetisierungsfehlstelle *f* [Magnetbandfehler]
magnetic drum storage
Magnettrommelspeicher *m*
magnetic field
Magnetfeld *n*, magnetisches Feld *n*
magnetic film, magnetic coating
Magnetschicht *f*
magnetic film memory, magnetic film storage

Magnetschichtspeicher *m,*
Magnetfilmspeicher *m*
magnetic flux
  magnetischer Fluß *m,* Magnetfluß *m*
magnetic head, head
  Magnetkopf *m*
magnetic hysteresis
  magnetische Hysterese *f*
magnetic ink character recognition (MICR)
[by optical or magnetic scanning of magnetic
characters]
  Magnetschrifterkennung *f,* magnetische
  Zeichenerkennung *f* [durch optische oder
  magnetische Abtastung einer Magnetschrift]
magnetic leakage
  magnetische Streuung *f*
magnetic ledger-card computer
  Magnetkontenautomat *m,*
  Magnetkontenrechner *m*
magnetic recording
  magnetische Aufzeichnung *f*
magnetic storage device, magnetic memory
  Magnetspeicher *m*
magnetic susceptibility
  magnetische Suszeptibilität *f*
magnetic tape
  Magnetband *n*
magnetic tape cassette, magnetic tape
cartridge
  Magnetbandkassette *f*
magnetic tape drive, tape drive
  Magnetbandlaufwerk *n*
magnetic tape error [due to loss of a bit (drop-
out) or addition of a bit (drop-in)]
  Magnetbandfehler *m* [wird durch verlorenes
  bzw. zusätzliches Bit, d.h. durch Signalausfall
  (drop-out) bzw. Störsignal (drop-in), verursacht]
magnetic tape label
  Magnetbandkennsatz *m*
magnetic tape reader
  Magnetbandleser *m*
magnetic tape recording
  Magnetbandaufzeichnung *f*
magnetic tape storage
  Magnetbandspeicher *m*
magnetic tape trailer
  Magnetbandnachspann *m*
magnetic tape unit, tape unit, magnetic tape
device
  Magnetbandgerät *n*
magnetic track
  Magnetspur *f*
magnetic wire strorage
  Magnetdrahtspeicher *m*
mailbox, electronic mailbox [storage space for
incoming messages]
  Mailbox *f,* elektronischer Briefkasten *m*
  [Speicherplatz für eingehende Mitteilungen]
mailbox service, E-mail service,

electronic mail service
  Mailbox-Dienst *m,* elektronischer Postdienst *m*
mail-merge program [combines constant text
with variable addresses]
  Serienbriefprogramm *n* [kombiniert
  konstanten Text mit variablen Adressen]
main board [printed circuit board with
microprocessor, RAM/ROM and input-output
devices]
  Hauptplatine *f,* Hauptleiterplatte *f*
  [Leiterplatte mit Mikroprozessor, RAM/ROM,
  Ein-Ausgabe-Bausteinen]
main memory, main storage [storage with which
the processor directly communicates and which
contains the operating system, the programs
and data; that part which takes up the running
program and data is often called working
storage]
  Hauptspeicher *m,* Zentralspeicher *m*
  [Speicher, mit dem der Prozessor unmittelbar
  verkehrt, und der das Betriebssystem, die
  Programme und die Daten enthält; der Teil, der
  das gerade ablaufende Programm und die
  zugehörenden Daten aufnimmt, wird oft als
  Arbeitsspeicher bezeichnet]
main menu
  Hauptmenü *n*
main processor
  Hauptprozessor *m*
main routine, master program
  Hauptprogramm *n*
main storage allocation
  Hauptspeicherzuordnung *f*
mains failure, power failure, outage
  Netzausfall *m,* Stromausfall *m*
mains voltage, line voltage
  Netzspannung *f*
maintain, to
  warten, instandhalten
maintainability
  Wartbarkeit *f*
maintenance, preventive maintenance
  Wartung *f,* Instandhaltung *f,* vorbeugende
  Instandhaltung *f*
major defect
  Hauptfehler *m*
major failure
  Hauptausfall *m*
major loop
  Hauptschleife *f*
majority carrier, majority charge carrier
  The predominant type of charge carrier in a
  semiconductor or a semiconductor region; i.e.
  the type of carrier that constitutes more than
  half of the total number of carriers in that
  particular region. In n-type material, electrons
  are majority carriers; in p-type materials, holes
  are majority carriers.

Majoritätsladungsträger *m*
Der in einem Halbleiter bzw. Halbleiterbereich
vorherrschende Ladungsträgertyp; d.h. der
Lagungsträgertyp, dessen Dichte größer ist als
die Hälfte der gesamten Trägerdichte in dem
betreffenden Bereich. In einem N-leitenden
Halbleiter sind die Elektronen
Majoritätsladungsträger; in einem P-leitenden
Halbleiter sind es die Defektelektronen.
make-up [word processing]
Umbruch *m* [Textverarbeitung]
malfunction
fehlerhafte Funktion *f,* **Fehlfunktion** *f,*
Funktionsstörung *f*
man-machine inferface [MMI]
Mensch-Maschine-Schnittstelle *f*
man-year
Mann-Jahr *n*
management information system (MIS) [a
computer-based system for supporting
management functions by providing selected
information in an updated and concentrated
form]
Managementinformationssystem *n* (MIS)
[ein rechnergestütztes System zur
Unterstützung der Unternehmungsleitung
durch ausgewählte Informationen in
aktualisierter und konzentrierter Form]
mandatory
obligatorisch
mandatory instruction
Muß-Anweisung *f*
manipulate, to
manipulieren
manipulated variable [automatic control]
Stellgröße *f* [Regelungstechnik]
manipulation, data manipulation
Handhabung *f,* **Datenhandhabung** *f*
mantissa, fixed-point part [in floating point
notation: the numerical value of a number, i.e.
the number 123 can be represented by the
mantissa 0.123 and the exponent 3 (= 0.123 x
10^3)]
Mantisse *f* [bei der Gleitpunktdarstellung: der
Zahlenwert einer Zahl, z.B. kann die Zahl 123
durch die Mantisse 0,123 und den Exponenten
3 (= 0,123 x 10^3) dargestellt werden]
manual artwork generation
manuelle Vorlagenerstellung *f*
manual data input (MDI)
Handdateneingabe *f,* **Dateneingabe von
Hand** *f*
manual entry
Eingabe von Hand *f,* **Handeingabe** *f*
manual input
Handeingabe *f*
manual input data
manuell eingegebene Daten *n.pl.*
manual input device

Handeingabegerät *n*
manual operation
manueller Betrieb *m*
manual override
Eingreifen von Hand *n*
manufacturing drawing [printed circuit
boards]
Fertigungszeichnung *f* [Leiterplatten]
manufacturing process, processing technology
Herstellungsverfahren *n*
mapping
Abbildung *f*
mapping ROM [code converter based on ROMs,
e.g. for converting the code part of a machine
instruction into the starting address of a
microprogram]
Mapping-ROM *m* [Codeumsetzer auf ROM-
Speicherbasis, der z.B. den Codeteil eines
Maschinenbefehls in die Startadresse des
Mikroprogramms umsetzt]
margin [e.g. of a block of text]
Rand *m* [z.B. eines Textblockes]
marginal check, marginal test
Grenzwertprüfung *f*
marginal perforation [perforation of a
continuous form in vertical direction of paper]
Randlochung *f* [Lochung eines
Endlosformulars in vertikaler Papierrichtung]
mark
Markierung *f*
maser (microwave amplification by stimulated
emission of radiation)
Maser [Mikrowellenverstärkung durch
angeregte Strahlungsemission]
MASFET (metal-alumina-silicon FET)
Field-effect transistor in which the gate is
isolated from the channel by an aluminium
oxide. Is used for fabricating memories, e.g.
EPROMs.
MASFET, Feldeffekttransistor mit Metall-
Aluminiumoxid-Silicium-Aufbau *m*
Feldeffekttransistor, dessen Gate
(Steuerelektrode) durch eine
Aluminiumoxidschicht vom Kanal isoliert ist.
Wird zur Herstellung von Speichern, z.B.
EPROMs, verwendet.
mask [procedure based on an AND operation for
covering up unwanted parts of a machine word,
e.g. the mask 00111100 passes the middle four
bits of an 8-bit word and covers up the
remaining four bits]
Maske *f* [auf einer UND-Operation basierendes
Verfahren zur Abdeckung von nichtbenötigten
Teilen eines Maschinenwortes, z.B. die Maske
mit den Binärzeichen 00111100 läßt die
mittleren vier Stellen eines 8-Bit-Wortes durch
und deckt die anderen vier Stellen ab]
mask, photomask
Patterned screen used in integrated circuit

fabrication to permit selective doping, oxidation, etching, metallization, etc. to be carried out. For the manufacture of an integrated circuit 5 to 16 different mask patterns are required corresponding to the various masking steps associated with the fabrication process used.
Maske *f,* Photomaske *f*
Schablone, die bei der Herstellung von integrierten Schaltungen verwendet wird, um eine selektive Dotierung, Oxidation, Ätzung, Metallisierung usw. zu ermöglichen. Für eine integrierte Schaltung werden 5 bis 16 unterschiedliche Masken für die vom angewendeten Fertigungsprozeß abhängenden Maskierungsschritte benötigt.

mask, to [cover up, e.g. the structure of an integrated circuit during manufacture; binary digits of a machine word; pictorial segments in computer graphics]
maskieren [abdecken, z.B. die Struktur einer integrierten Schaltung bei der Herstellung; Binärstellen eines Maschinenwortes; Bildteile bei der graphischen Datenverarbeitung]

mask aligner
Maskenjustiervorrichtung *f*

mask alignment
Maskenjustierung *f*

mask fabrication, mask-making [the production of masks for integrated circuit fabrication]
Maskenherstellung *f* [die Fertigung von Masken für die Herstellung integrierter Schaltungen]

mask pattern, artwork
Artwork for the production of masks, based on the circuit layout, which is 100 to 1000 times larger than the final mask.
Maskenvorlage *f*
Vorlage für die Maskenherstellung, die anhand des Schaltkreislayouts erstellt wird und 100 bis 1000 mal größer ist, als die endgültige Maske.

mask programmable
maskenprogrammierbar

mask programmed read-only memory [read-only memory whose contents are determined by an interconnection mask during manufacture]
maskenprogrammierter Festwertspeicher *m* [Festwertspeicher, dessen Inhalt mittels einer Verdrahtungsmaske während der Herstellung festgelegt wird]

mask programming [programming of a read-only memory by means of an interconnection mask during manufacture]
Maskenprogrammierung *f* [Programmierung eines Festwertspeichers mittels einer Verdrahtungsmaske während der Herstellung]

mask register [register employed for maskable interrupts]
Maskenregister *n* [bei der maskierbaren Unterbrechung verwendetes Register]

mask reproduction
Maskenreproduktion *f*

maskable interrupt [interrupt technique employing a masking bit to enable or disable an interrupt]
maskierbare Unterbrechung *f* [Unterbrechungsart, die ein Maskierbit für Freigabe bzw. Sperrung einer Unterbrechung verwendet]

maskable vector interrupt pin
maskierbarer Vektor-Unterbrechungsanschluß *m*

masking, masking operation [in integrated circuit fabrication]
Maskierung *f* [bei der Herstellung integrierter Schaltungen]

masking bit [for enabling or disabling a maskable interrupt]
Maskierbit *n* [für die Freigabe bzw. Sperrung einer maskierbaren Unterbrechung]

masking step, photomasking step
Maskierungsschritt *m*

masking tape
Abdeckband *n*

masking technology, masking process
Processes (e.g. photolithography, electron beam writers, etching processes, etc.) for producing masks required in integrated circuit fabrication.
Maskentechnik *f*
Verfahren (z.B. Photolithographie, Elektronenstrahlschreiber, Ätztechniken usw.) für die Herstellung von Masken, die für die Fertigung integrierter Schaltungen benötigt werden.

mass data
Massendaten *n.pl.*

mass density
Massendichte *f*

mass storage, mass memory [storage device with large capacity, e.g. disk storage]
Massenspeicher *m* [Speicher mit großer Kapazität, z.B. Plattenspeicher]

master artwork [printed circuit boards]
Originalvorlage *f* [Leiterplatten]

master clock
Haupttaktgeber *m*

master control routine, master control program
Hauptsteuerprogramm *n*

master data, master records
Stammdaten *n.pl.,* Stammeinträge *m.pl.*

master file
Stammdatei *f,* Hauptdatei *f*

master file inquiry
Abfrage von Stammdateien *f*

master mask
Mask on which the complete pattern of an

integrated circuit has been reproduced 100 to 1000 times to cover the entire surface of the wafer. Reproduction is effected with the aid of a step-and-repeat process or an electron beam writer. The master mask is copied to produce submasters which are used to produce the actual working masks (or working plates).
Muttermaske *f*
Maske, auf der die Gesamtstrukturen einer integrierten Schaltung mit Hilfe eines Step-and-Repeat-Verfahrens oder eines Elektronenstrahlschreibers 100 bis 1000fach abgebildet sind, so daß die ganze Fläche der Halbleiterscheibe (Wafer) abgedeckt ist. Von der Muttermaske werden Kopien als Tochtermasken gefertigt, von denen die eigentlichen Arbeitsmasken hergestellt werden.

master program, main routine
Hauptprogramm *n*

master pulse
Hauptimpuls *m*, Leitimpuls *m*

master reset
Gesamtrückstellung *f*

master tape
Stammband *n*

master unit
Haupteinheit *f*

master-slave arrangement [flip-flops: a circuit with two flip-flop stages; the first (master) changes its state with the rising edge of the clock pulse, the second (slave) accepts this signal and changes its state with the falling edge of the clock pulse]
Master-Slave-Anordnung *f* [Flipflop: Schaltung mit zwei Flipflop-Stufen; die erste (Master) ändert ihren Zustand mit der Vorderflanke des Taktimpulses und die zweite (Slave) übernimmt dieses Signal und ändert ihren Zustand mit der Rückflanke des Taktimpulses]

master-slave arrangement [microprocessors or computers: an arrangement in which one unit (master) controls the others (slaves)]
Master-Slave-Anordnung *f* [Mikroprozessoren oder Rechner: eine Anordnung, bei der ein Prozessor (Master) die Steuerung der anderen (Slaves) übernimmt]

master-slave flip-flop, MS flip-flop [flip-flop circuit controlled by both edges of the clock pulse, e.g. a JK flip-flop or two triggered RS flip-flops]
Master-Slave-Flipflop *n*, MS-Flipflop *n*, Master-Slave-Speicherglied *n* [Flipflop-Schaltung, die von beiden Flanken des Taktimpulses gesteuert wird, z.B. ein JK-Flipflop oder zwei getaktete RS-Flipflops]

match
Vergleich *m*

match, to

vergleichen

matched
paarig

matched records
paarige Datensätze *m.pl.*

matching [data]
Paarigkeit *f* [Daten]

matching [electrical]
Anpassung *f*, Leistungsanpassung *f* [elektrisch]

matching error
Abgleichfehler *m*

mathematical expression, mathematical term
mathematischer Ausdruck *m*

mathematical logic
symbolische Logik *f*, mathematische Logik *f*

mating connector
Gegensteckverbinder *m*

mating contact
Gegenkontakt *m*

matrix, array [two-dimensional (or multi-dimensional) arrangement of data elements or components in columns and rows, e.g. diode matrix, memory matrix]
Matrix *f* [zweidimensionale (oder mehrdimensionale) Anordnung von Datenelementen oder Bauteilen in Spalten und Zeilen, z.B. Diodenmatrix, Speichermatrix]

matrix character [character formed by a matrix of dots]
Matrixzeichen *n* [Zeichen, das aus einer Punktmatrix aufgebaut ist]

matrix notation
Matrixschreibweise *f*

matrix printer, dot-matrix printer
Printer which uses a matrix of wires (e.g. 5x7 or 7x9 matrix) to form alphanumeric characters composed of dots. The wires are driven against an inked ribbon or paper by solenoids.
Matrixdrucker *m*, Nadeldrucker *m*, Mosaikdrucker *m*
Drucker, bei dem durch matrixförmig angeordnete Drahtstifte (z.B. 5x7 oder 7x9 Matrix) aus Punkten zusammengesetzte Zeichen gebildet werden. Die Bewegung der Drahtstifte gegen das Farbband bzw. gegen das Papier erfolgt durch Elektromagnete.

matrix storage, matrix memory [storage whose elements are arranged in a matrix so that an element is accessed over two (or more) coordinates, e.g. core storage]
Matrixspeicher *m* [Speicher, dessen Elemente matrixförmig angeordnet sind, so daß der Zugriff auf ein Element über zwei (oder mehr) Koordinaten erfolgt, z.B. ein Kernspeicher]

maximum gain
Maximalverstärkung *f*

MB, Mbyte, megabyte [measure for storage capacity; 10^6 bytes]

MB, Mbyte, Megabyte *n* [Maß für die
Speicherkapazität; 10^6 Byte]
MB/s, Mbytes/s, megabytes/s [measure for data
transfer rate; 10^6 bytes/s]
MB/s, MByte/s, Megabyte/s [Maß für die
Datenübertragung; 10^6 Byte/s]
MBE process (molecular beam epitaxy)
Process using molecular beams for producing
epitaxial layers; is used mainly in large-scale
and very large-scale integrated circuit
fabrication.
MBE-Verfahren *n*, Molekularstrahlepitaxie *f*
Verfahren zur Herstellung epitaktischer
Schichten mit Hilfe von Molekularstrahlen;
wird vorwiegend für hoch- und
höchstintegrierte Schaltungen eingesetzt.
MCA (Micro Channel Architecture) [32-bit bus
system for IBM PS/2 computers]
MCA [Mikrokanal-Architektur, 32-Bit-
Bussystem für IBM PS/2-Rechner]
MCBF (mean cycles between failures)
MCBF [Anzahl der fehlerfreien Zyklen
zwischen zwei Ausfällen]
MCM (multi-chip module) [package of ICs bonded
directly to substrate for high-speed
transmission]
MCM-Baustein *m*, Multichipmodul *m*
[Baustein mit mehreren integrierten
Schaltungen auf einem Substrat für
Hochgeschwindigkeits-Übertragungen]
MCU (microprogram control unit) [controls the
sequence of microinstructions in
microprogramming]
MCU, Mikrosteuereinheit *f* [steuert bei der
Mikroprogrammierung die Sequenz von
Mikrobefehlen]
MCVD process (modified chemical vapour
deposition process) [a vapour deposition process
used in glass fiber fabrication]
MCVD-Verfahren *n*
[Schichtabscheidungsverfahren, das bei der
Herstellung von Glasfasern eingesetzt wird]
MDI (manual data input)
Handdateneingabe *f*
MDI (Multiple Document Interface) [for data
exchange between documents]
MDI-Schnittstelle *f* [für den Datenaustausch
zwischen Dokumenten]
mean time between failures (MTBF)
mittlere störungsfreie Zeit *f*
mean time to repair, (MTTR)
mittlere Reparaturzeit *f*, mittlere
Instandsetzungszeit *f*
mean value, average value
Mittelwert *m*
measure, to; gauge, to
messen
measured quantity
Meßgröße *f*

measured value
Meßwert *m*
measurement error
Meßfehler *m*
measurement setup
Meßanordnung *f*, Meßaufbau *m*
measuring bridge
Meßbrücke *f*
measuring equipment
Meßausrüstung *f*, Meßeinrichtung *f*
measuring range
Meßbereich *m*
measuring result, test result
Meßergebnis *n*, Prüfergebnis *n*
measuring setup
Meßanordnung *f*
measuring unit, measuring device
Meßgerät *n*
medium scale integration (MSI)
Technique resulting in the integration of about
1000 transistors or logical functions on a single
chip.
mittlere Integration *f* (MSI)
Integrationstechnik, bei der rund 1000
Transistoren oder Gatterfunktionen auf einem
Chip realisiert sind.
megabyte (MB or Mbyte) [10^6 bytes]
Megabyte *n* (MB oder MByte) [10^6 Byte]
Megaflop (MFLOP) [10^6 floating-point
operations per second]
Megaflop *n* (MFLOP) [10^6
Gleitpunktoperationen pro Sekunde]
MegaPAL [a programmable logic-array concept
for producing semicustom integrated circuits]
MegaPAL [ein programmierbares Logik-
Array-Konzept für die Realisierung von
integrierten Semikundenschaltungen]
membrane keyboard
Folientastatur *f*, Membrantastatur *f*
membrane switch
Membranschalter *m*, Folienschalter *m*
memory access, storage access
Speicherzugriff *m*
memory address register (MAR)
Speicheradreßregister *n*
memory board
Speicherkarte *f*
memory bus
Speicherbus *m*
memory capacity, storage capacity [data
storage capacity of a storage medium, usually
expressed in bytes (kbytes or Mbytes)]
Speicherkapazität *f*
[Datenaufnahmevermögen eines
Speichermediums, meistens in Bytes (kBytes
oder MBytes) ausgedrückt]
memory cell, storage cell [a group of storage
cells identified by an address, e.g. for storing a
byte or word]

Speicherzelle *f* [eine aus mehreren Speicherelementen bestehende Gruppe, die durch eine Adresse indentifiziert wird, z.B. für die Abspeicherung eines Bytes oder Wortes]

memory cell array, memory array, memory cell matrix [semiconductor memories]
Arrangement of memory cells (e.g. of a RAM) in the form of a matrix with rows and columns. Addressing of the array is effected by applying the signals RAS (row address strobe) and CAS (column address strobe).
Speichermatrix *f,* Speicherzellenanordnung *f* [Halbleiterspeicher]
Anordnung der Speicherzellen (z.B. eines RAMs) in Form einer Matrix mit Zeilen und Spalten. Die Adressierung erfolgt mit den Signalen RAS (Zeilenadressenimpuls) und CAS (Spaltenadressenimpuls).

memory contention
Speicherkonkurrenz *f*

memory contents
Speicherinhalt *m*

memory cycle, storage cycle
Speicherzyklus *m*

memory cycle time [shortest time interval between two consecutive read or write operations; lies in the range of micro- or nanoseconds]
Speicherzykluszeit *f* [kleinste Zeitspanne zwischen zwei aufeinanderfolgenden Lese- bzw. Schreibvorgängen; liegt in der Größenordnung von Mikro- oder Nanosekunden]

memory device, storage device
Speicherbaustein *m*

memory driver
Speichertreiber *m*

memory dump, dump [representation, usually in binary, hexadecimal or octal form, of memory contents for debugging purposes; a post-mortem dump is effected after program termination, a snapshot dump during program run]
Speicherabzug *m,* Speicherausdruck *m,* Speicherauszug *m,* Speicherprotokoll *n* [Speicherdarstellung, meistens in binärer, hexadezimaler oder oktaler Form, zwecks Fehlerbeseitigung; der Speicherabzug kann nach Programmablauf (Speicherabzug nach Pannen) oder während des Programmablaufes (Speicherabzug der Zwischenergebnisse) erfolgen]

memory element, storage element [stores the smallest unit of data, usually one bit]
Speicherelement *n* [speichert die kleinste Dateneinheit, meist ein Bit]

memory expansion
Speichererweiterung *f*

memory function, storage function
Speicherfunktion *f*

memory load module
Speicherlademodul *m*

memory management unit (MMU)
Speicherverwaltungseinheit *f*

memory manager [controls memory allocation]
Speicherverwaltung *f* [verwaltet die Speicherbelegung]

memory map, memory mapping [assigning defined areas of main storage]
Speicherabbild *n,* Speicheraufteilung *f,* Memory-Mapping *f* [Zuordnung bestimmter Bereiche des Hauptspeichers]

memory mapped input-output [allocation of defined areas of main memory to input-output functions]
speicherorientierte Ein-Ausgabe *f* [Zuordnung bestimmter Bereiche des Hauptspeichers für Ein-Ausgabe-Funktionen]

memory model [in compiler]
Speichermodell *n* [im Compiler]

memory organization
Speicherorganisation *f*

memory protection, memory protect, storage protection [protection of programs or data contained in main memory; used particularly in the case of multiprogramming]
Speicherschutz *m,* Speicherbereichsschutz *m,* Speicherschreibsperre *f* [Schutz von Programmen oder Daten, die im Hauptspeicher enthalten sind; wird besonders beim Mehrprogrammbetrieb angewendet]

memory requirements
Speicherbedarf *m*

memory selection register
Speicherauswahlregister *n*

memory system, storage system
Speichersystem *n*

memory-resident program, pop-up program, TSR program (Terminate and Stay Ready) [program stored in main memory and available for use ("pop-up") even when another application is active by entering a key combination ("hot-key")]
speicherresidentes Programm *n* [im Hauptspeicher abgelegtes Programm, das auch dann verfügbar ist ("pop-up"), wenn eine andere Anwendung aktiv ist und zwar durch Eingabe einer speziellen Tastenkombination ("hot-key")]

menu [functional selection table, specially that shown on a display or on a graphics tablet]
Menü *n* [Funktionsauswahltabelle, insbesondere auf dem Bildschirm oder auf einem Graphiktablett]

menu bar
Menübalken *m*

menu-driven program
menügesteuertes Programm *n*

merge, to [combine two or more ordered files]

mischen [das Zusammenführen von zwei oder mehreren geordneten Dateien]

merge file
  Mischdatei *f*

merge instruction
  Mischbefehl *m*

merge operation
  Mischoperation *f*

merge program
  Mischprogramm *n*

merge sort, merged sort
  Mischsortieren *n,* mischendes Sortieren *n*

merge statement
  Mischanweisung *f*

mesa device, mesa-structured component
Component or device which has been fabricated by mesa technology.
  Mesabauteil *n,* Mesabaustein *m*
Bauteil bzw. Baustein, bei dessen Herstellung die Mesatechnik angewendet wird.

mesa photodiode, mesa-structured photodiode
Photodiode which has been fabricated by mesa technology
  Mesaphotodiode *f*
Photodiode, bei deren Herstellung die Mesatechnik angewendet wurde.

mesa technology
Technique in which doped regions are etched after diffusion or alloying on both sides down to the substrate, thus leaving plateaus (mesas). Is mainly used for the manufacture of germanium transistors for high frequency applications.
  Mesatechnik *f*
Technik, bei der dotierte Bereiche nach der Diffusion bzw. Legierung an beiden Seiten bis zum Substrat weggeätzt werden, so daß tafelbergähnliche Erhebungen (Mesas) entstehen. Wird vorwiegend für die Herstellung von Germaniumtransistoren für den Hochfrequenzbereich angewendet.

mesa transistor
Bipolar transistor in which the emitter and base regions have been etched to appear as plateaus above the collector region.
  Mesatransistor *m*
Bipolartransistor, bei dem Emitter- und Basisbereich als tafelbergähnliche Erhebungen über dem Kollektorbereich aus dem Halbleiterkristall herausgeätzt sind.

MESFET (metal-semiconductor field-effect transistor)
Field-effect transistor with a gate formed by a Schottky barrier (metal-semiconductor junction).
  MESFET, Metall-Halbleiter-Feldeffekttransistor *m,* Metall-Gate-Feldeffekttransistor *m*
Feldeffekttransistor, dessen Gate (Steuerelektrode) aus einem Schottky-Kontakt

(Metall-Halbleiter-Übergang) besteht.

message
  Nachricht *f,* Meldung *f*

message [in object oriented programming: signal from one object to another]
  Nachricht *f* [bei der objektorientierten Programmierung: Signal von einem Objekt zu einem anderen]

message box [field for displaying messages from application program]
  Meldungsfeld *n* [Feld zur Anzeige von Meldungen des Anwendungsprogrammes]

message storage
  Nachrichtenspeicher *m*

meta language [a language used to describe another language]
  Metasprache *f* [eine Sprache, die zur Beschreibung einer anderen verwendet wird]

metal case, metal package
  Metallgehäuse *n*

metal ceramic
  Metallkeramik *f*

metal clad base material [printed circuit boards]
  metallkaschiertes Basismaterial *n* [Leiterplatten]

metal cladding [printed circuit boards]
  Metallkaschierung *f* [Leiterplatten]

metal core laminate [for printed circuit board manufacture]
  Metallkernlaminat *n* [für die Herstellung von Leiterplatten]

metal film resistor
  Metallschichtwiderstand *m*

metal insulator-semiconductor structure (MIS structure)
A semiconductor structure with an insulating layer between the metal contact and the semiconductor material. Applications include field-effect transistors, diodes, light-emitting diodes and capacitors.
  Metall-Isolator-Halbleiter-Aufbau *m,* MIS-Struktur *f*
Halbleiterstruktur, bei der eine Isolierschicht zwischen dem Metallanschluß und dem Halbleiter liegt. Wird bei Feldeffekttransistoren, Dioden, Lumineszenzdioden und Kondensatoren angewendet.

metal layer
  Metallschicht *f*

metal nitride-oxide-semiconductor structure (MNOS structure)
Semiconductor structure with a double insulating layer between the gate contact and the semiconductor crystal. The ability of the double insulating layer consisting of silicon dioxide and silicon nitride to store charges is used in memory transistors.

Metall-Nitrid-Oxid-Halbleiter-Aufbau *m*, MNOS-Struktur *f*
Halbleiterstruktur mit einer doppelten Isolierschicht zwischen dem Gateanschluß und dem Halbleiterkristall. In der Doppelschicht, die aus Siliciumdioxid und Siliciumnitrid besteht, können Ladungen gespeichert werden, was für die Herstellung von Speichertransistoren genutzt wird.
metal package, metal case
Metallgehäuse *n*
metal-nitride-semiconductor field-effect transistor (MNS-FET)
Insulated-gate field-effect transistor in which a nitride layer is used to isolate the gate and the channel.
Feldeffekttransistor mit Metall-Nitrid-Halbleiter-Aufbau *m* (MNS-FET)
Isolierschicht-Feldeffekttransistor, dessen Gate (Steuerelektrode) durch eine Nitridschicht vom Kanal isoliert ist.
metal-nitride-semiconductor structure (MNS structure)
Semiconductor structure with an insulating layer between the metal contact and the semiconductor crystal.
Metall-Nitrid-Halbleiter-Aufbau *m*, MNS-Struktur *f*
Halbleiterstruktur mit einer isolierenden Nitridschicht zwischen Metallanschluß and Halbleiterkristall.
metal-organic chemical vapour deposition (MOCVD) [a variant of the chemical vapour deposition process, mainly used for producing integrated circuits based on GaAs]
MOCVD-Verfahren *n* [Variante der Schichtabscheidung aus der Gasphase, die vorwiegend bei der Herstellung von integrierten Schaltungen auf GaAs-Basis eingesetzt wird]
metal-oxide-semiconductor field-effect transistor (MOSFET)
Insulated-gate field-effect transistor in which an oxide layer is used to isolate the gate and the channel.
Feldeffekttransistor mit Metall-Oxid-Halbleiter-Aufbau *m* (MOSFET)
Isolierschicht-Feldeffekttransistor, dessen Gate (Steuerelektrode) durch eine Oxidschicht vom Kanal isoliert ist.
metal-oxide-semiconductor structure (MOS structure)
Semiconductor structure with an insulating oxide layer (usually silicon dioxide) between the metal contact and the semiconductor crystal.
Metall-Oxid-Halbleiter-Aufbau *m*, MOS-Struktur *f*
Halbleiterstruktur mit einer isolierenden Oxidschicht (meistens Siliciumdioxid) zwischen

dem Metallanschluß und dem Halbleiterkristall.
metal-oxide-semiconductor technology (MOS technology)
Technology for producing integrated circuits in which field-effect transistors constitute the basic cells. As compared to bipolar technology, MOS technology is characterized by simplified processing steps and permits high packing density of circuit functions with low power dissipation.
MOS-Technik *f*
Technik für die Herstellung von integrierten Schaltungen, bei denen Feldeffekttransistoren die Grundzellen bilden. Mit der MOS-Technik, die sich im Vergleich zur Bipolartechnik durch einen einfacheren Fertigungsprozeß auszeichnet, lassen sich Schaltungen mit hoher Integrationsdichte und niedrigen Verlustleistungen realisieren.
metal-semiconductor contact, metal-semiconductor junction
Junction formed by the contact between a metal layer and a semiconductor layer. Metal-semiconductor junctions can either have rectifying characteristics (Schottky diodes) or act as low-resistance ohmic contacts.
Metall-Halbleiter-Kontakt *m*, Metall-Halbleiter-Übergang *m*
Übergang, der durch den Kontakt einer Metallschicht mit einer Halbleiterschicht entsteht. Metall-Halbleiter-Übergänge können entweder gleichrichtende Eigenschaften haben (Schottky-Diode) oder als niederohmige Kontakte wirken.
metal-semiconductor diode, Schottky-barrier diode, hot-carrier diode
Semiconductor diode with rectifying characteristics, formed by a metal-semiconductor junction.
Metall-Halbleiter-Diode *f*, Schottky-Diode *f*
Halbleiterdiode mit gleichrichtenden Eigenschaften, die durch einen Metall-Halbleiterübergang gebildet wird.
metal-semiconductor field-effect transistor (MESFET)
Field-effect transistor with a gate formed by a Schottky barrier (metal-semiconductor junction).
Metall-Gate-Feldeffekttransistor *m*, Metall-Halbleiter-Feldeffekttransistor *m* (MESFET)
Feldeffekttransistor, dessen Gate (Steuerelektrode) aus einem Schottky-Kontakt (Metall-Halbleiter-Übergang) besteht.
metal-semiconductor junction, metal-semiconductor contact
Metall-Halbleiter-Übergang *m*, Metall-Halbleiter-Kontakt *m*
metallic bond [semiconductor crystals]

Chemical bond in which the binding forces result from the interaction of the electron gas with the ionic lattice.
metallische Bindung *f,* Metallbindung *f* [Halbleiterkristalle]
Chemische Bindung, bei der die Bindungskräfte auf der Wechselwirkung von Elektronengas und Ionengitter beruhen.

metallization [semiconductor technology]
Selective deposition of a metal film (usually aluminium) on a semiconductor wafer to form conductive interconnections between the integrated circuit elements and contact areas for the connections to the package. Deposition of the metal film can be effected by vacuum evaporation or cathode sputtering.
Metallisierung *f* [Halbleitertechnik]
Das selektive Aufbringen einer Metallschicht (meistens Aluminium) auf eine Halbleiterscheibe (Wafer) zur Herstellung der Leiterbahnen zwischen den einzelnen integrierten Schaltungselementen und den Kontaktstellen für die Zuleitungen zum Gehäuse. Die Metallschicht wird im Vakuum aufgedampft oder mittels Kathodenzerstäubung aufgebracht.

metallized-paper capacitor
Metallpapierkondensator *m*

metastable [temporarily stable]
metastabil [zeitlich begrenzt stabil]

metastable output configuration
metastabile Ausgangskonfiguration *f*

meter (m) [SI unit of length]
Meter *n* (m) [SI-Einheit der Länge]

MFLOP, Megaflop [10^6 floating-point operations per second]
MFLOP *n,* Megaflop *n* [10^6 Gleitpunktoperationen pro Sekunde]

MFM recording [modified frequency modulation; hard disk recording method]
MFM-Aufzeichnung *f* [modifizierte Frequenzmodulation; Aufzeichnungsmethode für Festplatten]

MIC (microwave integrated circuit) [for high frequency applications; usually fabricated as hybrid or multichip circuit]
MIC *f,* integrierte Mikrowellenschaltung *f* [für Hochfrequenzanwendungen; wird meistens in Hybridtechnik oder als Multichip-Schaltung ausgeführt]

MICR (magnetic ink character recognition) [by optical or magnetic scanning of magnetic characters]
Magnetschrifterkennung *f,* magnetische Zeichenerkennung *f* [durch optische oder magnetische Abtastung einer Magnetschrift]

micro assembly
Mikrobaustein *m,* zusammengesetzte Mikroschaltung *f*

micro floppy disk, microfloppy, microdiskette [diskette of 3.5" diameter]
Mikrodiskette *f* [Diskette mit einem Durchmesser von 3,5 Zoll]

microaddress
Mikroadresse *f*

microchannel bus
Mikrokanal-Bus *m*

microchannel architecture (MCA) [developed by IBM for 80386 and 80486 processors]
Mikrokanal-Architektur *f,* MCA [von IBM entwickelte Architektur für 80386- und 80486-Prozessoren]

microchannel computer
Mikrokanal-Rechner *m*

microcircuit
Mikroschaltung *f*

microCMOS technology [a variant of CMOS technology]
microCMOS-Technik *f* [eine Variante der CMOS-Technik]

microcode, microinstruction code
Mikrocode *m,* Mikrobefehlscode *m*

Microcom protocol (MNPN) [protocol for error correction and data compression for modems]
Microcom-Protokoll (MNPN) [Protokoll für Fehlerkorrektur und Datenkompression bei Modem]

microcomputer [a computer employing a microprocessor as the central processing unit]
Mikrorechner *m,* Mikrocomputer *m* [ein Rechner mit einem Mikroprozessor als Zentraleinheit]

microcomputer development system
Computer system for the development of hardware and software for microcomputer systems.
Mikrocomputer-Entwicklungssystem *n,* Mikrorechner-Entwicklungssystem *n*
Rechnersystem für die Entwicklung von Hard- und Software für Mikrorechnersysteme.

microdiskette, microfloppy, microfloppy disk [diskette of 3.5" diameter]
Mikrodiskette *f* [Diskette mit einem Durchmesser von 3,5 Zoll]

microelectronic circuit
mikroelektronische Schaltung *f*

microelectronics
Development, fabrication and application of semiconductor components and integrated circuits with the objective of implementing electronic and logical functions in continuously smaller devices.
Mikroelektronik *f*
Entwicklung, Herstellung und Anwendung von Halbleiterbauelementen und integrierten Schaltungen mit dem Ziel, elektronische und logische Funktionen mit immer kleineren Bausteinen zu realisieren.

microfloppy, micro floppy disk, microdiskette
[diskette of 3.5" diameter]
Mikrodiskette f [Diskette mit einem
Durchmesser von 3,5 Zoll]
microinstruction [controls the execution of an
elementary (logical) operation; a sequence of
microinstructions leads to the execution of a
machine instruction]
Mikrobefehl m [steuert die Ausführung einer
Elementaroperation, d.h. einer logischen
Verknüpfung; eine Mikrobefehlsfolge führt zur
Ausführung eines Maschinenbefehls]
microinstruction code, microcode
Mikrobefehlscode m, Mikrocode m
micromanipulator
Mikromanipulator m
micromechanics
Mikromechanik f
microminiature assembly, micromodule
Kleinstbaugruppe f,
Mikrominiaturbaugruppe f, Mikromodul m
micromodule
Mikromodul m
micromodule technique
Mikromodultechnik f
microprocessor, microprocessing unit (MPU)
A complete processor built on a semiconductor
chip, functionally comparable with the central
processing unit (CPU) of a computer. It
comprises a control unit (with instruction
register, decoder and control) for decoding and
execution of instructions, an arithmetic logic
unit for processing the data, and a storage unit
(with instruction counter, registers and stack
pointer). 16-bit and 32-bit microprocessors are
widely used; 64-bit versions have been
introduced.
Mikroprozessor m
In der Regel auf einem integrierten Baustein
untergebrachter vollständiger Prozessor,
funktionsmäßig vergleichbar mit der
Zentraleinheit eines Rechners. Er besteht aus
einem Steuerwerk (mit Befehlsregister,
Decodierer und Steuerung) zur Decodierung
und Ausführung der Befehle, einem
Rechenwerk (arithmetisch-logische Einheit) zur
Verarbeitung der Daten und einem
Speicherwerk (mit Befehlszähler, Registern
und Stapelzeiger). Weitverbreitet sind 16-Bit-
und 32-Bit-Mikroprozessoren; im Aufkommen
sind 64-Bit-Versionen.
microprocessor circuit
Mikroprozessorschaltung f
microprocessor development system
[computer system for developing hardware and
software for microprocessor systems; hardware
is simulated by an in-circuit emulator]
Mikroprozessor-Entwicklungssystem n
[Rechnersystem für die Entwicklung von Hard-

und Software für Mikroprozessorsysteme; die
Hardware wird durch einen In-Circuit-
Emulator simuliert]
microprocessor instruction set
Mikroprozessorbefehlssatz m
microprocessor interface
Mikroprozessorschnittstelle f
microprogram [sequence of elementary (logical)
operations which lead to the execution of a
machine instruction]
Mikroprogramm n [Folge von
Elementaroperationen (logischen
Verknüpfungen), die zur Ausführung eines
Maschinenbefehls führen]
microprogram control unit (MCU) [controls
the sequence of microinstructions in
microprogramming]
Mikrosteuereinheit f, MCU [steuert bei der
Mikroprogrammierung die Sequenz von
Mikrobefehlen]
microprogram memory
Mikroprogrammspeicher m
microprogrammable
mikroprogrammierbar
microprogrammed processor
mikroprogrammierter Prozessor m
microprogramming
Mikroprogrammierung f
microprogramming language
Mikroprogrammiersprache f
microsensors
Mikrosensorik f
microstrip [miniature stripline]
Mikrostreifenleiter m [miniaturisierter
Streifenleiter]
microwave
Mikrowelle f
microwave component
Mikrowellenbauelement n
microwave diode [semiconductor diode used in
high-frequency applications, e.g. IMPATT,
TRAPATT, PIN and tunnel diodes]
Mikrowellendiode f [Halbleiterdiode zur
Verwendung bei hohen Frequenzen, z.B.
IMPATT-, TRAPATT-, PIN- und Tunneldioden]
microwave energy
Mikrowellenenergie f
microwave generator
Mikrowellengenerator m
microwave integrated circuit (MIC) [for high
frequency applications; usually fabricated as
hybrid or multichip circuit]
integrierte Mikrowellenschaltung f, MIC f
[für Hochfrequenzanwendungen; wird meistens
in Hybridtechnik oder als Multichip-Schaltung
ausgeführt]
microwave link
Mikrowellenverbindung f
microwave oscillator

Mikrowellenoszillator *m*
microwave receiver
Mikrowellenempfänger *m*
microwave scattering
Mikrowellenstreuung *f*
microwave signal
Mikrowellensignal *n*
microwave terminal
Mikrowellenendstelle *f*
microwave transistor [is used in very high
frequency applications]
Mikrowellentransistor *m* [wird für
Anwendungen im Höchstfrequenzbereich
eingesetzt]
microwave transmission
Mikrowellenübertragung *f*
Miller capacitance
The capacitance between input and output of
an amplifier which causes the Miller effect.
Miller-Kapazität *f*
Kapazität zwischen dem Eingang und dem
Ausgang eines Verstärkers, die den Miller-
Effekt bewirkt.
Miller compensation
Miller-Kompensation *f*
Miller effect
The change in input impedance of an amplifier
due to a parasitic capacitance between input
and output.
Miller-Effekt *m*
Die Veränderung der Eingangsimpedanz eines
Verstärkers infolge parasitärer Kapazität
zwischen Eingang und Ausgang.
Miller indices [notation defining crystal faces
and crystal orientation]
Millersche Indizes *m.pl.* [Kennzeichnung der
Kristallflächen- und Kristallrichtungen]
Miller integrator
Miller-Integrator *m*
millimeter-wave integrated circuit
integrierte **Millimeterwellenschaltung** *f*
miniaturization
Miniaturisierung *f*
**minicomputer [between microcomputer and
mainframe computer]**
Minicomputer *m*, Kleinrechner *m* [zwischen
Mikrorechner und Großrechner]
minidiskette, minifloppy, mini floppy disk
[diskette of 5.25" diameter]
Minidiskette *f* [Diskette mit einem
Durchmesser von 5,25" Zoll]
minimum access program [optimally coded
program]
Bestzeitprogramm *n*, optimales Programm *n*
[optimal codiertes Programm]
minimum processing time
Mindestverarbeitungszeit *f*
minimum-redundancy code
Code geringster Redundanz *m*

minor loop [in magnetic bubble memories]
Nebenschleife *f* [bei Magnetblasenspeichern]
minority carrier, minority charge carrier
The type of charge carrier that constitutes less
than half of the total number of carriers in a
semiconductor or a semiconductor region. In n-
type materials, holes are the minority carriers;
in p-type materials, electrons are the minority
carriers.
Minoritätsladungsträger *m*
Der Ladungsträgertyp, dessen Dichte in einem
Halbleiter bzw. in einem Halbleiterbereich
kleiner ist als die Hälfte der gesamten
Trägerdichte in dem betreffenden Bereich. In
einem N-leitenden Halbleiter sind die
Defektelektronen (Löcher)
Minoritätsladungsträger; in einem P-leitenden
Halbleiter sind es die Elektronen.
MIPS (mega-instructions per second) [measure
for the computing speed of very large
computers, based on 70% additions and 30%
multiplications; usually in the range 10-100
MIPS]
MIPS [Millionen Befehle pro Sekunde; Maß für
die Rechengeschwindigkeit von Großrechnern,
basierend auf 70% Additionen und 30%
Multiplikationen; üblicherweise im Bereich 10-
100 MIPS]
mirrored data [data stored in two identical hard
disks]
gespiegelte Daten *n.pl.* [Daten auf zwei
identischen Festplatten gespeichert]
mirrored hard disks [is used for storage of
identical data]
spiegelbildliche Festplatten *f.pl.* [wird zur
Speicherung von identischen Daten verwendet]
mirroring
Spiegelung *f*
MIS (management information system) [a
computer-based system for supporting
management functions by providing selected
information in an updated and concentrated
form]
MIS (Managementinformationssystem) [ein
rechnergestütztes System zur Unterstützung
der Unternehmungsleitung durch ausgewählte
Informationen in aktualisierter und
konzentrierter Form]
MIS structure (metal-insulator-semiconductor
structure)
A semiconductor structure which has an
insulating layer between the metal contact and
the semiconductor material. Applications
include field-effect transistors, diodes, light-
emitting diodes and capacitors.
MIS-Struktur *f*, Metall-Isolator-Halbleiter-
Aufbau *m*
Halbleiterstruktur, bei der eine Isolierschicht
zwischen dem Metallanschluß und dem

Halbleiter liegt. Wird bei
Feldeffekttransistoren, Dioden,
Lumineszenzdioden und Kondensatoren
angewendet.

misfeed [e.g. in magnetic tape units]
Transportfehler m [z.B. bei
Magnetbandgeräten]

MISFET (metal-insulator-semiconductor field-
effect transistor)
Generic term for insulated-gate field-effect
transistors which have an insulating layer
between the gate and the conductive channel.
**MISFET, Feldeffekttransistor mit Metall-
Isolator-Halbleiter-Aufbau** m
Oberbegriff für Isolierschicht-
Feldeffekttransistoren, deren Steuerelektroden
durch eine Isolierschicht vom stromführenden
Kanal getrennt sind.

mismatch [data]
Unpaarigkeit f [Daten]

mismatch [electronics, e.g. of a four-pole network
or a line]
Fehlanpassung f [Elektronik, z.B. eines
Vierpols oder einer Leitung]

mistake, human error
Irrtum m, **menschlicher Fehler** m

mix, instruction mix [a representative mixture of
instructions used for comparing the
performance of different computers]
Mix m, **Befehlsmix** m [repräsentative
Mischungen von Befehlen für den
Leistungsvergleich verschiedener Rechner]

mixed crystal
Mischkristall m

mixed display, combined display [display of
alphanumeric characters and graphics]
gemischte Anzeige f, **kombinierte Anzeige** f
[Anzeige von alphanumerischen Zeichen und
Graphik]

mixer
Mischer m, **Mixer** m

mixer amplifier
Mischverstärker m

mixer diode
Mischdiode f

mixer stage
Mischstufe f

MMIC (monolithic microwave integrated circuit)
[microwave circuit produced by monolithic
integration using mainly gallium arsenide
technologies]
MMIC f, **monolithisch integrierte
Mikrowellenschaltung** f
[Mikrowellenschaltung, die durch
monolithische Integration, hauptsächlich mit
Galliumarsenid-Techniken hergestellt wird]

MMU (memory management unit)
Speicherverwaltungseinheit f

mnemonic code [a code using easily

recognizable designations, e.g. ADD for an
adding instruction]
mnemotechnischer Code m [Code, der eine
sprachlich einprägsame Bezeichnung
verwendet, z.B. ADD für einen Additionsbefehl]

mnemonic symbol
mnemonisches Symbol n

MNOS-FET (metal-nitride-oxide-semiconductor
FET)
Field-effect transistor in which the gate is
isolated from the channel by a double
insulating layer of silicon dioxide and silicon
nitride.
MNOS-FET m, **Feldeffekttransistor mit
Metall-Nitrid-Oxid-Halbleiter-Aufbau** m
Feldeffekttransistor, dessen Gate
(Steuerelektrode) durch eine doppelte
Isolierschicht aus Siliciumdioxid und
Siliciumnitrid vom Kanal isoliert ist.

MNOS structure (metal-nitride-oxide-
semiconductor structure)
Semiconductor structure with a double
insulating layer between the gate contact and
the semiconductor crystal. The ability of the
double insulating layer, which consists of
silicon dioxide and silicon nitride, to store
charges is used for the manufacture of memory
transistors.
MNOS-Aufbau m, **Metall-Nitrid-Oxid-
Halbleiter-Aufbau** m
Halbleiterstruktur mit einer doppelten
Isolierschicht zwischen dem Gateanschluß und
dem Halbleiterkristall. In der doppelten
Isolierschicht, die aus Siliciumdioxid und
Siliciumnitrid besteht, können Ladungen
gespeichert werden, die bei der Herstellung von
Speichertransistoren genutzt werden.

MNPN [Microcom Protocol for error correction
and data compression for modems]
MNPN [Protokoll für Fehlerkorrektur und
Datenkompression bei Modem]

MNS-FET (metal-nitride-semiconductor FET)
Insulated-gate field-effect transistor in which
the gate is isolated from the channel by a
nitride layer.
**MNS-FET, Feldeffekttransistor mit Metall-
Nitrid-Halbleiter-Aufbau** m
Isolierschicht-Feldeffekttransistor, dessen Gate
(Steuerelektrode) durch eine Nitridschicht vom
Kanal isoliert ist.

MNS structure (metal-nitride-semiconductor
structure)
Semiconductor structure with an insulating
nitride layer between the gate contact and the
semiconductor crystal.
MNS-Aufbau m, **Metall-Nitrid-Halbleiter-
Aufbau** m
Halbleiterstruktur mit einer isolierenden
Nitridschicht zwischen dem Gateanschluß und

dem Halbleiterkristall.
Mo (molybdenum) [metallic element having a
high melting point used as the gate electrode in
some MOS structures]
Mo *n* (Molybdän) [metallisches Element mit
hohem Schmelzpunkt, das bei einigen MOS-
Strukturen als Gateelektrode verwendet wird]
MO (Magneto-Optical)
MO (magneto-optisch)
MO replaceable disk
MO-Wechselplatte *f*
mobility
Beweglichkeit *f,* Mobilität *f*
MOCVD (metal organic chemical vapour
deposition) [a variant of the chemical vapour
deposition process, mainly used for producing
integrated circuits based on GaAs]
MOCVD-Verfahren *n* [Variante der
Schichtabscheidung aus der Gasphase, die
vorwiegend bei der Herstellung von
integrierten Schaltungen auf GaAs-Basis
eingesetzt wird]
mode, operating mode
Modus *m,* Betriebsart *f*
mode select, mode selection
Wahl der Betriebsart *f*
mode selection
Betriebsartenanwahl *f*
mode selector
Betriebsartenwähler *m*
mode switch, mode selector switch
Betriebsartenschalter *m*
modem (modulator-demodulator) [device for data
transmission over telephone lines; the
transmission can be synchronous or
asynchronous and be effected in half-duplex or
full-duplex mode]
Modem *m* (Modulator-Demodulator)
[Einrichtung zur Datenübertragung auf
Fernsprechleitungen; die Übertragung kann
synchron oder asynchron, im Halb- oder
Vollduplexbetrieb erfolgen]
modem board
Modemkarte *f*
MODFET (modulation-doped field-effect
transistor)
Extremely fast field-effect transistor with a
heterostructure. A doped aluminium gallium
arsenide layer is deposited by molecular beam
epitaxy on undoped gallium arsenide. The
heterojunction between them confines the
electrons which diffuse from the AlGaAs layer
to the undoped GaAs, where they can move
with great speed. Very fast transistors (with
switching delay times of < 10 ps/gate) based on
this principle and called HEMT, TEGFET and
SHDT are being developed worldwide by
various manufacturers.
MODFET (modulationsdotierter

Feldeffekttransistor)
Extrem schneller Feldeffekttransistor mit
Heterostruktur. Auf undotiertem
Galliumarsenid wird mit Hilfe der
Molekularstrahlepitaxie eine dotierte
Aluminium-Galliumarsenid-Schicht
aufgebracht. Der Heteroübergang zwischen den
beiden Strukturen hält die Elektronen, die aus
der AlGaAs-Schicht diffundieren, in der
undotierten GaAs-Schicht zurück, in der sie
sich mit hoher Geschwindigkeit bewegen
können. Sehr schnelle Transistoren auf dieser
Basis (mit Schaltverzögerungszeiten von < 10
ps/Gatter) werden weltweit von verschiedenen
Herstellern unter den Namen HEMT, TEGFET
und SDHT entwickelt.
modification, change
Modifikation *f,* Änderung *f*
modified address
modifizierte Adresse *f*
**modified chemical vapour deposition
process** (MCVD process) [a vapour deposition
process used in glass fiber fabrication]
MCVD-Verfahren *n*
[Schichtabscheidungsverfahren, das bei der
Herstellung von Glasfasern eingesetzt wird]
modify, to
modifizieren
MODULA-2 [programming language based on
PASCAL and featuring an extensive modular
concept]
MODULA-2 [Programmiersprache, die auf
PASCAL aufbaut und ein modulares Konzept
aufweist]
modular programming
modulare Programmierung *f*
modular system
Baukastensystem *n*
modularity, building-block principle
Modularität *f,* Baukastenprinzip *n*
modulate, to
modulieren
modulation
Modulation *f*
modulation amplifier
Modulationsverstärker *m*
modulation characteristic
Modulationskennlinie *f*
modulation eliminator
Modulationsunterdrücker *m*
modulation frequency
Modulationsfrequenz *f*
modulator
Modulator *m*
modulator driver circuit
Modulatortreiberschaltung *f*
module, device
Modul *m,* Baustein *m*
module testing, unit testing

Modulprüfung *f*
modulo-n [base of a number system, e.g. for the
decimal system modulo-n = 10]
Modulo-n [Basis eines Zahlensystems; z.B. für
das Dezimalsystem ist Modulo-n = 10]
modulo-n check, residue check [a validation
check in which an operand is divided by a
number; the resulting remainder is used for
checking]
Modulo-n-Prüfung *f,* Modulo-n-Kontrolle *f*
[eine Gültigkeitsprüfung, bei der ein Operand
durch eine Zahl dividiert wird; der
resultierende Rest wird zur Kontrolle
herangezogen]
modulo-n counter [counter for n steps, e.g. a
decimal counter is a modulo-10 counter]
Modulo-n-Zähler *m* [Zähler mit n Schritten,
z.B. ein Dezimalzähler ist ein Modulo-10-
Zähler]
moisture sensor
Feuchtesensor *m*
molecular beam epitaxy (MBE process)
Process using molecular beams for producing
epitaxial layers; is mainly used in large-scale
and very large-scale integrated circuit
fabrication.
Molekularstrahlepitaxie *f,* MBE-Verfahren *n*
Verfahren zur Herstellung epitaktischer
Schichten mit Hilfe von Molekularstrahlen;
wird vorwiegend für hoch- und
höchstintegrierte Schaltungen eingesetzt.
molybdenum (Mo) [metallic element having a
high melting point used as the gate electrode in
some MOS structures]
Molybdän *n* (Mo) [metallisches Element mit
hohem Schmelzpunkt, das bei einigen MOS-
Strukturen als Gateelektrode verwendet wird]
monadic operation, unary operation
monadische Operation *f,* monadische
Verknüpfung *f*
monitor, listen-in
mithören
monitor [display unit]
Monitor *m* [Bildschirmgerät]
monitor printer
Kontrolldrucker *m*
monitor program [a program for basic functions
of a microcomputer, e.g. input-output control,
written in machine language and usually stored
in a ROM, i.e. practically a small operating
system]
Monitor-Programm *n* [in Maschinensprache
geschriebenes und in der Regel in einem ROM
gespeichertes Programm für die
Grundfunktionen eines Mikrorechners (z.B.
Ein-Ausgabe-Steuerung), d.h. praktisch ein
kleines Betriebssystem]
monitoring
Überwachung *f*

monitoring program
Überwachungsprogramm *n*
monitoring system
Überwachungssystem *n*
mono-flop, monostable flip-flop, monostable
multivibrator, one-shot multivibrator [a
multivibrator with a single stable state]
Monoflop *n,* monostabile Kippschaltung *f,*
monostabiler Multivibrator *m,* Univibrator *m*
[eine Kippschaltung mit einem einzigen
stabilen Zustand]
monochrome display
Monochrom-Bildschirm *m*
monolithic
monolithisch
monolithic device
Einkristallbaustein *m*
monolithic integrated circuit
Circuit in which all the active and passive
elements and the interconnections are
fabricated within a single-crystal
semiconductor by the same manufacturing
process.
monolithisch integrierte Schaltung *f*
Schaltung, bei der alle aktiven und passiven
Elemente sowie ihre elektrischen
Verbindungen in einem gemeinsamen
Fertigungsprozeß in einem einkristallinen
Halbleiter hergestellt sind.
monolithic microwave integrated circuit
(MMIC) [microwave circuit produced by
monolithic integration using mainly gallium
arsenide technologies]
monolithisch integrierte
Mikrowellenschaltung *f* (MMIC)
[Mikrowellenschaltung, die durch
monolithische Integration, hauptsächlich mit
Galliumarsenid-Techniken hergestellt wird]
monomode fiber [optical fiber]
Monomode-Faser *m* [Lichtleitfaser]
monostable multivibrator, one-shot
multivibrator, monostable flip-flop, mono-flop
[a multivibrator with a single stable state]
Univibrator *m,* monostabiler Multivibrator *m,*
monostabile Kippschaltung *f,* Monoflop *n* [eine
Kippschaltung mit einem einzigen stabilen
Zustand]
Monte-Carlo method [the simulation of a
complex system by a mathematical model and
the application of the laws of probability]
Monte-Carlo-Technik *f* [die Simulation eines
komplexen Systems durch Verwendung eines
mathematischen Modells und Anwendung der
Wahrscheinlichkeitsgesetze]
MOPS, Million Operations per Second
MOPS, Millionen Operationen pro Sekunde
MOS circuit
Integrated circuit in which MOS structures are
used exclusively.

MOS-Schaltung *f*
Integrierte Schaltung, bei der nur MOS-
Strukturen verwendet werden.
MOS device, MOS component
Integrated circuit device in which MOS
structures are used exclusively.
MOS-Bauteil *n*, MOS-Baustein *m*
Integriertes Bauteil bzw. integrierter Baustein,
bei dem nur MOS-Strukturen verwendet
werden.
MOS memory, MOS memory device
Integrated circuit memory based on MOS field-
effect transistors (e.g. an EPROM using
FAMOS memory cells).
MOS-Speicher *m*
Integrierte Speicherschaltung, die mit MOS-
Feldeffekttransistoren realisiert ist (z.B.
EPROMs mit FAMOS-Speicherzellen).
MOS structure, metal-oxide-semiconductor
structure
Semiconductor structure with an insulating
oxide layer between the metal contact and the
semiconductor crystal.
MOS-Aufbau *m*, Metall-Oxid-Halbleiter-
Aufbau *m*
Halbleiterstruktur mit einer isolierenden
Oxidschicht zwischen dem Metallanschluß und
dem Halbleiterkristall.
MOS technology (metal-oxide-semiconductor
technology)
Technology for producing integrated circuits in
which field-effect transistors constitute the
basic cells. As compared to bipolar technology,
MOS technology is characterized by simplified
processing steps and permits high packing
density of circuit functions with low power
dissipation.
MOS-Technik *f*
Technik für die Herstellung von integrierten
Schaltungen, bei denen Feldeffekttransistoren
die Grundzellen bilden. Mit der MOS-Technik,
die sich im Vergleich zur Bipolartechnik durch
einen einfacheren Fertigungsprozeß
auszeichnet, lassen sich Schaltungen mit hoher
Integrationsdichte und niedrigen
Verlustleistungen realisieren.
MOS transistor (MOST) [field-effect transistor
using MOS structures]
MOS-Transistor (MOST) [Feldeffekt-
transistoren mit MOS-Strukturen]
mosaic, mosaic layer [light-sensitive layer on a
picture tube]
Mosaikschicht *f* [lichtempfindliche Schicht
auf einer Bildaufnahmeröhre]
MOSAIC technology
Isolation technique for bipolar integrated
circuits, particularly ALSTTL circuits, which
provides isolation between the circuit
structures by local oxidation of silicon.

MOSAIC-Technik *f*
Isolationsverfahren für integrierte
Bipolarschaltungen, insbesondere ALSTTL-
Schaltungen, bei dem die einzelnen Strukturen
der Schaltung durch lokale Oxidation von
Silicium voneinander isoliert sind.
MOSBIP
Family of power control integrated circuits
which combines bipolar and MOS structures on
the same chip.
MOSBIP
Integrierte Schaltungsfamilie der
Leistungselektronik, die mit Bipolar- und
MOS-Strukturen auf dem gleichen Chip
realisiert ist.
MOSFET (metal-oxide-semiconductor field-effect
transistor)
Field-effect transistor in which the gate is
isolated from the channel by an oxide layer.
MOSFET *m*, Feldeffekttransistor mit Metall-
Oxid-Halbleiter-Aufbau *m*
Feldeffekttransistor, dessen Gate
(Steuerelektrode) durch eine Oxidschicht vom
Kanal isoliert ist.
most significant
höchstwertig
most significant bit (MSB) [the position with
the highest bit value, e.g. 1 in the binary
number 1000]
höchstwertiges Bit *n* [Stelle mit dem
höchsten Bit-Wert, z.B. 1 in der Binärzahl
1000]
most significant digit (MSD) [the digit with the
highest value, i.e. the leading non-zero digit]
höchstwertige Ziffer *f* [die Ziffer mit dem
höchsten Stellenwert, d.h. die führende Ziffer,
die nicht Null ist]
most significant place, most significant
character (MSC)
höchstwertige Stelle *f*, höchstwertiges
Zeichen *n*
mother board [printed circuit board with
connectors for inserting further boards]
Grundplatine *f*, Mutterplatine *f*,
Trägerplatine *f* [Leiterplatte mit
Steckvorrichtungen für das Einsetzen weiterer
Karten]
Motif [graphical user interface for UNIX]
Motif [graphische Benutzeroberfläche für
UNIX]
mounting [of components on printed circuit
boards]
Bestückung *f* [von Leiterplatten mit
Bauteilen]
mounting hole [printed circuit boards]
Befestigungsloch *n* [Leiterplatten]
mouse [a device for positioning the cursor on a
display]
Maus *f* [eine Einrichtung, mit der ein Zeiger

(der Cursor) auf dem Bildschirm bewegt
werden kann]
mouse click [briefly depressing mouse button]
Mausklick *m* [Maustaste kurz drücken und
loslassen]
MPU (microprocessing unit) [synonym for
microprocessor]
MPU [Synonym für Mikroprozessor]
MS-DOS (Microsoft Disk Operating System)
[operating system developed by Microsoft]
MS-DOS [von Microsoft entwickeltes
Betriebssystem (DOS)]
MS flip-flop, master-slave flip-flop [flip-flop
circuit controlled by both edges of the clock
pulse, e.g. a JK flip-flop or two triggered RS
flip-flops]
MS-Flipflop *n*, Master-Slave-Flipflop *n*,
Master-Slave-Speicherglied *n* [Flipflop-
Schaltung, die von beiden Flanken des
Taktimpulses gesteuert wird, z.B. ein JK-
Flipflop oder zwei getaktete RS-Flipflops]
MS-Windows, Windows [graphical user interface
and operating system extension developed by
Microsoft for DOS; it gives applications a
windowing and multitasking program
environment]
MS-Windows, Windows [von Microsoft
entwickelte graphische Benutzerschnittstelle
und Betriebssystemerweiterung für DOS; sie
beinhaltet eine fensterorientierte,
mehrbetriebsfähige Programmumgebung für
Anwenderprogramme]
MSB (most significant bit)
MSB, Binärstelle mit der höchsten Wertigkeit *f*
MSI (medium scale integration)
Technique resulting in the integration of about
1000 transistors or logical functions on a single
chip.
MSI (mittlere Integration)
Integrationstechnik, bei der rund 1000
Transistoren oder Gatterfunktionen auf einem
Chip realisiert sind.
MTBF (mean time between failures)
MTBF, mittlere störungsfreie Zeit *f*
MTL technology (merged transistor logic) [also
called integrated injection logic]
Bipolar technology enabling large-scale
integrated circuits with high packing density,
high switching speeds and low power
consumption to be produced. The basic circuit
configuration uses a vertical npn transistor
with multiple collectors as an inverter and a
lateral pnp transistor as current source from
which minority carriers are injected into the
emitter region of the npn transistor.
MTL-Technik *f* [auch integrierte
Injektionslogik genannt]
Bipolare Technik, die die Herstellung von
hochintegrierten Logikschaltungen mit hoher

Packungsdichte, kurzen Schaltzeiten und
kleinen Verlustleistungen ermöglicht. Die
Grundschaltung verwendet einen vertikalen
NPN-Transistor mit mehreren Kollektoren als
Inverter und einen lateralen PNP-Transistor
als Stromquelle, von der
Minoritätsladungsträger in den Emitterbereich
des NPN-Transistors injiziert werden.
MTNS-FET, (metal-thick-nitride-semiconductor
field-effect transistor
Variant of the MNS field-effect transistor
which uses a thicker nitride insulating layer
between the gate and the channel than in
standard MNS field-effect transistors.
MTNS-FET, Feldeffekttransistor mit Metall-
Dicknitrid-Halbleiter-Aufbau *m*
Variante des MNS-Feldeffekttransistors, bei
dem die Isolierschicht zwischen dem
Gateanschluß und dem Kanal dicker ist als bei
Standard-MNS-Feldeffekttransistoren.
MTNS structure (metal-thick-nitride-
semiconductor structure)
Semiconductor structure in which the
insulating layer between the metal contact and
the semiconductor crystal consists of a nitride
layer which is thicker than that used in
standard MNS structures.
MTNS-Aufbau *m*, Metall-Dicknitrid-
Halbleiter-Struktur *f*
Halbleiterstruktur, bei der die Isolierschicht
zwischen dem Metallanschluß und dem
Halbleiterkristall aus einer dickeren
Nitridschicht besteht als bei Standard-MNS-
Strukturen.
MTOS-FET, (metal-thick-oxide-semiconductor
field-effect transistor)
Variant of the MOSFET which uses a thicker
oxide insulating layer between the gate and
channel than in standard MOSFETs.
MTOS-FET, Feldeffekttransistor mit Metall-
Dickoxid-Halbleiter-Aufbau *m*
Variante des MOSFET, bei dem die
Isolierschicht zwischen dem Gateanschluß und
dem Kanal dicker ist als bei Standard-
MOSFETs.
MTOS structure, (metal-thick-oxide-
semiconductor structure)
Semiconductor structure in which the
insulating layer between the metal contact and
the semiconductor crystal consists of a thicker
oxide layer than that used in standard MOS
structures.
MTOS-Aufbau *m*, Metall-Dickoxid-Halbleiter-
Struktur *f*
Halbleiterstruktur, bei der die Isolierschicht
zwischen dem Metallanschluß und dem
Halbleiterkristall aus einer dickeren
Oxidschicht besteht als bei Standard-MOS-
Strukturen.

MTTR (mean time to repair)
  MTTR, mittlere Reparaturzeit *f,* mittlere
  Instandsetzungszeit *f*
multi-chip module (MCM) [package of ICs
  bonded directly to substrate for high-speed
  transmission]
  Multichipmodul *m,* MCM-Baustein *m*
  [Baustein mit mehreren integrierten
  Schaltungen auf einem Substrat für
  Hochgeschwindigkeits-Übertragungen]
multiaccess network
  Mehrfachzugriffsnetz *n*
multiaccess protocol
  Mehrfachzugriffsprotokoll *n*
multiaddress instruction [an instruction with
  several (usually two) address parts]
  Mehradreßbefehl *m* [ein Befehl mit mehreren
  (meistens zwei) Adreßteilen]
multichannel amplifier
  Mehrkanalverstärker *m*
multichannel microwave system
  Mehrkanalmikrowellensystem *n*
multichannel recorder
  Mehrkanalmeßschreiber *m*
multichip, multichip integrated circuit
  technology
  Multichip *m,* Multichiptechnik *f*
multichip integrated circuit
  integrierter Multichip *m*
multichip microassembly
  zusammengesetzter Multichip *m*
multicollector transistor
  Bipolar integrated circuit in which the
  transistors have several collector regions with a
  common emitter and base contact.
  Multikollektortransistor *m,*
  Mehrfachkollektortransistor *m*
  Integrierte Bipolarschaltung mit Transistoren,
  die mehrere Kollektorbereiche mit einem
  gemeinsamen Emitter- und Basisanschluß
  haben.
  multicomputer system [linking of several
  computers for increasing capacity and avoiding
  system failure]
  Mehrrechnersystem *n,* Multirechnersystem *n*
  [Kopplung mehrerer Rechner zwecks Erhöhung
  der Kapazität und Vermeidung von
  Systemausfällen]
multiconductor cable, multicore cable
  Mehrleiterkabel *n*
multiconnector, multiple-pole connector
  Mehrfachstecker *m,* Mehrfachsteckverbinder
multidigit code, multiple-digit code
  mehrstelliger Code *m*
multidigit number, multiple-digit number
  mehrstellige Zahl *f*
multiemitter transistor
  Bipolar integrated circuit in which the
  transistors have several emitter regions with a

common collector and base terminal.
  Mehrfachemittertransistor *m,*
  Multiemittertransistor *m*
  Integrierte Bipolarschaltung, bei der die
  Transistoren mehrere Emitterbereiche und
  einen gemeinsamen Kollektor- und
  Basisanschluß haben.
multifunction device
  Multifunktionsbaustein *m*
multilayer
  Mehrfachschicht *f*
multilayer laminate [for printed circuit board
  manufacture]
  Mehrlagenbasismaterial *n* [für die
  Fabrikation von Leiterplatten]
multilayer printed circuit board, multilayer
  PCB
  mehrschichtige Leiterplatte *f,*
  Mehrlagenleiterplatte *f*
multilayer solar cell
  Mehrschichtsolarzelle *f*
multilayer thin-film metallization
  Mehrschicht-Dünnfilmmetallisierung *f*
multilayer wiring
  Mehrlagenverdrahtung *f*
multilayered, multiply
  mehrlagig, mehrschichtig
multilevel address
  mehrstufige Adresse *f*
multilevel interconnections, multilayer
  interconnections
  Technique using two (or more) layers of metal
  interconnections in an integrated circuit (e.g. in
  gate or logic arrays) to optimize flexibility and
  space utilization.
  Mehrebenenverdrahtung *f,*
  Mehrlagenverdrahtung *f*
  Technik bei integrierten Schaltungen (z.B. bei
  Gate- oder Logik-Arrays), bei der zwei (oder
  mehr) Verdrahtungsebenen zur Optimierung
  der Flexibilität und der Platzausnutzung
  angewendet werden.
multilevel interrupt [interrupt with several
  priority levels]
  Mehrebenen-Unterbrechung *f,* mehrstufige
  Programmunterbrechung *f*
  [Programmunterbrechung mit mehreren
  Prioritätsstufen]
multimedia [combination and integration of
  different media such as text, image, sound and
  video in the computer]
  Multimedia *n.pl.* [Kombination und
  Integration von verschiedenen Medien wie z.B.
  Text, Bild, Ton und Video im Rechner]
multimeter, universal measuring instrument,
  multipurpose instrument
  Mehrfachmeßgerät *n,* Universalmeßgerät *n,*
  Vielfachmeßgerät *n*
multimicroprocessor system

Several microprocessors linked together to form
a system in which each microprocessor
performs specific functions (e.g. arithmetic
operations, input-output functions, etc.) but has
access to parts which are common to the system
such as memories or peripheral equipment.
Multimikroprozessorsystem n
Die Kopplung mehrerer Mikroprozessoren, von
denen jeder bestimmte Funktionen innerhalb
des Systems ausführt (z.B. arithmetische
Operationen, Ein- und Ausgabe-Funktionen
usw.) aber auf gemeinsame Systemteile wie
Speicher oder Peripheriegeräte zugreifen kann.

multimode fiber [optical fiber]
Multimode-Faser f [Lichtleitfaser]

multipath propagation
Mehrwegeausbreitung f

multiple access [access via numerous keys in a
data base system]
Mehrfachzugriff m [Zugriff über mehrere
Schlüssel in einem Datenbanksystem]

multiple-address code
Mehradressencode m

multiple bus
Multibus m

multiple-bus structure
Mehrfachbusstruktur f, **Multibusstruktur** f

multiple-digit code, multidigit code
mehrstelliger Code m

multiple-digit number, multidigit number
mehrstellige Zahl f

multiple diodes [a number of diodes in one case]
Mehrfachdiode f [mehrere Dioden in einem
Gehäuse]

multiple inheritence [in object oriented
programming: creating a derived class from
more than one base class]
Mehrfachvererbung f [bei der
objektorientierten Programmierung: die
Generierung einer abgeleiteten Klasse aus
mehreren Basisklassen]

multiple-length working [computing
procedure]
Arbeiten mit mehrfacher Wortlänge n
[Rechenverfahren]

multiple match
Mehrfachvergleich m

multiple-pole connector, multiconnector
Mehrfachsteckverbinder m,
Mehrfachstecker

multiple precision [increasing computing
precision by using multiple-length computer
words, e.g. double precision by using double
words]
mehrfache Genauigkeit f,
Mehrfachgenauigkeit f [Erhöhung der
Rechnergenauigkeit durch Verwendung
mehrerer Rechnerwörter, z.B. doppelte
Genauigkeit durch zwei Wörter]

multiple reflection
Mehrfachreflexion f

multiple subtracter
Mehrfachsubtrahierer m

multiplex, to [e.g. channels]
bündeln [z.B. von Kanälen]

multiplex channel
Multiplexkanal m

multiplex circuit
Multiplexschaltung f

multiplex operation, multiplex mode [time-
shared processing of several tasks by a single
functional unit]
Multiplexbetrieb m [zeitlich verzahnte
Bearbeitung mehrerer Aufgaben durch eine
Funktionseinheit]

multiplexed bus [a bus in a microprocessor that,
for example, conveys address information at
certain times and data at other times]
gemultiplexter Bus m [ein Bus in einem
Mikroprozessor, der beispielsweise zu einem
bestimmten Zeitpunkt Adreßinformationen und
zu einem anderen Zeitpunkt Daten überträgt]

multiplexer (MUX)
Multiplexer m

multiplier
Multiplizierer m

multiplier register
Multiplikationsregister n

multiply statement
Multiplikationsanweisung f

multiply symbol
Multiplikationszeichen n

multiport modem
Mehrkanalmodem m

multiprocessor system
Several processors or microprocessors linked
together to form a system in which each
processor performs specific functions (e.g.
arithmetic operations, input-output functions,
etc.) but has access to parts which are common
to the system such as memories or peripheral
equipment.
Multiprozessorsystem n,
Mehrprozessorsystem n
Die Kopplung mehrerer Prozessoren bzw.
Mikroprozessoren, von denen jeder bestimmte
Funktionen innerhalb des Systems ausführt
(z.B. arithmetische Operationen, Ein-Ausgabe-
Funktionen usw.) aber auf gemeinsame
Systemteile wie Speicher oder Peripheriegeräte
zugreifen kann.

multiprogramming mode, multiprogramming
[simultaneous execution of several programs in
a computer by interleaved, time-shared
processing of individual programs]
Mehrprogrammbetrieb m,
Multiprogrammbetrieb m [gleichzeitige
Ausführung mehrerer Programme in einem

Rechner durch eine zeitlich verzahnte
Verarbeitung der einzelnen Programme]
multipurpose computer, universal computer
Mehrzweckrechner *m*, Universalrechner *m*
multipurpose data station
Mehrzweckdatenstation *f*
multiquantum well structure [a
semiconductor component structure comprising
several quantum wells]
Multiquantum-Well-Struktur *f* [Struktur
eines Halbleiterbauelements, das mehrere
Quantum-Wells umfaßt]
multiscan display unit, multiscan monitor
[automatically adjusts itself to the refresh rate
and the scanning frequency of the graphics
adapter]
Mehrfrequenz-Bildschirmgerät *n*,
Multiscan-Monitor *m*, Multisync-Monitor *m*
[paßt sich automatisch and die Bildwiederhol-
und Zeilenfrequenz (Abtastfrequenz) der
Graphikkarte an]
multiswitch, multiple switch, ganged switch
Mehrfachschalter *m*
multitarget sputtering [a deposition process]
Mehrkathodenzerstäubung *f* [ein
Abscheideverfahren]
multitasking [simultaneous processing of
several tasks or processes by a computer]
Mehrprozeßbetrieb *m*, Multitasking *n*
[gleichzeitige Bearbeitung mehrerer Aufgaben
bzw. Prozesse durch einen Rechner]
MultiTOS [further development of TOS, Atari's
operating system]
MultiTOS [Weiterentwicklung des
Betriebssystems TOS von Atari]
multitrace oscilloscope
Mehrstrahloszilloskop *n*,
Mehrstrahloszillograph *m*
multiunit file
Datei auf mehreren Einheiten *f*
multiuser computer
Gemeinschaftsrechner *m* [Rechner im
Mehrbenutzersystem]
multiuser system [computer system with
simultaneous access for numerous users; as a
rule, the users are switched on a time-sharing
basis]
Mehrbenutzersystem *n* [Rechnersystem mit
gleichzeitigem Zugriff für mehrere Benutzer; in
der Regel findet in kurzen Zeitintervallen ein
Benutzerwechsel statt
(Zeitmultiplexverfahren)]
multivariate analysis [sampling]
multivariable Analyse *f* [Stichprobe]
multivibrator [a circuit having two output
states, the transition between the two being
spontaneous or triggered by an external signal;
there are three types: astable (= free-running
multivibrator), bistable (= flip-flop or bistable

trigger circuit) and monostable (= mono-flop,
monostable trigger circuit or one-shot
multivibrator)]
Kippschaltung *f*, Kippglied *n*, Multivibrator
m [eine Schaltung mit zwei
Ausgangszuständen, die von selbst oder durch
ein Auslösesignal dazu veranlaßt, sprunghaft
von einem in den anderen Zustand übergeht
(kippt); man unterscheidet astabile (=
freischwingende), bistabile (= Flipflop) und
monostabile (= Monoflop) Kippschaltungen
multiword instruction
Mehrwortbefehl *m*
mutilated character
verstümmeltes Zeichen *n*
mutual inductance
Gegeninduktivität *f*
MUX (multiplexer)
Multiplexer *m*

N

n-channel [semiconductor technology]
The conducting channel in a field-effect
transistor in which charge transport is effected
by electrons.
N-Kanal *m* [Halbleitertechnik]
Der stromführende Kanal in einem
Feldeffekttransistor, in dem der
Ladungstransport durch Elektronen erfolgt.

n-channel aluminium-gate MOS technology
Process for fabricating n-channel MOS field-
effect transistors in which the gate consists of
aluminium.
**N-Kanal-MOS-Technik mit Aluminium-
Gate** *f*
Technik für die Herstellung von NMOS-
Feldeffekttransistoren, bei denen das Gate (die
Steuerelektrode) aus Aluminium besteht.

n-channel field-effect transistor (NFET)
Field-effect transistor with an n-type
conducting channel, i.e. a channel in which the
majority carriers are electrons.
N-Kanal-Feldeffekttransistor *m* (NFET)
Feldeffekttransistor, der einen N-leitenden
Kanal besitzt, d.h. einen Kanal, in dem die
Majoritätsladungsträger Elektronen sind.

**n-channel metal-oxide-semiconductor field-
effect transistor** [NMOSFET]
**N-Kanal-Feldeffekttransistor mit Metall-
Oxid-Halbleiterstruktur** *m* [NMOSFET]

n-channel MOS technology, NMOS technology
Process for fabricating field-effect transistors
with a metal-oxide-semiconductor structure
and an n-type conductive channel, in which n-
type regions (source and drain) are formed in a
p-type substrate by diffusion.
N-Kanal-MOS-Technik *f,* NMOS-Technik *f*
Technik für die Herstellung von
Feldeffekttransistoren mit Metall-Oxid-
Halbleiterstruktur und einem N-leitenden
Kanal, bei der N-dotierte Bereiche (Source und
Drain) in ein P-leitendes Substrat
eindiffundiert werden.

n-channel silicon-gate MOS technology
Process for fabricating n-channel MOS field-
effect transistors in which the gate consists of a
conductive polysilicon material.
N-Kanal-MOS-Technik mit Silicium-Gate *f*
Technik für die Herstellung von NMOS-
Feldeffekttransistoren, bei denen das Gate (die
Steuerelektrode) aus einem leitfähigen
Polysilicium besteht.

n-channel transistor
N-Kanal-Transistor *m*

n-conductor
N-Leiter *m*

n-gate thyristor
anodenseitig steuerbarer Thyristor *m*

n-key roll over (NKRO) [in keyboards prevents
incorrect input when several keys are
simultaneously depressed]
Tastenverriegelung *f* [verhindert bei
Tastaturen Eingabefehler, die durch
gleichzeitige Betätigung mehrerer Tasten
entstehen könnten]

n-type conduction, electron conduction
Charge transport in a semiconductor by
conduction electrons.
N-Leitung *f,* Elektronenleitung *f*
Ladungstransport in einem Halbleiter durch
Leitungselektronen.

n-type doping [semiconductor technology]
The introduction of donor impurity atoms into a
semiconductor, e.g. phosphorous atoms into
silicon. This increases the number of free
electrons and produces n-type conduction in the
correspondingly doped region. Highly doped n-
type regions are denoted by n^+.
N-Dotierung *f* [Halbleitertechnik]
Der Einbau von Donatoratomen in einen
Halbleiter, z.B. Phosphoratome in Silicium.
Dadurch werden zusätzliche Elektronen frei
und der entsprechend dotierte Bereich wird N-
leitend. Stark N-dotierte Bereiche werden mit
N^+ bezeichnet.

n-type region, n-type zone [semiconductor
technology]
A region in a semiconductor in which charge
transport is effected essentially by electrons.
N-Bereich *m,* N-Gebiet *n,* N-Zone *f*
[Halbleitertechnik]
Bereich in einem Halbleiter, in dem der
Ladungstransport vorwiegend durch
Elektronen erfolgt.

n-type semiconductor [semiconductor with
electron conduction (n-type conduction)]
N-Halbleiter *m* [Halbleiter mit
Elektronenleitung (N-Leitung)]

n-type substrate [semiconductor technology]
A substrate with electron conduction (n-type
conduction).
N-Grundmaterial *n,* N-Substrat *n*
[Halbleitertechnik]
Substrat mit Elektronenleitung (N-Leitung).

nailhead bonding, ball bonding
A thermocompression method in which a gold
wire, fed through a capillary tube, is melted by
a flame. The molten wire end forms a ball
which is pressed against the bonding pad on
the integrated circuit.
Nagelkopfkontaktierung *f*
Ein Thermokompressionsverfahren, bei dem
ein Golddraht durch eine Kapillare geführt und
mit Hilfe einer Flamme abgeschmolzen wird.
Das geschmolzene Drahtende bildet eine Kugel,

die auf den Kontaktfleck der integrierten
Schaltung gepreßt wird.
NAK (negative acknowledge character)
Zeichen für negative Rückmeldung f
named constant
benannte Konstante f
NAND circuit
NAND-Schaltung f
NAND element, NAND gate
NAND-Glied n, NAND-Gatter n
NAND function [logical operation having the
output (result) 0 if and only if all inputs
(operands) are 1; for all other input values the
output is 1]
NAND-Verknüpfung f, Sheffer-Funktion f,
NAND-Funktion f [logische Verknüpfung mit
dem Ausgangswert (Ergebnis) 0, wenn und nur
wenn alle Eingänge (Operanden) den Wert 1
haben; für alle anderen Eingangswerte ist der
Ausgangswert 1]
nanosecond (ns) [one thousand millionth of a
second, i.e. 10^{-9} s]
Nanosekunde f (ns)[eine Milliardstelsekunde,
d.h. 10^{-9} s]
Nassi-Shneiderman chart, NS chart [for
representing sequence of operations in a
program]
Struktogramm n, Nassi-Shneiderman-
Diagramm n [zur Darstellung der
Ausführungsreihenfolge eines Programmes]
natural language [e.g. English, in contrast to an
artificial language, e.g. FORTRAN]
natürliche Sprache f [z.B. Deutsch, im
Gegensatz zu einer künstlichen Sprache, z.B.
FORTRAN]
natural logarithm, hyperbolic logarithm,
Naperian logarithm
natürlicher Logarithmus m
natural oscillation, self-oscillation [of a circuit
or system]
Eigenschwingung f [einer Schaltung oder
eines Systems]
natural resonant frequency, self-resonant
frequency
Eigenresonanzfrequenz f
NC (numerical control) [the control of machines
by means of encoded numerical data for
positioning and switching function commands]
NC-Steuerung f, numerische Steuerung f [die
Steuerung von Maschinen durch Eingabe der
Weg- und Schaltbefehle in Form
verschlüsselter numerischer Daten]
NC technology (numerical control technology)
[control of machines]
NC-Technik f [Steuerung von Maschinen]
NDR (non-destructive read), NDRO (non-
destructive readout) [a reading operation that
does not destroy or change the stored
information]

nichtlöschendes Lesen n [ein Lesevorgang,
der die gespeicherte Information nicht löscht
oder verändert]
negate, to
negieren
negated inhibit input
Sperreingang mit Negation m
negating output
Ausgang mit Negation m
negation, NOT operation, Boolean
complementation, inversion
Logical operation that negates the input value,
i.e. a one at the input is converted into a zero at
the output and vice-versa.
Negation f, NICHT-Funktion f, Boolesche
Komplementierung f, Inversion f, Umkehrer m
Logische Verknüpfung, die den Eingangswert
umkehrt, d.h. eine Eins am Eingang wird in
eine Null am Ausgang umgewandelt und
umgekehrt.
negative acknowledgement
negative Rückmeldung f, negative Quittung
negative acknowledge character (NAK)
Zeichen für negative Rückmeldung n
negative bias voltage, negative bias
negative Vorspannung f
negative carrier, negative charge carrier
negativer Ladungsträger m
negative conductance
negativer Leitwert m
negative conductive pattern [printed circuit
boards]
negatives Leiterbild n [Leiterplatten]
negative current feedback
Stromgegenkopplung f
negative feedback
negative Rückkopplung f, Gegenkopplung f
negative feedback amplifier
gegengekoppelter Verstärker m
negative logic, negative-true logic [logic circuit
employing a negative voltage level to represent
logic state 1; a more positive voltage level
represents logic state 0]
negative Logik f [logische Schaltung, die den
Zustand logisch 1 durch einen negativen
Spannungspegel darstellt; ein positiverer
Spannungspegel entspricht dem Zustand
logisch 0]
negative pulse
negativer Impuls m
negative resistance
negativer Widerstand m
negative signal
negatives Signal n
negative voltage feedback
Spannungsgegenkopplung f
nematic liquid crystal [commonly used type of
crystal in liquid crystal displays whose
molecules are arranged with their longitudinal

axes parallel to one another; in contrast to
smectic liquid crystals which have their
molecules arranged in layers]
nematischer Flüssigkristall *m* [die in
Flüssigkristallanzeigen hauptsächlich
verwendete Flüssigkristallart, deren Moleküle
so angeordnet sind, daß die Längsachsen
parallel zueinander stehen; im Gegensatz zu
smektischen Flüssigkristallen, bei denen die
Moleküle in Schichten angeordnet sind]
NEP (noise equivalent power)
äquivalente Rauschleistung *f*
NERFET (negative differential resistance field-
effect transistor) [a modulation-doped field
effect transistor]
NERFET *m* [ein modulationsdotierter
Feldeffekttransistor]
nest, to
schachteln
nested loop [a program loop containing one or
more built-in loops]
geschachtelte Schleife *f* [eine
Programmschleife mit einer oder mehreren
eingebauten Schleifen]
nested program
verschachteltes Programm *n*
nested subroutine [a subroutine containing one
or more built-in subroutines]
geschachteltes Unterprogramm *n* [ein
Unterprogramm mit einem oder mehreren
eingebauten Unterprogrammen]
nesting [the use of further program loops within
a program loop, i.e. a macro definition
containing macro instructions]
Verschachtelung *f*, Schachtelung *f* [die
Verwendung von weiteren Programmschleifen
innerhalb einer Programmschleife, d.h. eine
Makrodefinition, die Makrobefehle enthält]
nesting level
Verschachtelungsebene *f*
NetBIOS [BIOS for accessing local area
networks]
NetBIOS [BIOS für den Zugriff auf lokale
Netzwerke]
NetWare [operating system developed by Novell
for local area networks (LAN)]
NetWare [von Novell entwickeltes Betriebssystem für lokale Netzwerke (LAN)]
network
Netzwerk *n*
network analysis
Netzwerkanalyse *f*
network layer [one of the seven functional
layers of the ISO reference model for computer
networks]
Netzwerkebene *f* [eine der sieben
Funktionsschichten des ISO-Referenzmodells
für den Rechnerverbund]
network node, node

Netzknoten *m*
network structure
Netzstruktur *f*
network theory
Netzwerktheorie *f*
network topology [the structure of a computer
network, e.g. a bus, ring or star structure]
Netzwerktopologie *f* [die Struktur eines
Rechnernetzes, z.B. eine Bus-, Ring- oder
Sternstruktur]
neural net, neural network [a self-organizing
computational model having the ability to learn
and to generalize and inspired by the structure
and function of the brain; in essence it consists
of interconnected elements (neurons) in several
layers (input, output and hidden layers) whose
links are weighted according to an optimizing
learning algorithm]
neuronales Netz *n*, neuronales Netzwerk *n*
[ein selbstorganisierendes lernfähiges
Rechenmodell, das verallgemeinern kann und
von der Struktur und Funktion des Gehirnes
inspiriert wurde; es besteht im wesentlichen
aus zusammengeschalteten Elementen
(Neuronen) in mehreren Schichten (Eingangs-,
Ausgangs- und verdeckte Schichten), deren
Verbindungen entsprechend einem optimierenden Lernalgorithmus gewichtet sind]
neutralization [compensation, e.g. of feedback
from output to input of an amplifier circuit]
Neutralisation *f* [Kompensation, z.B. der
Rückwirkung vom Ausgang auf den Eingang
einer Verstärkerschaltung]
neutron irradiation, transmutation, neutron
transmutation [semiconductor doping]
A doping process in which neutron irradiation
of silicon in a nuclear reactor causes certain
silicon isotopes to be changed into phosphorous
isotopes. The process allows highly
homogeneous doping.
Neutronenbestrahlung *f*,
Neutronendotierung *f*, Kernumwandlung *f*
[Halbleiterdotierung]
Ein Dotierungsverfahren, bei dem bestimmte
Siliciumisotope durch Neutronenbestrahlung in
einem Kernreaktor in Phosphorisotope
umgewandelt werden. Das Verfahren erlaubt
eine sehr homogene Dotierung.
newton (N) [SI unit of force]
Newton *n* (N) [SI-Einheit der Kraft]
next executable statement
nächste ausführbare Anweisung *f*
next record
nächster Datensatz *m*
NFET (n-channel field-effect transistor)
Field-effect transistor with an n-type
conduction channel, i.e. a channel in which the
majority carriers are electrons.
NFET *m*, N-Kanal-Feldeffekttransistor *m*

Feldeffekttransistor, der einen N-leitenden
Kanal besitzt, d.h. einen Kanal, in dem die
Majoritätsladungsträger Elektronen sind.
NFS (Network File System) [enables local
computer to use network computer as extension
of local hard disk]
Netzwerk-Dateidienst *m* [erlaubt einem
Lokalrechner den Netzwerkrechner als
Erweiterung der lokalen Festplatten zu
verwenden]
ni-junction
Junction between an n-type region and an
intrinsic region in a semiconductor.
NI-Übergang *m*
Übergang zwischen einem N-leitenden und
einem eigenleitenden Bereich in einem
Halbleiter.
nibble, half-byte [4 bits]
Nibble *n,* Halbbyte *n* [4 Bits]
nines complement [serves to represent a
negative decimal number]
The nines complement of a number is obtained
by forming the difference to a number having a
nine in each decimal place; subtraction of the
number is then replaced by adding the
complement, the carry being added to the
lowest digit. Example: the number 123 has the
complement 876; the subtraction 555 - 123 is
thus replaced by the addition 555 + 876 =
(1)431 = 432.
Neunerkomplement *n* [dient der Darstellung
von negativen Dezimalzahlen]
Das Neunerkomplement einer Zahl erhält man
durch stellenweises Ergänzen auf 9; die
Subtraktion der Zahl wird dann durch die
Addition des Komplementes ersetzt; der
auftretende Übertrag wird zur niedrigsten
Stelle addiert. Beispiel: die Zahl 123 hat das
Komplement 876; die Addition 555 - 123 wird
somit durch die Addition 555 + 876 = (1)431 =
432 ersetzt.
nipi-structure [semiconductor structure with
intrinsic layers between a sequence of
alternately arranged highly doped n-type and
p-type layers]
NIPI-Struktur *f* [Halbleiterstruktur mit
eigenleitenden Schichten zwischen einer
periodischen Folge von hochdotierten N- und P-
Schichten]
Nixie tube [gas discharge display]
Nixie-Röhre *f* [Gasentladungsanzeige]
NKRO (n-key roll over) [in keyboards prevents
incorrect input when several keys are
simultaneously depressed]
NKRO, Tastenverriegelung *f* [verhindert bei
Tastaturen Eingabefehler, die durch
gleichzeitige Betätigung mehrerer Tasten
entstehen könnten]
NLQ mode (Near-Letter Quality)

NLQ-Modus *m* [für nahezu Briefqualität beim
Drucker]
NMI (non-maskable interrupt) [microprocessor
terminal which enables an interrupt to be
initiated independently of a masking or
interrupt-disable bit]
nichtmaskierbare Unterbrechung *f*
[Anschluß am Mikroprozessor, der es gestattet,
eine Unterbrechung auszulösen, unabhängig
vom Maskierungsbit]
NMOS technology, n-channel MOS technology
Process for fabricating field-effect transistors
with a metal-oxide-semiconductor structure
and an n-type conductive channel, in which n-
type regions (source and drain) are formed in a
p-type substrate by diffusion.
NMOS-Technik *f,* N-Kanal-MOS-Technik *f*
Technik für die Herstellung von
Feldeffekttransistoren mit Metall-Oxid-
Halbleiterstruktur und einem N-leitenden
Kanal, bei der N-dotierte Bereiche (Source und
Drain) in ein P-leitendes Substrat
eindiffundiert werden.
NMOSFET, n-channel metal-oxide-
semiconductor field-effect transistor
NMOSFET *m,* N-Kanal-Feldeffekttransistor
mit Metall-Oxid-Halbleiterstruktur *m*
no-op instruction, no-operation instruction,
blank instruction, skip instruction
No-Op-Befehl *m,* Leerbefehl *m,*
Überspringbefehl *m*
node [of a network]
Verzweigungspunkt *m,* Knoten *m* [eines
Netzes]
noise
Rauschen *n*
noise equivalent power (NEP)
äquivalente Rauschleistung *f*
noise figure, noise factor [ratio of the noise
power at the output to the noise power at the
input, e.g. of a transistor or amplifier;
expressed as a factor (ratio) or as a decibel
value (dB)]
Rauschzahl *f,* Rauschfaktor *m* [Verhältnis der
Rauschleistung am Ausgang zur
Rauschleistung am Eingang, z.B. eines
Transistors oder Verstärkers; ausgedrückt als
Faktor (= Verhältniszahl) oder Dezibelwert
(dB)]
noise filter, interference filter, interference
eliminator [e.g. in a power supply]
Entstörfilter *n* [z.B. in der Stromversorgung]
noise generator
Rauschgenerator *m,*
Störspannungsgenerator *m*
noise immunity
Störsicherheit *f*
noise level
Rauschpegel *m*

noise limiter
Störbegrenzer *m*
noise margin [measure for operational
reliability of a circuit]
Störspannungsabstand *m* [Maß für die
Betriebssicherheit einer Schaltung]
noise power
Rauschleistung *f*
noise ratio
Störabastand *m*, Störpegelabstand *m*
noise signal
Störsignal *n*, Rauschsignal *n*
noise suppression, interference suppression
Rauschunterdrückung *f,* Störunterdrückung
f, Störschutz *m*
noise voltage
Geräuschspannung *f*
nominal value
Sollmaß *n*, Nennmaß *n*
non-addressable memory, non-addressable
storage
nichtadressierbarer Arbeitsspeicher *m*
non-algorithmic, heuristic, non-calculable
nichtalgorithmisch, heuristisch, nicht
berechenbar
non-available time
nicht verfügbare Betriebszeit *f*
non-carbon paper [copy without carbon paper]
Non-Karbon-Papier *n* [Durchschriftspapier
ohne Kohlepapier]
non-conductive pattern [printed circuit
boards]
Nichtleiterbild *n* [Leiterplatten]
non-conductor
Nichtleiter *m*
non-contiguous item
nichtbenachbartes Datenfeld *n*
non-destructive read (NDR), non-destructive
readout (NDRO) [a reading operation that does
not destroy or change the stored information]
nichtlöschendes Lesen *n* [ein Lesevorgang,
der die gespeicherte Information nicht löscht
oder verändert]
non-directional
ungerichtet
non-equivalence, exclusive-OR [logical
operation having the output (result) 1 if and
only if one of the two inputs (operands) is 1; for
all other input values the output is 0]
Antivalenz *f,* exklusives ODER *n* [logische
Verknüpfung mit dem Ausgangswert
(Ergebnis) 1 wenn und nur wenn einer der
beiden Eingänge (Operanden) den Wert 1 hat;
für alle anderen Eingangswerte ist der
Ausgangswert 0]
non-glare [e.g. display screen]
blendfrei [z.B. Bildschirm]
non-impact printer [e.g. a laser printer]
nichtmechanischer Drucker *m* [z.B. ein

Laserdrucker]
non-interlaced mode [screen image formation
in a single pass, in contrast to interlaced mode]
Non-interlaced-Modus *m* [Bildaufbau ohne
Zeilensprung, im Gegensatz zu Interlaced-
Modus]
non-inverting buffer
nichtinvertierender Puffer *m*
non-inverting input
nichtinvertierender Eingang *m*
non-iterative process [non-repetitive process]
nichtiterativer Prozeß *m* [ein sich nicht
wiederholender Prozeß]
non-locking [e.g. a key]
nichtverriegelnd [z.B. ein Schalter]
non-maskable interrupt (NMI) [microprocessor
terminal which enables an interrupt to be
initiated independently of a masking or
interrupt-disable bit]
nichtmaskierbare Unterbrechung *f*
[Anschluß am Mikroprozessor, der es gestattet,
eine Unterbrechung auszulösen, unabhängig
vom Maskierungsbit]
non-maskable interrupt input
nichtmaskierbarer
Unterbrechungseingang *m*
non-numeric
nichtnumerisch
non-numeric literal
nichtnumerisches Literal *n*
non-printing control character [e.g. carriage
return, line feed or space character]
nichtdruckendes Steuerzeichen *n* [z.B.
Wagenrücklauf-, Zeilenvorschub- oder
Zwischenraumzeichen]
non-procedural language, non-procedure-
oriented language
nichtverfahrensorientierte
Programmiersprache *f*
non-procedural programming language,
declarative programming language [in contrast
to procedural programming language]
nichtprozedurale Programmiersprache *f,*
deklarative Programmiersprache *f* [im
Gegensatz zur prozeduralen
Programmiersprache]
non-restoring division
Division ohne Wiederherstellung des
positiven Restes *f*
non-return-to-zero recording (NRZ) [magnetic
tape recording method]
Wechselschrift *f,* Richtungsschrift *f,* NRZ-
Schrift *f* [Schreibverfahren für die
Magnetbandaufzeichnung; Aufzeichnung ohne
Rückkehr nach Null]
non-subscripted
nichtindiziert
non-volatile memory (NVM)
Memory in which stored information is retained

when power is turned off, e.g. bubble memories,
magnetic tape, semiconductor memories such
as ROMs, EAROMs, PROMs, some RAMs, etc.
nichtflüchtiger Speicher *m*
Speicher, dessen Speicherinhalt auch bei
Ausfall der Versorgungsspannung erhalten
bleibt, z.B. Magnetblasenspeicher,
Magnetbandspeicher, Halbleiterspeicher wie
ROMs, EAROMs, PROMs, einige RAMs usw.
non-volatile random access memory
(NOVRAM, NV-RAM)
nichtflüchtiger RAM *m*, nichtflüchtiger
Speicher mit wahlfreiem Zugriff *m*
nonlinear characteristic
nichtlineare Kennlinie *f*
nonlinear distortion
nichtlineare Verzerrung *f*
nonlinear resistor
nichtlinearer Widerstand *m*
nonlinearity
Nichtlinearität *f*
NOR circuit
NOR-Schaltung *f*
NOR element, NOR gate
NOR-Glied *n*, NOR-Gatter *n*
NOR function, NOR operation [logical operation
having the output (result) 1 if and only if all
inputs (operands) are 1; for all other input
values the output is 0]
NOR-Verknüpfung *f*, Peirce-Funktion
[logische Verknüpfung mit dem Ausgangswert
(Ergebnis) 1, wenn und nur wenn alle Eingänge
(Operanden) den Wert 0 haben; für alle
anderen Eingangswerte ist der Ausgangswert 0]
normal direction flow
Fluß in Normalrichtung *m*
normal distribution, Gaussian distribution
Normalverteilung *f*, Gaußsche Verteilung *f*
normal operating mode
Normalbetrieb *m*
normalize, to; standardize, to [in floating point
representation to adjust the mantissa so that it
lies within a prescribed range; usually the
decimal point is shifted to the left until it
stands in front of the first digit, e.g. 123.45
becomes 0.12345×10^3 in the normalized re-
presentation]
normalisieren, vereinheitlichen [in der
Gleitpunktdarstellung das Verschieben der
Mantissa bis sie innerhalb eines vorgeschriebenen Bereichs liegt; in der Praxis wird
das Dezimalkomma nach links verschoben bis
es vor der ersten Ziffer steht, z.B. 123,45 wird
$0{,}12345 \times 10^3$ in der normalisierten Dar-
stellung]
normalized form, standardized form
Normalform *f*
NOT circuit, inverting circuit, inverter

NICHT-Schaltung *f*, Inversionsschaltung *f*,
Inverter *m*
NOT-condition
NICHT-Bedingung *f*
NOT element, NOT gate
NICHT-Glied *n*, NICHT-Gatter *n*
NOT function, Boolean complementation,
inversion, negation [single-input logical
operation which inverts or negates the input,
i.e. the output is 1 if the input is 0 and vice-
versa]
NICHT-Verknüpfung *f*, Boolesche
Komplementierung *f*, Negation *f* [einstellige
logische Verknüpfung, die den Eingangswert
negiert; d.h. der Ausgangswert ist 1, wenn der
Eingangswert 0 ist und umgekehrt]
NOT-IF-THEN gate
Inhibitionsglied *n*
NOT-IF-THEN operation, exclusion [logical
operation having the output (result) 1 if and
only if the first input (operand) is 1 and the
second 0; for all other input values the output
is 0]
Inhibition *f*, NOT-IF-THEN-Verknüpfung *f*
[logische Verknüpfung mit dem Ausgangswert
(Ergebnis) 1, wenn und nur wenn der erste
Eingang (Operand) den Wert 1 und der zweite
den Wert 0 hat; für alle anderen Eingangswerte
ist der Ausgangswert 0]
notebook computer [A4-sized computer,
smaller than laptop computer]
Notebook-Rechner *m* [A4-großer Rechner,
kleiner als ein Laptop-Rechner]
notepad computer, pen computer, pen-based
computer [small computer with tablet and pen
for handwritten entry]
Stift-Computer *m*, Pen-Computer *m* [kleiner
Rechner mit Tablett und Stift für Handschrift-
Eingabe]
NOVRAM (non-volatile random access memory)
NOVRAM *m*, nichtflüchtiger Speicher mit
wahlfreiem Zugriff *m*
np-junction
The junction between an n-type region and a p-
type region in a semiconductor.
NP-Übergang *m*
Der Übergang zwischen einem N-leitenden und
einem P-leitenden Bereich in einem Halbleiter.
npin transistor
A transistor in which an intrinsic
semiconductor region is situated between the p-
type base region and the n-type collector region.
NPIN-Transistor *m*
Ein Transistor, bei dem sich zwischen dem P-
dotierten Basisbereich und dem N-dotierten
Kollektorbereich eine eigenleitende
Halbleiterzone befindet.
npn circuit
NPN-Schaltung *f*, NPN-Schaltkreis *m*

npn silicon planar transistor
  NPN-Siliciumplanartransistor *m*
npn transistor
  A bipolar transistor which has a p-type base
  region and n-type emitter and collector regions.
  NPN-Transistor *m*
  Bipolartransistor, bei dem der Basisbereich P-
  dotiert ist und die Emitter- und Kollektor-
  bereiche N-dotiert sind.
NRZ (non-return-to-zero recording) [magnetic
  tape recording method]
  NZR-Schrift *f*, Wechselschrift *f*,
  Richtungsschrift *f* [Schreibverfahren für die
  Magnetbandaufzeichnung; Aufzeichnung ohne
  Rückkehr nach Null]
ns (nanosecond) [one thousand millionth of a
  second, i.e. 10^{-9} s]
  ns (Nanosekunde)[eine Milliardstelsekunde,
  d.h. 10^{-9} s]
NS chart (Nassi-Shneiderman) [for representing
  sequence of operations in a program]
  Struktogramm *n*, Nassi-Shneiderman-
  Diagramm *n* [zur Darstellung der Aus-
  führungsreihenfolge eines Programmes]
NTC resistor, NTC thermistor (negative
  temperature coefficient resistor)
  Semiconductor component with a high negative
  temperature coefficient (NTC), i.e. whose
  resistance decreases as temperature rises.
  Heißleiter *m*, NTC-Widerstand *m*, NTC-
  Thermistor *m*
  Halbleiterbauelement mit hohem negativen
  Temperaturkoeffizienten, d.h. dessen
  Widerstand mit steigender Temperatur
  abnimmt.
null character
  Nullzeichen *n*
null pointer
  Null-Zeiger *m*
null pointer assignment
  Null-Zeiger-Zuweisung *f*
null string, empty string
  Null-Zeichenkette *f*, leere Zeichenkette *f*
number consecutively, to; number serially, to
  durchnumerieren
number notation
  Zahlenschreibweise *f*
number register
  Zahlenregister *n*
number system
  Zahlensystem *n*
numeral, numeric character
  numerisches Zeichen *n*
numeric, numerical
  numerisch
numeric data
  numerische Daten *n.pl.*
numeric item
  numerisches Datenfeld *n*

numeric keyboard [keyboard with the digits 0
  to 9, possibly with special characters (e.g. for
  the basic arithmetic operations)]
  numerische Tastatur *f*, Zehnertastatur *f*
  [Tastatur mit den Ziffern 0 bis 9, evtl. mit
  Sonderzeichen (z.B. für die Grundrechenoperationen)]
numeric keypad [separate keypad for entering
  digits]
  numerischer Tastenblock *m*,
  Zehnertastenblock *m* [separates Tastenfeld für
  die Eingabe von Ziffern]
numeric string
  numerische Zeichenfolge *f*
numerical, digital
  ziffernmäßig, digital
numerical control (NC) [control of machines]
  numerische Steuerung *f* (NC) [Steuerung
  von Maschinen]
NV-RAM, NOVRAM (non-volatile random access
  memory)
  NV-RAM *m*, NOVRAM *m*, nichtflüchtiger
  Speicher mit wahlfreiem Zugriff *m*
NVM (non-volatile memory)
  Memory in which stored information is retained
  when power is turned off, e.g. bubble memories,
  magnetic tape, semiconductor memories such
  as ROMs, EAROMs, PROMs, some RAMs etc.
  nichtflüchtiger Speicher *m*
  Speicher, dessen Speicherinhalt auch bei
  Ausfall der Versorgungsspannung erhalten
  bleibt, z.B. Magnetblasenspeicher, Magnetbandspeicher, Halbleiterspeicher wie ROMs,
  EAROMs, PROMs, einige RAMs usw.

O

object [in object oriented programming: an
instance or concrete example of a class; it
consists of data and functions]
Objekt *n* [bei der objektorientierten
Programmierung: eine Instanz bzw. ein
konkretes Beispiel einer Klasse; es besteht aus
Daten und Funktionen]

object code [machine code which can be
processed by a microprocessor or computer; is
the result of translation into machine language
by an assembler or compiler]
Objektcode *m* [Maschinencode, der vom
Mikroprozessor bzw. Rechner verarbeitet
werden kann; entsteht durch Übersetzung in
Maschinensprache mittels Assembler oder
Compiler]

object language, target language
Zielsprache *f*

object module [a program module translated
into machine language by an assembler; before
it can be run it must be combined with other
program modules by a linking loader]
Objektmodul *m* [ein durch einen Assembler in
Maschinensprache übersetzter Programmmodul;
vor dem Ablauf muß er zuerst mit den anderen
Moduln mittels eines Bindeladers verbunden
werden]

object oriented programming (OOP) [uses
following basic elements: objects (software
modules), messages (signals), classes (model
categories) and class inheritence (inheritence of
class properties)]
objektorientierte Programmierung *f* (OOP)
[verwendet die folgenden Grundelemente:
Objekte (Softwarebausteine), Nachrichten
(Signale), Klassen (Modellkategorien) und
Klassenvererbung (Vererbung von Klasseneigenschaften)]

object oriented programming language
(OOPL)
objektorientierte Programmiersprache *f*,
OOP-Sprache *f*

object oriented programming system (OOPS)
objektorientiertes Programmiersystem *n*,
OOP-System *n*

object program, target program [a program
translated into machine language by an
assembler or compiler]
Objektprogramm *n*, Zielprogramm *n* [ein
durch einen Assembler oder Compiler in
Maschinensprache übersetztes Programm]

object statement [instruction in the object
language]
Zielanweisung *f* [Anweisung in der
Zielsprache]

OCCAM [programming language for transputer
systems]
OCCAM [Programmiersprache für Transputer-
Systeme]

occupied, busy
belegt, besetzt

occupied storage area
belegter Speicherbereich *m*

OCR characters [standard characters for optical
character recognition recommended by ISO;
there are two types, OCR-A and OCR-B]
OCR-Schrift *f* [von der ISO empfohlene
Normschrift für optische Schrifterkennung; es
gibt zwei Typen, OCR-A und OCR-B]

OCR reader, optical character reader
OCR-Leser *m*, optischer Zeichenleser *m*

octal digit
Oktalziffer *f*

octal notation [number system with the basis 8
having a simple relation to binary numbers
when grouped in three, e.g. the binary number
101 010 011 has the shorter and simpler octal
equivalent 523]
Oktalschreibweise *f* [Zahlensystem mit der
Basis 8, das eine einfache Beziehung zu
Binärzahlen aufweist, wenn sie in
Dreiergruppen aufgeteilt werden, z.B. die
Binärzahl 101 010 011 entspricht der kürzeren
und einfacheren Oktalzahl 523]

octal number system, octal notation
oktales Zahlensystem *n*

ODA (Open Document Architecture)
ODA [offene Dokumentarchitektur]

odd address
ungeradzahlige Adresse *f*

odd parity
ungerade Parität *f*

odd parity check
ungerade Paritätskontrolle *f*, Prüfung auf
ungerade Parität *f*

ODIF (Open Document Interchange Format)
ODIF [offenes Dokumentenformat]

OEIC (opto-electronic integrated circuit)
optoelektronische integrierte Schaltung *f*,
integrierte optoelektronische Schaltung *f*

OEM (original equipment manufacturer) [in
contrast to end user or distributor]
OEM *m*, Erstausrüster *m* [im Gegensatz zum
Endverbraucher oder Wiederverkäufer]

OF (optical fiber) [fiber of transparent material,
e.g. glass or plastic fiber, for optical
transmission of signals]
Lichtwellenfaser *f*, optische Faser *f* [Faser
aus lichtdurchlässigem Material, z.B. Glas-
oder Kunststoffaser, für die optische
Übertragung von Signalen]

off-line printer [not connected or available to
the system]
Off-line-Drucker *m* [mit dem System nicht

verbunden bzw. nicht verfügbar]
off-line operation, batch processing [separate
processing, in contrast to on-line processing]
Off-line-Betrieb *m*, **Batch-Verarbeitung** *f*
[getrennte Verarbeitung, im Gegensatz zur On-
line-Verarbeitung]
off-line status [not connected or available]
Offline-Status *m* [mit dem System nicht
verbunden bzw. nicht verfügbar]
off-state, off-status, switched off
ausgeschaltet
off-the-shelf device, catalog device
Standardbaustein *m*, handelsüblicher
Baustein *m*
office automation
Büroautomatisierung *f*
offset, zero error, zero deviation
Nullpunktfehler *m*, **Nullpunktabweichung** *f*
offset [automatic control]
bleibende Regelabweichung *f*
[Regelungstechnik]
offset address
Offsetadresse *f*
offset current
Offsetstrom *m*
offset current drift
Offsetstromdrift *f*
offset diode [a diode used for shifting the dc
voltage level]
Offsetdiode *f* [zur Verschiebung des
Gleichspannungspegels verwendete Diode]
offset voltage [in operational amplifiers the
input voltage required to obtain an output
voltage of 0 V]
Offsetspannung *f* [bei Operationsverstärkern
die Eingangsspannung, die benötigt wird, um
eine Ausgangsspannung von 0 V zu erhalten]
offset voltage drift
Offsetspannungsdrift *f*
ohm (Ω) [SI unit of electrical resistance]
Ohm *n* (Ω) [SI-Einheit des elektrischen
Widerstandes]
ohmic contact [in semiconductors, a resistive
contact between two materials in which the
penetrating current is proportional to the
voltage difference at the input]
ohmscher Kontakt *m* [bei Halbleitern ein
widerstandsbehafteter Kontakt zwischen zwei
Materialien, bei denen der durchtretende
Strom proportional der Spannungsdifferenz am
Eingang ist]
ohmic load [contains neither capacity nor
inductance]
ohmsche Last *f* [enthält weder Kapazität noch
Induktivität]
ohmic metal-semiconductor junction, non-
rectifying metal-semiconductor junction [ohmic
contact]
sperrfreier Metall-Halbleiter-Übergang *m*

[Ohmscher Kontakt]
ohmic resistance
ohmscher Widerstand *m*, **Wirkwiderstand** *m*
ohmic voltage drop, ohmic drop
ohmscher Spannungsabfall *m*
ohmmeter
Ohmmeter *n*, **Widerstandsmeßgerät** *n*
Ohms law [the relationship between voltage (V),
current (I) and resistance (R): V = I x R]
Ohmsches Gesetz *n* [die Beziehung zwischen
Spannung (U), Strom (I) und Widerstand (R): U
= I x R]
OLE (Object Linking and Embedding) [in
Windows programming: linking and embedding
of objects, e.g. graphics]
OLE [bei der Programmierung in Windows:
Verknüpfen und Einfügen von Objekten wie
z.B. Graphiken]
on-board
auf der Leiterplatte
on-chip
chipintegriert, chipintern
on-chip component
chipintegriertes Bauelement *n*
on-chip connection
chipintegrierte Verbindung *f*
on-chip logic
chipintegrierte Logik *f*, interne Chiplogik *f*
on-line
direkte Kopplung *f*, direkte Prozeßkopplung *f*
on-line closed loop
geschlossene Prozeßkopplung *f*
on-line data transmission
On-line-Datenübertragung *f*
on-line input device
On-line-Eingabegerät *n*
on-line open loop
offene Prozeßkopplung *f*
on-line operation, real-time processing
[processing of data immediately after their
generation, in contrast to off-line processing]
On-line-Betrieb *m*, direkter Betrieb *m*,
Echtzeitbetrieb *m* [die Verarbeitung von Daten
unmittelbar nach ihrer Entstehung, im
Gegensatz zum Off-line-Betrieb]
on-line printer [available to system]
On-line-Drucker *m* [vom System benutzbar]
on-line status
Online-Status *m*
on-state, conducting state [of a semiconductor
component, e.g. diode]
Durchlaßzustand *m* [eines Halbleiter-
bauelementes, z.B. Diode]
on-state, switched on [equipment]
eingeschaltet [Gerät]
on-state, up-state [e.g. of a flip-flop]
Zustand "Eins" *m* [z.B. eines Flipflops]
on-state power loss [e.g. of a power
semiconductor]

Durchlaßverlustleistung f [z.B. eines
Leistungshalbleiters]
on-state resistance
Einschaltwiderstand m
on/off keying
Ein-/Austastung f
one-bit adder [half adder]
Ein-Bit-Addierer m [Halbaddierer]
one-chip device, single-chip device
[implemented on a single chip]
Einchip-Baustein m [auf einem einzigen Chip
realisiert]
one-digit adder, half-adder
Einzifferaddierer m, Halbaddierer m
one-element [in Boolean algebra "1" or "0",
depending on the logical operation]
Einselement n [in der Booleschen Algebra die
"1" oder die "0", je nach logischer Verknüpfung]
one-level subroutine
einstufiges Unterprogramm n
one-milliwatt generator
Normalgenerator m [Generator mit einer
Leistungsabgabe von 1 mW]
one-out-of-ten code [a binary code for decimal
digits using 10 binary digits for each decimal
digit, e.g. 7 = 0001000000]
Eins-aus-Zehn-Code m [ein Binärcode für
Dezimalziffern, der jede Ziffer durch eine
Gruppe von 10 Binärzeichen darstellt, z.B. 7 =
0001000000]
one-quadrant multiplier
Einquadrant-Multiplizierschaltung f
one-state [logical one, e.g. at input of a flip-flop]
Eins-Zustand m [logische Eins, z.B. am
Eingang eines Flipflops]
one-to-one assembler [generates a machine
command for each program instruction]
Eins-zu-Eins-Assembler m, Eins-zu-Eins-
Übersetzer m [erzeugt einen Maschinenbefehl
für jede Programmanweisung]
one-way data communication
einseitige Datenübermittlung f
ones complement [one of the representation
forms for negative binary numbers; is formed
by replacing ones by zeroes and vice-versa, e.g.
101 becomes 010]
Einerkomplement n [eine der
Darstellungsformen für negative Binärzahlen;
wird durch die Umkehrung der Einser und
Nullen gebildet, z.B. 101 wird 010]
OOP (object oriented programming) [uses
following basic elements: objects (software
modules), messages (signals), classes (model
categories) and class inheritence (inheritance of
class properties)]
objektorientierte Programmierung f (OOP)
[verwendet die folgenden Grundelemente:
Objekte (Softwarebausteine), Mitteilungen
(Signale), Klassen (Modellkategorien) und

Klassenvererbung (Vererbung von
Klasseneigenschaften)]
OOPL (object oriented programming language)
objektorientierte Programmiersprache f,
OOP-Sprache f
OOPS (object oriented programming system)
objektorientiertes Programmiersystem n,
OOP-System n
op amp, op amplifier, operational amplifier
Linear dc voltage amplifier with high gain, high
input and low output resistance. Usually
designed as a differential amplifier with two
inputs (an inverting and a non-inverting input)
and negative feedback. Was originally
developed for mathematical operations in
analog computers but is now practically
universally used in a wide range of
applications.
Operationsverstärker m
Linearer Gleichspannungsverstärker mit
hohem Verstärkungsfaktor, hohem Eingangs-
und kleinem Ausgangswiderstand. Wird
meistens als Differenzverstärker mit zwei
Eingängen (einem invertierenden und einem
nicht invertierenden Eingang) und mit
Gegenkopplung ausgeführt. Wurde
ursprünglich als Rechenverstärker für
Analogrechner entwickelt, wird aber heute
praktisch universell als Verstärkerbaustein in
vielen Bereichen eingesetzt.
op code, operation code [code representing the
operation to be initiated by an instruction; the
operation code is contained in the operation
part of the instruction]
Op-Code m, Operationscode m [codierte
Darstellung der Operation, die von einem
Befehl ausgelöst werden soll; der
Operationscode ist im Operationsteil des
Befehls enthalten]
op register, operation register
Op-Register n, Operationsregister n
open, to [a file, a window, an application
program]
eröffnen, öffnen [einer Datei, eines Fensters,
eines Anwendungsprogrammes]
open-circuit
offener Stromkreis m
open-circuit impedance
Leerlaufimpedanz f
open-circuit input impedance [input
impedance of a transistor with open-circuit
output]
Leerlauf-Eingangsimpedanz f
[Eingangsimpedanz eines Transistors bei
leerlaufendem Ausgang]
open-circuit output admittance [transistor
parameters: h-parameter]
Leerlauf-Ausgangsleitwert m
[Transistorkenngrößen: h-Parameter]

open-circuit output impedance [output
impedance of a transistor with open-circuit
input]
  Leerlauf-Ausgangsimpedanz *f*
  [Ausgangsimpedanz eines Transistors bei
  leerlaufendem Eingang]
open-circuit resistance
  Leerlaufwiderstand *m*
open-circuit reverse voltage transfer ratio
[transistor parameters: *h*-parameter]
  Leerlauf-Spannungsrückwirkung *f*
  [Transistorkenngrößen: *h*-Parameter]
open-circuit voltage
  Leerlaufspannung *f*
open-circuited line
  offene Leitung *f*
open-collector output
  offener Kollektorausgang *m*
open-emitter output
  offener Emitterausgang *m*
open-ended, extendable, upgradable [e.g.
program]
  erweiterungsfähig, erweiterbar [z.B.
  Programm]
Open Look [graphical user interface for UNIX]
  Open Look [graphische Benutzeroberfläche
  für UNIX]
open loop
  offene Schleife *f*
open-loop amplification
  Verstärkung ohne Gegenkopplung *f*
open-loop control [i.e. without feedback]
  Steuerkette *f*, Steuerung *f* [d.h. ohne
  Rückführung]
open-loop gain
  Leerlaufverstärkung *f*, Leerlauf-
  Spannungsverstärkung *f*
open mode
  Eröffnungszustand *m*
open routine
  Eröffnungsroutine *f*
open-shop operation [computer operation with
access for the user; in contrast to closed-shop
operation in which the user has no access]
  Openshop-Betrieb *m*, offener Betrieb *m*
  [Rechnerbetrieb mit Zutritt für den
  Auftraggeber bzw. Anwender; im Gegensatz
  zum geschlossenen Betrieb, der dem Anwender
  keinen Zutritt gewährt]
open statement [for a file]
  Eröffnungsanweisung *f* [für eine Datei]
open subroutine, in-line subroutine [a
subroutine which is contained several times in
a program; in contrast to the generally used
closed subroutine which is contained in the
program only once but called up several times]
  offenes Unterprogramm *n* [ein
  Unterprogramm, das mehrfach in einem
  Programm enthalten ist; im Gegensatz zum

allgemein verwendeten geschlossenen
Unterprogramm, das nur einmal im Programm
enthalten ist, aber mehrmals aufgerufen wird]
open-tube process [a diffusion process]
  Durchströmverfahren *n* [ein
  Diffusionsverfahren]
operability
  Funktionsfähigkeit *f*
operable
  funktionsfähig
operand [operation to be carried out or an
information which has to be fetched for
carrying out an instruction]
  Operand *m*, Rechengröße *f* [auszuführende
  Operation bzw. eine Information, die zur
  Ausführung eines Befehls geholt werden muß]
operand address
  Operandenadresse *f*
operand part [that part of an instruction which
is reserved for the operand or for finding the
operand]
  Operandenteil *m* [der Teil eines Befehls, der
  für den Operanden bzw. für das Auffinden des
  Operanden vorgesehen ist]
operand register
  Operandenregister *n*
operate, to [e.g. an equipment]
  betreiben [z.B. ein Gerät]
operating characteristic
  Arbeitskennlinie *f*
operating clock frequency
  Betriebstaktfrequenz *f*
operating condition
  Betriebsbedingung *f*
operating current [e.g. of a device or circuit]
  Betriebsstrom *m* [z.B. eines Bauteils oder
  einer Schaltung]
operating frequency
  Betriebsfrequenz *f*
operating mode, operational mode
  Betriebsart *f*
operating point
  Arbeitspunkt *m*
operating range
  Arbeitsbereich *m*
operating system (OS) [controls and monitors
the execution of programs in the computer;
examples of widely used operating systems for
microcomputers are DOS and UNIX]
  Betriebssystem *n* [steuert und überwacht die
  Abwicklung von Programmen im
  Rechnersystem; weitverbreitete Betriebssysteme für Mikrorechner sind z.B. DOS und
  UNIX]
operating temperature
  Betriebstemperatur *f*
operating temperature range
  Betriebstemperaturbereich *m*
operating time, up-time

Betriebszeit *f*, Betriebsdauer *f*
operating time counter, elapsed time counter
Betriebsstundenzähler *m*
operation
Operation *f*
operation code, op code [code representing the
operation to be initiated by an instruction; the
operation code is contained in the operation
part of the instruction]
Operationscode *m*, Op-Code *m* [codierte
Darstellung der Operation, die von einem
Befehl ausgelöst werden soll; der
Operationscode ist im Operationsteil des
Befehls enthalten]
operation cycle
Operationszyklus *m*
operation on sets
Mengenoperation *f*
operation register, op register
Operationsregister *n*, Op-Register *n*
operational, ready
bereit, betriebsbereit
operational amplifier (op amplifier, op amp)
Linear dc voltage amplifier with high gain, high
input and low output resistance. Usually
designed as a differential amplifier with two
inputs (an inverting and a non-inverting input)
and negative feedback. Was originally
developed for mathematical operations in
analog computers but is now practically
universally used in a wide range of
applications.
Operationsverstärker *m*
Linearer Gleichspannungsverstärker mit
hohem Verstärkungsfaktor, hohem Eingangs-
und kleinem Ausgangswiderstand. Wird
meistens als Differenzverstärker mit zwei
Eingängen (einem invertierenden und einem
nicht invertierenden Eingang) und mit
Gegenkopplung ausgeführt. Wurde
ursprünglich als Rechenverstärker für
Analogrechner entwickelt, wird aber heute
praktisch universell als Verstärkerbaustein in
vielen Bereichen eingesetzt.
operational check, functional check
Funktionskontrolle *f*
operational parameter
Betriebsparameter *m*
operational reliability
Betriebszuverlässigkeit *f*
operational sign [COBOL]
Rechenvorzeichen *n* [COBOL]
operations scheduling
Arbeitsvorbereitung *f*, zeitliche
Arbeitsplanung *f*
operator
Operator *m*
optical axis
optische Achse *f*

optical cable, fiber-optic cable, fiber optics [line
for optical transmission of signals]
Lichtwellenleiter *m* [Leitung für die optische
Übertragung von Signalen]
optical character reader, OCR reader
optischer Zeichenleser *m*, OCR-Leser *m*
optical character recognition (OCR), magnetic
character recognition (MCR)
optische Zeichenerkennung *f*,
Klarschrifterkennung *f* OCR-Verfahren *n*
optical characters (OCR characters), magnetic
characters [characters readable by humans and
machines]
Klarschrift *f*, OCR-Schrift *f*, Magnetschrift *f*
[von Menschen und Maschinen lesbare Schrift]
optical coupling [coupling between two circuits
(normally having differing voltage potentials)
by light beams to provide electrical isolation]
optische Kopplung *f* [Kopplung von zwei
Schaltkreisen (meistens mit unterschiedlichem
Spannungspotential) mittels Lichtstrahlen zum
Zwecke der galvanischen Trennung]
optical disk [a mass storage device]
optische Speicherplatte *f* [ein
Massenspeicher]
optical disk library [cassette with several
optical disks]
Plattenbibliothek *f* [Kassette mit mehreren
optischen Platten]
optical fiber (OF) [fiber of transparent material,
e.g. glass or plastic fiber, for optical
transmission of signals]
optische Faser *f*, Lichtwellenfaser *f* [Faser
aus lichtdurchlässigem Material, z.B. Glas-
oder Kunststoffaser, für die optische
Übertragung von Signalen]
optical mouse
optische Maus *f*
optical scanner
optischer Abtaster *m*
optical scanning
optische Abtastung *f*
optical storage
optischer Speicher *m*
optical tape reader, optical punched tape
reader
optischer Lochstreifenleser *m*
optically coupled
optisch gekoppelt
optimization
Optimierung *f*
optimize, to
optimieren
optimum program, optimally coded program
optimales Programm *n*, optimal codiertes
Programm *n*
option [selection choice]
Option *f* [Auswahlmöglichkeit]
optional skip

wahlweises Überlesen n
optocoupler, optical isolator, photocoupler, photoisolator
Electronic device for the optical transmission of signals between two electrically isolated circuits. It consists of an emitter (e.g. a light-emitting diode) optically coupled to a photodetector (e.g. a phototransistor).
Optokoppler m, **optisches Koppelelement** n
Elektronisches Bauteil für die optische Signalübertragung zwischen zwei galvanisch getrennten Schaltkreisen. Es besteht aus einem Sender (z.B. Lumineszenzdiode) und einem Empfänger bzw. einem Photodetektor (z.B. Phototransistor), die optisch miteinander gekoppelt sind.
optoelectronic chip
optoelektronischer Chip m
optoelectronic display
optoelektronische Anzeige f
optoelectronic integrated circuit (OEIC)
integrierte optoelektronische Schaltung f, optoelektronische integrierte Schaltung f
optoelectronic semiconductor device
optoelektronisches Halbleiterbauelement
optoelectronics
The branch of electronics which deals with devices for generating, modulating and transmitting electromagnetic radiation in the ultraviolet, visible and infrared spectral regions; i.e. devices that can emit or detect light.
Optoelektronik f
Das Gebiet der Elektronik, das sich mit Bauteilen befaßt, die der Erzeugung, Modulation und Übertragung von elektromagnetischer Strahlung im ultravioletten, sichtbaren und infraroten Spektralbereich dienen; d.h. mit Bauteilen, die Licht aussenden oder empfangen können.
OR, to [to carry out an OR operation]
disjunktiv verknüpfen [eine ODER-Verknüpfung ausführen]
OR element, OR gate
ODER-Glied n, ODER-Gatter n
OR function, inclusive OR, disjunction; exclusive OR, non-equivalence
There are two variants of the OR function, the inclusive and the exclusive OR. As a rule, the OR function (without the addition of inclusive or exclusive) refers to the inclusive variant. This is a logical operation having the output (result) 0 if and only if each input (operand) is 0; for all other input values the output is 1.
ODER-Verknüpfung f, inklusives ODER n, Disjunktion f; exklusives ODER n, Antivalenz f
Es gibt zwei Varianten der ODER-Verknüpfung, das inklusive und das exklusive ODER. Spricht man von der ODER-

Verknüpfung ohne Zusatz, so meint man in der Regel das inklusive ODER. Dies ist eine logische Verknüpfung mit dem Ausgangswert (Ergebnis) 0, wenn und nur wenn jeder Eingang (Operand) den Wert 0 hat; für alle anderen Eingangswerte ist der Ausgang 1.
orbit [path described by the electrons revolving about the nucleus]
Elektronenbahn f [Bahn, in der sich die Elektronen um den Atomkern bewegen]
order
Reihenfolge f, Rangfolge f
order, job
Auftrag m, Job m
order, to
ordnen
ordinal number
Ordnungszahl f
organic semiconductor
organischer Halbleiter m
orgware (organizational ware) [available personnel-organizational resources]
Orgware f [verfügbares personell-organisatorisches Potential]
original production master [printed circuit boards]
Druckoriginal n [Leiterplatten]
OS/2 [32-bit protected-mode multitasking operating system developed by IBM and Microsoft for 80386 and 80486 processors, in particular for the IBM PS/2 series]
OS/2 [von IBM und Microsoft gemeinsam entwickeltes 32-Bit-Betriebssystem für 80386- und 80486-Prozessoren insbesondere für die IBM PS/2-Reihe]
OSA [Open Systems Architecture developed by Olivetti]
OSA [offene Systemarchitektur von Olivetti]
oscillator
Oszillator m
oscillogram
Oszillogramm n
oscilloscope, cathode-ray oscilloscope (CRO)
Oszilloskop n, Oszillograph m
OSF (Open Software Foundation) [software consortium]
OSF [Konsortium für offene Software]
OSI (Open System Interconnection), ISO reference model [computer network model based on seven layers; typical physical (layer one) protocols are RS-232-C and V.24]
OSI-Modell n, ISO-Referenzmodell n [Rechnerverbundmodell mit sieben Funktionsschichten; typische Protokolle der physikalischen (ersten) Schicht sind RS-232-C und V.24]
outage, power failure, mains failure
Netzausfall m, Stromausfall m
output

Ausgabe *f,* Ausgang *m*
output, to; dump, to; write-out, to
   ausgeben
output admittance
   Ausgangsleitwert *m,* Ausgangsadmittanz *f*
output buffer
   Ausgabepuffer *m,* Ausgangspuffer *m,*
   Ausgangspufferstufe *f*
output buffer turn-off delay [integrated circuit
   memories]
   Ausgabepuffer-Abschaltverzögerung *f*
   [integrierte Speicherschaltungen]
output capacitance
   Ausgangskapazität *f*
output channel, output port
   Ausgangskanal *m*
output characteristic, output characteristics
   Ausgangskennlinie *f,*
   Ausgangscharakteristik *f*
output circuit
   Ausgangsschaltung *f*
output code
   Ausgabecode *m*
output conductance
   Ausgangskonduktanz *f*
output configuration [of a digital circuit]
   Ausgangskonfiguration *f* [einer
   Digitalschaltung]
output current
   Ausgangsstrom *m*
output data
   Ausgabedaten *n.pl.,* Ausgangsdaten *n.pl.*
output data valid time
   Ausgangsgültigkeitszeit *f*
output device
   Ausgabegerät *n*
output disable
   Ausgabesperre *f*
output disable set-up time [with integrated
   circuit memories]
   Vorbereitungszeit der Ausgabesperre *f* [bei
   integrierten Speicherschaltungen]
output disable time
   Ausgangsabschaltzeit *f*
output divider
   Ausgangsteiler *m*
output enable
   Ausgangsfreigabe *f*
output file
   Ausgabedatei *f*
output format
   Ausgabeformat *n*
output frequency
   Ausgangsfrequenz *f*
output impedance
   Ausgangsimpedanz *f*
output information
   Ausgangsinformation *f*
output instruction

Ausgabebefehl *m*
output load
   Ausgangsbelastung *f*
output loading capability
   Ausgangsbelastbarkeit *f*
output medium
   Ausgabemedium *n*
output mode
   Ausgabemodus *m*
output multiplexer
   Ausgabeverteiler *m*
output parameter
   Ausgangskenngröße *f*
output port
   Ausgangstor *n*
output power, power output
   Ausgangsleistung *f*
output program, output routine
   Ausgabeprogramm *n*
output pulse
   Ausgangsimpuls *m*
output queue
   Ausgabewarteschlange *f*
output rate, output speed
   Ausgabegeschwindigkeit *f*
output resistance
   Ausgangswiderstand *m*
output signal
   Ausgabesignal *n,* Ausgangssignal *n*
output tape
   Ausgabeband *n*
output unit
   Ausgabeeinheit *f*
output voltage
   Ausgangsspannung *f*
output voltage swing
   Einschwingverhalten der
   Ausgangsspannung *n*
outside margin
   äußerer Rand *m*
outside vapour-phase oxidation process
   (OVPO process) [an oxidation process used in
   glass fiber production]
   Außenoxidationsverfahren *n,* OVPO-
   Verfahren *n* [ein Oxidationsverfahren, das bei
   der Herstellung von Glasfasern eingesetzt
   wird]
OVD process (outside vapour deposition process)
   [a deposition process used in glass fiber
   manufacturing]
   OVD-Verfahren *n,* Außenabscheideverfahren
   n [ein Abscheideverfahren, das bei der
   Herstellung von Glasfasern eingesetzt wird]
overcritical damping, overdamping
   überkritische Dämpfung *f*
overcurrent
   Überstrom *m*
overflow (OV)
   Überlauf *m*

overflow area
Überlaufbereich *m*

overflow error
Überlauffehler *m*

overflow flag
Überlaufsmerker *m*

overflow indicator
Überlaufanzeiger *m*

overflow register [registers the occurrence of an overflow]
Überlaufregister *n* [registriert einen auftretenden Überlauf]

overlap
Überlappung *f*

overlap time
Überlappungszeit *f*

overlapping
überlappende Verarbeitung *f*

overlapping menu [a menu opened out of another menu]
überlappendes Menü *n* [ein Menü, das aus einem anderen Menü geöffnet wird]

overlapping windows
überlappende Fenster *n.pl*

overlay
Überlagerung *f*

overlay segment
Überlagerungssegment *n*

overlay technique [dividing a program into segments (overlays) which are loaded into the main memory as they are required; hence execution of a program requires less space in the main memory]
Speicherüberlagerung *f*, Überlagerungstechnik *f*, Overlay-Technik *f* [das Unterteilen eines Programmes in Segmente (Überlagerungssegmente oder Overlays), die nach Bedarf in den Hauptspeicher geladen werden; somit benötigt die Ausführung eines Programmes weniger Platz im Hauptspeicher]

overlay transistor
Bipolar transistor for high frequency applications (up to 10 GHz) in which the emitter area is divided into a large number of small emitter regions (over 100). The emitter regions are interconnected by an overlay of metal film on an insulating oxide layer which is provided with windows for making contacts.
Overlay-Transistor *m*
Bipolartransistor für hohe Frequenzen (bis 10 GHz), bei dem die Emitterzone in eine Vielzahl kleiner Emitterbereiche (über 100) unterteilt ist. Die Emitterbereiche sind durch Metallkontaktstreifen über einer mit Fenstern versehenen isolierenden Oxidschicht miteinander verbunden.

overload
Überlast *f*, Überlastung *f*

overload indicator
Überlastanzeiger *m*

overload protection
Überlastschutz *m*

overloading
Überbelastung *f*

overloading [in object oriented programming: using the same function name in different contexts and with different arguments]
Überladen *n* [in der objektorientierten Programmierung: die Verwendung des gleichen Funktionsnamens in verschiedenen Kontexten und mit verschiedenen Argumenten]

overshoot
Überschwingen *n*

overtemperature
Übertemperatur *f*

overvoltage
Überspannung *f*

overvoltage protection
Überspannungsschutz *m*

overwrite, to
überschreiben

OVPO process (outside vapour-phase oxidation process) [an oxidation process used in glass fiber production]
OVPO-Verfahren *n*, Außenoxidationsverfahren *n* [ein Oxidationsverfahren, das bei der Herstellung von Glasfasern eingesetzt wird]

oxidation [a process for growing oxide layers on silicon]
Oxidation *f* [Verfahren für das Aufwachsen von Oxidschichten auf Silicium]

oxide coating, oxide layer
Oxidschicht *f*

oxide etching
Oxidätzung *f*

oxide isolated
oxid-isoliert

oxide isolation [isolation technique for bipolar integrated circuits]
Oxidwallisolation *f* [Isolationsverfahren für integrierte Bipolarschaltungen]

oxide layer
Oxidschicht *f*

oxide mask
Oxidmaske *f*

oxide masking, diffusion masking
Major process step in planar technology. It consists of growing a thin layer of oxide on the surface of the wafer. With the aid of contact masks, diffusion windows are etched on the oxide layer to allow selective diffusion of dopants. At the same time, the remaining oxide prevents penetration of dopants into undesired regions of the wafer.
Oxidmaskierung *f*, Diffusionsmaskierung *f*
Wichtiger Verfahrensschritt der Planartechnik. Dabei wird eine Halbleiterscheibe (Wafer) mit

einer dünnen Oxidschicht überzogen. In das
Oxid werden mit Hilfe von Kontaktmasken
Fenster geätzt, durch die der Dotierstoff in die
Halbleiterscheibe eindiffundieren kann.
Gleichzeitig schützt die verbleibende
Oxidschicht vor dem Eindringen von
Dotierstoffen in unerwünschte Bereiche des
Wafers.

oxide passivation
Growing a layer of insulating oxide (usually
silicon dioxide) on the surface of a
semiconductor to provide protection from
contamination.
Oxidpassivierung *f*
Das Aufwachsen von isolierenden
Oxidschichten (meistens Siliciumdioxid) auf der
Oberfläche eines Halbleiters, um sie vor
Verunreinigungen zu schützen.

oxide thickness
Oxiddicke *f*

OXIM technology (oxide isolated monolithic
technology) [isolation process similar to the
OXIS technology]
OXIM-Technik *f* [Isolationsverfahren, ähnlich
der OXIS-Technik]

OXIS technology (oxide isolation technology)
Isolation technique for bipolar integrated
circuits which provides isolation between the
circuit structures by local oxidation of silicon.
OXIS-Technik *f* Oxidisolationstechnik *f*
Isolationsverfahren für integrierte
Bipolarschaltungen, bei der die einzelnen
Strukturen der Schaltung durch lokale
Oxidation von Silicium voneinander isoliert
werden.

P

p-channel [semiconductor technology]
The conducting channel in a field-effect
transistor in which charge transport is effected
by holes.
P-Kanal *m* [Halbleitertechnik]
Der stromführende Kanal in einem
Feldeffekttransistor, in dem der
Ladungstransport durch Defektelektronen
(Löcher) erfolgt.

p-channel aluminium-gate MOS technology
Process for fabricating p-channel MOS field-
effect transistors in which the gate consists of
aluminium.
**P-Kanal-MOS-Technik mit Aluminium-
Gate** *f*
Technik für die Herstellung von PMOS-
Feldeffekttransistoren, bei denen das Gate (die
Steuerelektrode) aus Aluminium besteht.

p-channel field-effect transistor (PFET)
Field-effect transistor with a p-type conducting
channel, i.e. a channel in which the majority
carriers are holes.
P-Kanal-Feldeffekttransistor *m* (PFET)
Feldeffekttransistor, der einen P-leitenden
Kanal besitzt, d.h. einen Kanal, in dem die
Majoritätsladungsträger Defektelektronen
(Löcher) sind.

**p-channel metal-oxide-semiconductor field-
effect transistor** (PMOSFET)
**P-Kanal-Feldeffekttransistor mit Metall-
Oxid-Halbleiter-Struktur** *m* (PMOSFET)

p-channel MOS technology, PMOS technology
A process for fabricating field-effect transistors
with a metal-oxide-semiconductor structure
and a p-type conducting channel. The p-type
regions (source and drain) are formed by
diffusion in an n-type substrate.
P-Kanal-MOS-Technik *f,* PMOS-Technik *f*
Technik für die Herstellung von
Feldeffekttransistoren mit Metall-Oxid-
Halbleiter-Struktur und einem P-leitenden
Kanal, bei der P-dotierte Bereiche (Source und
Drain) in ein N-leitendes Substrat
eindiffundiert werden.

p-channel silicon-gate MOS technology
Process for fabricating p-channel MOS field-
effect transistors in which the gate consists of a
conductive polysilicon material.
P-Kanal-MOS-Technik mit Silicium-Gate *f*
Technik für die Herstellung von PMOS-
Feldeffekttransistoren, bei denen das Gate (die
Steuerelektrode) aus einem leitfähigen
Polysilicium besteht.

p-channel transistor
P-Kanal-Transistor *m*

p-conductor
P-Leiter *m*

p-gate thyristor
kathodenseitig steuerbarer Thyristor *m*

p-type conduction, hole conduction
Charge transport in a semiconductor by holes.
P-Leitung *f,* Defektleitung *f,* Löcherleitung *f*
Ladungstransport in einem Halbleiter durch
Defektelektronen (Löcher).

p-type doping [semiconductor technology]
The introduction of acceptor impurity atoms
into a semiconductor, e.g. boron into silicon.
This generates holes and produces p-type
conduction in the correspondingly doped region.
Highly doped p-type regions are denoted by p$^+$.
P-Dotierung *f* [Halbleitertechnik]
Der Einbau von Akzeptoratomen in einen
Halbleiter, z.B. Boratome in Silicium. Dadurch
werden Defektelektronen (Löcher) erzeugt und
der entsprechend dotierte Bereich wird P-
leitend. Stark P-dotierte Bereiche werden mit
P$^+$ bezeichnet.

p-type region, p-type zone [semiconductor
technology]
A region in a semiconductor in which charge
transport is effected essentially by holes.
P-Bereich *m,* P-Gebiet *n,* P-Zone *f*
[Halbleitertechnik]
Bereich in einem Halbleiter, in dem der
Ladungstransport vorwiegend durch
Defektelektronen (Löcher) erfolgt.

p-type semiconductor [semiconductor with hole
conduction (p-type conduction)]
P-Halbleiter *m* [Halbleiter mit
Defektelektronenleitung (P-Leitung)]

p-type substrate [semiconductor technology]
A substrate with hole conduction (p-type
conduction).
P-Substrat *n,* P-Grundmaterial *n*
[Halbleitertechnik]
Substrat mit Defektelektronenleitung (P-
Leitung).

pack, to [to compress data for storage, e.g. on a
magnetic tape, by eliminating superfluous
characters]
packen [Daten komprimieren für die
Speicherung, z.B. auf einem Magnetband,
durch Weglassen überflüssiger Zeichen]

package, case [e.g. of discrete components or
integrated circuits]
Gehäuse *n* [z.B. von Einzelbauelementen oder
integrierten Schaltungen]

package dimensions, case dimensions
Gehäuseabmessungen *f.pl.*

package material, case material
Gehäusematerial *n*

package style, case style
Gehäuseform *f*

packaging density, component density

The number of components per unit area or unit volume. In integrated circuits, the number of components per chip.
Packungsdichte *f*, Bauelementendichte *f* Die Anzahl der Bauelemente pro Flächen- bzw. Volumeneinheit. Bei integrierten Schaltungen die Anzahl der Bauelemente pro Chip.

packed decimal digit [representation of two decimal digits in one byte]
gepackte Dezimalziffer *f* [Darstellung von zwei Dezimalziffern in einem Byte]

packet, data packet [data transfer as entity during transmission]
Datenpaket *n* [Datenmenge als Einheit bei der Übermittlung]

packing density, recording density, bit density [storage density of a data medium, particularly of a magnetic tape, usually expressed in bits/inch (BPI); commonly used recording densities are 800, 1600 and 6250 BPI]
Packungsdichte *f*, Schreibdichte *f*, Bitdichte *f* [Aufzeichnungsdichte eines Datenträgers, insbesondere eines Magnetbandes, in der Regel ausgedrückt in Bits/Zoll (BPI) bzw. Bits/cm; gebräuchliche Aufzeichnungsdichten sind 800, 1600 und 6250 BPI bzw. 315, 630 und 2460 Bits/cm]

packing density code [with magnetic tapes]
Schriftkennung *f* [bei Magnetbändern]

PACVD (plasma-activated chemical vapour deposition), PCVD [a deposition process used in glass fiber production]
PACVD-Verfahren *n*, PCVD-Verfahren *n* [ein Abscheideverfahren, das bei der Herstellung von Glasfasern eingesetzt wird]

pad character, fill character, filler [characters stored for display purposes, e.g. filling or padding a left-justified 80 character/line file with blanks to the right of the data items]
Blindzeichen *n*, Füllzeichen *n* [Zeichen, die aus Darstellungsgründen gespeichert werden, z.B. bei einer linksbündigen Datei mit 80 Zeichen/Zeile das Auffüllen mit Leerzeichen rechts von den Datenfeldern]

page [constant-length segment of a memory; contiguous memory area]
Seite *f* [Segment konstanter Länge eines Speichers; zusammenhängender Speicherbereich]

page, to [to divide memory into equal segments (pages); used particularly in virtual memory systems for transferring program segments from an external storage (page storage) into main memory]
seitenwechseln [Speicheraufteilung in Segmente gleicher Länge (Seiten); wird besonders bei Rechnern mit virtuellem Speicher für die Übernahme von Programm-teilen aus einem Externspeicher (Seitenspeicher) in den Hauptspeicher verwendet]

page, to [move text displayed on screen page by page]
blättern [seitenweises Verschieben des auf dem Bildschirm angezeigten Textes]

page address register
Seitenadreßregister *n*

page break
Seitenumbruch *m*

page down, to
vorwärts blättern, abwärts blättern

page fault
Seitenfehler *m*

page format
Seitenformat *n*

page in, to
seitenweises Einlagern *n*

page-in operation
Seiteneinlagerung *f*

page mode [operational mode of semiconductor memories]
seitenweiser Betrieb *m*, Seitenbetrieb *m* [Betriebsart bei Halbleiterspeichern]

page mode cycle
Zyklus für seitenweisen Betrieb *m*

page number
Seitenzahl *f*

page out, to
seitenweises Auslagern *n*

page-out operation
Seitenauslagerung *f*

page printer
Blattschreiber *m*, Seitendrucker *m*

page read mode
seitenweises Lesen *n*

page reader
Seitenleser *m*

page storage [in a virtual memory system]
Seitenspeicher *m* [bei einem System mit virtuellem Speicher]

page table
Seitentabelle *f*

page up, to
rückwärts blättern, aufwärts blättern

page write mode
seitenweises Schreiben *n*

PageMaker [desktop publishing (DTP) program]
PageMaker [Desktop-Publishing- bzw. DTP-Programm]

pagination
Seitennumerierung *f*

paging [dividing memory into equal segments (pages); used particularly in virtual memory systems for transferring program segments from an external storage (page storage) into main memory]
Seitenaufteilung *f*, Paging *n*

[Speicheraufteilung in Segmente gleicher
Länge (Seiten); wird besonders bei Rechnern
mit virtuellem Speicher für die Übernahme von
Programmteilen aus einem Externspeicher
(Seitenspeicher) in den Hauptspeicher
verwendet]

paint-on process [a diffusion process]
Filmverfahren *n* [ein Diffusionsverfahren]

pair generation, electron-hole-pair generation
Generation of an electron-hole pair, e.g. by
increasing temperature. This causes an
electron to be released from the valence band
into the conduction band, thereby leaving a
hole in the valence band.
Paarbildung *f,* Elektron-Defektelektron-Paar-
Erzeugung *f*
Bildung eines Elektron-Loch-Paares, z.B. durch
Temperaturanstieg. Dabei wird ein Elektron
aus dem Valenzband in das Leitungsband
gehoben, während ein Loch im Valenzband
zurückbleibt.

PAL (programmable array logic)
Integrated circuit with a programmable AND
array and a fixed OR array. Some PALs also
include flip-flops and registers. The logic
functions can be programmed to customers'
specifications.
PAL, programmierbare Array-Logik *f,*
programmierbare Feld-Logik *f*
Integrierte Schaltung mit einer
programmierbaren UND-Matrix und einer
festgelegten ODER-Matrix. Einige PALs
enthalten zusätzlich Flipflops und Register. Die
logischen Funktionen lassen sich nach
Kundenwünschen programmieren.

palmtop computer [small computer that can be
held on the palm of a hand]
Palmtop-Computer *m* [kleiner Rechner, der
auf der Handfläche gehalten werden kann]

PAM (pulse amplitude modulation)
PAM, Pulsamplitudenmodulation *f*

paper feed [for printer]
Papiervorschub *m* [für Drucker]

parallel adder, parallel full-adder [adds the
corresponding digits of two numbers
simultaneously]
Paralleladdierer *m* [summiert die
entsprechenden Stellen zweier Zahlen
gleichzeitig]

parallel computer [computer for parallel
processing]
Parallelrechner *m* [Rechner für die
Parallelverarbeitung]

parallel connection
Parallelschaltung *f*

parallel counter, synchronous counter
A counter usually composed of flip-flops in
which all clock inputs are driven in parallel by
a single clock signal. In this manner all state

changes occur synchronously.
Synchronzähler *m,* synchroner Zähler *m*
Ein im allgemeinen aus Flipflops aufgebauter
Zähler, bei dem alle Takteingänge von einem
einzigen parallel zugeführten Taktsignal
angesteuert werden, so daß alle
Zustandsänderungen im gleichen Takt
(synchron) erfolgen.

parallel data processing
Paralleldatenverarbeitung *f*

parallel half-adder
Parallelhalbaddierer *m*

parallel half-subtracter
Parallelhalbsubtrahierer *m*

parallel input/output (PIO)
parallele Ein-Ausgabe *f*

parallel interface
parallele Schnittstelle *f*

parallel memory, parallel storage
Parallelspeicher *m*

parallel mode, parallel operation, simultaneous
operation
Parallelbetrieb *m,* Simultanbetrieb *m*

parallel multiplier
Parallelvervielfacher *m*

parallel output
Parallelausgabe *f*

parallel port
paralleler Anschluß *m*

parallel printer, line printer
Paralleldrucker *m,* Zeilendrucker *m*

parallel processing [simultaneous processing of
several tasks]
Parallelverarbeitung *f*
[Simultanverarbeitung mehrerer Prozesse]

parallel register
Parallelregister *n*

parallel resistor, shunt resistor, shunt
Parallelwiderstand *m,* Shuntwiderstand *m,*
Shunt *m*

parallel scanner
Parallelabtaster *m*

parallel-serial conversion
Parallel-Serien-Umsetzung *f*

parallel-serial converter [converts parallel
data into a series of bits; for example, an 8-bit
shift register can convert a byte into a sequence
of bits]
Parallel-Serien-Umsetzer *m* [wandelt ein
parallel anliegendes Datenwort in eine Serie
von Bits um; beispielsweise kann ein 8-Bit-
Schieberegister ein Byte in einzelne Bits
umsetzen]

parallel-serial transmission, parallel-serial
transfer [simultaneous transmission of several
characters but individual transmission of the
bits in each character]
Parallel-Serien-Übertragung *f*
[gleichzeitiges Übertragen mehrerer Zeichen,

aber sequentielles Übertragen der einzelnen Bits]

parallel subtracter, parallel full-subtracter
Parallelsubtrahierer *m*

parallel transfer signal
Parallelübertragssignal *n*

parallel transmission [simultaneous transmission of all bits of a character]
Parallelübertragung *f* [gleichzeitige Übertragung aller Bits eines Zeichens]

parameter, argument
Parameter *m*

parameter address
Parameteradresse *f*

parameter entry
Parametereingabe *f*

parameter list, argument list
Parameterliste *f*

parameter passing
Parameterübergabe *f*

parameter string
Parameterfolge *f*

parametric amplifier, variable reactance amplifier
parametrischer Verstärker *m*, Reaktanzverstärker *m*

parasitic capacitance
parasitäre Kapazität *f*

parasitic frequency
parasitäre Frequenz *f*, Störfrequenz *f*

parasitic oscillation
Störschwingung *f*

parent [file, tree]
Vater *m* [Datei, Baum]

parenthesis, round bracket
runde Klammer *f*

parenthesis-free notation, prefix or Polish notation, postfix or reversed Polish notation (RPN) [eliminates brackets in mathematical operations, e.g. (a+b)c is written *c+ab (prefix) or cab+* (postfix)]
klammerfreie Schreibweise *f*, Präfix- bzw. polnische Schreibweise *f*, Postfix- bzw. umgekehrte polnische Schreibweise *f* [eliminiert Klammern bei mathematischen Operationen, z.B. (a+b)c wird als *c+ab (Präfix) bzw. als cab+* (Postfix) geschrieben]

parity
Parität *f*

parity bit [a check bit added to a unit of data, e.g. character, byte or word, to obtain an odd or even sum of all bits in the unit of data; serves to detect transmission errors]
Kontrollbit *n*, Paritätsbit *n* [zusätzliches Bit, das jeder Informationseinheit, z.B. Zeichen, Byte oder Wort, zugefügt wird, um eine ungerade bzw. gerade Summe aller Bits in dieser Einheit zu erhalten; damit lassen sich Übertragungsfehler erkennen]

parity check [method of protecting data against transmission errors; each unit of data (e.g. character) is given an additional bit (parity bit) so that the sum of all bits in this unit is even or odd (even parity or odd parity)]
Paritätsprüfung *f* [Schutzmethode gegen Übertragungsfehler; jeder Informationseinheit (z.B. Zeichen) wird ein zusätzliches Bit (Paritätsbit) hinzugefügt, so daß die Summe aller Bits in dieser Einheit gerade oder ungerade wird (gerade Parität bzw. ungerade Parität)]

parity checker
Paritätsprüfer *m*

parity error
Paritätsfehler *m*

parity flag
Paritäts-Flag *n*, Paritätsmerker *m*

parity generator
Paritätsgenerator *m*

parking track [prevents head crash on a hard disk drive]
Parkspur *f* [verhindert Beschädigung der Festplatte durch den Schreib-Lese-Kopf]

parse tree, syntax tree
Parse-Baum *m*, Syntax-Baum *m*

parser [analyzes syntax of a program]
Parser *m* [analysiert die Syntax eines Programmes]

part program [NC technology]
The complete set of data and instructions, written in a programming language, which is required for producing a particular workpiece on a numerically controlled machine.
Teileprogramm *n* [NC-Technik]
Die vollständige, in einer Programmiersprache formulierte Zusammenstellung von Daten und Anweisungen, die zur Fertigung eines bestimmten Werkstückes auf einer numerisch gesteuerten Maschine nötig ist.

partial carry [temporary storage (instead of immediate transfer) of carries in parallel addition]
Teilübertrag *m* [Zwischenspeichern (anstatt unmittelbarer Weiterleitung) von Überträgen bei der Paralleladdition]

partial failure [failure involving only part of the required functions]
Teilausfall *m* [Ausfall, der nur einen Teil der geforderten Funktionen betrifft]

partial fraction
Partialbruch *m*

partition, to; segment, to; section, to
segmentieren

partition [of a hard disk]
Partition *f*, Speicherbereich *m* [einer Festplatte]

partition size
Partitionsgröße *f*

partitioning [hard disks: subdividing into
several logical drives]
Partitionierung *f*, **Aufteilung** *f* [Festplatten:
Aufteilung in mehrere logische Laufwerke]
partitioning [memory: dividing into segments]
Aufteilung *f* [Speicherplatz: Aufteilung in
einzelne Bereiche]
pascal (Pa) [SI unit of pressure]
Pascal *n* (Pa) [SI-Einheit des Druckes]
PASCAL [programming language]
A high-level problem-oriented programming
language based on ALGOL for engineering and
scientific purposes. It is characterized by a
structured programming technique and is easy
to learn.
PASCAL [Programmiersprache]
Eine höhere, problemorientierte
Programmiersprache auf der Basis von ALGOL
für technisch-wissenschaftliche Aufgaben. Sie
zeichnet sich vor allem durch strukturierte
Programmiertechnik und leichte Erlernbarkeit
aus.
pass, run
Durchlauf *f*
pass band [e.g. of a network or amplifier]
Durchlaßbereich *m* [z.B. eines Netzwerkes
oder Verstärkers]
pass-band attenuation [average attenuation in
pass band]
Durchlaßdämpfung *f* [mittlere Dämpfung im
Durchlaßbereich]
passage [of current]
Durchgang *m* [des Stromes]
passivation [semiconductor technology]
Deposition or growing of protective films (e.g.
silicon dioxide, silicon nitride, glass or
polyimide) on the surface of a semiconductor to
provide protection from contamination,
moisture, and the penetration of ions.
Passivierung *f* [Halbleitertechnik]
Das Aufbringen oder Aufwachsen von
Schutzschichten (z.B. Siliciumdioxid,
Siliciumnitrid, Glas oder Polyimid) auf die
Oberfläche eines Halbleiters, um sie vor
Feuchtigkeit, Verunreinigungen und dem
Eindringen von Ionen zu schützen.
passive circuit
passive Schaltung *f*
passive element
An element which does not amplify the signals
applied to it, e.g. a resistor or a capacitor.
passives Element *n*
Ein Bauelement, das die ihm zugeführten
Signale nicht verstärkt, z.B. ein Widerstand
oder ein Kondensator.
passive LCD [liquid crystal display with
external electronics]
passive LCD-Anzeige *f* [passive
Flüssigkristallanzeige mit externer Elektronik]

passive semiconductor component
passives Halbleiterbauelement *n*
passive two-port network
passiver Vierpol *m*
password [prevents unauthorized access to
computer or stored information]
Kennwort *n*, **Paßwort** *n* [verhindert den
unerlaubten Zugriff auf ein Rechensystem bzw.
auf gespeicherte Informationen]
paste [transfer text or graphics from a temporary
storage (clipboard) to an application]
einfügen [Übertragen von Text oder Graphik
aus dem temporären Speicher (Zwischenablage)
in eine Anwendung]
patch, to [to modify a program temporarily,
usually in machine code]
korrigieren [ein Programm behelfsmäßig
korrigieren, meistens im Maschinencode]
patch loader
Korrekturlader *m*
path
Pfad *m*
path name
Pfadname *m*
pattern, conductive pattern [of integrated
circuits or printed circuit boards]
Leiterbild *n*, **Leiterstruktur** *f*,
Verdrahtungsmuster *n* [bei integrierten
Schaltungen und Leiterplatten]
pattern, image
Abbild *n*, **Bild** *n*
pattern generator
Patterngenerator *m*, **Bitmustergenerator** *m*
pattern matching [OCR]
Mustervergleich *m* [OCR]
pattern recognition
Mustererkennung *f*
pause [temporary interruption of a program]
Pause *f* [vorübergehende Unterbrechung eines
Programmes]
PC (personal computer) [generally used term for
a microcomputer with minimum configuration,
either for private use (home computer) or for
use on office desk; in contrast to workstation,
minicomputer, etc.]
PC (Personal-Computer) [gebräuchliche
Bezeichnung für einen Mikrorechner mit
minimaler Konfiguration, entweder für den
privaten Einsatz (Heimrechner) oder für den
Einsatz am Arbeitspult; im Gegensatz zu
Arbeitsstation, Minirechner usw.]
PC (programmable controller), **PLC**
(programmable logic controller)
A sequence control with a computer-like
structure. It consists of a central processing
unit with the processor or microprocessor and
the program storage as well as an input-output
unit.
SPS *f*, **speicherprogrammierbare Steuerung** *f*,

programmierbare Steuerung *f*
Folgesteuerung mit rechnerähnlicher Struktur.
Sie besteht aus der Zentraleinheit mit
Prozessor bzw. Mikroprozessor, dem
Programmspeicher und der Ein-Ausgabe-
Einheit.

PC-DOS [special version of MS-DOS developed
by Microsoft for IBM]
PC-DOS [von Microsoft für IBM entwickelte
Sonderversion von MS-DOS]

PC Exchange program [program for data
exchange between a DOS PC and a Macintosh]
PC-Exchange-Programm *n* [Programm für
den Datenaustausch zwischen DOS-PC und
Macintosh]

PC UNIX derivates [operating systems derived
from UNIX specially for PC installation]
PC-UNIX-Derivate *n.pl.* [von UNIX speziell
für den PC abgeleitete Betriebssysteme]

PCB (printed circuit board), printed-wiring board
[insulating board with printed or etched
conductive patterns for components mounted
on it; types include rigid or flexible, single or
double-sided, single-layer or multilayer boards]
Leiterplatte *f* [isolierende Trägerplatte mit
aufgedruckten oder geätzten Leiterbahnen für
die aufgesetzten Bauelemente; kann als starre
oder flexible, einseitige oder doppelseitige,
einlagige oder mehrlagige Leiterplatte
ausgeführt werden]

PCI (programmable communications interface)
PCI *f*, programmierbare Kommunikations-
Schnittstelle *f*

PCL (Printer Command Language) [developed by
Hewlett-Packard]
PCL-Druckersteuersprache *f* [von Hewlett-
Packard entwickelte Druckersteuersprache]

PCL format
PCL-Format *n*

PCL printer command
PCL-Druckerbefehl *m*

PCM (pulse-code modulation)
PCM *f*, Pulscodemodulation *f*

PCVD, PACVD (plasma-activated chemical
vapour deposition) [a deposition process used in
glass fiber production]
PCVD-Verfahren *n*, PACVD-Verfahren *n* [ein
Abscheideverfahren, das bei der Herstellung
von Glasfasern eingesetzt wird]

PCX file format [graphic file format generated
by PC Paintbrush (ZSoft)]
PCX-Dateiformat *n* [Graphik-Dateiformat
erzeugt von PC Paintbrush (ZSoft)]

PD (Public Domain) [software which can be freely
copied, modified and marketed]
Public-Domain-Software *f* [Software, die
beliebig kopiert, modifiziert und vertrieben
werden darf]

PDL (Page Description Language) [e.g.
PostScript]
Seitenbeschreibungssprache *f* [z.B.
PostScript]

PDM (pulse-duration modulation)
PDM *f*, Pulsdauermodulation *f*

PE (plasma etching) [a dry etching process]
Plasmaätzen *n*, Plasma-Ätzverfahren *n* [ein
Trockenätzverfahren]

peak amplitude
Spitzenamplitude *f*

peak current
Spitzenstrom *m*

peak-emission wavelength [optoelectronics]
Wellenlänge für maximale Emission *f*
[Optoelektronik]

peak load
Spitzenbelastung *f*

peak power
Spitzenleistung *f*

peak reverse voltage
Spitzensperrspannung *f*

peak-sensitivity wavelength [optoelectronics]
**Wellenlänge für maximale
Empfindlichkeit** *f* [Optoelektronik]

peak voltage
Spitzenspannung *f*

PEARL (Process and Experiment Automation
Real-time Language)
A high-level problem-oriented programming
language for process control applications.
PEARL [Programmiersprache]
Eine höhere, problemorientierte
Programmiersprache für Anwendungen im
Bereich der Prozeßsteuerung.

PECVD process (plasma-enhanced chemical
vapour deposition)
A process used for forming dielectric layers in
integrated circuit fabrication that allows lower
deposition temperatures to be used than the
conventional CVD process.
PECVD-Verfahren *n*, Abscheidung aus einem
Plasma *f*
Ein Verfahren zur Abscheidung von
Isolierschichten bei der Herstellung
integrierter Schaltungen, das niedrigere
Abscheidetemperaturen ermöglicht als das
konventionelle CVD-Verfahren.

peel-off strength
Abschälkraft *f*

peer-to-peer link [link between computers of
equal rank, in contrast to client-server link]
Peer-to-Peer-Verbindung *f* [Verbindung
zwischen gleichrangigen Rechnern, im
Gegensatz zu Client-Server-Verbindung]

pen computer, pen-based computer, notepad
computer [small computer with tablet and pen
for handwritten entry]
Stift-Computer *m*, Pen-Computer *m* [kleiner
Rechner mit Tablett und Stift für Handschrift-

Eingabe]
pen screen [tablet screen of pen computer]
  Pen-Screen *m* [Tablett des Pen-Computers]
penetration depth, penetration
  Eindringtiefe *f*
perfect crystal, ideal crystal [semiconductor technology]
  A single crystal which has a homogeneous structure and contains no impurity atoms or other defects.
  idealer Kristall *m* [Halbleitertechnik]
  Ein Einkristall mit regelmäßigem Aufbau, der keine Fremdatome oder sonstige Defekte enthält.
perforate, to; punch, to
  stanzen
perforation, punched hole
  Lochung *f*
perforator, punch
  Stanzer *m*
perform statement
  Durchlaufanweisung *f*
performance data, performance characteristics
  Leistungsdaten *n.pl.*
periodic backup
  periodische Sicherung *f*
periodic refreshing
  Refreshing at regular time intervals (e.g. every 2 ms) of data stored in dynamic random access memories (DRAMs) to compensate for charge losses.
  periodisches Auffrischen *n*
  Das Auffrischen von Informationen in regelmäßigen Zeitabständen (z.B. alle 2 ms) in dynamischen Schreib-Lese-Speichern (DRAMs), um Ladungsverluste auszugleichen.
periodic system, periodic table
  Arrangement of the chemical elements in the order of their increasing atomic weight and corresponding chemical and physical properties. Elements of similar properties are placed under each other, forming 9 basic groups. Silicon and germanium belong to group IV (the atoms have 4 electrons in the outer shell). Compound semiconductors belonging to the groups III-V such as gallium arsenide are of growing importance to the semiconductor industry.
  Periodensystem *n*, periodisches System der Elemente *n*
  Die Anordnung der chemischen Elemente nach steigendem Atomgewicht und den daraus folgenden chemischen und physikalischen Eigenschaften. Elemente mit ähnlichen Eigenschaften sind untereinanderstehend in 9 Gruppen angeordnet. Silicium und Germanium gehören der Gruppe IV an (die Atome besitzen 4 Elektronen in der äußeren Schale). Von steigender Bedeutung für die

Halbleiterfabrikation sind Verbindungshalbleiter der Gruppen III-V, z.B. Galliumarsenid.
peripheral device, peripheral unit, peripheral [for data input, output or storage]
  Peripheriegerät *n*, peripheres Gerät *n*, peripherer Baustein *m* Anschlußgerät *n* [für Dateneingabe, -ausgabe oder -speicherung]
peripheral equipment
  Peripherie *f*
peripheral interface
  peripherer Schnittstellenbaustein *m*
peripheral interface adapter (PIA)
  peripherer Schnittstellenadapter *m*
peripheral transfer
  Übertragung zwischen Peripheriegeräten
peripheral unit, peripheral device [for data input, output or storage]
  Peripheriegerät *n*, peripheres Gerät *n*, Anschlußgerät *n* [für Dateneingabe, -ausgabe oder -speicherung]
permanent error
  permanenter Fehler *m*
permanent fault
  Dauerstörung *f*
permanent storage, permanent memory
  nichtlöschbarer Speicher *m*, Permanentspeicher *m*
permeability
  Permeabilität *f*
permittivity
  Dielektrizitätskonstante *f*, Permittivität *f*
persistence [of a screen]
  Nachleuchtdauer *f* [eines Bildschirmes]
personal computer (PC) [generally used term for a microcomputer with minimum configuration, either for private use (home computer) or for use on office desk; in contrast to workstation, minicomputer, etc.]
  Personal-Computer (PC) [gebräuchliche Bezeichnung für einen Mikrorechner mit minimaler Konfiguration, entweder für den privaten Einsatz (Heimrechner) oder für den Einsatz am Arbeitspult; im Gegensatz zu Arbeitsstation, Minirechner usw.]
Petri net
  Petri-Netz *n*
PFET (p-channel field-effect transistor)
  Field-effect transistor with a p-type conducting channel, i.e. a channel in which the majority carriers are holes.
  PFET, P-Kanal-Feldeffekttransistor *m*
  Feldeffekttransistor, der einen P-leitenden Kanal besitzt, d.h. einen Kanal, in dem die Majoritätsladungsträger Defektelektronen (Löcher) sind.
PFM (pulse-frequency modulation)
  PFM *f*, Pulsfrequenzmodulation *f*
PFR (power-failure restart, power-fail restart)

Wiederanlauf nach Netzausfall *m*
PGA (programmable gate array)
Integrated circuit with a programmable AND and NAND array which can be programmed to customers' specifications by blowing the fusible links.
PGA, programmierbares Gate-Array *n*, programmierbare Gate-Matrix *f*
Integrierte Schaltung mit einer programmierbaren UND- und NAND-Matrix, die sich durch Wegbrennen der Durchschmelzverbindungen nach Kundenwünschen programmieren läßt.
phase angle
Phasenwinkel *m*
phase comparator
Phasenvergleicher *m*
phase delay time
Phasenlaufzeit *f*
phase difference
Phasendifferenz *f*
phase discriminator
Phasendiskriminator *m*
phase encoding, phase modulation recording [magnetic tape recording method]
Richtungstaktschrift *f* [Schreibverfahren für Magnetbandaufzeichnung]
phase lag
Phasennacheilung *f*
phase lead
Phasenvoreilung *f*
phase-locked
phasensynchronisiert
phase-locked loop (PLL)
phasensynchronisierte Schleife *f*
phase-locked oscillator
phasenstarrer Oszillator *m*
phase modulation
Phasenmodulation *f*
phase response [phase angle as a function of frequency]
Phasengang *m* [Phasenwinkel in Abhängigkeit der Frequenz]
phase reversal
Phasenumkehr *f*
phase-reversal circuit
Phasenumkehrschaltung *f*
phase-shift keying (PSK)
Phasenumtastung *f* (PSK)
phase-shift oscillator
Phasenverschiebungsoszillator *m*
PHIGS (Programmable Hierarchical Interactive Graphics Standard)
PHIGS [hierarchischer und interaktiver Graphikstandard für Programmierer]
phosphorous (P)
Non-metallic element used as a dopant impurity (donor atom).
Phosphor *m* (P)
Nichtmetallisches Element, das als Dotierstoff (Donatoratom) verwendet wird.
photo drum [laser printer]
Phototrommel *f* [Laserdrucker]
photo-selective metallizing [printed circuit boards]
photoselektive Metallisierung *f* [Leiterplatten]
photo typesetter
Photosatzmaschine *f,* Lichtsatzmaschine *f*
photo typesetting
Photosatz *m,* Lichtsatz *m*
photocell, photoelectric cell
Component whose current-voltage characteristic is a function of incident light.
Photozelle *f*
Bauelement, dessen Strom-Spannungs-Kennlinie vom Lichteinfall abhängt.
photoconductive
photoleitend, lichtleitend
photoconductive detector
Photoleitungsdetektor *m*
photoconductive effect
Photoleitung *f*
photocoupler, optocoupler, optical isolator, photoisolator
Electronic device for the optical transmission of signals between two electrically isolated circuits. It consists of an emitter (e.g. a light-emitting diode) optically coupled to a photodetector (e.g. a phototransistor).
Optokoppler *m,* optisches Koppelelement *n*
Elektronisches Bauteil für die optische Signalübertragung zwischen zwei galvanisch getrennten Schaltkreisen. Es besteht aus einem Sender (z.B. Lumineszenzdiode) und einem Empfänger bzw. einem Photodetektor (z.B. Phototransistor), die optisch miteinander gekoppelt sind.
photocurrent
Photostrom *m*
photodetector
Photodetektor *m*
photodiode
Reverse-biased semiconductor diode in which electron-hole pairs are generated by exposing the pn-junction to light, thus increasing current flow.
Photodiode *f*
In Sperrichtung betriebene Halbleiterdiode, bei der durch Lichteinstrahlung in den PN-Übergang Ladungsträgerpaare erzeugt werden, die den Stromfluß vergrößern.
photodiode array
Photodiodenfeld *n*
photoelectric effect
The exchange interaction between radiation and matter in which mobile charge carriers are generated as a result of photon absorption. The

photoelectric effect can be defined as extrinsic
(e.g. in photocells) or intrinsic (e.g. in
photovoltaic cells and phototransistors).
Photoeffekt *m*, photoelektrischer Effekt *m*,
lichtelektrischer Effekt *m*
Wechselwirkung zwischen Strahlung und
Materie, bei der durch Photonenabsorption
bewegliche Ladungsträger erzeugt werden.
Man unterscheidet zwischen äußerem
Photoeffekt (z.B. bei Photozellen) und dem
inneren Photoeffekt (z.B. bei Photoelementen
und Phototransistoren).

photoelectric emission [the emission of
electrons as a result of incident light]
Photoemission *f* [das Freisetzen von
Elektronen durch Lichteinstrahlung]

photoelectric scanning
photoelektrische Abtastung *f*

photoelectron [an electron released from an
atom by electromagnetic radiation]
Photoelektron *n* [Elektron, das durch
elektromagnetische Strahlung aus einen Atom
ausgelöst wurde]

photoemitter
Photoemitter *m*

photolithography, lithography
Process for reproducing the pattern of a mask
on the wafer. This requires several processing
steps: e.g. coating of the wafer with a
photoresist; placing the mask over the wafer;
alignment of the mask; exposure of the
photoresist through the mask; removal of the
unwanted portions of the resist, etc. There are
several lithographic processes. The most
commonly used is photolithography. Processes
for special applications include electron beam
lithography, ion beam lithography and ion
projection lithography.
Photolithographie *f*, Lithographie *f*
Verfahren zum Übertragen des Musters einer
Maske auf die Halbleiterscheibe. Hierzu
werden verschiedene Prozeßschritte benötigt:
z.B. Auftragen eines Photolackes; Auflegen der
Maske; Justieren der Maske; Belichtung des
Photolackes durch die Maske hindurch;
Entfernung der unerwünschten Lackstellen
usw. Es gibt verschiedene Verfahren der
Lithographie. Die häufigste Anwendung findet
die Photolithographie. Zu den Verfahren für
besondere Anwendungen gehören die
Elektronenstrahllithographie, die
Ionenstrahllithographie und die
Ionenprojektionslithographie.

photomask, mask
Patterned screen used in integrated circuit
fabrication to permit selective doping,
oxidation, etching, metallization, etc. For the
manufacture of an integrated circuit 5 to 16
different masks patterns are required

corresponding to the various masking steps
associated with the fabrication process used
and circuit complexity.
Photomaske *f*, Maske *f*
Schablone, die bei der Herstellung von
integrierten Schaltungen verwendet wird, um
eine selektive Dotierung, Oxidation, Ätzung,
Metallisierung usw. zu ermöglichen. Für eine
integrierte Schaltung werden 5 bis 16
unterschiedliche Masken für die vom
angewendeten Fertigungsprozeß und der
Schaltungskomplexität abhängenden
Maskierungsschritte benötigt.

photomask artwork, photomask pattern
Artwork for the production of photomasks
(based on the circuit layout) which is 100 to
1000 times larger than the final mask.
Photomaskenvorlage *f*
Vorlage für die Photomaskenherstellung, die
anhand des Schaltkreislayouts erstellt wird
und 100 bis 1000 mal größer ist als die
endgültige Maske.

photomultiplier
Photovervielfacher *m*

photon
Photon *n*, Lichtquant *n*

photon counting
Photonenzählung *f*

photon energy
Photonenenergie *f*

photoresist, resist
A photosensitive coating used in
photolithography to cover the surface of the
wafer to be masked. After exposure of the resist
(usually with ultraviolet light) through a
contact mask and removal of the unwanted
portions of the resist, the required pattern for
the etching process and the subsequent
processing step, e.g. doping, is left on the wafer.
Photolack *m*
Strahlungsempfindlicher Lack, der in der
Photolithographie zum Beschichten der
Halbleiterscheibe benutzt wird. Nach der
Bestrahlung des Photolackes (meistens mit UV-
Licht) durch eine Kontaktmaske hindurch und
Entfernung der unerwünschten Lackstellen
entsteht auf der Scheibe das gewünschte
Muster für den Ätzvorgang und den
anschließenden Verfahrensschritt, z.B. die
Dotierung.

photoresistor
Photowiderstand *m*

photoresponsivity, responsivity
[optoelectronics]
Photoempfindlichkeit *f*,
Ansprechempfindlichkeit *f* [Optoelektronik]

photosensitive device, photosensitive
component
lichtempfindliches Bauelement *n*,

lichtempfindlicher Baustein *m*
photosensitive field-effect transistor
  photoempfindlicher Feldeffekttransistor
photothyristor, light-activated silicon controlled
  rectifier
  Semiconductor component with a pnpn
  structure in which incident light generates
  electron-hole pairs that cause a switching
  action.
  Photothyristor *m*
  Halbleiterbauelement mit PNPN-Struktur, bei
  dem durch Lichteinstrahlung
  Ladungsträgerpaare erzeugt werden, die den
  Thyristor durchschalten.
phototransistor
  Bipolar transistor, acting as a photodetector
  with internal gain, in which electron-hole pairs
  are generated by exposing the base region to
  light, thus increasing current flow.
  Phototransistor *m*, **Optotransistor** *m*
  Bipolartransistor, der als Photoempfänger mit
  eingebautem Verstärker wirkt, bei dem sich
  durch Lichteinstrahlung in den Basisbereich
  Ladungsträgerpaare bilden, die den Stromfluß
  vergrößern.
photovoltage
  Photospannung *f*
photovoltaic cell
  Semiconductor component that converts light
  energy or other radiant energy into electrical
  energy without the need for an external voltage
  source (e.g. solar cells).
  Photoelement *n*, **Halbleiterphotoelement** *n*,
  Sperrschichtphotoelement *n*
  Halbleiterbauelement, das Lichtenergie oder
  andere Strahlungsenergie in elektrische
  Energie umsetzt, ohne eine äußere
  Spannungsquelle zu benötigen (z.B.
  Solarzellen).
photovoltaic detector [sensor based on
  photovoltaic cells]
  photovoltaischer Detektor *m* [Sensor, der
  mit Photoelementen aufgebaut ist]
photovoltaic effect [intrinsic photoelectric
  effect in a depletion layer]
  Sperrschichtphotoeffekt *m* [innerer
  Photoeffekt in einer Sperrschicht]
physical access level
  physische Zugriffsebene *f*
physical address [an address referring to a
  physically existing storage; in contrast to a
  virtual address which refers to a virtual
  storage]
  physische Adresse *f* [eine Adresse, die sich
  auf einen physikalisch vorhandenen Speicher
  bezieht; im Gegensatz zur virtuellen Adresse,
  die sich auf einen virtuellen Speicher bezieht]
physical data base
  physische Datenbank *f*, physikalische

Datenbank *f*
physical record
  physischer Satz *m*
physical structure
  physischer Aufbau *m*
physical vapour deposition process (PVD
  process) [e.g. sputtering]
  PVD-Verfahren *n* [z.B. Sputtern]
PIA (peripheral interface adapter)
  PIA-Baustein *m*, peripherer
  Schnittstellenadapter-Baustein *m*
PIC (priority interrupt control)
  Prioritätsunterbrechungssteuerung *f*
PICVD (plasma impulse chemical vapour
  deposition) [a deposition process used in glass
  fiber production]
  PICVD-Verfahren *n* [ein Abscheideverfahren,
  das bei der Herstellung von Glasfasern
  eingesetzt wird]
pie chart, pie diagram [representation of
  numerical values by circular segments]
  Kreisgraphik *f*, Tortengraphik *f* [Darstellung
  numerischer Werte durch Kreissektoren]
piezoelectric component
  piezoelektrisches Bauelement *n*
piezoelectric effect
  piezoelektrischer Effekt *m*
PIF (Program Information File) [for MS-
  Windows]
  PIF-Datei *f* [Programminformationsdatei für
  MS-Windows]
piggy-back board [printed circuit board
  mounted on another board]
  Huckepackkarte *f* [Leiterplatte, die auf einer
  anderen Leiterplatte aufgesteckt wird]
pin, terminal pin
  Anschlußstift *m*
PIN (Personal Identification Code)
  PIN [persönliche Identifizierungsnummer]
pin assignment, pin configuration
  Anschlußbelegung *f*
pin compatible [for components]
  anschlußstiftkompatibel,
  anschlußkompatibel [bei Bauelementen]
pin cushioning [screen]
  Kissenverzerrung *f* [Bildschirm]
pin designation [integrated circuits]
  Anschlußbezeichnung *f* [integrierte
  Schaltungen]
pin diode
  Semiconductor diode which has an intrinsic
  region between the p-type and the n-type
  regions. Is used in microwave applications.
  PIN-Diode *f*
  Halbleiterdiode mit einem eigenleitenden
  Bereich zwischen dem P-dotierten und dem N-
  dotierten Bereich. Wird im Mikrowellenbereich
  eingesetzt.
pin hole [small hole in the insulating layer on

the surface of a semiconductor]
Nadelloch *n* [kleines Loch in der Isolierschicht
auf einer Halbleiteroberfläche]
pin modulator [modulator with pin structure]
PIN-Modulator *m* [Modulator mit PIN-
Struktur]
pin structure
Semiconductor structure with an intrinsic
region between the highly doped p-type and n-
type regions.
PIN-Struktur *f*, PIN-Aufbau *m*
Halbleiterstruktur mit einem eigenleitenden
Bereich zwischen den hochdotierten P- und N-
Bereichen.
pinch-off [reduction of current in a field-effect
transistor due to narrowing of channel]
Einschnürung *f* [Verringerung des Stromes in
einem Feldeffekttransistor durch Verengung
des Kanals]
pinch-off voltage
Einschnürspannung *f*
PIO (programmable input-output device)
programmierbarer Ein-Ausgabe-Baustein
pip [calibration mark on the screen of an
oscilloscope]
Zacke *f* [Eichmarke auf dem Schirm eines
Oszillographen]
pipe operator [allows several DOS commands to
be cascaded]
Befehlsverkettung *f*, Pipe-Operator *m*
[erlaubt die Verkettung von mehreren DOS-
Befehlen]
pipelining, pipeline processing [a technique used
for increasing the operating speed of processors
and microprocessors by splitting instructions
(operations) into segments and processing them
in parallel; the instruction segments pass
through a series of processor segments, each
carrying out a specified amount of processing,
like in an assembly line]
Fließbandverarbeitung *f*, Pipeline-
Verarbeitung *f* [ein Verfahren zur Erhöhung
der Arbeitsgeschwindigkeit von Prozessoren
und Mikroprozessoren durch Aufspalten und
Parallelverarbeitung der Operationen
(Befehle); die Befehlsabschnitte durchlaufen
eine Reihe von Verarbeitungseinheiten, wobei
jede Einheit, wie bei einem Fließband, einen
bestimmten Verarbeitungsschritt ausführt]
pirate, to
raubkopieren
pirate copy, bootleg
Raubkopie *f*
pixel, picture element
Bildpunkt *m*, Bildelement *n*, Pixel *n*
pixel matrix
Bildpunktmatrix *f*
PL/1 (Programming Language One)
A high-level programming language based on

ALGOL, COBOL and FORTRAN which is
suitable for engineering and scientific purposes
as well as for commercial applications.
PL/1 [Programmiersprache]
Eine höhere Programmiersprache auf der Basis
von ALGOL, COBOL und FORTRAN, die sich
sowohl für technisch-wissenschaftliche als auch
für kaufmännische Aufgaben eignet.
PL/M (Programming Language Microprocessor)
A high-level programming language which has
been developed specifically for microprocessor
systems.
PL/M [Programmiersprache]
Eine höhere Programmiersprache, die speziell
für Mikroprozessorsysteme entwickelt wurde.
PLA (programmable logic array)
Integrated circuit with a programmable AND
array and a programmable OR array. Some
PLAs also include flip-flops and registers. By
connecting the circuit elements with the aid of
interconnection masks semicustom integrated
circuits can be produced.
PLA, programmierbares Logik-Array *n*,
programmierbare Logik-Matrix *f*
Integrierte Schaltung mit einer
programmierbaren UND-Matrix und einer
programmierbaren ODER-Matrix. Einige PLAs
enthalten zusätzlich Flipflops und Register.
Durch Verbindung der Elemente über
Verdrahtungsmasken lassen sich integrierte
Semikundenschaltungen realisieren.
place value
Stellenwert *m*
plain language text, clear text [a message that
is not coded, e.g. an operator message]
Klartext *m* [eine nicht codierte Mitteilung, z.B.
eine Mitteilung für den Bediener]
planar epitaxial transistor
Planar-Epitaxialtransistor *m*
planar structure
Planarstruktur *f*
planar technology
The most important process used in the
fabrication of bipolar and unipolar
semiconductor components and integrated
circuits. Planar technology is characterized by
selective, localized introduction of dopant
impurities into the semiconductor to produce n-
type and p-type conductive regions through
diffusion windows in a protective layer covering
the crystal surface (oxide or nitride masking).
Another characteristic is that the
semiconductor structures are arranged below
the plane surface of the crystal (in contrast to
mesa technology). The technology requires a
sequence of independent processing steps such
as epitaxial growth, deposition or vacuum
evaporation, photolithography, etching
technique, diffusion or ion implantation,

metallization, etc.

Planartechnik *f*
Das bedeutendste Verfahren zur Herstellung
von bipolaren und unipolaren
Halbleiterbauelementen und integrierten
Schaltungen. Die Planartechnik ist dadurch
gekennzeichnet, daß sie einen selektiven,
örtlich gezielten Einbau von Dotierstoffen zur
Bildung von N- und P-leitenden Bereichen im
Halbleiterkristall durch Diffusionsfenster in
einer die Kritalloberfläche abschirmenden
Deckschicht ermöglicht (Oxid- bzw.
Nitridmaskierung). Ein weiteres Merkmal
besteht darin, daß die Halbleiterstrukturen
unterhalb der planen Oberfläche des Kristalls
angeordnet sind (im Gegensatz zur
Mesatechnik). Das Verfahren besteht aus einer
Reihe von Einzelprozessen wie z.B. Epitaxie,
Aufdampfung bzw. Abscheidung,
Photolithographie, Ätztechnik, Diffusion bzw.
Ionenimplantation, Metallisierung usw.

planar transistor
Planartransistor *m*

PLANOX technology (plane-oxide technology)
Isolation technique for bipolar integrated
circuits which provides isolation between the
circuit structures by local oxidation of silicon.
PLANOX-Technik *f*
Isolationsverfahren für integrierte
Bipolarschaltungen, bei dem die einzelnen
Strukturen der Schaltung durch lokale
Oxidation von Silicium voneinander isoliert
werden.

plasma-activated chemical vapour
deposition (PACVD or PCVD) [a deposition
process used in glass fiber production]
PACVD-Verfahren , PCVD-Verfahren *n* [ein
Abscheideverfahren, das bei der Herstellung
von Glasfasern eingesetzt wird]

plasma display, gas plasma display
Plasmaanzeige *f*

plasma-enhanced chemical vapour
deposition, PECVD process
A process used for forming dielectric layers in
integrated circuit fabrication that allows lower
deposition temperatures to be used than the
conventional CVD process.
Abscheidung aus einem Plasma *f*, PECVD-
Verfahren *n*
Ein Verfahren zur Abscheidung von
Isolierschichten bei der Herstellung
integrierter Schaltungen, das niedrigere
Abscheidetemperaturen ermöglicht, als das
konventionelle CVD-Verfahren.

plasma etching (PE) [a dry etching process]
Plasma-Ätzverfahren *n*, Plasmaätzen *n* [ein
Trockenätzverfahren]

plasma impulse chemical vapour deposition
(PICVD) [a deposition process used in glass
fiber production]

PICVD-Verfahren *n* [ein Abscheideverfahren,
das bei der Herstellung von Glasfasern
eingesetzt wird]

plasma-nitride passivation
Plasma-Nitrid-Passivierung *f*

plasma oxidation [an oxidation process allowing
lower process temperatures than thermal
oxidation]
Plasma-Oxidation *f* [Oxidationsverfahren, bei
dem niedrigere Prozeßtemperaturen eingesetzt
werden können als bei der thermischen
Oxidation]

plasma panel, gas plasma panel
Plasmabildschirm *m*, Plasmasichtgerät *n*

plastic film capacitor
Kunststoffolienkondensator *m*

plastic package
Kunststoffgehäuse *n*

plate, to [printed circuit boards]
metallisieren [Leiterplatten]

plated-through hole [printed circuit boards]
durchkontaktierte Bohrung *f*
[Leiterplatten]

plating [printed circuit boards]
Aufmetallisieren *n* [Leiterplatten]

plausibility check [check for invalid character
combinations and whether data entered lie
within given limits]
Plausibilitätskontrolle *f* [Überprüfung der
zulässigen Zeichenkombinationen sowie
Prüfung, ob die Eingaben innerhalb der
vorgegebenen Grenzen liegen]

plausible
plausibel

PLC (programmable logic controller), PC
(programmable controller)
A sequence control with a computer-like
structure. It consists of a central processing
unit with the processor or microprocessor and
the program storage as well as an input-output
unit.
speicherprogrammierbare Steuerung *f*
(SPS), programmierbare Steuerung *f*
Folgesteuerung mit rechnerähnlicher Struktur.
Sie besteht aus der Zentraleinheit mit
Prozessor bzw. Mikroprozessor, dem
Programmspeicher und der Ein-Ausgabe-
Einheit.

PLD (programmable logic device), programmable
logic
Generic term for digital integrated circuits (e.g.
ROMs, PROMs, gate arrays, FPLAs, PALs,
etc.) which are programmed to customers'
specifications or produced as semicustom
integrated circuits with the aid of
interconnection masks (mask-programmable)
or by blowing fuses (fusible-link technique),
either at the semiconductor manufacturer's

premises or at the user's location.
PLD *f,* programmierbare Logik *f,*
programmierbare Logikschaltung *f*
Oberbegriff für digitale integrierte Schaltungen
(z.B. ROMs, PROMs, Gate-Arrays, FPLAs,
PALs usw.), die kundenspezifisch bzw. als
Semikundenschaltung beim
Halbleiterhersteller oder beim Anwender mit
Hilfe von Verdrahtungsmasken
(maskenprogrammierbar) oder durch
Wegbrennen von Durchschmelzverbindungen
(Fusible-Link-Technik) programmiert werden
können.
PLDS (programmable logic development system)
Programming unit with corresponding software
for the development, programming and testing
of semicustom integrated circuits based on
devices such as FPLAs, IFLs, PALs, etc.
PLDS *n,* programmierbares Logik-
Entwicklungssystem *n*
Programmiergerät mit entsprechender
Software, mit dem sich integrierte
Semikundenschaltungen auf der Basis von
Bauelementen wie z.B. FPLAs, IFLs, PALs
usw. entwickeln, programmieren und testen
lassen.
PLL circuit (phase-locked loop circuit)
PLL-Baustein *m,* Schaltung mit
phasenstarrer Schleife *f*
plotter
Plotter *m,* Zeichengerät *n*
plug, connector, plug connector
Stecker *m,* Steckverbinder *m*
plug-compatible, plug-to-plug compatible,
connector-compatible [designates equipment
which are interchangeable
steckerkompatibel, anschlußkompatibel
[bezeichnet Geräte, die miteinander
austauschbar sind]
plug-in board [printed circuit board]
Steckkarte *f* [Leiterplatte]
plug-in module
Steckmodul *m,* Steckbaugruppe *f*
plug-in unit [e.g. for a standard 19-inch rack]
Einschub *m,* Einschubeinheit *f,* Steckeinheit *f*
[z.B. für ein genormtes 19-Zoll-Gestell]
pluggable
steckbar
PMOS technology, p-channel MOS technology
Process for fabricating field-effect transistors
with a metal-oxide-semiconductor structure
and a p-type conducting channel. The p-type
regions (source and drain) are formed in an n-
type substrate by diffusion.
PMOS-Technik *f,* P-Kanal-MOS-Technik *f*
Technik für die Herstellung von
Feldeffekttransistoren mit Metall-Oxid-
Halbleiter-Struktur und einem P-leitenden
Kanal, bei der P-dotierte Bereiche (Source und

Drain) in ein N-leitendes Substrat
eindiffundiert werden.
PMOSFET (p-channel metal-oxide-
semiconductor field-effect transistor)
PMOSFET, P-Kanal-Feldeffekttransistor mit
Metall-Oxid-Halbleiter-Struktur *m*
pn-boundary
PN-Grenzfläche *f*
pn-diode [semiconductor diode with a pn-
junction or semiconductor diode formed by a
pn-junction]
PN-Diode *f* [Halbleiterdiode mit einem PN-
Übergang, bzw. Halbleiterdiode, die aus einem
PN-Übergang gebildet wird]
pn-junction
The junction between a p-type and an n-type
region in a semiconductor.
PN-Übergang *m*
Der Übergang zwischen einem P-leitenden und
einem N-leitenden Bereich in einem Halbleiter.
pnip transistor
A transistor in which an intrinsic
semiconductor region is situated between the n-
type base region and the p-type collector region.
PNIP-Transistor *m*
Ein Transistor, bei dem sich zwischen dem N-
dotierten Basisbereich und dem P-dotierten
Kollektorbereich eine eigenleitende
Halbleiterzone befindet.
pnp circuit
PNP-Schaltung *f,* PNP-Schaltkreis *m*
pnp silicon planar transistor
PNP-Silicium-Planar-Transistor *m*
pnp transistor
A bipolar transistor which has a p-type base
and n-type emitter and collector regions.
PNP-Transistor *m*
Bipolartransistor, bei dem der Basisbereich N-
dotiert ist und die Emitter- und
Kollektorbereiche P-dotiert sind.
pnpn structure
Semiconductor structure which consists of four
alternate layers of p-type and n-type conductive
material (e.g. in four-layer diodes, GTO
thyristors, etc.).
PNPN-Struktur *f*
Halbleiterstruktur, die aus vier abwechselnd P-
und N-leitenden Schichten besteht (z.B. bei
Vierschichtdioden, GTO-Thyristoren usw.).
pocket calculator
Taschenrechner *m*
point, decimal point [in numbers]
Komma *n,* Dezimalkomma *n* [bei Zahlen]
point [unit for font size]
Punkt *m* [Maß für Schriftgröße]
point, to [move the mouse until the arrow points
to the desired part of the screen]
zeigen [Bewegen der Maus, bis der Zeiger auf
die gewünschte Bildschirmstelle zeigt]

point-and-click, point-and-shoot [select and
actuate function by moving mouse and clicking
mouse button]
  zeigen und anklicken [Funktion auswählen
und auslösen durch Bewegen der Maus und
anklicken der Maustaste]
point contact
  Spitzenkontakt *m,* Punktkontakt *m*
point-contact diode [semiconductor diode using
a point contact]
  Spitzendiode *f* [Halbleiterdiode mit einem
Punktkontakt]
point-contact transistor [first germanium
transistor]
  Spitzentransistor *m* [erster
Germaniumtransistor]
point setting
  Kommaeinstellung *f*
point shifting, shifting of decimal point
  Kommaverschiebung *f*
point-to-point communication
  Punkt-zu-Punkt-Verbindung *f*
pointer [points to the next record to be read by
the program, e.g. to the last entry in a stack or
the next record in a chained file]
  Zeiger *m,* Hinweisadresse *f* [zeigt auf den
nächsten Satz, der vom Programm gelesen
werden soll, z.B. auf die letzte Eintragung in
einem Stapelspeicher oder auf den nächsten
Satz in einer verketteten Datei]
polarization
  Polarisation *f*
polarization of connectors [pins and slots
which ensure a unique plug-in position of the
contacts]
  Codierung von Steckverbindern *f* [Stifte
und Schlitze, die eine eindeutige Zuordnung
der Kontakte beim Einstecken gewährleisten]
polarized plug, polarized connector
  codierter Stecker *m,* codierter
Steckverbinder *m*
polarizing element [connector]
  Codierelement *n* [Steckverbinder]
polarizing pin, coding pin [connector]
  Codierstift *m* [Steckverbinder]
Polish notation, prefix notation, parenthesis-
free notation [eliminates brackets in
mathematical operations, e.g. (a+b) is written
+ab and c(a+b) is written *c+ab]
  Präfixschreibweise *f,* polnische Schreibweise
f, klammerfreie Schreibweise *f* [eliminiert
Klammern bei mathematischen Operationen,
z.B. (a+b) wird +ab und c(a+b) wird *c+ab
geschrieben]
polishing [e.g. of wafers]
  Polieren *n* [z.B. von Halbleiterscheiben]
poll [condition interrogation, e.g. interrogation of
readiness to transmit or receive data]
  Abfrage *f* [Zustandsabfrage, z.B. Abfrage der

Bereitschaft Daten zu senden oder zu
empfangen]
poll, to [device, equipment, etc.]
  abfragen [Baustein, Gerät usw.]
polling
  Abfragebetrieb *m*
polling cycle
  Abfragezyklus *m*
polling method [technique of interrogating
readiness to transmit or receive data, e.g.
interrogation of peripheral devices by central
processing unit; in contrast to interrupt
technique]
  Abfrageverfahren *n,* Pollingmethode *f*
[Abfrage der Bereitschaft Daten zu senden oder
zu empfangen, z.B. Abfrage von
Peripheriebausteinen durch die Zentraleinheit;
im Gegensatz zum Interrupt- bzw.
Unterbrechungsverfahren]
polycrystalline germanium
  polykristallines Germanium *n*
polycrystalline silicon, polysilicon
  polykristallines Silicium *n,* Polysilicium *n*
polycrystalline structure [e.g. polysilicon]
  polykristalline Struktur *f* [z.B. Polysilicium]
polymorphic [of variable type]
  polymorph [vielgestaltig]
polymorphism [property of exhibiting variable
types]
  Polymorphismus *m* [Vielgestaltigkeit]
polysilicon [a widely used base material in
semiconductor and integrated circuit
fabrication]
  Polysilicium *n* [Ausgangsmaterial, das bei der
Herstellung von Halbleiterbauelementen und
integrierten Schaltungen sehr häufig
verwendet wird]
port, channel [a path for the transmission of
signals, data, control information, etc.]
  Kanal *m* [ein Übertragungsweg für Signale,
Daten, Steuerinformationen usw.]
portability, software compatibility
  Portabilität *f,* Software-Kompatibilität *f*
portable [hardware and software]
  tragbar [Gerät]; kompatibel, portierbar
[Software]
portrait [view of image with longest side
vertical, in contrast to landscape]
  Hochformat *n* [Ausrichtung eines Bildes mit
der längsten Seite vertikal, im Gegensatz zum
Querformat]
position control
  Positionsregler *m*
position control loop
  Positionsregelkreis *m*
position deviation
  Positionsabweichung *f*
position sensor
  Positionssensor *m*

position transducer
A device that measures position by
displacement along a path and converts the
measurement into an electrical quantity
proportional to the displacement.
Wegaufnehmer m, Weggeber m
Ein Gerät, das einen zurückgelegten Weg mißt
und den Meßwert in eine der Weglänge
proportionale elektrische Größe umsetzt.
positioning control system
Lageregelsystem n, Positionsregelung f
positioning time, seek time
Positionierzeit f
positive bias voltage, positive bias
positive Vorspannung f
positive charge carrier, positive carrier
positiver Ladungsträger m
positive conductive pattern [printed circuit
boards]
positives Leiterbild n [Leiterplatten]
positive copy [copy having tonal values
corresponding to those of original]
Positivkopie f [Kopie mit Helligkeitswerten
entsprechend denjenigen der Vorlage]
positive feedback
Mitkopplung f, positive Rückkopplung f
positive integer
positive ganze Zahl f, positive Ganzzahl f
positive logic, positive-true logic [logic circuit
employing a positive voltage level to represent
logic state 1; a more negative voltage level
represents logic state 0]
positive Logik f [logische Schaltung, die den
Zustand logisch 1 durch einen positiven
Spannungspegel darstellt; ein negativerer
Spannungspegel entspricht dem Zustand 0]
POSIX (Portable Operating System for Computer
Environments) [Standard defined by IEEE]
POSIX-Norm f [portierbares Betriebssystem
für Rechnerumgebungen; von IEEE definierte
Norm]
POST (Power-On Self Test) [test program in
BIOS]
POST [Testprogramm im BIOS]
postfix notation, reverse Polish notation (RPN),
parenthesis-free notation [eliminates brackets
in mathematical operations, e.g. (a+b) is
written as ab+ and c(a+b) as cab+*]
Postfixschreibweise f, umgekehrte polnische
Schreibweise f, klammerfreie Schreibweise f
[eliminiert Klammern bei mathematischen
Operationen, z.B. wird (a+b) als ab+ und c(a+b)
als cab+* geschrieben]
post-mortem dump, static dump
Speicherabzug bei Pannen m, statischer
Speicherabzug m
postprocessor
Postprozessor m
postprocessor function

Postprozessorfunktion f
postprocessor print
Postprozessorausdruck m
PostScript [page description language developed
by Adobe for printers]
PostScript [von Adobe entwickelte
Seitenbeschreibungssprache für Drucker]
PostScript emulation [software emulation of
PostScript for non-PostScript printers]
PostScript-Emulation f [softwaremäßige
Nachbildung von PostScript für Drucker ohne
PostScript]
potted assembly, encapsulated assembly
verkapselte Baugruppe f, vergossene
Baugruppe f
potting, encapsulation
Process of embedding semiconductor
components or assemblies in a thermosetting
fluid encapsulant (usually plastic resin) to
protect them against mechanical stress and
dirt.
Vergießen n, Verkappen n, Verkapselung f
Verfahren, bei dem Halbleiterbauelemente oder
Baugruppen mit einer aushärtenden,
isolierenden Gießmasse (meistens Kunstharz)
umgossen werden, um sie vor mechanischer
Beanspruchung und Verschmutzung zu
schützen.
power [mathematics]
Potenz f [Mathematik]
power [physical]
Leistung f [physikalisch]
power amplification, power gain
Leistungsverstärkung f
power amplifier
Leistungsverstärker m
power amplifier stage
Verstärkerendstufe f, Leistungsendstufe f
power cable
Netzkabel n
power consumption, current consumption
Leistungsaufnahme f, Stromverbrauch m
power diode
Leistungsdiode f
power dissipation, power loss
Verlustleistung f, Leistungsverlust m
power drain, internal power consumption
Eigenverbrauch m
power drain [from a battery]
Leistungsentnahme f [aus einer Batterie]
power driver stage
Leistungstreiberstufe f
power electronics
Leistungselektronik f
power element
Leistungsglied n
power factor
Leistungsfaktor m
power failure, mains failure, outage

Netzausfall *m*, **Stromausfall** *m*
power-failure protection [e.g. with standby
   battery]
   Netzausfallschutz *m* [z.B. durch eine
   Reservebatterie]
power-failure restart, power-fail restart (PFR)
   Wiederanlauf nach Netzausfall *m*
power frequency, mains frequency
   Netzfrequenz *f*
power interruption
   Stromabschaltung *f*
power level
   Leistungspegel *m*
power line hum, mains hum
   Netzbrummen *n*
power line operated, mains operated
   Netzbetrieb *m*
power MOSFET
   MOSFET-Leistungstransistor *m*
power-on self test, (POST) [test program in
   BIOS]
   POST [Testprogramm im BIOS]
power output stage
   Ausgangsleistungsstufe *f*
power pack, power supply unit, power unit,
   power supply
   Netzgerät *n*, **Netzteil** *m*, **Stromversorgungsteil**
power rating, rated power [general]
   Nennleistung *f* [allgemein]
power rating [e.g. of a component]
   Belastbarkeit *f* [z.B. eines Bauelementes]
power rectifier
   Leistungsgleichrichter *m*
power semiconductor
   Leistungshalbleiter *m*
power signal
   Leistungssignal *n*
power source
   Leistungsquelle *f*
power stage [e.g. of an amplifier]
   Leistungsstufe *f* [z.B. eines Verstärkers]
power supply
   Stromversorgung *f*
power supply unit, power pack, power unit
   Netzteil *m*, **Netzgerät** *n*, **Stromversorgungsteil**
power supply current [of semiconductor
   devices]
   Stromaufnahme *f* [von Halbleiterbauteilen]
power supply rejection
   Netzunterdrückung *f*
power supply unit
   Stromversorgungsteil *m*
power switch, mains switch
   Leistungsschalter *m*, **Netzschalter** *m*
power thyristor
   Leistungsthyristor *m*
power transistor
   Leistungstransistor *m*
power transmission

Leistungsübertragung *f*
power transmission factor
   Leistungsübertragungsfaktor *m*
power-up, to; switch on, to
   einschalten
power-up diagnostics, self-check [functional
   check when switching on]
   Einschaltdiagnostik *f*
   [Funktionsüberprüfung beim Einschalten]
PPI (programmable peripheral interface)
   PPI-Baustein *m* [programmierbare Ein-
   Ausgabe-Schnittstelle]
PPM (pulse-phase modulation)
   PPM *f*, **Pulsphasenmodulation** *f*
preamble [synchronization characters on a
   magnetic tape]
   Sektorvorspann *m* [Synchronisierzeichen auf
   einem Magnetband]
preamplifier
   Vorverstärker *m*
preassembled printed circuit board
   vormontierte Leiterplatte *f*
precedence rule
   Präzedenzregel *f*
precharge time [with integrated circuit
   memories]
   Wiederbereitsschaftszeit *f* [bei integrierten
   Speicherschaltungen]
precision [of a computing operation: depends on
   the number of places or digits, i.e. on the length
   of the computer word]
   Genauigkeit *f* [einer Rechenoperation: hängt
   von der Zahl der Stellen, d.h. von der Länge des
   Rechenwortes ab]
precondition
   Vorbedingung *f*
predeposition [doping technology]
   In two-step diffusion, the first diffusion step
   (predeposition) which is followed by the drive-in
   cycle in order to obtain the desired diffusion
   depth and concentration profile.
   Vorbelegung *f*, **Belegung** *f*
   [Dotierungstechnik]
   Bei der Zweischrittdiffusion der erste
   Diffusionsvorgang (Belegung), an den sich die
   Nachdiffusion zur Erzielung der gewünschten
   Diffusionstiefe und des gewünschten
   Dotierungsprofils anschließt.
predetermined
   festgelegt
predicate logic [notation for representing and
   deriving logical expressions; basis of PROLOG]
   Prädikatenlogik *f* [Schreibweise für die
   Darstellung und Folgerung logischer
   Ausdrücke; Basis von PROLOG]
prefix
   Vorauszeichen *f*, **Prefix** *n*
prefix notation, Polish notation, parenthesis-
   free notation [eliminates brackets in

mathematical operations, e.g. (a+b) is written
+ab and c(a+b) is written *c+ab]
Präfixschreibweise *f,* polnische Schreibweise
f, klammerfreie Schreibweise *f* [eliminiert
Klammern bei mathematischen Operationen,
z.B. (a+b) wird +ab und c(a+b) wird *c+ab
geschrieben]

preparatory input
Vorbereitungseingang *m*

prepreg [impregnated sheet material for a PCB]
Prepreg [mit Harz imprägnierter
Trägerwerkstoff einer Leiterplatte]

preprocessor
Preprozessor *m*

presentation graphics, business graphics
[generating line, bar and pie charts or
diagrams]
Präsentationsgraphik *f,* Geschäftsgraphik *f*
[Erstellung von Linien-, Balken- und
Kreisdiagrammen]

presentation layer [one of the seven functional
layers of the ISO reference model for computer
networks]
Präsentationsschicht *f* [eine der sieben
Funktionsschichten des ISO-Referenzmodelles
für den Rechnerverbund]

Presentation Manager [graphical user
interface developed by IBM and Microsoft for
OS/2]
Presentation Manager [von IBM und
Microsoft entwickelte graphische
Benutzerschnittstelle für OS/2]

preset, to
voreinstellen

preset counter
Vorwahlzähler *m*

preventive maintenance
vorbeugende Wartung *f*

preview mode [word processing, desktop
publishing]
Layoutkontrolle *m* [Textverarbeitung,
Desktop-Publishing]

PRF (pulse repetition frequency) [number of
pulses per second]
Impulsfolgefrequenz *f* [Anzahl Impulse pro
Sekunde]

primary data [user data in a data base]
Primärdaten *n.pl.* [Anwenderdaten in einer
Datenbank]

primary DOS partition [hard disk]
primäre DOS-Partition *f,* primärer DOS-
Speicherbereich [Festplatte]

primary fault
Primärausfall *m*

primary key, primary record key
Primärschlüssel *m,* primärer
Datensatzschlüssel *m*

primary storage [e.g. main storage]
Primärspeicher *m* [z.B. Hauptspeicher]

prime number
Primzahl *f*

print, to; print out, to [mechanically on paper]
drucken [maschinelles Beschriften von Papier]

print command
Druckbefehl *m*

print out, printout
Ausdruck *m,* Druckausgabe *f*

print out, to
ausdrucken

print queue [list of files sent to the printer]
Druckerwarteschlange *f* [Liste der Dateien,
die an den Drucker gesandt wurden]

print routine [for data output on printer]
Druckprogramm *n* [für die Datenausgabe auf
Drucker]

print server, printer server [computer serving as
central printing facility in a network]
Druck-Server *m* [Rechner, der als zentraler
Druckerplatz in einem Netzwerk dient]

print spooler [intermediate storage in printer]
Druckpuffer *m* [Zwischenspeicher im
Drucker]

print statement
Druckanweisung *f*

printed circuit [circuit consisting of an
insulating base plate with printed or etched
conductive patterns for components mounted
on it]
gedruckte Schaltung *f* [Schaltung bestehend
aus einer isolierenden Trägerplatte mit
aufgedruckten oder geätzten Leiterbahnen für
die aufgesetzten Bauelemente]

printed circuit board (PCB), printed-wiring
board [insulating board with printed or etched
conductive patterns for components mounted
on it; types include rigid or flexible, single or
double-sided, single-layer or multilayer boards]
Leiterplatte *f* [isolierende Trägerplatte mit
aufgedruckten oder geätzten Leiterbahnen für
die aufgesetzten Bauelemente; kann als starre
oder flexible, einseitige oder doppelseitige,
einlagige oder mehrlagige Leiterplatte
ausgeführt werden]

printed circuit board assembly [with
components mounted in position]
bestückte Leiterplatte *f* [mit Bauteilen
bestückt]

printed circuit board layout
Leiterplatten-Layout *n*

printed component [printed circuit boards]
gedrucktes Bauteil *n* [Leiterplatten]

printed wiring
gedruckte Verdrahtung *f*

printed-wiring conductor
Leiterbahn *f*

printer
Drucker *m*

printer driver [controls the printer from an

application program]
Druckertreiber *m* [steuert den Drucker aus
einem Anwendungsprogramm heraus]
printer emulation [allows printer to emulate
standard printer types, e.g. HP LaserJet
emulation]
Drucker-Emulation *f* [ermöglicht die
Emulation von Standard-Druckertypen, z.B.
HP-LaserJet-Emulation]
printer server, print server [computer serving
as central printing facility in a network]
Druck-Server *m* [Rechner, der als zentraler
Druckerplatz in einem Netzwerk dient]
printer with cut-sheet feed
Drucker mit Einzelblatteinzug *m*
printing mechanism [printer]
Schreibwerk *n* [Drucker]
printout
Druckausgabe *f*
priority [urgency of an event]
Priorität *f,* Rangfolge *f* [Dringlichkeit eines
Ereignisses]
priority comparator
Prioritätsvergleicher *m*
priority control
Prioritätssteuerung *f*
priority dispatching
Prioritätszuteilung *f*
priority encoder
Prioritätscodierer *m*
priority encoding
Prioritätscodierung *f*
priority indicator
Prioritätsanzeiger *m*
priority interrupt, vectored interrupt [program
interruption provided with a vector designating
the priority; in contrast to polling]
Prioritätsunterbrechung *f,*
Vorrangunterbrechung *f,* Vektorunterbrechung
f [Programmunterbrechung versehen mit einem
Vektor zur Angabe der Priorität; im Gegensatz
zum Abfrageverfahren]
priority interrupt control (PIC)
Prioritätsunterbrechungssteuerung *f*
priority interrupt table
Prioritätsunterbrechungstabelle *f*
priority level [in interrupts]
Prioritätsebene *f,* Prioritätsstufe *f* [bei der
Programmunterbrechung]
priority mode
Prioritätsbetrieb *m*
priority selection
Prioritätsanwahl *f*
priority sequence
Prioritätsreihenfolge *f*
privacy lock, lock
Zugriffssperre *f*
priviledged instruction
privilegierter Befehl *m*

probe, measuring probe
Meßsonde *f*
problem-oriented language
A high-level computer-independent
programming language for solving a specific
class of problems, e.g. ALGOL, COBOL,
PASCAL, etc.
problemorientierte Programmiersprache *f*
Eine höhere, rechnerunabhängige
Programmiersprache zur Lösung eines
bestimmten Aufgabenbereichs, z.B. ALGOL,
COBOL, PASCAL usw.
procedural programming language [in
contrast to non-procedural programming
language]
prozedurale Programmiersprache *f* [im
Gegensatz zur nichtprozeduralen
Programmiersprache]
procedure, routine [program]
Prozedur *f,* Unterprogramm *n* [Programm]
procedure [of a process]
Ablauf *m,* Prozedur *f* [eines Verfahrens]
procedure statement
Prozeduranweisung *f*
process
Prozeß *m*
process, to
verarbeiten
process, to [instructions]; execute, to [programs]
abarbeiten [Befehle, Programme]
process automation
Prozeßautomatisierung *f*
process average [average manufacturing
quality]
durchschnittliche Herstellqualität *f,*
mittlere Fertigungsgüte *f*
process computer
Prozeßrechner *m*
process control
Prozeßsteuerung *f*
process flow
Prozeßablauf *m*
process model
Prozeßmodell *n*
process peripherals
Prozeßperipherie *f*
process sequentially, to [instructions]
sequentiel abarbeiten [Befehle]
process simulation
Prozeßsimulation *f*
process tolerance, manufacturing tolerance
Fertigungstoleranz *f*
processing
Verarbeitung *f*
processing depth
Verarbeitungstiefe *f*
processing layer [one of the seven functional
layers of the ISO reference model for computer
networks]

Verarbeitungsschicht *f*, Verarbeitungsebene *f* [eine der sieben Funktionsschichten des ISO-Referenzmodells für den Rechnerverbund]
processing loop
Verarbeitungsschleife *f*
processing mode
Verarbeitungsart *f*
processing program
Verarbeitungsprogramm *n*
processing time
Verarbeitungszeit *f*
processor
Prozessor *m*
production control
Fertigungssteuerung *f*
production data acquisition
Betriebsdatenerfassung *f*
production master [printed circuit boards]
Druckwerkzeug *n* [Leiterplatten]
production rule [if-then-rule in expert systems]
Produktionsregel *f* [Wenn-dann-Regel in Expertensystemen]
program
Programm *n*
program body
Programmrumpf *m*
program branch, branch, program jump, jump
Programmverzweigung *f*, Programmzweig *m*
program change, program modification
Programmänderung *f*
program checkout
Programmtesten *n*
program compatibility
Programmkompatibilität *f*
program control
Programmsteuerung *f*
program correction, patch
Programmkorrektur *f*, behelfsmäßige Programmkorrektur *f*
program counter [microprocessor systems]
Befehlszähler *m*, Programmzähler *m* [Mikroprozessorsysteme]
program cycle
Programmzyklus *m*
program debugging, debugging, troubleshooting
Programmfehlerbeseitigung *f*, Fehlerbeseitigung *f*, Fehlersuchen *n*
program definition [defining variables in a program]
Programmdefinition *f* [Festlegung der Variablen in einem Programm]
program development
Programmentwicklung *f*
program execution, program run
Programmausführung *f*, Programmlauf *m*, Programmabarbeitung *f*
program execution time, program run time
Programmausführungszeit *f*,

Programmlaufzeit *f*, Programmabarbeitungszeit *f*
program file
Programmdatei *f*
program flow
Programmablauf *m*
program-generated parameter, dynamic parameter
programmerzeugter Parameter *m*
program inhibit mode [operating mode with memories]
Programmiersperre *f* [Betriebsart bei Speichern]
program interleaving
Programmverzahnung *f*
program interrupt, interrupt [interruption of a running program; the program sequence is continued after the interruption]
Programmunterbrechung *f*, Unterbrechung *f* [Unterbrechung eines laufenden Programmes; der Programmablauf wird nach der Unterbrechung fortgesetzt]
program interrupt level
Programmunterbrechungsebene *f*
program level counter
Programmstufenzähler *m*
program library
Programmbibliothek *f*
program line
Programmzeile *f*
program linkage, linkage
Programmverkettung *f*
program linking
Programmverknüpfung *f*
program listing
Programmauflistung *f*
program load
Laden eines **Programmes** *n*, Einspeichern eines Programmes *n*
program loop, loop
Programmschleife *f*, Programmierschleife *f*
program maintenance
Programmpflege *f*, Programmwartung *f*
program memory, program storage
Programmspeicher *m*
program mode, programming mode [operational mode of memories]
Programmierbetrieb *m*, Programmierung *f* [Betriebsart bei Speichern]
program module
Programmbaustein *m*, Programmodul *m*
program overlay
Programmüberlagerung *f*
program relocation
Programmverschiebung *f*
program restart
Wiederanlauf des **Programmes** *m*
program run, computer run
Programmlauf *m*, Programmausführung *f*,

Programmdurchlauf *m*, Rechnerlauf *m*
program run time, program execution time
  Programmlaufzeit *f,*
  Programmausführungszeit *f*
program run time counter
  Programmlaufzeitzähler *m*
program segmentation
  Programmunterteilung *f*
program-sensitive error
  programmabhängiger Fehler *m,*
  programmbedingter Fehler *m*
program-sensitive fault
  programmabhängige Störung *f,*
  programmbedingte Störung *f*
program sequence
  Programmfolge *f*
program skip, transfer of control
  Programmsprung *m*
program start
  Programmaufruf *m*
program statement
  Programmanweisung *f*
program status
  Programmstatus *m*
program status word
  Programmstatuswort *n*
program step
  Programmschritt *m*
program tape
  Programmband *n*
program termination
  Programmbeendigung *f*
program translation
  Programmübersetzung *f*
programmable
  programmierbar
programmable array logic (PAL)
  Integrated circuit with a programmable AND
  array and a fixed OR array. Some PALs also
  include flip-flops and registers. By blowing the
  fusible links, circuit functions can be
  programmed to customers' specifications.
  programmierbare Array-Logik *f,*
  programmierbare Matrix-Logik *f* (PAL)
  Integrierte Schaltung mit einer
  programmierbaren UND-Matrix und einer
  festgelegten ODER-Matrix. Einige PALs
  enthalten zusätzlich Flipflops und Register.
  Durch Wegbrennen der Durchschmelzverbindungen lassen sich
  Schaltungsfunktionen nach Kundenwünschen
  programmieren.
programmable circuit
  programmierbare Schaltung *f*
programmable clock
  programmgesteuerter Taktgeber *m*
programmable communications interface
  (PCI)
  programmierbarer

Übertragungsschnittstellenbaustein *m,*
  programmierbare Kommunikations-
  Schnittstelle *f*
programmable controller (PC), programmable
  logic controller (PLC)
  A sequence control with a computer-like
  structure. It consists of a central processing
  unit with the processor or microprocessor and
  the program storage as well as an input-output
  unit.
  programmierbare Steuerung *f,*
  speicherprogrammierbare Steuerung *f* (SPS)
  Folgesteuerung mit rechnerähnlicher Struktur.
  Sie besteht aus der Zentraleinheit mit
  Prozessor bzw. Mikroprozessor, dem
  Programmspeicher und der Ein-Ausgabe-
  Einheit.
programmable gate array (PGA)
  Integrated circuit with a programmable AND
  and NAND array, which can be programmed to
  customers' specifications.
  programmierbares Gate-Array *n,*
  programmierbare Gate-Matrix *f* (PGA)
  Integrierte Schaltung mit einer
  programmierbaren UND- und NAND-Matrix,
  die sich nach Kundenwünschen programmieren
  läßt.
programmable hand-held calculator
  programmierbarer Taschenrechner *m*
programmable input-ouput device (PIO)
  programmierbarer Ein-Ausgabe-Baustein
programmable keyboard, user-defined
  keyboard
  programmierbare Tastatur *f*
programmable logic, programmable logic
  device (PLD)
  Generic term for digital integrated circuits (e.g.
  ROMs, PROMs, gate arrays, FPLAs, PALs,
  etc.) which are programmed to customers'
  specifications or produced as semicustom
  integrated circuits with the aid of
  interconnection masks (mask-programmable)
  or by blowing fuses (fusible-link technique),
  either at the semiconductor manufacturer's
  premises or at the user's location.
  programmierbare Logik *f,* programmierbare
  Logikschaltung *f*
  Oberbegriff für digitale integrierte Schaltungen
  (z.B. ROMs, PROMs, Gate-Arrays, FPLAs,
  PALs usw.), die kundenspezifisch bzw. als
  Semikundenschaltung beim Halbleiterhersteller oder beim Anwender mit Hilfe von
  Verdrahtungsmasken (maskenprogrammierbar) oder durch Wegbrennen von Durchschmelzverbindungen (Fusible-Link-Technik)
  programmiert werden können.
programmable logic array (PLA)
  Integrated circuit with a programmable AND
  array and a programmable OR array. Some

PLAs also include flip-flops and registers. By connecting the elements with the aid of interconnection masks semicustom integrated circuits can be produced.
programmierbares Logik-Array *n,* programmierbare Logik-Matrix *f* (PLA) Integrierte Schaltung mit einer programmierbaren UND-Matrix und einer programmierbaren ODER-Matrix. Einige PLAs enthalten zusätzlich Flipflops und Register. Durch Verbindung der Elemente über Verdrahtungsmasken lassen sich integrierte Semikundenschaltungen realisieren.
programmable logic controller (PLC), programmable controller (PC) A sequence control with a computer-like structure. It consists of a central processing unit with the processor or microprocessor and the program storage as well as an input-output unit.
speicherprogrammierbare Steuerung *f* (SPS), programmierbare Steuerung *f* Folgesteuerung mit rechnerähnlicher Struktur. Sie besteht aus der Zentraleinheit mit Prozessor bzw. Mikroprozessor, dem Programmspeicher und der Ein-Ausgabe-Einheit.
programmable logic development system (PLDS) Programming unit with corresponding software for the development, programming and testing of semicustom integrated circuits based on fusible-link devices (e.g. FPLAs, IFLs, PALs, etc.).
programmierbares Logik-Entwicklungs-system *n* (PLDS) Programmiergerät mit entsprechender Software, mit dem sich integrierte Semikundenschaltungen auf der Basis von Bauelementen mit Durchschmelzverbindungen (z.B. FPLAs, IFLs, PALs usw.) entwickeln, programmieren und testen lassen.
programmable peripheral interface (PPI) **programmierbarer peripherer Ein-Ausgabe-Baustein** *m*
programmable read-only memory (PROM) Read-only memory which can be programmed by the user by blowing fusible links. The memory content can be programmed only once and cannot be altered subsequently.
programmierbarer Festwertspeicher *m* (PROM) Festwertspeicher, der vom Anwender durch Wegbrennen von Durchschmelzverbindungen programmiert werden kann. Der Speicherinhalt kann nur einmal programmiert und danach nicht mehr verändert werden.
programmed interlock **programmierte Zugriffssperre** *f*

programmed stop **programmierter Stopp** *m*
programmer **Programmierer** *m*
programming **Programmierung** *f*
programming center **Programmierzentrale** *f*
programming language **Programmiersprache** *f*
programming logic **Programmierlogik** *f*
programming manual, programming handbook **Programmierhandbuch** *n*
programming method, programming technique **Programmiermethode** *f,* Programmierverfahren *n*
programming pulse width **Programmierimpulsbreite** *f*
programming system **Programmiersystem** *n*
programming technique **Programmierverfahren** *n*
programming unit **Programmiergerät** *n*
PROLOG [AI programming language based on predicate logic] PROLOG [KI-Programmiersprache, die auf der Prädikatenlogik beruht]
PROM (programmable read-only memory) Read-only memory which can be programmed by the user by blowing fusible links. The memory content can be programmed only once and cannot be altered subsequently. PROM *m,* programmierbarer Festwertspeicher Festwertspeicher, der vom Anwender durch Wegbrennen der Durschschmelzverbindungen programmiert werden kann. Der Speicherinhalt kann nur einmal programmiert und danach nicht mehr verändert werden.
prompt [ready symbol of a system waiting for an operator input] **Bereitschaftszeichen** *n,* Eingabeaufforderung *f* [eines Systems, das auf eine Eingabe durch den Bediener wartet]
prompting, operator guidance **Bedienerführung** *f*
propagation **Ausbreitung** *f,* Fortpflanzung *f*
propagation delay, propagation delay time Time delay between the change of a signal (or change in logic level) at the input and the appearance of the signal at the output. **Verzögerungszeit** *f,* Ausbreitungsverzögerungszeit *f* Die Verzögerungszeit zwischen der Änderung eines Signals (bzw. der Umkehrung eines Logikpegels) am Eingang und dem Auftreten des Signals am Ausgang.

propagation time, delay time, transit time [of a
   signal]
   Laufzeit *f* [eines Signales]
proper subset
   echte Teilmenge *f*
proportional font
   Proportionalschrift *f*
proportional printing
   Proportionaldruck *m*
proposition
   Aussage *f*
propositional calculus [dual proposition: true
   and false]
   Aussagenlogik *f* [duale Aussage: wahr und
   unwahr]
protect by fuse, to
   absichern [durch eine Sicherung]
protected data
   geschützte Daten *n.pl.*
protected field [display field unaffected by
   keyboard entry]
   geschütztes Feld *n* [Bildschirmfeld, das von
   der Eingabetastatur nicht beeinflußt werden
   kann]
protected mode [DOS operating mode for direct
   addressing of extended memory of 80286, 80386
   and 80486 processors; allows several
   applications to run simultaneously]
   geschützter Modus *m* [DOS-Betriebsart für
   die direkte Adressierung des Erweiterungsspeichers bei 80286-, 80386- und 80486-
   Prozessoren; erlaubt das gleichzeitige Ablaufen
   mehrerer Anwendungen]
protected storage area [blocked from undesired
   reading and/or overwriting]
   geschützter Speicherbereich *m* [gesperrt
   gegen unerwünschtes Lesen und/oder
   Überschreiben]
protected storage location
   geschützte Speicherstelle *f,* geschützte
   Speicherzelle *f*
protecting resistor
   Schutzwiderstand *m*
protective ground
   Schutzerde *f*
protocol, communications protocol [rules for
   data exchange between two partners, e.g.
   between computer and printer, between
   terminal and computer, between two computer
   systems, etc.]
   Protokoll *n* [Regeln für den Datenaustausch
   zwischen zwei Teilnehmern, z.B. zwischen
   Rechner und Drucker, zwischen Terminal und
   Rechner, zwischen zwei Rechnersystemen usw.]
protocol function
   Protokollfunktion f
protocol layer
   Protokollebene *f,* Protokollschicht *f*

proving
   Funktionsnachweis *m*
proximity sensor
   Näherungssensor *m*
proximity switch
   Näherungsschalter *m,* Annäherungsschalter
pseudo bit
   Pseudobit *n*
pseudo code
   Pseudocode *m*
pseudo instruction [instruction in a symbolic
   programming language; the operation part
   employs a mnemonic abbreviation, the operand
   address a symbolic address]
   symbolischer Befehl *m,* Pseudobefehl *m*
   [Befehl in einer symbolischen
   Programmiersprache; der Operationsteil
   verwendet eine mnemotechnische Abkürzung,
   die Operandadresse eine symbolische Adresse]
pseudostable
   pseudostabil
pseudostable output configuration
   pseudostabile Ausgangskonfiguration *f*
PSK method (pulse shift keying method)
   PSK-Verfahren *n,* Phasenumtastung *f*
PSW, program status word
   PSW, Programmstatuswort *n*
PTC resistor, PTC thermistor, thermistor
   (thermal resistor)
   Semiconductor component with a positive
   temperature coefficient (PTC), i.e. whose
   resistance increases as temperature rises.
   Kaltleiter *m,* PTC-Widerstand *m,* PTC-
   Thermistor *m*
   Halbleiterelement mit positivem
   Temperaturkoeffizienten, d.h. dessen
   Widerstand mit steigender Temperatur
   zunimmt.
PTM (pulse time modulation)
   PTM *f,* Pulszeitmodulation *f*
pull-down menu [screen windowing technique]
   Untermenü *n,* Pull-Down-Menü *n*
   [Bildschirmfenstertechnik]
pull-off strength
   Abreißkraft *f*
pull-up resistor
   Hochziehwiderstand *m*
pulse, impulse
   Impuls *m*
pulse amplifier
   Impulsverstärker *m*
pulse amplitude
   Impulsamplitude *f,* Impulshöhe *f*
pulse amplitude modulation (PAM)
   Pulsamplitudenmodulation *f* (PAM)
pulse code modulation (PCM)
   Pulscodemodulation *f* (PCM)
pulse counter
   Impulszähler *m*

pulse decay time, fall time [from 90 to 10% of pulse amplitude]
Impulsabklingzeit f, **Abfallzeit** f [von 90 auf 10% der Impulsamplitude]
pulse delay circuit
Impulsverzögerungsschaltung f
pulse divider, pulse scaler
Impulsteiler m, Impulsuntersetzer m
pulse driver
Pulstreiber m
pulse duration, pulse width [time interval between the leading and trailing edges of a pulse referred to a stated fraction of the pulse amplitude, usually 50%]
Impulsdauer f, **Impulsbreite** f, **Impulslänge** f [Zeitspanne zwischen der Vorder- und Rückflanke eines Impulses bezogen auf einen definierten Bruchteil der Impulshöhe, meistens 50%]
pulse duration modulation (PDM), pulse width modulation
Impulsdauermodulation f, **Impulsbreitenmodulation** f
pulse edge, edge
Impulsflanke f, **Flanke** f
pulse equalizer
Impulsentzerrer m
pulse frequency
Impulsfrequenz f
pulse frequency modulation (PFM)
Pulsfrequenzmodulation f (PFM)
pulse function
Diracsche Funktion f, Impulsfunktion f
pulse generator [for producing pulse trains]
Impulsgeber m, Impulsgenerator m [zur Erzeugung von Impulsfolgen]
pulse interleaving
Impulsverschachtelung f
pulse jitter [relatively small variations of pulse spacing in a pulse train]
Impulszittern n [relativ kleine Schwankungen des zeitlichen Abstandes einer Impulsfolge]
pulse keyed
pulsgetastet, impulsgetastet
pulse level
Impulspegel m
pulse modulation [magnetic recording]
Impulsmodulationsaufzeichnung f [magnetische Aufzeichnung]
pulse operation
Impulsbetrieb m
pulse peak, pulse spike
Impulsspitze f
pulse phase modulation (PPM)
Pulsphasenmodulation f (PPM)
pulse rate
Impulsrate f
pulse regeneration [restoring the original form, amplitude and timing of a pulse train]

Impulsregenerierung f [Wiederherstellung der ursprünglichen Form sowie der Amplituden- und Zeitverhältnisse einer Impulsfolge]
pulse repetition frequency (PRF) [number of pulses per second]
Impulsfolgefrequenz f [Anzahl Impulse pro Sekunde]
pulse rise time, rise time [from 10 to 90% of pulse amplitude]
Impulsanstiegszeit f, **Anstiegszeit** f [von 10 auf 90% der Impulsamplitude]
pulse scaler, pulse divider
Impulsuntersetzer m, Impulsteiler m
pulse shape
Impulsform f
pulse shaper
Impulsformer m, Pulsformer m
pulse slope
Flankensteilheit f [bei Impulsen]
pulse spike, spike
Nadelimpuls m
pulse stretcher circuit
Impulsdehnerschaltung f
pulse tilt, pulse droop [distortion of a rectangular pulse; rising or falling pulse top]
Impulsdachschräge f, **Dachschräge** f [Verzerrung eines Rechteckimpulses; ansteigendes oder abfallendes Impulsdach]
pulse time modulation (PTM)
Pulszeitmodulation f (PTM)
pulse top [e.g. of a rectangular pulse]
Impulsdach n [z.B. eines Rechteckimpulses]
pulse train [a sequence of pulses]
Impulsfolge f, **Impulsserie** f, **Impulszug** m [eine Folge von Impulsen]
pulse transformer [designed for transferring pulses with short rise and fall times]
Impulsübertrager m [ausgelegt für die Übertragung von Impulsen mit kurzen Anstiegs- und Abfallzeiten]
pulse transmitter
Impulssender m
pulsed drain current
gepulster Drainstrom m
punch-through
Durchgriff m
punch-through current
Durchgreifstrom m
punch-through effect
Durchgreifeffekt m
punch-through voltage
Durchgreifspannung f
punched card
Lochkarte f
punched strip
Lochband n
punched tape
Lochstreifen m

punched tape code
Lochstreifencode *m*
punctuation character
Satzzeichen *n*
punctuation symbol
Interpunktionssymbol *n*
punctured [insulation]
durchgeschlagen [eine Isolation]
pure binary notation [representation of a
decimal number as a whole by binary digits; in
contrast to representation of individual decimal
digits using binary coded decimals]
reine **Binärdarstellung** *f* [Darstellung einer
Dezimalzahl gesamthaft durch Binär-zeichen;
im Gegensatz zu binärcodierten Dezimalziffern]
purge a file, to
Datei löschen
purging [of files]
Bestandbereinigung *f* [bei Dateien]
push, to [register content into stack]
eingeben, schieben [Registerinhalt in
Stapelspeicher]
push-down list, LIFO list [list in which the last
item stored is the first to be retrieved (last-
in/first-out)]
Kellerliste *f,* LIFO-Liste *f,* Stapel *m* [eine
Liste, in der die letzte Eintragung als erste
wiedergefunden wird]
push-down stack [stack with return address]
Rückstellstapel *m* [Kellerspeicher mit
Rücksprungadresse]
push-pull amplifier
Gegentaktverstärker *m*
push-pull circuit [a balanced circuit using two
amplifying devices operating in phase
opposition]
Gegentaktschaltung *f* [eine symmetrische
Schaltung, die zwei gegenphasig gesteuerte
Verstärkerbausteine verwendet]
push-pull complementary collector circuit
Gegentaktkollektorschaltung *f*
push-pull input
Gegentakteingang *m*
push-pull operation
Gegentaktbetrieb *m*
push-pull output
Gegentaktausgang *m*
push-pull power amplifier
Gegentaktleistungsverstärker *m*
push-pull rectifier
Gegentaktgleichrichter *m*
push-pull voltage
Gegentaktspannung *f*
push-up list, queue, FIFO list [list in which the
first item stored is the first to be retrieved
(first-in/first-out)]
Schiebeliste *f,* Schlange *f,* FIFO-Liste *f* [eine
Liste, in der die erste Eintragung als erste
wiedergefunden wird]

push-up storage
Wartespeicher *m*
put statement
Ablegeanweisung *f*
PVD process (physical vapour deposition
process) [a deposition process, e.g. sputtering]
PVD-Verfahren *n* [ein Abscheideverfahren,
z.B. Sputtern]

Q

QA (Quality Assurance)
  Qualitätssicherung *f*
QC (Quality Control)
  Qualitätskontrolle *f*
QIC (quarter inch cartridge) [drive standard for tape drives]
  QIC [Standard für Viertelzoll-Bandlaufwerke]
QIC streamer
  QIC-Streamer *m*, **QIC-Magnetbandstation** *f*
QIL package, QUIL package, quad inline package [package with four parallel rows of terminals at right angles to the body]
  QIL-Gehäuse *n*, **QUIL-Gehäuse** *n* [Gehäuse mit vier parallelen Reihen rechtwinklig abgebogener Anschlußstifte]
QL (Query Language) [special, easy-to-learn language for data base transactions, particularly for retrieval, insertion, modification and deletion of records]
  Abfragesprache *f*, **Datenbank-abfragesprache** *f* [spezielle, leicht erlernbare Sprache für Datenbankabfragen, besonders für das Abrufen, Einfügen, Verändern und Löschen von Datensätzen]
quad density [data medium]
  vierfache Dichte *f* [Datenträger]
quad in-line package, QIL package [package with four parallel rows of terminals at right angles to the body]
  QIL-Gehäuse *n* [Gehäuse mit vier parallelen Reihen rechtwinklig abgebogener Anschlußstifte]
quad operational amplifier
  Vierfach-Operationsverstärker *m*
quadratic equation
  quadratische Gleichung *f*
quadrature component, imaginary part [of a vector]
  Blindkomponente *f* [eines Vektors]
qualification approval test [quality control]
  Qualifikationsprüfung *f* [Qualitätskontrolle]
quality assurance (QA)
  Qualitätssicherung *f*
quality control (QC)
  Qualitätskontrolle *f*
quality factor, Q-factor [of a resonant circuit: ratio of stored/dissipated energy; of inductors and capacitors: reactance/resistance; of transistors: measure for high-frequency characteristics]
  Gütefaktor *m* [eines Schwingkreises: Verhältnis von Gesamtenergie/Energieverlust; von Spulen und Kondensatoren: Blind/-Wirkanteil des Scheinwiderstandes; von Transistoren: Maß für die Hochfrequenz-

eigenschaften]
quantization
  Quantisierung *f*
quantization error
  Quantisierungsfehler *m*
quantization level
  Quantisierungspegel *m*
quantization noise
  Quantisierungsrauschen *n*
quantization step
  Quantisierungsstufe *f*
quantum theory
  Quantentheorie *f*
quantum well structure [a double-heterostructure comprising a very thin layer of a semiconductor material with a small band gap embedded between thicker layers of another semiconductor material with a larger band-gap; is used for extremely fast field-effect transistors and optoelectronic components]
  Quantum-Well-Struktur *f* [Doppelheterostruktur, bei der eine sehr dünne Schicht eines Halbleiters mit geringem Bandabstand zwischen dickeren Schichten eines Halbleiters mit größerem Bandabstand eingebettet ist; wird bei der Herstellung extrem schneller Feldeffekttransistoren und optoelektronischer Bauelemente genutzt]
quartz, quartz crystal, crystal
  Quarz *m*, **Quarzkristall** *m*
quartz controlled, crystal controlled
  quarzgesteuert
quartz-controlled generator, crystal-controlled generator
  quarzgesteuerter Generator *m*
quartz filter, crystal filter
  Quarzfilter *n*
quartz oscillator, crystal oscillator
  Quarzoszillator *m*
quartz resonator, crystal resonator
  Schwingquarz *m*, **Quarzresonator** *m*
query [data base]
  Abfrage *f* [Datenbank]
query language (QL) [special, easy-to-learn language for data base transactions, particularly for retrieval, insertion, modification and deletion of records]
  Query-Sprache *f*, **Datenbankabfragesprache** *f* [spezielle, leicht erlernbare Sprache für Datenbankabfragen, besonders für das Abrufen, Einfügen, Verändern und Löschen von Datensätzen]
queue, push-up list, FIFO list
  Warteschlange *f*, **Schiebeliste** *f*, **FIFO-Liste** *f*
queue management
  Warteschlangenverwaltung *f*
queued access technique
  erweiterte Zugriffsmethode *f*
queuing theory

Warteschlangentheorie *f*
quibinary code [similar to the biquinary code, a
code comprising 7 bits, also called two-out-of-
seven code; in each character five of the seven
bits are binary zero and two are binary one, e.g.
the digit 7 is represented by 0100010]
Quibinärcode *m* [ähnlich dem Biquinärcode,
ein Code aus 7 Bits, auch Zwei-aus-Sieben-
Code genannt; bei jedem der Zeichen sind fünf
der sieben Bits binär Null und zwei binär Eins,
z.B. die Ziffer 7 wird durch 0100010 dargestellt]
quicksort, partition exchange sort [sorting
method]
Austauschsortieren *n,* **Quicksort-Verfahren** *n*
[Sortierverfahren]
quiescent current
Ruhestrom *m*
quiescent point
Ruhepunkt *m*
quiescent state, idle state, idle condition
Ruhezustand *m*
QUIL package, quad inline package [package
with four parallel rows of terminals at right
angles to the body]
QUIL-Gehäuse *n* [Gehäuse mit vier parallelen
Reihen rechtwinklig abgebogener Anschluß-
stifte]
quit
verlassen
quote, quotation mark
Anführungszeichen *n*
quotient [result of a division]
Quotient *m* [Ergebnis einer Division]
quotient register
Quotientenregister *n*
QWERTY keyboard [English-language
keyboard]
QWERTY-Tastatur *f* [englischsprachige
Tastatur]
QWERTZ keyboard [German-language
keyboard]
QWERTZ-Tastatur *f* [deutschsprachige
Tastatur]

R

rack [e.g. standard 19-inch rack for plug-in units]
Gestell *n*, Rahmen *m* [z.B. 19-Zoll Normgestell für Einschübe]
radiation, irradiation
Strahlung *f*, Abstrahlung *f*
radiation diagram [optoelectronics]
Strahlungsdiagramm *n* [Optoelektronik]
radio frequency transistor (RF transistor) [a transistor with high cut-off frequency]
HF-Transistor *m* [ein Transistor mit hoher Grenzfrequenz]
radix notation [representation of a number as product of numerical value and powers of a base; this base is usually 2 (binary system), 8 (octal system), 10 (decimal system) or 16 (hexadecimal system)]
Radixschreibweise *f* [Darstellung einer Zahl als Produkt von Zahlenwert und Potenz einer Grundzahl (Basis); diese Basis ist üblicherweise 2 (Dualsystem, auch Binärsystem genannt), 8 (Oktalsystem), 10 (Dezimalsystem) oder 16 (Hexadezimalsystem)]
radix point [e.g. decimal point in the case of decimal notation]
Radixpunkt *m* [z.B. Dezimalpunkt oder Komma bei der Dezimalschreibweise]
ragged left margin [text formatting without alignment of left margin]
rechtsbündiger Flattersatz *m* [rechtsbündige Textformatierung ohne Ausgleich des linken Randes]
ragged right margin [text formatting without alignment of right margin]
linksbündiger Flattersatz *m* [linksbündige Textformatierung ohne Ausgleich des rechten Randes]
RALU, registers and arithmetic-logic unit [bit-slice processor with registers]
RALU, Register mit arithmetisch-logischer Einheit *n.pl.* [Bit-Slice-Prozessor mit Registern]
RAM (random access memory), read-write memory
Memory in which each storage cell is directly accessible in any desired sequence. This means that access time is the same for all storage locations. The term RAM is normally used to denote integrated circuit read-write memories. There are basically two types: dynamic (DRAMs) and static (SRAMs) memories. In dynamic memories information is stored as a charge on a capacitance and needs periodic refreshing. In static memories, flip-flops are used as memory cells. Hence there is no need for data regeneration.
RAM *m*, Speicher mit wahlfreiem Zugriff *m*,
Schreib-Lese-Speicher *m*
Speicher, bei dem auf jedes Speicherelement in jeder gewünschten Reihenfolge zugegriffen werden kann. Dadurch ist die Zugriffszeit zu jeder Speicherzelle gleich lang. Die Bezeichnung RAM wird normalerweise für Schreib-Lese-Speicher in integrierter Schaltungstechnik verwendet. Man unterscheidet grundsätzlich zwischen dynamischen (DRAMs) und statischen (SRAMs) Schreib-Lese-Speichern. Beim dynamischen Speicher wird die Information als Ladung in einer Kapazität gespeichert und muß periodisch aufgefrischt werden. Beim statischen Speicher werden Flipflops als Speicherzellen verwendet. Die gespeicherten Informationen müssen daher nicht regeneriert werden.
RAM board [printed circuit board containing one or more RAMs]
RAM-Karte *f* [Leiterplatte, die ein oder mehrere RAMs enthält]
RAM cache memory, RAM caching [cache memory used for accelerating data transfer between main memory and processor]
RAM-Cachespeicher *m* [Zwischenspeicher zur Beschleunigung der Datenübertragung zwischen Hauptspeicher und Prozessor]
RAM disk, RAM drive, virtual drive [defines part of main memory as logical drive so as to accelerate file access]
RAM-Laufwerk *n*, virtuelles Laufwerk *n* [definiert einen Speicherbereich als logisches Laufwerk, um den Dateizugriff zu beschleunigen]
RAM module
RAM-Baustein *m*
random access
wahlfreier Zugriff *m*
random-access addressing, random accessing
Adressierung für direkten Zugriff *f*
random-access device [e.g. floppy disk or disk storage in contrast to magnetic tape storage]
Gerät mit wahlfreiem Zugriff *n* [z.B. Diskette oder Plattenspeicher im Gegensatz zum Magnetbandspeicher]
random access file, direct access file
Direktzugriffsdatei *f*
random access memory (RAM), read-write memory
Schreib-Lese-Speicher *m*, Speicher mit wahlfreiem Zugriff *m* (RAM)
random error
zufälliger Fehler *m*, Zufallsfehler *m*
random failure [failures resulting in a constant failure rate]
Zufallsausfall *m* [Ausfälle, die eine konstante Ausfallrate ergeben]
random noise

Zufallsrauschen *n*
random number generator
  Zufallszahlengenerator *m*
random processing
  wahlfreie Verarbeitung *f*
random pulse generator
  Zufallsimpulsgenerator *m*
random read cycle time
  Zykluszeit für wahlfreies Lesen *f*
random routing
  Zufallsleitweg *m*
random variable
  Zufallsvariable *f*
random write cycle time
  Zykluszeit für wahlfreies Schreiben *f*
range
  Bereich *m*
range distribution [in ion implantation]
  Reichweiteverteilung *f* [bei der
  Ionenimplantation]
range of a variable
  Bereich einer Variablen *m*
range switch [e.g. of a measuring instrument]
  Bereichsumschalter *m* [z.B. eines
  Meßgerätes]
range switching
  Bereichsumschaltung *f*
rapid thermal annealing (RTA) [semiconductor
  technology]
  Kurzzeitausheilung *f* [Halbleitertechnik]
RAS (row-address strobe)
  Signal for addressing memory cells in the rows
  of an integrated circuit memory device in which
  the cells are arranged in an array (e.g. in
  RAMs).
  RAS *m*, Zeilenadressenimpuls *m*
  Signal für die Zeilenadressierung bei
  Halbleiterspeichern mit matrixförmiger
  Anordnung der Speicherzellen (z.B. bei RAMs).
raster [matrix-like display]
  Raster *m* [matrixförmige
  Bildschirmdarstellung]
raster display, raster-scan display [screen
  having picture elements arranged in a matrix]
  Rasterbildschirm *m* [Bildschirm mit
  matrixförmig angeordneten Bildelementen]
raster font, bitmap font, bitmapped font [stored
  as bit pattern, in contrast to vector font]
  Rasterschriftart *f*, Bitmap-Schriftart *f*
  [gespeichert als Bitmuster, im Gegensatz zur
  Vektorschriftart]
raster graphics [graphics generated on a raster
  display]
  Rastergraphik *f* [graphische Darstellung auf
  einem Rasterbildschirm]
raster image processor (RIP)
  Rasterbild-Prozessor *m*
raster scan [horizontal sweep of screen]
  Rasterabtastung *f* [horizontale

Bildabtastung]
rasterscan technique [chip production]
  Rasterscan-Verfahren *n* [Chipherstellung]
rate converter [speed or baud rate conversion
  during data transmission]
  Geschwindigkeitsumsetzer *m* [Umsetzung
  der Geschwindigkeit bzw. Baudrate bei der
  Datenübertragung]
rate growth [crystal growing process]
  A process for growing semiconductor crystals
  allowing crystals to be produced which have
  alternate n-type and p-type layers.
  Stufenziehen *n* [Kristallziehverfahren]
  Ein Ziehprozeß bei der
  Halbleiterkristallherstellung, mit dem ein
  Kristall mit abwechselnd N-leitenden und P-
  leitenden Schichten gezogen wird.
rated current, current rating
  Nennstrom *m*
rated power, power rating
  Nennleistung *f*
rated value
  Nennwert *m*
rated voltage, voltage rating
  Nennspannung *f*
rational fraction
  rationaler Bruch *m*
RAW technique (Read-After-Write) [verifying
  procedure for data storage]
  Kontroll-Leseverfahren *n*, RAW-Verfahren *n*
  [Kontrolle der Speicherung durch Lesen nach
  dem Schreiben]
RB (return-to-bias recording) [magnetic tape
  recording method]
  **Schreibverfahren mit Rückkehr zur
  Grundmagnetisierung** *f* [Schreibverfahren
  für die Magnetbandaufzeichnung]
RC amplifier
  RC-Verstärker *m*, Widerstandsverstärker *m*
RC coupling, resistance-capacitor coupling
  RC-Kopplung *f*, Widerstands-Kondensator-
  Kopplung *f*
RC network, RC circuit [consisting of resistors
  and capacitors]
  RC-Netzwerk *n*, RC-Schaltung *f* [bestehend
  aus Widerständen und Kondensatoren]
RCTL (resistor-capacitor-transistor logic)
  Variant of the RTL family of logic circuits
  which uses capacitors to increase switching
  speed.
  RCTL *f*, Widerstand-Kondensator-Transistor-
  Logik *f*
  Variante der RTL-Schaltungsfamilie, bei der
  Kondensatoren zur Erhöhung der
  Schaltgeschwindigkeit verwendet werden.
RDY (ready)
  bereit
re-store, to; restore, to
  umspeichern, wieder speichern, neu

speichern
reactance
   Reaktanz *f*, Blindwiderstand *m*
reaction
   Rückwirkung *f*
reaction time
   Reaktionszeit *f*
reactive dry etching
   reaktives Trockenätzen *n*
reactive ion beam etching (RIBE) [a dry
   etching process]
   reaktives Ionenstrahlätzen *n* [ein
   Trockenätzverfahren]
reactive ion etching (RIE) [a dry etching
   process]
   reaktives Ionenätzen *n* [ein
   Trockenätzverfahren]
reactive power [imaginary part of power]
   Blindleistung *f* [Blindkomponente der
   Leistung]
reactive sputtering [a deposition process]
   reaktive Kathodenzerstäubung *f*, reaktives
   Sputtern *n* [ein Abscheideverfahren]
read, to [fetch data from a storage location or
   from a storage]
   lesen [Datenentnahme aus einer Speicherzelle
   bzw. aus einem Speicher]
read, to; sense, to [a storage medium]
   abfühlen, abtasten [eines Speicherträgers]
read access time
   Lesezugriffszeit *f*
read after enable hold time
   Haltezeit für Lesen nach Freigabe *f*
read before enable set-up time
   Vorbereitungszeit für Lesen-Freigabe *f*
read command hold time [integrated circuit
   memories]
   Lesekommandohaltezeit *f* [integrierte
   Speicherschaltungen]
read command set-up time
   Lesekommandovorlaufzeit *f*
read cycle
   Lesezyklus *m*
read cycle time
   Lesezykluszeit *f*
read data bus
   Datenlesebus *m*
read error
   Lesefehler *m*
read head, reading head
   Lesekopf *m*
read in, to; write, to [data into storage]
   einlesen, einspeichern [von Daten in einen
   Speicher]
read instruction
   Lesebefehl *m*
read mode [operational mode of memories]
   Lesebetrieb *m* [Betriebsart bei Speichern]
read modify-write cycle

Lese-Änderungs-Schreibzyklus *m*, Zyklus
   für Lesen mit modifiziertem Rückschreiben *m*
read modify-write cycle time
   Zykluszeit für Lesen mit modifiziertem
   Rückschreiben *f*
read modify-write mode, read-modify-write
   (RMW)
   Lesen mit modifiziertem Rückschreiben *n*
read-only file
   schreibgeschützte Datei *f*
read-only memory (ROM)
   Memory from which stored information can
   only be read out and which, in normal
   operation, cannot be erased or altered.
   Festwertspeicher *m*, Nur-Lese-Speicher *m*,
   ROM *m*
   Speicher, dessen Inhalt nur gelesen und im
   normalen Betrieb weder gelöscht noch
   verändert werden kann.
read operation
   Lesevorgang *m*
read out, to [data from storage]
   auslesen, ausspeichern [von Daten aus einem
   Speicher]
read pulse, read-out pulse
   Leseimpuls *m*
read signal
   Lesesignal *n*
read statement
   Leseanweisung *f*
read time
   Lesezeit *f*
read-while-write mode [integrated circuit
   memories]
   Lesen-während-Schreiben *n* [integrierte
   Speicherschaltungen]
read-write amplifier
   Lese-Schreib-Verstärker *m*
read-write cycle
   Lese-Schreib-Zyklus *m*
read-write cycle time
   Lese-Schreib-Zykluszeit *f*
read-write head
   Lese-Schreibkopf *m*
read-write input
   Lese-Schreib-Eingang *m*
read-write memory (R/W memory)
   Lese-Schreib-Speicher *m*
read-write pulse
   Lese-Schreib-Impuls *m*
read-write register
   Lese-Schreib-Register *n*
read-write storage
   Lese-Schreib-Speicher *m*
reading
   Lesen *n*
reading head, read head
   Lesekopf *m*
reading speed

  Lesegeschwindigkeit *f*
reading track
  Lesespur *f*
ready (RDY)
  bereit
ready, to; make available, to
  bereitstellen
ready for use, to; ready for operation, to
  betriebsbereit machen
ready state
  Bereitschaftszustand *m*
real address [actual physical address in main
  storage]
  reale Adresse *f*, echte Adresse *f* [tatsächliche
  Adresse im Hauptspeicher]
real mode [processor operating mode similar to
  that of a 8086 processor, i.e. for a computer
  with a main memory less than 1 MB]
  Real-Modus *m* [Prozessorbetriebsart ähnlich
  der eines 8086-Prozessors, d.h. für einen
  Rechner mit weniger als 1 MB Hauptspeicher]
real number
  reelle Zahl *f*
real part
  Realteil *m*
real-time clock (RTC) [generates periodic
  signals which can be used for giving the time of
  day; is needed for real-time operation]
  Realzeituhr *f*, Echtzeittaktgeber *m*,
  Echtzeituhr *f* [erzeugt periodische Signale, die
  zur Berechnung der Tageszeit verwendet
  werden können; wird für den Realzeitbetrieb
  benötigt]
real-time computer system, real-time system
  Realzeitrechnersystem *n*, Realzeitsystem *n*
real-time control
  Realzeitsteuerung *f*
real-time input
  Realzeiteingabe *f*, Echtzeiteingabe *f*
real-time operation [processing of data at the
  time they are generated; in contrast to batch
  processing in which data are collected and then
  processed in batches]
  Realzeitbetrieb *m*, Echtzeitbetrieb *m*
  [Verarbeitung der Daten zum Zeitpunkt ihrer
  Generierung; im Gegensatz zur
  Stapelverarbeitung, bei der die Daten
  gesammelt und dann schubweise verarbeitet
  werden]
real-time processing
  Realzeitverarbeitung *f*, Echtzeitverarbeitung
real-time programming
  Realzeitprogrammierung *f*
real-time programming language
  Realzeitprogrammiersprache *f*
real-time receiver
  Echtzeitempfänger *m*
real-time simulation
  Realzeitsimulation *f*, Echtzeitsimulation *f*

receiver
  Empfänger *m*
receiving inspection [inspection of incoming
  products]
  Eingangsprüfung *f* [Prüfung der
  angelieferten Produkte]
reciprocal value
  reziproker Wert *m*
reciprocity
  Reziprozität *f*
recode, to
  umcodieren
recombination
  The combination or reunion of electrons and
  holes or of positive and negative ions.
  Rekombination *f*
  Die Vereinigung bzw. Wiedervereinigung von
  Elektronen und Defektelektronen oder von
  positiven und negativen Ionen.
recombination center
  Impurities, lattice imperfections, etc. within a
  semiconductor or on its surface which lead to
  the recombination of charge carriers.
  Rekombinationszentrum *n*
  Störstellen, Gitterfehler usw. innerhalb eines
  Halbleiters oder an seiner Oberfläche, die zur
  Rekombination von Ladungsträgern führen.
recombination rate
  Rekombinationsrate *f*
recombination velocity
  The speed with which electrons and holes or
  positive and negative ions unite or reunite.
  Rekombinationsgeschwindigkeit *f*
  Die Geschwindigkeit, mit der sich Elektronen
  und Defektelektronen bzw. positive und
  negative Ionen vereinigen bzw.
  wiedervereinigen.
reconfiguration
  Rekonfiguration *f*
record, data record [set of related data treated as
  a unit; a record comprises several data fields,
  several records form a block; a record can be
  blocked or unblocked and of fixed or variable
  length]
  Satz *m*, Datensatz *m* [zusammenhängende
  Daten, die als Einheit betrachtet werden; ein
  Satz besteht aus mehreren Datenfeldern;
  mehrere Sätze bilden einen Block; ein Satz
  kann geblockt oder ungeblockt und von fester
  oder variabler Länge sein]
record, to
  aufzeichnen
record address
  Satzadresse *f*
record area
  Satzbereich *m*
record block, block
  Satzblock *m*, Block *m*
record-by-record

satzweise
record count
  Satzzählung *f*
record description
  Satzbeschreibung *f*
record format, record layout
  Satzformat *n*, Satzstruktur *f*
record gap, interrecord gap
  Satzzwischenraum *m*
record key
  Datensatzschlüssel *m*
record label
  Satzkennung *f*
record layout, record format
  Satzstruktur *f*, Satzformat *n*
record length
  Satzlänge *f*
record name
  Satzname *m*, Datensatzname *m*
record number
  Satznummer *f*
record overflow
  Satzüberlauf *m*
record parameter
  Satzparameter *m*
record specifier
  Datensatzparameter *m*
recorder
  Schreiber *m*
recording density [of storage mediums]
  Aufzeichnungsdichte *f* [bei Speichermedien]
recording instrument, recorder
  Registriergerät *n*
recording mode
  Aufzeichnungsverfahren *n*
recovery [of components]
  Erholung *f* [von Bauelementen]
recovery [with programs]
  Wiederherstellung *f* [bei Programmen]
recovery data
  Wiederherstellungsdaten *f.pl.*
recovery procedure
  Wiederherstellungsverfahren *n*
recovery routine
  Wiederherstellungsprogramm *n*
recovery time [e.g. of a transistor]
  Erholzeit *f* [z.B. eines Transistors]
rectangular pulse, square pulse
  Rechteckimpuls *m*
rectifier circuit
  Gleichrichterschaltung *f*
rectifier diode
  Gleichrichterdiode *f*
rectifying metal-semiconductor junction,
  non-ohmic metal-semiconductor junction
  [Schottky contact]
  sperrender Metall-Halbleiter-Übergang *m*
  [Schottky-Kontakt]
recursion

Rekursion *f*
recursive
  rekursiv
recursive program
  rekursives Programm *n*
recursively solvable problem
  rekursiv lösbares Problem *n*
redirection symbol [for redirecting from console
  to input file (<) or from console to output file
  (>)]
  Umleitungssymbol *n* [für die Umleitung von
  der Konsole auf eine Eingabedatei (<) bzw.
  Ausgabedatei (>)]
redistribution [of electrons]
  Rückverteilung *f* [von Elektronen]
redundancy [general]
  Redundanz *f* [allgemein]
redundancy [in content of a message]
  Weitschweifigkeit *f* [Redundanz im
  Nachrichtengehalt]
redundancy check
  Redundanzprüfung *f*
redundancy check character
  Redundanzprüfzeichen *n*
redundant character
  redundantes Zeichen *n*
redundant code [a code in which not all
  available code combinations are utilized; a
  redundant code enables automatic error
  detection and correction methods to be applied]
  redundanter Code *m* [Code, bei dem nicht
  alle zur Verfügung stehenden
  Verschlüsselungen benutzt werden; ein
  redundanter Code erlaubt die Anwendung
  automatischer Fehlererkennungs- und
  Korrekturmethoden]
reentrant [in multiprogramming, a program that
  can be simultaneously executed for several
  users, i.e. it can be reentered at any point]
  simultan aufrufbar [bei der
  Multiprogrammierung ein Programm, das von
  mehreren Benutzern gleichzeitig verwendet
  werden kann, d.h. der Wiedereinstieg kann an
  jedem Punkt erfolgen]
reentry point
  Rücksprungstelle *f*, Wiedereintrittstelle *f*
reference address, base address [forms together
  with the distance address the absolute address]
  Bezugsadresse *f*, Basisadresse *f* [bildet
  zusammen mit der Distanzadresse die absolute
  Adresse]
reference bias
  Bezugsvorspannung *f*
reference bit
  Referenzbit *n*
reference current
  Bezugsstrom *m*
reference diode, voltage reference diode
  Referenzdiode *f*, Spannungsreferenzdiode *f*

reference element
Referenzelement *n*

reference filter
Meßfilter *n*, Referenzfilter *n*

reference frequency
Bezugsfrequenz *f*

reference input [automatic control]
Führungsgröße *f* [Regeltechnik]

reference level
Bezugspegel *m*

reference line
Referenzlinie *f*

reference point
Bezugspunkt *m*

reference signal
Bezugssignal *n*

reference tape, standard tape [tape with known properties]
Bezugsband *n* [Magnetband mit bekannten Eigenschaften]

reference value
Bezugswert *m*

reference voltage
Bezugsspannung *f*, Vergleichsspannung *f*, Referenzspannung *f*

reflected binary code, Gray code [a binary code for decimal digits in which, for minimizing scanning errors, the codes for consecutive numbers differ by only one bit]
reflektierter Binärcode *m*, Gray-Code *m* [ein Binärcode für Dezimalziffern, der Abtastfehler dadurch verringert, daß sich zwei aufeinanderfolgende Zahlenwerte nur in einem Bit unterscheiden]

reflection
Reflexion *f*

reflow soldering [process for the treatment of printed circuit boards]
Reflow-Löten *n*, Aufschmelzlöten *n* [Verfahren zur Behandlung von Leiterplatten]

reformat, to
neu formatieren, umformatieren

refraction [optoelectronics]
Brechung *f* [Optoelektronik]

refractory metal
hochschmelzendes Metall *n*, schwerschmelzbares Metall *n*

refractory metal silicide
hochschmelzendes Metallsilicid *n*, schwerschmelzbares Metallsilicid *n*

refresh, to
auffrischen

refresh cycle
Auffrischzyklus *m*

refresh display
Bildschirm mit Bildwiederholung *m*, Auffrischbildschirm *m*

refresh rate
Bildwiederholfrequenz *f*

refresh storage [a storage requiring periodic refreshing of the information stored]
Wiederholspeicher *m* [ein Speicher, dessen gespeicherte Informationen periodisch aufgefrischt werden müssen]

refresh time interval
Auffrischintervall *n*

refreshing [of information in dynamic memories for compensating charge losses]
Auffrischen *n* [von Informationen in dynamischen Speichern zum Ausgleich von Ladungsverlusten]

regenerate, to; rewrite, to [data]
regenerieren [Daten]

regeneration
Regenerierung *f*

regenerative storage
regenerativer Speicher *m*

register [storage device, usually consisting of flip-flops and hence with very short access time, for storing an operand, instruction or data word]
Register *n* [in der Regel ein aus Flipflops bestehender Speicher mit sehr kurzer Zugriffszeit zur Speicherung eines Operanden-, Befehls- oder Datenwortes]

register driver
Registertreiber *m*

register instruction
Registerbefehl *m*

register pair
Registerpaar *n*

register select (RS)
Registerauswahl *f*

registration [printed circuit boards]
Lagegenauigkeit *f* [Leiterplatten]

registration accuracy [printed circuit boards]
Abbildungsgenauigkeit *f* [Leiterplatten]

regression analysis
Regressionsanalyse *f*

relational data base system [uses a 2-dimensional table structure for storing records; in contrast to hierarchical and network-type structures]
relationales Datenbanksystem *n* [verwendet eine 2-dimensionale Tabellenstruktur zur Speicherung der Datensätze; im Gegensatz zu hierarchischen und Netzwerksystemen]

relative address
relative Adresse *f*

relative addressing [addressing referred to a base address contained in a register; is often used with jump instructions]
relative Adressierung *f* [Adressierung bezogen auf eine Grundadresse, die in einem Register enthalten ist; wird oft bei Sprungbefehlen verwendet]

relative file
relative Datei *f*

relative key
relativer Schlüssel *m*
relative programming
Programmierung mit relativen Adressen *f*
relaxation
Relaxation *f*
relaxation oscillator
Kipposzillator *m*, Kippschwinger *m*,
Relaxationsoszillator *m*
release [program release or version]
Version *f* [Programmversion]
release, to; enable, to
freigeben
reliability [the ability of an item to perform a
required function under stated conditions for a
stated period of time]
Zuverlässigkeit *f* [die Fähigkeit einer
Betrachtungseinheit eine vorgegebene
Funktion zu erfüllen und zwar unter
festgelegten Bedingungen und während einer
festgelegten Zeitdauer]
reliability characteristics
Zuverlässigkeitskenngrößen *f.pl.*
reliable, dependable
zuverlässig
relocatable
verschiebbar
relocatable code
verschiebbarer Code *m*
relocatable program [a program whose
addresses can be adjusted when the program is
moved into another address area]
verschiebbares Programm *n*, relativierbares
Programm *n*, Relativprogramm *n* [ein
Programm, dessen Adressen angepaßt werden
können, wenn das Programm in einen anderen
Adressenbereich verschoben wird]
relocate, to
verschieben
relocating loader [a program loader which
increases the addresses contained in a program
by an amount corresponding to the loading
address (program start); in contrast to an
absolute loader]
Relativlader *m*, Lader für verschiebbare
Programme *m* [ein Programmlader, der die im
Programm angegebenen Adressen um eine
Ladeadresse (Programmanfang) erhöht; im
Gegensatz zu einem Absolutlader]
relocation
Verschiebung *f*
REM instruction [in BASIC a statement
designating a comment or remark]
REM-Anweisung *f* [Anweisung zur
Kennzeichnung eines Kommentares in BASIC]
remainder [of an infinite series]
Restglied *n* [einer unendlichen Reihe]
remainder [remainder of a division]
Rest *m* [Divisionsrest]

remark, comment [in a program: explains the
programming step and is not processed by the
computer]
Kommentar *n*, Bemerkung *f* [in einem
Programm: erläutert den Programmierschritt
und wird vom Rechner nicht verarbeitet]
remedy [fault]
Abhilfe *f* [Fehler]
remote
entfernt, abgesetzt
remote control
Fernbedienung *f*, Fernsteuerung *f*
remote controlled
ferngesteuert
remote data collection
externe Datenerfassung *f*
remote data processing, teleprocessing
Datenfernverarbeitung *f*
remote display
Fernanzeige *f*
remote display device
Fernanzeigegerät *n*
remote job entry mode (RJE mode) [terminal
operating mode without interactive capability;
jobs entered from the terminal are batch
processed by the computer]
RJE-Betrieb *m* [Betriebsart eines Terminals,
bei der kein Dialog möglich ist; die vom
Terminal aufgegebenen Aufträge werden vom
Rechner in Stapelverarbeitung durchgeführt]
remote monitoring
Fernüberwachung *f*
remote periphery
abgesetzte Peripherie *f*
remote station
abgesetzte Station *f*
removable hard disk [exchangeable hard disk]
Wechselplatte *f* [auswechselbare
Magnetplatte]
rename, to
umbenennen, neu benennen
rental computer
Mietrechner *m*
reorder
umordnen
repair, corrective maintenance
Instandsetzung *f*
repair, to
instandsetzen
repair time, mean time to repair (MTTR)
Instandsetzungsdauer *f*, mittlere
Instandsetzungszeit *f*
repeat, to; rerun, to
wiederholen
repeat count
Wiederholzahl *f*
repeat function, continuous function
Wiederholfunktion *f*, Dauerfunktion *f*
repeater [telecommunications]

Zwischenverstärker *m*
[Kommunikationstechnik]
repeating decimal
periodischer Dezimalbruch *m*
repetition frequency, pulse repetition
frequency
Folgefrequenz *f,* Impulsfolgefrequenz *f*
repetition instruction
Wiederholbefehl *m*
replace, to; exchange, to
austauschen
replace, to; substitute, to
ersetzen
replacement character [COBOL]
Ersetzungszeichen *n* [COBOL]
replacement part [for maintenance]
Ersatzteil *n* [für die Wartung]
replacement unit, interchange unit
Austauscheinheit *f*
report, to; indicate, to; signal
melden
report file
Listendatei *f*
report generator, report program generator
(RPG) [program with formatting and
computational functions for the output of user-
specific lists or reports]
Listenprogrammgenerator *m,*
Listengenerator *m* [Programm mit Formatier-
und Rechenbefehlen zur Erstellung von
anwenderspezifischen Listen]
report item
Listenelement *n*
representation
Darstellung *f*
reprogram
umprogrammieren
REPROM (reprogrammable read-only memory)
Read-only memory that can be erased by
ultraviolet light and reprogrammed by the
user. Also called EPROM.
REPROM *m,* umprogrammierbarer
Festwertspeicher *m*
Festwertspeicher, der vom Anwender mit
Ultraviolettlicht gelöscht und elektrisch wieder
neu programmiert werden kann. Auch EPROM
genannt.
request [addressed to the operator or to a system
component]
Anforderung *f* [an den Bediener oder an ein
Systemteil]
request [for information from storage]
Anfrage *f* [Informationsanforderung vom
Speicher]
request parameter
Anforderungsparameter *m*
request signal
Rückfragesignal *n*
required hyphen, embedded hyphen, hard

hyphen [normal hyphen contained in a
hyphened word, in contrast to discretionary or
soft hyphen]
harter Bindestrich *m* [im Wort enthaltener
normaler Bindestrich, im Gegensatz zum
weichem Bindestrich]
rerun
Wiederholung *f,* Wiederholungslauf *m*
rerun routine
Wiederholprogramm *n*
rerun time
Wiederholungszeit *f*
rescanning
erneutes Durchsuchen *n,* erneutes Abtasten
rescue point
Wiedereinstiegspunkt *m*
reset (RES) [returning to a defined initial state,
e.g. clearing the contents of a register, memory,
etc.]
Rücksetzen *n,* Reset *n* [Zurückkehren zu
einem definierten Ausgangszustand, z.B.
Löschen des Inhaltes eines Registers, Speichers
usw.]
reset, to [to restore initial conditions]
rückstellen, rücksetzen [in Ausgangsstellung
bringen]
reset button [of a counter]
Rückstelltaste *f* [eines Zählers]
reset command
Reset-Befehl *m,* Rücksetzbefehl *m*
reset function
Rücksetzfunktion *f*
reset key [e.g. of a counter]
Löschtaste *f,* Rücksetztaste *f* [z.B. eines
Zählers]
reset key [used in a computer to abort the
running program and return to the initial state
or start condition]
Rücksetztaste *f,* Reset-Taste *f* [wird im
Rechner zwecks Abbrechen des laufenden
Programmes und Rückkehr zum Ausgangs-
bzw. Startzustand verwendet]
reset mode
Betriebsart "Rücksetzen" *f*
reset pulse
Rücksetzimpuls *m,* Rückstellimpuls *m*
reset time
Rückstellzeit *f*
resettable buffer storage
rückstellbarer Pufferspeicher *m*
reshape [pulses]
regenerieren [Impulse]
residence time [data processing]
Verweilzeit *f* [Datenverarbeitung]
resident [signifies that a program is
permanently stored in main memory]
speicherresident, resident [bedeutet, daß ein
Programm im Hauptspeicher permanent
abgelegt ist]

resident compiler
  residenter Compiler *m*
resident fonts [permanently stored in printer]
  eingebaute Schriften *f.pl.* [im Drucker
  abgespeicherte Schriften]
resident macroassembler
  residenter Makroassembler *m*
resident program
  residentes Programm *n*
resist, photoresist
  A photosensitive coating used in
  photolithography to cover the surface of the
  wafer to be masked. After exposure of the resist
  (usually with ultraviolet light) through a
  contact mask and removal of the unwanted
  portions of the resist, the required pattern for
  the etching process and the subsequent
  processing step, e.g. doping, is left on the wafer.
  Photolack *m*
  Strahlungsempfindlicher Lack, der in der
  Photolithographie zum Beschichten der
  Halbleiterscheibe benutzt wird. Nach der
  Bestrahlung des Photolackes (meistens mit UV-
  Licht) durch eine Kontaktmaske hindurch und
  Entfernung der unerwünschten Lackstellen
  entsteht auf der Scheibe das gewünschte
  Muster für den Ätzvorgang und den
  anschließenden Verfahrensschritt, z.B. die
  Dotierung.
resist coating
  Abdeckschicht *f*
resist image
  Abdeckbild *n*
resist mask, resist, mask
  Abdeckmaske *f,* Lackmaske *f*
resistance bridge
  Widerstandsbrücke *f*
resistance to impact, impact resistance
  Stoßfestigkeit *f,* Schlagfestigkeit *f*
resistance-capacitor coupling, RC coupling
  Widerstands-Kondensator-Kopplung *f,* RC-
  Kopplung *f*
resistive component [the real part of an
  impedance]
  ohmsche Komponente *f* [der reelle Teil einer
  Impedanz]
resistive coupling
  Widerstandskopplung *f*
resistive feedback
  Widerstandsrückkopplung *f*
resistive load
  ohmsche Belastung *f,* ohmsche Last *f*
resistive reverse current
  stationärer Sperrstrom *m*
resistivity
  spezifischer Widerstand *m*
resistor-capacitor-transistor logic (RCTL)
  Variant of the RTL family of logic circuits
  which uses capacitors to increase switching

speed.
  Widerstand-Kondensator-Transistor-Logik
  f (RCTL)
  Variante der RTL-Schaltungsfamilie, bei der
  Kondensatoren zur Erhöhung der
  Schaltgeschwindigkeit verwendet werden.
resistor network
  Widerstandsnetzwerk *n*
resistor pair
  gepaarter Widerstand *m*
resistor-transistor logic (RTL)
  Logic family in which logical functions are
  performed by resistors, the transistors acting
  as output inverters.
  Widerstand-Transistor-Logik *f* (RTL)
  Logikfamilie, bei der die logischen
  Verknüpfungen durch Widerstände ausgeführt
  werden und die Transistoren als
  Ausgangsinverter wirken.
resolution
  Auflösung *f,* Auflösungsvermögen *n*
resolution error
  Auflösungsfehler *m*
resolution time
  Auflösungszeit *f*
resolver, synchro [analog rotary position
  transducer comprising a rotor and a stator]
  Drehmelder *m* [analoges, rotatorisch
  arbeitendes Wegmeßgerät bestehend aus einem
  Rotor und einem Stator]
resonance
  Resonanz *f*
resonant tunneling transistor (RTT) [a
  transistor comprising a quantum well structure
  and which is based on the tunneling effect]
  resonanter Tunneltransistor *m* (RTT)
  [Transistor mit Quantum-Well-Struktur, der
  auf dem Tunneleffekt basiert]
resonator
  Resonator *m*
resource management
  Betriebsmittelverwaltung *f*
resources
  Betriebsmittel *n.pl.*
response time
  Ansprechzeit *f,* Antwortzeit *f*
restart (RST) [of a program after an
  interruption]
  Wiederanlauf *m,* Neustart *m* [eines
  Programmes nach einer Unterbrechung]
restart, warm boot [of a computer without
  switching off and on again, in contrast to cold
  boot]
  Wiederanlauf *m,* Warmstart *m,* Systemstart
  m [Aufstarten des Rechners ohne Aus- und
  Wiedereinschalten, im Gegensatz zum
  Kaltstart]
restart condition
  Wiederanlaufbedingung *f*

restart instruction
Wiederanlaufbefehl *m*
restart point
Wiederanlaufpunkt *m*, Wiederanlaufadresse
restart program
Wiederanlaufprogramm *n*
restorability [suitability for repair]
Instandsetzbarkeit *f* [Eignung für die
Instandsetzung]
restore, to
wiederherstellen
re-store, to
umspeichern, neu speichern
restore screen
Bildschirm wiederherstellen
restoring
Wiederherstellung *f*
restoring division
Division mit Bildung des positiven Restes
result
Ergebnis *n*
RET (Resolution Enhanced Technology) [method
developed by Hewlett-Packard for increasing
laser printer resolution by using variable point
size]
RET-Verfahren *n* [von Hewlett-Packard
entwickeltes Verfahren, um die Laserdruck-
Auflösung durch Verwendung variabler
Punktgröße zu erhöhen]
retention time [of a storage tube]
Speicherzeit *f* [bei einer Speicherröhre]
reticle [measuring element]
Strichplatte *f* [Meßelement]
reticle [photolithography]
The intermediate mask produced from the
initial artwork by a first photographic
reduction step. The reticle is then reproduced
with the aid of a step-and-repeat process and
reduced by a final reduction step to the
dimensions of the wafer.
Zwischenmaske *f*, Reticle *n*
[Photolithographie]
Die anhand der Maskenvorlage mittels
photographischer Verkleinerung erstellte
Zwischenmaske. Das Reticle wird anschließend
mit Hilfe eines Step-und-Repeat-Verfahrens
vervielfältigt und auf die Originalgröße des
Wafers verkleinert.
retransmission
nochmalige Übertragung *f*
retrieval [of data]
Wiederauffinden *n*, Wiedergewinnen *n* [von
Daten]
retrieval system
System zur
Informationswiedergewinnung *n*
retrieval time
Wiederauffindungszeit *f*
retrieve, to

wiederauffinden
retrofit, to
nachrüsten
retry, to
wiederholen
retuning
Nachstimmen *n*
return [e.g. to main program from a subroutine]
Rücksprung *m* [z.B. zum Hauptprogramm aus
einem Unterprogramm]
return address
Rücksprungadresse *f*
return instruction
Rücksprungbefehl *m*, Rückkehrbefehl *m*
return key, enter key
Eingabetaste *f*
return register
Rücksprungregister *n*
return statement
Rückgabeanweisung *f*
return-to-bias recording (RB) [magnetic tape
recording method]
**Schreibverfahren mit Rückkehr zur
Grundmagnetisierung** *f* [Schreibverfahren
für die Magnetbandaufzeichnung]
return-to-zero recording (RZ) [magnetic tape
recording method]
Schreibverfahren mit Rückkehr nach Null
n [Schreibverfahren für die
Magnetbandaufzeichnung]
reusable program
wiederverwendbares Programm *n*
reusability
Wiederverwendbarkeit *f*
reverse bias
Sperrspannung *f*
reverse biased
in Sperrichtung vorgespannt
reverse biasing, blocking [preventing forward
current flow in semiconductor devices]
Sperren *n* [bei Halbleiterbauteilen: den
Stromfluß in Vorwärtsrichtung verhindern]
reverse-blocking diode thyristor
rückwärtssperrende Thyristordiode *f*
reverse-blocking triode thyristor
rückwärtssperrende Thyristortriode *f*
reverse conducting
rückwärtsleitend
reverse-conducting diode thyristor
rückwärtsleitende Thyristordiode *f*
reverse-conducting triode thyristor
rückwärtsleitende Thyristortriode *f*
reverse current, reverse-bias current [the
current flowing through a pn-junction in
reverse direction]
Sperrstrom *m*, Rückwärtsstrom *m* [der durch
einen PN-Übergang in Rückwärtsrichtung
fließende Strom]
reverse current gain

Sperrstromverstärkung *f*
reverse dc resistance
Sperrwiderstand *m*
reverse direction [e.g. in the case of a pn-
junction]
Sperrichtung *f*, Rückwärtsrichtung *f* [z.B. bei
einem PN-Übergang]
reverse direction flow
Fluß in Gegenrichtung *m*
reverse Polish notation (RPN), postfix
notation, parenthesis-free notation [eliminates
brackets in mathematical operations, e.g. (a+b)
is written as ab+ and c(a+b) as cab+*]
umgekehrte polnische Schreibweise *f*,
Postfixschreibweise *f*, klammerfreie
Schreibweise *f* [eliminiert Klammern bei
mathematischen Operationen, z.B. wird (a+b)
als ab+ und c(a+b) als cab+* geschrieben]
reverse recovered charge
Sperrverzugsladung *f*
reverse recovery current
Sperrverzögerungsstrom *m*
reverse recovery time
Sperrverzögerungszeit *f*
reverse saturation voltage
Sperrsättigungsspannung *f*
reverse scrolling
Rückwärtsrollen *n*
reverse transfer admittance
Rückwirkungsadmittanz *f*
reverse transfer capacitance
Rückwirkungskapazität *f*
reverse transfer impedance
Rückwirkungsimpedanz *f*
reverse transfer inductance
Rückwirkungsinduktivität *f*
reverse video, inverse video [dark characters on
a bright background, in contrast to normal
video display using light characters on a dark
background]
negative Bildschirmdarstellung *f*,
umgekehrte Bildschirmdarstellung *f* [dunkle
Schrift auf hellem Hintergrund, im Gegensatz
zur normalen Bildschirmdarstellung mit einer
hellen Schrift auf dunklem Hintergrund]
reverse voltage
Rückwärtsspannung *f*, Sperrspannung *f*
reverse-voltage blocking capability
Gegenspannungssperrvermögen *n*
reverse-voltage transfer
Spannungsrückwirkung *f*
reverse-voltage-current characteristic
Rückwärtskennlinie *f*
reversible process
reversibler Prozeß *m*, umkehrbarer Prozeß *m*
rewind [magnetic tape]
rückspulen [Magnetband]
rewind speed [of magnetic tape drive]
Rückspulgeschwindigkeit *f* [eines

Magnetbandlaufwerkes]
rewritable disk, erasable disk [optical disk]
wiederbeschreibbare Platte *f* [optische
Platte]
rewritable optical disk, (ROD)
wiederbeschreibbare optische Platte *f*
rewritable optical storage
wiederbeschreibbarer optischer Speicher
rewrite, to
wieder einschreiben
RF transistor, radio frequency transistor [a
transistor with very high cut-off frequency]
HF-Transistor *m* [ein Transistor mit sehr
hoher Grenzfrequenz]
RGB (Red Green Blue) [video signals for colour
monitors]
RGB (Rot Grün Blau) [Videosignale für
Farbbildschirme]
ribbon cable, flat cable
Bandkabel *n*, Flachkabel *n*
ribbon cartridge [of a printer]
Farbbandkassette *f* [eines Druckers]
RIBE (reactive ion beam etching) [a dry etching
process]
reaktives Ionenstrahlätzen *n* [ein
Trockenätzverfahren]
RIE, (reactive ion etching) [a dry etching process]
reaktives Ionenätzen *n* [ein Trocken-
ätzverfahren]
right justification
Rechtsausrichtung *f*
right-justified
rechtsbündig, rechts ausgeglichen
right-justify, to
rechtsbündig ausführen, rechts ausgleichen
right margin
rechter Rand *m*
right parenthesis
rechte Klammer *f*
right shift [move bit patterns to the right]
Rechtsverschiebung *f* [Versetzen von
Bitmustern nach rechts]
right shift, to
nach rechts verschieben
rightmost
niedrigstwertig
rigidly mounted
festmontiert
ring counter
Ringzähler *m*
ring line, loop [ring-type or looped data
transmission line for connecting numerous data
stations]
Ringleitung *f* [ringförmige Datenübertragungsleitung für das Zusammenschalten
mehrerer Datenstationen]
ring network [local network for connecting data
stations]
Ringnetz *n* [lokales Netz für den Anschluß von

Datenstationen]
ring oscillator
   Ringoszillator *m*
ring resonator
   Ringresonator *m*
ring structure [data organization with chaining]
   Ringstruktur *f* [Datenorganisation mit
   Verkettung]
ring topology [network]
   Ring-Topologie *f* [Netzwerk]
RIP (Raster Image Processor)
   Rasterbild-Prozessor *m*
ripple
   Welligkeit *f*
ripple adder
   Ripple-Zähler *m*
ripple filter [for filtering out ripple voltage
   (harmonics) in dc power supplies]
   Glättungsfilter *n*, **Oberwellenfilter** *n* [zum
   Aussieben der Brummspannung (Oberwellen)
   in Gleichstromversorgungen]
RISC (Reduced Instruction Set Computer)
   [computer designed to carry out a small
   number of simple instructions at high speed]
   RISC-Rechner *m*, Rechner mit reduziertem
   Befehlsvorrat *m* [Rechner, der ausgelegt wurde,
   eine kleine Zahl einfacher Befehle sehr schnell
   auszuführen]
rise time [of pulses: from 10 to 90% of pulse
   amplitude]
   Flankenanstiegszeit *f*, Anstiegszeit *f* [bei
   Impulsen: von 10 auf 90% der Impuls-
   amplitude]
rising edge
   Rise of a digital signal or a pulse.
   ansteigende Flanke *f*, steigende Flanke *f*,
   positive Flanke *f*
   Anstieg eines digitalen Signals oder eines
   Impulses.
RJE mode (remote job entry mode) [terminal
   operating mode without interactive capability;
   jobs entered from the terminal are batch
   processed by the computer]
   RJE-Betrieb *m* [Betriebsart eines Terminals,
   bei der kein Dialog möglich ist; die vom
   Terminal aufgegebenen Aufträge werden vom
   Rechner in Stapelverarbeitung durchgeführt]
RLE (Run Length Encoding) [a data compression
   algorithm taking advantage of redundance in
   repeated patterns]
   RLE [Algorithmus für die Datenkomprimierung, der die Redundanz von
   wiederholten Datenmustern nutzt]
RLL recording (Run-Length Limited) [recording
   method for hard disks using data compression]
   RLL-Aufzeichnung *f* [Aufzeichnungsmethode
   für Festplatten mit Datenkompression]
RMOS field-effect transistor (refractory metal-
   oxide-semiconductor field-effect transistor)

MOS field-effect transistor with a gate
consisting of a refractory metal (e.g.
molybdenum or tungsten).
   RMOS-Feldeffekttransistor *m*
   MOS-Feldeffekttransistor, dessen Gate
   (Steuerelektrode) aus einem schwer-
   schmelzbaren Metall (z.B. Molybdän oder
   Wolfram) besteht.
rms value (root-mean-square value) [e.g. of
   voltage or current]
   Effektivwert *m*, quadratischer Mittelwert *m*
   [z.B. der Spannung oder des Stromes]
RMW (read modify-write), read-modify-write
   mode
   Lesen mit modifiziertem Rückschreiben *n*
robot
   Roboter *m*
robotics
   Robotertechnik *f*
ROD (Rewritable Optical Disk)
   ROD [wiederbeschreibbare optische Platte]
roll-in, to [re-store data in main storage]
   einspeichern [Daten wieder einlagern in den
   Hauptspeicher]
roll-in/roll-out [of data in storage]
   abwechselndes Ein- und Ausspeichern *n*
   [von Daten]
roll-out, to [in a time-sharing computer system
   to transfer a running program of low priority
   from main to auxiliary storage]
   ausspeichern [in einem
   Mehrbenutzerrechnersystem das Verschieben
   eines laufenden Programmes niedriger
   Priorität vom Haupt- in einen Hilfsspeicher]
roll paper
   Rollenpapier *n*
roll paper feed [for printer]
   Endlospapierrollenzuführung *f* [für
   Drucker]
ROM (read-only memory) [memory from which
   stored information can only be read out and
   which, in normal operation, cannot be erased or
   altered]
   ROM *m*, Festwertspeicher *m*, Nur-Lese-
   Speicher *m* [Speicher, dessen Inhalt nur
   gelesen und im normalen Betrieb weder
   gelöscht noch verändert werden kann]
ROM BIOS [BIOS stored in ROM area of main
   memory]
   ROM-BIOS [BIOS im ROM-Bereich des
   Hauptspeichers gespeichert]
ROM board [printed circuit board containing one
   or more ROMs]
   ROM-Karte *f* [Leiterplatte, die ein oder
   mehrere ROMs enthält]
ROM chip enable
   In microprocessor-based systems, a signal
   which permits reading from a selected ROM.
   ROM-Chip-Freigabe *f*

Bei Mikroprozessorsystemen ein Signal, das
einen ausgewählten ROM für das Auslesen von
Daten freigibt.
ROM microprogramming
ROM-Mikroprogrammierung *f*
ROM-resident [program permanently contained
in a ROM storage area]
ROM-resident [Programm, das permanent in
einem ROM-Speicherbereich enthalten ist]
root directory
Wurzelverzeichnis *n*
root segment
Wurzelsegment *n*
root-mean-square value (rms value) [e.g. of
voltage or current]
Effektivwert *m*, quadratischer Mittelwert *m*
[z.B. der Spannung oder des Stromes]
rotary encoder, angular transducer [converts
mechanical angles into electric signals]
Drehgeber *m*, Winkelgeber *m* [wandelt
mechanische Winkel in elektrische Signale um]
rotation [graphical manipulation]
Rotation *f* [graphische Manipulation]
round, to; half-adjust, to
runden
round down, to [to the next lower value]
abrunden [zum nächst niedrigeren Wert]
round off, to [to the next lower or higher value]
ab- bzw. aufrunden [zum nächst niedrigeren
bzw. höheren Wert]
round robin method [allocation of equal time
slices to all processes]
Round-Robin-Verfahren *n* [Zuteilung gleich
großer Zeitscheiben an alle Prozesse]
round up, to [to the next higher value]
aufrunden [zum nächst höheren Wert]
rounding error
Rundungsfehler *m*
routine [self-contained program section for
solving an often-used specific task, e.g. for
executing mathematical functions]
Routine *f* [abgeschlossener Programmteil zur
Lösung einer spezifischen, oft verwendeten
Aufgabe, z.B. zur Ausführung mathematischer
Funktionen]
routine library
Routinebibliothek *f*
routine name
Routinename *m*
row [general]
Zeile *f* [allgemein]
row [in punched tapes and magnetic tapes: area
of parallel tracks usually storing one character]
Sprosse *f* [bei Lochstreifen und Magnetbänder:
Bereich der parallelen Spuren, der in der Regel
ein Zeichen speichert]
row address
Zeilenadresse *f*
row-address after row-address-select hold

time
Haltezeit für Zeilenadresse nach
Zeilenadreßauswahl *f*
row-address hold time
Zeilenadressenhaltezeit *f*
row-address latch
Zeilenadressenübernahmeregister *n*
row-address setup time
Zeilenadressenvorlaufzeit *f*
row-address strobe (RAS)
Signal for addressing memory cells in the rows
of an integrated circuit memory device in which
the cells are arranged in an array (e.g. in
RAMs).
Zeilenadressenimpuls *m* (RAS)
Signal für die Zeilenadressierung bei
Halbleiterspeichern mit matrixförmiger
Anordnung der Speicherzellen (z.B. bei RAMs).
row-address-select access time
Zugriffszeit ab Zeilenadreßauswahl *f*
row-address-select after column-address-
select hold time
Haltezeit für Zeilenadreßauswahl nach
Spaltenadreßauswahl *f*
row binary representation
zeilenbinäre Darstellung *f*
row decoder
Zeilendekodierer *m*
row driver
Zeilentreiber *m*
row pitch
Zeilenabstand *m*
row scanning
Zeilenabtastung *f*
row select
Zeilenauswahl *f*
RPG (report program generator), report
generator [program with formatting and
computational functions for the output of user-
specific lists or reports]
RPG, Listenprogrammgenerator *m* [Programm
mit Formatier- und Rechenbefehlen zur
Erstellung von anwenderspezifischen Listen]
RPN (reverse Polish notation), postfix notation,
parenthesis-free notation [eliminates brackets
in mathematical operations, e.g. (a+b) is
written as ab+ and c(a+b) as cab+*]
RPN, umgekehrte polnische Schreibweise *f*,
Postfixschreibweise *f*, **klammerfreie**
Schreibweise *f* [eliminiert Klammern bei
mathematischen Operationen, z.B. wird (a+b)
als ab+ und c(a+b) als cab+* geschrieben]
RS (register select)
Registerauswahl *f*
RS flip-flop, SR flip-flop, set-reset flip-flop [a
flip-flop with two inputs R and S; when S = 1
the circuit is set (state 1) and with R = 1 it is
reset (state 0)]
RS-Flipflop *n* [eine Kippschaltung mit zwei

Eingängen R und S; mit S = 1 wird die
Schaltung gesetzt (Zustand 1) und mit R = 1
wird sie rückgesetzt (Zustand 0)]

RS-232-C interface, EIA 232-C interface
[standard interface for serial asynchronous
data transmission according to EIA]
    RS-232-C-Schnittstelle *f,* EIA-232-C-
Schnittstelle *f* [genormte Schnittstelle für die
asynchrone serielle Datenübertragung gemäß
EIA]

RST (restart) [of a program after an interruption]
    Wiederanlauf *m,* Neustart *m* [eines
Programmes nach einer Unterbrechung]

RST flip-flop, triggered RS flip-flop, clocked RS
flip-flop [an RS flip-flop with an additional
input (T) for a trigger or clock signal]
    RST-Flipflop *n,* getaktetes RS-Flipflop *n* [ein
RS-Flipflop mit einem zusätzlichen
Takteingang (T)]

RTA (rapid thermal annealing) [semiconductor
technology]
    Kurzzeitausheilung *f* [Halbleitertechnik]

RTC (real-time clock) [generates periodic signals
which can be used for giving the time of day; is
needed for real-time operation]
    Realzeituhr *f,* Echtzeittaktgeber *m,*
Echtzeituhr *f* [erzeugt periodische Signale, die
zur Berechnung der Tageszeit verwendet
werden können; wird für den Realzeitbetrieb
benötigt]

RTL (resistor-transistor logic)
Logic family in which logic functions are
performed by resistors, the transistors acting
as output inverters.
    RTL *f,* Widerstand-Transistor-Logik *f*
Logikfamilie, bei der die logischen
Verknüpfungen durch Widerstände ausgeführt
werden und die Transistoren als
Ausgangsinverter wirken.

RTT (resonant tunneling transistor) [a transistor
comprising a quantum well structure and
which is based on the tunneling effect]
    RTT *m,* resonanter Tunneltransistor *m*
[Transistor mit Quantum-Well-Struktur, der
auf dem Tunneleffekt basiert]

rule-of-signs
    Vorzeichenregel *f*

rule-of-thumb
    Faustregel *f*

run
    Lauf *m*

run capable [program]
    ablauffähig [Programm]

run duration, running time [of a program]
    Durchlaufzeit *f* [eines Programmes]

run instruction [instruction for starting
program loaded in main memory]
    Run-Befehl *m,* Programmstartbefehl *m*
[Startbefehl für im Hauptspeicher geladenes
Programm]

run length encoding (RLE) [a data compression
algorithm taking advantage of redundance in
repeated patterns]
    RLE [Algorithmus für die Datenkompri-
mierung, der die Redundanz von wiederholten
Datenmustern nutzt]

run-length limited recording (RLL recording)
[recording method for hard disks using data
compression]
    RLL-Aufzeichnung *f* [Aufzeichnungsmethode
für Festplatten mit Datenkompression]

run phase [of a program]
    Ablaufphase *f* [eines Programmes]

run-time, runtime [time during which a program
runs]
    Laufzeit *f* [Ausführungszeit eines
Programmes]

run-time error, runtime error [error made while
a program is running]
    Laufzeitfehler *m* [Fehler während des
Programmablaufes]

run-time library, runtime library [a collection of
functions external to a program and included
when the program is run]
    Laufzeitbibliothek *f* [eine Sammlung von
externen Funktionen, die beim Programmablauf eingebunden werden]

run-time system, runtime system [procedures
needed for running a program]
    Laufzeitsystem *n* [Prozeduren, die für den
Programmablauf benötigt werden]

running program
    laufendes Programm *n*

running time, run duration [of a program]
    Durchlaufzeit *f* [eines Programmes]

R/W memory (read-write memory)
    Schreib-Lese-Speicher *m*

RZ (return-to-zero recording) [magnetic tape
recording method]
    Schreibverfahren mit Rückkehr nach Null
n [Schreibverfahren für die Magnetband-
aufzeichnung]

S

S/H circuit (sample-and-hold circuit)
 Abtast- und Halteschaltung *f,*
 Momentanwertspeicher *m*
S/N ratio (signal-to-noise ratio) [ratio of signal
 power to noise power, expressed in decibels
 (dB)]
 Rauschabstand *m* [Verhältnis der
 Signalleistung zur Rauschleistung,
 ausgedrückt in Dezibel (dB)]
SAA (Systems Application Architecture) [unified
 standards established by IBM]
 SAA [Systemanwendungs-Architektur; von
 IBM entwickelte einheitliche Standards]
SAGM-APD (separate absorption grading and
 multiplication avalanche photodiode) [a
 photodiode using a multiquantum well
 structure]
 SAGM-Lawinenphotodiode *f*
 [Lawinenphotodiode mit Multiquantum-Well-
 Struktur]
SAGMOS transistor (self-aligning gate MOS
 transistor)
 SAGMOS-Transistor *m,* MOS-Transistor mit
 selbstjustierender Gateelektrode *m*
SAM (sequential access method)
 sequentielle Zugriffsmethode *f*
SAM-APD (separate absorption and
 multiplication avalanche photodiode) [a
 photodiode using a multiquantum well
 structure]
 SAM-Lawinenphotodiode *f*
 [Lawinenphotodiode mit Multiquantum-Well-
 Struktur]
SAMOS transistor (stacked-gate avalanche
 injection MOS transistor) [a variant of the
 FAMOS transistor]
 SAMOS-Transistor *m,* Stapelgate-
 Lawineninjektions-MOS-Transistor *m*
 [Variante des FAMOS-Transistors]
sample
 Stichprobe *f*
sample-and-hold circuit (S/H circuit)
 A circuit used to hold an analog signal until it
 is needed for further processing. A typical
 application is in analog-to-digital converters.
 Abtast- und Halteschaltung *f,*
 Momentanwertspeicher *m*
 Eine Schaltung, bei der ein analoges Signal
 zwischengespeichert wird und zur
 Weiterverarbeitung abgefragt werden kann. Sie
 wird unter anderem bei Analog-Digital-
 Umsetzern eingesetzt.
sampling gate
 Abtastgatter *n*
sampling inspection [quality control]

 Stichprobenprüfung *f* [Qualitätskontrolle]
sampling inspection plan [quality control]
 Stichprobenprüfplan *m* [Qualitätskontrolle]
sampling oscilloscope
 Abtastoszillograph *m*
sampling period, scanning period
 Abtastperiode *f*
sampling size [quality control]
 Stichprobenumfang *m* [Qualitätskontrolle]
sampling test [quality control]
 Stichprobe *m* [Qualitätskontrolle]
sampling time, scanning time
 Abtastzeit *f*
sandwich line, stripline technique
 Sandwich-Leitung *f,* Streifenleitertechnik *f*
sans serif font [without fine horizontal strokes,
 in contrast to serif font]
 Grotesk-Schriftart *f,* serifenlose Schriftart *f*
 [ohne feine waagerechte Querstriche, im
 Gegensatz zu Antiqua- bzw. Serifen-Schriftart]
satellite computer [small computer connected
 to a central computer system or large host
 computer and used for communication with the
 user]
 Satellitenrechner *m* [kleinerer Rechner, der
 mit einem zentralen Rechnersystem bzw.
 Großrechner verbunden ist und der
 Kommunikation mit dem Benutzer dient]
SATO technology (self-aligned thick oxide
 technology)
 Isolation technique for MOS integrated circuits
 which provides isolation between the circuit
 structures by local oxidation of silicon.
 SATO-Technik *f*
 Isolationsverfahren für integrierte MOS-
 Schaltungen, bei dem die einzelnen Strukturen
 der Schaltung durch lokale Oxidation von
 Silicium voneinander isoliert werden.
saturated logic circuit
 gesättigte Logikschaltung *f*
saturated mode [operating mode of transistors]
 Sättigungsbetrieb *m* [Betriebsart von
 Transistoren]
saturated region
 gesättigter Bereich *m*
saturation
 Condition in nonlinear components (e.g. in a
 bipolar transistor) in which a further increase
 of the input parameter (e.g. the base current)
 does not lead to an increase in the output
 parameter (e.g. the collector current).
 Sättigung *f*
 Zustand bei nichtlinearen Bauelementen (z.B.
 bei einem Bipolartransistor), bei dem trotz
 weiterer Zunahme der Eingangsgröße (z.B. des
 Basisstromes) keine Steigerung der
 Ausgangsgröße (z.B. des Kollektorstromes)
 auftritt.
saturation current

Sättigungsstrom *m*
saturation point
    Sättigungspunkt *m*
saturation region
    Sättigungsbereich *m*
saturation resistance
    Sättigungswiderstand *m*
saturation state, saturated state
    Sättigungszustand *m*
saturation time
    Sättigungszeit *f*
saturation voltage
    Sättigungsspannung *f*
save, to
    sichern, sicherstellen
save data, to
    Daten sicherstellen
saved file [a file secured by storing or making a copy on another data medium]
    gesicherte Datei *f*, gerettete Datei *f* [eine Datei, die durch Abspeichern oder Erstellen einer Kopie auf einem anderen Datenträger gesichert worden ist]
SAW (surface acoustic wave)
    AOW *f* (akustische Oberflächenwelle)
sawtooth signal
    Sägezahnsignal *n*
sawtooth voltage
    Sägezahnspannung *f*
SBC (single-board computer) [a microcomputer implemented on a single printed circuit board]
    Einplatinenrechner *m* [Mikrorechner, der auf einer einzigen Leiterplatte realisiert ist]
SBC technology (standard buried-collector technology)
    Technique used for fabricating bipolar integrated circuits with buried layers.
    SBC-Technik *f*
    Technik für die Herstellung von integrierten Bipolarschaltungen mit vergrabener Schicht.
SC circuit (switched capacitor circuit)
    SC-Schaltung *f*, Schalter-Kondensator-Schaltung *f*
SC circuit design (switched capacitor circuit design)
    SC-Schaltungstechnik *f*, Schalter-Kondensator-Schaltungstechnik *f*
SC filter (switched capacitor filter)
    SC-Filter *m*, Schalter-Kondensator-Filter *m*
SC technology (switched capacitor technology) [a technology for the design of integrated circuits (usually MOS circuits) in which resistor functions are replaced by switched capacitors]
    SC-Technik *f*, Schalter-Kondensator-Technik *f* [Technik für die Realisierung integrierter Schaltungen (in der Regel MOS-Schaltungen), bei denen die Widerstandsfunktionen durch geschaltete Kondensatoren ersetzt werden]
scalable font [font which can be freely changed in size]
    skalierbare Schrift *f* [in der Größe beliebig veränderbare Schrift]
scalar
    Skalar *m*
scalar quantity
    skalare Größe *f*
scalar variable
    skalare Variable *f*
scale, to
    skalieren
scale factor
    Skalierfaktor *m*
scaling factor
    Verkleinerungsfaktor *m*
scan, to [image]
    abtasten [Bild]
scan, to [sequential search]
    abfragen [sequentielles Suchen]
scan code [keyboard code]
    Scan-Code *m*, Tastaturcode *m*
scanner
    Scanner *m*, Abtaster *m*
scanner, lexical analyzer [compiler]
    Scanner *m*, lexikalischer Analysator *m* [Compiler]
scanning, image scanning
    Scannen *n*, Bildabtastung *f*
scanning, sampling
    Abtasten *n*, Abtastung *f*
scanning
    Rasterung *f*
scanning electron microscope (SEM)
    Rasterelektronenmikroskop *n*
scanning error
    Scanfehler *m*, Abtastfehler *m*
scanning frequency [number of screen lines times picture repetition rate/s]
    Abtastfrequenz *f*, Zeilenfrequenz *f* [Anzahl Bildschirm-Zeilen mal Bildwiederholungen/s]
scanning rate, sampling rate
    Abtastgeschwindigkeit *f*
scanning resolution [e.g. 400 dots/inch (dpi)]
    Scanauflösung *f* [z.B. 400 Punkte/Zoll]
scanning transmission electron microscope (STEM)
    Durchstrahlungs-Rasterelektronenmikroskop *n*
scatter propagation
    Streuausbreitung *f*
scattered write, gathered read [scattering of records in a working storage without consideration of order; chaining is used to bring the records together]
    gestreutes Schreiben *n*, sammelndes Lesen *n* [Verteilung von Sätzen in einem Arbeitsspeicher ohne Rücksicht auf eine gegebene Reihenfolge; die Aneinanderreihung erfolgt durch Datenkettung]

SCH laser (separate confinement
heterostructure laser) [semiconductor laser]
SCH-Laser *m* [Halbleiterlaser]
schedule, to
bereitstellen, einplanen
scheduled maintenance
planmäßige Wartung *f*
scheduled maintenance time
planmäßige Wartungszeit *f*
scheduling
Zeitplanung *f*
SCHEME [a dialect of LISP]
SCHEME [ein Dialekt von LISP]
scheme [data structure]
Schema *n* [Datenstruktur]
Schmitt trigger [converts an irregular
alternating voltage or waveform into a
rectangular voltage or pulses]
Schmitt-Trigger-Schaltung *f* [wandelt eine
unregelmäßige Wechselspannung oder
Wellenform in eine rechteckige Spannung bzw.
Rechteckimpulse um]
Schottky barrier
Junction formed by the contact between a
metal layer and a semiconductor layer and
which has rectifying characteristics.
Schottky-Übergang *m*, Schottky-Kontakt *m*
Übergang, der durch den Kontakt einer
Metallschicht mit einer Halbleiterschicht
entsteht und gleichrichtende Eigenschaften
hat.
Schottky barrier diode, metal-semiconductor
diode, hot-carrier diode
Semiconductor diode with rectifying
characteristics formed by a metal-
semiconductor junction.
Schottky-Diode *f*, Metall-Halbleiter-Diode *f*
Halbleiterdiode mit gleichrichtenden
Eigenschaften, die durch einen Metall-
Halbleiter-Übergang gebildet wird.
Schottky clamped transistor
Bipolar transistor in which a Schottky barrier
diode is integrated between base and collector
to prevent the transistor from being driven into
saturation. Schottky-clamped transistors are
characterized by fast switching.
Schottky-Transistor *m*
Bipolartransistor, bei dem eine Schottky-Diode
zwischen Basis und Kollektor integriert ist um
zu vermeiden, daß der Transistor in die
Sättigung gesteuert wird. Schottky-
Transistoren zeichnen sich daher durch sehr
kleine Schaltzeiten aus.
Schottky defect [a crystal imperfection]
Schottky-Defekt *m* [eine Kristallfehlordnung]
Schottky effect
Schottky-Effekt *m*
Schottky photodiode
Reverse-biased semiconductor diode in which

electron-hole pairs are generated by exposing
the metal-semiconductor junction to light, thus
increasing current flow.
Schottky-Photodiode *f*
In Sperrichtung vorgespannte Halbleiterdiode,
bei der durch Lichteinstrahlung in den Metall-
Halbleiter-Übergang Ladungsträgerpaare
erzeugt werden, die den Stromfluß vergrößern.
Schottky transistor [bipolar transistor with a
Schottky diode between collector and base]
Schottky-Transistor *m* [Bipolartransistor mit
einer Schottky-Diode zwischen Kollektor und
Basis]
Schottky TTL [variant of the transistor-
transistor logic]
Schottky-TTL *f* [Variante der Transistor-
Transistor-Logik]
SCL (source-coupled logic)
Integrated circuit family based on gallium
arsenide D-MESFETs.
SCL-Schaltungsfamilie *f*
Integrierte Schaltungsfamilie, die mit
Galliumarsenid-D-MESFETs realisiert ist.
SCR (silicon controlled rectifier), thyristor
Semiconductor component, with four differently
doped regions (pnpn) and three junctions,
which can be triggered from its blocking state
into its conducting state and vice-versa.
Thyristors have a wide range of applications in
power electronics (e.g. for speed and frequency
control).
gesteuerter Gleichrichter *m*, Thyristor *m*
Halbleiterbauelement mit vier unterschiedlich
dotierten Zonen (PNPN-Struktur) und drei
Übergängen, das von einem Sperrzustand in
einen Durchlaßzustand (und umgekehrt)
umgeschaltet werden kann. Thyristoren haben
ein breites Anwendungsgebiet in der
Leistungselektronik (z.B. Drehzahl- und
Frequenzregelung).
scratch area, work area, work file [area in main
memory used for processing data]
Arbeitsbereich *m* [Bereich im
Arbeitsspeicher, der für die Verarbeitung der
Daten vorgesehen ist]
scratch file, work file, temporary file
Arbeitsdatei *f*
scratch-pad facility
Notizblockfunktion *f*
scratch-pad memory [fast temporary storage
for data (intermediate results) or for controlling
program execution]
Notizblockspeicher *m*, Scratch-Pad-Speicher
m [schneller Speicher zur Zwischenspeicherung
von Daten (Zwischenergebnisse) bzw.
Steuerung des Programmablaufes]
scratch-pad register [auxiliary register in a
microprocessor]
Notizblockregister [Hilfsregister im

Mikroprozessor]
scratch tape
Arbeitsband *n*
screen area
Bildschirmbereich *m*
screen brightness
Bildschirmhelligkeit *f*
screen buffer
Bildschirmpuffer *m*
screen content
Bildschirminhalt *m*
screen contrast
Bildschirmkontrast *m*
screen diagonal
Bildschirmdiagonale *f*
screen edge
Bildschirmrand *m*
screen filter
Bildschirmfilter *n*
screen flicker
Bildschirmflimmern *n*
screen grabber, grabber [for capturing screen
content]
Bildschirmübernahme *f* [Übernahme des
Bildschirminhaltes]
screen refresh memory
Bildwiederholspeicher *m*
screen saver
Bildschirmschoner *m*
screen size
Bildschirmgröße *f*
screen window
Bildschirmfenster *n*
screen windowing technique
Bildschirmfenstertechnik *f*
scribing technique, dicing technique
Process for dividing the wafer into individual
chips. This can be effected with the aid of
diamond scribers, diamond saws or laser
beams.
Trenntechnik *f,* Trennverfahren *n*
Verfahren zum Zerlegen der Halbleiterscheibe
(Wafer) in die einzelnen integrierten
Schaltungen (Chips). Dies kann mit Hilfe von
Diamantritzern, Diamantsägen oder
Laserstrahlen erfolgen.
scroll, to [move text line by line on the screen]
blättern, auf- und abrollen [zeilenweises
Bewegen des Textes auf dem Bildschirm]
scroll bar [for moving screen or window
contents]
Bildlaufleiste *f,* Rollbalken *m* [zur
Verschiebung des Bild- bzw. Fensterinhaltes]
scroll down, to
vorwärts rollen
scroll mode
Bilddurchlaufmodus *m*
scroll up, to
rückwärts rollen

scrolling function
Bildschirmblättern *n,* Rollfunktion *f*
SCSI controller
SCSI-Controller *m*
SCSI interface [Small Computer System
Interface; for connecting hard disks and other
peripheral devices]
SCSI-Schnittstelle *f* [für den Anschluß von
Festplatten und anderen Peripheriegeräten]
SCT (surface-charge transistor)
Integrated transistor element in which stored
electric charges can be transferred along the
surface of the semiconductor by applying a gate
voltage.
Oberflächenladungstransistor *m*
Integriertes Transistorbauteil, bei dem
gespeicherte Ladungen durch Anlegen einer
Gatespannung an der Oberfläche des
Halbleiters entlang verschoben werden können.
SDFL (Schottky-diode FET logic)
Integrated circuit family based on gallium
arsenide D-MESFETs.
SDFL-Schaltungsfamilie *f*
Integrierte Schaltungsfamilie, die mit
Galliumarsenid D-MESFETs realisiert ist.
SDHT (selectively doped heterojunction
transistor)
Extremely fast field-effect transistor with a
heterostructure. A doped aluminium gallium
arsenide layer is deposited by molecular beam
epitaxy on undoped gallium arsenide. The
heterojunction between them confines the
electrons which diffuse from the AlGaAs layer
to the undoped GaAs where they can move with
great speed. Very fast transistors (with
switching delay times of < 10 ps/gate) based on
this principle and called HEMT, MODFET and
TEGFET are being developed worldwide by
various manufacturers.
SDHT *m* [selektiv dotierter Transistor mit
Heteroübergang]
Extrem schneller Feldeffekttransistor mit
Heterostruktur. Auf undotiertem
Galliumarsenid wird mit Hilfe der
Molekularstrahlepitaxie eine dotierte
Aluminium-Galliumarsenid-Schicht
aufgebracht. Der Heteroübergang zwischen den
beiden Strukturen hält die Elektronen, die aus
der AlGaAs-Schicht diffundieren, in der
undotierten GaAs-Schicht zurück, in der sie
sich mit hoher Geschwindigkeit bewegen
können. Sehr schnelle Transistoren (mit
Schaltverzögerungszeiten von < 10 ps/Gatter)
auf dieser Basis werden weltweit von
verschiedenen Herstellern unter den Namen
HEMT, MODFET und TEGFET entwickelt.
SDK (Software Development Kit)
SDK [Software-Entwicklungssystem]
SDLC (synchronous data link control) [protocol

for sychnronous bit-serial data transmission
established by IBM; variant of HDLC (high-
level data link control) standardized by ISO]
SDLC-Verfahren, synchrones
Datenübertragungsverfahren *n* [von IBM
aufgestelltes Protokoll für synchrone bitserielle
Datenübertragung; Variante des von ISO
genormten HDLC-Verfahrens]
seal test
Dichtigkeitsprüfung *f*
sealed
abgedichtet
sealing [glass or plastic housing of component]
Verkappen *n,* **Verschliessen** *n* [Glas- oder
Kunststoffgehäuse eines Bauteils]
search, to
suchen
search key [data base]
Suchschlüssel *m* [Datenbank]
search operation, seek operation
Suchvorgang *m*
search time [data processing]
Suchzeit *f* [Datenverarbeitung]
search tree
Suchbaum *m*
search word [data base]
Suchbegriff *m* [Datenbank]
second breakdown
Electrical breakdown in a transistor due to
localized hot-spotting which causes an increase
in current concentration in the collector region.
This leads to further hot-spotting and usually
to the destruction of the transistor.
zweiter Durchbruch *m*
Elektrischer Durchbruch bei einem Transistor
infolge lokaler Erhitzung, die einen
Stromanstieg im Kollektorbereich bewirkt. Dies
führt zu einer weiteren Erhitzung und
meistens zur Zerstörung des Transistors.
second source
Zweithersteller *m*
secondary defect
Folgefehler *m*
secondary DOS partition [hard disk]
sekundäre DOS-Partition *f,* sekundärer
DOS-Speicherbereich [Festplatte]
secondary electron
An electron emitted as a result of impact.
Sekundärelektron *n*
Ein Elektron, das durch einen Stoßprozeß
freigesetzt wird.
secondary electron emission (SEE)
Sekundärelektronenemission *f*
secondary emission
Sekundäremission *f*
secondary failure [failure of an item caused by
the failure of another item]
Folgeausfall *m* [Ausfall bei unzulässiger
Beanspruchung, die durch den Ausfall eines

anderen Elementes verursacht wird]
secondary key
Sekundärschlüssel *m*
secondary storage, auxiliary storage
[complements primary storage, i.e. storage
outside the main memory]
Sekundärspeicher *m,* Zusatzspeicher *m,*
Hilfsspeicher *m* [Ergänzung des
Primärspeichers, d.h. Speicher außerhalb des
Hauptspeichers]
sector [part of a track on a magnetic disk or
floppy disk]
Sektor *m* [Teil einer Spur auf einer
Magnetplatte oder Diskette]
sector format [subdivision of a magnetic disk or
floppy disk track into equal sectors]
Sektorformat *n* [Unterteilung einer
Magnetplatten- bzw. Diskettenspur in Sektoren
gleicher Länge]
sector formatter [program for defining sectors
and tracks of a floppy disk, Winchester disk or
hard disk]
Formatierer *m* [Programm für die Festlegung
der Sektoren und Spuren einer Diskette,
Winchester-Platte oder Festplatte]
sector identifier
Sektorkennung *f*
SEE (secondary electron emission)
Sekundärelektronenemission *f*
seed crystal [semiconductor crystals]
Small single crystal used to initiate
crystallization in single crystal growing.
Kristallkeim *m* [Halbleiterkristalle]
Kleiner Einkristall, der als Kristallisationskern
bei der Züchtung von Einkristallen verwendet
wird.
seek, to
positionieren, suchen
seek time [time taken by read-write head to
position on required track on disk]
Positionierzeit *f* [die vom Lese-Schreibkopf
benötigte Zeit, um sich auf die gesuchte Spur
einer Platte oder Diskette zu positionieren]
segment, program segment [part of a program]
Segment *n,* Programmsegment *n* [Teil eines
Programmes]
segmentation, program segmenting
Segmentierung *f,* Programmsegmentierung *f*
select, to [by keyboard or mouse command]
auswählen [durch Tasten- oder Mausbefehl]
selective doping, localized doping
Major process step in planar technology. It
involves localized introduction of dopant
impurities into the semiconductor to generate
n-type and p-type conductive regions through
windows etched in a protective oxide layer
covering the crystal surface.
selektive Dotierung *f,* örtlich gezielte
Dotierung *f*

Wichtiger Verfahrensschritt der Planartechnik. Dabei werden Dotierstoffe zur Erzeugung von N- und P-leitenden Bereichen örtlich gezielt durch Fenster eindiffundiert, die in eine die Kristalloberfläche abschirmende Oxidschicht geätzt werden.

selective erase
  selektive Löschung *f*

selective lift-off technique [lithography]
  selektive Abhebetechnik *f* [Lithographie]

selective programming
  selektives Programmieren *n*

selectively doped
  selektiv dotiert, örtlich gezielt dotiert

selectively doped heterojunction transistor (SDHT)
  Extremely fast field-effect transistor with a heterostructure. A doped aluminium gallium arsenide layer is deposited by molecular beam epitaxy on undoped gallium arsenide. The heterojunction between them confines the electrons which diffuse from the AlGaAs layer to the undoped GaAs where they can move with great speed. Very fast transistors (with switching delay times of < 10 ps/gate) based on this principle and called HEMT, MODFET and TEGFET are being developed worldwide by various manufacturers.

  selektiv dotierter Transistor mit Heteroübergang *m* (SDHT)
  Extrem schneller Feldeffekttransistor mit Heterostruktur. Auf undotiertem Galliumarsenid wird mit Hilfe der Molekularstrahlepitaxie eine dotierte Aluminium-Galliumarsenid-Schicht aufgebracht. Der Heteroübergang zwischen den beiden Strukturen hält die Elektronen, die aus der AlGaAs-Schicht diffundieren, in der undotierten GaAs-Schicht zurück, in der sie sich mit hoher Geschwindigkeit bewegen können. Sehr schnelle Transistoren (mit Schaltverzögerungszeiten von < 10 ps/Gatter) auf dieser Basis werden weltweit von verschiedenen Herstellern unter den Namen HEMT, MODFET und TEGFET entwickelt.

selenium (Se)
  Semiconductor material used for fabricating rectifiers, solar cells and components for xerographic printing.

  Selen *n* (Se)
  Halbleitermaterial, das für die Herstellung von Gleichrichtern, Solarzellen und Bauelementen für den Xerodruck verwendet wird.

selenium rectifier
  Selengleichrichter *m*

self-adapting
  selbstanpassend

self-aligning gate
  selbstjustierendes Gate *n*

self-aligning technique
  Processes used to reduce the stray capacitance of MOS transistors (and hence to reduce switching time) as a result of inaccuracies in the alignment of the gate mask relative to the source-drain mask during integrated circuit fabrication. Self-aligning processes include silicon-gate technology (in which the gate serves as a mask for the subsequent source-drain diffusion step), ion implantation as well as local oxidation processes (e.g. LOCOS and SATO).

  Selbstjustierung *f*, selbstjustierende Technik
  Verfahren zur Verringerung der Streukapazitäten von MOS-Transistoren (und der damit verbundenen Erhöhung der Schaltgeschwindigkeiten), die bei der Herstellung integrierter Schaltungen durch Ungenauigkeiten bei der gegenseitigen Justierung von Gate-Maske und Source-Drain-Maske entstehen. Zu den Verfahren mit Selbstjustierung zählen die Silicium-Gate Technik (bei der das Gate als Maske für die anschließende Source-Drain-Diffusion dient), die Ionenimplantation sowie Verfahren der lokalen Oxidation (z.B. LOCOS und SATO).

self-checking code, error detecting code [a code that automatically checks whether the coding rules have been observed]
  selbstprüfender Code *m*, Fehlererkennungscode *m* [Code, der automatisch prüft, ob die Codierungsregeln eingehalten wurden]

self-correcting code, error-correcting code [an error-detecting code whose coding rules allow automatic correction of incorrect characters under certain conditions]
  selbstkorrigierender Code *m*, Fehlerkorrekturcode *m* [ein Fehlererkennungscode, dessen Codierungsregeln es erlauben, verfälschte Zeichen unter bestimmten Bedingungen automatisch zu korrigieren]

self-documenting program
  selbstdokumentierendes Programm *n*

self-extracting
  selbstextrahierend

self-healing
  selbstheilend

self-loading
  selbstladend

self-test
  Eigenprüfung *f*

self-test tape
  Eigenprüfmagnetband *n*

SEM (scanning electron microscope)
  Rasterelektronenmikroskop *n*

semantic net, semantic network
  semantisches Netz *n*

semantics [meaning of a programming language;
in contrast to formal rules (syntax)]
  Semantik *f* [Bedeutung bzw. Inhalt einer
  Programmiersprache; im Gegensatz zu
  formalen Regeln (Syntax)]
semi-colon
  Semikolon *n*, **Strichpunkt** *m*
semiconductor
  A material whose electrical conductivity is
  between that of metals and insulators, and in
  which current flow is possible by the movement
  of electrons and holes. The most important
  semiconductor materials used in manufacturing electronic components and integrated
  circuits are silicon and germanium as well as
  compound semiconductors, e.g. gallium
  arsenide.
  Halbleiter *m*
  Ein Werkstoff, dessen elektrische Leitfähigkeit
  zwischen den Leitfähigkeitsbereichen für
  Metalle und Isolatoren liegt und in dem ein
  Stromtransport durch die Bewegung von
  Elektronen und Defektelektronen möglich ist.
  Die wichtigsten Halbleiterwerkstoffe für die
  Herstellung von elektronischen Bauelementen
  und integrierten Schaltungen sind Silicium und
  Germanium sowie Verbindungshalbleiter, z.B.
  Galliumarsenid.
semiconductor chip, **chip**, **semiconductor die**
  Semiconductor piece, cut from a wafer, that
  contains all the active and passive elements of
  an integrated circuit (or device). The term chip
  is also used as a synonym for an integrated
  circuit.
  Halbleiterplättchen *n*, **Chip** *m*
  Halbleiterplättchen, das aus einem Wafer
  herausgeschnitten wurde, und das alle aktiven
  und passiven Elemente einer integrierten
  Schaltung (bzw. Bausteins) enthält. Der Begriff
  Chip wird auch als Synonym für integrierte
  Schaltung benutzt.
semiconductor circuit
  Halbleiterschaltung *f*
semiconductor component
  A component (e.g. a transistor, a diode or a
  thyristor) whose essential properties are a
  result of the movement of charge carriers in a
  semiconductor.
  Halbleiterbauelement *n*
  Bauelement (z.B. ein Transistor, eine Diode
  oder ein Thyristor), dessen wesentliche
  Eigenschaften der Bewegung von
  Ladungsträgern innerhalb eines Halbleiters
  zuzuschreiben sind.
semiconductor crystal [e.g. silicon]
  Halbleiterkristall *m* [z.B. Silicium]
semiconductor development
  Halbleiterentwicklung *f*
semiconductor diode

  Halbleiterdiode *f*
semiconductor doping
  The intentional addition of impurity atoms to a
  semiconductor to modify its electrical
  properties.
  Halbleiterdotierung *f*
  Der gezielte Einbau von Fremdatomen in einen
  Halbleiter zwecks Veränderung seiner
  elektrischen Eigenschaften.
semiconductor fabrication, **semiconductor
  manufacturing**
  Halbleiterfertigung *f*
semiconductor junction
  Halbleiterübergang
semiconductor laser, **laser diode**, **diode laser**
  Semiconductor device that emits coherent light.
  Light generation occurs at a pn-junction due to
  carrier injection or electron-beam excitation.
  The most widely used materials are gallium
  arsenide and gallium aluminium arsenide.
  Halbleiterlaser *m*, **Laserdiode** *f*
  Halbleiterbauteil, das kohärentes Licht
  emittiert. Die Lichterzeugung erfolgt durch
  induzierte Emission an einem PN-Übergang.
  Sie entsteht durch Ladungsträgerinjektion oder
  Elektronenstrahlanregung. Als
  Ausgangsmaterialien dienen vorwiegend
  Galliumarsenid und
  Galliumaluminiumarsenid.
semiconductor layer
  Halbleiterschicht *f*
semiconductor material [e.g. silicon,
  germanium and compound semiconductors]
  Halbleiterwerkstoff *m* [z.B. Silicium,
  Germanium und Verbindungshalbleiter]
semiconductor memory, **integrated circuit
  memory** [storage consisting of integrated
  circuits; e.g. a ROM or a RAM]
  Halbleiterspeicher *m*, **integrierte
  Speicherschaltung** *f* [Speicher bestehend aus
  integrierten Schaltungen; z.B. ein ROM oder
  RAM]
semiconductor noise, **transistor noise**
  Halbleiterrauschen *n*
semiconductor rectifier circuit
  Halbleitergleichrichterdiode *f*
semiconductor region, **semiconductor zone**
  Region in a semiconductor crystal that has
  specific electrical properties.
  Halbleiterzone *f*, **Halbleiterbereich** *m*
  Teilgebiet eines Halbleiterkristalls mit
  speziellen elektrischen Eigenschaften.
semiconductor research
  Halbleiterforschung *f*
semiconductor ROM
  Halbleiterfestwertspeicher *m*
semiconductor sensor
  Halbleitersensor *m*
semiconductor strain gauge transducer

Halbleiterdehnungsmeßstreifen *m*
semiconductor substrate, semiconductor base
Semiconductor material in or on which discrete
components or integrated circuits are
fabricated.
Halbleitersubstrat *n*
Halbleitermaterial, in oder auf dem
Bauelemente oder integrierte Schaltungen
hergestellt werden.
semiconductor switch
Halbleiterschalter *m*
semiconductor technology
Halbleitertechnologie *f*, Halbleitertechnik *f*
semicustom integrated circuit
Integrated circuit device, assembled to
customers' specifications from prefabricated
building blocks (containing gates, transistors,
flip-flops, resistors, etc.) pulled from a computer
library, and interconnected with the aid of
interconnection masks.
integrierte Semikundenschaltung *f*,
integrierte Halbkundenschaltung *f*
Integrierter Baustein, der nach
Kundenwünschen aus einzelnen vorgefertigten
Teilschaltungen (mit Gattern, Transistoren,
Flipflops, Widerständen usw.), die aus einer
Bibliothek abgerufen werden,
zusammengestellt und mit Hilfe von
Verdrahtungsmasken realisiert werden kann.
sense, to; read, to [a storage device]
abtasten, lesen [eines Speichers]
sense amplifier
Leseverstärker *m*
sense recovery time [integrated circuit
memories]
Leseerholzeit *f* [integrierte
Speicherschaltungen]
sense wire [of a core memory]
Lesedraht *m*, Leseleitung *f* [eines
Kernspeichers]
sensing element, sensor
Meßfühler *m*, Sensor *m*
sensing head
Abtastkopf *m*
sensitivity
Empfindlichkeit *f*
sensitivity diagram [optoelectronics]
Empfindlichkeitsdiagramm *n*
[Optoelektronik]
sensor
Sensor *m*
sensor technology
Sensorik *f*, Sensortechnik *f*
separate absorption and multiplication
avalanche photodiode (SAM-APD) [a
photodiode using a multiquantum well
structure]
SAM-Lawinenphotodiode *f*
[Lawinenphotodiode mit Multiquantum-Well-

Struktur]
separate absorption grading and
multiplication avalanche photodiode
(SAGM-APD) [a photodiode using a
multiquantum well structure]
SAGM-Lawinenphotodiode *f*
[Lawinenphotodiode mit Multiquantum-Well-
Struktur]
separate confinement heterostructure laser
(SCH laser) [semiconductor laser]
SCH-Laser *m* [Halbleiterlaser]
separating character, separator, delimiter
Trennzeichen *n*, Trennsymbol *n*,
Begrenzungssymbol *n*
sequence [e.g. instruction sequence, control
sequence]
Folge *f* [z.B. Befehlsfolge, Steuerfolge]
sequence bit
Folgebit *n*
sequence control
Ablaufsteuerung *f*, Folgesteuerung *f*
sequence error, incorrect sequence
falsche Reihenfolge *f*
sequence of regions
In a semiconductor, a succession of regions
having differing impurity densities (e.g. npn,
pnp, npin)
Zonenfolge *f*
Folge von Halbleiterzonen mit
unterschiedlicher Störstellendichte (z.B. NPN,
PNP, NPIN)
sequence processor
Ablaufschaltwerk *n*
sequential access, serial access [data access
effected only by sequential reading of all data
between start and target positions, e.g. access
to data stored on a magnetic tape]
sequentieller Zugriff *m*, serieller Zugriff *m*
[Zugriff auf gesuchte Daten nur durch
sequentielles Lesen aller Daten zwischen Start-
und Zielpositionen, z.B. der Zugriff auf Daten,
die auf einem Magnetband gespeichert sind]
sequential-access method (SAM)
sequentielle Zugriffsmethode *f*
sequential-access storage, serial-access storage
[storage whose access time is dependent on the
location of the stored data, i.e. magnetic tape
storage]
Speicher mit sequentiellem Zugriff *m*,
Speicher mit seriellem Zugriff *m* [Speicher,
dessen Zugriffszeit von der Lage der
gespeicherten Daten abhängig ist, z.B.
Magnetbandspeicher]
sequential circuit
Folgeschaltung *f*, sequentielle Schaltung *f*,
Schaltwerk *n*
sequential logic
A logic circuit with storage capabilities (e.g. a
flip-flop), in contrast to combinational logic.

sequentielle Logik *f*
Eine logische Schaltung mit Speicherverhalten
(z.B. ein Flipflop), im Gegensatz zur
kombinatorischen Logik.
sequential processing
logisch fortlaufende Verarbeitung *f*
sequential sampling
Folgestichprobenprüfung *f*
sequential search algorithm
sequentieller Suchalgorithmus *m*
sequentially organized file
seriell aufgebaute Datei *f*
serial access, sequential access
serieller Zugriff *m*, sequentieller Zugriff *m*
serial carry
Serienübertrag *m*
serial data input
serieller Dateneingang *m*
serial data output
serieller Datenausgang *m*
serial data transfer
serielle Datenübertragung *f*
serial full-adder [an adder which sums binary
numbers starting with the lowest significant
digit; in contrast to a parallel adder which adds
all digits at the same time]
Serielladdierer *m* [ein Addierer, der
Binärzahlen ausgehend von der
niedrigstwertigen Stelle addiert; im Gegensatz
zu einem Paralleladdierer, der alle Stellen
gleichzeitig addiert]
serial half-adder
Seriellhalbaddierer *m*
serial half-subtracter
Seriellhalbsubtrahierer *m*
serial input/output (SIO)
serielle Eingabe/Ausgabe *f*
serial interface
serielle Schnittstelle *f*
serial-parallel conversion
Serien-Parallel-Umsetzung *f*
serial-parallel converter [converts sequentially
represented data into parallel represented
data]
Serien-Parallel-Umsetzer *m* [wandelt
zeitlich sequentiell dargestellte Daten in
parallel dargestellte Daten um]
serial port
serieller Anschluß *m*
serial processing
Serienverarbeitung *f*, Serienbetrieb *m*
serial scanning
Serienabtastung *f*
serial subtracter
Seriellsubtrahierer *m*
serial transfer
serielle Übertragung *f*
serial transfer signal
Serienübertragssignal *n*

series
Reihe *f*
series connection, cascade connection
Reihenschaltung *f*, Kaskadenschaltung *f*
series-parallel connection
Reihenparallelschaltung *f*
series resistor, voltage-dropping resistor
Vorwiderstand *m*, Vorschaltwiderstand *m*
serif font [with fine horizontal strokes; in
contrast to sans serif font]
Antiqua-Schriftart *f*, Serifen-Schriftart *f* [mit
feinen waagerechten Querstrichen, im
Gegensatz zur serifenlosen bzw. Grotesk-
Schriftart]
server [computer providing centralized services
in a local network, e.g. file server for data base
access]
Server *m* [Rechner, der zentrale Dienste in
einem lokalen Netzwerk verfügbar macht, z.B.
File-Server für den Zugriff auf Datenbanken]
service ground, signal ground [common
reference potential for all control and data lines
of a computer]
Betriebserde *f* [gemeinsames Bezugspotential
für alle Steuer- und Datenleitungen eines
Rechners]
service interruption
Betriebsunterbruch *m*
service program, utility program, utility routine
[special programs for reoccurring tasks, e.g.
copying, sorting and merging files, etc.]
Serviceprogramm *n*, Dienstprogramm *n*
[spezielle Programme für sich oft
wiederholende Aufgaben, z.B. Kopieren,
Sortieren und Mischen von Dateien usw.]
serviceability
Wartungsfreundlichkeit *f*
session [completed working period, e.g. on
terminal or CAD workstation]
Sitzung *f* [abgeschlossene Arbeitsperiode, z.B.
am Terminal oder CAD-Arbeitsplatz]
set
Menge *f*
set, to
setzen
set algebra
Mengenalgebra *f*
set difference
Mengendifferenz *f*
set of masks, set of photomasks
The total number of masks (5 to 16) required
for the manufacture of an integrated circuit.
Photomaskensatz *m*, Maskensatz *m*
Die Gesamtheit der Masken (5 bis 16), die für
die Herstellung einer integrierten Schaltung
benötigt wird.
set pulse [pulse for setting a multivibrator
(output state = 1)]
Kippimpuls *m* [Impuls für das Setzen einer

Kippschaltung (Ausgangszustand = 1)]
set theory
　Mengenlehre *f*
setpoint, setpoint value [of an automatic control
　circuit]
　Sollwert *m*, **Einstellwert** *m* [eines
　Regelkreises]
setpoint adjustment
　Sollwerteinstellung *f*
setting
　Setzen *n*
setting accuracy [e.g. of frequency]
　Einstellgenauigkeit *f* [z.B. der Frequenz]
settling time [of a pulse]
　Beruhigungszeit *f* [eines Impulses]
settling time [time delay between input of a
　stimulus, e.g. step, pulse or ramp, and
　attainment of a steady-state output signal in a
　linear system]
　Einschwingzeit *f*, **Einstellzeit** *f* [Zeitspanne
　zwischen Eingangsstimulus, z.B. Sprung,
　Impuls oder Rampe, und Erreichen des
　eingeschwungenen Ausgangssignales in einem
　linearen System]
setup [of a circuit, transmission channel, etc.]
　Aufbau *m* [einer Schaltung, eines
　Übertragungskanals usw.]
setup program [configures computer during
　installation]
　Setup-Programm *n*, **Einstellungsprogramm** *n*
　[konfiguriert den Rechner bei der Installation]
setup time
　Rüstzeit *f*
setup time prior to write
　Vorbereitungszeit vor Schreiben *f*
seven segment display
　Optical display that uses seven bars to
　represent a numeral.
　Siebensegmentanzeige *f*
　Optisches Anzeigeelement, bei dem eine Ziffer
　durch sieben Segmente dargestellt wird.
SFL (substrate field logic) [variant of the
　integrated injection logic (I^2L) exhibiting
　exceptionally high packaging density and good
　dynamic properties]
　SFL *f*, substratgespeiste Logik *f* [Variante der
　integrierten Injektionslogik (I^2L), die besonders
　hohe Packungsdichte und gute dynamische
　Eigenschaften aufweist]
SGML (Standard Generalized Markup Language)
　[coding method standardized by ISO for
　describing a document structure and its
　versions]
　SGML [von ISO genormte Codierungsmethode
　zur Beschreibung der Struktur und Versionen
　eines Dokumentes]
SGML tag set
　SGML-Kennzeichensatz *m*
shaded memory, non-addressable memory

Schattenspeicher *m*, nichtadressierbarer
　Speicher *m*
shadow printing [printer]
　Schattendruck *m* [Drucker]
shadow RAM [using main memory (a RAM zone)
　for accelerating BIOS calls]
　Shadow-RAM *m* [die Verwendung des
　Hauptspeichers (eines RAM-Bereiches) für
　beschleunigte BIOS-Aufrufe]
shadowing [copying routines from the BIOS-
　ROM to main memory, thus accelerating BIOS
　calls]
　Shadow-Vorgang *m* [das Kopieren von
　Routinen aus dem BIOS-ROM in den Haupt-
　speicher, um BIOS-Aufrufe zu beschleunigen]
shallow acceptor level
　flaches Akzeptorniveau *n*
shallow donor level
　flaches Donatorniveau *n*
shallow pn-junction
　flacher PN-Übergang *m*
Shareware [software available free of charge but
　requiring a registration fee before use]
　Shareware-Software *f*, Prüf-vor-Kauf-
　Software *f* [kostenlos erhältliche Software, bei
　der eine Registrierungsgebühr bei der Nutzung
　erhoben wird]
shell [e.g. of an atom]
　Schale *f* [z.B. eines Atoms]
shell [user interface part of operating system or
　software package]
　Shell *f*, Schale *f* [als Benutzeroberfläche
　dienendes Teil eines Betriebssystems oder
　Softwarepaketes]
shell procedure [constantly recurring command
　sequence in UNIX; similar to batch procedures
　in DOS]
　Shell-Prozedur *f* [regelmäßig wiederkehrende
　Kommandofolge in UNIX; ähnlich den Batch-
　Prozeduren in DOS]
shell sort algorithm [sorting method]
　Shellsort-Algorithmus *m* [Sortierverfahren]
shield, shielding
　Abschirmung *f*
shield, to
　abschirmen
shielded
　abgeschirmt
shielded cable
　abgeschirmtes Kabel *n*
shift counter
　Schiebezähler *m*
shift instruction
　Schiebebefehl *m*
shift key
　Umschalttaste *f*
shift operation [shifts the contents of a register
　to the left or to the right]
　Schiebeoperation *f* [verschiebt den Inhalt

eines Registers nach links oder nach rechts]
shift-out, shift-out character [for switching to an alternative character set]
Dauerumschaltung *f* [zur Umschaltung auf einen anderen Zeichensatz]
shift register [a row of 1-bit storage units (e.g. flip-flops) whose contents are shifted to the left or to the right by clock pulses]
Schieberegister *n* [eine Reihe von 1-Bit-Speichergliedern (z.B. Flipflops), bei denen der Inhalt durch Taktimpulse nach links oder nach rechts verschoben wird]
Shockley diode
A pnpn component that switches rapidly into its conducting state when a critical voltage is reached. Conduction continues until the anode voltage drops below a specified minimum value. In its blocking state the diode has a very high impedance.
Shockley-Diode *f*
Ein PNPN-Bauelement, das sehr schnell in den leitenden Zustand übergeht, wenn eine kritische Spannung überschritten wird. Der leitende Zustand bleibt so lange erhalten, bis die Anodenspannung einen minimalen Spannungswert unterschreitet. Im Sperrzustand ist der Widerstand der Diode sehr hoch.
short-circuit
Kurzschluß *m*
short-circuit, to
kurzschließen
short-circuit current
Kurzschlußstrom *m*
short-circuit current sensitivity
Kurzschluß-Stromempfindlichkeit *f*
short-circuit duration
Kurzschlußdauer *f*
short-circuit forward current transfer ratio [transistor parameters: *h*-parameter]
Kurzschluß-Stromverstärkung *f*, Kurzschluß-Vorwärtsstromverstärkung *f* [Transistorkenngrößen: *h*-Parameter]
short-circuit forward transfer admittance [transistor parameters: *y*-parameter]
Kurzschluß-Übertragungsadmittanz vorwärts *f*, Transmittanz *f*, Kurzschluß-Vorwärtssteilheit *f* [Transistorkenngrößen: *y*-Parameter]
short-circuit impedance
Kurzschlußimpedanz *f*
short-circuit input admittance [transistor parameters: *y*-parameter]
Kurzschluß-Eingangsadmittanz *f*, Kurzschluß-Eingangsleitwert *m* [Transistorkenngrößen: *y*-Parameter]
short-circuit input impedance [transistor parameters: *h*-parameter]
Kurzschluß-Eingangsimpedanz *f*,

Kurzschluß-Eingangswiderstand *m* [Transistorkenngrößen: *h*-Parameter]
short-circuit output admittance [transistor parameters: *y*-parameter]
Kurzschluß-Ausgangsadmittanz *f*, Kurzschluß-Ausgangsleitwert *m* [Transistorkenngrößen: *y*-Parameter]
short-circuit plug, short-circuit connector
Kurzschlußstecker *m*
short-circuit resistance
Kurzschlußwiderstand *m*
short-circuit reverse transfer admittance [transistor parameters: *y*-parameter]
Kurzschluß-Übertragungsadmittanz rückwärts *f*, Remittanz *f*, Kurzschluß-Rückwärtssteilheit *f* [Transistorkenngrößen: *y*-Parameter]
short-circuit voltage
Kurzschlußspannung *f*
shunt, bypass
Nebenschluß *m*
shunt resistor, shunt
Nebenschlußwiderstand *m*, Querwiderstand
Si (silicon)
Most widely used semiconductor material for the manufacture of discrete components and integrated circuits, belonging to group IV of the periodic system.
Si *n* (Silicium)
Das wichtigste Halbleitermaterial (aus der Gruppe IV des Periodensystems) für die Herstellung von diskreten Bauelementen und integrierten Schaltungen.
SI system of units [International (coherent) system of units]
SI-Einheitensystem *n* [Internationales (kohärentes) Einheitensystem]
sideband frequency
Seitenbandfrequenz *f*
siemens (S) [SI unit of electrical conductance]
Siemens *n* (S) [SI-Einheit des elektrischen Leitwertes]
sieve of Eratosthenes
Eratosthenes-Sieb *n*
sign, algebraic sign
Vorzeichen *n*
sign bit
Vorzeichenbit *n*
sign-control flip-flop
Vorzeichen-Flipflop *n*
sign flag
Vorzeichen-Flag *n*
sign-on procedure, log-on [procedure by which a terminal user starts session]
Eröffnungsprozedur *f* [Prozedur, mit der sich ein Terminalbenutzer anmeldet bzw. eine Arbeitssitzung beginnt]
sign register
Vorzeichenregister *n*

sign suppression
 Vorzeichenunterdrückung *f*
signal
 Signal *n*
signal amplifier
 Signalverstärker *m*, **Meßverstärker** *m*
signal conversion
 Signalumsetzung *f*
signal diode
 Signaldiode *f*
signal generator
 Meßsender *m*
signal input range [integrated interface circuits]
 Arbeitsbereich der Eingangsgröße *m* [integrierte Anpaßschaltungen]
signal parameter
 Signalparameter *m*
signal processing
 Signalverarbeitung *f*, **Meßsignalverarbeitung**
signal processor
 Signalprozessor *m*
signal representation
 Signaldarstellung *f*
signal set
 Signalvorrat *m*
signal-to-noise ratio (S/N ratio) [ratio of signal power to noise power, expressed in decibels (dB)]
 Rauschabstand *m* [Verhältnis der Signalleistung zur Rauschleistung, ausgedrückt in Dezibel (dB)]
signal tracer
 Signalverfolger *m*
signal transducer, signal transmitter
 Signalgeber *m*
signal voltage
 Signalspannung *f*
signalling
 Signalisierung *f*
signature analysis [diagnostic procedure for microprocessors and complex digital systems; the signature is the response of the system to a bit sequence applied to the input]
 Signaturanalyse *f* [Fehlersuchverfahren für Mikroprozessoren und komplexe Digitalsysteme; die Signatur ist das Verhalten des Prüflings auf eine eingangsseitig angelegte Bitfolge]
signature analyzer
 Signaturanalysator *m*
signed constant
 Konstante mit Vorzeichen *f*
signed integer
 ganze Zahl mit Vorzeichen *f*, **Ganzzahl mit Vorzeichen** *f*
significance, weight
 Wertigkeit *f*
significant digit [of a number]

 bedeutende Ziffer *f* [einer Zahl]
silane epitaxy
 Process for growing epitaxial and hetero-epitaxial layers from the gas-phase for the manufacture of semiconductor components and integrated circuits. It allows lower processing temperatures to be used than silicon tetrachloride epitaxy.
 Silanepitaxie *f*
 Verfahren zur Herstellung von epitaktischen und heteroepitaktischen Schichten aus der Gasphase für die Fertigung von Halbleiterbauelementen und integrierten Schaltungen, das niedrigere Prozeßtemperaturen erlaubt als die Silicium-Tetrachloridepitaxie.
silicide
 Compound of a metal with silicon. Silicides, e.g. MoS_2, TaS_2, TiS_2 or WS_2, are used to form gates and conductive interconnections by metallization in VLSI applications.
 Silicid *n*, **Metallsilicid** *n*
 Verbindung zwischen einem Metall und Silicium. Silicide, z.B. MoS_2, TaS_2, TiS_2 oder WS_2 kommen bei der Metallisierung für Gateelektroden und Leiterbahnen in VLSI-Schaltungen zur Anwendung.
silicon (Si)
 Most widely used semiconductor material for the manufacture of discrete components and integrated circuits, belonging to group IV of the periodic system.
 Silicium *n* (Si)
 Das wichtigste Halbleitermaterial (aus der Gruppe IV des Periodensystems) für die Herstellung von diskreten Bauelementen und integrierten Schaltungen.
silicon carbide (SiC)
 Compound semiconductor mainly used for fabricating optoelectronic components (e.g. blue light emitting diodes).
 Siliciumkarbid *n* (SiC)
 Verbindungshalbleiter, der vorwiegend für die Herstellung von optoelektronischen Bauelementen (z.B. blaues Licht emittierende Lumineszenzdioden) verwendet wird.
silicon compiler
 A computer program using algorithms to describe desired circuit functions for automatically generating, without human intervention, chip layouts that can be used directly for fabricating integrated circuits.
 Silicon-Compiler *m*
 Ein Rechnerprogramm, das anhand von Algorithmen, die die gewünschten Schaltungsfunktionen beschreiben, automatisch ohne menschlichen Eingriff Strukturentwürfe erstellt, die direkt für die Herstellung von integrierten Schaltungen verwendet werden können.

silicon controlled rectifier (SCR), thyristor
Semiconductor component, with four differently
doped regions (pnpn) and three junctions,
which can be triggered from its blocking state
into its conducting state and vice-versa.
Thyristors have a wide range of applications in
power electronics (e.g. for speed and frequency
control).
gesteuerter Gleichrichter m, Thyristor m
Halbleiterbauelement mit vier unterschiedlich
dotierten Zonen (PNPN-Struktur) und drei
Übergängen, das von einem Sperrzustand in
einen Durchlaßzustand (und umgekehrt)
umgeschaltet werden kann. Thyristoren haben
ein breites Anwendungsgebiet in der
Leistungselektronik (z.B. Drehzahl- und
Frequenzregelung).
silicon diode
Siliciumdiode f
silicon dioxide (SiO_2)
Crystalline material with excellent insulating
properties. It is used for producing dielectric
layers and serves as a diffusion mask in planar
technology.
Siliciumdioxid n (SiO_2)
Kristallines Material mit ausgezeichneten
Isolationseigenschaften. Es wird für die
Herstellung von Isolierschichten verwendet
und dient in der Planartechnik als
Diffusionsmaske.
silicon-gate NMOS technology
Process for fabricating n-channel MOS field-
effect transistors in which the gate consists of a
conductive polysilicon material.
NMOS-Technik mit Silicium-Gate f
Technik für die Herstellung von NMOS-
Feldeffekttransistoren, bei denen das Gate (die
Steuerelektrode) aus einem leitfähigen
Polysilicium besteht.
silicon-gate PMOS technology
Process for fabricating p-channel MOS field-
effect transistors in which the gate consists of a
conductive polysilicon material.
PMOS-Technik mit Silicium-Gate f
Technik für die Herstellung von PMOS-
Feldeffekttransistoren, bei denen das Gate (die
Steuerelektrode) aus einem leitfähigen
Polysilicium besteht.
silicon-gate technology
Process for fabricating MOS field-effect
transistors in which the gate consists of a
conductive polycrystalline silicon. During the
manufacturing process the polysilicon gate
serves as a mask for the source and drain
diffusion steps (self-aligning technique), thus
avoiding inaccurate mask alignment which may
occur with other processes.
Silicium-Gate-Technik f, Silicium-
Steuerelektroden-Technik f

Verfahren für die Herstellung von MOS-
Feldeffekttransistoren, bei denen das Gate (die
Steuerelektrode) aus leitfähigem
polykristallinen Silicium besteht. Beim
Herstellungsprozeß dient das Polysilicium-Gate
als Maske für die Source- und Drain-Diffusion
(Selbstjustierung), wodurch die bei anderen
Verfahren möglichen Ungenauigkeiten bei der
Maskenjustierung vermieden werden.
silicon nitride (Si_3N_4)
Material resistant to ion penetration which is
used for surface passivation and serves as a
diffusion mask in planar technology (mainly for
MOS transistor fabrication).
Siliciumnitrid n (Si_3N_4)
Ionenundurchlässiges Material, das für die
Oberflächenpassivierung verwendet wird und
in der Planartechnik (vorwiegend bei der
Herstellung von MOS-Transistoren) als
Diffusionsmaske dient.
**silicon-nitride-oxide-semiconductor
technology** (SNOS technology)
A process, similar to MNOS technology, used
for fabricating EEPROM memory cells.
Silicium-Nitrid-Oxid-Halbleiter-Technik f,
SNOS-Technik f
Ein Verfahren, ähnlich der MNOS-Technik, das
für die Herstellung von EEPROM-
Speicherzellen verwendet wird.
silicon nitride passivation
Siliciumnitridpassivierung f
silicon-on-insulator technology (SOI
technology)
Process for fabricating CMOS integrated
circuits which uses an insulating substrate
instead of a silicon substrate. The
complementary transistor pairs are formed in a
silicon film which is grown on the substrate by
silane epitaxy.
SOI-Technik f
Verfahren zur Herstellung von integrierten
CMOS-Schaltungen, bei dem anstelle des
Siliciumsubstrats ein isolierendes Substrat
verwendet wird. Die Komplementär-
Transistorpaare werden in einer dünnen
Siliciumschicht erzeugt, die mit Hilfe der
Silanepitaxie auf das Substrat aufgebracht
wird.
silicon-on-sapphire technology (SOS
technology)
Process for fabricating CMOS integrated
circuits which uses a single-crystal sapphire
substrate instead of a silicon substrate. The
complementary transistors are formed in a
silicon film which is grown on the sapphire
substrate by silane epitaxy.
Silicium-auf-Saphir-Technik f, SOS-Technik
Verfahren für die Herstellung von integrierten
CMOS-Schaltungen, bei dem anstelle des

Siliciumsubstrats einkristalliner Saphir verwendet wird. Die komplementären Transistoren werden in einer dünnen Siliciumschicht erzeugt, die mit Hilfe der Silanepitaxie auf das Saphirsubstrat abgeschieden wird.

silicon planar technology
The most important process used in the fabrication of bipolar and unipolar semiconductor components and integrated circuits using silicon as a starting material. Planar technology is characterized by selective, localized introduction of dopant impurities into the semiconductor to produce n-type and p-type conductive regions through diffusion windows in a protective layer covering the crystal surface (oxide or nitride masking). Another characteristic is that the semiconductor structures are arranged below the plane surface of the crystal (in contrast to mesa technology). The technology requires a sequence of independent processing steps such as epitaxial growth, deposition or vacuum evaporation, photolithography, etching, diffusion or ion implantation, metallization, etc.
Silicium-Planartechnik *f*
Das bedeutendste Verfahren zur Herstellung von bipolaren und unipolaren Bauelementen und integrierten Schaltungen, bei denen Silicium als Ausgangsmaterial dient. Die Planartechnik ist dadurch gekennzeichnet, daß sie einen selektiven, örtlich gezielten Einbau von Dotierstoffen zur Bildung von N- und P-leitenden Bereichen im Halbleiterkristall durch Diffusionsfenster in einer die Kristalloberfläche abschirmenden Deckschicht ermöglicht (Oxid- bzw. Nitridmaskierung). Ein weiteres Merkmal besteht darin, daß die Halbleiterstrukturen unterhalb der planen Oberfläche des Kristalls angeordnet sind (im Gegensatz zur Mesatechnik). Das Verfahren besteht aus einer Reihe von Einzelprozessen wie z.B. Epitaxie, Aufdampfung bzw. Abscheidung, Photolithographie, Ätztechnik, Diffusion bzw. Ionenimplantation, Metallisierung usw.

silicon planar thyristor [thyristor fabricated by silicon planar technology]
Siliciumplanarthyristor *m* [Thyristor, der in Silicium-Planar-Technik hergestellt ist]
silicon planar transistor [transistor fabricated by silicon planar technology]
Siliciumplanartransistor *m* [Transistor, der in Silicium-Planar-Technik hergestellt ist]
silicon rectifier diode
Silicium-Gleichrichterdiode *f*
silk-screen printing
Printing method used for producing printed circuit boards and thick-film integrated circuits.

Siebdruck *m*
Druckverfahren für die Herstellung von Leiterplatten und Dickschichtschaltungen.
SIMM (Single In-line Memory Module) [complete memory bank mounted on a board]
SIMM-Speicherbaustein *m* [komplette Speicherbank auf einer Platine montiert]
SIMOS transistor
MOS field-effect transistor using a dual-gate structure with a storage gate and a control gate; is used as a memory cell in EEPROMs.
SIMOS-Transistor *m*
Feldeffekttransistor in MOS-Struktur mit zwei übereinander liegenden Gates, einem Speicher-Gate und einem Steuer-Gate; wird als Speicherzelle bei EEPROMs verwendet.
simplex channel, unidirectional channel
Simplexkanal *m*
simplex operating mode, unidirectional operation [data transmission in one direction only; in contrast to duplex mode]
Simplexbetrieb *m*, Richtungsbetrieb *m* [Datenübertragung nur in einer Richtung; im Gegensatz zum Duplexbetrieb]
simulate, to
simulieren, nachbilden, abbilden
simulated data tape
Band mit simulierten Daten *n*
simulation [representation of a real world system by a model]
Simulation *f* Abbildung *f*, Nachbildung *f* [Abbilden eines wirklichen Systems durch ein Modell]
simulator, simulation program [general: a program that simulates the behaviour of a system or process; in microprocessors: a program for executing the object program, e.g. for diagnostic purposes]
Simulator *m*, Simulationsprogramm *n* [allgemein: ein Programm, daß das Verhalten eines Systems oder Prozesses nachbildet; bei Mikroprozessoren: ein Programm zur Ausführung des Objektprogrammes z.B. für die Fehlersuche]
simultaneous access, parallel access
Parallelzugriff *m*
simultaneous operation, simultaneous processing, concurrent working
Simultanbetrieb *m*, Simultanverarbeitung *f*, gleichzeitige Verarbeitung *f*
$\sin^2$ pulse
Glockenimpuls *m*, $\sin^2$-Impuls
sine function
Sinusfunktion *f*
sine half-wave
Sinushalbwelle *f*
sine wave, sinusoidal wave
Sinuswelle *f*
sine-wave generator

Sinusgenerator *m*, Sinuswellengenerator *m*
sine-wave voltage, sinusoidal voltage
Sinusspannung *f*
single-address code [in contrast to multiple-
address code]
Einadreßcode *m* [im Gegensatz zum
Mehradreßcode]
single-address instruction [an instruction that
contains one address part]
Einadreßbefehl *m* [Befehl mit einem
Adreßteil]
single-board computer (SBC) [a microcomputer
implemented on a single printed circuit board]
Einplatinenrechner *m* [Mikrorechner, der
auf einer einzigen Leiterplatte realisiert ist]
single-bus operation
Einzelbusbetrieb *m*
single-channel technique [data transmission
method]
Einkanaltechnik *f*
[Datenübertragungsmethode]
single-chip microcomputer [a circuit
implemented on a single chip containing the
major functions of a microcomputer, e.g.
microprocessor (CPU), RAM, ROM, and input-
output interface]
Einchip-Mikrorechner *m* [eine auf einem
einzigen Chip realisierte Schaltung mit den
wesentlichsten Funktionen eines
Mikrorechners, d.h. Mikroprozessor
(Zentraleinheit), RAM, ROM sowie Ein-
Ausgabe-Schnittstelle]
single-chip modem [a modem implemented on a
single chip]
Einchip-Modem *m* [ein auf einem einzigen
Chip realisierter Modem]
single-clock pulse, single timing pulse
Einzeltakt *m*
single crystal
A crystal, normally artificially grown, in which
all cells have the same crystallographic
orientation.
Einkristall *m*
Ein meistens künstlich gezüchteter Kristall, bei
dem alle Elementarzellen die gleiche
kristallographische Ausrichtung haben.
single-crystal growing by float zone melting
[a crystal growing process]
**Einkristallzüchtung durch tiegelfreies
Zonenziehen** *f* [ein Kristallzuchtverfahren]
single-crystal semiconductor
Einkristallhalbleiter *m*
single-crystal silicon
monokristallines Silicium *n*, einkristallines
Silicium *n*
single-crystal wafer
Einkristallscheibe *f*
single current [a data transmission technique]
Einfachstrom *m* [eine Übertragungstechnik]

single-density process [recording on a floppy
disk at normal bit density; in contrast to double
bit density with double-density recording]
Single-Density-Verfahren *n* [Aufzeichnen
auf einer Diskette mit normaler Schreibdichte;
im Gegensatz zur doppelten Schreibdichte beim
Double-Density-Verfahren]
single diffused
einfachdiffundiert
single-diffused transistor [bipolar transistor in
which emitter and collector are doped with
impurities in a single diffusion step]
einfachdiffundierter Transistor *m*
[Bipolartransistor, bei dem die Dotierung von
Emitter und Kollektor in einem einzigen
Diffusionsschritt erfolgt]
single diffusion process [process involving a
single diffusion step for emitter and collector
doping in bipolar transistor fabrication]
Einfachdiffusionsverfahren *n* [Technik, bei
der Emitter und Kollektor eines
Bipolartransistors in einem einzigen
Diffusionsschritt dotiert werden]
single-disk cartridge [disk storage]
Einzelplattenkassette *f* [bei
Plattenspeichern]
single-ended circuit
Eintaktschaltung *f*
single Euroboard format, European PCB
format [printed circuit board measuring
100x160 mm]
Einfacheuropaformat *n*,
Europakartenformat *n* [Leiterplatte der
Abmessungen 100x160 mm]
single-heterostructure laser [semiconductor
laser]
Einfachheterostrukturlaser *m*
[Halbleiterlaser]
single in-line package (SIP)
Package with a single row of terminals
(sometimes staggered) at right angles to the
body.
Single-In-Line-Gehäuse *n*, SIP-Gehäuse *n*
Gehäuseform mit einer Reihe rechtwinklig
abgebogener (manchmal versetzter)
Anschlüsse.
single-layer printed circuit board [in contrast
to multilayered printed circuit board]
einlagige Leiterplatte *f* [im Gegensatz zur
mehrlagigen Leiterplatte]
single phase
einphasig
single-phase circuit
Einphasenkreis *m*
single-phase current
Einphasenstrom *m*
single-photon counting
Einzelphotonenzählung *f*
single pole

einpolig
single precision [representation of a number by
one computer word]
   einfache Genauigkeit *f,* einfache Wortlänge *f*
   [Darstellung einer Zahl durch ein Rechnerwort]
single-precision data word
   Datenwort einfacher Genauigkeit *n*
single-precision floating-point constant
   Gleitpunktkonstante einfacher
   Genauigkeit *f*
single-purpose computer
   Einzweckrechner *m*
single sampling [decision based on only one
sample]
   Einfachstichprobenprüfung *f,* einfache
   Stichprobenprüfung *f* [Prüfentscheid aufgrund
   einer Stichprobe]
single-sideband communication
   Einseitenbandverkehr *m*
single-sideband transmission
   Einseitenbandübertragung *f*
single-sided printed circuit board [in contrast
to double-sided printed circuit board]
   einseitige Leiterplatte *f,* einseitige gedruckte
   Schaltung *f* [im Gegensatz zur doppelseitigen
   Leiterplatte]
single stage [e.g. amplifier, divider, etc.]
   einstufig [z.B. Verstärker, Teiler usw.]
single statement
   Einzelanweisung *f*
single-step debugging
   Einzelschrittentstörung *f*
single-step operation
   Einzelschrittbetrieb *m*
single-user system [a computer system that can
support only one terminal]
   Einplatzsystem *n* [ein Rechnersystem, an das
   nur ein Terminal angeschlossen werden kann]
single-word instruction
   Einwortbefehl *m,* Einzelwortbefehl *m*
SINIX [UNIX version implemented by Siemens]
   SINIX [UNIX-Version von Siemens]
sinusoidal
   sinusförmig
SIO (Serial Input/Output)
   serielle Eingabe/Ausgabe *f*
SIP (single in-line package)
   Package with a single row of terminals
   (sometimes staggered) at right angles to the
   body.
   SIP-Gehäuse *n,* Single-In-Line-Gehäuse *n*
   Gehäuseform mit einer Reihe rechtwinklig
   abgebogener (manchmal versetzter)
   Anschlüsse.
SIT (static induction transistor)
   SIT *m,* statischer Influenz-Transistor *m*
size of an array
   Elementenzahl einer Matrix *f*
skin effect, Kelvin effect [the property of

alternating current to concentrate in the
surface layer of a conductor at high frequencies;
the effect increases with frequency and results
in a higher conductor resistance]
   Stromverdrängung *f,* Kelvin-Effekt [die
   Eigenschaft des Wechselstromes, sich bei
   hohen Frequenzen an der Oberfläche des
   Leiters zu konzentrieren; der Effekt nimmt bei
   steigender Frequenz zu und vergrößert den
   Leiterwiderstand]
skip, to
   überspringen, übergehen
skip instruction
   Überspringbefehl *m*
slash, stroke
   Schrägstrich *m*
slave computer
   Tochterrechner *m*
slave station
   Nebenstation *f,* Nebenstelle *f*
slew rate
   Anstiegsgeschwindigkeit *f*
slide show [a sequence of presentation graphics]
   Dia-Schau *f* [eine Sequenz von
   Präsentationsgraphiken]
slope
   Steilheit *f*
slope detector
   Flankendiskriminator *m*
slot [for additional plug-in board]
   Steckplatz *m* [Platz für zusätzliche
   Steckkarte]
slow-access storage
   Speicher mit hoher Zugriffszeit *m,* Speicher
   mit langsamer Zugriffszeit *m,* langsamer
   Speicher *m*
small-scale integration (SSI)
   Technique for the integration of only a few
   transistors or logical functions (between 5 and
   100) on the same chip.
   Kleinintegration *f* (SSI)
   Integrationstechnik, bei der nur wenige
   Transistoren oder Gatterfunktionen (zwischen
   5 und 100) auf einem Chip enthalten sind.
small-signal amplification [amplification
independent of the signal amplitude]
   Kleinsignalverstärkung *f* [von der
   Signalamplitude unabhängige Verstärkung]
small-signal amplifier
   Kleinsignalverstärker *m*
small-signal capacity
   Kleinsignalkapazität *f*
small-signal drive
   Kleinsignalansteuerung *f*
small-signal resistance
   Kleinsignalwiderstand *m*
small-signal transient behaviour, small-signal
transient response
   Einschwingverhalten bei kleinen Signalen

small-signal transistor
  Kleinsignaltransistor m
Smalltalk [an object oriented programming language]
  Smalltalk [eine objektorientierte Programmiersprache]
SMD (surface-mounted device)
  oberflächenmontierbares Bauteil n
SMD technique (surface-mounted device technique)
  Technique for automatic mounting of semiconductor components and integrated circuits on printed circuit boards without the need for drilled holes.
  SMD-Technik f, Oberflächenmontage f, Aufsetztechnik f
  Technik zur automatischen Bestückung von Leiterplatten mit Bauelementen und integrierten Schaltungen, wobei die Leiterplatten keine Bohrlöcher benötigen.
smectic liquid crystal [liquid crystal type which has its molecules arranged in layers, in contrast to nematic liquid crystals which have longitudinally arranged molecules]
  smektischer Flüssigkristall m [Flüssigkristallart, bei der die Moleküle in Schichten angeordnet sind; im Gegensatz zu nematischen Flüssigkristallen, bei denen die Moleküle längs geordnet sind]
smooth scroll [move text pixel by pixel on the screen instead of line by line]
  punktweises Blättern n [Text auf dem Bildschirm punktweise anstatt zeilenweise auf- und abrollen]
smoothing
  Glättung f
SMPS (switched-mode power supply), switching power supply
  Schaltnetzteil n
SNA (System Network Architecture) [IBM's communication network]
  SNA [Kommunikationsnetz von IBM]
snapshot dump, dynamic dump [representation, usually in binary, hexadecimal or octal form, of memory contents for debugging purposes during program run]
  Schnappschußabzug m, dynamischer Speicherabzug m, Speicherauszug der Zwischenergebnisse m [Speicherdarstellung, meistens in binärer, hexadezimaler oder oktaler Form, zwecks Fehlerbeseitigung während des Programmablaufes]
snapshot function [for capturing screen content]
  Schnappschuß-Funktion f [zur Übernahme des Bildschirminhaltes]
SNOBOL (StriNg-Oriented symBOlic Language) [programming language with special features for word processing]

SNOBOL [zeichenkettenorientierte Programmiersprache mit besonderer Eignung für die Textverarbeitung]
SNOS technology (silicon-nitride-oxide-semiconductor technology)
  A process, similar to MNOS technology, used for fabricating EEPROM memory cells.
  SNOS-Technik f, Silicium-Nitrid-Oxid-Halbleiter-Technik f
  Ein Verfahren, ähnlich der MNOS-Technik, das für die Herstellung von EEPROM-Speicherzellen verwendet wird.
snow [moving white dots on the screen]
  Hintergrundrauschen n, Schnee m [sich bewegende weiße Punkte auf dem Bildschirm]
socket [e.g. of a diode]
  Fassung f [z.B. einer Diode]
SOD technology (silicon-on-diamond technology)
  Process, similar to SOS technology, which uses a diamond substrate instead of a sapphire substrate.
  SOD-Technik f
  Technik, ähnlich dem SOS-Verfahren, bei der anstelle von Saphir ein Diamantsubstrat verwendet wird.
soft carriage return [closing each line without carriage return character, in contrast to hard carriage return]
  weicher Zeilenumbruch m [Abschluß jeder Zeile ohne Wagenrücklauf-Zeichen, im Gegensatz zum harten Zeilenumbruch]
soft hyphen, discretionary hyphen [user-defined hyphen for automatic hyphenation, in contrast to normally required or hard hyphen]
  weicher Bindestrich m [vom Benutzer definierte Worttrennstelle für die automatische Trennung, im Gegensatz zum normalen bzw. harten Bindestrich]
soft-key, freely-programmable function key
  freibelegbare Funktionstaste f
soft-limited integrator
  Integrierer mit weicher Begrenzung m
soft-sectored [marking of sectors on floppy disks by control data; in contrast to hard-sectored]
  weichsektoriert [Sektormarkierung auf Disketten mittels Steuerdaten; im Gegensatz zu hartsektoriert]
soft soldering
  Weichlöten n
software [programs used for a computer, in contrast to equipment, i.e. hardware; can be subdivided into system software (operating system, compilers, utility programs) and application software]
  Software f [Programme eines Rechners, im Gegensatz zum gerätetechnischen Teil, d.h. Hardware; gliedert sich in Systemsoftware (Betriebssystem, Übersetzungsprogramme,

Dienstprogramme) und Anwendersoftware]
software integrity
  Software-Integrität *f*
software package
  Software-Paket *n*
software reliability
  Software-Zuverlässigkeit *f*
software tool, tool
  Software-Werkzeug *n*, Werkzeug *n*
SOI technology (silicon-on-insulator technology)
  Process for fabricating CMOS integrated circuits which uses an insulating substrate instead of a silicon substrate. The complementary transistor pairs are formed in a silicon film which is grown on the substrate by silane epitaxy.
  SOI-Technik *f*
  Verfahren zur Herstellung von integrierten CMOS-Schaltungen, bei dem anstelle des Siliciumsubstrats ein isolierendes Substrat verwendet wird. Die Komplementär-Transistorpaare werden in einer dünnen Siliciumschicht erzeugt, die mit Hilfe der Silanepitaxie auf das Substrat aufgebracht wird.
solar cell
  Semiconductor photovoltaic cell which converts radiant energy (light, solar energy) into electrical energy.
  Solarzelle *f*
  Halbleiterphotoelement, das Strahlungsenergie (Licht, Solarenergie) in elektrische Energie umwandelt.
solder
  Lot *n*
solder joint
  Lötverbindung *f*, Lötstelle *f*
solder lug
  Lötfahne *f*
solder resist [printed circuit boards]
  Lötabdecklack *m*, Lötstopplack *m* [Leiterplatten]
solder side [printed circuit boards]
  Lötseite *f* [Leiterplatten]
solder splash, tin solder splash, splash
  Lötzinnspritzer *m*, Zinnspritzer *m*, Spritzer *m*
solder strap
  Lötbrücke *f*
solderability
  Lötbarkeit *f*
soldering
  Löten *n*
soldering flux
  Flußmittel *n*
soldering temperature, lead temperature
  Löttemperatur *f*
solderless connection, wire-wrap technique
  Method of making a solderless connection by wrapping a wire under tension around a rectangular terminal with the aid of a tool.
  lötfreie Verbindung *f*, Drahtwickeltechnik *f*, Wirewrap-Technik *f*, Wickeltechnik *f*
  Verfahren zum Herstellen einer lötfreien Verbindung durch Umwickeln eines vierkantigen Anschlußstiftes mit einem Draht unter Zugspannung mit Hilfe eines Werkzeuges.
solderless wrap
  lötfreies Wickeln *n*
solid angle
  Raumwinkel *m*
solid dielectric
  festes Dielektrikum *n*
solid electrolytic capacitor
  Trockenelektrolytkondensator *m*
solid-phase epitaxy [Process for growing epitaxial layers in semiconductor component and integrated circuit fabrication]
  Festphasenepitaxie *f* [Ein Verfahren zur Herstellung epitaktischer Schichten bei der Herstellung von Halbleiterbauelementen und integrierten Schaltungen]
solid-state circuit [wide term: any integrated circuit; narrow term: monolithic integrated circuit, i.e. a circuit with passive and active integrated components]
  Festkörperschaltung *f* [breiter Begriff: jede integrierte Schaltung; einschränkender Begriff: monolithisch integrierte Schaltung, d.h. eine Schaltung mit passiven und aktiven integrierten Bauelementen]
solid-state device [e.g. semiconductor device]
  Festkörperbaustein *m* [z.B. Halbleiterbaustein]
solid-state laser
  Festkörperlaser *m*
solid-state physics
  Festkörperphysik *f*
solvable problem
  lösbares Problem *n*
sort, to
  sortieren
sort field
  Sortierfeld *n*
sort key
  Sortierschlüssel *m*
sort/merge program
  Sortier-Mischprogramm *n*
sort program, sorting program
  Sortierprogramm *n*
sorting
  Sortieren *n*
sorting device [for components]
  Ordnungseinrichtung *f*, Sortiereinrichtung *f* [für Bauteile]
SOS technology (silicon-on-sapphire technology)
  Process for fabricating CMOS integrated

circuits which uses a single-crystal sapphire
substrate instead of a silicon substrate. The
complementary transistors are formed in a
silicon film which is grown on the sapphire
substrate by silane epitaxy.
SOS-Technik *f,* **Silicium-auf-Saphir-Technik** *f*
Verfahren für die Herstellung von integrierten
CMOS-Schaltungen, bei dem anstelle des
Siliciumsubstrats einkristalliner Saphir
verwendet wird. Die komplementären
Transistoren werden in einer dünnen
Siliciumschicht erzeugt, die mit Hilfe der
Silanepitaxie auf das Saphirsubstrat
abgeschieden wird.
SOT package [package style for hybrid circuits]
   SOT-Gehäuse *n* [Gehäuseform für
   Hybridschaltungen]
sound generation
   Tongenerierung *f*
sound level
   Schallpegel *m*
Soundex method [for coding similarly sounding
   words]
   Soundex-Verfahren *n* [zur Codierung von
   ähnlich klingenden Wörtern]
source
   Region of the field-effect transistor, comparable
   with the emitter of a bipolar transistor.
   Source *f,* **Quelle** *f*
   Bereich des Feldeffekttransistors, vergleichbar
   mit dem Emitter des Bipolartransistors.
source bias
   Sourcevorspannung *f*
source code [original program before translation
   into machine code; program coding in
   assembler language or a higher programming
   language]
   Quellencode *m* [ursprüngliches Programm vor
   der Übersetzung in Maschinencode;
   Programmcodierung in Assemblersprache bzw.
   in einer höheren Programmiersprache]
source current [in field-effect transistors, the
   current flowing through the source terminal]
   Sourcestrom *m* [bei Feldeffekttransistoren
   der über den Sourceanschluß fließende Strom]
source data
   Ursprungsdaten *n.pl.,* **Erstdaten** *n.pl.*
source diffusion step
   Diffusion of impurities into the source region of
   a field-effect transistor.
   Sourcediffusion *f*
   Diffusion von Fremdatomen in den
   Sourcebereich eines Feldeffekttransistors.
source document
   Originalbeleg *m*
source doping
   Doping of the source region in field-effect
   transistor fabrication.
   Sourcedotierung *f*

Dotierung des Sourcebereiches bei der
Fertigung von Feldeffekttransistoren.
source electrode
   Sourceelektrode *f*
source file
   Quellendatei *f*
source-gate breakdown voltage
   Source-Gate-Durchbruchspannung *f*
source-gate junction [in junction field-effect
   transistors, the junction between source and
   gate regions]
   Source-Gate-Übergang *m* [bei Sperrschicht-
   Feldeffekttransistoren der Übergang zwischen
   Source- und Gate-Bereich]
source-gate leakage current
   Source-Gate-Leckstrom *m*
source impedance [of a circuit]
   Quellenwiderstand *m* [einer Schaltung]
source language [language in which a source
   program is written, i.e. assembler language or
   higher programming language]
   Quellensprache *f,* Quellsprache *f* [Sprache, in
   der ein Quellenprogramm geschrieben ist, d.h.
   Assemblersprache oder höhere
   Programmiersprache]
source program [a program not written in
   machine language but in an assembler
   language or a higher programming language]
   Quellenprogramm *n,* **Quellprogramm** *n* [ein
   Programm, das nicht in Maschinensprache
   sondern in einer Assemblersprache oder einer
   höheren Programmiersprache geschrieben ist]
source-program statement
   Anweisung im Quellenprogramm *f*
source region, source zone [in FETs]
   Sourcebereich *m,* **Sourcezone** *f* [bei FET]
source resistance
   Sourcewiderstand *m*
source statement
   Quellanweisung *f*
source terminal, source contact [terminal
   accessible from the outside to make electrical
   contact with the source region]
   Sourceanschluß *m,* **Sourcekontakt** *m* [von
   außen zugängliche Stelle für den Anschluß an
   den Sourcebereich]
source text
   Ursprungstext *m*
source voltage
   Sourcespannung *f*
source zone, source region [in FETs]
   Sourcezone *f,* **Sourcebereich** *m* [bei FET]
space, space character, gap
   Zwischenraum *m,* **Leerzeichen** *n*
space bar
   Leertaste *f*
space-charge region, depletion region
   Region in a semiconductor in which
   conductivity is decreased by a reduction in

charge carrier density.
Verarmungszone *f*
Bereich eines Halbleiters, in dem die
Leitfähigkeit durch Verringerung der
Ladungsträgerdichte herabgesetzt wurde.
space lattice
The three-dimensional periodic arrangement of
atoms in a crystal lattice.
Raumgitter *n*
Die räumliche, sich regelmäßig wiederholende
Anordnung von Atomen in einem Kristallgitter.
space requirement, footprint [e.g. of a display
unit]
Platzbedarf *m,* **Flächenbedarf** [z.B. eines
Bildschirmgerätes]
SPARC (Scalable Processor ARChitecture) [RISC
architecture defined by Sun]
SPARC [von Sun definierte RISC-Architektur]
sparse matrix
dünn besetzte Matrix *f*
spatial, three-dimensional
räumlich
spatial arrangement
räumliche Anordnung *f*
SPDL (Standard Page Description Language) [a
part of ODA (Office Document Architecture)]
SPDL [Standard-Seitenbeschreibungssprache;
ein Teil von ODA (Office Document
Architecture)]
special characters [characters that are not
letters, digits or blanks, e.g. punctuation signs]
Sonderzeichen *n.pl.* [Zeichen, die weder
Buchstaben, Ziffern oder Leerstellen darstellen,
z.B. Satzzeichen]
specifications
technische Daten *n.pl.,*
Kenndatenzusammenstellung *f,* Spezifikation *f,*
Pflichtenheft *n*
spectral radiation bandwidth [optoelectronics]
spektrale Strahlungsbandbreite *f*
[Optoelektronik]
spectral response bandwidth [optoelectronics]
spektrale Empfindlichkeitsbandbreite *f*
[Optoelektronik]
speech generation
Sprachgenerierung *f*
speech synthesis
Sprachsynthese *f*
spell check, to; spellcheck, to
auf Schreibfehler prüfen
spell checker, spellchecker, spelling checker
Rechtschreibprogramm *n,*
Orthographieprogramm *n*
spell checking, spellchecking, spelling check
Rechtschreibüberprüfung *f,*
Orthographieüberprüfung *f*
spelling error
Rechtschreibfehler *m,* Orthographiefehler *m*
spherical coordinates

Kugelkoordinaten *f.pl.*
spike-pulse generator
Nadelimpulsgenerator *m*
spinel
Magnesium-aluminium oxide used as an
insulating substrate in CMOS integrated
circuit fabrication (e.g. in ESFI technology).
Spinell *m*
Magnesium-Aluminium-Oxid, das als
isolierendes Substrat bei der Herstellung von
integrierten CMOS-Schaltungen verwendet
wird (z.B. bei der ESFI-Technik).
splash, solder splash, tin solder splash
Spritzer *m,* Lötzinnspritzer *m,* Zinnspritzer *m*
split, to
aufteilen, teilen
split address
geteilte Adresse *f*
split-screen [screen with separate display areas
which usually can be independently scrolled]
geteilter Bildschirm *m* [Bildschirmanzeige
mit getrennten Darstellungsbereichen, die sich
meistens unabhängig voneinander bewegen
lassen]
spool (simultaneous peripheral operation on
line), spooling [technique of buffer storing
input-output data for or from slow peripherals]
Spool-Betrieb *m,* Spooling *n* [Verfahren zur
Zwischenspeicherung von Ein-Ausgabe-Daten
für bzw. von langsamen Peripheriegeräten]
spool file
Spool-Datei *f*
sporadic failure, intermittent failure
sporadischer Ausfall *m,* intermittierender
Ausfall *m*
spreading resistance
Ausbreitungswiderstand *m*
spreading resistance method
Method for measuring the resistivity of a
semiconductor.
Ausbreitungswiderstandsmethode *f,*
Kontaktwiderstandsmethode *f*
Meßmethode zur Bestimmung des spezifischen
Widerstandes eines Halbleiters.
spreadsheet
Tabellenkalkulation *f*
spreadsheet program [program for calculating
values in rows and columns according to
predetermined equations]
Tabellenkalkulations-Programm *n,*
Spreadsheet-Programm *n* [Programm zur
Berechnung von Werten in Zeilen und Spalten
mittels vorgegebener Formeln]
sprite [user-definable pattern of pixels]
Sprite *n* [benutzerdefinierbares Muster aus
Bildpunkten]
sputter etching [an etching process]
Aufstäubätzung *f,* Sputterätzung *f* [ein
Ätzverfahren]

sputtering, cathode sputtering
A deposition process for forming conductive and dielectric layers in semiconductor component and integrated circuit fabrication.
Sputtern *n*, **Sputter-Verfahren** *n*, **Kathodenzerstäubung** *f*
Abscheideverfahren für die Herstellung von leitenden und dielektrischen Schichten bei der Fertigung von Halbleiterbauteilen und integrierten Schaltungen.
SQA (Software Quality Assurance)
SQA [Software-Qualitätssicherung]
SQL (Structured Query Language) [high-level language for query routines for databases]
SQL [Standardabfragesprache für Datenbanken; Hochsprache für Abfrageroutinen für Datenbanken]
square-law characteristic
quadratische Kennlinie *f*
square-root function
Quadratwurzelfunktion *f*
square-wave generator
Rechteckwellengenerator *m*
square-wave modulation
Rechteckmodulation *f*
square-wave oscillation
Rechteckschwingung *f*
square-wave signal
Rechtecksignal *n*
square waveform
Rechteckwellenform *f*
SRAM, static RAM (static random access memory)
Static read-write memory with random access whose memory cells consist of flip-flops. Stored information is maintained without the need for periodic refreshing. Static RAMs exist in bipolar and MOS versions.
SRAM *m*, **statischer RAM** *m*, **statischer Schreib-Lese-Speicher** *m*
Statischer Schreib-Lese-Speicher mit wahlfreiem Zugriff, dessen Speicherzellen aus Flipflops bestehen. Der Speicherinhalt bleibt ohne periodisches Auffrischen erhalten. Statische RAMs werden in Bipolar- und MOS-Technik ausgeführt.
SSI (small scale integration)
Technique for the integration of only a few transistors or logical functions (between 5 and 100) on the same chip.
SSI, Kleinintegration *f*, niedriger Integrationsgrad *m*
Integrationstechnik, bei der nur wenige Transistoren oder Gatterfunktionen (zwischen 5 und 100) auf einem Chip enthalten sind.
stabilization
Stabilisierung *f*
stabilizer
Stabilisator *m*

stabilizer diode, voltage regulator diode
Stabilisatordiode *f*, **Spannungsstabilisatordiode** *f*
stable output configuration
stabile Ausgangskonfiguration *f*
stable state
stabiler Zustand *m*
stack, FILO storage (first-in/last-out), LIFO storage (last-in/first-out)
Storage device operating without address specification and which reads out data in the reverse order as it was stored, i.e. the first data word is read out last. Implemented as shift registers or RAM, it is particularly used for subroutines, i.e. for storing data prior to a jump instruction.
Stapelspeicher *m*, Kellerspeicher *m*, FILO-Speicher *m*, LIFO-Speicher *m*
Speicher, der ohne Adreßangabe arbeitet und dessen Daten in der umgekehrten Reihenfolge gelesen werden, in der sie zuvor geschrieben worden sind, d.h. das zuletzt geschriebene Datenwort wird als erstes gelesen. Er wird mittels Schieberegister oder RAM insbesondere für die Bearbeitung von Unterprogrammen verwendet, d.h. für die Datenspeicherung vor einem Sprungbefehl.
stack overflow
Stapelspeicher-Überlauf *m*
stack pointer [an address register in a microprocessor; points to the last-accessed storage location of a stack]
Stapelzeiger *m*, Kellerzeiger *m* [ein Adreßregister in einem Mikroprozessor; zeigt die Speicherstelle des Keller- bzw. Stapelspeichers an, auf die der letzte Zugriff erfolgte]
staircase voltage
Treppenspannung *f*
stand-alone
allein operierend
stand-alone device, stand-alone equipment
Alleingerät *n*, Einzelgerät *n*
stand-alone equipment
Einzelstation *f*
standard cell
A software-defined circuit function that does not physically exist but can be pulled from a cell library for the design of semicustom integrated circuits.
Standardzelle *f*
Softwaremäßig definierte Schaltungsfunktion, die hardwaremäßig nicht vorhanden ist, aber für die Entwicklung von integrierten Semikundenschaltungen aus einer Zellenbibliothek abgerufen werden kann.
standard cell library
Collection of predefined standard cells available in software.

Standardzellenbibliothek *f*
Sammlung von Standardzellen, die voll
spezifiziert als Software vorhanden sind.

standard deviation
Standardabweichung *f*

standard frequency
Normalfrequenz *f*

standard frequency generator
Normalfrequenzgenerator *m*

standard interface [e.g. for asynchronous serial
data communications according to EIA RS-232-
C or CCITT V.24]
Standardschnittstelle *f*, genormte
Schnittstelle *f* [z.B. für die asynchrone serielle
Datenübertragung gemäß EIA RS-232-C oder
CCITT V.24]

standard plug connection
Normsteckerverbindung *f*

standard value
Standardwert *m*

standby computer, backup computer
Reserverechner *m*

standby mode, backup operation
Reservebetrieb *m*, Wartebetriebsart *f*

standby power supply, backup power supply
Reservestromversorgung *f*

standby state
Bereitschaftszustand *m*, Reservezustand *m*,
Wartezustand *m*

standby unit, backup unit, replacement unit
Reservegerät *n*, Ersatzgerät *n*

standing-wave ratio (SWR), voltage standing-
wave ratio (VSWR)
Welligkeitsfaktor *m*

star topology [network]
Stern-Topologie *f* [Netzwerk]

start address, initial address
Anfangsadresse *f*

start bit [in asynchronous data transmission]
Startbit *n* [bei der asynchronen
Datenübertragung]

start instruction
Startbefehl *m*

start-of-text character (STX)
Textanfangszeichen *n*

start-stop method [magnetic tape unit]
Start-Stop-Verfahren *n* [Magnetbandgerät]

start-stop operation, asynchronous operation
[data transmission with synchronization
effected by adding start and stop bits to each
character to be transmitted]
Start-Stop-Arbeitsweise *f*, asynchrone
Arbeitsweise *f* [Datenübertragung mit
Synchronisierung mittels Start- und Stopbits,
die jedem zu übertragenden Zeichen zugefügt
sind]

start-up, setting into operation
Inbetriebnahme *f*

start-up, to; set into operation, to

inbetriebnehmen

starting address
Startadresse *f*

starting material, base material, substrate
The material (semiconductor crystal or
insulator) in or on which discrete components
or integrated circuits are fabricated.
Ausgangsmaterial *n*, Grundmaterial *n*,
Substrat *n*
Das Material (Halbleiterkristall oder Isolator),
in oder auf dem Bauelemente oder integrierte
Schaltungen hergestellt werden.

starting statement
Startanweisung *f*

state
Zustand *m*

state diagram
Zustandsdiagramm *n*

statement [basic element of a program; can be
split up into a sequence of instructions]
Anweisung *f* [das Grundelement eines
Programmes; läßt sich in eine Folge von
Befehlen zerlegen]

statement label [FORTRAN]
Anweisungsmarke *f* [FORTRAN]

statement line [of a program]
Anweisungszeile *f* [eines Programmes]

statement name
Anweisungsname *m*

static analysis [program]
statische Analyse *f* [Programm]

static dump, static memory dump, post-mortem
dump [representation, usually in binary,
hexadecimal or octal form, of memory contents
for debugging purposes after program
termination]
statischer Speicherabzug *m*, Speicherabzug
nach Pannen *m* [Speicherdarstellung, meistens
in binärer, hexadezimaler oder oktaler Form,
zwecks Fehlerbeseitigung nach
Programmablauf]

static error
statischer Fehler *m*

static flip-flop
statisches Flipflop *n*

static induction transistor (SIT)
statischer Influenz-Transistor *m* (SIT)

static memory [memory in which stored
information is maintained without the need for
refreshing]
statischer Speicher *m* [Speicher, dessen
Speicherinhalt ohne Auffrischen erhalten
bleibt]

static RAM, static random access memory
(SRAM)
Static read-write memory with random access
whose memory cells consist of flip-flops. Stored
information is maintained and requires no
periodic refreshing. RAMs exist in bipolar and

MOS versions.
statischer RAM *m*, **statischer Schreib-Lese-Speicher** *m*, **SRAM** *m*
Statischer Schreib-Lese-Speicher mit wahlfreiem Zugriff, dessen Speicherzellen aus Flipflops bestehen. Der Speicherinhalt bleibt ohne periodische Auffrischung erhalten. Statische RAMs werden in Bipolar- und MOS-Technik ausgeführt.
static ROM, static read-only memory
statischer ROM *m*, **statischer Festwertspeicher** *m*
static transconductance
statische Steilheit *f*
stationary
feststehend
stationary [e.g. equipment]
ortsfest [z.B. Gerät]
statistical analysis
statistische Analyse *f*
statistical prediction
statistische Voraussage *f*
status [actual state, e.g. of the central processing unit, a port, a peripheral unit, etc.]
Status *m* [aktueller Zustand, z.B. der Zentraleinheit, eines Kanals, eines Peripheriegerätes usw.]
status bit [bit giving the actual state, e.g. of the central processing unit, a port, a peripheral unit, etc.]
Zustandsbit *n*, **Statusbit** *n* [Bit, das den aktuellen Zustand angibt, z.B. der Zentraleinheit, eines Kanals, eines Peripheriegerätes usw.]
status byte
Zustandsbyte *n*, **Statusbyte** *n*
status flag
Zustandsflag *n*
status register [in microprocessor: contains operand status or results, e.g. carry, overflow, sign, zero, parity]
Zustandsregister *n*, **Statusregister** *n* [im Mikroprozessor: enthält Operandenzustand oder Ergebnisse, z.B. Übertrag, Überlauf, Vorzeichen, Null, Parität]
status signal
Zustandssignal *n*, **Meldesignal** *n*
status vector
Zustandsvektor *m*
status word
Zustandswort *n*
steady state [of a signal]
eingeschwungener Zustand *m* [eines Signals]
STEM (scanning transmission electron microscope)
Durchstrahlungs-Rasterelektronenmikroskop *n*
step

Ablaufschritt *m*
step-and-repeat camera [photolithography]
Special-purpose camera for the production of master masks. It is used to reduce the reticle to final mask dimensions and to reproduce the mask pattern 100 to 1000 times on a transparent glass disk which covers the entire surface of the wafer.
Step-und-Repeat-Kamera *f*, **Schritt-und-Wiederholkamera** *f* [Photolithographie]
Spezialkamera für die Herstellung von Muttermasken. Die Kamera dient der Verkleinerung der Zwischenmaske auf Originalmaskengröße und der 100- bis 1000-fachen Vervielfältigung auf einer durchsichtigen Glasplatte, die den ganzen Wafer abdeckt.
step-by-step operation
Schrittbetrieb *m*
step response [response of a control element or system when it is excited by a step function]
Sprungantwort *f*, **Übergangsfunktion** *f* [Antwortsignal eines Regelgliedes oder -systems, wenn es durch eine Sprungfunktion am Eingang erregt wird]
stepper motor, stepping motor
Low power electric motor whose rotor moves through a defined angle at each input pulse. This automatically provides displacement measurement. Stepper motors are primarily used as drives in numerically controlled equipment (e.g. plotters) since they require no additional displacement transducer.
Schrittmotor *m*
Elektrischer Motor kleiner Leistung, dessen Rotor sich bei jedem Impuls um einen bestimmten Winkelschritt dreht. Dadurch ist automatisch eine Wegmessung gegeben. Schrittmotore werden vorzugsweise als Antrieb für numerisch gesteuerte Geräte (z.B. Zeichengeräte) eingesetzt, da ein zusätzliches Wegmeßgerät entfällt.
stimulation, excitation
Anregung *f*, **Erregung** *f*, **Aktivierung** *f*
stitch bonding
A thermocompression method in which a gold wire fed through a capillary tube is bent laterally and pressed against the bonding pad on the circuit.
Stichkontaktierung *f*
Ein Thermokompressionsverfahren, bei dem ein Golddraht durch eine Kapillare geführt, seitlich geknickt und auf den Kontaktfleck der Schaltung gepreßt wird.
stochastic, random
stochastisch, zufallsabhängig
stochastic noise
stochastisches Rauschen *n*
stop-band attenuation [of a filter]

Sperrdämpfung *f* [eines Filters]
stop bit [in asynchronous data transmission]
  Stopbit *n* [bei der asynchronen Datenübertragung]
stop instruction, program stop instruction
  Programmstopbefehl *m*
storage allocation
  Speicherbelegung *f,* Speicherzuweisung *f*
storage area
  Speicherbereich *m*
storage capacity, memory capacity [data storage capacity of a storage medium, usually expressed in bytes (kbytes or Mbytes)]
  Speicherkapazität *f* [Datenaufnahmevermögen eines Speichermediums, meistens in Bytes (kBytes oder MBytes) ausgedrückt]
storage cell, storage location, memory cell [a group of storage elements identified by an address, e.g. for storing a byte or word]
  Speicherzelle *f,* Speicherplatz *m* [eine aus mehreren Speicherelementen bestehende Gruppe, die durch eine Adresse identifiziert wird, z.B. für die Abspeicherung eines Bytes oder Wortes]
storage charge
  Speicherladung *f*
storage cycle, memory cycle
  Speicherzyklus *m*
storage device, memory device
  Speicherbaustein *m*
storage element, memory element [stores the smallest unit of data, usually one bit]
  Speicherelement *n* [speichert die kleinste Dateneinheit, meist ein Bit]
storage instruction
  Speicherbefehl *m*
storage location, storage cell
  Speicherplatz *m,* Speicherzelle *f*
storage matrix, storage array [general: storage arrangement]
  Speichermatrix *f* [allgemein: Speicheranordnung]
storage medium, recording medium
  Speichermedium *n*
storage register
  Speicherregister *n*
storage temperature [e.g. of semiconductor components]
  Lagerungstemperatur *f* [z.B. von Halbleiterbauteilen]
storage temperature range
  Lagerungstemperaturbereich *m*
storage tube
  Speicherröhre *f*
storage utilization
  Speicherausnutzung *f*
storage zone
  Speicherzone *f*

store, to
  speichern
store temporarily, to; prestore, to; store and forward, to
  zwischenspeichern
stored program
  gespeichertes Programm *n*
stored-program control
  speicherprogrammierte Steuerung *f*
strain gauge
  Dehnungsmeßstreifen *m*
strap, jumper [connection between two terminals]
  Brücke *f,* Drahtbrücke *f,* Kurzverbindung *f* [Verbindung zwischen zwei Anschlüssen]
stray capacitance
  Streukapazität *f*
stray coupling
  ungewollte Kopplung *f*
stream, data stream [continuous flow of data]
  Strom *m,* Datenstrom *m* [kontinuierlicher Fluß von Daten]
stream input/output
  Strom-Ein-Ausgabe *f*
streamer, streaming tape unit [tape unit with continuous tape motion]
  Streamer *m,* Streaming-Bandlaufwerk *n* [Bandlaufwerk mit kontinuierlichem Ablauf]
stress [mechanical]
  Beanspruchung *f* [mechanisch]
stress cycle
  Beanspruchungszyklus *m*
string, character string [a linear series of entities or characters]
  Zeichenkette *f,* String *m,* Zeichenfolge *f* [eine Folge von Einheiten bzw. Zeichen]
string data
  Kettendaten *n.pl.*
string manipulation
  Zeichenkettenmanipulation *f*
string symbol
  Zeichenfolgesymbol *n*
string variable [variable containing a character string (i.e. non-numeric information)]
  String-Variable *f* [Variable, die eine Zeichenkette (d.h. nichtnumerische Information) enthält]
stripline [twin conductor consisting of parallel strips with small spacing or one strip and a conducting plane]
  Streifenleiter *m* [Doppelleiter aus parallelen Streifen mit kleinem Abstand bzw. aus einem Streifen und einer leitenden Ebene]
stripline technique, sandwich line
  Streifenleitertechnik *f,* Sandwich-Leitung *f*
strobe [a pulse used to produce a desired action]
  Strobe-Impuls *m* [Impuls zur Aktivierung eines gewünschten Vorganges]
strobe input

Strobe-Eingang m
strobe signal
Strobe-Signal n
stroke, slash
Schrägstrich m
structured programming, block-structure
programming [methodological programming
with stepwise detailing of an overall
description, i.e. top-down programming,
employing program modules and avoiding jump
instructions]
strukturierte Programmierung f
[methodische Programmierung mit
stufenweiser Detailierung einer umfassenden
Beschreibung, d.h. von oben nach unten
erfolgend, unter Verwendung von
Programmodulen und Vermeidung von
Sprungbefehlen]
Student's t distribution, t distribution
[probability distribution]
Student-t-Verteilung f, t-Verteilung f
[Wahrscheinlichkeitsverteilung]
STX (start-of-text character)
Textanfangszeichen n
subclass, derived class [in object oriented
programming: a class derived from the top class
in a hierarchy of classes, in contrast to base
class]
Subklasse f, abgeleitete Klasse f [bei der
objektorientierten Programmierung: die von
der obersten Klasse abgeleitete Klasse in einer
Hierarchie, im Gegensatz zur Basisklasse]
subdirectory
Unterverzeichnis n
submaster [masking technology]
Tochtermaske f [Maskentechnik]
subroutine [an instruction sequence required
several times in a program but programmed
only once]
Unterprogramm n [eine Befehlsfolge, die
mehrmals im Programm benötigt, aber nur
einmal programmiert wird]
subroutine call instruction
Unterprogrammaufruf m
subroutine entry
Unterprogrammeinsprung m
subroutine library
Unterprogrammbibliothek f
subroutine nesting
Unterprogrammschachtelung f
subroutine return
Unterprogrammrücksprung m
subroutine statement [FORTRAN]
Subroutinenanweisung f [FORTRAN]
subscriber [station connected to data
transmission line]
Teilnehmer m [an Datenübertragungsleitung
angeschlossene Station]
subscript [lowered character, e.g. X_1 or L_a]

tiefstehender Index m [tiefgestelltes Zeichen,
z.B. X_1 oder L_a]
subscript, to; index, to
indizieren
subset
Teilmenge f
substitutional diffusion
Diffusion mechanism in which impurity atoms
wander through the crystal lattice by moving
from one lattice site to the next.
substitutionelle Diffusion f, substitutioneller
Einbau m [Dotierungstechnik]
Diffusionsmechanismus, bei dem die Fremdatome durch das Kristallgitter wandern, indem
sie von einem Gitterplatz zum nächsten
übergehen.
substitutional impurity [doping technology]
substitutionelles Fremdatom n
[Dotierungstechnik]
substrate, starting material, base material
The material (semiconductor crystal or
insulator) in or on which discrete components
or integrated circuits are fabricated.
Substrat n, Ausgangsmaterial n,
Grundmaterial n
Das Material (Halbleiterkristall oder Isolator)
in oder auf dem Bauelemente oder integrierte
Schaltungen hergestellt werden.
substrate current
Substratstrom m
substrate field logic (SFL) [variant of the
integrated injection logic (I^2L) exhibiting
exceptionally high packaging density and good
dynamic properties]
substratgespeiste Logik f, SFL f [Variante
der integrierten Injektionslogik (I^2L), die
besonders hohe Packungsdichte und gute
dynamische Eigenschaften aufweist]
substrate pnp-transistor
Vertical pnp-transistor in which the p-type
substrate forms the collector; is used as emitter
follower in large-scale integrated circuits.
Substrattransistor m
Vertikaler PNP-Transistor, bei dem das P-
leitende Substrat den Kollektor bildet; wird als
Emitterfolger in hochintegrierten Schaltungen
eingesetzt.
substring
Teilfolge f
subtotal
Zwischensumme f
subtracter
Subtrahierer m
subtraction [in computer technology subtraction
is based on addition, i.e. instead of a - b the
operation a + (-b) is carried out; the change of
sign is effected by forming the complement, e.g.
twos complement in the case of binary
numbers]

Subtraktion *f* [in der Rechentechnik wird die Subtraktion auf die Addition zurückgeführt, d.h. anstatt a - b wird die Operation a + (-b) durchgeführt; der Vorzeichenwechsel erfolgt durch Bildung des Komplementes, z.B. Zweierkomplement bei Dualzahlen]

subtractive process
Process for forming conductive patterns on printed circuit boards by etching the copperclad laminate.
   subtraktives Verfahren *n*
Verfahren zur Herstellung von Verdrahtungsmustern auf Leiterplatten durch Ätzen des kupferkaschierten Laminats.

successive approximation
   sukzessive Approximation *f*

sum register
   Summenregister *n*

summation check
   Längssummenkontrolle *f*

summing amplifier [analog techniques: an operational amplifier]
   Summenverstärker *m* [Analogtechnik: ein Operationsverstärker]

summing integrator [analog techniques: an integrator with multiple inputs]
   summierender Integrator *m* [Analogtechnik: ein Integrierer mit mehreren Eingängen]

SunOS (Sun Operating System) [operating system developed by Sun]
   SunOS [Betriebssystem von Sun]

superclass, base class [in object oriented programming: the top class in a hierarchy of classes, in contrast to derived class]
   Superklasse *f*, **Basisklasse** *f* [in der objektorientierten Programmierung: die oberste Klasse in einer Hierarchie, im Gegensatz zur abgeleiteten Klasse]

supercomputer, number cruncher [mainframe computer with specially powerful processors]
   Superrechner *m* [Großrechner mit besonders leistungsfähigen Prozessoren]

superlattice
A lattice structure comprising extremely thin layers of semiconductor materials with differing band gaps stacked one above the other thus forming a synthetic crystal with new properties.
   Übergitter *n*
Eine Gitterstruktur, die aus extrem dünnen, übereinandergestapelten Schichten von Halbleitern mit unterschiedlichen Bandlücken besteht, die einen synthetischen Halbleiterkristall bilden, der neue Eigenschaften aufweist.

superminicomputer [a 64-bit minicomputer]
   Superminirechner *m*, **Superminicomputer** *m* [ein 64-Bit-Kleinrechner]

superpose, to

überlagern

superscript [raised character, e.g. 10^3]
   hochstehender Index *m* [hochgestelltes Zeichen, z.B. 10^3]

supervisory
   übergeordnet

supervisory computer, master computer
   Leitrechner *m*

supply current
   Versorgungsstrom *m*, **Speisestrom** *m*

supply voltage
   Versorgungsspannung *f*, **Speisespannung** *f*

supporting substrate, base material [e.g. insulating material used in thick film and thin film technology or in printed circuit board fabrication]
   Träger *m*, **Trägermaterial** *n* [z.B. isolierendes Material, das in der Dick- und Dünnschichttechnik oder für die Leiterplattenfertigung verwendet wird]

suppression
   Unterdrückung *f*

suppression diode
   Unterdrückerdiode *f*

surface acoustic wave (SAW)
   akustische Oberflächenwelle *f* (AOW)

surface barrier detector
   Oberflächenraumladedetektor *m*

surface barrier photodiode
   Randschichtphotodiode *f*

surface-charge transistor (SCT)
Integrated transistor element in which stored electric charges can be transferred along the surface of the semiconductor by applying a gate voltage.
   Oberflächenladungstransistor *m*
Integriertes Transistorbauteil, bei dem gespeicherte Ladungen durch Anlegen einer Gatespannung an der Oberfläche des Halbleiters entlang verschoben werden können.

surface coefficient
   Oberflächenkoeffizient *m*

surface defect [semiconductor crystals]
   Oberflächendefekt *m* [Halbleiterkristalle]

surface doping
   Oberflächendotierung *f*

surface inversion
   Oberflächeninversion *f*

surface layer
   Randschicht *f*

surface-mounted device (SMD)
   oberflächenmontierbares Bauteil *n*

surface-mounted device technique, SMD technique
Technique for automatic mounting of semiconductor components and integrated circuits on printed circuit boards without the need for drilled holes.
   Oberflächenmontage *f*, **Aufsetztechnik** *f*,

SMD-Technik *f*
Technik zur automatischen Bestückung von
Leiterplatten mit Bauelementen und
integrierten Schaltungen, wobei die
Leiterplatten keine Bohrlöcher benötigen.
surface passivation [semiconductor technology]
Deposition or growing of protective films (e.g.
silicon dioxide, silicon nitride, glass or
polyimide) on the surface of a semiconductor to
provide protection from contamination,
moisture and the penetration of ions.
Oberflächenpassivierung *f*
[Halbleitertechnik]
Das Aufbringen oder Aufwachsen von
Schutzschichten (z.B. Siliciumdioxid,
Siliciumnitrid, Glas oder Polyimid) auf die
Oberfläche eines Halbleiters, um sie vor
Feuchtigkeit, Verunreinigungen und dem
Eindringen von Ionen zu schützen.
surface recombination [semiconductor
technology]
The reunion of free electrons and holes at the
surface of a semiconductor.
Oberflächenrekombination *f*
[Halbleitertechnik]
Die Wiedervereinigung freier Elektronen und
Defektelektronen an der Oberfläche eines
Halbleiters.
surface recombination velocity
The speed with which free electrons and holes
reunite at the surface of a semi-conductor.
**Oberflächenrekombinations-
Geschwindigkeit** *f*
Die Geschwindigkeit, mit der sich freie
Elektronen und Defektelektronen an der
Oberfläche eines Halbleiters wiedervereinigen.
surface region
Oberflächenzone *f*
surge on-state current
Stoßstrom *m*
surge voltage test
Stoßspannungsprüfung *f*
survival probability
Wahrscheinlichkeit des Überlebens *f*
susceptance [the imaginary part of admittance]
Blindleitwert *m* [Blindkomponente des
Leitwertes]
SVGA (Super Video Graphics Adapter) [VGA
with increased resolution of e.g. 1024 x 768
points]
Super-VGA [VGA mit erhöhter Auflösung von
z.B. 1024 x 768 Punkten]
swap file
Auslagerungsdatei *f*
swap-in, to [transfer data from auxiliary storage
into main storage]
einlagern [von Daten aus dem Hilfsspeicher in
den Hauptspeicher]
swap-out, to [in a time-sharing computer system

to transfer a program resident in the main
storage to an auxiliary storage]
auslagern [in einem Mehrbenutzerrechnersystem das Verschieben eines im
Hauptspeicher residenten Programmes in
einen Zusatzspeicher]
swapping, swap-in and swap-out [transfer a
program from auxiliary to main storage and
vice-versa; used in time-sharing and virtual
memory systems]
Swapping *m*, **dynamische Auslagerung** *f*, **Ein-
und Auslagern** *n* [Verschieben eines
Programmes vom Zusatz- in den Hauptspeicher
und umgekehrt; wird in Mehrbenutzersystemen sowie in Systemen mit virtuellem
Speicher verwendet]
swapping area
Auslagerungsbereich *m*
sweep frequency
Wobbelfrequenz *f*
sweep magnification [of an oscilloscope]
Zeitdehnung *f* [eines Oszillographen]
sweep-frequency generator
Wobbelgenerator *m*
switch
Schalter *m*
switch, to
schalten
switch-off, to; disable, to; inactivate, to
abschalten, ausschalten, inaktivieren
switch-on, to; power-up, to
einschalten, Stromversorgung einschalten
switch-over, to
umschalten
switchable
schaltbar, umschaltbar
switched capacitor circuit (SC circuit)
Schalter-Kondensator-Schaltung *f*, SC-
Schaltung *f*
switched capacitor circuit design (SC circuit
design)
Schalter-Kondensator-Schaltungstechnik
f, SC-Schaltungstechnik *f*
switched capacitor filter (SC filter)
Schalter-Kondensator-Filter *m*, SC-Filter *m*
switched capacitor technology (SC
technology) [a technology for the design of
integrated circuits (usually MOS circuits) in
which resistor functions are replaced by
switched capacitors]
Schalter-Kondensator-Technik *f*, SC-
Technik *f* [Technik für die Realisierung
integrierter Schaltungen (in der Regel MOS-
Schaltungen), bei denen die Widerstandsfunktionen durch geschaltete Kondensatoren
ersetzt werden]
switched line
Wählleitung *f*
switched-mode power supply (SMPS),

switching power supply
Schaltnetzteil *n*

switching algebra, switching logic [the
application of Boolean algebra to logical
circuits]
Schaltalgebra *f,* Schaltlogik *f* [Anwendung der
Booleschen Algebra auf logische Schaltungen]

switching delay time [time required for a
change in input signal to become effective at
the output of an element acting as a switch (e.g.
of a logical circuit)]
Schaltverzögerungszeit *f* [Zeitspanne, die
benötigt wird, bis eine Änderung des
Eingangssignales am Ausgang eines als
Schalter wirkenden Elementes (z.B. einer
logischen Schaltung) wirksam wird]

switching diode [semiconductor diode used as
switch; switches from high to low impedance
and vice-versa]
Schaltdiode *f* [Halbleiterdiode, die als
Schalter verwendet wird; schaltet um von
hoher auf niedrige Impedanz und umgekehrt]

switching element
Schaltelement *n*

switching function
Schaltfunktion *f*

switching logic, switching algebra [the
application of Boolean algebra to logical
circuits]
Schaltlogik *f,* Schaltalgebra *f* [Anwendung der
Booleschen Algebra auf logische Schaltungen]

switching matrix
Schaltmatrix *f*

switching power supply, switched-mode power
supply (SMPS)
Schaltnetzteil *n*

switching sequence
Schaltfolge *f*

switching speed
Schaltgeschwindigkeit *f*

switching time [general]
Schaltzeit *f* [allgemein]

switching time [e.g. of a flip-flop]
Kippdauer *f* [z.B. eines Flipflops]

switching transistor
A transistor which is used as an electronic
switch.
Schalttransistor *m*
Ein Transistor, der als elektronischer Schalter
verwendet wird.

switching voltage
Schaltspannung *f*

switchover
Umschaltung *f*

switchover time
Umschaltzeit *f*

symbol
Symbol *n*

symbol string

Symbolfolge *f*

symbol table
Symboltabelle *f*

symbolic address, floating address [address
consisting of a freely chosen expression (usually
a mnemonic name); is used in symbolic programming languages]
symbolische Adresse *f* [Adresse, die durch
einen frei wählbaren Ausdruck (in der Regel
einen mnemotechnischen Namen)
gekennzeichnet ist; wird in symbolischen
Programmiersprachen verwendet]

symbolic addressing
symbolische Adressierung *f*

symbolic assembler [assembler language using
symbolic addresses]
symbolischer Assembler *m*
[Assemblersprache, die symbolische Adressen
verwendet]

symbolic code, pseudo code [representation of
machine instructions in symbolic form; in
contrast to representation in binary form]
symbolischer Code *m* [Darstellung von
Maschinenbefehlen in symbolischer Form; im
Gegensatz zur Darstellung in Binärform]

symbolic program [employs mnemonic
abbreviations for operation codes and symbolic
addresses for operand addresses]
symbolisches Programm *n* [verwendet
mnemotechnische Abkürzungen als Operationscodes und symbolische Adressen als
Operandenadressen]

symbolic programming
adressenfreie Programmierung *f,*
symbolische Programmierung *f*

symbolic programming language [assembler
language or a language employing mnemonic
abbreviations]
symbolische Programmiersprache *f*
[Assemblersprache bzw. eine Sprache, die
mnemotechnische Abkürzungen verwendet]

synchronism
Gleichlauf *m,* Synchronisierung *f*

synchronization
Synchronisierung *f*

synchronizing byte [data transmission]
Synchronisierbyte *n* [Datenübertragung]

synchronizing character
Synchronisierzeichen *n*

synchronizing signal
Synchronsignal *n*

synchronous clock pulse
Synchrontakt *m*

synchronous computer [a computer whose
internal functions are controlled by a clock; in
contrast to the commonly used asynchronous
computer]
Synchronrechner *m* [ein Rechner, dessen
interne Funktionen von einem Taktgeber

gesteuert sind; im Gegensatz zum
gebräuchlichen asynchronen Rechner]
synchronous counter, parallel counter
A counter usually composed of flip-flops in
which all clock inputs are driven in parallel by
a single clock signal. In this manner all state
changes occur synchronously.
synchroner Zähler *m,* **Synchronzähler** *m*
Ein im allgemeinen aus Flipflops aufgebauter
Zähler, bei dem alle Takteingänge von einem
einzigen parallel zugeführten Taktsignal
angesteuert werden, so daß alle
Zustandsänderungen im gleichen Takt
(synchron) erfolgen.
synchronous data link control (SDLC)
[protocol for synchronous bit-serial data
transmission established by IBM; variant of
HDLC (high-level data link control)
standardized by ISO]
synchrones Datenübertragungsverfahren
n, SDLC-Verfahren *n* [von IBM aufgestelltes
Protokoll für die synchrone bitserielle
Datenübertragung; Variante des von ISO
genormten HDLC-Verfahrens]
synchronous mode, synchronous operation, bit-
synchronous operation [controlled by a central
clock; in contrast to asynchronous operation]
Synchronbetrieb *m* [durch einen zentralen
Takt gesteuert; im Gegensatz zu asynchronem
Betrieb]
synchronous transmission
Synchronübertragung *f*
syntax [formal rules of a programming language
which determine its structure; in contrast to
semantics which determine the meaning]
Syntax *f* [formale Regeln einer
Programmiersprache, die die Struktur
bestimmen; im Gegensatz zur Semantik, die die
Bedeutung bestimmt]
syntax error [violation of the formal rules of a
programming language]
Syntaxfehler *m* [Verstoß gegen die formalen
Regeln einer Programmiersprache]
syntax tree, parse tree
Syntax-Baum *m,* **Parse-Baum** *m*
system bus
Systembus *m*
system clock
Systemtakt *m*
system clock prescaler
Systemtakt-Vorteiler *m*
system crash [system breakdown which cannot
be handled by the operating system; leads to
service interruption combined with data loss
and restart difficulties]
Systemabsturz *m* [Systemzusammenbruch,
der vom Betriebssystem nicht abgefangen
werden kann; führt daher zum
Betriebsunterbruch verbunden mit

Datenverlust und
Wiederanlaufschwierigkeiten]
system data bus
Systemdatenbus *m*
system disk [disk containing the operating
system of a computer]
Systemplatte *f* [Platte, die das Betriebssystem
eines Rechners enthält]
system effectiveness
Systemwirksamkeit *f*
system environment
Systemumgebung *f*
system extension, system upgrade
Systemerweiterung *f,* Systemausbau *m*
system failure
Systemausfall *m*
system floppy disk [floppy disk containing the
operating system of a computer]
Systemdiskette *f* [Diskette, die das
Betriebssystem eines Rechners enthält]
system integration
Systemintegration *f*
system reboot, warm boot [restarting a
computer without switching off and on again, in
contrast to cold boot]
Systemstart *m,* **Warmstart** *m,* **Wiederanlauf**
m [nochmaliges Aufstarten des Rechners ohne
Aus- und Wiedereinschalten, im Gegensatz
zum Kaltstart]
system reliability
Systemzuverlässigkeit *f*
system software [basic software for a computer]
Systemsoftware *f* [Basissoftware eines
Rechners]
system speed
System-Arbeitsgeschwindigkeit *f*
system theory
Systemtheorie *f*
systematic error
systematischer Fehler *m*
systems application architecture (SAA)
[unified standards established by IBM]
SAA [Systemanwendungs-Architektur; von
IBM entwickelte einheitliche Standards]

T

t distribution, Student's t distribution
[probability distribution]
t-Verteilung *f,* Student-t-Verteilung *f*
[Wahrscheinlichkeitsverteilung]

T flip-flop, toggle flip-flop [flip-flop with a single
input T; with T = 1 the state changes (toggles),
with T = 0 the state remains; a pulse at the
clock input triggers the change in state]
T-Flipflop *n* [Flipflop mit einem einzigen
Eingang T; mit T = 1 wechselt der Zustand, mit
T = 0 wird der bisherige Zustand beibehalten;
ein Impuls am Takteingang löst den
Zustandswechsel aus]

tab, tabulator character
Tabulatorzeichen *n*

table [array of data items of same type; each line
is identified either by its position or by a key]
Tabelle *f* [mehrere Datenfelder vom gleichen
Typ; jede Zeile ist durch ihre Position oder
durch einen Schlüssel identifiziert]

table look-up program, table look-up (TLU)
[sorted tables are usually binary searched,
unsorted are sequentially searched]
Tabellensuchprogramm *n* [sortierte Tabellen
werden meistens binär, unsortierte sequentiell
durchsucht]

tablet, digitizer tablet, graphic tablet
Tablett *n,* Digitalisiertablett *n,* Graphiktablett

tabulator (TAB)
Tabulator *m*

tabulator character
Tabulatorzeichen *n*

tag [symbols marking the beginning or the end of
a field, word, item or data set]
Kennzeichen *n,* Identifizierungszeichen *n*
[Zeichen, die den Beginn oder das Ende eines
Feldes, eines Wortes oder einer Datenmenge
kennzeichnen]

take-up reel [magnetic tape unit]
Aufwickelspule *f* [Magnetbandgerät]

tantalum capacitor, tantalum electrolytic
capacitor
Tantalkondensator *m,*
Tantalelektrolytkondensator *m*

tap, to [a voltage]
abgreifen [einer Spannung]

tape [magnetic tape]
Band *n* [Magnetband]

tape block [of magnetic tapes]
Bandblock *m* [bei Magnetbändern]

tape cassette, tape cartridge [magnetic tape]
Bandkassette *f* [Magnetbandkassette]

tape density, tape recording density [in
magnetic tape units]
Bandaufzeichnungsdichte *f* [bei
Magnetbandgeräten]

tape drive [magnetic tape unit]
Bandlaufwerk *n* [Magnetbandgerät]

tape editing [of a magnetic tape]
Bandaufbereitung *f* [eines Magnetbandes]

tape error [of a magnetic tape]
Bandfehler *m* [eines Magnetbandes]

tape file [on magnetic tape]
Banddatei *f* [auf Magnetband]

tape input [of magnetic tape unit]
Bandeingabe *f* [bei Magnetbandgeräten]

tape jam [jammed magnetic tape or punched
tape]
Bandsalat *m* [blockiertes Magnetband oder
blockierter Lochstreifen]

tape leader [beginning of magnetic tape]
Bandvorsatz *m* [Anfang eines Magnetbandes]

tape loader [program loader on magnetic tape]
Bandlader *m* [Programmlader auf
Magnetband]

tape mark [of a magnetic tape]
Bandmarke *f* [eines Magnetbandes]

tape punch, tape perforator
Lochstreifenstanzer *m*

tape reader
Lochstreifenleser *m*

tape record [on magnetic tape]
Bandsatz *m* [auf Magnetband]

tape recorder
Tonbandgerät *n*

tape speed [of a magnetic tape]
Bandgeschwindigkeit *f* [eines
Magnetbandes]

tape start [of a magnetic tape]
Bandanlauf *m* [eines Magnetbandes]

tape station, tape unit [magnetic tape unit]
Bandgerät *n,* Bandeinheit *f,* Bandstation, *f*
[Magnetbandgerät]

tape storage, magnetic tape storage
Bandspeicher *m,* Magnetbandspeicher *m*

tape-to-tape converter, paper-tape-to-
magnetic-tape converter
Lochstreifen-Magnetband-Umsetzer *m*

taped components [for automatic insertion in
PCBs]
gegurtete Bauteile *n.pl.* [für die automatische
Bestückung von Leiterplatten]

target, target substance
In ion implantation, the material into which
ions penetrate.
Target *n,* Targetsubstanz *f*
Bei der Ionenimplantation das Material, in das
die Ionen eintreten.

target computer
Zielrechner *m*

target directory
Zielverzeichnis *n*

task [a self-contained process; part of a program]
Task *f,* Prozeß *m,* Aufgabe *f* [eine in sich

geschlossene Aufgabe; ein Programmteil]
task-dependent, task-oriented
  aufgabenabhängig
task-independent
  aufgabenunabhängig
task management
  Aufgabenverwaltung *f*
TAZ diode (transient absorption Zener diode)
  TAZ-Unterdrücker-Diode *f*
TC (temperature coefficient)
  Temperaturkoeffizient *m*
TCP/IP (Transmission Control Protocol, Internet
  Protocol) [transmission protocols for networked
  computers]
  TCP/IP [Übertragungsprotokolle für Rechner
  in Netzwerkverbund]
TDM (time division multiplex)
  Zeitmultiplex *m*
technical standard
  technische Norm *f*
TEGFET (two-dimensional-electron-gas FET)
  Extremely fast field-effect transistor with a
  heterostructure. A doped aluminium gallium
  arsenide layer is deposited by molecular beam
  epitaxy on undoped gallium arsenide. The
  heterojunction between them confines the
  electrons which diffuse from the AlGaAs layer
  to the undoped GaAs where they can move with
  great speed. Very fast transistors (with
  switching delay times of < 10 ps/gate) based on
  this principle and called HEMT, MODFET and
  SDHT are being developed worldwide by
  various manufacturers.
  TEGFET-Transistor *m*
  Extrem schneller Feldeffekttransistor mit
  Heterostruktur. Auf undotiertem Galliumarsenid wird mit Hilfe der Molekularstrahlepitaxie eine dotierte Aluminium-
  Galliumarsenid-Schicht aufgebracht. Der
  Heteroübergang zwischen den beiden
  Strukturen hält die Elektronen, die aus der
  AlGaAs-Schicht diffundieren, in der
  undotierten GaAs-Schicht zurück, in der sie
  sich mit hoher Geschwindigkeit bewegen
  können. Sehr schnelle Transistoren (mit
  Schaltverzögerungszeiten von < 10 ps/Gatter)
  auf dieser Basis werden weltweit von
  verschiedenen Herstellern unter den Namen
  HEMT, MODFET und SDHT entwickelt.
telecommunication, telecommunications,
  communications
  Telekommunikation *f*,
  Kommunikationstechnik *f*, Fernmeldetechnik *f*
telecommunication channel
  Telekommunikationskanal *m*,
  Fernmeldekanal *m*
telecommunication system
  Telekommunikationssystem *n*,
  Fernmeldesystem *n*

teleconference
  Telekonferenz *f*
telemetry
  Fernmessung *f*
telephone line
  Fernsprechleitung *f*
teletex [text transmission over public data
  networks]
  Teletex [Textübertragung über öffentliche
  Datennetze]
teletext [text transmission over TV channels]
  Teletext *m* [Textübertragung über
  Fernsehkanäle]
teletypewriter (TTY), teleprinter
  Fernschreiber *m*
**temperature and overload protected field-
  effect transistor** (TOPFET)
  A MOSFET comprising on-chip circuits for
  short-circuit, overtemperature, and overvoltage
  protection; is used in automotive electronics
  and industrial applications]
  **temperatur- und überlastgeschützter
  Feldeffekttransistor** *m* (TOPFET)
  Ein MOSFET, der chipintegrierte Schaltungen
  für den Kurzschluß-, Übertemperatur- und
  Überspannungsschutz beinhaltet; wird in der
  Fahrzeugelektronik und für Anwendungen in
  der Industrie eingesetzt]
temperature coefficient (TC)
  The change in the value of a characteristic
  parameter relative to a change in temperature.
  Temperaturkoeffizient *m*
  Die relative Änderung einer Kenngröße
  bezogen auf die Änderung der Temperatur.
temperature-compensated reference diode
  temperaturkompensierte Referenzdiode *f*
temperature compensation
  Temperaturkompensation *f*
temperature-dependent
  temperaturabhängig
temperature detector
  Temperaturfühler *m*
temperature-independent
  temperaturunabhängig
temperature rise
  Temperaturanstieg *m*
temperature stabilization
  Temperaturstabilisierung *f*
template
  Schablone *f*
temporarily
  vorübergehend, zeitweise
temporary
  kurzzeitig, vorübergehend
temporary register
  Zwischenregister *n*
temporary storage, buffer storage
  kurzzeitig beanspruchter Speicher *m*,
  Zwischenspeicher *m*, Pufferspeicher *m*

tens complement [serves to represent a
negative decimal number]
The tens complement of a number is obtained
by forming the difference to a number having a
zero in each decimal place; subtraction of the
number is then replaced by adding the
complement, the carry in the highest place
being neglected. Example: the number 123 has
the tens complement 877; the subtraction 555 -
123 is thus replaced by the addition 555 + 877 =
(1)432 = 432.
Zehnerkomplement n [dient der Darstellung
von negativen Dezimalzahlen]
Das Zehnerkomplement einer Zahl erhält man
durch stellenweises Ergänzen auf 0; die
Subtraktion der Zahl wird dann durch die
Addition des Komplementes ersetzt; der in der
höchsten Stelle auftretende Übertrag wird
nicht berücksichtigt. Beispiel: die Zahl 123 hat
das Zehnerkomplement 877; die Subtraktion
555 - 123 wird somit durch die Addition 555 +
877 = (1)432 = 432 ersetzt.
term [e.g. in switching algebra]
Term m [z.B. in der Schaltalgebra]
terminal
Datenstation f, Terminal n, Datenendgerät n
terminal access
Zugriff über Datenstation m, Zugriff über
Terminal m
terminal emulation
Terminal-Emulation f
terminal pad, land [printed circuit boards]
Anschlußauge n [Leiterplatten]
terminal pin, pin
Anschlußstift m
terminal program [allows computer to be used
as a terminal to a host computer via a modem]
Terminal-Programm n [ermöglicht
Verwendung des PC als Terminal zu einem
Zentralrechner über ein Modem]
terminal statement
letzte Anweisung f
terminal voltage
Klemmenspannung f
terminate, to [a program]
beenden [ein Programm]
terminated line
abgeschlossene Leitung f
terminating decimal
endlicher Dezimalbruch m
terminology data base [for computer-aided
translation]
Terminologiedatenbank f [für die
rechnerunterstützte Übersetzung]
ternary code
Ternärcode m
ternary notation
ternäre **Schreibweise** f
ternary number system [number system with

the base 3]
ternäres **Zahlensystem** n [Zahlensystem mit
der Basis 3]
tertiary storage [storage for large amounts of
data]
Tertiärspeicher m [Speicher für große
Datenmengen]
test, to; check, to [general]
prüfen [allgemein]
test, to; debug, to [a program]
austesten [eines Programmes]
test aid, debugging aid
Testhilfe f
test channel
Prüfkanal m
test circuit
Prüfschaltung f
test clock-frequency
Prüftaktfrequenz f
test condition
Prüfbedingung f
test data
Testdaten n.pl.
test module
Prüfmodul m
test point [of a circuit]
Prüfpunkt m [einer Schaltung]
test pulse
Prüfimpuls m
test punched tape, test tape
Prüflochstreifen m
test reliability
Prüfzuverlässigkeit f
test routine, check routine, test program, check
program
Testprogramm n, Prüfprogramm n
test run [checking a program]
Testlauf m, Prüflauf m, Testdurchlauf m
[Prüfung eines Programmes]
test signal
Prüfsignal n, Testsignal n
test signal generator
Prüfsignalgenerator m
tetrad [group of 4 binary digits for representing
decimal digits, e.g. representation of the digit 7
by the tetrad 0111]
Tetrade f [Gruppe von 4 Binärstellen zur
Darstellung von Dezimalziffern, z.B. die
Darstellung der Ziffer 7 durch die Tetrade
0111]
tetrad code
tetradischer Code m
tetrode field-effect transistor
Field-effect transistor with four terminals (one
to the source, one to the drain and one to each
of two independent gate regions).
Feldeffekttransistortetrode f
Feldeffekttransistor mit vier Anschlüssen
(Sourceanschluß, Drainanschluß und zwei

voneinander unabhängige Gateanschlüsse).

tetrode transistor, transistor tetrode,
[transistor with two separate base electrodes
and two base terminals]
Transistortetrode *f* [Transistor mit zwei
getrennten Basiselektroden und zwei
Basisanschlüssen]

text editing
Textaufbereitung *f*

text editor, full-screen editor [displays text on
whole screen and has scrolling functions, in
contrast to line editor]
Texteditor *m* [Text wird in voller
Bildschirmgröße angezeigt und kann
zeilenweise geblättert werden, im Gegensatz
zum Zeileneditor]

text module, boilerplate text [section of text
stored for subsequent re-use]
Textbaustein *m* [zwecks späterer
Wiederverwendung abgespeicherter
Textabschnitt]

text formatter
Textformatierer *m*

text word
Textwort *n*

TF-FET (thin film field-effect transistor)
Insulated-gate field-effect transistor in which
the conducting channel is formed in a thin
semiconductor film deposited on an insulating
layer.
TF-FET *m,* Dünnfilm-FET *m,* Dünnschicht-
Feldeffekttransistor *m*
Isolierschicht-Feldeffekttransistor, dessen
stromführender Kanal in einer dünnen Halbleiterschicht gebildet wird, die auf eine
isolierende Schicht abgeschieden ist.

TFEL display (thin-film electroluminescent
display)
Dünnschicht-Elektrolumineszenzanzeige *f*

thermal breakdown [the increase in
temperature in a semiconductor device which
can lead to its destruction]
thermischer Durchbruch *m,* thermischer
Selbstmord *m* [Anwachsen der Temperatur in
einem Halbleiterbauteil, das zu seiner
Zerstörung führen kann]

thermal budget
The sum of thermal stress factors occurring
during the processing (deposition, diffusion,
doping, oxidation, healing, etc.) of wafers.
thermische Belastung *f*
Summe der Temperaturbelastungen, die
während der Verarbeitung (Abscheidung,
Diffusion, Dotierung, Oxidation, Ausheilung
usw.) von Halbleiterscheiben entstehen.

thermal capacity
Wärmekapazität *f*

thermal conduction
Wärmeleitung *f*

thermal conductivity
Wärmeleitfähigkeit *f*

thermal damage
thermischer Schaden *m*

thermal delay switch
thermischer Verzögerungsschalter *m*

thermal electron emission
thermische Elektronenemission *f*

thermal noise
thermisches Rauschen *n*

thermal oxidation
In planar technology the most widely used
process for producing insulating layers which
serve either as diffusion masks for selective
doping or as passivation layers.
thermische Oxidation *f*
Das bei der Planartechnik hauptsächlich
eingesetzte Verfahren zur Herstellung von
Isolierschichten, die als Masken für die
selektive Dotierung oder als Passivierschichten
dienen.

thermal printer
Non-impact printer in which alphanumeric
characters are formed by heated elements
arranged in a dot matrix which are in contact
with heat-sensitive paper.
Thermodrucker *m*
Nichtmechanischer Drucker, bei dem
alphanumerische Zeichen durch den Kontakt
von aufgeheizten, matrixförmig angeordneten
Elementen mit wärmeempfindlichem Papier
gebildet werden.

thermal resistance
thermischer Widerstand *m,*
Wärmewiderstand *m*

thermal runaway
thermisches Weglaufen *n*

thermal shock
The effect of a sudden change in temperature
on a device or a material which can be
detrimental to its performance or properties.
Thermoschock *m*
Die Wirkung eines plötzlichen
Temperaturwechsels auf ein Bauteil oder
Material, der zu einer Beeinträchtigung seiner
Eigenschaften bzw. Funktionstüchtigkeit
führen kann.

thermal shock resistance
Thermoschockfestigkeit *f*

thermal stability
thermische Beständigkeit *f,*
Wärmebeständigkeit *f*

thermal switch, bimetal switch
Thermoschalter *m,* Bimetallschalter *m*

thermally coupled
thermisch gekoppelt

thermally stable
wärmebeständig, hitzebeständig

thermistor

Temperature-sensitive resistor, fabricated in two versions either as NTC resistor (with a high negative temperature coefficient) or as PTC resistor (with a high positive temperature coefficient).
Thermistor *m*
Temperaturabhängiger Widerstand, der als Heißleiter (mit hohem negativen Temperaturkoeffizienten) und als Kaltleiter (mit hohem positiven Temperaturkoeffizienten) ausgeführt wird.

thermocompression bonding
Process for making electrical connections between the bonding pads on the chip and the external leads of the package by a combination of heat and pressure. Thermocompression methods include nailhead bonding, wedge bonding, stitch bonding and thermosonic bonding.
Thermokompressionsverfahren *n,*
Thermokompressionsschweißen *n*
Verfahren zum Herstellen von elektrischen Verbindungen zwischen den Kontaktflecken auf dem Chip und den Außenanschlüssen des Gehäuses durch eine Kombination von Wärme und Druck. Zu den Thermokompressions-verfahren gehören die Nagelkopfkontaktierung, die Keilkontaktierung, die Stichkontaktierung und das kombinierte Thermokompressions- und Ultraschallverfahren.

thermosonic bonding [combined thermocompression and ultrasonic bonding]
Thermosonikschweißen *n* [kombiniertes Thermokompressions- und Ultraschallverfahren]

thesaurus [list of terms arranged according to a classification system]
Thesaurus *m* [Sammlung von Begriffen, die nach einem Klassifizierungssystem geordnet sind]

thick-film capacitor
Dickschichtkondensator *m*
thick-film circuit
Dickschichtschaltung *f*
thick-film hybrid circuit
Circuits incorporating elements manufactured in thick-film technology with discrete components and/or integrated-circuit devices produced by other manufacturing methods on the same supporting substrate.
Dickschichthybridschaltung *f*
Schaltung, bei der die in Dickschichttechnik hergestellten Bauelemente durch in anderen Techniken hergestellte aktive oder passive Einzelbauelemente und/oder integrierte Bauteile ergänzt werden und auf einem Träger vereint sind.
thick-film integrated circuit
integrierte Dickschichtschaltung *f*

thick-film resistor
Dickschichtwiderstand *m*
thick-film substrate
Dickschichtsubstrat *n*
thick-film technology
Method of manufacturing integrated circuits by deposition of circuit elements (e.g. conductors, resistors, capacitors and insulators) in the form of thick film patterns on a supporting substrate. Film patterns are usually applied by silk-screening followed by firing.
Dickschichttechnik *f*
Technik für die Herstellung integrierter Schaltungen, bei der wesentliche Teile der Schaltung (z.B. Leiterbahnen, Widerstände, Kondensatoren und Isolierungen) als Schichten auf einen Träger aufgebracht und anschließend eingebrannt werden. Das Aufbringen der Schichten erfolgt vorwiegend im Siebdruck-verfahren.

thin-film capacitor
Dünnschichtkondensator *m*
thin-film circuit
Dünnschichtschaltung *f,* Dünnfilm-schaltung *f*
thin-film electroluminescent display (TFEL display)
Dünnschicht-Elektrolumineszenzanzeige *f*
thin-film field-effect transistor (TF-FET)
Insulated-gate field-effect transistor in which the conducting channel is formed in a thin semiconductor film deposited on an insulating layer.
Dünnschicht-Feldeffekttransistor *m,* Dünnfilm-FET *m,* TF-FET *m*
Isolierschicht-Feldeffekttransistor, dessen stromführender Kanal in einer dünnen Halb-leiterschicht gebildet wird, die auf eine isolierende Schicht abgeschieden ist.
thin-film integrated circuit
integrierte Dünnschichtschaltung *f*
thin-film memory
Dünnschichtspeicher *m*
thin-film resistor
Dünnschichtwiderstand *m*
thin-film solar cell
Dünnschichtsolarzelle *f*
thin-film substrate
Dünnschichtsubstrat *n*
thin-film technology
Method of manufacturing integrated circuits by the deposition of circuit elements (e.g. conductors, resistors, capacitors and insulators) in the form of thin films on a supporting substrate of ceramic or glass. Film deposition is usually effected by vacuum evaporation processes.
Dünnschichttechnik *f,* Dünnfilmtechnik *f*
Technik zur Herstellung integrierter

Schaltungen, bei der wesentliche Teile der Schaltung (z.B. Leiterbahnen, Widerstände, Kondensatoren und Isolierungen) in Form dünner Schichten auf Träger aus Keramik oder Glas aufgebracht werden. Das Aufbringen erfolgt vorwiegend mit Vakuumbeschichtungs-verfahren.

thin-film transistor
Dünnschichttransistor m, Dünnfilmtransistor m

threaded program [program consisting exclusively of independent sections, e.g. a C program comprising independent program modules]
gekettetes Programm n, gereihtes Programm n [ein Programm, das lediglich aus unabhängigen Teilen besteht, z.B. ein C-Programm mit unabhängigen Modulen]

threaded tree [tree in which each node has pointers to other nodes]
gekettete Baumstruktur f [Baum, dessen Knoten Zeiger auf die anderen Knoten aufweisen]

three-address instruction [instruction with three address parts]
Dreiadreßbefehl m [Befehl mit drei Adreßteilen]

three-dB bandwidth [bandwidth between the limiting frequencies characterized by a drop in amplitude of 3 dB]
Drei-dB-Bandbreite f [Bandbreite zwischen den Grenzfrequenzen, die durch einen 3-dB-Abfall der Amplitude gekennzeichnet sind]

three-dimensional memory organisation [of magnetic core stores]
Drei-D-Speicherorganisation f [von Magnetkernspeichern]

three-input subtracter
Subtrahierglied mit drei Eingängen n

three-level subroutine
dreistufiges Unterprogramm n

three-phase
dreiphasig

three-phase current
Drehstrom m

three-state driver, tri-state driver [amplifier with three-state output]
Treiber mit Tri-State-Ausgang m, Treiber mit Dreizustandsausgang m [Verstärker mit Dreizustandsausgang]

three-state output, tri-state output
An output which can assume one of three states: the two active states (logical 0 and logical 1) and a passive (high-impedance) state; this third state enables the device to be decoupled from the bus.
Tri-State-Ausgang m, Ausgang mit Drittzustand m, Dreizustandsausgang m
Ein Ausgang, der neben den beiden aktiven Zuständen (logisch 0 und logisch 1) einen passiven (hochohmigen) Zustand annehmen kann; der dritte Zustand ermöglicht die Entkopplung des Bausteins vom Bus.

three-state TTL, tri-state TTL, three-state circuit
Variant of TTL logic in which the output stages (or the input and output stages) of a circuit have the normal low-impedance logical 0 and logical 1 states with an additional third high-impedance disabled state. With the aid of a select input, this allows the output of a circuit to be disabled, i.e. to be effectively disconnected. Three-state circuits are used with microprocessors, memory devices and peripherals to permit sharing of a common bus line by several devices.
Dreizustandslogik f, Tri-State-TTL f, Tri-State-Schaltung f
Variante der TTL-Logik, bei der die Ausgangsstufen (oder Eingangs- und Ausgangsstufen) einer Schaltung neben den niederohmigen Zuständen logisch 0 und logisch 1 einen dritten hochohmigen Sperrzustand haben. Damit kann über einen Auswahleingang der Ausgang einer Schaltung bzw. eines Gatters gesperrt, d.h. von der Anschlußleitung getrennt werden. Tri-State-Schaltungen werden bei Mikroprozessoren, Speicherbausteinen und Peripheriebausteinen verwendet, um den Betrieb mehrerer Bausteine an einem gemeinsamen Bus zu ermöglichen.

threshold [the smallest signal value (e.g. voltage or current) producing a detectable response]
Schwellwert m [der kleinste Signalwert (z.B. Spannung oder Strom), bei dem eine feststellbare Wirkung erfolgt]

threshold element
Schwellwertelement n

threshold gate [special gate which responds to a threshold value (minimum or maximum number of inputs with state 1)]
Schwellwertgatter n [spezielles Gatter, das auf einen Schwellenwert (Mindest- bzw. Maximalzahl der Eingänge mit Zustand 1) anspricht]

threshold logic [logic circuit comprising threshold gates]
Schwellwertlogik f [Logikschaltung mit Schwellwertgattern]

threshold switch
Schwellwertschalter m

threshold voltage
Schwellenspannung f, Schwellwertspannung

through connection [printed circuit boards]
Durchverbindung f [Leiterplatten]

through-hole mounting [printed circuit boards]
Durchgangsloch n [Leiterplatten]

throughput, throughput rate [e.g. data/unit

time, tasks/day]
  Durchsatz m, Durchsatzrate f [z.B.
  Daten/Zeiteinheit, Aufträge/Tag]
throughput time
  Durchsatzzeit f
thumbwheel switch
  Daumenradschalter m
thyristor, silicon controlled rectifier (SCR)
  Semiconductor component, with four differently
  doped regions (pnpn structure) and three
  junctions, which can be triggered from its
  blocking state into its conducting state and
  vice-versa. Thyristors have a wide range of
  applications in power electronics (e.g. for speed
  and frequency control).
  Thyristor m, gesteuerter Gleichrichter m
  Halbleiterbauelement mit vier unterschiedlich
  dotierten Bereichen (PNPN-Struktur) und drei
  Übergängen, das von einem Sperrzustand in
  einen Durchlaßzustand (und umgekehrt)
  umgeschaltet werden kann. Thyristoren haben
  ein breites Anwendungsgebiet in der
  Leistungselektronik (z.B. Drehzahl- und
  Frequenzsteuerung).
thyristor amplifier
  Thyristorverstärker m
thyristor ignition
  Thyristorzündung f
thyristor regulator
  Thyristorregler m
thyristor switch
  Thyristorschalter m
TIFF (Tagged Information File Format)
  [graphical file format standardized by scanner
  manufacturers as well as Aldus and Microsoft]
  TIFF [Graphik-Dateiformat, das von Scanner-
  Herstellern sowie von Aldus und Microsoft
  genormt wurde]
TIGA (Texas Instruments Graphics Architecture)
  [software interface for graphic boards]
  TIGA [Software-Schnittstelle von Texas
  Instruments für Graphikkarten]
tight coupling [magnetic]
  feste Kopplung f [magnetisch]
time base [e.g. of an oscilloscope]
  Zeitbasis f [z.B. eines Oszillographen]
time base extension
  Zeitbasisdehnung f
time between refresh
  Auffrischwiederholzeit f
time delay
  Zeitverzögerung f
time delay switch
  Zeitschalter m
time dependency
  Zeitabhängigkeit f
time-dependent
  zeitabhängig
time discriminator

  Zeitdiskriminator m
time displacement [e.g. of a pulse]
  zeitliche Verschiebung f [z.B. eines
  Impulses]
time division multiplex (TDM)
  Zeitmultiplex n
time division multiplex operation, multiplex
  operation [time-shared transmission of several
  signals over the same channel]
  Zeitmultiplexbetrieb m, Multiplexbetrieb m
  [zeitlich verzahnte Übertragung mehrerer
  Signale über einen Kanal]
time gate
  Zeitgatter n
time interval
  Zeitintervall n
time-lag relay
  Zeitrelais n
time limit
  Zeitbegrenzung f
time-of-day clock
  Tageszeituhr f
time sharing
  zeitlich verzahnte Verarbeitung f
time-sharing operation [allows several users to
  simultaneously access a computer]
  Zeitscheibenbetrieb m, Teilnehmerbetrieb m
  [erlaubt mehrerer Benutzer den gleichzeitigen
  Zugriff auf einen Rechner]
time-sharing system (TSS)
  Zeitscheibensystem n, Teilnehmersystem n
time slice [short time allocated to individual
  user in a time-sharing system]
  Zeitscheibe f [kurze Zeitspanne, die dem
  einzelnen Benutzer eines Zeitscheibensystems
  zugeordnet ist]
time slot
  Zeitkanal m, Zeitschlitz m
timeout [switching off action initiated when a
  preset time interval has elapsed]
  Zeitabschaltung f [Abschaltvorgang nach
  Überschreitung einer voreingestellten
  Zeitspanne]
timer [one distinguishes between absolute (real-
  time clock), relative and incremental timers]
  Zeitgeber m [man unterscheidet zwischen
  absolutem (Echtzeit-, Realzeit- oder
  Uhrzeitgeber), relativem und inkrementalem
  Zeitgeber]
timer-prescaler
  Zeitgeber-Vorteiler m
timer stage
  Zeitstufe f
times option, repeat option, repetition option
  Wiederholangabe f
timesharing mode [computer operating mode
  allowing several users to work simultaneously;
  the computer serves each user in periodically
  repeating, short time intervals (time slices)]

Teilnehmerbetrieb *m*, Timesharing-Betrieb *m* [Rechnerbetriebsart, bei der mehrere Benutzer gleichzeitig arbeiten können; der Rechner bedient jeden Benutzer in periodisch wiederkehrenden, kurzen Zeitintervallen (Zeitscheiben)]

timing
Zeitablauf *m*, zeitliche Steuerung *f*

timing diagram, pulse timing diagram [pulse level as a function of time]
Impulsdiagramm *n* [zeitlicher Ablauf des Impulspegels]

timing flip-flop
Zeitsteuer-Flipflop *n*

timing pulse
Zeitimpuls *m*

tin solder
Lötzinn *m*

tin solder splash, solder splash, splash
Lötzinnspritzer *m*, Zinnspritzer *m*, Spritzer

tinning [solder joint]
Verzinnen *n* [Lötstelle]

TLU (table look-up), table look-up program [sorted tables are usually binary searched, unsorted are sequentially searched]
Tabellensuchprogramm *n* [sortierte Tabellen werden meistens binär, unsortierte sequentiell durchsucht]

TN LCD display (Twisted Nematic LCD)
TN-LCD-Anzeige *f* [LCD-Anzeige mit verdrilltem nematischen Flüssigkristall]

TO-package, TO-case
Circular can package (usually metal) with leads arranged in a circle and projecting from the package base; it is used for discrete semiconductor components and integrated circuit devices.
TO-Gehäuse *n*
Rundgehäuse (meistens aus Metall) mit kreisförmig angeordneten, nach unten aus dem Gehäuse austretenden Zuführungen, das für Einzelbauelemente und integrierte Halbleiterbauteile verwendet wird.

token [in communication systems]
Token *n*, Sendeberechtigungszeichen *n* [bei Kommunikationssystemen]

token-passing network access
Token-Zugriffsverfahren *n*

token-passing network access protocol
Token-Zugriffsprotokoll *n*

token-passing procedure [procedure for local area networks (LAN); authorizes transmission by means of a token circulating in a ring network]
Token-Passing-Verfahren *n* [Verfahren für lokale Rechnernetze (LAN); die Sendeberechtigung wird durch eine auf einem Ringnetz umlaufende Marke (Token) erteilt]

token ring

Token-Ring *m*

tolerated stress, maximum limited stress
Grenzbeanspruchung *f*

tool, software tool
Werkzeug *n*, Software-Werkzeug *n*

top-down programming [concept and implementation of a program from top (user interface) downwards (computer interface)]
Top-Down-Programmierung *f* [Entwurf und Implementierung eines Programmes von oben (Benutzerschnittstelle) nach unten (Rechnerschnittstelle)]

top margin
oberer Rand *m*

top of form [printer]
Blattanfang *m* [Drucker]

TOPFET (temperature and overload protected field-effect transistor)
A MOSFET comprising on-chip circuits for short-circuit, overtemperature, and overvoltage protection; is used in automotive electronics and industrial applications]
TOPFET *m* (temperatur- und überlastgeschützter Feldeffekttransistor)
Ein MOSFET, der chipintegrierte Schaltungen für den Kurzschluß-, Übertemperatur- und Überspannungsschutz beinhaltet; wird in der Fahrzeugelektronik und für Anwendungen in der Industrie eingesetzt]

topological overview [in integrated circuit design, the representation of the complete circuit layout with the aid of check plots]
topologische Übersicht *f* [beim Entwurf integrierter Schaltungen Übersicht über die Gesamtschaltung mit Hilfe von Kontrollzeichnungen]

toroid
Ringkern *m*

TOS (T Operating System) [operating system developed by Atari for Motorola 68000 processors]
TOS [von Atari entwickeltes Betriebssystem für Motorola 68000-Prozessor-Familie]

total failure [failure of all functions of an item]
Totalausfall *m*, Gesamtausfall *m* [Ausfall aller Funktionen einer Betrachtungseinheit]

total inspection
Vollprüfung *f*

totem-pole circuit
An output in TTL integrated circuits using two transistors operating in push-pull mode.
Totem-Pole-Schaltung *f*
Ein mit zwei Transistoren im Gegentakt arbeitender Ausgang bei TTL integrierten Schaltungen.

touch screen, touch panel [screen combined with entry tablet]
Berührungsbildschirm *m*,
Berührungstablett *n* [Bildschirm kombiniert

mit Eingabe-Tablett]
trace program [during programming]
  Ablaufverfolgung *f* [bei der Programmierung]
track [on punched tapes, magnetic tapes and
  magnetic disks]
  Spur *f* [bei Lochstreifen, Magnetbändern und
  Magnetplatten]
track, to [control]
  nachführen [Regeltechnik]
track ball, tracking ball [input device for moving
  the cursor on the display; has the same effect
  as a joystick]
  Rollkugel *f* [Eingabegerät zur Steuerung des
  Zeigers (Cursors) auf dem Bildschirm; hat die
  gleiche Wirkung wie ein Steuerknüppel]
track-to-track access time [disk, diskette]
  Spurwechselzeit *f* [Magnetplatte, Diskette]
tracks per inch (TPI), track density
  Spuren pro Zoll, Spurendichte *f*
tractor [feeds continuous forms in printer]
  Traktor *m* [Zuführung von Endlospapier im
  Drucker]
tractor feed
  Traktor-Zuführung *f*
trailer
  Nachsatz *m*
trailer address
  Nachsatzadresse *f*
trailer label [for magnetic tapes]
  Endeetikett *n*, **Schlußetikett** *n*, **Nachspann** *m*
  [bei Magnetbändern]
trailing edge [of a pulse]
  Rückflanke *f* [eines Impulses]
trailing filler, trailing pad [a fill or pad
  character stored to the right of a left-justified
  file]
  nachfolgendes Füllzeichen *n* [ein
  Füllzeichen, das rechts von einer linksbündigen
  Datei gespeichert wird]
transaction [single action in dialog mode, e.g.
  insertion, modification or deletion of a record in
  a file; in a data base one transaction can lead to
  a number of accesses]
  Transaktion *f*, Vorgang *m* [einzelner Vorgang
  im Dialogbetrieb, z.B. Einfügen, Verändern
  oder Löschen eines Datensatzes in einer Datei;
  in einer Datenbank kann ein Vorgang mehrere
  Zugriffe zur Folge haben]
transaction file
  Bewegungsdatei *f*, **Vorgangsdatei** *f*
transceiver (transmitter/receiver)
  Transceiver *m* [Sende-Empfangsgerät]
transconductance
  Vorwärtssteilheit *f*
transfer address, destination address [in a jump
  instruction]
  Zieladresse *f*, **Verzweigungsadresse** *f* [bei
  einem Sprungbefehl]
transfer characteristics

Transferkennlinie *f*
transfer current
  Transferstrom *m*
transfer function [two-port network]
  Transferfunktion *f* [Vierpol]
transfer gate [in CMOSFETs]
  Übertragungs-Gate *n* [bei CMOSFET]
transfer parameter
  Übertragungskenngröße *f*
transfer rate [data transfer rate, e.g. in
  Mbytes/s]
  Transfergeschwindigkeit *f*,
  Übertragungsgeschwindigkeit *f*
  [Datenübertragungsgeschwindigkeit, z.B. in
  MByte/s]
transfer statement, GO-TO statement [e.g. in
  ALGOL, BASIC, FORTRAN]
  Sprunganweisung *f* [z.B. in ALGOL, BASIC,
  FORTRAN]
transfer target
  Ansprungziel *n*, **Sprungziel** *n*
transformation ratio, turns ratio [transformer]
  Übersetzungsverhältnis *n* [Transformator]
transformer
  Transformator *m*
transformer-coupled amplifier
  Transformatorverstärker *m*,
  transformatorgekoppelter Verstärker *m*
transient [non-periodic phenomenon, e.g. a
  switching transient]
  Ausgleichsvorgang *m*, Transient *m*
  [nichtperiodischer Vorgang, z.B. Ein- oder
  Ausschwingvorgang]
transient pulse
  Einschwingimpuls *m*
transient response [response of a system to a
  sudden change in input signal, e.g. to a step
  function]
  Einschwingverhalten *n*, **Übergangsverhalten**
  n [Antwortsignal eines Systems auf eine
  plötzliche Änderung des Eingangssignales, z.B.
  auf eine Sprungfunktion]
transient state [of a signal]
  Einschwingzustand *m* [eines Signals]
transistor
  Active semiconductor component with three or
  more terminals. Distinction is made between
  bipolar and field-effect transistors.
  Transistor *m*
  Aktives Halbleiterbauelement mit drei oder
  mehr Anschlüssen. Man unterscheidet
  zwischen Bipolartransistoren und Feldeffekttransistoren.
transistor amplifier [amplifier in which one or
  more transistors provide amplification]
  Transistorverstärker *m* [Verstärker mit
  einem oder mehreren Transistoren als
  verstärkende Elemente]
transistor circuit [circuit in which transistors

are used]
Transistorschaltung f [Schaltung, in der
Transistoren verwendet werden]
transistor equivalent circuit
Transistorersatzschaltung f
transistor noise
Transistorrauschen n
transistor oscillator [oscillator with one or
more transistors acting as amplifiers]
Transistoroszillator m [Oszillator, bei dem
ein oder mehrere Transistoren als Verstärker
wirken]
transistor parameters
Transistorkenngrößen f.pl.
transistor switch, switching transistor
A transistor which is used as an electronic
switch.
Transistorschalter m, Schalttransistor m
Ein Transistor, der als elektronischer Schalter
verwendet wird.
transistor tetrode, tetrode transistor [transistor
with two separate base electrodes and two base
terminals]
Transistortetrode f [Transistor mit zwei
getrennten Basiselektroden und zwei
Basisanschlüssen]
transistor-transistor logic (TTL, T^{2}L)
One of the most widely used logic families
which is characterized by one or more
multiemitter transistors at the input.
Transistor-Transistor-Logik f (TTL, T^{2}L)
Eine der am meisten verwendeten
Logikfamilien, die durch einen oder mehrere
Multiemittertransistoren am Eingang
gekennzeichnet ist.
transistor triode, triode transistor [synonym for
a transistor]
Transistortriode f [Synonym für Transistor]
transition frequency [parameter characterizing
the high-frequency properties of a transistor]
Transitfrequenz f [Kenngröße, die die
Hochfrequenzeigenschaften eines Transistors
charakterisiert]
transition-operated input
flankengesteuerter Eingang m
transmission, transfer
Übertragung f
transmission channel
Übertragungskanal m
transmission characteristic, transfer
characteristic
Übertragungskennlinie f
transmission electron microscope
Durchstrahlungs-Elektronenmikroskop n
transmission error
Übertragungsfehler m
transmission frequency
Übertragungsfrequenz f
transmission loss

Durchgangsdämpfung f
transmission reliability
Übertragungssicherheit f
transmission speed [e.g. in bauds (bits/s)]
Übertragungsgeschwindigkeit f [z.B. in
Baud (Bits/s)]
transmission time, transfer time
Übertragungszeit f
transmit, to; transfer, to
übertragen
transmitter
Sender m, Transmitter m
transmitting mode
Sendebetrieb m
transmutation [semiconductor doping]
A doping process in which neutron irradiation
of silicon in a nuclear reactor causes certain
silicon isotopes to be changed into phospherous
isotopes. The process allows highly
homogeneous doping.
Kernumwandlung f [Halbleiterdotierung]
Ein Dotierungsverfahren, bei dem bestimmte
Siliciumisotope durch Neutronenbestrahlung in
einem Kernreaktor in Phosphorisotope
umgewandelt werden. Das Verfahren erlaubt
eine sehr homogene Dotierung.
transparent mode, code-transparent mode [data
transmission of any bit combination without
consideration of control characters]
transparenter Modus m [Datenübertragung
beliebiger Bitkombinationen ohne Rücksicht
auf Steuerzeichen]
transponder (transmitter/responder) [a device
which can receive an input signal, act upon it,
and retransmit it; is mainly used in aircraft
and satellites]
Transponder m [Gerät, das ein
Eingangssignal empfangen, es umsetzen und
als Antwortsignal wieder aussenden kann; wird
vorwiegend in der Luft- und Raumfahrt
eingesetzt]
transport layer [one of the seven layers of the
ISO reference model for computer networks]
Transportschicht f, Transportebene f [eine
der sieben Schichten des ISO-Referenzmodells
für den Rechnerverbund]
transputer [special processor architecture for
high-speed parallel processing]
Transputer m [für Hochgeschwindigkeits-
Parallelverarbeitung ausgelegte
Prozessorarchitektur]
trap [for activating a program interrupt; routine
for handling an exceptional event in a
processor]
Fangstelle f, Trap f [zur Aktivierung einer
Programmunterbrechung; Unterprogramm zur
Behandlung eines außergewöhnlichen
Ereignisses in einem Prozessor]
trap [semiconductor crystals]

Imperfection in a semiconductor crystal which
temporarily prevents a carrier from moving.
Zeithaftstelle *f,* **Haftstelle** *f,* **Trap** *f*
[Halbleiterkristalle]
Störstelle in einem Halbleiterkristall, die einen
Ladungsträger vorübergehend festhalten kann.
trap, to [carry out an unprogrammed jump]
einfangen [Ausführen eines nicht
programmierten Sprunges]
trap-free semiconductor material
haftstellenfreies Halbleitermaterial *n*
TRAPATT **diode** (trapped plasma avalanche
triggered transit diode) [microwave
semiconductor diode]
TRAPATT-Diode *f* [Halbleiterdiode für den
Mikrowellenbereich]
trash can [icon for deleting files]
Papierkorb *m* [graphisches Symbol für
Löschen von Dateien]
tree decoder
Baumdekodierer *m,* Baumdecoder *m*
tree structure [of a file or a data base system]
Baumstruktur *f* [einer Datei oder eines
Datenbanksystems]
tri-state driver, three-state driver [amplifier
with three-state output]
Treiber mit Tri-State-Ausgang *m,* Treiber
mit Dreizustandsausgang *m* [Verstärker mit
Dreizustandsausgang]
tri-state output, three-state output
An output which can assume one of three
states: the two active states (logical 0 and
logical 1) and a passive (high-impedance) state;
this third state enables the device to be
decoupled from the bus.
Tri-State-Ausgang *m,* Dreizustandsausgang
m, Ausgang mit Drittzustand *m*
Ein Ausgang, der neben den beiden aktiven
Zuständen (logisch 0 und logisch 1) einen
passiven (hochohmigen) Zustand annehmen
kann; der dritte Zustand ermöglicht die
Entkopplung des Bausteins vom Bus.
tri-state TTL, three-state TTL, three-state
circuit
Variant of TTL logic in which the output stages
(or the input and output stages) of a circuit
have the normal low-impedance logical 0 and
logical 1 states with an additional third high-
impedance disabled state. With the aid of a
select input, this allows the output of a circuit
to be disabled, i.e. to be effectively
disconnected. Three-state circuits are used with
microprocessors, memory devices and
peripherals to permit sharing of a common bus
line by several devices.
Tri-State-TTL *f,* Dreizustandslogik *f,* Tri-
State-Schaltung *f*
Variante der TTL-Logik, bei der die
Ausgangsstufen (oder Eingangs- und

Ausgangsstufen) einer Schaltung neben den
niederohmigen Zuständen logisch 0 und logisch
1 einen dritten hochohmigen Sperrzustand
haben. Damit kann über einen Auswahleingang
der Ausgang einer Schaltung bzw. eines
Gatters gesperrt, d.h. von der Anschlußleitung
getrennt werden. Tri-State-Schaltungen
werden bei Mikroprozessoren,
Speicherbausteinen und Peripheriebausteinen
verwendet, um den Betrieb mehrerer Bausteine
an einem gemeinsamen Bus zu ermöglichen.
triac (triode alternating current switch), bilateral
thyristor, bilateral SCR
Semiconductor component with two parallel,
back-to-back thyristor structures that can
switch current in both directions.
Triac *m,* Zweirichtungsthyristor *m*
Halbleiterbauelement mit zwei parallelen und
entgegengesetzt orientierten
Thyristorstrukturen, das Ströme in beiden
Richtungen schalten kann.
trial
Probe *f*
trial-and-error method
empirisches Ermittlungsverfahren *n*
trial run [of a program]
Probedurchlauf *m* [eines Programmes]
tribit [three bits]
Tribit *n* [drei Bits]
trigger, trigger pulse, triggering pulse
Auslöseimpuls *m,* Triggerimpuls *m*
trigger, to
auslösen, ansteuern, triggern
trigger circuit
Auslöseschaltung *f,* Triggerschaltung *f*
trigger pulse [general]
Auslöseimpuls *m,* Ansteuerungsimpuls *m,*
Triggerimpuls *m* [allgemein]
trigger pulse [switches a thyristor from the off
to the on-state]
Zündimpuls *m* [Steuerimpuls, der einen
Thyristor vom Sperr- in den Durchlaßzustand
umschaltet]
trigger signal
Triggersignal *n*
trigger voltage
Auslösespannung *f*
triggered flip-flop, clocked flip-flop [flip-flop
employing a clock pulse for changing its state]
taktgesteuertes Flipflop *n,* getaktetes
Flipflop *n,* Trigger-Flipflop *n* [Flipflop mit
Auslösung des Zustandswechsels durch einen
Taktimpuls]
triggering
Auslösen *n,* Auslösung *f,* Triggerung *f*
triggering diode
Auslösediode *f,* Triggerdiode *f*
triggering level
Auslösepegel *m,* Triggerpegel *m*

triggering transistor
Auslösetransistor *m*, Triggertransistor *m*

trigonometric function
trigonometrische Funktion *f*

trim, to
beschneiden, trimmen

trimming capacitor, trimmer [a variable capacitor]
Trimmerkondensator *m*, Abgleichkondensator *m* [ein einstellbarer Kondensator]

trimming resistor, trimmer [a variable resistor]
Trimmerwiderstand *m*, Abgleichwiderstand *m* [ein einstellbarer Widerstand]

triode
Triode *f*

triode field-effect transistor
Field-effect transistor with three terminals (one each to the source, drain and gate regions).
Feldeffekttransistortriode *f*
Feldeffekttransistor mit drei Anschlüssen (je ein Anschluß zu den Source-, Drain- und Gatezonen).

triode thyristor
Thyristor with three terminals. There are two basic versions: reverse-blocking and reverse-conducting triode thyristors.
Thyristortriode *f*
Thyristor mit drei Anschlüssen. Man unterscheidet zwischen rückwärtssperrenden und rückwärtsleitenden Thyristortrioden.

triple-diffused transistor
dreifachdiffundierter Transistor *m*

triple-diffusion process
Dreifachdiffusion *f*

triple error
Dreibitfehler *m*

triple-length register, triple register
Register dreifacher Wortlänge *n*

triple precision [increasing computing accuracy by the use of 3 computer words for representing a number]
dreifache Genauigkeit *f* [Erhöhung der Rechengenauigkeit durch Verwendung von 3 Rechenworten, um eine Zahl darzustellen]

triple twisted LCD [liquid crystal display with three crystal layers]
Dreischicht-LCD-Anzeige *f* [Flüssigkristall-anzeige mit drei Kristallschichten]

Trojan horse, killer program [program that enters the system under a false name and causes damage when executed]
trojanisches Pferd *n*, Killer-Programm *n* [Programm, das unter falschem Namen in das System gelangt und bei der Ausführung Schaden anrichtet]

Tron (The Real-time Operating system Nucleus) [Japanese development project for new computer architecture]

Tron [japanisches Entwicklungsprojekt für eine neue Rechnerarchitektur]

troubleshooting, program debugging, debugging
Fehlerbeseitigung *f*, Programmfehlerbeseitigung *f*, Fehlersuchen *n*

true/false condition, true/false clause
Richtig-/Falsch-Bedingung *f*

truncate, to [a computation process in accordance with specified rules]
abbrechen, abschneiden [eines Rechenverfahrens nach vorgegebenen Regeln]

truncation [of a computation process]
Abbrechen *n* [eines Rechenverfahrens]

truncation error [of a computation process]
Abbrechfehler *m* [eines Rechenverfahrens]

truth function
Wahrheitsfunktion *f*

truth table [represents a logic function in tabular form; it lists all possible combinations of the input values and the resulting output values; a function with *n* inputs has 2*n* rows and *n*+1 columns]
Wahrheitstabelle *f*, Verknüpfungstafel *f* [stellt eine logische Funktion tabellenförmig dar; sie führt alle Kombinationen der Eingangswerte und der sich ergebenden Ausgangswerte auf; eine Funktion mit *n* Eingängen hat 2*n* Zeilen und *n*+1 Spalten]

truth value, logical value [the values "true" (1) and "false" (0) in logical statements]
Wahrheitswert *m*, Boolescher Wert *m* [die Werte "wahr" (1) und "falsch" (0) bei logischen Aussagen]

TSS (time-sharing system)
Zeitmultiplexsystem *n*, Teilnehmersystem *n*

TTL, T²L (transistor-transistor logic)
One of the most widely used logic families, characterized by one or more multiemitter transistors at the input.
TTL, T²L, Transistor-Transistor-Logik *f*
Eine der am meisten verwendeten Logikfamilien, die durch einen oder mehrere Multiemittertransistoren am Eingang gekennzeichnet ist.

TTL-compatible
Voltage level for clock, address, signal inputs and outputs that are compatible with those of TTL logic circuits. This allows dissimilar circuits, e.g. MOS memories and TTL logic circuits to be connected together in the same system.
TTL-kompatibel
Spannungspegel für die Takt-, Adreß-, Signal-Ein- und Ausgänge einer Schaltung, die mit den Pegeln von TTL-Logikschaltungen kompatibel sind. Dadurch können z.B. MOS-Speicher mit TTL-Schaltungen in einem System verdrahtet werden.

TTL-input

TTL-Eingang *m*
TTY (teletypewriter), teleprinter
　Fernschreiber *m*
tuned
　abgestimmt
tuned amplifier
　Resonanzverstärker *m*
tungsten (W) [heavy metal having an extremely
　high melting point, used as the gate electrode
　in some MOS structures]
　Wolfram *n* (W) [Schwermetall mit extrem
　hohem Schmelzpunkt, das bei einigen MOS-
　Strukturen als Gateelektrode verwendet wird]
tuning
　Abstimmen *n*, **Abstimmung** *f*
tuning diode
　Abstimmdiode *f*
tunnel diode [heavily doped semiconductor
　diode mainly used in microwave applications]
　Tunneldiode *f* [hochdotierte Halbleiterdiode,
　die vorwiegend im Mikrowellenbereich
　verwendet wird]
tunnel effect
　The penetration of a potential barrier by a
　charge carrier whose energy is theoretically
　insufficient to overcome the barrier. This is
　obtained by an extremely thin depletion layer
　which results from heavily doping both the p-
　and n-type regions. This effect is used, for
　example, in tunnel diodes.
　Tunneleffekt *m*
　Das Durchdringen eines Potentialwalles durch
　einen Ladungsträger, dessen Energie dazu
　theoretisch nicht ausreicht. Der Effekt wird
　durch die extrem schmale Raumladungszone
　erzielt, die infolge der hohen Dotierung der P-
　und N-Bereiche zustande kommt. Dieser Effekt
　wird beispielsweise bei Tunneldioden genutzt.
tunnel junction
　A junction between heavily doped p-type und n-
　type regions.
　Tunnelübergang *m*
　Ein Übergang zwischen stark dotierten P- und
　N-Bereichen.
tunneling, tunnel action
　Current conduction through a pn-junction as a
　result of the tunnel effect.
　Tunnelung *f*, **Tunneln** *n*, **Tunnelvorgang** *m*
　Stromleitung durch einen PN-Übergang, der
　auf dem Tunneleffekt beruht.
tunneling electron
　An electron that penetrates a potential barrier
　as a result of the tunnel effect.
　Tunnelelektron *n*
　Ein Elektron, das infolge des Tunneleffektes
　einen Potentialwall durchdringt.
turbo languages [programming language
　implementations by Borland: Turbo BASIC,
　Turbo C, Turbo PASCAL and Turbo PROLOG]

Turbo-Sprachen *f.pl.* [von Borland
　implementierte Programmiersprachen: Turbo
　BASIC, Turbo C, Turbo PASCAL und Turbo
　PROLOG]
Turing machine [mathematical model of an
　idealized computer machine]
　Turing-Maschine *f* [mathematisches Modell
　einer idealisierten Rechenmaschine]
turn-off delay time
　Abschaltverzögerungszeit *f*
turn-off time
　Ausschaltzeit *f*
turn-on, to
　anschalten, einschalten
turn-on delay time
　Einschaltverzögerungszeit *f*
turn-on level
　Einschaltpegel *m*
turn-on time
　Einschaltzeit *f*
twisted-pair cable, twisted-pair line
　verdrilltes Leiterpaar *n*, **verdrillte
　Doppelleitung** *f*
two-address instruction [an instruction with
　two address parts]
　Zweiadreßbefehl *m* [ein Befehl mit zwei
　Adreßteilen]
**two-and-a-half-dimensional memory
　organisation** [of magnetic core stores]
　Zweieinhalb-D-Speicherorganisation *f* [von
　Magnetkernspeichern]
two-dimensional electron gas [is used in
　extremely fast field-effect transistors, e.g.
　TEGFETs]
　zweidimensionales Elektronengas *n* [wird
　bei extrem schnellen Feldeffekttransistoren
　genutzt, z.B. bei TEGFET]
two-dimensional memory organisation [of
　magnetic core stores]
　Zwei-D-Speicherorganisation *f* [von
　Magnetkernspeichern]
two-frequency recording, double frequency
　recording, pulse width recording [magnetic tape
　recording method]
　Wechseltaktschrift *f* [Verfahren für die
　Magnetbandaufzeichnung]
two-input subtracter
　Subtrahierglied mit zwei Eingängen *n*
two-level subroutine
　zweistufiges Unterprogramm *n*
two-out-of-five code [a binary code for decimal
　digits using 5 bits; it employs 2 binary ones and
　3 binary zeroes for each decimal digit, and is
　thus easily checked]
　Zwei-aus-Fünf-Code *m* [Binärcode für
　Dezimalziffern, der 5 Bits verwendet; jede
　Dezimalziffer ist mit 2 Binäreinser und 3
　Binärnullen codiert; dadurch ergibt sich eine
　leichte Überprüfbarkeit]

two-phase clock
  Zweiphasentakt *m*
two-port equations [equations describing the
  characteristics of a two-port]
  Vierpolgleichungen *f.pl.* [Gleichungen, die
  die Vierpoleigenschaften beschreiben]
two-port equivalent circuit
  Vierpolersatzschaltung *f*
two-port network, four-pole network, two-
  terminal pair network
  Method commonly used to describe an electrical
  circuit (or network) that is connected to other
  network elements by four terminals which are
  paired to form two ports.
  Vierpol *m*, Zweitor *n*
  Allgemeines Schema zur Kennzeichnung einer
  elektrischen Schaltung, die mit vier
  Anschlüssen (Klemmen) mit anderen
  Schaltungsteilen verbunden ist, wobei jeweils
  zwei Anschlüsse zu einem Klemmenpaar oder
  Tor zusammengefaßt werden.
two-port parameter, four-pole parameter
  Vierpolparameter *m*
two-port theory, four-pole theory
  Vierpoltheorie *f*
two-quadrant multiplier
  Zweiquadrant-Multiplizierschaltung *f*
two-step diffusion
  Doping of a semiconductor region with
  impurities in two diffusion steps: the first step,
  called predeposition, is followed by the second
  step, called drive-in cycle, in order to achieve
  the desired diffusion depth and concentration
  profile.
  Zweischrittdiffusion *f*
  Dotierung eines Halbleiterbereiches in zwei
  Diffusionsschritten: einem ersten Schritt, dem
  sogenannten Belegungsvorgang, an den sich
  der zweite Schritt, die Nachdiffusion,
  anschließt, um die gewünschte Diffusionstiefe
  und das gewünschte Dotierungsprofil zu
  erzielen.
two-terminal network, single-port network
  Zweipol *m*, Eintor *n*
two-way alternate communication
  wechselseitige **Datenübermittlung** *f*
two-way data link
  Zweiwegdatenübertragungsverbindung *f*
two-way simultaneous communication
  beidseitige **Datenübermittlung** *f*
two-wire line, two-wire circuit
  Zweidrahtleitung *f*
twos complement [one of the representation
  forms for negative binary numbers; the twos
  complement is obtained by adding 1 to the
  lowest significant digit of the ones complement,
  the latter being obtained by replacing ones by
  zeroes and vice-versa; example: the ones
  complement of 101 is 010, the twos complement

is therefore 011]
Zweierkomplement *n* [eine der
Darstellungsformen für negative Binärzahlen;
das Zweierkomplement erhält man durch die
Addition von 1 auf die niedrigste Stelle des
Einerkomplements, das durch Umkehrung der
Einser und Nullen gebildet wird; Beispiel: das
Einerkomplement von 101 ist 010, das
Zweierkomplement ist also 011]

U

UART (universal asynchronous receiver
transmitter) [interface device]
Universal input-output device for
microcomputer systems. It is usually a
programmable, multifunction integrated circuit
combining the most commonly used functions
in microcomputer systems such as: serial
communications interface (for data
communication with asynchronous
peripherals); parallel input-output interface;
counter/timers; baud- rate generator and
interrupt controller.
UART-Baustein *m* [Schnittstellenbaustein]
Universeller Ein-Ausgabe-Baustein für
Mikrocomputer-Systeme. Er wird meistens als
programmierbarer Multifunktionsbaustein in
integrierter Schaltungstechnik ausgeführt und
umfaßt die in Mikrorechnersystemen am
häufigsten benötigten Funktionen wie: serielle
Schnittstelle (für den Datenaustausch mit
asynchron arbeitenden Peripheriegeräten);
parallele Ein-Ausgabe-Schnittstelle;
Zähler/Zeitgeber; Baudraten-Generator und
Unterbrechungssteuerung.
UHF (ultra-high frequency)
UHF, ultrahohe Frequenz *f*
ULA concept (uncommitted logic array concept)
A logic array concept, similar to the PLA
concept, which allows semicustom integrated
circuits to be produced with the aid of
interconnection masks.
ULA-Konzept *n*
Ein Logik-Array-Konzept, mit dem sich,
ähnlich wie beim PLA-Konzept, mit Hilfe von
Verdrahtungsmasken integrierte
Semikundenschaltungen realisieren lassen.
ULSI (ultra large scale integration)
Technique resulting in the integration of
transistors or logical functions in the order of
10^6 to 10^7 on a single chip.
ULSI *f,* Ultragrößtintegration *f*
Integrationstechnik, bei der Transistoren oder
Gatterfunktionen in der Größenordnung von
10^6 bis 10^7 auf einem einzigen Chip realisiert
sind.
ultra-high frequency (UHF)
ultrahohe Frequenz *f* (UHF)
ultrasonic bonding
Process for making electrical connections
between the bonding pads on the chip and the
external leads of the package by a combination
of mechanical pressure and ultrasonic
vibration.
Ultraschallkontaktierung *f*
Verfahren zum Herstellen von elektrischen
Verbindungen zwischen den Kontaktflecken
auf dem Chip und den Außenanschlüssen des
Gehäuses durch eine Kombination von
mechanischem Druck und
Ultraschallschwingungen.
ultraviolet eraser (UV eraser) [a device for
erasing the memory content of EPROMs by
ultraviolet light]
UV-Löschgerät *n* [Gerät zum Löschen des
Speicherinhaltes von EPROMs mit
ultraviolettem Licht]
ultraviolet light erasing [erasing method for
EPROMs]
Löschen mit ultraviolettem Licht *n*
[Löschvorgang für EPROMs]
UMA (Upper Memory Area) [main memory above
conventional memory, i.e. above 640 kB]
oberer Speicherbereich *m* [Speicherbereich
oberhalb des konventionellen Hauptspeichers,
d.h. oberhalb 640 kB]
UMB (Upper Memory Block) [part of the upper
memory area (UMA)]
Block im oberen Speicherbereich *m* [ein
Teil des oberen Speicherbereichs (UMA)]
unattended mode, unattended operating mode
bedienungsfreie Betriebsart *f*
unauthorized access
unberechtigter Zugriff *m*
unbalanced circuit
unsymmetrische Schaltung *f*
unbalanced line
unsymmetrische Leitung *f*
unbiased
ohne Vorspannung *f*
unblanking pulse [oscilloscope]
Helltastimpuls *m* [Oszillograph]
unblocked record [a record that completely fills
a block, i.e. record length and block length are
identical]
ungeblockter Satz *m* [ein Satz, der den
ganzen Block ausfüllt, d.h. Satzlänge und
Blocklänge sind identisch]
unconditional jump instruction,
unconditional branch instruction [instruction
for unconditionally leaving the normal program
sequence and to continue at the given point of
the program]
unbedingter Sprungbefehl *m* [Befehl zum
unbedingten Verlassen des normalen
sequentiellen Programmablaufes und
Fortsetzung des Programmes an der
angegebenen Stelle]
unconditional statement
unbedingte Anweisung *f*
undefined
undefiniert
undercritical damping, underdamping
unterkritische Dämpfung *f*
undercut [printed circuit boards]

Unterätzung *f* [Leiterplatten]
underflow
  Bereichsunterschreitung *f*
underscore character
  Unterstreichungszeichen *n*
undo, to
  rückgängig machen
undo function
  Rücknahmefunktion *f*
undoped
  undotiert
unformatted
  nichtformatiert, unformatiert
unformatted input-ouput statement
  formatfreie Ein-Ausgabe-Anweisung *f*
unformatted read statement
  formatfreie Leseanweisung *f*
unformatted record
  formatfreier Datensatz *m*
unformatted write statement
  formatfreie Schreibanweisung *f*
ungrounded, free-of-ground
  erdfrei
unijunction transistor
  Semiconductor component without a collector region which has two ohmic base contacts and a single pn-junction between them. Is often used in relaxation-oscillator applications.
  Zweizonentransistor *m*, Unijunction-Transistor *m*, Doppelbasisdiode *f* Halbleiterbauelement ohne Kollektorzone mit zwei sperrfreien Basiskontakten (Ohmsche Kontakte) und einem dazwischen angebrachten PN-Übergang. Wird häufig in Kippschwingschaltungen verwendet.
union [of bodies in computer graphics and computer-aided design (CAD)]
  Vereinigung *f* [von Körpern in der graphischen Datenverarbeitung und in der rechnergestützten Konstruktion (CAD)]
unipolar semiconductor device
  Integrated circuit device in which one or more field-effect transistors constitute the basic cells, e.g. a MOS memory device.
  unipolarer Halbleiterbaustein *m* Integrierter Baustein, bei dem ein oder mehrere Feldeffekttransistoren die Grundzellen bilden, z.B. ein MOS-Speicher.
unipolar technology
  Technology used for fabricating field-effect transistors and unipolar devices, e.g. MOS technology.
  Unipolartechnik *f* Technik, in der Feldeffekttransistoren und unipolare Bausteine hergestellt werden, z.B. die MOS-Technik.
unipolar transistor
  Transistor in which charge transport is due only to one type of charge carrier (electrons or holes). Field-effect transistors are unipolar transistors in contrast to bipolar transistors in which both electrons and holes contribute to current flow.
  Unipolartransistor *m* Transistor, bei dem der Ladungstransport nur durch einen Ladungsträgertyp (Elektronen oder Defektelektronen) erfolgt. Feldeffekttransistoren sind unipolare Transistoren im Gegensatz zu bipolaren Transistoren, bei denen sowohl Elektronen als auch Defektelektronen (Löcher) zum Stromfluß beitragen.
unique name
  eindeutiger Name *m*
unit
  Einheit *f*
unit string [contains a single entity]
  Folge der Länge Eins *f* [enthält eine einzige Einheit]
units position, ones column
  Einerstelle *f*
universal asynchronous receiver-transmitter (UART)
  Universal input-output device for microcomputer systems. It is usually a programmable, multifunction integrated circuit combining the most commonly used functions in microcomputer systems such as: serial communications interface (for data communication with asynchronous peripherals); parallel input-output interface; counter/timers; baud- rate generator and interrupt controller.
  universeller asynchroner Empfänger/Sender *m* (UART) Universeller Ein-Ausgabe-Baustein für Mikrocomputer-Systeme. Er wird meistens als programmierbarer Multifunktionsbaustein in integrierter Schaltungstechnik ausgeführt und umfaßt die in Mikrorechnersystemen am häufigsten benötigten Funktionen wie: serielle Schnittstelle (für den Datenaustausch mit asynchron arbeitenden Peripheriegeräten); parallele Ein-Ausgabe-Schnittstelle; Zähler/Zeitgeber; Baudraten-Generator und Unterbrechungssteuerung.
universal computer
  Allzweckrechner *m*, Universalrechner *m*
universal measuring instrument, multimeter, multipurpose instrument
  Universalmeßgerät *n*, Vielfachmeßgerät *n*, Mehrfachmeßgerät *n*
universal register
  Allzweckregister *n*
universal synchronous-asynchronous receiver-transmitter (USART)
  Universal input-output device for microcomputer systems, similar to the UART,

but with the additional capability of providing
data communication with synchronous
peripherals.
**universeller synchroner-asynchroner
Empfänger/Sender** *m* (USART)
Universeller Ein-Ausgabe-Baustein für
Mikrocomputer-Systeme, ähnlich wie der
UART, der sich aber zusätzlich auch für den
Datenaustausch mit synchron arbeitenden
Peripheriegeräten eignet.
UNIX [multiuser, multitasking operating system
developed by Bell Laboratories (AT&T) which
has established itself as standard for
minicomputers]
UNIX [von Bell Laboratories (AT&T)
entwickeltes Mehrbenutzer- und Mehrprozeß-
Betriebssystem, das sich zum Standard für
Minicomputer entwickelt hat]
unjustified text [word processing]
Flattersatz *m* [Textverarbeitung]
unlabeled block
nichtmarkierter Block *m*
unlabeled file
Datei ohne Kennsätze *f*
unlike signs
ungleiche Vorzeichen *n.pl*
unload, to [remove data medium from a storage
device, e.g. remove floppy disk or magnetic
tape]
entladen [Herausnehmen von Speichermedien aus einem Gerät; z.B. Diskette oder
Magnetband herausnehmen]
unmark, to
Markierung löschen
unmask, to [in the case of a maskable interrupt]
Maske löschen *f* [bei der maskierbaren
Unterbrechung]
unpack, to [reduce packing density of data]
entpacken [Verringern der Packungsdichte
von Daten]
unpacked [data]
entpackt [Daten]
unpacked format
ungepacktes Format *n*, ungepackte Form *f*
unsaturated base-emitter voltage
ungesättigte Basis-Emitter-Spannung *f*
unsigned constant
Konstante ohne Vorzeichen *f*
unsolvable problem
unlösbares Problem *n*
unused time
Ruhezeit *f*
unweighted noise
unbewertetes Rauschen *n*
unwound program [a program in which each
instruction is run through only once; in
contrast to programming with loops]
gestrecktes Programm *n* [ein Programm, in
dem jeder Befehl nur einmal durchlaufen wird;

im Gegensatz zur Programmierung mit
Schleifen]
up-counter, incrementer
Vorwärtszähler *m*, Aufwärtszähler *m*
up-down-counter, incrementer-decrementer
Auf-Abwärtszähler *m*
update, to
fortschreiben, aktualisieren
update a file, to
Datei aktualisieren, Datei fortschreiben
update file
Aktualisierungsdatei *f*, Änderungsdatei *f*,
Fortschreibungsdatei *f*
updating
Aktualisieren *n*, Aktualisierung *f*,
Fortschreibung *f*
updating period
Aktualisierungsperiode *f*, Änderungsperiode
updating program
Aktualisierungsprogramm *n*,
Änderungsprogramm *n*,
Fortschreibungsprogramm *n*
updating run
Aktualisierungslauf *m*, Änderungslauf *m*
updating service
Aktualisierungsdienst *m*, Änderungsdienst
upgradability
Ausbaufähigkeit *f*
upgrade, to; extend, to
ausbauen
upper case, capitals
Großschreibung *f*
upper case letters, capital letters
Großbuchstaben *m. pl.*, Versalien *m.pl.*
upper memory area (UMA) [main memory
above conventional memory, i.e. above 640 kB]
oberer Speicherbereich *m* [Speicherbereich
oberhalb des konventionellen Hauptspeichers,
d.h. oberhalb 640 kB]
upper memory block (UMB) [part of the upper
memory area (UMA)]
Block im oberen Speicherbereich *m* [ein
Teil des oberen Speicherbereichs (UMA)]
upward compatibility
Aufwärtskompatibilität *f*
upwards compatible [run capability of
programs on larger computers]
aufwärtskompatibel [Lauffähigkeit von
Programmen auf größeren Rechnern]
USART (universal synchronous-asynchronous
receiver-transmitter) [interface device]
Universal input-output device for
microcomputer systems, similar to the UART,
but having the additional capability of
providing data communication with
synchronous peripherals.
USART-Baustein *m* [Schnittstellenbaustein]
Universeller Ein-Ausgabe-Baustein für
Mikrocomputer-Systeme, ähnlich wie der

UART, der sich aber zusätzlich auch für den
Datenaustausch mit synchron arbeitenden
Peripheriegeräten eignet.
useful power
Nutzleistung *f*
useful signal
Nutzsignal *n*
user
Benutzer *m*, Anwender *m*
user code
Benutzer code *m*
user data
Benutzerdaten *n.pl.*
user data file
Benutzerdatei *f*
user identifier
Benutzerkennwort *n*, Benutzerkennung *f*
user interface
Benutzeroberfläche *f*, Benutzerschnittstelle *f*
user label
Benutzerkennsatz *m*
user library [collection of programs]
Benutzerbibliothek *f* [Programmsammlung]
user organization
Benutzerorganisation *f*
user oriented
benutzerorientiert, anwenderorientiert
user output port
Anwenderausgangskanal *m*
user program
Benutzerprogramm *n*
user programmable
benutzerprogrammierbar
user specified
anwenderorientiert
user status, user state
Benutzerstatus *m*
user terminal [a terminal for information
exchange with the computer system]
Benutzerstation *f* [eine Station für den
Informationsaustausch mit dem
Rechnersystem]
user's manual
Benutzerhandbuch *n*
user-definable
vom Benutzer **definierbar**
user-defined word
Programmierwort *n*
user-friendly
benutzerfreundlich
user group
Anwendergruppe *f*
user hotline, hotline [telephone access to a
specialist for answering users' questions]
Anwender-Hotline *f*, Hotline *f*
[Telephonverbindung mit einem Spezialisten,
der Anwenderfragen beantworten kann]
utility program, utility routine, service program
[special programs for reoccurring tasks, e.g.

copying, sorting and merging files, etc.]
Dienstprogramm *n*, Serviceprogramm *n*
[spezielle Programme für sich oft
wiederholende Aufgaben, z.B. Kopieren,
Sortieren und Mischen von Dateien usw.]
UV (UltraViolet) [ultraviolet light]
UV [ultraviolettes Licht]
UV eraser (ultraviolet eraser) [a device for
erasing the memory content of EPROMs by
ultraviolet light]
UV-Löschgerät *n* [Gerät zum Löschen des
Speicherinhaltes von EPROMs mit
ultraviolettem Licht]

V

V.24 interface [asynchronous serial data transmission interface standardized by CCITT; to a large extent identical with the RS-232-C interface standardized by EIA]
V.24-Schnittstelle *f* [vom CCITT genormte Schnittstelle für die asynchrone serielle Datenübertragung; stimmt größtenteils mit der von der EIA genormten RS-232-C-Schnittstelle überein]

vacancy [semiconductor crystals]
An unoccupied lattice position in a semiconductor crystal.
Lücke *f*, Gitterlücke *f* [Halbleiterkristalle]
Unbesetzter Platz im Kristallgitter eines Halbleiters.

vacant storage area
freier Speicherbereich *m*

vacuum diffusion
Diffusion im Vakuum *f*

vacuum evaporation
Process used for forming thin layers of metals or oxides in discrete component and integrated circuit fabrication.
Aufdampfen im Vakuum *n*
Verfahren zur Herstellung dünner Schichten aus Metallen oder Oxiden, das bei der Fertigung diskreter Bauelemente und integrierter Schaltungen eingesetzt wird.

VAD process (vapour phase axial deposition process) [a deposition process used for the production of glass fibers)
VAD-Verfahren *n* [ein Abscheideverfahren, das bei der Herstellung von Glasfasern eingesetzt wird]

valence band [semiconductor technology]
Energy band in the band diagram from which electrons are evacuated as temperature increases.
Valenzband *n* [Halbleitertechnik]
Energieband im Bändermodell, das mit steigender Temperatur von Elektronen entleert wird.

valence band edge [semiconductor technology]
In the energy-band diagram, the highest possible energy state of the valence band.
Valenzbandkante *f* [Halbleitertechnik]
In der Darstellung des Bändermodells der höchstmögliche Energiezustand des Valenzbandes.

valence electron [semiconductor technology]
Electron in the outer shell of an atom which determines chemical valence and generates the binding forces between the atoms in a semiconductor crystal.
Valenzelektron *n* [Halbleitertechnik]
Elektron der äußeren Schale eines Atoms, das die chemische Wertigkeit bestimmt und die Bindungskräfte zwischen den Atomen im Halbleiterkristall bewirkt.

valid data
gültige Daten *n.pl.*

validation
Validierung *f*

validitate, to [a program]
prüfen [ein Programm]

validity check
Gültigkeitsprüfung *f*

value of function, functional value
Funktionswert *m*

van der Waals bond
Weak chemical bond resulting from the weak attractive forces of atoms or molecules which cannot form ionic or covalent bonds because of their completely filled outer shells (8 electrons in the outer shell).
van der Waalssche Bindung *f*
Schwache chemische Bindung, die durch die schwache Anziehungskraft von Atomen oder Molekülen zustande kommt, die infolge ihrer abgeschlossenen Elektronenschalen (8 Elektronen in der äußeren Schale) keine ionische oder kovalente Bindung eingehen können.

vapour phase axial deposition process (VAD process) [a deposition process used for the production of glass fibers)
VAD-Verfahren *n* [ein Abscheideverfahren, das bei der Herstellung von Glasfasern eingesetzt wird]

vapour-phase deposition
Aufdampfen *n*

vapour-phase deposition process, deposition process
Aufdampfverfahren *n*

vapour-phase epitaxy (VPE), gas-phase epitaxy [a process for growing epitaxial layers in semiconductor component and integrated circuit fabrication]
Gasphasenepitaxie *f* [ein Verfahren zur Herstellung epitaktischer Schichten bei der Fertigung von Halbleiterbauelementen und integrierten Schaltungen]

varactor, varicap, variable capacitance diode [semiconductor diode with voltage-dependent capacitance]
Kapazitätsdiode *f*, Kapazitätsvariationsdiode *f*, Varaktor *m* [Halbleiterdiode mit spannungsabhängiger Kapazität]

variable
Variable *f*, veränderliche Größe *f*

variable block format [format with variable block length; in contrast to a format with fixed block length]
variables Blockformat *n* [Format mit

variabler Blocklänge; im Gegensatz zu einem
Format mit fester Blocklänge]
variable format
variables Format n
variable-length code
Code variabler Länge m
variable-length field
Feld variabler Länge n
variable-length record
Satz variabler Länge m
variable record length [record with variable
length; in contrast to a record with fixed
length]
variable Satzlänge f [Satz mit variabler
Länge; im Gegensatz zu einem Satz mit fester
Länge]
variable resistor
veränderbarer Widerstand m
variable threshold logic (VTL)
Logic family in which the threshold voltage is
variable.
variable Schwellwertlogik f (VTL)
Logikfamilie, deren Schwellenspannung
veränderlich ist.
variable word length [word with variable
length; in contrast to a word with fixed length]
variable Wortlänge f [Wort mit variabler
Länge; im Gegensatz zu einem Wort mit fester
Länge]
varistor, voltage-dependent resistor (VDR)
Semiconductor component that has a voltage-
dependent nonlinear resistance.
Varistor m, spannungsabhängiger Widerstand
Halbleiterbauelement, das einen
spannungsabhängigen, nichtlinearen
Widerstand hat.
VATE technology
Special isolation technique used in bipolar
integrated circuits which provides isolation
between the circuit structures by V-shaped
etched grooves.
VATE-Technik f
Spezielles Isolationsverfahren für bipolare
integrierte Schaltungen, bei dem die
Schaltungsstrukturen durch V-förmig geätzte
Gräben voneinander isoliert sind.
VCO (voltage-controlled oscillator)
spannungsgesteuerter Oszillator m
VCO chip (voltage-controlled oscillator chip)
spannungsgesteuerter Oszillatorbaustein
VCPI (Virtual Control Program Interface) [allows
several DOS applications to run simultaneously
and to directly address extended memory in
protected mode]
VCPI [virtuelle Schnittstelle für Programmsteuerung; sie erlaubt das gleichzeitige
Ablaufen mehrerer DOS-Anwendungen sowie
die direkte Adressierung des Erweiterungsspeichers im geschützten Modus]

VDR (voltage-dependent resistor), varistor
spannungsabhängiger Widerstand m,
Varistor m
VDU (visual display unit), CRT display unit, data
station, terminal
Datensichtgerät n, Bildschirmgerät n,
Datenstation f, Terminal n
vector
Vektor m
vector computer, array computer [mainframe
computer with parallel arithmetic-logic units]
Vektorrechner m [Großrechner mit parallelen
Rechenwerken]
vector diagram
Vektordiagramm n
vector field
Vektorfeld n
vector font [scalable font, in contrast to bitmap
or raster font]
Vektorschriftart f [skalierbar, im Gegensatz
zur Bitmap- bzw. Raster-schriftart]
vector function
Vektorfunktion f
vector graphics
Vektorgraphik f
vector instruction
Vektorbefehl m
vector quantity
vektorielle Größe f
vectored interrupt, vector interrupt, priority
interrupt [program interruption provided with
a vector designating the priority; in contrast to
polling]
Vektorunterbrechung f,
Prioritätsunterbrechung f
[Programmunterbrechung, die mit einem
Vektor zur Angabe der Priorität versehen ist;
im Gegensatz zum Abfrageverfahren]
Venn diagram [representation of logic functions
using overlapping circles]
Venn-Diagramm n [Darstellung logischer
Funktionen mittels sich überlappender Kreise]
Ventura [desktop publishing program]
Ventura [Desktop-Publishing-Programm]
verify function
Prüffunktion f
verify mode [operational mode of memories]
Kontrolle der Programmierung f
[Betriebsart bei Speichern]
vertical MOS transistor, VMOS transistor,
vertical field-effect transistor (VFET)
Field-effect transistor which is characterized by
a V-shaped gate, a short channel and vertical
current flow between source and drain. The
short channel provides high switching speeds.
vertikaler MOS-Transistor m, VMOS-
Transistor m, vertikaler Feldeffekttransistor m
(VFET)
Feldeffekttransistor, der durch ein V-förmiges

Gate (Steuerelektrode), einen kurzen Kanal
und vertikalen Stromfluß zwischen Source und
Drain gekennzeichnet ist. Durch den kurzen
Kanal ergeben sich hohe
Schaltgeschwindigkeiten.
vertical parity [parity of a character after
completing with a parity bit; in contrast to
block or longitudinal parity]
Zeichenparität *f,* Querparität *f,* vertikale
Parität *f* [Parität eines Zeichens nach
Ergänzung durch ein Prüfbit; im Gegensatz zur
Block- oder Längsparität]
vertical redundancy check (VRC), vertical
parity check [parity checking method, e.g. for
magnetic tapes]
Querparitätsprüfung *f,*
Vertikalparitätsprüfung *f,* VRC-Prüfung *f*
[Paritätsprüfmethode, z.B. bei Magnetbändern]
very high frequency (VHF)
Ultrakurzwelle *f*
very large scale integration, (VLSI)
Technique resulting in the integration of about
10^6 transistors or logical functions on a single
chip.
Größtintegration *f* (VLSI)*f*
Integrationstechnik, bei der rund 10^6
Transistoren oder Gatterfunktionen auf einem
Chip realisiert sind.
vestigial-sideband modulation
Restseitenbandmodulation *f*
vestigial-sideband transmission
Restseitenbandübertragung *f*
VFET (vertical field-effect transistor), VMOS
transistor, vertical MOS transistor
Field-effect transistor which is characterized by
a V-shaped gate, a short channel and vertical
current flow between source and drain. The
short channel provides high switching speeds.
VFET *m,* vertikaler Feldeffekttransistor *m,*
vertikaler MOS-Transistor *m,* VMOS-
Transistor *m*
Feldeffekttransistor, der durch ein V-förmiges
Gate (Steuereleketrode), einen kurzen Kanal
und vertikalen Stromfluß zwischen Source und
Drain gekennzeichnet ist. Durch den kurzen
Kanal ergeben sich hohe
Schaltgeschwindigkeiten.
VGA (Video Graphics Array) [video adapter for
the IBM PC giving a resolution of 640 x 480
dots or a character matrix of 9 x 16 dots]
VGA [Video-Graphik-Adapter für den IBM PC
mit einer Auflösung von 640 x 480 Punkten
bzw. mit einer Zeichenmatrix von 9 x 16
Punkten]
VHSIC (very high speed integrated circuit)
VHSIC *f,* hochintegrierte Schaltung mit hoher
Schaltgeschwindigkeit *f*
via hole [plated-through hole for through
connection and not used for component

insertion in a PCB]
Verbindungsloch *n,* Kontaktloch *n*
[durchkontaktierte Bohrung für Verbindungen
und nicht für Bauteilmontage auf
Leiterplatten]
video adapter [adapter board for video display
unit]
Video-Adapter *m* [Anschlußkarte für
Bildschirmgerät]
video amplifier
Videoverstärker *m*
video disk
Videospeicherplatte *f,* Bildspeicherplatte *f*
video disk recorder
Videoplattenrecorder *m*
video display input (VDI)
Videoeingangssignal *n*
video display unit (VDU), CRT display unit,
data station, terminal
Datensichtgerät *n,* Bildschirmgerät *n,*
Datenstation *f,* Terminal *n*
video game
Videospiel *n*
video graphics array (VGA) [video adapter for
the IBM PC giving a resolution of 640 x 480
dots or a character matrix of 9 x 16 dots]
VGA [Video-Graphik-Adapter für den IBM PC
mit einer Auflösung von 640 x 480 Punkten
bzw. mit einer Zeichenmatrix von 9 x 16
Punkten]
video RAM, VRAM [memory of a video board]
Video-Schreib-Lese-Speicher *m,* VRAM *m*
[Speicher einer Bildschirmkarte]
video signal
Bildsignal *n,* Videosignal *n*
video tape recorder (VTR)
Videorecorder *m*
videoscan document reader
optischer Belegleser *m*
videotex, videotext system [interactive system
for text transmission via TV or telephone
channels for display on a screen]
Bildschirmtext-System *n,* Btx-System *n,*
Videotext-System *n* [interaktives System für
die Übermittlung von Text über Fernseh- oder
Telephonkanäle für die Anzeige auf einem
Bildschirm]
VIP technology (vertical isolation with
polysilicon)
Special isolation technique used in bipolar
integrated circuits which provides isolation
between the circuit structures by etched V-
shaped grooves which are filled with a high-
resistance polysilicon material.
VIP-Technik *f*
Spezielles Isolationsverfahren für bipolare
integrierte Schaltungen, bei dem die
Schaltungsstrukturen durch V-förmig geätzte
Gräben, die mit hochohmigem Polysilicium

aufgefüllt werden, voneinander isoliert sind.
virgin data medium, virgin medium
　unbeschrifteter Datenträger *m*
virgin paper tape, virgin tape
　ungelochter Streifen *m*
virtual address [address giving the storage
　location in a virtual storage]
　virtuelle Adresse *f* [Adresse, die den
　Speicherplatz in einem virtuellem Speicher
　angibt]
virtual control program interface (VCPI)
　[allows several DOS applications to run
　simultaneously and to directly address
　extended memory in protected mode]
　VCPI [virtuelle Schnittstelle für Programm-
　steuerung; sie erlaubt das gleichzeitige
　Ablaufen mehrerer DOS-Anwendungen sowie
　die direkte Adressierung des Erweiterungs-
　speichers im geschützten Modus]
virtual disk, RAM disk, RAM drive [defines part
　of main memory as logical drive so as to
　accelerate file access]
　virtuelles Laufwerk *n*, RAM-Laufwerk *n*
　[definiert einen Speicherbereich als logisches
　Laufwerk, um den Dateizugriff zu
　beschleunigen]
virtual interface
　virtuelle Schnittstelle *f*
virtual junction temperature, equivalent
　junction temperature
　Ersatzsperrschichttemperatur *f*
virtual memory, virtual storage [directly
　addressable storage space, comprises
　technically the main memory and secondary
　storage (background storage or page storage);
　necessitates automatic conversion of virtual
　into real addresses]
　virtueller Speicher *m* [direkt addressierbarer
　Speicherraum, der technisch aus dem
　Hauptspeicher und dem Sekundärspeicher
　(Hintergrund- oder Seitenwechselspeicher)
　besteht; benötigt eine automatische Umsetzung
　der virtuellen in reale Adressen]
virtual memory manager (VMM)
　virtueller Speicherverwalter *m*
virtual mode, virtual machine [operating mode
　for 80386 and 80486 processors: in this mode
　several virtual 8086 processors are available at
　the same time]
　virtueller Modus *m*, virtuelle Maschine *f*
　[Prozessorbetriebsart für 80386- und 80486-
　Prozessoren: bei dieser Betriebsart stehen
　mehrere virtuelle 8086-Prozessoren gleichzeitig
　zur Verfügung]
virtual storage access method (VSAM)
　[combined sequential and indexed access]
　virtuelles Speicherzugriffsverfahren *n*,
　VSAM-Verfahren *n* [kombinierter sequentieller
　und indizierter Zugriff]

virtual terminal [standardized terminal
　employed for programming purposes]
　virtuelles Terminal *n* [für
　Programmierzwecke verwendetes,
　standardisiertes Terminal]
virus, computer virus [program that multiplies
　itself and infects, modifies or destroys other
　programs]
　Virus *m*, Computervirus *m* [Programm, das
　sich reproduziert und andere Programme
　infiziert, verändert bzw. zerstört]
virus protection program, virus immunizer
　Virus-Schutzprogramm *n*
virus scanner [virus search program]
　Virus-Scanner *m* [Virus-Suchprogramm]
visual display
　Sichtanzeige *f,* optische Anzeige *f*
visual display unit (VDU), CRT display unit,
　data station, terminal
　Datensichtgerät *n*, Bildschirmgerät *n*,
　Datenstation *f,* Terminal *n*
VLSI (very large scale integration)
　Technique resulting in the integration of about
　10^6 transistors or logical functions on a single
　chip.
　VLSI *f,* Größtintegration *f*
　Integrationstechnik, bei der rund 10^6
　Transistoren oder Gatterfunktionen auf einem
　Chip realisiert sind.
VMM (Virtual Memory Manager)
　virtueller Speicherverwalter *m*
VMOS transistor, vertical MOS transistor,
　vertical field-effect transistor (VFET)
　Field-effect transistor which is characterized by
　a V-shaped gate, a short channel and vertical
　current flow between source and drain. The
　short channel provides high switching speeds.
　VMOS-Transistor *m*, vertikaler MOS-
　Transistor *m*, vertikaler Feldeffekttransistor *m*
　(VFET)
　Feldeffekttransistor, der durch ein V-förmiges
　Gate (Steuerelektrode), einen kurzen Kanal
　und vertikalen Stromfluß zwischen Source und
　Drain gekennzeichnet ist. Durch den kurzen
　Kanal ergeben sich hohe
　Schaltgeschwindigkeiten.
voice channel
　Sprachkanal *m*
voice-operated device
　sprachgesteuertes Gerät *n*
voice recognition
　Spracherkennung *f*
voice storage
　Sprachspeicher *m*
voice synthesizer
　Sprachgenerator *m*, Sprachsynthesizer *m*
voice transmission
　Sprachübertragung *f*

volatile memory [memory in which stored
   information is lost when power is turned off]
   flüchtiger Speicher *m* [Speicher, dessen
   Speicherinhalt verlorengeht, wenn die
   Versorgungsspannung ausfällt]
volt (V) [SI unit of voltage]
   Volt *n* (V) [SI-Einheit der elektrischen
   Spannung]
voltage amplifier
   Spannungsverstärker *m*
voltage breakdown, supply breakdown
   Spannungsausfall *m*
voltage conducting, live
   spannungsführend
voltage-controlled, voltage-driven
   spannungsgesteuert
voltage-controlled oscillator (VCO)
   spannungsgesteuerter Oszillator *m*
voltage-controlled oscillator chip (VCO chip)
   spannungsgesteuerter Oszillatorbaustein
voltage dependent
   spannungsabhängig
voltage-dependent resistor (VDR)
   spannungsabhängiger Widerstand *m*
voltage dip
   Spannungseinbruch *m*
voltage divider
   Spannungsteiler *m*
voltage doubler circuit
   Spannungsverdopplerschaltung *f*
voltage drop
   Spannungsabfall *m*
voltage feedback
   Spannungsrückkopplung *f*
voltage fluctuation
   Spannungsschwankung *f*
voltage gain
   Spannungsverstärkung *f*
voltage-independent
   spannungsunabhängig
voltage level
   Spannungspegel *m*
voltage multiplier
   Spannungsvervielfacher *m*
voltage rating, rated voltage
   Nennspannung *f*
voltage reference diode
   Spannungsreferenzdiode *f*
voltage regulator
   Spannungsregler *m*
voltage regulator diode, stabilizer diode
   Spannungsstabilisatordiode *f,*
   Stabilisatordiode *f*
voltage source
   Spannungsquelle *f*
voltage stabilization
   Spannungsstabilisierung *f*
voltage standard
   Spannungsnormal *n*

Spannungsstoß *m*
voltage transformer
   Spannungswandler *m*
voltage waveform
   Spannungsverlauf *m*
volume [of a file]
   Band *n* [einer Datei]
volume charge density
   Raumladungsdichte *f*
volume header label [of a file]
   Bandanfangskennsatz *m* [einer Datei]
volume label [name of diskette or hard disk]
   Datenträgerbezeichnung *f* [Name der
   Diskette oder Festplatte]
volume production, mass production
   Herstellung in großen Zahlen *f,*
   Massenproduktion *f*
von Neumann computer architecture
   The current standard computer architecture
   using sequential processing. It is expected to be
   replaced by fifth-generation computers based
   on non-von-Neumann structures such as
   parallel processing, artificial intelligence, etc.
   von Neumannsche Rechnerarchitektur *f*
   Die Standardarchitektur der heutigen Rechner,
   die sich auf die sequentielle Verarbeitung
   stützt. Sie soll durch die fünfte
   Rechnergeneration abgelöst werden, die auf
   nicht-von-Neumannschen Strukturen wie
   Parallelverarbeitung, künstlicher Intelligenz
   usw. basiert.
VPE (vapour-phase epitaxy), gas-phase epitaxy [a
   process for growing epitaxial layers in
   semiconductor component and integrated
   circuit fabrication]
   Gasphasenepitaxie *f* [ein Verfahren zur
   Herstellung epitaktischer Schichten bei der
   Fertigung von Halbleiterbauelementen und
   integrierten Schaltungen]
VRAM (Video RAM) [memory of a video board]
   VRAM *m,* Video-Schreib-Lese-Speicher *m*
   [Speicher einer Bildschirmkarte]
VSAM (Virtual Storage Access Method)
   [combined sequential and indexed access]
   VSAM-Verfahren *n,* virtuelles
   Speicherzugriffsverfahren *n* [kombinierter
   sequentieller und indizierter Zugriff]
VTL (variable threshold logic)
   Logic family in which the threshold voltage is
   variable.
   VTL, variable Schwellwertlogik *f*
   Logikfamilie, deren Schwellenspannung
   veränderlich ist.
VTR (video tape recorder)
   Videorecorder *m*

W

wafer
Thin slice cut from a semiconductor crystal, on which similar circuit structures are integrated. With the aid of a laser beam or a diamond saw, the wafer is divided into individual chips.
Halbleiterscheibe *f*, **Wafer** *m*
Dünne, aus einem Halbleiterkristall gesägte Scheibe, auf der gleichartige Schaltungsstrukturen integriert sind. Mit Hilfe eines Laserstrahls oder einer Diamantsäge wird der Wafer in die einzelnen Chips zerlegt.

wafer fabrication
Waferherstellung *f*

wafer scale integration (WSI)
Ultra large scale integration in which an integrated circuit covers the entire surface of the wafer.
Scheibenintegration *f*, **WSI-Technik** *f*
Ultragrößtintegration, bei der eine integrierte Schaltung die gesamte Fläche eines Wafers beansprucht.

wafer tester
Wafertester *m*, **Wafer-Testgerät** *n* [Testgerät für Halbleiterscheiben]

wait, to
warten

wait mode
Wartestatus *m*

wait state [clock cycles during which processor has to wait until slower memory or peripheral devices can be accessed]
Wartezustand *m*, **Waitstate** *m* [Taktzyklen, die vom Prozessor abgewartet werden müssen, bis er auf langsamere Speicher- oder Peripheriebausteine zugreifen kann]

waiting, queuing
Warten *n*

waiting list
Warteliste *f*

waiting program
wartendes Programm *n*

WAN (wide area network) [a computer network covering a relatively wide geographical area (approx. 1000 km) in contrast to a local area network (1 to 10 km)]
Weitverkehrsnetz *n*, **Fernnetz** *n* [Rechnernetz, das geographisch relativ weite Gebiete umfaßt (etwa 1000 km), im Gegensatz zu einem lokalen Netz (1 bis 10 km)]

warm boot, system reboot [restarting a computer without switching off and on again, in contrast to cold boot]
Warmstart *m*, **Wiederanlauf** *m*, **Systemstart** *m* [nochmaliges Aufstarten des Rechners ohne Aus- und Wiedereinschalten, im Gegensatz

For example, the n-type transistor of a CMOS integrated circuit is constructed within a p-well by a diffusion step.
Wanne *f*, **Isolationswanne** *f*
Isolationszone in einer integrierten Schaltung zur Aufnahme von Transistoren, um sie von anderen Elementen der Schaltung elektrisch zu isolieren. So wird beispielsweise der N-Kanal-Transistor einer CMOS-Schaltung in eine P-leitende Wanne eindiffundiert.

Whetstone test [benchmark test program]
Whetstone-Test *m* [Rechner-Bewertungsprogramm]

while loop
While-Schleife *f*

white noise
weißes Rauschen *n*

wicking [printed circuit boards]
Docht-Effekt *m* [Leiterplatten]

wide area network (WAN) [a computer network covering a relatively wide geographical area (approx. 1000 km) in contrast to a local area network (1 to 10 km)]
Weitverkehrsnetz *n*, **Fernnetz** *n* [Rechnernetz, das geographisch relativ weite Gebiete umfaßt (etwa 1000 km), im Gegensatz zu einem lokalen Netz (1 bis 10 km)]

wide-band amplifier
Breitbandverstärker *m*

wild card character [represents another character, e.g. in DOS the star (*) stands for any character group and the question mark (?) for any single character]
Platzhalterzeichen *n* [steht für ein anderes Zeichen, z.B. in DOS steht der Stern (*) für eine beliebige Zeichengruppe und das Fragezeichen (?) für ein einzelnes Zeichen]

Winchester disk, Winchester hard disk
Winchester-Platte *f*

Winchester disk controller
Winchester-Platten-Controller *m*, Winchester-Schnittstellen-Steuerteil *m*

Winchester disk drive
Winchester-Plattenlaufwerk *n*

Winchester disk storage [fixed disk storage with high recording density]
Winchester-Plattenspeicher *m* [Festplattenspeicher mit hoher Aufzeichnungsdichte]

Winchester drive
Winchester-Laufwerk *n*

wind up, to [magnetic tape]
aufwickeln [Magnetband]

winding
Wicklung *f*

window [a rectangular field on the display for showing text or graphics]
Fenster *n*, **Datenausschnitt** *m* [ein rechteckiger Bereich auf einem Bildschirm zur

Anzeige von Text oder Graphik]
windowing technique [screen]
Fenstertechnik *f* [Bildschirm]
Windows, MS-Windows [graphical user interface
and operating system extension developed by
Microsoft for DOS; it gives applications a
windowing and multitasking program
environment]
Windows, MS-Windows [von Microsoft
entwickelte graphische Benutzerschnittstelle
und Betriebssystemerweiterung für DOS; sie
beinhaltet eine fensterorientierte,
mehrbetriebsfähige Programmumgebung für
Anwenderprogramme]
Windows NT (Windows New Technology)
[further development of MS-Windows]
Windows NT [Weiterentwicklung von MS-
Windows]
wire bonding
Drahtkontaktierung *f*
wire-through connection [printed circuit
boards]
Drahtdurchverbindung *f* [Leiterplatten]
wire-wrap technique, wrapped connection
Method of making a solderless connection by
wrapping a wire under tension around a
rectangular terminal with the aid of a tool.
Wirewrap-Technik *f,* Wickeltechnik *f,*
Drahtwickeltechnik *f*
Verfahren zum Herstellen einer lötfreien
Verbindung durch Umwickeln eines
vierkantigen Anschlußstiftes mit einem Draht
unter Zugspannung mit Hilfe eines
Werkzeuges.
wired AND, wired OR [logical operation obtained
by externally connecting several individual
gates]
verdrahtetes UND *n,* verdrahtetes ODER *n*
[logische Verknüpfung, die durch externes
Zusammenschalten (Verdrahtung) von
mehreren Einzelgattern erreicht wird]
wireless
drahtlos
wiring diagram
Verdrahtungsplan *m,* Schaltplan *m,*
Schaltschema *n*
wiring layout
Anschlußschema *n*
word [data processing]
Wort *n* [Datenverarbeitung]
word-addressed storage
wortadressierter Speicher *m*
word delimiter
Wortsymbol *n*
word format
Wortformat *n*
word generator
Wortgenerator *m*
word length, word size

Wortlänge *f*
word machine, word-oriented computer [which
stores operands as fixed-length words (e.g. with
16 or 32 bits); in contrast to a byte machine or
byte-oriented computer whose operands can
have a variable number of places (bytes)]
Wortmaschine *f,* wortorientierter Rechner *m*
[Rechner, der die Operanden als Wort fester
Länge (z.B. 16 oder 32 Bit) speichert; im
Gegensatz zum byteorientierten Rechner, der
Operanden unterschiedlicher Stellenzahl
(Bytes) zuläßt]
word-organized storage, word-structured
storage
wortorganisierter Speicher *m*
word-oriented
wortorientiert
word processing (WP)
Textverarbeitung *f*
word processing system
Textverarbeitungssystem *n,* Textsystem *n,*
Textautomat *m*
word separator
Wortbegrenzungszeichen *n*
wordwrap [word processing]
Zeilenumbruch *m* [Textverarbeitung]
working plate, working mask [masking
technology]
Arbeitsmaske *f* [Maskentechnik]
working register, live register
Arbeitsregister *n*
working storage [that part of the main storage
which contains data; in contrast to the program
part]
Arbeitsspeicher *m* [Teil des Hauptspeichers,
in dem Daten gespeichert werden; im
Gegensatz zum Programmteil]
worksheet [table in spreadsheet programs]
Arbeitsblatt *n* [Tabelle in Tabellen-
kalkulations-Programmen]
workstation [computer with own program and
storage facilities in a system network, e.g. for
technical and scientific tasks or graphical
applications]
Arbeitsplatzrechner *m,* Workstation *f*
[Rechner mit eigener Programm- und
Datenhaltung in einem vernetzten System, z.B.
für technisch-wissenschaftliche Aufgaben oder
Graphikanwendungen]
world coordinates [system-independent
coordinates (outside world) in CAD]
Weltkoordinaten *f.pl.* [bei CAD die nicht
systemgebundenen Koordinaten (Außenwelt)]
WORM disk
WORM-Platte *f*
WORM storage (write once, read many times)
[optical storage for single write and multiple
read operation]
WORM-Speicher *m* [einmal beschreibbarer,

mehrmals lesbarer optischer Speicher]
WORM technology
  WORM-Technik *f*
worms [program that multiplies itself in the
main memory of a computer; occurs in
networks]
  Würmer *m.pl.* [Program, das sich im
Hauptspeicher des Rechners vermehrt; tritt in
Netzwerken auf]
worst-case conditions [circuit dimensioning]
  Worst-Case-Bedingungen *f.pl.*, Bedingungen
für den ungünstigsten Fall *f.pl.*
[Schaltungsauslegung]
worst-case design [circuit dimensioning]
  Entwurf für den ungünstigsten Fall *m*
[Schaltungsauslegung]
WP (Word Processing)
  Textverarbeitung *f*
write access
  Schreibzugriff *m*
write command hold time
  Schreibkommandohaltezeit *f*
write command set-up time
  Schreibkommandovorlaufzeit *f*
write current
  Schreibstrom *m*
write cycle
  Schreibzyklus *m*
write cycle time
  Schreibzykluszeit *f*
write data
  Schreibdaten *n.pl.*
write-enable (WE)
  In microprocessor systems, a signal which
allows data to be written into a selected device.
  Schreibfreigabe *f*
  Bei Mikroprozessorsystemen ein Signal, das
einen ausgewählten Baustein für das
Einschreiben von Daten freigibt.
write-enable buffer
  Schreibfreigabepuffer *m*
write-enable input
  Schreibfreigabeeingang *m*
write-enable ring, write lockout [mechanical
protection device for magnetic tapes; new data
can be written only when the ring is inserted]
  Schreibring *m*, Schreibsperre *f* [mechanisches
Sicherungselement bei Magnetbändern; nur
wenn der Ring eingelegt ist, können neue
Daten aufgezeichnet werden]
write-enable time
  Schreibfreigabezeit *f*
write head
  Schreibkopf *m*
write in, to [Data]
  einschreiben [Daten]
write instruction
  Schreibbefehl *m*
write lockout, write-enable ring, write-protect

notch
  Schreibsperre *f*, Schreibring *m*,
Schreibschutzkerbe *f*
write mode [operational mode of integrated
semiconductor memories]
  Schreibbetrieb *m* [Betriebsart bei
integrierten Halbleiterspeichern]
write once, read many times (WORM)
  einmal beschreibbar, mehrmals lesbar,
WORM
write-protect notch, write protect tab
[mechanical protection device for floppy disks]
  Schreibschutzkerbe *f*, Schreibsperre *f*
[mechanisches Sicherungselement bei
Disketten]
write protection
  Schreibschutz *m*
write pulse
  Schreibimpuls *m*
write pulse width
  Schreibimpulsbreite *f*
write-read cycle
  Schreib-Lese-Zyklus *m*
write-read cycle time
  Schreib-Lese-Zykluszeit *f*
write recovery time [with integrated
semiconductor memories]
  Schreiberholzeit *f* [bei integrierten
Halbleiterspeichern]
write signal
  Schreibsignal *n*
write statement
  Schreibanweisung *f*
write time
  Schreibzeit *f*, Schreibdauer *f*
writing
  Schreiben *n*, Einschreiben *n*
WSI (wafer scale integration)
  Ultra large scale integration in which an
integrated circuit covers the entire surface of a
wafer.
  WSI-Technik *f*, Scheibenintegration *f*
Ultragrößtintegration, bei der eine integrierte
Schaltung die gesamte Fläche eines Wafers
beansprucht.
wysiwyg (what you see is what you get) [used in
word processing and desktop publishing
software to show document on the screen as it
will look like when printed]
  Wysiwyg-Darstellung *f* [wird in
Textverarbeitungs- und Desktop-Programmen
verwendet, um ein Dokument so auf dem
Bildschirm zu zeigen, wie es nachher gedruckt
wird]

X, Y

X.25 [protocol for access to packet-switched
networks standardized by CCITT]
X.25 [von CCITT genormtes Protokoll für den
Zugriff auf paketvermittelnde Datennetze]
X.25 interface
X.25-Schnittstelle *f*
X.400 [electronic mail services standardized by
CCITT]
X.400 [von CCITT genormte Dienste für die
elektronische Post]
x-axis
X-Achse *f*
X/OPEN [Standard for portable UNIX
application software]
X/OPEN [Standard für portierbare UNIX-
Anwendungssoftware]
X-interfaces [data transmission protocols
standardized by CCITT]
X-Schnittstellen *f.pl.* [von CCITT genormte
Protokolle für die Datenfernübertragung]
X-modem [protocol for file transfer via modem]
X-Modem *m* [Protokoll für Dateiübertragung
über Modem]
x-punch [punched cards]
X-Lochung *f* [Lochkarten]
x-ray lithography
Process which allows very fine circuit
structures to be reproduced on the wafer with
the aid of x-rays.
Röntgenstrahllithographie *f*
Verfahren, das es ermöglicht, mit Hilfe von
Röntgenstrahlen sehr feine
Schaltungsstrukturen auf die Halbleiterscheibe
zu übertragen.
X-Windows [windowing and multitasking system
for UNIX developed by MIT and based on
client-server principle]
X-Windows [von MIT entwickeltes Fenster-
und Multitasking-System für UNIX, basiert auf
dem Client-Server-Prinzip]
XENIX [UNIX version implemented by Microsoft]
XENIX [UNIX-Version von Microsoft]
xerography
Xerographie *f*
xerographic printer
xerographischer Drucker *m*
XGA (eXtended Graphics Array) [IBM chip set for
computers with MCA and EISA buses]
XGA [IBM-Chipsatz für Rechner mit MCA- und
EISA-Bus]
XMP (X/OPEN Management Protocol)
XMP [Verwaltungsprotokoll für X/OPEN]
XMS (eXtended Memory Specification) [manages
additional memory as extended memory]
XMS [verwaltet Zusatzspeicher als

Erweiterungsspeicher nach dem XMS-
Standard]
XON/XOFF characters [characters generated
by terminal for data transmission between
terminal and computer in start-stop mode;
XOFF requests computer to stop transmission,
XON to resume transmission]
XON-/XOFF-Zeichen *n.pl.* [vom Terminal
erzeugte Zeichen für die Datenübertragung in
Start-Stop-Arbeitsweise zwischen Terminal
und Rechner; die Übertragung vom Rechner
wird mit dem XOFF-Zeichen gestoppt und mit
dem XON-Zeichen wieder aufgenommen]
XOR circuit, exclusive-OR circuit
XOR-Schaltung *f*, Exklusiv-ODER-Schaltung
f, Antivalenzschaltung *f*
XOR element, exclusive-OR element
XOR-Glied *n*, Exklusiv-ODER-Glied *n*,
Antivalenzglied *n*
XOR function, exclusive-OR function [a logical
operation having the output value (result) 1 if
and only if one of the input values (operands) is
1; the output value is 0 if more than one input
value is 1 or if all input values are 0]
XOR-Verknüpfung *f*, Exklusiv-ODER-
Verknüpfung *f*, Antivalenz *f* [eine logische
Verknüpfung mit dem Ausgangswert
(Ergebnis) 1, wenn und nur wenn einer der
Eingangswerte (Operanden) 1 ist; der
Ausgangswert ist 0, wenn mehrere Eingangs-
werte 1 oder wenn alle 0 sind]
XOR gate, exclusive-OR gate
XOR-Gatter *n*, Exklusiv-ODER-Gatter *n*,
Antivalenzgatter *n*
XSM (X/OPEN System Management)
XSM [Systemverwaltung für X/OPEN]
XT architecture [architecture of the IBM PC
with 8088 processor and 8-bit data bus; in
contrast to the AT architecture with 80286
processor and 16-bit data bus]
XT-Architektur *f* [Architektur des IBM PC
mit 8088-Prozessor und 8-Bit-Datenbus; im
Gegensatz zur AT-Architektur mit 80286-
Prozessor und 16-Bit-Datenbus]
XT-compatible computer
XT-kompatibler Rechner *m*
XT computer
XT-Rechner *m*
xy-control [control by means of tracking ball or
joystick]
XY-Steuerung *f* [Steuerung mittels Rollkugel
oder Steuerknüppel]
xy-display
XY-Anzeige *f*
xy-plotter, xy-recorder, coordinate plotter
[electromechanical recorder whose stylus is
moved by the combined effect of drives in the x
and y axes]
XY-Schreiber *m*, Koordinatenschreiber *m*

[elektromechanisches Registriergerät, dessen
Schreiber durch die kombinierte Wirkung von
je einem Antrieb in der X- und in der Y-Achse
bewegt wird]

xy-representation
XY-Darstellung *f*

y-amplifier [vertical deflection amplifier in an
oscilloscope]
Y-Verstärker *m* [Vertikalablenkverstärker in
einem Oszillographen]

y-axis
Y-Achse *f*

Y-modem [protocol for file transfer via modem]
Y-Modem *m* [Protokoll für Dateiübertragung
über Modem]

y-parameter
Parameter of the four-terminal network
equivalent circuit of a transistor. There are four
basic y-parameters: y_{11}, short-circuit input
admittance; y_{12}, short-circuit reverse transfer
admittance; y_{21}, short-circuit forward transfer
admittance; y_{22}, short-circuit output
admittance.

y-Parameter *m*
Kenngröße bei der Vierpol-Ersatzschaltbild-
Darstellung von Transistoren. Die vier
Grundparameter sind: y_{11}, Kurzschluß-
Eingangsadmittanz; y_{12}, Kurzschluß-
Übertragungsadmittanz rückwärts (auch
Kurzschluß-Rückwärtssteilheit genannt); y_{21},
Kurzschluß-Übertragungsadmittanz vorwärts
(auch Kurzschluß-Vorwärtssteilheit genannt);
y_{22}, Kurzschluß-Ausgangsadmittanz.

y-punch [punched cards]
Y-Lochung *f* [Lochkarten]

YACC (Yet Another Compiler-Compiler)
[program for generating a compiler]
YACC [Compiler-Compiler; Programm zur
Erzeugung eines Compilers]

yield
Ausbeute *f*

Z

z-axis
 Z-Achse *f*
Z-modem [protocol for file transfer via modem]
 Z-Modem *m* [Protokoll für Dateiübertragung
 über Modem]
Zener breakdown
 Zenerdurchbruch *m*
Zener current
 Zenerstrom *m*
Zener diode [reverse-biased diode which
 becomes conductive when the voltage exceeds a
 critical value; is used for voltage limitation and
 stabilization]
 Zenerdiode *f*, **Z-Diode** *f* [in Sperrichtung
 betriebene Diode, die Strom durchläßt, wenn
 die Spannung einen kritischen Wert übersteigt;
 wird zur Spannungsbegrenzung und -stabili-
 sierung verwendet]
Zener effect
 Avalanche-like increase of charge carriers due
 to impact ionization, similar to the avalanche
 effect. The subsequent breakdown is reversible
 as long as no thermal damage occurs.
 Zenereffekt *m*
 Lawinenartige Vervielfachung von Ladungsträgern durch Stoßionisation, ähnlich dem
 Lawineneffekt. Der anschließende Durchbruch
 ist reversibel, solange keine thermischen
 Schäden auftreten.
Zener voltage
 Zenerspannung *f*
zero, to; null, to
 nullen
zero-access [undelayed access]
 Nullzugriff *m* [verzögerungsfreier Zugriff]
zero-access storage, high-speed memory
 (HSM), high-speed storage, immediate-access
 storage
 Schnellspeicher *m*, **Schnellzugriffsspeicher**
 m, **Speicher mit schnellem Zugriff** *m*
zero-address
 Nulladresse *f*
zero-address instruction
 Nulladreßbefehl *m*, **Leeradreßbefehl** *m*
zero adjustment
 Nulleinstellung *f*
zero balance, null balance [e.g. of a measuring
 bridge]
 Nullabgleich *m* [z.B. einer Meßbrücke]
zero correction
 Nullpunktkorrektur *f*
zero current
 Nullstrom *m*
zero division, zero divide, to
 Division durch Null *f*, durch Null dividieren

zero drift
 Nullpunktdrift *f*, **Nullpunktwanderung** *f*
zero error, zero deviation, offset
 Nullpunktfehler *m*, **Nullpunktabweichung** *f*
zero-fill, to
 auffüllen mit Nullen
zero-filled
 mit Nullen aufgefüllt
zero flag [status flag which is set when the
 result of an operation is zero]
 Nullmerker *m*, **Null-Flag** *n*,
 Nullkennzeichnung *f* [Statusmerker, der
 gesetzt wird, wenn eine Operation eine Null
 ergibt]
zero level
 Nullpegel *m*
zero-loss
 verlustlos
zero offset
 Nullpunktverschiebung *f*
zero reset
 Rückstellung auf Null *f*
zero set [set theory]
 Nullmenge *f* [Mengenlehre]
zero setting [of a variable]
 Nullsetzen *n* [einer Variablen]
zero shift
 Nullpunktverschiebung *f*
zero stability
 Nullpunktstabilität *f*
zero state, down state [e.g. of a flip-flop]
 Zustand "Null" *m* [z.B. eines Flipflops]
zero state [general]
 Nullzustand *m* [allgemein]
zero suppression, leading zero suppression
 Nullunterdrückung *f*, **Nullenunterdrückung**
 f, **Unterdrückung von führenden Nullen** *f*
zero voltage
 Nullspannung *f*
ZIF socket (zero insertion force) [for chip
 insertion without force]
 ZIF-Sockel *m* [Chipsockel, in den ein Chip
 ohne Kraftaufwand eingesetzt werden kann]
zig-zag configuration
 Zickzack-Anordnung *f*
zincblende structure [semiconductor crystals]
 Lattice structure of crystals, e.g. gallium
 arsenide, gallium phosphide, indium
 antimonide, etc.
 Zinkblendestruktur *f* [Halbleiterkristalle]
 Gitteraufbau von Kristallen, z.B. Gallium-
 arsenid, Galliumphosphid, Indiumantimonid
 usw.
ZIP file format [file format of the PKZIP
 compression program]
 ZIP-Dateiformat *n* [Dateiformat des
 Komprimierungsprogrammes PKZIP]
ZLW compression [compression using Ziv-
 Lempel-Welch algorithm]

ZLW-Kompression f [Kompression nach dem
Ziv-Lempel-Welch-Algorithmus]
zone, region
Region in a semiconductor crystal that has
specific electrical properties (e.g. n-type, p-type
or intrinsic conduction).
Zone f, Bereich m, Gebiet n
Teilgebiet eines Halbleiterkristalls mit
speziellen elektrischen Eigenschaften (z.B. N-
leitend, P-leitend oder eigenleitend).
zone levelling
Zonennivellieren n
zone melting
Zonenschmelzen n
zone refining [crystal growing]
Zonenreinigung f [Kristallzucht]
zoom, to [in computer graphics]
heranholen, dynamisch skalieren, zoomen [bei
der graphischen Datenverarbeitung]
zoom function [continuous enlargement or
reduction of a graphical display]
Zoom-Funktion f, dynamische
Skalierfunktion f [stufenlose Vergrößerung
oder Verkleinerung bei einer graphischen
Darstellung auf dem Bildschirm]
zooming
Zoomen n, dynamisches Skalieren n